# 运筹学精讲精练

黄丽娟　主编

北京邮电大学出版社
www. buptpress. com

## 内 容 简 介

作者基于历年考研真题所考查的运筹学相关知识点，在本书中精心编排了线性规划与单纯形法、对偶理论和灵敏度分析、运输问题、线性目标规划、整数线性规划、网络计划、图与网络优化、动态规划、排队论、存储论、博弈论、决策论、无约束问题、约束极值问题、多属性决策、启发式方法等16章内容，旨在为读者提供一个全面、深入且实用的运筹学学习资料。每一章都围绕运筹学的一个核心领域，通过理论讲解、实例分析和实践练习，帮助读者掌握运筹学的精髓和应用技巧。

《运筹学精讲精练》不仅可作为高等教育中运筹学课程的辅助教材，也可作为自学者和专业人士的参考书籍。希望本书能够成为读者在运筹学领域的良师益友，帮助读者在理论和实践之间架起桥梁，提升读者解决实际问题的能力。

**图书在版编目（CIP）数据**

运筹学精讲精练 / 黄丽娟主编. -- 北京 ：北京邮电大学出版社，2025. -- ISBN 978-7-5635-7561-9

Ⅰ. O22

中国国家版本馆 CIP 数据核字第 2025ZF8030 号

**策划编辑**：彭怀洲　　**责任编辑**：孙宏颖　　**责任校对**：张会良　　**封面设计**：七星博纳

**出版发行**：北京邮电大学出版社
**社　　址**：北京市海淀区西土城路 10 号
**邮政编码**：100876
**发 行 部**：电话：010-62282185　传真：010-62283578
**E-mail**：publish@bupt.edu.cn
**经　　销**：各地新华书店
**印　　刷**：三河市骏杰印刷有限公司
**开　　本**：889 mm×1 194 mm　1/16
**印　　张**：31.5
**字　　数**：991 千字
**版　　次**：2025 年 6 月第 1 版
**印　　次**：2025 年 6 月第 1 次印刷

ISBN 978-7-5635-7561-9　　定　价：98.00 元

# 前　言

在当今这个快速变化的世界，决策的质量往往决定了个人和组织的成功与否。运筹学提供了一套系统的方法，可帮助我们在不确定性和复杂性中做出最优决策。无论是在商业、工业还是在日常生活中，运筹学的应用都是无处不在的。它可帮助我们优化资源配置，提高效率，降低成本，并在竞争中获得优势。运筹学作为管理科学与工程学科的重要组成部分，是一门跨学科的决策科学，它结合了数学建模、统计分析和计算机科学，旨在解决实际问题中的优化和决策问题。《运筹学精讲精练》致力于为读者提供一个全面而深入的视角，帮助读者理解运筹学的核心概念、方法和应用。

另外，对于立志考取研究生的学生来说，尤其是管理科学与工程专业的学生，运筹学不仅是其考研专业课，也是其未来走上科研道路的得力研究方法和工具。本书是作者的网络课程“黄丽娟运筹学”的配套讲义，同时也可以作为一本完整的运筹学教程，旨在为读者学习运筹学提供一条快捷的学习路径。学习运筹学不仅仅是记忆公式和算法，更重要的是理解其背后的逻辑和原理。本书从运筹学的基础概念开始讲解，逐步深入到更高级的模型和算法。每一章都包含了以下元素。

- 理论基础：详细解释每个概念的理论背景和数学原理。
- 实际应用：通过典型例题展示运筹学在现实世界中的应用。
- 解题技巧：提供解题步骤和技巧，帮助读者更有效地解决问题。

本书共 16 章。前 5 章为基础线性规划部分，由于知识点联系紧密，需要连续学习。第 6～12 章知识点之间的联系不是很紧密，可以单独学习。本书的每一章前面都简明扼要地列出了各章的必会知识点、重难点以及考情分析，可使读者更明晰地了解各章的主要内容。各章内容都是以市面上较流行的教材为参考进行编撰的，对主要知识点进行了详细回顾，同时选取了许多典型的例题（包括部分高校的历年考研真题）作为巩固知识点的练习。

本书的主要参考教材有：

- 《运筹学》教材编写组，《运筹学》，第 4 版，清华大学出版社，2014 年；
- 胡运权等，《运筹学基础及应用》，第 6 版，高等教育出版社，2014 年；
- 熊伟，《运筹学》，第 3 版，机械工业出版社，2014 年。

运筹学是一门不断发展的学科，随着技术的进步和社会需求的变化，新的模型和方法在不断涌现。《运筹学精讲精练》是作者在这么多年教学过程中经验的总结，希望它能够成为读者学习运筹学的好帮手，助读者在学习运筹学的过程中，不断发现新知、解决问题、创造价值。

最后，由于个人水平有限，书中难免存在疏漏，欢迎读者批评指正！感谢读者选择本书作为学习运筹学的伴侣，愿读者在运筹学的海洋中乘风破浪，到达成功的彼岸！

黄丽娟

# 目　录

CONTENTS

# 01 第 1 章 线性规划与单纯形法

本章内容是运筹学的基础，与对偶理论和灵敏度分析、运输问题、线性目标规划、整数线性规划这 4 章的内容紧密相关。同时，图与网络优化和博弈论这两章中的建模或求解也涉及线性规划部分的内容。求解线性规划的单纯形法是本章的重点。

## 本章必会知识点

(1) 基本概念：凸集、基解、基可行解、线性规划问题模型及其标准型。

(2) 用图解法求解只有两个变量的线性规划问题。

(3) 线性规划的单纯形法包括一般单纯形法、大 $M$ 法、两阶段法。

(4) 单纯形法检验数的经济意义。

(5) 理解单纯形法迭代原理中的最小比值规则。

(6) 不同解的判别：唯一最优解、无穷多最优解、无界解、无可行解。

(7) 线性规划问题建模的常见类型。

## 本章重难点

**重点：**

(1) 用单纯形法求解线性规划问题。

(2) 解的性质。

(3) 线性规划问题建模。

**难点：**

(1) 对单纯形法原理的理解。

(2) 线性规划问题建模。

## 本章考情分析

线性规划与单纯形法在研究生入学考试中的考情特点如下。

1. 考试内容与题型

考试内容主要包括线性规划的数学模型、图解法、单纯形法的原理与计算步骤(如人工变量法、两阶段法等)。题型多样，包括选择题、填空题、简答题和计算题。例如单纯形法的计算过程、最优解的判定、灵敏度分析等是常见的考点(常常结合第 2 章内容一起考查)。

2. 考试难度与重要性

线性规划与单纯形法是运筹学的基础内容，难度适中但知识点繁多，需要考生掌握扎实的数学基础和建模能力。在考试中，线性规划部分通常占比较大，例如在某些院校的考试中，线性规划基础和专题内容可占到总分的35%左右。

3. 考试趋势与复习建议

近年来，考试趋势更加注重考查考生对基本概念的理解和实际应用能力。考生需要熟练掌握单纯形法的计算步骤，理解影子价格、灵敏度分析等的经济含义（常常结合第2章内容一起考查）。复习时，建议重点练习将实际问题建模为线性规划模型，并通过大量计算题提高解题速度和准确性。

## 1.1 线性规划问题及其数学模型

### 1.1.1 问题的提出

管理人员在生产和经营活动中经常提出一类问题，即如何合理地利用有限的人力、物力、财力等资源，以达到最好的经济效果。

**例1-1(生产计划问题)** 某工厂在计划期内要安排生产甲、乙两种产品，已知生产单位产品所需的设备台时及A、B两种原材料的消耗如表1-1所示。该厂每生产一件产品甲可获利2元，一件产品乙可获利3元，问该工厂如何安排生产计划可使利润最多？

**表1-1 生产产品相关信息**

| | 产品甲 | 产品乙 | 资源限量 |
|---|---|---|---|
| 设备台时 | 1台时/件 | 2台时/件 | 8台时 |
| 原材料A | 4 kg/件 | 0 | 16 kg |
| 原材料B | 0 | 4 kg/件 | 12 kg |

解：设 $x_1,x_2$ 分别为甲、乙两个产品的产量，则

$$\max z = 2x_1 + 3x_2$$

$$\text{s. t.}\begin{cases} x_1 + 2x_2 \leqslant 8 \\ 4x_1 \leqslant 16 \\ 4x_2 \leqslant 12 \\ x_1, x_2 \geqslant 0 \end{cases}$$

1. 建模三大要素

(1) 决策变量：问题中要确定的未知量，表明规划中的用数量表示的方案、措施，可由决策者决定和控制。例1-1的决策变量为 $x_1,x_2$。

(2) 目标函数：决策变量的函数，表示决策者希望达到的计划目标。例1-1的目标函数为 $\max z = 2x_1+3x_2$。

(3) 约束条件：决策变量取值时受到的各种资源条件的限制，通常表达为含决策变量的等式或不等式。

**例1-2(成本优化问题)** 靠近某河流有两个工厂，位置如图1-1所示，相关信息如表1-2所示。现已知从工厂1排出的污水流到工厂2前，有20%可以自然净化。据环保要求，河流中污水的含量应不大于0.2%。在满足环保要求的条件下，每厂应各处理多少污水，可使两厂总的处理污水费用最少？

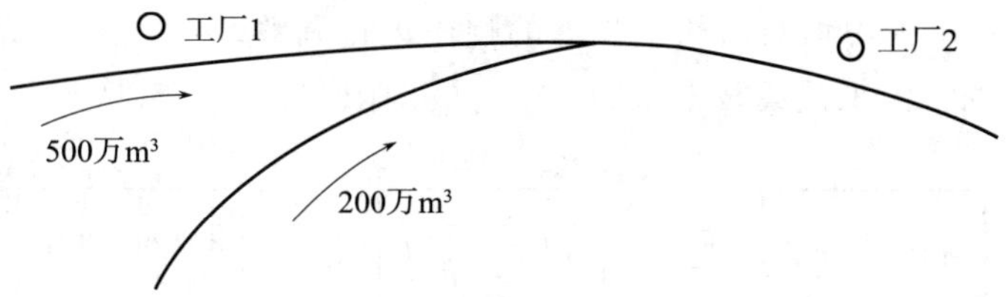


**图 1-1 工厂位置**

**表 1-2 工厂相关信息**

| | 工厂 1 | 工厂 2 |
|---|---|---|
| 排放污水量 | 2 万 $m^3$ | 1.4 万 $m^3$ |
| 河流流量 | 500 万 $m^3$ | 700 万 $m^3$ |
| 处理成本 | 1 000 元/万 $m^3$ | 800 元/万 $m^3$ |

解:设 $x_1$,$x_2$ 分别为工厂 1 和工厂 2 处理的污水量,从工厂 1 到工厂 2 之间,河流中的污水含量要不大于 0.2%,则 $(2-x_1)/500 \leqslant 0.2\%$,流经工厂 2 后,河流中的污水含量仍要不大于 0.2%,则 $\frac{0.8(2-x_1)+(1.4-x_2)}{700} \leqslant 0.2\%$。

综上,该问题的数学模型为

$$\min z = 1\,000x_1 + 800x_2$$
$$\text{s.t.} \begin{cases} x_1 \geqslant 1 \\ 0.8x_1 + x_2 \geqslant 1.6 \\ x_1 \leqslant 2 \\ x_2 \leqslant 1.4 \\ x_1, x_2 \geqslant 0 \end{cases}$$

2. 这类优化问题的共同特征

(1) 每一个问题都用一组决策变量表示某一方案,这组决策变量的值就代表一个具体方案,一般取值非负且连续。

(2) 要有建模的相关数据,如资源拥有量、消耗资源定额、创造的新价值量等,并构造不矛盾的约束条件,由线性等式或不等式来表示。

(3) 都有一个要达到的目标,可用决策变量及与其有关的价值系数构成的线性函数来表示,一般要求其最大值或最小值。

3. 常见的建模思路

常见的建模思路如图 1-2 所示。首先,根据题意分析决策者的决策对象是什么,考虑设置单下标或双下标变量(有时甚至可以设置三下标变量),判断哪个能更清晰地描述决策对象;其次,根据要求的优化目标,建立目标函数;最后,从题目描述中一条条地找出对应的资源限制,建立约束方程组。最终可得到线性规划问题模型的一般表达式,即式(1-1)。

$$\max(\min)\ z = c_1x_1 + c_2x_2 + \cdots + c_jx_j + \cdots + c_nx_n$$
$$\text{s.t.} \begin{cases} a_{11}x_1 + a_{12}x_2 + \cdots + a_{1n}x_n \leqslant (=, \geqslant) b_1 \\ a_{21}x_1 + a_{22}x_2 + \cdots + a_{2n}x_n \leqslant (=, \geqslant) b_2 \\ \vdots \\ a_{i1}x_1 + a_{i2}x_2 + \cdots + a_{in}x_n \leqslant (=, \geqslant) b_i \\ \vdots \\ a_{m1}x_1 + a_{m2}x_2 + \cdots + a_{mn}x_n \leqslant (=, \geqslant) b_m \\ x_1, x_2, \cdots, x_n \geqslant 0 \end{cases} \tag{1-1}$$

注：后期熟练后，可根据个人习惯对后两个步骤的顺序进行调整。

其中，$c_j$ 为价值系数，$a_{ij}$ 为工艺或技术系数，$b_i$ 为资源限制，$x_1,x_2,\cdots,x_n$ 为决策变量。

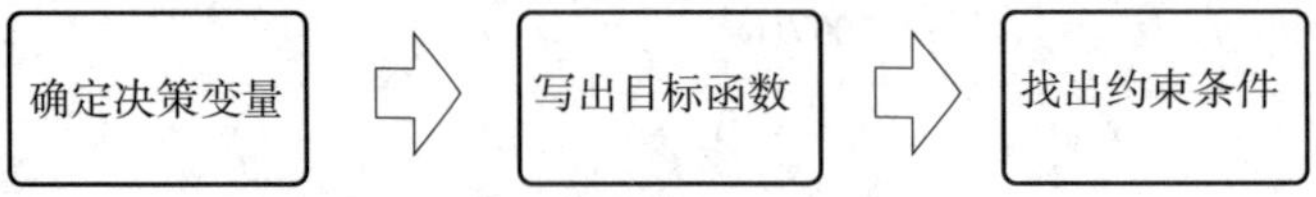


**图 1-2 常见的建模思路**

## 1.1.2 图解法

### 1. 图解法求解步骤

图解法适用于只有两个决策变量的线性规划问题，通常的求解步骤如下。

(1) 根据全部约束条件作图求出可行域。

(2) 作目标函数等值线，确定使目标函数最优的移动方向。

(3) 平移目标函数的等值线，找出最优点，算出最优值。

**例 1-3 (用图解法求解线性规划问题)**

$$\min z = 2x_1 + x_2$$

$$\text{s.t.}\begin{cases} 5x_2 \leqslant 15 \\ 6x_1 + 2x_2 \leqslant 24 \\ x_1 + x_2 \leqslant 5 \\ x_1, x_2 \geqslant 0 \end{cases}$$

解：

(1) 根据全部约束条件作图求出可行域。

(2) 作目标函数等值线(图 1-3)，确定使目标函数最优的移动方向。

(3) 平移目标函数等值线(图 1-4)，找出最优点，算出最优值。

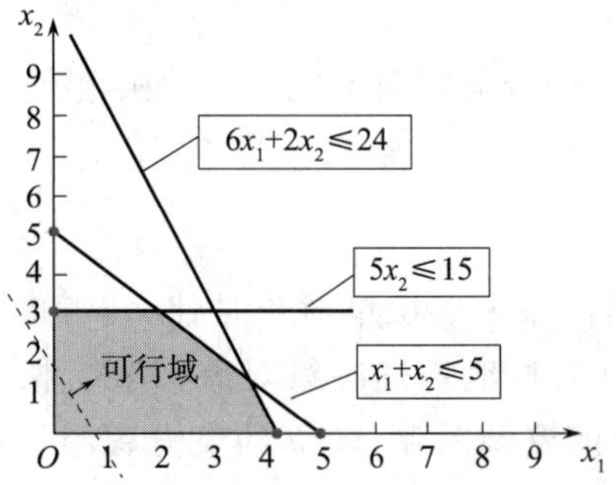


**图 1-3 作目标函数等值线**

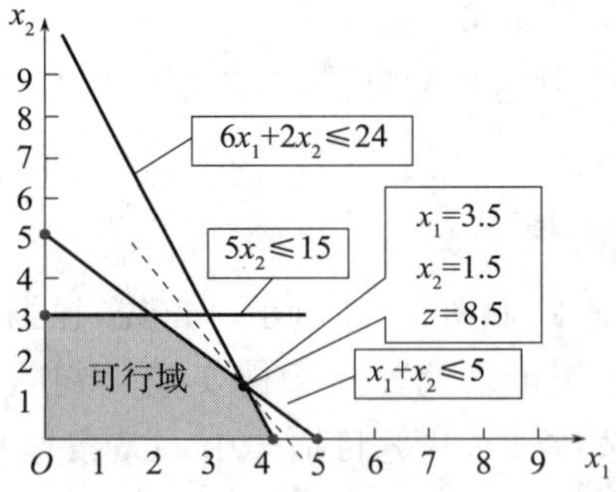


**图 1-4 平移目标函数等值线**

### 2. 线性规划问题的几种可能结果

1) 唯一最优解(图 1-5)

$$\min z = 2x_1 + x_2$$

$$\text{s.t.}\begin{cases} 5x_2 \leqslant 15 \\ 6x_1 + 2x_2 \leqslant 24 \\ x_1 + x_2 \leqslant 5 \\ x_1, x_2 \geqslant 0 \end{cases}$$

2）无穷多最优解(图 1 - 6)

$$\max z = 2x_1 + x_2$$

$$\text{s. t.} \begin{cases} 5x_2 \leqslant 15 \\ 6x_1 + 2x_2 \leqslant 24 \\ x_1 + x_2 \leqslant 5 \\ x_1, x_2 \geqslant 0 \end{cases}$$

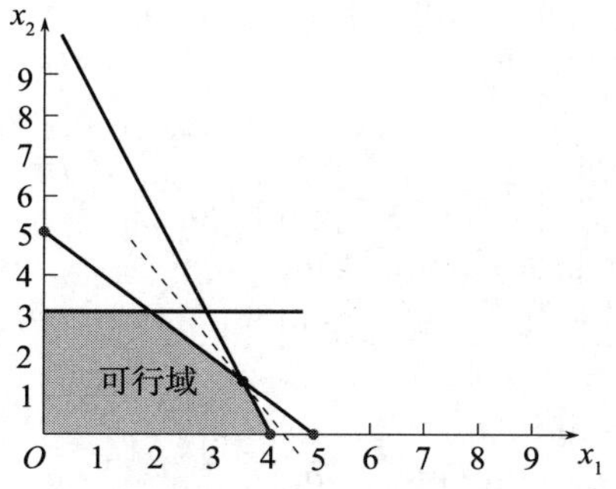


图 1 - 5　唯一最优解

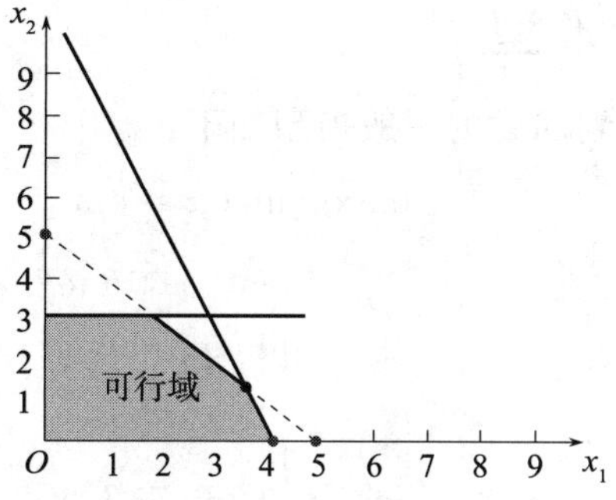


图 1 - 6　无穷多最优解

3）无界解(图 1 - 7)

$$\max z = 2x_1 + x_2$$

$$\text{s. t.} \begin{cases} 5x_2 \leqslant 15 \\ x_1, x_2 \geqslant 0 \end{cases}$$

4）无可行解(图 1 - 8)

$$\max z = 2x_1 + x_2$$

$$\text{s. t.} \begin{cases} x_1 + x_2 \leqslant 2 \\ 2x_1 + 2x_2 \geqslant 6 \\ x_1, x_2 \geqslant 0 \end{cases}$$

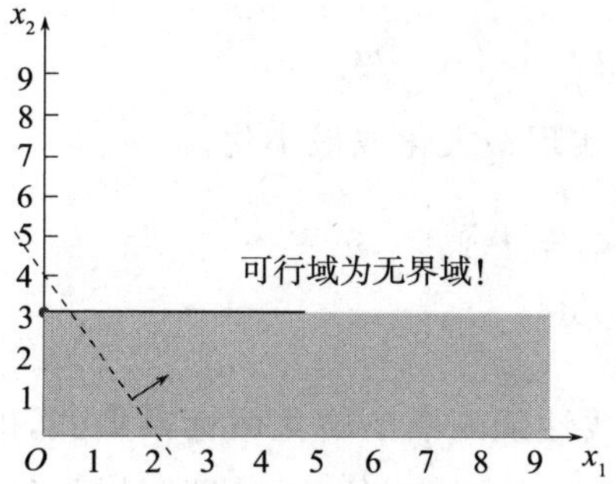


图 1 - 7　无解

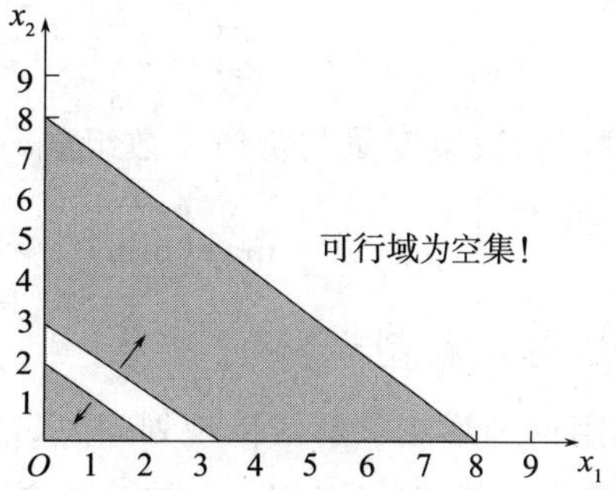


图 1 - 8　无可行解

### 3. 图解法的几点启示

(1) 线性规划问题解的情况有：唯一最优解、无穷多最优解、无界解、无可行解。

(2) 若线性规划问题的可行域存在，则其可行域一定是个凸集。

(3) 若线性规划问题的最优解存在，则其最优解或最优解之一(无穷多最优解时)一定是可行域凸集的某个顶点。

(4) 解题思路：找出凸集的顶点，计算其目标函数值，进行比较即可得最优解。

## 复习思路提示

(1) 要会用图解法来分析线性规划问题几种解的情况,如唯一最优解、无穷多最优解、无界解和无可行解。

(2) 使用图解法时容易在确定可行域的范围和等值线移动方向时犯错。

(3) 图解法的知识点考查通常出现在选择、填空、判断等小题型中。

### 1.1.3 化标准型

已知线性规划问题的一般模型如下:

$$\max(\min)\ z = c_1x_1 + c_2x_2 + \cdots + c_jx_j + \cdots + c_nx_n$$

$$\text{s.t.}\begin{cases} a_{11}x_1 + a_{12}x_2 + \cdots + a_{1n}x_n \leqslant (=, \geqslant) b_1 \\ a_{21}x_1 + a_{22}x_2 + \cdots + a_{2n}x_n \leqslant (=, \geqslant) b_2 \\ \vdots \\ a_{i1}x_1 + a_{i2}x_2 + \cdots + a_{in}x_n \leqslant (=, \geqslant) b_i \\ \vdots \\ a_{m1}x_1 + a_{m2}x_2 + \cdots + a_{mn}x_n \leqslant (=, \geqslant) b_m \\ x_1, x_2, \cdots, x_n \geqslant 0 \end{cases}$$

其中,$c_j$ 为价值系数,$a_{ij}$ 为工艺或技术系数,$b_i$ 为资源限制,$x_1, x_2, \cdots, x_n$ 为决策变量。

1. 线性规划模型的共同特征

(1) 决策变量:每个问题都用一组决策变量表示某个方案。

$$\boldsymbol{X} = (x_1, x_2, \cdots, x_n)^{\mathrm{T}}$$

(2) 决策变量的取值:决策变量的取值一般都是非负且连续的。

$$x_j \geqslant 0, j = 1, 2, \cdots, n$$

(3) 约束条件:与决策变量不矛盾的条件,用线性等式或不等式表示。

$$\sum_{j=1}^{n} a_{ij}x_j \leqslant (\geqslant, =) b_i, i = 1, 2, \cdots, m$$

(4) 目标函数:由决策变量与价值系数组成,一般要求实现最大化或最小化。

$$\max(\min)\ z = \sum_{j=1}^{n} c_jx_j, j = 1, 2, \cdots, n$$

2. 线性规划标准模型

为了更好地用单纯形法求解线性规划问题,通常要将线性规划模型转化成标准形式,即式(1-2),这是单纯形法求解的前提。我们可以用4句口诀来总结线性规划标准模型的特点,即"目标函数最大、资源限量非负、约束条件等式、决策变量非负"。该标准模型的简写、向量化、矩阵化分别如式(1-3)、式(1-4)、式(1-5)所示。

$$\max\ z = c_1x_1 + c_2x_2 + \cdots + c_nx_n$$

$$\text{s.t.}\begin{cases} a_{11}x_1 + a_{12}x_2 + \cdots + a_{1n}x_n = b_1 \\ a_{21}x_1 + a_{22}x_2 + \cdots + a_{2n}x_n = b_2 \\ \vdots \\ a_{m1}x_1 + a_{m2}x_2 + \cdots + a_{mn}x_n = b_m \\ x_1, x_2, \cdots, x_n \geqslant 0, b_1, b_2, \cdots, b_m \geqslant 0 \end{cases} \tag{1-2}$$

简写为

$$\max z = \sum_{j=1}^{n} c_j x_j$$
$$\text{s. t.} \begin{cases} \sum_{j=1}^{n} a_{ij} x_j = b_i, i = 1,2,\cdots,m \\ x_j \geqslant 0, j = 1,2,\cdots,n \end{cases} \tag{1-3}$$

向量化：

$$\max z = \boldsymbol{CX}$$
$$\text{s. t.} \begin{cases} \sum_{j=1}^{n} \boldsymbol{P}_j x_j = \boldsymbol{b} \\ x_j \geqslant 0, j = 1,2,\cdots,n \\ \boldsymbol{C} = (c_1, c_2, \cdots, c_n), \boldsymbol{X} = (x_1, x_2, \cdots, x_n)^{\mathrm{T}}, \\ \boldsymbol{b} = (b_1, b_2, \cdots, b_m)^{\mathrm{T}}, \boldsymbol{P}_j = (a_{1j}, a_{2j}, \cdots, a_{mj})^{\mathrm{T}} \end{cases} \tag{1-4}$$

矩阵化：

$$\max z = \boldsymbol{CX}$$
$$\text{s. t.} \begin{cases} \boldsymbol{AX} = \boldsymbol{b} \\ \boldsymbol{X} \geqslant 0 \end{cases}$$
$$\boldsymbol{A} = \begin{pmatrix} a_{11} & a_{12} & \cdots & a_{1n} \\ a_{21} & a_{22} & \cdots & a_{2n} \\ \vdots & \vdots & & \vdots \\ a_{m1} & a_{m2} & \cdots & a_{mn} \end{pmatrix}, \quad \boldsymbol{O} = \begin{pmatrix} 0 \\ 0 \\ \vdots \\ 0 \end{pmatrix} \tag{1-5}$$

**例 1-4(化标准型)**

$$\min z = x_1 + 2x_2 + 3x_3$$
$$\text{s. t.} \begin{cases} -2x_1 + x_2 + x_3 \leqslant 9 \\ -3x_1 + x_2 + 2x_3 \geqslant 4 \\ 4x_1 - 2x_2 - 3x_3 = -6 \\ x_1 \leqslant 0, x_2 \geqslant 0, x_3 \text{ 取值无约束} \end{cases}$$

解：根据 4 句口诀分别进行转化。

(1) 目标函数最大：$\min z = \boldsymbol{CX} \xrightarrow{z' = -z} \max z' = -\boldsymbol{CX}$。例 1-4 中目标函数 $\min z = x_1 + 2x_2 + 3x_3 \xrightarrow{z' = -z} \max z' = -x_1 - 2x_2 - 3x_3$。

(2) 资源限量非负：$b_i < 0 \xrightarrow{\text{两端同乘} -1}$ 右端项非负。例 1-4 中第三个约束 $4x_1 - 2x_2 - 3x_3 = -6 \xrightarrow{\text{两端同乘} -1} -4x_1 + 2x_2 + 3x_3 = 6$。

(3) 约束条件等式：$\leqslant \xrightarrow{\text{加上松弛变量}} =$，$\geqslant \xrightarrow{\text{减去剩余变量}} =$。例 1-4 中第一个约束 $-2x_1 + x_2 + x_3 \leqslant 9 \xrightarrow{\text{加上松弛变量}} -2x_1 + x_2 + x_3 + x_4 = 9$。例 1-4 中第二个约束 $-3x_1 + x_2 + 2x_3 \geqslant 4 \xrightarrow{\text{减去剩余变量}} -3x_1 + x_2 + 2x_3 - x_5 = 4$。松弛变量与剩余变量在实际问题中分别表示未被充分利用的资源和超出的资源，均未转化为价值和利润，所以引进模型后它们在目标函数中的系数均为零。

(4) 决策变量非负：$x \leqslant 0 \xrightarrow{x' = -x} x' \geqslant 0$，$x$ 无约束 $\xrightarrow{x' = x' - x''} x' \geqslant 0, x'' \geqslant 0$。例 1-4 中 $x_1 \leqslant 0 \xrightarrow{x'_1 = -x_1} x'_1 \geqslant 0$，$x_3$ 无约束 $\xrightarrow{x'_3 = x'_3 - x''_3} x'_3 \geqslant 0, x''_3 \geqslant 0$。

整理得

$$\min z' = x_1' + 2x_2 - 3x_3' + 3x_3'' + 0x_4 + 0x_5$$

$$\text{s.t.}\begin{cases} 2x_1' + x_2 + x_3' - x_3'' + x_4 = 9 \\ 3x_1' + x_2 + 2x_3' - 2x_3'' - x_5 = 4 \\ 4x_1' + 2x_2 + 3x_3' - 3x_3'' = 6 \\ x_1', x_2, x_3', x_3'', x_4, x_5 \geqslant 0 \end{cases}$$

## 复习思路提示

(1) 初学时,化标准型可按"目标函数—资源限量—约束条件—决策变量"的顺序进行,化完后默念4句口诀验证。

(2) 化标准型是用单纯形法求解线性规划问题的第一步,非常重要;而用单纯形法求解线性规划问题几乎是每所高校每年必考的大题,此步错,后面展开计算就步步错。

(3) 需要注意的是,刚开始学的时候推荐按照完全标准的形式去转化并进行单纯形法求解,便于巩固基础知识。但随着后续学习对偶单纯形法等内容,我们会发现目标函数极小化、资源限量负值的时候都是可以对应求解的,注意变通。

### 1.1.4 解的概念

已知线性规划问题数学模型的标准型如下:

$$\max z = \sum_{j=1}^{n} c_j x_j \tag{1}$$

$$\text{s.t.}\begin{cases} \sum_{j=1}^{n} a_{ij} x_j = b_i, i = 1, 2, \cdots, m & (2) \\ x_j \geqslant 0, j = 1, 2, \cdots, n & (3) \end{cases}$$

1. 主要概念

1) 可行解

满足约束条件(2)和(3)的解,称为可行解。全部可行解的集合则称为可行域。

2) 最优解

在可行解中,使得目标函数(1)最大的可行解,称为最优解。

3) 基

设 $\boldsymbol{A}$ 是约束方程组(2)的 $m \times n$ 阶系数矩阵(设 $n > m$,变量的个数大于方程的个数),其秩为 $m$,$\boldsymbol{B}$ 是 $\boldsymbol{A}$ 中的一个 $m \times m$ 阶的满秩子矩阵($|\boldsymbol{B}| \neq 0$ 的非奇异子矩阵),称 $\boldsymbol{B}$ 是线性规划问题的一个基。

$$\max z = \boldsymbol{CX}$$

$$\text{s.t.}\begin{cases} \boldsymbol{AX} = \boldsymbol{b} \\ \boldsymbol{X} \geqslant 0 \end{cases}$$

$$A = \begin{pmatrix} a_{11} & a_{12} & \cdots & a_{1n} \\ a_{21} & a_{22} & \cdots & a_{2n} \\ \vdots & \vdots & & \vdots \\ a_{m1} & a_{m2} & \cdots & a_{mn} \end{pmatrix}, \quad \boldsymbol{O} = \begin{pmatrix} 0 \\ 0 \\ \vdots \\ 0 \end{pmatrix}$$

4）基向量组 $\boldsymbol{B}$（极大线性无关组）

向量组 $\boldsymbol{A}$ 中有 $m$ 个线性无关的列向量(即基 $\boldsymbol{B}$ 中的 $m$ 个列向量)，且 $\boldsymbol{A}$ 中其余列向量均可由这 $m$ 个列向量来线性表示(请复习线性代数中“极大线性无关组”的定义)，我们则称这 $m$ 个向量是向量组 $\boldsymbol{A}$ 的极大线性无关组，亦为此处的基向量组。

$$\max z = c_1x_1 + c_2x_2 + \cdots + c_nx_n$$

$$\text{s. t.}\begin{cases} a_{11}x_1 + a_{12}x_2 + \cdots + a_{1n}x_n = b_1 \\ a_{21}x_1 + a_{22}x_2 + \cdots + a_{2n}x_n = b_2 \\ \vdots \\ a_{m1}x_1 + a_{m2}x_2 + \cdots + a_{mn}x_n = b_m \\ x_1, x_2, \cdots, x_n \geqslant 0, b_1, b_2, \cdots, b_m \geqslant 0 \end{cases}$$

将方程组转化成向量形式：

$$\begin{pmatrix} a_{11} \\ a_{21} \\ \vdots \\ a_{m1} \end{pmatrix} x_1 + \begin{pmatrix} a_{12} \\ a_{22} \\ \vdots \\ a_{m2} \end{pmatrix} x_2 + \cdots + \begin{pmatrix} a_{1n} \\ a_{2n} \\ \vdots \\ a_{mn} \end{pmatrix} x_n = \begin{pmatrix} b_1 \\ b_2 \\ \vdots \\ b_m \end{pmatrix}$$

设方程组有 $m$ 个方程，$n$ 个变量，其中 $n > m$，$R(\boldsymbol{A}) = m$，方程组有 $n-m$ 个自由未知量，即方程组一定有无穷多个解(请复习线性代数中“方程组解的判定定理”)。

为讨论方便，设方程组前 $m$ 个变量的系数列向量就是它的基向量(极大线性无关组)，基向量对应的变量称为基变量，非基变量对应的变量称为非基变量，则

$$\begin{pmatrix} a_{11} \\ a_{21} \\ \vdots \\ a_{m1} \end{pmatrix} x_1 + \begin{pmatrix} a_{12} \\ a_{22} \\ \vdots \\ a_{m2} \end{pmatrix} x_2 + \cdots + \begin{pmatrix} a_{1n} \\ a_{2n} \\ \vdots \\ a_{mn} \end{pmatrix} x_n = \begin{pmatrix} b_1 \\ b_2 \\ \vdots \\ b_m \end{pmatrix}$$

⇓ 移项得

$$\underset{\boldsymbol{P}_1}{\begin{pmatrix} a_{11} \\ a_{21} \\ \vdots \\ a_{m1} \end{pmatrix}} x_1 + \underset{\boldsymbol{P}_2}{\begin{pmatrix} a_{12} \\ a_{22} \\ \vdots \\ a_{m2} \end{pmatrix}} x_2 + \cdots + \underset{\boldsymbol{P}_m}{\begin{pmatrix} a_{1m} \\ a_{2m} \\ \vdots \\ a_{mm} \end{pmatrix}} x_m = \begin{pmatrix} b_1 \\ b_2 \\ \vdots \\ b_m \end{pmatrix} - \underset{\boldsymbol{P}_{m+1}}{\begin{pmatrix} a_{1,m+1} \\ a_{2,m+1} \\ \vdots \\ a_{m,m+1} \end{pmatrix}} x_{m+1} - \cdots - \underset{\boldsymbol{P}_n}{\begin{pmatrix} a_{1n} \\ a_{2n} \\ \vdots \\ a_{mn} \end{pmatrix}}$$

令所有的非基变量 $x_{m+1} = x_{m+2} = \cdots = 0$，又因为 $|\boldsymbol{B}| \neq 0$，据克莱默法则，可求出此时的一个唯一解：

$$\boldsymbol{X}_B = (x_1, x_2, \cdots, x_m)^{\mathrm{T}}$$

$$\boldsymbol{X} = (\boldsymbol{X}_B, \boldsymbol{X}_N) = (x_1, x_2, \cdots, x_m, 0, 0, \cdots, 0)^{\mathrm{T}}$$

而此时

$$\boldsymbol{B} = \begin{pmatrix} a_{11} & a_{12} & \cdots & a_{1m} \\ a_{21} & a_{22} & \cdots & a_{2m} \\ \vdots & \vdots & & \vdots \\ a_{m1} & a_{m2} & \cdots & a_{mm} \end{pmatrix} = (\boldsymbol{P}_1, \boldsymbol{P}_2, \cdots, \boldsymbol{P}_m)$$

注：该部分请复习线性代数中关于非齐次线性方程组通解的求解步骤。

5）基解

根据基 $\boldsymbol{B}$ 求得的解 $\boldsymbol{X} = (\boldsymbol{X}_B, \boldsymbol{X}_N) = (x_1, x_2, \cdots, x_m, 0, 0, \cdots, 0)^{\mathrm{T}}$，称作基解。基解中非零分量的数目不

大于 m(方程的个数)。有一个基,就能求得一组基解。

6) 基可行解

在基解中,所有变量值均非负的解,称为基可行解,即

$$\boldsymbol{X}=(\boldsymbol{X}_B,\boldsymbol{X}_N)=(x_1,x_2,\cdots,x_m,0,0,\cdots,0),x_j\geqslant 0,j=1,2,\cdots,n$$

7) 可行基

对应于基可行解的基,称为可行基。

2. 解的关系梳理

基解不一定是可行解,只有当所有分量都满足非负条件时,基解才是基可行解。可行解很多也不是基解,基解是通过找出一组基对应求出的解,如图 1-9 所示。当最优解唯一时,最优解也是基最优解;当最优解不唯一时,最优解不一定是基最优解(可用图解法更好地理解:基最优解一定在可行域的顶点上;无穷多解时,顶点处是基最优解,连线处是其他最优解)。

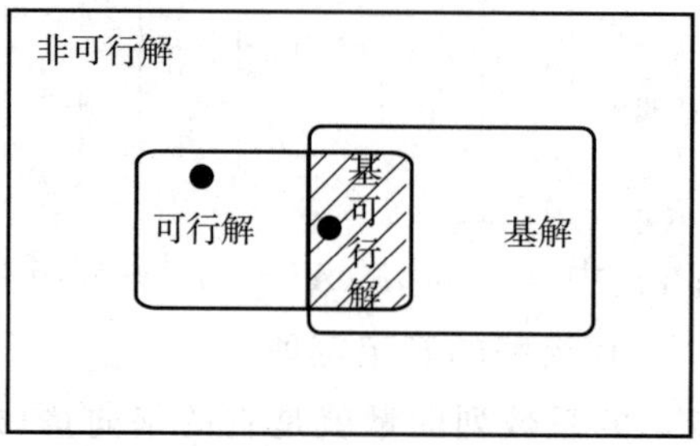


**图 1-9　解的关系**

**例 1-5(求基解与基可行解)**　在下面的线性规划问题中找出满足约束条件的所有基解,指出哪些是基可行解,并代入目标函数,确定哪一个是最优解。

$$\max z=2x_1+3x_2+4x_3+7x_4$$

$$\text{s.t.}\begin{cases}2x_1+3x_2-x_3-4x_4=8\\x_1-2x_2+6x_3-7x_4=-3\\x_1,x_2,x_3,x_4\geqslant 0\end{cases}$$

解:已知约束方程组中的系数矩阵 $\boldsymbol{A}$ 为

$$\boldsymbol{A}=\begin{pmatrix}2&3&-1&-4\\1&-2&6&-7\end{pmatrix}$$
$$\quad\ \ \boldsymbol{P}_1\quad \boldsymbol{P}_2\quad \boldsymbol{P}_3\quad \boldsymbol{P}_4$$

(1) 因为 $\boldsymbol{P}_1,\boldsymbol{P}_2$ 线性无关,令 $(\boldsymbol{P}_1,\boldsymbol{P}_2)$ 为基,则 $\begin{cases}2x_1+3x_2=8+x_3+4x_4\\x_1-2x_2=-3-6x_3+7x_4\end{cases}$,令非基变量 $x_3=0$,$x_4=0$,则 $\begin{cases}2x_1+3x_2=8\\x_1-2x_2=-3\end{cases}$,解得 $x_1=1,x_2=2$。此时,基解 $\boldsymbol{X}^{(1)}=(1\quad 2\quad 0\quad 0)^{\mathrm{T}}$ 为可行解。代入目标函数值,得 $z=8$。

(2) 因为 $\boldsymbol{P}_1,\boldsymbol{P}_3$ 线性无关,令 $(\boldsymbol{P}_1,\boldsymbol{P}_3)$ 为基,则 $\begin{cases}2x_1-x_3=8-3x_2+4x_4\\x_1+6x_3=-3+2x_2+7x_4\end{cases}$,令非基变量 $x_2=0$,$x_4=0$,则 $\begin{cases}2x_1-x_3=8\\x_1+6x_3=-3\end{cases}$,解得 $x_1=\frac{45}{13},x_3=-\frac{14}{13}$。此时,基解 $\boldsymbol{X}^{(2)}=\left(\frac{45}{13}\quad 0\quad -\frac{14}{13}\quad 0\right)^{\mathrm{T}}$ 为非可行解。

同理,可计算所有基解,具体如下:

$$X^{(1)}=(1\quad 2\quad 0\quad 0)^{\mathrm{T}},z=8\text{，基可行解}$$

$$X^{(2)}=\left(\frac{45}{13}\quad 0\quad -\frac{14}{13}\quad 0\right)^{\mathrm{T}}$$

$$X^{(3)}=\left(\frac{34}{5}\quad 0\quad 0\quad \frac{7}{5}\right)^{\mathrm{T}},z=\frac{117}{5}\text{，基可行解，最优解}$$

$$X^{(4)}=\left(0\quad \frac{45}{16}\quad \frac{7}{16}\quad 0\right)^{\mathrm{T}},z=\frac{163}{16}\text{，基可行解}$$

$$X^{(5)}=\left(0\quad \frac{68}{29}\quad 0\quad -\frac{7}{29}\right)^{\mathrm{T}}$$

$$X^{(6)}=\left(0\quad 0\quad -\frac{68}{13}\quad -\frac{45}{13}\right)^{\mathrm{T}}$$

可知 $\boldsymbol{X}^{(1)}$，$\boldsymbol{X}^{(3)}$，$\boldsymbol{X}^{(4)}$ 中所有的解分量均非负，故为基可行解，其余基解均不可行；而其中将 $\boldsymbol{X}^{(3)}$ 代入目标函数中求得的目标函数值最大，故 $\boldsymbol{X}^{(3)}$ 为基最优解。

**例 1－6(求基解与基可行解)**　找出下述线性规划问题的全部基解，指出其中的基可行解，并确定最优解。

$$\max z=2x_1+3x_2+x_3$$

$$\text{s.t.}\begin{cases}x_1+x_3=5\\x_1+2x_2+4x_4=10\\x_2+x_5=4\\x_j\geqslant 0,j=1,2,\cdots,5\end{cases}$$

解：已知约束方程组的系数矩阵 $\boldsymbol{A}$ 为

$$A=\begin{pmatrix}1&0&1&0&0\\1&2&0&4&0\\0&1&0&0&1\end{pmatrix}$$

通过测算 $\boldsymbol{A}$ 中构成 3×3 阶行列式不为零的矩阵，确定基 $\boldsymbol{B}$，依据例 1－5 中的步骤求解，可得表 1－3 所示的值。

**表 1－3　得出的解及其对应的值**

| 序号 | $x_1$ | $x_2$ | $x_3$ | $x_4$ | $x_5$ | $z$ | 基可行解 |
|---|---|---|---|---|---|---|---|
| 1 | 0 | 0 | 5 | 10 | 4 | 5 | √ |
| 2 | 0 | 4 | 5 | 2 | 0 | 17 | √ |
| 3 | 5 | 0 | 0 | 5 | 4 | 10 | √ |
| 4 | 0 | 5 | 5 | 0 | −1 | 20 | × |
| 5 | 10 | 0 | −5 | 0 | 4 | 15 | × |
| 6 | 5 | 2.5 | 0 | 0 | 1.5 | 17.5 | √ |
| 7 | 5 | 4 | 0 | −3 | 0 | 22 | × |
| 8 | 2 | 4 | 3 | 0 | 0 | 19 | √ |

由表 1－3 可知，$\boldsymbol{X}^{(1)}$，$\boldsymbol{X}^{(2)}$，$\boldsymbol{X}^{(3)}$，$\boldsymbol{X}^{(6)}$，$\boldsymbol{X}^{(8)}$ 中所有的解分量均非负，故为基可行解，其余基解均不可行；而其中将 $\boldsymbol{X}^{(8)}$ 代入目标函数中求得的目标函数值最大，故 $\boldsymbol{X}^{(8)}$ 为基最优解。

## 复习思路提示

线性规划解之间的关系归纳如图 1-10 所示。图中箭尾的解一定属于箭头的解，反之不一定成立。

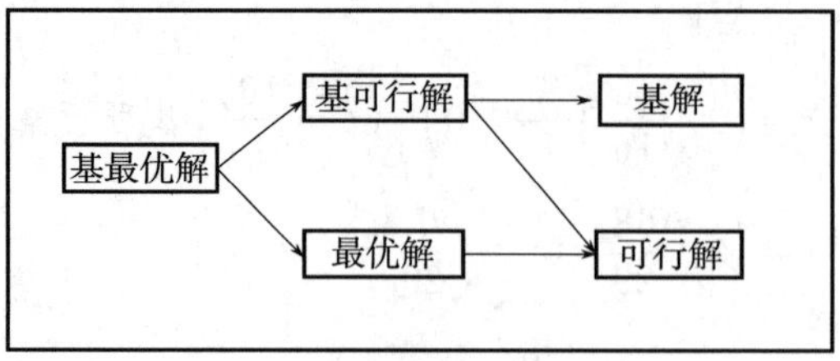


图 1-10　解的关系归纳

# 1.2　线性规划问题的几何意义

## 1.2.1　基本概念

1. 凸集

设 $K$ 是 $n$ 维欧式空间的一点集，若 $\forall \boldsymbol{X}^{(1)} \subseteq K, \boldsymbol{X}^{(2)} \subseteq K$ 两点连线上的所有点 $\alpha\boldsymbol{X}^{(1)}+(1-\alpha)\boldsymbol{X}^{(2)} \subseteq K(0 \leqslant \alpha \leqslant 1)$，则称 $K$ 为凸集。

例如，在图 1-11 中，(a)、(d)为凸集，(b)、(c)、(e)不是凸集。

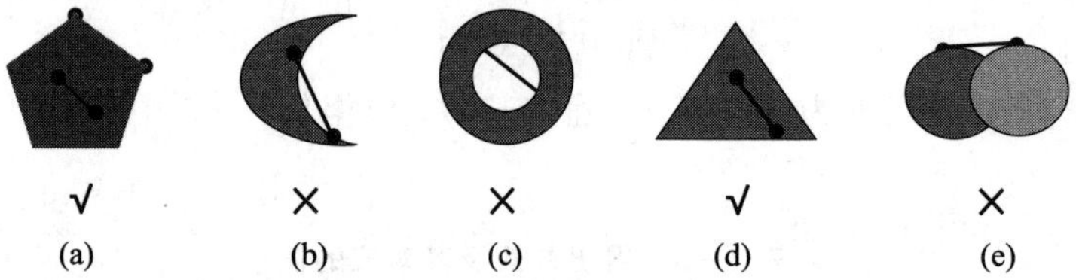


图 1-11　凸集示意

2. 凸组合

设 $\boldsymbol{X}^{(1)}, \cdots, \boldsymbol{X}^{(k)}$ 是 $n$ 维空间中的 $k$ 个点，若存在 $\mu_1, \cdots, \mu_k$，且 $0 \leqslant \mu_i \leqslant 1, i=1,2,\cdots,k, \sum\limits_{i=1}^{k}\mu_i=1$，使得 $\boldsymbol{X}=\mu_1\boldsymbol{X}^{(1)}+\mu_2\boldsymbol{X}^{(2)}+\cdots+\mu_k\boldsymbol{X}^{(k)}$，则称 $\boldsymbol{X}$ 为 $\boldsymbol{X}^{(1)}, \cdots, \boldsymbol{X}^{(k)}$ 的凸组合。

3. 顶点

设 $K$ 是凸集，$X \in K$；若 $X$ 不能用不同的两点 $\forall \boldsymbol{X}^{(1)} \in K, \boldsymbol{X}^{(2)} \in K$ 的线性组合表示为 $\boldsymbol{X}=\alpha\boldsymbol{X}^{(1)}+(1-\alpha)\boldsymbol{X}^{(2)}(0<\alpha<1)$，则称 $\boldsymbol{X}$ 为 $K$ 这个凸集的一个顶点(或极点)。

## 1.2.2　相关定理和引理

**定理 1　若线性规划问题存在可行解，则问题的可行域是凸集。**

证明：$D=\left(\boldsymbol{X} \mid \sum\limits_{j=1}^{n}\boldsymbol{P}_j x_j=\boldsymbol{b}, x_j \geqslant 0\right)$ 是凸集。

设 $\boldsymbol{X}^{(1)}=(x_1^{(1)},x_2^{(1)},\cdots,x_n^{(1)})^{\mathrm{T}}\in D$，$\boldsymbol{X}^{(2)}=(x_1^{(2)},x_2^{(2)},\cdots,x_n^{(2)})^{\mathrm{T}}\in D$，且 $\boldsymbol{X}^{(1)}\neq\boldsymbol{X}^{(2)}$，则 $\sum_{j=1}^{n}\boldsymbol{P}_j x_j^{(1)}=\boldsymbol{b}$，$x_j^{(1)}\geqslant 0$，$j=1,2,\cdots,n$，$\sum_{j=1}^{n}\boldsymbol{P}_j x_j^{(2)}=\boldsymbol{b}$，$x_j^{(2)}\geqslant 0$，$j=1,2,\cdots,n$。

只需证明 $D$ 中任意两点连线上的点必然还属于 $D$ 即可。令 $\boldsymbol{X}=(x_1,x_2,\cdots,x_n)^{\mathrm{T}}$ 为连线 $\boldsymbol{X}^{(1)}$，$\boldsymbol{X}^{(2)}$ 上的任意一点，即 $\boldsymbol{X}=\alpha\boldsymbol{X}^{(1)}+(1-\alpha)\boldsymbol{X}^{(2)}$，$\boldsymbol{X}$ 的分量是 $x_j=\alpha x_j^{(1)}+(1-\alpha)x_j^{(2)}$，将 $\boldsymbol{X}$ 的分量代入约束条件中，可得到

$$
\begin{aligned}
\sum_{j=1}^{n}\boldsymbol{P}_j x_j &= \sum_{j=1}^{n}\boldsymbol{P}_j[\alpha x_j^{(1)}+(1-\alpha)x_j^{(2)}]\\
&=\alpha\sum_{j=1}^{n}\boldsymbol{P}_j x_j^{(1)}+\sum_{j=1}^{n}\boldsymbol{P}_j x_j^{(2)}-\alpha\sum_{j=1}^{n}\boldsymbol{P}_j x_j^{(2)}\\
&=\alpha\boldsymbol{b}+\boldsymbol{b}-\alpha\boldsymbol{b}\\
&=\boldsymbol{b}
\end{aligned}
$$

因为 $\alpha>0$，$1-\alpha>0$，$x_j^{(1)}$，$x_j^{(2)}\geqslant 0$，所以 $x_j=\alpha x_j^{(1)}+(1-\alpha)x_j^{(2)}\geqslant 0$，$\boldsymbol{X}\in D$，$D$ 是凸集。

**引理 1　线性规划问题的可行解为基可行解的充要条件是 $X$ 的正分量所对应的系数列向量是线性无关的。**

证明：

(1) 必要性。由基可行解的定义可知。

(2) 充分性。若 $\boldsymbol{P}_1,\boldsymbol{P}_2,\cdots,\boldsymbol{P}_k$ 线性无关，则必有 $k\leqslant m$。当 $k=m$ 时，$P_1,P_2,\cdots,P_k$ 线性无关，恰好构成一个基，从而 $\boldsymbol{X}=(x_1,x_2,\cdots,x_m,0,\cdots,0)^{\mathrm{T}}$ 为对应的基可行解。当 $k<m$ 时，则一定可以从其余列向量中取出 $m-k$ 个与 $\boldsymbol{P}_1,\boldsymbol{P}_2,\cdots,\boldsymbol{P}_k$ 构成极大无关组的向量，从而构成一个基，其对应的解恰为可行解 $\boldsymbol{X}$，则根据定义可知 $\boldsymbol{X}$ 为基可行解。

**定理 2　线性规划问题的基可行解 $X$ 对应线性规划问题可行域(凸集)的顶点。**

证明：用反证法。为不失一般性，假设基可行解前 $m$ 个分量为正，即

$$\boldsymbol{X}=(x_1,x_2,\cdots,x_m,0,\cdots,0)^{\mathrm{T}}$$

(1) 若 $\boldsymbol{X}$ 不是基可行解，则它一定不是可行域 $D$ 的顶点。根据引理 1，若 $\boldsymbol{X}$ 不是基可行解，则其对应的系数列向量 $\boldsymbol{P}_1,\boldsymbol{P}_2,\cdots,\boldsymbol{P}_m$ 线性相关，即存在一组不全为零的数 $k_1,k_2,\cdots,k_m$，使得将 $\boldsymbol{X}$ 代入约束条件有

$$k_1\boldsymbol{P}_1+k_2\boldsymbol{P}_2+\cdots+k_m\boldsymbol{P}_m=\boldsymbol{0} \tag{1}$$

$$\boldsymbol{P}_1x_1+\boldsymbol{P}_2x_2+\cdots+\boldsymbol{P}_mx_m=\boldsymbol{b} \tag{2}$$

令 (2)$-\mu$(1)，(2)$+\mu$(1)，$\mu>0$，可得

$$(x_1-\mu k_1)\boldsymbol{P}_1+(x_2-\mu k_2)\boldsymbol{P}_2+\cdots+(x_m-\mu k_m)\boldsymbol{P}_m=\boldsymbol{b}$$

$$(x_1+\mu k_1)\boldsymbol{P}_1+(x_2+\mu k_2)\boldsymbol{P}_2+\cdots+(x_m+\mu k_m)\boldsymbol{P}_m=\boldsymbol{b}$$

则可取

$$\boldsymbol{X}^{(1)}=(x_1-\mu k_1,x_2-\mu k_2,\cdots,x_m-\mu k_m,0,\cdots,0)^{\mathrm{T}}$$

$$\boldsymbol{X}^{(2)}=(x_1+\mu k_1,x_2+\mu k_2,\cdots,x_m+\mu k_m,0,\cdots,0)^{\mathrm{T}}$$

可以看出，$\boldsymbol{X}=\frac{1}{2}\boldsymbol{X}^{(1)}+\frac{1}{2}\boldsymbol{X}^{(2)}$，即 $\boldsymbol{X}$ 是 $\boldsymbol{X}^{(1)}$，$\boldsymbol{X}^{(2)}$ 两点连线的中点。若 $\mu$ 充分小，则 $x_i\pm\mu k_i\geqslant 0$，$i=1,2,\cdots,m$，即 $\boldsymbol{X}^{(1)}$，$\boldsymbol{X}^{(2)}$ 为可行解，则 $\boldsymbol{X}$ 不会是可行域 $D$ 的顶点。

(2) 若 $\boldsymbol{X}$ 不是可行域 $D$ 的顶点，则它一定不是基可行解。因为 $\boldsymbol{X}$ 不是可行域的顶点，则在可行域中可找到不同的两点 $\boldsymbol{X}^{(1)}$，$\boldsymbol{X}^{(2)}$，$\boldsymbol{X}^{(1)}=(x_1^{(1)},x_2^{(1)},\cdots,x_n^{(1)})^{\mathrm{T}}$，$\boldsymbol{X}^{(2)}=(x_1^{(2)},x_2^{(2)},\cdots,x_n^{(2)})^{\mathrm{T}}$，使 $\boldsymbol{X}=\alpha\boldsymbol{X}^{(1)}+(1-\alpha)\boldsymbol{X}^{(2)}$，$0<\alpha<1$。假设 $\boldsymbol{X}$ 是基可行解，则其 $m$ 个正分量对应的系数列向量线性无关。又 $\boldsymbol{X}^{(1)}$，$\boldsymbol{X}^{(2)}$ 是可

行域不同的两点，则该两点为可行解，就满足

$$\sum_{j=1}^{m}\boldsymbol{P}_j x_j^{(1)}=\boldsymbol{b},x_j^{(1)}\geqslant 0,\sum_{j=1}^{m}\boldsymbol{P}_j x_j^{(2)}=\boldsymbol{b},x_j^{(2)}\geqslant 0$$

将这两式相减，得 $\sum_{j=1}^{m}\boldsymbol{P}_j(x_j^{(1)}-x_j^{(2)})=0$。因为 $\boldsymbol{X}^{(1)}\neq\boldsymbol{X}^{(2)}$，所以 $x_j^{(1)}-x_j^{(2)}$ 不全为 0，则 $\boldsymbol{P}_1,\boldsymbol{P}_2,\cdots,\boldsymbol{P}_m$ 线性相关，与假设矛盾，$\boldsymbol{X}$ 不是基可行解。

**引理 2　$K$ 是有界凸集，则其中任何一点 $X$ 可表示为 $K$ 的顶点的凸组合。**

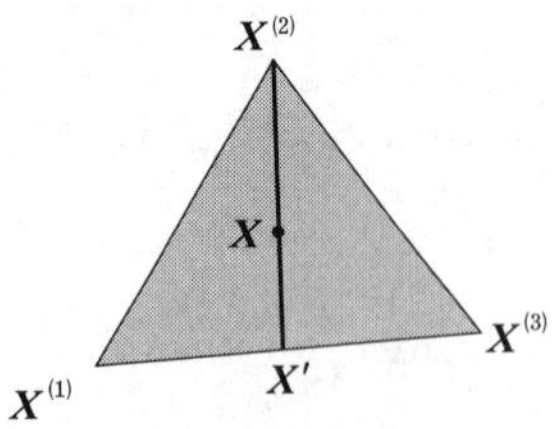

**图 1-12　凸组合**

**例 1-7(凸组合的说明)**　设 $\boldsymbol{X}$ 是三角形中任意一点，$\boldsymbol{X}^{(1)}$，$\boldsymbol{X}^{(2)}$ 和 $\boldsymbol{X}^{(3)}$ 是三角形的 3 个顶点，如图 1-12 所示，试用 3 个顶点的坐标表示 $\boldsymbol{X}$。

解：连接 $\boldsymbol{X}^{(2)}$，$\boldsymbol{X}$，并延长交 $\boldsymbol{X}^{(1)}$，$\boldsymbol{X}^{(3)}$ 的连接线于 $\boldsymbol{X}'$。$\boldsymbol{X}'$ 是 $\boldsymbol{X}^{(1)}$，$\boldsymbol{X}^{(3)}$ 连接线上的一点，则其可表示为

$$\boldsymbol{X}'=\alpha\boldsymbol{X}^{(1)}+(1-\alpha)\boldsymbol{X}^{(3)},0<\alpha<1 \tag{1}$$

$\boldsymbol{X}$ 是 $\boldsymbol{X}^{(2)}$，$\boldsymbol{X}'$ 连接线上的一点，则其可表示为

$$\boldsymbol{X}=\lambda\boldsymbol{X}'+(1-\lambda)\boldsymbol{X}^{(2)},0<\lambda<1 \tag{2}$$

将式(1)代入式(2)，有

$$\begin{aligned}\boldsymbol{X}&=\lambda[\alpha\boldsymbol{X}^{(1)}+(1-\alpha)\boldsymbol{X}^{(3)}]+(1-\lambda)\boldsymbol{X}^{(2)}\\&=\lambda\alpha\boldsymbol{X}^{(1)}+\lambda(1-\alpha)\boldsymbol{X}^{(3)}+(1-\lambda)\boldsymbol{X}^{(2)}\end{aligned}$$

令 $\mu_1=\lambda\alpha,\mu_2=1-\lambda,\mu_3=\lambda(1-\alpha)$，则 $\boldsymbol{X}=\mu_1\boldsymbol{X}^{(1)}+\mu_2\boldsymbol{X}^{(2)}+\mu_3\boldsymbol{X}^{(3)}$，$\sum_{i=1}^{3}\mu_i=1,0<\mu_i<1$，所以，$\boldsymbol{X}$ 可表示为 3 个顶点的凸组合。

**定理 3　可行域有界，线性规划问题的目标函数一定可以在其可行域的顶点上达到最优。**

证明：设 $\boldsymbol{X}^{(1)},\boldsymbol{X}^{(2)},\cdots,\boldsymbol{X}^{(k)}$ 是可行域的顶点，$\boldsymbol{X}^{(0)}$ 不是顶点，目标函数在 $\boldsymbol{X}^{(0)}$ 处达到最优，即 $z^*=\boldsymbol{C}\boldsymbol{X}^{(0)}$。

因 $\boldsymbol{X}^{(0)}$ 不是顶点，根据引理 2，它可由 $D$ 的顶点线性表示为

$$\boldsymbol{X}^{(0)}=\sum_{i=1}^{k}\alpha_i X^{(i)},\alpha_i>0,\sum_{i=1}^{k}\alpha_i=1$$

所以 $\boldsymbol{C}\boldsymbol{X}^{(0)}=\boldsymbol{C}\sum_{i=1}^{k}\alpha_i\boldsymbol{X}^{(i)}=\sum_{i=1}^{k}\alpha_i\boldsymbol{C}\boldsymbol{X}^{(i)}$。

在 $\boldsymbol{X}^{(1)},\boldsymbol{X}^{(2)},\cdots,\boldsymbol{X}^{(k)}$ 这些顶点，一定可找到一个 $\boldsymbol{X}^{(m)}$，使得 $\boldsymbol{C}\boldsymbol{X}^{(m)}$ 是所有 $\boldsymbol{C}\boldsymbol{X}^{(i)}$ 中最大者，则 $\boldsymbol{C}\boldsymbol{X}^{(0)}=\sum_{i=1}^{k}\alpha_i\boldsymbol{C}\boldsymbol{X}^{(i)}\leqslant\sum_{i=1}^{k}\alpha_i\boldsymbol{C}\boldsymbol{X}^{(m)}=\boldsymbol{C}\boldsymbol{X}^{(m)}$，所以 $\boldsymbol{C}\boldsymbol{X}^{(0)}\leqslant\boldsymbol{C}\boldsymbol{X}^{(m)}$，而根据假设，$\boldsymbol{C}\boldsymbol{X}^{(0)}$ 是最大值，所以只能有 $\boldsymbol{C}\boldsymbol{X}^{(0)}=\boldsymbol{C}\boldsymbol{X}^{(m)}$，即目标函数在顶点 $\boldsymbol{X}^{(m)}$ 处也达到最大值。

定理 3 描述了最优解在可行解集(可行域)中的位置，若最优解唯一，则最优解只能在某一个顶点上得到；若具有无穷多最优解，则最优解是某些顶点的凸组合。也就是说，最优解是可行解集的顶点或界点，而不可能是可行解集的内点。

## 复习思路提示

(1) 可行域若有界则是凸集，也可能是无界域；无界域时可能无最优解，也可能有最优解，若有则必在某顶点上得到。

(2) 每个基可行解都对应可行域的一个顶点，一个顶点可能对应几个基可行解。

(3) 可行域有有限多个顶点。

(4) 如果有最优解，必在某个顶点上得到。

# 1.3　线性规划问题单纯形法求解思路

单纯形法的思路(顶点的个数是有限的)如图 1-13 所示。

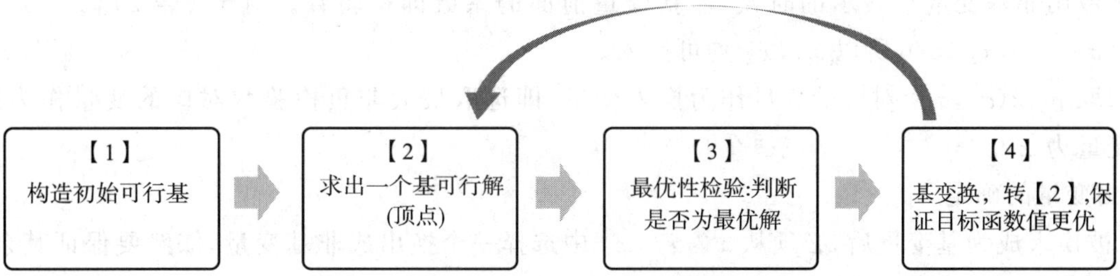


**图 1-13　线性规划问题单纯形法求解思路**

## 1.3.1　引例说明

本小节以例 1-1 的数学模型为引例,介绍利用单纯形法求解线性规划问题的思路,并将每一次的结果与图解法一一进行对比,进一步说明其几何意义。

求解线性规划问题,首先要将其化为标准型,则

$$\max z = 2x_1 + 3x_2 \qquad\qquad \max z = 2x_1 + 3x_2 + 0x_3 + 0x_4 + 0x_5$$

$$\text{s.t.}\begin{cases} x_1 + 2x_2 \leqslant 8 \\ 4x_1 \leqslant 16 \\ 4x_2 \leqslant 12 \\ x_1, x_2 \geqslant 0 \end{cases} \quad \xrightarrow{\text{化为标准型}} \quad \text{s.t.}\begin{cases} x_1 + 2x_2 + x_3 = 8 \\ 4x_1 + x_4 = 16 \\ 4x_2 + x_5 = 12 \\ x_1, x_2, x_3, x_4, x_5 \geqslant 0 \end{cases}$$

1. *构造初始可行基*

约束方程组的系数矩阵 $\boldsymbol{A} = (\boldsymbol{P}_1, \cdots, \boldsymbol{P}_5) = \begin{pmatrix} 1 & 2 & 1 & 0 & 0 \\ 4 & 0 & 0 & 1 & 0 \\ 0 & 4 & 0 & 0 & 1 \end{pmatrix}$,显然 $\boldsymbol{P}_3, \boldsymbol{P}_4, \boldsymbol{P}_5$ 可构成初始可行基 $\boldsymbol{B}$,则 $x_3, x_4, x_5$ 为初始基变量。

2. *求出一个基可行解*

基可行解为基变量用非基变量表示,并令非基变量为 0 对应的解。

$$\max z = 2x_1 + 3x_2 + 0x_3 + 0x_4 + 0x_5$$

$$\text{s.t.}\begin{cases} x_1 + 2x_2 + x_3 = 8 \\ 4x_1 + x_4 = 16 \\ 4x_2 + x_5 = 12 \\ x_1, x_2, x_3, x_4, x_5 \geqslant 0 \end{cases} \quad \Longrightarrow \quad \begin{cases} x_3 = 8 - x_1 - 2x_2 \\ x_4 = 16 - 4x_1 \\ x_5 = 12 - 4x_2 \end{cases}$$

令 $x_1 = x_2 = 0$,得一基可行解 $\boldsymbol{X}^{(0)}$,$\boldsymbol{X}^{(0)} = (0,0,8,16,12)^{\mathrm{T}}$,将 $\boldsymbol{X}^{(0)}$ 代入目标函数 $z = 2x_1 + 3x_2$ 中,有 $z = 0$。这个基可行解表示工厂没有安排生产产品甲和乙,资源都没有被利用,所以利润为 0。

3. *最优性检验:判断是否为最优解*

通过分析目标函数可以看出,非基变量的系数均为正数,即只要安排生产就能使利润增大,因此,只要

目标函数中还存在有正系数的非基变量，就表示目标函数值还有增大的可能，需要进行基变换。

可以任选有正系数的非基变量作为换入变量，迭代后都会使目标函数值增大。但通常选择正系数最大的那个非基变量作为换入变量，这样一般会迭代得更快。但是如何选择换出变量呢？

4. 基变换

1）换入变量的确定

目标函数用非基变量来表示的时候，非基变量前面的系数即检验数。对于 $z=2x_1+3x_2=\sigma_1x_1+\sigma_2x_2$，因为 $\sigma_1>0,\sigma_2>0$，所以 $x_1,x_2$ 均可换入。

一般选取 $\max(\sigma_1,\sigma_2)$ 对应的变量作为换入变量，即选取最大非负检验数对应的变量作为换入变量。确定换入变量为 $x_2$。

2）换出变量的确定

当 $x_2$ 被换入成为基变量后，必须从 $x_3,x_4,x_5$ 中选择一个换出成非基变量，依然要保证其余变量非负(换入变量后，新的解要可行。遵循最小比值原则)。

$$\begin{cases}x_3=8-x_1-2x_2\\x_4=16-4x_1\\x_5=12-4x_2\end{cases}$$

令 $x_1=0$，得

$$\begin{cases}x_3=8-2x_2\geqslant 0\\x_4=16\geqslant 0\\x_5=12-4x_2\geqslant 0\end{cases}$$

说明每生产一件乙产品，需要用掉的资源数为 $(2,0,4)^{\mathrm{T}}$，而这些资源中的薄弱环节，就确定了产品乙的产量。

$$x_2=\min\left(\frac{8}{2},-,\frac{12}{4}\right)=\frac{12}{4}=3$$

只有当 $x_2=3$ 时，才能保证所有变量非负，而此时 $x_5=0$，则 $x_5$ 为确定的换出变量。

5. 迭代运算

用非基变量 $x_1,x_5$ 把基变量 $x_3,x_4,x_2$ 表示出来，通过高斯消元法，得

$$\begin{cases}x_3=8-x_1-2x_2\\x_4=16-4x_1\\x_5=12-4x_2\end{cases}\to\begin{cases}x_3+2x_2=8-x_1\\x_4=16-4x_1\\4x_2=12-x_5\end{cases}\to\begin{cases}x_3=2-x_1+\dfrac{1}{2}x_5\\x_4=16-4x_1\\x_2=3-\dfrac{1}{4}x_5\end{cases}$$

将上式代入目标函数，有 $z=2x_1+3\times\left(3-\dfrac{1}{4}x_5\right)=9+2x_1-\dfrac{3}{4}x_5$。

此时基由 $(\boldsymbol{P}_3,\boldsymbol{P}_4,\boldsymbol{P}_5)$ 换成了 $(\boldsymbol{P}_3,\boldsymbol{P}_4,\boldsymbol{P}_2)$，可得到基可行解 $\boldsymbol{X}^{(1)}=(0,3,2,16,0)^{\mathrm{T}}$，将 $\boldsymbol{X}^{(1)}$ 代入目标函数，有 $z=9$。然后，继续最优性检验，检验数存在正数，则换基继续迭代，直到检验数均非正，停止，此时的解即最优解。

继续迭代，可得到

$$\boldsymbol{X}^{(0)}=(0,0,8,16,12)^{\mathrm{T}}$$
$$\boldsymbol{X}^{(1)}=(0,3,2,16,0)^{\mathrm{T}}$$
$$\boldsymbol{X}^{(2)}=(2,3,0,8,0)^{\mathrm{T}}$$
$$\boldsymbol{X}^{(3)}=(4,2,0,0,4)^{\mathrm{T}}$$

迭代过程如图 1-14 中的“$O-A-B-C$”所示。

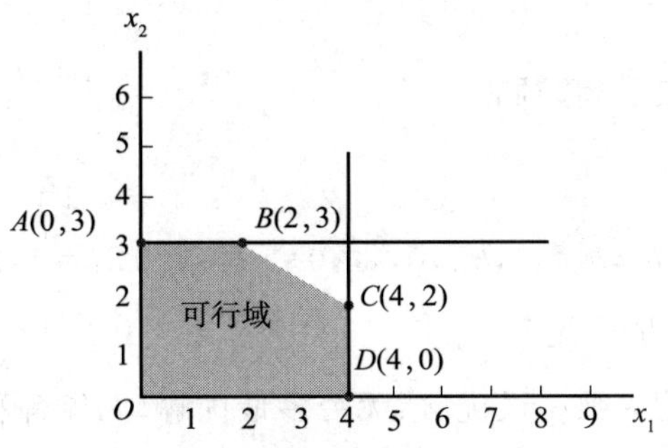


**图 1-14　迭代过程**

此时，目标函数为 $z=14-1.5x_3-0.125x_4$，$z^*=14$。

上文介绍了线性规划问题的求解过程，下面将按上述思路介绍如何使用单纯形法求解一般的线性规划问题。

## 1.3.2　单纯形法的原理

已知线性规划问题数学模型的向量形式如下：

$$\max z=\sum_{j=1}^{n}c_jx_j$$

$$\text{s.t.}\begin{cases}\sum_{j=1}^{n}\boldsymbol{P}_jx_j=\boldsymbol{b}\\ x_j\geqslant 0, j=1,2,\cdots,n\end{cases}$$

1. 构造初始可行基

$$\boldsymbol{B}=(\boldsymbol{P}_1,\boldsymbol{P}_2,\cdots,\boldsymbol{P}_m)=\begin{pmatrix}1 & 0 & \cdots & 0\\ 0 & 1 & \cdots & 0\\ \vdots & \vdots & & \vdots\\ 0 & 0 & \cdots & 1\end{pmatrix}$$

通过直接观察可得出一个可行基 $|\boldsymbol{B}|\neq 0$。当约束方程组中为“$\leqslant$”时，加松弛变量；当约束方程组中为“$\geqslant$、$=$”时，加人工变量(后面会讨论)。

为讨论方便，设约束方程组中为“$\leqslant$”，加松弛变量。

$$\begin{cases}x_1+a_{1m+1}x_{m+1}+\cdots+a_{1n}x_n=b_1\\ x_2+a_{2m+1}x_{m+1}+\cdots+a_{2n}x_n=b_2\\ \vdots\\ x_m+a_{mm+1}x_{m+1}+\cdots+a_{mn}x_n=b_m\\ x_1,x_2,\cdots,x_n\geqslant 0\end{cases}$$

显然，松弛变量的系数矩阵可构成一个可行基，即

$$\boldsymbol{B}=(\boldsymbol{P}_1,\boldsymbol{P}_2,\cdots,\boldsymbol{P}_m)=\begin{pmatrix}1 & 0 & \cdots & 0\\ 0 & 1 & \cdots & 0\\ \vdots & \vdots & & \vdots\\ 0 & 0 & \cdots & 1\end{pmatrix}$$

2. 求出初始基可行解

令基变量由所有非基变量来表示，移项得 $\begin{cases} x_1 = b_1 - a_{1,m+1}x_{m+1} - \cdots - a_{1n}x_n \\ x_2 = b_2 - a_{2,m+1}x_{m+1} - \cdots - a_{2n}x_n \\ \vdots \\ x_m = b_m - a_{m,m+1}x_{m+1} - \cdots - a_{mn}x_n \end{cases}$，令所有非基变量等于0，则可得到初始基可行解 $\boldsymbol{X}^{(0)} = (b_1, b_2, \cdots, b_m, 0, \cdots, 0)^{\mathrm{T}}, b_i \geqslant 0, i = 1, 2, \cdots, m$。

3. 最优性检验：判断是否为最优解

线性规划问题的求解结果可能为唯一最优解、无穷多最优解、无界解和无可行解 4 种情况，为此，需要建立解的判断准则。

令基变量由所有非基变量来表示，移项得

$$\begin{cases} x_1 = b_1 - a_{1m+1}x_{m+1} - \cdots - a_{1n}x_n \\ x_2 = b_2 - a_{2m+1}x_{m+1} - \cdots - a_{2n}x_n \\ \vdots \\ x_m = b_m - a_{mm+1}x_{m+1} - \cdots - a_{mn}x_n \end{cases}$$

将基变量用非基变量表示的表达式代入目标函数中，判断目标函数中是否还存在着非基变量的系数为正数的情况，即是否需要继续换基。

一般经多次迭代后，约束方程组会变成 $x_i = b'_i - \sum\limits_{j=m+1}^{n} a'_{ij}x_j, i = 1, 2, \cdots, m$，将其代入目标函数，可得

$$\begin{aligned} z &= \sum_{i=1}^{m} c_i x_i + \sum_{j=m+1}^{n} c_j x_j \\ &= \sum_{i=1}^{m} c_i \left(b'_i - \sum_{j=m+1}^{n} a'_{ij}x_j\right) + \sum_{j=m+1}^{n} c_j x_j \\ &= \sum_{i=1}^{m} c_i b'_i - \sum_{i=1}^{m} c_i \sum_{j=m+1}^{n} a'_{ij}x_j + \sum_{j=m+1}^{n} c_j x_j \\ &= \sum_{i=1}^{m} c_i b'_i + \sum_{j=m+1}^{n} c_j x_j - \sum_{j=m+1}^{n}\sum_{i=1}^{m} c_i a'_{ij} x_j \\ &= \sum_{i=1}^{m} c_i b'_i + \sum_{j=m+1}^{n} \left(c_j - \sum_{i=1}^{m} c_i a'_{ij}\right) x_j \end{aligned}$$

令 $z_0 = \sum\limits_{i=1}^{m} c_i b'_i, z_j = \sum\limits_{i=1}^{m} c_i a'_{ij}, j = m+1, \cdots, n$，于是 $z = z_0 + \sum\limits_{j=m+1}^{n} (c_j - z_j)x_j$，再令 $\sigma_j = c_j - z_j, j = m+1, \cdots, n$，则 $z = z_0 + \sum\limits_{j=m+1}^{n} \sigma_j x_j$，$\sigma_j$ 为检验数。

(1) 当所有 $\sigma_j \leqslant 0$ 时，当前顶点(基可行解)的目标函数值已是最大，即基可行解为最优解。

(2) 当所有 $\sigma_j \leqslant 0$ 时，存在某个非基变量 $x_j$ 的 $\sigma_j = 0$，则在另一个顶点也使目标函数值达到最大，两点连线上的所有点都是最优解，即有无穷多最优解；当所有非基变量的 $\sigma_j < 0$ 时，有唯一最优解。

(3) 若存在某个 $\sigma_j > 0$，而其对应的非基向量 $\boldsymbol{P}_j \leqslant 0$，则从表达式 $x_i = b'_i - \sum\limits_{j=m+1}^{n} a'_{ij}x_j, i = 1, 2, \cdots, m$ 中可以看出，该线性规划问题有无界解。

线性规划问题解的判别定理归纳如下。

(1) 最优解判别定理：若 $\boldsymbol{X}^{(0)} = (b'_1, b'_2, \cdots, b'_m, 0, \cdots, 0)^{\mathrm{T}}$ 为基可行解，且全部 $\sigma_j \leqslant 0, j = m+1, \cdots, n$，则 $\boldsymbol{X}^{(0)}$ 为最优解。

(2) 唯一最优解判别定理：若 $\boldsymbol{X}^{(0)}=(b_1',b_2',\cdots,b_m',0,\cdots,0)^{\mathrm{T}}$ 为基可行解，且全部 $\sigma_j<0,j=m+1,\cdots,n$，则 $\boldsymbol{X}^{(0)}$ 为唯一最优解。

(3) 无界解判别定理：若有一个非基变量 $x_{m+k}$ 的 $\sigma_{m+k}>0$，而其对应的非基变量的所有系数 $a_{i,m+k}'\leqslant 0$，$i=1,2,\cdots,m$，则存在无界解。

(4) 无穷多最优解判别定理：若 $\boldsymbol{X}^{(0)}=(b_1',b_2',\cdots,b_m',0,\cdots,0)^{\mathrm{T}}$ 为基可行解，且全部 $\sigma_j\leqslant 0,j=m+1,\cdots,n$，且存在一个非基变量 $x_{m+k}$ 的 $\sigma_{m+k}=0$，则存在无穷多最优解。

4. 基变换

若初始基可行解不是最优解及不能判定无界，需要找到一个新的基可行解，则需要进行基变换，从原有可行基中换出一列(仍保持列向量组线性无关)，得到一个新的可行基。

1) 确定换入变量

$$z=\sum_{i=1}^{m}c_ib_i'+\sum_{j=m+1}^{n}(c_j-\sum_{i=1}^{m}c_ia_{ij}')x_j$$

$$z=z_0+\sum_{j=m+1}^{n}\sigma_jx_j$$

若 $\max(\sigma_j>0)=\sigma_{m+i}$，则 $\sigma_{m+i}$ 对应的 $x_{m+i}$ 作为换入变量。

2) 确定换出变量

设初始可行基为 $\boldsymbol{B}=(\boldsymbol{P}_1,\boldsymbol{P}_2,\cdots,\boldsymbol{P}_m)=\begin{pmatrix}1&0&\cdots&0\\0&1&\cdots&0\\\vdots&\vdots&&\vdots\\0&0&\cdots&1\end{pmatrix}$，其对应的初始基可行解为 $\boldsymbol{X}^{(0)}=(x_1^0,x_2^0,\cdots,x_m^0,0,\cdots,0)^{\mathrm{T}}$，将初始基可行解代入约束方程组，则有

$$\max \boldsymbol{Z}=\boldsymbol{CX}$$

$$\text{s. t.}\begin{cases}\sum_{i=1}^{n}\boldsymbol{P}_ix_i+\sum_{j=1}^{n}\boldsymbol{P}_jx_j=\boldsymbol{b}\\x_j\geqslant 0,j=1,2,\cdots,n\end{cases}$$

得 $\sum_{i=1}^{m}\boldsymbol{P}_ix_i^0=\boldsymbol{b}$。

写出约束方程组的增广矩阵：

$$\begin{matrix}\boldsymbol{P}_1&\boldsymbol{P}_2&&\boldsymbol{P}_m&\boldsymbol{P}_{m+1}&&\boldsymbol{P}_j&&\boldsymbol{P}_n&\\\end{matrix}$$

$$\begin{bmatrix}1&0&\cdots&0&a_{1,m+1}&\cdots&a_{1j}&\cdots&a_{1n}&b_1\\0&1&\cdots&0&a_{2,m+1}&\cdots&a_{2j}&\cdots&a_{2n}&b_2\\\vdots&\vdots&&\vdots&\vdots&&\vdots&&\vdots&\vdots\\0&0&\cdots&1&a_{m,m+1}&\cdots&a_{mj}&\cdots&a_{mn}&b_m\end{bmatrix}$$

可得 $\boldsymbol{P}_j=\sum_{i=1}^{m}a_{ij}\boldsymbol{P}_i\xrightarrow{\text{移项得}}\boldsymbol{P}_j-\sum_{i=1}^{m}a_{ij}\boldsymbol{P}_i=0$，即非基向量均可由基向量线性表示，若确定 $\boldsymbol{P}_{m+t}$ 为换入变量 $x_{m+t}$ 的系数列向量，则必然可以找出一组不全为零的数，使得

$$\boldsymbol{P}_{m+t}=\sum_{i=1}^{m}a_{i,m+t}\boldsymbol{P}_i\Rightarrow\boldsymbol{P}_{m+t}-\sum_{i=1}^{m}a_{i,m+t}\boldsymbol{P}_i=0$$

上式乘以一个正数 $\theta>0$，得 $\theta\left(\boldsymbol{P}_{m+t}-\sum_{i=1}^{m}a_{i,m+t}\boldsymbol{P}_i\right)=0$，又 $\sum_{i=1}^{m}\boldsymbol{P}_ix_i^0=\boldsymbol{b}$，则 $\theta\boldsymbol{P}_{m+t}+\sum_{i=1}^{m}\boldsymbol{P}_i(x_i^0-\theta a_{i,m+t})=\boldsymbol{b}$，此时可找到满足原约束方程组 $\sum_{j=1}^{n}\boldsymbol{P}_jx_j=\boldsymbol{b}$ 的另一个点：$\boldsymbol{X}^{(1)}=(x_1^0-\theta a_{1,m+t},\cdots,x_m^0-\theta a_{m,m+t},0,\cdots,$

$\theta,\cdots,0)^{\mathrm{T}}$。

要使 $\boldsymbol{X}^{(1)}$ 为基可行解，则其所有的分量都要大于等于 0，且非零分量的个数不大于 $m$ 个，则

$$x_i^0-\theta a_{i,m+t}\geqslant 0,i=1,2,\cdots,m$$

$$\theta=\min\left\{\frac{x_i^0}{a_{i,m+t}}\middle|a_{i,m+t}>0\right\},i=1,2,\cdots,m$$

假设第 $l$ 个分量的不等式计算使得 $\theta$ 取最小值：

$$\theta=\min\left\{\frac{x_i^0}{a_{i,m+t}}\middle|a_{i,m+t}>0\right\}=\frac{x_l^0}{a_{l,m+t}}$$

则其对应的 $x_l$ 为换出变量。将 $\theta$ 代入该基可行解中，得

$$\boldsymbol{X}^{(1)}=\left(x_1^0-\frac{x_l^0}{a_{l,m+t}}a_{1,m+t},\cdots,0,\cdots,x_m^0-\frac{x_l^0}{a_{l,m+t}}a_{m,m+t},0,\cdots,\frac{x_l^0}{a_{l,m+t}},\cdots,0\right)^{\mathrm{T}}$$

5．迭代运算（$x_l$ 换出，$x_{m+t}$ 换入）

写出约束方程组的增广矩阵：

$$\begin{array}{ccccccccccccc} x_1 & \cdots & x_l & \cdots & x_m & x_{m+1} & \cdots & x_{m+t} & \cdots & x_n & b_n \end{array}$$

$$\begin{bmatrix} 1 & \cdots & 0 & \cdots & 0 & a_{1,m+1} & \cdots & a_{1,m+t} & \cdots & a_{1n} & b_1 \\ \vdots & & \vdots & & \vdots & \vdots & & \vdots & & \vdots & \vdots \\ 0 & \cdots & 1 & \cdots & 0 & a_{l,m+1} & \cdots & a_{l,m+t} & \cdots & a_{ln} & b_l \\ \vdots & & \vdots & & \vdots & \vdots & & \vdots & & \vdots & \vdots \\ 0 & \cdots & 0 & \cdots & 1 & a_{m,m+1} & \cdots & a_{m,m+t} & \cdots & a_{mn} & b_m \end{bmatrix}$$

以 $a_{l,m+t}$ 为主元，将其化为 1，则第 $l$ 行的各元素均除以 $a_{l,m+t}$，有 $a'_{lj}=\dfrac{a_{lj}}{a_{l,m+t}}$，$b'_l=\dfrac{b_l}{a_{l,m+t}}$，随后，又将其所在列其他元素化为 0，则 $a'_{ij}=a_{ij}-\dfrac{a_{lj}}{a_{l,m+t}}\cdot a_{i,m+t}$，$b'_i=b_i-\dfrac{b_l}{a_{l,m+t}}\cdot a_{i,m+t}$（此时 $i\neq l$，为除第 1 行外的其他行）。于是，经过初等行变换后的新增广矩阵为

$$\begin{array}{ccccccccccccc} x_1 & \cdots & x_l & \cdots & x_m & x_{m+1} & \cdots & x_{m+t} & \cdots & x_n & b \end{array}$$

$$\begin{bmatrix} 1 & \cdots & -\dfrac{a_{1,m+t}}{a_{l,m+t}} & \cdots & 0 & a'_{1,m+1} & \cdots & 0 & \cdots & a'_{1n} & b'_1 \\ \vdots & & \vdots & & \vdots & \vdots & & \vdots & & \vdots & \vdots \\ 0 & \cdots & -\dfrac{1}{a_{l,m+t}} & \cdots & 0 & a'_{l,m+1} & \cdots & 1 & \cdots & a'_{ln} & b'_l \\ \vdots & & \vdots & & \vdots & \vdots & & \vdots & & \vdots & \vdots \\ 0 & \cdots & -\dfrac{a_{m,m+t}}{a_{l,m+t}} & \cdots & 1 & a'_{m,m+1} & \cdots & 0 & \cdots & a'_{mn} & b'_m \end{bmatrix}$$

此时，$\boldsymbol{P}_{m+t}$ 变换成单位列向量，成为新的基向量。

## 复习思路提示

（1）掌握使用单纯形法求解线性规划问题的思路。

（2）会对单纯形法的迭代原理进行简单描述。

（3）了解单纯形法的换入变量和换出变量的确定规则（确定主元及主元列）。

（4）掌握单纯形法的迭代运算（矩阵的初等行变换）。

（5）牢记解的判别定理（经常考）。

# 1.4　单纯形法的计算步骤

为书写规范和便于计算，人们为单纯形法的计算设计了单纯形表。每一次迭代对应一张单纯形表。含初始基可行解的单纯形表称为初始单纯形表；含最优解的单纯形表称为最终单纯形表。本节介绍用单纯形表计算线性规划问题的步骤，以极大化问题为示例。

由“1.3.2　单纯形法的原理”可知，每一次迭代计算只要表示出当前的约束方程组及目标函数即可（注意最开始要化成标准型）。

$$\begin{cases} x_1 + a_{1m+1}x_{m+1} + \cdots + a_{1n}x_n = b_1 \\ x_2 + a_{2m+1}x_{m+1} + \cdots + a_{2n}x_n = b_2 \\ \vdots \\ -z + c_1x_1 + \cdots + c_mx_m + c_{m+1}x_{m+1} + \cdots + c_nx_n = 0 \end{cases}$$

把 $z$ 也当作一个变量，写出目标函数与约束方程组的增广矩阵：

$$\begin{array}{ccccccccc} -z & x_1 & x_2 & \cdots & x_m & x_{m+1} & \cdots & x_n & \\ \end{array}$$
$$\begin{pmatrix} 0 & 1 & 0 & \cdots & 0 & a_{1m+1} & \cdots & a_{1n} & b_1 \\ 0 & 0 & 1 & \cdots & 0 & a_{2m+1} & \cdots & a_{2n} & b_2 \\ \vdots & \vdots & \vdots & & \vdots & \vdots & & \vdots & \vdots \\ 0 & 0 & 0 & \cdots & 1 & a_{mm+1} & \cdots & a_{mn} & b_m \\ 1 & c_1 & c_2 & \cdots & c_m & a_{m+1} & \cdots & a_n & 0 \end{pmatrix}$$

增广矩阵结构说明如图 1－15 所示。

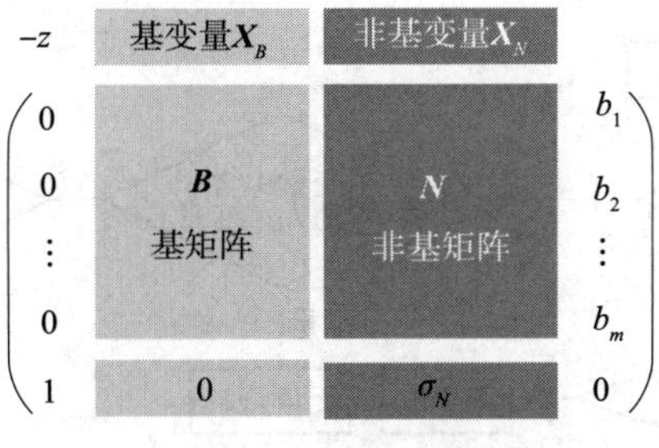


**图 1－15　增广矩阵结构说明**

在目标函数中用非基变量表示基变量后，写出检验数的表示式：

$$\begin{array}{ccccccccc} -z & x_1 & x_2 & \cdots & x_m & x_{m+1} & \cdots & x_n & b \end{array}$$
$$\begin{pmatrix} 0 & 1 & 0 & \cdots & 0 & a_{1m+1} & \cdots & a_{1n} & b_1 \\ 0 & 0 & 1 & \cdots & 0 & a_{2m+1} & \cdots & a_{2n} & b_2 \\ \vdots & \vdots & \vdots & & \vdots & \vdots & & \vdots & \vdots \\ 0 & 0 & 0 & \cdots & 1 & a_{mm+1} & \cdots & a_{mn} & b_m \\ 1 & 0 & 0 & \cdots & 0 & c_{m+1} - \sum_{i=1}^{m} c_i a_{im+1} & \cdots & c_n - \sum_{i=1}^{m} c_i a_{in} & -\sum_{i=1}^{m} c_i b_i \end{pmatrix}$$

根据增广矩阵编制单纯形表，进行迭代。

1. 列出初始单纯形表

单纯形表结构说明和填写说明分别如表 1－4 和表 1－5 所示。初始单纯形表如表 1－6 所示。

**表 1-4　单纯形表结构说明**

| $c_j \to$ | | | 变量在目标函数中的系数 | | | | | | |
|---|---|---|---|---|---|---|---|---|---|
| $\boldsymbol{C}_B$ | $\boldsymbol{X}_B$ | $\boldsymbol{b}$ | $x_1$ | … | $x_m$ | … | $x_j$ | … | $x_n$ |
| 基变量价值系数 | 基变量 | 初始基可行解 | 系数矩阵 | | | | | | |
| $c_j - z_j$ | | | 0 | … | 0 | … | $c_j - \sum_{i=1}^{m} c_i a_{ij}$ | … | $c_j - \sum_{i=1}^{m} c_i a_{ij}$ |

**表 1-5　单纯形表填写说明**

| 已知，可根据数学模型填写 | |
|---|---|
| $c_j - z_j$ | 未知的，需要计算的检验数 |

**表 1-6　初始单纯形表**

| $c_j \to$ | | | $c_1$ | … | $c_m$ | … | $c_j$ | … | $c_n$ |
|---|---|---|---|---|---|---|---|---|---|
| $\boldsymbol{C}_B$ | $\boldsymbol{X}_B$ | $\boldsymbol{b}$ | $x_1$ | … | $x_m$ | … | $x_j$ | … | $x_n$ |
| $c_1$ | $x_1$ | $b_1$ | 1 | … | 0 | … | $a_{1j}$ | … | $a_{1n}$ |
| $c_2$ | $x_2$ | $b_2$ | 0 | … | 0 | … | $a_{2j}$ | … | $a_{2n}$ |
| ⋮ | ⋮ | ⋮ | ⋮ | | ⋮ | | ⋮ | | ⋮ |
| $c_m$ | $x_m$ | $b_m$ | 0 | … | 1 | … | $a_{mj}$ | … | $a_{mn}$ |
| $\sigma_j \to$ | | | 0 | … | 0 | … | $c_j - \sum_{i=1}^{m} c_i a_{ij}$ | … | $c_j - \sum_{i=1}^{m} c_i a_{ij}$ |

2. 最优性检验

通过图 1-16 所示的逻辑图进行解的最优性判定。

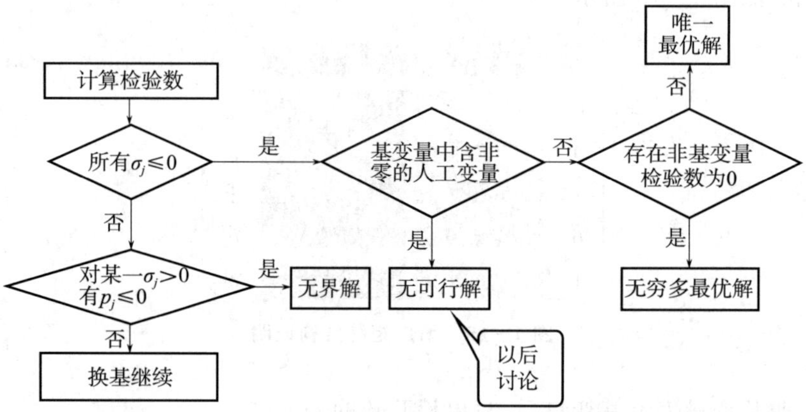


图 1-16　解的判定

3. 基变换

1）确定换入变量

只要有检验数大于 0，对应的变量就可作为换入变量。当有一个以上检验数大于 0 时，一般从中选取最大的一个：

$$\sigma_k = \max_j \{\sigma_j \mid \sigma_j > 0\}$$

其对应的变量 $x_k$ 作为换入变量。

2）确定换出变量

根据确定 $\theta$ 的最小比值规则，对 $\boldsymbol{P}_k$ 列进行计算可得 $\theta = \min\{\frac{b_i}{a_{ik}} \mid a_{ik} > 0\} = \frac{b_l}{a_{lk}}$，其对应的变量 $x_l$ 作为

换出变量。

元素 $a_{lk}$ 决定了从一个基可行解到相邻基可行解的转移去向，称为主元素。

4．迭代运算

用换入变量 $x_k$ 替换基变量中的换出变量 $x_l$，可得到一个新的基 $(\boldsymbol{P}_1,\cdots,\boldsymbol{P}_{l-1},\boldsymbol{P}_k,\boldsymbol{P}_{l+1},\cdots,\boldsymbol{P}_m)$，对应这个基可以找出一个新的基可行解，以主元 $a_{lk}$ 及主元列 $\boldsymbol{P}_k$ 为基准，对增广矩阵进行初等行变换（见表 1－7），并相应地可以画出一张新的单纯形表（表 1－8）。

**表 1－7　对增广矩阵进行初等行变换**

| $c_j\rightarrow$ | | | $c_1$ | $c_l$ | $c_m$ | … | $c_k$ | … | $c_j$ |
|---|---|---|---|---|---|---|---|---|---|
| $\boldsymbol{C}_B$ | $\boldsymbol{X}_B$ | $\boldsymbol{b}$ | $x_1$ | $x_l$ | $x_m$ | … | $x_k$ | … | $x_j$ |
| $c_1$ | $x_1$ | $b_1-b_1\frac{a_{1k}}{a_{lk}}$ | 1 | $-\frac{a_{1k}}{a_{lk}}$ | 0 | … | 0 | … | $a_{1j}-a_{1k}\frac{a_{lj}}{a_{lk}}$ |
| ⋮ | ⋮ | ⋮ | ⋮ | ⋮ | ⋮ | | ⋮ | | ⋮ |
| $c_l$ | $x_l$ | $\frac{b_l}{a_{lk}}$ | 0 | $\frac{1}{a_{lk}}$ | 0 | … | 1 | … | $\frac{a_{lj}}{a_{lk}}$ |
| ⋮ | ⋮ | ⋮ | ⋮ | ⋮ | ⋮ | | ⋮ | | ⋮ |
| $c_m$ | $x_m$ | $b_m-b_1\frac{a_{mk}}{a_{lk}}$ | 0 | $-\frac{a_{mk}}{a_{lk}}$ | 1 | … | 0 | … | $a_{mj}-a_{mk}\frac{a_{lj}}{a_{lk}}$ |

**表 1－8　基变换后的单纯形表**

| $c_j\rightarrow$ | | | $c_1$ | $c_l$ | $c_m$ | … | $c_k$ | … | $c_n$ | $\theta$ |
|---|---|---|---|---|---|---|---|---|---|---|
| $\boldsymbol{C}_B$ | $\boldsymbol{X}_B$ | $\boldsymbol{b}$ | $x_1$ | $x_l$ | $x_m$ | … | $x_k$ | … | $x_n$ | |
| $c_1$ | $x_1$ | $b_1$ | 1 | $a'_{1l}$ | 0 | … | 0 | … | $a_{1n}$ | |
| ⋮ | ⋮ | ⋮ | ⋮ | ⋮ | ⋮ | | ⋮ | | ⋮ | |
| $c_t$ | $x_t$ | $b_t$ | 0 | $a'_{ll}$ | 0 | … | 1 | … | $a_{ln}$ | $\frac{b_1}{a_{lk}}$ |
| ⋮ | ⋮ | ⋮ | ⋮ | ⋮ | ⋮ | | ⋮ | | ⋮ | |
| $c_m$ | $x_m$ | $b_m$ | 0 | $a'_{ml}$ | 1 | … | 0 | … | $a_{mn}$ | |
| $\sigma_j$ | | | $\sigma_k$ | | | | | | | |

$$\sigma_k=\max_j\{\sigma_j\,|\,\sigma_j>0\},\theta=\min\left\{\frac{b_i}{a_{ik}}\,|\,a_{ik}>0\right\}=\frac{b_l}{a_{lk}}$$

**例 1－8（用单纯形法求解线性规划问题）** 已知线性规划问题：

$$\max\ z=8x_1+6x_2$$

$$\text{s.t.}\begin{cases}x_1+x_2\leqslant 8\\2x_1+x_2\leqslant 10\\x_1\leqslant 4\\x_1,x_2\geqslant 0\end{cases}$$

解：(1)化标准型。

$$\max\ z=8x_1+6x_2 \qquad\qquad \max\ z=8x_1+6x_2+0x_3+0x_4+0x_5$$

$$\text{s.t.}\begin{cases}x_1+x_2\leqslant 8\\2x_1+x_2\leqslant 10\\x_1\leqslant 4\\x_1,x_2\geqslant 0\end{cases}\longrightarrow\quad \text{s.t.}\begin{cases}x_1+x_2+x_3=8\\2x_1+x_2+x_4=10\\x_1+x_5=4\\x_1,x_2,x_3,x_4,x_5\geqslant 0\end{cases}$$

(2) 列初始单纯形表（单位阵为基，对应变量为基变量），如表 1－9 所示。

表 1-9 初始单纯形表

| $c_j$ | | | 8 | 6 | 0 | 0 | 0 | $\theta$ |
|---|---|---|---|---|---|---|---|---|
| $C_B$ | $X_B$ | $b$ | $x_1$ | $x_2$ | $x_3$ | $x_4$ | $x_5$ | |
| 0 | $x_3$ | 8 | 1 | 1 | 1 | 0 | 0 | 8 |
| 0 | $x_3$ | 8 | 1 | 1 | 1 | 0 | 0 | 8 |
| 0 | $x_4$ | 10 | 2 | 1 | 0 | 1 | 0 | 5 |
| 0 | $x_5$ | 4 | [1] | 0 | 0 | 0 | 1 | 4 |
| $\sigma_j$ | | | 8 | 6 | 0 | 0 | 0 | |

注:[]标记为主元,后同。

(3) 以 $x_1$ 换入,$x_5$ 换出,进行基变换,可得表 1-10(初等行变换,主列化为单位向量,主元素为 1)。以 $x_2$ 换入,$x_4$ 换出,继续进行基变换,可得表 1-11。以 $x_5$ 换入,$x_3$ 换出,继续进行基变换,可得最终单纯形表(表 1-12)。

$$\boldsymbol{X}^{(0)}=(0,0,8,10,4)^{\mathrm{T}},z^{(0)}=0$$

表 1-10 进行基变换后的单纯形表(1)

| $c_j$ | | | 8 | 6 | 0 | 0 | 0 | $\theta$ |
|---|---|---|---|---|---|---|---|---|
| $C_B$ | $X_B$ | $b$ | $x_1$ | $x_2$ | $x_3$ | $x_4$ | $x_5$ | |
| 0 | $x_3$ | 4 | 0 | 1 | 1 | 0 | −1 | 4 |
| 0 | $x_4$ | 2 | 0 | 1 | 0 | 1 | −2 | 2 |
| 0 | $x_1$ | 4 | [1] | 0 | 0 | 0 | 1 | — |
| $\sigma_j$ | | | 0 | 6 | 0 | 0 | −8 | |

$$\boldsymbol{X}^{(1)}=(4,0,4,2,0)^{\mathrm{T}},z^{(1)}=32$$

表 1-11 进行基变换后的单纯形表(2)

| $c_j$ | | | 8 | 6 | 0 | 0 | 0 | $\theta$ |
|---|---|---|---|---|---|---|---|---|
| $C_B$ | $X_B$ | $b$ | $x_1$ | $x_2$ | $x_3$ | $x_4$ | $x_5$ | |
| 0 | $x_3$ | 4 | 0 | 0 | 1 | −1 | [1] | 2 |
| 6 | $x_2$ | 2 | 0 | 1 | 0 | 1 | −2 | — |
| 8 | $x_1$ | 4 | 1 | 0 | 0 | 0 | 1 | 4 |
| $\sigma_j$ | | | 0 | 0 | 0 | −6 | 4 | |

$$\boldsymbol{X}^{(2)}=(4,2,2,0,0)^{\mathrm{T}},z^{(2)}=44$$

表 1-12 最终单纯形表

| $c_j$ | | | 8 | 6 | 0 | 0 | 0 | $\theta$ |
|---|---|---|---|---|---|---|---|---|
| $C_B$ | $X_B$ | $b$ | $x_1$ | $x_2$ | $x_3$ | $x_4$ | $x_5$ | |
| 0 | $x_5$ | 2 | 0 | 0 | 1 | −1 | 1 | |
| 6 | $x_2$ | 6 | 0 | 1 | 2 | −1 | 0 | |
| 8 | $x_1$ | 2 | 1 | 0 | −1 | 1 | 0 | |
| $\sigma_j$ | | | 0 | 0 | −4 | −2 | 0 | |

$$\boldsymbol{X}^{*}=(2,6,0,0,2)^{\mathrm{T}},z^{*}=52$$

在例 1-8 中,考虑以下两个问题:

(1) 在初始单纯形表中,若用检验数 6 对应的变量作为换入变量会带来什么样的结果?

(2) 用图解法求解此题,则每张单纯形表对应的解与可行域中的顶点如何对应?基变换是否为相邻的顶点进行变换?最优解在哪个顶点取得?

## 复习思路提示

(1) 正确的标准型是用单纯形法求解线性规划问题的前提。

(2) 会依据标准型列出初始单纯形表(重点是找出正确的初始基及对应的初始基变量)。

(3) 熟练地运用矩阵的初等行变换进行单纯形表迭代(最容易犯计算错误)。

(4) 牢记最优性检验的几个解的判别定理(特别是有无穷多最优解和无界解时)。

# 1.5 单纯形法的进一步讨论

## 1.5.1 特殊情况下的初始可行基构造

在将线性规划问题模型化为标准型时,若约束条件的系数矩阵中不存在单位矩阵,如何构造初始可行基?

$$\max z = c_1x_1 + c_2x_2 + \cdots + c_nx_n$$

$$\text{s.t.}\begin{cases} a_{11}x_1 + a_{12}x_2 + \cdots + a_{1n}x_n = b_1 \\ a_{21}x_1 + a_{22}x_2 + \cdots + a_{2n}x_n = b_2 \\ \vdots \\ a_{m1}x_1 + a_{m2}x_2 + \cdots + a_{mn}x_n = b_m \\ x_1, x_2, \cdots, x_n \geqslant 0 \end{cases}$$

在将线性规划问题模型化为标准型时,若约束条件的系数矩阵中不存在单位矩阵,需添加人工变量。此时,约束条件已经改变,目标函数如何调整?需“惩罚”人工变量。

添加人工变量后,系数矩阵中出现单位矩阵,即可构成初始可行基,如下式所示,$x_{n+1}, \cdots, x_{n+m}$ 为人工变量。

$$\max z = c_1x_1 + c_2x_2 + \cdots + c_nx_n$$

$$\text{s.t.}\begin{cases} a_{11}x_1 + a_{12}x_2 + \cdots + a_{1n}x_n & \left(+x_{n+1} \right. & & & \left.\right) = b_1 \\ a_{21}x_1 + a_{22}x_2 + \cdots + a_{2n}x_n & & +x_{n+2} & & = b_2 \\ \vdots & & & \cdots & \vdots \\ a_{m1}x_1 + a_{m2}x_2 + \cdots + a_{mn}x_n & & & & +x_{n+m} = b_m \\ x_1, x_2, \cdots, x_{n+m} \geqslant 0 \end{cases}$$

1. 大 $M$ 法

以极大化问题为例,令人工变量在目标函数中的系数为 $-M$,其中 $M$ 为任意大的正数,则该模型可化为

$$\max z = c_1x_1 + c_2x_2 + \cdots + c_nx_n - Mx_{n+1} - Mx_{n+2} - \cdots - Mx_{n+m}$$

$$\text{s.t.}\begin{cases} a_{11}x_1 + a_{12}x_2 + \cdots + a_{1n}x_n + x_{n+1} = b_1 \\ a_{21}x_1 + a_{22}x_2 + \cdots + a_{2n}x_n + x_{n+2} = b_2 \\ \vdots \\ a_{m1}x_1 + a_{m2}x_2 + \cdots + a_{mn}x_n + x_{n+m} = b_m \\ x_1, x_2, \cdots, x_{n+m} \geqslant 0 \end{cases}$$

从该模型的目标函数中可以看出，如果该模型有最优解，则人工变量最终都得是非基变量；否则，由于其前方的系数$-M$，目标函数永远不可能取得最优值。因为在目标函数中添加的"罚因子"$M$（$M$是任意大的正数）为人工变量系数，只要人工变量系数大于0，则目标函数不可能实现最优。

**例 1-9(用大$M$法求解线性规划问题)** 求解下面的线性规划问题：

$$\max z = 3x_1 - x_2 - x_3$$

$$\text{s.t.}\begin{cases} x_1 - 2x_2 + x_3 \leqslant 11 \\ -4x_1 + x_2 + 2x_3 \geqslant 3 \\ -2x_1 + x_3 = 1 \\ x_1, x_2, x_3 \geqslant 0 \end{cases}$$

解：(1)化标准型。

$$\max z = 3x_1 - x_2 - x_3 + 0x_4 + 0x_5$$

$$\text{s.t.}\begin{cases} x_1 - 2x_2 + x_3 + x_4 = 11 \\ -4x_1 + x_2 + 2x_3 - x_5 = 3 \\ -2x_1 + x_3 = 1 \\ x_j \geqslant 0, j = 1, 2, \dots, 5 \end{cases}$$

可见，在系数矩阵中很难找到初始可行基。

(2) 添加人工变量，构造初始可行基。

$$\max z = 3x_1 - x_2 - x_3 + 0x_4 + 0x_5 - Mx_6 - Mx_7$$

$$\text{s.t.}\begin{cases} x_1 - 2x_2 + x_3 + x_4 = 11 \\ -4x_1 + x_2 + 2x_3 - x_5 + x_6 = 3 \\ -2x_1 + x_3 + x_7 = 1 \\ x_j \geqslant 0, j = 1, 2, \dots, 7 \end{cases}$$

其中，$M$为任意大的正数。

(3) 列初始单纯形表(表 1-13)，经多次基变换(表 1-14 和表 1-15)，得到最终单纯形表(表 1-16)。

**表 1-13 初始单纯形表**

| $c_j$ | | | 3 | $-1$ | $-1$ | 0 | 0 | $-M$ | $-M$ | $\theta$ |
|---|---|---|---|---|---|---|---|---|---|---|
| $C_B$ | $X_B$ | $b$ | $x_1$ | $x_2$ | $x_3$ | $x_4$ | $x_5$ | $x_6$ | $x_7$ | |
| 0 | $x_4$ | 11 | 1 | $-2$ | 1 | 1 | 0 | 0 | 0 | 11 |
| $-M$ | $x_6$ | 3 | $-4$ | 1 | 2 | 0 | $-1$ | 1 | 0 | $\frac{3}{2}$ |
| $-M$ | $x_7$ | 1 | $-2$ | 0 | [1] | 0 | 0 | 0 | 1 | 1 |
| $\sigma_j$ | | | $3-6M$ | $-1+M$ | $-1+3M$ | 0 | $-M$ | 0 | 0 | |

**表 1-14 进行基变换后的单纯形表(1)**

| $c_j$ | | | 3 | $-1$ | $-1$ | 0 | 0 | $-M$ | $-M$ | $\theta$ |
|---|---|---|---|---|---|---|---|---|---|---|
| $C_B$ | $X_B$ | $b$ | $x_1$ | $x_2$ | $x_3$ | $x_4$ | $x_5$ | $x_6$ | $x_7$ | |
| 0 | $x_4$ | 10 | 3 | $-2$ | 0 | 1 | 0 | 0 | $-1$ | — |
| $-M$ | $x_6$ | 1 | 0 | [1] | 0 | 0 | $-1$ | 1 | $-2$ | 1 |
| $-1$ | $x_3$ | 1 | $-2$ | 0 | 1 | 0 | 0 | 0 | 1 | — |
| $\sigma_j$ | | | 1 | $-1+M$ | 0 | 0 | $-M$ | 0 | $-3M+1$ | |

表 1-15　进行基变换后的单纯形表(2)

| $c_j$ | | | 3 | −1 | −1 | 0 | 0 | −M | −M | θ |
|---|---|---|---|---|---|---|---|---|---|---|
| $C_B$ | $X_B$ | b | $x_1$ | $x_2$ | $x_3$ | $x_4$ | $x_5$ | $x_6$ | $x_7$ | |
| 0 | $x_4$ | 12 | [3] | 0 | 0 | 1 | −2 | 2 | −5 | 4 |
| −1 | $x_2$ | 1 | 0 | 1 | 0 | 0 | −1 | 1 | −2 | — |
| −1 | $x_3$ | 1 | −2 | 0 | 1 | 0 | 0 | 0 | 1 | — |
| $\sigma_j$ | | | 1 | 0 | 0 | 0 | −1 | −M+1 | −M−1 | |

表 1-16　最终单纯形表

| $c_j$ | | | 3 | −1 | −1 | 0 | 0 | −M | −M | θ |
|---|---|---|---|---|---|---|---|---|---|---|
| $C_B$ | $X_B$ | b | $x_1$ | $x_2$ | $x_3$ | $x_4$ | $x_5$ | $x_6$ | $x_7$ | |
| 3 | $x_1$ | 4 | 1 | 0 | 0 | 1/3 | −2/3 | 2/3 | −5/3 | |
| −1 | $x_2$ | 1 | 0 | 1 | 0 | 0 | −1 | 1 | −2 | |
| −1 | $x_3$ | 9 | 0 | 0 | 1 | 2/3 | −4/3 | 4/3 | −7/3 | |
| $\sigma_j$ | | | 0 | 0 | 0 | −1/3 | −1/3 | −M+1/3 | −M+2/3 | |

此时,所有的检验数均非正,且人工变量均为非基变量,得到的最优解和最优值分别为

$$\boldsymbol{X}^* = (4,1,9,0,0,0,0)^{\mathrm{T}}, z^* = 2$$

2. 两阶段法

因为“罚因子”$M$ 在计算机上进行处理困难,所以可以分阶段进行处理——先求初始基,再求解。

第一阶段:加入人工变量后,构造仅含人工变量的目标函数,并要求其实现最小化。

$$\min \omega = x_{n+1} + x_{n+2} + \cdots + x_{n+m} + 0x_1 + \cdots + 0x_n$$

$$\text{s.t.}\begin{cases} a_{11}x_1 + a_{12}x_2 + \cdots + a_{1n}x_n + x_{n+1} = b_1 \\ a_{21}x_1 + a_{22}x_2 + \cdots + a_{2n}x_n + x_{n+1} = b_2 \\ \vdots \\ a_{m1}x_1 + a_{m2}x_2 + \cdots + a_{mn}x_n + x_{n+m} = b_m \\ x_1, x_2, \cdots, x_{n+m} \geqslant 0 \end{cases}$$

第二阶段:将第一阶段得到的最终表除去人工变量,将目标函数行的系数换成原问题的目标函数系数,即可得到第二阶段的初始表。

**例 1-10(用两阶段法求解线性规划问题)**　求解下面的线性规划问题:

$$\max z = 3x_1 - x_2 - x_3$$

$$\text{s.t.}\begin{cases} x_1 - 2x_2 + x_3 \leqslant 11 \\ -4x_1 + x_2 + 2x_3 \geqslant 3 \\ -2x_1 + x_3 = 1 \\ x_1, x_2, x_3 \geqslant 0 \end{cases}$$

解:(1) 添加人工变量,给出第一阶段的数学模型,相应的单纯形表如表 1-17 所示。

$$\min \omega = x_6 + x_7$$

$$\text{s.t.}\begin{cases} x_1 - 2x_2 + x_3 + x_4 = 11 \\ -4x_1 + x_2 + 2x_3 - x_5 + x_6 = 3 \\ -2x_1 + x_3 + x_7 = 1 \\ x_j \geqslant 0, j = 1, 2, \cdots, 7 \end{cases}$$

表 1-17 第一阶段的单纯形表

| $c_j$ | | | 0 | 0 | 0 | 0 | 0 | 1 | 1 | $\theta$ |
|---|---|---|---|---|---|---|---|---|---|---|
| $C_B$ | $X_B$ | $b$ | $x_1$ | $x_2$ | $x_3$ | $x_4$ | $x_5$ | $x_6$ | $x_7$ | |
| 0 | $x_4$ | 11 | 1 | −2 | 1 | 1 | 0 | 0 | 0 | 11 |
| 1 | $x_6$ | 3 | −4 | 1 | 2 | 0 | −1 | 1 | 0 | $\frac{3}{2}$ |
| 1 | $x_7$ | 1 | −2 | 0 | [1] | 0 | 0 | 0 | 1 | 1 |
| $\sigma_j$ | | | 6 | −1 | −3 | 0 | 1 | 0 | 0 | |
| 0 | $x_4$ | 10 | 3 | −2 | 0 | 1 | 0 | 0 | −1 | — |
| 1 | $x_6$ | 1 | 0 | [1] | 0 | 0 | −1 | 1 | −2 | 1 |
| 0 | $x_3$ | 1 | −2 | 0 | 1 | 0 | 0 | 0 | 1 | — |
| $\sigma_j$ | | | 0 | −1 | 0 | 0 | 1 | 0 | 3 | |
| 0 | $x_4$ | 12 | 3 | 0 | 0 | 1 | −2 | 2 | −5 | |
| 0 | $x_2$ | 1 | 0 | 1 | 0 | 0 | −1 | 1 | −2 | |
| 0 | $x_3$ | 1 | −2 | 0 | 1 | 0 | 0 | 0 | 1 | |
| $\sigma_j$ | | | 0 | 0 | 0 | 0 | 1 | 1 | 1 | |

$$\boldsymbol{X}^* = (0,1,1,12,0,0,0)^{\mathrm{T}}, \omega = 0$$

$\boldsymbol{X}^* = (0,1,1,12,0,0,0)^{\mathrm{T}}$ 是原线性规划问题的基可行解。

(2) 将第一阶段最终单纯形表中的人工变量取消，填入原问题目标函数的系数，进行第二阶段的计算，相应的单纯形表如表 1-18 所示。

表 1-18 第二阶段的单纯形表

| $c_j$ | | | 3 | −1 | −1 | 0 | 0 | $\theta$ |
|---|---|---|---|---|---|---|---|---|
| $C_B$ | $X_B$ | $b$ | $x_1$ | $x_2$ | $x_3$ | $x_4$ | $x_5$ | |
| 0 | $x_4$ | 12 | [3] | 0 | 0 | 1 | 0 | 4 |
| −1 | $x_2$ | 1 | 0 | 1 | 0 | 0 | −1 | — |
| −1 | $x_3$ | 1 | −2 | 0 | 1 | 0 | −1 | — |
| $\sigma_j$ | | | 1 | 0 | 0 | 0 | −1 | |
| 3 | $x_1$ | 4 | 1 | 0 | 0 | $\frac{1}{3}$ | $-\frac{2}{3}$ | — |
| −1 | $x_2$ | 1 | 0 | 1 | 0 | 0 | −1 | 1 |
| −1 | $x_3$ | 9 | 0 | 0 | 1 | $\frac{2}{3}$ | $-\frac{4}{3}$ | — |
| $\sigma_j$ | | | 0 | 0 | 0 | $-\frac{1}{3}$ | $-\frac{1}{3}$ | |

$$\boldsymbol{X}^* = (4,1,9,0,0,0,0)^{\mathrm{T}}, z^* = 2$$

当第一阶段的最优解中的基变量不含人工变量时，可得到原线性规划问题的一个基可行解，第二阶段就以该基可行解为基础对原目标函数求最优解，当第一阶段的最优解不等于 0 时，说明还有不为 0 的人工变量是基变量，则原问题无可行解。

## 1.5.2 单纯形法中的几个问题

1. 退化

基可行解中存在基变量等于 0 的解(退化解),换出迭代后目标函数值不变,即不同的基可行解对应同一个顶点。为避免出现退化,可遵循布兰德(Bland)规则。

(1) 当遇到相同检验数时,选取对应下标最小的非基变量作为换入变量。

(2) 当存在两个及以上相同的最小比值时,选取下标最小的基变量作为换出变量。

注:在绝大多数情况下,都不会出现退化,所以有时在考试中不遵循布兰德规则并没有多大影响。

2. 检验数的两种判别形式

检验数的两种判别形式如表 1-19 所示。

**表 1-19 检验数的两种判别形式**

| | $\max z = \boldsymbol{CX}$ | $\min z = \boldsymbol{CX}$ |
|---|---|---|
| $c_j - z_j$ | $\leqslant 0$ | $\geqslant 0$ |

将以上两种判别形式代入目标函数有

$$z = \sum_{i=1}^{m} c_i b'_i + \sum_{j=m+1}^{n} (c_j - \sum_{i=1}^{m} c_i a'_{ij}) x_j = z_0 + \sum_{j=m+1}^{n} \sigma_j x_j$$

$$z = \sum_{i=1}^{m} c_i b'_i - \sum_{j=m+1}^{n} (c_j - \sum_{i=1}^{m} c_i a'_{ij}) x_j = z_0 - \sum_{j=m+1}^{n} \sigma_j x_j$$

在极大化问题中,当检验数均小于等于零时,目标函数达到最优值;在极小化问题中,当检验数均大于等于零时,目标函数达到最优值。因此,当极小化问题未变换成极大化问题时就用单纯形表求解,只需要变换检验数的判别方向即可。

## 复习思路提示

(1) 人工变量是人为加入的,与决策变量、松弛变量有本质的区别,若线性规划问题有最优解,人工变量必为 0,以保持原约束条件不变。

(2) 为了使人工变量为 0,就要使人工变量从基变量中换出使其成为非基变量。

(3) 注意理解“罚因子”$M$ 的含义。

(4) 在两阶段法中,第一阶段是用来求解原问题的一个基可行解的。

# 单纯形法小结

1. 数学模型的标准化处理(表 1-20)

**表 1-20 线性规划问题模型化标准型**

| 模块 | 原模型 | 标准化处理 |
|---|---|---|
| 变量 | $x_j \geqslant 0$ | 不需要处理 |
| | $x_j \leqslant 0$ | 令 $x'_j = -x_j, x'_j \geqslant 0$ |
| | $x_j$ 无约束 | 令 $x_j = x'_j - x''_j, x'_j, x''_j \geqslant 0$ |

续 表

| 模块 | 原模型 | 标准化处理 |
| --- | --- | --- |
| 约束条件 | $b\geqslant 0$ | 不需要处理 |
| | $b<0$ | 约束条件两端同乘$-1$ |
| | $\leqslant$约束 | 加松弛变量 $x_{si}$ |
| | $=$约束 | 加人工变量 $x_{ai}$ |
| | $\geqslant$约束 | 减去剩余(松弛)变量 $x_{si}$，加入人工变量 $x_{ai}$ |
| 目标函数 | $\max z$ | 不需要处理 |
| | $\min z$ | 仝 $z'=-z$，求 $\max z'$(注后期亦可直接求极小化问题) |
| | 加入的变量系数：松弛剩于变量 $x_{si}$ | 0 |
| | 加入的变量系数：人工变量 $x_{ai}$ | $-M$，极大化问题；$M$，极小化问题 |

2. 单纯形法的计算步骤(极大化问题)(图 1-17)

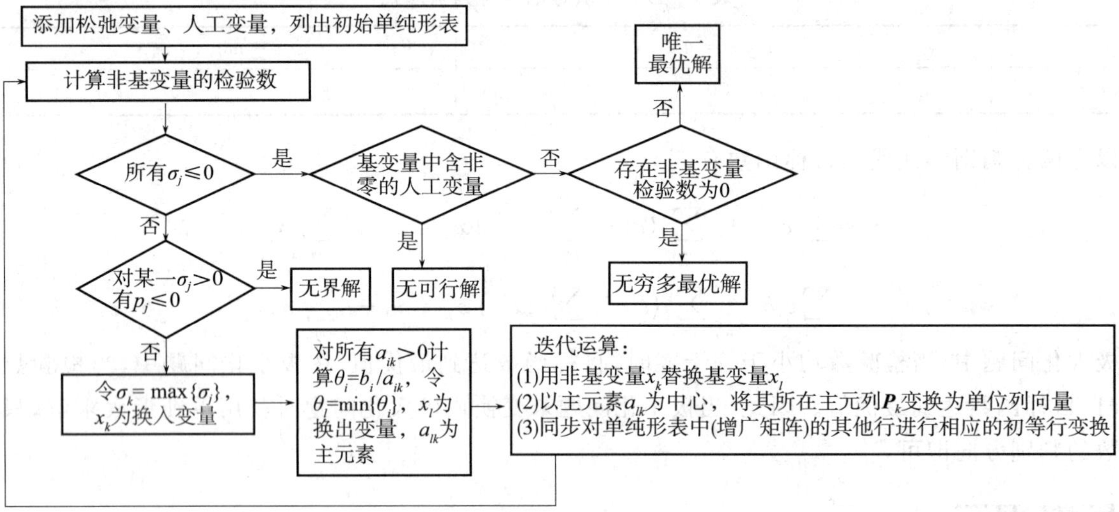


**图 1-17　单纯形法的计算步骤**

# 1.6 应用举例与建模

为线性规划问题建立线性规划模型的条件包括：要求问题的目标函数能用数值指标来反映，且为线性函数；存在着多种方案及有关数据；要求达到的目标是在一定约束条件下实现的，这些约束条件可用线性等式或不等式来描述。本节介绍常见的几种应用。

## 1.6.1 合理下料问题

现要做 100 套钢架，每套用长为 2.9 m、2.1 m 和 1.5 m 的元钢各一根。已知原料长 7.4 m。问应如何下料，可使所用的原材料最省。

解：(1)确定决策变量。设表 1-21 中的方案 1～8 裁剪的原料分别为 $x_1, x_2, \cdots, x_8$ 根。

**表 1-21　可能方案**

| 元钢 | 方案(此处应穷尽所有方案) | | | | | | | |
| --- | --- | --- | --- | --- | --- | --- | --- | --- |
| | 1 | 2 | 3 | 4 | 5 | 6 | 7 | 8 |
| 2.9 m | 1 | 1 | 1 | 2 | 0 | 0 | 0 | 0 |

续 表

| 元钢 | 方案(此处应穷尽所有方案) | | | | | | | |
|---|---|---|---|---|---|---|---|---|
| | 1 | 2 | 3 | 4 | 5 | 6 | 7 | 8 |
| 2.1 m | 0 | 2 | 1 | 0 | 1 | 2 | 3 | 0 |
| 1.5 m | 3 | 0 | 1 | 1 | 3 | 2 | 0 | 4 |
| 剩余料头 | 0 | 0.3 | 0.9 | 0.1 | 0.8 | 0.2 | 1.1 | 1.4 |
| 合计 | 7.4 | 7.1 | 6.5 | 7.3 | 6.6 | 7.2 | 6.3 | 6.0 |
| | $x_1$ | $x_2$ | $x_3$ | $x_4$ | $x_5$ | $x_6$ | $x_7$ | $x_8$ |

(2) 找出约束条件。要做 100 套钢架,每套用 2.9 m、2.1 m、1.5 m 元钢各一根:

$$\begin{cases} x_1 + x_2 + x_3 + 2x_4 = 100 & 2.9 \text{ m 元钢} \\ 2x_2 + x_3 + x_5 + 2x_6 + 3x_7 = 100 & 2.1 \text{ m 元钢} \\ 3x_1 + x_3 + x_4 + 3x_5 + 2x_6 + 4x_8 = 100 & 1.5 \text{ m 元钢} \end{cases}$$

(3) 定义目标函数。使原材料最少,即料头最少,则该问题的数学模型为

$$\min z = 0x_1 + 0.3x_2 + 0.9x_3 + 0.1x_4 + 0.8x_5 + 0.2x_6 + 1.1x_7 + 1.4x_8$$

$$\text{s.t.} \begin{cases} x_1 + x_2 + x_3 + 2x_4 = 100 \\ 2x_2 + x_3 + x_5 + 2x_6 + 3x_7 = 100 \\ 3x_1 + x_3 + x_4 + 3x_5 + 2x_6 + 4x_8 = 100 \\ x_j \geqslant 0, j = 1, 2, \dots, 8 \end{cases}$$

## 1.6.2 配料问题

某工厂要用 3 种原材料 C、P、H 混合调配出 3 种不同规格的产品 A、B、D。已知产品的规格要求、产品单价、每天能供应的原材料数量及原材料单价,分别见表 1-22 和表 1-23。该厂如何安排生产可使利润最多?

**表 1-22　产品信息**

| 产品名称 | 规格要求 | 单价/(元・$kg^{-1}$) |
|---|---|---|
| A | 原材料 C 不少于 50% | 50 |
| | 原材料 P 不超过 25% | |
| B | 原材料 C 不少于 25% | 35 |
| | 原材料 P 不超过 50% | |
| D | 不限 | 25 |

**表 1-23　原材料信息**

| 原材料 | 每天最多供应量/kg | 单价/(元・$kg^{-1}$) |
|---|---|---|
| C | 100 | 65 |
| P | 100 | 25 |
| H | 60 | 35 |

解:(1) 确定决策变量。$A_C$ 表示产品 A 中 C 的成分,$A_P$ 表示产品 A 中 P 的成分,依此类推。

(2) 找出约束条件。要用 3 种原材料 C、P、H 混合调配出 3 种不同规格的产品 A、B、D。

$$A_C \geqslant \frac{1}{2}A, A_P \leqslant \frac{1}{4}A, A_C + A_P + A_H = A$$

$$B_C \geqslant \frac{1}{4}B, B_P \leqslant \frac{1}{2}B, B_C + B_P + B_H = B$$

$$-\frac{1}{2}A_C+\frac{1}{2}A_P+\frac{1}{2}A_H\leqslant 0$$

$$-\frac{1}{4}A_C+\frac{3}{4}A_P-\frac{1}{4}A_H\leqslant 0$$

$$-\frac{3}{4}B_C+\frac{1}{4}B_P+\frac{1}{4}B_H\leqslant 0$$

$$-\frac{1}{2}B_C+\frac{1}{2}B_P-\frac{1}{2}B_H\leqslant 0$$

$$\begin{array}{lcl} A_C+B_C+D_C\leqslant 100 & & x_1+x_4+x_7\leqslant 100 \\ A_P+B_P+D_P\leqslant 100 & \rightarrow & x_2+x_5+x_8\leqslant 100 \\ A_H+B_H+D_H\leqslant 60 & & x_1+x_4+x_7\leqslant 60 \end{array}$$

(3) 定义目标函数。该厂如何安排生产可使利润最多?

$50(x_1+x_2+x_3)\rightarrow$ 产品 A,$65(x_1+x_4+x_7)\rightarrow$ 原材料 C

$35(x_4+x_5+x_6)\rightarrow$ 产品 B,$25(x_2+x_5+x_8)\rightarrow$ 原材料 P

$25(x_7+x_8+x_9)\rightarrow$ 产品 D,$35(x_1+x_4+x_7)\rightarrow$ 原材料 H

$$\max z=-15x_1+25x_2+15x_3-30x_4+10x_5-40x_6-10x_7$$

则该问题的数学模型为

$$\max z=-15x_1+25x_2+15x_3-30x_4+10x_5-40x_6-10x_7$$

$$\text{s.t.}\begin{cases}-\frac{1}{2}x_1+\frac{1}{2}x_2+\frac{1}{2}x_3\leqslant 0\\ -\frac{1}{4}x_1+\frac{3}{4}x_2-\frac{1}{4}x_3\leqslant 0\\ -\frac{3}{4}x_4+\frac{1}{4}x_5+\frac{1}{4}x_6\leqslant 0\\ -\frac{1}{2}x_4+\frac{1}{2}x_5-\frac{1}{2}x_6\leqslant 0\\ x_1+x_4+x_7\leqslant 100\\ x_2+x_5+x_8\leqslant 100\\ x_1+x_4+x_7\leqslant 60\\ x_j\geqslant 0,j=1,2,\cdots,7\end{cases}$$

## 1.6.3 生产与库存优化问题

某工厂生产 5 种 ($i=1,2,\cdots,5$) 产品，上半年各月每种产品的最大市场需求量为 $d_{ij}(i=1,2,\cdots,5;j=1,2,\cdots,6)$。已知每件产品的单件为 $S_i$，生产每件产品所需工时为 $a_i$，单件成本为 $C_i$；该工厂上半年各月正常生产工时为 $r_j(j=1,2,\cdots,6)$，各月允许的最大加班工时为 $r'_j$，$C'i$ 为加班单件成本。每月生产的各种产品如当月销售不完,可以放仓库保存。库存费用为 $H_i$〔元/(件·月)〕。假设 1 月初所有产品的库存为零,要求 6 月底各种产品库存量均为 $k_i$。现要求为该工厂制订一个生产计划,在尽可能利用生产能力的条件下,获取最多利润。

解:(1)确定决策变量。设 $x_{ij}$,$x'_{ij}$ 分别为该工厂第 $i$ 种产品第 $j$ 个月在正常时间和加班时间内的生产量，$y_{ij}$ 为第 $i$ 种产品在第 $j$ 个月的销售量，$\omega_{ij}$ 为第 $i$ 种产品第 $j$ 个月月末的库存量。

(2) 找出约束条件。

① 各种产品每月的生产量不能超过允许的生产能力:

$$\sum_{i=1}^{5} a_i x_{ij} \leqslant r_j$$

$$\sum_{i=1}^{5} a_i x'_{ij} \leqslant r'_j$$

$$i = 1,2,\cdots,5;j = 1,2,\cdots,6$$

② 各种产品每月销售量不超过市场的最大需求量：

$$y_{ij} \leqslant d_{ij}$$

$$i = 1,2,\cdots,5;j = 1,2,\cdots,6$$

③ 每月月末库存量＝上月月末库存量＋该月产量－当月的销售量：

$$w_{ij} = w_{i,j-1} + x_{ij} + x'_{ij} - y_{ij}$$

$$i = 1,2,\cdots,5;j = 1,2,\cdots,6;w_{i0} = 0,w_{i6} = k_i$$

④ 满足各变量的非负约束：

$$x_{ij} \geqslant 0,x'_{ij} \geqslant 0,y_{ij} \geqslant 0,w_{ij} \geqslant 0$$

$$i = 1,2,\cdots,5;j = 1,2,\cdots,6$$

(3) 定义目标函数。该工厂上半年总利润最多,目标函数为

$$\max z = \sum_{i=1}^{5}\sum_{j=1}^{6}[S_i y_{ij} - C_i x_{ij} - C'_i x'_{ij}] - \sum_{i=1}^{5}\sum_{j=1}^{6} H_i w_{ij}$$

其中,$S_i y_{ij}$ 为总销售额,$C_i x_{ij}$ 为正常总生产成本,$C'_i x'_{ij}$ 为加班总生产成本,$H_i \omega_{ij}$ 为库存总成本,则该问题的数学模型为

$$\max z = \sum_{i=1}^{5}\sum_{j=1}^{6}[S_i y_{ij} - C_i x_{ij} - C'_i x'_{ij}] - \sum_{i=1}^{5}\sum_{j=1}^{6} H_i w_{ij}$$

$$\text{s.t.}\begin{cases} \sum_{i=1}^{5} a_i x_{ij} \leqslant r_j \\ \sum_{i=1}^{5} a_i x'_{ij} \leqslant r'_j \\ y_{ij} \leqslant d_{ij} \\ w_{ij} = w_{i,j-1} + x_{ij} + x'_{ij} - y_{ij} \\ x_{ij} \geqslant 0,x'_{ij} \geqslant 0,y_{ij} \geqslant 0,w_{ij} \geqslant 0 \\ i = 1,2,\cdots,5;j = 1,2,\cdots,6;w_{i0} = 0,w_{i6} = k_i \end{cases}$$

## 1.6.4　员工排班问题

某快递公司下设一个快件分拣部,处理每天到达和外寄的快件。根据统计资料及经验预测,每天各时段到达快件数如表 1－24 所示。

**表 1－24　每天各时段到达快件数**

| 时段 | 到达快件数 | 时段 | 到达快件数 |
|---|---|---|---|
| 10:00 前 | 5 000 | 14:00—15:00 | 3 000 |
| 10:00—11:00 | 4 000 | 15:00—16:00 | 4 000 |
| 11:00—12:00 | 3 000 | 16:00—17:00 | 4 500 |
| 12:00—13:00 | 4 000 | 17:00—18:00 | 3 500 |
| 13:00—14:00 | 2 500 | 18:00—19:00 | 2 500 |

注:10:00—11:00 这个时间段不包括 11:00,余同。

快件分拣由机器操作,分拣效率为每台 500 件/h,每台机器运行时需配一名职工,共有 11 台机器。分拣

部职工一部分是全日制职工，上班时间分别为 10:00—18:00、11:00—19:00、12:00—20:00，每人每天的工资是 150 元；另一部分是非全日制职工，每人每天上班 5 小时，上班时间分别为 13:00—18:00、14:00—19:00、15:00—20:00，每人每天的工资是 80 元。快件处理的规则是从每个整点起可处理该整点前到达的快件，例如，从 11:00 起可处理 10:00 前和 10:00—11:00 之间到达的快件，从 13:00 起可处理所有这之前到达的快件等。快件处理有时间要求，凡是 12:00 前到达的快件必须在 14:00 前处理完，15:00 前到达的快件必须在 17:00 前处理完，全部快件必须在当天 20:00 前处理完。

问：该分拣部要完成快件处理任务，应设多少名全日制及非全日制职工，并使总的工资支出最少。

解：(1)确定决策变量。设 $x_1,x_2,x_3$ 分别为 3 个时段上班的全日制职工人数，$y_1,y_2,y_3$ 分别为另 3 个时段上班的非全日制职工人数，如图 1-18 所示。

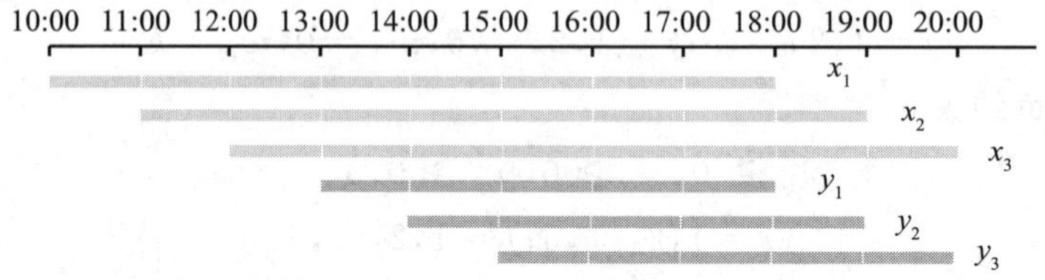


**图 1-18　各决策变量的工作时段**

(2) 找出约束条件。

① 分析各时段内投入的两类职工人数和可处理的该时段前到达的快件数。

$$500x_1 \leqslant 5\,000$$
$$1\,000x_1 + 500x_2 \leqslant 5\,000 + 4\,000$$
$$1\,500x_1 + 1\,000x_2 + 500x_3 \leqslant 12\,000$$
$$2\,000x_1 + 1\,500x_2 + 1\,000x_3 + 500y_1 \leqslant 16\,000$$
$$2\,500x_1 + 2\,000x_2 + 1\,500x_3 + 1\,000y_1 + 500y_2 \leqslant 18\,500$$
$$3\,000x_1 + 2\,500x_2 + 2\,000x_3 + 1\,500y_1 + 1\,000y_2 + 500y_3 \leqslant 21\,500$$
$$3\,500x_1 + 3\,000x_2 + 2\,500x_3 + 2\,000y_1 + 1\,500y_2 + 1\,000y_3 \leqslant 25\,500$$
$$4\,000x_1 + 3\,500x_2 + 3\,000x_3 + 2\,500y_1 + 2\,000y_2 + 1\,500y_3 \leqslant 30\,000$$
$$4\,000x_1 + 4\,000x_2 + 3\,500x_3 + 2\,500y_1 + 2\,500y_2 + 2\,000y_3 \leqslant 33\,500$$

② 分析快件处理时限要求，凡是 12:00 前到达的快件必须在 14:00 前处理完，15:00 前到达的快件必须在 17:00 前处理完，全部快件必须在当天 20:00 前处理完。

14:00 前：$2\,000x_1 + 1\,500x_2 + 1\,000x_3 + 500y_1 \geqslant 12\,000$

17:00 前：$3\,500x_1 + 3\,000x_2 + 2\,500x_3 + 2\,000y_1 + 1\,500y_2 + 1\,000y_3 \geqslant 21\,500$

20:00 前：$4\,000x_1 + 4\,000x_2 + 4\,000x_3 + 2\,500y_1 + 2\,500y_2 + 2\,500y_3 \geqslant 36\,000$

③ 分析分拣机器的限制，总共有 11 台机器。

$$(x_1 + x_2 + x_3) + (y_1 + y_2 + y_3) \leqslant 11$$
$$x_i \geqslant 0, y_j \geqslant 0, i,j = 1,2,3$$

(3) 定义目标函数：分拣部职工一部分是全日制职工，每人每天的工资是 150 元；另一部分是非全日制职工，每人每天的工资是 80 元。

$$\min z = 150(x_1 + x_2 + x_3) + 80(y_1 + y_2 + y_3)$$

则该问题的数学模型为

$$\min z = 150(x_1 + x_2 + x_3) + 80(y_1 + y_2 + y_3)$$

$$
\text{s.t.}\begin{cases}
500x_1 \leqslant 5\,000 \\
1\,000x_1 + 500x_2 \leqslant 5\,000 + 4\,000 \\
1\,500x_1 + 1\,000x_2 + 500x_3 \leqslant 12\,000 \\
2\,000x_1 + 1\,500x_2 + 1\,000x_3 + 500y_1 \leqslant 16\,000 \\
2\,500x_1 + 2\,000x_2 + 1\,500x_3 + 1\,000y_1 + 500y_2 \leqslant 18\,500 \\
3\,000x_1 + 2\,500x_2 + 2\,000x_3 + 1\,500y_1 + 1\,000y_2 + 500y_3 \leqslant 21\,500 \\
3\,500x_1 + 3\,000x_2 + 2\,500x_3 + 2\,000y_1 + 1\,500y_2 + 1\,000y_3 \leqslant 25\,500 \\
4\,000x_1 + 3\,500x_2 + 3\,000x_3 + 2\,500y_1 + 2\,000y_2 + 1\,500y_3 \leqslant 30\,000 \\
4\,000x_1 + 4\,000x_2 + 3\,500x_3 + 2\,500y_1 + 2\,500y_2 + 2\,000y_3 \leqslant 33\,500 \\
2\,000x_1 + 1\,500x_2 + 1\,000x_3 + 500y_1 \geqslant 12\,000 \\
3\,500x_1 + 3\,000x_2 + 2\,500x_3 + 2\,000y_1 + 1\,500y_2 + 1\,000y_3 \geqslant 21\,500 \\
4\,000x_1 + 4\,000x_2 + 4\,000x_3 + 2\,500y_1 + 2\,500y_2 + 2\,500y_3 \geqslant 36\,000 \\
(x_1 + x_2 + x_3) + (y_1 + y_2 + y_3) \leqslant 11 \\
x_i \geqslant 0, y_j \geqslant 0, i, j = 1,2,3
\end{cases}
$$

### 1.6.5　连续投资问题

某部门在今后 5 年内考虑给下列项目投资，已知：

A. 从第一年到第四年每年年初需要投资，并于次年年末收回本利 115%；

B. 第三年年初需要投资，并到第五年年末能收回本利 125%，但规定最大投资额不超过 4 万元；

C. 第二年年初需要投资，并到第五年年末收回本利 140%，但规定最大投资额不超过 3 万元；

D. 5 年内每年年初可购买公债，于当年年末归还，并加利息 6%。

该部门现有资金 10 万元，问该部门每年应如何给这些项目分配投资额，每年的资金都须投出去，可使其到第五年年末拥有的资金即本利总额最多？

解：(1) 确定决策变量。设 $x_{iA}, x_{iB}, x_{iC}, x_{iD}$ $(i=1,\cdots,5)$ 分别表示第 $i$ 年年初分配给项目 A、B、C、D 的投资额。具体的决策变量如表 1 - 25 所示。

**表 1 - 25　决策变量**

| 项目 | 第一年 | 第二年 | 第三年 | 第四年 | 第五年 |
|---|---|---|---|---|---|
| A | $x_{1A}$ | $x_{2A}$ | $x_{3A}$ | $x_{4A}$ | |
| B | | | $x_{3B}$ | | |
| C | | $x_{2C}$ | | | |
| D | $x_{1D}$ | $x_{2D}$ | $x_{3D}$ | $x_{4D}$ | $x_{5D}$ |

(2) 找出约束条件。

第一年：$x_{1A} + x_{1D} = 100\,000$

第二年：$x_{2A} + x_{2C} + x_{2D} = 1.06x_{1D}$

第三年：$x_{3A} + x_{3B} + x_{3D} = 1.15x_{1A} + 1.06x_{2D}$

第四年：$x_{4A} + x_{4D} = 1.15x_{2A} + 1.06x_{3D}$

第五年：$x_{5D} = 1.15x_{3A} + 1.06x_{4D}$

此外，对项目 B、C 的投资有限额：$x_{3B} \leqslant 40\,000$，$x_{2C} \leqslant 30\,000$。

(3) 定义目标函数。

$$\max z = 1.15x_{4A} + 1.40x_{2C} + 1.25x_{3B} + 1.06x_{5D}$$

则该问题的数学模型为

$$\max z = 1.15x_{4A} + 1.40x_{2C} + 1.25x_{3B} + 1.06x_{5D}$$

$$\text{s.t.}\begin{cases} x_{1A} + x_{1D} = 100\,000 \\ x_{2A} + x_{2C} + x_{2D} = 1.06x_{1D} \\ x_{3A} + x_{3B} + x_{3D} = 1.15x_{1A} + 1.06x_{2D} \\ x_{4A} + x_{4D} = 1.15x_{2A} + 1.06x_{3D} \\ x_{5D} = 1.15x_{3A} + 1.06x_{4D} \\ x_{3B} \leqslant 40\,000 \\ x_{2C} \leqslant 30\,000 \\ x_{iA}, x_{iB}, x_{iC}, x_{iD} \geqslant 0, i = 1, \cdots, 5 \end{cases}$$

## 复习思路提示

(1) 如何从真实系统中分析出抽象的模型是一种创新型的工作,也是将运筹学应用到实际生产和工作中的重要一环。

(2) 线性规划问题建模的步骤通常是"确定决策变量—找出约束条件—定义目标函数"。

(3) 决策变量是决策者可以控制的一组方案值,而约束条件则需要从实际问题描述中一个个地去找出来,往往容易遗漏,需要仔细审查题目中的每一个条件。

(4) 目标函数一般求其最大值或最小值,是决策变量的函数。

(5) 线性规划问题建模的常见类型包括合理下料问题、配料问题、生产与库存优化问题、员工排班问题、连续投资问题。这些模型一般通过软件求解。

# 02 第2章 对偶理论和灵敏度分析

本章主要介绍了线性规划问题的对偶理论和灵敏度分析。对偶理论探讨了线性规划问题与其对偶问题之间的关系，揭示了原问题与对偶问题的解之间的联系。灵敏度分析则研究了线性规划模型中参数变化对最优解的影响，以帮助决策者评估模型的稳定性和可靠性。

## 本章必会知识点

(1) 改进单纯形法。
(2) 单纯形法的矩阵描述。
(3) 对偶单纯形法。
(4) 灵敏度分析。
(5) 写出原线性规划问题的对偶问题。
(6) 对偶定理与性质的应用。
(7) 影子价格的经济意义。
(8) 带参数的线性规划问题的求解与讨论。

## 本章重难点

**重点：**
(1) 根据原问题写出对偶问题。
(2) 能通过矩阵描述，根据单纯形表求原问题和对偶问题的最优解。
(3) 在灵敏度分析中，分析各系数的变化对最优解的影响。

**难点：**对对偶问题性质与定理的理解。

## 本章考情分析

对偶理论与灵敏度分析在研究生入学考试中的考情特点如下。

1. 考试内容与题型

考试内容包括对偶问题的建模、对偶性质（如对称性、弱对偶性、互补松弛性等）、影子价格的经济含义，以及对偶单纯形法的求解过程。灵敏度分析部分则重点考查目标系数、资源限量、约束系数矩阵等参数变化对最优解的影响。题型多样，包括选择题、填空题、简答题和计算题。

2. 考试难度与重要性

对偶理论与灵敏度分析是运筹学中的重要知识点，难度适中但概念性强，要求考生具备扎实的理论基础和分析能力。在考试中，该部分通常占总分的10%～20%，是必考内容。

3. 考试趋势与复习建议

近年来，考试更加注重考查考生对基本概念的理解和应用能力。考生需要熟练掌握对偶问题的性质和求解方法，理解影子价格的经济意义，并能够灵活运用灵敏度分析解决实际问题。在复习时，建议考生重点练习对偶问题的建模、对偶单纯形法的计算，以及对灵敏度分析中参数变化的判断。

# 2.1 单纯形法的相关描述

## 2.1.1 单纯形法的矩阵描述

设线性规划问题：

$$\max z=\boldsymbol{CX}$$
$$\text{s.t.}\begin{cases}\boldsymbol{AX}\geqslant \boldsymbol{b}\\ \boldsymbol{X}\geqslant 0\end{cases}$$

不妨设基 $\boldsymbol{B}=(\boldsymbol{P}_1,\boldsymbol{P}_2,\cdots,\boldsymbol{P}_m)$，则系数矩阵 $\boldsymbol{A}$ 可写成

$$\boldsymbol{A}=(\boldsymbol{P}_1,\cdots,\boldsymbol{P}_m,\boldsymbol{P}_{m+1},\cdots,\boldsymbol{P}_n)=(\boldsymbol{B}\ \vdots\ \boldsymbol{N})$$

$$\boldsymbol{X}=\begin{pmatrix}\boldsymbol{X}_B\\ \boldsymbol{X}_N\end{pmatrix},\boldsymbol{C}=(\boldsymbol{C}_B,\boldsymbol{C}_N)$$

其中，$\boldsymbol{X}_B$ 为基变量，$\boldsymbol{X}_N$ 为非基变量。则约束方程组可写成

$$\boldsymbol{AX}=\boldsymbol{b}\rightarrow(\boldsymbol{B}\quad \boldsymbol{N})\begin{pmatrix}\boldsymbol{X}_B\\ \boldsymbol{X}_N\end{pmatrix}=\boldsymbol{BX}_B+\boldsymbol{NX}_N=\boldsymbol{b}$$
$$\rightarrow \boldsymbol{X}_B=\boldsymbol{B}^{-1}(\boldsymbol{b}-\boldsymbol{NX}_N)=\boldsymbol{B}^{-1}\boldsymbol{b}-\boldsymbol{B}^{-1}\boldsymbol{NX}_N$$

令 $\boldsymbol{X}_N=\boldsymbol{0}$，可得当前基可行解 $\boldsymbol{X}_B=\boldsymbol{B}^{-1}\boldsymbol{b}$，则目标函数可写成

$$\begin{aligned}\max z&=(\boldsymbol{C}_B\quad \boldsymbol{C}_N)\begin{pmatrix}\boldsymbol{X}_B\\ \boldsymbol{X}_N\end{pmatrix}\\ &=\boldsymbol{C}_B\boldsymbol{X}_B+\boldsymbol{C}_N\boldsymbol{X}_N\\ &=\boldsymbol{C}_B\boldsymbol{B}^{-1}\boldsymbol{b}+(\boldsymbol{C}_N-\boldsymbol{C}_B\boldsymbol{B}^{-1}\boldsymbol{N})\boldsymbol{X}_N\end{aligned}$$

其中，$\boldsymbol{C}_B\boldsymbol{B}^{-1}\boldsymbol{N}$ 为非基变量的检验数。

令 $\boldsymbol{X}_N=\boldsymbol{0}$，可得当前目标值 $z_0=\boldsymbol{C}_B\boldsymbol{B}^{-1}\boldsymbol{b}$。此时线性规划问题可等价地写成

$$\max z=\boldsymbol{C}_B\boldsymbol{B}^{-1}\boldsymbol{b}+(\boldsymbol{C}_N-\boldsymbol{C}_B\boldsymbol{B}^{-1}\boldsymbol{N})\boldsymbol{X}_N$$
$$\text{s.t.}\begin{cases}\boldsymbol{X}_B+\boldsymbol{B}^{-1}\boldsymbol{NX}_N=\boldsymbol{B}^{-1}\boldsymbol{b}\\ \boldsymbol{X}_B\geqslant 0,\boldsymbol{X}_N\geqslant 0\end{cases}$$

其中，$\boldsymbol{C}_B\boldsymbol{B}^{-1}$ 为单纯形乘子。此形式为线性规划问题对应于基 $\boldsymbol{B}$ 的典则形式(典式)。此时检验数为

$$\sigma_N=\boldsymbol{C}_N-\boldsymbol{C}_B\boldsymbol{B}^{-1}\boldsymbol{N}=(c_{m+1},\cdots,c_n)-\boldsymbol{C}_B(\boldsymbol{B}^{-1}\boldsymbol{P}_{m+1},\cdots,\boldsymbol{B}^{-1}\boldsymbol{P}_n)$$

其中：$\sigma_j$（$j=m+1,\cdots,n$）为当前非基变量对应的检验数；$\boldsymbol{B}^{-1}\boldsymbol{P}_j$ 为当前 $x_j$ 对应的系数列向量，$j=m+1,\cdots,n$。

在以上矩阵描述中，单纯形表中各项的表达式为

$$\begin{cases}\boldsymbol{X}_B=\boldsymbol{B}^{-1}\boldsymbol{b}\\ \boldsymbol{N}=\boldsymbol{B}^{-1}\boldsymbol{N}\\ \sigma_N=\boldsymbol{C}_N-\boldsymbol{C}_B\boldsymbol{B}^{-1}\boldsymbol{N}\\ z_0=\boldsymbol{C}_B\boldsymbol{B}^{-1}\boldsymbol{b}\end{cases}$$

由上面的表达式可知，当已知一个线性规划问题的可行基 $\boldsymbol{B}$ 时，先求出 $\boldsymbol{B}^{-1}$，再用上述这些运算公式可得到单纯形法所要求的结果。

## 2.1.2　单纯形法计算的矩阵描述

已知线性规划问题：

$$\max z=\boldsymbol{CX}$$
$$\text{s. t.}\begin{cases}\boldsymbol{AX}\leqslant\boldsymbol{b}\\ \boldsymbol{X}\geqslant 0\end{cases}$$

化为标准型，引入松弛变量 $\boldsymbol{X}_S$，有

$$\max z=\boldsymbol{CX}+\boldsymbol{0X}_S$$
$$\text{s. t.}\begin{cases}\boldsymbol{AX}+\boldsymbol{IX}_S=\boldsymbol{b}\\ \boldsymbol{X}\geqslant 0,\boldsymbol{X}_S\geqslant 0\end{cases}$$
$$\max z=\boldsymbol{C}_B\boldsymbol{X}_B+\boldsymbol{C}_N\boldsymbol{X}_N+\boldsymbol{0X}_S$$
$$\text{s. t.}\begin{cases}\boldsymbol{BX}_B+\boldsymbol{NX}_N+\boldsymbol{IX}_S=\boldsymbol{b}\\ \boldsymbol{X}_B,\boldsymbol{X}_N,\boldsymbol{X}_S\geqslant 0\end{cases}$$

列单纯形表，如表 2－1～表 2－3 所示。

**表 2－1　初始单纯形表**

| 价值系数→ | | | $\boldsymbol{C}_B$ | $\boldsymbol{C}_N$ | 0 |
|---|---|---|---|---|---|
| 基变量的价值系数 | 基变量 | 等式右边(RHS) | $\boldsymbol{X}_B$ | $\boldsymbol{C}_N$ | 0 |
| 0 | $\boldsymbol{X}_S$ | $\boldsymbol{b}$ | $\boldsymbol{B}$ | $\boldsymbol{N}$ | $\boldsymbol{I}$ |
| 检验数 | | | 0 | $\boldsymbol{C}_N-\boldsymbol{C}_B\boldsymbol{B}^{-1}$ | $-\boldsymbol{C}_B\boldsymbol{B}^{-1}$ |

$\boldsymbol{X}_S$ 为初始基变量，此时，$z_0=0$。

**表 2－2　迭代后的单纯形表**

| 价值系数→ | | | $\boldsymbol{C}_B$ | $\boldsymbol{C}_N$ | 0 |
|---|---|---|---|---|---|
| 基变量的价值系数 | 基变量 | 等式右边(RHS) | $\boldsymbol{X}_B$ | $\boldsymbol{X}_N$ | $\boldsymbol{X}_S$ |
| $\boldsymbol{C}_B$ | $\boldsymbol{X}_B$ | $\boldsymbol{B}^{-1}\boldsymbol{b}$ | $\boldsymbol{B}^{-1}\boldsymbol{B}$ | $\boldsymbol{B}^{-1}\boldsymbol{N}$ | $\boldsymbol{B}^{-1}\boldsymbol{I}$ |
| 检验数 | | | 0 | $\boldsymbol{C}_N-\boldsymbol{C}_B\boldsymbol{B}^{-1}$ | $-\boldsymbol{C}_B\boldsymbol{B}^{-1}$ |

$\boldsymbol{X}_B$ 为迭代后基变量，此时，$z_1=\boldsymbol{C}_B\boldsymbol{B}^{-1}\boldsymbol{b}$。

**表 2－3　化简后的迭代后的单纯形表**

| 价值系数→ | | | $\boldsymbol{C}_B$ | $\boldsymbol{C}_N$ | 0 |
|---|---|---|---|---|---|
| 基变量的价值系数 | 基变量 | 等式右边(RHS) | $\boldsymbol{X}_B$ | $\boldsymbol{X}_N$ | $\boldsymbol{X}_S$ |
| $\boldsymbol{C}_B$ | $\boldsymbol{X}_B$ | $\boldsymbol{B}^{-1}\boldsymbol{b}$ | $\boldsymbol{I}$ | $\boldsymbol{B}^{-1}\boldsymbol{N}$ | $\boldsymbol{B}^{-1}$ |
| $z_0=\boldsymbol{C}_B\boldsymbol{B}^{-1}\boldsymbol{b}$ | | | 0 | $\boldsymbol{C}_N-\boldsymbol{C}_B\boldsymbol{B}^{-1}\boldsymbol{N}$ | $-\boldsymbol{C}_B\boldsymbol{B}^{-1}$ |

思考：若此时该表已达到最优，则检验数应满足什么条件？

由于原问题为极大化问题，因此达到最优解时，检验数应都小于等于 0，即表中的检验数：

$$\boldsymbol{C}_N-\boldsymbol{C}_B\boldsymbol{B}^{-1}\boldsymbol{N}\leqslant 0$$

$$\boldsymbol{C}_B\boldsymbol{B}^{-1}\leqslant 0$$

又因为基变量的检验数为 $\boldsymbol{C}_B-\boldsymbol{C}_B\boldsymbol{I}=0$，则可将检验数统一写为

$$\begin{cases}\boldsymbol{C}-\boldsymbol{C}_B\boldsymbol{B}^{-1}\boldsymbol{A}\leqslant 0\\-\boldsymbol{C}_B\boldsymbol{B}^{-1}\leqslant 0\end{cases}\xrightarrow{\text{令}\boldsymbol{Y}=\boldsymbol{C}_B\boldsymbol{B}^{-1}}\begin{cases}\boldsymbol{C}-\boldsymbol{YA}\leqslant 0\\-\boldsymbol{Y}\leqslant 0\end{cases}\rightarrow\begin{cases}\boldsymbol{YA}\geqslant\boldsymbol{C}\\\boldsymbol{Y}\geqslant 0\end{cases}$$

从上述推导可以看出，原问题检验数行的相反数恰好是其对偶问题（对偶问题是指对同一问题从不同的角度进行观察，有两种拟似对立的表述。如做生产规划时，可以提出以最大利润为目标，也可以提出以最小资源消耗为目标）的一个可行解。

$$z=\boldsymbol{C}_B\boldsymbol{B}^{-1}\boldsymbol{b}=\boldsymbol{Yb}\rightarrow\begin{array}{l}\min\ \omega=\boldsymbol{Yb}\\\text{s.t.}\begin{cases}\boldsymbol{YA}\geqslant\boldsymbol{C}\\\boldsymbol{Y}\geqslant 0\end{cases}\end{array}$$

从导出的对偶问题模型中可以看出，只要得知原问题的系数矩阵 $\boldsymbol{A}$、价值向量 $\boldsymbol{C}$ 和资源向量 $\boldsymbol{b}$，就可写出其对偶问题模型。

如例 1 - 1 中的模型：

$$\max\ z=2x_1+3x_2$$

$$\text{s.t.}\begin{cases}x_1+2x_2\leqslant 8\\4x_1\leqslant 16\\4x_2\leqslant 12\\x_1,x_2\geqslant 0\end{cases}$$

该模型中的各矩阵为

$$\boldsymbol{A}=\begin{pmatrix}1&2\\4&0\\0&4\end{pmatrix},\boldsymbol{C}=(2,3),\boldsymbol{b}=\begin{pmatrix}8\\16\\12\end{pmatrix},\boldsymbol{Y}=(y_1,y_2,y_3)$$

根据对偶问题模型，通过计算可得

$$\min\ \omega=\boldsymbol{Yb}=(y_1,y_2,y_3)\begin{pmatrix}8\\16\\12\end{pmatrix}=8y_1+16y_2+12y_3$$

$$\boldsymbol{YA}=(y_1,y_2,y_3)\begin{pmatrix}1&2\\4&0\\0&4\end{pmatrix}\geqslant(2,3)$$

故可将原问题转化为对偶问题：

$$\min\ \omega=8y_1+16y_2+12y_3$$

$$\text{s.t.}\begin{cases}y_1+4y_2\geqslant 2\\2y_1+4y_3\geqslant 3\\y_1,y_2,y_3\geqslant 0\end{cases}$$

## 复习思路提示

1. 单纯形法的矩阵描述有助于读者学习对偶理论和灵敏度分析，是其理论铺垫前提。
2. 需要适当地复习线性代数中分块矩阵的相关内容，尤其是分块矩阵的运算。
3. 当得知一个可行基 $\boldsymbol{B}$ 时，可以通过其逆矩阵 $\boldsymbol{B}^{-1}$，并根据公式得到单纯形法每一步迭代的结果。
4. 牢记线性规划问题的典式，尤其是单纯形乘子 $\boldsymbol{Y}=\boldsymbol{C}_B\boldsymbol{B}^{-1}$。

### 2.1.3　改进单纯形法

已知线性规划模型：

$$\max z=\boldsymbol{C}_B\boldsymbol{X}_B+\boldsymbol{C}_N\boldsymbol{X}_N+\boldsymbol{0}\boldsymbol{X}_S$$

$$\text{s.t.}\begin{cases}\boldsymbol{B}\boldsymbol{X}_B+\boldsymbol{N}\boldsymbol{X}_N+\boldsymbol{I}\boldsymbol{X}_S=\boldsymbol{b}\\ \boldsymbol{X}_B,\boldsymbol{X}_N,\boldsymbol{X}_S\geqslant 0\end{cases}$$

列单纯形表，如表 2-4～表 2-5 所示。

**表 2-4　初始单纯形表**

| 价值系数→ | | | $\boldsymbol{C}_B$ | $\boldsymbol{C}_N$ | 0 |
|---|---|---|---|---|---|
| 基变量的价值系数 | 基变量 | 等式右边 | $\boldsymbol{X}_B$ | $\boldsymbol{C}_N$ | $\boldsymbol{X}_S$ |
| 0 | $\boldsymbol{X}_S$ | $\boldsymbol{b}$ | $\boldsymbol{B}$ | $\boldsymbol{N}$ | $\boldsymbol{I}$ |
| 检验数 | | | $\boldsymbol{C}_B$ | $\boldsymbol{C}_N$ | 0 |

此时，$z_0=0$。

**表 2-5　迭代后的单纯形表**

| 价值系数→ | | | $\boldsymbol{C}_B$ | $\boldsymbol{C}_N$ | 0 |
|---|---|---|---|---|---|
| 基变量的价值系数 | 基变量 | 等式右边 | $\boldsymbol{X}_B$ | $\boldsymbol{X}_N$ | $\boldsymbol{X}_S$ |
| $\boldsymbol{C}_B$ | $\boldsymbol{X}_B$ | $\boldsymbol{B}^{-1}\boldsymbol{b}$ | $\boldsymbol{I}$ | $\boldsymbol{B}^{-1}\boldsymbol{N}$ | $\boldsymbol{B}^{-1}$ |
| 检验数 | | | 0 | $\boldsymbol{C}_N-\boldsymbol{C}_B\boldsymbol{B}^{-1}\boldsymbol{N}$ | $-\boldsymbol{C}_B\boldsymbol{B}^{-1}$ |

此时，$z_1=\boldsymbol{C}_B\boldsymbol{B}^{-1}\boldsymbol{b}$。

从上述单纯形法迭代过程中可以看出，在整个迭代过程中真正用到的数字只有基变量的值、非基变量的检验数和换入变量列的系数。而从 2.1.1 节和 2.1.2 节中可知，当已知一个线性规划问题的可行基 $\boldsymbol{B}$ 时，先求出 $\boldsymbol{B}^{-1}$，再利用公式就可得到单纯形表中各项的结果。

**例 2-1(用改进单纯形法求解线性规划问题)** 用改进单纯形法，即单纯形法的矩阵计算求解线性规划问题。

$$\max z=2x_1+3x_2+0x_3+0x_4+0x_5$$

$$\text{s.t.}\begin{cases}x_1+2x_2+x_3=8\\ 4x_1+x_4=16\\ 4x_2+x_5=12\\ x_1,x_2,x_3,x_4,x_5\geqslant 0\end{cases}$$

解：

1) 按矩阵描述给出各表达式

(1) 初始基：

$$B_0=(P_3,P_4,P_5)=\begin{pmatrix}1&0&0\\0&1&0\\0&0&1\end{pmatrix},X_{B_0}=(x_3,x_4,x_5)^{\mathrm T},C_{B_0}=(0,0,0)$$

$$B_0^{-1}=\begin{pmatrix}1&0&0\\0&1&0\\0&0&1\end{pmatrix},N_0=\begin{pmatrix}1&2\\4&0\\0&4\end{pmatrix},X_{N_0}=(x_1,x_2)^{\mathrm T},C_{N_0}=(2,3),b=\begin{pmatrix}8\\16\\12\end{pmatrix}$$

（2）非基变量的检验数：

$$\sigma_{N_0}=C_{N_0}-C_{B_0}B_0^{-1}N_0=(2,3)-(0,0,0)\begin{pmatrix}1&0&0\\0&1&0\\0&0&1\end{pmatrix}\begin{pmatrix}1&2\\4&0\\0&4\end{pmatrix}=(2,3)$$

由此可确定 $x_2$ 为换入变量。

（3）确定换出变量：

$$\theta=\min\left[\frac{(B^{-1}b)_i}{(B^{-1}P_j)_i}\mid(B^{-1}P_j)_i>0\right]=\min\left(\frac{8}{2},—,\frac{12}{4}\right)=3$$

对应的换出变量为 $x_3$。

（4）迭代计算：

$$(P_3,P_4,P_5,P_1,P_2)=\begin{pmatrix}1&0&0&1&2\\0&1&0&4&0\\0&0&1&0&4\end{pmatrix}\sim\begin{bmatrix}1&0&0&1&2\\0&1&0&4&0\\0&0&\frac{1}{4}&0&1\end{bmatrix}\sim\begin{bmatrix}1&0&-\frac{1}{2}&1&0\\0&1&0&4&0\\0&0&\frac{1}{4}&0&1\end{bmatrix}$$

所以 $B_1^{-1}=\begin{bmatrix}1&0&-\frac{1}{2}\\0&1&0\\0&0&\frac{1}{4}\end{bmatrix}$，$B_1=(P_3,P_4,P_2)=\begin{pmatrix}1&0&2\\0&1&0\\0&0&4\end{pmatrix}$，$X_{B_1}=(x_3,x_4,x_2)^{\mathrm T}$，$C_{B_1}=(0,0,3)$，$X_{N_1}=(x_1,x_5)^{\mathrm T}$，$C_{N_1}=(2,0)$，代入通过计算可得

$$\widetilde{N}_1=B_1^{-1}N_1=\begin{bmatrix}1&0&-\frac{1}{2}\\0&1&0\\0&0&\frac{1}{4}\end{bmatrix}\begin{pmatrix}1&0\\4&0\\0&1\end{pmatrix}=\begin{bmatrix}1&-\frac{1}{2}\\4&0\\0&\frac{1}{4}\end{bmatrix}$$

$$B_1^{-1}b=\begin{bmatrix}1&0&-\frac{1}{2}\\0&1&0\\0&0&\frac{1}{4}\end{bmatrix}\begin{pmatrix}8\\16\\12\end{pmatrix}=\begin{pmatrix}2\\16\\3\end{pmatrix}$$

2）计算非基变量的检验数

（1）确定换入变量：

$$\sigma_{N_1}=C_{N_1}-C_{B_1}B_1^{-1}N_1=(2,0)-(0,0,3)\begin{bmatrix}1&-\frac{1}{2}\\4&0\\0&\frac{1}{4}\end{bmatrix}=\left(2,-\frac{3}{4}\right)$$

由此可确定 $x_1$ 为换入变量。

（2）确定换出变量：

$$\theta=\min\left[\frac{(\boldsymbol{B}^{-1}\boldsymbol{b})_i}{(\boldsymbol{B}^{-1}\boldsymbol{P}_j)_i}\mid(\boldsymbol{B}^{-1}\boldsymbol{P}_j)_i>0\right]=\min\left(\frac{2}{1},\frac{16}{4},—\right)=2$$

对应的换出变量为 $x_3$。

（3）继续进行迭代计算：

$$(\boldsymbol{P}_3,\boldsymbol{P}_4,\boldsymbol{P}_5,\boldsymbol{P}_1,\boldsymbol{P}_2)=\begin{pmatrix}1 & 0 & -\frac{1}{2} & 1 & 0\\ 0 & 1 & 0 & 4 & 0\\ 0 & 0 & \frac{1}{4} & 0 & 1\end{pmatrix}\sim\begin{pmatrix}1 & 0 & -\frac{1}{2} & 1 & 0\\ -4 & 1 & 2 & 0 & 0\\ 0 & 0 & \frac{1}{4} & 0 & 1\end{pmatrix}$$

所以

$$\boldsymbol{B}_2^{-1}=\begin{pmatrix}1 & 0 & -\frac{1}{2}\\ -4 & 1 & 2\\ 0 & 0 & \frac{1}{4}\end{pmatrix},\boldsymbol{B}_2=(P_1,P_4,P_2)$$

$$\boldsymbol{X}_{B_2}=(x_1,x_4,x_2)^{\mathrm{T}},\boldsymbol{C}_{B_2}=(2,0,3),\boldsymbol{X}_{N_2}=(x_3,x_5)^{\mathrm{T}},\boldsymbol{C}_{N_2}=(0,0)$$

3）继续计算非基变量的检验数

（1）确定换入变量：

$$\sigma_{N_2}=\boldsymbol{C}_{N_2}-\boldsymbol{C}_{B_2}\boldsymbol{B}_2^{-1}\boldsymbol{N}_2=(0,0)-(2,0,3)\begin{pmatrix}1 & 0 & -\frac{1}{2}\\ -4 & 1 & 2\\ 0 & 0 & \frac{1}{4}\end{pmatrix}\begin{pmatrix}1 & 0\\ 0 & 0\\ 0 & 1\end{pmatrix}=\left(-2,\frac{1}{4}\right)$$

由此可确定 $x_5$ 为换入变量。

（2）确定换出变量：

$$\boldsymbol{B}_2^{-1}\boldsymbol{b}=\begin{pmatrix}1 & 0 & -\frac{1}{2}\\ -4 & 1 & 2\\ 0 & 0 & \frac{1}{4}\end{pmatrix}\begin{pmatrix}8\\ 16\\ 12\end{pmatrix}=\begin{pmatrix}2\\ 8\\ 3\end{pmatrix},\boldsymbol{B}_2^{-1}\boldsymbol{N}_2=\begin{pmatrix}1 & 0 & -\frac{1}{2}\\ -4 & 1 & 2\\ 0 & 0 & \frac{1}{4}\end{pmatrix}\begin{pmatrix}1 & 0\\ 0 & 0\\ 0 & 1\end{pmatrix}=\begin{pmatrix}1 & -\frac{1}{2}\\ -4 & 2\\ 0 & \frac{1}{4}\end{pmatrix}$$

$$\theta=\min\left[\frac{(\boldsymbol{B}^{-1}\boldsymbol{b})_i}{(\boldsymbol{B}^{-1}\boldsymbol{P}_j)_i}\mid(\boldsymbol{B}^{-1}\boldsymbol{P}_j)_i>0\right]=\min\left(—,\frac{8}{2},\frac{3}{1/4},—\right)=4$$

对应的换出变量为 $x_4$。

（3）继续进行迭代计算：

$$(\boldsymbol{P}_3,\boldsymbol{P}_4,\boldsymbol{P}_5,\boldsymbol{P}_1,\boldsymbol{P}_2)=\begin{pmatrix}1 & 0 & -\frac{1}{2} & 1 & 0\\ -4 & 1 & 2 & 0 & 0\\ 0 & 0 & \frac{1}{4} & 0 & 1\end{pmatrix}\sim\begin{pmatrix}1 & 0 & -\frac{1}{2} & 1 & 0\\ -2 & \frac{1}{2} & 1 & 0 & 0\\ 0 & 0 & \frac{1}{4} & 0 & 1\end{pmatrix}\sim\begin{pmatrix}0 & \frac{1}{4} & 0 & 1 & 0\\ -2 & \frac{1}{2} & 1 & 0 & 0\\ \frac{1}{2} & -\frac{1}{8} & 0 & 0 & 1\end{pmatrix}$$

$$B_3^{-1}=\begin{pmatrix}0 & \frac{1}{4} & 0\\ -2 & \frac{1}{2} & 1\\ \frac{1}{2} & -\frac{1}{8} & 0\end{pmatrix},B_3=(P_1,P_5,P_2)$$

$$X_{B_3}=(x_1,x_5,x_2)^{\mathrm{T}},C_{B_3}=(2,0,3)$$

$$X_{N_3}=(x_3,x_4)^{\mathrm{T}},C_{N_3}=(0,0)$$

4）继续计算非基变量的检验数

$$\sigma_{N_3}=C_{N_3}-C_{B_3}B_3^{-1}N_3=(0,0)-(2,0,3)\begin{pmatrix}0 & \frac{1}{4} & 0\\ -2 & \frac{1}{2} & 1\\ \frac{1}{2} & -\frac{1}{8} & 0\end{pmatrix}\begin{pmatrix}1 & 0\\ 0 & 1\\ 0 & 0\end{pmatrix}=\left(-\frac{3}{2},-\frac{1}{8}\right)$$

非基变量的检验数均为负值，已得到最优解。

$$B_3^{-1}b=\begin{pmatrix}0 & \frac{1}{4} & 0\\ -2 & \frac{1}{2} & 1\\ \frac{1}{2} & -\frac{1}{8} & 0\end{pmatrix}\begin{pmatrix}8\\ 16\\ 12\end{pmatrix}=\begin{pmatrix}4\\ 4\\ 2\end{pmatrix},z^*=C_{B_3}B_3^{-1}b=(2,0,3)\begin{pmatrix}4\\ 4\\ 2\end{pmatrix}=14$$

## 复习思路提示

1. 改进单纯形法主要利用单纯形法的矩阵描述里的公式进行迭代计算，改进单纯形法和单纯形法的思路其实是一致的。

2. 从单纯形表中可以发现，每次迭代用到的数字只有基变量的值、非基变量的检验数和换入变量列的系数。

3. 需要了解改进单纯形法的步骤，重点掌握 $B^{-1}$ 的计算原理。

# 2.2 对偶问题的提出

## 2.2.1 引例说明

对偶问题是指对同一事物从不同角度的两种拟似对立的描述。如"矩形的面积与周长的关系"，可分别表述为：周长一定，面积最大的矩形是正方形；面积一定，周长最短的矩形是正方形。

**例 2-2(对偶问题的提出)** 西电公司利用现有资源生产两种产品，有关数据如表 2-6 所示。

**表 2-6 产品相关数据**

| | 产品Ⅰ | 产品Ⅱ | 资源限量 |
|---|---|---|---|
| 设备 A/h | 0 | 5 | 15 |

**续 表**

| | 产品Ⅰ | 产品Ⅱ | 资源限量 |
|---|---|---|---|
| 设备 B/h | 6 | 2 | 24 |
| 调试工序/h | 1 | 1 | 5 |
| 利润/元 | 2 | 1 | |

收购方角度:收购西电公司的资源,付出多少代价才能使西电公司愿意放弃生产活动出让自己的资源呢?

西电公司角度:出让代价应不低于利用同等数量的资源自己进行生产的利润。

解:若收购方想让西电公司出让资源,则设设备 A 的出让价格为 $y_1$(元/时),设备 B 的出让价格为 $y_2$(元/时),调试工序的出让价格为 $y_3$(元/时)。则此时西电公司能接受出让的条件约束为

单位产品Ⅰ资源出租收入不低于 2 元:$6y_2+y_3\geqslant 2$

单位产品Ⅱ资源出租收入不低于 1 元:$5y_1+2y_2+y_3\geqslant 1$

而收购方的出资意愿为 $\min\ \omega=15y_1+24y_2+5y_3$,则收购方收购成本最少的数学模型为

$$\min\ \omega=15y_1+24y_2+5y_3$$
$$\text{s. t.}\begin{cases}6y_2+y_3\geqslant 2\\5y_1+2y_2+y_3\geqslant 1\\y_1,y_2,y_3\geqslant 0\end{cases}$$

若西电公司自己生产,则设产品Ⅰ的产量为 $x_1$(件),产品Ⅱ的产量为 $x_2$(件),则西电公司生产利润最多的数学模型为

$$\max\ z=2x_1+x_2$$
$$\text{s. t.}\begin{cases}5x_2\leqslant 15\\6x_1+2x_2\leqslant 24\\x_1+x_2\leqslant 5\\x_1,x_2\geqslant 0\end{cases}$$

可以看出

$$\min\ \omega=15y_1+24y_2+5y_3$$
$$\text{s. t.}\begin{cases}6y_2+y_3\geqslant 2\\5y_1+2y_2+y_3\geqslant 1\\y_1,y_2,y_3\geqslant 0\end{cases}$$

2个约束 3个变量 ⟷ 3个约束 2个变量

$$\max\ z=2x_1+x_2$$
$$\text{s. t.}\begin{cases}5x_2\leqslant 15\\6x_1+2x_2\leqslant 24\\x_1+x_2\leqslant 5\\x_1,x_2\geqslant 0\end{cases}$$

两者的矩阵描述为

| 原问题 | | 对偶问题 |
|---|---|---|
| $\max\ z=\boldsymbol{CX}$ | | $\min\ \omega=\boldsymbol{Yb}$ |
| $\text{s. t.}\begin{cases}\boldsymbol{AX}\leqslant\boldsymbol{b}\\\boldsymbol{X}\geqslant 0\end{cases}$ | ⇒ | $\text{s. t.}\begin{cases}\boldsymbol{YA}\geqslant\boldsymbol{C}\\\boldsymbol{Y}\geqslant 0\end{cases}$ |

例 2-2 中模型的几点对应关系可归纳为:

① max↔min;

② 资源向量 $\boldsymbol{b}\leftrightarrow$ 价值向量 $\boldsymbol{C}$；

③ 一个约束 ↔ 一个变量；

④ $\max z$ 的“$\leqslant$”约束 ↔ $\min \omega$ 的“$\geqslant$”约束；

⑤ 变量都非负。

思考：其他形式的对偶问题呢？

## 2.2.2 原问题与对偶问题的数学模型

1. 对称形式的对偶问题

原问题和对偶问题只含有不等式约束，包括以下两种情形。

情形一（标准对称型）

| 原问题 | | 对偶问题 |
|---|---|---|
| $\max z=\boldsymbol{CX}$ <br> $\text{s.t.}\begin{cases}\boldsymbol{AX}\leqslant\boldsymbol{b}\\ \boldsymbol{X}\geqslant 0\end{cases}$ | $\Rightarrow$ | $\min\omega=\boldsymbol{Yb}$ <br> $\text{s.t.}\begin{cases}\boldsymbol{YA}\geqslant\boldsymbol{C}\\ \boldsymbol{Y}\geqslant 0\end{cases}$ |

情形二（非标准对称型）

| 原问题 | | 对偶问题 |
|---|---|---|
| $\max z=\boldsymbol{CX}$ <br> $\text{s.t.}\begin{cases}\boldsymbol{AX}\geqslant\boldsymbol{b}\\ \boldsymbol{X}\geqslant 0\end{cases}$ | $\Rightarrow$ | $\min\omega=\boldsymbol{Yb}$ <br> $\text{s.t.}\begin{cases}\boldsymbol{YA}\geqslant\boldsymbol{C}\\ \boldsymbol{Y}\leqslant 0\end{cases}$ |

对于非标准对称型，需将原问题化成标准对称型：

$$\max z=\boldsymbol{CX}$$
$$\text{s.t.}\begin{cases}-\boldsymbol{AX}\leqslant-\boldsymbol{b}\\ \boldsymbol{X}\geqslant 0\end{cases}$$

再根据标准对称型写出对偶问题：

$$\begin{array}{l}\min\omega=-\boldsymbol{Y}'\boldsymbol{b}\\ \text{s.t.}\begin{cases}-\boldsymbol{Y}'\boldsymbol{A}\geqslant\boldsymbol{C}\\ \boldsymbol{Y}'\geqslant 0\end{cases}\end{array}\xrightarrow{\boldsymbol{Y}=\boldsymbol{Y}'}\begin{array}{l}\min\omega=\boldsymbol{Yb}\\ \text{s.t.}\begin{cases}\boldsymbol{YA}\geqslant\boldsymbol{C}\\ \boldsymbol{Y}\leqslant 0\end{cases}\end{array}$$

2. 非对称形式的对偶问题

原问题的约束条件是等式。

| 原问题 | | 对偶问题 |
|---|---|---|
| $\max z=\boldsymbol{CX}$ <br> $\text{s.t.}\begin{cases}\boldsymbol{AX}=\boldsymbol{b}\\ \boldsymbol{X}\geqslant 0\end{cases}$ | $\Rightarrow$ | $\min\omega=\boldsymbol{Yb}$ <br> $\text{s.t.}\begin{cases}\boldsymbol{YA}\geqslant\boldsymbol{C}\\ \boldsymbol{Y}\text{ 无约束}\end{cases}$ |

将原问题化为标准对称型，再根据标准对称型进行转换。

$$\begin{cases}\max z=\boldsymbol{CX}\\ \boldsymbol{AX}\geqslant\boldsymbol{b}\\ \boldsymbol{AX}\leqslant\boldsymbol{b}\\ \boldsymbol{X}\geqslant 0\end{cases}\rightarrow\begin{cases}\max z=\boldsymbol{CX}\\ \begin{pmatrix}\boldsymbol{A}\\ -\boldsymbol{A}\end{pmatrix}\boldsymbol{X}\leqslant\begin{pmatrix}\boldsymbol{b}\\ -\boldsymbol{b}\end{pmatrix}\\ \boldsymbol{X}\geqslant 0\end{cases}\rightarrow\begin{array}{l}\min\omega=(\boldsymbol{Y}_1\quad\boldsymbol{Y}_2)\begin{pmatrix}\boldsymbol{b}\\ -\boldsymbol{b}\end{pmatrix}\\ \text{s.t.}\begin{cases}(\boldsymbol{Y}_1,\boldsymbol{Y}_2)\begin{pmatrix}\boldsymbol{A}\\ -\boldsymbol{A}\end{pmatrix}\geqslant\boldsymbol{C}\\ \boldsymbol{Y}_1\geqslant 0,\boldsymbol{Y}_2\geqslant 0\end{cases}\end{array}\rightarrow$$

$$\begin{cases}\min\omega=(\boldsymbol{Y}_1-\boldsymbol{Y}_2)\boldsymbol{b}\\ (\boldsymbol{Y}_1-\boldsymbol{Y}_2)\boldsymbol{A}\geqslant\boldsymbol{C}\\ \boldsymbol{Y}_1\geqslant 0,\boldsymbol{Y}_2\geqslant 0\end{cases}\xrightarrow{\boldsymbol{Y}=\boldsymbol{Y}_1-\boldsymbol{Y}_2}\begin{cases}\min\omega=\boldsymbol{Yb}\\ \boldsymbol{YA}\geqslant\boldsymbol{C}\\ \boldsymbol{Y}\text{ 无约束}\end{cases}$$

由此可得出，原问题和对偶问题的对应关系如表 2-7 所示。

**表 2-7　对应关系表**

| 目标函数 max $z$ | 目标函数 min $w$ |
|---|---|
| $n$ 个约束<br>约束≤<br>约束≥<br>约束= | $n$ 个变量<br>变量≥0<br>变量≤0<br>自由变量 |
| $m$ 个变量<br>变量≥0<br>变量≤0<br>自由变量 | $m$ 个约束<br>约束≤<br>约束≥<br>约束= |
| 目标函数的价值向量<br>约束条件的资源向量 | 约束条件的资源向量<br>目标函数的价值向量 |

**例 2-3(写对偶问题)** 已知线性规划问题如下,写出其对偶问题。

$$\min z = 2x_1 + 3x_2 - 5x_3 + x_4$$

$$\text{s. t.}\begin{cases} x_1 + x_2 - 3x_3 + x_4 \geqslant 5 \\ 2x_1 + 2x_3 - x_4 \leqslant 4 \\ x_2 + x_3 + x_4 = 6 \\ x_1 \leqslant 0; x_2, x_3 \geqslant 0; x_4 \text{ 无约束} \end{cases}$$

解:

$$\max w = 5y_1 + 4y_2 + 6y_3$$

$$\text{s. t.}\begin{cases} y_1 + 2y_2 \geqslant 2 \\ y_1 + y_3 \leqslant 3 \\ -3y_1 + 2y_2 + y_3 \leqslant -5 \\ y_1 - y_2 + y_3 = 1 \\ y_1 \geqslant 0, y_2 \leqslant 0, y_3 \text{ 无约束} \end{cases}$$

**例 2-4(综合题)** 已知线性规划问题如下:

$$\min z = 2x_1 + 5x_2 + \frac{1}{2}x_3$$

$$\text{s. t.}\begin{cases} x_1 + 2x_2 + \frac{1}{2}x_3 \geqslant 3 \\ x_2 + 3x_3 \geqslant 9 \\ x_1, x_2, x_3 \geqslant 0 \end{cases}$$

(1) 求该线性规划问题的最优解。

(2) 写出该线性规划问题的对偶问题,并求对偶问题的最优解。

(3) 分别确定 $x_2, x_3$ 的目标函数系数 $c_2, c_3$ 在什么范围内变化最优解不变。

(4) 求约束条件右端值由 $\begin{pmatrix}3\\9\end{pmatrix}$ 变为 $\begin{pmatrix}2\\15\end{pmatrix}$ 时的最优解。

(5) 求增加新的约束条件 $x_1 + 2x_2 + x_3 \leqslant 5$ 时的最优解。

解:先只练习写出对偶问题,即

$$\max w = 3y_1 + 9y_2$$

$$\text{s. t.}\begin{cases} y_1 \leqslant 2 \\ 2y_1 + y_2 \leqslant 5 \\ \dfrac{1}{2}y_1 + 3y_2 \leqslant \dfrac{1}{2} \\ y_1, y_2 \geqslant 0 \end{cases}$$

其余内容详见例 2 - 10。

## 复习思路提示

1. 掌握根据线性规划原问题写对偶问题的方法，建议先根据原约束条件的个数确定对偶问题变量数，再写出对偶问题的目标函数和约束条件(留待最后判别约束条件和变量的符号)。

2. 写对偶问题，一是可通过转化成标准对称型进行推导，二是可通过记忆对应关系表来直接写出。

3. 对偶理论内容通常与第 1 章内容结合考查，可能是一道有很多小问的高分计算题。注意这种题是按步骤给分的，建议分步骤罗列。

# 2.3 线性规划的对偶理论

回顾单纯形法计算的矩阵描述，迭代后的单纯形表如表 2 - 8 所示。

**表 2 - 8 迭代后的单纯形表**

| 价值系数→ | | | $\boldsymbol{C}_B$ | $\boldsymbol{C}_N$ | 0 |
|---|---|---|---|---|---|
| 基变量的价值系数 | 基变量 | 等式右边 | $\boldsymbol{X}_B$ | $\boldsymbol{X}_N$ | $\boldsymbol{X}_S$ |
| $\boldsymbol{C}_B$ | $\boldsymbol{X}_S$ | $\boldsymbol{B}^{-1}\boldsymbol{b}$ | $\boldsymbol{I}$ | $\boldsymbol{B}^{-1}\boldsymbol{N}$ | $\boldsymbol{B}^{-1}$ |
| $z_0 = \boldsymbol{C}_B\boldsymbol{B}^{-1}\boldsymbol{b}$ | | | 0 | $\boldsymbol{C}_N - \boldsymbol{C}_B\boldsymbol{B}^{-1}\boldsymbol{N}$ | $-\boldsymbol{C}_B\boldsymbol{B}^{-1}$ |

若为极大化问题，此时达到最优解的话，检验数应都小于等于 0，即

$$\boldsymbol{C}_N - \boldsymbol{C}_B\boldsymbol{B}^{-1}\boldsymbol{N} \leqslant 0$$
$$-\boldsymbol{C}_B\boldsymbol{B}^{-1} \leqslant 0$$

又因为基变量的检验数为 $\boldsymbol{C}_B - \boldsymbol{C}_B\boldsymbol{I} = 0$，则可将检验数统一写为

$$\begin{matrix} \boldsymbol{C} - \boldsymbol{C}_B\boldsymbol{B}^{-1}\boldsymbol{A} \leqslant 0 \\ -\boldsymbol{C}_B\boldsymbol{B}^{-1} \leqslant 0 \end{matrix} \xrightarrow{\text{令}\boldsymbol{Y} = \boldsymbol{C}_B\boldsymbol{B}^{-1}} \begin{matrix} \boldsymbol{C} - \boldsymbol{YA} \leqslant 0 \\ -\boldsymbol{Y} \leqslant 0 \end{matrix} \rightarrow \begin{cases} \boldsymbol{YA} \geqslant \boldsymbol{C} \\ \boldsymbol{Y} \geqslant 0 \end{cases}$$

**引理：原问题单纯形表的检验数行对应其对偶问题的一个基解。**

证明：设 $\boldsymbol{B}$ 是原问题的一个可行基，于是

$$\max z = \boldsymbol{C}_B\boldsymbol{X}_B + \boldsymbol{C}_N\boldsymbol{X}_N + \boldsymbol{0}\boldsymbol{X}_S$$
$$\text{s. t.}\begin{cases} \boldsymbol{BX}_B + \boldsymbol{NX}_N + \boldsymbol{IX}_S = \boldsymbol{b} \\ \boldsymbol{X}_B, \boldsymbol{X}_N, \boldsymbol{X}_S \geqslant 0 \end{cases}$$

相应地，对偶问题可表示为

$$\min \omega = \boldsymbol{Yb}$$
$$\text{s. t.}\begin{cases} \boldsymbol{YB} - \boldsymbol{Y}_{S1} = \boldsymbol{C}_B \\ \boldsymbol{YN} - \boldsymbol{Y}_{S2} = \boldsymbol{C}_N \\ \boldsymbol{Y}, \boldsymbol{Y}_{S1}, \boldsymbol{Y}_{S2} \geqslant 0 \end{cases}$$

当求得原问题的一个解 $\boldsymbol{X}_B=\boldsymbol{B}^{-1}\boldsymbol{b}$ 时，可得其相应的检验数为 $\boldsymbol{C}_N-\boldsymbol{C}_B\boldsymbol{B}^{-1}\boldsymbol{N}$ 与 $-\boldsymbol{C}_B\boldsymbol{B}^{-1}$，则

$$\xrightarrow{令\boldsymbol{Y}=\boldsymbol{C}_B\boldsymbol{B}^{-1}}\begin{cases}\boldsymbol{C}_B\boldsymbol{B}^{-1}\boldsymbol{B}-\boldsymbol{Y}_{S1}=\boldsymbol{C}_B\\ \boldsymbol{C}_B\boldsymbol{B}^{-1}\boldsymbol{N}-\boldsymbol{Y}_{S2}=\boldsymbol{C}_N\end{cases}\rightarrow\begin{cases}-\boldsymbol{Y}_{S1}=0\\ -\boldsymbol{Y}_{S2}=\boldsymbol{C}_N-\boldsymbol{C}_B\boldsymbol{B}^{-1}\boldsymbol{N}\end{cases}$$

## 2.3.1　引例说明

已知原问题：

$$\max z=2x_1+3x_2+0x_3+0x_4+0x_5$$

$$\text{s. t.}\begin{cases}x_1+2x_2+x_3=8\\ 4x_1+x_4=16\\ 4x_2+x_5=12\\ x_1,x_2,x_3,x_4,x_5\geqslant 0\end{cases}$$

对偶问题：

$$\min \omega=8y_1+16y_2+12y_3$$

$$\text{s. t.}\begin{cases}y_1+4y_2\geqslant 2\\ 2y_1+4y_3\geqslant 3\\ y_1,y_2,y_3\geqslant 0\end{cases}$$

(1) 原问题极小化，得初始单纯形表(表 2-9)。

**表 2-9　原问题极小化后的初始单纯形表**

| $c_j\rightarrow$ | | | $-2$ | $-3$ | 0 | 0 | 0 |
|---|---|---|---|---|---|---|---|
| $\boldsymbol{C}_B$ | $\boldsymbol{X}_B$ | $\boldsymbol{b}$ | $x_1$ | $x_2$ | $x_3$ | $x_4$ | $x_5$ |
| 0 | $x_3$ | 8 | 1 | 2 | 1 | 0 | 0 |
| 0 | $x_4$ | 16 | 4 | 0 | 0 | 1 | 0 |
| 0 | $x_5$ | 12 | 0 | 4 | 0 | 0 | 1 |
| $c_j-z_j$ | | | $-2$ | $-3$ | 0 | 0 | 0 |

(2) 原问题极小化，迭代至最终单纯形表(表 2-10)。

**表 2-10　原问题极小化后的最终单纯形表**

| $c_j\rightarrow$ | | | 原问题的变量 | | 原问题的松弛变量 | | |
|---|---|---|---|---|---|---|---|
| $\boldsymbol{C}_B$ | $\boldsymbol{X}_B$ | $\boldsymbol{b}$ | $x_1$ | $x_2$ | $x_3$ | $x_4$ | $x_5$ |
| $-2$ | $x_1$ | 4 | 1 | 0 | 0 | 1/4 | 0 |
| 0 | $x_5$ | 4 | 0 | 0 | $-2$ | 1/2 | 1 |
| $-3$ | $x_2$ | 0 | 0 | 1 | 3/2 | $-1/8$ | 0 |
| $c_j-z_j$ | | | 0 | 0 | 3/2 | 1/8 | 0 |
| | | | 对偶问题剩余变量 | | 对偶问题的变量 | | |

(3) 对偶问题用两阶段法求解的最终单纯形表(表 2-11)。

**表 2-11　对偶问题用两阶段法求解的最终单纯形表**

| $c_j\rightarrow$ | | | 对偶问题的变量 | | 对偶问题的剩余变量 | | |
|---|---|---|---|---|---|---|---|
| $\boldsymbol{C}_B$ | $\boldsymbol{Y}_B$ | $\boldsymbol{b}$ | $y_1$ | $y_2$ | $y_3$ | $y_4$ | $y_5$ |
| 16 | $y_2$ | 1/8 | 0 | 1 | $-1/2$ | $-1/4$ | 1/8 |
| 8 | $y_1$ | 3/2 | 1 | 0 | 2 | 0 | $-1/2$ |
| $c_j-z_j$ | | | 0 | 0 | 4 | 4 | 0 |
| | | | 原问题的松弛变量 | | 原问题的变量 | | |

(4) 原问题迭代至最终单纯形表(表 2-12)。

**表 2-12 原极大问题最终单纯形表**

| $c_j \rightarrow$ | | | 原问题的变量 | | 原问题的松弛变量 | | |
|---|---|---|---|---|---|---|---|
| $\boldsymbol{C}_B$ | $\boldsymbol{X}_B$ | $\boldsymbol{b}$ | $x_1$ | $x_2$ | $x_3$ | $x_4$ | $x_5$ |
| 2 | $x_1$ | 4 | 1 | 0 | 0 | 1/4 | 0 |
| 0 | $x_5$ | 4 | 0 | 0 | $-2$ | 1/2 | 1 |
| 3 | $x_2$ | 2 | 0 | 1 | 1/2 | $-1/8$ | 1 |
| $c_j - z_j$ | | | 0 | 0 | $-3/2$ | $-1/8$ | 0 |
| | | | $y_4$ | $y_5$ | $y_1$ | $y_2$ | $y_3$ |
| | | | 对偶问题的剩余变量 | | 对偶问题的变量(负值) | | |

(5) 原问题用两阶段法求解的最终单纯形表(表 2-13)。从引例中可见,原问题与对偶问题在某种意义上来说,实质上是一样的。因为对偶问题仅仅是原问题的另一种表达而已。对原问题与对偶问题进行比较,可发现两者的最优解相同;变量的解在两个单纯形表中互相包含。

**表 2-13 对偶问题用两阶段法求解的最终单纯形表**

| $c_j \rightarrow$ | | | 对偶问题的变量 | | 对偶问题的剩余变量 | | |
|---|---|---|---|---|---|---|---|
| $\boldsymbol{C}_B$ | $\boldsymbol{Y}_B$ | $\boldsymbol{b}$ | $y_1$ | $y_2$ | $y_3$ | $y_4$ | $y_5$ |
| 16 | $y_2$ | 1/8 | 0 | 1 | $-1/2$ | $-1/4$ | 1/8 |
| 8 | $y_1$ | 3/2 | 1 | 0 | 2 | 0 | $-1/2$ |
| $c_j - z_j$ | | | 0 | 0 | 4 | 4 | 2 |
| 原问题变量 | | | $x_3$ | $x_4$ | $x_5$ | $x_1$ | $x_2$ |
| | | | 原问题的松弛变量 | | 原问题的变量 | | |

(6) 原问题的最优解(决策变量 $X$):

$$\boxed{x_1=4, x_2=2} \Leftrightarrow \boxed{\text{对偶问题的剩余变量的检验数}}$$

对偶问题的最优解(决策变量 $Y$):

$$y_1=\frac{3}{2}, y_2=\frac{1}{8}, y_3=0 \Leftrightarrow \boxed{\text{原问题的松弛变量的检验数}}$$

注意:原问题若为极大化求解,对偶问题的最优解则对应松弛变量的检验数为负值。

## 2.3.2 相关定理

**定理 1(对称性) 对偶问题的对偶是原问题。**

证明:以标准对称型为例,则有

| 原问题 | | 对偶问题 |
|---|---|---|
| $\max z=\boldsymbol{CX}$ | | $\min \omega=\boldsymbol{Yb}$ |
| $\text{s.t.}\begin{cases}\boldsymbol{AX}\leqslant \boldsymbol{b}\\ \boldsymbol{X}\geqslant 0\end{cases}$ | $\Rightarrow$ | $\text{s.t.}\begin{cases}\boldsymbol{YA}\geqslant \boldsymbol{C}\\ \boldsymbol{Y}\geqslant 0\end{cases}$ |

将对偶问题化成标准对称型中的原问题:

$$\min(-\omega)=-\boldsymbol{Yb}$$

$$\text{s.t.}\begin{cases}-\boldsymbol{YA}\leqslant -\boldsymbol{C}\\ \boldsymbol{Y}\geqslant 0\end{cases}$$

再根据标准对称型写出其对偶问题：

$$\min(-\omega')=-\boldsymbol{CX} \qquad\qquad \max z=\boldsymbol{CX}$$

$$\text{s.t.}\begin{cases}-\boldsymbol{AX}\geqslant-\boldsymbol{b}\\ \boldsymbol{X}\geqslant 0\end{cases}\xrightarrow{\min(-w')=-\max w'=-\max z}\text{s.t.}\begin{cases}\boldsymbol{AX}\geqslant\boldsymbol{b}\\ \boldsymbol{X}\geqslant 0\end{cases}$$

**定理 2(弱对偶性)　若 $\overline{\boldsymbol{X}}$ 是原问题的可行解，$\overline{\boldsymbol{Y}}$ 是对偶问题的可行解，则 $\boldsymbol{C}\overline{\boldsymbol{X}}\leqslant\overline{\boldsymbol{Y}}\boldsymbol{b}$。**

证明：设原问题为

$$\max z=\boldsymbol{CX}$$

$$\text{s.t.}\begin{cases}\boldsymbol{AX}\leqslant\boldsymbol{b}\\ \boldsymbol{X}\geqslant 0\end{cases}$$

因为 $\overline{\boldsymbol{X}}$ 是原问题的可行解，则 $\boldsymbol{A}\overline{\boldsymbol{X}}\leqslant\boldsymbol{b}$。若 $\overline{\boldsymbol{Y}}$ 是给定的一组值，且它是对偶问题的可行解，用 $\overline{\boldsymbol{Y}}$ 左乘上式有 $\overline{\boldsymbol{Y}}\boldsymbol{A}\overline{\boldsymbol{X}}\leqslant\overline{\boldsymbol{Y}}\boldsymbol{b}$。原问题的对偶问题为

$$\min\omega=\boldsymbol{Yb}$$

$$\text{s.t.}\begin{cases}\boldsymbol{YA}\geqslant\boldsymbol{C}\\ \boldsymbol{Y}\geqslant 0\end{cases}$$

因为 $\overline{\boldsymbol{Y}}$ 是对偶问题的可行解，则 $\overline{\boldsymbol{Y}}\boldsymbol{A}\geqslant\boldsymbol{C}$，用 $\overline{\boldsymbol{X}}$ 右乘上式有 $\overline{\boldsymbol{Y}}\boldsymbol{A}\overline{\boldsymbol{X}}\geqslant\boldsymbol{C}\overline{\boldsymbol{X}}$，所以 $\boldsymbol{C}\overline{\boldsymbol{X}}\leqslant\overline{\boldsymbol{Y}}\boldsymbol{A}\overline{\boldsymbol{X}}\leqslant\overline{\boldsymbol{Y}}\boldsymbol{b}$。

可证明若原问题和对偶问题都有可行解，则两者一定有最优解。

**定理 3(无界性)　若原问题(对偶问题)有无界解，则其对偶问题(原问题)无可行解。**

根据弱对偶性和无界性可得到以下重要结论。

(1) 极大化问题(原问题)的任一可行解所对应的目标函数值是对偶问题最优目标函数值的下界。

(2) 极小化问题(对偶问题)的任一可行解所对应的目标函数值是原问题最优目标函数值的上界。

(3) 若原问题可行，但其目标函数值无界，则对偶问题无可行解。

(4) 若对偶问题可行，但其目标函数值无界，则原问题无可行解。

(5) 若原问题有可行解而其对偶问题无可行解，则原问题目标函数值无界。

(6) 若原问题无可行解，则其对偶问题具有无界解或无可行解。

**例 2-5(无界性的应用)** 已知线性规划问题：

$$\max z=x_1+x_2$$

$$\text{s.t.}\begin{cases}-x_1+x_2+x_3\leqslant 2\\ -2x_1+x_2-x_3\leqslant 1\\ x_1,x_2,x_3\geqslant 0\end{cases}$$

试用对偶理论证明上述问题无最优解。

证明：先写出其对偶问题

$$\min w=2y_1+y_2$$

$$\text{s.t.}\begin{cases}-y_1-2y_2\geqslant 1\\ y_1+y_2\geqslant 1\\ y_1-y_2\geqslant 0\\ y_1,y_2\geqslant 0\end{cases}$$

可以看出原问题存在可行解，如 $\boldsymbol{X}=(0,0,0)^{\mathrm{T}}$，而从对偶问题的第一条约束可知对偶问题无可行解，则原问题有无界解，故无最优解。

**定理 4(最优性)　若 $\hat{\boldsymbol{X}}$ 是原问题的可行解，$\hat{\boldsymbol{Y}}$ 是对偶问题的可行解，当 $\boldsymbol{C}\hat{\boldsymbol{X}}=\hat{\boldsymbol{Y}}\boldsymbol{b}$ 时，$\hat{\boldsymbol{X}},\hat{\boldsymbol{Y}}$ 是最优解。**

证明：当 $\boldsymbol{C}\hat{\boldsymbol{X}}=\hat{\boldsymbol{Y}}\boldsymbol{b}$ 时，根据弱对偶性，对于对偶问题的所有可行解 $\overline{\boldsymbol{Y}}$ 有

$$C\hat{X} \leqslant \bar{Y}b$$

$$C\hat{X} = \hat{Y}b \leqslant \bar{Y}b$$

所以，$\hat{Y}$ 是对偶问题所有可行解中使目标函数达到最小值的解，即 $\hat{Y}$ 是对偶问题的最优解。

同理，对于原问题的所有可行解 $\bar{X}$ 有

$$C\bar{X} \leqslant \hat{Y}b$$

$$C\bar{X} \leqslant \hat{Y}b = C\hat{X}$$

所以，$\hat{X}$ 是原问题所有可行解中使目标函数达到最大值的解，即 $\hat{X}$ 是原问题的最优解。

**定理 5(对偶定理/强对偶性)　若原问题有最优解，那么对偶问题也有最优解，且目标函数值相等。**

证明：设 $\hat{X}$ 是原问题的最优解，它对应的基 $B$ 必存在，且有

$$C - C_B B^{-1} A \leqslant 0$$

令 $\hat{Y} = C_B B^{-1}$，则 $\hat{Y}A \geqslant C$，此时 $\hat{Y}$ 是对偶问题的可行解，同时又因 $\hat{X}$ 是原问题的最优解，则原问题的目标函数值为

$$z = C\hat{X} = C_B B^{-1} b$$

$$C\hat{X} = \hat{Y}b$$

可见，$\hat{Y}$ 是对偶问题的最优解。

**定理 6(互补松弛性)　若 $\hat{X}$,$\hat{Y}$ 分别是原问题和对偶问题的可行解，那么 $\hat{Y}X_S = 0$ 和 $Y_S\hat{X} = 0$，当且仅当 $\hat{X}$,$\hat{Y}$ 为最优解。**

证明：设原问题和对偶问题的标准型分别为

原问题　　　　　　　　对偶问题

$$\max z = CX \qquad\qquad \min \omega = Yb$$

$$\text{s.t.}\begin{cases} AX + X_S \leqslant b \\ X, X_S \geqslant 0 \end{cases} \quad \Rightarrow \quad \text{s.t.}\begin{cases} YA - Y_S \geqslant C \\ Y, Y_S \geqslant 0 \end{cases}$$

若 $\hat{X}$,$\hat{Y}$ 分别是原问题和对偶问题的最优解，根据最优性有

$$C\hat{X} = \hat{Y}b$$

$$z = C\hat{X} = (\hat{Y}b - Y_S)\hat{X} = \hat{Y}A\hat{X} - Y_S\hat{X}$$

$$\omega = \hat{Y}b = \hat{Y}(A\hat{X} + X_S) = \hat{Y}A\hat{X} + \hat{Y}X_S$$

$$Y_S\hat{X} = \hat{Y}X_S$$

**例 2-6(互补松弛性的应用)** 已知线性规划问题：

$$\min \omega = 2x_1 + 3x_2 + 5x_3 + 2x_4 + 3x_5$$

$$\text{s.t.}\begin{cases} x_1 + x_2 + 2x_3 + x_4 + 3x_5 \geqslant 4 \\ 2x_1 - x_2 + 3x_3 + x_4 + x_5 \geqslant 3 \\ x_j \geqslant 0, j = 1, 2, \dots, 5 \end{cases}$$

已知其对偶问题的最优解为 $y_1^* = \frac{4}{5}, y_2^* = \frac{3}{5}, z = 5$。试用对偶理论找出原问题的最优解。

解：先写出其对偶问题，并将其化为标准型，即

$$\max z = 4y_1 + 3y_2 \qquad y_1^* = \frac{4}{5}, y_2^* = \frac{3}{5}$$

$$\text{s.t.}\begin{cases} y_1 + 2y_2 + y_{s1} = 2 & \to y_{s1} = 0 \\ y_1 - y_2 + y_{s2} = 3 & \to y_{s2} > 0 \\ 2y_1 + 3y_2 + y_{s3} = 5 & \to y_{s3} > 0 \\ y_1 + y_2 + y_{s4} = 2 & \to y_{s4} > 0 \\ 3y_1 + y_2 + y_{s5} = 3 & \to y_{s5} = 0 \\ y_1, y_2, y_{si} \geqslant 0, i = 1, \dots, 5 \end{cases}$$

由互补松弛性可知 $\boldsymbol{Y}_S\boldsymbol{X}^* = 0 \Leftrightarrow y_{si}x_i^* = 0$，因为 $y_{s2}, y_{s3}, y_{s4} > 0$，所以 $x_2^* = x_3^* = x_4^* = 0$。因为 $y_{s1}, y_{s5} = 0$，所以 $x_1^* \geqslant 0, x_5^* \geqslant 0$。由题可知 $y_1^* = \frac{4}{5} > 0, y_2^* = \frac{3}{5} > 0$，由互补松弛性可知 $\boldsymbol{Y}^*\boldsymbol{X}_S = 0 \Leftrightarrow y_i^* x_{si} = 0$，所以 $x_{s1} = x_{s2} = 0$。原问题化标准型为

$$\min \omega = 2x_1 + 3x_2 + 5x_3 + 2x_4 + 3x_5$$

$$\text{s.t.}\begin{cases} x_1 + x_2 + 2x_3 + x_4 + 3x_5 - x_{s1} = 4 \\ 2x_1 - x_2 + 3x_3 + x_4 + x_5 - x_{s2} = 3 \\ x_j \geqslant 0, j = 1, 2, \dots, 5 \end{cases}$$

因此可得到

$$\begin{matrix} x_1^* + 3x_5^* = 4 \\ 2x_1^* + x_5^* = 3 \end{matrix} \to \begin{cases} x_1^* = 1 \\ x_5^* = 1 \end{cases}$$

原问题的最优解为 $\boldsymbol{X}^* = (1,0,0,0,1)^{\mathrm{T}}, \omega^* = 5$。

$\hat{\boldsymbol{Y}}\boldsymbol{X}_S = 0$ 和 $\boldsymbol{Y}_S\hat{\boldsymbol{X}} = 0$ 这两个公式表示，在线性规划问题的最优解中，如果对应某一约束条件的对偶变量值 $y$ 非零，则该约束条件为严格等式（松弛变量值为零）；反之，如果约束条件为严格不等式（松弛变量值不为零），则其对应的对偶变量 $y$ 一定为零。

## 复习思路提示

1. 对于对偶问题的性质，常考题型为选择题、判断题和填空题等，分值为 5 分左右。
2. 对于对偶问题的性质，若考大题，则通常考大题中的一个小题，考查内容可能是：
(1) 已知对偶问题的最优解，求原问题的最优解，或反过来；
(2) 证实原问题的可行解是否为最优解；
(3) 利用互补松弛性求最优解等。
3. 牢记本节的定理，有些高校喜欢考查这些定理的证明。

# 2.4 影子价格

已知迭代后的单纯形表（表 2－14）。

**表 2－14　迭代后的单纯形表**

| 价值系数→ | | | $\boldsymbol{C}_B$ | $\boldsymbol{C}_N$ | 0 |
|---|---|---|---|---|---|
| 基变量的价值系数 | 基变量 | 等式右边 | $\boldsymbol{X}_B$ | $\boldsymbol{X}_N$ | $\boldsymbol{X}_S$ |
| $\boldsymbol{C}_B$ | $\boldsymbol{X}_S$ | $\boldsymbol{B}^{-1}\boldsymbol{b}$ | $\boldsymbol{I}$ | $\boldsymbol{B}^{-1}\boldsymbol{N}$ | $B^{-1}$ |
| $Z_0 = \boldsymbol{C}_B\boldsymbol{B}^{-1}\boldsymbol{b}$ | | | 0 | $\boldsymbol{C}_N - \boldsymbol{C}_B\boldsymbol{B}^{-1}\boldsymbol{N}$ | $-\boldsymbol{C}_B\boldsymbol{B}^{-1}$ |

思考：在单纯形法的每步迭代中，目标函数 $z=\boldsymbol{C}_B\boldsymbol{B}^{-1}\boldsymbol{b}$ 和检验数 $\boldsymbol{C}_N-\boldsymbol{C}_B\boldsymbol{B}^{-1}\boldsymbol{N}$ 中都有乘子 $\boldsymbol{Y}=\boldsymbol{C}_B\boldsymbol{B}^{-1}$，那么 $\boldsymbol{Y}$ 的经济意义是什么？

## 2.4.1 对偶变量 y 的意义

当求得线性规划原问题的最优解 $x_j^*(j=1,\cdots,n)$ 时，也可得到其对偶问题的最优解 $y_j^*(j=1,\cdots,n)$，且代入各自的目标函数后有

$$z^*=\sum_{j=1}^{n}c_jx_j^*=\sum_{i=1}^{n}b_iy_i^*=\omega^*$$

其中，$b_i$ 是线性规划原问题约束条件的右端项，它代表第 $i$ 种资源的拥有量。

原问题目标函数的量纲不同，其经济意义也不同，相应乘子的经济意义也不同，有不同的名称。

设 $\boldsymbol{B}$ 是 $\{\max z=\boldsymbol{CX}\,|\,\boldsymbol{AX}\leqslant\boldsymbol{b},\boldsymbol{X}\geqslant 0\}$ 的最优基，则

$$z^*=\boldsymbol{C}_B\boldsymbol{B}^{-1}\boldsymbol{b}=\boldsymbol{Y}^*\boldsymbol{b}\rightarrow\frac{\partial z^*}{\partial\boldsymbol{b}}=\boldsymbol{C}_B\boldsymbol{B}^{-1}=\boldsymbol{Y}^*$$

其中，$\boldsymbol{C}_B\boldsymbol{B}^{-1}$ 表示单位资源转换成利润的效率。

此时可以看出对偶变量 $\boldsymbol{Y}^*$ 的含义是单位资源微小变化所引起的目标函数的最优值变化的比值。

## 2.4.2 影子价格的经济意义

影子价格代表在资源最优利用条件下对单位第 $i$ 种资源的估价，这种估价不是资源的市场价格，而是根据资源在生产中做出的贡献而作的估价，为区别起见，称为影子价格(shadow price)。在不同的情境中，它也被称为影子利润、最优计算价格等。

影子价格的经济意义主要有以下 3 点。

1. 影子价格是一种边际价格，反映资源对目标函数的边际贡献

资源的影子价格不同，对目标函数值的贡献也不同。随着资源的增加，可行域会发生变化；当某资源量不断增加超过某值时，需要重新计算目标函数的最优解。这将在灵敏度分析中继续进行讨论。

$$z^*=\sum_{j=1}^{n}c_jx_j^*=\sum_{i=1}^{n}b_iy_i^*=\omega^*,\frac{\partial z^*}{\partial b_i}=y_i^*$$

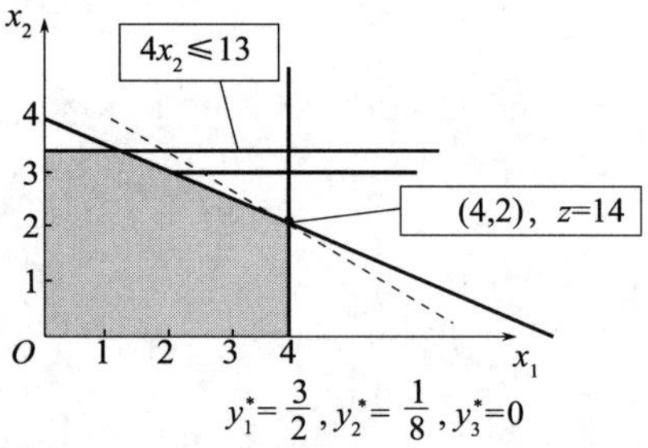


**图 2-1 影子价格的经济意义**

说明：$y_i^*$ 的值相当于在资源得到最优利用的生产条件下，$b_i$ 每增加一个单位时目标函数 $z$ 的增量。在图 2-1 中，原材料 B 每增加 1 kg，此时最优解不变。

2. 影子价格反映资源的稀缺程度

根据互补松弛性，有

$$\hat{\boldsymbol{Y}}\boldsymbol{X}_S=0 \text{ 和 } \boldsymbol{Y}_S\hat{\boldsymbol{X}}=0$$

$$\text{当 }\sum_{j=1}^{n}a_{ij}\hat{x}_j<b_i\text{ 时，}\hat{y}_i=0$$

$$\text{当 }\hat{y}_i>0\text{ 时，}\sum_{j=1}^{n}a_{ij}\hat{x}_j=b_i$$

这表明在生产过程中如果某种资源未得到充分利用 ($\boldsymbol{X}_S>0$)，该种资源的影子价格为零 ($\hat{\boldsymbol{Y}}=\boldsymbol{0}$)；当资源的影子价格不为零时 ($\hat{\boldsymbol{Y}}>0$)，表明该种资源在生产过程中已耗费完毕 ($\boldsymbol{X}_S=\boldsymbol{0}$)。例如：

$$y_1^*=1.5\Leftrightarrow x_3=0\Leftrightarrow \text{设备}$$

$$y_2^*=0.125\Leftrightarrow x_4=0\Leftrightarrow \text{原材料 A}$$

$$y_3^*=0\Leftrightarrow x_5=4\Leftrightarrow \text{原材料 B}$$

设备的影子价格不为零，表明设备台时在生产过程中已耗费完毕。原材料 A 的影子价格不为零，表明原材

料 A 在生产过程中已耗费完毕。原材料 B 的影子价格为零，表明原材料 B 在生产过程中未得到充分利用。

3. 影子价格是一种机会成本，反映资源的边际使用价值

对线性规划问题的求解一般是确定资源的最优分配方案，而对于对偶问题的求解则是确定对资源的恰当估价，这种估价直接涉及资源的最有效利用。

① 资源的市场价格是已知的，相对比较稳定，而它的影子价格则是资源占有者赋予资源的一个内部价格，依赖于资源的利用情况，是未知的。企业的生产任务、产品结构等情况发生变化，资源的影子价格也会改变。

② 随着资源的买进卖出，它的影子价格也会发生变化，一直到影子价格与市场价格保持同等水平时，才处于平衡状态。

### 2.4.3　检验数的经济意义

我们也可以根据影子价格的含义，理解单纯形表中检验数的经济意义。假设原问题迭代至最终单纯形表(如表 2－15 所示)。

**表 2－15　迭代后的最终单纯形表**

| | $c_j \rightarrow$ | | 2 | 3 | 0 | 0 | 0 |
|---|---|---|---|---|---|---|---|
| $\boldsymbol{C}_B$ | $\boldsymbol{X}_B$ | $\boldsymbol{b}$ | $x_1$ | $x_2$ | $x_3$ | $x_4$ | $x_5$ |
| 0 | $x_1$ | 4 | 1 | 0 | 0 | 1/4 | 0 |
| 0 | $x_5$ | 4 | 0 | 0 | －2 | 1/2 | 1 |
| 0 | $x_2$ | 2 | 0 | 1 | 1/2 | －1/8 | 0 |
| | $c_j - z_j$ | | 0 | 0 | －3/2 | －1/8 | 0 |
| | | | $y_4$ | $y_5$ | $y_1$ | $y_2$ | $y_3$ |

$$\sigma_j = c_j - \boldsymbol{C}_B\boldsymbol{B}^{-1}\boldsymbol{P}_j = c_j - \sum_{i=1}^{m} y_i a_{ij}$$

其中，$c_j$ 表示第 $j$ 种产品的价值，$\sum_{i=1}^{m} y_i a_{ij}$ 表示生产第 $j$ 种产品所消耗各项资源的影子价格的总和(即隐含成本)。

可见，产品价值 ＞ 隐含成本，可生产该产品；否则，不安排生产。此即检验数的经济意义。

## 复习思路提示

1. 影子价格通常有 3 种考查方向：

(1) 理解影子价格大于或等于 0 所代表的资源消耗情况；

(2) 简述影子价格的经济意义；

(3) 在计算题中判断影子价格。

2. 分值通常在 5 分以内，题型以选择题和判断题为主。

## 2.5　对偶单纯形法

### 2.5.1　基本思路

如前文所述，原问题每次迭代的单纯形表的检验数行对应其对偶问题的一个基解。

设原问题和对偶问题的标准型分别为

$$\text{原问题} \qquad\qquad \text{对偶问题}$$

$$\max z = \boldsymbol{CX} \qquad\qquad \min \omega = \boldsymbol{Yb}$$

$$\text{s. t.}\begin{cases}\boldsymbol{AX}+\boldsymbol{X}_{\mathrm{S}}=\boldsymbol{b}\\ \boldsymbol{X},\boldsymbol{X}_{\mathrm{S}}\geqslant 0\end{cases} \qquad \text{s. t.}\begin{cases}\boldsymbol{YA}-\boldsymbol{Y}_{\mathrm{S}}=\boldsymbol{C}\\ \boldsymbol{Y},\boldsymbol{Y}_{\mathrm{S}}\geqslant 0\end{cases}$$

原问题的检验数与对偶问题的变量的对应关系如表 2-16 所示。

**表 2-16　原问题的检验数与对偶问题的变量的对应关系**

| 决策变量 | $\boldsymbol{X}_B$ | $\boldsymbol{X}_N$ | $\boldsymbol{X}_{\mathrm{S}}$ |
|---|---|---|---|
| 检验数 | 0 | $\boldsymbol{C}_N-\boldsymbol{C}_B\boldsymbol{B}^{-1}\boldsymbol{N}$ | $-\boldsymbol{C}_B\boldsymbol{B}^{-1}$ |
| 对应 | 0 | $-\boldsymbol{Y}_{\mathrm{S2}}$ | $-\boldsymbol{Y}$ |

对偶单纯形法的基本思路如图 2-2 所示。

原问题的基可行解　　原问题最优解判断

$$\tilde{\boldsymbol{b}}=\boldsymbol{B}^{-1}\boldsymbol{b}\geqslant 0 \quad \rightarrow \quad \boldsymbol{C}-\boldsymbol{C}_B\boldsymbol{B}^{-1}\boldsymbol{A}\leqslant 0$$

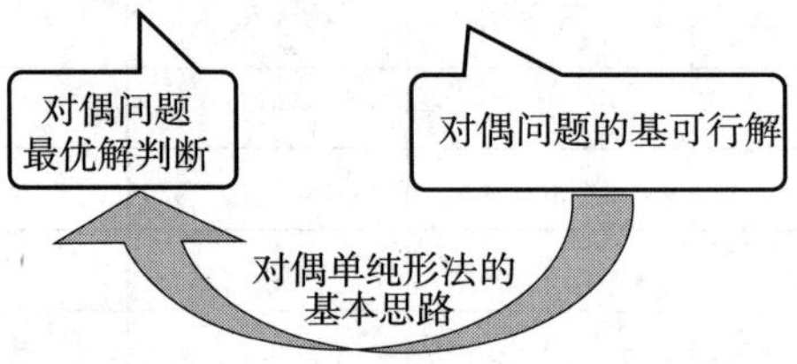


原问题可行性条件　$\tilde{\boldsymbol{b}}=\boldsymbol{B}^{-1}\boldsymbol{b}\geqslant 0$　对偶问题最优性条件

原问题最优性条件　$\boldsymbol{C}-\boldsymbol{C}_B\boldsymbol{B}^{-1}\boldsymbol{A}\leqslant 0$　对偶问题可行性条件

**图 2-2　对偶单纯形法的基本思路**

此处用到了两个定理:最优性和对偶定理。

## 2.5.2　计算步骤

以下面的极大化线性规划问题为例:

$$\max z=\boldsymbol{CX}$$

$$\text{s. t.}\begin{cases}\boldsymbol{AX}\leqslant \boldsymbol{b}\\ \boldsymbol{X}\geqslant 0\end{cases}$$

已知原问题迭代后的矩阵描述(表 2-17)。

**表 2-17　迭代后的单纯形表**

| 价值系数→ | | | $\boldsymbol{C}_B$ | $\boldsymbol{C}_N$ | 0 |
|---|---|---|---|---|---|
| 基变量的价值系数 | 基变量 | 等式右边 | $\boldsymbol{X}_B$ | $\boldsymbol{X}_N$ | $\boldsymbol{X}_{\mathrm{S}}$ |
| $\boldsymbol{C}_B$ | $\boldsymbol{X}_{\mathrm{S}}$ | $\boldsymbol{B}^{-1}\boldsymbol{b}$ | $\boldsymbol{I}$ | $\boldsymbol{B}^{-1}$ | $\boldsymbol{B}^{-1}$ |
| $z_0=\boldsymbol{C}_B\boldsymbol{B}^{-1}\boldsymbol{b}$ | | | 0 | $\boldsymbol{C}_N-\boldsymbol{C}_B\boldsymbol{B}^{-1}\boldsymbol{N}$ | $-\boldsymbol{C}_B\boldsymbol{B}^{-1}$ |

表 2-17 中,$\boldsymbol{B}^{-1}\boldsymbol{b}$ 是当前原问题的基可行解,即原问题的最优解;当前检验数均非正,即对偶问题存在基可行解。

不妨设 $\boldsymbol{B}=(\boldsymbol{P}_1,\boldsymbol{P}_2,\cdots,\boldsymbol{P}_m)$ 为对偶问题的初始可行基,则 $\boldsymbol{C}-\boldsymbol{C}_B\boldsymbol{B}^{-1}\boldsymbol{A}\leqslant 0$。若 $\tilde{b}_i\geqslant 0, i=1,2,\cdots,m$,即表中原问题和对偶问题均有最优解,否则换基。

1）对线性规划问题进行变换

使列出的初始单纯形表中所有检验数非正，得到对偶问题的基可行解。

2）检查基变量对应 $\boldsymbol{b}$ 列的值

若基变量对应 $\boldsymbol{b}$ 列的值都非负，检验数都非正，则已得到原问题和对偶问题的最优解，停止计算。

若至少存在一个负分量，检验数保持非正，那么进行基变换。

3）确定换出变量

$$\min[(\boldsymbol{B}^{-1}\boldsymbol{b})_i \mid (\boldsymbol{B}^{-1}\boldsymbol{b})_i < 0] = (\boldsymbol{B}^{-1}\boldsymbol{b})_l$$

对应的 $x_l$ 为换出变量（注意，此时如果有多个负值，可选取任一个负的 $\boldsymbol{b}$ 列的值对应的变量作为换出变量，不过通常选取最小值对应的变量换出）。

4）确定换入变量

在单纯形表中检查 $x_l$ 所在行的各系数 $a_{lj}, j = 1, \cdots, n$。

若所有 $a_{lj} \geqslant 0$，则无可行解，停止计算；若存在 $a_{lj} < 0$，计算

$$\theta = \min_j \left\{ \frac{\sigma_j}{a_{li}} \mid a_{li} < 0 \right\} = \frac{\sigma_k}{a_{lk}}$$

对应的 $x_k$ 为换入变量，这样才可保证得到的对偶问题解仍可行（依然遵循最小比值规则）。

5）迭代计算

以 $a_{lk}$ 为主元素，按原单纯形表的初等行变换计算在表中进行迭代运算。

重复以上步骤，直到两问题都得到最优解。

注意：单纯形法与对偶单纯形法均在单纯形表中进行计算，后期熟练以后，就可以根据迭代原理判断某一步该使用单纯形法还是对偶单纯形法，两者可交替使用。

**例 2-7（用对偶单纯形法进行求解）** 用对偶单纯形法求解以下线性规划问题：

$$\min w = 15y_1 + 24y_2 + 5y_3$$

$$\text{s.t.}\begin{cases} 6y_2 + y_3 \geqslant 2 \\ 5y_1 + 2y_2 + y_3 \geqslant 1 \\ y_1, y_2, y_3 \geqslant 0 \end{cases}$$

解：将原问题转化为如下形式，即

$$\max z = -15y_1 - 24y_2 - 5y_3$$

$$\text{s.t.}\begin{cases} -6y_2 - y_3 + y_4 = -2 \\ -5y_1 - 2y_2 - y_3 + y_5 = -1 \\ y_1, y_2, \cdots, y_5 \leqslant 0 \end{cases}$$

迭代过程如表 2-18 所示。

**表 2-18　单纯形表的迭代过程**

| $c_j \rightarrow$ | | | 15 | −24 | −5 | 0 | 0 |
|---|---|---|---|---|---|---|---|
| $\boldsymbol{C}_B$ | $\boldsymbol{Y}_B$ | $\boldsymbol{b}$ | $y_1$ | $y_2$ | $y_3$ | $y_4$ | $y_5$ |
| 0 | $y_4$ | −2 | 0 | [−6] | −1 | 1 | 0 |
| 0 | $y_5$ | −1 | −5 | −2 | −1 | 0 | 1 |
| $c_j - z_j$ | | | −15 | −24 | −5 | 0 | 0 |
| −24 | $y_2$ | 1/3 | 0 | 1 | 1/6 | −1/6 | 0 |
| 0 | $y_5$ | −1/3 | −5 | 0 | [−2/3] | −1/3 | 1 |
| $c_j - z_j$ | | | −5 | 0 | −1 | −4 | 0 |
| −24 | $y_2$ | 1/4 | −5/4 | 1 | 0 | −1/4 | 1/4 |
| −5 | $y_3$ | 1/2 | 15/2 | 0 | 1 | 1/2 | −3/2 |
| $c_j - z_j$ | | | −15/2 | 0 | 0 | −7/2 | −3/2 |

$$\text{第 1 步迭代的最小比值}:\theta=\min\left\{-,\frac{-24}{-6},\frac{-5}{-1}\right\}=4$$

$$\text{第 2 步迭代的最小比值}:\theta=\min\left\{\frac{-15}{-5},\frac{-1}{-2/3},\frac{-4}{-1/3}\right\}=\frac{3}{2}$$

$$\boldsymbol{Y}^*=\left(0,\frac{1}{4},\frac{1}{2},0,0\right)^{\mathrm{T}},z^*=-\frac{17}{2}$$

即 $w^*=\dfrac{17}{2}$。

## 复习思路提示

1. 对偶单纯形法的优点：

(1) 不需要人工变量；

(2) 当变量多于约束条件时，用对偶单纯形法可减少迭代次数；

(3) 在灵敏度分析中，有时需要用对偶单纯形法继续迭代。

2. 对偶单纯形法的缺点：在初始单纯形表中，对偶问题有基可行解这是不太可能的。因此，对偶单纯形法一般不单独考查(通常与灵敏度分析结合考查)。

3. 要充分理解对偶单纯形法的算法思路，它也是单纯形法的一种。

# 2.6 灵敏度分析

在线性规划问题中，$a_{ij},b_i,c_j$ 都是常数，但实际上这些系数是估计值和预测值，随着市场的变化，它们都会发生改变。需要思考 3 个问题：

(1) 当这些系数中的一个或多个发生变化时，原最优解会怎样变化？

(2) 当这些系数在什么范围内变化时，原最优解仍保持不变？

(3) 若最优解发生变化，如何用最简单的方法找到现行的最优解？

灵敏度分析的内容就是研究线性规划问题中，$a_{ij},b_i,c_j$ 的变化对最优解的影响。

灵敏度分析主要有两种方法。

(1) 图解法：只适用于两个变量的情况。

(2) 对偶理论：利用下述公式在单纯形表中进行分析。

$$\tilde{\boldsymbol{b}}=\boldsymbol{B}^{-1}\boldsymbol{b},\Delta\tilde{\boldsymbol{b}}=\boldsymbol{B}^{-1}\Delta\boldsymbol{b}$$

$$\tilde{\boldsymbol{P}}=\boldsymbol{B}^{-1}\boldsymbol{P},\Delta\tilde{\boldsymbol{P}}=\boldsymbol{B}^{-1}\Delta\boldsymbol{P}$$

$$\tilde{\sigma}_j=c_j-\boldsymbol{C}_B\boldsymbol{B}^{-1}\boldsymbol{P}_j=c_j-\boldsymbol{Y}^*\boldsymbol{P}_j$$

## 2.6.1 灵敏度问题的图解法解析

某线性规划问题如下：

$$\max z=34x_1+40x_2$$

$$\text{s.t.}\begin{cases}4x_1+6x_2\leqslant 48\\2x_1+2x_2\leqslant 18\\2x_1+x_2\leqslant 16\\x_1,x_2\geqslant 0\end{cases}$$

用图解法求解，如图 2－3 和图 2－4 所示

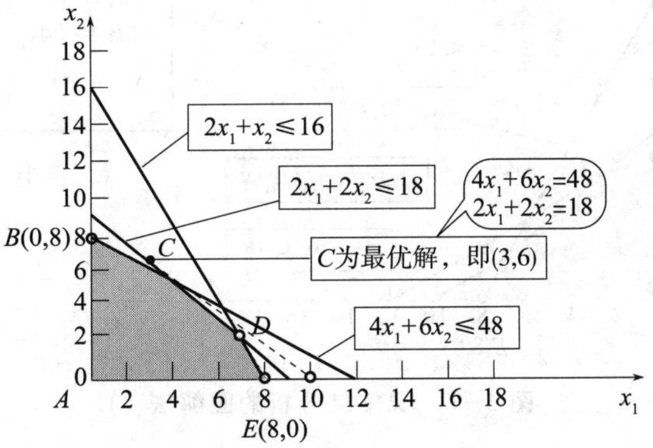


图 2－3　灵敏度分析的图解法

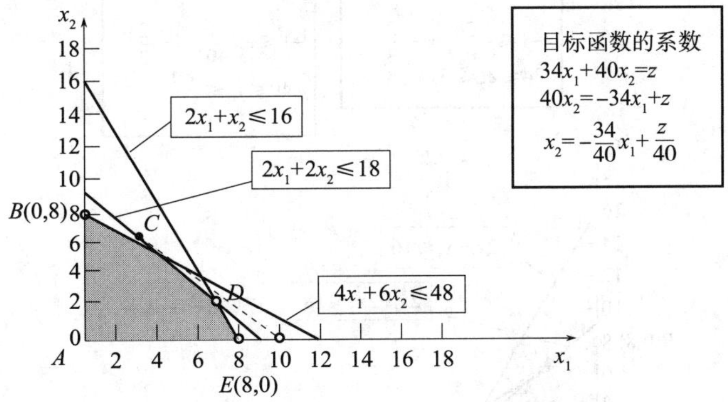


图 2－4　灵敏度分析的图解法(a)

此时分析价值系数的变化情况，如图 2－5～图 2－7 所示。

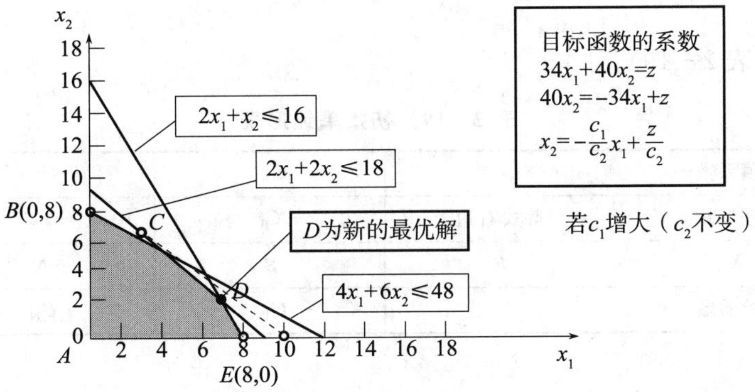


图 2－5　灵敏度分析的图解法(b)

## 2.6.2　利用单纯形表进行分析

简单回顾单纯形法的矩阵描述，假设线性规划问题如下：

$$\max z = \boldsymbol{C}_B\boldsymbol{X}_B + \boldsymbol{C}_N\boldsymbol{X}_N + \boldsymbol{0}\boldsymbol{X}_S$$

$$\text{s. t.}\begin{cases}\boldsymbol{B}\boldsymbol{X}_B + \boldsymbol{N}\boldsymbol{X}_N + \boldsymbol{I}\boldsymbol{X}_S = \boldsymbol{b} \\ \boldsymbol{X}_B, \boldsymbol{X}_N, \boldsymbol{X}_S \geqslant 0\end{cases}$$

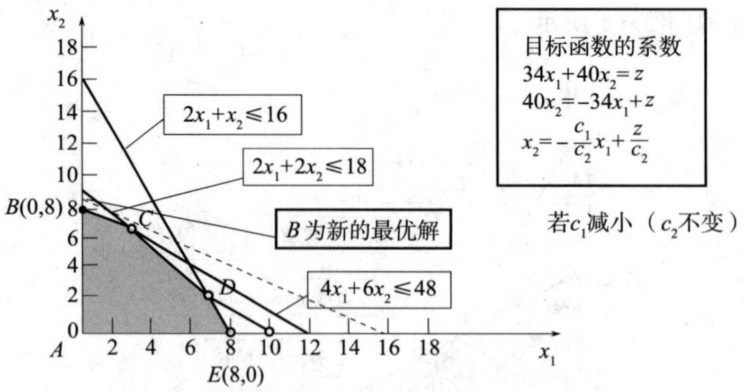


图 2-6　灵敏度分析的图解法(c)

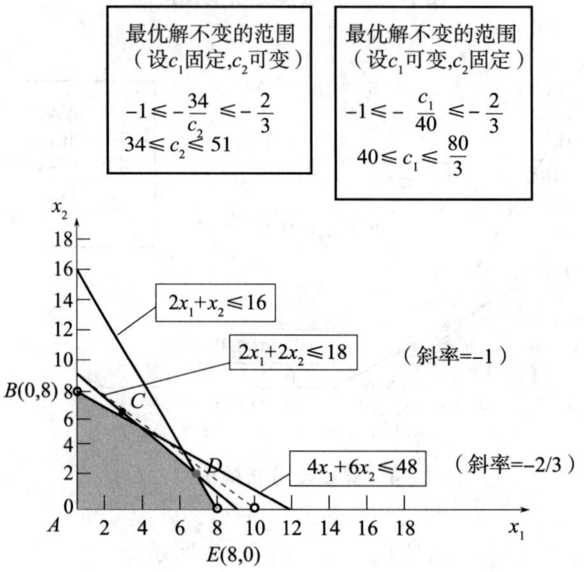


图 2-7　灵敏度分析的图解法(d)

列出初始单纯形表(表 2-19)。

表 2-19　初始单纯形表

| 价值系数→ | | | $\boldsymbol{C}_B$ | $\boldsymbol{C}_N$ | 0 |
|---|---|---|---|---|---|
| 基变量的价值系数 | 基变量 | 等式右边 | $\boldsymbol{X}_B$ | $\boldsymbol{X}_N$ | $\boldsymbol{X}_S$ |
| 0 | $\boldsymbol{X}_S$ | $\boldsymbol{b}$ | $\boldsymbol{B}$ | $\boldsymbol{N}$ | $\boldsymbol{I}$ |
| 检验数 | | | $\boldsymbol{C}_B$ | $\boldsymbol{C}_N$ | 0 |

此时，$z_0=0$。

列出迭代后的单纯形表(表 2-20)。

表 2-20　迭代后的单纯形表

| 价值系数→ | | | $\boldsymbol{C}_B$ | $\boldsymbol{C}_N$ | 0 |
|---|---|---|---|---|---|
| 基变量的价值系数 | 基变量 | 等式右边 | $\boldsymbol{X}_B$ | $\boldsymbol{X}_N$ | $\boldsymbol{X}_S$ |
| $\boldsymbol{C}_B$ | $\boldsymbol{X}_B$ | $\boldsymbol{B}^{-1}\boldsymbol{b}$ | $\boldsymbol{I}$ | $\boldsymbol{B}^{-1}\boldsymbol{N}$ | $\boldsymbol{B}^{-1}I$ |
| 检验数 | | | 0 | $\boldsymbol{C}_N-\boldsymbol{C}_B\boldsymbol{B}^{-1}\boldsymbol{N}$ | $-\boldsymbol{C}_B\boldsymbol{B}^{-1}$ |

此时，$z_1=\boldsymbol{C}_B\boldsymbol{B}^{-1}\boldsymbol{b}$。

从上述迭代过程中可以看出，在单纯形法迭代过程中真正用到的数字只有基变量的值、非基变量的检验数和换入变量的系数列向量。

$$\theta = \min\left[\frac{(\boldsymbol{B}^{-1}\boldsymbol{b})_i}{(\boldsymbol{B}^{-1}\boldsymbol{P}_j)_i} \mid (\boldsymbol{B}^{-1}\boldsymbol{P}_j)_i > 0\right]$$

已知矩阵描述时各项的表达式：

$$\begin{cases}\boldsymbol{X}_B = \boldsymbol{B}^{-1}\boldsymbol{b} \\ \boldsymbol{N} = \boldsymbol{B}^{-1}\boldsymbol{N} \\ \sigma_N = \boldsymbol{C}_N - \boldsymbol{C}_B\boldsymbol{B}^{-1}\boldsymbol{N} \\ z_0 = \boldsymbol{C}_B\boldsymbol{B}^{-1}\boldsymbol{b}\end{cases}$$

当已知一个线性规划问题的可行基 $\boldsymbol{B}$ 时，先求出 $\boldsymbol{B}^{-1}$，再用这些公式可得到单纯形法所要求的结果。

$$\tilde{\boldsymbol{b}} = \boldsymbol{B}^{-1}\boldsymbol{b}, \Delta\tilde{\boldsymbol{b}} = \boldsymbol{B}^{-1}\Delta\boldsymbol{b}$$

$$\tilde{\boldsymbol{P}} = \boldsymbol{B}^{-1}\boldsymbol{P}, \Delta\tilde{\boldsymbol{P}} = \boldsymbol{B}^{-1}\Delta\boldsymbol{P}$$

$$\tilde{\sigma}_j = c_j - \boldsymbol{C}_B\boldsymbol{B}^{-1}\boldsymbol{P}_j = c_j - \boldsymbol{Y}^*\boldsymbol{P}_j$$

既然每次迭代都与当前可行基 $\boldsymbol{B}$ 有关，则各系数的变化只需要在最终单纯形表中进行检查和分析。

经过计算，可由表 2-21 确定对应的解的情况或迭代情况。

**表 2-21　原问题与对偶问题对应的解的情况或迭代情况**

| 原问题 | 对偶问题 | 结论或继续进行计算的步骤 |
|---|---|---|
| 可行解 | 可行解 | 问题的最优解或最优基不变 |
| 可行解 | 非可行解 | 用单纯形法继续进行迭代 |
| 非可行解 | 可行解 | 用对偶单纯形法继续进行迭代 |
| 非可行解 | 非可行解 | 编制新的单纯形表并重新计算 |

## 2.6.3　各种系数发生变化的情况

**例 2-8(灵敏度分析)**　某家电厂家利用现有资源生产两种产品，有关数据如表 2-22 所示。如何安排生产可获利最多？

**表 2-22　产品相关数据**

| | 产品Ⅰ | 产品Ⅱ | 资源限量 |
|---|---|---|---|
| 设备 A/h | 0 | 5 | 15 |
| 设备 B/h | 6 | 2 | 24 |
| 调试工序/h | 1 | 1 | 5 |
| 利润/元 | 2 | 1 | |

解：设产品Ⅰ和Ⅱ的产量分别为 $x_1, x_2$(件)，则该线性规划问题的数学模型为

$$\max z = 2x_1 + x_2$$

$$\text{s. t.}\begin{cases}5x_2 \leqslant 15 \\ 6x_1 + 2x_2 \leqslant 24 \\ x_1 + x_2 \leqslant 5 \\ x_1, x_2 \geqslant 0\end{cases}$$

将该线性规划问题化为标准型，有

$$\max z = 2x_1 + x_2$$

$$\text{s. t.}\begin{cases}5x_2+x_3=15\\6x_1+2x_2+x_4=24\\x_1+x_2+x_5=5\\x_1,x_2,x_3,x_4,x_5\geqslant 0\end{cases}$$

用单纯形法求解，可得原问题的最终单纯形表(表 2 - 23)。

**表 2 - 23　最终单纯形表**

| $c_j \rightarrow$ | | | 2 | 1 | 0 | 0 | 0 |
|---|---|---|---|---|---|---|---|
| $\boldsymbol{C}_B$ | $\boldsymbol{X}_B$ | $\boldsymbol{b}$ | $x_1$ | $x_2$ | $x_3$ | $x_4$ | $x_5$ |
| 0 | $x_3$ | 15/2 | 0 | 0 | 1 | 5/4 | −15/2 |
| 2 | $x_1$ | 7/2 | 1 | 0 | 0 | 1/4 | −1/2 |
| 1 | $x_2$ | 3/2 | 0 | 1 | 0 | −1/4 | 3/2 |
| $c_j-z_j$ | | | 0 | 0 | 0 | −1/4 | −1/2 |

在该最终单纯形表中进行总结(表 2 - 24)。

**表 2 - 24　最终单纯形表中，$\boldsymbol{B}^{-1}$ 的位置**

| $c_j \rightarrow$ | | | 2 | 1 | 0 | 0 | 0 |
|---|---|---|---|---|---|---|---|
| $\boldsymbol{C}_B$ | $\boldsymbol{X}_B$ | $\boldsymbol{b}$ | $x_1$ | $x_2$ | $x_3$ | $x_4$ | $x_5$ |
| 0 | $x_3$ | | 0 | 0 | | | |
| 2 | $x_1$ | $\boldsymbol{B}^{-1}\boldsymbol{b}$ | 1 | 0 | | $\boldsymbol{B}^{-1}$ | |
| 1 | $x_2$ | | 0 | 1 | | | |
| $c_j-z_j$ | | | 0 | 0 | | $-\boldsymbol{C}_B\boldsymbol{B}^{-1}=-\boldsymbol{Y}$ | |

## 1. 分析 $b_i$ 的变化

问题 1：设备 B 的能力增加到 32 h(增加了 8 h)，原最优计划有何变化？

解：

$$\tilde{\boldsymbol{b}}=\boldsymbol{B}^{-1}\boldsymbol{b}'=\begin{pmatrix}1 & 5/4 & -15/2\\0 & 1/4 & -1/2\\0 & -1/4 & 3/2\end{pmatrix}\begin{pmatrix}15\\32\\5\end{pmatrix}=\begin{pmatrix}35/2\\11/2\\-1/2\end{pmatrix}$$

代入最终单纯形表(表 2 - 25)。

**表 2 - 25　$b_i$ 变化后的最终单纯形表**

| $c_j \rightarrow$ | | | 2 | 1 | 0 | 0 | 0 |
|---|---|---|---|---|---|---|---|
| $\boldsymbol{C}_B$ | $\boldsymbol{X}_B$ | $\boldsymbol{b}$ | $x_1$ | $x_2$ | $x_3$ | $x_4$ | $x_5$ |
| 0 | $x_3$ | 35/2 | 0 | 0 | 1 | 5/4 | −15/2 |
| 2 | $x_1$ | 11/2 | 1 | 0 | 0 | 1/4 | −1/2 |
| 1 | $x_2$ | −1/2 | 0 | 1 | 0 | [−1/4] | 3/2 |
| $c_j-z_j$ | | | 0 | 0 | 0 | −1/4 | −1/2 |

可行性改变，用对偶单纯形法换基求解。

换基迭代(表 2 - 26)。

表 2-26　换基迭代后的单纯形表

| $c_j$ → | | | 2 | 1 | 0 | 0 | 0 |
|---|---|---|---|---|---|---|---|
| $C_B$ | $X_B$ | $b$ | $x_1$ | $x_2$ | $x_3$ | $x_4$ | $x_5$ |
| 0 | $x_3$ | 15 | 0 | 5 | 1 | 0 | 0 |
| 2 | $x_1$ | 5 | 1 | 1 | 0 | 0 | 1 |
| 0 | $x_4$ | 2 | 0 | −4 | 0 | 1 | −6 |
| $c_j-z_j$ | | | 0 | −1 | 0 | 0 | −2 |

$$X^*=(5,0,15,2,0)^{\mathrm{T}},z^*=10$$

问题 2：设设备 B 的能力为 24 h＋$\lambda$（增加了 $\lambda$），保持最优计划不变，则其可允许变化范围是多少？

解：

$$\tilde{b}=B^{-1}b'+B^{-1}\begin{pmatrix}0\\\lambda\\0\end{pmatrix}=\begin{pmatrix}15/2\\7/2\\3/2\end{pmatrix}+\begin{pmatrix}1&5/4&-15/2\\0&1/4&-1/2\\0&-1/4&3/2\end{pmatrix}\begin{pmatrix}0\\\lambda\\0\end{pmatrix}\geqslant 0$$

$$\rightarrow\begin{cases}15/2+5/4\lambda\geqslant 0\\7/2+1/4\lambda\geqslant 0\\3/2-1/4\lambda\geqslant 0\end{cases}\rightarrow -6\leqslant\lambda\leqslant 6\rightarrow b_2\in[18,30]$$

$b_i$ 变化时的分析步骤：

(1) $b_i$ 的变化仅影响基变量值的变化；

(2) 在最终单纯形表中求出变化的 $b_i$；

(3) 原最优基不变，即 $b_i\geqslant 0$；

(4) 由上述不等式可求出 $\lambda$ 的范围。

2. 分析 $c_j$ 的变化

问题 3：当 $c_1=1.5,c_2=2$ 时，该公司最优生产计划有何变化？

解：代入最终单纯形表（表 2-27）。

表 2-27　$C_i$ 变化后的最终单纯形表

| $c_j$ → | | | 1.5 | 2 | 0 | 0 | 0 |
|---|---|---|---|---|---|---|---|
| $C_B$ | $X_B$ | $b$ | $x_1$ | $x_2$ | $x_3$ | $x_4$ | $x_5$ |
| 0 | $x_3$ | 15/2 | 0 | 0 | 1 | [5/4] | −15/2 |
| 1.5 | $x_1$ | 7/2 | 1 | 0 | 0 | 1/4 | −1/2 |
| 2 | $x_2$ | 3/2 | 0 | 1 | 0 | −1/4 | 3/2 |
| $c_j-z_j$ | | | 0 | 0 | 0 | 1/8 | −9/4 |

换基迭代（表 2-28）。

表 2-28　换基迭代后的单纯形表

| $c_j$ → | | | 1.5 | 2 | 0 | 0 | 0 |
|---|---|---|---|---|---|---|---|
| $C_B$ | $X_B$ | $b$ | $x_1$ | $x_2$ | $x_3$ | $x_4$ | $x_5$ |
| 0 | $x_4$ | 6 | 0 | 0 | 4/5 | 1 | −6 |
| 1.5 | $x_1$ | 2 | 1 | 0 | −1/5 | 0 | 1 |
| 2 | $x_2$ | 3 | 0 | 1 | −1/10 | 0 | −3/2 |
| $c_j-z_j$ | | | 0 | 0 | −1/10 | 0 | −3/2 |

$$X^* = (2,3,0,6,0)^T, z^* = 9$$

问题4:设产品Ⅱ的利润为 $1+\lambda$，求原最优解不变时 $\lambda$ 的范围。

解:代入最终单纯形表(表2-29)。

表2-29 参数 $c_j$ 的灵敏度分析

| $c_j \rightarrow$ | | | 2 | $1+\lambda$ | 0 | 0 | 0 |
|---|---|---|---|---|---|---|---|
| $C_B$ | $X_B$ | $b$ | $x_1$ | $x_2$ | $x_3$ | $x_4$ | $x_5$ |
| 0 | $x_3$ | 15/2 | 0 | 0 | 1 | 5/4 | −15/2 |
| 2 | $x_1$ | 7/2 | 1 | 0 | 0 | 1/4 | −1/2 |
| $1+\lambda$ | $x_2$ | 3/2 | 0 | 1 | 0 | −1/4 | 3/2 |
| $c_j - z_j$ | | | 0 | 0 | 0 | $-\frac{1}{4}+\frac{1}{4}\lambda$ | $-\frac{1}{2}-\frac{3}{2}\lambda$ |

$$\begin{cases} -\dfrac{1}{4}+\dfrac{1}{4}\lambda \leqslant 0 \\ -\dfrac{1}{2}-\dfrac{3}{2}\lambda \leqslant 0 \end{cases} \rightarrow -\frac{1}{3} \leqslant \lambda \leqslant 1$$

$c_j$ 变化时的分析步骤：

(1) $c_j$ 的变化仅影响 $\sigma_j$ 的变化；

(2) 在最终单纯形表中求出变化的 $\sigma_j$；

(3) 原最优解不变，即 $\sigma_j \leqslant 0$；

(4) 由上述不等式可求出 $\lambda$ 的范围。

### 3. 分析 $a_{ij}$ 的变化

有两种情况会改变工艺系数 $a_{ij}$：

(1) 增加一种新产品，即增加一个新变量 $x_j$；

(2) 原计划生产产品的工艺结构发生改变。

若 $a_{ij}$ 对应的变量 $x_j$ 为基变量，$B$ 将改变。此时分两种情况：迭代后原问题和对偶问题都有可行解；迭代后原问题和对偶问题均无可行解，需引入人工变量求出可行解，再用单纯形法求解。

**例2-9(灵敏度分析)** 某厂家利用现有资源生产甲、乙两种产品，有关数据如表2-30所示。如何安排生产可获利最多？

表2-30 产品相关数据

| | 产品甲 | 产品乙 | 资源限量 |
|---|---|---|---|
| 设备 | 1台时/件 | 2台时/件 | 8台时 |
| 原材料A | 4 kg/件 | 0 | 16 kg |
| 原材料B | 0 | 4 kg/件 | 12 kg |
| 利润 | 2元 | 3元 | |

解:设产品甲和乙的产量分别为 $x_1, x_2$，则可列出该问题的数学模型并将其化为标准型，即

$$\max z = 2x_1 + 3x_2 + 0x_3 + 0x_4 + 0x_5$$

$$\text{s.t.} \begin{cases} x_1 + 2x_2 + x_3 = 8 \\ 4x_1 + x_4 = 16 \\ 4x_2 + x_5 = 12 \\ x_1, x_2, x_3, x_4, x_5 \geqslant 0 \end{cases}$$

用单纯形法求得原问题的最终单纯形表(表 2-31)。

**表 2-31　最终单纯形表**

| $c_j \to$ | | | 2 | 3 | 0 | 0 | 0 |
|---|---|---|---|---|---|---|---|
| $C_B$ | $X_B$ | $b$ | $x_1$ | $x_2$ | $x_3$ | $x_4$ | $x_5$ |
| 2 | $x_1$ | 4 | 1 | 0 | 0 | 1/4 | 0 |
| 0 | $x_5$ | 4 | 0 | 0 | -2 | 1/2 | 1 |
| 3 | $x_2$ | 2 | 0 | 1 | 1/2 | -1/8 | 1 |
| $c_j - z_j$ | | | 0 | 0 | -3/2 | -1/8 | 0 |

对该最终单纯形表进行总结(表 2-32)。

**表 2-32　$B^{-1}$ 的位置**

| $c_j \to$ | | | 2 | 3 | 0 | 0 | 0 |
|---|---|---|---|---|---|---|---|
| $C_B$ | $X_B$ | $b$ | $x_1$ | $x_2$ | $x_3$ | $x_4$ | $x_5$ |
| 2 | $x_1$ | $B^{-1}b$ | 1 | 0 | $B^{-1}$ | | |
| 0 | $x_5$ | | 0 | 0 | | | |
| 3 | $x_2$ | | 0 | 1 | | | |
| $c_j - z_j$ | | | 0 | 0 | $-C_BB^{-1}=Y$ | | |

1) 增加一个变量 $x_j$

问题 5:设生产第三种产品,产量为 $x_6$,对应的 $c_6=5$,$P_6=(2,6,3)^T$,求最优生产计划。

解:

$$\tilde{\sigma}_6 = 5-\left(\frac{3}{2},\frac{1}{8},0\right)(2,6,3)^T=\frac{5}{4}>0$$

$$\tilde{P}_6=\begin{pmatrix}0 & 1/4 & 0\\ -2 & 1/2 & 1\\ 0.5 & -1/8 & 0\end{pmatrix}\begin{pmatrix}2\\6\\3\end{pmatrix}=\begin{pmatrix}3/2\\2\\1/4\end{pmatrix}$$

代入最终单纯形表(表 2-33)。

**表 2-33　增加 $x_6$ 后的最终单纯形表**

| $c_j \to$ | | | 2 | 3 | 0 | 0 | 0 | 5 |
|---|---|---|---|---|---|---|---|---|
| $C_B$ | $X_B$ | $b$ | $x_1$ | $x_2$ | $x_3$ | $x_4$ | $x_5$ | $x_6$ |
| 2 | $x_1$ | 4 | 1 | 0 | 0 | 1/4 | 0 | 3/2 |
| 0 | $x_5$ | 4 | 0 | 0 | -2 | 1/2 | 1 | [2] |
| 3 | $x_2$ | 2 | 0 | 1 | 1/2 | -1/8 | 1 | 1/4 |
| $c_j - z_j$ | | | 0 | 0 | -3/2 | -1/8 | 0 | 5/4 |

换基迭代(表 2-34)。

**表 2-34　换基迭代后的单纯形表**

| $c_j \to$ | | | 2 | 3 | 0 | 0 | 0 | 5 |
|---|---|---|---|---|---|---|---|---|
| $C_B$ | $X_B$ | $b$ | $x_1$ | $x_2$ | $x_3$ | $x_4$ | $x_5$ | $x_6$ |
| 2 | $x_1$ | 1 | 1 | 0 | 3/2 | -1/8 | -3/4 | 0 |
| 5 | $x_6$ | 2 | 0 | 0 | -1 | 1/4 | 1/2 | 1 |
| 3 | $x_2$ | 3/2 | 0 | 1 | 3/4 | 3/16 | -1/8 | 0 |
| $c_j - z_j$ | | | 0 | 0 | -1/4 | -7/16 | -5/8 | 0 |

$$X^*=(1,\frac{3}{2},0,0,0,2)^{\mathrm{T}},z^*=16.5$$

增加变量 $x_j$ 的分析步骤：

(1) 计算 $\tilde{\sigma}_j=c_j-z_j=c_j-Y^*P_j$；

(2) 计算 $\tilde{P}_j=B^{-1}P_j$；

(3) 若 $\tilde{\sigma}_j\leqslant 0$，原最优解不变；

(4) 若 $\tilde{\sigma}_j>0$，则按单纯形表继续进行迭代计算，找出最优解。

2) 原计划生产产品的工艺结构发生变化

问题 6：若产品甲的技术系数向量变为 $P_1'=(2,5,2)^{\mathrm{T}}$，每件产品利润为 4 元，求最优生产计划。

解：

$$\tilde{\sigma}_1=4-\left(\frac{3}{2},\frac{1}{8},0\right)(2,5,2)^{\mathrm{T}}=\frac{3}{8}>0$$

$$\tilde{P}_1=\begin{pmatrix}0&1/4&0\\-2&1/2&1\\0.5&-1/8&0\end{pmatrix}\begin{pmatrix}2\\5\\2\end{pmatrix}=\begin{pmatrix}5/4\\1/2\\3/8\end{pmatrix}$$

代入最终单纯形表(表 2－35)。

**表 2－35　产品甲的技术系数变化后的最终单纯形表 1**

| $c_j\to$ | | | 4 | 3 | 0 | 0 | 0 |
|---|---|---|---|---|---|---|---|
| $C_B$ | $X_B$ | $b$ | $x_1'$ | $x_2$ | $x_3$ | $x_4$ | $x_5$ |
| 4 | $x_1'$ | 4 | [5/4] | 0 | 0 | 1/4 | 0 |
| 0 | $x_5$ | 4 | 1/2 | 0 | −2 | 1/2 | 1 |
| 3 | $x_2$ | 2 | 3/8 | 1 | 1/2 | −1/8 | 1 |
| $c_j-z_j$ | | | 3/8 | 0 | −3/2 | −1/8 | 0 |

注意：此时的产品甲必须替代原来的产品甲，故 $x_1'$ 必须换入成基变量，原 $x_1$ 换出。

换基迭代(表 2－36)。

**表 2－36　换基迭代后的单纯形表**

| $c_j\to$ | | | 4 | 3 | 0 | 0 | 0 |
|---|---|---|---|---|---|---|---|
| $C_B$ | $X_B$ | $b$ | $x_1'$ | $x_2$ | $x_3$ | $x_4$ | $x_5$ |
| 4 | $x_1'$ | 3.2 | 1 | 0 | 0 | 0.2 | 0 |
| 0 | $x_5$ | 2.4 | 0 | 0 | −2 | 0.4 | 1 |
| 3 | $x_2$ | 0.8 | 0 | 1 | 1/2 | −0.2 | 0 |
| $c_j-z_j$ | | | 0 | 0 | −3/2 | −0.2 | 0 |

$$X^*=(3.2,0.8,0,0,2.4)^{\mathrm{T}},z^*=15.2$$

问题 7：若产品甲的技术系数向量变为 $P_1'=(4,5,2)^{\mathrm{T}}$，每件产品利润为 4 元，求最优生产计划。

解：

$$\tilde{\sigma}_1=4-\left(\frac{3}{2},\frac{1}{8},0\right)(4,5,2)^{\mathrm{T}}=-\frac{21}{8}<0$$

$$\tilde{P}_1=\begin{pmatrix}0&1/4&0\\-2&1/2&1\\0.5&-1/8&0\end{pmatrix}\begin{pmatrix}4\\5\\2\end{pmatrix}=\begin{pmatrix}5/4\\-7/2\\11/8\end{pmatrix}$$

代入最终单纯形表(表2-37)。

**表2-37 产品甲的技术系数变化后的单纯形表2**

| $c_j \rightarrow$ | | | 4 | 3 | 0 | 0 | 0 |
|---|---|---|---|---|---|---|---|
| $C_B$ | $X_B$ | $b$ | $x_1'$ | $x_2$ | $x_3$ | $x_4$ | $x_5$ |
| 2 | $x_1'$ | 4 | [5/4] | 0 | 0 | 1/4 | 0 |
| 0 | $x_5$ | 4 | −7/2 | 0 | −2 | 1/2 | 1 |
| 3 | $x_2$ | 2 | 11/8 | 1 | 1/2 | −1/8 | 0 |
| $c_j - z_j$ | | | −21/8 | 0 | −3/2 | −1/8 | 0 |

换基迭代(表2-38)。

**表2-38 $x_1'$迭代成单位向量后**

| $c_j \rightarrow$ | | | 4 | 3 | 0 | 0 | 0 |
|---|---|---|---|---|---|---|---|
| $C_B$ | $X_B$ | $b$ | $x_1'$ | $x_2$ | $x_3$ | $x_4$ | $x_5$ |
| 4 | $x_1'$ | 3.2 | 1 | 0 | 0 | 0.2 | 0 |
| 0 | $x_5$ | 15.2 | 0 | 0 | −2 | 1.2 | 1 |
| 3 | $x_2$ | −2.4 | 0 | 1 | 1/2 | −0.4 | 0 |
| $c_j - z_j$ | | | 0 | 0 | −2/3 | 0.4 | 0 |

$$-x_2 - 0.5x_3 + 0.4x_4 + x_6 = 2.4$$

用人工变量 $x_6$ 代替 $x_2$(表2-39)。

**表2-39 换基迭代计算1**

| $c_j \rightarrow$ | | | 4 | 3 | 0 | 0 | 0 | −M |
|---|---|---|---|---|---|---|---|---|
| $C_B$ | $X_B$ | $b$ | $x_1'$ | $x_2$ | $x_3$ | $x_4$ | $x_5$ | $x_6$ |
| 4 | $x_1'$ | 3.2 | 1 | 0 | 0 | 0.2 | 0 | 0 |
| 0 | $x_5$ | 15.2 | 0 | 0 | −2 | 1.2 | 1 | 0 |
| −M | $x_6$ | 2.4 | 0 | −1 | −1/2 | [0.4] | 0 | 1 |
| $c_j - z_j$ | | | 0 | 3−M | 0.5M | 0.8+0.4M | 0 | 0 |

换基迭代(表2-40~表2-41)。

**表2-40 换基迭代计算2**

| $c_j \rightarrow$ | | | 4 | 3 | 0 | 0 | 0 | −M |
|---|---|---|---|---|---|---|---|---|
| $C_B$ | $X_B$ | $b$ | $x_1'$ | $x_2$ | $x_3$ | $x_4$ | $x_5$ | $x_6$ |
| 4 | $x_1'$ | 2 | 1 | 0.5 | 0.25 | 0 | 0 | 0.5 |
| 0 | $x_5$ | 8 | 0 | [3] | −0.5 | 0 | 1 | −3 |
| 0 | $x_4$ | 6 | 0 | −2.5 | −1.25 | 1 | 0 | 2.5 |
| $c_j - z_j$ | | | 0 | 1 | −1 | 0 | 0 | −M+2 |

表 2-41 最终单纯形表

| $c_j \rightarrow$ | | | 4 | 3 | 0 | 0 | 0 | $-M$ |
|---|---|---|---|---|---|---|---|---|
| $C_B$ | $X_B$ | $b$ | $x_1'$ | $x_2$ | $x_3$ | $x_4$ | $x_5$ | $x_6$ |
| 4 | $x_1'$ | 0.667 | 1 | 0 | 0.33 | 0 | $-0.33$ | 0 |
| 3 | $x_2$ | 2.667 | 0 | 1 | $-0.167$ | 0 | 0.33 | $-1$ |
| 0 | $x_4$ | 12.667 | 0 | 0 | $-1.167$ | 1 | 0.83 | 0 |
| $c_j - z_j$ | | | 0 | 0 | $-0.83$ | 0 | $-0.33$ | $-M+3$ |

$$X^* = (0.667, 2.667, 0, 12.667, 0, 0)^{\mathrm{T}}, z^* = 10.67$$

4. 增加一个约束条件

增加一个约束条件相当于增添一道工序。

增加一个约束条件的分析步骤：

(1) 将最优解代入新的约束中；

(2) 若满足要求，则原最优解不变；

(3) 若不满足要求，则原最优解改变，将新增的约束条件添入最终的单纯形表中继续进行分析。

**例 2-10(北京交通大学考研真题)** 已知线性规划问题如下：

$$\min z = 2x_1 + 5x_2 + \frac{1}{2}x_3$$

$$\text{s. t.} \begin{cases} x_1 + 2x_2 + \frac{1}{2}x_3 \geqslant 3 \\ 2x_2 + 3x_3 \geqslant 9 \\ x_1, x_2, x_3 \geqslant 0 \end{cases}$$

(1) 求该线性规划问题的最优解。

(2) 写出该线性规划问题的对偶问题，并求对偶问题的最优解。

(3) 分别确定 $x_2, x_3$ 的目标函数系数 $c_2, c_3$ 在什么范围内变化最优解不变。

(4) 求约束条件右端值由 $\begin{pmatrix} 3 \\ 9 \end{pmatrix}$ 变为 $\begin{pmatrix} 2 \\ 15 \end{pmatrix}$ 时的最优解。

(5) 求增加新的约束条件 $x_1 + 2x_2 + x_3 \leqslant 5$ 时的最优解。

解：(1)用两阶段法求解该线性规划问题。注意：此题用对偶单纯形法求解更方便，可参考本章对偶单纯形法的例题进行计算。

$$\min z = 2x_1 + 5x_2 + \frac{1}{2}x_3 + 0x_4 + 0x_5 + Mx_6 + Mx_7$$

$$\text{s. t.} \begin{cases} x_1 + 2x_2 + \frac{1}{2}x_3 - x_4 + x_6 = 3 \\ x_2 + 3x_3 - x_5 + x_7 = 9 \\ x_j \geqslant 0, j = 1, 2, \dots, 7 \end{cases}$$

① 第一阶段，构造仅含人工变量的目标函数：

$$\min f = x_6 + x_7$$

$$\text{s. t.} \begin{cases} x_1 + 2x_2 + \frac{1}{2}x_3 - x_4 + x_6 = 3 \\ x_2 + 3x_3 - x_5 + x_7 = 9 \\ x_j \geqslant 0, j = 1, 2, \dots, 7 \end{cases}$$

用单纯形法求解该极小化问题，最终单纯形表如表 2-42 所示。得到第一阶段的最优解 $f = 0$，因此原问题有基可行解，转第二阶段。

表 2－42　第一阶段单纯形法计算过程

| $c_j$ | | | 0 | 0 | 0 | 0 | 0 | 1 | 1 | $\theta$ |
|---|---|---|---|---|---|---|---|---|---|---|
| $C_B$ | $X_B$ | $b$ | $x_1$ | $x_2$ | $x_3$ | $x_4$ | $x_5$ | $x_6$ | $x_7$ | |
| 1 | $x_6$ | 3 | 1 | 2 | $\frac{1}{2}$ | −1 | 0 | 1 | 0 | 6 |
| 1 | $x_7$ | 9 | 0 | 1 | [3] | 0 | −1 | 0 | 1 | 3 |
| $\sigma_j$ | | | −1 | −3 | −7/2 | 1 | 1 | 0 | | |
| 1 | $x_6$ | $\frac{3}{1}$ | [1] | $\frac{11}{6}$ | 0 | −1 | $\frac{1}{6}$ | 1 | $-\frac{1}{6}$ | $\frac{3}{2}$ |
| 0 | $x_3$ | 3 | 0 | $\frac{1}{3}$ | 1 | 0 | $-\frac{1}{3}$ | 0 | $\frac{1}{3}$ | — |
| $\sigma_j$ | | | −1 | $-\frac{11}{6}$ | 0 | 1 | $-\frac{1}{6}$ | 0 | $-\frac{1}{6}$ | |
| 0 | $x_1$ | $\frac{3}{2}$ | 1 | $\frac{11}{6}$ | 0 | −1 | $\frac{1}{6}$ | 1 | $-\frac{1}{6}$ | |
| 0 | $x_3$ | 3 | 0 | $\frac{1}{3}$ | 1 | 0 | $-\frac{1}{3}$ | 0 | $\frac{1}{3}$ | |
| $\sigma_j$ | | | 0 | 0 | 0 | 0 | 0 | 1 | 1 | |

② 第二阶段，在第一阶段的最终单纯形表中去掉人工变量，补上原问题的系数，如表 2－43 所示。所有的检验数大于等于零，原极小化问题得到最优解。

$$\min z = 2x_1 + 5x_2 + \frac{1}{2}x_3 + 0x_4 + 0x_5$$

$$\text{s.t.}\begin{cases} x_1 + 2x_2 + \frac{1}{2}x_3 - x_4 = 3 \\ x_2 + 3x_3 - x_5 = 9 \\ x_j \geqslant 0, j = 1, 2, \cdots, 5 \end{cases}$$

表 2－43　第二阶段单纯形表计算

| $c_j$ | | | 2 | 5 | $\frac{1}{2}$ | 0 | 0 | $\theta$ |
|---|---|---|---|---|---|---|---|---|
| $C_B$ | $X_B$ | $b$ | $x_1$ | $x_2$ | $x_3$ | $x_4$ | $x_5$ | |
| 2 | $x_1$ | $\frac{3}{2}$ | 1 | $\frac{11}{6}$ | 0 | −1 | $\frac{1}{6}$ | 9 |
| $\frac{1}{2}$ | $x_3$ | 3 | 0 | $\frac{1}{3}$ | 1 | 0 | $-\frac{1}{3}$ | — |
| $\sigma_j$ | | | 0 | $\frac{7}{6}$ | 0 | 2 | $-\frac{1}{6}$ | |
| 0 | $x_5$ | 9 | 6 | 11 | 0 | −6 | 1 | |
| $\frac{1}{2}$ | $x_3$ | 6 | 2 | 4 | 1 | −2 | 0 | |
| $\sigma_j$ | | | 1 | 3 | 0 | 1 | 0 | |

$$\boldsymbol{X}^* = (0, 0, 6, 0, 9)^{\mathrm{T}}, z^* = 3$$

（2）根据对应关系表，可直接写出对偶问题的数学模型：

$$\max w = 3y_1 + 9y_2$$

$$\begin{cases} y_1 \leqslant 2 \\ 2y_1 + y_2 \leqslant 5 \\ \frac{1}{2}y_1 + 3y_2 \leqslant \frac{1}{2} \\ y_1, y_2 \geqslant 0 \end{cases}$$

直接从最终单纯形表中找到对偶问题的最优解，注意此时为极小化问题，剩余变量的检验数就对应着对偶问题的解，不需要加负号。

$$y_1^* = 1, y_2^* = 0, w^* = 3$$

$$\boldsymbol{Y}^* = (1,0,1,3,0)^{\mathrm{T}}$$

(3) 将 $c_2$ 直接代入最终单纯形表(表 2-44)中进行分析：

$$\sigma_2 \geqslant 0 \Rightarrow c_2 \geqslant 2$$

$$\boldsymbol{X}^* = (0,0,6,0,9)^{\mathrm{T}}, z^* = 3$$

将 $c_3$ 直接代入最终单纯形表(表 2-45)中进行分析：

$$\sigma_j \geqslant 0 \Rightarrow \begin{cases} 2 - 2c_3 \geqslant 0 \\ 5 - 4c_3 \geqslant 0 \Rightarrow 0 \leqslant c_3 \leqslant 1 \\ 2c_3 \geqslant 0 \end{cases}$$

$$\boldsymbol{X}^* = (0,0,6,0,9)^{\mathrm{T}}, z^* = 3$$

**表 2-44　参数 $c_2$ 变化的灵敏度分析**

| $c_j$ | | | 2 | $c_2$ | $\frac{1}{2}$ | 0 | 0 |
|---|---|---|---|---|---|---|---|
| $\boldsymbol{C}_B$ | $\boldsymbol{X}_B$ | $\boldsymbol{b}$ | $x_1$ | $x_2$ | $x_3$ | $x_4$ | $x_5$ |
| 0 | $x_5$ | 9 | 6 | 11 | 0 | $-6$ | 1 |
| $\frac{1}{2}$ | $x_3$ | 6 | 2 | 4 | 1 | $-2$ | 0 |
| $\sigma_j$ | | | 1 | $c_2-2$ | 0 | 1 | 0 |

**表 2-45　参数 $c_3$ 变化的灵敏度分析**

| $c_j$ | | | 2 | 5 | $c_3$ | 0 | 0 |
|---|---|---|---|---|---|---|---|
| $\boldsymbol{C}_B$ | $\boldsymbol{X}_B$ | $\boldsymbol{b}$ | $x_1$ | $x_2$ | $x_3$ | $x_4$ | $x_5$ |
| 0 | $x_5$ | 9 | 6 | 11 | 0 | $-6$ | 1 |
| $c_3$ | $x_3$ | 6 | 2 | 4 | 1 | $-2$ | 0 |
| $\sigma_j$ | | | $2-c_3$ | $5-4c_3$ | 0 | $2c_3$ | 0 |

(4) 将原问题转化为极大化问题：

$$\max z' = -2x_1 - 5x_2 - \frac{1}{2}x_3 + 0x_4 + 0x_5$$

$$\text{s.t.} \begin{cases} x_1 + 2x_2 + \frac{1}{2}x_3 - x_4 = 3 \\ x_2 + 3x_3 - x_5 = 9 \\ x_j \geqslant 0, j = 1,2,\cdots,5 \end{cases}$$

注意此处将原问题转化为极大化问题，是为了方便应用对偶单纯形法，还要注意从上述最终单纯形表中找 $\boldsymbol{B}^{-1}$ 要加负号，因为原问题求解时添加的是剩余变量。不过，如果一开始就直接用对偶单纯形法求解的话，可以规避前面两个问题。

$$\boldsymbol{b}' = \boldsymbol{B}^{-1}\boldsymbol{b}_0 = \begin{pmatrix} 6 & -1 \\ 2 & 0 \end{pmatrix}\begin{pmatrix} 2 \\ 15 \end{pmatrix} = \begin{pmatrix} -3 \\ 4 \end{pmatrix}$$

将 $\boldsymbol{b}'$ 代入原问题化极大化后求得的最终单纯形表如表 2-46 所示。

**表 2-46　参数 $b$ 变化的灵敏度分析**

| $c_j$ | | | $-2$ | $-5$ | $-\frac{1}{2}$ | $0$ | $0$ | $\theta$ |
|---|---|---|---|---|---|---|---|---|
| $C_B$ | $X_B$ | $b$ | $x_1$ | $x_2$ | $x_3$ | $x_4$ | $x_5$ | |
| $0$ | $x_5$ | $-3$ | $6$ | $11$ | $0$ | $[-6]$ | $1$ | $\frac{1}{6}$ |
| $-\frac{1}{2}$ | $x_3$ | $4$ | $2$ | $4$ | $1$ | $-2$ | $0$ | |
| $\sigma_j$ | | | $-1$ | $-3$ | $0$ | $-1$ | $0$ | |
| $0$ | $x_4$ | $\frac{1}{2}$ | $-1$ | $-\frac{11}{6}$ | $0$ | $1$ | $-\frac{1}{6}$ | |
| $-\frac{1}{2}$ | $x_3$ | $5$ | $0$ | $\frac{1}{3}$ | $1$ | $0$ | $-\frac{1}{3}$ | |
| $\sigma_j$ | | | $-2$ | $-\frac{29}{6}$ | $0$ | $-1$ | $-\frac{1}{6}$ | |

$$X^*=(0,0,5,\frac{1}{2},0)^{\mathrm{T}},z'^*=-\frac{5}{2},z^*=\frac{5}{2}$$

(5) 将原最优解代入新的约束条件，看是否满足。若满足，则最优解不变；若不满足，则在新增约束条件下加入松弛变量，得 $x_1+2x_2+x_3+x_6=5$，以 $x_6$ 为基变量，将上式反映到原问题化极大化后的最终单纯形表(表 2-47)中。

**表 2-47　新增约束条件的灵敏度分析**

| $c_j$ | | | $-2$ | $-5$ | $-\frac{1}{2}$ | $0$ | $0$ | $0$ |
|---|---|---|---|---|---|---|---|---|
| $C_B$ | $X_B$ | $b$ | $x_1$ | $x_2$ | $x_3$ | $x_4$ | $x_5$ | $x_6$ |
| $0$ | $x_5$ | $9$ | $6$ | $11$ | $0$ | $-6$ | $1$ | $0$ |
| $-\frac{1}{2}$ | $x_3$ | $6$ | $2$ | $4$ | $1$ | $-2$ | $0$ | $0$ |
| $0$ | $x_6$ | $5$ | $1$ | $2$ | $1$ | $0$ | $0$ | $1$ |
| $\sigma_j$ | | | $-1$ | $-3$ | $0$ | $-1$ | $0$ | $0$ |
| $0$ | $x_5$ | $9$ | $6$ | $11$ | $0$ | $-6$ | $1$ | $0$ |
| $-\frac{1}{2}$ | $x_3$ | $6$ | $2$ | $4$ | $1$ | $-2$ | $0$ | $0$ |
| $0$ | $x_6$ | $-1$ | $[-1]$ | $-2$ | $0$ | $2$ | $0$ | $1$ |
| $\sigma_j$ | | | $-1$ | $-3$ | $0$ | $-1$ | $0$ | $0$ |

注意：此处迭代是为了将 $x_3$ 对应的系数列向量转化成单位向量。

换基迭代(表 2-48)。

**表 2-48　通过迭代计算得最终单纯形表**

| $c_j$ | | | $-2$ | $-5$ | $-\frac{1}{2}$ | $0$ | $0$ | $0$ |
|---|---|---|---|---|---|---|---|---|
| $C_B$ | $X_B$ | $b$ | $x_1$ | $x_2$ | $x_3$ | $x_4$ | $x_5$ | $x_6$ |
| $0$ | $x_5$ | $3$ | $0$ | $-1$ | $0$ | $6$ | $1$ | $6$ |
| $-\frac{1}{2}$ | $x_3$ | $4$ | $0$ | $0$ | $1$ | $2$ | $0$ | $2$ |
| $-2$ | $x_1$ | $1$ | $1$ | $2$ | $0$ | $-2$ | $0$ | $-1$ |
| $\sigma_j$ | | | $0$ | $-1$ | $0$ | $-3$ | $0$ | $-1$ |

$$\boldsymbol{X}^* = (1,0,4,0,3,0)^{\mathrm{T}}, z'^* = -4, z^* = 4$$

灵敏度分析的步骤：

(1) 将参数的改变计算反映到最终单纯形表上；

(2) 检查原问题是否仍有可行解；

(3) 检查对偶问题是否仍有可行解；

(4) 按表 2-21 所列情况得出结论和决定继续计算的步骤。

因为很多教材上介绍的对偶单纯形法通常是从极大化问题展开的，故建议涉及极小化问题灵敏度分析时，转化为极大化问题去求解。

## 复习思路提示

1. 通过对改进单纯形法思路的理解，知道可以通过 $\boldsymbol{B}^{-1}$ 在最终单纯形表中对各个系数的变化进行相应的处理。

2. 当 $b_i$ 发生变化时，影响基变量的值，要保证基变量的值大于等于零，即解要保证可行，否则通过对偶单纯形法换基迭代。

3. 当 $c_j$ 发生变化时，影响检验数行，为保持最优解不变，则需要保证检验数非正，否则通过单纯形法继续换基迭代。

4. 当工艺系数 $a_{ij}$ 发生变化时，会影响系数列向量的值与检验数，需同时计算检验数和对应的系数列向量，并判断继续进行计算的方法。

5. 当增加一个约束条件时，先判断原最优解是否满足该约束。若满足，则最优解不变；若不满足，则将新增的约束条件添入最终的单纯形表中继续进行分析。

# 2.7 参数线性规划

参数线性规划与灵敏度分析的区别在于，灵敏度分析主要讨论在最优基 $\boldsymbol{B}$ 不变的情况下，系数 $a_{ij}$，$b_i$，$c_j$ 的变化范围；而参数线性规划主要研究这些参数中某一参数连续变化时，使最优解发生变化的各临界点的值。

## 2.7.1 参数 $c$ 的变化

**例 2-11(参数线性规划)** 试分析以下参数线性规划问题，当参数 $t \geqslant 0$ 时的最优解变化。

$$\max z(t) = (3+2t)x_1 + (5-t)x_2$$

$$\text{s.t.}\begin{cases} x_1 \leqslant 4 \\ 2x_2 \leqslant 12 \\ 3x_1 + 2x_2 \leqslant 18 \\ x_1, x_2 \geqslant 0 \end{cases}$$

解：化为标准型，即

$$\max z(t) = (3+2t)x_1 + (5-t)x_2 + 0x_3 + 0x_4 + 0x_5$$

$$\text{s.t.}\begin{cases} x_1 + x_3 = 4 \\ 2x_2 + x_4 = 12 \\ 3x_1 + 2x_2 + x_5 = 18 \\ x_j \geqslant 0, j = 1,2,3,4,5 \end{cases}$$

(1) 令 $t=0$，用单纯形法求得最终单纯形表(表 2-49)。

**表 2-49　$t=0$ 时的最终单纯形表**

| $c_j$ | | | 3 | 5 | 0 | 0 | 0 |
|---|---|---|---|---|---|---|---|
| $C_B$ | $X_B$ | $b$ | $x_1$ | $x_2$ | $x_3$ | $x_4$ | $x_5$ |
| 0 | $x_3$ | 2 | 0 | 0 | 1 | 1/3 | −1/3 |
| 5 | $x_2$ | 6 | 0 | 1 | 0 | 1/2 | 0 |
| 3 | $x_1$ | 2 | 1 | 0 | 0 | −1/3 | 1/3 |
| $\sigma_j$ | | | 0 | 0 | 0 | −3/2 | −1 |

(2) 将 $c$ 的变化直接反映到最终单纯形表(表 2-50)中。

**表 2-50　分析参数 $c$ 变化的单纯形表(a)**

| $c_j$ | | | $3+2t$ | $5-t$ | 0 | 0 | 0 |
|---|---|---|---|---|---|---|---|
| $C_B$ | $X_B$ | $b$ | $x_1$ | $x_2$ | $x_3$ | $x_4$ | $x_5$ |
| 0 | $x_3$ | 2 | 0 | 0 | 1 | 1/3 | −1/3 |
| $5-t$ | $x_2$ | 6 | 0 | 1 | 0 | 1/2 | 0 |
| $3+2t$ | $x_1$ | 2 | 1 | 0 | 0 | −1/3 | 1/3 |
| $\sigma_j$ | | | 0 | 0 | 0 | $-\frac{3}{2}+\frac{7}{6}t$ | $-1-\frac{2}{3}t$ |

(3) 检查检验数行(表 2-51)。通过对检验数行进行分析：当 $0 \leqslant t < \frac{9}{7}$ 时，$\sigma_4<0$，最优解 $X^*=(2,6,2,0,0)^T$；当 $t=\frac{9}{7}$ 时，$\sigma_4=0$，出现第一个临界点；当 $t>\frac{9}{7}$ 时，$\sigma_4>0$，$x_4$ 换入，$x_3$ 换出，进行迭代。

**表 2-51　分析参数 $c$ 变化的单纯形表(b)**

| $c_j$ | | | $3+2t$ | $5-t$ | 0 | 0 | 0 |
|---|---|---|---|---|---|---|---|
| $C_B$ | $X_B$ | $b$ | $x_1$ | $x_2$ | $x_3$ | $x_4$ | $x_5$ |
| 0 | $x_3$ | 2 | 0 | 0 | 1 | [1/3] | −1/3 |
| $5-t$ | $x_2$ | 6 | 0 | 1 | 0 | 1/2 | 0 |
| $3+2t$ | $x_1$ | 2 | 1 | 0 | 0 | −1/3 | 1/3 |
| $\sigma_j$ | | | 0 | 0 | 0 | $-\frac{3}{2}+\frac{7}{6}t$ | $-1-\frac{2}{3}t$ |

(4) 检查检验数行(表 2-52)(此时 $t>9/7$)。通过对检验数行进行分析：当 $\frac{9}{7}<t<5$ 时，$\sigma_5<0$，最优解 $X^*=(4,3,0,6,0)^T$；当 $t=5$ 时，$\sigma_5=0$，出现第二个临界点；当 $t>5$ 时，$\sigma_5>0$，$x_5$ 换入，$x_2$ 换出，进行迭代。

(5)检查检验数行(表 2-53)(此时 $t>5$)。通过对检验数行进行分析：当 $t$ 继续增大时，恒有 $\sigma_4,\sigma_5<0$，故当 $t>5$ 时，最优解 $X^*=(4,0,0,12,6)^T$。

表 2-52　分析参数 $c$ 变化的单纯形表(c)

| $c_j$ | | | $3+2t$ | $5-t$ | 0 | 0 | 0 |
|---|---|---|---|---|---|---|---|
| $C_B$ | $X_B$ | $b$ | $x_1$ | $x_2$ | $x_3$ | $x_4$ | $x_5$ |
| 0 | $x_4$ | 6 | 0 | 0 | 3 | 1 | $-1$ |
| $5-t$ | $x_2$ | 3 | 0 | 1 | $-3/2$ | 0 | [1/2] |
| $C_B$ | $X_B$ | $b$ | $x_1$ | $x_2$ | $x_3$ | $x_4$ | $x_5$ |
| $3+2t$ | $x_1$ | 4 | 1 | 0 | 1 | 0 | 0 |
| $\sigma_j$ | | | 0 | 0 | 0 | $\frac{9}{2}-\frac{7}{2}t$ | $-\frac{5}{2}+\frac{1}{2}t$ |

表 2-53　分析参数 $c$ 变化的单纯形表(d)

| $c_j$ | | | $3+2t$ | $5-t$ | 0 | 0 | 0 |
|---|---|---|---|---|---|---|---|
| $C_B$ | $X_B$ | $b$ | $x_1$ | $x_2$ | $x_3$ | $x_4$ | $x_5$ |
| 0 | $x_4$ | 12 | 0 | 2 | 0 | 1 | 0 |
| 0 | $x_5$ | 6 | 0 | 2 | $-3$ | 0 | 1 |
| $3+2t$ | $x_1$ | 4 | 1 | 0 | 1 | 0 | 0 |
| $\sigma_j$ | | | 0 | [5-1] | $[-3-2t]$ | 0 | 0 |

## 2.7.2　参数 $b$ 的变化

**例 2-12(参数线性规划)**　试分析以下参数线性规划问题,当参数 $t\geqslant 0$ 时的最优解变化。

$$\max z=x_1+3x_2$$

$$\text{s. t.}\begin{cases}x_1+x_2\leqslant 6-t\\-x_1+2x_2\leqslant 6+t\\x_1,x_2\geqslant 0\end{cases}$$

解:化为标准型,即

$$\max z=x_1+3x_2+0x_3+0x_4$$

$$\text{s. t.}\begin{cases}x_1+x_2+x_3=6-t\\-x_1+2x_2+x_4=6+t\\x_1,x_2,x_3,x_4\geqslant 0\end{cases}$$

(1) 令 $t=0$,用单纯形法求得最终单纯形表(表 2-54)。计算基变量的值:

$$\boldsymbol{B}^{-1}\Delta\boldsymbol{b}=\begin{pmatrix}2/3 & -1/3\\1/3 & 1/3\end{pmatrix}\begin{pmatrix}-t\\t\end{pmatrix}=\begin{pmatrix}-t\\0\end{pmatrix}$$

或

$$\boldsymbol{B}^{-1}\boldsymbol{b}=\begin{pmatrix}2/3 & -1/3\\1/3 & 1/3\end{pmatrix}\begin{pmatrix}6-t\\6+t\end{pmatrix}=\begin{pmatrix}2-t\\4\end{pmatrix}$$

表 2-54　$t=0$ 时的最终单纯形表

| $c_j$ | | | 1 | 3 | 0 | 0 |
|---|---|---|---|---|---|---|
| $C_B$ | $X_B$ | $b$ | $x_1$ | $x_2$ | $x_3$ | $x_4$ |
| 1 | $x_1$ | 2 | 1 | 0 | 2/3 | $-1/3$ |
| 3 | $x_2$ | 4 | 0 | 1 | 1/3 | 1/3 |
| $\sigma_j$ | | | 0 | 0 | $-\frac{5}{3}$ | $-\frac{2}{3}$ |

(2) 将变化后的基变量的值代入最终单纯形表(表 2-55)中。

**表 2-55　参数 $b$ 变化分析的单纯形表(a)**

| | $c_j$ | | 1 | 3 | 0 | 0 |
|---|---|---|---|---|---|---|
| $\boldsymbol{C}_B$ | $\boldsymbol{X}_B$ | $\boldsymbol{b}$ | $x_1$ | $x_2$ | $x_3$ | $x_4$ |
| 1 | $x_1$ | $2-t$ | 1 | 0 | 2/3 | $-1/3$ |
| 3 | $x_2$ | 4 | 0 | 1 | 1/3 | 1/3 |
| | $\sigma_j$ | | 0 | 0 | $-\frac{5}{3}$ | $-\frac{2}{3}$ |

(3) 分析基变量($\boldsymbol{b}$ 列)的值(表 2-56)。当 $0 \leqslant t < 2$ 时,最优解 $\boldsymbol{X}^* = (2-t, 4, 0, 0)^{\mathrm{T}}$;当 $t > 2$ 时,$b_1 < 0$,$x_1$ 换出,$x_4$ 换入。

**表 2-56　参数 $b$ 变化分析的单纯形表(b)**

| | $c_j$ | | 1 | 3 | 0 | 0 |
|---|---|---|---|---|---|---|
| $\boldsymbol{C}_B$ | $\boldsymbol{X}_B$ | $\boldsymbol{b}$ | $x_1$ | $x_2$ | $x_3$ | $x_4$ |
| 1 | $x_1$ | $2-t$ | 1 | 0 | 2/3 | [$-1/3$] |
| 3 | $x_2$ | 4 | 0 | 1 | 1/3 | 1/3 |
| | $\sigma_j$ | | 0 | 0 | $-\frac{5}{3}$ | $-\frac{2}{3}$ |

(4) 分析基变量($\boldsymbol{b}$ 列)的值(表 2-57)(此时 $t > 2$)。当 $2 \leqslant t \leqslant 6$ 时,最优解 $\boldsymbol{X}^* = (0, 6-t, 0, -6+3t)^{\mathrm{T}}$;当 $t > 6$ 时,无可行解;当 $0 \leqslant t \leqslant 2$ 时,最优解 $\boldsymbol{X}^* = (2-t, 4, 0, 0)^{\mathrm{T}}$。

**表 2-57　参数 $b$ 变化分析的单纯形表(c)**

| | $c_j$ | | 1 | 3 | 0 | 0 |
|---|---|---|---|---|---|---|
| $\boldsymbol{C}_B$ | $\boldsymbol{X}_B$ | $\boldsymbol{b}$ | $x_1$ | $x_2$ | $x_3$ | $x_4$ |
| 0 | $x_4$ | $-6+3t$ | $-3$ | 0 | $-2$ | 1 |
| 3 | $x_2$ | $6-t$ | 1 | 1 | 1 | 0 |
| | $\sigma_j$ | | $-2$ | 0 | $-3$ | 0 |

## 复习思路提示

1. 对含有某参数 $t$ 的参数线性规划问题,先令 $t=0$,用单纯形法求出最优解。

2. 用灵敏度分析法,将参变量 $t$ 直接反映到最终单纯形表中。

3. 当 $t$ 连续变大或变小时,观察 $\boldsymbol{b}$ 列和检验数行各数字的变化(以极大化问题作说明)。

(1) 若在 $\boldsymbol{b}$ 列首先出现负值,则以它对应的变量为换出变量,用对偶单纯形法进行迭代。

(2) 若在检验数行首先出现正值,则以它对应的变量为换入变量,用单纯形法进行迭代。

(3) 在迭代后的新表上,令 $t$ 继续变大或变小,重复步骤 3,直到 $\boldsymbol{b}$ 列不再出现负值,检验数行不再出现正值为止。

# 03 第3章 运输问题

运输问题是一类特殊的线性规划问题。表上作业法其实是单纯形法的另一种特殊形式，因此本章与前两章紧密联系。

## 本章必会知识点

(1) 运输问题的数学模型的结构与特点。

(2) 确定基可行解的表上作业法中的最小元素法、伏格尔法。

(3) 表上作业法中求检验数的闭回路法与位势法。

(4) 产销平衡和产销不平衡问题的求解。

(5) 运输问题的建模应用。

## 本章重难点

**重点：**

(1) 用最小元素法、伏格尔法求初始解。

(2) 用闭回路法、位势法求检验数与迭代原理。

(3) 产销不平衡问题的求解。

**难点：**

(1) 用闭回路法求检验数与迭代原理。

(2) 实际应用题建模。

## 本章考情分析

运输问题在研究生入学考试中的考情特点如下。

1. 考试内容与题型

考试内容主要包括运输问题的数学模型、表上作业法的求解步骤(如初始解的确定、最优性检验和调整)、产销不平衡运输问题的处理方法等。题型以计算题为主，也可能涉及简答题和选择题，重点考查学生对运输问题建模和求解方法的掌握程度。

2. 考试难度与重要性

运输问题是线性规划的重要应用领域，难度适中，但需要考生熟练掌握表上作业法的步骤和原理。该部分内容在考试中占比较稳定，通常为10%～15%，是运筹学考试中的重要考点。

3. 考试趋势与复习建议

近年来，考试更加注重考查考生对运输问题建模和求解方法的综合应用能力。考生需要熟练掌握表上作业法的各个步骤，包括初始解的确定(如最小元素法、伏格尔法)、最优性检验(如闭回路法和位势法)以及调整方法，同时熟悉常见的运输问题建模类型。复习时，建议考生通过大量练习题熟悉求解过程，同时注意产销不平衡问题的处理方法。

# 3.1 运输问题及其数学模型

## 3.1.1 运输问题的研究背景

供应链管理是当前管理研究的热点和前沿领域。供应链是一个由物流系统和该供应链中的所有单个组织或企业相关活动组成的网络。为满足供应链中顾客的需求，需要对商品从产地到消费地高效率、低成本地流动及储存进行规划、执行和控制。运筹学中对运输问题的数学模型的研究为达到上述目的提供了相应的理论基础。

## 3.1.2 运输问题的数学模型

1. 引例说明

本小节以单一物资的运输调度问题为例展开讲解。

设某种物品的产地为 $A_1,A_2,\cdots,A_m$，产量为 $a_1,a_2,\cdots,a_m$，销地为 $B_1,B_2,\cdots,B_n$，销量为 $b_1,b_2,\cdots,b_n$，从产地 $A_i$ 到销地 $B_j$ 的单位运价是 $c_{ij}$，求总运费最少的调度方案。

后面表上作业法表上经常要同时出现运量值与检验数值，为避免混淆给出示例表如下，说清楚各个数字会出现的位置。

**示例表**

<table>
<tr><td rowspan="2">产地</td><td colspan="3">销地</td></tr>
<tr><td colspan="2">$B_1$</td><td></td></tr>
<tr><td rowspan="2">$A_1$</td><td>$\sigma_{ij}$</td><td>$c_{ij}$</td><td rowspan="2"></td></tr>
<tr><td colspan="2">$x_{ij}$</td></tr>
<tr><td>$A_2$</td><td colspan="2"></td><td></td></tr>
</table>

其中：$c_{ij}$——单位运价；$\sigma_{ij}$——检验数；$x_{ij}$——运量。

解：设决策变量 $x_{ij}$ 表示由 $A_i$ 到 $B_j$ 的运量，已知 $c_{ij}$ 表示从 $A_i$ 到 $B_j$ 的单位运价。

产量、销量与单位运价如表 3-1 所示。

**表 3-1 产量、销量与单位运价(a)**

<table>
<tr><td rowspan="2">产地</td><td colspan="4">销地</td><td rowspan="2">产量</td></tr>
<tr><td>$B_1$</td><td>$B_2$</td><td>…</td><td>$B_n$</td></tr>
<tr><td rowspan="2">$A_1$</td><td>$c_{11}$</td><td>$c_{12}$</td><td></td><td>$c_{1n}$</td><td rowspan="2">$a_1$</td></tr>
<tr><td>$x_{11}$</td><td>$x_{12}$</td><td>…</td><td>$x_{1n}$</td></tr>
<tr><td rowspan="2">$A_2$</td><td>$c_{21}$</td><td>$c_{22}$</td><td></td><td>$c_{2n}$</td><td rowspan="2">$a_2$</td></tr>
<tr><td>$x_{21}$</td><td>$x_{22}$</td><td>…</td><td>$x_{2n}$</td></tr>
<tr><td>⋮</td><td>⋮</td><td>⋮</td><td></td><td>⋮</td><td>⋮</td></tr>
<tr><td rowspan="2">$A_m$</td><td>$c_{m1}$</td><td>$c_{m2}$</td><td></td><td>$c_{mn}$</td><td rowspan="2">$a_m$</td></tr>
<tr><td>$x_{m1}$</td><td>$x_{m2}$</td><td>…</td><td>$x_{mn}$</td></tr>
<tr><td>销量</td><td>$b_1$</td><td>$b_2$</td><td>…</td><td>$b_n$</td><td></td></tr>
</table>

（1）产销平衡问题：

$$\text{总产量}=\text{总销量}$$

$$\sum_{i=1}^{m}a_i=\sum_{j=1}^{n}b_j$$

（2）产销不平衡问题：

$$\text{总产量}\neq\text{总销量}$$

$$\sum_{i=1}^{m}a_i>\sum_{j=1}^{n}b_j \quad \text{产大于销}$$

$$\sum_{i=1}^{m}a_i<\sum_{j=1}^{n}b_j \quad \text{产小于销}$$

可列出产销平衡问题的数学模型：

$$\min z=\sum_{i=1}^{m}\sum_{j=1}^{n}c_{ij}x_{ij}$$

$$\begin{cases}\sum_{j=1}^{n}x_{ij}=a_i, i=1,2,\cdots,m\\ \sum_{i=1}^{m}x_{ij}=b_j, j=1,2,\cdots,n\\ x_{ij}\geqslant 0, i=1,2,\cdots,m; j=1,2,\cdots n\end{cases}$$

**例 3-1(产销平衡的运输问题)** 某部门 3 个工厂生产同一产品的产量、4 个销售点的销量及单位运价如表 3-2 所示。

**表 3-2 产量、销量与单位运价(b)**

| 产地 | 销地 $B_1$ | | 销地 $B_2$ | | 销地 $B_3$ | | 销地 $B_4$ | | 产量 |
|---|---|---|---|---|---|---|---|---|---|
| $A_1$ | | 4 | | 12 | | 4 | | 11 | 16 |
| $A_2$ | | 2 | | 10 | | 3 | | 9 | 10 |
| $A_3$ | | 8 | | 5 | | 11 | | 6 | 22 |
| 销量 | 8 | | 14 | | 12 | | 14 | | 48 |

解：设决策变量 $x_{ij}$ 表示由 $A_i$ 到 $B_j$ 的运量，$c_{ij}$ 表示从 $A_i$ 到 $B_j$ 的单位运价。其中：$i=1,2,3;j=1,2,3,4$。则该产销平衡问题的数学模型为

$$\min z=\sum_{i=1}^{3}\sum_{j=1}^{4}c_{ij}x_{ij}$$

$$\begin{cases}\sum_{j=1}^{4}x_{1j}=16,\sum_{i=1}^{3}x_{i1}=8,\sum_{j=1}^{4}x_{2j}=10,\sum_{i=1}^{3}x_{i2}=14,\sum_{j=1}^{4}x_{3j}=22\\ \sum_{i=1}^{3}x_{i3}=12,\sum_{i=1}^{3}x_{i4}=14,x_{ij}\geqslant 0,i=1,2,3;j=1,2,3,4\end{cases}$$

2. 产销平衡问题的数学模型的特点

已知产销平衡问题的数学模型如下，分析其特点。

$$\min z=\sum_{i=1}^{m}\sum_{j=1}^{n}c_{ij}x_{ij}$$

$$
\begin{cases}
\sum_{j=1}^{n} x_{ij} = a_i, i = 1,2,\cdots,m \\
\sum_{i=1}^{m} x_{ij} = b_j, j = 1,2,\cdots,n \\
x_{ij} \geqslant 0, i = 1,2,\cdots,m; j = 1,2,\cdots,n
\end{cases}
$$

从上述模型可以看出，从产地 $i$ 运到 $n$ 个销地的运量总和应该等于产地 $i$ 的产量，从 $m$ 个产地运到销地 $j$ 的运量总和应该等于销地 $j$ 的销量。

把 $m+n$ 个约束条件全部展开，有

$$
m\text{ 个}\begin{cases}
x_{11} + x_{12} + \cdots + x_{1n} = a_1 \\
x_{21} + x_{22} + \cdots + x_{2n} = a_2 \\
\vdots \\
x_{m1} + x_{m2} + \cdots + x_{mn} = a_m
\end{cases}
$$

$$
n\text{ 个}\begin{cases}
x_{11} + x_{21} + \cdots + x_{m1} = b_1 \\
x_{12} + x_{22} + \cdots + x_{m2} = b_2 \\
\vdots \\
x_{1n} + x_{2n} + \cdots + x_{mn} = b_n
\end{cases}
$$

写出其 $(m+n)\times(m\times n)$ 维的系数矩阵，有

$$
\begin{array}{cccccccccccc}
x_{11} & x_{12} & \cdots & x_{1n} & x_{21} & x_{22} & \cdots & x_{2n} & \cdots & x_{m1} & x_{m2} & \cdots & x_{mn}
\end{array}
$$

$$
\begin{pmatrix}
1 & 1 & \cdots & 1 & & & & & & & & & \\
 & & & & 1 & 1 & \cdots & 1 & & & & & \\
 & & & & & & & & \ddots & & & & \\
 & & & & & & & & & 1 & 1 & \cdots & 1 \\
1 & & & & 1 & & & & & 1 & & & \\
 & 1 & & & & 1 & & & \ddots & & 1 & & \\
 & & \ddots & & & & \ddots & & & & & \ddots & \\
 & & & 1 & & & & 1 & & & & & 1
\end{pmatrix}
$$

其中，$x_{ij}$ 的列向量

$$
\boldsymbol{P}_{ij} = \begin{pmatrix} 0 \\ \vdots \\ 0 \\ 1 \\ 0 \\ \vdots \\ 0 \\ 1 \\ 0 \\ \vdots \\ 0 \end{pmatrix}
\begin{matrix} \\ \\ \\ \leftarrow \text{第 } i \text{ 行} \\ \\ = e_i + e_{m+j} \\ \\ \leftarrow \text{第 } m+j \text{ 行} \\ \\ \\ \\ \end{matrix}
$$

其中

$$\boldsymbol{e}_i = \begin{pmatrix} 0 \\ \vdots \\ 0 \\ 1 \\ 0 \\ \vdots \\ 0 \end{pmatrix}$$

又因为

$$\sum_{j=1}^{n} b_j = \sum_{j=1}^{n} (\sum_{i=1}^{m} x_{ij}) = \sum_{i=1}^{m} (\sum_{j=1}^{n} x_{ij}) = \sum_{i=1}^{m} a_i$$

所以，运输问题的数学模型最多有 $m+n-1$ 个独立方程，即系数矩阵的秩小于等于 $m+n-1$。因此，产销平衡的运输问题一定存在可行解，又因为所有变量都有界，故一定有最优解。

## 复习思路提示

1. 牢记产销平衡的运输问题必有最优解。

2. 牢记产销平衡的运输问题的基变量有 $m+n-1$ 个。

3. 熟练掌握产销平衡的运输问题的数学模型，会以此推出产销不平衡（供不应求与供大于求）情况下的数学模型。

# 3.2 运输问题的表上作业法

表上作业法是单纯形法在求解运输问题中的一种简化方法，其实质是单纯形法，也称为运输问题单纯形法。单纯形法与表上作业法的计算步骤可简单对比如下。

(1) 找出初始基可行解（表上给出 $m+n-1$ 个数字格）。

(2) 求各非基变量的检验数（计算表中空格检验数）。

(3) 判断是否为最优解（与前文判断是否为最优解的判断方法相同）。

(4) 确定换入变量和换出变量，找出新的基可行解（表上闭回路调整）。

(5) 重复(2)、(3)直至求出最优解（产销平衡的运输问题必有最优解）。

与一般线性规划问题不同，产销平衡的运输问题总是存在可行解。

$$\sum_{i=1}^{m} a_i = \sum_{j=1}^{n} b_j = d$$

必存在

$$x_{ij} \geqslant 0, i=1,2,\cdots,m; j=1,2,\cdots,n$$

这就是基可行解，又因为

$$0 \leqslant x_{ij} \leqslant \min(a_i, b_j)$$

故产销平衡的运输问题必有最优解。

确定基可行解的方法有很多，一般希望确定基可行解的方法既简便，确定的基可行解又尽可能接近最优解，又可使后面的迭代步骤少。

### 3.2.1 确定初始基可行解

**例 3-2(表上作业法)** 某公司 3 个工厂生产同一产品的产量、4 个销售点的销量及单位运价如表 3-3 所示。

**表 3-3 产量、销量与单位运价(c)**

| 产地 | 销地 | | | | 产量 |
|---|---|---|---|---|---|
| | $B_1$ | $B_2$ | $B_3$ | $B_4$ | |
| $A_1$ | 3 | 11 | 3 | 10 | 7 |
| $A_2$ | 1 | 9 | 2 | 8 | 4 |
| $A_3$ | 7 | 4 | 10 | 5 | 9 |
| 销量 | 3 | 6 | 5 | 6 | |

1. 西北角法(左上角法)

每次选取的 $x_{ij}$ 都是左上角第一个元素,即优先安排运价表上编号最小的产地和销地之间的运输业务。该方法的特点是 $x_{ij}$ 选取方便,算法简单易实现。

用西北角法求得初始解(表 3-4)。

**表 3-4 用西北角法求解**

| 产地 | 销地 | | | | 产量 |
|---|---|---|---|---|---|
| | $B_1$ | $B_2$ | $B_3$ | $B_4$ | |
| $A_1$ | 3 | 11 | 3 | 10 | 7 |
| | 3 | 4 | | | |
| $A_2$ | 1 | 9 | 2 | 8 | 4 |
| | | 2 | 2 | | |
| $A_3$ | 7 | 4 | 10 | 5 | 9 |
| | | | 3 | 6 | |
| 销量 | 3 | 6 | 5 | 6 | 20 |

$$z=(3\times 3+4\times 11+2\times 9+2\times 2+3\times 10+6\times 5)\text{ 元}=135\text{ 元}$$

西北角法的缺点是完全没考虑运价问题。

2. 最小元素法

最小元素法的思路是就近供应,根据单价中最低运价确定供应量,然后选择次低运价,直至得到 $m+n-1$ 个数字格。

用最小元素法求得初始解(表 3-5)。

**表 3-5 用最小元素法求解**

| 产地 | 销地 | | | | 产量 |
|---|---|---|---|---|---|
| | $B_1$ | $B_2$ | $B_3$ | $B_4$ | |
| $A_1$ | 3 | 11 | 3 | 10 | 7 |
| | | | 4 | 3 | |
| $A_2$ | 1 | 9 | 2 | 8 | 4 |
| | 3 | | 1 | | |
| $A_3$ | 7 | 4 | 10 | 5 | 9 |
| | | 6 | | 3 | |
| 销量 | 3 | 6 | 5 | 6 | 20 |

$$z=(3\times4+3\times10+3\times1+1\times2+6\times4+3\times5)\text{ 元}=86\text{ 元}$$

最小元素法的缺点是会出现顾此失彼的运费差额问题。

3. 伏格尔法

伏格尔法的思路是对行或列的差额最大处,采用最少运费调运方法。

$$\text{罚数(即差额)}=\text{次低运价}-\text{最低运价}$$

罚数(即差额)大,则不按最少运费调运,运费增加多;罚数(即差额)小,则不按最少运费调运,运费增加不多。

一般来说,通过伏格尔法得到的初始解质量最好,常将其用作运输问题最优解的近似解。

用伏格尔法求得初始解(表 3-6 和表 3-7)。

**表 3-6 用伏格尔法求解**

| 产地 | 销地 | | | | 产量 | 行罚数 | (2) | (3) | (4) | (5) |
|---|---|---|---|---|---|---|---|---|---|---|
| | $B_1$ | $B_2$ | $B_3$ | $B_4$ | | | | | | |
| $A_1$ | 3 | 11 | 3 | 10 | 7 | 0 | 0 | 0 | 7 | 0 |
| | | | 5 | 2 | | | | | | |
| $A_2$ | 1 | 9 | 2 | 8 | 4 | 1 | 1 | 1 | 6 | 0 |
| | 3 | | | 1 | | | | | | |
| $A_3$ | 7 | 4 | 10 | 5 | 9 | 2 | 2 | | | |
| | | 6 | | 3 | | | | | | |
| 销量 | 3 | 6 | 5 | 6 | 20 | | | | | |
| 列罚数 | 2 | 5 | 1 | 3 | | | | | | |
| (2) | 2 | | 1 | 3 | | | | | | |
| (3) | 2 | | 1 | 2 | | | | | | |
| (4) | | | 1 | 2 | | | | | | |
| (5) | | | | 2 | | | | | | |

**表 3-7 初始解**

| 产地 | 销地 | | | | 产量 |
|---|---|---|---|---|---|
| | $B_1$ | $B_2$ | $B_3$ | $B_4$ | |
| $A_1$ | 3 | 11 | 3 | 10 | 7 |
| | | | 5 | 2 | |
| $A_2$ | 1 | 9 | 2 | 8 | 4 |
| | 3 | | | 1 | |
| $A_3$ | 7 | 4 | 10 | 5 | 9 |
| | | 6 | | 3 | |
| 销量 | 3 | 6 | 5 | 6 | 20 |

$$z=(3\times1+6\times4+5\times3+2\times10+1\times8+3\times5)\text{ 元}=85\text{ 元}$$

对比采用上述 3 种方法得到的结果,显然通过伏格尔法求得的初始解更优。

## 3.2.2 解的最优性检验

对解的最优性检验就是计算空格(非基变量)的检验数,通常有两种方法,即闭回路法和位势法。

### 1. 闭回路法

从每一个空格出发一定存在且可以找到唯一的闭回路。在给出调运方案的计算表上，从每一个空格出发找一条闭回路(图 3－1)。以某空格为起点，用水平线或垂直线向前画，当碰到一数字格时，可以转 90°(也可以越过)后，继续前进，直到回到起始空格为止。

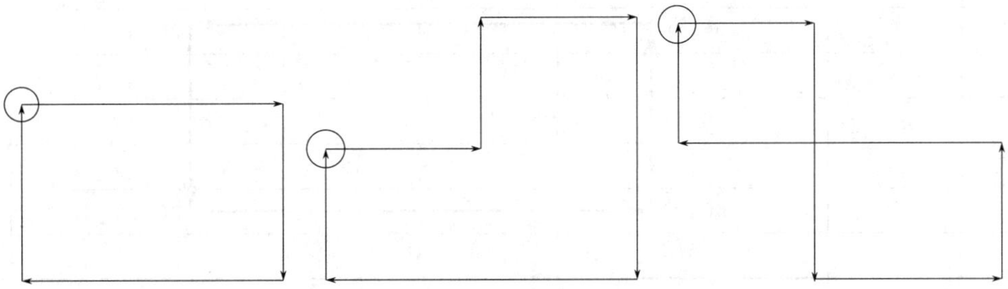

图 3－1　闭回路示例

为何闭回路一定可以找到且唯一？

唯一表示定理：若一组向量组线性无关，添加一个向量后变成线性相关，则该向量一定可以由这组无关组线性表示，且表示式唯一。

数字格就是线性无关的基向量，空格就是添加进去的向量，因此可以唯一线性表示，闭回路唯一。

因为 $m+n-1$ 个数字格(基变量)对应的系数列向量是一个基，所以任一空格(非基变量)对应的系数列向量均可由这个基线性表示。以图 3－2 为例进行说明。

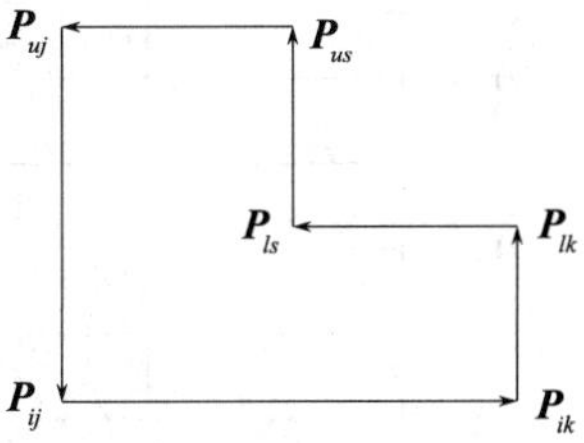


图 3－2　闭回路

$$
\begin{aligned}
\boldsymbol{P}_{ij} &= \boldsymbol{e}_i + \boldsymbol{e}_{m+j} \\
&= \boldsymbol{e}_i + (\boldsymbol{e}_{m+k} - \boldsymbol{e}_{m+k}) + (\boldsymbol{e}_l - \boldsymbol{e}_l) + (\boldsymbol{e}_{m+s} - \boldsymbol{e}_{m+s}) + (\boldsymbol{e}_u - \boldsymbol{e}_u) + \boldsymbol{e}_{m+j} \\
&= (\boldsymbol{e}_i + \boldsymbol{e}_{m+k}) - (\boldsymbol{e}_l + \boldsymbol{e}_{m+k}) + (\boldsymbol{e}_l + \boldsymbol{e}_{m+s}) - (\boldsymbol{e}_u + \boldsymbol{e}_{m+s}) + (\boldsymbol{e}_u + \boldsymbol{e}_{m+j}) \\
&= \boldsymbol{P}_{ik} - \boldsymbol{P}_{lk} + \boldsymbol{P}_{ls} - \boldsymbol{P}_{us} + \boldsymbol{P}_{uj}
\end{aligned}
$$

用闭回路法计算检验数的经济解释：在始终保持产销平衡的同时，给某地(空格)增加 1 单位运量带来的运费增量。

当 $A_1$ 给 $B_1$ 增加 1 个单位的运量时，在保持产销平衡的同时，总运费增加 1 元，如表 3－8 所示。

**表 3－8　用闭回路法计算检验数说明(a)**

| 产地 | 销地 | | | | 产量 |
|---|---|---|---|---|---|
| | $B_1$ | $B_2$ | $B_3$ | $B_4$ | |
| $A_1$ | 3 | 11 | 3 | 10 | 7 |
| | (+1) | | 4(−1) | 3 | |
| $A_2$ | 1 | 9 | 2 | 8 | 4 |
| | (−1)3 | | 1(+1) | | |
| $A_3$ | 7 | 4 | 10 | 5 | 9 |
| | | 6 | | 3 | |
| 销量 | 3 | 6 | 5 | 6 | 20 |

$$z=(3\times4+3\times10+3\times1+1\times2+6\times4+3\times5)\text{ 元}=86\text{ 元}$$

$\sigma_{11}=z-z_0$，表示运费的增量，即 $x_{11}$ 增加 1 个单位后相应的运费增量：

$$\sigma_{11}=[1\times3+(-1)\times3+1\times2+(-1)\times1]\text{ 元}=1\text{ 元}$$

当 $A_1$ 给 $B_2$ 增加 1 个单位的运量时，在保持产销平衡的同时，总运费增加 2 元，如表 3－9 所示。

**表 3－9　用闭回路法计算检验数说明(b)**

| 产地 | 销地 | | | | | | | | 产量 |
|---|---|---|---|---|---|---|---|---|---|
| | $B_1$ | | $B_2$ | | $B_3$ | | $B_4$ | | |
| $A_1$ | 1 | 3 | | 11 | | 3 | | 10 | 7 |
| | 1 | | (+1) | | 4 | | 3(−1) | | |
| $A_2$ | | 1 | | 9 | | 2 | | 8 | 4 |
| | 3 | | | | 1 | | | | |
| $A_3$ | | 7 | | 4 | | 10 | | 5 | 9 |
| | | | 6(−1) | | | | 3(+1) | | |
| 销量 | 3 | | 6 | | 5 | | 6 | | 20 |

$$z=(4\times3+3\times10+3\times1+1\times2+6\times4+3\times5)\text{ 元}=86\text{ 元}$$

$$\sigma_{12}=[1\times11+(-1)\times10+1\times5+(-1)\times4]\text{ 元}=2\text{ 元}$$

当 $A_2$ 给 $B_2$ 增加 1 个单位的运量时，在保持产销平衡的同时，总运费增加 1 元，如表 3－10 所示。

**表 3－10　用闭回路法计算检验数说明(c)**

| 产地 | 销地 | | | | | | | | 产量 |
|---|---|---|---|---|---|---|---|---|---|
| | $B_1$ | | $B_2$ | | $B_3$ | | $B_4$ | | |
| $A_1$ | 1 | 3 | 2 | 11 | | 3 | | 10 | 7 |
| | | | | | 4(+1) | | 3(−1) | | |
| $A_2$ | | 1 | | 9 | | 2 | | 8 | 4 |
| | 3 | | (+1) | | 1(−1) | | | | |
| $A_3$ | | 7 | | 4 | | 10 | | 5 | 9 |
| | | | 6(−1) | | | | 3(+1) | | |
| 销量 | 3 | | 6 | | 5 | | 6 | | 20 |

$$z=(4\times3+3\times10+3\times1+1\times2+6\times4+3\times5)\text{ 元}=86\text{ 元}$$

$$\sigma_{22}=[1\times9+(-1)\times2+1\times3+(-1)\times10+1\times5+(-1)\times4]\text{ 元}=1\text{ 元}$$

当 $A_2$ 给 $B_4$ 增加 1 个单位的运量时，在保持产销平衡的同时，总运费可以减少 1 元，如表 3－11 所示。

**表 3－11　用闭回路法计算检验数说明(d)**

| 产地 | 销地 | | | | | | | | 产量 |
|---|---|---|---|---|---|---|---|---|---|
| | $B_1$ | | $B_2$ | | $B_3$ | | $B_4$ | | |
| $A_1$ | 1 | 3 | 2 | 11 | | 3 | | 10 | 7 |
| | | | | | 4 | | 3 | | |
| $A_2$ | | 1 | 1 | 9 | | 2 | −1 | 8 | 4 |
| | 3 | | | | 1 | | | | |
| $A_3$ | | 7 | | 4 | | 10 | | 5 | 9 |
| | | | 6 | | | | 3 | | |
| 销量 | 3 | | 6 | | 5 | | 6 | | 20 |

$$z=(3\times4+3\times10+3\times1+1\times2+6\times4+3\times5)\text{ 元}=86\text{ 元}$$

$$\sigma_{24}=1\times 8-1\times 2+1\times 3-1\times 10=-1$$

运输问题为极小化问题，当所有检验数都大于等于 0 的时候，取得最优解。

因为 $\sigma_{24}=-1<0$，所以表 3 - 11 中的解不是最优解。

2. 位势法(对偶变量法)

由对偶理论可得检验数为 $c_{ij}-(u_i+v_j)$。

已知产销平衡运输问题的数学模型：

$$\min z=\sum_{i=1}^{m}\sum_{j=1}^{n}c_{ij}x_{ij}$$

$$\begin{cases}\sum_{j=1}^{n}x_{ij}=a_i, i=1,2,\cdots,m\\ \sum_{i=1}^{m}x_{ij}=b_j, j=1,2,\cdots,n\\ x_{ij}\geqslant 0, i=1,2,\cdots,m; j=1,2,\cdots,n\end{cases}$$

对偶变量

$$m\text{ 个}\begin{cases}x_{11}+x_{12}+\cdots+x_{1n}=a_1 & u_1\\ x_{21}+x_{22}+\cdots+x_{2n}=a_2 & u_2\\ \vdots & \vdots\\ x_{m1}+x_{m2}+\cdots+x_{mn}=a_m & u_m\end{cases}$$

$$n\text{ 个}\begin{cases}x_{11}+x_{21}+\cdots+x_{m1}=b_1 & v_1\\ x_{12}+x_{22}+\cdots+x_{m2}=b_2 & v_2\\ \vdots & \vdots\\ x_{1n}+x_{2n}+\cdots+x_{mn}=b_n & v_n\end{cases}$$

可写出该运输问题的对偶问题：

$$\max z'=\sum_{i=1}^{m}a_iu_i+\sum_{j=1}^{n}b_jv_j$$

$$\text{s. t.}\begin{cases}u_i+v_j\leqslant c_{ij}, i=1,\cdots,m; j=1,\cdots,n\\ u_i, v_j\text{ 无约束}\end{cases}$$

检验数为

$$\begin{aligned}\sigma_{ij}&=c_{ij}-z_{ij}\\ &=c_{ij}-\boldsymbol{YP}_{ij}\\ &=c_{ij}-(u_1,\cdots,u_m,v_1,\cdots,v_n)\boldsymbol{P}_{ij}\\ &=c_{ij}-(u_i+v_j)\end{aligned}$$

其中

$$\boldsymbol{P}_{ij}=\begin{pmatrix}0\\ \vdots\\ 0\\ 1\\ 0\\ \vdots\\ 0\\ 1\\ 0\\ \vdots\\ 0\end{pmatrix}$$

设运输问题的一组基变量为 $x_{i_1j_1}, x_{i_2j_2}, \cdots, x_{i_sj_s}$，$s=m+n-1$。由于基变量的检验数为零，故有

$$\begin{cases}u_{i_1}+v_{j_1}=c_{i_1j_1}\\ u_{i_2}+v_{j_2}=c_{i_2j_2}\\ \vdots\\ u_{i_s}+v_{j_s}=c_{i_sj_s}\end{cases}$$

共有 $m+n-1$ 个方程、$m+n$ 个变量；方程组有解，且解不唯一；有一个自由未知量，通常选 $u_1$ 作为该自由变量，并令 $u_1=0$。则可依次求出方程组的解(称为位势)$\boldsymbol{Y}=(u_1,u_2,\cdots,u_m,v_1,v_2,\cdots,v_n)$，而其他变量 $x_{ij}$

的检验数为 $\sigma_{ij}=c_{ij}-(u_i+v_j)$，求出所有检验数。初始解如表 3 - 12 所示。

**表 3 - 12　初始解**

| 产地 | 销地 | | | | 产量 |
|---|---|---|---|---|---|
| | $B_1$ | $B_2$ | $B_3$ | $B_4$ | |
| $A_1$ | 3 | 11 | 3 / 4 | 10 / 3 | 7 |
| $A_2$ | 1 / 3 | 9 | 2 / 1 | 8 | 4 |
| $A_3$ | 7 | 4 / 6 | 10 | 5 / 3 | 9 |
| 销量 | 3 | 6 | 5 | 6 | 20 |

根据每个基变量的检验数为零，可得到下列有关对偶变量的线性方程组：

| 基变量 | 检验数 | |
|---|---|---|
| $x_{13}$ | $c_{13}-(u_1+v_3)=0$ | $3-(u_1+v_3)=0$ |
| $x_{14}$ | $c_{14}-(u_1+v_4)=0$ | $10-(u_1+v_4)=0$ |
| $x_{21}$ | $c_{21}-(u_2+v_1)=0$ | $1-(u_2+v_1)=0$ |
| $x_{23}$ | $c_{23}-(u_2+v_3)=0$ | $2-(u_2+v_3)=0$ |
| $x_{32}$ | $c_{32}-(u_3+v_2)=0$ | $4-(u_3+v_2)=0$ |
| $x_{34}$ | $c_{34}-(u_3+v_4)=0$ | $5-(u_3+v_4)=0$ |

$x_{13},x_{14},x_{21},x_{23},x_{34}$ 为基变量，令 $u_1=0$，则有 $u_2=-1,u_3=-5,v_1=2,v_2=9,v_3=3,v_4=10$，通过计算可得检验数表(表 3 - 13)。

**表 3 - 13　用位势法求得的检验数表**

| 产地 | 销地 | | | | 产量 |
|---|---|---|---|---|---|
| | $B_1$ | $B_2$ | $B_3$ | $B_4$ | |
| $A_1$ | 1 \| 3 | 2 \| 11 | 0 \| 3 | 0 \| 10 | 0 |
| $A_2$ | 0 \| 1 | 1 \| 9 | 0 \| 2 | −1 \| 8 | −1 |
| $A_3$ | 10 \| 7 | 0 \| 4 | 12 \| 10 | 0 \| 5 | −5 |
| $v_j$ | 2 | 9 | 3 | 10 | |

存在负检验数−1，说明该解不是最优解。

## 3.2.3　解的调整改进

在用表上作业法求解运输问题时，当表中空格出现负检验数时，表示未得到最优解。若有两个及两个以上的负检验数，一般选其中最小的负检验数，以它对应的空格为调入格，即选择最小检验数对应的非基变量作为换入变量。

下面从 3.2.1 节中采用最小元素法得到的初始基可行解及检验数(表 3 - 14)开始计算，以 $x_{24}$ 为调入格(换入变量)。

**表 3-14 检验数表(a)**

| 产地 | 销地 | | | | | | | | 产量 |
|---|---|---|---|---|---|---|---|---|---|
| | $B_1$ | | $B_2$ | | $B_3$ | | $B_4$ | | |
| $A_1$ | 1 | 3 | 2 | 11 | | 3 | | 10 | 7 |
| | | | | | 4 | | 3 | | |
| $A_2$ | | 1 | 1 | 9 | | 2 | −1 | 8 | 4 |
| | 3 | | | | 1 | | | | |
| $A_3$ | 10 | 7 | | 4 | 12 | 10 | | 5 | 9 |
| | | | 6 | | | | 3 | | |
| 销量 | 3 | | 6 | | 5 | | 6 | | 20 |

闭回路调整法:调整位置($A_2$,$B_4$)为非空,那么回路角上标注(−1)的数字格要调整成一个为空格(两个及以上相等运量时出现退化),且保证数字的非负性(保证解的可行性)。

上小节通过最小元素法得到的初始基可行解及检验数如表 3-15 所示。

**表 3-15 用闭回路法调整**

| 产地 | 销地 | | | | | | | | 产量 |
|---|---|---|---|---|---|---|---|---|---|
| | $B_1$ | | $B_2$ | | $B_3$ | | $B_4$ | | |
| $A_1$ | 1 | 3 | 2 | 11 | | 3 | | 10 | 7 |
| | | | | | 4(+1) | | 3(−1) | | |
| $A_2$ | | 1 | 1 | 9 | | 2 | −1 | 8 | 4 |
| | 3 | | | | 1(−1) | | (+1) | | |
| $A_3$ | 10 | 7 | | 4 | 12 | 10 | | 5 | 9 |
| | | | 6 | | | | 3(+1) | | |
| 销量 | 3 | | 6 | | 5 | | 6 | | 20 |

将负检验数对应的空格调入成数字格,作闭回路,在带(−1)标记的数字格中选取最小数字作为调出量,将该数字格调出为空格。此时,($A_2$,$B_4$)调入,($A_2$,$B_3$)调出,调整量 $\theta=\min(3,1)=1$,调整后的解如表 3-16 所示。

**表 3-16 用闭回路法调整后的运量表**

| 产地 | 销地 | | | | | | | | 产量 |
|---|---|---|---|---|---|---|---|---|---|
| | $B_1$ | | $B_2$ | | $B_3$ | | $B_4$ | | |
| $A_1$ | | 3 | | 11 | | 3 | | 10 | 7 |
| | | | | | 5 | | 2 | | |
| $A_2$ | | 1 | | 9 | | 2 | | 8 | 4 |
| | 3 | | | | | | 1 | | |
| $A_3$ | | 7 | | 4 | | 10 | | 5 | 9 |
| | | | 6 | | | | 3 | | |
| 销量 | 3 | | 6 | | 5 | | 6 | | 20 |

重新计算检验数(表 3-17)。

此时,非基变量 $x_{11}$ 的检验数为 0,有无穷多个最优解。因为 $\sigma_{ij}\geqslant 0$,所以 $z=(5\times3+2\times10+3\times1+1\times8+6\times4+3\times5)$ 元 $=85$ 元,为该运输问题的最少运费。

**表 3-17　检验数(b)**

| 产地 | 销地 | | | | | | | | 产量 |
|---|---|---|---|---|---|---|---|---|---|
| | $B_1$ | | $B_2$ | | $B_3$ | | $B_4$ | | |
| $A_1$ | 0 | 3 | 2 | 11 | 5 | 3 | 2 | 10 | 7 |
| | | | | | | | | | |
| $A_2$ | 3 | 1 | 2 | 9 | 1 | 2 | 1 | 8 | 4 |
| | | | | | | | | | |
| $A_3$ | 9 | 7 | 6 | 4 | 12 | 10 | 3 | 5 | 9 |
| | | | | | | | | | |
| 销量 | 3 | | 6 | | 5 | | 6 | | 20 |

## 3.2.4　解的特殊情况

在运输问题的求解过程中，有可能会出现几种特殊情况。

1. 无穷多最优解

在最优解的表中，若有非基变量的检验数等于 0，则该运输问题有无穷多最优解，此时，以该非基变量所在空格作为调入格，做闭回路，找出调出的数字格并进行迭代，迭代后即可得另一个最优解。注意：这两个最优解为基最优解，如果要写出所有无穷多解，则可参照第 1 章的描述，以这两个点为顶点，做两点之间连线的公式即可。需要注意的是，此时连线上的其他解不是基最优解，是最优解，就不满足 $m+n-1$ 个数字格的要求了。

例如在表 3-18 中，非基变量 $x_{11}$ 的检验数为 0，有无穷多个最优解。

**表 3-18　检验数(c)**

| 产地 | 销地 | | | | | | | | 产量 |
|---|---|---|---|---|---|---|---|---|---|
| | $B_1$ | | $B_2$ | | $B_3$ | | $B_4$ | | |
| $A_1$ | 0 | 3 | 2 | 11 | 5 | 3 | 2 | 10 | 7 |
| | | | | | | | | | |
| $A_2$ | 3 | 1 | 2 | 9 | 1 | 2 | 1 | 8 | 4 |
| | | | | | | | | | |
| $A_3$ | 9 | 7 | 6 | 4 | 12 | 10 | 3 | 5 | 9 |
| | | | | | | | | | |
| 销量 | 3 | | 6 | | 5 | | 6 | | 20 |

因为 $\sigma_{ij} \geqslant 0$，所以 $z=(5\times3+2\times10+3\times1+1\times8+6\times4+3\times5)$ 元 $=85$ 元。

此时做闭回路，$(A_1,B_1)$ 调入，$(A_1,B_4)$ 调出(表 3-19)。

**表 3-19　检验数为零的非基变量用闭回路迭代**

| 产地 | 销地 | | | | | | | | 产量 |
|---|---|---|---|---|---|---|---|---|---|
| | $B_1$ | | $B_2$ | | $B_3$ | | $B_4$ | | |
| $A_1$ | 0 | 3 | 2 | 11 | 5 | 3 | 2 | 10 | 7 |
| | | | | | 5 | | 2 | | |
| $A_2$ | 3 | 1 | 2 | 9 | 1 | 2 | 1 | 8 | 4 |
| | 3 | | | | | | 1 | | |
| $A_3$ | 9 | 7 | 6 | 4 | 12 | 10 | 3 | 5 | 9 |
| | | | 6 | | | | 3 | | |
| 销量 | 3 | | 6 | | 5 | | 6 | | 20 |

进行迭代(表 3-20)。

**表 3-20　迭代后运量**

| 产地 | 销地 | | | | 产量 |
|---|---|---|---|---|---|
| | $B_1$ | $B_2$ | $B_3$ | $B_4$ | |
| $A_1$ | 3<br>2 | 11 | 3<br>5 | 10 | 7 |
| $A_2$ | 1<br>1 | 9 | 2 | 8<br>3 | 4 |
| $A_3$ | 7 | 4<br>6 | 10 | 5<br>3 | 9 |
| 销量 | 3 | 6 | 5 | 6 | 20 |

$$z=(2\times3+5\times3+1\times1+3\times8+6\times4+3\times5)\text{元}=85\text{元}$$

从上述迭代过程中可以看出，经过迭代后，可得到另一个最优解，此时基最优值不变。

2. 退化

退化一：在迭代过程中，若某一格填数时需同时划去一行和一列，此时出现退化。为保证 $m+n-1$ 个非空格，需在上述的行或列中填入数字 0。注意：需要在该行或该列未在上次迭代过程中被划去的格子内补 0。

表 3-21 所示就符合退化一的情况。

**表 3-21　退化一的情况**

| 产地 | 销地 | | | | 产量 |
|---|---|---|---|---|---|
| | $B_1$ | $B_2$ | $B_3$ | $B_4$ | |
| $A_1$ | 4 | 12 | 4 | 11 | 16 |
| $A_2$ | 2<br>8 | 10 | 3 | 9 | 8 |
| $A_3$ | 8<br>0 | 4<br>6 | 10 | 5 | 22 |
| 销量 | 8 | 14 | 12 | 14 | 48 |

(1) 补 0 的位置可以是划去那一行或那一列的任一空格处(不能是之前迭代过程中被划去的空格)。

(2) 为了减少调整次数，一般将 0 添加到所有空格对应最低运价的位置(但不遵循也不会有太大影响)。

退化二：闭回路上出现两个或两个以上具有(−1)标记的相等的最小值。只能选一个作为调入格，经调整后，得退化解。在另一数字格中填入 0。

表 3-22 和表 3-23 就符合退化二的情况。

**表 3-22　退化二的情况**

| 产地 | 销地 | | | | 产量 |
|---|---|---|---|---|---|
| | $B_1$ | $B_2$ | $B_3$ | $B_4$ | |
| $A_1$ | 4 | 12 | 4<br>10(+1) | 11<br>2(−1) | 16 |
| $A_2$ | 2 | 10 | 3<br>2(−1) | −1　9<br>(+1) | 8 |
| $A_3$ | 8 | 5 | 11 | 6 | 22 |
| 销量 | 8 | 14 | 12 | 14 | 48 |

表 3-23 退化二迭代后

| 产地 | 销地 | | | | 产量 |
| --- | --- | --- | --- | --- | --- |
| | $B_1$ | $B_2$ | $B_3$ | $B_4$ | |
| $A_1$ | 4 | 12 | 4 | 11 | 16 |
| | | | 12 | | |
| $A_2$ | 2 | 10 | 3 | 9 | 8 |
| | | | 0 | 2 | |
| $A_3$ | 8 | 5 | 11 | 6 | 22 |
| | | | | | |
| 销量 | 8 | 14 | 12 | 14 | 48 |

出现退化后，表中 $m+n-1$ 个数字格中就有了 0 运量的数字格，那么后面再做闭回路调整时，有可能(−1)标记会出现在 0 数字格这里，正常选取 0 作为调入量，进行调入、调出基变换即可。

## 复习思路提示

1. 在产销平衡表和单位运价表中确定初始基可行解，就等同于在表中找出 $m+n-1$ 个数字格(基变量)。
2. 西北角法简单，从左上角第一个元素开始安排；最小元素法从单位运价最低的开始安排；伏格尔法从差额最大处按最少运费开始安排。一般来说，通过伏格尔法找出的初始基可行解最接近运输问题的最优解。
3. 运输问题的最优性检验是计算空格(非基变量)的检验数。
4. 用闭回路法计算检验数的经济解释：在始终保持产销平衡的同时，给某地(空格)增加 1 单位运量带来的运费增量。
5. 每个空格存在且只有唯一一条闭回路(极大无关组的相关定理)。
6. 用位势法计算检验数的思路是通过运输问题的对偶问题求出每个对偶变量的值，以及检验数的表达式，并最终求解。
7. 对于表上作业法在考试中通常会考查一道计算题或建模题(产销平衡或不平衡的运输问题)，分值为 15～20 分。
8. 掌握用最小元素法、伏格尔法求初始解，用闭回路法、位势法求检验数，以及解的调整，这些内容考查频率较高。
9. 了解退化的几种情况，并会在表中进行处理。
10. 在计算过程中，要分清单位运价、运量、检验数的数值，以防张冠李戴。

# 3.3 运输问题的应用举例

## 3.3.1 生产计划问题

**例 3-3(生产计划问题)** 某厂按合同规定需于当年每个季度末分别提供 10 台、15 台、25 台、20 台同一规格的柴油机。已知该厂各季度的生产能力及生产每台柴油机的成本，如表 3-24 所示。如果生产出来的柴油机当季不交货，每台柴油机每积压一个季度需储存、维护等费用 0.15 万元。试求在完成合同任务的情况下，使该厂全年生产总费用最少的决策方案。

**表 3-24　该厂各季度的生产能力及生产每台柴油机的成本**

| | 生产能力/台 | 单位成本/万元 |
|---|---|---|
| 第一季度 | 25 | 10.8 |
| 第二季度 | 35 | 11.1 |
| 第三季度 | 30 | 11.0 |
| 第四季度 | 10 | 11.3 |

解:设 $x_{ij}$ 为第 $i$ 季度生产的用于第 $j$ 季度交货的柴油机数,列出分析表(表 3-25)。

**表 3-25　分析表**

| 生产 | 交货 | | | | 生产能力/台 |
|---|---|---|---|---|---|
| | 第一季度 | 第二季度 | 第三季度 | 第四季度 | |
| 第一季度 | $x_{11}$ | $x_{12}$ | $x_{13}$ | $x_{14}$ | 25 |
| 第二季度 | | $x_{22}$ | $x_{23}$ | $x_{24}$ | 35 |
| 第三季度 | | | $x_{33}$ | $x_{34}$ | 30 |
| 第四季度 | | | | $x_{44}$ | 10 |
| 交货量/台 | 10 | 15 | 25 | 20 | |

根据合同要求,必须满足:

$$x_{11}=10$$

$$x_{12}+x_{22}=15$$

$$x_{13}+x_{23}+x_{33}=25$$

$$x_{14}+x_{24}+x_{34}+x_{44}=20$$

每季度生产的用于当季和以后交货的柴油机数不可能超过该季度的生产能力,则有

$$x_{11}+x_{12}+x_{13}+x_{14}\leqslant 25$$

$$x_{22}+x_{23}+x_{24}\leqslant 35$$

$$x_{33}+x_{34}\leqslant 30$$

$$x_{44}\leqslant 10$$

设 $c_{ij}$ 为第 $i$ 季度生产的用于第 $j$ 季度交货的每台柴油机的实际成本加上储存、维护等费用。设 $a_i$ 表示第 $i$ 季度的生产能力,$b_j$ 表示第 $j$ 季度的合同供应量,具体数值如表 3-26 所示。

**表 3-26　产销平衡表与单位成本表**

| 产地 | 销地 | | | | | 产量/台 |
|---|---|---|---|---|---|---|
| | 1 | 2 | 3 | 4 | 5 | |
| 1 | 10.8 | 10.95 | 11.10 | 11.25 | 0 | 25 |
| 2 | $M$ | 11.10 | 11.25 | 11.40 | 0 | 35 |
| 3 | $M$ | $M$ | 11.00 | 11.15 | 0 | 30 |
| 4 | $M$ | $M$ | $M$ | 11.30 | 0 | 10 |
| 销量/台 | 10 | 15 | 25 | 20 | 30 | 100 |

该问题为产大于销问题,则该问题的数学模型为

$$\min z=\sum_{i=1}^{4}\sum_{j=1}^{4}c_{ij}x_{ij}$$

$$\text{s.t.}\begin{cases}\sum_{j=1}^{4}x_{ij}\leqslant a_i, i=1,2,3,4\\ \sum_{i=1}^{4}x_{ij}=b_j, j=1,2,3,4\\ x_{ij}\geqslant 0\end{cases}$$

## 3.3.2 船只调度问题

**例 3-4(船只调度问题)** 某航运公司承担 6 个港口城市 A、B、C、D、E、F 的 4 条固定航线的物资运输任务。已知各条航线的起点、终点城市及每天的航班数，如表 3-27 所示。假定各条航线使用相同型号的船只，又已知各城市间的航程天数如表 3-28 所示。已知每条船只每次装卸货的时间各为 1 天，则该航运公司至少应配备多少条船只，才能满足所有航线的运货需求？

**表 3-27 航线表**

| 航线 | 起点城市 | 终点城市 | 每天航线 |
|---|---|---|---|
| 1 | E | D | 3 |
| 2 | B | C | 2 |
| 3 | A | F | 1 |
| 4 | D | B | 1 |

**表 3-28 航程天数表**

| 港口城市 | A | B | C | D | E | F |
|---|---|---|---|---|---|---|
| A | 0 | 1 | 2 | 14 | 7 | 7 |
| B | 1 | 0 | 3 | 13 | 8 | 8 |
| C | 2 | 3 | 0 | 15 | 5 | 5 |
| D | 14 | 13 | 15 | 0 | 17 | 20 |
| E | 7 | 8 | 5 | 17 | 0 | 3 |
| F | 7 | 8 | 5 | 20 | 3 | 0 |

分析 1：每条航线所需船只数如表 3-29 所示。

**表 3-29 每条航线所需船只数**

| 航线 | 起点城市 | 终点城市 | 每天航线 | 装货天数 | 航程天数 | 卸货天数 | 所需船只数 |
|---|---|---|---|---|---|---|---|
| 1 | E | D | 3 | 1 | 17 | 1 | 57 |
| 2 | B | C | 2 | 1 | 3 | 1 | 10 |
| 3 | A | F | 1 | 1 | 7 | 1 | 9 |
| 4 | D | B | 1 | 1 | 13 | 1 | 15 |

注：此处船只在装货时、航程中和卸货时，每天仍然均需要发出船只，因此，以航线 1 为例，所需船只数为[(1+17+1)×3]条=57 条。

$$z_1=(57+10+9+15)\text{ 条}=91\text{ 条}$$

分析 2：各港口调度所需船只数如表 3-30 所示。

分析 3：为使配备船只数最少，应做到周转的空船数最少，如表 3-31 所示。

用表上作业法求得最优解(表 3-32)。

**表 3-30　各港口调度所需船只数**

| 港口城市 | 每天到达船只数 | 每天需要船只数 | 余缺船只数 |
|---|---|---|---|
| A | 0 | 1 | −1 |
| B | 1 | 2 | −1 |
| C | 2 | 0 | 2 |
| D | 3 | 1 | 2 |
| E | 0 | 3 | −3 |
| F | 11 | 0 | 1 |

**表 3-31　周转船只数平衡表**

| 港口城市 | A | B | E | 每天多余船只数 |
|---|---|---|---|---|
| C | | | | 2 |
| D | | | | 2 |
| F | | | | 1 |
| 每天缺少船只数 | 1 | 1 | 3 | |

**表 3-32　用表上作业法求解**

| 港口城市 | A | B | E | 每天多余船只数 |
|---|---|---|---|---|
| C | 2 | 3 | 5 | 2 |
| | 1 | | 1 | |
| D | 1 | 13 | 17 | 2 |
| | | 1 | 1 | |
| F | 7 | 8 | 3 | 1 |
| | | | 1 | |
| 每天缺少船只数 | 1 | 1 | 3 | |

$$z_2 = (1 \times 2 + 1 \times 5 + 1 \times 13 + 1 \times 17 + 1 \times 3) \text{ 条} = 40 \text{ 条}$$

$$z_1 = (57 + 10 + 9 + 15) \text{ 条} = 91 \text{ 条}$$

$$z = z_1 + z_2 = 131 \text{ 条}$$

所以，在不考虑维修、储备等情况下，该航运公司至少应配备 131 条船。

### 3.3.3　物资调运问题

**例 3-5(物资调运问题)**　在表 3-33 中，如果假定：①每个工厂生产的产品不一定直接运到销售点，可以将其中几个产地生产的产品集中一起运；②运往各销地的产品可以先运给其中几个销地，再转运给其他销地；③除产、销地外，中间还可以有几个转运站，在产地之间、销地之间或产地与销地之间转运。已知各产地、销地、转运站之间及相互之间每吨产品的运价如表 3-34 所示。在考虑产、销地之间直接运输和非直接运输的各种可能方案的情况下，如何将 3 个厂每天生产的产品运往销地，使总的运费最少。

**表 3-33　产销平衡表**

| 产地 | 销地 | | | | 产量 |
|---|---|---|---|---|---|
| | $B_1$ | $B_2$ | $B_3$ | $B_4$ | |
| $A_1$ | 3 | 11 | 3 | 10 | 7 |
| | | | | | |

续 表

| 产地 | 销地 | | | | 产量 |
|---|---|---|---|---|---|
| | $B_1$ | $B_2$ | $B_3$ | $B_4$ | |
| $A_2$ | 1 | 9 | 2 | 8 | 4 |
| $A_3$ | 7 | 4 | 10 | 5 | 9 |
| 销量 | 3 | 6 | 5 | 6 | 20 |

**表 3-34 单位运价表**

| 项目 | | 产地 | | | 转运站 | | | | 销地 | | | |
|---|---|---|---|---|---|---|---|---|---|---|---|---|
| | | $A_1$ | $A_2$ | $A_3$ | $T_1$ | $T_2$ | $T_3$ | $T_4$ | $B_1$ | $B_2$ | $B_3$ | $B_4$ |
| 产地 | $A_1$ | | 1 | 3 | 2 | 1 | 4 | 3 | 3 | 11 | 3 | 10 |
| | $A_2$ | 1 | | — | 3 | 5 | — | 2 | 1 | 9 | 2 | 8 |
| | $A_3$ | 3 | — | | 1 | — | 2 | 3 | 7 | 4 | 10 | 5 |
| 转运站 | $T_1$ | 2 | 3 | 1 | | 1 | 3 | 2 | 2 | 8 | 4 | 6 |
| | $T_2$ | 1 | 5 | — | 1 | | 1 | 1 | 4 | 5 | 2 | 7 |
| | $T_3$ | 4 | — | 2 | 3 | 1 | | 2 | 1 | 8 | 2 | 4 |
| | $T_4$ | 3 | 2 | 3 | 2 | 1 | 2 | | 1 | — | 2 | 6 |
| 销地 | $B_1$ | 3 | 1 | 7 | 2 | 4 | 1 | 1 | | 1 | 4 | 2 |
| | $B_2$ | 11 | 9 | 4 | 8 | 5 | 8 | — | 1 | | 2 | 1 |
| | $B_3$ | 3 | 2 | 10 | 4 | 2 | 2 | 2 | 4 | 2 | | 3 |
| | $B_4$ | 10 | 8 | 5 | 6 | 7 | 4 | 6 | 2 | 1 | 3 | |

分析：

(1) 所有产地、转运站和销地都可以看作产地，又可以看作销地，故该问题可以看成 11 个产地和 11 个销地的扩大运输问题。

(2) 建立新单位运价表，对于不可能的运输方案，设定运价为任意大的正数 $M$。

(3) 所有转运站的产量等于销量。由于运费最少时同一批物资不可能来回转运，所以每个转运站的转运数最多为 20 吨(总产量)。

(4) 在扩大的运输问题中，原来的产地与销地因为也有转运站的作用，所以原来的产量和销量的数字都需要加上 20 吨。

该问题最终的产销平衡表与单位运价表如表 3-35 所示。

**表 3-35 最终的产销平衡表与单位运价表**

| 项目 | | 产地 | | | 转运站 | | | | 销地 | | | | 产量 |
|---|---|---|---|---|---|---|---|---|---|---|---|---|---|
| | | $A_1$ | $A_2$ | $A_3$ | $T_1$ | $T_2$ | $T_3$ | $T_4$ | $B_1$ | $B_2$ | $B_3$ | $B_4$ | |
| 产地 | $A_1$ | 0 | 1 | 3 | 2 | 1 | 4 | 3 | 3 | 11 | 3 | 10 | 27 |
| | $A_2$ | 1 | 0 | $M$ | 3 | 5 | $M$ | 2 | 1 | 9 | 2 | 8 | 24 |
| | $A_3$ | 3 | $M$ | 0 | 1 | $M$ | 2 | 3 | 7 | 4 | 10 | 5 | 29 |
| 转运站 | $T_1$ | 2 | 3 | 1 | 0 | 1 | 3 | 2 | 2 | 8 | 4 | 6 | 20 |
| | $T_2$ | 1 | 5 | $M$ | 1 | 0 | 1 | 1 | 4 | 5 | 2 | 7 | 20 |
| | $T_3$ | 4 | $M$ | 2 | 3 | 1 | 0 | 2 | 1 | 8 | 2 | 4 | 20 |
| | $T_4$ | 3 | 2 | 3 | 2 | 1 | 2 | 0 | 1 | $M$ | 2 | 6 | 20 |

续表

| 项目 | | 产地 | | | 转运站 | | | | 销地 | | | | 产量 |
|---|---|---|---|---|---|---|---|---|---|---|---|---|---|
| | | $A_1$ | $A_2$ | $A_3$ | $T_1$ | $T_2$ | $T_3$ | $T_4$ | $B_1$ | $B_2$ | $B_3$ | $B_4$ | |
| 销地 | $B_1$ | 3 | 1 | 7 | 2 | 4 | 1 | 1 | 0 | 1 | 4 | 2 | 20 |
| | $B_2$ | 11 | 9 | 4 | 8 | 5 | 8 | $M$ | 1 | 0 | 2 | 1 | 20 |
| | $B_3$ | 3 | 2 | 10 | 4 | 2 | 2 | 2 | 4 | 2 | 0 | 3 | 20 |
| | $B_4$ | 10 | 8 | 5 | 6 | 7 | 4 | 6 | 2 | 1 | 3 | 0 | 20 |
| 销量 | | 20 | 20 | 20 | 20 | 20 | 20 | 20 | 23 | 26 | 25 | 26 | |

## 复习思路提示

1. 因为在变量个数相等的情况下，表上作业法的计算远比单纯形法简单得多，所以在解决实际问题时，常常尽可能把某些线性规划问题转化为运输问题，建立数学模型并求解。

2. 常见的运输问题应用有生产计划问题、船只调度问题、物资调运问题等。

3. 在建模的过程中，首先观察决策变量的设定是否符合双下标的设定，如果符合，则可以考虑运输问题模型。

4. 如果实际应用问题可应用运输问题模型建模，那么在分析约束条件的过程中，建议先尝试把产销平衡表和单位运价表画出来，根据已知条件往里填数据，这样有利于更好地厘清思路。

# 04 第4章 线性目标规划

线性目标规划是多个目标存在且相互冲突情况的决策方法，通过构建目标函数和约束条件，运用优先级和权重等手段，综合考虑各自目标的重要性，求得满意解，以平衡不同目标间的关系，适用于多目标决策场景。

## 本章必会知识点

（1）掌握线性目标规划数学模型的有关概念，重点掌握偏差变量的含义和取值范围。

（2）掌握线性目标规划目标函数的3种形式。

（3）掌握线性目标规划的解法——图解法与单纯形法。

（4）根据实际问题建立线性目标规划数学模型。

## 本章重难点

**重点：**

（1）偏差变量的含义。

（2）线性目标规划目标函数的3种形式。

**难点：**

（1）对单纯形法的理解。

（2）线性目标规划问题建模。

## 本章考情分析

线性目标规划在研究生入学考试中的考情特点如下。

1. 考试内容与题型

考试内容主要包括线性目标规划的概念和数学模型、图解法以及单纯形法的应用。题型多为计算题和简答题，重点考查学生对多目标优化问题的建模能力以及对求解方法的掌握。

2. 考试难度与重要性

线性目标规划是运筹学中的重要知识点，难度适中，但需要学生理解多目标优化的核心思想。在考试中，该部分通常占总分的10％～15％，是运筹学考试中的常见考点。

3. 考试趋势与复习建议

近年来，考试更加注重考查学生对线性目标规划模型的构建和求解能力，尤其是图解法和单纯形法的应用。复习时，建议学生重点掌握线性目标规划的数学模型，理解优先级和目标权重的设置方法，并通过大量的练习题熟悉求解过程。

# 4.1　线性目标规划的数学模型

在处理很多实际问题的时候，由于线性规划不能处理多目标优化问题，而且约束条件过于刚性化，不允许约束资源有丝毫超差，其模型就存在相应的不足。线性目标规划是为了解决上述不足而创建的一类数学模型。

线性目标规划的有关概念和数学模型由美国学者 A. Charnes 与 W. Cooper 于 1961 年首次提出，1965 年，Yuji Ijiri 在处理多目标问题分析各类目标的重要性时，引入了赋予各目标优先因子和权系数等概念，进一步完善了其数学模型。本章主要介绍有优先因子和权系数的线性目标规划。下文中所提到的目标规划均指线性目标规划。

目标规划与线性规划的不同体现在以下 3 个方面。

(1) 线性规划只能处理一个目标。目标规划可统筹兼顾处理多个目标的关系，求得切合实际需求的解。

(2) 线性规划是求满足所有约束条件的最优解。目标规划是要找一个令人满意的解。

(3) 线性规划的约束条件不分主次，地位相同。目标规划可根据实际需要给予约束条件轻重缓急的考虑。

## 4.1.1　基本概念

1. 偏差变量

正偏差变量 $d^+$：表示决策值超过目标值的部分，目标规划里规定 $d^+ \geqslant 0$。

负偏差变量 $d^-$：表示决策值未达到目标值的部分，目标规划里规定 $d^- \geqslant 0$。

实际上，当目标值确定时，$d^+ \times d^- = 0$；而当决策值超过目标值时，表示为 $d^+ \geqslant 0, d^- = 0$；当决策值未达到目标值时，表示为 $d^- \geqslant 0, d^+ = 0$；当决策值恰好等于目标值时，表示为 $d^- = 0, d^+ = 0$。

2. 绝对约束和目标约束

绝对约束：必须满足的等式约束和不等式约束，对应于线性规划中的约束条件，称为硬约束。

目标约束：当确定了目标值进行决策时，允许存在正或负的偏差，因此在这些约束中加入正、负偏差变量，目标约束也称为软约束。

3. 优先因子与权系数

优先因子：也称为优先等级，目标规划中用 $P_k$ 表示，且 $P_k \gg P_{k+1}, k = 1, 2, \dots, K$。

权系数：用于区分具有相同优先因子的两个目标。

一个规划问题常常有若干个目标，这些目标有主次或轻重缓急的不同。首先保证 $P_1$ 级别目标的实现，此时不考虑 $P_2$ 级别目标，即 $P_2$ 级别目标是在实现 $P_1$ 级别目标的基础上考虑的，依此类推。要区别具有相同优先级的目标，就赋予它们不同的权系数。

4. 目标规划的目标函数

$$\min z = f(d^+, d^-)$$

要求恰好达到目标值：$\min z=f(d^{+}+d^{-})$

要求不超过目标值：$\min z=f(d^{+})$

要求超过目标值：$\min z=f(d^{-})$

### 4.1.2 数学模型

**例 4-1(线性规划建模)** 某工厂生产 A、B 两种产品，已知有关数据如表 4-1 所示。试求获利最多的生产方案。

**表 4-1 产品相关数据**

| | 产品 A | 产品 B | 资源 |
|---|---|---|---|
| 原材料/kg | 2 | 1 | 11 |
| 设备/台时 | 1 | 2 | 10 |
| 利润/(元·件$^{-1}$) | 8 | 10 | |

解：设生产产品 A、B 的数量分别为 $x_1,x_2$(件)，则该问题的线性规划数学模型为

$$\max z=8x_1+10x_2$$

$$\text{s. t.}\begin{cases}2x_1+x_2\leqslant 11\\ x_1+2x_2\leqslant 10\\ x_1,x_2\geqslant 0\end{cases}$$

求得最优解为 $x_1^*=4,x_2^*=3,z^*=62$。

**例 4-2(目标规划建模)** 在原材料供应受严格限制的基础上考虑：首先产品 B 的产量不低于产品 A 的产量；其次充分利用设备台时，不加班；最后利润额不低于 56 元。求决策方案。

分析：实际工厂在做决策时，还要考虑一系列条件。

(1) 产品 A 的销售量有下降的趋势，故考虑产品 A 的产量不大于产品 B。

(2) 超过计划供应的原材料时，需用高价采购，会使成本大幅度增加。

(3) 尽可能充分利用设备台时，但不希望加班。

(4) 尽可能达到并超过计划利润额 56 元。

解：设生产产品 A、B 的数量分别为 $x_1,x_2$(件)，则该问题的目标规划数学模型为

$$\min z=P_1d_1^{+}+P_2(d_2^{-}+d_2^{+})+P_3d_3^{-}$$

$$\text{s. t.}\begin{cases}2x_1+x_2\leqslant 11\\ x_1-x_2+d_1^{-}-d_1^{+}=0\\ x_1+2x_2+d_2^{-}-d_2^{+}=10\\ 8x_1+10x_2+d_3^{-}-d_3^{+}=56\\ x_1,x_2,d_i^{-},d_i^{+}\geqslant 0,i=1,2,3\end{cases}$$

由上文可知，目标规划的一般数学模型可表示为

$$\min z=\sum_{l=1}^{L}P_l\sum_{k=1}^{K}(\omega_{lk}^{-}d_k^{-}+\omega_{lk}^{+}d_k^{+})\qquad \text{目标函数}$$

$$\text{s. t.}\begin{cases}\sum_{j=1}^{n}c_{kj}x_j+d_k^{-}-d_k^{+}=g_k,k=1,\cdots,K & \text{目标约束}\\ \sum_{j=1}^{n}a_{ij}x_j\leqslant(=,\geqslant)b_i,i=1,\cdots,m & \text{绝对约束}\\ x_j\geqslant 0,j=1,\cdots,n & \text{非负约束}\\ d_k^{-},d_k^{+}\geqslant 0,k=1,\cdots,K\end{cases}$$

由上文可知，建立目标规划数学模型的步骤如下。

(1) 找出是否存在绝对约束，确定目标优先等级。

(2) 根据问题所提出的各目标与条件，确定目标值。

(3) 根据决策者的需要，列出目标约束。

(4) 给各级目标赋予相应的优先因子。

(5) 对同一优先级的各目标，按其重要程度不同，赋予相应的权系数。

(6) 根据决策者的要求，目标函数按 3 种情况取值。

## 复习思路提示

1. 牢记正、负偏差变量的含义，两者相乘为 0，也就是至少一个为 0。
2. 正、负偏差变量均是大于等于 0 的非负变量。
3. 目标函数是关于偏差变量、权系数和优先因子的表达式，且希望偏差最小，故目标函数值取最小。
4. 牢记目标函数的 3 种基本表达形式"超过，未达到，恰好等于"分别是如何表达的。

# 4.2 线性目标规划的图解法

目标规划的图解法同样只能处理具有两个决策变量的目标规划问题，与线性规划的图解法类似，只在第一象限内进行操作。目标规划对于绝对约束的处理与线性规划相同。

目标规划的图解法的求解步骤如下。

(1) 在第一象限内画出绝对约束和目标约束，绝对约束可确定可行域，对于目标约束用箭头标出正、负偏差变量增大的方向。

(2) 在可行域内，求满足最高优先等级目标的解。

(3) 转到下一个优先等级目标，在满足上一个优先等级目标的前提下，求出满足该等级目标的解。

(4) 若在相同优先因子下有不同的权系数，优先考虑权系数大的目标。

(5) 重复(3)与(4)，直到所有优先等级目标都审查完毕。

(6) 确定最优解或满意解。

**例 4-3(用图解法求目标规划问题)**　在原材料供应受严格限制的基础上考虑：首先产品 B 的产量不低于产品 A 的产量；其次充分利用设备台时，不加班；最后利润额不低于 56 元。求决策方案。

解：设生产产品 A、B 的数量分别为 $x_1$，$x_2$(件)，则该问题的目标规划数学模型为

$$\min z = P_1 d_1^+ + P_2(d_2^- + d_2^+) + P_3 d_3^-$$

$$\text{s.t.}\begin{cases}2x_1 + x_2 \leqslant 11 \\ x_1 - x_2 + d_1^- - d_1^+ = 0 \\ x_1 + 2x_2 + d_2^- - d_2^+ = 10 \\ 8x_1 + 10x_2 + d_3^- - d_3^+ = 56 \\ x_1, x_2, d_i^-, d_i^+ \geqslant 0, i = 1,2,3\end{cases}$$

用图解法求解如图 4-1 所示。

(1) 在直角坐标系的第一象限内，画出各约束条件。绝对约束条件的作图与线性规划相同，本例中满足绝对约束的可行域为图 4-1 中三角形阴影处。

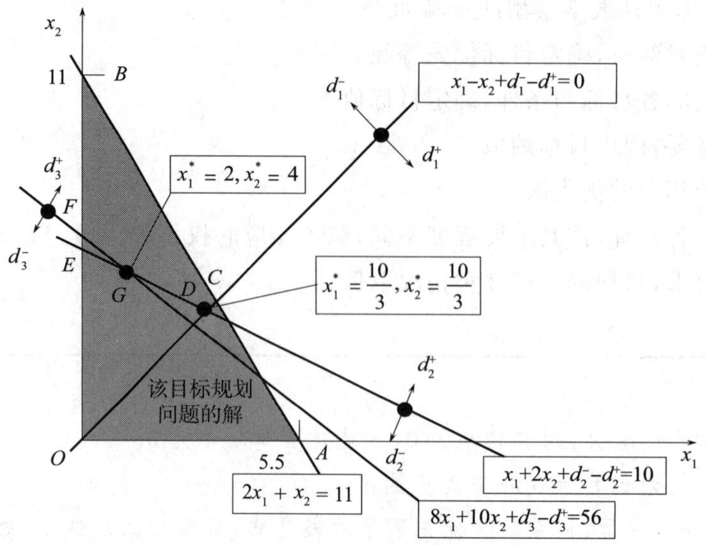


**图 4－1　用图解法求解(a)**

(2) 做目标约束时，先令正、负偏差变量为零，作相应的直线，然后在该直线旁标上 $d^+$，$d^-$，箭头表示偏差变量增大的方向，然后根据优先因子来分析求解。

(3) 考虑具有 $P_1$ 优先因子的目标的实现，在目标函数中要求实现 $\min d_1^+$，从图 4－1 中可见，在三角形 $OBC$ 的边界和其中取值，可以满足 $d^+=0$。

(4) 考虑具有 $P_2$ 优先因子的目标的实现，在目标函数中要求实现 $\min(d_2^-+d_2^+)$，当 $d_2^-=0, d_2^+=0$ 时，只能在 OBC 区域中的 ED 线段上取值。

(5) 考虑具有 $P_3$ 优先因子的目标的实现，在目标函数中要求实现 $\min d_3^-$，此时要使 $d_3^-=0$，只能在线段 GD 上。

可求得 $G$ 的坐标是(2,4)，$D$ 的坐标是(10/3,10/3)，$G$，$D$ 的凸线性组合都是该目标规划问题的解。

**例 4－4(用图解法求目标规划问题)**　某手机厂装配全面屏和折叠屏两种手机，每装配一台手机需占用装配线 1 小时，装配线每周计划开动 40 小时。预计市场每周全面屏手机的销量是 24 台，每台可获利 80 元；折叠屏手机的销量是 30 台，每台可获利 40 元。该手机厂确定的目标如下。

$P_1$：充分利用装配线，每周计划开动 40 小时。

$P_2$：允许装配线加班，但加班时间每周尽量不超过 10 小时。

$P_3$：装配手机的数量尽量满足市场需要。

因全面屏手机的利润高，取其权系数为 2。

试建立该问题的目标规划数学模型，并求各类手机的产量。

解：设 $x_1$，$x_2$ 分别为全面屏手机和折叠屏手机的产量，则目标规划数学模型为

$$\min z = P_1 d_1^- + P_2 d_2^+ + P_3(2d_3^- + d_4^-)$$

$$\text{s. t.}\begin{cases} x_1 + x_2 + d_1^- - d_1^+ = 40 \\ x_1 + x_2 + d_2^- - d_2^+ = 50 \\ x_1 + d_3^- - d_3^+ = 24 \\ x_2 + d_4^- - d_4^+ = 30 \\ x_1, x_2, d_i^-, d_i^+ \geqslant 0, i = 1,2,3,4 \end{cases}$$

用图解法求解如图 4－2 所示。

从图 4－2 中可以看出，在 $P_1$，$P_2$ 的目标实现后，取值范围为 $A$，$B$，$C$，$D$。考虑 $P_3$ 的目标要求为实现

$\min(2d_3^- + d_4^-)$，考虑 $\min 2d_3^-$，取值范围为 $A, B, E, F$，而考虑 $\min d_4^-$，取值范围为 $C, D, G, H$。因两者无公共区域，只能比较最邻近的 $H$ 点和 $E$ 点，看在哪一个点处可使 $(2d_3^- + d_4^-)$ 实现最小值。可计算出：

$$H\ 点(20,30)：d_4^- = 0, x_1 = 20, d_3^- = 4; 2d_3^- + d_4^- = 8$$

$$E\ 点(24,26)：d_3^- = 0, x_2 = 26, d_4^- = 4; 2d_3^- + d_4^- = 4$$

故 $E$ 点为满意解。其坐标为(24,26)，即该手机厂应该生产全面屏手机 24 台、折叠屏手机 26 台。

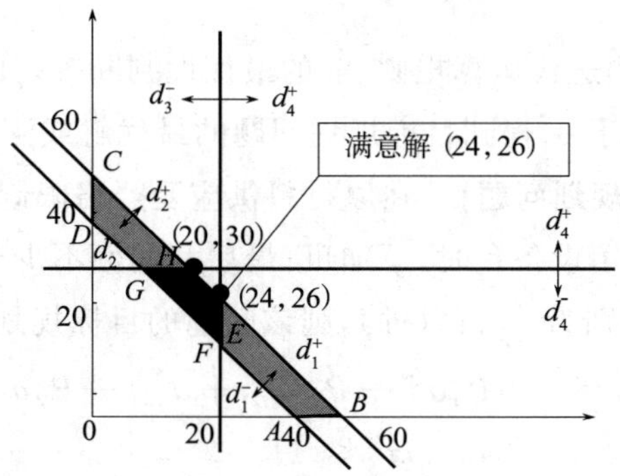


图 4－2　用图解法求解(b)

请练习下例，自行思考分析步骤。

$$\min z = P_1(d_3^+ + d_4^+) + P_2 d_1^+ + P_3 d_2^- + P_4(d_3^- + 1.5d_4^-)$$

$$\text{s.t.}\begin{cases} x_1 + x_2 + d_1^- - d_1^+ = 40 \\ x_1 + x_2 + d_2^- - d_2^+ = 100 \\ x_1 + d_3^- - d_3^+ = 30 \\ x_2 + d_4^- - d_4^+ = 15 \\ x_1, x_2, d_i^-, d_i^+ \geqslant 0, i = 1,2,3,4 \end{cases}$$

## 复习思路提示

1. 对于目标规划的图解法，关键是要找准正、负偏差变量增大的方向，确定正确的可行域区间。

2. 要审查清楚目标函数对偏差变量的要求，按照绝对约束、目标约束优先级次序依次去筛查符合所有约束条件的解，并找到最优解或满意解。

3. 注意观察目标函数中优先因子后面的偏差变量，也可画出所有约束后再根据目标函数依次进行判断。

# 4.3　线性目标规划的单纯形法

## 4.3.1　线性目标规划单纯形法的特点

目标规划单纯形法的特点如下。

(1) 以所有检验数 $c_j - z_j \geqslant 0 (j = 1, 2, \cdots, n)$ 为最优准则。

(2) 非基变量的检验数中含不同等级优先因子，即 $c_j - z_j = \sum \alpha_{kj} P_k, j = 1, 2, \cdots, n; k = 1, 2, \cdots, K$。

### 4.3.2 用单纯形法求解线性目标规划的步骤

用单纯形法求解目标规划的步骤如下。

(1) 如果存在绝对约束,先化标准型。

(2) 按照线性规划单纯形法的要求,列出单纯形表,注意检验数行按照优先因子的等级与个数排成 $K$ 行。

(3) 对于计算检验数、基变换等迭代运算规则、解的最优性判断等,其方法均与线性规划单纯形法相同。

(4) 直到所有检验数都大于等于 0,得到目标规划问题的最优解或满意解。

**例 4-5(用单纯形法求解目标规划问题)** 在原材料供应受严格限制的基础上考虑:首先产品 B 的产量不低于产品 A 的产量;其次充分利用设备台时,不加班;最后利润额不少于 56 元。求决策方案。

解:设生产产品 A、B 的数量分别为 $x_1, x_2$(件),则该问题的目标规划数学模型为

$$\min z = P_1 d_1^+ + P_2(d_2^- + d_2^+) + P_3 d_3^-$$

$$\text{s. t.}\begin{cases}2x_1 + x_2 \leqslant 11 \\ x_1 - x_2 + d_1^- - d_1^+ = 0 \\ x_1 + 2x_2 + d_2^- - d_2^+ = 10 \\ 8x_1 + 10x_2 + d_3^- - d_3^+ = 56 \\ x_1, x_2, d_i^-, d_i^+ \geqslant 0, i = 1,2,3\end{cases}$$

(1) 建立初始单纯形表,在表中将检验数行按优先因子个数列成 $K$ 行(表 4-2)。检验数的计算公式为

$$c_j - z_j = \sum \alpha_{kj} P_k, j = 1,2,\dots,n; k = 1,2,\dots,K$$

**表 4-2 初始单纯形表**

| $c_j$ | | | 0 | 0 | 0 | 0 | $P_1$ | $P_2$ | $P_2$ | $P_3$ | 0 | $\theta$ |
|---|---|---|---|---|---|---|---|---|---|---|---|---|
| $\boldsymbol{C}_B$ | $\boldsymbol{X}_B$ | $\boldsymbol{b}$ | $x_1$ | $x_2$ | $x_5$ | $d_1^-$ | $d_1^+$ | $d_2^-$ | $d_2^+$ | $d_3^-$ | $d_3^+$ | |
| 0 | $x_5$ | 11 | 2 | 1 | 1 | | | | | | | 11 |
| 0 | $d_1^-$ | 0 | 1 | −1 | | 1 | −1 | | | | | — |
| $P_2$ | $d_2^-$ | 10 | 1 | [2] | | | | 1 | −1 | | | 5 |
| $P_3$ | $d_3^-$ | 56 | 8 | 10 | | | | | | 1 | −1 | 5.6 |
| $c_j - z_j$ | | $P_1$ | 0 | 0 | | | 1 | | 0 | | 0 | |
| | | $P_2$ | −1 | −2 | | | 0 | | 2 | | 0 | |
| | | $P_3$ | −8 | −10 | | | 0 | | 0 | | 1 | |

(2) 检查该行中是否存在负数,且对应的前 $k-1$ 行的系数是零。若有负数,取其中最小者对应的变量作为换入变量,转(3);若无负数,则转(4)。由表 4-2 可知,$x_2$ 为换入变量。

(3) 按最小比值规则确定换出变量。当存在两个及两个以上相同的最小比值时,选取具有较高优先级别的变量作为换出变量。由表 4-2 可知,$d_2^-$ 为换出变量。换基迭代(表 4-3)。因为 $P_1 \gg P_2 \gg \cdots \gg P_K$,所以从每个检验数的整体来看,检验数的正、负首先取决于 $P_1$ 的系数 $\alpha_{1j}$ 的正、负。若 $\alpha_{1j}=0$,此时检验数的正、负就取决于 $P_2$ 的系数 $\alpha_{2j}$ 的正、负,依此类推。计算得到最终表(表 4-4):

$$\min z = P_1 d_1^+ + P_2(d_2^- + d_2^+) + P_3 d_3^-$$

(4) 当 $k=K$ 时,计算结束,表中的解为满意解;否则设置 $k=k+1$,返回到(2)。非基变量 $d_3^+$ 的检验数为零,存在无穷多最优解,则可以以 $d_3^+$ 为换入变量,以 $d_1^-$ 为换出变量进行迭代。计算得到另一个最终单纯

形表(表 4 - 5)：

$$\min z = P_1 d_1^+ + P_2(d_2^- + d_2^+) + P_3 d_3^-$$

**表 4 - 3　单纯形法迭代**

| $c_j$ | | | 0 | 0 | 0 | 0 | $P_1$ | $P_2$ | $P_2$ | $P_3$ | 0 | $\theta$ |
|---|---|---|---|---|---|---|---|---|---|---|---|---|
| $C_B$ | $X_B$ | $b$ | $x_1$ | $x_2$ | $x_5$ | $d_1^-$ | $d_1^+$ | $d_2^-$ | $d_2^+$ | $d_3^-$ | $d_3^+$ | |
| 0 | $x_5$ | 6 | 3/2 | | 1 | | | −1/2 | 1/2 | | | 4 |
| 0 | $d_1^-$ | 5 | 3/2 | | | 1 | −1 | 1/2 | −1/2 | | | 10/3 |
| 0 | $x_2$ | 5 | 1/2 | 1 | | | | 1/2 | −1/2 | | | 10 |
| $P_3$ | $d_3^-$ | 6 | [3] | | | | | −5 | 5 | 1 | −1 | 2 |
| $c_j - z_j$ | | $P_1$ | | | | | 1 | | | | | |
| | | $P_2$ | | | | | | | 1 | 1 | | |
| | | $P_3$ | −3 | | | | | | 5 | −5 | 1 | |

**表 4 - 4　最终单纯形表**

| $c_j$ | | | 0 | 0 | 0 | 0 | $P_1$ | $P_2$ | $P_2$ | $P_3$ | 0 |
|---|---|---|---|---|---|---|---|---|---|---|---|
| $C_B$ | $X_B$ | $b$ | $x_1$ | $x_2$ | $x_5$ | $d_1^-$ | $d_1^+$ | $d_2^-$ | $d_2^+$ | $d_3^-$ | $d_3^+$ |
| 0 | $x_5$ | 3 | | | 1 | | | 2 | −2 | −1/2 | 1/2 |
| 0 | $d_1^-$ | 2 | | | | 1 | −1 | 3 | −3 | −1/2 | 1/2 |
| 0 | $x_2$ | 4 | | 1 | | | | 4/3 | −4/3 | −1/6 | 1/6 |
| 0 | $x_1$ | 2 | 1 | | | | | −5/3 | 5/3 | 1/3 | −1/3 |
| $c_j - z_j$ | | $P_1$ | | | | | 1 | | | | |
| | | $P_2$ | | | | | | 1 | 1 | | |
| | | $P_3$ | | | | | | | | 1 | |

**表 4 - 5　另一个最终单纯形表**

| $c_j$ | | | 0 | 0 | 0 | 0 | $P_1$ | $P_2$ | $P_2$ | $P_3$ | 0 |
|---|---|---|---|---|---|---|---|---|---|---|---|
| $C_B$ | $X_B$ | $b$ | $x_1$ | $x_2$ | $x_5$ | $d_1^-$ | $d_1^+$ | $d_2^-$ | $d_2^+$ | $d_3^-$ | $d_3^+$ |
| 0 | $x_5$ | 1 | | | 1 | −1 | 1 | −1 | 1 | | |
| 0 | $d_3^+$ | 4 | | | | 2 | −2 | 6 | −6 | −1 | 1 |
| 0 | $x_2$ | 10/3 | | 1 | | −1/3 | 1/3 | 1/3 | −1/3 | | |
| 0 | $x_1$ | 10/3 | 1 | | | 2/3 | −2/3 | 1/3 | −1/3 | | — |
| $c_j - z_j$ | | $P_1$ | | | | | 1 | | | | |
| | | $P_2$ | | | | | | 1 | 1 | | |
| | | $P_3$ | | | | | | | | 1 | |

该目标规划问题用图解法求解如图 4 - 3 所示。

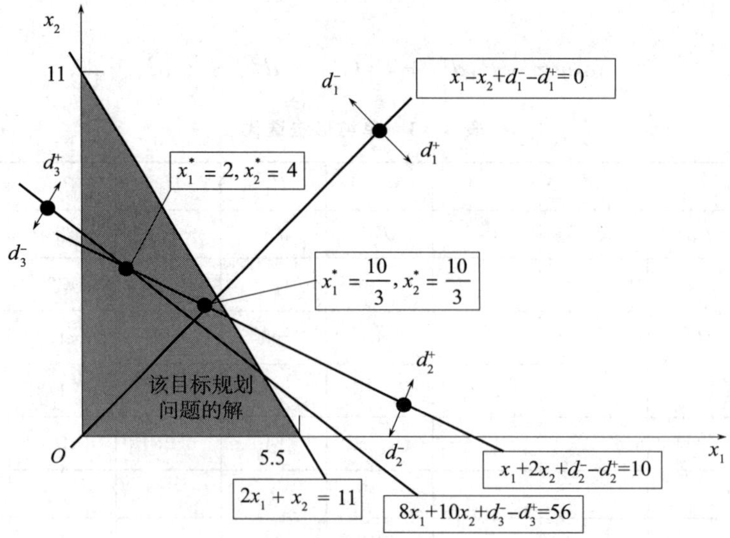


图 4-3　用图解法求解(c)

## 4.3.3　线性目标规划的灵敏度分析

目标规划的灵敏度分析只考虑优先因子的等级变化。

**例 4-6(目标规划的灵敏度分析)**　用单纯形法求解下列目标规划问题：

$$\min z = P_1(2d_1^+ + 3d_2^+) + P_2 d_3^- + P_3 d_4^+$$

$$\text{s.t.}\begin{cases} x_1 - x_2 + d_1^- - d_1^+ = 10 \\ x_1 + d_2^- - d_2^+ = 4 \\ 5x_1 + 3x_2 + d_3^- - d_3^+ = 56 \\ x_1 + x_2 + d_4^- - d_4^+ = 12 \\ x_1, x_2, d_i^-, d_i^+ \geqslant 0, i = 1,2,3,4 \end{cases}$$

问：① $\min z = P_1(2d_1^+ + 3d_2^+) + P_2 d_4^+ + P_3 d_3^-$；② $\min z = P_1 d_3^- + P_2(2d_1^+ + 3d_2^+) + P_3 d_4^+$。试分析原解有何变化。

解：列出初始单纯形表(表 4-6)，计算检验数并进行解的最优性判断。

表 4-6　初始单纯形表

| $c_j$ | | | 0 | 0 | 0 | $2P_1$ | 0 | $3P_1$ | $P_2$ | 0 | 0 | $P_3$ | $\theta$ |
|---|---|---|---|---|---|---|---|---|---|---|---|---|---|
| $\boldsymbol{C}_B$ | $\boldsymbol{X}_B$ | $\boldsymbol{b}$ | $x_1$ | $x_2$ | $d_1^-$ | $d_1^+$ | $d_2^-$ | $d_2^+$ | $d_3^-$ | $d_3^+$ | $d_4^-$ | $d_4^+$ | |
| 0 | $d_1^-$ | 10 | 1 | 1 | 1 | $-1$ | | | | | | | 10 |
| 0 | $d_2^-$ | 4 | [1] | 0 | | | 1 | $-1$ | | | | | 4 |
| $P_2$ | $d_3^-$ | 56 | 5 | 3 | | | | | 1 | | $-1$ | | 11.2 |
| 0 | $d_4^-$ | 12 | 1 | 1 | | | | | | | | $-1$ | 12 |
| $c_j - z_j$ | | $P_1$ | | | 2 | | 3 | | | | | | |
| | | $P_2$ | $-5$ | $-3$ | | | | | 1 | | | | |
| | | $P_3$ | | | | | | | | | | 1 | |

此时，$x_1$ 为换入变量，$d_2^-$ 为换出变量。

进行基变换迭代，计算检验数，进行解的最优性判断(表 4-7)。

**表 4-7　迭代后单纯形表**

| $c_j$ | | | 0 | 0 | 0 | $2P_1$ | 0 | $3P_1$ | $P_2$ | 0 | 0 | $P_3$ | $\theta$ |
|---|---|---|---|---|---|---|---|---|---|---|---|---|---|
| $C_B$ | $X_B$ | $b$ | $x_1$ | $x_2$ | $d_1^-$ | $d_1^+$ | $d_2^-$ | $d_2^+$ | $d_3^-$ | $d_3^+$ | $d_4^-$ | $d_4^+$ | |
| 0 | $d_1^-$ | 6 | | [1] | 1 | −1 | −1 | 1 | | | | | 6 |
| 0 | $x_1$ | 4 | 1 | 0 | | | 1 | −1 | | | | | — |
| $P_2$ | $d_3^-$ | 36 | | 3 | | | −5 | 5 | 1 | −1 | | | 12 |
| 0 | $d_4^-$ | 8 | | 1 | | | −1 | 1 | | | 1 | −1 | 8 |
| $c_j-z_j$ | | $P_1$ | | | | 2 | | 3 | | | | | |
| | | $P_2$ | | −3 | | | 5 | −5 | | 1 | | | |
| | | $P_3$ | | | | | | | | | | 1 | |

此时，$x_2$ 为换入变量，$d_1^-$ 为换出变量。

通过迭代得到最终单纯形表，并得到满意解（表 4-8）。

**表 4-8　最终单纯形表**

| $c_j$ | | | 0 | 0 | 0 | $2P_1$ | 0 | $3P_1$ | $P_2$ | 0 | 0 | $P_3$ |
|---|---|---|---|---|---|---|---|---|---|---|---|---|
| $C_B$ | $X_B$ | $b$ | $x_1$ | $x_2$ | $d_1^-$ | $d_1^+$ | $d_2^-$ | $d_2^+$ | $d_3^-$ | $d_3^+$ | $d_4^-$ | $d_4^+$ |
| 0 | $x_2$ | 6 | | 1 | 1 | −1 | −1 | 1 | | | | |
| 0 | $x_1$ | 4 | 1 | | | | 1 | −1 | | | | |
| $P_2$ | $d_3^-$ | 18 | | | −3 | 3 | −2 | 2 | 1 | −1 | | |
| 0 | $d_4^-$ | 2 | | | −1 | 1 | | | | | 1 | −1 |
| $c_j-z_j$ | | $P_1$ | | | | 2 | | 3 | | | | |
| | | $P_2$ | | | 3 | −3 | 2 | −2 | | 1 | | |
| | | $P_3$ | | | | | | | | | | 1 |

此时，满意解为 $x_1^*=4, x_2^*=6$。

1) $\min z=P_1(2d_1^+ + 3d_2^+)+P_2d_4^+ + P_3d_3^-$

将变化的目标函数系数代入最终单纯形表中进行分析（表 4-9）。

**表 4-9　情况一的灵敏度分析**

| $c_j$ | | | 0 | 0 | 0 | $2P_1$ | 0 | $3P_1$ | $P_3$ | 0 | 0 | $P_2$ |
|---|---|---|---|---|---|---|---|---|---|---|---|---|
| $C_B$ | $X_B$ | $b$ | $x_1$ | $x_2$ | $d_1^-$ | $d_1^+$ | $d_2^-$ | $d_2^+$ | $d_3^-$ | $d_3^+$ | $d_4^-$ | $d_4^+$ |
| 0 | $x_2$ | 6 | | 1 | 1 | −1 | −1 | 1 | | | | |
| 0 | $x_1$ | 4 | 1 | | | | 1 | −1 | | | | |
| $P_3$ | $d_3^-$ | 18 | | | −3 | 3 | −2 | 2 | 1 | −1 | | |
| 0 | $d_4^-$ | 2 | | | −1 | 1 | | | | | 1 | −1 |
| $c_j-z_j$ | | $P_1$ | | | | 2 | | 3 | | | | |
| | | $P_2$ | | | | | | | | | | 1 |
| | | $P_3$ | | | 3 | −3 | 2 | −2 | | 1 | | |

计算检验数，仍满足最优准则，原满意解不变。

2) $\min z=P_1d_3^- + P_2(2d_1^+ + 3d_2^+)+P_3d_4^+$

同理，将变化的目标函数系数代入最终单纯形表中进行分析（表 4-10）。

表 4-10　情况二的灵敏度分析

| $c_j$ | | | 0 | 0 | 0 | $2P_2$ | 0 | $3P_2$ | $P_1$ | 0 | 0 | $P_3$ | $\theta$ |
|---|---|---|---|---|---|---|---|---|---|---|---|---|---|
| $\boldsymbol{C}_B$ | $\boldsymbol{X}_B$ | $\boldsymbol{b}$ | $x_1$ | $x_2$ | $d_1^-$ | $d_1^+$ | $d_2^-$ | $d_2^+$ | $d_3^-$ | $d_3^+$ | $d_4^-$ | $d_4^+$ | |
| 0 | $x_2$ | 6 | | 1 | 1 | −1 | −1 | 1 | | | | | — |
| 0 | $x_1$ | 4 | 1 | | | | 1 | −1 | | | | | — |
| $P_1$ | $d_3^-$ | 18 | | | −3 | 3 | −2 | 2 | 1 | −1 | | | 6 |
| 0 | $d_4^-$ | 2 | | | −1 | [1] | | | | | 1 | −1 | 2 |
| $c_j-z_j$ | | $P_1$ | | | 3 | −3 | 2 | −2 | | 1 | | | |
| | | $P_2$ | | | | 2 | | 3 | | | | | |
| | | $P_3$ | | | | | | | | | | 1 | |

进行迭代(表 4-11)。

表 4-11　迭代后的单纯形表

| $c_j$ | | | 0 | 0 | 0 | $2P_2$ | 0 | $3P_2$ | $P_1$ | 0 | 0 | $P_3$ | $\theta$ |
|---|---|---|---|---|---|---|---|---|---|---|---|---|---|
| $\boldsymbol{C}_B$ | $\boldsymbol{X}_B$ | $\boldsymbol{b}$ | $x_1$ | $x_2$ | $d_1^-$ | $d_1^+$ | $d_2^-$ | $d_2^+$ | $d_3^-$ | $d_3^+$ | $d_4^-$ | $d_4^+$ | |
| 0 | $x_2$ | 8 | | 1 | | | −1 | 1 | | | 1 | −1 | — |
| 0 | $x_1$ | 4 | 1 | | | | 1 | −1 | | | | | — |
| $P_1$ | $d_3^-$ | 12 | | | | | −2 | 2 | 1 | −1 | −3 | [3] | 4 |
| $2P_2$ | $d_1^+$ | 2 | | | −1 | 1 | | | | | 1 | −1 | — |
| $c_j-z_j$ | | $P_1$ | | | | | 2 | −2 | | 1 | 3 | −3 | |
| | | $P_2$ | | | | 2 | | 3 | | | | 2 | |
| | | $P_3$ | | | | | | | | | | 1 | |

继续进行迭代(表 4-12)。

表 4-12　最终单纯形表

| $c_j$ | | | 0 | 0 | 0 | $2P_2$ | 0 | $3P_2$ | $P_1$ | 0 | 0 | $P_3$ |
|---|---|---|---|---|---|---|---|---|---|---|---|---|
| $\boldsymbol{C}_B$ | $\boldsymbol{X}_B$ | $\boldsymbol{b}$ | $x_1$ | $x_2$ | $d_1^-$ | $d_1^+$ | $d_2^-$ | $d_2^+$ | $d_3^-$ | $d_3^+$ | $d_4^-$ | $d_4^+$ |
| 0 | $x_2$ | 12 | | 1 | | | −5/3 | 5/3 | 1/3 | −1/3 | | |
| 0 | $x_1$ | 4 | 1 | | | | 1 | −1 | | | | |
| $P_3$ | $d_4^+$ | 4 | | | | | −2/3 | 2/3 | 1/3 | −1/3 | −1 | 1 |
| $2P_2$ | $d_1^+$ | 6 | | | −1 | 1 | −2/3 | 2/3 | 1/3 | −1/3 | | |
| $c_j-z_j$ | | $P_1$ | | | | | | | | 1 | | |
| | | $P_2$ | | | 2 | | 4/3 | 5/3 | −2/3 | 2/3 | | |
| | | $P_3$ | | | | | 2/3 | −2/3 | −1/3 | 1/3 | 1 | |

此时,所有检验数均大于等于 0,得到满意解,为 $x_1^*=4, x_2^*=12$。

## 复习思路提示

1. 目标规划的数学模型与线性规划的数学模型在结构形式上并没有本质的区别,也可以用单纯形法求解。

2. 目标规划的单纯形法只在检验数的描述形式上有所不同,记住优先因子"远大于"的含义。

3. 目标规划的灵敏度分析同样也在最终单纯形表中进行,将 $\boldsymbol{C}_B$ 列和 $c_j$ 行的系数(优先因子)进行替换后,再去计算检验数,从而判断解的变化。

## 4.4　线性目标规划的应用举例

**例 4-7(薪资调整方案)**　某单位制订今年年末的提级加薪方案,要求如下。

$P_1$:不超过年工资总额 3 000 万元。

$P_2$:提级时,每级的人数不超过定编规定的人数。

$P_3$:二、三级的提级面尽可能达到现有人数的 20%,且无越级提升。

此外,三级不足编制的可录用新职工,且一级的职工中有 10%要退休。

该单位有关资料如表 4-13 所示。问如何拟定一个满意方案?

**表 4-13　该单位有关资料**

| 等级 | 工资额/(万元·年$^{-1}$) | 现有人数 | 编制人数 |
|---|---|---|---|
| 一 | 10 | 100 | 120 |
| 二 | 7.5 | 120 | 150 |
| 三 | 5.0 | 150 | 150 |
| 合计 | | 370 | 420 |

解:设 $x_1, x_2, x_3$ 分别表示提升到一、二级和录用到三级的新职工人数。$P_1$:不超过年工资总额 3 000 万元,即

$$10\times(100-100\times 0.1+x_1)+7.5\times(120-x_1+x_2)+5\times(150-x_2+x_3)+d_1^- -d_1^+=3\,000$$

$P_2$:每级的人数不超过定编规定的人数,即

$$100-100\times 0.1+x_1+d_2^- -d_2^+=120$$
$$120-x_1+x_2+d_3^- -d_3^+=150$$
$$150-x_2+x_3+d_4^- -d_4^+=150$$

$P_3$:二、三级的提级面尽可能达到现有人数的 20%,且无越级提升,即

$$x_1+d_5^- -d_5^+=120\times 0.2$$
$$x_2+d_6^- -d_6^+=150\times 0.2$$

则该问题的目标规划数学模型为

$$\min z=P_1d_1^+ + P_2(d_2^+ + d_3^+ + d_4^+) + P_3(d_5^- + d_6^-)$$

$$\text{s.t.}\begin{cases}2.5x_1+2.5x_2+5x_3+d_1^- -d_1^+=450\\ x_1+d_2^- -d_2^+=30\\ -x_1+x_2+d_3^- -d_3^+=30\\ -x_2+x_3+d_4^- -d_4^+=0\\ x_1+d_5^- -d_5^+=24\\ x_2+d_6^- -d_6^+=30\\ x_1,x_2,d_i^-,d_i^+\geqslant 0, i=1,2,\cdots,6\end{cases}$$

求得满意解如表 4-14 所示。

**表 4-14　求解结果**

| 变量 | 含义 | 解 |
|---|---|---|
| $x_1$ | 晋升到一级的人数 | 24 |

续 表

| 变量 | 含义 | 解 |
|---|---|---|
| $x_2$ | 晋升到二级的人数 | 30 |
| $x_3$ | 新招收三级的人数 | 30 |
| $d_1^-$ | 工资总额的结余额(万元) | 16.5 |
| $d_2^-$ | 一级缺编人数 | 6 |
| $d_3^-$ | 二级缺编人数 | 24 |
| $d_4^-$ | 三级缺编人数 | 0 |

**例 4-8(物资调运问题)** 已知有3个产地给4个销地供应某种产品,产、销地之间的供需量和单位运价见表4-15。有关部门在研究调运方案时一次考虑以下7个目标,并规定其相应的优先等级。

$P_1$:$B_4$ 是重点保证单位,必须满足其全部需要。

$P_2$:$A_3$ 向 $B_1$ 提供的产量不少于100。

$P_3$:每个销地的供应量不少于其需要量的80%。

$P_4$:所制订调运方案的总运费不超过最少运费调运方案的10%。

$P_5$:因路段问题,尽量避免安排将 $A_2$ 的产品运往 $B_4$。

$P_6$:给 $B_1$ 和 $B_3$ 的供应率要相同。

$P_7$:力求总运费最省。

**表 4-15 产、销地之间的供需量和单位运价**

| 产地 | 销地 | | | | 产量 |
|---|---|---|---|---|---|
| | $B_1$ | $B_2$ | $B_3$ | $B_4$ | |
| $A_1$ | 5 | 2 | 6 | 7 | 300 |
| $A_2$ | 3 | 5 | 4 | 6 | 200 |
| $A_3$ | 4 | 5 | 2 | 3 | 400 |
| 销量 | 200 | 100 | 450 | 250 | |

解:设 $x_{ij}$ 为从 $A_i$ 到 $B_j$ 的运量,则供应量(产量)的绝对约束为

$$x_{11}+x_{12}+x_{13}+x_{14}\leqslant 300$$

$$x_{21}+x_{22}+x_{23}+x_{24}\leqslant 200$$

$$x_{31}+x_{32}+x_{33}+x_{34}\leqslant 400$$

$P_1$:$B_4$ 是重点保证单位,必须满足其全部需要,即

$$x_{11}+x_{21}+x_{31}+d_1^- - d_1^+ =200$$

$$x_{12}+x_{22}+x_{32}+d_2^- - d_2^+ =100$$

$$x_{13}+x_{23}+x_{33}+d_3^- - d_3^+ =450$$

$$x_{14}+x_{24}+x_{34}+d_4^- - d_4^+ =250$$

$P_2$:$A_3$ 向 $B_1$ 提供的产量不少于100,即

$$x_{31}+d_5^- - d_5^+ =100$$

$P_3$:每个销地的供应量不少于其需要量的80%,即

$$x_{11}+x_{21}+x_{31}+d_6^- - d_6^+ =200\times 0.8$$

$$x_{12}+x_{22}+x_{32}+d_7^- - d_7^+ =100\times 0.8$$

$$x_{13}+x_{23}+x_{33}+d_8^- - d_8^+ =450\times 0.8$$

$$x_{14}+x_{24}+x_{34}+d_9^- - d_9^+ =250\times 0.8$$

则用表上作业法求得的最佳调运方案及最少运费见表4-16,即

$$z^* = 200 \times 5 + 100 \times 2 + 0 \times 3 + 200 \times 4 + 250 \times 2 + 150 \times 3 + 100 \times 0 = 2\ 950$$

$P_4$：所制订调运方案的总运费不超过最少运费调运方案的 10%，即

$$\sum_{i=1}^{3}\sum_{j=1}^{4} c_{ij}x_{ij} + d_{10}^- - d_{10}^+ = 2\ 950 \times (1 + 10\%)$$

$P_5$：因路段问题，尽量避免安排将 $A_2$ 的产品运往 $B_4$，即

$$x_{24} + d_{11}^- - d_{11}^+ = 0$$

$P_6$：给 $B_1$ 和 $B_3$ 的供应率要相同，即

$$(x_{11} + x_{21} + x_{31}) - \frac{200}{450}(x_{13} + x_{23} + x_{33}) + d_{12}^- - d_{12}^+ = 0$$

$P_7$：力求总运费最省，即

$$\sum_{i=1}^{3}\sum_{j=1}^{4} c_{ij}x_{ij} + d_{13}^- - d_{13}^+ = 2\ 950$$

则该问题的目标规划数学模型为

$$\min z = P_1 d_4^- + P_2 d_5^- + P_3(d_6^- + d_7^- + d_8^- + d_9^-) + P_4 d_{10}^+ + P_5 d_{11}^+ + P_6(d_{12}^- + d_{12}^+) + P_7 d_{13}^+$$

$$\text{s. t.}\begin{cases}
x_{11} + x_{12} + x_{13} + x_{14} \leqslant 300 \\
x_{21} + x_{22} + x_{23} + x_{24} \leqslant 200 \\
x_{31} + x_{32} + x_{33} + x_{34} \leqslant 400 \\
x_{11} + x_{21} + x_{31} + d_1^- - d_1^+ = 200 \\
x_{12} + x_{22} + x_{32} + d_2^- - d_2^+ = 100 \\
x_{13} + x_{23} + x_{33} + d_3^- - d_3^+ = 450 \\
x_{14} + x_{24} + x_{34} + d_4^- - d_4^+ = 250 \\
x_{31} + d_5^- - d_5^+ = 100 \\
x_{11} + x_{21} + x_{31} + d_6^- - d_6^+ = 160 \\
x_{12} + x_{22} + x_{32} + d_7^- - d_7^+ = 80 \\
x_{13} + x_{23} + x_{33} + d_8^- - d_8^+ = 360 \\
x_{14} + x_{24} + x_{34} + d_9^- - d_9^+ = 200 \\
\sum_{i=1}^{3}\sum_{j=1}^{4} c_{ij}x_{ij} + d_{10}^- - d_{10}^+ = 3\ 245 \\
x_{24} + d_{11}^- - d_{11}^+ = 0 \\
(x_{11} + x_{21} + x_{31}) - \frac{200}{450}(x_{13} + x_{23} + x_{33}) + d_{12}^- - d_{12}^+ = 0 \\
\sum_{i=1}^{3}\sum_{j=1}^{4} c_{ij}x_{ij} + d_{13}^- - d_{13}^+ = 2\ 950 \\
x_{ij} \geqslant 0, i = 1,2,3,4; d_k^-, d_k^+ \geqslant 0, k = 1,2,\cdots,13
\end{cases}$$

则求得满意解(表 4－17)：

$$z = 3 \times 90 + 4 \times 100 + 2 \times 100 + 4 \times 110 + 2 \times 250 + 7 \times 200 + 3 \times 50 = 3\ 360$$

**表 4－16　用表上作业法求得最优解**

| 产地 | 销地 | | | | 产量 |
|---|---|---|---|---|---|
| | $B_1$ | $B_2$ | $B_3$ | $B_4$ | |
| $A_1$ | 200 | 100 | | | 300 |

续 表

| 产地 | 销地 | | | | 产量 |
|---|---|---|---|---|---|
| | $B_1$ | $B_2$ | $B_3$ | $B_4$ | |
| $A_2$ | 0 | | 200 | | 200 |
| $A_3$ | | | 250 | 150 | 400 |
| 虚产地 | | | | 100 | 100 |
| 销量 | 200 | 100 | 450 | 250 | 1 000 |

**表 4－17　求得的满意解**

| 产地 | 销地 | | | | 产量 |
|---|---|---|---|---|---|
| | $B_1$ | $B_2$ | $B_3$ | $B_4$ | |
| $A_1$ | | 100 | | 200 | 300 |
| $A_2$ | 90 | | 110 | | 200 |
| $A_3$ | 100 | | 250 | 50 | 400 |
| 虚产地 | 10 | | 90 | | 100 |
| 销量 | 200 | 100 | 450 | 250 | 1 000 |

## 复习思路提示

1. 建模步骤：通常建议按照“确定决策变量—确定目标优先级—找出绝对约束与目标约束—判断目标函数表达式”的顺序进行。

2. 注意目标约束中是加上负偏差变量，减去正偏差变量。

3. 注意辨析目标函数中“超过、未达到、恰好等于”的 3 种表达形式。

4. 大多数目标规划问题都没有最优解(即此时目标函数中的所有偏差变量均等于 0)，故通常称目标规划问题的解为满意解。

# 05 第5章 整数线性规划

整数线性规划是线性规划的拓展,要求部分或全部决策变量取整数值。它适用于批量生产、设量选型等实际问题。本章讲解了分支定界法、割平面法和隐枚举法等求解方法,以解决变量取整约束下的优化问题。

## 本章必会知识点

(1) 整数线性规划的3种解法:分支定界法、割平面法和隐枚举法。

(2) 求解指派问题的匈牙利法,尤其是非标准指派问题的处理方法。

(3) 整数线性规划建模,牢记各种常见的建模应用。

## 本章重难点

**重点:**

(1) 分支定界法。

(2) 割平面法。

(3) 匈牙利法。

**难点:**

(1) 整数线性规划的实际应用建模。

(2) 对各个方法原理的理解。

## 本章考情分析

整数线性规划在研究生入学考试中的考情特点如下。

1. 考试内容与题型

考试内容主要包括整数线性规划的数学模型、0-1型整数线性规划、指派问题及其求解方法(如匈牙利法)。题型多为计算题、建模题和简答题,重点考查学生对整数线性规划建模和求解方法的掌握。

2. 考试难度与重要性

整数线性规划是运筹学中的重要知识点,难度相对较高,尤其是在求解复杂问题时需要灵活运用分支定界法、割平面法等。在考试中,整数线性规划通常占总分的10%~15%,是必考内容。

3. 考试趋势与复习建议

近年来,考试更加注重考查考生对整数线性规划模型的构建和求解方法的综合应用能力。考生需要熟练掌握 0-1 型整数规划的建模技巧、指派问题的求解方法,以及分支定界法的基本原理。复习时,建议考生通过大量的练习题熟悉求解过程,尤其是指派问题的匈牙利法。

# 5.1 整数线性规划问题的提出

在前面讨论的线性规划问题中,有些最优解可能是分数或小数,事实上,这些线性规划问题是连续变量的线性优化问题。但在实际中,常有要求解必须是整数的情形(称为整数解)。例如,所求的是完成工作的人数或装货的车数等,分数或小数的解就不符合实际要求。

## 5.1.1 引例说明

**例 5-1(人员排班问题)** 某公交线路各时段(每 4 小时为一时段)需要的司机和乘务员数如表 5-1 所示。司机和乘务员分别在各时段开始时上班,连续工作 8 小时。问该公交线路至少需配备多少名司机和乘务员?

**表 5-1 各时段所需人数**

| 时段 | 6:00—10:00 | 10:00—14:00 | 14:00—18:00 | 18:00—22:00 | 22:00—2:00 | 2:00—6:00 |
|---|---|---|---|---|---|---|
| 所需人数 | 60 | 70 | 60 | 50 | 20 | 30 |

分析过程如图 5-1 所示。

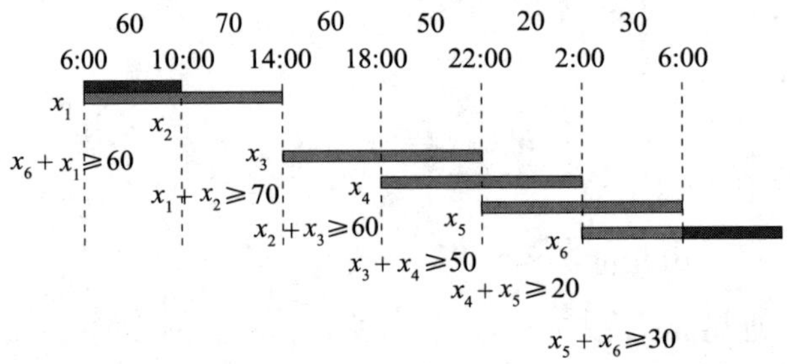


**图 5-1 分析过程**

解:设在第 $j$ 时段开始上班的人数为 $x_j$,则

$$\min z = x_1 + x_2 + x_3 + x_4 + x_5 + x_6$$

$$\text{s. t.}\begin{cases} x_6 + x_1 \geqslant 60 \\ x_1 + x_2 \geqslant 70 \\ x_2 + x_3 \geqslant 60 \\ x_3 + x_4 \geqslant 50 \\ x_4 + x_5 \geqslant 20 \\ x_5 + x_6 \geqslant 30 \\ x_j \geqslant 0, j = 1, 2, \cdots, 6 \text{ 且为整数} \end{cases}$$

**例 5-2(投资项目选择)** 现有资金总额为 $B$。可供选择的投资项目有 $n$ 个,项目 $j$ 所需投资额和预期

收益分别为 $a_j$ 和 $c_j(j=1,2,\cdots,n)$。此外，由于种种原因，有 3 个附加条件：

- 第一，若选择项目 1 就必须同时选择项目 2，反之则不一定；
- 第二，项目 3 和项目 4 至少选择一个；
- 第三，项目 5、项目 6、项目 7 恰好选择两个。

应当怎样选择投资项目，才能使总预期收益最大？

解：每一个项目都有被选择和不被选择两种可能，则设

$$x_j=\begin{cases}1,\text{对项目 } j \text{ 进行投资}\\0,\text{不对项目 } j \text{ 进行投资}\end{cases},j=1,2,\cdots,n$$

$$\max z=\sum_{j=1}^{n}c_jx_j$$

$$\text{s. t.}\begin{cases}\sum_{j=1}^{n}a_jx_j\leqslant B\\x_2\geqslant x_1\\x_3+x_4\geqslant 1\\x_5+x_6+x_7=2\\x_j=0\text{ 或 }1,j=1,2,\cdots,n\end{cases}$$

## 5.1.2　基本概念

我们有必要对求最优整数解的问题另行研究，我们称这样的问题为整数线性规划。下面介绍一些与其相关的基本概念。

1. 整数规划

整数规划是一部分或全部决策变量取整数值的规划。

2. 松弛问题

松弛问题是整数规划中不考虑整数条件时对应的规划问题。它是与原问题相应的线性规划问题。因为整数规划问题的可行集是它的松弛问题可行解集合的一个子集，所以整数规划问题的可行解一定是它的松弛问题的可行解，反之则不一定。

3. 整数线性规划

整数线性规划是线性规划的整数规划。将整数线性规划与其松弛问题进行比较，前者的最优解的目标函数值不会优于后者。

整数线性规划包括以下几种类型。

(1) 纯(全)整数线性规划：全部决策变量都必须取整数值。

(2) 混合整数线性规划：决策变量中有一部分必须取整数值，另一部分不取整数值。

(3) 0-1 型整数线性规划：决策变量只能取 0 或 1，例如选择投资项目问题、指派问题等。

## 5.1.3　数学模型

整数线性规划的一般数学模型为

$$\max(\min)\ z=\sum_{j=1}^{n}c_jx_j$$

$$\text{s. t.}\begin{cases}\sum_{j=1}^{n}a_{ij}x_j\leqslant(=,\geqslant)b_i\\x_j\geqslant 0\\x_1,x_2,\cdots,x_n\text{ 全部或部分取整数}\end{cases}$$

现在考虑，是否只要把已得到的松弛问题的最优解（若有分数和小数）“舍入化整”就可得到整数线性规划问题的最优解？

**例 5-3(货物运输问题)** 已知整数线性规划问题相关数据如表 5-2 所示。问两种货物各托运多少箱，可使利润最多？（箱体不能拆分）

**表 5-2 相关数据**

| 货物 | 每箱体积/$m^3$ | 每箱重量/100 kg | 每箱利润/百元 |
| --- | --- | --- | --- |
| 甲 | 5 | 2 | 20 |
| 乙 | 4 | 5 | 10 |
| 托运限制 | 24 | 13 | |

解：设 $x_1$，$x_2$ 分别为甲、乙两种货物的托运箱数，则该问题的数学模型为

$$\max z = 20x_1 + 10x_2$$

$$\text{s.t.}\begin{cases}5x_1 + 4x_2 \leqslant 24\\ 2x_1 + 5x_2 \leqslant 13\\ x_1, x_2 \geqslant 0\\ x_1, x_2 \text{ 为整数}\end{cases}$$

先用图解法（图 5-2）求解此问题相应的线性规划问题，即松弛问题：

$$\max z = 20x_1 + 10x_2$$

$$\text{s.t.}\begin{cases}5x_1 + 4x_2 \leqslant 24\\ 2x_1 + 5x_2 \leqslant 13\\ x_1, x_2 \geqslant 0\end{cases}$$

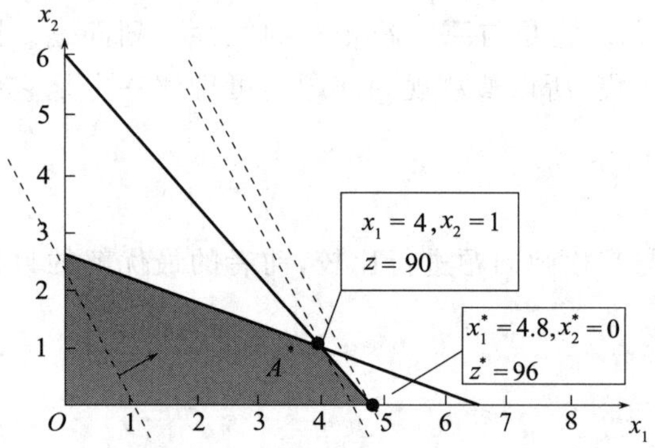


**图 5-2 图解法(a)**

此时，$x_1^* = 4.8, x_2^* = 0$，$z^* = 96$，显然该最优解并不是最优整数解。那是否将所得到的非整数解“舍入化整”就可得到最优解呢？可以看出：若令 $x_1^* = 5, x_2^* = 0$，就破坏了约束条件中关于体积的约束，所以 $x_1^* = 5, x_2^* = 0$ 不是可行解；若令 $x_1^* = 4, x_2^* = 0$，虽然其是可行解，却不是最优解，因为当 $x_1^* = 4, x_2^* = 1$ 时，目标函数值更大。

因此，通过将其相应的线性规划问题的最优解“化整”来解原整数线性规划问题，常常得不到整数线性规划问题的最优解。因此有必要对整数线性规划问题的解法进行专门研究。

## 复习思路提示

1. 了解整数规划的解与其松弛问题的解之间的关系。

2. 会根据实际问题建立整数规划的数学模型，尤其是 0-1 型整数规划数学模型。

3. 通过将松弛问题的最优解“化整”来解原整数规划问题，虽然是最容易想到的，但常常得不到整数线性规划问题的最优解，甚至得到的解根本不是可行解。因此，有必要对整数线性规划问题的解法进行专门研究。

# 5.2 分支定界法

## 5.2.1 思路与步骤解析

分支定界法主要利用松弛问题的最优解(值)来分支定界，其是穷举法基础上的改进，其关键在于分支和定界。以极大化问题为例，设整数线性规划问题为 $A$，其松弛问题为 $B$。$A$ 的任意可行整数解 $Z_A$ 对应的目标函数值是其最优值 $Z^*$ 的一个下界，即 $\underline{Z}=Z_A\leqslant Z^*$；将 $B$ 的可行域分成子区域，计算 $B$ 的目标函数值，逐步减小上界和增大下界，$\uparrow\underline{Z}\rightarrow Z^*\leftarrow\overline{Z}\downarrow$，最终求得 $A$ 的最优值。

分支定界法的求解步骤如下。

(1) 求解松弛问题 $B$，确定最优解或 $A$ 的最优目标函数值的上界 $\overline{z_0}$，判断过程如图 5-3 所示。

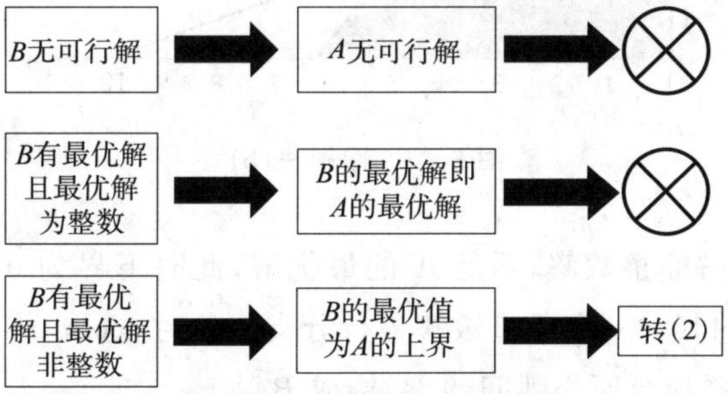


图 5-3　解的判断过程

(2) 观察问题 $A$ 的一个整数可行解，将它作为其最优目标函数值的整数下界。观察问题 $A$ 的一个整数可行解，求得目标值，记作 $\underline{Z_0}$；以 $z^*$ 表示问题 $A$ 的最优目标值，则有 $\underline{z_0}\leqslant z^*\leqslant\overline{z_0}$。

(3) 分支与定界。

① 分支：将构造出的两个约束条件加入松弛问题 $B$，得到两个后继的线性规划问题 $B_1$ 和 $B_2$ 并求解：

$$B+\text{“}x_j\leqslant[b_j]\text{”}\Rightarrow B_1;B+\text{“}x_j\geqslant[b_j]+1\text{”}\Rightarrow B_2$$

其中 $[b_j]$ 表示小于 $b_j$ 的最大整数。

② 定界：将每个分支求解的结果与其他问题的解的结果进行比较。新上界——目标函数最大者为 $\overline{z}$。新下界——已符合整数条件的各分支中，目标函数最大者。若无，仍取 $\underline{z}=\underline{z_0}$(下界一定是整数解)。

(4) 比较与剪枝。各分支的最优目标函数值若小于 $\underline{z}$，则剪掉这个分支，不再考虑；若大于 $\underline{z}$，且不符合整数条件，则重复分支定界步骤，直到 $z^*=\underline{z}$。

## 5.2.2 图解法说明

**例 5-4(分支定界法)**　求解整数线性规划问题 $A$：

$$\max z=40x_1+90x_2$$

$$\begin{cases}9x_1+7x_2\leqslant 56\\7x_1+20x_2\leqslant 70\\x_1,x_2\geqslant 0\text{ 且为整数}\end{cases}$$

解：设问题 $A$ 的最优目标函数值为 $z^*\leqslant\overline{z}$(其松弛问题 $B$ 的最优值为初始上界)，则

$$\max z=40x_1+90x_2$$

$$\begin{cases}9x_1+7x_2\leqslant 56\\7x_1+20x_2\leqslant 70\\x_1,x_2\geqslant 0\end{cases}$$

用图解法(图 5 - 4)求解松弛问题 $B$。

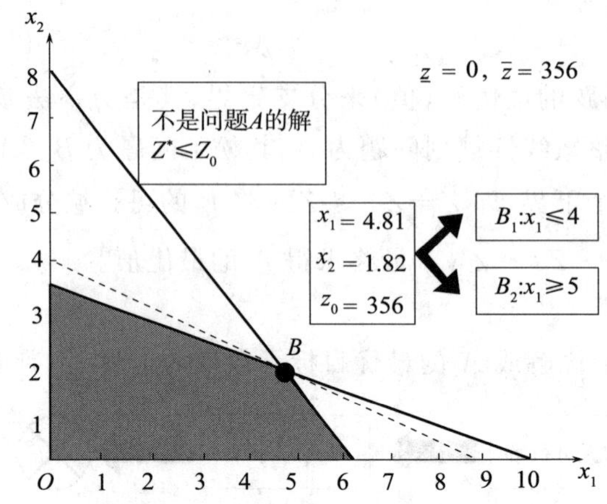


**图 5 - 4　图解法(b)**

由图 5 - 4 可知，$B$ 的最优解非整数解，不是 $A$ 的最优解，此时下界为 0，上界为问题 $B$ 的最优值 356。由于不满足整数约束，选择 $B$ 的其中一个非整数解进行分支。此时，选取 $x_1=4.81$，将 $x_1\leqslant 4$ 添加至原松弛问题 $B$，构成 $B_1$；将 $x_1\geqslant 5$ 添加至原松弛问题 $B$，构成 $B_2$：

$$B_1:\max z=40x_1+90x_2\qquad B_2:\max z=40x_1+90x_2$$

$$\text{s.t.}\begin{cases}9x_1+7x_2\leqslant 56\\7x_1+20x_2\leqslant 70\\x_1\leqslant 4\\x_1,x_2\geqslant 0\end{cases}\qquad \text{s.t.}\begin{cases}9x_1+7x_2\leqslant 56\\7x_1+20x_2\leqslant 70\\x_1\geqslant 5\\x_1,x_2\geqslant 0\end{cases}$$

继续用图解法(图 5 - 5)进行分析。

由图 5 - 5 可知，$B_1$ 和 $B_2$ 的最优解依然不是整数解，需要继续分支。由于 $B$ 已经被分解为 $B_1$ 和 $B_2$，其目标函数值不再作为定界的考虑。此时由于未出现整数解，下界依然是 0，上界为 $B_1$ 和 $B_2$ 问题的最优值中更大的 349。

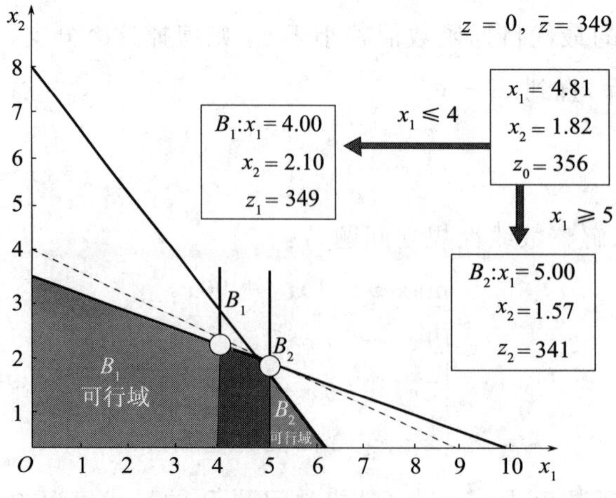


**图 5 - 5　图解法(c)**

优先选择目标函数值大的 $B_1$ 进行第二轮分支计算。此时，选取 $B_1$ 最优解中的 $x_2=2.1$，将 $x_2\leqslant 2$ 添加至原松弛问题 $B_1$，构成 $B_3$；将 $x_2\geqslant 3$ 添加至原松弛问题 $B_1$，构成 $B_4$：

$$B_1\Rightarrow B_3: \max z=40x_1+90x_2$$

$$\text{s.t.}\begin{cases}9x_1+7x_2\leqslant 56\\7x_1+20x_2\leqslant 70\\x_1\leqslant 4\\x_2\leqslant 2\\x_1,x_2\geqslant 0\end{cases}$$

$$B_4: \max z=40x_1+90x_2$$

$$\text{s.t.}\begin{cases}9x_1+7x_2\leqslant 56\\7x_1+20x_2\leqslant 70\\x_1\leqslant 4\\x_2\geqslant 3\\x_1,x_2\geqslant 0\end{cases}$$

继续用图解法（图 5－6）进行分析。

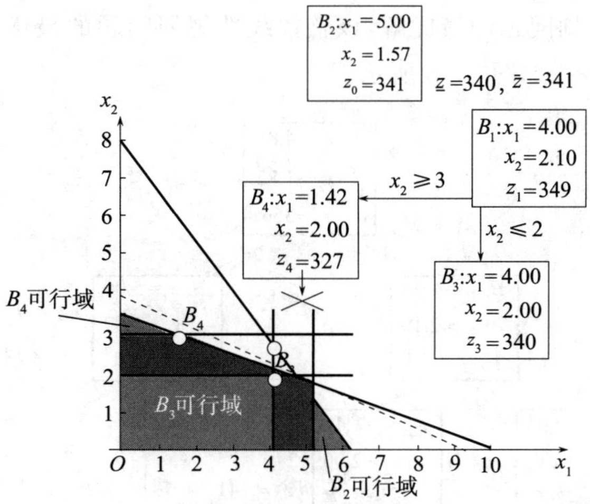


**图 5－6　图解法(d)**

注意，此时 $B_1$ 已被分解，定界时无须再考虑 $B_1$ 的目标函数值 349。在图 5－6 中，$B_3$ 的最优解是整数解，此时其目标函数值 340 被定为新的下界，上界为 $B_2$ 的最优值 341。而 $B_4$ 的最优值小于新定的下界，故 $B_4$ 可以被剪支。接下来，因其目标函数值大于 $B_3$ 的最优值，要对 $B_2$ 继续进行分支。此时，选取 $B_2$ 最优解中的 $x_2=1.57$，将 $x_2\leqslant 1$ 添加至原松弛问题 $B_2$，构成 $B_5$；将 $x_2\geqslant 2$ 添加至原松弛问题 $B_2$，构成 $B_6$：

$$B_2\Rightarrow B_5: \max z=40x_1+90x_2$$

$$\text{s.t.}\begin{cases}9x_1+7x_2\leqslant 56\\7x_1+20x_2\leqslant 70\\x_1\geqslant 5\\x_2\leqslant 1\\x_1,x_2\geqslant 0\end{cases}$$

$$B_6: \max z=40x_1+90x_2$$

$$\text{s.t.}\begin{cases}9x_1+7x_2\leqslant 56\\7x_1+20x_2\leqslant 70\\x_1\geqslant 5\\x_2\geqslant 2\\x_1,x_2\geqslant 0\end{cases}$$

继续用图解法(图 5-7)进行分析。

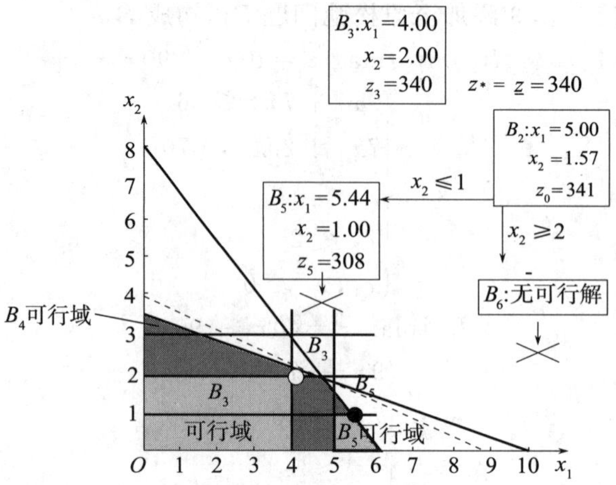


图 5-7　图解法(e)

在图 5-7 中,此时 $B_6$ 无可行解,$B_5$ 的最优解小于下界 340,故两者皆可被剪支。因此,$B_3$ 的整数解 $x_1=4,x_2=2$ 即原整数线性规划问题的最优解,该整数线性规划问题的最优值为 $z^*=340$。整体分支定界的求解过程可用树形列举图展示,如图 5-8 所示。

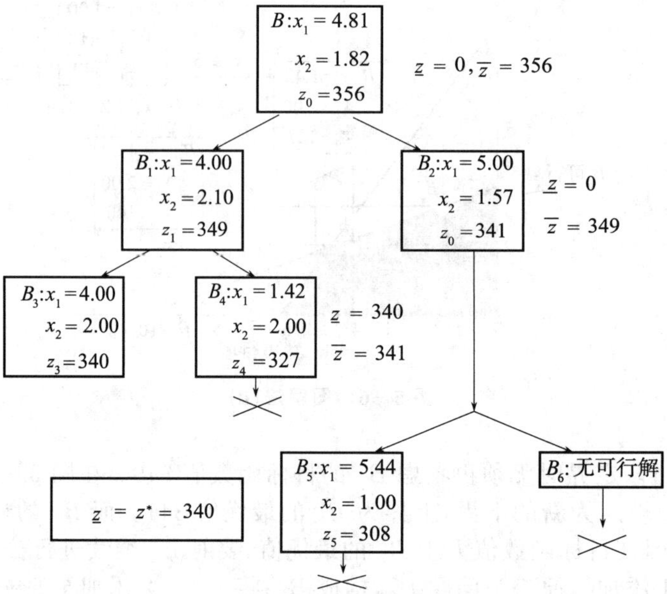


图 5-8　树形列举图

## 复习思路提示

1. 掌握分支定界法定界的条件,尤其是下界一定是整数解。

2. 掌握分支定界法剪支的几种情况。

3. 掌握最基本的分支方法,注意已被分支的原问题的目标函数值不再参与新的定界。

4. 分支定界法也可求解混合整数线性规划问题,是求解整数线性规划问题的较好方法,在实际问题中有着广泛的应用。

# 5.3 割平面法

## 5.3.1 思路与算例解析

割平面法是将整数线性规划问题化为一系列的普通线性规划问题进行求解。其思路是，在整数线性规划的松弛问题中，增加线性约束条件（割平面），将松弛问题的可行域切割掉一部分（这部分只包含非整数解）。割平面法思路的关键点就是如何找到适当的割平面，使切割后得到的可行域一个整数坐标的顶点恰好是问题的最优解。该方法是 R. E. Gomory 于 1958 年提出来的，所以也称为 Gomory 割平面法。割平面法同样也可以用于求解混合整数线性规划问题，本节只讨论纯整数线性规划问题的求解。

**例 5-5（割平面法）** 利用割平面法求解下面的整数线性规划问题：

$$\max z = x_1 + x_2$$

$$\text{s. t.}\begin{cases} -x_1 + x_2 \leqslant 1 \\ 3x_1 + x_2 \leqslant 4 \\ x_1, x_2 \geqslant 0 \\ x_1, x_2 \text{ 为整数} \end{cases}$$

解：(1) 将该问题的松弛问题化为标准型：

$$\max z = x_1 + x_2$$

$$\text{s. t.}\begin{cases} -x_1 + x_2 + x_3 = 1 \\ 3x_1 + x_2 + x_4 = 4 \\ x_1, x_2, x_3, x_4 \geqslant 0 \end{cases}$$

用单纯形法求得最终表（表 5-3）。根据最终表将松弛问题的两个非整数解对应的方程列出，并将各方程中变量的系数和常数项都分解成整数和非负真分数之和：

$$x_1 - x_3 + \frac{3}{4}x_3 + \frac{1}{4}x_4 = \frac{3}{4}$$

$$x_2 + \frac{3}{4}x_3 + \frac{1}{4}x_4 = 1 + \frac{3}{4}$$

**表 5-3　最终单纯形表**

| $c_j$ | | | 1 | 1 | 0 | 0 |
|---|---|---|---|---|---|---|
| $\boldsymbol{C}_B$ | $\boldsymbol{X}_B$ | $\boldsymbol{b}$ | $x_1$ | $x_2$ | $x_3$ | $x_4$ |
| 1 | $x_1$ | 3/4 | 1 | 0 | −1/4 | 1/4 |
| 1 | $x_2$ | 7/4 | 0 | 1 | 3/4 | 1/4 |
| $\sigma_j$ | | | 0 | 0 | −1/2 | 1/2 |

(2) 将上述方程中整数部分与分数部分分开移项到等式左、右两边，可得到

$$x_1 - x_3 = \frac{3}{4} - \left(\frac{3}{4}x_3 + \frac{1}{4}x_4\right)$$

$$x_2 - 1 = \frac{3}{4} - \left(\frac{3}{4}x_3 + \frac{1}{4}x_4\right)$$

上述两式都对应着“整数$=\frac{3}{4}$（真分数）－正数”这一形式，显然可推得

$$\frac{3}{4}-\left(\frac{3}{4}x_3+\frac{1}{4}x_4\right)\leqslant 0$$

即 $-3x_3-x_4\leqslant -3$（切割方程，也可不化简）。

(3) 将切割方程加入松弛变量后，代入松弛问题的最终单纯形表。加入松弛变量 $x_5$，得到等式

$$-3x_3-x_4+x_5=-3$$

加入新约束的单纯形表如表 5-4 所示。非可行解，故采用对偶单纯形法进行迭代：

$$\theta=\min\left\{\frac{c_j-z_j}{a_{lj}}\middle| a_{lj}<0\right\}=\min\left\{\frac{-1/2}{-3},\frac{-1/2}{-1}\right\}=\frac{1}{6}$$

**表 5-4 加入新约束的单纯形表**

| $c_j$ | | | 1 | 1 | 0 | 0 | 0 |
|---|---|---|---|---|---|---|---|
| $C_B$ | $X_B$ | $b$ | $x_1$ | $x_2$ | $x_3$ | $x_4$ | $x_5$ |
| 1 | $x_1$ | 3/4 | 1 | 0 | −1/4 | 1/4 | 0 |
| 1 | $x_2$ | 7/4 | 0 | 1 | 3/4 | 1/4 | 0 |
| 0 | $x_5$ | −3 | 0 | 0 | [−3] | −1 | 1 |
| $\sigma_j$ | | | 0 | 0 | −1/2 | −1/2 | 0 |

(4) 将切割方程加入松弛变量后，代入松弛问题的最终单纯形表，进行迭代。基变换后的单纯形表如表 5-5 所示。检验数均小于等于零，得到整数线性规划的最优解。进一步进行分析，可进行如下计算，将切割方程用原变量 $x_1$，$x_2$ 来表示，就可以在图解法中进行切割效果展示，如图 5-9 所示。

**表 5-5 基变换后的单纯形表**

| $c_j$ | | | 1 | 1 | 0 | 0 | 0 |
|---|---|---|---|---|---|---|---|
| $C_B$ | $X_B$ | $b$ | $x_1$ | $x_2$ | $x_3$ | $x_4$ | $x_5$ |
| 1 | $x_1$ | 1 | 1 | 0 | 0 | 1/3 | 1/12 |
| 1 | $x_2$ | 1 | 0 | 1 | 0 | 0 | 1/4 |
| 0 | $x_3$ | 1 | 0 | 0 | 1 | −1 | −1/3 |
| $\sigma_j$ | | | 0 | 0 | 0 | −1/3 | −1/6 |

$$-x_1+x_2+x_3=1$$
$$3x_1+x_2+x_4=4$$
$$\Rightarrow x_3=1+x_1-x_2$$
$$x_4=4-3x_1-x_2$$

代入切割方程：$-3x_3-x_4\leqslant -3\Rightarrow x_2\leqslant 1$。

## 5.3.2 步骤说明

现把求切割方程的步骤归纳如下。

(1) 设 $x_i$ 是相应线性规划最优解中为分数值的一个基变量，由最终单纯形表可得

$$x_i+\sum_k a_{ik}x_k=b_i \quad ①$$

$i\in Q$（构成基变量号码的集合）

$k\in K$（构成非基变量号码的集合）

(2) 将 $b_i$ 和 $a_{ik}$ 都分解成整数与非负真分数之和，即

$$b_i = [b_i] + f_i, 0 < f_i < 1$$
$$a_{ik} = [a_{ik}] + f_{ik}, 0 \leqslant f_{ik} < 1$$

代入式①得

$$x_i + \sum_k ([a_{ik}] + f_{ik}) x_k = [b_i] + f_i$$

移项后得

$$x_i + \sum_k [a_{ik}] x_k - [b_i] = f_i - \sum_k f_{ik} x_k$$

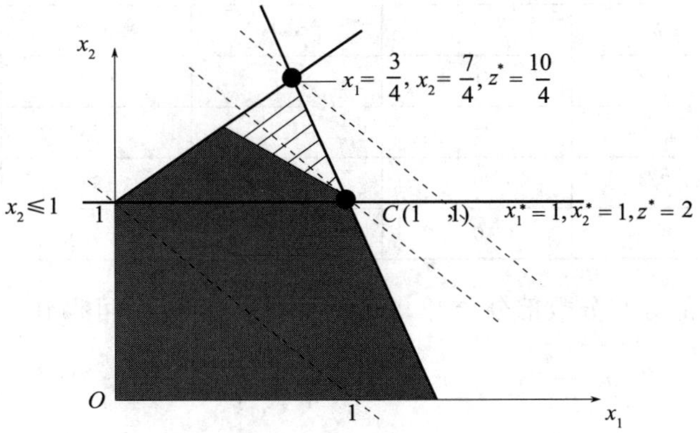


图 5 - 9　图解法(f)

(3) 提出变量为整数的条件(和非负的条件),则

$$x_i + \sum_k [a_{ik}] x_k - [b_i] = f_i - \sum_k f_{ik} x_k \ (0 < f_i < 1)$$

得到切割方程

$$f_i - \sum_k f_{ik} x_k \leqslant 0$$

由上述推导可知,因为相应的线性规划问题的任意整数可行解都满足切割方程 $f_i - \sum_k f_{ik} x_k \leqslant 0$,所以切割方程只是割掉了非整数最优解,而没有割掉整数解。

**例 5 - 6(割平面法)**　利用割平面法求解下面的整数线性规划问题:

$$\max z = 2.5x_1 + 4x_2$$
$$\text{s.t.} \begin{cases} x_1 + x_2 \leqslant 6 \\ 5x_1 + 9x_2 \leqslant 45 \\ x_1 \leqslant 4 \\ x_1, x_2 \geqslant 0 \text{ 且为整数} \end{cases}$$

解:(1) 先将松弛问题化为标准型:

$$\max z = 2.5x_1 + 4x_2$$
$$\text{s.t.} \begin{cases} x_1 + x_2 + x_3 = 6 \\ 5x_1 + 9x_2 + x_4 = 45 \\ x_1 + x_5 = 4 \\ x_1, x_2, x_3, x_4, x_5 \geqslant 0 \end{cases}$$

用单纯形法求得松弛问题的最终单纯形表(表 5 - 6)。从最终单纯形表中可得到以下 3 个非整数解对应的方程:

$$x_1+\frac{9}{4}x_3-\frac{1}{4}x_4=\frac{9}{4}$$

$$x_2-\frac{5}{4}x_3+\frac{1}{4}x_4=\frac{15}{4}$$

$$-\frac{9}{4}x_3+\frac{1}{4}x_4+x_5=\frac{7}{4}$$

**表 5-6　松弛问题的最终单纯形表**

| $c_j$ | | | 2.5 | 4 | 0 | 0 | 0 |
|---|---|---|---|---|---|---|---|
| $\boldsymbol{C}_B$ | $\boldsymbol{X}_B$ | $\boldsymbol{b}$ | $x_1$ | $x_2$ | $x_3$ | $x_4$ | $x_5$ |
| 2.5 | $x_1$ | 9/4 | 1 | 0 | 9/4 | −1/4 | 0 |
| 4 | $x_2$ | 15/4 | 0 | 1 | −5/4 | 1/4 | 0 |
| 0 | $x_5$ | 7/4 | 0 | 0 | −9/4 | 1/4 | 1 |
| $\sigma_j$ | | | 0 | 0 | −5/8 | −3/8 | 0 |

(2) 将上述方程中整数部分与分数部分分开，移到等式左、右两边，可得到

$$x_1+2x_3-x_4-2=\frac{1}{4}-\frac{1}{4}x_3-\frac{3}{4}x_4$$

$$x_2-2x_3-3=\frac{3}{4}-\frac{3}{4}x_3-\frac{1}{4}x_4$$

$$-3x_3+x_5-1=\frac{3}{4}-\frac{3}{4}x_3-\frac{1}{4}x_4$$

得到切割方程如下：

$$\frac{1}{4}-\frac{1}{4}x_3-\frac{3}{4}x_4\leqslant 0$$

$$\frac{3}{4}-\frac{3}{4}x_3-\frac{1}{4}x_4\leqslant 0$$

此时我们得到了两个不同的切割方程。那么，我们该优先选取哪一个切割方程进行切割呢？可通过图解法进一步进行分析：

$$\begin{cases}x_1+x_2+x_3=6\\5x_1+9x_2+x_4=45\\x_1+x_5=4\end{cases}\Rightarrow\begin{cases}x_3=6-x_1-x_2\\x_4=45-5x_1-9x_2\\x_5=4-x_1\end{cases}$$

代入切割方程可得

$$4x_1+7x_2\leqslant 35$$
$$2x_1+3x_2\leqslant 15$$

通过上述计算，将两个切割方程都转化成用原变量来表示的方程后，代入原松弛问题，用图解法(图 5-10)进行分析。在图 5-10 中，切割方程 $2x_1+3x_2\leqslant 15$ 切割掉的区域更大，因此选取其对应的切割方程 $\frac{3}{4}-\frac{3}{4}x_3-\frac{1}{4}x_4\leqslant 0$ 优先进行切割。

(3) 将切割方程化为标准型。加入松弛变量 $x_6$，$x_7$，可得到等式

$$\frac{1}{4}-\frac{1}{4}x_3-\frac{3}{4}x_4+x_6=0$$

$$\frac{3}{4}-\frac{3}{4}x_3-\frac{1}{4}x_4+x_7=0$$

选择将 $\frac{3}{4}-\frac{3}{4}x_3-\frac{1}{4}x_4+x_7=0$ 代入最终单纯形表(表 5-7)(进行切割)：

$$\theta=\min\left\{\frac{c_j-z_j}{a_{lj}}\middle|a_{lj}<0\right\}=\min\left\{\frac{-5/8}{-3/4},\frac{-3/8}{-1/4}\right\}=\frac{5}{6}$$

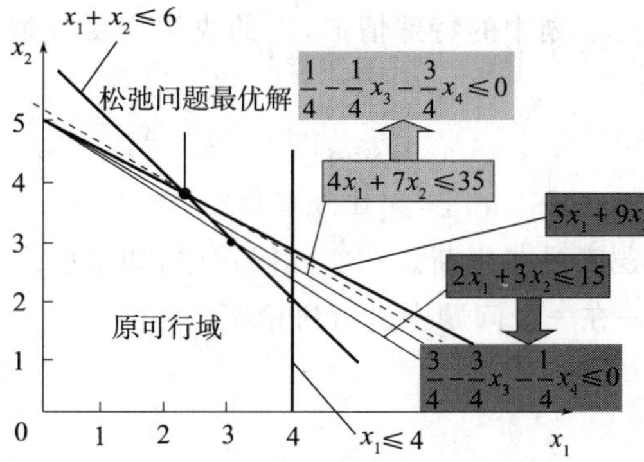


图 5-10　图解法(g)

表 5-7　切割方程代入后

| $c_j$ | | | 2.5 | 4 | 0 | 0 | 0 | 0 |
|---|---|---|---|---|---|---|---|---|
| $C_B$ | $X_B$ | $b$ | $x_1$ | $x_2$ | $x_3$ | $x_4$ | $x_5$ | $x_7$ |
| 2.5 | $x_1$ | 9/4 | 1 | 0 | 9/4 | −1/4 | 0 | 0 |
| 4 | $x_2$ | 15/4 | 0 | 1 | −5/4 | 1/4 | 0 | 0 |
| 0 | $x_5$ | 7/4 | 0 | 0 | −9/4 | 1/4 | 1 | 0 |
| 0 | $x_7$ | −3/4 | 0 | 0 | [−3/4] | −1/4 | 0 | 1 |
| $\sigma_j$ | | | 0 | 0 | −5/8 | −3/8 | 0 | 0 |

(4) 换基迭代(表 5-8)。求得最优整数解为 $x_1^*=0,x_2^*=5,z^*=20$。

表 5-8　最终单纯形表

| $c_j$ | | | 2.5 | 4 | 0 | 0 | 0 | 0 |
|---|---|---|---|---|---|---|---|---|
| $C_B$ | $X_B$ | $b$ | $x_1$ | $x_2$ | $x_3$ | $x_4$ | $x_5$ | $x_7$ |
| 2.5 | $x_1$ | 0 | 1 | 0 | 0 | −1 | 0 | 3 |
| 4 | $x_2$ | 5 | 0 | 1 | 0 | 2/3 | 0 | −5/3 |
| 0 | $x_5$ | 4 | 0 | 0 | 0 | 1 | 1 | −3 |
| 0 | $x_3$ | 1 | 0 | 0 | 1 | 1/3 | 0 | −4/3 |
| $\sigma_j$ | 0 | 0 | 0 | −1/6 | 0 | −5/6 | | |

## 复习思路提示

1. 割平面法是历史上最先证明可以通过有限的步骤收敛地求解纯整数线性规划问题的算法，但是有时会遇到收敛很慢的情况。

2. 割平面方程是通过列出最终单纯形表中为分数值的基变量的方程，将其系数和常数项都化成整数和非负真分数之和，移项获得的。

3. 从最终单纯形表中选择具有最大分数(小数)部分的非整分量(常数部分化真分数后对应最大真分数的那个非整数解)所在行构造割平面约束，往往可以提高“切割”效果，减少“切割”次数。

# 5.4 0-1型整数线性规划

0-1型整数线性规划是整数线性规划中的特殊情形，它的决策变量仅取值0或1，称为0-1变量或二进制变量，可表示为

$$x_i \leqslant 1$$
$$x_i \geqslant 0 \text{ 且为整数}$$

0-1变量通常表示“是或否”这样的逻辑是非判断。在实际问题中，如果引入0-1变量，就可以把有各种情况需要分别讨论的线性规划问题统一在一个问题中进行讨论了。

## 5.4.1 实际应用问题

**例5-7(投资场所的选定——相互排斥的计划)** 某公司拟在钟楼、小寨、高新三区建立办事处。现有7个位置 $A_i(i=1,2,\cdots,7)$ 可供选择，规定：

(1) 在钟楼 $A_1,A_2,A_3$ 3个点中至多选两个；

(2) 在小寨 $A_4,A_5$ 两个点中至少选一个；

(3) 在高新 $A_6,A_7$ 两个点中至少选一个。

如选用 $A_i$，设备投资估计为 $b_i$，每年获利估计为 $c_i$，但投资总额不能超过 $B$。问选择哪几个点可使公司年利润最多？

解：设 $x_i=\begin{cases}1, A_i \text{ 被选用} \\ 0, A_i \text{ 没被选用}\end{cases}, i=1,2,\cdots 7$，则该问题的数学模型为

$$\max z=\sum_{i=1}^{7} c_i x_i$$

$$\text{s.t.}\begin{cases}\sum_{i=1}^{7} b_i x_i \leqslant B \\ x_1+x_2+x_3 \leqslant 2 \\ x_4+x_5 \geqslant 1 \\ x_6+x_7 \geqslant 1 \\ x_i=0 \text{ 或 } 1, i=1,2,\cdots,7\end{cases}$$

**例5-8(相互排斥的约束)** 设某货运公司运货有车运和船运两种方式。车运时，体积限制为 $5x_1+4x_2 \leqslant 24$；船运时，体积限制为 $7x_1+3x_2 \leqslant 45$。若两种运货方式只能二选一，则约束条件该如何设立？

解：将两个相互排斥的条件统一在一个问题中，引入0-1变量 $y$ 和一个充分大的正数 $M$，令

$$y=\begin{cases}0, \text{采取车运方式} \\ 1, \text{采取船运方式}\end{cases}$$

则两个相互排斥的条件可写为

$$\text{车运：} 5x_1+4x_2 \leqslant 24+yM$$
$$\text{船运：} 7x_1+3x_2 \leqslant 45+(1-y)M$$

引申：若有 $m$ 个互相排斥的约束条件，即

$$a_{i1}x_1+a_{i2}x_2+\cdots+a_{in}x_n \leqslant b_i$$
$$i=1,2,\cdots,m$$

若 $m$ 个方案中只能选一，则约束条件该如何设立？

解：为使仅一个约束条件起作用，引入 $m$ 个 0－1 变量 $y_i$ 和一个充分大的正数 $M$，则

$$a_{i1}x_1 + a_{i2}x_2 + \cdots + a_{in}x_n \leqslant b_i + y_i M$$
$$y_1 + y_2 + \cdots + y_m = m - 1$$
$$i = 1,2,\cdots,m$$

只有一个 $y$ 为 0，意味着只会有一个约束条件真正成立且有效。

**例 5－9(固定费用问题)** 某工厂为了生产某种产品，有 3 种不同的生产方式可供选择。每种生产方式有各自的固定成本和单位变动成本。工厂只能选用其中一种生产方式，要求成本最小化。请问如何列出其目标函数？

解：设 $x_j$ 为采用第 $j$ 种方式时的产量，$c_j$ 为采用第 $j$ 种方式时的每件产品的变动成本，$k_j$ 为采用第 $j$ 种方式时的固定成本，则采用各生产方式的总成本可表示为

$$P_j = \begin{cases} k_j + c_j x_j, x_j > 0 \\ 0, x_j = 0, j = 1,2,3 \end{cases}$$

将其统一到一个目标函数中，引入 0－1 变量 $y_i$ 和一个充分大的正数 $M$，有

$$y_j = \begin{cases} 1, \text{采用第 } j \text{ 种方式，即 } x_j > 0 \\ 0, \text{不采用第 } j \text{ 种方式，即 } x_j = 0 \end{cases}$$
$$x_j \leqslant y_j M, j = 1,2,3$$

当 $x_j > 0$ 时，$y_j$ 必须为 1；当 $x_j = 0$ 时，只有 $y_j = 0$ 才有意义。这样就可以把需要分别讨论的 3 种方式统一到一个目标函数中：

$$\min z = (k_1 y_1 + c_1 x_1) + (k_2 y_2 + c_2 x_2) + (k_3 y_3 + c_3 x_3)$$

## 5.4.2 隐枚举法

**例 5－10(隐枚举法)** 求解下面的 0－1 型整数线性规划问题：

$$\max z = 3x_1 - 2x_2 + 5x_3$$
$$\text{s.t.}\begin{cases} x_1 + 2x_2 - x_3 \leqslant 2 & \cdots(1) \\ x_1 + 4x_2 + x_3 \leqslant 4 & \cdots(2) \\ x_1 + x_2 \leqslant 2 & \cdots(3) \\ 4x_2 + x_3 \leqslant 5 & \cdots(4) \\ x_1, x_2, x_3 = 0 \text{ 或 } 1 \end{cases}$$

解：通过试探可得到一可行解，如 $(x_1,x_2,x_3) = (1,0,0) \Rightarrow z = 3$，增设一个过滤条件

$$3x_1 - 2x_2 + 5x_3 \geqslant 3 \quad \cdots(0)$$

通过增加过滤条件，可以减少运算次数。

隐枚举法运算过程如表 5－9 所示。

**表 5－9 隐枚举法运算过程**

| 点 $(x_1,x_2,x_3)$ | 条件 | | | | | 满足条件？Y/N | $z$ 值 |
|---|---|---|---|---|---|---|---|
| | (0) | (1) | (2) | (3) | (4) | | |
| (0,0,0) | 0 | | | | | N | |
| (0,0,1) | 5 | −1 | 1 | 0 | 1 | Y | 5 |
| (0,1,0) | −2 | | | | | N | |
| (0,1,1) | 3 | 1 | 5 | | | N | |
| (1,0,0) | 3 | 1 | 1 | 1 | 0 | Y | 3 |

续表

| 点 $(x_1,x_2,x_3)$ | 条件 | | | | | 满足条件？Y/N | $z$ 值 |
|---|---|---|---|---|---|---|---|
| | (0) | (1) | (2) | (3) | (4) | | |
| (1,0,1) | 8 | 0 | 2 | 1 | 1 | Y | 8 |
| (1,1,0) | 1 | | | | | N | |
| (1,1,1) | 6 | 2 | 6 | | | N | |

从表 5-9 可知，该问题的最优解为$(1,0,1)^T$，最优值为 8。

为了减少迭代次数，在计算过程中，若 $z$ 值已超过条件(0)右边的值，可将条件(0)右边的值换成 $z$ 值；也常常重新排列变量的顺序，使其在目标函数中的系数是递增的(极大化)。

改进过滤条件后的运算过程如表 5-10～表 5-12 所示。

**表 5-10　原运算过程**

| 点 $(x_1,x_2,x_3)$ | 条件 | | | | | 满足条件？Y/N | $z$ 值 |
|---|---|---|---|---|---|---|---|
| | (0) | (1) | (2) | (3) | (4) | | |
| (0,0,0) | 0 | | | | | N | |
| (0,0,1) | 5 | −1 | 1 | 0 | 1 | Y | 5 |

条件(0)变成

$$-2x_2+3x_1+5x_3\geqslant 5 \quad \cdots(0')$$

**表 5-11　改进过滤条件后的运算过程 1**

| 点 $(x_1,x_2,x_3)$ | 条件 | | | | | 满足条件？Y/N | $z$ 值 |
|---|---|---|---|---|---|---|---|
| | (0) | (1) | (2) | (3) | (4) | | |
| (0,1,0) | 3 | | | | | N | |
| (0,1,1) | 8 | 0 | 2 | 1 | 1 | Y | 8 |

条件 (0′) 变成

$$-2x_2+3x_1+5x_3\geqslant 8 \quad \cdots(0'')$$

**表 5-12　改进过滤条件后的运算过程 2**

| 点 $(x_1,x_2,x_3)$ | 条件 | | | | | 满足条件？Y/N | $z$ 值 |
|---|---|---|---|---|---|---|---|
| | (0) | (1) | (2) | (3) | (4) | | |
| (1,0,0) | −2 | | | | | N | |
| (1,0,1) | 3 | | | | | N | |
| (1,1,0) | 1 | | | | | N | |
| (1,1,1) | 6 | | | | | N | |

过滤条件已经不能改进，得到最优解$(1,0,1)^T$、最优值 $z^*=8$。

通过比较可以看出，改进过滤条件后，运算次数比原隐枚举法减少了。

## 复习思路提示

1. 掌握不同情况下 0－1 变量的运用。

2. 在隐枚举法中，可试探得出一可行解，将其代入目标函数中，算出相应的目标函数值 $u$，用目标函数增加一个约束条件作为过滤条件(极大化：大于等于 $u$。极小化：小于等于 $u$ )。

3. 对过滤条件的两种改进可以减少计算量：

(1) 在计算过程中，若遇到 $z$ 值已超过原过滤条件右边的值的情况，应改变过滤条件，使右边为迄今为止最优者(极大化选最大，极小化选最小)；

(2) 一般常重新排列变量的顺序使目标函数中变量的系数是递增的(极大化)或者递减的(极小化)。表中变量也按此顺序取值。

# 5.5 整数线性规划的指派问题

## 5.5.1 问题背景

常见问题：某单位需要完成 $n$ 项任务，恰好有 $n$ 个人可承担这些任务，由于每个人专长不同，完成任务不同或所费时间不同，效率也不同。那么，应派哪个人去完成哪项任务，可使完成 $n$ 项任务的总效率最高(或所需总时间最少)呢？类似的问题还有：有 $n$ 项加工任务，怎样指派到 $n$ 台机床上分别完成？有 $n$ 条航线，怎样指定 $n$ 艘船去航行？此类问题统称为指派问题或分派问题。

指派问题是一种特殊的线性规划问题，属于 0－1 型整数线性规划问题，也可算作运输问题。典型(标准)指派问题是将 $n$ 项工作交给 $n$ 个人去做，目标是使总的时间等成本最小或使总的效益最大。

典型指派问题具有如下假设：

(1) 执行工作的人数和要完成的工作数量相同；

(2) 每个人只能做一项工作；

(3) 每项工作只能由一个人来完成；

(4) 第 $i$ 个人完成第 $j$ 项工作所需的成本是 $c_{ij}$ (或创造的效益是 $P_{ij}$)；

(5) 目标是如何分配工作，使总的成本最小(或总的效益最大)。

典型指派问题的决策变量：

$$x_{ij}=\begin{cases}1,\text{第 } i \text{ 个人做第 } j \text{ 项工作}\\0,\text{第 } i \text{ 个人不做第 } j \text{ 项工作}\end{cases},i=1,2,\cdots,n;j=1,2,\cdots,n$$

典型指派问题的数学模型：

$$\min z=\sum_{i=1}^{n}\sum_{j=1}^{n}c_{ij}x_{ij}$$

$$\text{s.t.}\begin{cases}\sum_{j=1}^{n}x_{ij}=1,i=1,2,\cdots,n\\\sum_{i=1}^{n}x_{ij}=1,j=1,2,\cdots,n\\x_{ij}=0\text{ 或 }1,i,j=1,2,\cdots,n\end{cases}$$

可以看出该数学模型与运输问题的数学模型极其相近，是运输问题的数学模型的特例，即 $m=n$，且

$a_i=b_i=1$。两组约束分别表示第 $i$ 个人只能做一项工作，第 $j$ 项工作只能由一个人去完成，$i=1,2,\cdots,n$；$j=1,2,\cdots,n$。

因为指派问题属于整数线性规划问题，也属于运输问题的特例，所以它也可以用整数线性规划的解法或表上作业法求解。但由于其数学模型的特点，它可以用更简便的匈牙利法进行求解。

## 5.5.2 匈牙利法

匈牙利法由 W. W. Kuhn 于 1955 年提出。匈牙利法的几点说明：

(1) 最优解性质：若从系数矩阵的一行或一列各元素中分别减去该行或该列的最小元素得到新矩阵，则用这个新矩阵求得的最优解和用原系数矩阵求得的最优解相同。

(2) 独立 0 元素：位于不同行不同列的 0 元素。

(3) 矩阵中 0 元素的定理：系数矩阵中独立 0 元素的最多个数等于能覆盖所有 0 元素的最少直线数。

综上可知，我们可以将指派问题的系数(效率)矩阵变换为含有很多 0 元素的新系数矩阵，而最优解不变；若能在新系数矩阵中找到 $n$ 个独立的 0 元素，我们就得到了指派问题的最优解。下面举例说明匈牙利法。

**例 5-11(用匈牙利法求解指派问题)** 有一份中文说明书，需译成英、日、德、俄 4 种文字，分别记作 E、J、G、R。现有甲、乙、丙、丁 4 人，他们将中文翻译成不同语种说明书所需时间如表 5-13 所示。问应指派何人去完成何种工作，可使所需时间最少？

**表 5-13 系数矩阵(效率矩阵)**

| 人员 | 任务 | | | |
|---|---|---|---|---|
| | E | J | G | R |
| 甲 | 2 | 15 | 13 | 4 |
| 乙 | 10 | 4 | 14 | 15 |
| 丙 | 9 | 14 | 16 | 13 |
| 丁 | 7 | 8 | 11 | 9 |

解：第一步，变换指派问题的系数矩阵，使各行各列都出现 0 元素。

(1) 用系数矩阵的每行元素减去该行的最小元素。

(2) 用所得系数矩阵的每列元素减去该列的最小元素。

$$c_{ij}=\begin{bmatrix}2&15&13&4\\10&4&14&15\\9&14&16&13\\7&8&11&9\end{bmatrix}\begin{matrix}2\\4\\9\\7\end{matrix}\Rightarrow\begin{matrix}\begin{bmatrix}0&13&11&2\\6&0&10&11\\0&5&7&4\\0&1&4&2\end{bmatrix}\\\begin{matrix}0&0&4&2\end{matrix}\end{matrix}\Rightarrow b_{ij}=\begin{bmatrix}0&13&7&0\\6&0&6&9\\0&5&3&2\\0&1&0&0\end{bmatrix}$$

第二步，进行试指派，以寻求最优解。

(1) 从只有一个 0 元素的行(列)开始，给该 0 元素加圈(用圆圈亦可)，然后划去该 0 元素所在列(行)的其他 0 元素。

(2) 从只有一个 0 元素的列(行)开始，给该 0 元素加圈，然后划去该 0 元素所在行(列)的其他 0 元素。

(3) 重复(1)与(2)，直到所有的 0 元素都被圈出或划掉为止。

(4) 若圈的数目 $m$ 等于矩阵的阶数 $n$，则已得最优解；若 $m<n$，则转入第三步。

$$b_{ij}=\begin{bmatrix} \emptyset & 13 & 7 & \boxed{0} \\ 6 & \boxed{0} & 6 & 9 \\ \boxed{0} & 5 & 3 & 2 \\ \emptyset & 1 & \boxed{0} & \emptyset \end{bmatrix}$$

$m=n=4$，最优解为

$$x_{ij}=\begin{bmatrix} 0 & 0 & 0 & 1 \\ 0 & 1 & 0 & 0 \\ 1 & 0 & 0 & 0 \\ 0 & 0 & 1 & 0 \end{bmatrix}$$

对应的原效率矩阵为

$$c_{ij}=\begin{bmatrix} 2 & 15 & 13 & 4 \\ 10 & 4 & 14 & 15 \\ 9 & 14 & 16 & 13 \\ 7 & 8 & 11 & 9 \end{bmatrix}$$

可得到最优值：$\min z=\sum_i \sum_j c_{ij}x_{ij}=c_{14}+c_{22}+c_{31}+c_{43}=28\ \text{h}$。

因此，最优指派方案为：甲翻译俄语说明书，乙翻译日语说明书，丙翻译英语说明书，丁翻译德语说明书。

**例 5－12(用匈牙利法求解指派问题)**　求表 5－14 所示系数矩阵(效率矩阵)的指派问题的最小解。

**表 5－14　效率矩阵表**

| 人员 | 任务 | | | | |
|---|---|---|---|---|---|
| | A | B | C | D | E |
| 甲 | 12 | 7 | 9 | 7 | 9 |
| 乙 | 8 | 9 | 6 | 6 | 6 |
| 丙 | 7 | 17 | 12 | 14 | 9 |
| 丁 | 15 | 14 | 6 | 6 | 10 |
| 戊 | 4 | 10 | 7 | 10 | 9 |

解：第一步，变换指派问题的系数矩阵，使各行各列都出现 0 元素。

(1) 用系数矩阵的每行元素减去该行的最小元素。

(2) 用所得系数矩阵的每列元素减去该列的最小元素(此处做完行减后，已使各行各列均出现了 0 元素，故无须做列减)。

$$\begin{bmatrix} 12 & 7 & 9 & 7 & 9 \\ 8 & 9 & 6 & 6 & 6 \\ 7 & 17 & 12 & 14 & 9 \\ 15 & 14 & 6 & 6 & 10 \\ 4 & 10 & 7 & 10 & 9 \end{bmatrix}\begin{matrix} 7 \\ 6 \\ 7 \\ 6 \\ 4 \end{matrix}\Rightarrow\begin{bmatrix} 5 & 0 & 2 & 0 & 2 \\ 2 & 3 & 0 & 0 & 0 \\ 0 & 10 & 5 & 7 & 2 \\ 9 & 8 & 0 & 0 & 4 \\ 0 & 6 & 3 & 6 & 5 \end{bmatrix}$$

第二步，进行试指派，以寻求最优解。

(1) 从只有一个 0 元素的行(列)开始，给该 0 元素加圈，然后划去该 0 元素所在列(行)的其他 0 元素。

(2) 从只有一个 0 元素的列(行)开始，给该 0 元素加圈，然后划去该 0 元素所在行(列)的其他 0 元素。

(3) 重复(1)与(2)，直到所有的 0 元素都被圈出或划掉为止。

(4) 若仍有没圈出或划掉的 0 元素，且同行(列)的 0 元素至少有两个，从剩余 0 元素最少的行(列)开始，比较这行各 0 元素所在列中 0 元素的数目，选择 0 元素少的那列的这个 0 加圈，然后划掉同行同列的其他 0 元素。反复进行，直到所有 0 元素被圈出或划掉为止。

(5) 若圆圈的数目 $m$ 等于矩阵的阶数 $n$，则已得到最优解；若 $m<n$，则转入第三步。

$$\begin{bmatrix} \not{5} & \boxed{0} & 2 & \emptyset & 2 \\ 2 & 3 & \emptyset & \emptyset & \boxed{0} \\ \boxed{0} & 10 & 5 & 7 & 2 \\ 9 & 8 & \boxed{0} & \emptyset & 4 \\ \emptyset & 6 & 3 & 6 & 5 \end{bmatrix}, m=4, n=5$$

第三步，作最少的直线覆盖所有 0 元素，以确保在该系数矩阵中能找到最多的独立 0 元素。

(1) 对没有圈的行打√。

(2) 在打√的行中被划掉的 0 的列处打√。

(3) 对被打√的列中含圈的行打√。

(4) 重复上述两个步骤，直到不能打√为止。

(5) 对没有打√的行画一横线，对有打√ 的列画一纵线，就得到了覆盖所有 0 元素的最少直线数。

$$\begin{bmatrix} \not{5} & \boxed{0} & 2 & \emptyset & 2 \\ 2 & 3 & \emptyset & \emptyset & \boxed{0} \\ \boxed{0} & 10 & 5 & 7 & 2 \\ 9 & 8 & \boxed{0} & \emptyset & 4 \\ \emptyset & 6 & 3 & 6 & 5 \end{bmatrix}\begin{matrix} \\ \\ \checkmark \\ \\ \checkmark \end{matrix}$$

(6) 令直线数为 $k$，若 $k<n$，说明必须再变换当前的系数矩阵，才能找到 $n$ 个独立 0 元素，为此转第四步；若 $k=n$，而 $m<n$，应回到第二步的(4)，另行试探。

第四步，在没有被直线覆盖的部分中找出最小元素，然后在打√行各元素中都减去这个最小元素，而在打√列的各元素中都加上这个最小元素，以保证原来的 0 元素不变。

$$\begin{bmatrix} \not{5} & \boxed{0} & 2 & \emptyset & 2 \\ 2 & 3 & \emptyset & \emptyset & \boxed{0} \\ \boxed{0} & 10 & 5 & 7 & 2 \\ 9 & 8 & \boxed{0} & \emptyset & 4 \\ \emptyset & 6 & 3 & 6 & 5 \end{bmatrix}\begin{matrix} \\ \\ \checkmark \\ \\ \checkmark \end{matrix} \Rightarrow \begin{bmatrix} 7 & \boxed{0} & 2 & \emptyset & 2 \\ 4 & 3 & \boxed{0} & \emptyset & \emptyset \\ \emptyset & 8 & 3 & 5 & \boxed{0} \\ 11 & 8 & \emptyset & \boxed{0} & 4 \\ \boxed{0} & 4 & 1 & 4 & 3 \end{bmatrix}$$

在变换后的新的系数矩阵中，按第二步找出所有独立 0 元素。此时 $m=n=5$，得到最优解，最优解矩阵为

$$\begin{bmatrix} 0 & 1 & 0 & 0 & 0 \\ 0 & 0 & 1 & 0 & 0 \\ 0 & 0 & 0 & 0 & 1 \\ 0 & 0 & 0 & 1 & 0 \\ 1 & 0 & 0 & 0 & 0 \end{bmatrix}$$

对应的原效率矩阵为

$$\begin{bmatrix} 12 & 7 & 9 & 7 & 9 \\ 8 & 9 & 6 & 6 & 6 \\ 7 & 17 & 12 & 14 & 9 \\ 15 & 14 & 6 & 6 & 10 \\ 4 & 10 & 7 & 10 & 9 \end{bmatrix}$$

可得到最优值：$\min z = \sum_i \sum_j c_{ij} x_{ij} = 7 + 6 + 9 + 6 + 4 = 32$。

因此，最优指派方案为：甲做 B 任务，乙做 C 任务，丙做 E 任务，丁做 D 任务，戊做 A 任务。

### 5.5.3　几种特殊情况

1. 多重解

当指派问题的系数矩阵经过变换使同行和同列中都有两个或两个以上 0 元素时，可任选一行(列)中某一个 0 元素，再划去同行(列)的其他 0 元素，这时会出现多重解。

2. 非典型(标准)指派问题

1）极大化问题(最大值问题)

$$\max z = \sum_i \sum_j c_{ij} x_{ij}$$

$$b_{ij} = M - c_{ij}\ (M\ \text{为充分大的正数})$$

$$\min z' = \sum_i \sum_j b_{ij} x_{ij}$$

所得最小解即原问题的最大解：

$$\begin{aligned} \min z' &= \sum_i \sum_j b_{ij} x_{ij} \\ &= \sum_i \sum_j (M - c_{ij}) x_{ij} \\ &= \sum_i \sum_j M x_{ij} - \sum_i \sum_j c_{ij} x_{ij} \\ &= nM - \sum_i \sum_j c_{ij} x_{ij} \end{aligned}$$

此时效率矩阵进行转化，可先用矩阵中最大数减去矩阵中每一个元素，使其转化成最小问题，再用匈牙利法去求解。

2）人数与任务数不等

比如，由 4 个人去完成 3 项任务，需要补一列虚任务，换成 $n \times n$ 的效率矩阵才能继续使用匈牙利法进行求解。

$$\begin{bmatrix} 5 & 8 & 9 \\ 10 & 15 & 17 \\ 9 & 4 & 3 \\ 16 & 17 & 18 \end{bmatrix} \Rightarrow \begin{bmatrix} 5 & 8 & 9 & 0 \\ 10 & 15 & 17 & 0 \\ 9 & 4 & 3 & 0 \\ 16 & 17 & 18 & 0 \end{bmatrix}$$

3）不可接受的配置

当某人不能完成某项任务时，令其对应的效率为一个任意大的正数 $M$。

4）一个人可做几件事

若一个人可做几件事，则可将该人化作相同的几个“人”来接受指派。这几个相同的“人”做同一件事的费用系数当然都一样。

**例 5－13(非典型指派问题)**　某商业集团计划在市内 4 个点投资 4 个专业超市，考虑的商品有电器、服装、食品、家具及计算机 5 个类别。通过评估，家具超市不能放在第 3 个点，计算机超市不能放在第 4 个点，不同类别的商品投资到各点的年利润(万元)预测值如表 5-15 所示。问该商业集团如何做出投资决策，可使年利润最多(列出效率矩阵，不求解)。

**表 5-15　利润矩阵**

| 商品 | 地点 | | | |
|---|---|---|---|---|
| | 1 | 2 | 3 | 4 |
| 电器 | 120 | 300 | 360 | 400 |
| 服装 | 80 | 350 | 420 | 260 |
| 食品 | 150 | 160 | 380 | 300 |
| 家具 | 90 | 200 | 0 | 180 |
| 计算机 | 220 | 260 | 270 | 0 |

解：用利润矩阵中的最大值分别减去每一个利润值，即将该最大值问题转化成最小值问题，5 个商品只有 4 个地点，需要增加一虚拟地点，该地点不产生实际效益，故设置效益为 0，转化后的效率矩阵表如表 5-16 所示。

**表 5-16　效率矩阵表**

| 商品 | 地点 | | | | |
|---|---|---|---|---|---|
| | 1 | 2 | 3 | 4 | 5 |
| 电器 | 300 | 120 | 60 | 20 | 0 |
| 服装 | 340 | 70 | 0 | 160 | 0 |
| 食品 | 270 | 260 | 40 | 120 | 0 |
| 家具 | 330 | 220 | 420 | 240 | 0 |
| 计算机 | 200 | 160 | 150 | 420 | 0 |

## 复习思路提示

1. 掌握典型指派问题的假设和数学模型($n$ 个人，$n$ 项任务)。
2. 掌握效率矩阵的转化(行减、列减)，使各行各列都出现 0 元素。
3. 行列交替画圈，若圈数与矩阵阶数不同，则要进一步转化。
4. 牢记打√的规则，做出覆盖所有 0 元素的最少直线，对未覆盖处继续化出 0 元素。
5. 若出现行列中有相同数目的 0 元素的情况，则任选一个画圈进行试探即可。
6. 非典型指派问题通常要转换成典型指派问题去求解。
7. 近几年，整数线性规划建模考查频率变高，重点掌握几种常见的整数线性规划建模，尤其是 0-1 型整数线性规划建模。

# 06 第6章 网络计划

网络计划是运筹学中用于项目管理的重要工具。它通过绘制网络图，将项目分解为多个任务节点，用箭线表示任务间的先后逻辑关系。借助于关键路径法和计划评审技术，可精准定位关键任务、估算项目工期，实现资源的合理调配与进度的有效把控。本章将详细讲解网络计划的基本概念、绘制方法及应用技巧。

## 本章必会知识点

(1) 双代号网络计划图的绘制。

(2) 网络计划图的时间参数的计算，包括 $ES$、$EF$、$LS$、$LF$、$TF$、$FF$ 6 个参数。

(3) 寻找最短工期和关键路线的方法。

(4) 三点估计法以及计算工序完工时间的方差的方法。

(5) 网络优化中的时间-费用优化与时间-资源优化。

## 本章重难点

**重点：**

(1) 网络计划图的绘制。

(2) 网络计划图的时间参数的计算。

**难点：**

(1) 时间-费用优化。

(2) 时间-资源优化。

## 本章考情分析

网络计划技术在研究生入学考试中的考情特点如下。

1. 考试内容与题型

考试内容主要包括网络计划技术的基本概念、网络图的绘制（包括工序、事项和路线）、关键路径法（CPM）、计划评审技术（PERT）等。题型多为计算题和简答题，重点考查学生对网络图的绘制、对关键路径的识别以及项目时间优化的能力。

2. 考试难度与重要性

网络计划技术难度适中，但需要考生具备较强的逻辑思维能力并能理解项目管理。该部分在考试中通常占总分的 10%～15%，是管理类和工程类专业的重要考点。

3. 考试趋势与复习建议

近年来，考试更加注重考查学生对网络计划技术的应用能力，尤其是如何通过网络图优化项目进度和资源分配。复习时，建议考生重点掌握网络图的绘制方法、关键路径的计算以及如何利用网络计划技术进行项目优化。

# 6.1 网络计划图

## 6.1.1 网络计划技术概述

网络计划技术的基本思想是应用网络计划图来表示工程项目中计划要完成的各项工作，完成各项工作必然存在先后顺序及其相互依赖的逻辑关系，这些关系用节点、箭线来构成网络计划图。图 6－1 所示是网络计划图示例。

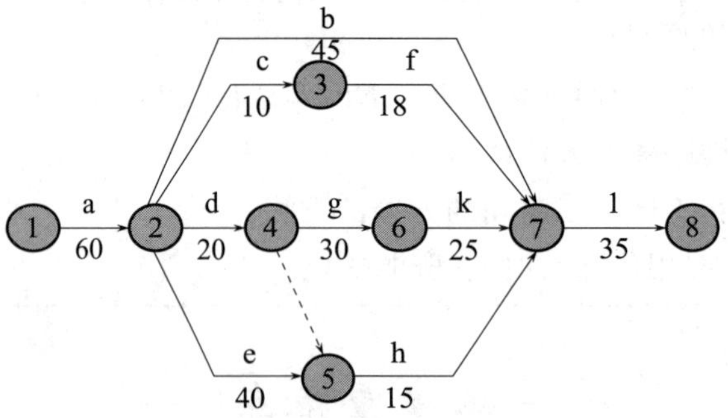


图 6－1 网络计划图示例

网络计划技术的基本原理主要是从需要管理的任务总进度着眼，以任务中各工作所需要的工时为时间因素，按照工作的先后顺序和相互关系绘制网络计划图，以反映任务全貌，实现管理过程的模型化。从左向右绘制网络计划图，表示工作进程，并标注工作名称、代号和工作持续时间等必要信息；然后进行时间参数计算，找出计划中的关键工作和关键路线，对任务的各项工作所需的人、财、物通过改善网络计划做出合理安排，得到最优方案并付诸实施。还可对各种评价指标进行定量化分析，在计划的实施过程中，进行有效的监督与控制，以保证任务保质保量地完成。

常用的网络计划技术包括关键路线法、计划评审技术、图示评审技术、风险评审技术等，如图 6－2 所示。

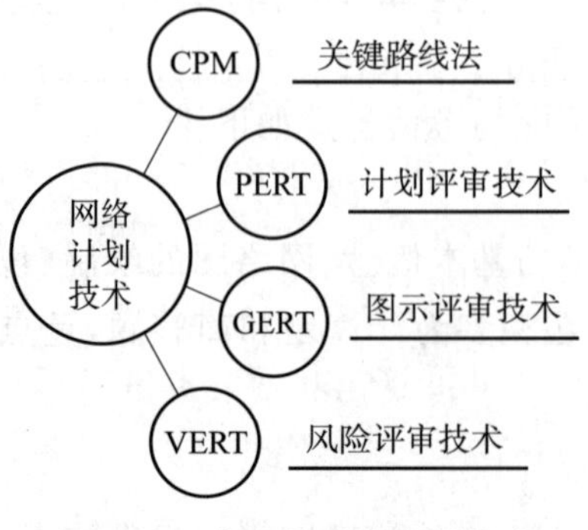


图 6－2 常用的网络计划技术

美国是网络计划技术的发源地，世界各国普遍认为网络计划技术是最行之有效的管理方法之一，能缩短工期 20%左右，节省成本 10%左右。20 世纪 60 年代，我国开始应用 CPM 与 PERT，并根据其基本原理与计划的表达形式称它们为网络技术或网络方法，又按照其主要特点——统筹安排，把这些方法称为统筹法。

网络计划技术适用于生产技术复杂、工作项目繁多，且联系紧密的一些跨部门的工作计划，如新产品研制开发、大型工程项目、生产技术准备、设备大修等计划。网络计划技术也适用于人力、物力、财力等资源的安排，如合理组织报表、文件流程等方面。

## 6.1.2　网络计划图的基本术语

1. 节点、箭线

节点、箭线是网络计划图的基本组成元素。箭线是一段带箭头的实射线或虚射线；节点是箭线两端的连接点。

2. 工作（也称工序、活动、作业）

将整个项目按需要粗细程度分解成若干需要耗费时间或需要耗费其他资源的子项目或单元，即工作。它们是网络计划图的基本组成部分。

3. 双代号网络计划图和单代号网络计划图

双代号网络计划图和单代号网络计划图是描述工程项目网络计划图的两种方式。在计算双代号网络计划图的时间参数时，可采用工作计算法和节点计算法。

在双代号网络计划图中，箭线表示工作，箭尾的节点表示工作的开始点，箭头的节点表示工作的完成点。箭线之间的连接顺序表示工作之间先后开工的逻辑关系。图 6－3 所示为双代号网络计划图示例。

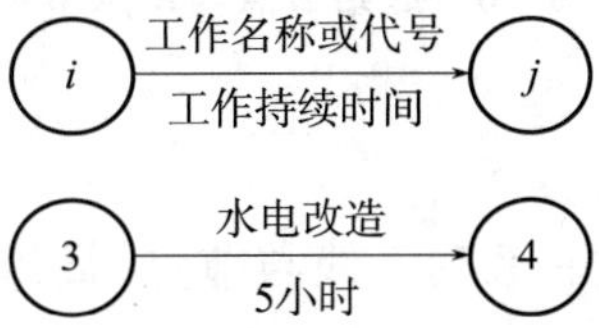


**图 6－3　双代号网络计划图示例**

在单代号网络计划图中，节点表示工作，箭线表示工作先后完成顺序的逻辑关系，并在节点中标注必须的信息。图 6－4 所示为单代号网络计划图示例。

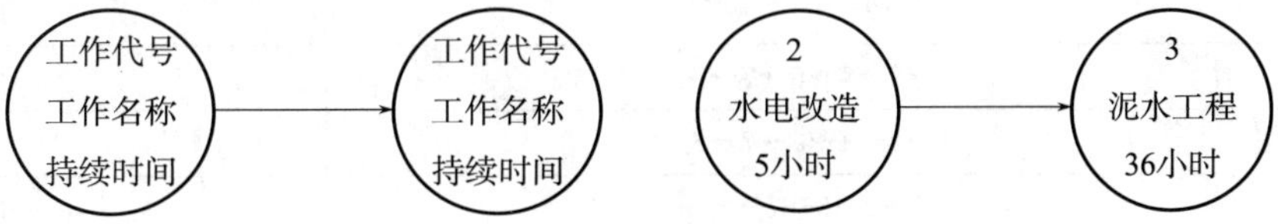


**图 6－4　单代号网络计划图示例**

4. 方向、时序与节点编号

网络计划图要从左向右绘制，在时序上反映各项工作的先后顺序。箭尾节点的编号必须小于箭头节点的编号，如图 6－5 所示。

5. 紧前工作与紧后工作

紧前工作表示紧排在本工作之前的工作，且开始或完成后才能开始本工作；紧后工作表示紧排在本工作之后的工作，且本工作开始或完成后，才能做的工作。

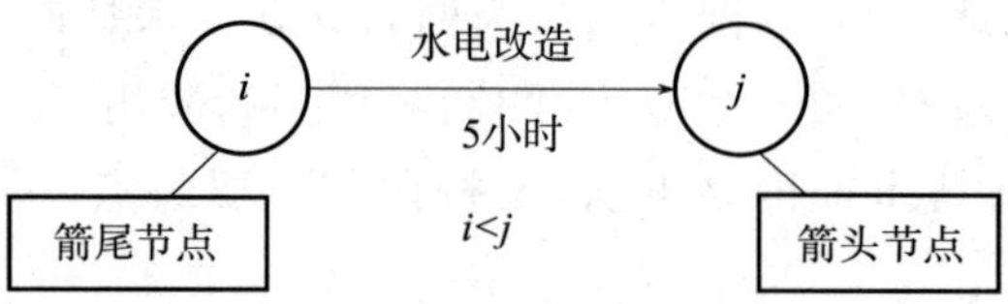


图 6-5 双代号网络计划图节点编号示例

6. 先行工作与后继工作

先行工作表示从起点至本工作之前在同一线路的所有工作；后继工作表示自本工作到终点节点在同一线路的所有工作。

7. 虚工作

虚工作是不占用时间，不消耗人力、资金等资源，只为了表示相邻工序之间的逻辑关系而虚设的工作。

8. 平行工作

平行工作是可与本工作同时进行的工作。

9. 起始节点与终点节点

网络计划图中只能有一个起始节点和终点节点，表示工程的开始和完成，如图 6-6 所示。

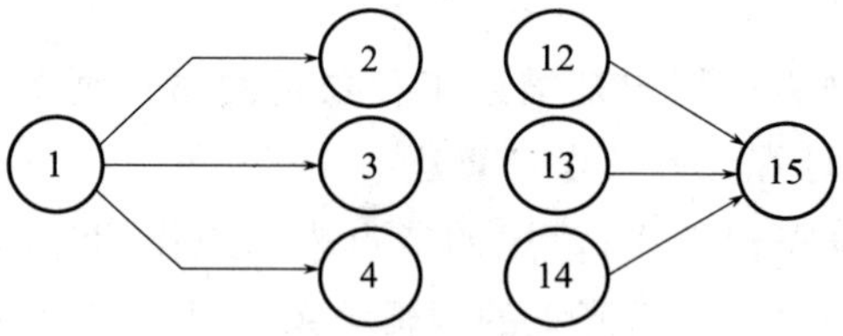


图 6-6 起始节点与终点节点

10. 线路

线路是指从起始节点沿箭线方向通过一系列箭线与节点，最后到达终点节点的通路。以图 6-1 为例，该图中共有 5 条线路，如表 6-1 所示。

表 6-1 图 6-1 中的 5 条线路

| 线路 | 线路的组成 | 持续时间之和 |
|---|---|---|
| 1 | 1→2→7→8 | 140 |
| 2 | 1→2→3→7→8 | 123 |
| 3 | 1→2→4→6→7→8 | 170 |
| 4 | 1→2→4→5→7→8 | 130 |
| 5 | 1→2→5→7→8 | 150 |

关键路线是持续时间最长的线路，也称为主要矛盾线。其上的各工作为关键工作，其持续时间决定了整个项目的工期。在图 6-1 所示的网络计划图中，线路 3(持续时间之和为 170 天)就是其关键路线。

## 6.1.3 网络计划图的绘制规则

(1) 相邻两节点只能由一条箭线连接，否则会造成逻辑上的混乱，如图 6-7 所示。

(2) 网络计划图中不能有缺口和回路。在网络计划图中严禁出现从一个节点出发，顺箭线方向又回到原出发节点，形成回路的情况。若网络计划图中出现回路，则表示这项工作永远不能完成(图 6-8)；若网络计划图中出现缺口，则表示这项工作永远达不到终点，工作无法完成。

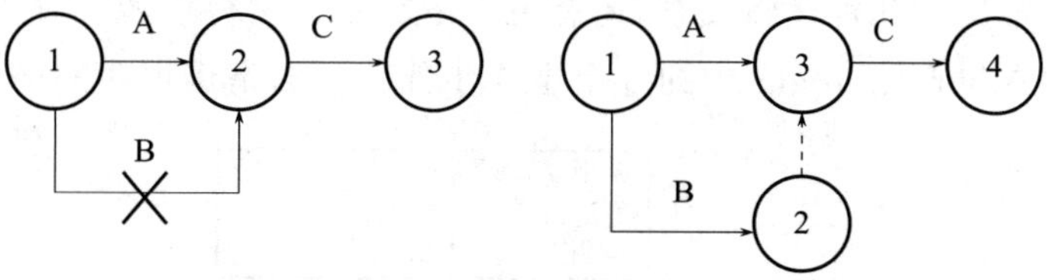


图 6－7　箭线绘制规则

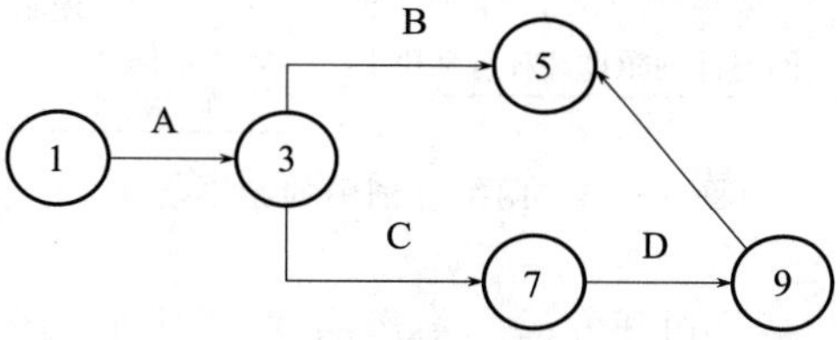


图 6－8　回路

(3) 尽可能将关键路线布置在图的中心位置，按工作的先后顺序将联系紧密的工作布置在邻近位置。网络计划图根据层级不同还可划分为对应于决策领导层的总网络图(母网络)、对应于不同管理层的分级网络图(子网络)，以及对应于各专业部门的局部网络图(子网络)。

## 6.1.4　网络计划图的绘制步骤

网络计划图中常见的逻辑关系如下。

第一种，A 工作完成后 B 工作才能开始，如图 6－9 所示。

第二种，A 工作完成后，B 和 C 工作才能开始，且 B 和 C 工作完成后 D 工作才能开始，如图 6－10 所示。

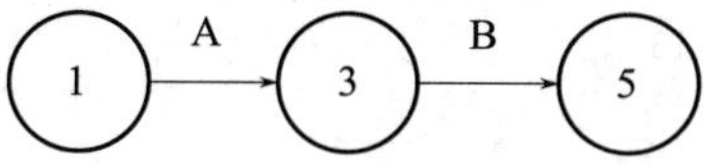


图 6－9　逻辑关系 1

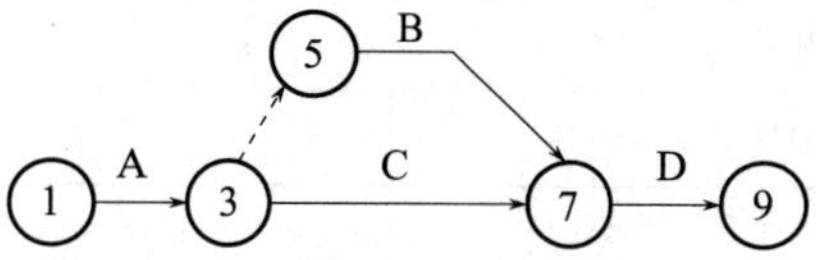


图 6－10　逻辑关系 2

第三种，A 和 B 工作均完成后，C 和 D 工作才能开始，如图 6－11 所示。

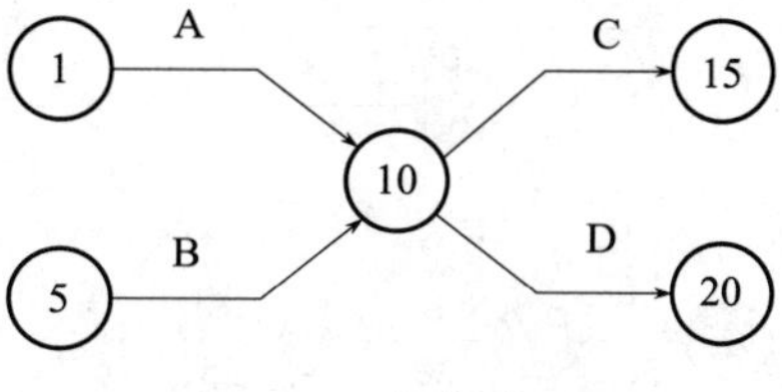


图 6－11　逻辑关系 3

第四种，A 和 B 工作均完成后，C 工作才能开始，而 B 工作完成后 D 工作才能开始，如图 6－12 所示。

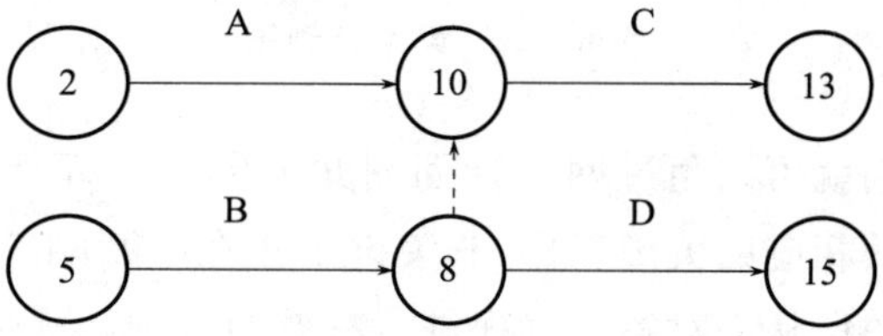


图 6－12　逻辑关系 4

以上是网络计划图中常见的几种逻辑关系，还有更多逻辑关系留待读者在具体计划中再分析和总结。

网络计划图的绘制通常包含图 6-13 中的 3 个主要步骤。下面举例说明网络计划图的绘制。

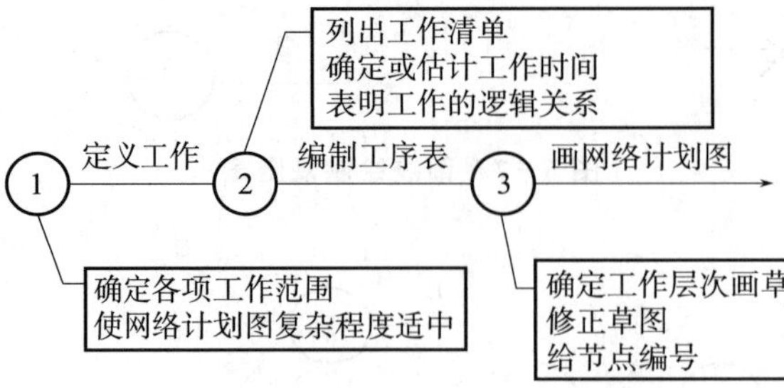


**图 6-13　网络计划图的绘制步骤**

**例 6-1(网络计划图的绘制)**　某公司开发一个新产品，需要完成的各项工作与所需时间以及它们之间的相互逻辑关系如表 6-2 所示。要求绘制该项工程的网络计划图。

**表 6-2　各项工作信息**

| 工作 | 代号 | 时间 | 紧后工作 |
|---|---|---|---|
| 产品设计与工艺设计 | a | 60 | b,c,d,e |
| 外购配套件 | b | 45 | l |
| 下料、锻件 | c | 10 | f |
| 工装制造 1 | d | 20 | g,h |
| 木模、铸件 | e | 40 | h |
| 机械加工 1 | f | 18 | l |
| 工装制造 2 | g | 30 | k |
| 机械加工 2 | h | 15 | l |
| 机械加工 3 | k | 25 | l |
| 装配调试 | l | 35 | — |

解：根据表 6-2 可绘制图 6-14。

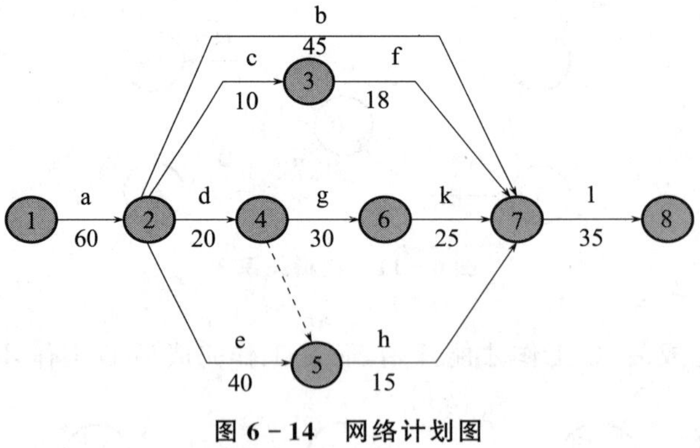


**图 6-14　网络计划图**

一旦绘制出网络计划图，我们就可以通过网络计划图知道完成工程项目所需的最少时间；每项工作的开始与结束时间；关键路线及与其相应的关键工作；非关键工作在不影响工程完成的前提下，其开始与结束时间可以推迟多久等关键参数信息，从而对整个工程进行有效的管理和优化。

## 复习思路提示

1. 掌握工作间不同逻辑关系的处理方法。

2. 当画图发现一些很难处理的逻辑关系时，多数需要添加虚工作。

3. 草图修正后，还需要查看是否添加了多余的虚工作，应及时去除（以免计算时间参数时，计算量增大）。

4. 网络计划图画完后，应依照工作表再次检查工作的逻辑关系，这样可避免由于网络计划图画错导致的后续时间参数计算错误。

# 6.2　时间参数计算

## 6.2.1　关键路线

关键路线是网络计划图中最重要的部分，它决定了整个项目的最短完成时间。关键路线上的活动都是关键活动，任何关键活动的延误都会导致整个项目的延期。因此，需要特别关注关键路线上的活动，确保它们按时完成。（注：很多读者会误认为最短路线才是关键路线，其实是与“关键路线决定了最短工期”混淆了。）

在图 6－14 所示的网络计划图中，170 天线路就是其关键路线。

## 6.2.2　时间参数的计算

1. 工作持续时间的计算

1）单时估计法（关键路线法）

$$D=\frac{Q}{RSn}$$

其中，$Q$ 为工作的工作量，$R$ 为可投入人力和设备，$S$ 为每人或每台设备每工作班能完成的工作量，$n$ 为每天正常工作班数。

2）三时估计法（计划评审技术）

悲观时间 $b$：在不顺利的情况下，完成工作所需要的最多时间。

乐观时间 $a$：在顺利的情况下，完成工作所需要的最少时间。

最可能时间 $m$：在正常情况下，完成工作所需要的时间。

根据经验，三点时间的概率分布近似于正态分布，则某工作的作业时间为 $D=\frac{a+4m+b}{6}$，方差为 $\sigma^2=\left(\frac{b-a}{6}\right)^2$。

2. 节点计算法（事项时间）

1）事项最早时间

若事项为某一工作的箭尾事项，事项最早时间为各工作的最早可能开始时间；若事项为某一或若干工作的箭头事项，事项最早时间为各工作的最早可能完成时间，如图 6－15 所示。

事项最早时间通常按箭头事项计算，用 $T_E(j)$ 表示，它等于从始点事项起到本事项最长路线的时间长度，如图 6 - 16 所示。

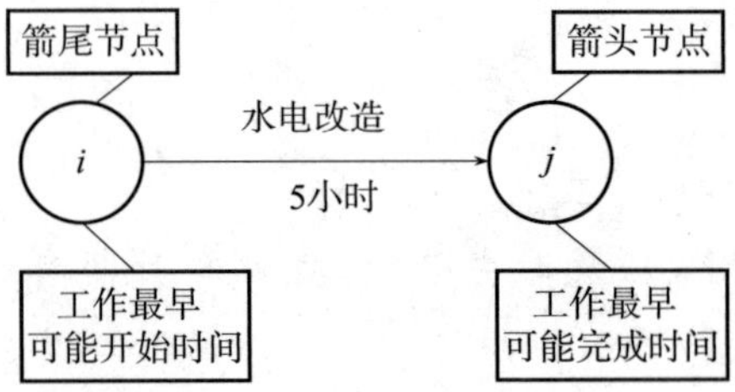


图 6 - 15　事项最早时间示例

图 6 - 16　事项最早时间的计算

假定始点事项的最早时间等于零，则

$$T_E(1)=0$$

$$T_E(j)=\max\{T_E(i)+D_{i-j}\},j=2,3,\cdots,n$$

其中，$T_E(j)$ 为箭头事项的最早时间，$T_E(i)$ 为箭尾事项的最早时间。

当同时有两个或若干个箭线指向箭头事项时，选择各相关工作的箭尾事项最早时间与各自工作持续时间之和的最大值作为该箭头事项的最早时间。以图 6 - 17 为例，其事项最早时间的计算过程如下：

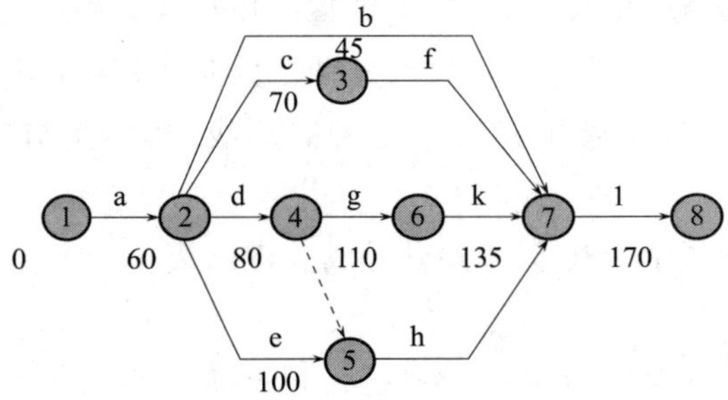


图 6 - 17　例 6 - 1 网络计划图

$$T_E(1)=0$$
$$T_E(2)=T_E(1)+D_{1-2}=0+60=60$$
$$T_E(3)=T_E(2)+D_{2-3}=60+10=70$$
$$T_E(4)=T_E(2)+D_{2-4}=60+20=80$$
$$T_E(5)=\max\{T_E(2)+D_{2-5},T_E(4)+D_{4-5}\}$$
$$=\max\{60+40,80+0\}=100$$
$$T_E(6)=T_E(4)+D_{4-6}=80+30=110$$
$$T_E(7)=\max\{T_E(2)+D_{2-7},T_E(3)+D_{3-7},T_E(6)+D_{6-7},T_E(5)+D_{5-7}\}$$
$$=\max\{105,88,135,115\}=135$$
$$T_E(8)=T_E(7)+D_{7-8}=135+35=170$$

2）事项最迟时间

若事项为某一工作的箭尾事项，事项最迟时间为各工作的最迟可能开始时间；若事项为某一或若干工作的箭头事项，事项最迟时间为各工作的最迟可能完成时间，如图 6 - 18 所示。

为了尽量缩短工程的完工时间，把终点事项的最早时间，即工程的最早完成时间作为终点事项的最迟时间。事项最迟时间通常按箭尾事项的最迟时间计算，用 $T_L(i)$ 表示，从右向左反顺序进行，如图 6 - 19 所示。

当箭尾事项同时引出两条以上箭线时，该箭尾事项的最迟时间必须同时满足这些工作的最迟必须开始时间，即在这些工作的最迟必须开始时间中选一个最早(时间值最小)的时间。

$$T_L(n)=T_E(n), n \text{ 为终点事项}$$

$$T_L(i)=\min\{T_L(j)-D_{i-j}\}, i=n-1,\dots,2,1$$

式中，$T_L(i)$ 为箭尾事项的最迟时间，$T_L(j)$ 为箭头事项的最迟时间。

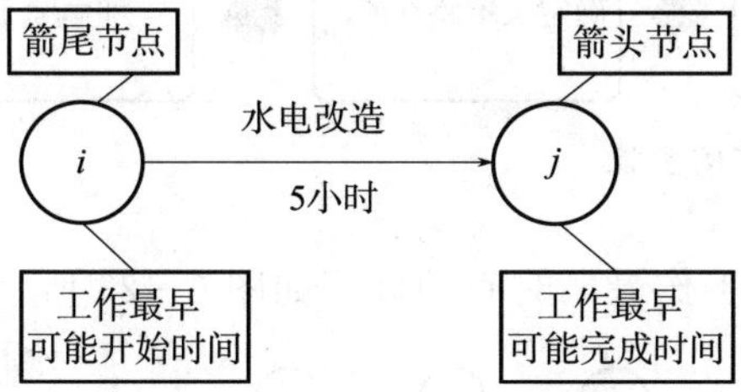


图 6－18　事项最迟时间示例

图 6－19　事项最迟时间的计算

以图 6－17 为例，事项最迟时间的计算过程如下：

$T_L(8)=T_E(8)=170$

$T_L(7)=T_L(8)-D_{7-8}=170-35=135$

$T_L(6)=T_L(7)-D_{6-7}=135-25=110$

$T_L(5)=T_L(7)-D_{5-7}=135-15=120$

$T_L(4)=\min\{T_L(6)-D_{4-6}, T_L(5)-D_{4-5}\}$

$\quad=\min\{110-30, 120-0\}=80$

$T_L(3)=T_L(7)-D_{3-7}=135-18=117$

$T_L(2)=\min\{T_L(7)-D_{2-7}, T_L(3)-D_{2-3}, T_L(4)-D_{2-4}, T_L(5)-D_{2-5}\}$

$\quad=\min\{90, 107, 60, 80\}=60$

$T_L(1)=T_L(2)-D_{1-2}=60-60=0$

将事项最早时间“□”与事项最迟时间“△”分别标注在网络计划图上，如图 6－20 所示。

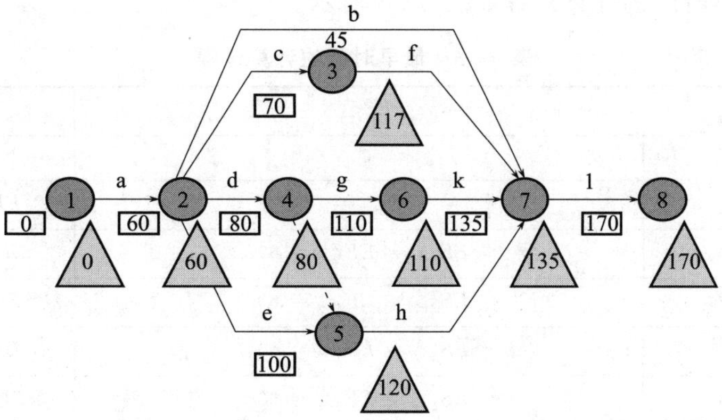


图 6－20　事项时间的计算

3．工作计算法(工作的 4 种时间)

工作计算法的步骤如图 6－21 所示。

1) $ES$，$EF$ 的计算

工作最早开始时间 $ES$、工作最早完成时间 $EF$ 的计算：

• 第一项工作的最早开始时间为 0，即 $ES_{1-j}=0$(起始点为 1)。

- 第一项工作的最早完成时间为 $EF_{1-j}=ES_{1-j}+D_{1-j}$。
- 中间某项工作的最早开始时间为其紧前工作最早完成时间，即 $ES_{i-j}=EF_{h-i}$。
- 中间某项工作的最早完成时间为 $EF_{i-j}=ES_{i-j}+D_{i-j}$。

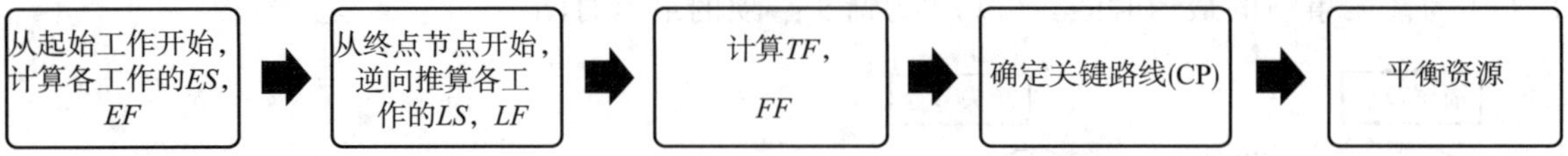


图 6-21　工作计算法的步骤

第一项工作最早时间的计算如图 6-22 所示，中间某项工作最早时间的计算如图 6-23 所示。

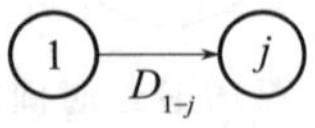


图 6-22　第一项工作最早时间的计算

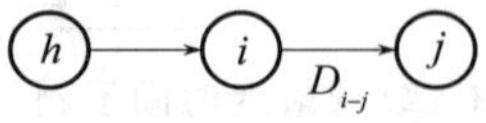


图 6-23　中间某项工作最早时间的计算

某工作若存在很多项紧前工作(如图 6-24 所示)，则只能在这些紧前工作都完成后才能开始，因此该工作的最早开始时间为 $ES_{i-j}=\max(EF_{h-i})=\max(ES_{h-i}+D_{h-i})$。

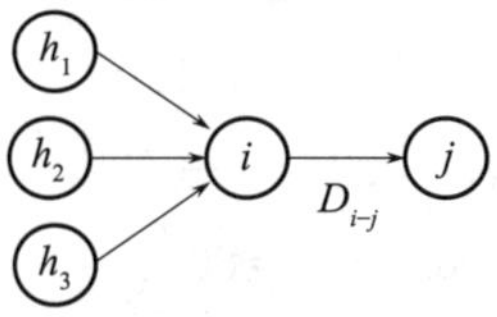


图 6-24　有多个紧前工作的工作最早开始时间的计算

工作最早开始时间 $ES$：指在工作网络中，某项工作可以开始的最早时间。它取决于所有紧前工作的最早完成时间。换句话说，$ES$ 是紧前工作完成后，当前工作能够立即开始的时间点。

工作最早完成时间 $EF$：指在工作网络中，某项工作能够完成的最早时间。它等于该工作的最早开始时间加上其持续时间。$EF$ 是衡量项目进度的关键指标之一。

以图 6-17 为例，最早时间的计算过程如表 6-3 所示。

表 6-3　最早时间的计算过程

| 工作 $i-j$ | $D_{i-j}$ | $ES_{i-j}$ | $EF_{i-j}$ |
|---|---|---|---|
| ① | ② | ③ | ④=③+② |
| A(1−2) | 60 | $ES_{1-2}=0$ | $EF_{1-2}=ES_{1-2}+D_{1-2}=60$ |
| B(2−7) | 45 | $ES_{2-7}=EF_{1-2}=60$ | $EF_{2-7}=ES_{2-7}+D_{2-7}=105$ |
| C(2−3) | 10 | $ES_{2-3}=EF_{1-2}=60$ | $EF_{2-3}=ES_{2-3}+D_{2-3}=70$ |
| D(2−4) | 20 | $ES_{2-4}=EF_{1-2}=60$ | $EF_{2-4}=ES_{2-4}+D_{2-4}=80$ |
| E(2−5) | 40 | $ES_{2-5}=EF_{1-2}=60$ | $EF_{2-5}=ES_{2-5}+D_{2-5}=100$ |
| $E_1$(4−5) | 0 | $ES_{4-5}=EF_{2-4}=80$ | $EF_{4-5}=ES_{4-5}+D_{4-5}=80$ |
| F(3−7) | 18 | $ES_{3-7}=EF_{2-3}=70$ | $EF_{3-7}=ES_{3-7}+D_{3-7}=88$ |
| G(4−6) | 30 | $ES_{4-6}=EF_{2-4}=80$ | $EF_{4-6}=ES_{4-6}+D_{4-6}=110$ |
| H(5−7) | 15 | $ES_{5-7}=\max(EF_{2-5},EF_{4-5})=100$ | $EF_{5-7}=ES_{5-7}+D_{5-7}=115$ |
| K(6−7) | 25 | $ES_{6-7}=EF_{4-6}=110$ | $EF_{6-7}=ES_{6-7}+D_{6-7}=135$ |
| L(7−8) | 35 | $ES_{7-8}=\max(EF_{2-7},EF_{3-7},EF_{5-7},EF_{6-7})=135$ | $EF_{7-8}=ES_{7-8}+D_{7-8}=170$ |

2) $LS$,$LF$ 的计算

工作最迟开始时间 $LS$、工作最迟完成时间 $LF$ 的计算：

- 最后一项工作的最迟完成时间应由工程的计划工期确定。如未给定，可令其等于其最早完成时间，即 $LF_{i-n}=EF_{i-n}$(终点为 $n$)。
- 最后一项工作的最迟开始时间为 $LS_{i-n}=LF_{i-n}-D_{i-n}$。
- 中间某项工作的最迟完成时间为其紧后工作的最迟开始时间，即 $LF_{i-j}=LS_{j-k}$。
- 中间某项工作的最迟开始时间为 $LS_{i-j}=LF_{i-j}-D_{i-j}$。

最后一项工作最迟开始时间的计算如图 6－25 所示，中间某项工作最迟开始时间的计算如图 6－26 所示。

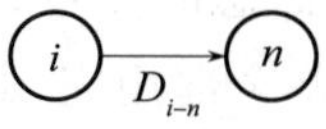


**图 6－25　最后一项工作最迟开始时间的计算**

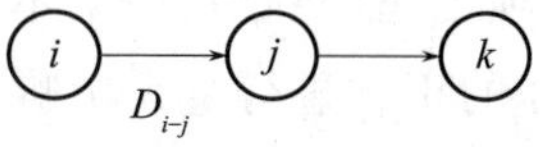


**图 6－26　中间某项工作最迟开始时间的计算**

计算某项工作的 $LF$ 时，若存在多项紧后工作(见图 6－27)，则该工作应在其紧后工作中 $LS$ 最小的那项工作之前完成，即 $LF_{i-j}=\min(LS_{j-k})=\min(LF_{j-k}-D_{j-k})$。

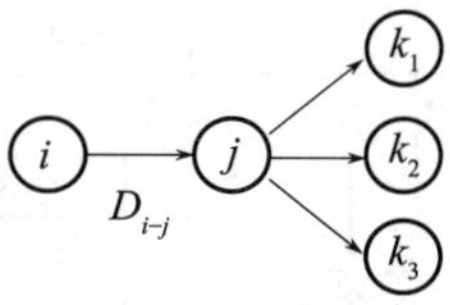


**图 6－27　有多项紧后工作的工作最迟完成时间的计算**

工作最迟开始时间 $LS$：指在工作网络中，某项工作必须开始的最迟时间，而不影响整个项目的最短完成时间。$LS$ 是通过该工作最迟完成时间减去当前工作的持续时间来计算的。

工作最迟完成时间 $LF$：指在工作网络中，某项工作必须完成的最迟时间，以避免延误整个项目的最短完成时间。$LF$ 等于该工作的最迟开始时间加上其持续时间。

以图 6－17 为例，最迟时间的计算过程如表 6－4 所示。

**表 6－4　最迟时间的计算过程**

| 工作 $i-j$ | $D_{i-j}$ | $LF_{i-j}$ | $LS_{i-j}$ |
|---|---|---|---|
| ① | ② | ⑤ | ⑥=⑤－② |
| E′(4－5) | 0 | $LF_{4-5}=LS_{5-7}=120$ | $LS_{4-5}=LF_{4-5}-D_{4-5}=120$ |
| F(3－7) | 18 | $LF_{3-7}=LS_{7-8}=135$ | $LS_{3-7}=LF_{3-7}-D_{3-7}=117$ |
| G(4－6) | 30 | $LF_{4-6}=LS_{6-7}=110$ | $LS_{3-7}=LF_{3-7}-D_{3-7}=117$ |
| H(5－7) | 15 | $LF_{5-7}=LS_{7-8}=135$ | $LS_{5-7}=LF_{5-7}-D_{5-7}=120$ |
| K(6－7) | 25 | $LF_{6-7}=LS_{7-8}=135$ | $LS_{6-7}=LF_{6-7}-D_{6-7}=110$ |
| L(7－8) | 35 | $LF_{7-8}=EF_{7-8}=170$ | $LS_{7-8}=LF_{7-8}-D_{7-8}=135$ |
| A(1－2) | 60 | $LF_{1-2}=\min(LS_{2-7},LS_{2-3},LS_{2-4},LS_{2-5})=60$ | $LS_{1-2}=LF_{1-2}-D_{1-2}=0$ |
| B(2－7) | 45 | $LF_{2-7}=LS_{7-8}=135$ | $LS_{2-7}=LF_{2-7}-D_{2-7}=90$ |
| C(2－3) | 10 | $LF_{2-3}=LS_{3-7}=117$ | $LS_{2-3}=LF_{2-3}-D_{2-3}=107$ |
| D(2－4) | 20 | $LF_{2-4}=\min(LS_{4-6},LS_{4-5})=80$ | $LS_{2-4}=LF_{2-4}-D_{2-4}=60$ |
| E(2－5) | 40 | $LF_{2-5}=LS_{5-7}=120$ | $LS_{2-5}=LF_{2-5}-D_{2-5}=80$ |

3）$TF$，$FF$ 的计算

总时差（$TF$）是指在不影响工期的前提下，工作所具有的机动时间，即工作最早开始（或完成）时间可以推迟的时间：

$$TF_{i-j}=LS_{i-j}-ES_{i-j}=LF_{i-j}-EF_{i-j}$$

虽然总时差是对某一项工作而言的，但它的影响却是全局的，这也是称之为“总时差”的原因。任何工作的总时差范围超过一天则整个工程将延期一天。

自由时差（$FF$）是指在不影响其紧后工作最早开始时间的前提下，工作所具有的机动时间，即工作最早完成时间可以推迟的时间：

$$FF_{i-j}=ES_{j-k}-EF_{i-j}$$

自由时差只能在本项工作中利用，如果不用也不能让给紧后工作，而总时差可以部分让给后续工作使用；自由时差对紧后工作的正常进行毫无影响，即使某项工作的自由时差全部用完，其紧后工作并不会推迟开工。它使得各个施工单位的工作可以独立地按计划进行。

各工作时间的网络时间关系如图 6－28 所示。

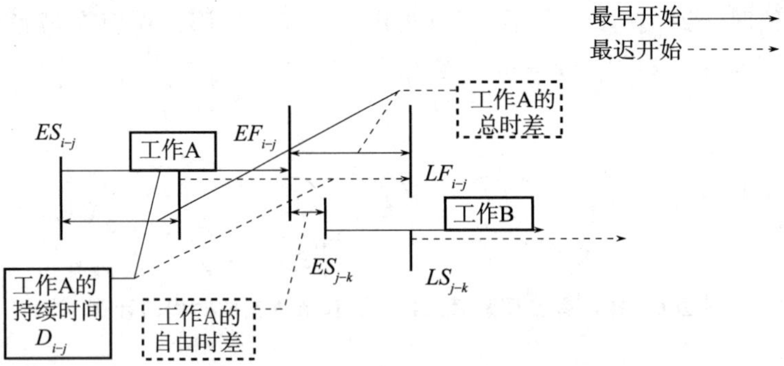


**图 6－28　各工作时间的网络时间关系**

以图 6－17 为例，其所有工作时间的计算如表 6－5 所示。

**表 6－5　所有工作时间的计算**

| 工作 $i-j$ | $D_{i-j}$ | $ES_{i-j}$ | $EF_{i-j}$ | $LS_{i-j}$ | $LF_{i-j}$ | $TF_{i-j}$ | $FF_{i-j}$ |
|---|---|---|---|---|---|---|---|
| A(1－2) | 60 | 0 | 11 | 11 | 60 | 0 | 0 |
| B(2－7) | 45 | 60 | 105 | 90 | 135 | 30 | 30 |
| C(2－3) | 10 | 60 | 70 | 107 | 117 | 47 | 47 |
| D(2－4) | 20 | 60 | 80 | 60 | 80 | 0 | 0 |
| E(2－5) | 40 | 60 | 100 | 80 | 120 | 20 | 20 |
| F(3－7) | 18 | 70 | 88 | 117 | 135 | 47 | 47 |
| G(4－6) | 30 | 80 | 110 | 80 | 110 | 0 | 0 |
| H(5－7) | 15 | 100 | 115 | 120 | 135 | 20 | 20 |
| K(6－7) | 25 | 110 | 135 | 110 | 135 | 0 | 0 |
| L(7－8) | 35 | 135 | 170 | 135 | 170 | 0 | 0 |

上述计算方法称为表格计算法，如果网络计划图不太复杂，也可以用图 6－29 所示的图上计算法进行计算。

从图 6－29 中很容易看出来，此时关键路线为 a－d－g－k－l，最短工期为 170 天。

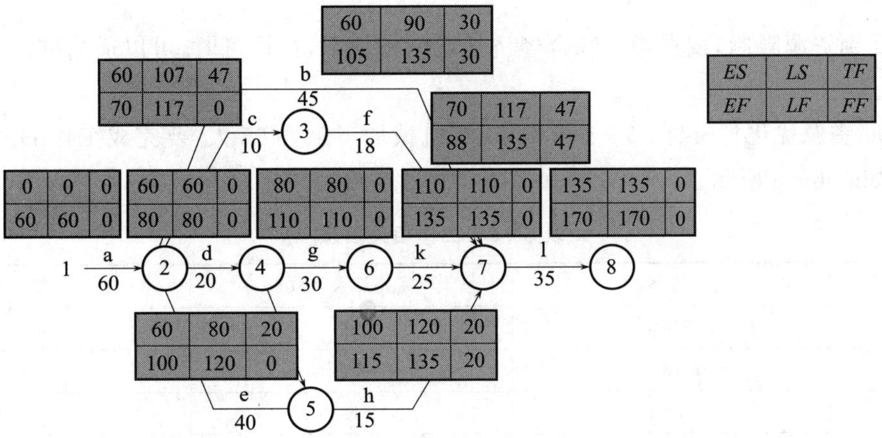


**图 6－29　图上计算法**

## 复习思路提示

1. 重点掌握 $ES$, $EF$, $LS$, $LF$, $TF$ 和 $FF$ 的计算。

2. 当题中要求求出所有工作的所有时间时，建议用表格计算法，而当题中只要求求出某工作的时间参数时，优先用图上计算法(网络计划图不复杂的话)。

3. 总时差为 0 的工作为关键工作，其决定了关键路线和最短工期。

4. 关键路线在时间上没有回旋余地，即每个关键工作应满足"$ES = LS$"的条件，而非关键工作有富余时间。

# 6.3　网络计划优化

绘制网络计划图，计算时间参数，确定关键路线后，仅会得到一个初始计划方案，还需要根据上级要求和实际资源的配置，对初始方案进行调整和完善，即进行网络计划优化。目标是综合考虑进度，合理利用资源，降低费用。

## 6.3.1　工期优化

当网络计划图的计算工期大于上级要求的工期时，必须根据计划的进度，缩短工程项目的完工工期。通常有以下两种措施。

措施一：采取技术措施，提高工效，缩短关键工作的持续时间，使关键路线的时间缩短。

措施二：采取组织措施，充分利用非关键工作的总时差，合理调配人力、物力和资金等资源。(增加对关键工作的投入，以便缩短关键工作的持续时间，实现工期的缩短。)

## 6.3.2　时间-资源优化

绘制初始网络计划图后，需要考虑在项目工期不变的条件下，均衡地利用资源。时间-资源优化通常用计算机进行处理，步骤如下。

(1) 优先安排关键工作所需要的资源。

(2) 利用非关键工作的总时差，错开各工作的开始时间，避开在同一时区内集中使用同一资源，以免出现高峰。

(3) 在确实受到资源限制，或在考虑综合经济效益的条件下，在许可时，可以适当推迟工程的工期，实现错开高峰的目的。

**例 6-2(时间-资源优化)** 以图 6-1 为例，现有机械加工工人 65 人，要完成工作 D、F、G、H、K。各工作需要工人人数如表 6-6 所示。

**表 6-6 工作相关信息**

| 工作 | 持续时间/天 | 需要工人人数 | 总时差 $TF$ |
|---|---|---|---|
| D | 20 | 58 | 0 |
| F | 18 | 22 | 47 |
| G | 30 | 42 | 0 |
| H | 15 | 39 | 20 |
| K | 25 | 26 | 0 |

分析：由于机械加工工人人数的限制，假设这些工作都是按最早开始时间安排的，在完成各关键工作的 75 天工期中，每天需要的机械加工工人人数如图 6-30 所示。

$$D: ES_{2-4} = EF_{1-2} = 60$$

$$F: ES_{3-7} = EF_{2-3} = 70$$

$$G: ES_{4-6} = EF_{2-4} = 80$$

$$H: ES_{5-7} = \max(EF_{2-5}, EF_{4-5}) = 100$$

$$K: ES_{6-7} = EF_{4-6} = 110$$

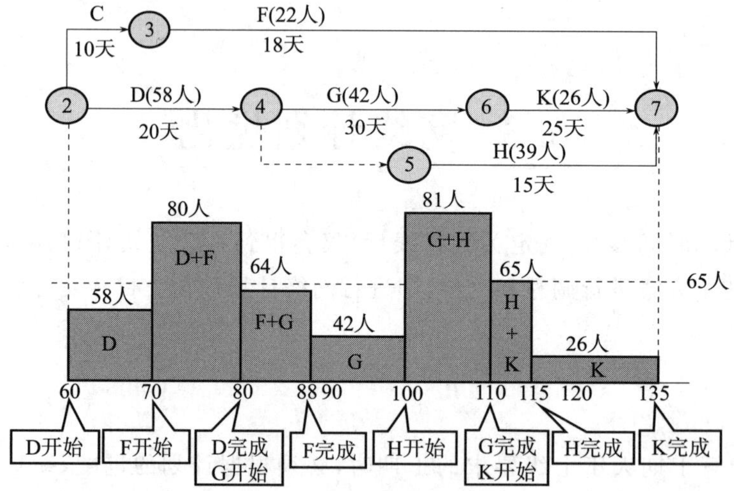


**图 6-30 时间-资源优化前**

由于超过了现有机械加工工人的人数限制，必须进行调整。非关键工作 $F$（总时差 $TF=47$），$H$（总时差 $TF=20$）有机动时间，将两者延迟 10 天，可避开人力资源负荷的高峰。调整后如图 6-31 所示。

由图 6-31 可知，调整后，机械加工工人不超过 65 人，满足机械加工工人人数的限制。

## 6.3.3 时间-费用优化

一般情况下，项目总费用包括间接费用和直接费用。其中，直接费用包括生产工人的工资及附加费、设备费、能源费、工具费及材料消耗费等直接与完成工作有关的费用。工期越短，直接费用越多。间接费用包括管理人员的工资、办公费用、场地设备租用费等，一般按工期的长度进行分摊。工期越长，间接费用越多。

三者的关系如图 6-32 所示。

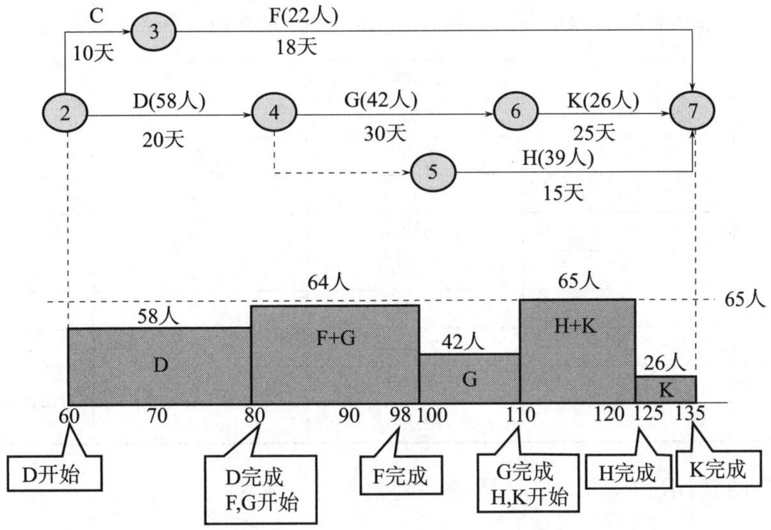


**图 6-31　时间-资源优化后**

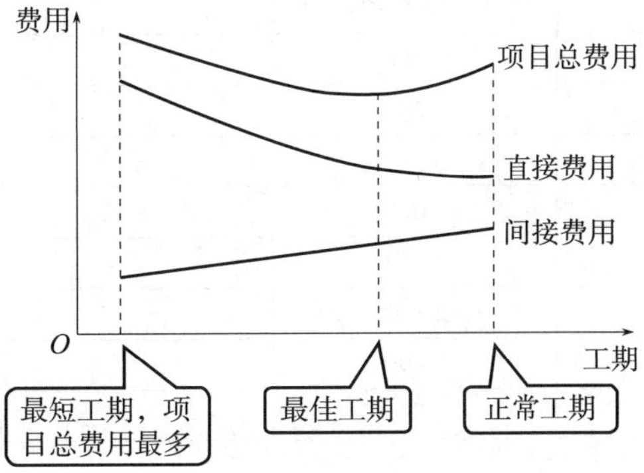


**图 6-32　项目总费用、直接费用和间接费用的关系**

时间-费用优化的步骤如下。

1）计算费用率

费用率是指缩短工作持续时间每一单位时间所需要增加的费用。按工作的正常持续时间计算各关键工作的费用率。

$$\Delta C_{i-j}=\frac{CC_{i-j}-CN_{i-j}}{DN_{i-j}-DC_{i-j}}$$

其中：$\Delta C_{i-j}$ 为工作 $i-j$ 的费用率；$CC_{i-j}$ 为将工作 $i-j$ 缩减成最短持续时间后，完成该工作所需的直接费用；$CN_{i-j}$ 为在正常条件下完成工作 $i-j$ 所需的直接费用；$DN_{i-j}$ 为工作 $i-j$ 的正常持续时间；$DC_{i-j}$ 为工作 $i-j$ 最短持续时间。

2）缩短费用率最低的关键工作的持续时间

在网络计划图中，找出费用率最低的一项关键工作或一组关键工作作为缩短持续时间的对象。其缩短后的值不能小于最短持续时间，且该工作不能成为非关键工作。

3）计算相应增加的总费用

使得工程费最低的工程完工时间称为最低成本日程。

**例 6-3(时间-费用优化)**　已知某项目的间接费用为每天 400 元，其他时间、费用信息如表 6-7 所示。

**表 6-7　其他时间、费用信息**

| 序号 | 工作代号 | 正常持续时间/天 | 直接费用/元 | 最短工作时间/天 | 最短工作时间时对应的直接费用 |
|---|---|---|---|---|---|
| 1 | A | 60 | 10 000 | 60 | 10 000 |
| 2 | B | 45 | 4 500 | 30 | 6 300 |
| 3 | C | 10 | 2 800 | 5 | 4 300 |
| 4 | D | 20 | 7 000 | 10 | 11 000 |
| 5 | E | 40 | 10 000 | 35 | 12 500 |
| 6 | F | 18 | 3 600 | 10 | 5 440 |
| 7 | G | 30 | 9 000 | 20 | 12 500 |
| 8 | H | 15 | 3 750 | 10 | 5 750 |
| 9 | K | 25 | 6 250 | 15 | 9 150 |
| 10 | L | 35 | 12 000 | 35 | 12 000 |

解：(1)计算各工序的费用率(表 6-8 中最后一列)。

**表 6-8　计算各工序的费用率**

| 序号 | 工作代号 | 正常持续时间/天 | 正常持续时间时对应的直接费用/元 | 最短工作时间/天 | 最短工作时间时对应的直接费用/元 | 费用率/(元·天$^{-1}$) |
|---|---|---|---|---|---|---|
| 1 | A | 60 | 10 000 | 60 | 10 000 | — |
| 2 | B | 45 | 4 500 | 30 | 6 300 | 120 |
| 3 | C | 10 | 2 800 | 5 | 4 300 | 300 |
| 4 | D | 20 | 7 000 | 10 | 11 000 | 400 |
| 5 | E | 40 | 10 000 | 35 | 12 500 | 500 |
| 6 | F | 18 | 3 600 | 10 | 5 440 | 230 |
| 7 | G | 30 | 9 000 | 20 | 12 500 | 350 |
| 8 | H | 15 | 3 750 | 10 | 5 750 | 400 |
| 9 | K | 25 | 6 250 | 15 | 9 150 | 290 |
| 10 | L | 35 | 12 000 | 35 | 12 000 | — |

(2) 缩短费用率最低的关键工作 K 的持续时间，可得到

160 天的直接费用＝(68 900＋290×10)元＝71 800 元

160 天的间接费用＝(400×160)元＝64 000 元

160 天方案与 170 天方案各费用的比较如表 6-9 所示。

**表 6-9　160 天方案与 170 天方案各费用的比较**

| 工期方案 | 170 天方案 | 160 天方案 |
|---|---|---|
| 缩短持续时间的关键工作 | | K |
| 缩短工作持续时间 | | 10 |
| 直接费用/元 | 68 900 | 71 800 |
| 间接费用/元 | 68 000 | 64 000 |
| 总费用/元 | 136 900 | 135 800 |

(3) 缩短下一个费用率最低的关键工作 G 的持续时间，可得到

150 天的直接费用＝(71 800＋350×10)元＝75 300 元

150 天的间接费用＝(400×150)元＝60 000 元

150 天方案与 160 天、170 天方案各费用的比较如表 6-10 所示。

**表 6-10 150 天方案与 160 天、170 天方案各费用的比较**

| 工期方案 | 170 天方案 | 160 天方案 | 150 天方案 |
|---|---|---|---|
| 缩短关键工作 | | K | K,G |
| 缩短工作持续时间 | | 10 | 10,10 |
| 直接费用/元 | 68 900 | 71 800 | 75 300 |
| 间接费用/元 | 68 000 | 64 000 | 60 000 |
| 总费用/元 | 136 900 | 135 800 | 135 300 |

(4) 缩短下一个费用率最低的关键工作 D 的持续时间，但为了保持关键工序依然是关键工序，关键路线不变，必须同时缩短 H，E 两个工作的持续时间(图 6-33)，可得到

$$140\text{ 天的直接费用}=(75\,300+400\times10+500\times5+400\times5)\text{元}=83\,800\text{ 元}$$

$$140\text{ 天的间接费用}=(400\times140)\text{元}=56\,000\text{ 元}$$

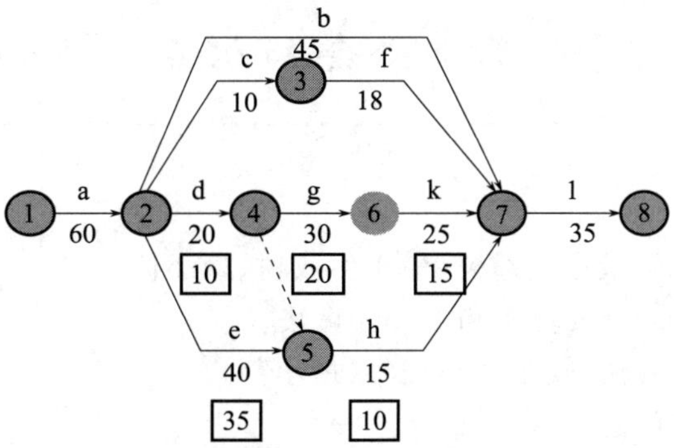


**图 6-33 例 6-3 网络计划图**

140 天方案与 150 天、160 天、170 天方案各费用的比较如表 6-11 所示。

**表 6-11 140 天方案与 150 天、160 天、170 天方案各费用的比较**

| 工期方案 | 170 天方案 | 160 天方案 | 150 天方案 | 140 天方案 |
|---|---|---|---|---|
| 缩短关键工作 | | K | K,G | K,G,D,H,E |
| 缩短工作持续时间 | | 10 | 10,10 | 10,10,10,5,5 |
| 直接费用/元 | 68 900 | 71 800 | 75 300 | 83 800 |
| 间接费用/元 | 68 000 | 64 000 | 60 000 | 56 000 |
| 总费用/元 | 136 900 | 135 800 | 135 300 | 139 800 |

从表 6-11 可以看出，140 天方案的总费用开始上升，所以 150 天方案为该项目的最优方案，对应的工期 150 天即最低成本日程。

## 复习思路提示

1. 一般来说，优化是希望工期尽可能短，费用尽可能少；或工期一定，费用最少；或费用一定，工期最短。
2. 计算最低成本日程时，如总费用已经比上一次增加，则停止计算。
3. 注意每次缩短关键工作的持续时间时，要把握总工期，不能使该关键工作变成非关键工作。

# 07 第7章 图与网络优化

图与网络是线性代数与运筹学中的重要内容，主要研究图论与网络流理论。图论涉及图的基本概念和性质，如顶点、边、路径、连通性等，以及其在社交网络分析等领域中的应用。网络流理论则探讨网络中流体流动的规律和优化问题，包括流量、最大流、最小割等概念，以及相关算法的应用，如物流配送和交通流量分配。通过学习本章内容，学生可以掌握图论与网络流理论的基本知识，这些知识可为学生解决实际问题提供有力的工具。

## 本章必会知识点

(1) 图的基本概念。
(2) 树的基本概念。
(3) 用避圈法和破圈法求解最小支撑树(最小生成树、最小树)。
(4) 求解最短路问题的 Dijkstra 算法和 Floyd 算法。
(5) 求解最大流问题的标号法，找出最小截集(最小割)。
(6) 求解最小费用最大流问题。
(7) 用奇偶点图上作业法求解中国邮递员问题(一笔画问题)。

## 本章重难点

**重点：**
(1) 最小支撑树。
(2) 最短路问题。
(3) 最大流问题。
(4) 最小费用最大流问题。

**难点：**
(1) 各类问题的数学模型。
(2) 各类问题与实际应用相结合的判别与求解。

## 本章考情分析

图与网络优化在研究生入学考试中的考情特点如下。

1. 考试内容与题型

考试内容主要包括图的基本概念(如树、连通图、割点等)、最短路径问题(Dijkstra 算法和 Floyd 算法)、最小生成树问题(Kruskal 算法和 Prim 算法)、最大流问题(Ford - Fulkerson 算法)等。题型多为计算题和简答题，重点考查学生对经典算法的理解和应用能力。

2. 考试难度与重要性

图与网络优化是运筹学的重要组成部分，难度适中，但需要学生具备较强的逻辑思维和建模能力。该部分在考试中通常占总分的 20%左右，是管理类和工程类专业的重要考点。

3. 考试趋势与复习建议

近年来，考试更加注重考查学生对图与网络优化算法的应用能力，尤其是如何利用算法解决实际问题。复习时，建议重点掌握最短路径、最小生成树和最大流问题的经典算法，并通过大量的练习题熟悉求解过程。

# 7.1　图的基本概念

## 7.1.1　引例说明

欧拉在 1736 年发表了图论方面的第一篇论文，解决了著名的哥尼斯堡七桥问题，即哥尼斯堡城中有一条河叫普雷格尔河，该河中有 2 个岛，河上有 7 座桥，可简化成图 7－1。问一个散步者能否走过 7 座桥，且每座桥只走过一次，最后回到出发点？

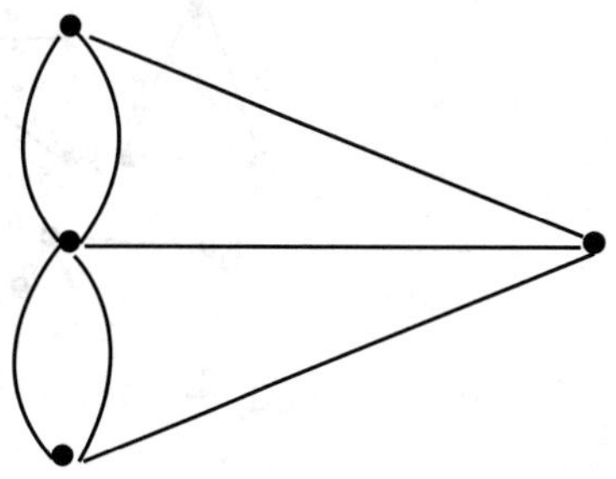

图 7－1　哥尼斯堡七桥问题(一笔画问题)

欧拉将此问题归结为古典图论著名问题(一笔画问题)，即能否从某一点开始，不重复地一笔画出图 7－1 所示的这个图形，最后回到出发点。

图论是应用十分广泛的运筹学分支，已应用在物理学、化学、控制论、信息论、科学管理、计算机等领域。很多庞大的工程系统和管理问题都可以用图来描述，应用图论可以解决很多工程设计和管理决策的优化问题，如通信网络的合理架设、交通网络的合理分布等问题。下面举例说明。

**引例 1**　图 7－2 所示是我国北京、上海等 10 个城市间的铁路交通图，反映了这 10 个城市间的铁路分布情况。

**引例 2**　甲、乙、丙、丁、戊 5 个球队之间的比赛过程可以用图 7－3 表示出来。

**引例 3**　甲、乙、丙、丁、戊 5 个球队之间的比赛结果可以用图 7－4 表示出来。

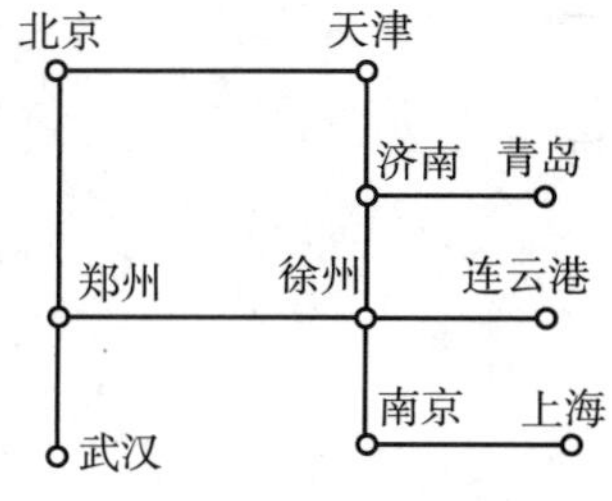


图 7－2　铁路交通图

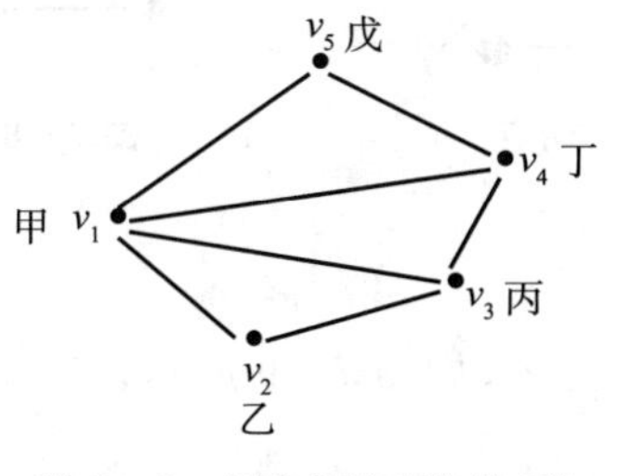


图 7－3　无向图(对称关系)

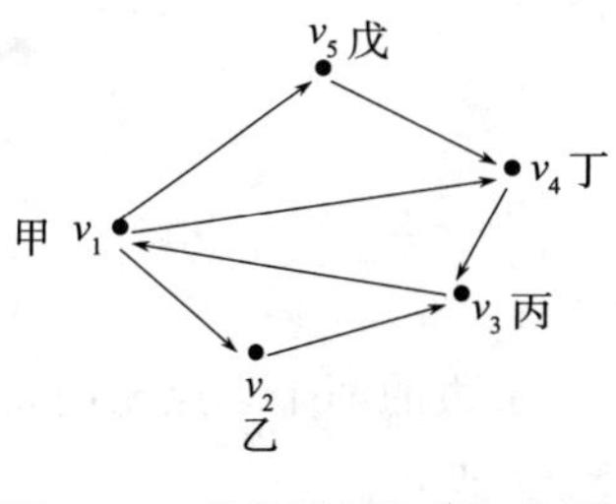


图 7－4　有向图(非对称关系)

## 7.1.2　基本术语

下面介绍与图相关的一些基本术语。

1. 边和弧

两点之间的不带箭头的连线称为边，带箭头的连线称为弧。

2. 无向图

如果一个图是由点及边所构成的,则称为无向图(简称图)。图 7-3 就是无向图。

无向图记为 $\boldsymbol{G}=(\boldsymbol{V},\boldsymbol{E})$,$V$ 表示顶点(vertice)的集合,$\boldsymbol{E}$ 表示边(edge)的集合。一条连接点 $v_i$,$v_j$ 的边记为 $[v_i,v_j]$ 或 $[v_j,v_i]$。$\boldsymbol{V}$ 永远为非空集合,$\boldsymbol{E}$ 可以为空集。

在图 7-5 中,$\boldsymbol{V}=\{1,2,3,4,5,6,7,8,9,10\}$,$\boldsymbol{E}=\{\boldsymbol{e}_1,\boldsymbol{e}_2,\boldsymbol{e}_3,\boldsymbol{e}_4,\boldsymbol{e}_5,\boldsymbol{e}_6,\boldsymbol{e}_7\}$,$\boldsymbol{e}_1=[1,2]$,$\boldsymbol{e}_2=[1,3]$,$\boldsymbol{e}_3=[2,3]$,$\boldsymbol{e}_4=[4,7]$,$\boldsymbol{e}_5=[5,7]$,$\boldsymbol{e}_6=[6,7]$,$\boldsymbol{e}_7=[8,9]$。

3. 有向图

如果一个图是由点及弧(arc)所构成的,则称为有向图。图 7-4 就是有向图。

有向图记为 $\boldsymbol{D}=(\boldsymbol{V},\boldsymbol{A})$,$\boldsymbol{V}$ 表示顶点的集合,$\boldsymbol{A}$ 表示弧的集合。一条从点 $v_i$ 指向点 $v_j$ 的弧记为 $(v_i,v_j)$。$\boldsymbol{V}$ 永远为非空集合,$\boldsymbol{A}$ 可以为空集。

在图 7-6 中,$\boldsymbol{V}=\{1,2,3,4,5,6\}$,$\boldsymbol{A}=\{\boldsymbol{a}_1,\boldsymbol{a}_2,\boldsymbol{a}_3,\boldsymbol{a}_4,\boldsymbol{a}_5,\boldsymbol{a}_6,\boldsymbol{a}_7,\boldsymbol{a}_8,\boldsymbol{a}_9\}$,$\boldsymbol{a}_1=(2,1)$,$\boldsymbol{a}_2=(1,3)$,$\boldsymbol{a}_3=(3,2)$,$\boldsymbol{a}_4=(1,4)$,$\boldsymbol{a}_5=(5,3)$,$\boldsymbol{a}_6=(4,5)$,$\boldsymbol{a}_7=(5,4)$,$\boldsymbol{a}_8=(4,6)$,$\boldsymbol{a}_9=(6,5)$。

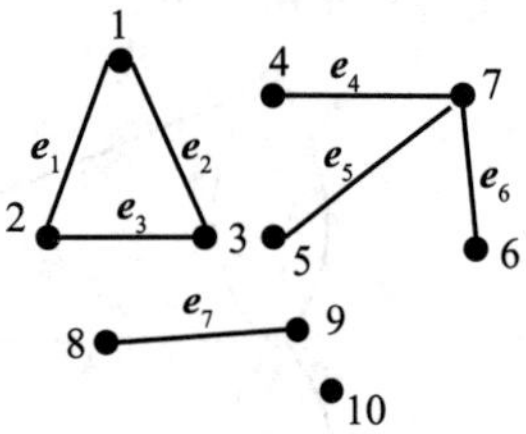


图 7-5　无向图

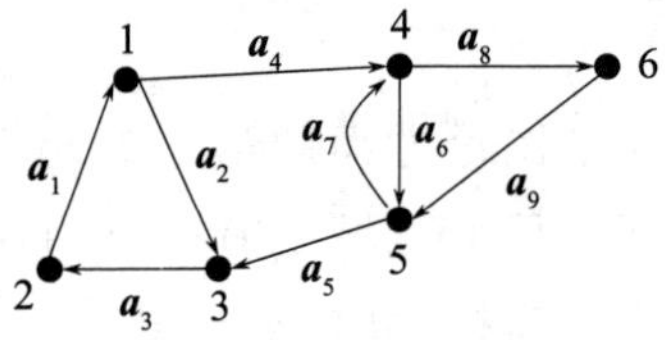


图 7-6　有向图示例

4. 有向图的基础图

在有向图中去掉所有弧上的箭头,就可得到一个无向图,这个无向图称为该有向图的基础图。

5. 端点

两个点 $v_i$,$v_j$ 属于 $\boldsymbol{V}$,如果边 $[v_i,v_j]$ 属于 $\boldsymbol{E}$,则称 $v_i$,$v_j$ 相邻。$v_i$,$v_j$ 称为边 $[v_i,v_j]$ 的端点,如图 7-7 所示。

6. 关联边

两个边 $\boldsymbol{e}_i$,$\boldsymbol{e}_j$ 属于 $\boldsymbol{E}$,如果它们有一个公共的端点 $v_i$,则称 $\boldsymbol{e}_i$,$\boldsymbol{e}_j$ 相邻。$\boldsymbol{e}_i$,$\boldsymbol{e}_j$ 称为点 $v_i$ 的关联边,如图 7-8 所示。

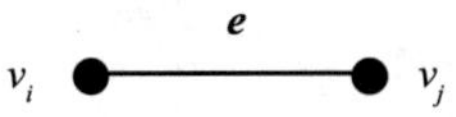


图 7-7　端点

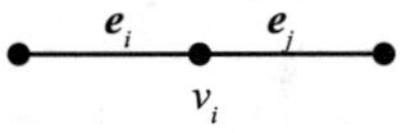


图 7-8　关联边

7. 环

如果一条边的两个端点相同,称此边为环,如图 7-9 所示。

8. 多重边

两个点之间多于一条边称为多重边(平行边),如图 7-10 所示。

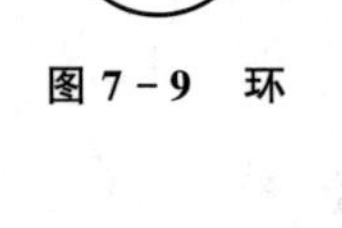

图 7-9　环

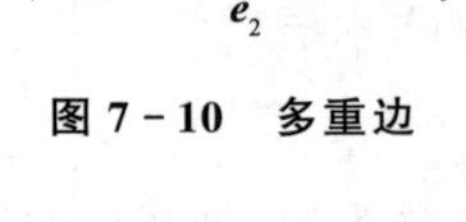


图 7-10　多重边

9. 简单图和多重图

不包含环和多重边的图为简单图，无环且含有多重边的图称为多重图，如图 7 - 11 所示。注意：有向图中两点之间有不同方向的两条边，不是多重边。

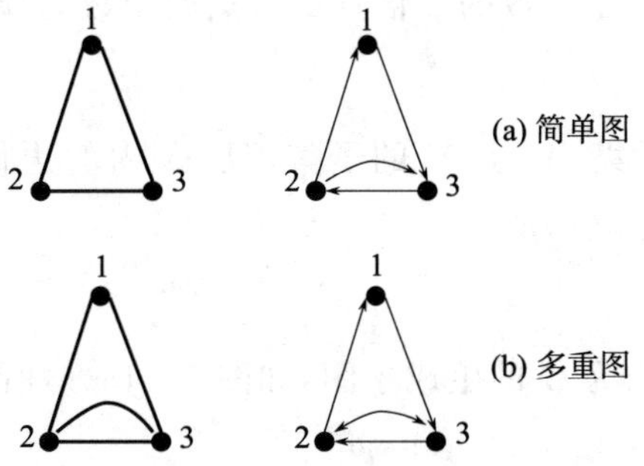


图 7 - 11　简单图和多重图

10. 完全图

每一对顶点间都有边相连的无向简单图称为完全图，如图 7 - 12 所示。

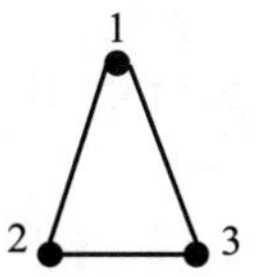


图 7 - 12　完全图

11. 二部图

图 $\boldsymbol{G}=(\boldsymbol{V},\boldsymbol{E})$ 的点集 $\boldsymbol{V}$ 可以分为两个非空子集 $\boldsymbol{X},\boldsymbol{Y}$，即 $\boldsymbol{X}\cup\boldsymbol{Y}=\boldsymbol{V},\boldsymbol{X}\cap\boldsymbol{Y}=\varnothing$，使得 $\boldsymbol{E}$ 中每条边的两个端点必有一个端点属于 $\boldsymbol{X}$，另一个端点属于 $\boldsymbol{Y}$，则称 $\boldsymbol{G}$ 为二部图，如图 7 - 13 所示。

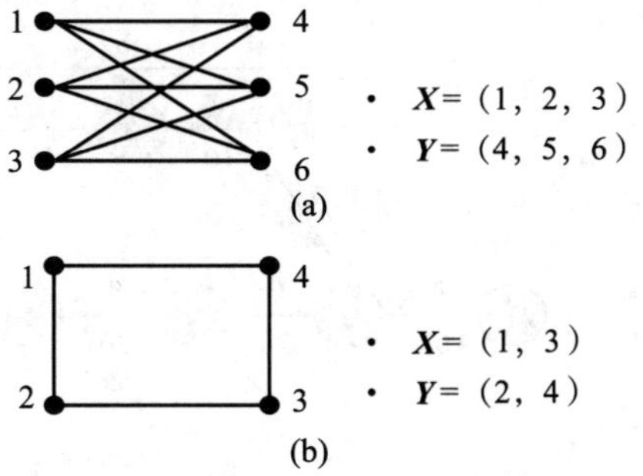


图 7 - 13　二部图

12. 顶点的次

以顶点 $v_i$ 为端点的边数叫作点 $v_i$ 的次（degree），记作 $d(v_i)$，如图 7 - 14 所示。

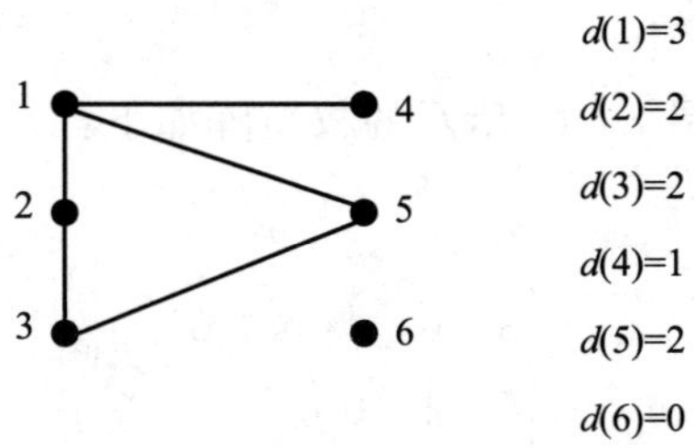


图 7 - 14　次

其中，次数为 1 的点称为悬挂点，连接悬挂点的边称为悬挂边；次数为 0 的点称为孤立点；次数为奇数的点称为奇点；次数为偶数的点称为偶点。

在有向图中,以 $v_i$ 为始点的弧数称为 $v_i$ 的出次,用 $d^+(v_i)$ 表示;以 $v_i$ 为终点的弧数称为 $v_i$ 的入次,用 $d^-(v_i)$ 表示;$v_i$ 的出次和入次之和就是该点的次。

13. 图的两个定理

(1) 任何图中顶点次数的总和等于边数的 2 倍;(2)奇点的个数为偶数。

14. 子图

图 $\boldsymbol{G}=(\boldsymbol{V},\boldsymbol{E})$,若 $\boldsymbol{E}'$ 是 $\boldsymbol{E}$ 的子集,$\boldsymbol{V}'$ 是 $\boldsymbol{V}$ 的子集,且 $\boldsymbol{E}'$ 中的边仅与 $\boldsymbol{V}'$ 中的顶点相关联,则称 $\boldsymbol{G}'=(\boldsymbol{V}',\boldsymbol{E}')$ 是 $\boldsymbol{G}$ 的一个子图,如图 7-15(b)所示。

15. 生成子图(支撑子图)

在子图中,当 $\boldsymbol{V}'=\boldsymbol{V}$ 时,则称 $\boldsymbol{G}'$ 为 $\boldsymbol{G}$ 的生成子图,如图 7-15(c)所示。

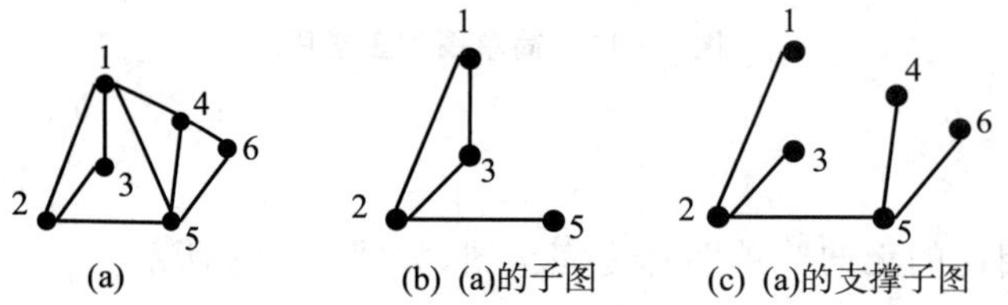


图 7-15　子图与支撑子图

16. 赋权图

点或边带有某种数量指标(时间、费用、距离等)的图,称为网络(赋权图),如图 7-16 所示。

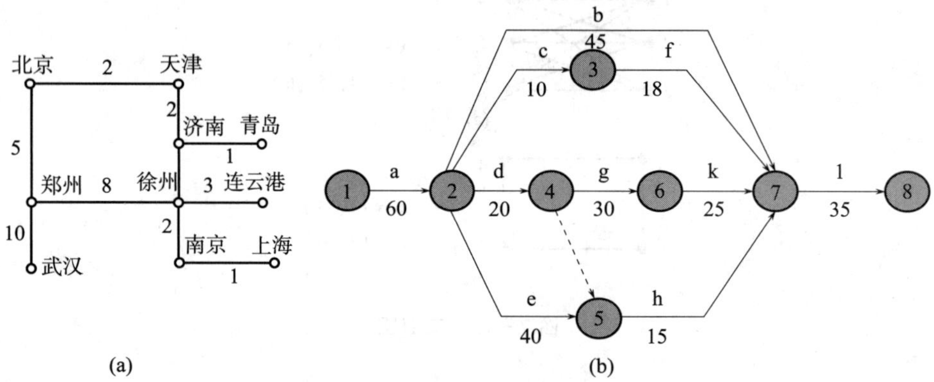


图 7-16　网络(赋权图)

17. 图的矩阵表示 —— 权矩阵

令 $a_{ij}=\begin{cases} w_{ij}, & [v_i,v_j]\in E \\ 0, & \text{其他} \end{cases}$,则图 7-17 所示的权矩阵如下:

$$\boldsymbol{A}=\begin{bmatrix} 0 & 3 & 5 & 7 & 0 & 0 \\ 3 & 0 & 4 & 0 & 0 & 0 \\ 5 & 4 & 0 & 0 & 8 & 0 \\ 7 & 0 & 0 & 0 & 4 & 6 \\ 0 & 0 & 8 & 4 & 0 & 8 \\ 0 & 0 & 0 & 6 & 8 & 0 \end{bmatrix}$$

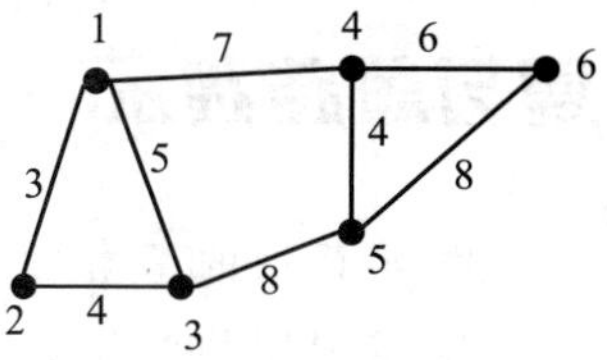


图 7－17　权矩阵图示

## 18. 图的矩阵表示 —— 邻接矩阵

令 $a_{ij}=\begin{cases}1, & (v_i,v_j)\in E\\ 0 & 其他\end{cases}$，则图 7－18 所示的邻接矩阵为

$$
\boldsymbol{A}=\begin{bmatrix}0&0&1&1&0&0\\1&0&1&0&0&0\\0&0&0&0&1&0\\0&0&0&0&1&1\\0&0&0&0&0&1\\0&0&0&1&0&0\end{bmatrix}
$$

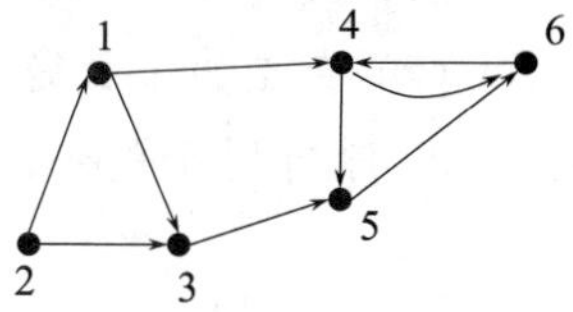


图 7－18　邻接矩阵图示

若 $\boldsymbol{G}$ 为无向图，则邻接矩阵为对称矩阵。

## 19. 链

前后相继的点边交错序列称为链，如图 7－19 所示。点边序列中没有重复的点，链称为初等链。点边序列中没有重复的边的链称为简单链。

在图 7－19 中，$C=\{1,[1,2],2,[2,3],3,[3,4],4\}$ 就是一条初等链（简单链）。

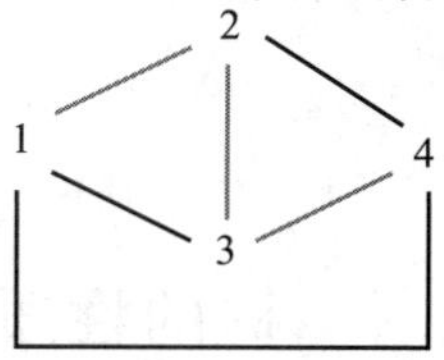


图 7－19　链

## 20. 圈

起点和终点重合的链称为圈，如图 7－20 所示。圈中没有重复的点，称为初等圈。圈中没有重复的边，则为简单圈。

在图 7－20 中，$P=\{1,[1,2],2,[2,4],4,[4,3],3,[3,1],1\}$ 就是一个初等圈（简单圈）。

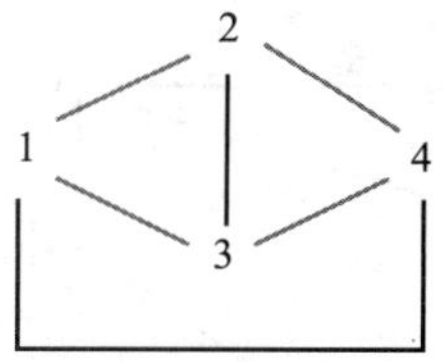


图 7－20　简单圈和初等圈示意

## 21. 路

前后相继并且方向相同的点弧交错序列称为路，如图 7－21 所示。点弧序列中没有重复的点的路称为初等路。点弧序列中没有重复的弧的路称为简单路。

在图 7－21 中，$P=\{1,(1,3),3,(3,2),2,(2,4),4\}$ 就是一条初等路（简单路）。

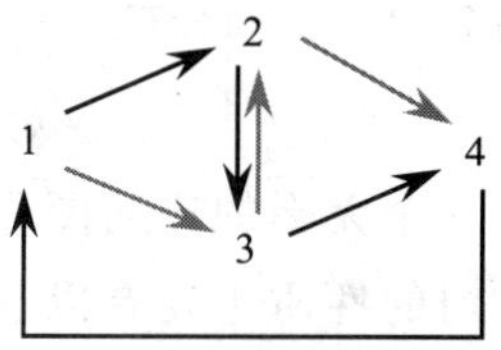


图 7－21　简单路和初等路示例

## 22. 回路

起点和终点重合的路称为回路，如图 7－22 所示。回路中各条边方向相同。

在图 7－22 中，$\mu=\{1,(1,2),2,(2,4),4,(4,1),1\}$ 就是一个回路。

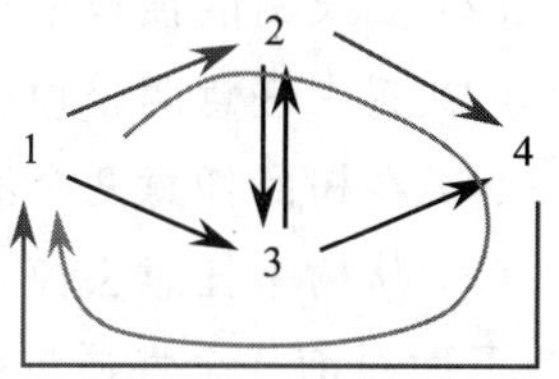


图 7－22　回路

## 23. 连通图和不连通图

任意两个点之间至少有一条链的图称为连通图，否则称为不连通图，如图 7－23 所示。

## 24. 连通分图

任何一个不连通图都可以将其连通部分称为 $\boldsymbol{G}$ 的一个连通分图，一个不连通图可以分成若干个连通分图，如图 7－24 所示。

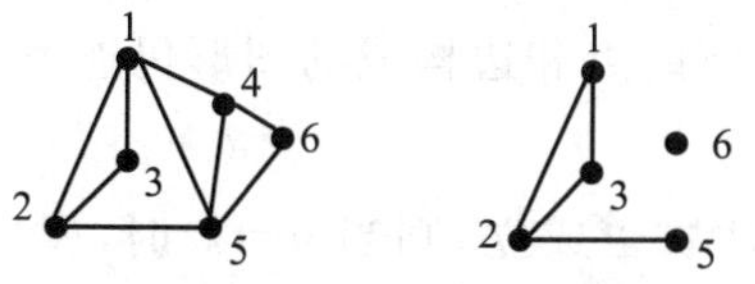


(a) 连通图　　(b) 不连通图

图 7－23　连通图和不连通图

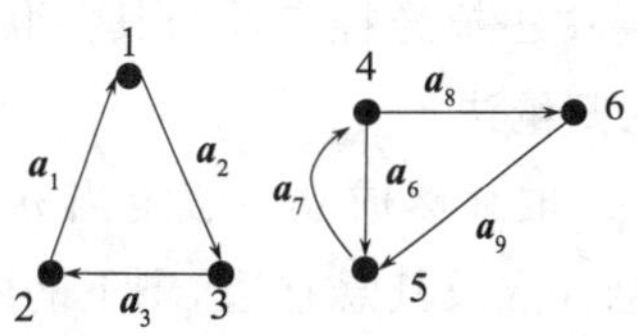


图 7－24　连通分图

## 复习思路提示

1. 牢记图的基本概念，尤其是链、路、圈、连通图、支撑子图等的概念。

2. 掌握图的有关定理：

(1) 次之和是边的两倍；

(2) 奇点的个数是偶数。

3. 除特别交代外，说到图（有向图）均指简单图（简单有向图）。

# 7.2 树

### 7.2.1 树的性质

在各式各样的图中，有一类图极其简单但很有用，这就是树。

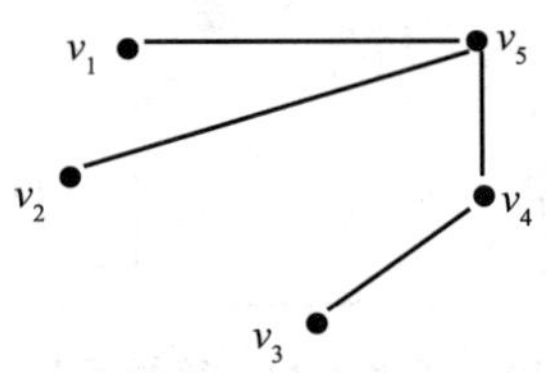


图 7-25 城市分布

假定有 5 个城市，如图 7-25 所示，要在它们之间架设电话线，要求任何两个城市可以相互通话（允许通过其他城市），并且电话线的根数最少。

在图 7-25 中，5 个点代表 5 个城市，如果在某两个城市之间架设电话线，则在相应的两个点之间连一条边，这样一个电话线网就可以用一个图来表示。首先，任意两个城市可以通话，就意味着这个图必须是连通的。其次，若图中有圈的话，去掉一条边，余下的图仍是连通的，这样就可以省去一条电话线。因而满足要求的电话线网所对应的图必定是不含圈的连通图。

一个无圈的连通图称为树，用 $\boldsymbol{T}(\boldsymbol{V},\boldsymbol{E})$ 表示。

树的性质主要有以下 5 个。

(1) 任何树必存在次为 1 的点（悬挂点）。

(2) 如果树的顶点个数为 $n$，则边的个数为 $n-1$。

(3) 树中任意两个顶点之间只有唯一的一条链。

(4) 在树的任意两个不相邻的顶点之间增加一条边，则形成唯一的圈。

(5) 从树中任意去掉一条边，则余下的图是不连通的。

下面对前 3 个性质进行证明。

**证明性质 1：用反证法**

若树中任何点的次均不为 1，且连通图中不存在孤立点，则树中所有顶点的次$\geqslant 2$。不妨设 $d(v_1)=2$，即 $v_1$ 有两条关联边，设关联边的其他两个端点为 $v_2$，$v_3$，因此 $d(v_2)\geqslant 2$，$d(v_3)\geqslant 2$。同理，假设与 $v_2$，$v_3$ 关联的边的其他端点为 $v_4$，$v_5$，$d(v_4)\geqslant 2$，$d(v_5)\geqslant 2$。依此类推。图上顶点是有限的，最后必然回到前面的某一个顶点，则图上出现圈，这与树的定义矛盾。由此得证。

显然，如果从树中去掉悬挂点及与其关联的悬挂边，余下的点和边构成的图形仍连通且无圈，还是树。

**证明性质 2：用归纳法**

当 $n=2$ 和 $n=3$ 时显然成立。假定当 $n=k-1$ 时该性质也成立，则当 $n=k$ 时，树中至少有一个悬挂点，若我们去掉该悬挂点及其悬挂边，剩下的图依然为树。

而此时图中有 $k-1$ 个点，根据假定，此时有 $k-2$ 条边。再把悬挂点和悬挂边放回去，则 $k$ 个点时，边数为 $k-2+1=k-1$。由此得证。

可知，若一个连通图顶点个数为 $n$，边的个数为 $n-1$，则其为树。

**证明性质 3:充分必要条件**

必要性证明：因树是连通的，故任两个点之间至少有一条链。但如果某两个点之间有两条链的话，那么树中就含有圈，这与树的定义矛盾，因此两个点之间恰有一条链。

充分性证明：若图中任两个点之间恰有一条链，则该图是连通的。如果图中含有圈，那么圈上的两个顶点之间就有两条链，这与题设矛盾，因此图中不含圈，是树。

在点集合相同的所有图中，树是含边数最少的连通图。任意两点之间有且仅有一条链，这样的连通图是最脆弱的连通图，因此重要的网络不能按树的结构设计。

## 7.2.2　图的支撑树

若图 $\boldsymbol{T}=(\boldsymbol{V},\boldsymbol{E}')$ 是图 $\boldsymbol{G}=(\boldsymbol{V},\boldsymbol{E})$ 的支撑子图，而图 $\boldsymbol{T}=(\boldsymbol{V},\boldsymbol{E}')$ 刚好是树，则称 $\boldsymbol{T}$ 是 $\boldsymbol{G}$ 的支撑树。图的支撑树即由图的所有顶点（$n$ 个）和图的 $n-1$ 条边组成的树，如图 7-26 所示。

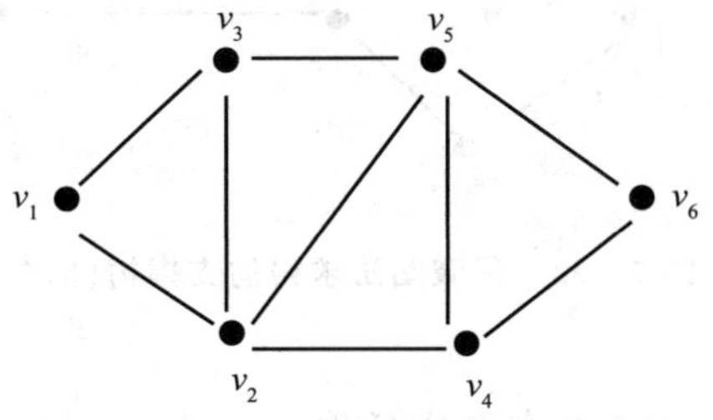

(a) 图*G*

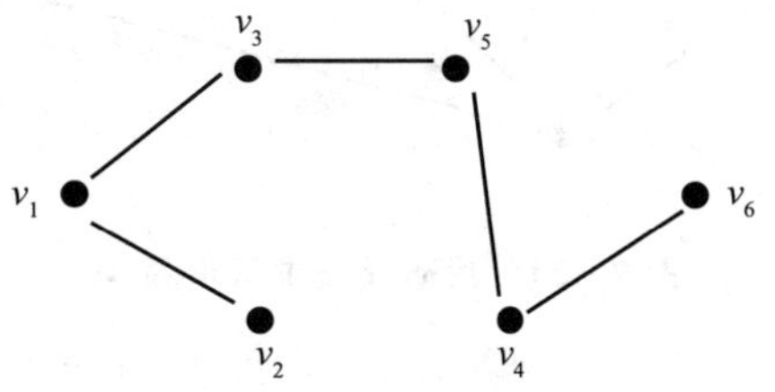

(b) 图*G*的支撑树

**图 7-26　支撑树**

定理：图 $\boldsymbol{G}$ 有支撑树的充要条件是图 $\boldsymbol{G}$ 是连通的。

证明：

必要性证明：显然，图 $\boldsymbol{G}$ 有支撑树，则图 $\boldsymbol{G}$ 连通。

充分性证明：图 $\boldsymbol{G}$ 连通，若 $\boldsymbol{G}$ 不含圈，则 $\boldsymbol{G}$ 本身就是一个树，从而 $\boldsymbol{G}$ 是它自身的一个支撑树。若 $\boldsymbol{G}$ 含圈，则任取一个圈，从圈中任意去掉一条边，得到图 $\boldsymbol{G}$ 的一个支撑子图 $\boldsymbol{G}_1$。如果 $\boldsymbol{G}_1$ 不含圈，则 $\boldsymbol{G}_1$ 是 $\boldsymbol{G}$ 的一个支撑树。如果 $\boldsymbol{G}_1$ 含圈，那么从 $\boldsymbol{G}_1$ 任取一个圈，从圈中再任意去掉一条边，得到图 $\boldsymbol{G}$ 的一个支撑子图 $\boldsymbol{G}_2$，如此重复，直到最终得到 $\boldsymbol{G}$ 的一个不含圈的支撑子图 $\boldsymbol{G}_k$，于是 $\boldsymbol{G}_k$ 是 $\boldsymbol{G}$ 的一个支撑树。

该定理提供了一个寻求连通图支撑树的方法，就是任取一个圈，从圈中去掉一边，对余下的图重复该步骤，直到不含圈为止，即得到一个支撑树，该方法称为“破圈法”。

**例 7-1(用破圈法求支撑树)**　用破圈法求出图 7-27 的一个支撑树。

解：任取一个圈，从圈中去掉一边，对余下的图重复这个步骤，直到不含圈为止，即得到一个支撑树，如图 7-28～图 7-32 所示。

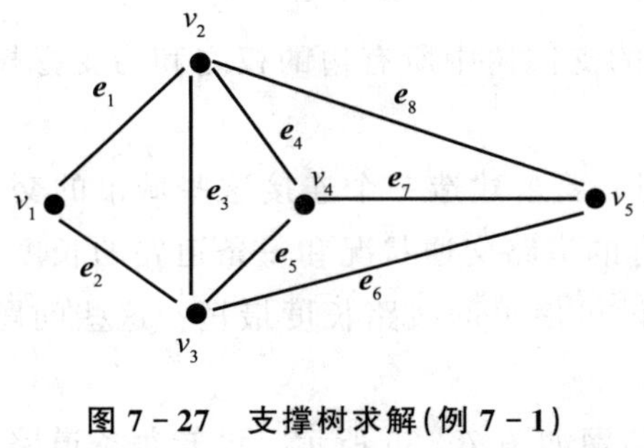

**图 7-27　支撑树求解(例 7-1)**

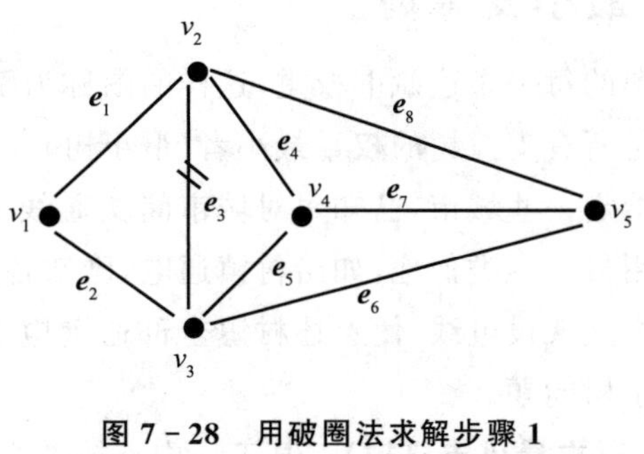

**图 7-28　用破圈法求解步骤 1**

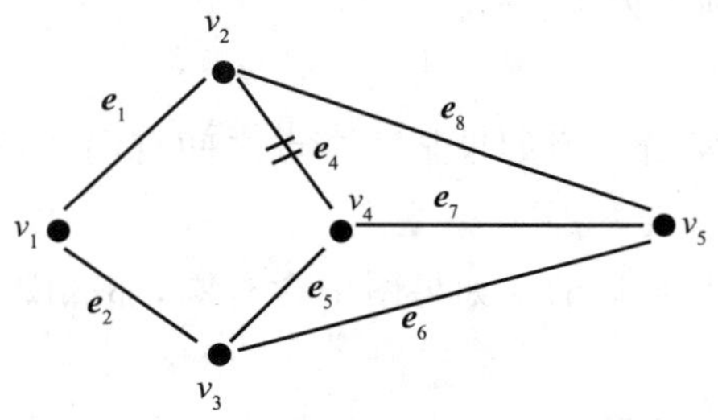


图 7-29　用破圈法求解步骤 2

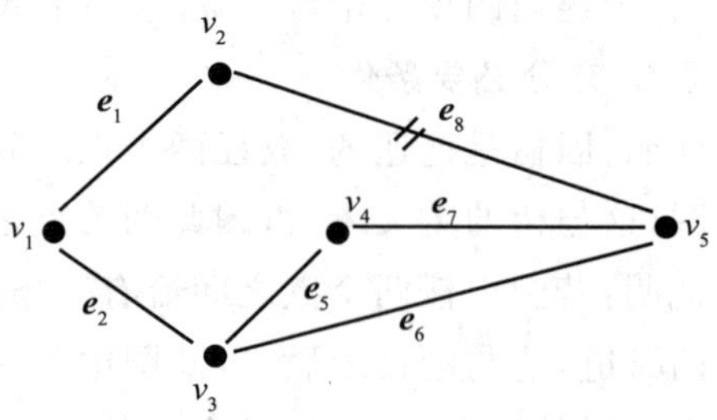


图 7-30　用破圈法求解步骤 3

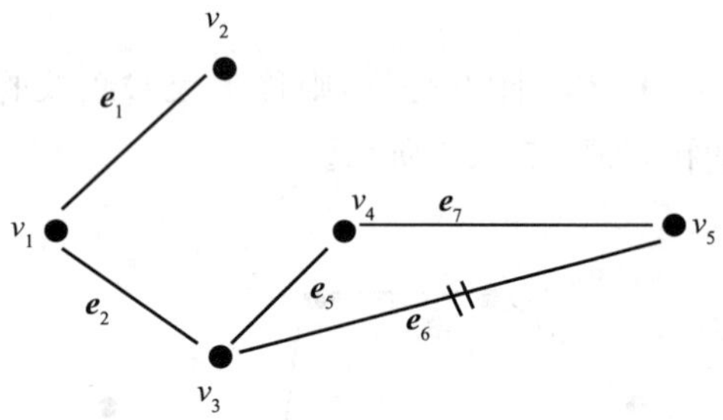


图 7-31　用破圈法求解步骤 4

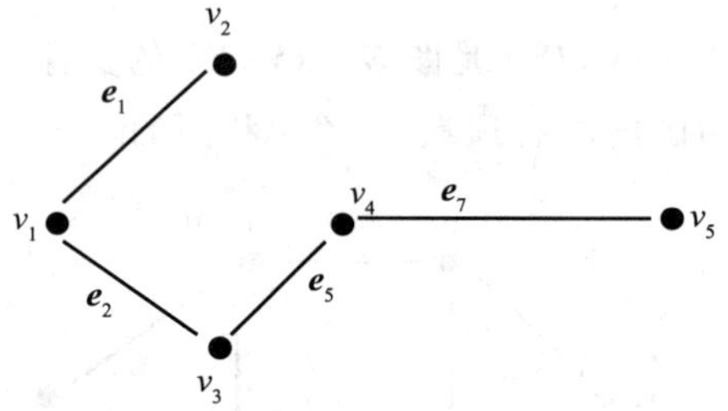


图 7-32　用破圈法求得的支撑树(例 7-1)

按照上述破圈法的逆向思路,可得到避圈法的求解思路。首先在图中任取一条边 $e_1$,找一条与之不构成圈的边 $e_2$,再找一条与$\{e_1,e_2\}$不构成圈的边 $e_3$。一般,设已有 $\{e_1,e_2,\cdots,e_k\}$,找一条与 $\{e_1,e_2,\cdots,e_k\}$ 中的任何一条边不构成圈的边 $e_{k+1}$,重复这个过程,直到不能进行为止。

**例 7-2(用避圈法求支撑树)**　用避圈法求出图 7-33 的一个支撑树。

解:在图中任取一条边 $e_1$,找一条与之不构成圈的边 $e_2$,再找一条与$\{e_1,e_2\}$不构成圈的边 $e_5$,对余下的图重复这个步骤,直到不能进行为止,即得到一个支撑树,如图 7-34 所示。

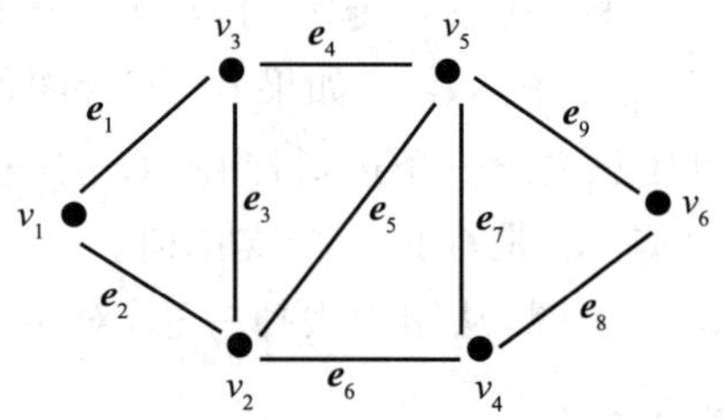


图 7-33　支撑树求解(例 7-2)

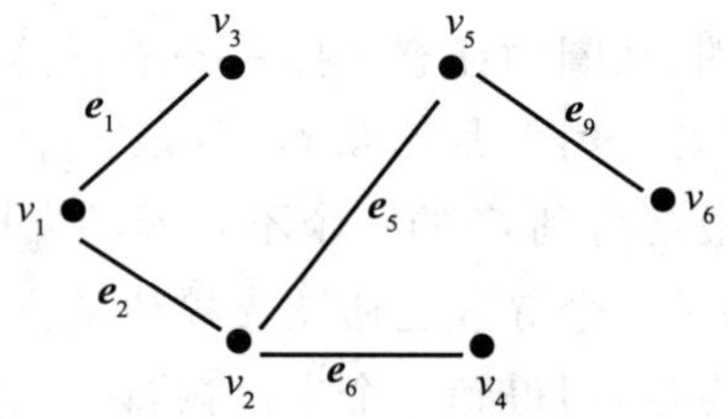


图 7-34　用避圈法求得的支撑树(例 7-2)

### 7.2.3　最小支撑树

若给图的每一条边赋上权重,这样的图称为赋权图。图的支撑树中所有边的权之和为支撑树的权。最小支撑树是所有支撑树的权重最小者(最小树)。

假定给定一些城市,已知每对城市间交通线的建造费用。要求建造一个连接这些城市的交通网,使总的建造费用最少。类似地,如给村镇通电,已知各村镇间现有的道路交通状况和每条道路的长度,现要求给各村镇沿道路架设电线,使上述村镇全部通上电,应如何架设可使总的线路长度最短?这些问题就是赋权图上的最小树问题。

**例 7-3(求最小支撑树)**　某工厂内连接 6 个车间的道路网如图 7-35 所示。已知每条道路的长度,要求沿道路架设连接 6 个车间的电话线网，使电话线的总长最短。

解：

**方法一：避圈法**

开始选一条最小权的边，在以后每一步中，总从与已选边不构成圈的那些未选边中，选一条权最小的。在每一步中，如果有两条或者两条以上的边都是权最小的边，则从中任选一条。具体计算过程可列举如下。

$i=1$，$\boldsymbol{E}_0=\varnothing$，从 $\boldsymbol{E}$ 中选最小权边 $[v_2,v_3]$，$\boldsymbol{E}_1=\{[v_2,v_3]\}$，如图 7-36 所示。

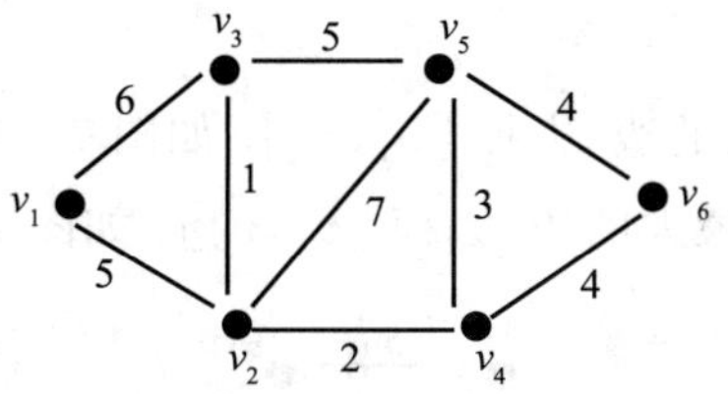


图 7-35　车间内道路网

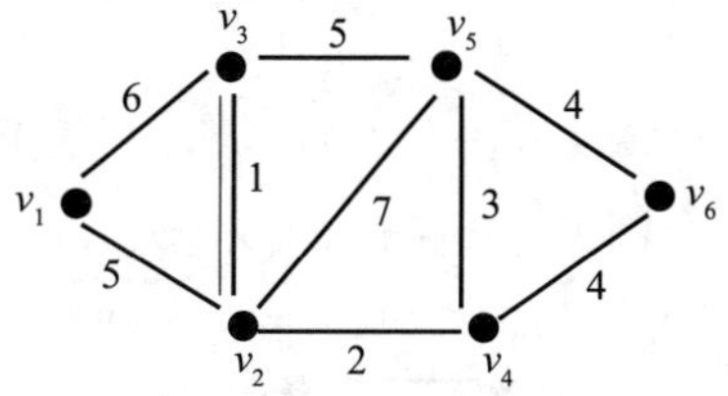


图 7-36　选择 $[v_2,v_3]$

$i=2$，从 $\boldsymbol{E}/\boldsymbol{E}_1$ 中选最小权边 $[v_2,v_4]$（$[v_2,v_4]$ 与 $[v_2,v_3]$ 不构成圈），$\boldsymbol{E}_2=\{[v_2,v_3],[v_2,v_4]\}$，如图 7-37 所示。

$i=3$，从 $\boldsymbol{E}/\boldsymbol{E}_2$ 中选最小权边 $[v_4,v_5]$（$V,\boldsymbol{E}_2\cup[v_4,v_5]$ 不含圈），$\boldsymbol{E}_3=\{[v_2,v_3],[v_2,v_4],[v_4,v_5]\}$，如图 7-38 所示。

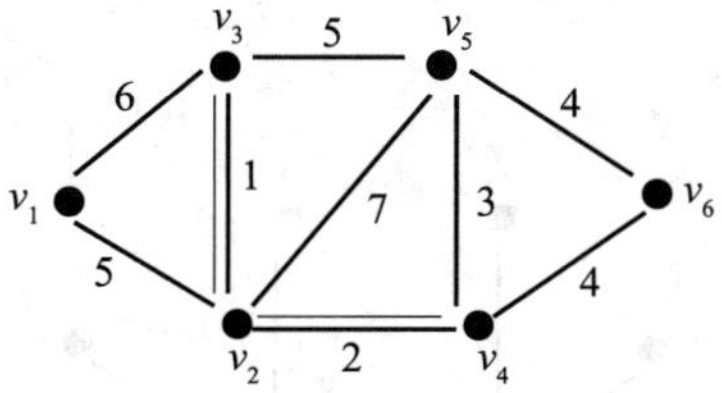


图 7-37　选择 $[v_2,v_4]$

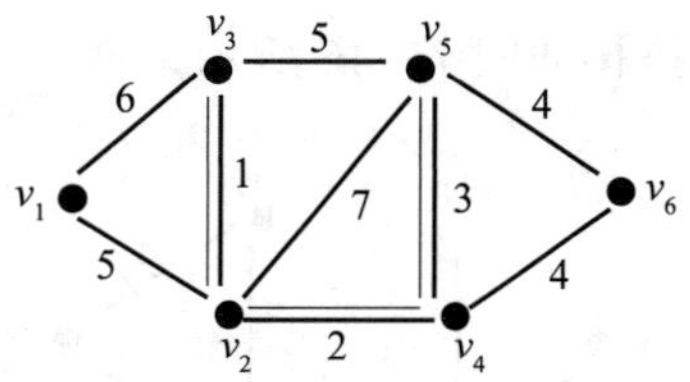


图 7-38　选择 $[v_4,v_5]$

$i=4$，从 $\boldsymbol{E}/\boldsymbol{E}_3$ 中选最小权边 $[v_5,v_6]$（$\boldsymbol{V},\boldsymbol{E}_3\cup[v_5,v_6]$ 不含圈），$\boldsymbol{E}_4=\{[v_2,v_3],[v_2,v_4],[v_4,v_5],[v_5,v_6]\}$，如图 7-39 所示。

$i=5$，从 $\boldsymbol{E}/\boldsymbol{E}_4$ 中选最小权边 $[v_1,v_2]$（$\boldsymbol{V},\boldsymbol{E}_4\cup[v_1,v_2]$ 不含圈），$\boldsymbol{E}_5=\{[v_2,v_3],[v_2,v_4],[v_4,v_5],[v_5,v_6],[v_1,v_2]\}$，如图 7-40 所示。

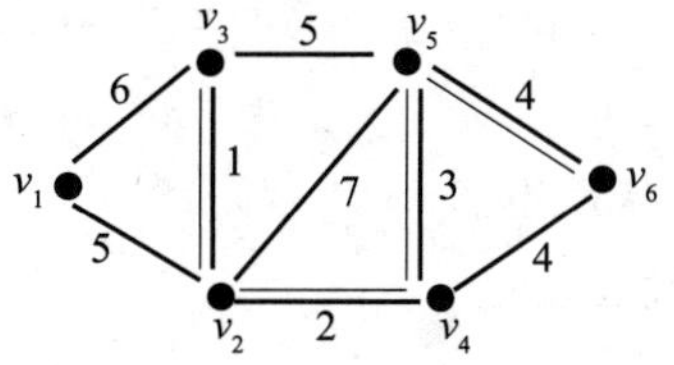


图 7-39　选择 $[v_5,v_6]$

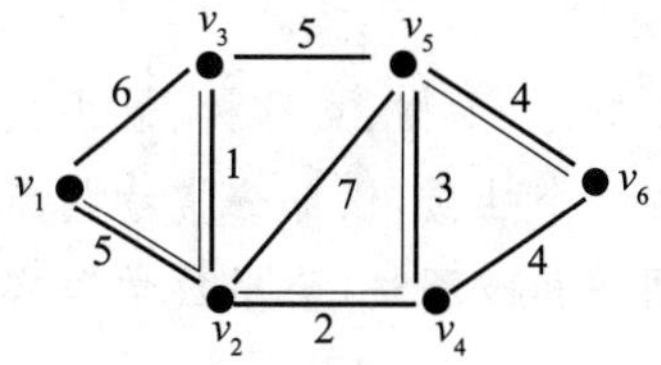


图 7-40　选择 $[v_1,v_2]$

$i=6$，任一条未选边都与已选边构成圈，算法终止，得到的最小支撑树如图 7-41 所示。

得到的最小总长为 15 个单位。

**方法二：破圈法**

任取一个圈，从圈中去掉一条权最大的边，如果有两条或者两条以上的边都是权最大的边，则任意去掉其中一条。在余下的图中，重复这个步骤，直至得到一个不含圈的图为止。具体计算过程可列举如下。

$i=1$，任取一个圈 $(v_2,v_4,v_5)$，$[v_2,v_5]$ 是圈中权最大的边，去掉 $[v_2,v_5]$，如图 7-42 所示。

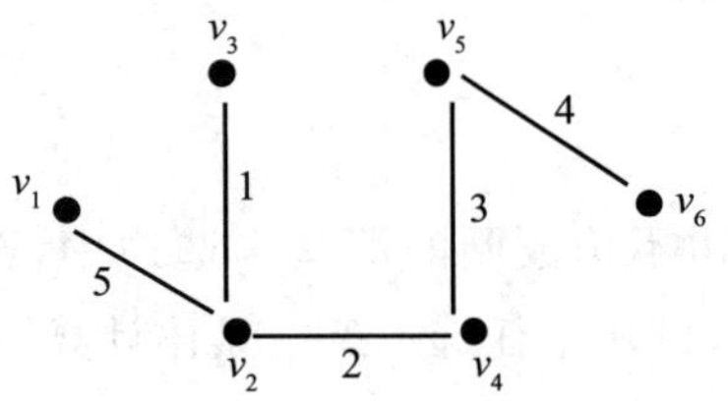

图 7-41　最小支撑树 1

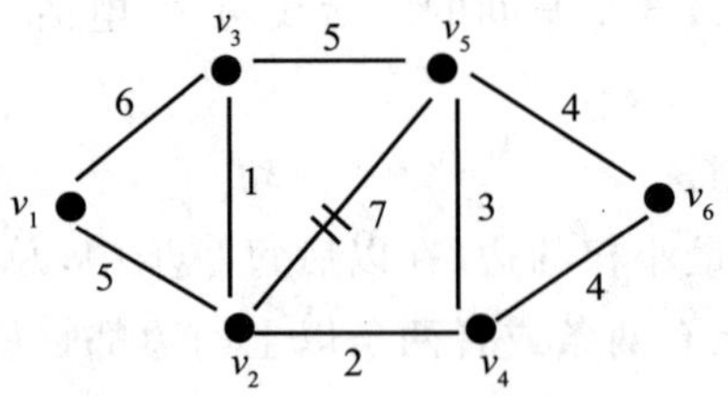

图 7-42　去掉$[v_2,v_5]$

$i=2$，任取一个圈$(v_1,v_2,v_3)$，$[v_1,v_3]$是圈中权最大的边，去掉$[v_1,v_3]$，如图 7-43 所示。

$i=3$，任取一个圈$(v_2,v_3,v_5,v_4)$，$[v_3,v_5]$是圈中权最大的边，去掉$[v_3,v_5]$，如图 7-44 所示。

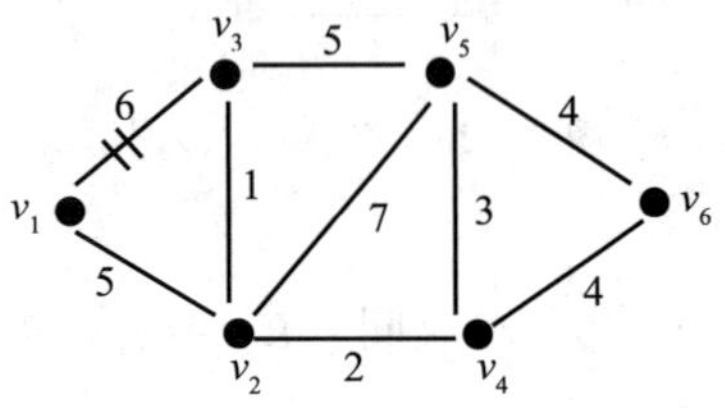

图 7-43　去掉$[v_1,v_3]$

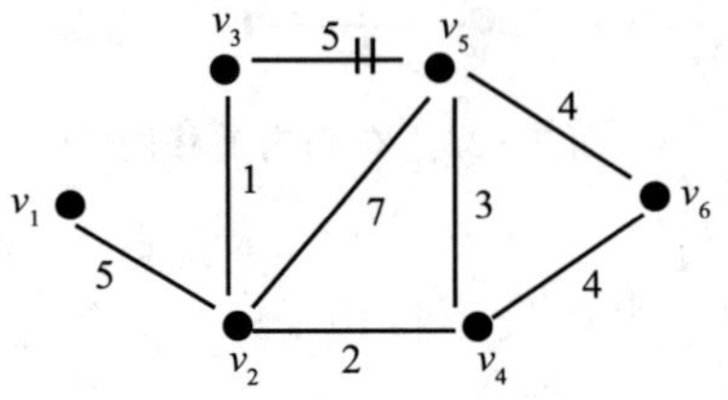

图 7-44　去掉$[v_3,v_5]$

$i=4$，任取一个圈$(v_4,v_5,v_6)$，$[v_5,v_6]$是圈中权最大的边，去掉$[v_5,v_6]$，如图 7-45 所示。

得到的最小支撑树如图 7-46 所示。

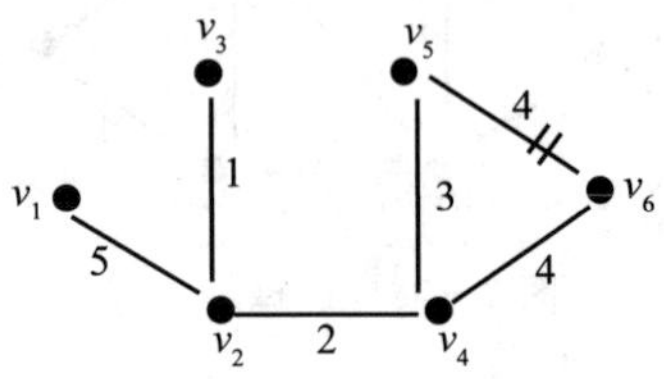

图 7-45　去掉$[v_5,v_6]$

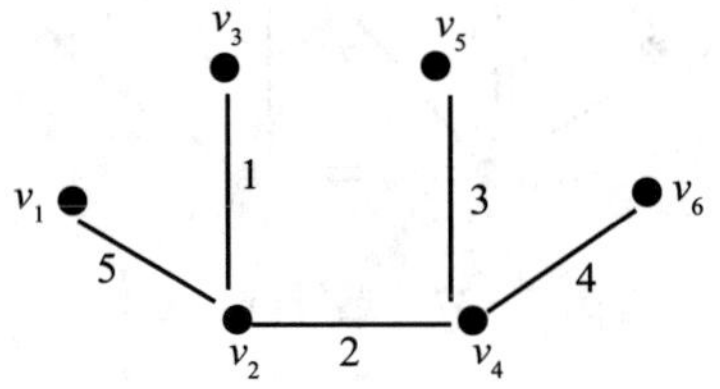

图 7-46　最小支撑树 2

得到的最小总长为 15 个单位。

## 复习思路提示

1. 熟练掌握重点概念，如树、支撑树、最小支撑树。
2. 熟练掌握树的几个性质，该部分常考判断题、选择题等题型。
3. 熟练掌握避圈法和破圈法，会用数学语言描述计算过程。

# 7.3　最短路问题

**例 7-4(最短路问题的网络模型)**　图 7-47 中的权 $l_{ij}$ 表示 $v_i$ 到 $v_j$ 的距离(费用、时间)，从 $v_1$ 修一条公路或架设一条高压线到 $v_7$，如何选择一条路线使距离最短(费用或时间最少)？建立该问题的网络数学模型。

解：设 $x_{ij}$ 为选择弧$(v_i,v_j)$的状态变量，则

$$x_{ij}=\begin{cases}1,\text{选择弧}(v_i,v_j)\\0,\text{不选择弧}(v_i,v_j)\end{cases}$$

显然，起点为 $x_{12}+x_{13}+x_{14}=1$，终点为 $x_{57}+x_{67}=1$。

模型中变量个数等于图的弧数，约束个数等于图的点数，则除起点和终点外，顶点 $v_i$ 的约束可写为 $\sum_{(v_k,v_i)\in A}x_{ki}-\sum_{(v_i,v_j)\in A}x_{ij}=0, i=2,3,\cdots,6$。

以 $v_3$ 为例，$(x_{13}+x_{23})-(x_{32}+x_{34}+x_{35}+x_{36})=0$，因此该网络图的数学模型为

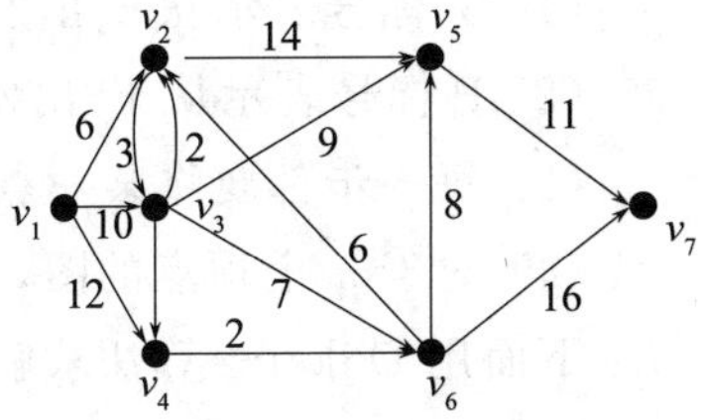


图 7-47　最短路问题求解

$$\min z=\sum_{(v_i,v_j)\in A}l_{ij}x_{ij}$$

$$\text{s.t.}\begin{cases}x_{12}+x_{13}+x_{14}=1\\ \sum_{(v_k,v_i)\in A}x_{ki}-\sum_{(v_i,v_j)\in A}x_{ij}=0, i=2,3,\cdots,6\\ x_{57}+x_{67}=1\\ x_{ij}=0\text{ 或 }1,(v_i,v_j)\in A\end{cases}$$

该模型是一个整数线性规划模型，可以采用求解整数线性规划问题的方法求解。但对于最短路问题来说，在图上计算更为简单。下面介绍几种常见的求解最短路问题的方法。

## 7.3.1 Dijkstra 算法

1. 有向图的 Dijkstra 算法

**例 7-5（用 Dijkstra 算法求有向图最短路）** 已知图 7-48 所示的单行线交通图，弧旁的数字表示通过这条单行线所需要的费用。现在某人要从 $v_1$ 出发，通过这个交通网到 $v_8$ 去，求使总费用最少的旅行路线。

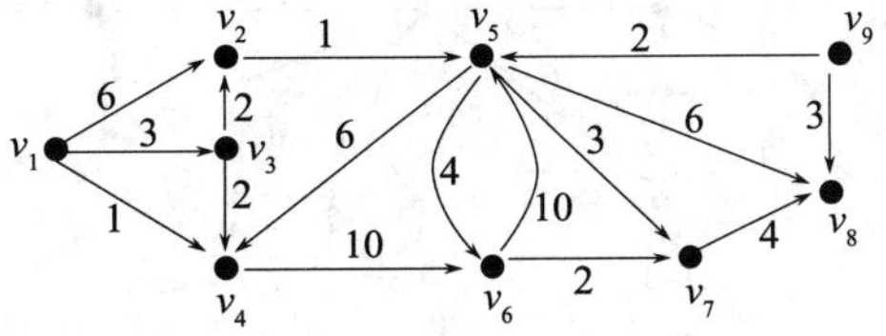


图 7-48　单行线交通图

求最短路问题时，当图上所有的权重 $l_{ij}\geqslant 0$ 时，可采用 E. W. Dijkstra 于 1959 年提出的方法——Dijkstra（迪杰斯特拉）算法，简称求最短路的标号法。标号法包括 T 标号（tentative label）和 P 标号（permanent label）。

Dijkstra 算法的基本思想：若起点 $v_s$ 到终点 $v_t$ 的最短路径经过点 $v_1,v_2,v_3$，则 $v_1$ 到 $v_t$ 的最短路是 $p_{1t}=\{v_1,v_2,v_3,v_t\}$，$v_2$ 到 $v_t$ 的最短路是 $p_{2t}=\{v_2,v_3,v_t\}$，$v_3$ 到 $v_t$ 的最短路是 $p_{3t}=\{v_3,v_t\}$，具体计算过程是在图上进行标号迭代的过程。

Dijkstra 算法的步骤如下。

(1) 给 $v_s$ 以 P 标号，$P(v_s)=0$，其余各点均为 T 标号，$T(v_i)=+\infty$。

(2) 若 $v_i$ 刚得到 P 标号，考虑这样的点 $v_j$，$(v_i,v_j)$ 属于 $A$，且 $v_j$ 为 T 标号，对 $v_j$ 的 T 标号进行如下的更改：$T(v_j)=\min[T(v_j),P(v_i)+l_{ij}]$。

(3) 比较所有具有 T 标号的点，把最小者改为 P 标号，即 $P(\overline{v}_i)=\min[T(v_i)]$。当同时有两个以上最小者时，可同时将其改为 P 标号；若全部点均为 P 标号，则算法停止。

在具体计算过程中需要注意以下几点。

(1) T 标号表示从 $v_s$ 出发到 $v_i$ 的估计最短路权的上界，是一个临时标号。

(2) P 标号表示从 $v_s$ 出发到 $v_i$ 的估计最短路权，是永久标号。

(3) 每一步都要将某一点的 T 标号改为 P 标号。

(4) 对于 $n$ 个顶点的图，最多经 $n-1$ 步可以得到从始点到终点的最短路。

下面用 Dijkstra 算法求解例 7-5 中的最短路。

解：

1) 第一轮探查

(1) 给 $v_1$ 以 P 标号，$P(v_1)=0$，给其余所有点以 T 标号，$T(v_j)=+\infty, j=2,3,\dots,9$，如图 7-49 所示。

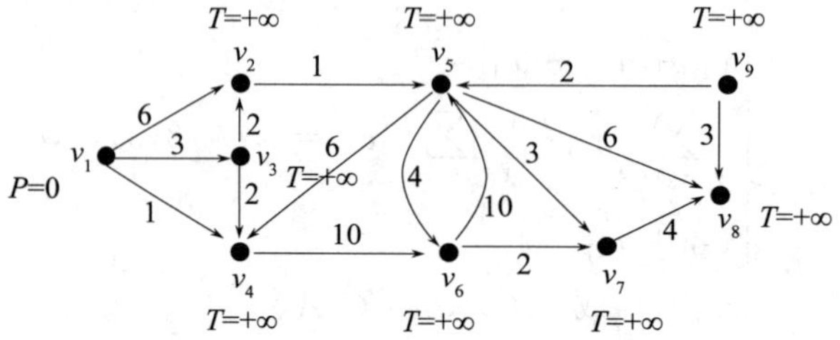


图 7-49　初始标号

(2) 从刚获得 P 标号的点 $v_1$ 开始探查，由于弧 $(v_1,v_2)$，$(v_1,v_3)$，$(v_1,v_4)$ 属于 $A$，且 $v_2,v_3,v_4$ 为 T 标号，故修改这 3 个点的标号为 $T(v_2)=\min[T(v_2),P(v_1)+l_{12}]=\min[+\infty,0+6]=6$，$T(v_3)=\min[T(v_3),P(v_1)+l_{13}]=\min[+\infty,0+3]=3$，$T(v_4)=\min[T(v_4),P(v_1)+l_{14}]=\min[+\infty,0+1]=1$，如图 7-50 所示。

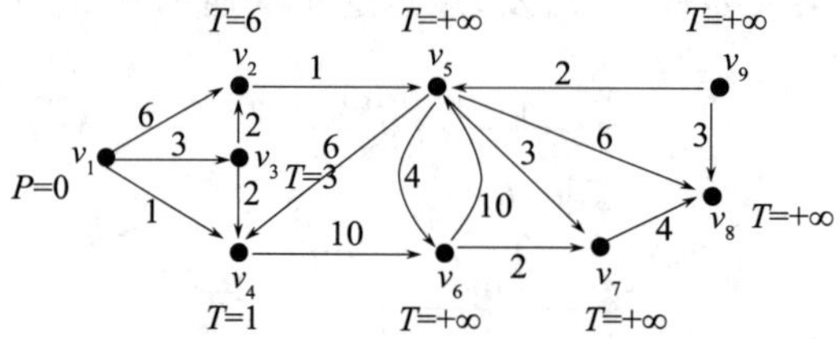


图 7-50　第一轮探查 T 标号

(3) 比较所有的 T 标号，$\min[T(v_2),T(v_3),T(v_4)]=T(v_4)=1$，$P(v_4)=1$，如图 7-51 所示。

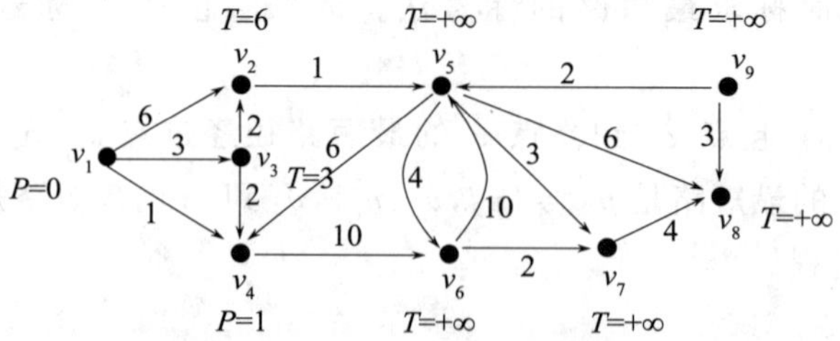


图 7-51　第一轮探查 P 标号

2) 第二轮探查

(1) 从刚获得 P 标号的点 $v_4$ 开始探查，由于弧 $(v_4,v_6)$ 属于 $A$，且 $v_6$ 为 T 标号，故修改这个点的标号为 $T(v_6)=\min[T(v_6),P(v_4)+l_{46}]=\min[+\infty,1+10]=11$，如图 7-52 所示。

(2) 比较所有的 T 标号，$\min[T(v_2),T(v_3),T(v_6)]=T(v_3)=3$，$P(v_3)=3$，如图 7-53 所示。

3）第三轮探查

（1）从刚获得 P 标号的点 $v_3$ 开始探查，由于弧 $(v_3,v_2)$ 属于 $A$，且 $v_2$ 为 T 标号，故修改这个点的标号为 $T(v_2)=\min[T(v_2),P(v_3)+l_{32}]=\min[6,3+2]=5$，如图 7－54 所示。

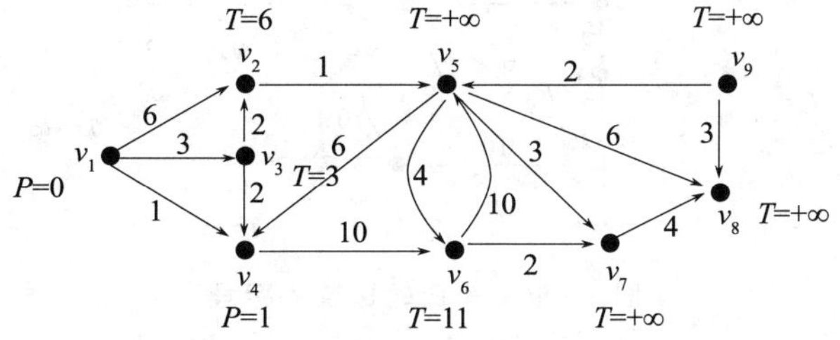


图 7－52　第二轮探查 T 标号

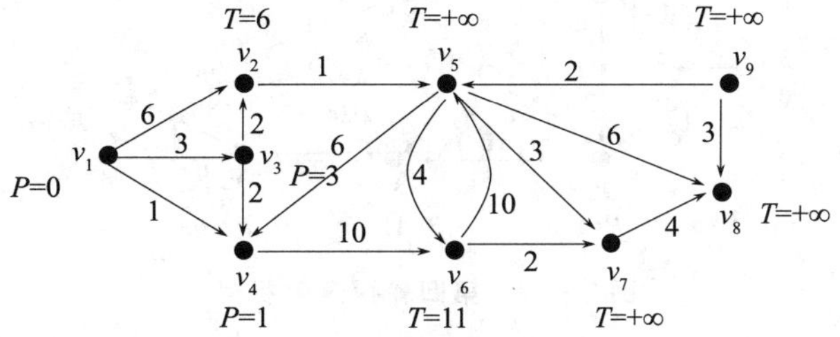


图 7－53　第二轮探查 P 标号

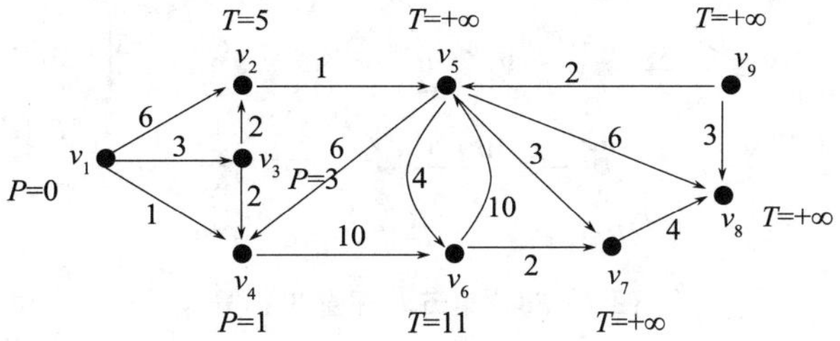


图 7－54　第三轮探查 T 标号

（2）比较所有的 T 标号，$\min[T(v_2),T(v_6)]=T(v_2)=5$，$P(v_2)=5$，如图 7－55 所示。

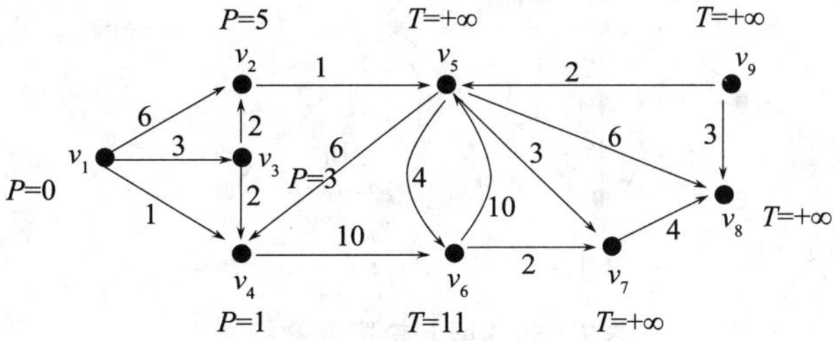


图 7－55　第三轮探查 P 标号

4）第四轮探查

（1）从刚获得 P 标号的点 $v_2$ 开始探查，由于弧 $(v_2,v_5)$ 属于 $A$，且 $v_5$ 为 T 标号，故修改这个点的标号为 $T(v_5)=\min[T(v_5),P(v_2)+l_{25}]=\min[+\infty,5+1]=6$，如图 7－56 所示。

（2）比较所有的 T 标号，$\min[T(v_5),T(v_6)]=T(v_5)=6$，则令 $P(v_5)=6$，如图 7－57 所示。

5）第五轮探查

（1）从刚获得 P 标号的点 $v_5$ 开始探查，由于弧 $(v_5,v_6)$，$(v_5,v_7)$，$(v_5,v_8)$ 属于 $A$，且 $v_6$，$v_7$，$v_8$ 为 T 标号，故修改这个点的标号为 $T(v_6)=\min[T(v_6),P(v_5)+l_{56}]=\min[11,6+4]=10$，$T(v_7)=\min[T(v_7)$，

$P(v_5)+l_{57}]=\min[+\infty,6+3]=9$，$T(v_8)=\min[T(v_8),P(v_5)+l_{58}]=\min[+\infty,6+6]=12$，如图 7 - 58 所示。

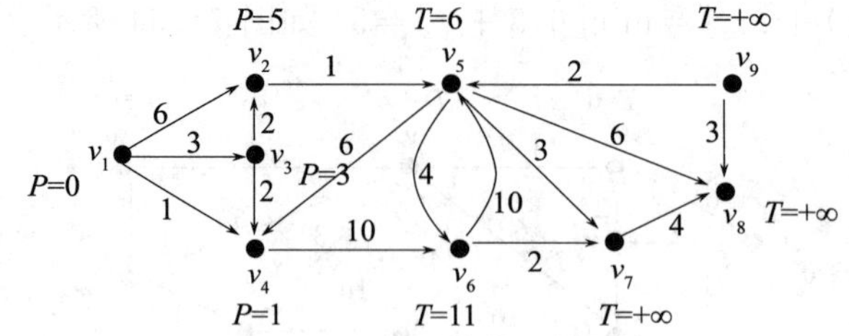


图 7 - 56　第四轮探查 T 标号

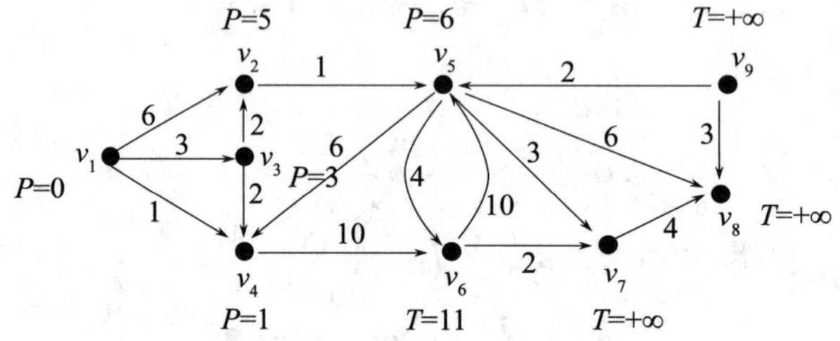


图 7 - 57　第四轮探查 P 标号

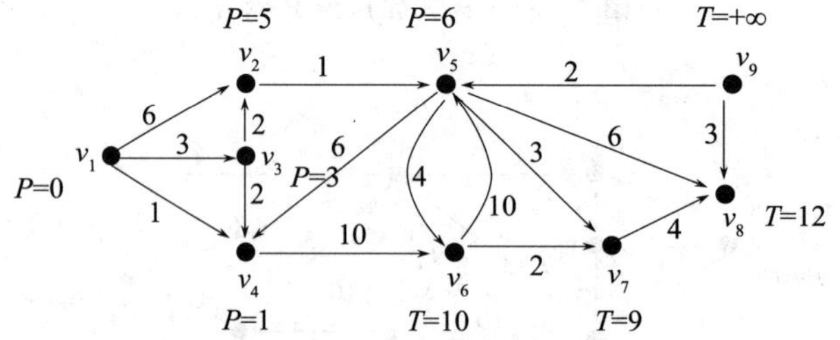


图 7 - 58　第五轮探查 T 标号

（2）比较所有的 T 标号，$\min[T(v_6),T(v_7),T(v_8)]=T(v_7)=9$，则令 $P(v_7)=9$，如图 7 - 59 所示。

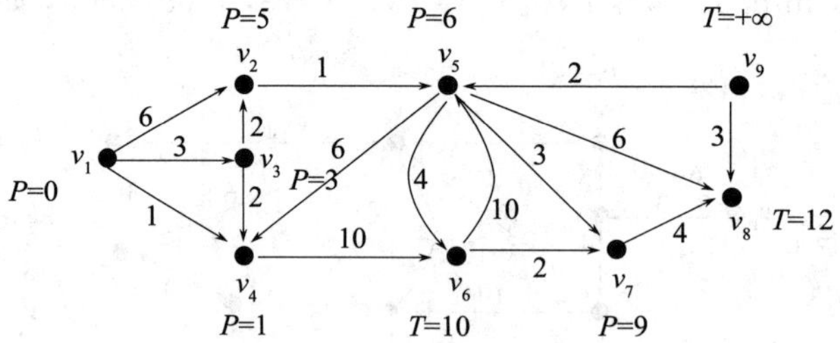


图 7 - 59　第五轮探查 P 标号

6）第六轮探查

（1）从刚获得 P 标号的点 $v_7$ 开始探查，由于弧 $(v_7,v_8)$ 属于 $A$，且 $v_8$ 为 T 标号，故修改这个点的标号为 $T(v_8)=\min[T(v_8),P(v_7)+l_{78}]=\min[12,9+4]=12$，如图 7 - 60 所示。

（2）比较所有的 T 标号，$\min[T(v_6),T(v_8)]=T(v_6)=10$，则令 $P(v_6)=10$，如图 7 - 61 所示。

7）第七轮探查

（1）从刚获得 P 标号的点 $v_6$ 开始探查，已无指向 T 标号的点，则直接转入下一步。

（2）比较所有的 T 标号，$\min[T(v_8),T(v_9)]=T(v_8)=12$，则令 $P(v_8)=12$，如图 7 - 62 所示。

从 $v_1$ 到 $v_9$ 不存在路，故算法停止。可得到最短路为 $p_{18}=\{v_1,v_3,v_2,v_5,v_8\}$，最短路长度即最少费用，为 12。

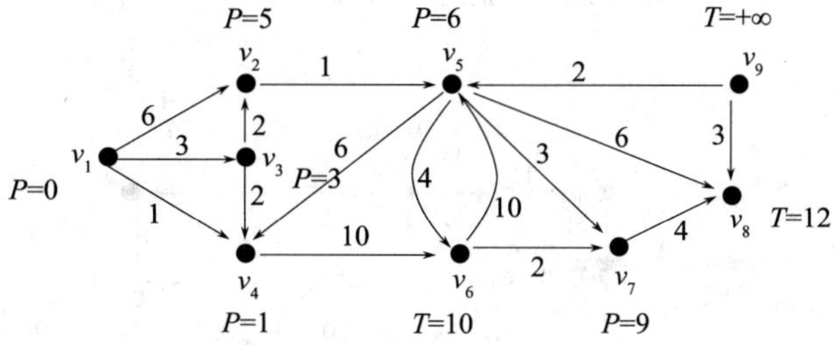


**图 7-60　第六轮探查 T 标号**

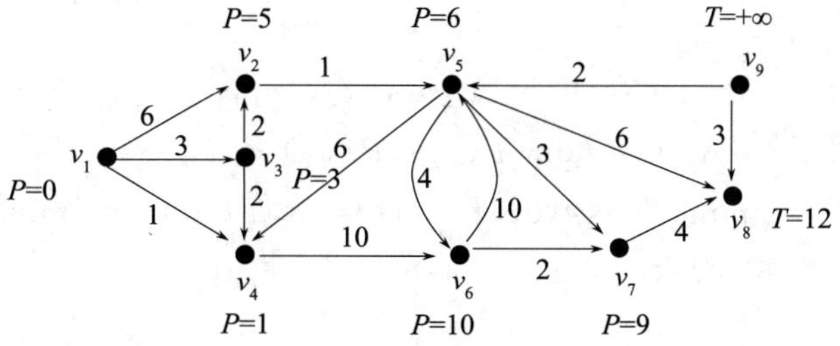


**图 7-61　第六轮探查 P 标号**

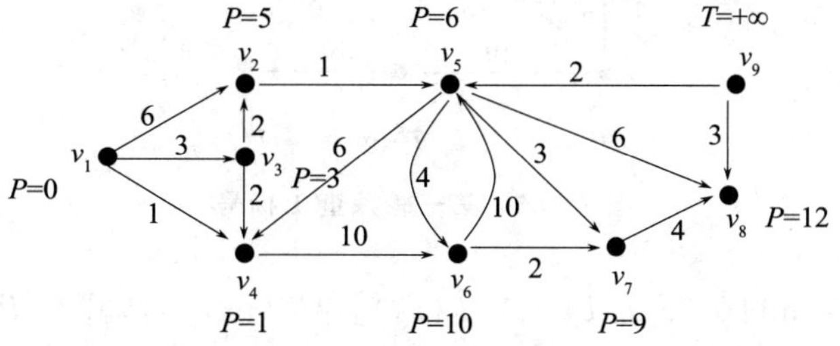


**图 7-62　求得最短路**

从例 7-5 中可以看出，用 Dijkstra 算法可以求某一点 $v_i$ 到其他各点 $v_j$ 的最短路，只要将 $v_j$ 看作路线的终点，使 $v_j$ 得到标号，如果 $v_j$ 不能得到标号，说明 $v_i$ 不可到达 $v_j$。在例 7-5 中，得到 P 标号的点，说明从 $v_1$ 到其他各点的最短路已找到。例如：$p_{16}=\{v_1,v_3,v_2,v_5,v_6\}$，$L_{16}=10$；$p_{17}=\{v_1,v_3,v_2,v_5,v_7\}$，$L_{17}=9$。

2. 无向图的 Dijkstra 算法

如果 $v_i$ 与 $v_j$ 之间存在一条无方向的边相关联，说明 $v_i$ 与 $v_j$ 两点之间可以互达。当 $v_i$ 与 $v_j$ 之间至少有两条边相关联时，留下一条最短边，去掉其他关联边。对于无向赋权图最短路的求解，Dijkstra 算法同样有效。

**例 7-6(用 Dijkstra 算法求无向图最短路)**　求图 7-63 中无向赋权图 $\boldsymbol{G}(\boldsymbol{V},\boldsymbol{E})$ 从 $v_1$ 到 $v_8$ 的最短路。

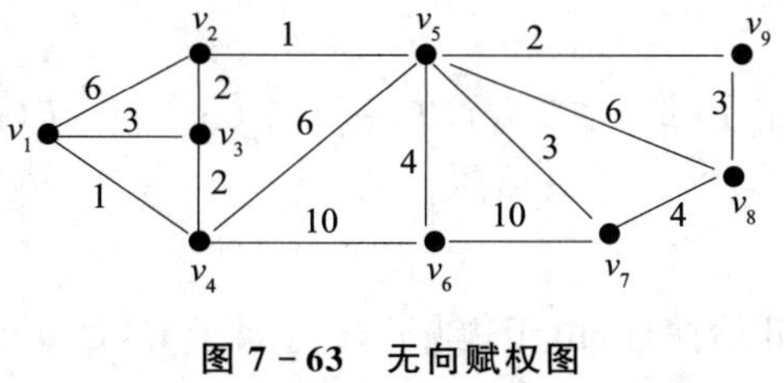

**图 7-63　无向赋权图**

解：

1）第一轮探查

(1) 给 $v_1$ 以 P 标号，$P(v_1)=0$，给其余所有点以 T 标号，$T(v_j)=+\infty, j=2,3,\cdots,9$，如图 7-64 所示。

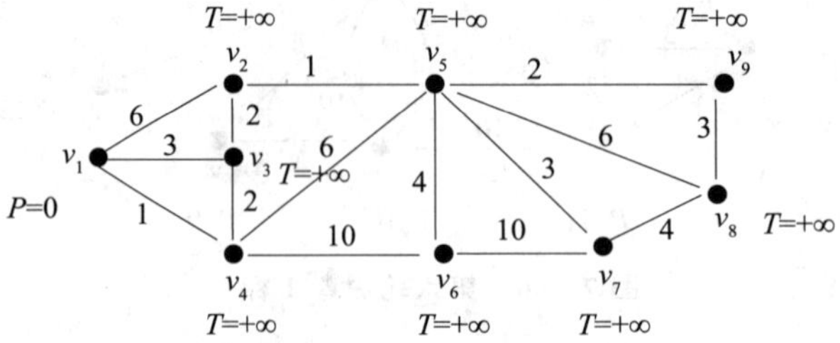


图 7-64 初始标号

(2) 从刚获得 P 标号的点 $v_1$ 开始探查，由于边 $[v_1,v_2],[v_1,v_3],[v_1,v_4]$ 属于 $\boldsymbol{E}$，且 $v_2,v_3,v_4$ 为 T 标号，故修改这 3 个点的标号为 $T(v_2)=\min[T(v_2),P(v_1)+l_{12}]=\min[+\infty,0+6]=6$，$T(v_3)=\min[T(v_3),P(v_1)+l_{13}]=\min[+\infty,0+3]=3$，$T(v_4)=\min[T(v_4),P(v_1)+l_{14}]=\min[+\infty,0+1]=1$，如图 7-65 所示。

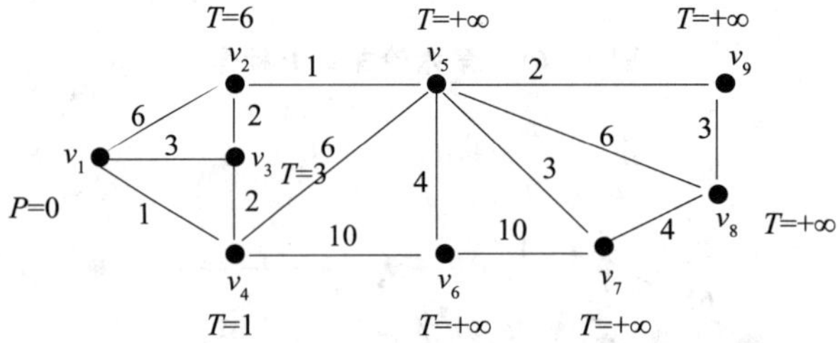


图 7-65 第一轮探查 T 标号

(3) 比较所有的 T 标号，$\min[T(v_2),T(v_3),T(v_4)]=T(v_4)=1$，则令 $P(v_4)=1$，如图 7-66 所示。

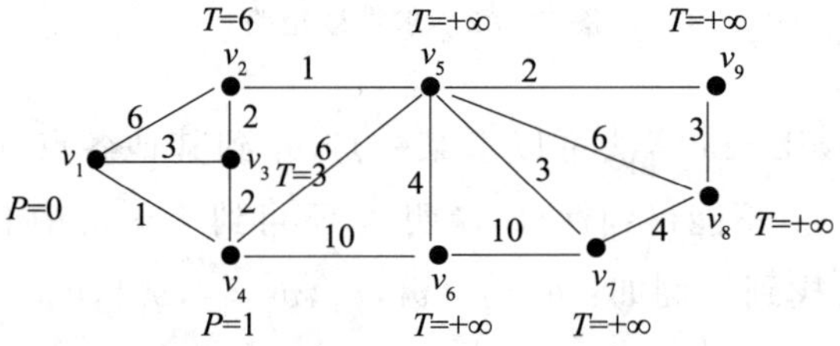


图 7-66 第一轮探查 P 标号

2）第二轮探查

(1) 从刚获得 P 标号的点 $v_4$ 开始探查，由于边 $[v_4,v_3],[v_4,v_5],[v_4,v_6]$ 属于 $\boldsymbol{E}$，且 $v_3,v_5,v_6$ 为 T 标号，故修改这 3 个点的标号为 $T(v_3)=\min[T(v_3),P(v_4)+l_{43}]=\min[3,1+2]=3$，$T(v_5)=\min[T(v_5),P(v_4)+l_{45}]=\min[+\infty,1+6]=7$，$T(v_6)=\min[T(v_6),P(v_4)+l_{46}]=\min[+\infty,1+10]=11$，如图 7-67 所示。

(2) 比较所有的 T 标号，$\min[T(v_2),T(v_3),T(v_5),T(v_6)]=T(v_3)=3$，$P(v_3)=3$，如图 7-68 所示。

3）第三轮探查

(1) 从刚获得 P 标号的点 $v_3$ 开始探查，由于边 $[v_3,v_2]$ 属于 $\boldsymbol{E}$，且 $v_2$ 为 T 标号，故修改这个点的标号为

$T(v_2)=\min[T(v_2),P(v_3)+l_{32}]=\min[6,3+2]=5$，如图 7－69 所示。

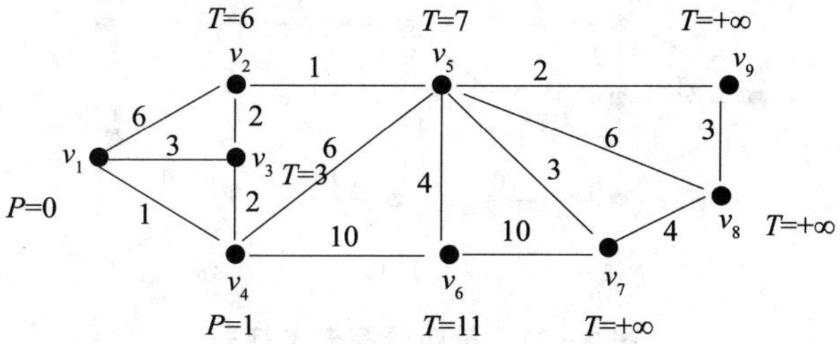


图 7－67　第二轮探查 T 标号

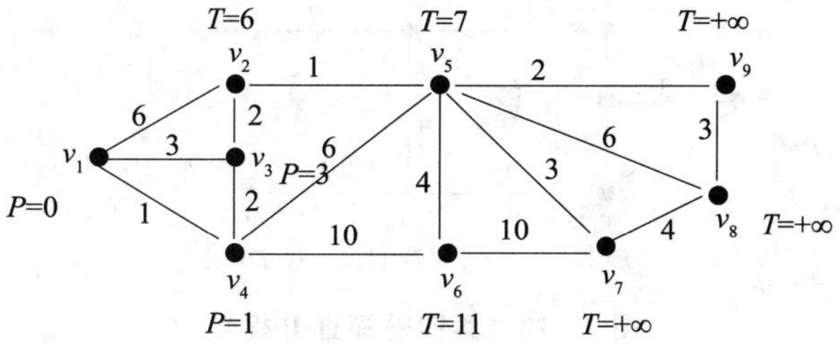


图 7－68　第二轮探查 P 标号

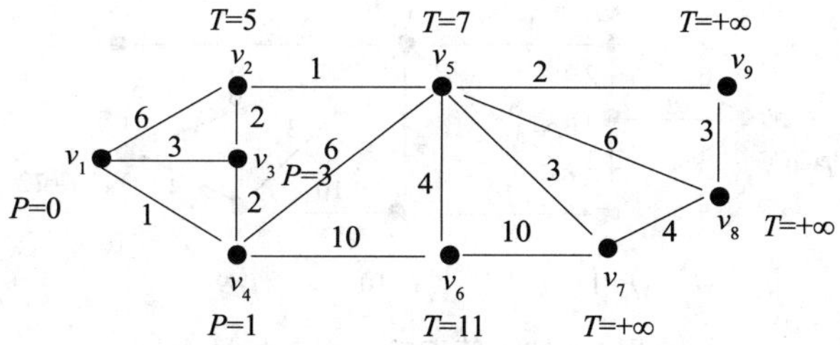


图 7－69　第三轮探查 T 标号

（2）比较所有的 T 标号，$\min[T(v_2),T(v_5),T(v_6)]=T(v_2)=5$，则令 $P(v_2)=5$，如图 7－70 所示。

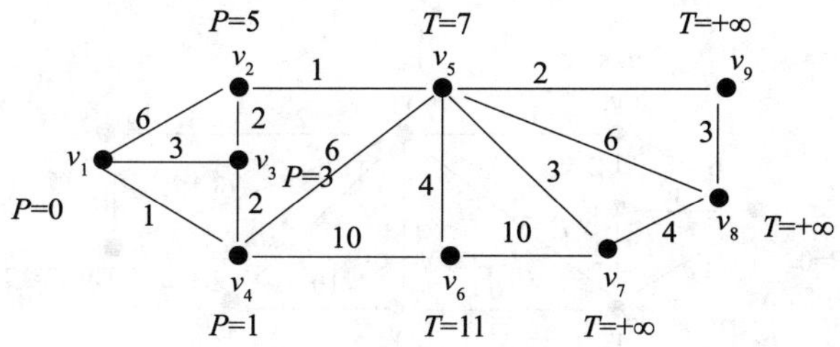


图 7－70　第三轮探查 P 标号

4）第四轮探查

（1）从刚获得 P 标号的点 $v_2$ 开始探查，由于边 $[v_2,v_5]$ 属于 $\boldsymbol{E}$，且 $v_5$ 为 T 标号，故修改这个点的标号为 $T(v_5)=\min[T(v_5),P(v_2)+l_{25}]=\min[7,5+1]=6$，如图 7－71 所示。

（2）比较所有的 T 标号，$\min[T(v_5),T(v_6)]=T(v_5)=6$，则令 $P(v_5)=6$，如图 7－72 所示。

5）第五轮探查

（1）从刚获得 P 标号的点 $v_5$ 开始探查，由于边 $[v_5,v_6]$，$[v_5,v_7]$，$[v_5,v_8]$，$[v_5,v_9]$ 属于 $\boldsymbol{E}$，且 $v_6,v_7,v_8,v_9$ 为 T 标号，故修改这 5 个点的标号为 $T(v_6)=\min[T(v_6),P(v_5)+l_{56}]=\min[11,6+4]=10$，$T(v_7)=\min[T(v_7),P(v_5)+l_{57}]=\min[+\infty,6+3]=9$，$T(v_8)=\min[T(v_8),P(v_5)+l_{58}]=\min[+\infty,6+6]=12$，$T(v_9)=\min[T(v_9),P(v_5)+l_{59}]=\min[+\infty,6+2]=8$，如图 7－73 所示。

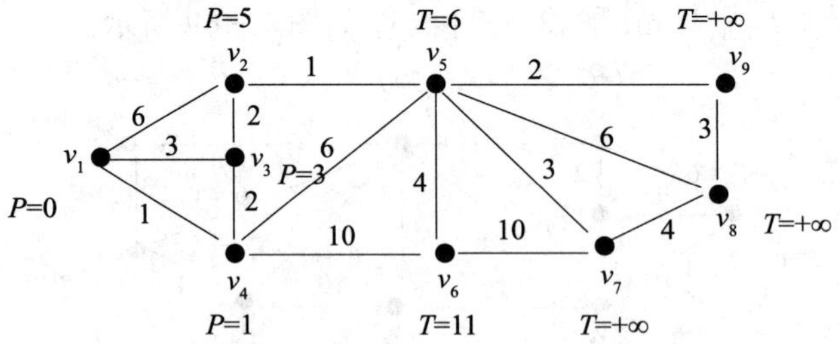


图 7-71　第四轮探查 T 标号

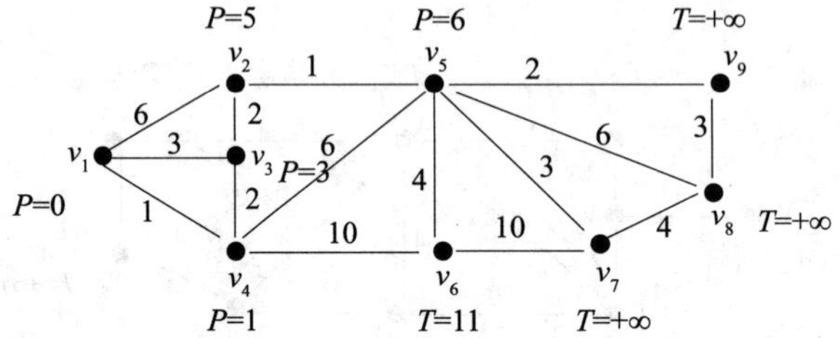


图 7-72　第四轮探查 P 标号

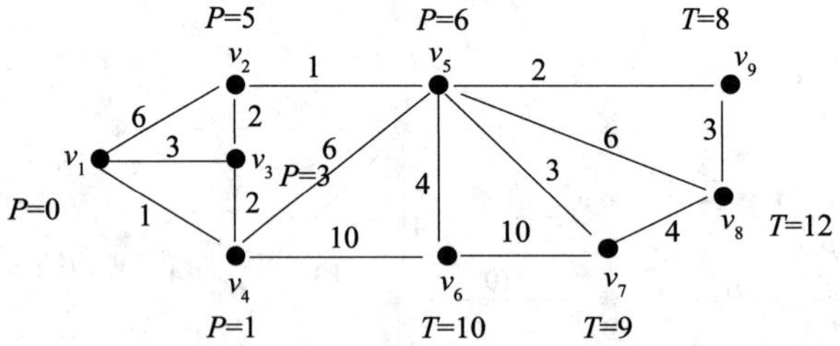


图 7-73　第五轮探查 T 标号

(2) 比较所有的 T 标号，$\min[T(v_6),T(v_7),T(v_8),T(v_9)]=T(v_9)=8$，则令 $P(v_9)=8$，如图 7-74 所示。

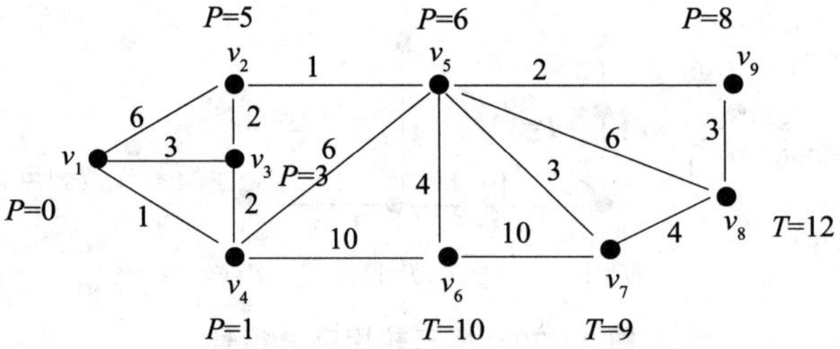


图 7-74　第五轮探查 P 标号

6）第六轮探查

(1) 从刚获得 P 标号的点 $v_9$ 开始探查，由于边 $[v_9,v_8]$ 属于 $\boldsymbol{E}$，且 $v_8$ 为 T 标号，故修改这个点的标号为 $T(v_8)=\min[T(v_8),P(v_9)+l_{98}]=\min[12,8+3]=11$，如图 7-75 所示。

(2) 比较所有的 T 标号，$\min[T(v_6),T(v_7),T(v_8)]=T(v_7)=9$，则令 $P(v_7)=9$，如图 7-76 所示。

7）第七轮探查

(1) 从刚获得 P 标号的点 $v_7$ 开始探查，由于边 $[v_7,v_6]$，$[v_7,v_8]$ 属于 $\boldsymbol{E}$，且 $v_6$，$v_8$ 为 T 标号，故修改这两个点的标号为 $T(v_6)=\min[T(v_6),P(v_7)+l_{76}]=\min[10,9+10]=10$，$T(v_8)=\min[T(v_8),P(v_7)+l_{78}]=\min[11,9+4]=11$，如图 7-77 所示。

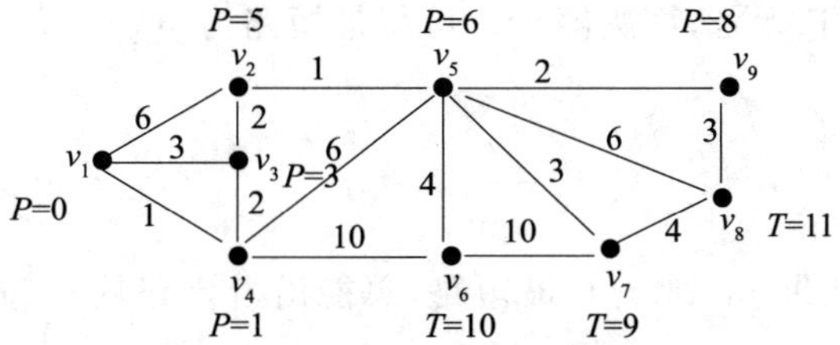


图 7－75　第六轮探查 T 标号

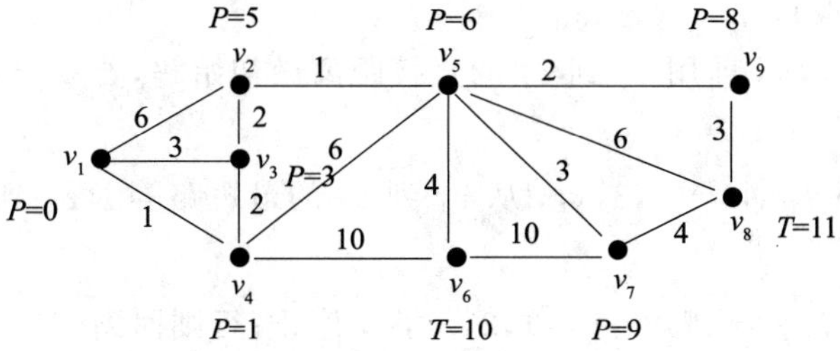


图 7－76　第六轮探查 P 标号

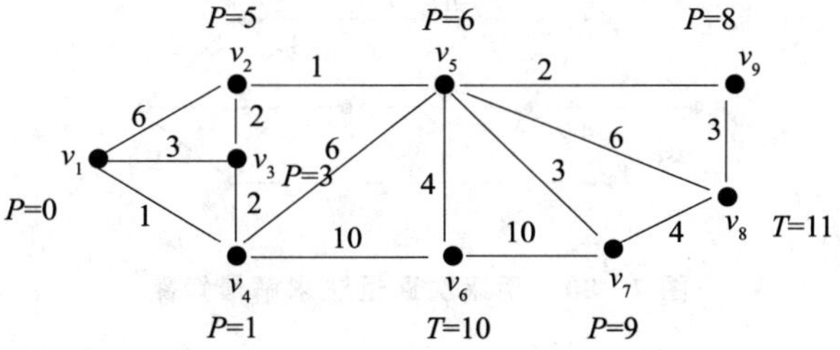


图 7－77　第七轮探查 T 标号

(2) 比较所有的 T 标号，$\min[T(v_6),T(v_8)]=T(v_6)=10$，则令 $P(v_6)=10$，如图 7－78 所示。

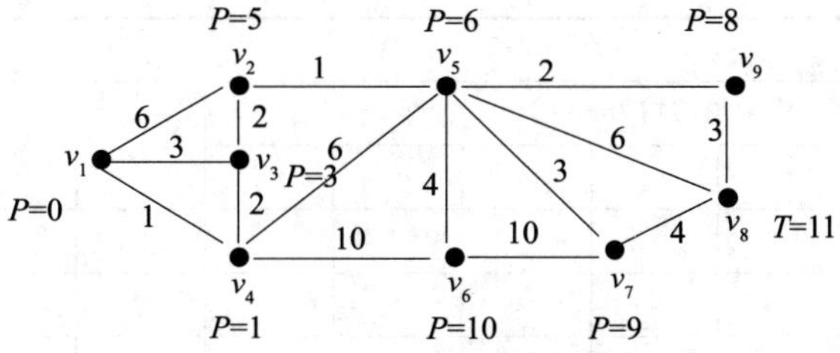


图 7－78　第七轮探查 P 标号

8）第八轮探查

(1) 从刚获得 P 标号的点 $v_6$ 开始探查，已无关联的 T 标号，则直接转入下一步。

(2) 比较所有的 T 标号，$\min[T(v_8)]=T(v_8)=11$，则令 $P(v_8)=11$，如图 7－79 所示。

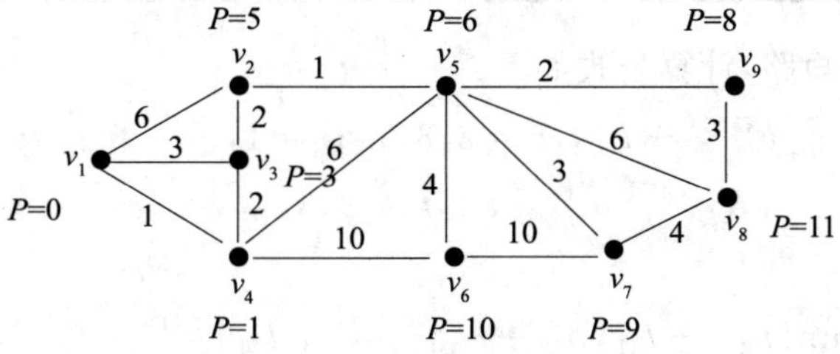


图 7－79　求得最短路

至此，所有的点都已经标上P标号，算法停止。可得最短路为 $p_{18}=\{v_1,v_3,v_2,v_5,v_9,v_8\}$，最短路长度为 11。

## 7.3.2 逐次逼近法

逐次逼近法的基本思想是如果 $v_1$ 到 $v_j$ 有最短路，总能沿着该路从 $v_1$ 先到某一点 $v_i$，然后再沿弧 $(v_i, v_j)$ 到达 $v_j$。如果 $v_1$ 到 $v_j$ 是最短路，则必然 $v_1$ 到 $v_i$ 也是最短路，即 $P_{1j}=\min_i(P_{1i}+l_{ij})$。逐次逼近法可以用来求解当网络中带有负权时，求某指定点到网络中的任意点的最短路问题。

逐次逼近法的算法步骤如下。

(1) $P_{1j}^{(1)}=l_{1j}, j=1,2,\cdots,n$，即用 $v_1$ 到 $v_j$ 的直接距离做初始解，若 $v_1$ 与 $v_j$ 没有直接连接，则记两者之间的路长为 $+\infty$。

(2) $P_{1j}^{(k)}=\min_i[P_{1i}^{(k-1)}+l_{ij}], k=2,3,\cdots$，从 $v_1$ 到 $v_j$ 的最短路等于 $v_1$ 到 $v_i$ 的最短路与 $v_i$ 到 $v_j$ 的路权 $l_{ij}$ 的和中最小的。

(3) 当进行到第 $t$ 步时，$P_{1j}^{(t)}=P_{1j}^{(t-1)}, j=1,2,\cdots,n$，停止；否则回到(2)。

**例 7-7(用逐次逼近法求最短路)** 求图 7-80 中 $v_1$ 到各点的最短路。

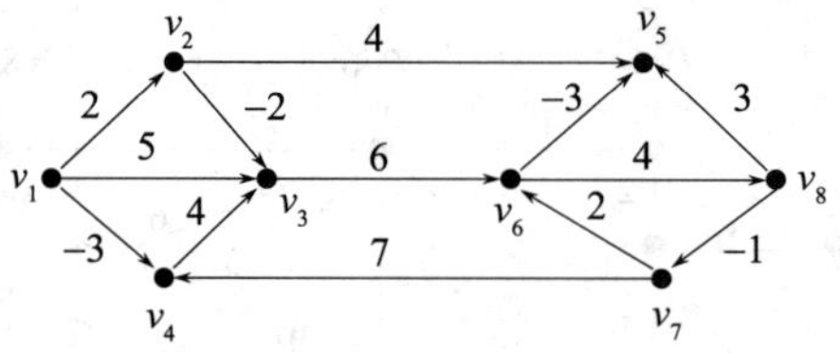


**图 7-80 用逐次逼近法求解最短路**

解：(1)用 $v_1$ 到 $v_j$ 的直接距离做初始解，若 $v_1$ 与 $v_j$ 没有直接连接，则记两者之间的路长为 $+\infty$，如表 7-1 所示。

**表 7-1 第一次迭代**

| $i$ | $j$ | | | | | | | | | | | | | |
|---|---|---|---|---|---|---|---|---|---|---|---|---|---|---|
| | $l_{ij}$（空格中未填的均为 $+\infty$） | | | | | | | | $P_{1j}^{(1)}$ | $P_{1j}^{(2)}$ | $P_{1j}^{(3)}$ | $P_{1j}^{(4)}$ | $P_{1j}^{(5)}$ | $P_{1j}^{(6)}$ |
| | $v_1$ | $v_2$ | $v_3$ | $v_4$ | $v_5$ | $v_6$ | $v_7$ | $v_8$ | | | | | | |
| $v_1$ | 0 | 2 | 5 | −3 | | | | | 0 | | | | | |
| $v_2$ | | 0 | −2 | | 4 | | | | 2 | | | | | |
| $v_3$ | | | 0 | | | 6 | | | 5 | | | | | |
| $v_4$ | | | 4 | 0 | | | | | −3 | | | | | |
| $v_5$ | | | | | 0 | | | | | | | | | |
| $v_6$ | | | | | −3 | 0 | | 4 | | | | | | |
| $v_7$ | | | | 7 | | 2 | 0 | | | | | | | |
| $v_8$ | | | | | 3 | | −1 | 0 | | | | | | |

(2) 计算从 $v_1$ 到 $v_j$ 的最短路，计算公式如下：

$$p_{1j}^{(k)}=\min_i[p_{1i}^{(k-1)}+l_{ij}], k=2,3,\cdots; i=1,2,\cdots,n; j=1,2,\cdots,n$$

$$p_{1j}^{(1)}=l_{1j}, k=2,3,\cdots$$

有

$$\begin{aligned} p_{11}^{(2)} &= \min\{p_{11}^{(1)}+l_{11}, p_{12}^{(1)}+l_{21}, p_{13}^{(1)}+l_{31}, p_{14}^{(1)}+l_{41}, \cdots, p_{18}^{(1)}+l_{81}\} \\ &= \min\{0+0, 2+\infty, 5+\infty, -3+\infty, \infty, \infty, \infty, \infty\}=0 \end{aligned}$$

$$
\begin{aligned}
p_{12}^{(2)} &= \min\{p_{11}^{(1)}+l_{12},p_{12}^{(1)}+l_{22},p_{13}^{(1)}+l_{32},p_{14}^{(1)}+l_{42},\cdots,p_{18}^{(1)}+l_{82}\} \\
&= \min\{0+2,2+0,5+\infty,-3+\infty,\infty,\infty,\infty,\infty\}=2 \\
p_{13}^{(2)} &= \min\{p_{11}^{(1)}+l_{13},p_{12}^{(1)}+l_{23},p_{13}^{(1)}+l_{33},p_{14}^{(1)}+l_{43},\cdots,p_{18}^{(1)}+l_{83}\} \\
&= \min\{0+5,2-2,5+0,-3+4,\infty,\infty,\infty,\infty\}=0 \\
p_{14}^{(2)} &= \min\{p_{11}^{(1)}+l_{14},p_{12}^{(1)}+l_{24},p_{13}^{(1)}+l_{34},p_{14}^{(1)}+l_{44},\cdots,p_{18}^{(1)}+l_{84}\} \\
&= \min\{0-3,2+\infty,5+\infty,-3+0,\infty,\infty,\infty,\infty\}=-3 \\
p_{15}^{(2)} &= \min\{p_{11}^{(1)}+l_{15},p_{12}^{(1)}+l_{25},p_{13}^{(1)}+l_{35},p_{14}^{(1)}+l_{45},\cdots,p_{18}^{(1)}+l_{85}\} \\
&= \min\{0+\infty,2+4,5+\infty,-3+\infty,\infty,\infty,\infty,\infty\}=6 \\
p_{16}^{(2)} &= \min\{p_{11}^{(1)}+l_{16},p_{12}^{(1)}+l_{26},p_{13}^{(1)}+l_{36},p_{14}^{(1)}+l_{46},\cdots,p_{18}^{(1)}+l_{86}\} \\
&= \min\{0+\infty,2+\infty,5+6,-3+\infty,\infty,\infty,\infty,\infty\}=11 \\
p_{17}^{(2)} &= \min\{p_{11}^{(1)}+l_{17},p_{12}^{(1)}+l_{27},p_{13}^{(1)}+l_{37},p_{14}^{(1)}+l_{47},\cdots,p_{18}^{(1)}+l_{87}\} \\
&= \min\{0+\infty,2+\infty,5+\infty,-3+\infty,\infty,\infty,\infty,\infty\}=\infty \\
p_{18}^{(2)} &= \min\{p_{11}^{(1)}+l_{18},p_{12}^{(1)}+l_{28},p_{13}^{(1)}+l_{38},p_{14}^{(1)}+l_{48},\cdots,p_{18}^{(1)}+l_{88}\} \\
&= \min\{0+\infty,2+\infty,5+\infty,-3+\infty,\infty,\infty,\infty,\infty\}=\infty
\end{aligned}
$$

将所有第二次迭代计算结果填入表 7－2。

**表 7－2　第二次迭代**

| $i$ | $j$ | | | | | | | | | | | | | |
|---|---|---|---|---|---|---|---|---|---|---|---|---|---|---|
| | $l_{ij}$(空格中未填的均为$+\infty$) | | | | | | | | $P_{1j}^{(1)}$ | $P_{1j}^{(2)}$ | $P_{1j}^{(3)}$ | $P_{1j}^{(4)}$ | $P_{1j}^{(5)}$ | $P_{1j}^{(6)}$ |
| | $v_1$ | $v_2$ | $v_3$ | $v_4$ | $v_5$ | $v_6$ | $v_7$ | $v_8$ | | | | | | |
| $v_1$ | 0 | 2 | 5 | $-3$ | | | | | 0 | 0 | | | | |
| $v_2$ | | 0 | $-2$ | | 4 | | | | 2 | 2 | | | | |
| $v_3$ | | | 0 | | | 6 | | | 5 | 0 | | | | |
| $v_4$ | | | 4 | 0 | | | | | $-3$ | $-3$ | | | | |
| $v_5$ | | | | | 0 | | | | | 6 | | | | |
| $v_6$ | | | | | $-3$ | 0 | | 4 | | 11 | | | | |
| $v_7$ | | | | 7 | | 2 | 0 | | | | | | | |
| $v_8$ | | | | | 3 | | $-1$ | 0 | | | | | | |

(3) 同理,逐次迭代计算从 $v_1$ 到 $v_j$ 的最短路,迭代结果如表 7－3 所示。

**表 7－3　第三次迭代、第四次迭代和第五次迭代**

| $i$ | $j$ | | | | | | | | | | | | | |
|---|---|---|---|---|---|---|---|---|---|---|---|---|---|---|
| | $l_{ij}$(空格中未填的均为$+\infty$) | | | | | | | | $P_{1j}^{(1)}$ | $P_{1j}^{(2)}$ | $P_{1j}^{(3)}$ | $P_{1j}^{(4)}$ | $P_{1j}^{(5)}$ | $P_{1j}^{(6)}$ |
| | $v_1$ | $v_2$ | $v_3$ | $v_4$ | $v_5$ | $v_6$ | $v_7$ | $v_8$ | | | | | | |
| $v_1$ | 0 | 2 | 5 | $-3$ | | | | | 0 | 0 | 0 | 0 | 0 | |
| $v_2$ | | 0 | $-2$ | | 4 | | | | 2 | 2 | 2 | 2 | 2 | |
| $v_3$ | | | 0 | | | 6 | | | 5 | 0 | 0 | 0 | 0 | |
| $v_4$ | | | 4 | 0 | | | | | $-3$ | $-3$ | $-3$ | $-3$ | $-3$ | |
| $v_5$ | | | | | 0 | | | | | 6 | 6 | 3 | 3 | |
| $v_6$ | | | | | $-3$ | 0 | | 4 | | 11 | 6 | 6 | 6 | |
| $v_7$ | | | | 7 | | 2 | 0 | | | | | 14 | 9 | |
| $v_8$ | | | | | 3 | | $-1$ | 0 | | | 15 | 10 | 10 | |

(4) 当进行到第六步时，$P_{1j}^{(6)}=P_{1j}^{(5)}$，$j=1,2,\cdots,8$，算法停止，迭代结果如表 7-4 所示。

**表 7-4　第六次迭代**

| $i$ | $j$ | | | | | | | | | | | | | |
|---|---|---|---|---|---|---|---|---|---|---|---|---|---|---|
| | $l_{ij}$(空格中未填的均为$+\infty$) | | | | | | | | $P_{1j}^{(1)}$ | $P_{1j}^{(2)}$ | $P_{1j}^{(3)}$ | $P_{1j}^{(4)}$ | $P_{1j}^{(5)}$ | $P_{1j}^{(6)}$ |
| | $v_1$ | $v_2$ | $v_3$ | $v_4$ | $v_5$ | $v_6$ | $v_7$ | $v_8$ | | | | | | |
| $v_1$ | 0 | 2 | 5 | $-3$ | | | | | 0 | 0 | 0 | 0 | 0 | 0 |
| $v_2$ | | 0 | $-2$ | | 4 | | | | 2 | 2 | 2 | 2 | 2 | 2 |
| $v_3$ | | | 0 | | | 6 | | | 5 | 0 | 0 | 0 | 0 | 0 |
| $v_4$ | | | 4 | 0 | | | | | $-3$ | $-3$ | $-3$ | $-3$ | $-3$ | $-3$ |
| $v_5$ | | | | | 0 | | | | | 6 | 6 | 3 | 3 | 3 |
| $v_6$ | | | | | $-3$ | 0 | | 4 | | 11 | 6 | 6 | 6 | 6 |
| $v_7$ | | | | 7 | | 2 | 0 | | | | | 14 | 9 | 9 |
| $v_8$ | | | | | 3 | | $-1$ | 0 | | | 15 | 10 | 10 | 10 |

表中最后一列数字分别表示从 $v_1$ 到各点的最短路长。此时，可采用反向追踪法查看最短路径。例如，从表 7-4 中可以看出从 $v_1$ 到 $v_8$ 的最短路长为 10，则

在第六次迭代中，$p_{18}^{(6)}=p_{16}^{(5)}+l_{68}=10$，可以看出最短路为 $v_6\rightarrow v_8$

在第五次迭代中，$p_{16}^{(5)}=p_{13}^{(4)}+l_{36}=6$，可以看出最短路为 $v_3\rightarrow v_6\rightarrow v_8$

在第四次迭代中，$p_{13}^{(4)}=p_{12}^{(3)}+l_{23}=0$，可以看出最短路为 $v_2\rightarrow v_3\rightarrow v_6\rightarrow v_8$

在第二、三次迭代中，$p_{12}^{(3)}=p_{11}^{(2)}+l_{12}=2$，$p_{11}^{(2)}=p_{11}^{(1)}+l_{11}=0$，可以看出最短路为 $v_1\rightarrow v_2\rightarrow v_3\rightarrow v_6\rightarrow v_8$

## 7.3.3 Floyd 算法

Floyd 算法是更一般的算法，是一种(矩阵)表格迭代方法，适用于求任意两点间的最短路、混合图的最短路、有负权图的最短路等一般网络问题。

Floyd 算法的步骤如下。

(1) 写出 $v_i$ 一步到达 $v_j$ 的距离矩阵 $\boldsymbol{L}_1=(L_{ij}^{(1)})$，$\boldsymbol{L}_1$ 也是一步到达的最短距离矩阵。如果 $v_i$ 与 $v_j$ 之间没有边关联，则令 $l_{ij}=+\infty$。

(2) 计算第 2 步最短距离矩阵。设 $v_i$ 经过一个中间点 $v_r$ 两步到达 $v_j$，则 $v_i$ 到 $v_j$ 的最短距离为 $L_{ij}^{(2)}=\min\limits_{r}\{l_{ir}+l_{rj}\}$，此时最短距离矩阵记为 $\boldsymbol{L}_2=(L_{ij}^{(2)})$。

(3) 计算第 $k$ 步最短距离矩阵。设 $v_i$ 经过中间点 $v_r$ 到达 $v_j$，$v_i$ 经过 $k-1$ 步到达点 $v_r$ 的最短距离为 $L_{ir}^{(k-1)}$，$v_r$ 经过 $k-1$ 步到达点 $v_j$ 的最短距离为 $L_{rj}^{(k-1)}$，则 $v_i$ 经 $k$ 步到达 $v_j$ 的最短距离为 $L_{ij}^{(k)}=\min\limits_{r}\{L_{ir}^{(k-1)}+L_{rj}^{(k-1)}\}$，此时最短距离矩阵记为 $\boldsymbol{L}_k=(L_{ij}^{(k)})$。

(4) 比较矩阵 $\boldsymbol{L}_k$ 与 $\boldsymbol{L}_{k-1}$。当 $\boldsymbol{L}_k=\boldsymbol{L}_{k-1}$ 时得到任意两点间的最短距离矩阵 $\boldsymbol{L}_k$。

若设图的点数为 $n$ 并且 $l_{ij}\geqslant 0$，迭代次数 $k$ 由下面的公式估计得到：

$$2^{k-1}-1<n-2\leqslant 2^k-1$$

$$k-1<\frac{\lg(n-1)}{\lg 2}\leqslant k$$

**例 7-8(用 Floyd 算法求最短路)**　在图 7-81 中，分别求 $v_1$ 至 $v_6$、$v_1$ 至 $v_4$、$v_6$ 至 $v_2$ 和 $v_2$ 至 $v_5$ 的最短路和最短距离。

解：(1)写出一步到达最短距离矩阵 $\boldsymbol{L}_1$，如表 7-5 所示。

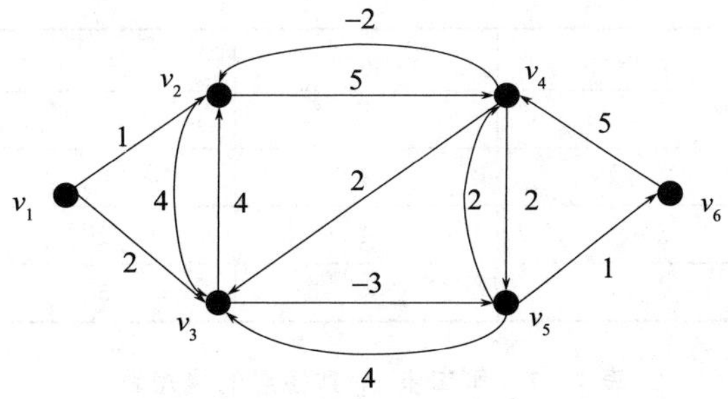


图 7－81　用 Floyd 算法求最短路

表 7－5　一步到达最短距离矩阵 $L_1$

| $i$ | $j$ | | | | | |
|---|---|---|---|---|---|---|
| | $v_1$ | $v_2$ | $v_3$ | $v_4$ | $v_5$ | $v_6$ |
| $v_1$ | 0 | 1 | 2 | ∞ | ∞ | ∞ |
| $v_2$ | ∞ | 0 | 4 | 5 | ∞ | ∞ |
| $v_3$ | ∞ | 4 | 0 | ∞ | −3 | ∞ |
| $v_4$ | ∞ | −2 | 2 | 0 | 2 | ∞ |
| $v_5$ | ∞ | ∞ | 4 | 2 | 0 | 1 |
| $v_6$ | ∞ | ∞ | ∞ | 5 | ∞ | 0 |

（2）计算第二步最短距离矩阵。首先，计算 $L_{1j}^{(2)}=\min\limits_{r}\{l_{1r}+l_{rj}\},j=1,2,\cdots,6$，即把表 7－6 中的第一列 $L_{1r}$ 分别与 $v_1,v_2,\cdots,v_6$ 列相加后选最小值。即计算

$$L_{11}^{(2)}=\min_{r}\{l_{1r}+l_{r1}\}=\min\{0+0,1+\infty,2+\infty,\infty+\infty,\infty+\infty,\infty+\infty\}=0$$

$$L_{12}^{(2)}=\min_{r}\{l_{1r}+l_{r2}\}=\min\{0+1,1+0,2+4,\infty-2,\infty+\infty,\infty+\infty\}=1$$

$$L_{13}^{(2)}=\min_{r}\{l_{1r}+l_{r3}\}=\min\{0+2,1+4,2+0,\infty+2,\infty+4,\infty+\infty\}=2$$

$$L_{14}^{(2)}=\min_{r}\{l_{1r}+l_{r4}\}=\min\{0+\infty,1+5,2+\infty,\infty+0,\infty+2,\infty+5\}=6$$

$$L_{15}^{(2)}=\min_{r}\{l_{1r}+l_{r5}\}=\min\{0+\infty,1+\infty,2-3,\infty+2,\infty+0,\infty+\infty\}=-1$$

$$L_{16}^{(2)}=\min_{r}\{l_{1r}+l_{r6}\}=\min\{0+\infty,1+\infty,2+\infty,\infty+\infty,\infty+1,\infty+0\}=\infty$$

并将计算结果填入表 7－7 中。接着，计算 $L_{2j}^{(2)}=\min\limits_{r}\{l_{2r}+l_{rj}\},j=1,2,\cdots,6$，即把表 7－8 中的第一列 $L_{2r}$ 分别与 $v_1,v_2,\cdots,v_6$ 列相加后选最小值。计算得到表 7－9 中 $v_2$ 行的值。同理，计算 $L_{3j}^{(2)}=\min\limits_{r}\{l_{3r}+l_{rj}\}$，$j=1,2,\cdots,6$，即把表 7－10 中的第一列 $L_{3r}$ 分别与 $v_1,v_2,\cdots,v_6$ 列相加后选最小值。计算得到表 7－11 $v_3$ 行的值。同理，计算

$$L_{4j}^{(2)}=\min_{r}\{l_{4r}+l_{rj}\},j=1,2,\cdots,6$$

$$L_{5j}^{(2)}=\min_{r}\{l_{5r}+l_{rj}\},j=1,2,\cdots,6$$

$$L_{6j}^{(2)}=\min_{r}\{l_{6r}+l_{rj}\},j=1,2,\cdots,6$$

将计算结果填入表 7－12 中，得到最短距离矩阵 $\boldsymbol{L}_2$。

表 7－6　第二步最短距离计算

| $L_{1r}$ | $v_1$ | $v_2$ | $v_3$ | $v_4$ | $v_5$ | $v_6$ |
|---|---|---|---|---|---|---|
| 0 | 0 | 1 | 2 | ∞ | ∞ | ∞ |
| 1 | ∞ | 0 | 4 | 5 | ∞ | ∞ |

续 表

| $L_{1r}$ | $v_1$ | $v_2$ | $v_3$ | $v_4$ | $v_5$ | $v_6$ |
|---|---|---|---|---|---|---|
| 2 | ∞ | 4 | 0 | ∞ | −3 | ∞ |
| ∞ | ∞ | −2 | 2 | 0 | 2 | ∞ |
| ∞ | ∞ | ∞ | 4 | 2 | 0 | 1 |
| ∞ | ∞ | ∞ | ∞ | 5 | ∞ | 0 |

**表 7-7　第二步 $v_1$ 到各点的最短路**

| $i$ | $j$ | | | | | |
|---|---|---|---|---|---|---|
| | $v_1$ | $v_2$ | $v_3$ | $v_4$ | $v_5$ | $v_6$ |
| $v_1$ | 0 | 1 | 2 | 6 | −1 | ∞ |
| $v_2$ | | | | | | |
| $v_3$ | | | | | | |
| $v_4$ | | | | | | |
| $v_5$ | | | | | | |
| $v_6$ | | | | | | |

**表 7-8　第二步 $v_2$ 到各点的最短路计算**

| $L_{2r}$ | $v_1$ | $v_2$ | $v_3$ | $v_4$ | $v_5$ | $v_6$ |
|---|---|---|---|---|---|---|
| ∞ | 0 | 1 | 2 | ∞ | ∞ | ∞ |
| 0 | ∞ | 0 | 4 | 5 | ∞ | ∞ |
| 4 | ∞ | 4 | 0 | ∞ | −3 | ∞ |
| 5 | ∞ | −2 | 2 | 0 | 2 | ∞ |
| ∞ | ∞ | ∞ | 4 | 2 | 0 | 1 |
| ∞ | ∞ | ∞ | ∞ | 5 | ∞ | 0 |

**表 7-9　第二步 $v_2$ 到各点的最短路**

| $i$ | $j$ | | | | | |
|---|---|---|---|---|---|---|
| | $v_1$ | $v_2$ | $v_3$ | $v_4$ | $v_5$ | $v_6$ |
| $v_1$ | 0 | 1 | 2 | 6 | −1 | ∞ |
| $v_2$ | ∞ | 0 | 4 | 5 | 1 | ∞ |
| $v_3$ | | | | | | |
| $v_4$ | | | | | | |
| $v_5$ | | | | | | |
| $v_6$ | | | | | | |

**表 7-10　第二步 $v_3$ 到各点的最短路计算**

| $L_{3r}$ | $v_1$ | $v_2$ | $v_3$ | $v_4$ | $v_5$ | $v_6$ |
|---|---|---|---|---|---|---|
| ∞ | 0 | 1 | 2 | ∞ | ∞ | ∞ |
| 4 | ∞ | 0 | 4 | 5 | ∞ | ∞ |
| 0 | ∞ | 4 | 0 | ∞ | −3 | ∞ |
| ∞ | ∞ | −2 | 2 | 0 | 2 | ∞ |
| ∞ | ∞ | ∞ | 4 | 2 | 0 | 1 |
| ∞ | ∞ | ∞ | ∞ | 5 | ∞ | 0 |

表 7 - 11　第二步 $v_3$ 到各点的最短路

| $i$ | $j$ | | | | | |
|---|---|---|---|---|---|---|
| | $v_1$ | $v_2$ | $v_3$ | $v_4$ | $v_5$ | $v_6$ |
| $v_1$ | 0 | 1 | 2 | 6 | −1 | ∞ |
| $v_2$ | ∞ | 0 | 4 | 5 | 1 | ∞ |
| $v_3$ | ∞ | 4 | 0 | −1 | −3 | −2 |
| $v_4$ | | | | | | |
| $v_5$ | | | | | | |
| $v_6$ | | | | | | |

表 7 - 12　最短距离矩阵 $\boldsymbol{L}_2$

| $L_{1r}$ | $v_1$ | $v_2$ | $v_3$ | $v_4$ | $v_5$ | $v_6$ |
|---|---|---|---|---|---|---|
| 0 | 0 | 1 | 2 | 6 | −1 | ∞ |
| 1 | ∞ | 0 | 4 | 5 | 1 | ∞ |
| 2 | ∞ | 4 | 0 | −1 | −3 | −2 |
| 6 | ∞ | −2 | 2 | 0 | −1 | 3 |
| −1 | ∞ | 0 | 4 | 2 | 0 | 1 |
| ∞ | ∞ | 3 | 7 | 5 | 7 | 0 |

(3) 依此类推，再计算 $L_{ij}^{(3)}=\min\limits_{r}\{L_{ir}^{(2)}+L_{rj}^{(2)}\}$，得到表 7 - 13 所示的最短距离矩阵 $\boldsymbol{L}_3$。

表 7 - 13　最短距离矩阵 $\boldsymbol{L}_3$

| $i$ | $j$ | | | | | |
|---|---|---|---|---|---|---|
| | $v_1$ | $v_2$ | $v_3$ | $v_4$ | $v_5$ | $v_6$ |
| $v_1$ | 0 | −1 | 2 | 1 | −1 | 0 |
| $v_2$ | ∞ | 0 | 4 | 3 | 1 | 2 |
| $v_3$ | ∞ | −3 | 0 | −1 | −3 | −2 |
| $v_4$ | ∞ | −2 | 2 | 0 | −1 | 0 |
| $v_5$ | ∞ | 0 | 4 | 2 | 0 | 1 |
| $v_6$ | ∞ | 3 | 7 | 5 | 4 | 0 |

(4) 依此类推，再计算 $L_{ij}^{(4)}=\min\limits_{r}\{L_{ir}^{(3)}+L_{rj}^{(3)}\}$，得到表 7 - 14 所示的最短距离矩阵 $\boldsymbol{L}_4$。$L_{ij}^{(4)}=L_{ij}^{(3)}$，算法停止，已得到任意两点间的最短距离。

表 7 - 14　最短距离矩阵 $\boldsymbol{L}_4$

| $i$ | $j$ | | | | | |
|---|---|---|---|---|---|---|
| | $v_1$ | $v_2$ | $v_3$ | $v_4$ | $v_5$ | $v_6$ |
| $v_1$ | 0 | −1 | 2 | 1 | −1 | 0 |
| $v_2$ | ∞ | 0 | 4 | 3 | 1 | 2 |
| $v_3$ | ∞ | −3 | 0 | −1 | −3 | −2 |
| $v_4$ | ∞ | −2 | 2 | 0 | −1 | 0 |
| $v_5$ | ∞ | 0 | 4 | 2 | 0 | 1 |
| $v_6$ | ∞ | 3 | 7 | 5 | 4 | 0 |

通过表格可以回溯(当然也可以直接在图上观察)，可找到从 $v_1$ 到 $v_6$ 的最短路为 $P_{16}=\{v_1,v_3,v_5,$

$v_6\}$，$L_{16}=0$；从 $v_1$ 到 $v_4$ 的最短路为 $P_{14}=\{v_1,v_3,v_5,v_4\}$，$L_{14}=1$；从 $v_6$ 到 $v_2$ 的最短路为 $P_{62}=\{v_6,v_4,v_2\}$，$L_{62}=3$；从 $v_2$ 到 $v_5$ 的最短路为 $P_{25}=\{v_2,v_3,v_5\}$，$L_{25}=1$。

## 复习思路提示

1. Dijkstra 算法的适用条件是权值非负、求最小值问题，对于最大值问题无效。

2. 利用 Dijkstra 算法可以求任意两点之间的最短路(若存在的话)，需将两点看作路线的起点和终点，然后进行标号。

3. 最短路可能不唯一，但最短路权(最短路长度)相等。

4. 许多优化问题可转化为最短路模型求解，如设备更新、管道铺设、线路安排、厂区布局等，在针对实际问题建模时要注意灵活应用。

5. 在递推公式 $P_{1j}^{(k)}$ 中，$v_1$ 到 $v_j$ 至多含有 $k-1$ 个中间点的最短路权。

6. 在含有 $n$ 个顶点且不含有总权小于 0 的回路的图中，求从 $v_1$ 到任一点的最短路权，用逐次逼近法最多经过 $n-1$ 次迭代必定收敛；否则，如果含有总权小于 0 的回路，最短路权没有下界。

7. 逐次逼近法适用于求解带负权的，从某一点到各顶点的最短距离。

8. Dijsktra 算法用于求解权非负，从某一点到其他各个顶点的最短路。

9. 逐次逼近法用于求解带负权的，从某一点到图中各个顶点的最短路。

10. Floyd 算法用于求解混合图、边权可正可负的，图中任意两点之间的最短路和最短距离(算法思路与逐次逼近法相近，但可求任意两点间的最短路)。

11. 考试中仔细审题，看需要采用哪种方法进行求解，在最短路问题中 Dijsktra 算法的考查频率最高。

# 7.4 网络最大流问题

### 7.4.1 基本概念与模型

引例：图 7-82 是连接某产品产地 $v_1$ 和销地 $v_6$ 的交通网，弧 $(v_i,v_j)$ 代表从 $v_i$ 到 $v_j$ 的运输线，产品经这条弧由 $v_i$ 输送到 $v_j$，弧旁的数字表示这条运输线的最大通过能力。产品经过交通网从 $v_s$ 输送到 $v_t$，现在要求制订一个运输方案使从 $v_s$ 运到 $v_t$ 的产品数量最多。

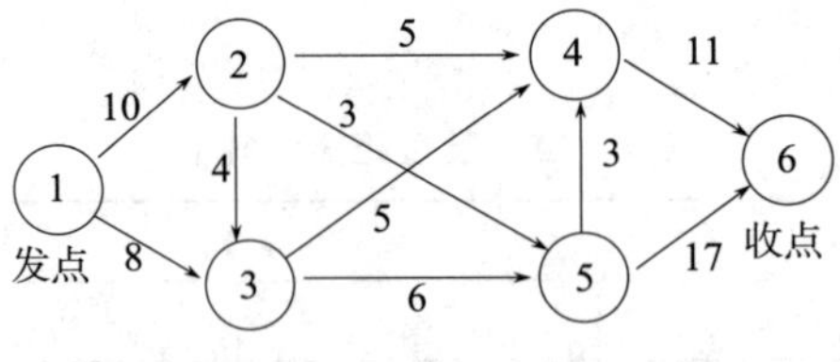


图 7-82　引例图

先介绍一些相关概念。

网络上的流：定义在弧集合 $A$ 上的一个函数 $f=\{f(v_i,v_j)\}$ 是流量的集合。

弧的容量 $(c_{ij})$：该弧在单位时间内的最大通过能力。

弧的流量 $(f_{ij})$：该弧在单位时间内的实际通过量。每个弧上的流量不能超过弧的容量。

网络最大流问题是指在单位时间内安排一个运送方案，将发点的物资沿着弧的方向运送到收点，使总运输量最大的问题。每一个运输方案都可看作这个网络上的一个流，每个弧上的运输量就是该弧上的流量。

最大流问题在实际中是一种很常见的问题，之所以称为流，是因为它是流动的，如常见的人流、物流、水流、气流、电流及信息流等。这些流在某一时间内的通过量是有限的，如长江武汉段的水流量最大通过能力为 65 000 $m^2/s$，某大桥每小时最多只能通过 4 000 辆汽车等。

图 7－82 所示的最大流问题的线性规划数学模型可表示如下：

$$\max v = f_{12} + f_{13}$$

$$\text{s. t.}\begin{cases} f_{12}+f_{13}-f_{46}-f_{56}=0 \\ \sum\limits_{v_m} f_{im} - \sum\limits_{v_m} f_{mj} = 0, v_m \text{ 为所有中间点} \\ 0 \leqslant f_{ij} \leqslant c_{ij}, \text{所有弧}(i,j) \\ i,j = 1,2,\cdots,6 \end{cases}$$

满足约束条件的流称为可行流，从上述最大流问题的线性规划数学模型来看，需要满足的约束条件有 3 个。

(1) 容量限制条件：$0 \leqslant f_{ij} \leqslant c_{ij}$。

(2) 每一个中间点 $v_m$ 的流量平衡：$\sum\limits_{v_m} f_{im} - \sum\limits_{v_m} f_{mj} = 0$。

(3) 发点的总流出量等于收点的总流入量：$\sum\limits_{v_s} f_{sj} = \sum\limits_{v_t} f_{it} = v(f)$，$v(f)$为可行流的流量。

最大流问题即指求一个流 $\{f_{ij}\}$ 使其流量 $v(f)$达到最大。为求解网络图的最大流问题，先介绍一些基本概念。

如果 $f_{ij}=c_{ij}$，从 $v_i$ 到 $v_j$ 的弧是饱和弧。图 7－83 中的弧 $(v_i, v_j)$ 就是饱和弧。

如果 $f_{ij}=0$，从 $v_i$ 到 $v_j$ 的弧是零流弧。图 7－84 中的弧 $(v_i, v_j)$ 就是零流弧。

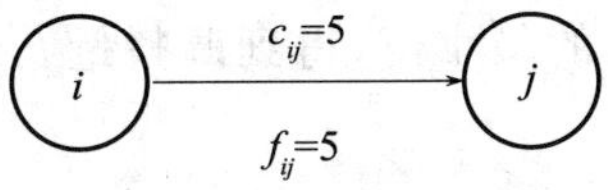


**图 7－83　饱和弧示例**

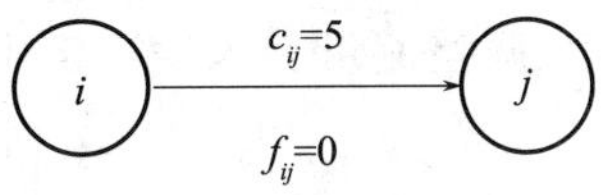


**图 7－84　零流弧示例**

如果 $f_{ij}<c_{ij}$，从 $v_i$ 到 $v_j$ 的弧是非饱和弧。图 7－85 中的弧 $(v_i, v_j)$ 就是非饱和弧。

如果 $f_{ij}>0$，从 $v_i$ 到 $v_j$ 的弧是非零流弧。图 7－86 中的弧 $(v_i, v_j)$ 就是非零流弧。

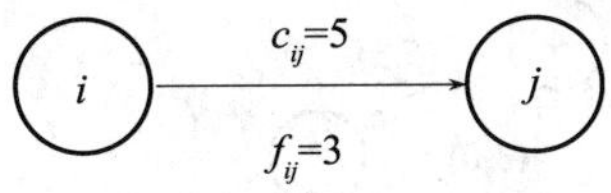


**图 7－85　非饱和弧示例**

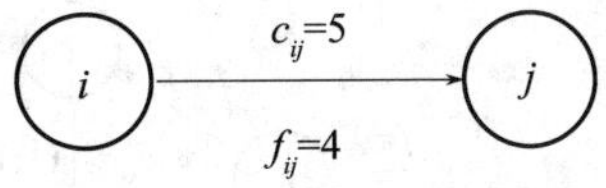


**图 7－86　非零流弧示例**

从发点到收点的一条路线（弧的方向不一定都同向）称为链。从发点到收点的方向规定为链的方向。其中，若弧与链的方向一致，称为前向弧，记为 $\mu^+$；若弧与链的方向相反，称为后向弧，记为 $\mu^-$。如果弧旁的数字为 $(c_{ij}, f_{ij})$，在 $\mu^+$ 上每一条弧都是非饱和弧，即 $0 \leqslant f_{ij} < c_{ij}$；在 $\mu^-$ 上每一条弧都是非零流弧，即 $0 < f_{ij} \leqslant c_{ij}$，则称该条链为增广链。在图 7－87 中，增广链为 $\mu = (v_1, v_3, v_2, v_4, v_5, v_6)$，前向弧为 $\mu^+ = \{(v_1,v_3),(v_2,v_4),(v_5,v_6)\}$，后向弧为 $\mu^- = \{(v_2,v_3),(v_5,v_4)\}$。

一个寻求最大流的方法：从可行流开始，寻求关于这个可行流的增广链，若存在，则可以经过调整得到一个新的可行流，其流量比原来的可行流要大，重复此过程，直到不存在关于该流的增广链时就得到了最大流。

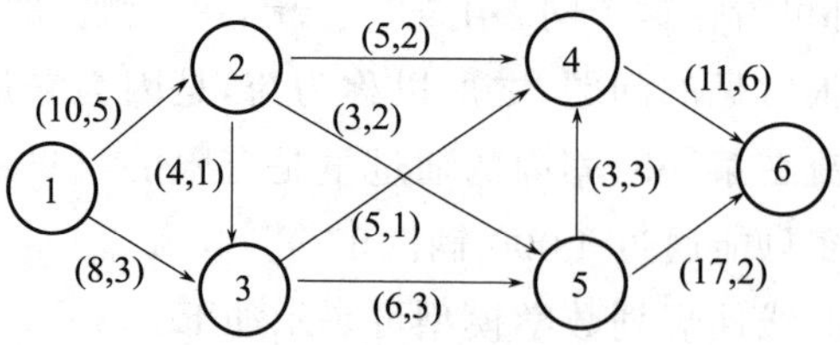


图 7-87 增广链示例

存在增广链说明沿着这条链从发点到收点输送的流还有潜力可挖，只需按照下述定理进行调整，就可以把流量提高。调整后的流在各点仍满足平衡条件及容量限制条件，即仍为可行流。

定理：可行流 $f^*$ 是最大流，当且仅当不存在关于 $f^*$ 的增广链。

## 7.4.2 最大流标号法

寻求最大流的标号算法步骤如下。

第一步：找出第一个可行流，若没有给定可行流，则设所有弧的流量 $f_{ij}=0$。

第二步：标号过程。对点进行标号，找到一条增广链。

(1) 给发点标上$(0,+\infty)$。

(2) 选一个已标号的点 $v_i$，并且对另一端未标号的弧沿着某条链向收点检查。如果弧的方向向前(前向弧)并且有 $f_{ij}<c_{ij}$(非饱和弧)，则 $v_j$ 标号 $(v_i,l(v_j))$，$l(v_j)=\min[l(v_i),c_{ij}-f_{ij}]$，即调整量 $\theta_j=c_{ij}-f_{ij}$(调整量：若前向弧为非饱和弧，则加到最大容量)。如果弧的方向指向 $v_i$(后向弧)并且有 $f_{ji}>0$(非零流弧)，则 $v_j$ 标号 $(-v_i,l(v_j))$，$l(v_j)=\min[l(v_i),f_{ij}]$，即调整量 $\theta_j=f_{ij}$(调整量：若后向弧为非零流弧，则减到 0 流量)。当收点已得到标号时，说明已找到增广链，依据 $v_i$ 的标号反向跟踪得到一条增广链。当收点不能得到标号时，说明不存在增广链，计算结束。

第三步：调整过程。调整流量。求增广链上点 $v_i$ 的标号的最小值，得到调整量 $\theta=\min_j\{\theta_j\}$，调整流量

$$f'_{ij}=\begin{cases}f_{ij}(v_i,v_j)\in\mu\\ f_{ij}+\theta(v_i,v_j)\in\mu^+\\ f_{ij}-\theta(v_i,v_j)\in\mu^-\end{cases}$$

得到新的可行流 $f_1$，去掉所有标号，返回到第二步。从发点重新标号寻找增广链，直到收点不能标号为止。

**例 7-9(用标号法求最大流问题)** 求图 7-88 所示网络的最大流，弧旁的数字为 $(c_{ij},f_{ij})$。

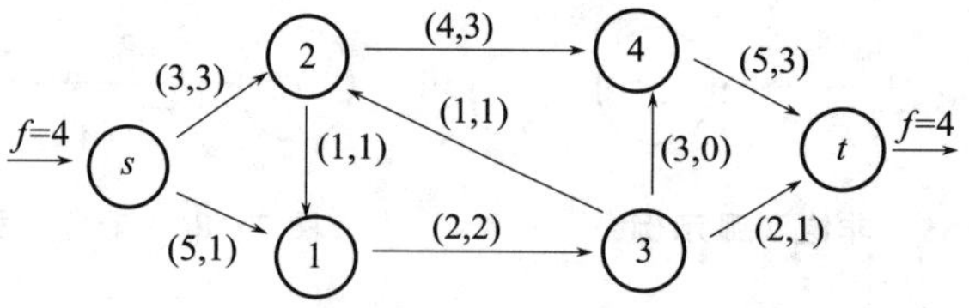


图 7-88 用标号法求最大流

解：

1) 第一轮标号过程

(1) 给 $v_s$ 标上$(0,+\infty)$，如图 7-89 所示。

(2) 检查 $v_s$。在弧 $(v_s,v_2)$ 上，$f_{s2}=c_{s2}$，不满足标号条件；在弧 $(v_s,v_1)$ 上，$f_{s1}=1$，$c_{s1}=5$，$f_{s1}<c_{s1}$，则 $v_1$ 的标号为 $(v_s,l(v_1))$，其中 $l(v_1)=\min[l(v_s),(c_{s1}-f_{s1})]=\min[+\infty,5-1]=4$，则给 $v_1$ 标上 $(v_s,4)$，如图 7-90 所示。

(3) 检查 $v_1$。在弧 $(v_1,v_3)$ 上，$f_{13}=c_{13}=2$，不满足标号条件；在弧 $(v_2,v_1)$ 上，$f_{21}>0$，则 $v_2$ 的标号

为 $(-v_1, l(v_2))$，其中 $l(v_2)=\min[l(v_1), f_{21}]=\min[4,1]=1$，则给 $v_2$ 标上 $(-v_1,4)$，如图 7－91 所示。

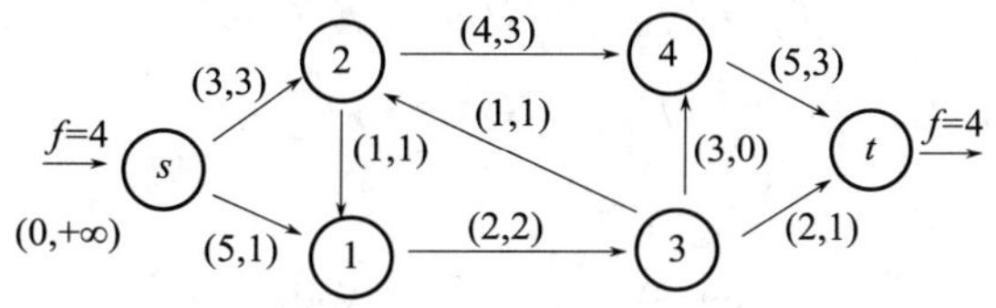


图 7－89　给 $v_s$ 标号

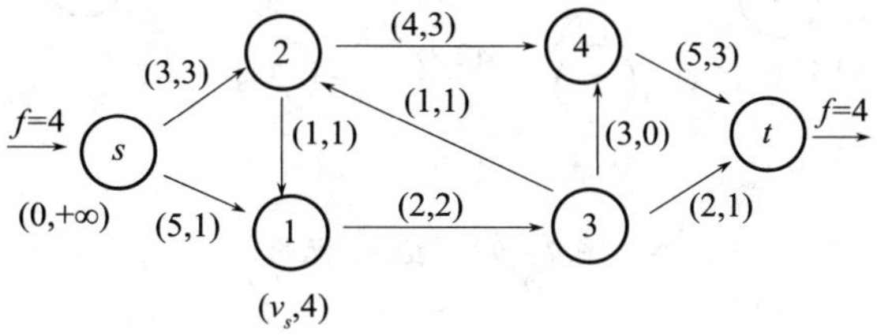


图 7－90　给 $v_1$ 标号

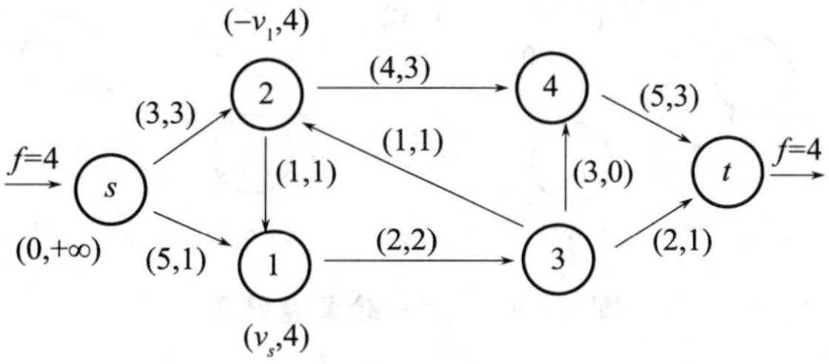


图 7－91　给 $v_2$ 标号

(4) 检查 $v_2$。在弧 $(v_2,v_4)$ 上，$f_{24}=3<c_{24}=4$，则 $v_4$ 的标号为 $(v_2,l(v_4))$，$l(v_4)=\min[l(v_2),(c_{24}-f_{24})]=\min[1,1]=1$；在弧 $(v_3,v_2)$ 上，$f_{32}=1>0$，则 $v_3$ 的标号为 $-(v_2,l(v_3))=\min[l(v_2),f_{24}]=\min[1,1]=1$，则给 $v_4$ 标上 $(v_2,1)$，给 $v_3$ 标上 $(-v_2,1)$，如图 7－92 所示。

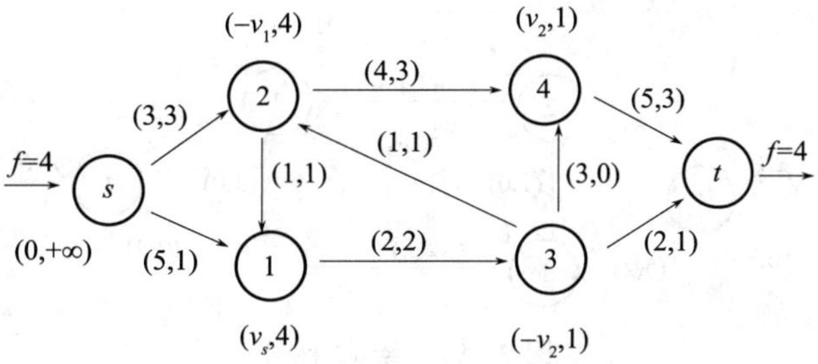


图 7－92　给 $v_4$ 和 $v_3$ 标号

(5) 检查 $v_3$(或 $v_4$)。在弧 $(v_3,v_t)$ 上，$f_{3t}=1<c_{3t}=2$，则 $v_t$ 的标号为 $(v_3,l(v_t))$，其中 $l(v_t)=\min[l(v_3),c_{3t}-f_{3t}]=\min[1,1]=1$，则给 $v_t$ 标上 $(v_3,1)$，如图 7－93 所示。

因 $v_t$ 有了标号，故转入调整过程。

2) 第一轮调整过程

按点的第一个标号找到一条增广链，令调整量是 $v_t$ 的第二个标号，在增广链上按下面的公式调整 $f$。

$$f'_{ij}=\begin{cases}f_{ij},(v_i,v_j)\in\mu\\f_{ij}+\theta,(v_i,v_j)\in\mu^+\\f_{ij}-\theta,(v_i,v_j)\in\mu^-\end{cases}$$

调整结果如图 7－94 所示。

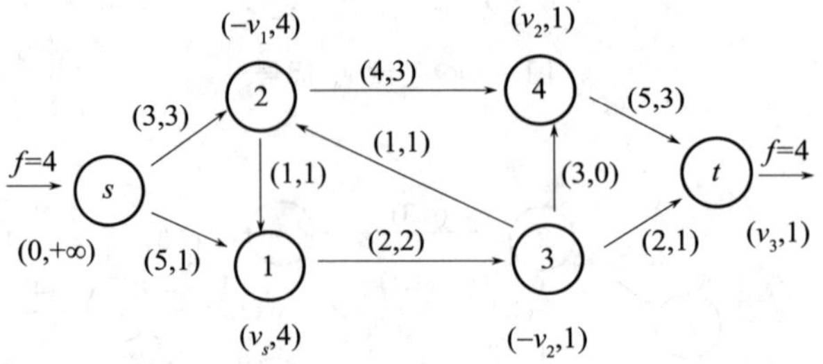


图 7－93　给 $v_t$ 标号

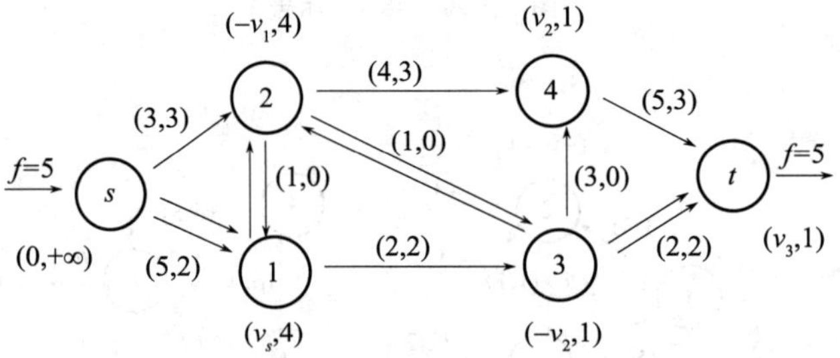


图 7－94　第一轮调整结果

去掉所有标号，重新进入标号过程。

3）第二轮标号过程

（1）首先给 $v_s$ 标上$(0,+\infty)$，如图 7－95 所示。

（2）检查 $v_s$。在弧 $(v_s,v_2)$ 上，$f_{s2}=c_{s2}$，不满足标号条件；在弧 $(v_s,v_1)$ 上，$f_{s1}=2$，$c_{s1}=5$，$f_{s1}<c_{s1}$，则 $v_1$ 的标号为 $(v_s,l(v_1))$，其中 $l(v_1)=\min[l(v_s),(c_{s1}-f_{s1})]=\min[+\infty,5-2]=3$，则给 $v_1$ 标上 $(v_s,3)$，如图 7－96 所示。

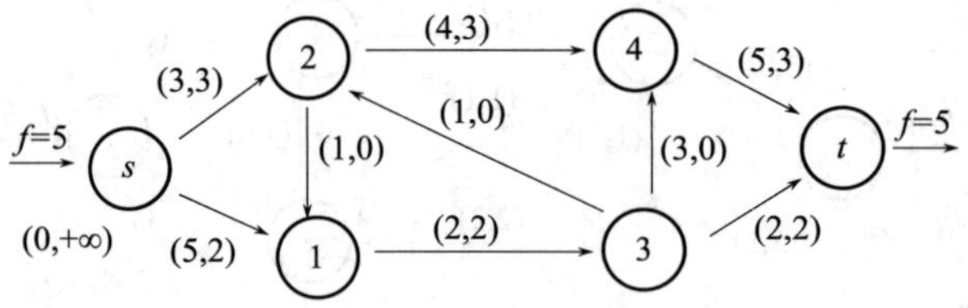


图 7－95　给 $v_s$ 标号

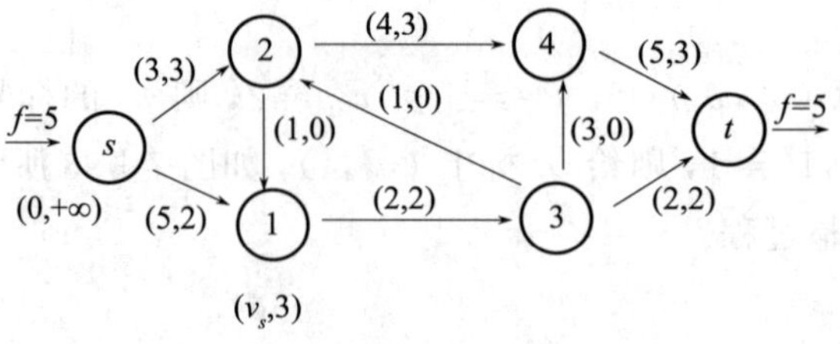


图 7－96　给 $v_1$ 标号

(3) 检查 $v_1$。在弧 $(v_1,v_3)$ 上，$f_{13}=c_{13}$，在弧 $(v_2,v_1)$ 上，$f_{21}=0$，均不符合标号条件，标号过程无法继续，算法结束。

因此，最大流为 $f^*=\{f_{s1}=2,f_{s2}=3,f_{21}=0,f_{24}=3,f_{13}=2,f_{32}=0,f_{34}=0,f_{4t}=3,f_{3t}=2\}$，最大流量为 $v_{(f)}=f_{s1}+f_{s2}=f_{3t}+f_{4t}=5$。

## 7.4.3 最小截量最大流

设 $S,T\subset V,S\cap T=\varnothing$，把始点在 $S$ 中、终点在 $T$ 中的所有弧构成的集合，记为 $(S,T)$。

若给定网络 $D=(V,A,C)$，点集 $V$ 被分成两个非空集合 $V_1$ 和 $\overline{V}_1$，使 $v_s\in V_1,v_t\in\overline{V}_1$，则把弧集 $(V_1,\overline{V}_1)$ 称为是分离 $v_s$ 和 $v_t$ 的截集(割集)。

若给定一截集 $(V_1,\overline{V}_1)$，把该截集中所有始点在 $V_1$、终点在 $\overline{V}_1$ 的弧的容量之和，称为这个截集的容量，简称截量，记为 $c(V_1,\overline{V}_1)$，则

$$c(V_1,\overline{V}_1)=\sum_{(v_i,v_j)\in(V_1,\overline{V}_1)}c_{ij}$$

截集是分割网络发点与收点的一组弧的集合，从网络中去掉这组弧，网络就断开了，从发点不能到达收点。任何一个可行流的流量都不会超过任一截集的容量，即 $v(f)\leqslant c(V_1,\overline{V}_1)$，如图 7-97 所示。

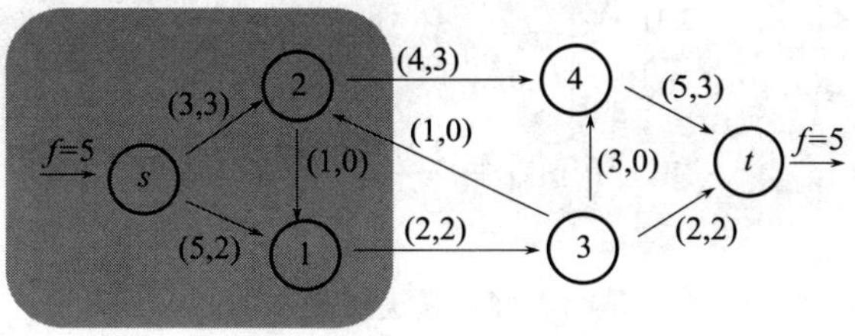


$$V_1=\{v_s,v_1,v_2\}$$

$$\overline{V}_1=\{v_3,v_4,v_t\}$$

$$c(V_1,\overline{V}_1)=4+2=6$$

(a)

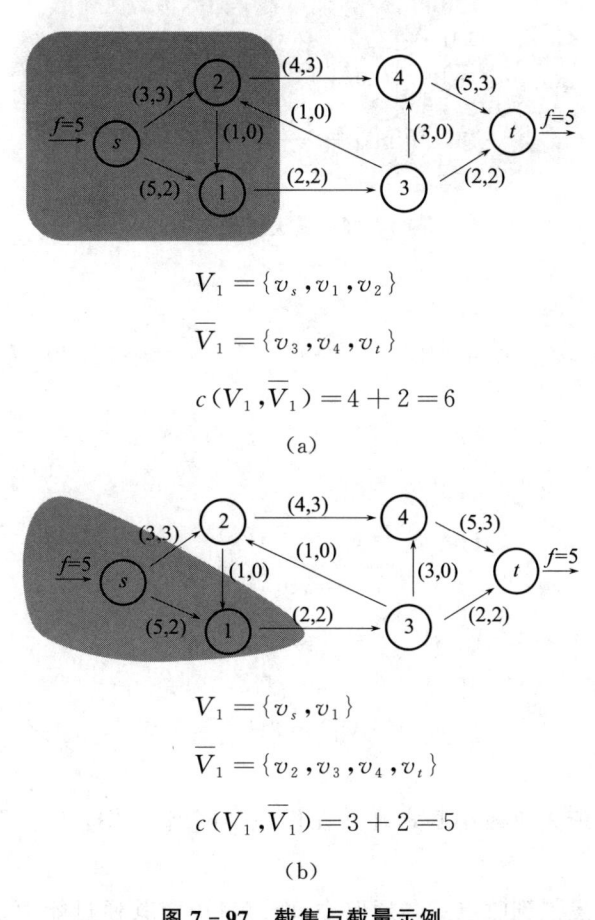

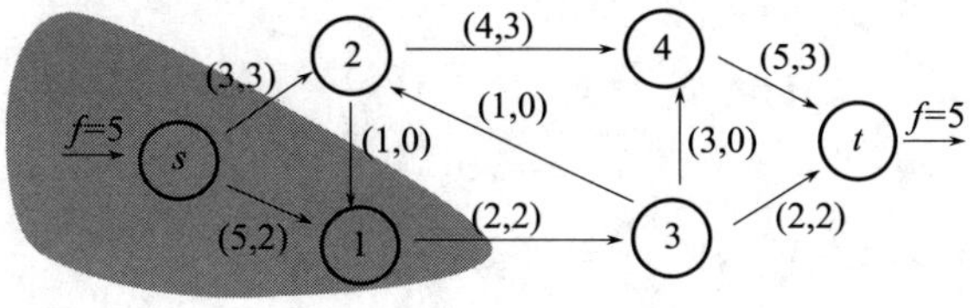


$$V_1=\{v_s,v_1\}$$

$$\overline{V}_1=\{v_2,v_3,v_4,v_t\}$$

$$c(V_1,\overline{V}_1)=3+2=5$$

(b)

**图 7-97　截集与截量示例**

定理：可行流 $f^*$ 是最大流，当且仅当不存在关于 $f^*$ 的增广链。

证明：若可行流 $f^*$ 是最大流，设网络 $D$ 中存在关于 $f^*$ 的增广链 $\mu$，令 $\theta=\min\{\min\limits_{\mu^+}(c_{ij}-f_{ij}^*),\min\limits_{\mu^-}f_{ij}^*\}$，由增广链的定义可知，$\theta>0$，令

$$f_{ij}^{**}=\begin{cases}f_{ij}^{*}+\theta,(v_i,v_j)\in\mu^{+}\\f_{ij}^{*}-\theta,(v_i,v_j)\in\mu^{-}\\f_{ij}^{*},(v_i,v_j)\in\mu\end{cases}$$

$f_{ij}^{**}$ 为可行流，且 $v(f_{ij}^{**})=v(f_{ij}^{*})+\theta>v(f^{*})$，这与可行流 $f^{*}$ 是最大流的假设矛盾。

设 $D$ 中不存在关于 $f^{*}$ 的增广链，证明可行流 $f^{*}$ 是最大流。

令 $v_s\in V_1^{*}$，若 $v_i\in V_1^{*}$，且 $f_{ij}^{*}<c_{ij}$，则令 $v_j\in v_1^{*}$；若 $v_i\in V_1^{*}$，且 $f_{ij}^{*}>0$，则令 $v_j\in v_1^{*}$。因为不存在关于 $f^{*}$ 的增广链，故 $v_t\notin V_1^{*}$。记 $\overline{V}_1^{*}=V/V_1^{*}$，于是得到一截集 $(V_1^{*},\overline{V}_1^{*})$，则有

$$f_{ij}^{*}=\begin{cases}c_{ij},\ (v_i,v_j)\in(V_1^{*},\overline{V}_1^{*})\\0,\ (v_i,v_j)\in(\overline{V}_1^{*},V_1^{*})\end{cases}$$

所以，$v(f^{*})=c(V_1^{*},\overline{V}_1^{*})$，则 $f^{*}$ 是最大流。

从该定理中可得知，在得到最大流的截集中，弧都是饱和弧和零流弧。若对于一个可行流 $f^{*}$，网络中有一个截集 $c(V_1{}^{*},\overline{V}_1{}^{*})$，使 $v(f^{*})=c(V_1^{*},\overline{V}_1^{*})$，则 $f^{*}$ 必是最大流。而 $c(V_1^{*},\overline{V}_1^{*})$ 必定是网络 $D$ 的所有截集中，容量最小的一个，即最小截集。

求图 7-97 所示网络的最大流。弧旁的数字为 $(c_{ij},f_{ij})$。把最终标号点划成一个集合，未标号点划成一个集合，如图 7-98 所示。

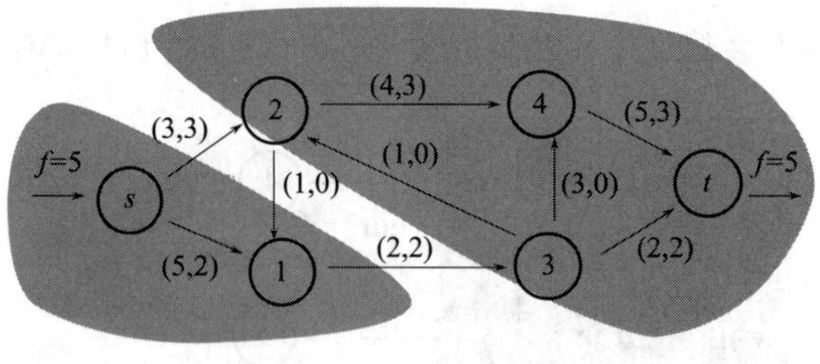


**图 7-98　最大流最小割**

其中，最大流为

$$f^{*}=\{f_{s1}=2,f_{s2}=3,f_{21}=0,f_{24}=3,f_{13}=2,f_{32}=0,f_{34}=0,f_{4t}=3,f_{3t}=2\}$$

最大流量为

$$v(f)=f_{s1}+f_{s2}=f_{3t}+f_{4t}=5$$

最小截集为

$$V_1^{*}=\{v_s,v_1\}$$

$$\overline{V}_1^{*}=\{v_2,v_3\}$$

$$(V_1^{*},\overline{V}_1^{*})=\{(v_s,v_2),(v_1,v_3)\}$$

最小截量为

$$c(V_1,\overline{V}_1)=3+2=5$$

因此有如下重要结论。

最大流量最小截量定理(最大流最小割定理)：在任一个网络 $D$ 中，从 $v_s$ 到 $v_t$ 的最大流的流量等于分离 $v_s$，$v_t$ 的最小截集的容量。

最小截集的意义：网络从发点到收点的各通路中，由容量决定其通过能力，最小截集则是这些路中的咽喉部分，或者叫瓶口，其容量最小，它决定了整个网络的最大通过能力。

**例 7-10(最大流最小截集)**　求图 7-99 所示网络的最大流和最小截集，弧旁的数字为 $c_{ij}$。

解：设每条弧上的初始流量为 0。

第一次标号过程(图 7-100)：根据标号，找到增广链，见图 7-100 中加粗线条。

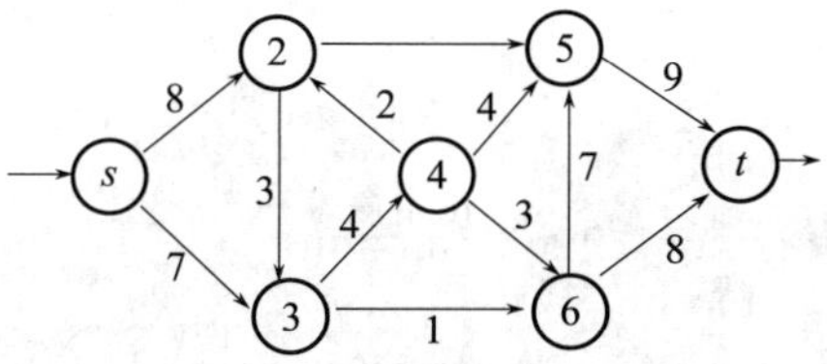


图 7 - 99　求最大流最小割

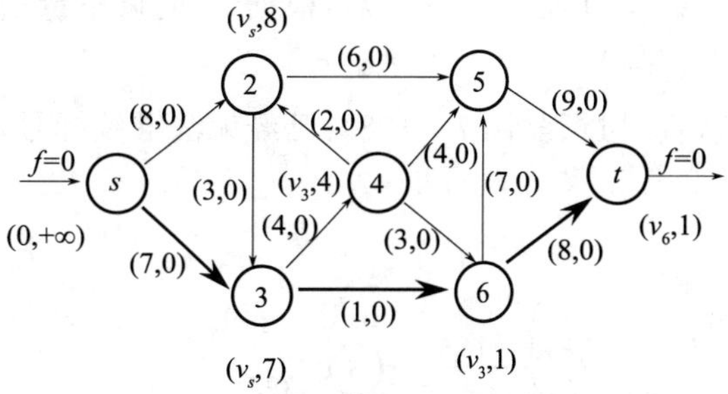


图 7 - 100　第一次标号过程

第一次调整过程(图 7 - 101):根据 $v_t$ 的调整量,将该增广链上的非饱和弧增加 1 个单位,如图 7 - 101 所示。

第二次标号过程(图 7 - 102):根据标号,找到增广链,见图 7 - 102 中加粗线条。

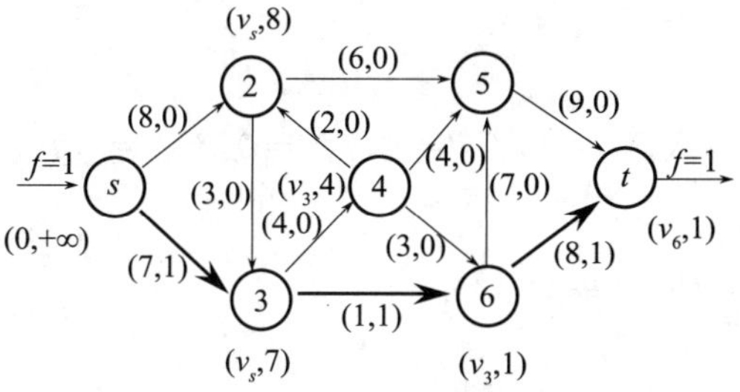


图 7 - 101　第一次调整过程

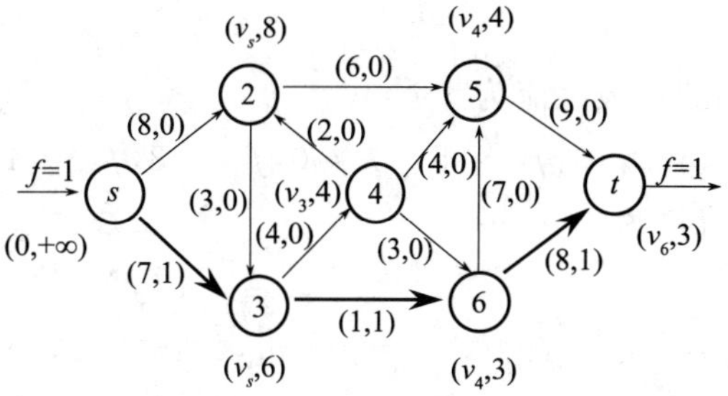


图 7 - 102　第二次标号过程

第二次调整过程(图 7 - 103):根据 $v_t$ 的调整量,将该增广链上的非饱和弧增加 3 个单位,如图 7 - 103 所示。

第三次标号过程(图 7 - 104):根据标号,找到增广链,见图 7 - 104 中加粗线条。

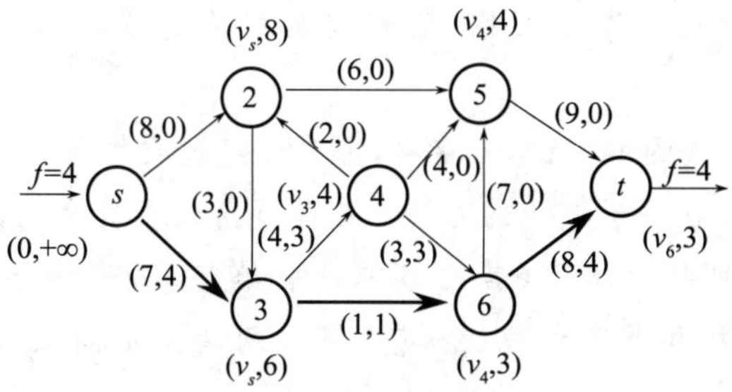


图 7 - 103　第二次调整过程

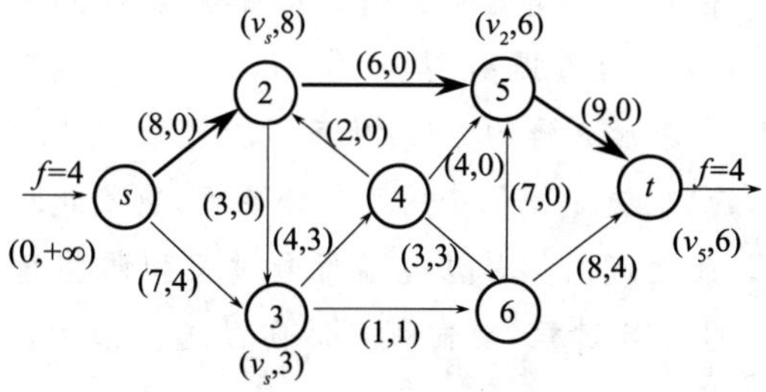


图 7 - 104　第三次标号过程

第三次调整过程(图 7 - 105):根据 $v_t$ 的调整量,将该增广链上的非饱和弧增加 6 个单位,如图 7 - 105 所示。

第四次标号过程(图 7 - 106):根据标号,找到增广链,见图 7 - 106 中加粗线条。

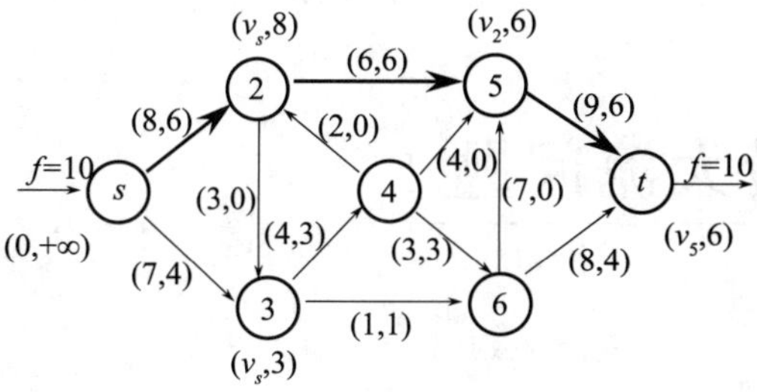


图 7 - 105　第三次调整过程

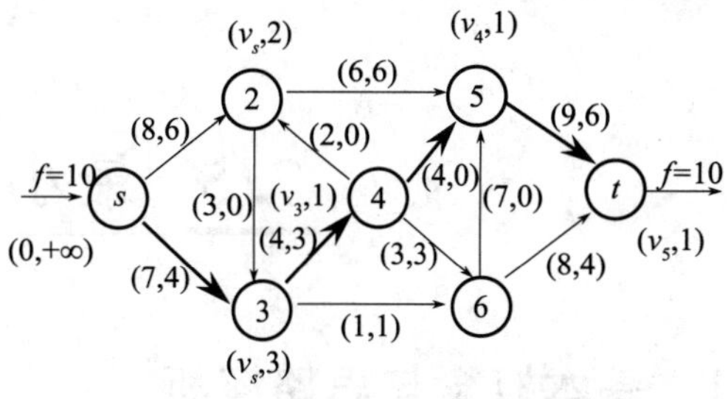


图 7 - 106　第四次标号过程

第四次调整过程(图 7-107):根据 $v_t$ 的调整量,将该增广链上的非饱和弧增加 1 个单位,如图 7-107 所示。

第五次标号过程(图 7-108):已经无法继续标号,算法停止。

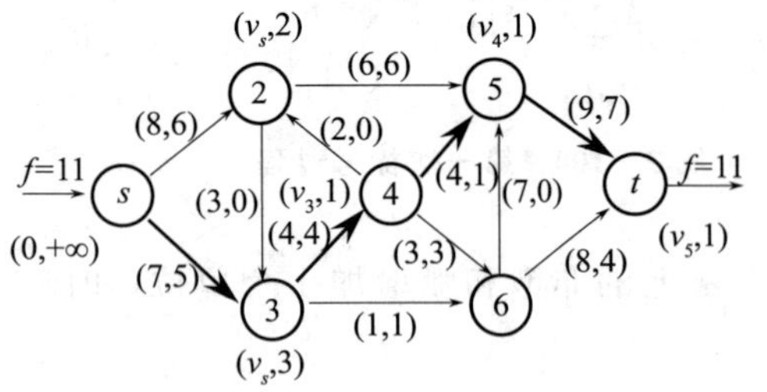


图 7-107 第四次调整过程

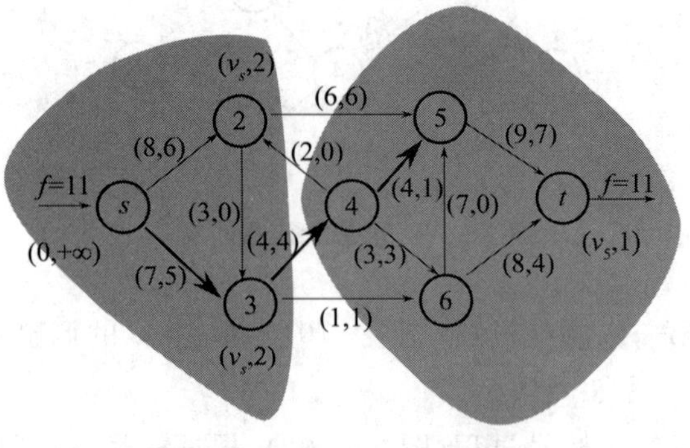


图 7-108 第五次标号过程

此时,最大流为

$f^*=\{f_{s2}=6,f_{s3}=5,f_{23}=0,f_{42}=3,f_{34}=4,f_{25}=6,f_{36}=1,f_{45}=1,f_{46}=3,f_{65}=0,f_{5t}=7,f_{6t}=4\}$

最大流量为

$$v(f)=f_{s2}+f_{s3}=f_{5t}+f_{6t}=11$$

令 $V_1=\{v_s,v_2,v_3\}$,$V_2=\{v_4,v_5,v_6,v_t\}$,最小截集为

$$(V_1,V_2)=\{(v_2,v_5),(v_3,v_4),(v_3,v_6)\}$$

它的容量,即最小截量为 $c(V_1,V_2)=11$。

## 复习思路提示

1. 存在增广链说明沿着这条链从发点到收点输送的流还有潜力可挖,只需按照相关定理中的调整方法,就可以把流量提高。

2. 寻求最大流的方法:从可行流开始,寻求关于这个可行流的增广链,若存在,则可以经过调整得到一个新的可行流,其流量比原来的可行流要大,重复此过程,直到不存在关于该流的可增广链时就得到了最大流。

3. 最大流的标号法包括标号过程和调整过程,从任一可行流出发(若网络中没有给定 $f$,则设 $f$ 是零流),注意标号过程(前向弧与后向弧选择条件及标号)的区别和调整过程(沿增广链方向调整正向弧和反向弧)的区别。

4. 定理:若网络中不存在增广链,即得到最大流,同时也得到了最小截集(标号点集与未标号点集)。

5. 注意最小截量的计算,只计算从标号点集出发射向未标号点集的弧上的流量。

6. 最小截集决定了网络的最大通过能力,其容量最小(咽喉部分),要提高整个网络的运输能力,必须改造最小截集的通过能力。

# 7.5 最小费用最大流问题

## 7.5.1 基本概念与思路解析

在实际生活中,涉及"流"的问题,考虑的不只是流量,还要考虑"费用"的因素。

给定网络 $D=(V,A,C)$，每一条弧 $(v_i,v_j)\in A$ 上，除了已给容量 $c_{ij}$ 外，还给了一个单位流量的费用 $b(v_i,v_j)\geqslant 0$（简记为 $b_{ij}$）。所谓最小费用最大流问题就是要求一个最大流 $f$，使流的总输送费用最小，即 $\min\left\{b(f)=\sum_{(v_i,v_j)\in A} b_{ij}f_{ij}\right\}$。

思考：当沿着一条关于可行流 $f$ 的增广链 $\mu$，以 $\theta=1$ 的调整量调整 $f$，得到新的可行流 $f'$ 时，有 $v(f')=v(f)+1$。

那么，$b(f')$ 比 $b(f)$ 增加多少呢？

$$b(f')=\left[\sum_{\mu^+} b_{ij}(f'_{ij}-f_{ij})-\sum_{\mu^-} b_{ij}(f'_{ij}-f_{ij})\right]=\sum_{\mu^+} b_{ij}-\sum_{\mu^-} b_{ij}$$

其中，$\sum_{\mu^+} b_{ij}(f'_{ij}-f_{ij})$ 为该弧上因增加运量而增加的费用，$\sum_{\mu^-} b_{ij}(f'_{ij}-f_{ij})$ 为该弧上因减少运量而减少的费用，$\sum_{\mu^+} b_{ij}-\sum_{\mu^-} b_{ij}$ 为该增广链 $\mu$ 的"费用"。

例如，在图 7－109 中：

$$b(\mu)=\sum_{\mu^+} b_{ij}-\sum_{\mu^-} b_{ij}$$

$$b(\mu)=(3+4\underset{\mu^+}{+}1+6)-(5\underset{\mu^-}{+}7)=2$$

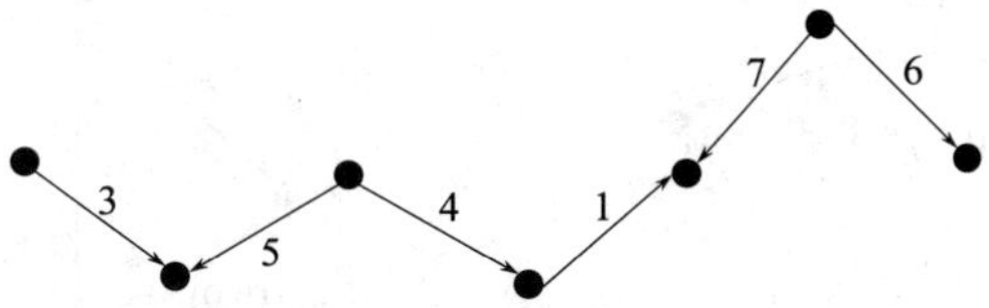


**图 7－109　增广链的费用**

若 $\mu^*$ 是从 $v_s$ 到 $v_t$ 所有可增广链中费用最小的链，则 $\mu^*$ 称为最小费用增广链。若 $f$ 是流量为 $v(f)$ 的所有可行流中费用最小者，而 $\mu$ 是关于 $f$ 的所有增广链中费用最小的增广链，那么沿着 $\mu$ 去调整 $f$，得到的可行流 $f'$，就是流量为 $v(f')$ 的所有可行流中的最小费用流。而当 $f'$ 是最大流时，也即所要求的最小费用最大流了。

因此，可得到最小费用最大流问题的求解思路。显然，$f=0$ 必是流量为 0 的最小费用流，这样总可以从 $f=0$ 开始，去寻求关于 $f$ 的最小费用增广链。为此，构造一个有向赋权图 $W(f)$（长度网络），它的顶点是原网络图的顶点，而把网络 $D$ 中的每一条弧变成两个相反方向的弧，定义该图上的权值为

$$\text{原向弧 } \omega_{ij}=\begin{cases} b_{ij}, & \text{若 } f_{ij}<c_{ij}\text{，非饱和弧} \\ +\infty, & \text{若 } f_{ij}=c_{ij}\text{，饱和弧} \end{cases}$$

$+\infty$ 的意义是：这条弧已经饱和，不能再增大流量，否则要付出很大的代价，实际上无法实现，因此权为 $+\infty$ 的弧可以从网络中去掉。

$$\text{新添加反向弧 } \omega_{ji}=\begin{cases} -b_{ij}, & \text{若 } f_{ij}>0\text{，非零流弧} \\ +\infty, & \text{若 } f_{ij}=0\text{，零流弧} \end{cases}$$

$+\infty$ 的意义是：这条弧流量已经为 0，不能再减小流量，因此权为 $+\infty$ 的弧可以从网络中去掉。因求最小值，故 $+\infty$ 的弧不应该被选用。

因此，在网络 $D$ 中寻求关于 $f$ 的最小费用增广链就等价于在赋权图 $W(f)$ 中寻求从始点 $v_s$ 到终点 $v_t$ 的最短路。

## 7.5.2　算法步骤与例题说明

最小费用最大流算法的步骤如下。

(1) 取零流为初始可行流,即 $f^{(0)}=0$。

(2) 构造有向赋权图 $W(f^{(k)})$。

(3) 在 $W(f^{(k)})$ 中寻找从 $v_s$ 到 $v_t$ 的最短路。

(4) 若存在最短路,则在原网络 $D$ 中得到相应的最小费用增广链 $\mu$,对增广链进行调整,即

$$\theta=\min\left[\min_{\mu^+}(c_{ij}-f_{ij}^{(k)}),\min_{\mu^-}(f_{ij}^{(k)})\right]$$

$$f_{ij}^{(k+1)}=\begin{cases}f_{ij}^{(k)}+\theta, & (v_i,v_j)\in\mu^+\\ f_{ij}^{(k)}-\theta, & (v_i,v_j)\in\mu^-\\ f_{ij}^{(k)}, & \text{其他}\end{cases}$$

(5) 若没有最短路,则 $f^{(k)}$ 就是最小费用最大流;否则令 $k=k+1$,回到(2)。

**例 7-11(最小费用最大流)** 求图 7-110 中的最小费用最大流,弧旁数据为 $(b_{ij},c_{ij})$。

解:

1) 第一轮探查

(1) 取零流为初始可行流,即 $f^{(0)}=0$,此时弧旁数据为 $(c_{ij},f_{ij})$,如图 7-111 所示。

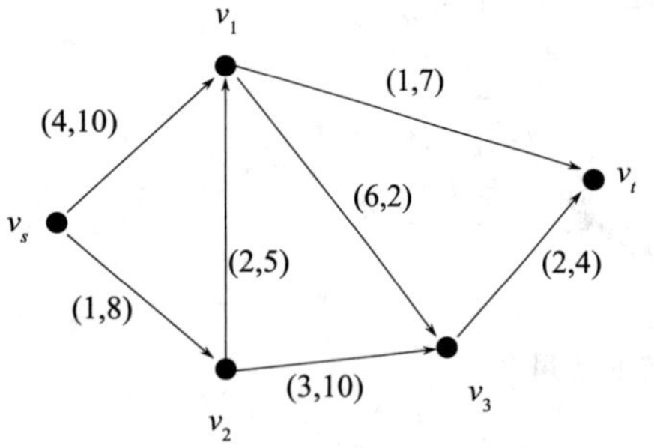


图 7-110 最小费用最大流

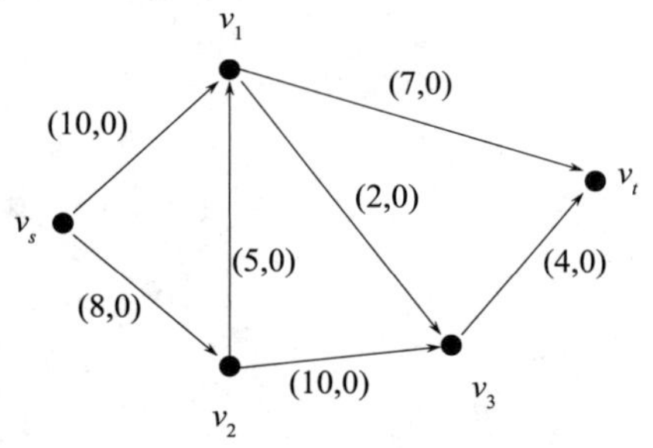


图 7-111 第一轮探查的初始可行流

(2) 构造初始赋权图 $W(f^{(0)})=D$,此时弧旁数据为 $b_{ij}$,如图 7-112 所示。

(3) 求出初始赋权图中从 $v_s$ 到 $v_t$ 的最短路(可用穷举法),即在原网络中得到相应的最小费用增广链,即图 7-113 中的 $\mu=(v_s,v_2,v_1,v_t)$。

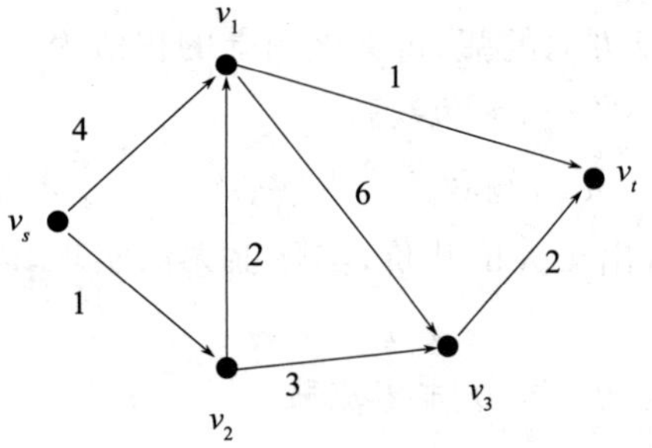


图 7-112 $W(f^{(0)})$

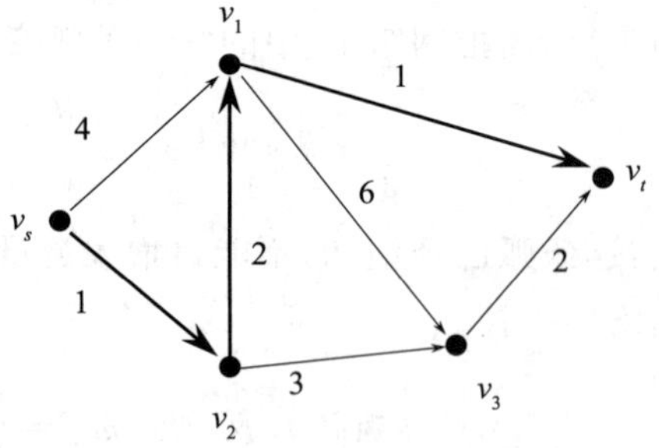


图 7-113 第一轮最小费用增广链

(4) 对最小费用增广链进行调整,此时弧旁数据为 $(c_{ij},f_{ij})$,如图 7-114 所示。

$$\theta=\min\{8,5,7\}=5$$

$$f^{(1)}=f^{(0)}+\theta=5$$

$$b(f^{(1)})=b(f^{(0)})+\sum b_{ij}\theta=0+\theta\sum b_{ij}=5\times(1+2+1)=20$$

此时网络流量 $v(f^{(1)})=5$,费用为 20。

2）第二轮探查

（1）构造赋权图 $W(f^{(1)})$，根据 $\mu^+:\omega_{ij}=\begin{cases}b_{ij}, & 若\ f_{ij}<c_{ij}\\+\infty, & 若\ f_{ij}=c_{ij}\end{cases}$，$\mu^-:\omega_{ji}=\begin{cases}-b_{ij}, & 若\ f_{ij}>0\\+\infty, & 若\ f_{ij}=0\end{cases}$，且长度为 $+\infty$ 的弧可以从图中略去，则如图 7 - 115 所示，得到图 7 - 115 所示的 $W(f^{(1)})$。

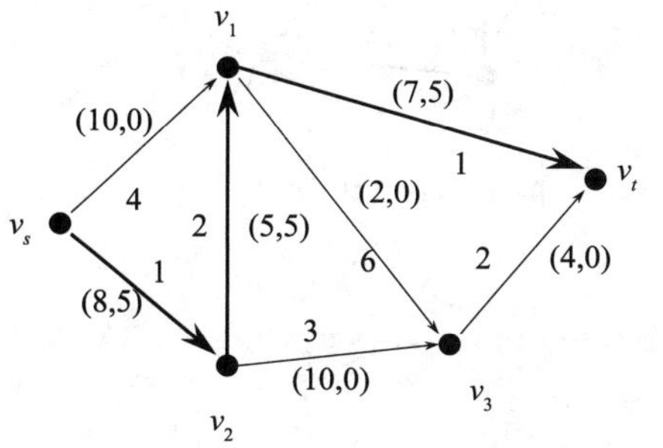


**图 7 - 114　第一轮调整后**

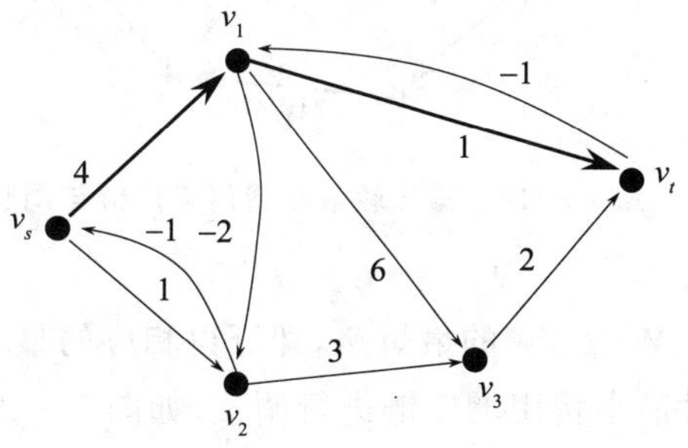


**图 7 - 115　$W(f^{(1)})$**

（2）求出赋权图 $W(f^{(1)})$ 的最短路，即可得相应的最小费用增广链，即图 7 - 115 中的 $\mu=(v_s,v_1,v_t)$。

（3）对最小费用增广链进行调整，如图 7 - 116 所示。

$$\theta=\min(10,2)=2$$

$$f^{(2)}=f^{(1)}+\theta=7$$

$$b(f^{(2)})=b(f^{(1)})+\theta\sum b_{ij}=20+2\times(4+1)=30$$

调整后，流量 $v(f^{(2)})=7$，费用为 30。

3）第三轮探查

（1）去掉增加的反向弧，第三次构造 $W(f^{(2)})$，如图 7 - 117 所示。

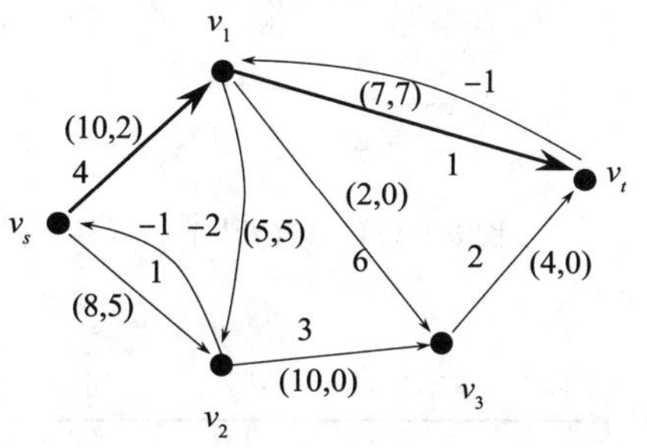


**图 7 - 116　第二轮最小费用增广链与调整后**

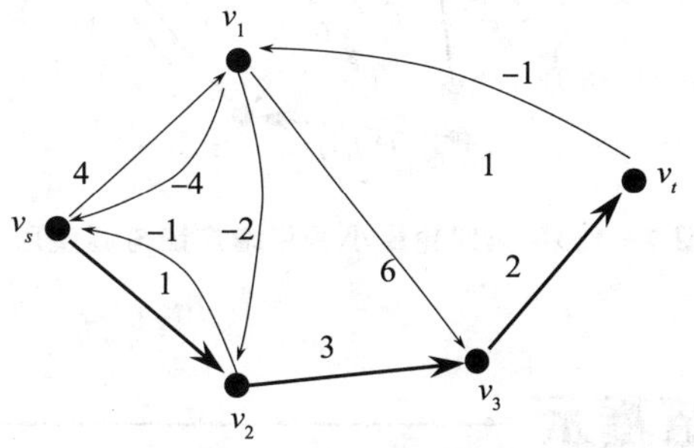


**图 7 - 117　$W(f^{(2)})$**

（2）求 $W(f^{(2)})$ 的最短路，即可得相应的最小费用增广链 $\mu=(v_s,v_2,v_3,v_t)$。

（3）对最小费用增广链进行调整，如图 7 - 118 所示。

$$\theta=\min\{3,10,4\}=3$$

$$f^{(3)}=f^{(2)}+\theta=10$$

$$b(f^{(3)})=b(f^{(2)})+\theta\sum b_{ij}=30+3\times(1+3+2)=48$$

此时，网络流量 $v(f^{(3)})=10$，费用为 48。

4）第四轮探查

（1）去掉反向弧，第四次构造 $W(f^{(3)})$，如图 7 - 119 所示。

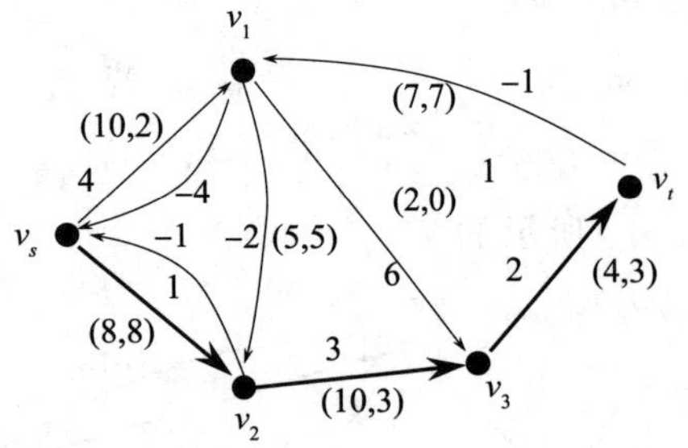


图 7-118　第三轮最小费用增广链与调整后

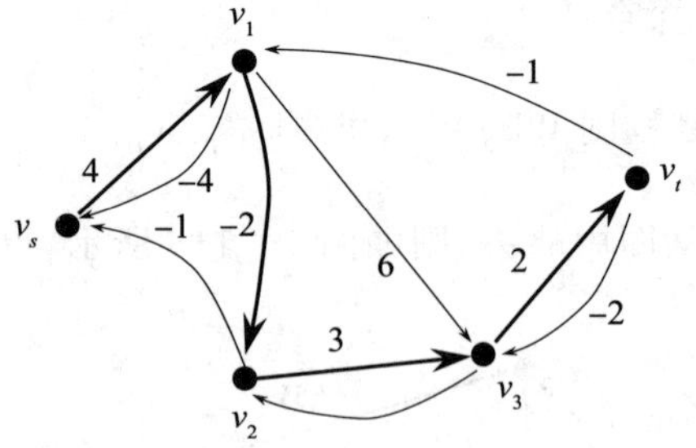


图 7-119　$W(f^{(3)})$

(2) 求 $W(f^{(3)})$ 的最短路，即可得相应的最小费用增广链 $\mu=(v_s,v_1,v_2,v_3,v_t)$。

(3) 对最小费用增广链进行调整，如图 7-120 所示。

$$\theta=\min\{8,5,7,1\}=1$$

$$f^{(4)}=f^{(3)}+\theta=11$$

$$b(f^{(4)})=b(f^{(3)})+\theta\sum b_{ij}=48+1\times(4-2+3+2)=55$$

此时，网络流量 $v(f^{(4)})=11$，费用为 55。

5) 第五轮探查

去掉反向弧，再次构造 $W(f^{(4)})$，如图 7-121 所示。$W(f^{(4)})$ 中已无最短路，算法停止。因此，$f^*=f^{(4)}=11,b(f^{(4)})=55$。

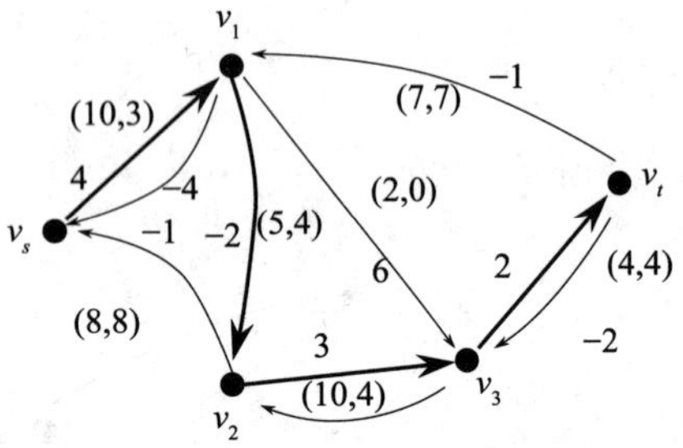


图 7-120　第四轮最小费用增广链与调整后

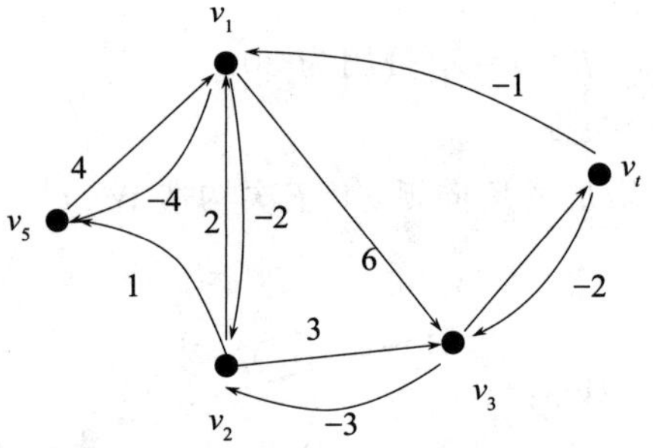


图 7-121　$W(f^{(4)})$

## 复习思路提示

1. 求解最小费用最大流问题的关键是要找到最小费用增广链，且更重要的是要寻找所有增广链中费用最小的那条增广链，而找到该增广链的关键在于构造赋权图(长度网络)。

2. 构造赋权图先要在原有弧上添加一条反向弧，然后按照权值构造规则，添加权值及去掉饱和弧和零流弧。

3. 在构造的赋权图中找出最短路(Dijkstra 算法和逐次逼近法，若网络图比较简单，可直接用穷举法)，即最小费用增广链，再在该链上进行调整，如果迭代次数多的话，计算量还是挺大的。

# 7.6 中国邮递员问题

来看几个经典的图论问题。

(1) 哥尼斯堡七桥问题(图 7-122)：一个散步者能否走过 7 座桥，且每座桥只走过一次，最后回到出发点？

(2) 一笔画问题(欧拉,1736 年)：能否从某一点开始，不重复地一笔画出这个图形(图 7 - 122)？

(3) 中国邮递员问题(管梅谷,1962 年)：一个邮递员送信，要走完他负责投递的全部街道，完成任务后回到邮局，应该按照怎样的路线走，所走的路程最短？将其抽象为图的语言：给定一个连通图，在每条边 $\boldsymbol{e}_i$ 上赋予一个非负的权 $w(\boldsymbol{e}_i)$，要求一个圈(未必是简单圈)，过每边至少一次，并使圈的总权最小。

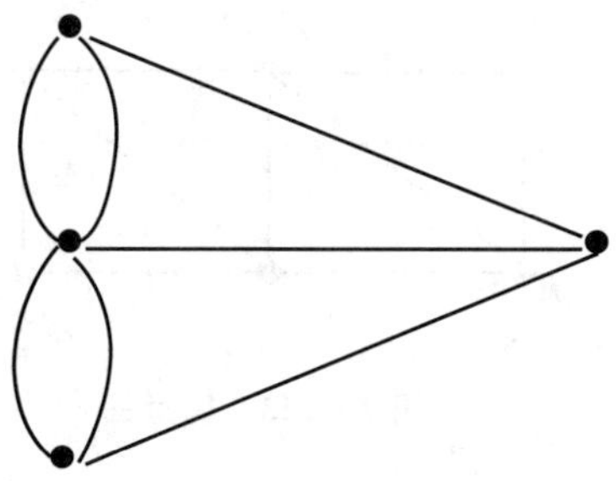

图 7 - 122　哥尼斯堡七桥问题

为解决这些问题，先介绍几个概念。

(1) 欧拉圈：从某一点开始，经每条边一次且仅一次，最后回到出发点，这样的一个圈叫作欧拉圈。即若存在一个简单圈(圈中没有重复的边则称为简单圈)，过每边一次，且仅一次，称这个圈为欧拉圈。显然不是所有图都有欧拉圈。

(2) 欧拉链：给定一个连通多重图 $\boldsymbol{G}$，若存在一条链，过每边一次，且仅一次，称这条链为欧拉链。

(3) 欧拉图：一个图若有欧拉圈，则称为欧拉图。显然，一个图若能一笔画出，则这个图必是欧拉图(出发点和终止点重合)，其中必存在欧拉链(出发点和终止点不同)。

## 7.6.1　一笔画问题的基本定理

定理：连通多重图 $\boldsymbol{G}$ 有欧拉圈，当且仅当 $\boldsymbol{G}$ 中无奇点。

证明：

必要性证明：因为 $\boldsymbol{G}$ 有欧拉圈，则存在一个圈，经过 $\boldsymbol{G}$ 中所有的边。在这个圈上，顶点可能重复，但边不重复。对于任意顶点 $v_i$，只要在圈中出现一次，必关联两条边，即这个圈沿一条边进入这点，再沿另一条边离开这点。虽然 $v_i$ 可以在圈中重复出现，但 $v_i$ 的次 $d(v_i)$ 必为偶数。因此，$\boldsymbol{G}$ 中没有奇点。

充分性证明：由于图中没有奇点，从任一点出发，如从 $v_1$ 出发，经关联边 $\boldsymbol{e}_1$ 进入 $v_2$，由于 $v_2$ 是偶点，则必可由 $v_2$ 经关联边 $\boldsymbol{e}_2$ 进入另一点 $v_3$，如此进行下去，每边仅取一次。由于 $\boldsymbol{G}$ 图顶点有限，所以这条简单链不能无休止地进行下去，必可走回 $v_1$，得到一个圈 $C_1$。则有：(1) 若圈 $C_1$ 经过 $\boldsymbol{G}$ 的所有边，则 $C_1$ 就是欧拉圈；(2) 从 $\boldsymbol{G}$ 中去掉 $C_1$ 后得到子图 $\boldsymbol{G}'$，则 $\boldsymbol{G}'$ 中每个顶点的次仍为偶数，因为 $\boldsymbol{G}$ 是连通图，所以 $C_1$ 与 $\boldsymbol{G}'$ 至少有一个顶点 $v_i$ 重合，在 $\boldsymbol{G}'$ 中从 $v_i$ 出发，重复前面 $C_1$ 的方法，得到圈 $C_2$；(3) 把 $C_1$ 和 $C_2$ 组合在一起，如果恰是图 $\boldsymbol{G}$，则得到欧拉圈，否则重复(2)可得到 $C_3$，依此类推，由于图 $\boldsymbol{G}$ 中边数有限，最终可得一条经过 $\boldsymbol{G}$ 所有边的圈，即欧拉圈。

推论：连通多重图 $\boldsymbol{G}$ 有欧拉链，当且仅当 $\boldsymbol{G}$ 中有两个奇点。

证明：必要性是显然的。

充分性证明：设连通多重图 $\boldsymbol{G}$ 恰有两个奇点 $u,v$。在 $\boldsymbol{G}$ 中增加一条新边 $[u,v]$(如果在 $\boldsymbol{G}$ 中，$u,v$ 之间一开始就有边，那么这个新边就是原有边上的重复边)。此时可得连通多重图 $\boldsymbol{G}'$，显然 $\boldsymbol{G}$ 中无奇点。由上述的定理可知，$\boldsymbol{G}'$ 中有欧拉圈 $C'$，从 $C'$ 中去除增加的那条新边 $[u,v]$，即可得 $\boldsymbol{G}$ 中一条联结 $u,v$ 的欧拉链。

上述定理和推论提供了识别图形能否一笔画的方法：查看奇点数。

如上述的哥尼斯堡七桥问题，因为图 7 - 122 中有 4 个奇点，所以不能一笔画出。

如果图 $\boldsymbol{G}$ 可以一笔画出，那么怎样把它一笔画出来呢？即如何找到该图的欧拉圈(无奇点)或欧拉链(恰有两个奇点)？详见 7.6.2 节内容。

## 7.6.2　奇偶点图上作业法

根据上述讨论，若在某邮递员负责的范围内，街道图中没有奇点，那么他就可以从邮局出发，走过每条街

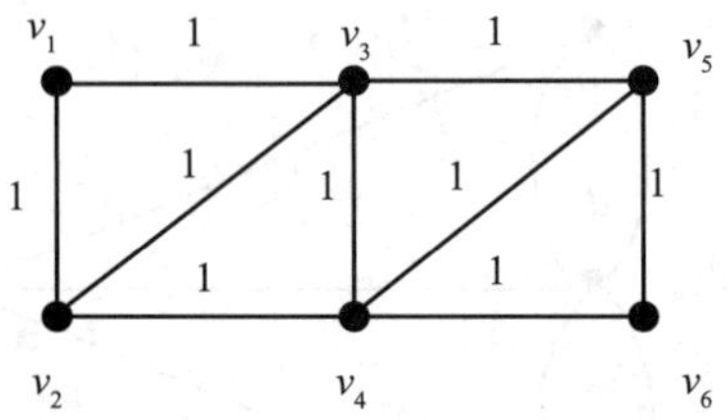


图 7-123　街道图

道一次，且仅一次，最后回到邮局，这样他所走的路程就是最短的路程。对于有奇点的街道图，就必须在某些街道上重复走一次或多次。在图 7-123 所示的街道图中，若 $v_1$ 是邮局，邮递员可以按如下路线投递信件：

$$v_1 \to v_2 \to v_4 \to v_3 \to v_2 \to v_4 \to v_6 \to v_5 \to v_4 \to v_6 \to v_5 \to v_3 \to v_1$$

$$w = 12$$

$$v_1 \to v_2 \to v_3 \to v_2 \to v_4 \to v_5 \to v_6 \to v_4 \to v_3 \to v_5 \to v_3 \to v_1$$

$$w = 11$$

可见，按第一条路线走，在边 $[v_2, v_4]$，$[v_4, v_6]$，$[v_6, v_5]$ 上各重复走了一次；而按第二条路线走，在边 $[v_3, v_2]$，$[v_3, v_5]$ 上各重复走了一次。

在某条路线中，若在边 $[v_i, v_j]$ 上重复走了几次，我们在图中 $v_i$，$v_j$ 之间就可以增加几条边，令每条边的权和原来的权相等，并把新增加的边称为重复边。于是这条路线就是相应的新图中的欧拉圈，如图 7-124 所示。

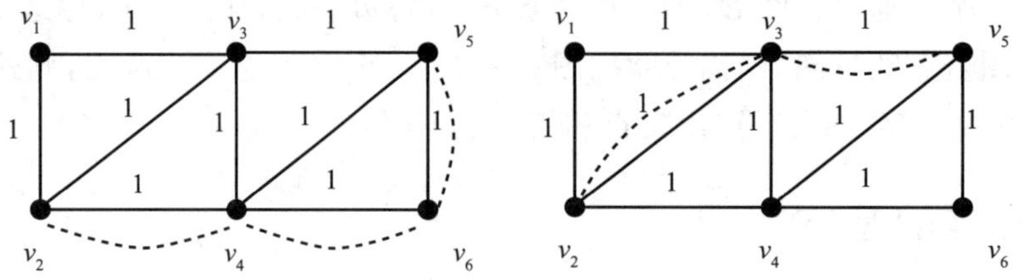

图 7-124　邮递员重复走的街道（边）

显然，两条邮递路线的总权的差必等于相应的重复边总权的差。因此中国邮递员问题可以叙述为：在一个有奇点的图中，要求增加一些重复边，使新图不含奇点（有欧拉圈），并且重复边的总权最小。

使新图不含奇点而增加的重复边，简称可行（重复边）方案。在可行方案中使总权最小的方案，称为最优方案。

那么，问题是如何确定初始可行方案，如何判断是否为最优方案，若不是最优方案，如何调整这个方案。

已知，在任何一个图中，奇点个数必为偶数。因此，若图中有奇点，就可以把它们配成对。又因为图是连通的，故每一对奇点之间必有一条链。此时，把这条链的所有边作为重复边加到图中去，可得无奇点的新图，即可得第一个初始可行方案。

**例 7-12（中国邮递员问题）**　在图 7-125 所示的街道图中，有 4 个奇点 $v_2, v_4, v_6, v_8$，将其分成两对，即 $v_2$ 与 $v_4$、$v_6$ 与 $v_8$ 各一对。

解：取连接 $v_2$ 与 $v_4$ 的一条链，添加重复边；取连接 $v_6$ 与 $v_8$ 的一条链，添加重复边，如图 7-126 所示。在得到的新图中，没有奇点，则得到初始可行方案，其（重复边的）总权为 $2w_{12} + w_{23} + w_{34} + 2w_{45} + 2w_{56} + w_{67} + w_{78} + 2w_{18} = 51$。

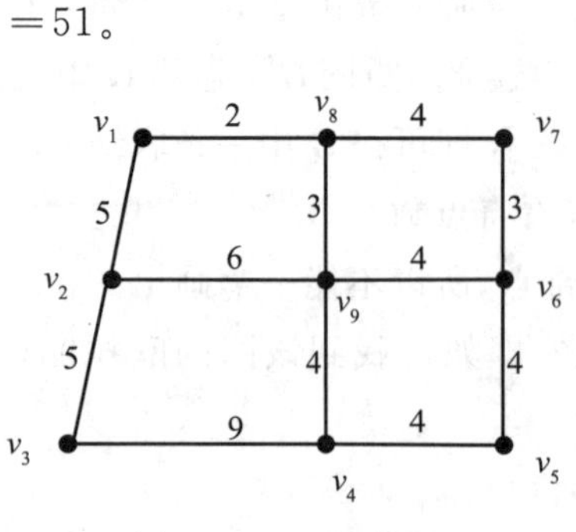

图 7-125　街道图

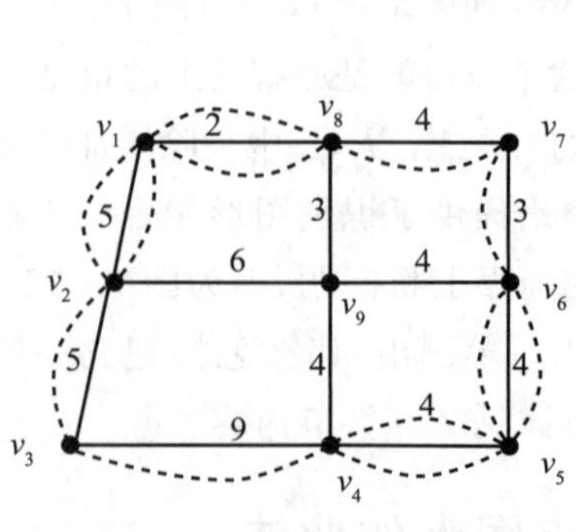

图 7-126　添加重复边后

第一类调整：调整可行方案，使重复边总权下降。$v_1$，$v_2$ 之间有两条重复边，若去掉这两条重复边，则图中依然无奇点，即剩下的图依然还是一个可行方案，而总长度却有所下降。同理，$[v_1, v_8]$，$[v_4, v_5]$，$[v_5, v_6]$ 也是如此，调整后可得图 7－127。一般情况下，若某边上有两条或两条以上的重复边，从中去掉偶数条，就能得到一个总权较小的可行方案。此时，该图重复边的总权为 $w_{23}+w_{34}+w_{67}+w_{78}=21$。可见，在最优方案中，图的每一条边上最多有一条重复边。

第二类调整：如果把图中某个圈的重复边去掉，而给原来没有重复边的边加上重复边，图中仍然没有奇点。因而如果在某个圈上重复边的总权大于这个圈的总权的一半，再做一次调整，即可得到一个总权下降的可行方案，如图 7－128 所示。此时，该图重复边的总权为 $w_{29}+w_{49}+w_{67}+w_{78}=17$。

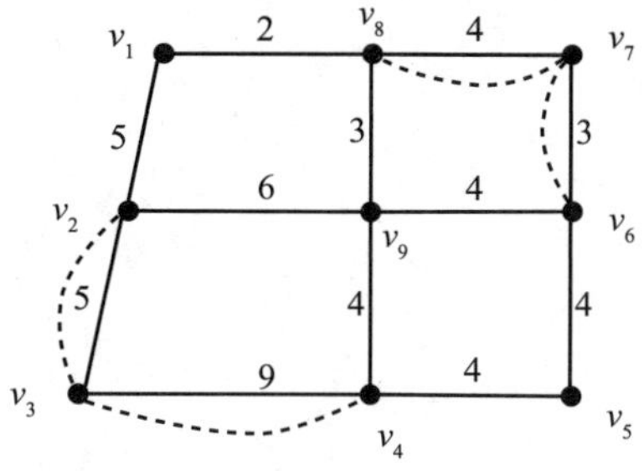

**图 7－127　调整可行方案**

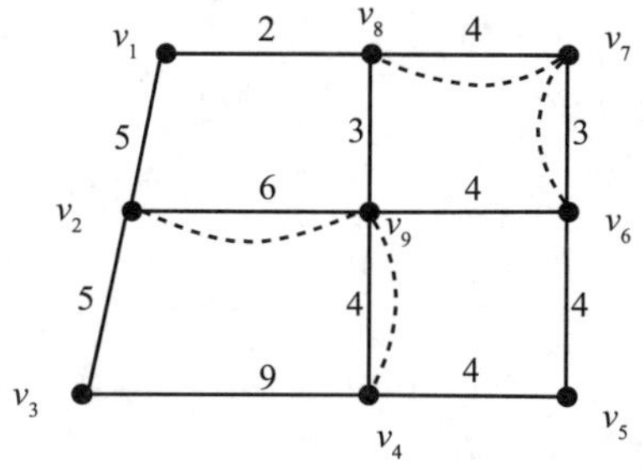

**图 7－128　调整后的重复边**

可见，在最优方案中，图中每个圈上的重复边的总权不大于该圈总权的一半，则最优方案应满足以下两个条件：

(1) 在最优方案中，图的每一条边上最多有一条重复边；

(2) 在最优方案中，图中每个圈上的重复边的总权不大于该圈总权的一半。

逐步审查图中每个圈，至少满足以上两个条件为止，最终得到图 7－129。

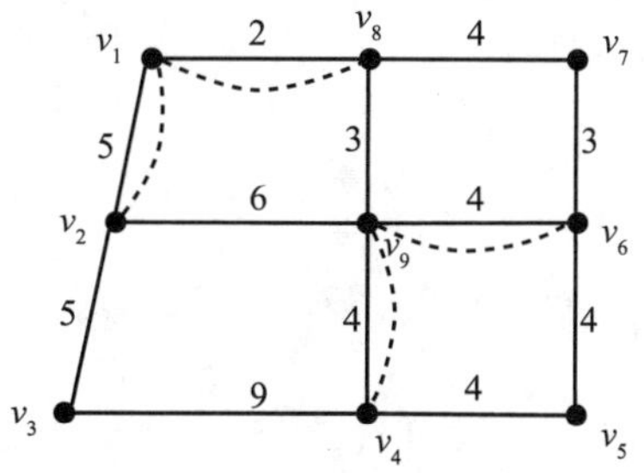

**图 7－129　最优方案**

此时，该图重复边的总权为 $w_{12}+w_{18}+w_{69}+w_{49}=15$。该图满足最优方案的两个条件，则为最优方案，其任一个欧拉圈都是邮递员的最优邮递路线。

奇偶点图上作业法计算步骤小结：

(1) 确定初始方案，找出图 $\boldsymbol{G}$ 中所有奇点(必有偶数个)，将它们两两配对，由于 $\boldsymbol{G}$ 是连通图，每对奇点间必有一条链，将链上所有边都重复一次加到图 $\boldsymbol{G}$ 中，使得到的新图中的顶点全是偶点。

(2) 如果某条边上重复边多余一条，则可以将其重复边去掉偶数条，使得图中顶点仍全是偶点。

(3) 检查图中每个圈。如果每个圈的重复边的总长不大于该圈总长的一半，得到欧拉图 $\boldsymbol{G}'$，转到(4)。如果存在一个圈，其重复边总长大于该圈总长的一半，就进行下面的调整：将这个圈的重复边去掉，而将这个圈中原来没有重复边的各边加上重复边，而其他圈的各边不变，返回(2)。

(4) 若新图满足最优方案的两个条件，则为最优方案，其任一个欧拉圈就是邮递员的最优邮递路线。

① 在最优方案中，图的每一条边上最多有一条重复边。

② 在最优方案中,图中每个圈上的重复边的总权不大于该圈总权的一半。

## 复习思路提示

1. 连通图中无奇点时,存在欧拉圈。一个图有欧拉圈,则为欧拉图。

2. 连通图恰有两个奇点时,存在欧拉链。从其中一个奇点出发就可以找到连接两个奇点的欧拉链。

3. 一个图能一笔画出,必含有欧拉圈或欧拉链。

4. 奇偶点图上作业法的难度在于最优判别条件(2),它要求检查每一个圈,当图的点、边数较多时,圈的个数将会很多。

# 08 第8章 动态规划

动态规划是运筹学中极具魅力的内容。对于应试学生而言，掌握它意味着能轻松地应对复杂多变的优化问题。它将问题分解为多个阶段，每个阶段对应一个决策，通过寻找各阶段间的递推关系，逐步求解最优解。本章将从基本原理讲起，以使学生学会构建状态转移方程，掌握求解动态规划问题的套路。

## 本章必会知识点

(1) 动态规划的基本概念与基本方程，包括阶段、状态变量、决策变量、状态转移方程、指标函数、递推方程。

(2) 动态规划的逆推法和顺推法，重点掌握逆推法。

(3) 动态规划的最优性原理。

(4) 静态规划问题的动态规划求解。

(5) 离散确定性动态规划求解，掌握资源分配问题、生产与存储问题等典型题型的求解。

(6) 连续性动态规划求解，掌握机器负荷分配问题、系统可靠性问题等典型题型的求解。

(7) 随机性动态规划模型的求解。

## 本章重难点

**重点：**

(1) 动态规划的基本概念与基本方程。

(2) 动态规划的逆推法。

(3) 应用实例建模。

**难点：**

(1) 对思路原理的理解。

(2) 应用实例建模。

## 本章考情分析

动态规划在研究生入学考试中的考情特点如下。

1. 考试内容与题型

考试内容主要包括动态规划的基本概念(如多阶段决策问题、状态转移方程、最优指标函数等)、最优化原理(贝尔曼原理)以及典型问题(如最短路径问题、背包问题、资源分配问题等)的建模与求解。题型多为计算题和简答题，重点考查学生对动态规划建模和求解过程的理解。

2. 考试难度与重要性

动态规划是运筹学中的难点内容，难度较高，需要学生具备较强的逻辑思维能力和数学建模能力。在考试中，动态规划通常占总分的15%～20%，是管理类和工程类专业的重要考点。

3. 考试趋势与复习建议

近年来，考试更加注重考查学生对动态规划模型的构建和求解能力，尤其是如何利用动态规划解决实际问题。复习时，建议学生重点掌握动态规划的五步解题法（确定状态、状态转移方程、初始化、遍历顺序和结果提取），并通过大量的练习题熟悉常见问题的求解方法。

# 8.1 基本概念与基本方程

多阶段决策过程是指一个决策问题可以按时间或空间分成若干个相互联系的阶段，在每个阶段都需要做出决策，而每个阶段的决策不仅取决于当前的状态，还会影响下一阶段的初始状态，最终目标是使整个过程的决策达到最优。

## 8.1.1 多阶段决策过程及实例

多阶段决策的特点如下。

(1) 多阶段决策是与时间相关的。

(2) 多阶段决策依赖于当前的状态，又影响以后的发展。

(3) 每一个阶段都要做出决策。

(4) 全部过程的决策是一个决策序列。

(5) 本阶段决策的执行将影响下一阶段的决策。

(6) 不仅要考虑本阶段最优，还要考虑全局最优。

当各个阶段的决策确定后，它们就组成了一个决策序列，因而也就决定了整个过程的一条活动路线，这种把一个问题可看作一个前后关联具有链状结构的多阶段过程，就称为多阶段决策过程。

在多阶段决策（序贯决策）问题中，各个阶段采取的决策，一般来说是与时间有关的，决策依赖于当前的状态，又随即引起状态的转移，一个决策序列就是在变化的状态中产生的，故有“动态”的含义。

**实例1：最短路径问题**

给定一个线路网络，如图8－1所示，两点之间连线上的数字表示两点间的距离（或费用），试求一条由A到G的铺管线路，使总距离（或总费用）最小。

**实例2：机器负荷分配问题**

某机器可以在高低两种不同的负荷下进行生产。在高负荷下进行生产时，产品的年产量 $g$ 和投入生产的机器数量 $u_1$ 的关系为 $g=g(u_1)$。这时，机器的年完好率为 $a$，即如果年初完好机器的数量为 $u$，到年底时完好的机器数量为 $au$，$0<a<1$。在低负荷生产时，产品的年产量 $h$ 和投入生产的机器数量 $u_2$ 的关系为 $h=h(u_2)$，相应的机器年完好率为 $b$，$0<b<1$。

假定开始生产时完好的机器数量为 $S_1$。要求制订一个五年计划，在每年开始时，决定如何重新分配完好的机器在两种不同负荷下生产的数量，使在五年内产品的总产量达到最高。

## 8.1.2 基本概念

如在实例1中，各个阶段的决策不同，铺管路线就不同；当某阶段的始点给定时，它直接影响后面各阶段的行进路线和整个路线的长短，而后面各阶段的路线的发展不受这点以前各阶段路线的影响。

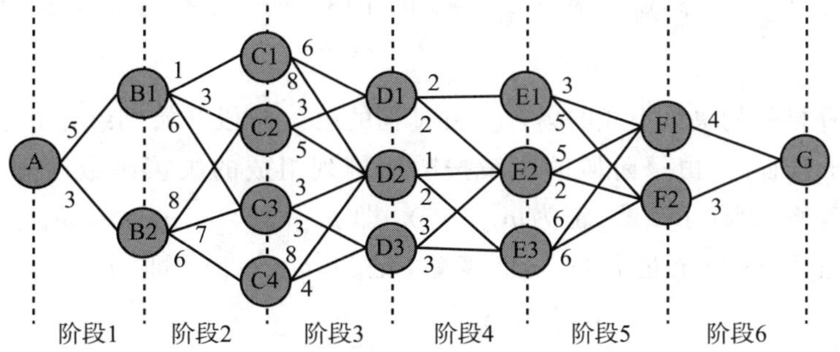


**图 8－1　线路网络**

该问题的要求：在各个阶段做出一个恰当的决策，使由这些决策组成的一个决策序列所决定的这条路线的总路程最短。

1．阶段(stage)

将所给问题的过程，按时间或空间特征恰当地分解成若干相互联系的阶段，以便按一定的次序去求每个阶段的解。阶段变量常用字母 $k$(在图 8－2 中，$k=1,2,3,4,5,6$)表示。

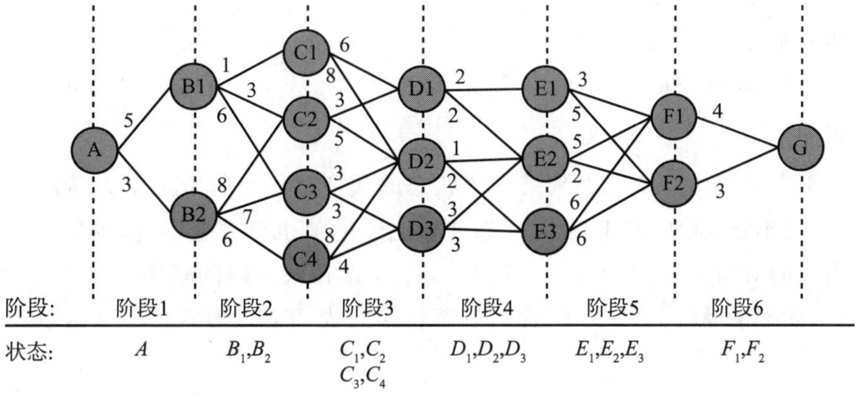


**图 8－2　各阶段示例**

2．状态(state)

状态表示各阶段开始时的自然状态或客观条件，它描述了研究问题过程的状况，又称不可控因素。通常一个阶段有若干个状态，描述过程状态的称为状态变量，用变量 $s_k$ 表示，可用一个数、一组数或一个向量来描述。

在图 8－2 中，$S_2=\{B_1,B_2\}$，$S_3=\{C_1,C_2,C_3,C_4\}$，这两个集合分别称作第二阶段和第三阶段的可达状态集合。

需要注意的是，过程的过去历史只能通过当前状态去影响它未来的发展。如果所选定的变量不具备无后效性，就不能作为状态变量来构造动态规划模型。也就是说，该阶段状态应具有的性质为某阶段状态给定后，则在这个阶段以后过程的发展不受这个阶段以前各阶段状态的影响，即无后效性(马尔科夫性)。

3．决策(decision)

表示当过程处于某一阶段的某个状态时，可以做出不同的决定，从而确定下一阶段的状态，这个决定称为决策，在最优控制中也称为控制。描述决策的变量称为决策变量，可用一个数、一组数或一个向量表示。$u_k(s_k)$ 表示第 $k$ 阶段的状态为 $s_k$ 时的决策变量，它是状态变量的函数；决策变量的取值往往限制在一定范围内，我们称此范围为允许决策集合，常用 $D_k(s_k)$ 表示。显然，$u_k(s_k)\in D_k(s_k)$。

在图 8-2 中，若从第二阶段中的状态 $B_1$ 出发，可做出 3 种不同的决策，其允许决策集合为 $D_2(B_1)=\{C_1, C_2, C_3\}$；若选取点 $C_2$，则 $C_2$ 是状态 $B_1$ 在决策 $u_2(B_1)$ 的作用下的一个新的状态，记作 $u_2(B_1)=C_2$。

4. 策略(policy)

策略是一个由按顺序排列的决策组成的集合。由过程的第 $k$ 阶段开始到终止状态为止的过程，称为问题的后部子过程(或称 $k$ 子过程)。由每阶段的决策按顺序排列组成的决策函数序列 $\{u_k(s_k), u_{k+1}(s_{k+1}), \cdots, u_n(s_n)\}$ 称为 $k$ 子过程策略，简称子策略，记为 $p_{k,n}(s_k)$，即 $p_{k,n}(s_k)=\{u_k(s_k), u_{k+1}(s_{k+1}), \cdots, u_n(s_n)\}$。当 $k=1$ 时，此决策函数序列称为全过程的一个策略，记为 $p_{1,n}(s_1)$，即 $p_{1,n}(s_1)=\{u_1(s_1), u_2(s_2), \cdots, u_n(s_n)\}$。

对于每个实际问题，可供选择的策略有一定的范围，称为允许策略集合，用 $P$ 表示。使整个问题达到最优效果的策略就是最优策略。在图 8-2 中，可以有

$$p_{1,n}(A)=\{u_1(s_1), u_2(s_2), \cdots, u_n(s_n)\}=B_1, C_1, D_1, E_1, F_1, G$$

$$p_{1,n}(A)=\{u_1(s_1), u_2(s_2), \cdots, u_n(s_n)\}=B_2, C_2, D_2, E_2, F_2, G$$

$$p_{3,n}(s_3)\{u_3(s_3), u_4(s_4), \cdots, u_6(s_6)\}=D_1, E_1, F_1, G$$

$$p_{3,n}(s_3)\{u_3(s_3), u_4(s_4), \cdots, u_6(s_6)\}=D_2, E_2, F_2, G$$

……

上述这些策略构成允许策略集合 $P$。

后面可算出最优策略为

$$P^*_{1,6}(A)=\{u_1(s_1), u_2(s_2), \cdots, u_6(s_6)\}=B_1, C_2, D_1, E_2, F_2, G$$

5. 状态转移方程

状态转移方程是确定过程由一个状态到另一个状态的演变过程。若给定第 $k$ 阶段状态变量 $s_k$ 的值，该阶段的决策变量 $u_k$ 一经确定，第 $k+1$ 阶段的状态变量 $s_{k+1}$ 的值也就完全确定，即 $s_{k+1}$ 的值随 $s_k$ 和 $u_k$ 的值变化而变化。这种确定的对应关系记为 $s_{k+1}=T_k(s_k, u_k)$，如在最短路问题中，$s_{k+1}=u_k(s_k)$。上式描述了由第 $k$ 阶段到第 $k+1$ 阶段的状态转移规律，称为状态转移方程，$T_k$ 称为状态转移函数。

6. 指标函数

指标函数用来衡量所选定策略优劣的数量指标，可能是距离、利润、成本、产品产量等。指标函数可分为两种：阶段指标函数和过程指标函数。

从状态 $s_k$ 出发，采取决策 $u_k$ 时的效益用 $v_k(s_k, u_k)$ 表示。$V_{1,n}(s_1, p_{1,n})$ 表示初始状态为 $s_1$，采用策略 $p_{1,n}$ 时全过程的指标函数值。$V_{k,n}(s_k, p_{k,n})$ 表示初始状态为 $s_k$，采用策略 $p_{k,n}$ 时后部子过程的指标函数值。

7. 最优指标函数

$f_k(s_k)$ 表示从第 $k$ 段状态 $s_k$ 采用最优策略 $p^*_{k,n}$ 到过程终止时的最优指标函数值，即 $f_k(s_k)=V_{k,n}(s_k, p^*_{k,n})=\text{opt}\ V_{k,n}(s_k, p_{k,n})$（最小或者最大）。

8. 最优值函数

最优值函数表示从第 $k$ 阶段的状态 $s_k$ 开始到第 $n$ 阶段的终止状态的过程，采取最优策略所得到的指标函数值。

动态规划要求过程指标具有可分离性，常见的指标函数的形式为求和、求积，即

$$\text{可加性：} V_{k,n}(s_k, p_{k,n})=v_k(s_k, u_k)+V_{k+1,n}(s_{k+1}, p_{k+1,n})=\sum_{j=k}^{n} v_j(s_j, u_j)$$

$$\text{可乘性：} V_{k,n}(s_k, p_{k,n})=v_k(s_k, u_k)\cdot V_{k+1,n}(s_{k+1}, p_{k+1,n})=\prod_{j=k}^{n} v_j(s_j, u_j)$$

如在实例 1 中：

$$f_5(E_1)=\min\begin{cases}d_5(E_1,F_1)+f_6(F_1)\\d_5(E_1,F_2)+f_6(F_2)\end{cases}=\min\begin{cases}3+4\\5+3\end{cases}=7,\quad\begin{matrix}f_6(F_1)=4\\f_6(F_2)=3\end{matrix}$$

$V_{5,6}(s_5,p_{5,6})=v_5(s_5,u_5)+v_6(s_6,u_6)$，$f_5(s_5)=\text{opt}\ V_{5,6}(s_5,p_{5,6})$ 表示第五阶段从点 $E_1$ 到终点 $G$ 的最短距离。

## 8.1.3　基本方程

**例 8－1(用动态规划求最短路)**　求解图 8－1 中的最短路及最短距离。

1. 逆序解法(逆推法)

(1) 当 $k=n=7$ 时，$f_7(s_7)=0$。

(2) 当 $k=6$ 时，递推方程为 $f_6(s_6)=\min\limits_{u_6\in D_6(s_6)}\{v_6(s_6,u_6)+f_7(s_7)\}$。$f_7(s_7)$ 到 $f_6(s_6)$ 的递推过程如表 8－1 所示：

$$f_k(s_k)=V_{k,n}(s_k,p_{k,n}^*)=\text{opt}\ V_{k,n}(s_k,p_{k,n})$$

$$f_6(F_1)=4,f_6(F_2)=3$$

**表 8－1　$f_7(s_7)$到 $f_6(s_6)$的递推过程**

| $s_6$ | $D_6(s_6)$ | $u_6(s_6)\mid s_7$ | $v_6(s_6,u_6)$ | $v_6(s_6,u_6)+f_7(s_7)$ | $f_6(s_6)$ | 最优决策 |
|---|---|---|---|---|---|---|
| F1 | F1→G | G | 4 | 4+0=4 | 4 | F1→G |
| F2 | F2→G | G | 3 | 3+0=3 | 3 | F2→G |

(3) 当 $k=5$ 时，递推方程为 $f_5(s_5)=\min\limits_{u_5\in D_5(s_5)}\{v_5(s_5,u_5)+f_6(s_6)\}$。$f_6(s_6)$ 到 $f_5(s_5)$ 的递推过程如表 8－2 所示：

$$f_5(E_1)=7,f_5(E_2)=5,f_5(E_3)=9$$

**表 8－2　$f_6(s_6)$到 $f_5(s_5)$的递推过程**

| $s_5$ | $D_5(s_5)$ | $u_5(s_5)\mid s_6$ | $v_5(s_5,u_5)$ | $v_5(s_5,u_5)+f_6(s_6)$ | $f_5(s_5)$ | 最优决策 |
|---|---|---|---|---|---|---|
| E1 | E1→F1 | F1 | 3 | 3+4=7* | 7 | E1→F1 |
| | E1→F2 | F2 | 5 | 5+3=8 | | |
| E2 | E2→F1 | F1 | 5 | 5+4=9 | 5 | E2→F2 |
| | E2→F2 | F2 | 2 | 2+3=5* | | |
| E3 | E3→F1 | F1 | 6 | 6+4=10 | 9 | E3→F2 |
| | E3→F2 | F2 | 6 | 6+3=9* | | |

注：* 表示当前最优值。

(4) 当 $k=4$ 时，递推方程为 $f_4(s_4)=\min\limits_{u_4\in D_4(s_4)}\{v_4(s_4,u_4)+f_5(s_5)\}$。$f_5(s_5)$ 到 $f_4(s_4)$ 的递推过程如表 8－3 所示：

$$f_4(D_1)=7,f_4(D_2)=6,f_4(D_3)=8$$

**表 8－3　$f_5(s_5)$到 $f_4(s_4)$的递推过程**

| $s_4$ | $D_4(s_4)$ | $u_4(s_4)\mid s_5$ | $v_4(s_4,u_4)$ | $v_4(s_4,u_4)+f_5(s_5)$ | $f_4(s_4)$ | 最优决策 |
|---|---|---|---|---|---|---|
| D1 | D1→E1 | E1 | 2 | 2+7=9 | 7 | D1→E2 |
| | D1→E2 | E2 | 2 | 2+5=7* | | |

续表

| $s_4$ | $D_4(s_4)$ | $u_4(s_4)\|s_5$ | $v_4(s_4,u_4)$ | $v_4(s_4,u_4)+f_5(s_5)$ | $f_4(s_4)$ | 最优决策 |
|---|---|---|---|---|---|---|
| D2 | D2→E2 | E2 | 1 | $1+5=6^*$ | 6 | D2→E2 |
| | D2→E3 | E3 | 2 | $2+9=11$ | | |
| D3 | D3→E2 | E2 | 3 | $3+5=8^*$ | 8 | D3→E2 |
| | D3→E3 | E3 | 3 | $3+9=12$ | | |

(5) 当 $k=3$ 时,递推方程为 $f_3(s_3)=\min\limits_{u_3\in D_3(s_3)}\{v_3(s_3,u_3)+f_4(s_4)\}$。$f_4(s_4)$ 到 $f_3(s_3)$ 的递推过程如表 8-4 所示:

$$f_3(C_1)=13,f_3(C_2)=10,f_3(C_3)=9,f_3(C_4)=12$$

**表 8-4 $f_4(s_4)$到$f_3(s_3)$的递推过程**

| $s_3$ | $D_3(s_3)$ | $u_3(s_3)\|s_4$ | $v_3(s_3,u_3)$ | $v_3(s_3,u_3)+f_4(s_4)$ | $f_3(s_3)$ | 最优决策 |
|---|---|---|---|---|---|---|
| C1 | C1→D1 | D1 | 6 | $6+7=13^*$ | 13 | C1→D1 |
| | C1→D2 | D2 | 8 | $8+6=14$ | | |
| C2 | C2→D1 | D1 | 3 | $3+7=10^*$ | 10 | C2→D1 |
| | C2→D2 | D2 | 5 | $5+6=1$ | | |
| C3 | C3→D2 | D2 | 3 | $3+6=9^*$ | 9 | C3→D2 |
| | C3→D3 | D3 | 5 | $3+8=11$ | | |
| C4 | C4→D2 | D2 | 8 | $8+6=14$ | 12 | C4→D3 |
| | C4→D3 | D3 | 4 | $4+8=12^*$ | | |

(6) 当 $k=2$ 时,递推方程为 $f_2(s_2)=\min\limits_{u_2\in D_2(s_2)}\{v_2(s_2,u_2)+f_3(s_3)\}$。$f_3(s_3)$ 到 $f_2(s_2)$ 的递推过程如表 8-5 所示:

$$f_2(B_1)=13,f_2(B_2)=16$$

**表 8-5 $f_3(s_3)$到$f_2(s_2)$的递推过程**

| $s_2$ | $D_2(s_2)$ | $u_2(s_2)\|s_3$ | $v_2(s_2,u_2)$ | $v_5(s_5,u_5)+f_6(s_6)$ | $f_2(s_2)$ | 最优决策 |
|---|---|---|---|---|---|---|
| B1 | B1→C1 | C1 | 1 | $1+13=14$ | 13 | B1→C2 |
| | B1→C2 | C2 | 3 | $3+10=13^*$ | | |
| | B1→C3 | C3 | 6 | $6+9=15$ | | |
| B2 | B2→C2 | C2 | 8 | $8+10=18$ | 16 | B2→C3 |
| | B2→C3 | C3 | 7 | $7+9=16^*$ | | |
| | B2→C4 | C4 | 6 | $6+12=18$ | | |

(7) 当 $k=1$ 时,递推方程为 $f_1(s_1)=\min\limits_{u_1\in D_1(s_1)}\{v_1(s_1,u_1)+f_2(s_2)\}$。$f_2(s_2)$ 到 $f_1(s_1)$ 的递推过程如表 8-6 所示:

**表 8-6 $f_2(s_2)$到$f_1(s_1)$的递推过程**

| $\delta_1$ | $D_1(s_1)$ | $u_1(s_1)\|s_2$ | $v_1(s_1,u_1)$ | $v_1(s_1,u_1)+f_2(s_2)$ | $f_1(s_1)$ | 最优决策 |
|---|---|---|---|---|---|---|
| A | A→B1 | B1 | 5 | $5+13=18^*$ | 18 | A→B1 |
| | A→B2 | B2 | 3 | $3+16=19$ | | |

所以

$$f_1(s_1)=18$$

$$p_{1,n}^{*}=\{u_1(s_1),u_2(s_2),u_3(s_3),u_4(s_4),u_5(s_5),u_6(s_6)\}=\{B_1,C_2,D_1,E_2,F_2,G\}$$

本题从第 $k$ 阶段到第 $k+1$ 阶段的递推关系式可写为

$$\begin{cases}f_k(s_k)=\min\limits_{u_k\in D_k(s_k)}\{v_k(s_k,u_k)+f_{k+1}(s_{k+1})\},k=6,5,\cdots,2,1\\ f_7(s_7)=0,f_6(s_6)=v_6(s_6,u_6)\end{cases}$$

一般情况下,逆序解法的递推关系式可写为

$$\begin{cases}f_k(s_k)=\operatorname*{opt}\limits_{u_k\in D_k(s_k)}\{v_k(s_k,u_k)+f_{k+1}(s_{k+1})\},k=n,n-1,\cdots,2,1\\ f_{n+1}(s_{n+1})=0\end{cases}$$

动态规划的基本方程可写为

$$\begin{cases}f_k(s_k)=\operatorname*{opt}\limits_{u_k\in D_k(s_k)}\{v_k(s_k,u_k)+f_{k+1}(T_k(s_k,u_k))\},k=n,n-1,\cdots,2,1\\ f_{n+1}(s_{n+1})=0\end{cases}$$

动态规划的基本思想可以归纳为以下 3 点。

(1) 动态规划方法的关键在于正确地写出基本的递推关系式和恰当的边界条件(即基本方程):

① 将问题的过程分成几个相互联系的阶段;

② 恰当地选取状态变量和决策变量及定义最优值函数;

③ 把一个大问题化成一组同类型的子问题,然后逐个求解,从边界条件开始,逐段递推寻优,在每一个子问题的求解中,均利用了它前面的子问题的最优化结果,依次进行,最后一个子问题的最优解,就是整个问题的最优解。

(2) 在动态规划中,每阶段决策的选取是从全局来考虑的,与该阶段的最优选择答案一般是不同的。

(3) 在求整个问题的最优策略时,由于初始状态是已知的,而每个阶段的决策都是该阶段状态的函数,故最优策略所经过的各阶段状态便可逐次变换得到,从而确定最优路线,如图 8-3 所示。

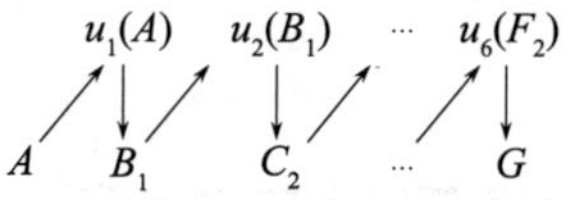


**图 8-3 状态转移**

如例 8-1 中的最优路线为 $A\to B_1\to C_2\to D_1\to E_2\to F_2\to G$。

上述计算过程也可以用标号法在图上直接表示出来,如图 8-4 所示。

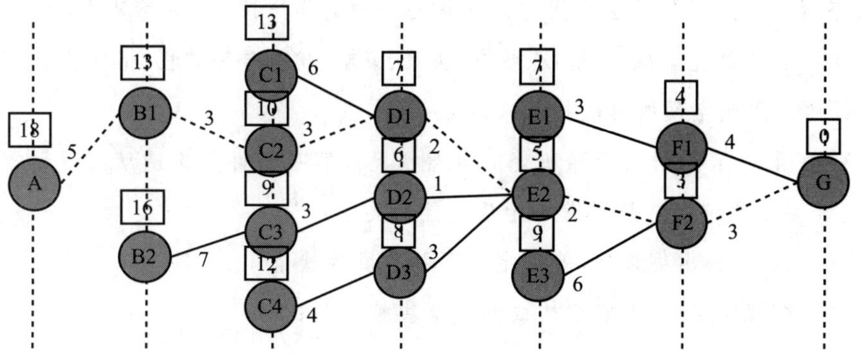


**图 8-4 动态规划标号法**

若规定从 A 到 G 为顺行方向,则由 G 点开始从后往前标的,称为逆序解法。同样也可以从 A 开始从前往后标(视 G 为起点,A 为终点),称为顺序解法。节点上方格内的数,表示该点到终点 G 的最短距离,用直线连接的点表示该点到终点的最短路线。未用直线连接的点就说明它不是该点到终点 G 的最短路线,舍去。

2. 顺序解法(顺推法)

从 A 开始从前往后标(视 G 为起点,A 为终点),称为顺序解法,如图 8-5 所示。

顺序解法和逆序解法的不同主要体现在行进方向的不同或对始端、终端看法的颠倒。但用动态规划方法求最优解时，都是在行进方向规定后，均要逆着行进方向，从最后一段往前逆推计算，逐段找出最优途径的。

假定阶段序数 $k$ 和状态变量 $s_k$ 的定义不变，而改变决策变量 $u_k$ 的定义，如例 8－1 中取 $u_k(s_{k+1})=s_k$，这时的状态转移不是由 $s_k,u_k$ 去确定 $s_{k+1}$，而是反过来由 $s_{k+1},u_k$ 去确定 $s_k$，则状态转移方程的一般形式为 $s_k=T_k^{\mathrm{r}}(s_{k+1},u_k)$。

因而 $k$ 阶段的允许决策集合也应作相应的改变，记为 $D_k^{\mathrm{r}}(s_{k+1})$。指标函数也应换成 $s_{k+1},u_k$ 的函数表示。于是顺序解法的基本方程可写为

$$\begin{cases}f_k(s_{k+1})=\underset{u_k\in D_k^{\mathrm{r}}(s_{k+1})}{\mathrm{opt}}\{v_k(s_{k+1},u_k)+f_{k-1}(s_k)\},k=1,2,\cdots,n\\ f_0(s_1)=0\end{cases}$$

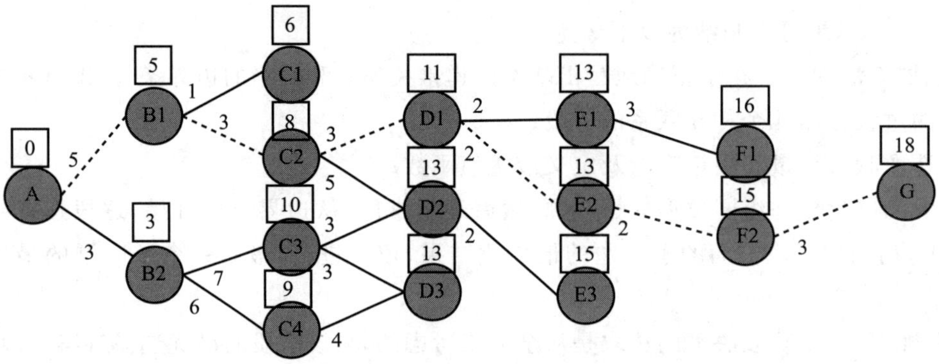


图 8－5 顺序解法

## 复习思路提示

1. 多阶段决策问题是指可以将问题划分为若干阶段，对不同阶段采取不同的决策，使全过程达到最优的一类问题。而动态规划是求多阶段决策问题最优解的一种数学方法，它不是算法，而是一种求解思路。

2. 掌握动态规划方法中的基本概念：阶段、状态、决策、策略、状态转移方程、指标函数、最优值函数。其中：

(1) 阶段往往按照时间或空间的自然特征来划分；

(2) 状态是不可控因素，表示阶段开始所处的自然状况或客观条件。构造动态规划模型时，除了描述过程的具体特征外，还需要注意该状态是否满足无后效性的要求；

(3) 决策也称为控制，在做出决策后，就确定了下一阶段的状态；

(4) 策略是各阶段决策确定后，由它们构成的一个决策序列；

(5) 状态转移方程描述了各阶段的状态转移规律；

(6) 指标函数是衡量所选定策略优劣的数量指标；

(7) 最优指标函数是动态规划中一个非常重要的概念，它表示从某个状态开始到过程结束的最优决策序列所对应的最优目标值；

(8) 最优值函数的计算过程就是用动态规划求解问题的过程。通过计算最优值函数，我们可以找到整个过程的最优决策序列，从而获得最优目标值。

3. 建立动态规划模型(基本方程)的注意事项如下。

(1) 将问题的过程划分成恰当的阶段。

(2) 正确选择状态变量 $s_k$，使它既能描述过程的演变，又能满足无后效性。

(3) 确定决策变量 $u_k$ 及每个阶段的允许决策集合 $D_k(s_k)$。

(4) 正确写出状态转移方程。

(5) 正确写出指标函数 $V_{k,n}$ 的关系，它应满足 3 个性质：

① 是定义在全过程和所有后部子过程上的数量函数；

② 要具有可分离性，并满足递推关系

$$V_{k,n}(s_k,u_k,\cdots,s_{n+1})=\psi_k[s_k,u_k,V_{k+1,n}(s_{k+1},u_{k+1},\cdots,s_{n+1})]$$

③ 函数 $\psi_k[s_k,u_k,V_{k+1,n}]$ 对于变量 $V_{k+1,n}$ 要严格单调。

## 8.2　最优性原理和最优性定理

最优性原理(由 R. Bellman 于 1956 年提出)的含义是无论过去的状态和决策如何，对前面决策所形成的状态而言，余下的诸决策必须构成最优策略(即一个最优策略的子策略总是最优的)；将决策问题划分为若干个阶段，全过程的优化问题就分解为子过程的优化问题，由后向前逐步倒推，最优化的子过程逐渐成为全过程最优；作为全过程的最优策略 $p_{1,n}^*$ 的组成部分的任一子策略 $p_{k,n}^*(s_k)$ 一定是从状态 $s_k$ 出发直至终点的最优策略。

需要注意的是，最优性原理并不对任何决策过程都普遍成立，与动态规划基本方程并不是无条件等价的。

最优性定理：设阶段数为 $n$ 的多阶段决策过程，其阶段编号为 $k=0,1,\cdots,n-1$，允许策略 $p_{0,n-1}^*=\{u_0^*,u_1^*,\cdots,u_{n-1}^*\}\in P_{0,n-1}(s_0)$ 是最优策略的充分必要条件是，对于任意的 $k(0<k<n-1)$ 和 $s_0\in S_0$ 有

$$V_{0,n-1}(s_0,p_{0,n-1}^*)=\underset{p_{0,k-1}\in P_{0,k-1}(s_0)}{\text{opt}}\left\{V_{0,k-1}(s_0,p_{0,k-1})+\underset{p_{k,n-1}\in P_{k,n-1}(\tilde{s}_k)}{\text{opt}}V_{k,n-1}(\tilde{s}_k,p_{k,n-1})\right\}$$

其中 $p_{0,n-1}^*=(p_{0,n-1},p_{k,n-1})$，$\tilde{s}_k=T_{k-1}(s_{k-1},u_{k-1})$ 为 $S_0$ 和子策略 $p_{0,k-1}$ 确定的第 $k$ 阶段状态。当 $V$ 是效益函数时，opt 取 max；当 $V$ 是损失函数时，opt 取 min。

最优性定理证明如下。

1) 必要性证明

设 $p_{0,n-1}^*$ 是最优策略，则

$$\begin{aligned}V_{0,n-1}(s_0,p_{0,n-1}^*)&=\underset{p_{0,n-1}\in P_{0,n-1}(s_0)}{\text{opt}}\{V_{0,n-1}(s_0,p_{0,n-1})\}\\&=\underset{p_{0,n-1}\in P_{0,n-1}(s_0)}{\text{opt}}\{[V_{0,k-1}(s_0,p_{0,k-1})]+[V_{k,n-1}(\tilde{s}_k,p_{k,n-1})]\}\end{aligned}$$

但对于从第 $k$ 至 $n-1$ 阶段的子过程而言，其总指标取决于过程的起始点 $\tilde{s}_k=T_{k-1}(s_{k-1},u_{k-1})$ 和子策略 $p_{k,n-1}$。而第 $k$ 至 $n-1$ 阶段子过程的起始点 $\tilde{s}_k$ 是由前面的子过程在子策略 $p_{0,k-1}$ 下确定的。因此，在策略集合 $P_{0,n-1}$ 上求最优解，就等价于在子策略集合 $P_{k,n-1}(\tilde{s}_k)$ 上求最优解，然后再求这些子最优解在子策略集合 $P_{0,k-1}(s_0)$ 上的最优解。故上式可写为

$$\begin{aligned}V_{0,n-1}(s_0,p_{0,n-1}^*)&=\underset{p_{0,k-1}\in P_{0,k-1}(s_0)}{\text{opt}}\left\{\underset{p_{k,n-1}\in P_{k,n-1}(\tilde{s}_k)}{\text{opt}}[V_{0,k-1}(s_0,p_{0,k-1})+V_{k,n-1}(\tilde{s}_k,p_{k,n-1})]\right\}\\&=\underset{p_{0,k-1}\in P_{0,k-1}(s_0)}{\text{opt}}\left\{V_{0,k-1}(s_0,p_{0,k-1})+\underset{p_{k,n-1}\in P_{k,n-1}(\tilde{s}_k)}{\text{opt}}V_{k,n-1}(\tilde{s}_k,p_{k,n-1})\right\}\end{aligned}$$

必要性得证。

2）充分性证明

设 $p_{0,n-1}$ 是任一策略，$\tilde{s}_k$ 为由 $(s_0, p_{0,k-1})$ 所确定的第 $k$ 阶段的起始状态，则有

$$V_{k,n-1}(\tilde{s}_k, p_{k,n-1} \leqslant \underset{p_{k,n-1}\in P_{k,n-1}(\tilde{s}_k)}{\text{opt}})\{V_{k,n-1}(\tilde{s}_k, p_{k,n-1})\}$$

则

$$\begin{aligned} V_{0,n-1}(s_0, p_{0,n-1}) &= V_{0,k-1}(s_0, p_{0,k-1}) + V_{k,n-1}(\tilde{s}_k, p_{k,n-1}) \\ &\leqslant V_{0,k-1}(s_0, p_{0,k-1}) + \underset{p_{k,n}\in P_{k,n-1}(\tilde{s}_k)}{\text{opt}}\{V_{k,n-1}(\tilde{s}_k, p_{k,n-1})\} \\ &\leqslant V_{0,n-1}(s_0, p^*_{0,n-1}) \end{aligned}$$

此处"$\leqslant$"符号表示，当 opt 表示 max 时，就为$\leqslant$；表示 min 时，就为$\geqslant$。只要 $p^*_{0,n-1}$ 使下式成立，其为最优策略：

$$V_{0,n-1}(s_0, p^*_{0,n-1}) = \underset{p_{0,k-1}\in P_{0,k-1}(s_0)}{\text{opt}}\left\{V_{0,k-1}(s_0, p_{0,k-1}) + \underset{p_{k,n-1}\in P_{k,n-1}(\tilde{s}_k)}{\text{opt}} V_{k,n-1}(\tilde{s}_k, p_{k,n-1})\right\}$$

则对于任一策略 $p_{0,n-1}$，$V_{0,n-1}(s_0, p_{0,n-1}) \leqslant V_{0,n-1}(s_0, p^*_{0,n-1})$。充分性得证。

最优性定理推论：若允许策略 $p^*_{0,n-1}$ 是最优策略，则对任意的 $k$ $(0<k<n-1)$，它的子策略 $p^*_{k,n-1}$ 对于以 $s^*_k = T_{k-1}(s^*_{k-1}, u^*_{k-1})$ 为起点的第 $k$ 到 $n-1$ 子过程来说，必是最优策略（$k$ 阶段状态 $s^*_k$ 是由 $S_0$ 和 $p^*_{1,k-1}$ 确定的）。

证明：反证法。

若 $p^*_{k,n-1}$ 不是最优策略，则有

$$V_{k,n-1}(s^*_k, p^*_{k,n-1}) < \underset{p_{k,n-1}\in P_{k,n-1}(s^*_k)}{\text{opt}}\{V_{k,n-1}(s^*_k, p_{k,n-1})\}$$

又因为

$$\begin{aligned} V_{0,n-1}(s_0, p^*_{0,n-1}) &= V_{0,k-1}(s_0, p^*_{0,k-1}) + V_{k,n-1}(s^*_k, p^*_{k,n-1}) \\ &< V_{0,k-1}(s_0, p^*_{0,k-1}) + \underset{p_{k,n-1}\in P_{k,n-1}(s^*_k)}{\text{opt}}\{V_{k,n-1}(s^*_k, p_{k,n-1})\} \\ &< \underset{p_{0,k-1}\in P_{0,k-1}(s_0)}{\text{opt}}\left\{V_{0,k-1}(s_0, p_{0,k-1}) + \underset{p_{0,k-1}\in P_{0,k-1}(\tilde{s}_k)}{\text{opt}} V_{k,n-1}(\tilde{s}_k, p_{k,n-1})\right\} \end{aligned}$$

与最优性定理的必要性矛盾。

最优性定理表明，如果一个多阶段决策问题有最优策略，则该问题的最优值函数一定可以用动态规划的基本方程来表示，反之亦然。

$$V_{0,n-1}(s_0, p^*_{0,k-1}) = \underset{p_{0,k-1}\in P_{0,k-1}(s_0)}{\text{opt}}\left\{V_{0,k-1}(s_0, p_{0,k-1}) + \underset{p_{k,n-1}\in P_{k,n-1}(\tilde{s}_k)}{\text{opt}} V_{k,n-1}(\tilde{s}_k, p_{k,n-1})\right\} \leftrightarrow$$

$$f_k(s_k) = \underset{u_k\in D_k(s_k)}{\text{opt}}[v_k(s_k, u_k) + f_{k+1}(s_{k+1})], k = n, n-1, \cdots, 1$$

## 复习思路提示

1. 最优性定理反映了动态规划的基本方程，是策略最优性的充要条件，而最优性原理仅仅是策略最优性的必要条件，它是最优性定理的推论。

2. 在求解最优策略时，更需要的是其充分条件，所以，动态规划的基本方程或者说最优性定理才是动态规划的理论基础。

# 8.3 动态规划与静态规划的关系

(1) 动态规划和静态规划的研究对象都是条件极值问题,都是用迭代法逐步求解的。

(2) 线性规划和非线性规划所研究的问题,通常是与时间无关的,故称为静态规划。

(3) 动态规划问题多与时间有关,把多阶段决策问题表示为前后有关联的一系列单阶段决策问题,然后逐个解决,从而求出整个问题的最优决策序列。

(4) 动态规划和静态规划在很多情况下是可以相互转化的。

(5) 动态规划可以看作求决策变量 $u_1, u_2, \cdots, u_n$,使指标函数 $V_{1,n}(s_1, u_1, \cdots, s_n, u_n)$ 达到最优的极值问题,把状态转移方程、端点条件、允许状态集合、允许决策集合等作为约束条件,从而用静态规划的方法来求解。静态规划只要适当引入阶段变量、状态变量、决策变量等,就可以用动态规划方法来求解。

## 8.3.1 静态规划问题的动态规划求解

应用动态规划方法的步骤如下。

(1) 识别问题的多阶段特征。

(2) 将问题分解成可用递推关系式联系起来的若干阶段。

(3) 正确选择状态变量。

(4) 根据状态变量与决策变量的含义,正确写出状态转移方程。

(5) 正确列出最优指标函数的递推关系及边界条件(基本方程)。

**例 8-2(用动态规划方法求解静态规划问题)** 某公司有资金 10 万元,若投资于项目 $i$ $(i=1,2,3)$ 的投资额为 $x_i$,其收益分别为 $g_1(x_1)=4x_1$,$g_2(x_2)=9x_2$,$g_3(x_3)=2x_3^2$。问应如何分配投资额才能使总收益最大?

解:列出其优化模型,即

$$\max z = 4x_1 + 9x_2 + 2x_3^2$$

$$\text{s. t.} \begin{cases} x_1 + x_2 + x_3 = 10 \\ x_i \geqslant 0 (i=1,2,3) \end{cases}$$

本题属于与时间无关的静态最优化(非线性规划)问题。

第一步:如何分阶段?

(1) 为了应用动态规划求解,人为地赋予它"时段"的概念,将投资项目进行排序:首先考虑对项目 1 进行投资,其次考虑对项目 2 进行投资,最后考虑对项目 3 进行投资。

(2) 将问题分成 3 个阶段,每个阶段只决定对一个项目的投资额。

(3) 该静态规划问题就转化成一个三阶段决策过程。

第二步:如何正确选择状态变量?

(1) 使各后部子过程之间具有递推关系。

(2) 通常将决策变量 $u_k$ 定义为原静态问题中的变量,$u_k = x_k (k=1,2,3)$。状态变量一般为累计量或者随递推过程变化的量,本问题把每阶段可供使用的资金定义为状态变量 $s_k$。

第三步:如何写出状态转移方程?

第一阶段:初始状态 $s_1 = 10$,$u_1$ 为可分配用于第一种项目的最多资金。

$$\begin{cases} s_1 = 10 \\ u_1 = x_1 \end{cases}$$

第二阶段：状态变量 $s_2$ 为可投资于其余两个项目的资金，$u_2$ 为可分配用于第二种项目的最多资金。

$$\begin{cases} s_2 = s_1 - u_1 \\ u_2 = x_2 \end{cases}$$

第三阶段：状态变量 $s_3$ 为可投资于剩余第三个项目的资金，$u_3$ 为可分配用于第三种项目的最多资金。

$$\begin{cases} s_3 = s_2 - u_2 \\ u_3 = x_3 \end{cases}$$

对于例 8－2 来说，可列出：

（1）阶段：$k=1,2,3$。

（2）状态变量 $s_k$：第 $k$ 段可以投资于第 $k$ 个项目到第 3 个项目的资金。

（3）决策变量 $u_k$：决定给第 $k$ 个项目的投资资金。

（4）状态转移方程：$s_{k+1} = s_k - x_k$。

（5）指标函数：$V_{k,3} = \sum_{i=k}^{3} g_i(x_i)$。

（6）基本方程：$\begin{cases} f_k(s_k) = \max\limits_{0 \leqslant x_k \leqslant s_k} \{g_k(x_k) + f_{k+1}(s_{k+1})\} \\ f_4(s_4) = 0 \end{cases}$。

## 8.3.2 动态规划的解法

**例 8－3(用动态规划方法求解非线性规划问题)** 用逆推法和顺推法求解下面的非线性规划问题：

$$\max z = x_1 \cdot x_2^2 \cdot x_3$$

$$\text{s.t.} \begin{cases} x_1 + x_2 + x_3 = c, & c > 0 \\ x_i \geqslant 0, & i = 1,2,3 \end{cases}$$

1. 用逆推法求解

解：按变量个数划分阶段，把它看作一个三阶段决策问题。

确定状态变量，设状态变量为 $s_1, s_2, s_3, s_4$；$s_1 = c$。取问题中的变量为决策变量，即 $x_1, x_2, x_3$，且各阶段指标函数按乘积方式结合。令最优值函数 $f_k(s_k)$ 表示第 $k$ 阶段的初始状态为 $s_k$，从第 $k$ 阶段到第 3 阶段所得到的最大值。状态转移方程为

$$s_3 = x_3, s_3 + x_2 = s_2, s_2 + x_1 = s_1 = c$$

允许决策集合为

$$x_3 = s_3, 0 \leqslant x_2 \leqslant s_2, 0 \leqslant x_1 \leqslant s_1 = c$$

$$f_3(s_3) = \max_{x_3 = s_3}(x_3) = s_3; x_3^* = s_3$$

$$f_2(s_2) = \max_{0 \leqslant x_2 \leqslant s_2} (x_2^2 \cdot f_3(s_3)) = \max_{0 \leqslant x_2 \leqslant s_2} (x_2^2(s_2 - x_2)) = \max_{0 \leqslant x_2 \leqslant s_2} h_2(s_2, x_2)$$

求导有

$$\frac{dh_2}{dx_2} = 2x_2 s_2 - 3x_2^2 = 0$$

得 $x_2 = \frac{2}{3}s_2$ 和 $x_2 = 0$。舍去的原因是，按实际情况，最大值不可能在决策变量取 0 处达到。再次求导，有

$$\frac{d^2 h_2}{dx_2^2} = 2s_2 - 6x_2$$

而 $\left.\frac{d^2 h_2}{dx_2^2}\right|_{x_2 = \frac{2}{3}s_2} = -2s_2 < 0$，故 $x_2 = \frac{2}{3}s_2$ 为极大点。$f_2(s_2) = \frac{4}{27}s_2^3$ 及最优解为 $x_2^* = \frac{2}{3}s_2$。

注意：一阶导在某点值为 0 的时候该点有可能成为极值点，当一阶导递减到该点时原函数就是最大值，递增到该点时原函数则是最小值。二阶导看正负号，二阶导在该点为正，则原函数在该点为最小值，为负则原函数在该点为最大值。

$$f_1(s_1)=\max_{0\leqslant x_1\leqslant s_1}(x_1\cdot f_2(s_2))=\max_{0\leqslant x_1\leqslant s_1}\left(x_1\cdot\frac{4}{27}s_1\right)=\max_{0\leqslant x_1\leqslant s_1}h_1(s_1,x_1)$$

由 $\frac{dh_1}{dx_1}=\frac{4}{27}(s_1-4x_1)=0$，得 $x_1=\frac{1}{4}s_1$；$\frac{d^2h_1}{dx_1^2}=2s_2-6x_2$ 而 $\frac{d^2h_1}{dx_1{}^2}\Big|_{x_1=\frac{1}{4}s_1}=-\frac{9}{4}s_1^2<0$，故 $x_1=\frac{1}{4}s_1$ 为极大值点。$f_1(s_1)=\frac{1}{64}s_1^4$ 及最优解为 $x_1^*=\frac{1}{4}s_1$。

按计算顺序反推，得各阶段的最优决策和最优值。

已知 $s_1=c$，得到 $x_1^*=\frac{1}{4}c$，$f_1(s_1)=\frac{1}{64}c^4$；而 $s_2=s_1-x_1^*=c-\frac{1}{4}c=\frac{3}{4}c$，得

$$x_2^*=\frac{2}{3}s_2=\frac{1}{2}c,f_2(s_2)=\frac{4}{27}s_2^3=\frac{1}{16}c^3$$

由 $s_3=s_2-x_2^*=\frac{3}{4}c-\frac{1}{2}c=\frac{1}{4}c$，得 $x_3^*=\frac{1}{4}c$，$f_3(s_3)=\frac{1}{4}c$。最优解为 $x_1^*=\frac{1}{4}c$，$x_2^*=\frac{1}{2}c$，$x_3^*=\frac{1}{4}c$；$\max z=f_1(s_1)=\frac{1}{64}c^4$。

2. 用顺推法求解

解：按变量个数划分阶段，把它看作一个三阶段决策问题。确定状态变量，设状态变量为 $s_0,s_1,s_2,s_3$；$s_3=c$。取问题中的变量为决策变量，即 $x_1,x_2,x_3$，且各阶段指标函数按乘积方式结合。令最优值函数 $f_k(s_k)$ 表示第 $k$ 阶段的末尾状态为 $s_k$，从第 1 阶段到第 $k$ 阶段所得到的最大值。状态转移方程为

$$s_1=x_1,s_1+x_2=s_2,\mathrm{s}_2+x_3=s_3=c$$

允许决策集合为

$$x_1=s_1,0\leqslant x_2\leqslant s_2,0\leqslant x_3\leqslant s_3=c$$

$$f_1(s_1)=\max_{x_1=s_1}(x_1)=s;x_1^*=s_1$$

$$f_2(s_2)=\max_{0\leqslant x_2\leqslant s_2}(x_2^2\cdot f_1(s_1))=\max_{0\leqslant x_2\leqslant s_2}(x_2^2(s_2-x_2))=\max_{0\leqslant x_2\leqslant s_2}h_2(s_2,x_2)$$

求导有

$$\frac{dh_2}{dx_2}=2x_2s_2-3x_2^2=0$$

得 $x_2=\frac{2}{3}s_2$ 和 $x_2=0$(舍去)。再次求导，有

$$\frac{d^2h_2}{dx_2^2}=2s_2-6x_2$$

而 $\frac{d^2h_2}{dx_2^2}\Big|_{x_2=\frac{2}{3}s_2}=-2s_2<0$；故 $x_2=\frac{2}{3}s_2$ 为极大点。$f_2(s_2)=\frac{4}{24}s_2^3$ 及最优解为 $x_2^*=\frac{2}{3}s^2$。

$$f_3(s_3)=\max_{0\leqslant x_3\leqslant s_3}(x_3\cdot f_2(s_2))=\max_{0\leqslant x_3\leqslant s_3}\left(x_3\cdot\frac{4}{27}(s_3-x_3)^3\right)=\max_{0\leqslant x_3\leqslant s_3}h_3(s_3,x_3)$$

由 $\frac{dh_3}{dx_3}=\frac{4}{27}(s_3-x_3)^2(s_3-4x_3)=0$，得 $x_3=\frac{1}{4}s_3$ 和 $x_3=s_3$(舍去)。$\frac{d^2h_3}{dx_3^2}\Big|_{x_3=\frac{1}{4}s_3}=-\frac{9}{4}s_3^2<0$，故 $x_3=\frac{1}{4}s_3$ 为极大值点。$f_3(s_3)=\frac{1}{64}s_3^4$ 及最优解为 $x_3^*=\frac{1}{4}s_3$。

根据顺序反推，已知 $s_3=c$，可得到 $x_3^*=\frac{1}{4}s_3=\frac{1}{4}c$，$f_3(s_3)=\frac{1}{64}c^4$；而 $s_2=s_3-x_3^*=c-\frac{1}{4}c=\frac{3}{4}c$，得 $x_2^*=\frac{2}{3}s_2=\frac{1}{2}c$，$f_2(s_2)=\frac{4}{27}s_2^3=\frac{1}{16}c^3$。由 $s_1=s_2-x_2^*=\frac{3}{4}c-\frac{1}{2}c=\frac{1}{4}c$，得 $x_1^*=s_1=\frac{1}{4}c$，$f_1(s_1)=s_1=\frac{1}{4}c$。最优解为 $x_1^*=\frac{1}{4}c$，$x_2^*=\frac{1}{2}c$，$x_3^*=\frac{1}{4}c$；$\max z=f_3(s_3)=\frac{1}{64}c^4$。

## 复习思路提示

1. 静态规划和动态规划多数可以相互转化，重点掌握用动态规划方法去求解静态规划问题，该类题型的考查频率较高。

2. 用动态规划方法求解的关键在于正确写出动态规划的递推关系式，递推方式有逆推和顺推两种形式。

3. 顺推法和逆推法没有本质区别，一般来说，当初始状态给定时，用逆推法比较方便；当终止状态给定时，用顺推法比较方便。

# 8.4 动态规划的应用举例

## 8.4.1 资源分配问题

所谓资源分配问题，就是将数量一定的一种或若干种资源(如原材料、资金、机器设备、劳力、食品等)，恰当地分配给若干个使用者，使目标函数为最优。

通常数学描述如下。

设有某种原料，总数量为 $a$，用于生产 $n$ 种产品。若分配数量 $x_i$ 用于生产第 $i$ 种产品，其收益为 $g_i(x_i)$。问应如何分配该原料，才能使生产 $n$ 种产品的总收入最多？

此静态规划数学模型为

$$\max z=g_1(x_1)+g_2(x_2)+\cdots+g_n(x_n)$$
$$\begin{cases}x_1+x_2+\cdots+x_n=a\\ x_i\geqslant 0,i=1,2,\cdots,n\end{cases}$$

用动态规划方法处理该类问题时，通常以把资源分配给一个或几个使用者作为一个阶段，把问题中的变量 $x_i$ 作为决策变量，将累计的量或随递推过程变化的量选为状态变量。

应用动态规划方法去处理静态规划问题：

(1) 阶段：把资源分配给 $n$ 个产品，为 $n$ 个阶段。

(2) 状态变量 $s_k$：分配用于生产第 $k$ 种产品至第 $n$ 种产品的原料数量(项目投资资金等)。

(3) 决策变量 $u_k$：分配给生产第 $k$ 种产品的原料数，即 $u_k=x_k$。

(4) 状态转移方程：$s_{k+1}=s_k-x_k$。

(5) 允许决策集合：$D_k(s_k)=\{u_k\mid 0\leqslant u_k=x_k\leqslant s_k\}$。

(6) 最优值函数：将数量为 $s_k$ 的原料分配给第 $k$ 种产品至第 $n$ 种产品所得到的最多总收入。

(7) 递推关系式：$\begin{cases}f_k(s_k)=\max\limits_{0\leqslant x_k\leqslant s_k}\{g_k(x_k)+f_{k+1}(s_k-x_k)\},k=n-1,\cdots,1\\ f_n(s_n)=\max\limits_{x_n=s_n}g_n(x_n)\end{cases}$。

从第 $k$ 阶段到第 $n$ 阶段的后部子过程的最优值＝第 $k$ 阶段的指标函数值＋从第 $k+1$ 阶段至第 $n$ 阶段的后部子过程的最优值。

### 1. 一维离散型资源分配问题

假设有 $n$ 个阶段或项目，记为 $1,2,\cdots,n$，每个阶段需要分配的资源量为 $x_i(i=1,2,\cdots,n)$，其中 $x_i$ 是非负整数。资源的总量为 $T$。每个阶段 $i$ 分配资源 $x_i$ 会产生相应的效应 $f_i(x_i)$ 或成本 $c_i(x_i)$，具体取决于问题的性质。

目标是在满足所有阶段资源需求的前提下，最大化总收益或最小化总成本。数学上，这个问题可以表示如下。

- 如果是最大化问题：

$$\max\sum_{i=1}^{n}f_i(x_i)$$

受限于

$$\sum_{i=1}^{n}x_i=T$$

$$x_i\geqslant 0，对于所有\ i=1,2,\cdots,n$$

- 如果是最小化问题：

$$\max\sum_{i=1}^{n}c_i(x_i)$$

受限于

$$\sum_{i=1}^{n}x_i=T$$

$$x_i\geqslant 0，对于所有\ i=1,2,\cdots,n$$

在这个问题中，$f_i(x_i)$ 和 $c_i(x_i)$ 是关于 $x_i$ 的已知函数，它们描述了在每个阶段分配不同数量的资源时产生的收益或成本。这些函数的具体形式取决于问题的具体背景。

**例 8－4(一维离散型资源分配问题)**　某工业部门根据国家计划的安排，拟将某种高效率的 5 台设备分配给下属的甲、乙、丙 3 个工厂，各工厂若获得这种设备，可以为国家提供的盈利如表 8－7 所示。问这 5 台设备如何分配给各工厂，才能使国家得到的盈利最大？

**表 8－7　盈利表**　　单位：万元

| 设备 | 工厂 | | |
|---|---|---|---|
| | 甲 | 乙 | 丙 |
| 0 | 0 | 0 | 0 |
| 1 | 3 | 5 | 4 |
| 2 | 7 | 10 | 6 |
| 3 | 9 | 11 | 11 |
| 4 | 12 | 11 | 12 |
| 5 | 13 | 11 | 12 |

解：(1) 分阶段：将原问题按工厂分为 3 个阶段，甲、乙、丙分别编号为 1,2,3。

(2) 正确确定各阶段的状态：$s_k$ 表示分配给第 $k$ 个工厂至第 $n$ 个工厂的设备台数。

(3) 正确确定决策变量：$x_k$ 表示分配给第 $k$ 个工厂的设备台数。

(4) 状态转移方程：

$$s_{k+1}=s_k-x_k$$

(5) 递推关系式：

$$\begin{cases} f_k(s_k)=\max\limits_{0\leqslant x_k\leqslant s_k}[P_k(x_k)+f_{k+1}(s_k-x_k)],k=3,2,1 \\ f_4(s_4)=0 \end{cases}$$

其中，$P_k(x_k)$ 表示 $x_k$ 分配到第 $k$ 个工厂所得到的盈利值，$f_k(s_k)$ 为 $s_k$ 台设备分配给第 $k$ 个工厂至第 $n$ 个工厂时所得到的最大盈利值。

采用逆推法。

从第三阶段开始，将 $s_3$ 台设备分配给工厂丙，此时只有一个工厂，其最大盈利值为 $f_3(s_3)=\max\limits_{x_3}[P_3(x_3)]$，$x_3=s_3=0,1,2,3,4,5$，如表 8-8 所示。

**表 8-8　k=3 时**

| $s_3$ | $x_1$ | | | | | | | |
|---|---|---|---|---|---|---|---|---|
| | $P_3(x_3)$ | | | | | | $f_3(s_3)$ | $x_3^*$ |
| | 0 | 1 | 2 | 3 | 4 | 5 | | |
| 0 | 0 | | | | | | 0 | 0 |
| 1 | | 4 | | | | | 4 | 1 |
| 2 | | | 6 | | | | 6 | 2 |
| 3 | | | | 11 | | | 11 | 3 |
| 4 | | | | | 12 | | 12 | 4 |
| 5 | | | | | | 12 | 12 | 5 |

第二阶段，将 $s_2$ 台设备分配给工厂乙和丙时，则对每一个 $s_2$ 值，都有一种最优分配方案，使最大盈利值为 $f_2(s_2)=\max\limits_{x_2}[P_2(x_2)+f_3(s_2-x_2)]$，$x_2=0,1,2,3,4,5$，如表 8-9 所示。

**表 8-9　k=2 时**

| $s_2$ | $x_2$ | | | | | | | |
|---|---|---|---|---|---|---|---|---|
| | $P_2(x_2)+f_3(s_2-x_2)$ | | | | | | $f_2(s_2)$ | $x_2^*$ |
| | 0 | 1 | 2 | 3 | 4 | 5 | | |
| 0 | 0 | | | | | | 0 | 0 |
| 1 | 0+4 | 5+0 | | | | | 5 | 1 |
| 2 | 0+6 | 5+4 | 10+0 | | | | 10 | 2 |
| 3 | 0+11 | 5+6 | 10+4 | 11+0 | | | 14 | 2 |
| 4 | 0+12 | 5+11 | 10+6 | 11+4 | 11+0 | | 16 | 1(2) |
| 5 | 0+12 | 5+12 | 10+11 | 11+6 | 11+4 | 11+0 | 21 | 2 |

注：加号左边为分配 $x_2$ 台设备给工厂乙时的盈利值，右边为分配 $s_2-x_2$ 台设备给工厂丙时的盈利值。

第一阶段，将 $s_1$ 台(此时 $s_1=5$)设备分配给甲、乙、丙 3 个工厂时，最大盈利值为 $f_1(s_1)=\max\limits_{x_1}[P_1(x_1)+f_2(s_1-x_1)]$，$x_1=0,1,2,3,4,5$，如表 8-10 所示。

**表 8-10　k=1 时**

| $s_1$ | $x_1$ | | | | | | | |
|---|---|---|---|---|---|---|---|---|
| | $P_1(x_1)+f_2(s_1-x_1)$ | | | | | | $f_1(s_1)$ | $x_1^*$ |
| | 0 | 1 | 2 | 3 | 4 | 5 | | |
| 5 | 0+21 | 3+16 | 7+14 | 9+10 | 12+5 | 13=0 | 21 | 0(2) |

注：加号左边为分配 $x_1$ 台设备给工厂甲时的盈利值，右边为分配 $s_1-x_1$ 台设备给工厂乙、丙时的盈利值。

初始状态就是 5 台，即 $s_1=5$。然后反推，可知最优分配方案有两个：

$$x_1^*=0 \Rightarrow s_2=5, x_2^*=2 \Rightarrow s_3=s_2-x_2^*=3 \Rightarrow x_3^*=3$$

$$x_1^*=2 \Rightarrow s_2=3, x_2^*=2 \Rightarrow s_3=s_2-x_2^*=1 \Rightarrow x_3^*=1$$

最优解为 $x_1^*=0, x_2^*=2, x_3^*=3$ 或 $x_1^*=2, x_2^*=2, x_3^*=1$，上述两个方案总盈利均为 21 万元。

2. 一维连续型资源分配问题

问题描述：设有数量为 $s_1$ 的某种资源，可投入生产 A 和 B。第一年若以数量 $u_1$ 投入生产 A，则剩下的量 $s_1-u_1$ 就投入生产 B，可获得的收入为 $g(u_1)+h(s_1-u_1)$，其中两者皆为已知函数，且 $g(0)=h(0)=0$。这种资源在投入生产 A、B 后，年终还可回收再投入生产。设年回收率分别为 $0<a<1, 0<b<1$，则第一年投入生产后，回收的资源量合计为 $s_2=au_1+b(s_1-u_1)$，第二年再将数量 $s_2$ 中的 $u_2$ 和 $s_2-u_2$ 投入生产 A 和 B，则可获得的收入为 $g(u_2)+h(s_2-u_2)$，如此继续进行 $n$ 年。试问：应当如何决定每年投入生产 A 的资源量 $u_i, i=1,2,\cdots,n$，才能使总的收入最多？

(1) 状态变量 $s_k$：在第 $k$ 阶段(第 $k$ 年)可投入生产 A、B 的资源量。

(2) 决策变量 $u_k$：表示在第 $k$ 阶段用于生产 A 的资源量，则 $s_k-u_k$ 表示用于生产 B 的资源量。

(3) 状态转移方程：$s_{k+1}=au_k+b(s_k-u_k)$。

(4) 最优值函数 $f_k(s_k)$：表示有资源量 $s_k$，从第 $k$ 阶段采取最优分配方案进行生产后所得到的最多总收入。

(5) 逆推关系式：$\begin{cases} f_n(s_n)=\max\limits_{0\leqslant u_n\leqslant s_n}\{g(u_n)+h(s_n-u_n)\} \\ f_k(s_k)=\max\limits_{0\leqslant u_k\leqslant s_k}\{g(u_k)+h(s_k-u_k)+f_{k+1}[au_k+b(s_k-u_k)]\} \\ k=n-1,\cdots,2,1 \end{cases}$。

**例 8-5(机器负荷分配问题)**　某种机器可在高低两种不同的负荷下进行生产，设机器在高负荷下生产的产量函数为 $g=8u_k$，其中，$u_k$ 为投入生产的机器数量，年完好率 $a=0.7$；在低负荷下生产的产量函数为 $h=5y$，其中 $y$ 为投入生产的机器数量，年完好率为 $b=0.9$。假定开始生产时完好的机器数量 $s_1=1\,000$ 台，试问每年如何安排机器在高、低负荷下的生产，可使在五年内生产的产品总产量最高？

解：(1) 分阶段：按年度将该问题分为 5 个阶段，$k=1,2,3,4,5$。

(2) 正确确定各阶段的状态：$s_k$ 表示第 $k$ 年度初拥有的完好机器数量，同时也是第 $k-1$ 年度末拥有的完好机器数量。

(3) 正确确定决策变量：$u_k$ 表示第 $k$ 年度分配在高负荷下生产的机器数量，于是 $s_k-u_k$ 为该年度分配在低负荷下生产的机器数量。此时，$s_k$，$u_k$ 均为连续变量。(对两个变量非整数值的理解：$s_k=0.6$，表示一台机器在第 $k$ 年度正常工作的时间只占 6/10；$u_k=0.3$，表示一台机器在该年度只有 3/10 的时间在高负荷下生产。)

(4) 状态转移方程：

$$s_{k+1}=au_k+b(s_k-u_k)=0.7u_k+0.9(s_k-u_k)$$

(5) 允许决策集合：

$$D_k(s_k)=\{u_k \mid 0\leqslant u_k\leqslant s_k\}$$

(6) 阶段指标函数(第 $k$ 年度的产量)为

$$v_k(s_k,u_k)=8u_k+5(s_k-u_k)$$

因此，逆推关系式为

$$\begin{cases} f_6(s_6)=0 \\ f_k(s_k)=\max\limits_{u_k\in D_k(s_k)}\{8u_k+5(s_k-u_k)+f_{k+1}[0.7u_k+0.9(s_k-u_k)]\} \\ k=1,2,3,4,5 \end{cases}$$

最优值函数 $f_k(s_k)$ 表示由资源量 $s_k$ 出发，从第 $k$ 年开始到第 5 年结束时所生产的总产量最大值。

从第 5 年度开始，向前逆推。

当 $k=5$ 时，有 $f_5(s_5)=\max\limits_{0\leqslant u_5\leqslant s_5}\{8u_5+5(s_5-u_5)+f_6(s_6)\}=\max\limits_{0\leqslant u_5\leqslant s_5}\{8u_5+5(s_5-u_5)\}=\max\limits_{0\leqslant u_5\leqslant s_5}\{3u_5+5s_5\}$。因为 $f_5(s_5)$ 是 $u_5$ 的线性单调增函数，所以最大解为 $u_5^*=s_5$，则 $f_5(s_5)=8s_5$。

当 $k=4$ 时，有

$$
\begin{aligned}
f_4(s_4)&=\max_{0\leqslant u_4\leqslant s_4}\{8u_4+5(s_4-u_4)+f_5[0.7u_4+0.9(s_4-u_4)]\}\\
&=\max_{0\leqslant u_4\leqslant s_4}\{8u_4+5(s_4-u_4)+8[0.7u_4+0.9(s_4-u_4)]\}\\
&=\max_{0\leqslant u_4\leqslant s_4}\{13.6u_4+12.2(s_4-u_4)\}\\
&=\max_{0\leqslant u_4\leqslant s_4}\{1.4u_4+12.2s_4\}
\end{aligned}
$$

当 $k=3$ 时，有

$$
\begin{aligned}
f_3(s_3)&=\max_{0\leqslant u_3\leqslant s_3}\{8u_3+5(s_3-u_3)+f_4[0.7u_3+0.9(s_3-u_3)]\}\\
&=\max_{0\leqslant u_3\leqslant s_3}\{8u_3+5(s_3-u_3)+13.6[0.7u_3+0.9(s_3-u_3)]\}\\
&=\max_{0\leqslant u_3\leqslant s_3}\{17.52u_3+17.24(s_3-u_3)\}\\
&=\max_{0\leqslant u_3\leqslant s_3}\{0.28u_3+17.24s_3\}
\end{aligned}
$$

当 $k=2$ 时，有

$$
\begin{aligned}
f_2(s_2)&=\max_{0\leqslant u_2\leqslant s_2}\{8u_2+5(s_2-u_2)+f_3[0.7u_2+0.9(s_2-u_2)]\}\\
&=\max_{0\leqslant u_2\leqslant s_2}\{8u_2+5(s_2-u_2)+17.52[0.7u_2+0.9(s_2-u_2)]\}\\
&=\max_{0\leqslant u_2\leqslant s_2}\{20.26u_2+20.77(s_2-u_2)\}\\
&=\max_{0\leqslant u_2\leqslant s_2}\{20.77s_2-0.51u_2\}
\end{aligned}
$$

因为 $f_2(s_2)$ 是 $u_2$ 的线性单调减函数，所以最大解为 $u_2^*=0$，则 $f_2(s_2)=20.77s_2$。

当 $k=1$ 时，有

$$
\begin{aligned}
f_1(s_1)&=\max_{0\leqslant u_1\leqslant s_1}\{8u_1+5(s_1-u_1)+f_2[0.7u_1+0.9(s_1-u_1)]\}\\
&=\max_{0\leqslant u_1\leqslant s_1}\{8u_1+5(s_1-u_1)+20.77[0.7u_1+0.9(s_1-u_1)]\}\\
&=\max_{0\leqslant u_1\leqslant s_1}\{22.54u_1+23.69(s_1-u_1)\}\\
&=\max_{0\leqslant u_1\leqslant s_1}\{23.69s_1-1.15u_1\}
\end{aligned}
$$

所以最大解为 $u_1^*=0$，则 $f_1(s_1)=23.69s_1$。

总结：$f_5(s_5)=8s_5$，$f_4(s_4)=13.6s_4$，$f_3(s_3)=17.52s_3$，$f_2(s_2)=20.77s_2$，$f_1(s_1)=23.69s_1$。

- $s_1=1\,000$，$u_1^*=0$，则 $f_1(s_1)=23.69s_1=23\,690$。
- $s_2=0.7u_1^*+0.9(s_1-u_1^*)=900$，$u_2^*=0$，则 $f_2(s_2)=20.77s_2=18\,693$。
- $s_3=0.7u_2^*+0.9(s_2-u_2^*)=810$，$u_3^*=s_3$，则 $f_3(s_3)=17.52s_3=14\,191.2$。
- $s_4=0.7u_3^*+0.9(s_3-u_3^*)=567$，$u_4^*=s_4$，则 $f_4(s_4)=13.6s_4=7\,711.2$。
- $s_5=0.7u_4^*+0.9(s_4-u_4^*)=396.9$，$u_5^*=s_5$，则 $f_5(s_5)=8s_5=3\,175.2$。
- $u_1^*=0$，$s_1-u_1^*=1\,000$；$u_2^*=0$，$s_2-u_2^*=900$；$u_3^*=810$，$s_3-u_3^*=0$；$u_4^*=567$，$s_4-u_4^*=0$；$u_5^*=396$，$s_5-u_5^*=0$。

最大总产量为 23 690 台。

3. 二维资源分配问题

问题描述：设有两种原料，数量各为 $a$ 和 $b$ 单位，需要分配用于生产 $n$ 种产品。如果第一种原料以数量 $x_i$ 为单位，第二种原料以数量 $y_i$ 为单位，用于生产第 $i$ 种产品，其收入为 $g_i(x_i,y_i)$ 。问应如何分配这两种原料用于 $n$ 种产品的生产，可使总收入最多？

解：该问题可写为静态规划问题，即

$$\max[g_1(x_1,y_1)+g_2(x_2,y_2)+\cdots+g_n(x_n,y_n)]$$

$$\begin{cases} x_1+x_2+\cdots+x_n=a \\ y_1+y_2+\cdots+y_n=b \\ x_i\geqslant 0, y_i\geqslant 0, i=1,2,\cdots,n\ \text{且为整数} \end{cases}$$

用动态规划思路求解。

设状态变量为 $(S_{x_k},S_{y_k})$，其中 $S_{x_k}$ 为分配用于生产第 $k$ 种产品至第 $n$ 种产品的第一种原料的单位数量，$S_{y_k}$ 为分配用于生产第 $k$ 种产品至第 $n$ 种产品的第二种原料的单位数量。

决策变量为 $(x_k,y_k)$，其中 $x_k$ 为分配给第 $k$ 种产品用的第一种原料的单位数量，$y_k$ 为分配给第 $k$ 种产品用的第二种原料的单位数量。

状态转移方程为 $S_{x_{k+1}}=S_{x_k}-x_k$，表示用来生产第 $k+1$ 种产品至第 $n$ 种产品的第一种原料的单位数量；$S_{y_{k+1}}=S_{y_k}-y_k$，表示用来生产第 $k+1$ 种产品至第 $n$ 种产品的第二种原料的单位数量。

允许决策集合为 $D_k(S_{x_k},S_{y_k})=\left\{u_k \,\middle|\, \begin{matrix} 0\leqslant x_k\leqslant S_{x_k} \\ 0\leqslant y_k\leqslant S_{y_k} \end{matrix}\right\}$ 。

逆推关系式为
$$\begin{cases} f_n(S_{x_n},S_{y_n})=g_n(x_n,y_n) \\ f_k(S_{x_k},S_{y_k})=\max\limits_{\substack{0\leqslant y_k\leqslant S_{x_k} \\ 0\leqslant y_k\leqslant S_{y_k}}}[g_k(x_k,y_k)+f_{k+1}(S_{x_k}-x_k,S_{y_k}-y_k)] \\ k=n-1,\cdots,1 \end{cases}$$
。

最优值函数表示以第一种原料数量为 $x_k$ 单位，以第二种原料数量为 $y_k$ 单位，分配用于生产第 $k$ 种产品至第 $n$ 种产品时所得到的最多收入。

最后求得的 $f_1(a,b)$ 即所求问题的解。

**例 8-6(固定资金分配问题)**　设有 $n$ 个生产行业都需要某两种资源。对于第 $k$ 个生产行业，如果用第 1 种资源 $x_k$ 和第 2 种资源 $y_k$ 进行生产，可获得利润 $r_k(x_k,y_k)$。若第 1 种资源的单位价格为 $a$，第 2 种资源的单位价格为 $b$，现有资金 $Z$。问应购买第 1 种资源多少单位(设为 $X$)，第 2 种资源多少单位(设为 $Y$)，分配到 $n$ 个生产行业，可使总利润最多？

把资源分配问题转化为资金分配问题可以进行有效计算，但难点在于如何把资源分配利润换算成资金分配利润，即将 $r_k(x_k,y_k)\Rightarrow R(z_k), z_k=0,1,\cdots,Z$。

解：该问题的静态规划模型为

$$\max\sum_{k=1}^{n} r_k(x_k,y_k)$$

$$\begin{cases} \sum\limits_{k=1}^{n} x_k=X, x_k\geqslant 0,\text{且为整数} \\ \sum\limits_{k=1}^{n} y_k=Y, y_k\leqslant 0,\text{且为整数} \\ aX+bY=Z \end{cases}$$

设有资金 $z_k(0\leqslant z_k\leqslant Z)$ 分配到第 $k$ 个生产行业，则由 $Z=aX+bY$ 可知，在给定的情况下，若购买第 2 种

资源 $y_k$ 个单位，则剩下的资金只能购买第 1 种资源 $x_k$ 个单位，$x_k=\left[\dfrac{z_k-by_k}{a}\right]$，于是得到资金利润函数：

$$R_k(z_k)=\max_{y_k=0,1,\cdots,z_k/b}\left\{r_k\left(\left[\frac{z_k-by_k}{a}\right],y_k\right)\right\}$$

其中 $z_k/b$ 为资金 $z_k$ 购买第 2 种资源的最大单位数，$\dfrac{z_k-by_k}{a}$ 为资金 $z_k$ 购买了第 2 种资源 $y_k$ 后能购买第 1 种资源的最大单位数。

用动态规划思路求解。

状态变量为 $s_k$，表示分配到第 $k$ 个至第 $n$ 个生产行业的资金。

决策变量为 $z_k$，表示分配给第 $k$ 个生产行业的资金。

状态转移方程为 $s_{k+1}=s_k-z_k$，表示分配到第 $k+1$ 个至第 $n$ 个生产行业的资金。

最优值函数为总的资金 $s_k$ 分配到第 $k$ 个至第 $n$ 个生产行业可获得的最多利润。

逆推关系式为 $\begin{cases}f_k(s_k)=\max\limits_{0\leqslant z_k\leqslant s_k}\{R_k(z_k)+f_{k+1}(s_k-z_k)\}\\ f_n(s_n)=R_n(z_n)\\ k=n-1,\cdots,1\end{cases}$。

求出的 $f_1(s_1)$ 即问题的解。

## 复习思路提示

1. 例 8-4 是决策变量取离散值，且只分配一种资源的分配问题。

2. 在实际中，销售分配问题、投资分配问题、货物分配问题等都属于这类分配问题。

3. 这种只考虑资源合理分配不考虑回收的问题，又称为资源平行分配问题。

4. 在资源分配问题中，若考虑资源回收利用，则决策变量取连续值，这种资源分配问题称为资源连续分配问题。

5. 当 $x$ 在 $[0,s_1]$ 内离散地变化时，利用递推关系式逐步计算或表格迭代法求出数值解。

6. 当 $x$ 在 $[0,s_1]$ 内连续地变化时，若效益函数 $g(x)$ 和 $h(x)$ 是线性函数或凸函数，根据递推关系式运用解析法不难求出 $f_k(x)$ 和最优解；若两者不是线性函数或凸函数，则解析法不能奏效。

7. 求解二维资源分配问题时，通常状态变量与决策变量会设置成二维的形式。建模考查得多，计算考查得不多。计算可以利用拉格朗日乘数法、逐次逼近法等方法求解，核心思想是降低维数去求解。

8. 二维资源分配问题（如固定资金分配问题等）有时也可以转换为一维问题去建模和求解。

9. 动态规划建模应用的关键是正确写出各类变量与最终的基本方程，要仔细辨析。

## 8.4.2 生产与存储问题

问题描述：在生产和经营过程中，经常会遇到要合理安排生产（或购买）与库存的问题，达到既要满足社会的需要，又要尽量降低成本费用的目的。因此，正确制定生产（或采购）策略，确定不同时期的生产量（或采购量）和库存量，以使总的生产成本费用和库存费用之和最小，这就是生产与存储问题的最优化目标。

1. 生产计划问题

通常的数学描述：设某公司对某种产品要制订一项 $n$ 个阶段的生产（或购买）计划。已知它的初始库存量为 0，每阶段生产（或购买）该产品的数量有上限，每阶段社会对该产品的需求量是已知的，该公司保证供应，在 $n$ 阶段末的终结库存量为 0。问该公司如何制订每个阶段的生产（或采购）计划，可使总成本最低？

设 $d$ 为第 $k$ 阶段对产品的需求量，$x_k$ 为第 $k$ 阶段该产品的生产量（或采购量），$v_k$ 为第 $k$ 阶段结束时的产品库存量，则有 $v_k = v_{k-1} + x_k - d_k$，$c_k(x_k)$ 表示第 $k$ 阶段生产产品 $x_k$ 时的成本费用，它包括生产准备成本 $K$ 和产品成本 $ax_k$（其中 $a$ 是单位产品成本）两项费用，即

$$c_k(x_k) = \begin{cases} 0, & x_k = 0 \\ K + ax_k, & x_k = 1,2,\cdots,m \\ \infty, & x_k > m \end{cases}$$

解：该问题的静态规划模型为

$$\min z = \sum_{i=1}^{n} [c_k(x_k) + h_k(v_k)]$$

$$\text{s. t.} \begin{cases} v_0 = 0, v_n = 0 \\ v_k = \sum_{j=1}^{k} (x_j - d_j) \geqslant 0, k = 2,\cdots,n-1 \\ 0 \leqslant x_k \leqslant m, x_k \text{ 为整数}, k = 1,2,\cdots,n \end{cases}$$

用动态规划思路建模。

(1) 阶段：$n$ 个生产阶段，就划分为 $n$ 个阶段，$k=1,2,\cdots,n$。

(2) 状态变量：$v_{k-1}$ 表示第 $k$ 阶段开始时的库存量，$v_k$ 表示第 $k$ 阶段结束时的库存量。

(3) 决策变量：$x_k$ 表示第 $k$ 阶段的生产量。

(4) 状态转移方程：$v_k = v_{k-1} + x_k - d_k$。

(5) 允许决策集合：$D_k(v_k) = \{x_k \mid 0 \leqslant x_k \leqslant w_k\}$，$w_k = \min(v_k + d_k, m)$（这是因为一方面每阶段生产的上限为 $m$，另一方面由于要保证供应，故第 $k-1$ 阶段末的库存量必须非负，即 $v_k + d_k - x_k \geqslant 0 \Rightarrow x_k \leqslant v_k + d_k$）。

(6) 最优值函数：$f_k(v_k)$ 表示从第一阶段初始库存量为 0 到第 $k$ 阶段末库存量为 $v_k$ 时的最少总费用。

顺推关系式为

$$\begin{cases} f_k(v_k) = \min\limits_{0 \leqslant x_k \leqslant w_k} [c_k(x_k) + h_k(v_k) + f_{k-1}(v_{k-1})] \\ f_0(v_0) = 0, f_1(v_1) = \min\limits_{x_1 = w_1} [c_1(x_1) + h_1(v_1)] \\ k = 1,\cdots,n \\ w_k = \min(v_k + d_k, m) \end{cases}$$

其中，$v_{k-1} = v_k + d_k - x_k$，$f_1(v_1) = \min\limits_{x_1 = w_1}[c_1(x_1) + h_1(v_1)]$ 指从边界条件出发，利用递推关系式。对于每个 $k$，计算出 $f_k(v_k)$ 中的 $v_k$ 在 0 到 $\min[\sum\limits_{j=k+1}^{n} d_i, m - d_k]$ 之间的值，最后求得的 $f_n(0)$ 即所求的最少总费用。其中，$\min[\sum\limits_{j=k+1}^{n} d_i, m - d_k]$ 表示第 $k$ 阶段的最大库存量小于等于 $k+1$ 阶段到 $n$ 阶段的所有需求总量，或小于等于最大生产量与当前需求量的差额。

**例 8-7(生产计划问题)** 某工厂要对一种产品制订今后 4 个时期的生产计划，据估计在今后 4 个时期内，市场对于该产品的需求量如表 8-11 所示。假定该厂生产每批产品的固定成本为 3 千元，若不生产就为 0；每单位产品成本为 1 千元；每个时期生产能力所允许的最大生产批量不超过 6 个单位；每个时期末售出的产品，每单位需要付存储费 0.5 千元。假定第一个时期的初始库存量为 0，第四个时期末的库存量也为 0。试问该厂应如何安排各个时期该产品的生产与库存，才能在满足市场需求的条件下，使总成本最低？

表 8-11 各时期该产品的市场需求量

| 时期($k$) | 1 | 2 | 3 | 4 |
|---|---|---|---|---|
| 需求量($d_k$) | 2 | 3 | 2 | 4 |

解:第 $k$ 时期内的生产成本为

$$c_k(x_k)=\begin{cases}0, & x_k=0\\ 3+x_k, & x_k=1,2,3,4,5,6\\ \infty, & x_k>6\end{cases}$$

第 $k$ 时期末库存量为 $v_k$ 时的存储费用为 $h_k(v_k)=0.5v_k$,故第 $k$ 时期内的总成本为 $c_k(x_k)+h_k(v_k)$。

用动态规划思路建模。

(1) 阶段:4 个生产时期,就划分为 4 个阶段,$k=1,2,3,4$。

(2) 状态变量:$v_{k-1}$ 表示第 $k$ 阶段开始时的库存量,$v_k$ 表示第 $k$ 阶段结束时的库存量。

(3) 决策变量:$x_k$ 表示第 $k$ 阶段的生产量。

(4) 状态转移方程:$v_k=v_{k-1}+x_k-d_k$。

(5) 允许决策集合:$D_k(v_k)=\{x_k \mid 0\leqslant x_k\leqslant w_k\}$,$w_k=\min(v_k+d_k,6)$。

(6) 最优值函数:$f_k(v_k)$ 表示从第一阶段初始库存量为 0 到第 $k$ 阶段末库存量为 $v_k$ 时的最少总费用。

顺推关系式为

$$f_k(v_k)=\min_{0\leqslant x_k\leqslant w_k}[c_k(x_k)+h_k(v_k)+f_{k-1}(v_{k-1})],k=1,2,3,4$$

$$w_k=\min(v_k+d_k,6)$$

$$f_1(v_1)=\min_{x_1=\min(v_1+d_1,6)}[c_1(x_1)+h_1(v_1)+f_0(v_0)]$$

从边界条件开始顺推,具体如下。

当 $k=1$ 时,$f_1(v_1)=\min\limits_{x_1=\min(v_1+d_1,6)}[c_1(x_1)+h_1(v_1)]$,此时 $v_1$ 在 0 到 $\min\left[\sum\limits_{j=2}^{4}d_j,6-d_1\right]=4$ 之间取值,计算结果如表 8-12 所示。

表 8-12 $k=1$ 时

| $v_1$ | $x_1^*$ | $c_1(x_1)$ | $h_1(v_1)$ | $f_1(v_1)$ |
|---|---|---|---|---|
| 0 | 2 | 5 | 0 | 5 |
| 1 | 3 | 6 | 0.5 | 6.5 |
| 2 | 4 | 7 | 1 | 8 |
| 3 | 5 | 8 | 1.5 | 9.5 |
| 4 | 6 | 9 | 2 | 11 |

当 $k=2$ 时,$f_2(v_2)=\min\limits_{0\leqslant x_2\leqslant w_2}[c_2(x_2)+h_2(v_2)+f_1(v_2+3-x_2)]$,$w_2=\min(v_2+3,6)$,此时 $v_2$ 在 0 到 $\min\left[\sum\limits_{j=3}^{4}d_j,6-d_2\right]=3$ 之间取值,计算结果如表 8-13 所示。

$$f_2(0)=\min_{0\leqslant x_2\leqslant 3}[c_2(x_2)+h_2(0)+f_1(3-x_2)]$$

$$=\min\begin{bmatrix}c_2(0)+h_2(0)+f_1(3)\\ c_2(1)+h_2(0)+f_1(2)\\ c_2(2)+h_2(0)+f_1(1)\\ c_2(3)+h_2(0)+f_1(0)\end{bmatrix}=\min\begin{bmatrix}0+9.5\\ 4+8\\ 5+6.5\\ 6+5\end{bmatrix}=9.5$$

$$f_2(1)=\min_{0\leqslant x_2\leqslant 4}[c_2(x_2)+h_2(1)+f_1(4-x_2)]$$

$$=\min\begin{bmatrix}c_2(0)+h_2(1)+f_1(4)\\c_2(1)+h_2(1)+f_1(3)\\c_2(2)+h_2(1)+f_1(2)\\c_2(3)+h_2(1)+f_1(1)\\c_2(4)+h_2(1)+f_1(0)\end{bmatrix}=\min\begin{bmatrix}0+0.5+11\\4+0.5+9.5\\5+0.5+8\\6+0.5+6.5\\7+0.5+5\end{bmatrix}=11.5$$

$$f_2(2)=\min_{0\leqslant x_2\leqslant 5}[c_2(x_2)+h_2(2)+f_1(5-x_2)]$$

$$f_2(3)=\min_{0\leqslant x_2\leqslant 6}[c_2(x_2)+h_2(3)+f_1(6-x_2)]$$

**表 8-13　$k=2$ 时**

| $v_2$ | $w_2$ | $x_2^*$ | $c_2(x_2)$ | $h_2(v_2)$ | $f_1(v_1)$ | $f_2(v_2)$ |
|---|---|---|---|---|---|---|
| 0 | 3 | 0 | 0 | 0 | 9.5 | 9.5 |
| 1 | 4 | 0 | 0 | 0.5 | 11 | 11.5 |
| 2 | 5 | 5 | 8 | 1 | 5 | 14 |
| 3 | 6 | 6 | 9 | 1.5 | 5 | 15.5 |

当 $k=3$ 时，$f_3(v_3)=\min\limits_{0\leqslant x_3\leqslant w_3}[c_3(x_3)+h_3(v_3)+f_2(v_3+2-x_3)]$，$w_3=\min(v_3+2,6)$，此时 $v_3$ 在 0 到 $\min[d_4,6-d_3]=4$ 之间取值，计算结果如表 8-14 所示。

$$f_3(0)=\min_{0\leqslant x_3\leqslant 2}[c_3(x_3)+h_3(0)+f_2(2-x_3)]$$

$$f_3(1)=\min_{0\leqslant x_3\leqslant 3}[c_3(x_3)+h_3(1)+f_2(3-x_3)]$$

$$f_3(2)=\min_{0\leqslant x_3\leqslant 4}[c_3(x_3)+h_3(2)+f_2(4-x_3)]$$

$$f_3(3)=\min_{0\leqslant x_3\leqslant 5}[c_3(x_3)+h_3(3)+f_2(5-x_3)]$$

$$f_3(4)=\min_{0\leqslant x_3\leqslant 6}[c_3(x_3)+h_3(4)+f_2(6-x_3)]$$

**表 8-14　$k=3$ 时**

| $v_3$ | $w_3$ | $x_3^*$ | $c_3(x_3)$ | $h_3(v_3)$ | $f_2(v_2)$ | $f_3(v_3)$ |
|---|---|---|---|---|---|---|
| 0 | 2 | 0 | 0 | 0 | 14 | 14 |
| 1 | 3 | 0.3 | 0.6 | 0.5 | 15.5 . 9.5 | 16 |
| 2 | 4 | 4 | 7 | 1 | 9.5 | 17.5 |
| 3 | 5 | 5 | 8 | 1.5 | 9.5 | 19 |
| 4 | 6 | 6 | 9 | 2 | 9.5 | 20.5 |

当 $k=4$ 时：

$$f_4(v_4)=f_4(0)=\min_{0\leqslant x_4\leqslant w_4}[c_4(x_4)+h_4(0)+f_3(4-x_4)]$$

$$=\min_{0\leqslant x_4\leqslant w_4}\begin{bmatrix}c_4(0)+h_4(0)+f_3(4)\\c_4(1)+h_4(0)+f_3(3)\\c_4(2)+h_4(0)+f_3(2)\\c_4(3)+h_4(0)+f_3(1)\\c_4(4)+h_4(0)+f_3(0)\end{bmatrix}$$

$$=\min_{0\leqslant x_4\leqslant w_4}\begin{bmatrix}0+20.5\\4+19\\5+17.5\\6+16\\7+14\end{bmatrix}$$

$$=20.5$$

$$w_4=\min(v_4+4,6)=4$$

所以 $x_4^*=0$,最低总成本为 20.5 千元。

按照计算的顺序反推算,可找出每个时期的最优生产决策。

当 $k=3$ 时,见表 8-15,所以 $x_4^*=0$, $v_4=0$。

**表 8-15 反推 $k=3$ 时**

| $v_3$ | $w_3$ | $x_3^*$ | $c_3(x_3)$ | $h_3(v_3)$ | $f_2(v_2)$ | $f_3(v_3)$ |
|---|---|---|---|---|---|---|
| 0 | 2 | 0 | 0 | 0 | 14 | 14 |
| 1 | 3 | 0.3 | 0.6 | 0.5 | 15.5 . 9.5 | 16 |
| 2 | 4 | 4 | 7 | 1 | 9.5 | 17.5 |
| 3 | 5 | 5 | 8 | 1.5 | 9.5 | 19 |
| ④ | 6 | ⑥ | 9 | 2 | 9.5 | (20.5) |

注:加"○"的值表示倒推时应关注的值,后同。

当 $k=2$ 时,见表 8-16,所以 $x_4^*=0$, $v_4=0$; $x_3^*=6$, $v_3=4$。

**表 8-16 反推 $k=2$ 时**

| $v_2$ | $w_2$ | $x_2^*$ | $c_2(x_2)$ | $h_2(v_2)$ | $f_1(v_1)$ | $f_2(v_2)$ |
|---|---|---|---|---|---|---|
| ⓪ | 3 | ⓪ | 0 | 0 | 9.5 | (9.5) |
| 1 | 4 | 0 | 0 | 0.5 | 11 | 11.5 |
| 2 | 5 | 5 | 8 | 1 | 5 | 14 |
| 3 | 6 | 6 | 9 | 1.5 | 5 | 15.5 |

当 $k=1$ 时,见表 8-17,所以 $x_4^*=0$, $v_4=0$; $x_3^*=6$, $v_3=4$; $x_2^*=0$, $v_2=0$; $x_1^*=5$, $v_1=3$。

**表 8-17 反推 $k=1$ 时**

| $v_1$ | $x_1^*$ | $c_1(x_1)$ | $h_1(v_1)$ | $f_1(v_1)$ |
|---|---|---|---|---|
| 0 | 2 | 5 | 0 | 5 |
| 1 | 3 | 6 | 0.5 | 6.5 |
| 2 | 4 | 7 | 1 | 8 |

续表

| $v_1$ | $x_1^*$ | $c_1(x_1)$ | $h_1(v_1)$ | $f_1(v_1)$ |
|---|---|---|---|---|
| 3 | 5 | 8 | 1.5 | 9.5 |
| 4 | 6 | 9 | 2 | 11 |

因此，该厂在第一时期生产 5 个单位，库存 3 个单位；在第二时期不生产；在第三时期生产 6 个单位，库存 4 个单位；在第四时期不生产。此时总成本最少，为 20.5 千元。

2. 生产计划问题——再生产点(重生点)

仍以例 8-7 为例，分析例 8-7 的结果(表 8-18)，找找规律。

**表 8-18　例 8-7 的结果**

| 阶段 $i$ | 0 | 1 | 2 | 3 | 4 |
|---|---|---|---|---|---|
| 需求量 $d_i$ | — | 2 | 3 | 2 | 4 |
| 生产量 $x_i$ | — | 5 | 0 | 6 | 0 |
| 库存量 $v_i$ | 0 | 3 | 0 | 4 | 0 |

这样的库存问题的特征为对每个阶段 $i$，都有 $v_{i-1}x_i=0, i=1,2,3,4$，其中 $v_0=0$。

其最优生产决策被裂解为两个子问题：1～2 阶段与 3～4 阶段。而在每个子问题的最优生产决策中，最小总成本之和就等于原问题的最低总成本。

$$\text{当 } k=1 \text{ 时}，f_1(v_1)=\min\{c_1(5)+h_1(3)\}$$

$$\text{当 } k=2 \text{ 时}，f_2(v_2)=\min\{c_1(0)+h_1(0)+f_1(v_1)\}$$

如果对每个 $i$ 都有 $v_{i-1}x_i=0$，则称该点的生产决策具有再生产点性质(又称重生性质)。如果 $v_i=0$，则称阶段 $i$ 为再生产点(又称重生点)。

定理：若库存问题的目标函数 $g(x)$ 在凸集合 $S$ 上是凹函数(或凸函数)，则 $g(x)$ 在 $S$ 的顶点上具有再生产点性质的最优策略。

下面运用重生性质求库存问题为凹函数的解。

设 $c(j,i)(j\leqslant i)$ 为阶段 $j$ 到阶段 $i$ 的总成本，给定 $j-1$ 和 $i$ 是再生产点，并且阶段 $j$ 到阶段 $i$ 期间的产品全部由阶段 $j$ 供给，则有 $c(j,i)=c_j\left(\sum\limits_{s=j}^{i}d_s\right)+\sum\limits_{s=j+1}^{i}c_s(0)+\sum\limits_{s=j}^{i-1}h_s\left(\sum\limits_{t=s+1}^{i}d_t\right)$。其中，$c_j\left(\sum\limits_{s=j}^{i}d_s\right)$ 为生产 $j$ 到 $i$ 阶段所有需求量的生产成本；$\sum\limits_{s=j+1}^{i}c_s(0)$ 为 $j+1$ 到 $i$ 阶段的产品全在 $j$ 阶段生产，故其后产量为 0，则无生产成本；$\sum\limits_{s=j}^{i-1}h_s\left(\sum\limits_{t=s+1}^{i}d_t\right)$ 为从 $j+1$ 到 $i$ 阶段的需求量在 $j$ 阶段已经生产出来，故需要存储成本，且各阶段存储量不同，则有 $c(j,i)=c_j\left(\sum\limits_{s=j}^{i}d_s\right)+\sum\limits_{s=j}^{i-1}h_s\left(\sum\limits_{t=s+1}^{i}d_t\right)$。

设最优值函数 $f_i$ 表示在阶段 $i$ 末库存量 $v_i=0$ 时，从阶段 1 到阶段 $i$ 的最低成本，则根据两个再生产点之间的最优策略，可以得到一个更有效的动态规划递推关系式 $f_i=\min\limits_{1\leqslant j\leqslant i}[f_{j-1}+c(j,i)], i=1,2,\cdots,n$，边界条件为 $f_0=0$，逐个计算 $f_1,f_2,\cdots,f_n$，则 $f_n(0)$ 为 $n$ 个阶段的最低总成本。

设 $j(n)$ 为计算 $f_n$ 时，使 $f_i$ 式右边最小的 $j$ 值，即 $f_n=\min\limits_{1\leqslant j\leqslant n}[f_{j-1}+c(j,n)]=f_{j(n)-1}+c(j(n),n)$，此时 $i=n$。

从阶段 $j(n)$ 到阶段 $n$ 的最优生产决策为

$$\begin{cases} x_{j(n)} = \sum_{s=j(n)}^{n} d_s \\ x_s = 0, s = j(n)+1, j(n)+2, \cdots, n \end{cases}$$

在第 $j(n)$ 阶段就把后续 $j(n)+1$ 到 $n$ 阶段所有的需求量都生产完毕，则后续 $j(n)+1$ 到 $n$ 阶段的生产量为 0，故 $j(n)-1$ 为再生产点。

为进一步确定阶段 $j(n)-1$ 到阶段 1 的最优生产决策，记 $m=j(n)-1$，而 $j(m)$ 是在计算 $f_m$ 时，使 $f_i$ 式右边最小的 $j$ 值，即 $f_m=\min\limits_{1\leqslant j\leqslant m}[f_{j-1}+c(j,m)]=f_{j(m)-1}+c(j(m),m)$，此时 $i=m$。则从阶段 $j(m)$ 到阶段 $j(n)$ 的最优生产决策为

$$\begin{cases} x_{j(m)} = \sum_{s=j(m)}^{m} d_s \\ x_s = 0, s = j(m)+1, j(m)+2, \cdots, m \end{cases}$$

在第 $j(m)$ 阶段就把后续 $j(m)+1$ 到 $m$ 阶段所有的需求量都生产完毕，则后续 $j(m)+1$ 到 $m$ 阶段的生产量为 0，故 $j(m)-1$ 为再生产点。

经过上述分析，现在使用再生产点求解上例。

解：第 $i$ 阶段内的成本为

$$c_i(x_i)=\begin{cases} 0, & x_i=0 \\ 3+x_i, & x_i=1,2,3,4,5,6 \\ \infty, & x_i>6 \end{cases}$$

$$h_i(v_i)=0.5v_i$$

上述函数都是凹函数(线性函数可看作凹函数，也可看作凸函数)，故可利用再生产点性质来计算。

1) 计算 $c(j,i)$

$$c(j,i)=c_j(\sum_{s=j}^{i}d_s)+\sum_{s=j}^{i-1}h_s(\sum_{t=s+1}^{i}d_t), 1\leqslant j\leqslant i; i=1,2,3,4$$

$$c(1,1)=c(d_1)+h(0)=5$$

$$c(1,2)=c(d_1+d_2)+h(d_2)=3+5+0.5\times 3=9.5$$

$$c(1,3)=c(d_1+d_2+d_3)+h(d_2+d_3)+h(d_3)=\infty+0.5\times 5+0.5\times 2=\infty$$

$$\begin{aligned} c(1,4)&=c(d_1+d_2+d_3+d_4)+h(d_2+d_3+d_4)+h(d_3+d_4)+h(d_4) \\ &=\infty+0.5\times 9+0.5\times 6+0.5\times 4=\infty \end{aligned}$$

$$c(2,2)=c(d_2)+h(0)=6$$

$$c(2,3)=c(d_2+d_3)+h(d_3)=8+0.5\times 2=9$$

$$c(2,4)=c(d_2+d_3+d_4)+h(d_3+d_4)+h(d_4)=\infty+0.5\times 6+0.5\times 4=\infty$$

$$c(3,3)=c(d_3)+h(0)=5$$

$$c(3,4)=c(d_3+d_4)+h(d_4)=9+0.5\times 4=11$$

$$c(4,4)=c(d_4)+h(0)=7$$

2) 计算 $f_i$

$$f_i=\min_{1\leqslant j\leqslant i}[f_{j-1}+c(j,i)], i=1,2,\cdots,n$$

边界条件为 $f_0=0$，$f_1=\min\limits_{j=1}[f_0+c(1,1)]=0+5=5$

$$f_2=\min_{1\leqslant j\leqslant 2}[f_0+c(1,2), f_1+c(2,2)]=\min[0+9.5, 5+6]=9.5$$

$$f_3 = \min_{1\leqslant j\leqslant 3}[f_0 + c(1,3), f_1 + c(2,3), f_2 + c(3,3)] = \min[0+\infty, 5+9, 9.5+5] = 14$$

$$f_4 = \min_{1\leqslant j\leqslant 4}[f_0 + c(1,4), f_1 + c(2,4), f_2 + c(3,4), f_3 + c(4,4)]$$

$$= \min[0+\infty, 5+\infty, 9.5+11, 14+7] = 20.5$$

3）找出最优生产决策

$$f_1 = \min_{j=1}[f_0 + c(1,1)] = 0 + 5 = 5$$

$$f_2 = \min_{1\leqslant j\leqslant 2}[f_0 + c(1,2), f_1 + c(2,2)] = \min[0+9.5, 5+6] = 9.5$$

$$f_3 = \min_{1\leqslant j\leqslant 3}[f_0 + c(1,3), f_1 + c(2,3), f_2 + c(3,3)] = \min[0+\infty, 5+9, 9.5+5] = 14$$

$$f_4 = \min_{1\leqslant j\leqslant 4}[f_0 + c(1,4), f_1 + c(2,4), f_2 + c(3,4), f_3 + c(4,4)]$$

$$= \min[0+\infty, 5+\infty, 9.5+11, 14+7] = 20.5$$

因为 $\min[0+\infty, 5+\infty, 9.5+11, 14+7] = 20.5 \rightarrow f_2 + c(3,4)$，所以 $j(4)=3$。

又因为 $c(3,4) = c(d_3 + d_4) + h(d_4) = 9 + 0.5\times 4 = 11$，所以 $x_3 = d_3 + d_4 = 6, x_4 = 0$。

因为 $m = j(4) - 1 = 3 - 1 = 2$，$\min[0+9.5, 5+6] \rightarrow f_0 + c(1,2)$，所以 $c(1,2) = c(d_1 + d_2) + h(d_2) = 3 + 5 + 0.5\times 3 = 9.5$，$x_1 = d_1 + d_2 = 5, x_2 = 0$。

因此，最优生产决策为 $x_1 = 5, x_2 = 0, x_3 = 6, x_4 = 0$，最低总成本为 20.5 千元。

3. 不确定性采购问题(随机动态规划问题)

在实际中，有时还会遇到某些多阶段决策过程，状态转移不是完全确定的，而是出现了随机性因素。状态转移不能完全确定，而是按照某种已知的概率分布取值的，具有这种性质的多阶段决策过程就称为随机性的决策过程。其基本结构如图 8－6 所示。

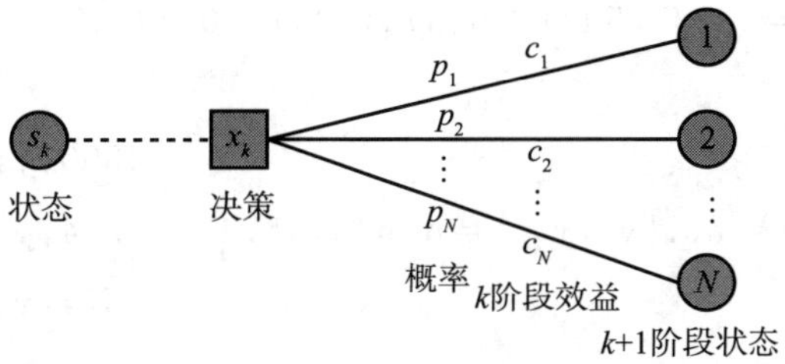


图 8－6　随机性的决策过程

在随机动态规划问题中，由于下一阶段到达的状态和阶段的效益值不确定，只能根据各阶段的期望效益值进行优化，因此，当指标值为各阶段效益和的情况下，基本方程应写为

$$f_k(s_k) = \max_{x_k \in D_k(s_k)} E\{v(s_k, x_k) + f_{k+1}(s_{k+1})\}$$

其中，$E\{\cdot\}$ 表示括号内数量的期望值。

**例 8－8(采购问题)**　某厂必须在近五周内采购一批原料，而估计在未来五周内原料的价格有波动，其浮动价格和概率已测得，如表 8－19 所示。试求在哪一周以什么价格购入，可使采购价格的数学期望值最小，并求出期望值。

表 8－19　原料的浮动价格和概率

| 单价 | 概率 |
|---|---|
| 500 | 0.3 |
| 600 | 0.3 |
| 700 | 0.4 |

解：此时价格是一个随机变量，是按某种已知的概率分布取值的。用动态规划方法进行处理，将采购期限五周划分为 5 个阶段，将每周的价格看作该阶段的状态，则设：

- $y_k$ 为状态变量，表示第 $k$ 周的实际价格。
- $x_k$ 为决策变量，当 $x_k=1$，表示第 $k$ 周决定采购；当 $x_k=0$，表示第 $k$ 周决定等待。
- $y_{kE}$ 为第 $k$ 周决定等待，而在以后采取最优决策时采购价格的期望值。
- $f_k(y_k)$ 为第 $k$ 周实际价格为 $y_k$ 时，从第 $k$ 周至第 5 周采取最优决策所得的最小期望值。
- 逆推关系式为 $f_k(y_k)=\min\{y_k,y_{kE}\}$，$y_k\in s_k$，边界条件为 $f_5(y_k)=y_5$，$y_5\in s_5$。其中，$s_k=\{500,600,700\}$，$k=1,2,3,4,5$，$y_{kE}=Ef_{k+1}(y_{k+1})=0.3f_{k+1}(500)+0.3f_{k+1}(600)+0.4f_{k+1}(700)$。
- 最优决策为 $x_k=\begin{cases}1, f_k(y_k)=y_k\\0, f_k(y_k)=y_{kE}\end{cases}$。

从最后一周开始，逐步向前逆推。

当 $k=5$ 时，$f_5(y_k)=y_5$，$y_5\in s_5$，所以 $f_5(500)=500$，$f_5(600)=600$，$f_5(700)=700$。在第五周时，若所需的原料还未买入，则无论市场价格如何，都必须采购，不能再等。

当 $k=4$ 时，$y_{4E}=Ef_5(y_5)=0.3f_5(500)+0.3f_5(600)+0.4f_5(700)=0.3\times500+0.3\times600+0.4\times700=610$，则

$$f_4(y_4)=\min_{y_4\in s_4}\{y_4,y_{4E}\}=\min_{y_4\in s_4}\{y_4,610\}=\begin{cases}500, y_4=500\\600, y_4=600\\610, y_4=700\end{cases}$$

第四周的最优决策为 $x_4=\begin{cases}1, y_4=500 \text{ 或 } 600\\0, y_4=700\end{cases}$。

当 $k=3$ 时，$y_{3E}=Ef_4(y_4)=0.3f_4(500)+0.3f_4(600)+0.4f_4(700)=0.3\times500+0.3\times600+0.4\times610=574$，则

$$f_3(y_3)=\min_{y_3\in s_3}\{y_3,y_{3E}\}=\min_{y_3\in s_3}\{y_3,574\}=\begin{cases}500, y_3=500\\574, y_3=600\\574, y_3=700\end{cases}$$

第三周的最优决策为 $x_3=\begin{cases}1, y_3=500\\0, y_3=600 \text{ 或 } 700\end{cases}$。

当 $k=2$ 时，$y_{2E}=Ef_3(y_3)=0.3f_3(500)+0.3f_3(600)+0.4f_3(700)=0.3\times500+0.3\times574+0.4\times574=551.8$，则

$$f_2(y_2)=\min_{y_2\in s_2}\{y_2,y_{2E}\}=\min_{y_2\in s_2}\{y_2,551.8\}=\begin{cases}500, y_2=500\\551.8, y_2=600\\551.8, y_2=700\end{cases}$$

第二周的最优决策为 $x_2=\begin{cases}1, y_2=500\\0, y_2=600 \text{ 或 } 700\end{cases}$。

当 $k=0$ 时，$y_{0E}=Ef_1(y_1)=0.3f_1(500)+0.3f_1(600)+0.4f_1(700)=0.3\times500+0.3\times536.26+0.4\times536.26=525.382$，则

$$\text{第一周 } x_1=\begin{cases}1, y_1=500\\0, y_1=600 \text{ 或 } 700\end{cases}$$

$$\text{第二周 } x_2=\begin{cases}1, y_2=500\\0, y_2=600 \text{ 或 } 700\end{cases}$$

$$\text{第三周 } x_3=\begin{cases}1, \text{若 } y_3=500\\0, y_3=600 \text{ 或 } 700\end{cases}$$

$$\text{第四周 } x_4=\begin{cases}1, y_4=500 \text{ 或 } 600\\0, y_4=700\end{cases}$$

$$\text{第五周 } x_5=1, \text{若 } y_5=500 \text{ 或 } 600 \text{ 或 } 700$$

最优采购策略为,在第一、二、三周时,若价格为 500 就采购,否则就等待;在第四周时,价格为 500 或 600 就采购,否则就等待;在第五周时,无论什么价格都要采购。则价格的数学期望值是

$$\begin{aligned}&500\times0.3\times[1+0.7+0.7^2+0.7^3+0.7^3\times0.4]+\\&600\times0.3\times[0.7^3+0.7^3\times0.4]+700\times0.4\times[0.7^3\times0.4]\\&=500\times0.80106+600\times0.14406+700\times0.05488\\&=525.382\end{aligned}$$

分别计算价格 500,600,700 在五周内出现的概率值。

## 复习思路提示

1. 当初始库存与终点库存皆已知时,用顺推法或逆推法建立递推关系式均可。

2. 注意每个阶段决策变量取值范围的变化。

3. 关注状态转移方程如何建立,即接连的两个状态之间有何转移关系。

4. 若库存问题的目标函数 $g(x)$ 在凸集合 $S$ 上是凹函数(或凸函数),则 $g(x)$ 在 $S$ 的顶点上具有重生性质的最优策略。

5. 利用再生产点计算最优生产策略,可使计算量减少。这种利用重生性质求解确定性需求不允许缺货的库存问题,也可以推广到确定性需求在某些阶段允许延迟交货的库存问题。

6. 状态转移不能完全确定,是按照某种已知概率取值的,则称为随机性的决策过程,处理此类问题的动态规划称为随机动态规划。

7. 在随机动态规划问题中,由于下一阶段到达的状态和阶段的效益值不确定,只能根据各阶段的期望效益值进行优化。

### 8.4.3 背包问题

问题描述:有一个人带一个背包上山,其可携带物品质量的限度为 $a$(千克)。设有 $n$ 种物品可供他选择装入背包中,这 $n$ 种物品编号为 $1,2,\dots,n$。已知第 $i$ 种物品每件的质量为 $w_i$(千克),在上山的过程中,物品的作用(价值)是携带数量 $x_i$ 的函数 $c_i(x_i)$。问此人应如何选择携带的物品(各几件),可使物品所起作用(总价值)最大。

该问题的数学模型如下:

$$\max z=\sum_{i=1}^{n}c_i(x_i)$$

$$\text{s.t.}\begin{cases}\sum_{i=1}^{n}w_ix_i\leqslant a\\x_i\geqslant0 \text{ 且为整数}\end{cases}$$

这就是著名的背包问题,类似的问题有合理下料问题、运输中的货物装载问题、人造卫星内的物品装载问题等。

用动态规划思路建模。

(1) 阶段:将可装入物品按 $1,2,3,\cdots,n$ 排序,每个阶段装入一种物品,$n$ 个种类划分为 $n$ 个阶段。

(2) 状态变量:$s_k$ 表示装第 1 种物品至第 $k$ 种物品的总质量。

(3) 决策变量:$x_k$ 表示装入第 $k$ 种物品的件数。

(4) 状态转移方程:$s_{k-1}=s_k-w_kx_k$。

(5) 允许决策集合:$D_k(s_k)=\{x_k \mid 0\leqslant x_k\leqslant[s_k/w_k], x_k \text{ 为整数}\}$。

(6) 最优值函数:$f_k(s_k)$ 表示当总质量不超过 $s_k$ 时,背包中可以装入第 1 种到第 $k$ 种物品的最大使用价值,即 $f_k(s_k)=\max\limits_{\substack{\sum_{i=1}^{k} w_ix_i\leqslant s_k \\ x_i\geqslant 0,\text{且为整数}(i=1,2,\cdots,k)}} \sum\limits_{i=1}^{k} c_i(x_i)$。

顺推关系式为

$$\begin{cases} f_k(s_k)=\max\limits_{x_k=0,1,\cdots,[s_k/w_k]}\{c_k(x_k)+f_{k-1}(s_k-w_kx_k)\}, 2\leqslant k\leqslant n \\ f_1(s_1)=\max\limits_{x_k=0,1,\cdots,[s_1/w_1]} c_1(x_1) \end{cases}$$

用顺推法逐步计算,再反推计算 $f_1(s_1), f_2(s_2), f_3(s_3),\cdots,f_n(s_n)$。

用动态规划思路求解:

(1) 阶段:$n$ 种物品,划分为 $n$ 个阶段,$k=1,2,\cdots,n$。

(2) 状态变量:$W_k$ 表示第 $k$ 阶段到第 $n$ 阶段的物品质量。

(3) 决策变量:$x_k$ 表示第 $k$ 阶段装入物品的件数。

(4) 状态转移方程:$W_{k+1}=W_k-w_kx_k$。

(5) 允许决策集合:$D_k(s_k)=\left\{x_k \mid 0\leqslant x_k\leqslant\left[\dfrac{W_k}{w_k}\right]\right\}$。

(6) 最优值函数:当总质量不超过 $W_k$ 时,背包中可以装入第 $k$ 件到第 $n$ 件物品所起的最大作用,即 $f_k(W_k)=\max\limits_{0\leqslant x_k\leqslant\left[\frac{W_k}{w_k}\right]}\{v_kx_k+f_{k+1}(W_k-w_kx_k)\}$。

逆推关系式:

$$\begin{cases} f_k(W_k)=\max\limits_{0\leqslant x_k\leqslant\left[\frac{W_k}{w_k}\right]}\{v_kx_k+f_{k+1}(W_k-w_kx_k)\} \\ f_n(W_n)=\max\limits_{0\leqslant x_n\leqslant\left[\frac{W_n}{w_n}\right]}\{v_nx_n\} \\ k=n-1,\cdots,1 \end{cases}$$

**例 8-9(背包问题)** 背包问题的已知条件如表 8-20 所示。

**表 8-20 货物质量与价值**

| 物品编号 ($j$) | 1 | 2 | 3 |
|---|---|---|---|
| 单位质量 ($w_j$) | 2 | 3 | 1 |
| 单位价值 ($v_j$) | 65 | 80 | 30 |

解:当 $k=3$ 时,$\left[\dfrac{W_3}{w_3}\right]\leqslant\left[\dfrac{5}{1}\right]=5$, $f_3(W_3)=\max\limits_{0\leqslant x_3\leqslant 5}\{v_3x_3\}=\max\limits_{0\leqslant x_3\leqslant 5}\{30x_3\}$,如表 8-21 所示。

**表 8-21　$k=3$ 时**

| $x_3$ | | $30x_3$ | | | | | | $f_3(W_3)$ | $x_3^*$ |
|---|---|---|---|---|---|---|---|---|---|
| | | 0 | 1 | 2 | 3 | 4 | 5 | | |
| $W_3$ | 0 | 0 | | | | | | 0 | 0 |
| | 1 | 0 | 30 | | | | | 30 | 1 |
| | 2 | 0 | 30 | 60 | | | | 60 | 2 |
| | 3 | 0 | 30 | 60 | 90 | | | 90 | 3 |
| | 4 | 0 | 30 | 60 | 90 | 120 | | 120 | 4 |
| | 5 | 0 | 30 | 60 | 90 | 120 | 150 | 150 | 5 |

当 $k=2$ 时，$\left[\frac{W_2}{w_2}\right]\leqslant\left[\frac{5}{3}\right]=1, f_2(W_2)=\max\limits_{0\leqslant x_2\leqslant 1}\{80x_2+f_3(W_2-3x_2)\}$，如表 8-22 所示。

**表 8-22　$k=2$ 时**

| $x_2$ | | $80x_2+f_3(W_2-3x_2)$ | | $f_2(W_2)$ | $x_2^*$ |
|---|---|---|---|---|---|
| | | 0 | 1 | | |
| $W_2$ | 0 | 0+0=0 | | 0 | 0 |
| | 1 | 0+30=30 | | 30 | 0 |
| | 2 | 0+60=60 | | 60 | 0 |
| | 3 | 0+90=90 | 80+0=80 | 90 | 0 |
| | 4 | 0+120=120 | 80+30=110 | 120 | 0 |
| | 5 | 0+150=150 | 80+60=140 | 150 | 0 |

当 $k=1$ 时，$\left[\frac{W_1}{w_1}\right]\leqslant\left[\frac{5}{2}\right]=2, f_1(W_1)=\max\limits_{0\leqslant x_1\leqslant 2}\{65x_1+f_2(W_1-2x_1)\}$，如表 8-23 所示。

**表 8-23　$k=1$ 时**

| $x_1$ | | $65x_1+f_2(W_1-2x_1)$ | | | $f_1(W_1)$ | $x_1^*$ |
|---|---|---|---|---|---|---|
| | | 0 | 1 | 2 | | |
| $W_1$ | 5 | 150 | 65+90=155 | 130+30=160 | 160 | 2 |

$$f_2(0)=0, x_2^*=0; f_2(1)=30, x_2^*=0; f_2(2)=60, x_2^*=0$$

$$f_2(3)=90, x_2^*=0; f_2(4)=120, x_2^*=0; f_2(5)=150, x_2^*=0$$

$$f_3(0)=0, x_3^*=0; f_3(1)=30, x_3^*=1; f_3(2)=60, x_3^*=2$$

$$f_3(3)=90, x_3^*=3; f_3(4)=120, x_3^*=4; f_3(5)=150, x_3^*=5$$

$$W_1=5, x_1{}^*=2$$

$$W_2=W_1-2x_1{}^*=1, x_2^*=0$$

$$W_3=W_2-3x_2{}^*=1, x_3{}^*=1$$

此时，装入物品最大总价值为 160。

## 复习思路提示

1. 类似背包问题的问题还有合理下料问题、运输中的货物装载问题、人造卫星内的物品装载问题等，可以举一反三，用背包问题的建模思路去求解。

2. 背包问题可以建立顺推或逆推关系式，可以将背包的最大装载量看作初始值或最终值，注意状态转移方程、状态变量和最优值函数等的含义不同，随后均逆推依次求解。

3. 表格迭代法会更加清晰易懂一些。

### 8.4.4 系统可靠性问题

用动态规划的思路去建模。

最优值函数 $f_k(x_k,y_k)$ 为由状态 $x_k,y_k$ 出发，从部件 $k$ 到部件 $n$ 的系统的最大可靠性。

逆推关系式为

$$\begin{cases} f_k(x_k,y_k)=\max\limits_{u_k\in D_k(x_k,y_k)}[p_k(u_k)f_{k+1}(x_k-c_ku_k,y_k-w_ku_k)] \\ k=n,n-1,\cdots,1 \\ f_{n+1}(x_{n+1},y_{n+1})=1 \end{cases}$$

边界条件为1，这是因为 $f_{n+1}$ 的取值与所讨论的问题无关，1是乘法恒量的缘故。求出的 $f_1(C,W)$ 即整个系统工作的最大可靠性。$x_{n+1},y_{n+1}$ 均为零，装置根本不工作，故可靠性为1。

**例8-10(系统可靠性问题)** 某厂设计一种电子设备，由3种元件 $D_1,D_2,D_3$ 组成。已知这3种元件的单价和可靠性如表8-24所示，要求在设计中所使用元件的费用不超过105元。试问应如何设计，可使设备的可靠性达到最大(不考虑质量的限制)。

**表8-24 3种元件的单价和可靠性**

| 元件 | 单价/元 | 可靠性 |
|---|---|---|
| $D_1$ | 30 | 0.9 |
| $D_2$ | 15 | 0.8 |
| $D_3$ | 20 | 0.5 |

解：设 $x_i$ 为 $D_k$ 元件上的并联个数，可靠性(正常工作)的概率为 $p_i(x_i)$，则静态模型为

$$\max P=\prod_{i=1}^{3}p_i(x_i)$$

$$\text{s. t.}\begin{cases}30x_1+15x_2+20x_3\leqslant 105\\ x_i\text{ 为整数},i=1,2,3\end{cases}$$

用动态规划思路求解。

(1) 阶段：3个元件分为3个阶段，$k=1,2,3$。

(2) 状态变量：$s_k$ 表示第 $k$ 个到第3个元件容许使用的总费用。

(3) 决策变量：$x_k$ 表示 $D_k$ 元件上的并联个数。

(4) 状态转移方程：$s_{k+1}=s_k-c_kx_k$。

(5) 允许决策集合：$D_k(s_k)=\left\{\{x_k\mid 0\leqslant x_k\leqslant\left[\frac{s_k}{c_k}\right],x_k\text{ 为整数}\right\}$。

(6) 最优值函数：$f_k(s_k)$ 为由状态 $s_k$ 出发，从第 $k$ 个到第3个的系统的可靠性。

(7) 累计的可靠性：$p_k$ 表示一个 $D_k$ 元件正常工作的概率，则 $1-p_k$ 为其不正常工作的概率。因为 $(1-p_k)^{x_k}$ 为 $x_k$ 个元件不正常工作的概率，则 $1-(1-p_k)^{x_k}$ 为 $x_k$ 个元件正常工作的概率(可靠性)。

逆推关系式为

$$\begin{cases} f_k(s_k)=\max\limits_{1\leqslant x_k\leqslant\left[\frac{s_k}{c_k}\right]}\{[1-(1-p_k)^{x_k}]f_{k+1}(s_k-c_kx_k)\},k=3,2,1 \\ f_4(s_4)=1 \end{cases}$$

$$f_3(s_3)=\max_{1\leqslant x_3\leqslant\left[\frac{s_3}{c_3}\right]}\{[1-(1-p_3)^{x_3}]f_4(s_3-c_3x_3)\}$$

$$f_2(s_2) = \max_{1 \leqslant x_2 \leqslant \left[\frac{s_2}{c_2}\right]} \{[1-(1-p_2)^{x_2}]f_3(s_2 - c_2 x_2)\}$$

$$f_1(s_1) = \max_{1 \leqslant x_1 \leqslant \left[\frac{s_1}{c_1}\right]} \{[1-(1-p_1)^{x_1}]f_2(s_1 - c_1 x_1)\}$$

$s_1 = 105$，则求出 $f_1(105)$ 即可：

$$f_1(105) = \max_{1 \leqslant x_1 \leqslant \left[\frac{105}{30}\right]} \{[1-(1-0.9)^{x_1}]f_2(105 - 30x_1)\}$$

$$= \max_{1 \leqslant x_1 \leqslant 3} \{[1-(0.1)^{x_1}]f_2(105 - 30x_1)\}$$

$$= \max_{1 \leqslant x_1 \leqslant 3} \{0.9f_2(75), 0.99f_2(45), 0.999f_2(15)\}$$

$$f_2(s_2) = \max_{1 \leqslant x_2 \leqslant \left[\frac{s_2}{15}\right]} \{[1-(1-0.8)^{x_2}]f_3(s_2 - 15x_2)\}$$

$$f_2(75) = \max_{1 \leqslant x_2 \leqslant 5} \{[1-(0.2)^{x_2}]f_3(75 - 15x_2)\}$$

$$= \max_{1 \leqslant x_2 \leqslant 5} \{0.8f_3(60), 0.96f_3(45), 0.992f_3(30), 0.998\,4f_3(15), 0.999\,7f_3(0)\}$$

$$f_2(45) = \max_{1 \leqslant x_2 \leqslant 3} \{[1-(0.2)^{x_2}]f_3(45 - 15x_2)\} = \max_{1 \leqslant x_2 \leqslant 3} \{0.8f_3(30), 0.96f_3(15), 0.992f_3(0)\}$$

$$f_2(15) = \max_{x_2 = 1} \{[1-(0.2)^{x_2}]f_3(15 - 15x_2)\} = \max_{x_2 = 1} \{0.8f_3(0)\}$$

$$f_3(s_3) = \max_{1 \leqslant x_3 \leqslant \left[\frac{s_3}{20}\right]} \{[1-(1-0.5)^{x_3}]f_4(s_4)\}$$

$$f_3(60) = \max_{1 \leqslant x_3 \leqslant 3} \{[1-(0.5)^{x_3}]\} = \max_{1 \leqslant x_3 \leqslant 3} \{[0.5, 0.75, 0.875]\} = 0.875$$

$$f_3(45) = \max_{1 \leqslant x_3 \leqslant 2} \{[1-(0.5)^{x_3}]\} = \max_{1 \leqslant x_3 \leqslant 2} \{[0.5, 0.75]\} = 0.75$$

$$f_3(30) = \max_{x_3 = 1} \{[1-(0.5)^{x_3}]\} = \max_{x_3 = 1} \{[0.5]\} = 0.5$$

$f_3(15)$，$f_3(0)$ 两者为 0，无意义

$$f_2(s_2) = \max_{1 \leqslant x_2 \leqslant \left[\frac{s_2}{15}\right]} \{[1-(1-0.8)^{x_2}]f_3(s_2 - 15x_2)\}$$

$$f_2(75) = \max_{1 \leqslant x_2 \leqslant 5} \{0.8f_3(60), 0.96f_3(45), 0.992f_3(30), 0.998\,4f_3(15), 0.999\,7f_3(0)\}$$

$$= \max_{1 \leqslant x_2 \leqslant 5} \{0.8 \times 0.875, 0.96 \times 0.75, 0.992 \times 0.5, 0\}$$

$$= 0.72$$

$$f_2(45) = \max_{1 \leqslant x_2 \leqslant 3} \{0.8 \times 0.5, 0, 0\} = 0.4$$

$$f_2(15) = \max_{x_2 = 1} \{0\} = 0$$

$$f_1(105) = \max_{1 \leqslant x_1 \leqslant 3} \{0.9f_2(75), 0.99f_2(45), 0.999f_2(15)\}$$

$$= \max_{1 \leqslant x_1 \leqslant \left[\frac{105}{30}\right]} \{0.9 \times 0.72, 0.99 \times 0.4, 0.999 \times 0\}$$

$$= 0.648$$

所以 $x_1^* = 1$。

往回推算，找出最优决策：

$$f_2(75)=\max_{1\leqslant x_2\leqslant 5}\{0.8f_3(60),0.96f_3(45),0.992f_3(30),0.9984f_3(15),0.9997f_3(0)\}$$
$$=\max_{1\leqslant x_2\leqslant 5}\{0.8\times 0.875,0.96\times 0.75,0.992\times 0.5,0\}$$
$$=0.72$$

所以 $x_2^*=2$

$$f_2(45)=\max_{1\leqslant x_2\leqslant 3}\{0.8\times 0.5,0,0\}=0.4,f_2(15)=\max_{x_2=1}\{0\}=0$$

$$f_3(s_3)=\max_{1\leqslant x_3\leqslant\left[\frac{s_3}{20}\right]}\{[1-(1-0.5)^{x_3}]f_4(s_4)\}$$

$$f_3(60)=\max_{1\leqslant x_3\leqslant 3}\{[1-(0.5)^{x_3}]\}=\max_{1\leqslant x_3\leqslant 3}\{[0.5,0.75,0.875]\}=0.875$$

$$f_3(45)=\max_{1\leqslant x_3\leqslant 2}\{[1-(0.5)^{x_3}]\}=\max_{1\leqslant x_3\leqslant 2}\{[0.5,0.75]\}=0.75$$

所以 $x_3^*=2$

$$f_3(30)=\max_{x_3=1}\{[1-(0.5)^{x_3}]\}=\max_{x_3=1}\{[0.5]\}=0.5$$

$f_3(15)$，$f_3(0)$ 两者为 0，无意义

因此，最优策略为：$x_1^*=1$，$D_1$ 元件用 1 个；$x_2^*=2$，$D_2$ 元件用 2 个；$x_3^*=2$，$D_3$ 元件用 3 个。总费用为 100 元，可靠性为 64.8%。

## 复习思路提示

1. 系统可靠性问题的特点是指标函数为连乘形式，不是连加，但仍可满足可分离性和递推关系。

2. 边界条件是 1，而不是 0，是由研究对象的特性决定的。

3. 在系统可靠性问题中，如果静态模型的约束条件增加为 3 个，例如要求体积不许超过 $V$，则状态变量就要取三维的 $(x_k,y_k,z_k)$。这说明静态模型的约束条件增加时，对应的动态规划的状态变量的维数也要增加，而决策变量的维数可以不变。

### 8.4.5 设备更新问题

应用背景：工业和交通运输企业经常会碰到设备陈旧或部分损坏需要更新的问题。需要从经济上来分析一种设备应该在使用多少年后进行更新最为恰当，即更新的最佳策略应该如何，从而使其在某一时间内的总收入达到最多(或总费用达到最少)。以一台机器为例，随着使用年限的增加，机器的使用效率降低，收入减少，维修费用增加。而且机器使用年限越长，它本身的价值就越小，因而更新时所需的净费用就越多。

假设：

- $I_j(t)$为在第 $j$ 年役龄为 $t$ 年的一台机器运行所得的收入；
- $O_j(t)$为在第 $j$ 年役龄为 $t$ 年的一台机器运行时所需的费用；
- $C_j(t)$为在第 $j$ 年役龄为 $t$ 年的一台机器更新时所需的更新净费用；
- $\alpha$ 为折扣因子，$0\leqslant\alpha\leqslant 1$，表示一年以后的单位收入的价值视为现年的 $\alpha$ 单位；
- $T$ 为在第一年开始时，正在使用的机器的役龄(上述的 $t$ 是从 $T$ 年后开始计算的，$t=0,1,2,\cdots,n$，新设备的役龄是 $T=0$，但如果开始做计划时设备已经使用了两年，此时 $T=2$，继续使用时，第一年 $t=0$，不等于 2，也不等于 1)；
- $n$ 为计划的年限总数；

- $g_j(t)$为在第 $j$ 年使用一个役龄为 $t$ 年的机器时,从第 $j$ 年至第 $n$ 年的最佳收入;
- $x_j(t)$为给出 $g_j(t)$时,在第 $j$ 年开始时的决策,可为保留(keep)或更新(replacement)。

用数学语言描述,可写出递推关系式为

$$\begin{cases} g_j(t)=\max\begin{bmatrix} R(\text{更新}):I_j(0)-O_j(0)-C_j(t)+\alpha g_{j+1}(1) \\ K(\text{保留}):I_j(t)-O_j(t)+\alpha g_{j+1}(t+1) \end{bmatrix} \\ g_{n+1}(t)=0 \\ j=1,2,\cdots,n \\ t=1,2,\cdots,j-1,j+T-1 \end{cases}$$

其中:$g_j(t)$ 为第 $j$ 年至第 $n$ 年得到的总收入;$g_1(T)$ 为从第 1 年到第 $n$ 年的最佳收入;$I_j(0)$ 为第 $j$ 年由役龄为 0 年的新机器获得的收入;$O_j(0)$ 为第 $j$ 年役龄为 0 年的新机器运行的费用;$C_j(t)$ 为第 $j$ 年开始时役龄为 $t$ 年的旧机器的更新净费用;$\alpha g_{j+1}(1)$ 为在第 $j+1$ 年开始使用役龄为 1 年的新机器从第 $j+1$ 年至第 $n$ 年的最佳收入;"$R(\text{更新}):I_j(0)-O_j(0)-C_j(t)+\alpha g_{j+1}(1)$"表示第 $j$ 年购买了新机器;$I_j(t)$ 为第 $j$ 年由役龄为 $t$ 年的旧机器获得的收入;$O_j(t)$ 为第 $j$ 年役龄为 $t$ 年的旧机器运行的费用;$\alpha g_{j+1}(t+1)$ 为在第 $j+1$ 年开始使用役龄为 $t+1$ 年的旧机器从第 $j+1$ 年至第 $n$ 年的最佳收入;"$K(\text{保留}):I_j(t)-O_j(t)+\alpha g_{j+1}(t+1)$"为第 $j$ 年开始继续使用役龄为 $t$ 的旧机器;$g_{n+1}(t)=0$ 研究的是今后 $n$ 年的计划,可看作从第 $n+1$ 年开始不运行就无收入。

**例 8-11(设备更新问题)**　假设 $n=5,T=1,\alpha=1$,有关数据如表 8-25 所示。试制定五年内的设备更新策略,使在五年内的总收入达到最多。

**表 8-25　设备相关数据**

| 项目 | 役龄 | | | | | | | | | | | | | | | | | | | |
|---|---|---|---|---|---|---|---|---|---|---|---|---|---|---|---|---|---|---|---|---|
| | 第一年 | | | | | 第二年 | | | | 第三年 | | | 第四年 | | 第五年期前 | | | | | |
| | 0 | 1 | 2 | 3 | 4 | 0 | 1 | 2 | 3 | 0 | 1 | 2 | 0 | 1 | 0 | 1 | 2 | 3 | 4 | 5 |
| 收入 | 22 | 21 | 20 | 18 | 16 | 27 | 25 | 24 | 22 | 29 | 26 | 24 | 30 | 28 | 32 | 18 | 16 | 16 | 14 | 14 |
| 运行费用 | 6 | 6 | 8 | 8 | 10 | 5 | 6 | 8 | 9 | 5 | 5 | 6 | 4 | 5 | 4 | 8 | 8 | 9 | 9 | 10 |
| 更新费用 | 27 | 29 | 32 | 34 | 37 | 29 | 31 | 34 | 36 | 31 | 32 | 33 | 32 | 33 | 34 | 32 | 34 | 36 | 36 | 38 |

解:先理解符号的含义。

- $T=1$ 说明第一年开始时,机器已经使用了 1 年。
- 第 $j$ 年开始使用的役龄为 $t$ 年的机器,其制造年序为 $j-t$ 年。
- 第 3 年由役龄为 2 年的旧机器(第一年的产品)获得的收入,即 $I_3(2)=20$。
- 第 5 年由役龄为 0 年的新机器(第五年的产品)获得的收入,即 $I_5(0)=32$。
- 第 3 年役龄为 2 的旧机器运行的费用,即 $O_3(2)=8$。
- 第 5 年役龄为 0 的新机器运行的费用,即 $O_5(0)=4$。
- 第 3 年开始使用役龄为 1 年的机器的更新净费用,即 $C_3(1)=31$。
- 第 5 年开始使用役龄为 2 年的机器的更新净费用,即 $C_5(2)=33$。
- 第 5 年开始使用役龄为 1 年的机器的更新净费用,即 $C_5(1)=33$。

(1) 当 $j=5$ 时,由于 $T=1$,故从第 5 年开始计算时,机器使用了 1,2,3,4,5 年,则

$$g_5(t)=\max\begin{bmatrix}R(\text{更新}):I_5(0)-O_5(0)-C_5(t)+1g_6(1)\\K(\text{保留}):I_5(t)-O_5(t)+g_6(t+1)\end{bmatrix}$$

当 $t=1$ 时:

$$g_5(1)=\max\begin{bmatrix}R(\text{更新}):32-4-33+0=-5\\K(\text{保留}):28-5+0=23\end{bmatrix}=23$$

所以 $x_5(1)=K$。当 $t=2$ 时:

$$g_5(2)=\max\begin{bmatrix}R(\text{更新}):32-4-33+0=-5\\K(\text{保留}):24-6+0=18\end{bmatrix}=18$$

所以 $x_5(2)=K$。当 $t=3$ 时:

$$g_5(3)=\max\begin{bmatrix}R(\text{更新}):32-4-36+0=-8\\K(\text{保留}):22-9+0=13\end{bmatrix}=13$$

所以 $x_5(3)=K$。当 $t=4$ 时:

$$g_5(4)=\max\begin{bmatrix}R(\text{更新}):32-4-37+0=-9\\K(\text{保留}):16-10+0=6\end{bmatrix}=6$$

所以 $x_5(4)=K$。当 $t=5$ 时:

$$g_5(5)=\max\begin{bmatrix}R(\text{更新}):32-4-38+0=-10\\K(\text{保留}):14-10+0=4\end{bmatrix}=4$$

所以 $x_5(5)=K$。

(2) 当 $j=4$ 时,由于 $T=1$,故从第 4 年开始计算时,机器使用了 1,2,3,4 年,则

$$g_4(t)=\max\begin{bmatrix}R(\text{更新}):I_4(0)-O_4(0)-C_4(t)+1g_5(1)\\K(\text{保留}):I_4(t)-O_4(t)+g_5(t+1)\end{bmatrix}$$

当 $t=1$ 时:

$$g_4(1)=\max\begin{bmatrix}R(\text{更新}):30-4-32+23=17\\K(\text{保留}):26-5+18=39\end{bmatrix}=39$$

当 $t=2$ 时:

$$g_4(2)=\max\begin{bmatrix}R(\text{更新}):30-4-34+23=15\\K(\text{保留}):24-8+13=29\end{bmatrix}=29$$

所以 $x_4(2)=K$。当 $t=3$ 时:

$$g_4(3)=\max\begin{bmatrix}R(\text{更新}):30-4-34+23=15\\K(\text{保留}):18-8+6=16\end{bmatrix}=16$$

当 $t=4$ 时:

$$g_4(4)=\max\begin{bmatrix}R(\text{更新}):30-4-36+23=13\\K(\text{保留}):14-9+4=9\end{bmatrix}=13$$

所以 $x_4(4)=R$。

(3) 当 $j=3$ 时,由于 $T=1$,故从第 3 年开始计算时,机器使用了 1,2,3 年,则

$$g_3(t)=\max\begin{bmatrix}R(\text{更新}):I_3(0)-O_3(0)-C_3(t)+1g_4(1)\\K(\text{保留}):I_3(t)-O_3(t)+g_4(t+1)\end{bmatrix}$$

当 $t=1$ 时:

$$g_3(1)=\max\begin{bmatrix}R(\text{更新}):29-5-31+39=32\\K(\text{保留}):25-6+29=48\end{bmatrix}=48$$

所以 $x_3(1)=K$。当 $t=2$ 时：

$$g_3(2)=\max\begin{bmatrix}R(\text{更新}):29-5-32+39=31\\K(\text{保留}):20-8+16=28\end{bmatrix}=31$$

所以 $x_3(2)=R$。当 $t=3$ 时：

$$g_3(3)=\max\begin{bmatrix}R(\text{更新}):29-5-36+39=27\\K(\text{保留}):16-9+13=20\end{bmatrix}=27$$

所以 $x_3(3)=R$。

（4）当 $j=2$ 时，由于 $T=1$，故从第 2 年开始计算时，机器使用了 1，2 年，则

$$g_2(t)=\max\begin{bmatrix}R(\text{更新}):I_2(0)-O_2(0)-C_2(t)+1g_3(1)\\K(\text{保留}):I_2(t)-O_2(t)+g_3(t+1)\end{bmatrix}$$

当 $t=1$ 时：

$$g_2(1)=\max\begin{bmatrix}R(\text{更新}):27-5-29+48=41\\K(\text{保留}):21-6+31=46\end{bmatrix}=46$$

所以 $x_2(1)=K$。当 $t=2$ 时：

$$g_2(2)=\max\begin{bmatrix}R(\text{更新}):27-5-34+48=36\\K(\text{保留}):16-8+27=35\end{bmatrix}=36$$

所以 $x_2(2)=R$。

（5）当 $j=1$ 时，由于 $T=1$，故从第 1 年开始计算时，机器使用了 1 年，则

$$g_1(t)=\max\begin{bmatrix}R(\text{更新}):I_1(0)-O_1(0)-C_1(t)+1g_2(1)\\K(\text{保留}):I_1(t)-O_1(t)+g_2(t+1)\end{bmatrix}$$

当 $t=1$ 时：

$$g_1(1)=\max\begin{bmatrix}R(\text{更新}):22-6-32+46=30\\K(\text{保留}):18-8+36=46\end{bmatrix}=46$$

所以 $x_1(1)=K$。

所以，最优策略为

$$x_1(1)=K,\ x_2(1)=K,\ x_2(2)=R,\ x_3(1)=K$$
$$x_3(2)=R,\ x_3(3)=R,\ x_4(1)=K,\ x_4(2)=K,\ x_4(3)=K$$
$$x_4(4)=R,\ x_5(1)=K,\ x_5(2)=K,\ x_5(3)=K,\ x_5(5)=K$$

如表 8-26 所示。

**表 8-26　最优策略**

| 机器使用时间/年 | 役龄 | 最优策略 |
|---|---|---|
| 1 | 1 | $K$ |
| 2 | 2 | $R$ |
| 3 | 1 | $K$ |
| 4 | 2 | $K$ |
| 5 | 3 | $K$ |

## 复习思路提示

1. 这里研究的设备更新问题，以役龄作为状态变量，决策是保留和更新两种。它可以推广到多维情形，如考虑将对使用的机器进行大修作为一种决策，那时所需的费用和收入，不仅取决于役龄和购置的年限，也取决于上次大修后的时间，因此需要两个状态变量来描述系统的状态。

2. 例 8－11 不是考试中常见的类型，建议看几道往年设备更新问题的典型例题（见作者本人习题课“一题一练”）。

3. 设备更新问题也可以当作最短路问题去求解。

### 8.4.6 货郎担问题（旅行售货员问题）

货郎担问题常见描述：有一个走村串户的卖货郎，他从某个村庄出发，通过若干个村庄一次且仅一次，最后回到出发的村庄。问应如何选择行走路线，能使总的行程最短？

旅行售货员问题常见描述：有一个推销商从 $n$ 个城市 $v_1,v_2,\cdots,v_n$ 中的某一个城市如 $v_1$ 出发，到其他 $n-1$ 个城市推销产品，每个城市都必须访问到并且只访问一次最后回到 $v_1$。问应如何安排旅行路线，可使总距离最短？

该类问题可以用整数规划、网络图和动态规划求解，在 $n$ 不太大的时候，用动态规划求解比较方便。

设 $c_{ij}$ 为城市 $i$ 到城市 $j$ 的距离，定义 0－1 变量 $x_{ij}=\begin{cases}1,\text{从城市 } i \text{ 到城市 } j\\0,\text{从城市 } i \text{ 不到城市 } j\end{cases}$，则该问题的 0－1 整数线性规划数学模型可描述如下：

$$\min z=\sum_{i=1}^{n}\sum_{j=1}^{n}c_{ij}x_{ij},i\neq j$$

$$\begin{cases}\sum\limits_{i=1}^{n}x_{ij}=1,j=1,2,\cdots,n(i\neq j)\\\sum\limits_{j=1}^{n}x_{ij}=1,i=1,2,\cdots,n(i\neq j)\\x_{ij}+x_{ji}\leqslant 1,i\neq j\\x_{ij}+x_{jk}+x_{ki}\leqslant 2,i\neq j\neq k\\x_{ij}+x_{jk}+x_{kl}+\cdots+x_{pi}\leqslant n-1,i\neq j\neq\cdots\neq p\\x_{ij}=0\text{ 或 }1,i,j=1,2,\cdots,n\end{cases}$$

用动态规划思路建模。

假设推销商从城市 1 开始，走到城市 $i$，记 $N_i=\{2,3,\cdots,i-1,i+1,\cdots,n\}$ 表示由 $v_1$ 到 $v_i$ 的中间城市的集合。

$S$ 表示到达城市 $i$ 之前中途所经过的城市的集合，则 $S\subseteq N_i$。

(1) 阶段：$n$ 个城市分为 $n$ 个阶段，$k=1,2,\cdots,n$。

(2) 状态变量：$(i,S)$。

(3) 决策变量：决策就是从 $i$ 城到 $j$ 城。

(4) 最优值函数：$f_k(i,S)$ 为从城市 1 开始经由 $k$ 个中间城市的 $S$ 集合到城市 $i$ 的最短路线的距离。

递推关系式为

$$\begin{cases}f_k(i,S)=\min\limits_{j\in s}[f_{k-1}(j,S/\{j\})+d_{ji}],k=1,2,\cdots,n-1;i=2,3,\cdots,n;S\subseteq N_i\\f_0(i,\Phi)=d_{1i}\end{cases}$$

其中，$f_{k-1}(j,S/\{j\})$ 为从城市 1 开始经由 $k-1$ 个中间城市的 $S$ 集合（不包含城市 $j$）到城市 $j$ 的最短路线的距离。$d_{1i}$ 为城市 1 到城市 $i$ 的直达路线距离。$P_k(i,S)$ 为最优决策函数，表示从城市 1 开始经由 $k$ 个中间城市的 $S$ 集合到城市 $i$ 的最短路线上紧挨着城市 $i$ 前面的那个城市。

**例 8－12（货郎担问题）**　一个推销商从 4 个城市中的城市 1 出发，到其他 3 个城市推销产品，经过每个城市一次且仅一次，最后回到城市 1。问如何安排他的旅行路线，可使总行程距离最短？距离矩阵如表 8－27 所示。

**表 8－27　距离矩阵**

| $j$ | $i$（距离） | | | |
|---|---|---|---|---|
| | 1 | 2 | 3 | 4 |
| 1 | 0 | 8 | 5 | 6 |
| 2 | 6 | 0 | 8 | 5 |
| 3 | 7 | 9 | 0 | 5 |
| 4 | 9 | 7 | 8 | 0 |

解：由边界条件可得

$$f_0(2,\Phi)=d_{12}=8,f_0(3,\Phi)=d_{13}=5,f_0(4,\Phi)=d_{14}=6$$

当 $k=1$ 时，即从城市 1 开始，中间经过一个城市到达城市 $i$ 的最短距离是

$1\rightarrow 3/4\rightarrow 2$

$$f_1(2,\{3\})=f_0(3,\Phi)+d_{32}=5+9=14$$
$$f_1(2,\{4\})=f_0(4,\Phi)+d_{42}=6+7=13$$

$1\rightarrow 2/4\rightarrow 3$

$$f_1(3,\{2\})=f_0(2,\Phi)+d_{23}=8+8=16$$
$$f_1(3,\{4\})=f_0(4,\Phi)+d_{43}=6+8=14$$

$1\rightarrow 2/3\rightarrow 4$

$$f_1(4,\{2\})=f_0(2,\Phi)+d_{24}=8+5=13$$
$$f_1(4,\{3\})=f_0(3,\Phi)+d_{34}=5+5=10$$

当 $k=2$ 时，即从城市 1 开始，中间经过两个城市到达城市 $i$ 的最短距离是

$$(1\sim 2):1\rightarrow 4\rightarrow 3\rightarrow 2;1\rightarrow 3\rightarrow 4\rightarrow 2$$

$$\begin{aligned}f_2(2,\{3,4\})&=\min[f_1(3,\{4\})+d_{32},f_1(4,\{3\})+d_{42}]\\&=\min[14+9,10+7]=17\end{aligned}$$

所以 $P_2(2,\{3,4\})=4$。

$$(1\sim 3):1\rightarrow 4\rightarrow 2\rightarrow 3;1\rightarrow 2\rightarrow 4\rightarrow 3$$

$$\begin{aligned}f_2(3,\{2,4\})&=\min[f_1(2,\{4\})+d_{23},f_1(4,\{2\})+d_{43}]\\&=\min[13+8,13+8]=21\end{aligned}$$

所以 $P_2(3,\{2,4\})=2$ 或 4。

$$(1\sim 4):1\rightarrow 3\rightarrow 2\rightarrow 4;1\rightarrow 2\rightarrow 3\rightarrow 4$$

$$\begin{aligned}f_2(4,\{2,3\})&=\min[f_1(2,\{3\})+d_{24},f_1(3,\{2\})+d_{34}]\\&=\min[14+5,16+5]=19\end{aligned}$$

所以 $P_2(4,\{2,3\})=2$。

当 $k=3$ 时，即从城市 1 开始，中间经过 3 个城市到达城市 $i$ 的最短距离是

$$(1\sim 1):1\rightarrow 2/3/4\rightarrow 1$$

$$\begin{aligned}f_3(1,\{2,3,4\})&=\min[f_2(2,\{3,4\})+d_{21},f_2(3,\{2,4\})+d_{31},f_2(4,\{2,3\})+d_{41}]\\&=\min[17+6,21+7,19+9]=23\end{aligned}$$

所以 $P_3(1,\{2,3,4\})=2$。

所以，推销商的最短路线是 $P_3(1,\{2,3,4\})=2,P_2(2,\{3,4\})=4$，最短距离为 23。

## 复习思路提示

1. 在实际中有很多问题都可以归结为货郎担这类问题，如物资运输路线、钢板上焊机割嘴的走线、城市里的管道铺设等。

2. 这类问题属于组合优化问题，当 $n$ 比较小的时候，动态规划的解法比较方便；当 $n$ 较大时，可利用网络图求解（如总距离最小的 Hamilton 回路）。

### 8.4.7 排序问题

本小节只研究同顺序两台机床加工 $n$ 个工件的排序问题。

设有 $n$ 个工件需要在机床 A、B 上加工，每个工件都必须经过"先 A 而后 B"的两道加工工序（图 8-7）。以 $a_i, b_i$ 分别表示工件 $i(1 \leqslant i \leqslant n)$ 在机床 A、B 上的加工时间。问应如何在两机床上安排各工件加工的顺序，可使从在机床 A 上加工第一个工件开始到在机床 B 上将最后一个工件加工完为止，所用的加工总时间最少？

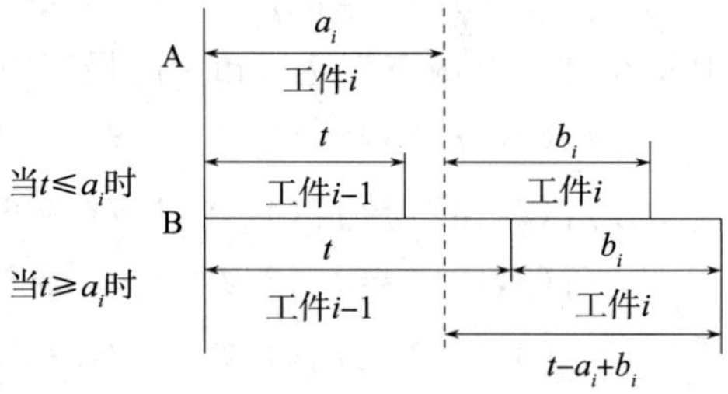


图 8-7 "先 A 而后 B"的两道加工工序

工件在 A、B 两台机床上的加工顺序可以是不同的，比如在机床 A 上加工甲、乙、丙、丁工件，在机床 B 上的顺序可以是丙、丁、乙、甲；当两台机床的加工顺序不同时，意味着在机床 A 上加工完毕的某些工件，不能在机床 B 上立即加工，而是要等到另一个或一些工件加工完毕之后才能加工。这样就会使得机床 B 的等待加工时间加长，从而使得总加工时间加长。

可以证明：最优加工顺序在两台机床上可同时产生。

因此，最优排序方案在机床 A、B 上加工顺序相同的排序中去寻找，即如果在机床 A 上的加工顺序为甲、乙、丙、丁，则在机床 B 上的加工顺序也是甲、乙、丙、丁，此时的总加工时间最短。

注意，工件在机床 A 上没有等待时间，而在机床 B 上则常常等待。因此，要使总加工时间最短，则要使机床 B 上的等待时间尽可能短。

用动态规划的思路建模，则可进行如下分析。

将在机床 A 上更换工件的时刻作为时段；$X$ 表示在机床 A 上等待加工的按取定顺序排列的工件集合；$(X,t)$ 为描述机床 A、B 在加工过程中的状态变量。当 $X$ 包含 $s$ 个工件时，过程尚有 $s$ 段，其时段数已隐含在状态变量之中，因而最优值函数只依赖于状态而不明显依赖于时段数。

$f(X,t)$ 为由状态 $(X,t)$ 出发，对未加工的工件采取最优加工顺序后，将 $X$ 中所有工件加工完所需的时间。$f(X,t,i)$ 为由状态 $(X,t)$ 出发，在机床 A 上加工工件 $i$，然后再对以后加工的工件采取最优加工顺序后，将 $X$ 中所有工件加工完所需的时间。

$f(X,t,i,j)$ 为由状态 $(X,t)$ 出发，在机床 A 上相继加工工件 $i$ 与 $j$ 后，对以后加工的工件采取最优顺序后，将 $X$ 中的工件全部加工完所需要的时间。

当在机床 A 上加工工件 $i$ 时，即阶段 $i$，最优值函数为

$$f(X,t,i)=\begin{cases}a_i+f(X/i,t-a_i+b_i), & t\geqslant a_i \text{ 时}\\ a_i+f(X/i,b_i), & t\leqslant a_i \text{ 时}\end{cases}$$

其中，状态 $t$ 可以转换为

$$z_i(t)=\max(t-a_i,0)+b_i$$

则最优值函数可以合并成

$$f(X,t,i)=a_i+f[X/i,z_i(t)]$$

状态转移：

$$(X,t)\rightarrow(X/i,z_i(t))$$

其中：$X/i$ 表示在集合 $X$ 中去掉工件 $i$ 后剩下的工件集合；$z_i(t)$ 表示在机床 A 上从 $X$ 出发加工工件 $i$，并从机床 A 将工件 $i$ 加工完的时刻算起，至在机床 B 上将工件 $i$ 和以后工件加工完所需的时间。

最优排序规则的证明：根据前文描述，可知

$$\begin{aligned}f(X,t,i,j)&=a_i+a_j+f[X/\{i,j\},z_{ij}(t)]\\ z_{ij}(t)&=\max[z_i(t)-a_j,0]+b_j\\ &=\max[\max(t-a_i,0)+b_i-a_j,0]+b_j\\ &=\max[\max(t-a_i+b_i-a_j,b_i-a_j),0]+b_j\\ &=\max(t-a_i+b_i-a_j+b_j,b_i-a_j+b_j,b_j)\\ &=\max(t-a_i-a_j+b_i+b_j,b_i+b_j-a_j,b_j)\end{aligned}$$

其中：$f(X,t,i,j)$ 为由状态 $(X,t)$ 出发，在机床 A 上相继加工工件 $i$ 与 $j$ 后，对以后加工的工件采取最优顺序后，将 $X$ 中的工件全部加工完所需要的时间；$z_{ij}(t)$ 表示在机床 A 上从 $X$ 出发相继加工工件 $i$ 和 $j$，并从机床 A 将工件 $j$ 加工完的时刻算起，至在机床 B 上相继加工工件 $i$ 和 $j$ 及以后工件加工完所需的时间。

将工件 $i$，$j$ 对调顺序，则

$$\begin{aligned}f(X,t,j,i)&=a_j+a_i+f[X/\{j,i\},z_{ji}(t)]\\ z_{ji}(t)&=\max[z_j(t)-a_i,0]+b_i\\ &=\max[\max(t-a_j,0)+b_j-a_i,0]+b_i\\ &=\max[\max(t-a_j+b_j-a_i,b_j-a_i),0]+b_i\\ &=\max(t-a_j+b_j-a_i+b_i,b_j-a_i+b_i,b_i)\\ &=\max(t-a_i-a_j+b_i+b_j,b_i+b_j-a_i,b_i)\end{aligned}$$

其中，$f(X,t,i,j)$ 为由状态 $(X,t)$ 出发，在机床 A 上相继加工工件 $j$ 与 $i$ 后，对以后加工的工件采取最优顺序后，将 $X$ 中的工件全部加工完所需要的时间；$z_{ij}(t)$ 表示在机床 A 上从 $X$ 出发相继加工工件 $j$ 和 $i$，并从机床 A 将工件 $i$ 加工完的时刻算起，至在机床 B 上相继加工工件 $j$ 和 $i$ 及以后工件加工完所需的时间。

$f(X,t)$ 为 $t$ 的单调增函数，若 $z_{ij}(t)\leqslant z_{ji}(t)$，则有 $f(X,t,i,j)\leqslant f(X,t,j,i)$。因此，不管 $t$ 为何值，当 $z_{ij}(t)\leqslant z_{ji}(t)$ 时，工件 $i$ 在工件 $j$ 之前加工可以使总加工时间短些。

$$\max(t-a_i-a_j+b_i+b_j,b_i+b_j-a_j,b_j)\leqslant\max(t-a_i-a_j+b_i+b_j,b_i+b_j-a_i,b_i)$$

$$\max(b_i+b_j-a_j,b_j)\leqslant\max(b_i+b_j-a_i,b_i)$$

$$\max(-a_j,-b_i)\leqslant\max(-a_i,-b_j)$$

$$\min(a_i,b_j)\leqslant\min(a_j,b_i)$$

其中，$z_{ij}(t)$ 表示在机床 A 上从 $X$ 出发相继加工工件 $i$ 和 $j$，并从机床 A 将工件 $j$ 加工完的时刻算起，至在机床 B 上相继加工工件 $i$ 和 $j$ 及以后工件加工完所需的时间。

上述条件就是工件 $i$ 应该排在工件 $j$ 之前的条件，即对于从头到尾的最优排序而言，所有前后相邻接的两个工件组成的对，都必须满足上面的不等式，才会得到最短总加工时间。

最优排序规则(Johnson 于 1954 年提出)的基本思路:尽量减少在机床 B 上的等待加工时间。把在机床 B 上加工时间长的工件先加工,在机床 B 上加工时间短的工件后加工。

其基本步骤如下。

(1) 先列出工件的加工时间的工时矩阵:

$$M=\begin{pmatrix} a_1 & a_2 & \cdots & a_n \\ b_1 & b_2 & \cdots & b_n \end{pmatrix}$$

(2) 在工时矩阵中找出最小元素(若不止一个,任选其一)。若它在上行,则将相应的工件排在最前位置;若它在下行,则将相应工件排在最后位置。

(3) 将排定位置的工件所对应的列从 $M$ 中划掉,然后对余下的工件重复步骤(2),但那时的最前或最后位置是在已排定位置的工件之后或之前的。如此继续,直至所有工件都排完为止。

**例 8-13(工件排序问题)** 设有 5 个工件需在机床 A、B 上加工,加工的顺序是先 A 后 B,每个工件所需加工时间(单位:小时)如表 8-28 所示。问如何安排加工顺序,可使机床连续加工完所有工件的加工总时间最少?并求出总加工时间。

**表 8-28 每个工件所需加工时间**

| 工件号码 | 机床 | |
|---|---|---|
| | A | B |
| 1 | 3 | 6 |
| 2 | 7 | 2 |
| 3 | 4 | 7 |
| 4 | 5 | 3 |
| 5 | 7 | 4 |

解:根据 $f(X,t,i)=\begin{cases} a_i+f(X/i,t-a_i+b_i), t\geqslant a_i \text{ 时} \\ a_i+f(X/i,b_i), \quad t\leqslant a_i \text{ 时} \end{cases}$,从最后一个工件开始计算:

$$f(X,t,2)=a_2+f(X/2,b_2)=7+2=9,\text{当 } t=0\leqslant a_2 \text{ 时}$$

$$f(X,t,4)=a_4+f(X/4,z(t))=5+9=14$$

$$f(X,t,5)=a_5+f(X/5,z(t))=7+14=21$$

$$f(X,t,3)=a_3+f(X/3,z(t))=4+21=25$$

$$f(X,t,1)=a_1+f(X/1,z(t))=3+25=28$$

最优顺序如表 8-29 所示。

**表 8-29 最优顺序**

| 最优顺序 | 机床 | |
|---|---|---|
| | A | B |
| 1 | 3 | 6 |
| 3 | 4 | 7 |
| 5 | 7 | 4 |
| 4 | 5 | 3 |
| 2 | 7 | 2 |

所以加工顺序为 1—3—5—4—2,总加工时间为 28 小时。

## 复习思路提示

1. 本小节只研究同顺序两台机床加工 $n$ 个工件的排序问题。

2. 最优排序规则的基本思路：尽量减少在机床 B 上的等待加工时间。把在机床 B 上加工时间长的工件先加工，在机床 B 上加工时间短的工件后加工。

3. 动态规划在排序问题中的应用其实最主要需关注以下几点。①最长递增子序列(LIS)：找出一个序列中最长的递增子序列的长度。②最小排序代价：给定一个序列和每对元素的交换代价，找出将序列排序的最小代价。③编辑距离：计算将一个字符串转换为另一个字符串所需的最少编辑操作(插入、删除、替换)次数。

# 09 第9章 排队论

排队论是运筹学中研究服务系统效率优化的重要分支。它通过数学模型分析顾客到达、排队等待和服务完成的过程，以帮助解决服务系统中的效率和成本问题。本章将介绍排队论的基本概念，如顾客到达率、服务率、排队规则和服务台数量等，并重点讲解常见的排队模型（如 M/M/1、M/M/c 等）。通过学习，学生将掌握如何计算系统的平均等待时间、平均队列长度和服务利用率等关键指标，从而为优化服务系统提供科学依据。无论是在银行、医院、交通领域还是在通信领域，排队论都能帮助我们设计更高效的服务流程，减少顾客等待时间，提升系统整体性能。

## 本章必会知识点

(1) 掌握排队系统主要数量指标和记号。

(2) 了解排队系统的基本概念、生灭过程及状态转移图的推演。

(3) 熟练掌握泊松分布、负指数分布和 $k$ 阶爱尔朗分布，需熟知 3 种分布的概率密度函数、期望值和方差。

(4) 熟练掌握常见单服务台负指数排队系统的 3 个模型，其中 $M/M/1/\infty/\infty$ 模型是本章所有排队模型的基础，也是考试重点考查的内容。熟知 Little 公式的 6 个式子。

(5) 掌握多服务台负指数排队系统的 3 个模型，其中爱尔朗呼唤损失公式必掌握。

## 本章重难点

**重点：**

(1) $M/M/1/\infty/\infty$ 模型。

(2) $M/M/1/N/\infty$ 模型。

(3) $M/M/1/\infty/m$ 模型。

**难点：**

(1) 对状态转移图的理解。

(2) 状态概率公式的推演。

## 本章考情分析

排队论在研究生入学考试中的考情特点如下。

1. 考试内容与题型

考试内容主要包括排队系统的基本概念（如输入过程、排队规则、服务机构等）、常见排队模型（如 $M/M/1$、$M/M/c$ 等）的分析，以及排队系统重要指标（如系统长度、排队长度、逗留时间、等待时间等）的计算。题型多为计算题和简答题，重点考查学生对排队模型的理解和指标计算能力。

2. 考试难度与重要性

排队论是运筹学中的重要组成部分，难度适中，但需要学生掌握多种排队模型及其应用场景。在考试中，排队论通常占总分的 10%～15%，是管理类和工程类专业的重要考点。

3. 考试趋势与复习建议

近年来，考试更加注重考查学生对排队模型的综合应用能力，尤其是如何根据实际问题选择合适的排队模型并计算关键指标。复习时，建议学生重点掌握 $M/M/1$ 和 $M/M/c$ 等常见排队模型的分析方法，理解排队系统的重要指标及其计算公式。

# 9.1 排队论的基本概念

在一个系统中，如果要求服务的人数超过服务机构的容量（服务台数、服务员人数），系统就出现了排队现象。常见的排队现象见表 9－1。

**表 9－1　常见的排队现象**

| 到达的顾客 | 要求的服务 | 服务机构 |
| --- | --- | --- |
| 不能运转的机器 | 修理 | 修理工人 |
| 修理工人 | 领取修配零件 | 管理员 |
| 病人 | 就诊 | 医生 |
| 打电话 | 通话 | 交换台 |
| 文稿 | 打字 | 打字员 |
| 录入计算机中的文件 | 打印 | 打印机 |
| 提货单 | 提取货物 | 仓库管理员 |
| 待降落的飞机 | 降落 | 跑道指挥机构 |
| 到达港口的货船 | 装货或卸货 | 码头（泊位） |
| 河水进入水库 | 放水、调整水位 | 水闸管理员 |
| 进入餐馆的顾客 | 就餐 | 餐位服务员 |
| 来到路口的汽车 | 通过路口 | 交通管理员或红绿灯 |
| 来到车站的乘客 | 乘车 | 公交车管理员 |

如果增添服务设备，就要增加投资或可能发生空闲浪费现象；如果服务设备太少，排队现象就会严重，对顾客甚至对社会都会产生不利影响。因此，管理人员必须考虑如何在这两者之间取得平衡，既可以提高服务质量，又能降低成本。

排队论（queuing theory）也称随机服务系统理论，是为研究并解决具有拥挤现象的问题而发展起来的一门应用数学的分支，其研究内容包括 3 个部分。

（1）性态问题：研究各种排队系统的概率规律性，主要是研究队长分布、等待时间分布和忙期分布等，包括瞬态和稳态两种情形。

（2）最优化问题：分为静态最优和动态最优，前者指最优设计，后者指现有排队系统的最优运营。

（3）统计推断问题：判断一个给定的排队系统符合哪种模型，以便根据排队理论进行分析研究。

### 9.1.1 排队系统的一般表示

排队系统的三大部分为输入过程、排队规则、服务机构，如图 9-1 所示。

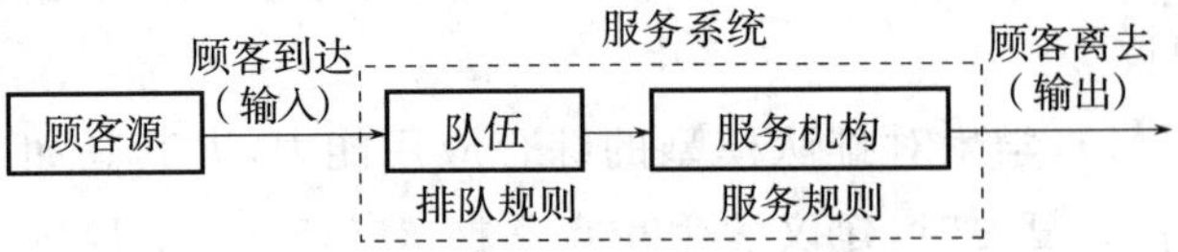


**图 9-1 排队系统三大部分**

一个排队系统包括的各种问题：

(1) 在一定时间内顾客平均到达多少？

(2) 按什么规律到达（输入过程服从什么分布）？

(3) 进入系统的顾客按照什么规则排队？

(4) 服务机构设置多少服务设施？排列形式是什么？

(5) 服务时间服从什么分布？

各个顾客由顾客源（总体）出发，到达服务机构（服务台、服务员）前排队等候接受服务，服务完成后离开。

排队结构指队列的数目和排列方式，排队规则和服务规则说明顾客在排队系统中是按怎样的规则、次序接受服务的。

### 9.1.2 排队系统的三大部分

1. 输入过程

输入是指顾客到达服务系统的情况。输入过程可能有下列情况，但并不相互排斥。

(1) 按顾客源总数划分为有限和无限两大类。如工厂需要检修的机器是有限的，准备进京观光旅游的游客是无限的。

(2) 按顾客到达的人数可以划分为单个到达和成批到达。如到超市购买商品的顾客是单个的，在机场等待安检的旅客是成批的。

(3) 按顾客到达时间间隔是否固定可以划分为确定型和随机型。如定期运行的班车、班轮、班机是确定的，到加油站加油的汽车是随机的。对随机的顾客到达需要知道单位时间到达的顾客数或时间间隔的概率分布。

(4) 按接受过服务的顾客对顾客到达数是否有影响，划分为相互独立到达和非相互独立到达。如提供优质服务的餐馆产生了大量“回头客”，就属于非相互独立到达，本章只讨论相互独立到达情况。

(5) 按顾客相继到达间隔时间的分布及其数字特征是否与时间有关可分为平稳的与非平稳的。相继到达的间隔时间分布及其数学期望、方差等数字特征都与时间无关，称为平稳的，否则是非平稳的。一般非平稳情况的数学处理很困难，本章只讨论平稳状况。

2. 排队规则

(1) 按顾客到达排队系统时发现服务设施已被占用，顾客是否离去可分为损失制、等待制和混合制 3 种。当顾客到达时，所有的服务台均被占用，顾客随即离去，称为损失制（或称即时制、消失制）；当顾客到达时，所有的服务台均被占用，顾客就排队等待，直到接受完服务才离去，称为等待制，例如出故障的机器排队等待维修就是这种情况；介于损失制和等待制之间的是混合制。等待制的服务规则包括先到先服务(FCFS)、先到后服务(LCFS)、带优先服务权(PR)、随机服务(SIRO)等。本章研究的问题中均假设采取

FCFS 规则。

(2) 按队列长度是否有限，可分为队长有限和队长无限两种情况。在限度以内就排队等待，超过一定限度就离去(系统容量有限或无限)。

(3) 按排队方式分为单列、多列。对于多列排队的顾客有的可以相互转移，有的则不能(用栏杆等隔开)；有的排队顾客因等候时间过长而离开，有的则不能(如在高速公路行驶的汽车必须坚持到高速出口)。本章所讨论的问题限制在队列间不能相互转移，中途不能退出的情形。

3. 服务机构

从机构形式和工作情况来看，服务机构有图 9－2 所示的几种。

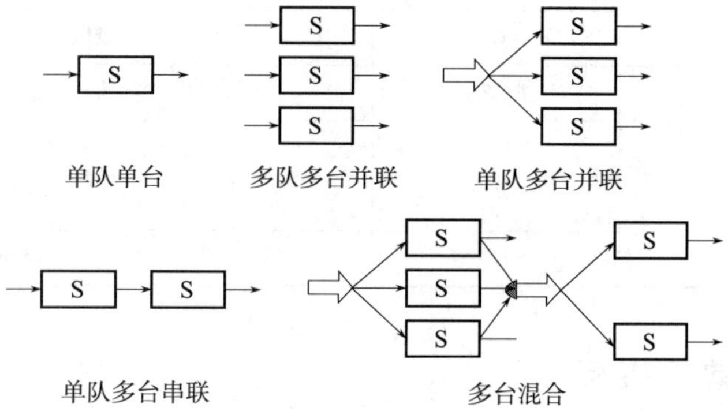


**图 9－2　服务机构**

(1) 服务机构可以没有服务员，也可以有一个或多个服务员(服务台、窗口)。如超市的货架可以没有服务员，但收银台可能有多个服务员。

(2) 在多个服务台的情况中，可以是平行排列的(并联)，也可以是前后排列的(串联)，还可以是多台混合的。

(3) 服务方式可以对单个顾客进行，也可以成批进行。本章只讨论单个服务情况。

(4) 服务时间可分为确定型的和随机型的。如列车对乘客的服务是按列车时刻表进行位移服务，是确定型的；因患者病情不同，医生诊断的时间不是确定的，是随机型的。

(5) 服务时间的分布总假定是平稳的，即分布的期望值、方差等参数不受时间的影响。

### 9.1.3　排队系统的模型符号

D. G. Kendall(肯德尔)于 1953 年提出了排队模型的分类方法，对分类方法影响最大的特征有 3 个：①相继顾客到达间隔时间的分布；②服务时间的分布；③服务台的个数。

根据这 3 个特征对排队模型进行分类的符号称为 Kendall 记号：$X/Y/Z$，即输入分布/输出分布/并联的服务站数。

(1) $X$：表示相继到达间隔时间的分布。

(2) $Y$：表示服务时间的分布。

(3) $Z$：并列的服务台数目。

1971 年在国际排队符号标准会上 Kendall 将上述分类记号扩充到 6 项，记为 $X/Y/Z/A/B/C$，即输入分布/输出分布/并联的服务站数/系统容量(队长)/系统状态(顾客源数)/服务规则。

表示相继到达间隔时间和服务时间的各种分布的符号见表 9－2。

例如：$M/M/1$ 表示相继到达间隔时间为负指数分布、服务时间为负指数分布、单服务台的模型；$M/M/c$ 表示相继到达间隔时间为负指数分布、服务时间为负指数分布、$c$ 个平行服务台(但顾客是一队)的模型；$M/$

$M/1/\infty/\infty/FCFS$ 表示相继到达间隔时间为负指数分布、服务时间为负指数分布、单服务台、系统容量无限、顾客无限、先到先服务的模型。

**表 9-2　表示相继到达间隔时间和服务时间的各种分布的符号**

| | 符号 | 含义 |
|---|---|---|
| 输入分布<br>顾客到达分布<br>输出分布<br>服务时间分布 | $M$(Markov) | 负指数分布(negative exponential distribution) |
| | $D$ | 确定型(deterministic) |
| | $GI$ | 一般相互独立分布(general independent) |
| | $Ek$ | $k$ 阶爱尔朗分布(Erlang distribution) |
| | $G$ | 一般服务时间分布(general) |
| 服务规则 | $FCFS$ | 先到先服务 |
| | $LCFS$ | 后到先服务 |
| | $PR$ | 带优先权服务 |
| | $SIRO$ | 随机服务 |

## 9.1.4　排队系统的常用指标

1. 排队问题的求解

求解排队问题的目的是研究排队系统运行的效率，估计服务质量，确定系统参数的最优值，以决定系统结构是否合理，研究设计改进措施等。因此必须确定用以判断系统运行优劣的基本数量指标，也称为系统运行指标。

首先，需要确定属于哪种排队模型，其中顾客相继到达的间隔时间分布和服务时间的分布需要实测的数据来确定。其他因素都是在问题提出时就给定的。

其次，确定用以判断系统运行优劣的基本数量指标，求解排队问题就是求出这些数量指标的概率分布或特征数。这些数量指标一般来说都是随机变量，并且和系统运行的时间 $t$ 有关。

1）队长（$L_s$）和排队长（$L_q$）

队长指系统内顾客数，期望值记作 $L_s$，排队长包括正在接受服务的顾客数与排队等待服务的顾客数，期望值记作 $L_q$，即

$$\text{系统内顾客数}=\text{排队等待服务的顾客数}+\text{正在接受服务的顾客数}$$

2）逗留时间（$W_s$）和等待时间（$W_q$）

逗留时间指顾客在排队服务系统中从进入到服务完毕离去的平均逗留时间，期望值记作 $W_s$；等待时间指顾客排队等待服务的平均等待时间，期望值记作 $W_q$。这些是顾客最关心的，每个顾客都希望逗留时间或等待时间越短越好。

3）忙期

忙期指从顾客到达服务机构起到服务机构再次为空闲这段时间的长度，即服务机构连续繁忙的时间长度，它关系到服务员的工作强度。忙期和一个忙期中平均完成服务顾客数都是衡量服务机构效率的指标。

4）其他指标

在即时制或排队有限制的情形下，还有由于顾客被拒绝而使企业受到损失的损失率，以及以后经常会遇到的服务强度等指标，这些都是很重要的指标。

常见的指标关系可用 Little(里特尔)公式来表示。

$$L_s = \lambda W_s, \text{或 } W_s = \frac{L_s}{\lambda}$$

$$L_q = \lambda W_q, \text{或 } W_q = \frac{L_q}{\lambda}$$

$$W_s = W_q + \frac{1}{\mu}$$

$$L_s = L_q + \frac{\lambda}{\mu} L_s = \sum_{n=0}^{\infty} n P_n$$

$$L_q = \sum_{n=s+1}^{\infty} (n-s) P_n$$

其中：

(1) $\lambda$ 表示单位时间内顾客的平均到达数，则 $1/\lambda$ 表示相邻两个顾客到达的平均间隔时间；

(2) $\mu$ 表示单位时间内被服务完毕离去的平均顾客数，则 $1/\mu$ 表示对每个顾客的平均服务时间；

(3) $s$ 表示服务系统中并联的服务台数，$P_n(t)$ 表示在时刻 $t$ 系统中恰好有 $n$ 个顾客的概率。

2. 系统状态的概率分布

计算上述这些指标的基础就是表达系统状态的概率分布。所谓系统的状态即指系统中的顾客数，其期望值是 $L_s$，如果系统中有 $n$ 个顾客就称系统的状态是 $n$，它的可能取值是：

(1) 当队长没有限制时，$n=0,1,2,\cdots$；

(2) 当队长有限制、最大数为 $N$ 时，$n=0,1,2,\cdots,N$；

(3) 当为即时制且服务台个数为 $c$ 时，$n=0,1,2,\cdots,c$。

系统处于这些状态的概率一般是随时间 $t$ 变化的，所以在时刻 $t$、系统状态为 $n$ 的概率可以用 $P_n(t)$ 表示。

3. 求状态概率 $P_n(t)$ 的方法

建立含 $P_n(t)$ 的关系式，该关系式一般是包含 $P_n(t)$ 的微分差分方程(关于 $t$ 的微分方程，关于 $n$ 的差分方程)。该方程的解称为瞬态(或称过渡状态)解(transient state)。

它的极限 $\lim\limits_{t} P_n(t) = P_n$ 称为稳态解(steady state)，或称统计平衡状态解(statistical equilibrium state)。

4. 稳态解的物理意义

当系统运行了无限长时间后，初始($t=0$)状态的概率分布($P_n(0), n \geqslant 0$)的影响将消失，系统状态的概率分布不再随时间而变化。

在实际应用中，大多数系统会很快趋于稳态，而无须等到 $t\to\infty$ 以后。

求稳态概率 $P_n$ 时，不需要求 $t\to\infty$ 时 $P_n(t)$ 的极限，只需求导数 $P_n'(t)$ 即可。

## 复习思路提示

1. 记住排队模型的符号形式为 $X/Y/Z/A/B/C$，理解各系统运行指标($L_s, L_q, W_s, W_q$)的含义。

2. 求解排队问题的目的是研究排队系统运行的效率，估计服务质量，确定系统参数的最优值，以决定系统结构是否合理，研究设计改进措施等。

3. 目前排队系统理论只针对顾客独立到达、平稳状态、对单个顾客服务的情况，且队列间不能相互转移，中途不能退出。

4. 计算排队系统运行指标的基础是表达系统状态的概率分布，而求解该概率的微分、差分方程的瞬态解很难求，也很难利用，因此本章着重研究稳态解的情形。

# 9.2 排队论的基本分布

## 9.2.1 经验分布

解决排队问题首先要根据原始资料求出顾客相继到达的间隔时间和服务时间的经验分布，然后按照统计学的方法来确定符合哪种理论分布，并估计它的参数值。

**例 9-1(经验分布)** 大连港大港区 1979 年载货 500 吨以上船舶到达数(不包括定期到达的船舶)逐日记录见《运筹学》(第 4 版，《运筹学》教材编写组，清华大学出版社，2014 年)第 355 页的表 12-2，本书将该表整理成船舶到达数的分布表，如表 9-3 所示。

**表 9-3 船舶到达数的分布表**

| 船舶到达数 $n$ | 0 | 1 | 2 | 3 | 4 | 5 | 6 | 7 | 8 | 9 | 10 以上 | 合计 |
|---|---|---|---|---|---|---|---|---|---|---|---|---|
| 频数 | 12 | 43 | 64 | 74 | 71 | 49 | 26 | 19 | 4 | 2 | 1 | 365 |
| 频率/% | 0.033 | 0.118 | 0.175 | 0.203 | 0.195 | 0.134 | 0.071 | 0.052 | 0.011 | 0.005 | 0.003 | 1.000 |

可以计算出：

$$\text{平均到达率}=\text{到达总数}/\text{总天数}=1\,271/365=3.48\ \text{艘}/\text{天}$$

实际中测定顾客相继到达的间隔时间的方法：通常以 $\tau_i$ 表示第 $i$ 号顾客到达的时刻，以 $s_i$ 表示对他的服务时间，这样可算出顾客相继到达的间隔时间 $t_i(t_i=\tau_{i+1}-\tau_i)$ 和排队等待时间 $w_i$。它们的关系如图 9-3 所示，则等待时间为

$$w_{i+1}=\begin{cases} w_i+s_i-t_i, \text{当 } w_i+s_i-t_i>0 \text{ 时} \\ 0, \text{当 } w_i+s_i-t_i<0 \text{ 时} \end{cases}$$

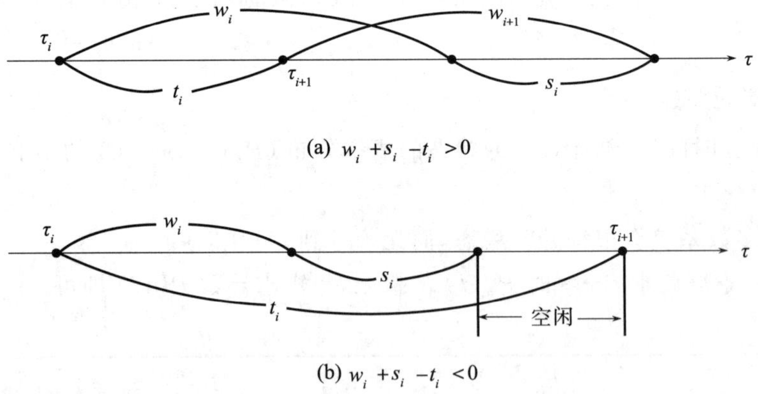


**图 9-3 顾客相继到达的时间间隔与排队等待时间的关系**

**例 9-2(到达时间测定)** 某服务机构是单服务台和先到先服务，对 41 个顾客记录到达间隔时间 $\tau$ 和服务时间 $s$ (单位为 min)，如《运筹学》(第 4 版，《运筹学》教材编写组，清华大学出版社，2014 年)第 357 页表 12-4 所示，在表中第 1 号顾客到达时刻为 0，对所有顾客的全部服务时间为 127 min。将原始记录整理为表 9-4 和表 9-5。时间计算如表 9-6 所示。

根据

$$t_i=\tau_{i+1}-\tau_i$$

$$w_{i+1}=\begin{cases}w_i+s_i-t_i\text{，当 }w_i+s_i-t_i>0\text{ 时}\\0\text{，当 }w_i+s_i-t_i<0\text{ 时}\end{cases}$$

解得：

平均间隔时间＝142/40＝3.55 分/人

平均到达率＝41/142＝0.29 人/分

平均服务时间＝127/41＝3.10 分/人

平均服务率＝41/127＝0.32 人/分

**表 9－4　到达间隔时间数据**

| | |
|---|---|
| 1 | 6 |
| 2 | 10 |
| 3 | 8 |
| 4 | 6 |
| 5 | 3 |
| 6 | 2 |
| 7 | 2 |
| 8 | 1 |
| 9 | 1 |
| 10 以上 | 1 |
| 合计 | 40 |

**表 9－5　服务时间数据**

| | |
|---|---|
| 1 | 10 |
| 2 | 10 |
| 3 | 7 |
| 4 | 5 |
| 5 | 4 |
| 6 | 2 |
| 7 | 1 |
| 8 | 1 |
| 9 以上 | 1 |
| 合计 | 41 |

**表 9－6　时间计算**

| $i$ | $\tau_i$ | $s_i$ | $t_i$ | $w_i$ |
|---|---|---|---|---|
| 1 | 0 | 5 | 2 | 0 |
| 2 | 2 | 7 | 4 | 3 |
| 3 | 6 | 1 | 5 | 6 |
| … | … | … | … | … |
| 41 | 142 | 1 | | 9 |

## 9.2.2　输入与服务时间的分布

1. 泊松分布（最简单流）

泊松分布（Poisson distribution）是一种统计与概率学里常见的离散概率分布，由法国数学家西莫恩·德尼·泊松（Siméon－Denis Poisson）在 1838 年提出。在实际事例中，当一个随机事件（例如某电话交换台收到的呼叫、来到某公共汽车站的乘客、某放射性物质发射出的粒子、显微镜下某区域中的白细胞等）以固定的平均瞬时速率 $\lambda$（或称密度）随机且独立地出现时，那么这个事件在单位时间（单位面积或单位体积）内出现的次数或个数就近似地服从泊松分布 $P(\lambda)$。

最简单流是指在 $t$ 这段时间内有 $k$ 个顾客来到服务系统的概率 $P_k(t)$ 服从泊松分布，即

$$P_k(t)=\mathrm{e}^{-\lambda t}\frac{(\lambda t)^k}{k!},k=0,1,2,\cdots$$

当 $k=0$ 时，$P_0(t)=\mathrm{e}^{-\lambda t}$。其中，参数 $\lambda$ 是单位时间（或单位面积）内随机事件的平均发生次数。

泊松分布适合描述单位时间内随机事件发生的次数。

泊松分布（最简单流）需要满足以下 3 个条件。

(1) 无后效性：指在不相交的时间区间内到达的顾客数是相互独立的，或者说在区间 $[a, a+t]$ 内来 $k$ 个顾客的概率与时间 $a$ 之前来多少个顾客无关。

(2) 平稳性：指在一定时间间隔内，来到服务系统 $k$ 个顾客的概率仅与这段时间间隔的长短有关，而与这段时间的起始时刻无关，即在时间区间 $[0, t]$ 和 $[a, a+t]$ 内，$P_k(t)$ 的值是一样的。

(3) 普通性：指在足够小的时间区间内只能有一个顾客到达，不可能有两个及以上顾客同时到达。

由于最简单流与实际顾客到达流的近似性，更由于最简单流容易处理，因此排队论中大量研究的是最简单流的情况。事实上，应用排队论来研究实际问题到目前为止也较多局限于最简单流。

下面用数学语言来描述。

设 $N(t)$ 表示在时间区间 $[0, t)$ 内到达的顾客数 $(t > 0)$，令 $P_n(t_1, t_2)$ 表示在时间区间 $[t_1, t_2)(t_2 > t_1)$ 内有 $n(n \geqslant 0)$ 个顾客到达的概率，即

$$P_n(t_1, t_2) = P\{N(t_2) - N(t_1) = n\}, t_2, t_1, n \geqslant 0$$

当 $P_n(t_1, t_2)$ 符合下列 3 个条件时，我们说顾客的到达形成泊松流。

(1) 在不重叠的时间区间内顾客到达数是相互独立的，即无后效性。

(2) 对充分小的 $\Delta t$，在时间区间 $\Delta t$ 内只有 1 个顾客到达的概率与 $t$ 无关，而与区间长度 $\Delta t$ 成正比，即

$$P_1(t, t+\Delta t) = \lambda \Delta t + o(\Delta t)$$

其中，当 $\Delta t \to 0$ 时，$o(\Delta t)$是关于 $\Delta t$ 的高阶无穷小。$\lambda > 0$ 是常数，表示单位时间内只有一个顾客到达的概率，称为概率强度。

(3) 对于充分小的 $\Delta t$，在时间区间 $[t, t+\Delta t)$ 内有 2 个或 2 个以上顾客到达的概率极小，以至于可以忽略，即

$$\sum_{n=2}^{\infty} P_n(t, t+\Delta t) = o(\Delta t)$$

对于泊松流，$\lambda$ 表示单位时间平均到达的顾客数，$1/\lambda$ 表示顾客相继到达的平均间隔时间。

$$\text{概率分布：} P_n(t) = \frac{(\lambda t)^n}{n!} e^{-\lambda t}, t > 0, n = 0, 1, 2, \cdots$$

$$\text{数学期望：} E[N(t)] = \lambda t$$

$$\text{方差：} \mathrm{Var}[N(t)] = \lambda t$$

2. 负指数分布

若用 $f_T(t)$ 代表依次服务完毕离去的两个顾客的间隔时间 $t$ 的概率密度函数，用 $F_T(t)$ 代表 $t$ 的概率分布函数，则有

$$\text{概率密度函数：} f_T(t) = \begin{cases} \mu e^{-\mu t}, t \geqslant 0 \\ 0, t < 0 \end{cases}$$

$$\text{概率分布函数：} F_T(t) = \begin{cases} 1 - \mu e^{-\mu t}, t \geqslant 0 \\ 0, t < 0 \end{cases}$$

$$\text{数学期望：} E[T] = \frac{1}{\mu}$$

$$\text{方差：} \mathrm{Var}[T] = \frac{1}{\mu^2}$$

$$\text{标准差：} \sigma[T] = \frac{1}{\mu}$$

负指数分布的性质(无记忆性或马尔可夫性)如下。

(1) 假如服务设施对每个顾客的服务时间服从负指数分布，则 $\mu$ 表示单位时间能被服务完成的顾客数，

称为平均服务率，对每个顾客的平均服务时间为 $\frac{1}{\mu}$。

(2) 当服务设施对顾客的服务时间 $t$ 为参数 $\mu$ 的负指数分布时，则有：在 $[t, t+\Delta t]$ 内没有顾客离去的概率为 $1-\mu\Delta t$；在 $[t, t+\Delta t]$ 内恰好有一个顾客离去的概率为 $\mu\Delta t$；如果 $\Delta t$ 足够小的话，在 $[t, t+\Delta t]$ 内有两个及以上顾客离去的概率为 $\varphi(t) \to o(\Delta t)$。

(3) 由条件概率公式可证明：

$$P\{T > t+s \mid T > s\} = P\{T > t\}$$

说明一个顾客到达的时间与过去顾客到达的时间无关，也就是说该顾客是随机地到达。

(4) 当输入过程是泊松流时，那么顾客相继到达的间隔时间 $T$ 必然服从负指数分布。这是因为对于泊松流，在区间 $[0, t)$ 内至少有 1 个顾客到达的概率是

$$1 - P_0(t) = 1 - \mathrm{e}^{-\lambda t}, t > 0$$

又可表示为 $P\{T \leqslant t\} = F_T(t)$。

若按依次到达的间隔时间统计，顾客流服从负指数分布，则对同一顾客流按单位时间到达的数量统计，它服从泊松分布。因而泊松分布和负指数分布是对同一顾客流（无论是到达还是服务完毕离去）按不同方式进行统计得到的两种不同分布，两者是等价的。

3. $k$ 阶爱尔朗分布

$k$ 个相互独立且具有相同参数的负指数分布的和的分布称为 $k$ 阶爱尔朗分布。

例如，在一台自动机床上依次利用 3 把刀具对一个工件进行加工，若每把刀具对该工件的加工时间均为参数为 $\mu$ 的负指数分布，则该工件在自动机床上总的加工时间服从 3 阶爱尔朗分布。

再如，串列的 $k$ 个服务台，每个服务台的服务时间相互独立，服从相同的负指数分布（参数为 $k\mu$），那么顾客走完这 $k$ 个服务台总共所需服务时间就服从 $k$ 阶爱尔朗分布。

设 $v_1, v_2, \cdots, v_k$ 是 $k$ 个相互独立的随机变量，服从相同参数 $k\mu$ 的负指数分布，则 $T = v_1 + v_2 + \cdots + v_k$ 的概率密度是

$$b_k(t) = \frac{\mu k(\mu k t)^{k-1}}{(k-1)!}\mathrm{e}^{-\mu k t}, t > 0$$

我们就说 $T$ 服从 $k$ 阶爱尔朗分布，其数学期望与方差分别为

$$E[T] = \frac{1}{\mu}, \mathrm{Var}[T] = \frac{1}{k\mu^2}$$

在图 9-4 中：

- 当 $k=1$ 时，爱尔朗分布转化为负指数分布，可看成一种完全随机的分布；
- 当 $k$ 增大时，爱尔朗分布的图形逐渐变为对称的；
- 当 $k \geqslant 30$ 时，爱尔朗分布近似于正态分布；
- 当 $k \to \infty$ 时，$\mathrm{Var}[T] \to 0$，这时爱尔朗分布转化为确定型分布。

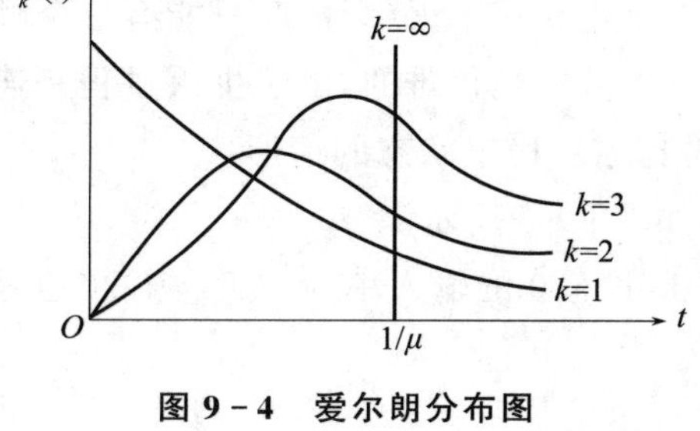


**图 9-4　爱尔朗分布图**

一般 $k$ 阶爱尔朗分布可看成完全随机与完全确定的中间型，对现实世界具有更为广泛的适应性。

## 复习思路提示

1. 对于输入的顾客流来说，若按依次到达的间隔时间统计，顾客流服从负指数分布；对同一顾客流若按单位时间到达的数量统计，它服从泊松分布，统一用记号 $M$ 表示。

2. 对于泊松流，$\lambda$ 表示单位时间平均到达的顾客数，$1/\lambda$ 表示顾客相继到达的平均间隔时间。

3. 对于服务时间来说，假如服务设施对每个顾客的服务时间服从负指数分布，则 $\mu$ 表示单位时间能被服务完成的顾客数，称为平均服务率，对每个顾客的平均服务时间为 $1/\mu$。

4. 记住 3 种分布的概率密度函数，以及各自的数学期望与方差。

# 9.3 单服务台排队模型

## 9.3.1 标准的 $M/M/1(M/M/1/\infty/\infty)$ 模型

1. 生灭过程（生死过程）

生灭过程是用来处理输入为最简单流（柏松流）、服务时间为负指数分布这类最简单排队模型的方法。生灭过程是分析后面各类排队问题的方法论，在排队论中有重要意义。

**例 9-3（生灭过程）** 某地区当前人口数为 $n$，该年人口出生率为 $\lambda_n$，则根据泊松流的性质，在 $\Delta t$ 时间内出生一个人的概率为 $\lambda_n \Delta t + o(\Delta t)$；$\mu_n$ 为该年人口死亡率，则根据负指数分布的性质，在 $\Delta t$ 时间内死亡一个人的概率为 $\mu_n \Delta t + o(\Delta t)$。那么在经过 $\Delta t$ 时间后，人口将变成多少？

具体分析见图 9-5。

| $\Delta t$ 期间 | $\Delta t$ 时间后 |
|---|---|
| (1)生 0 死 0 | $n$ |
| (2)生 1 死 0 | $n+1$ |
| (3)生 0 死 1 | $n-1$ |
| (4)生 1 死 1 | $n$ |
| (5)生 0 死 0 | $n$ |

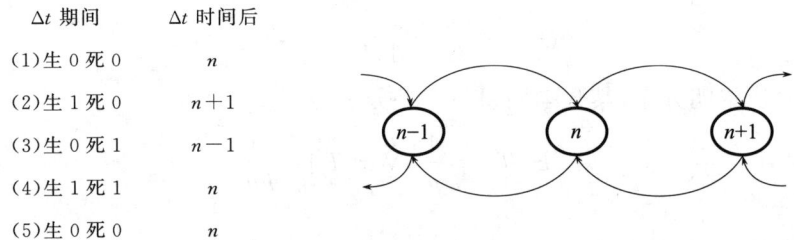

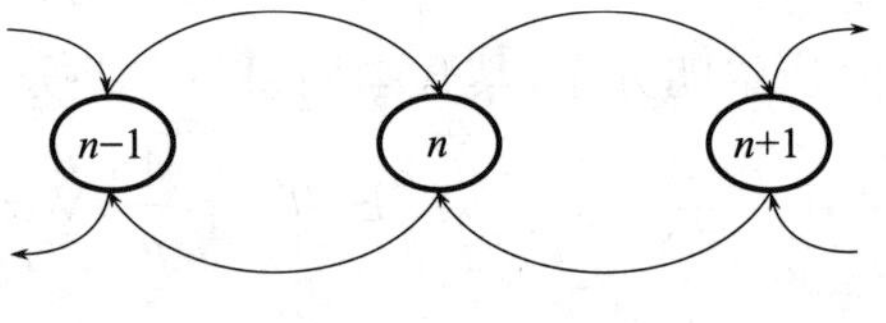


**图 9-5　状态转移图和生死状态**

在生灭过程中，生与灭的发生都是随机的，它们的平均发生率依赖于现有的人数，即系统现处的状态。假定：

(1) 给定 $N(t)=n$，到下一个生的间隔时间是参数 $\lambda_n$ 的负指数分布（平均到达率 $\lambda_n$）；

(2) 给定 $N(t)=n$，到下一个灭的间隔时间是参数 $\mu_n$ 的负指数分布（平均服务率 $\mu_n$）；

(3) 在同一个时刻只可能发生一个生或一个灭（即同时只能有一个顾客到达或离去）。

要求出系统瞬时状态 $N(t)$ 的概率分布是很难的，由于生灭过程是连续时间的马尔可夫过程，当 $t$ 足够大时系统将处于稳定状态，所以只考虑系统稳定状态的情形。

假设处于状态 $i$ 的概率为 $P_i$，如图 9-6 所示。

当 $i=0$ 时，输入仅仅来自状态 1，状态 0 的输入率为 $\mu_1 P_1$，输出也只有一个，输出率为 $\lambda_0 P_0$，则此时状态 0 的平衡方程为

$$\mu_1 P_1 = \lambda_0 P_0 \Rightarrow P_1 = \frac{\lambda_0}{\mu_1} P_0$$

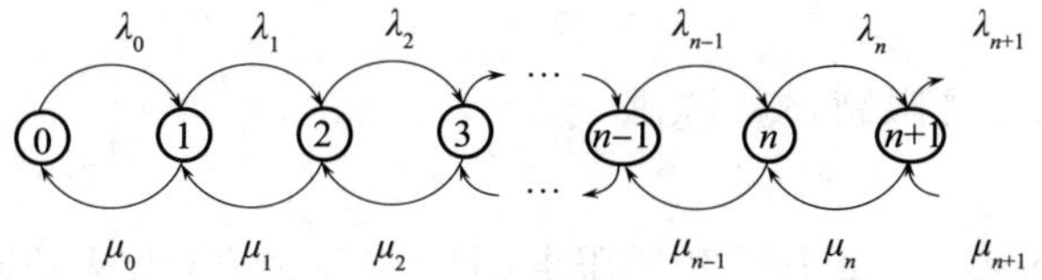


**图 9-6　状态转移图**

当 $i=1$ 时，输入来自状态 0 和 2，状态 1 的输入率为 $\lambda_0 P_0+\mu_2 P_2$，输出至状态 0 和 2，输出率为 $\lambda_1 P_1+\mu_1 P_1$，则此时状态 1 的平衡方程为

$$\lambda_0 P_0+\mu_2 P_2=\lambda_1 P_1+\mu_1 P_1$$

$$\Rightarrow P_2=\frac{\lambda_1 P_1+\mu_1 P_1-\lambda_0 P_0}{\mu_2}$$

$$\Rightarrow P_2=\frac{\lambda_1(\frac{\lambda_0}{\mu_1}P_0)+\mu_1(\frac{\lambda_0}{\mu_1}P_0)-\lambda_0 P_0}{\mu_2}=\frac{\lambda_1\lambda_0}{\mu_2\mu_1}P_0$$

同理可得

$$P_n=\frac{\lambda_{n-1}\cdots\lambda_1\lambda_0}{\mu_n\cdots\mu_2\mu_1}P_0$$

令 $C_i=\frac{\lambda_{n-1}\cdots\lambda_1\lambda_0}{\mu_n\cdots\mu_2\mu_1}(i=1,2,\ldots)$，$C_0=1$，则有 $P_i=C_i P_0(i=1,2,\ldots)$。

由概率的性质可知

$$\sum_{i=0}^{\infty}P_i=P_0\sum_{i=0}^{\infty}C_i=1\Rightarrow P_0=\frac{1}{\sum_{i=0}^{\infty}C_i}$$

而在排队系统中经常设定

$$\lambda_i=\lambda,\mu_i=\mu(i=1,2,\ldots),C_n=\frac{\lambda_{n-1}\cdots\lambda_1\lambda_0}{\mu_n\cdots\mu_2\mu_1}=\left(\frac{\lambda}{\mu}\right)^n$$

令 $\rho=\frac{\lambda}{\mu}<1$（否则队列将排得无限长），则有

$$P_n=\frac{\lambda_{n-1}\cdots\lambda_1\lambda_0}{\mu_n\cdots\mu_2\mu_1}P_0=\left(\frac{\lambda}{\mu}\right)^n P_0=\rho^n P_0$$

$$\sum_{i=0}^{\infty}P_i=P_0\sum_{i=0}^{\infty}C_i=1$$

$$\Rightarrow P_0=\frac{1}{\sum_{i=0}^{\infty}C_i}=\frac{1}{1+\rho+\rho^2+\cdots}=1-\rho$$

其中，服务强度 $\rho$（traffic intensity）的实际意义如下。

（1）$\rho=\frac{\lambda}{\mu}$ 为平均到达率与平均服务率之比，即在相同时区内顾客到达的平均数与被服务的平均数之比。

（2）$\rho=\frac{1/\mu}{1/\lambda}$ 为一个顾客的服务时间与到达间隔时间之比。

服务强度 $\rho=1-P_0$ 表示服务机构的繁忙程度，又称为服务机构的利用率。

### 2. 标准的 $M/M/1/\infty/\infty$ 模型需要满足的条件

1）输入过程

顾客源无限，单个到来，相互独立，到达平均数为常数，且服从泊松分布，到达过程是平稳的。

2）排队规则

单队，系统容量无限，队长不受限制，先到先服务。

3）服务机构

单服务台、平均服务率为常数，对每个顾客的服务时间相互独立，服从相同的负指数分布，服务过程也是平稳的。

$M/M/1/\infty/\infty$模型是一类最简单的排队系统模型。

### 3. $M/M/1/\infty/\infty$模型的状态转移图（图 9－7）

由于到达平均数和服务平均数均为常数，即

$$\lambda_0=\lambda_1=\cdots=\lambda_{n-1}=\lambda,\mu_1=\mu_2=\cdots=\mu_n=\mu$$

于是有

$$C_n=\frac{\lambda_{n-1}\cdots\lambda_1\lambda_0}{\mu_n\cdots\mu_2\mu_1}=\left(\frac{\lambda}{\mu}\right)^n=\rho^n,\ \sum_{n=0}^{\infty}C_n=\sum_{n=0}^{\infty}\rho^n=\frac{1}{1-\rho}$$

$$\Rightarrow P_0=\frac{1}{\sum\limits_{n=0}^{\infty}C_n}=1-\rho$$

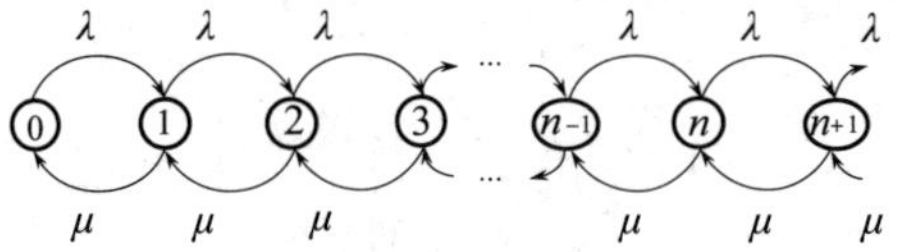


图 9－7　$M/M/1/\infty/\infty$模型的状态转移图

根据前文有 $P_n=\frac{\lambda_{n-1}\cdots\lambda_1\lambda_0}{\mu_n\cdots\mu_2\mu_1}P_0$，令 $C_i=\frac{\lambda_{n-1}\cdots\lambda_1\lambda_0}{\mu_n\cdots\mu_2\mu_1}(i=1,2,\cdots),C_0=1$，则有 $P_i=C_iP_0(i=1,2,\cdots)$，故有 $P_n=C_nP_0=\rho^nP_0=\rho^n(1-\rho)$。

### 4. $M/M/1/\infty/\infty$模型的系统运行指标

1）系统内的顾客数、队长期望值

$$\begin{aligned}L_s&=\sum_{n=0}^{\infty}nP_n=(1-\rho)\sum_{n=0}^{\infty}n\rho^n=(1-\rho)\rho\sum_{n=0}^{\infty}n\rho^{n-1}\\&=(1-\rho)\rho\sum_{n=0}^{\infty}\frac{\mathrm{d}}{\mathrm{d}\rho}\rho^n=(1-\rho)\rho\frac{\mathrm{d}}{\mathrm{d}\rho}\sum_{n=0}^{\infty}\rho^n\\&=(1-\rho)\rho\frac{\mathrm{d}}{\mathrm{d}\rho}\left(\frac{1}{1-\rho}\right)=\frac{\rho}{1-\rho}\\&=\frac{\lambda}{\mu-\lambda}\end{aligned}$$

2）顾客在系统内的逗留时间（期望值）

$$W_s=\frac{L_s}{\lambda}=\frac{1}{\mu-\lambda}$$

3）顾客排队的等待时间（期望值）

$$W_q=W_s=\frac{1}{\mu}=\frac{1}{\mu-\lambda}-\frac{1}{\mu}=\frac{\lambda}{\mu(\mu-\lambda)}=\frac{\rho}{\mu-\lambda}$$

4）系统总排队长度的期望值

$$L_q=\lambda W_q=\frac{\rho\lambda}{\mu-\lambda}$$

各系统指标计算公式汇总如下：

(1) $L_s=\dfrac{\lambda}{\mu-\lambda}$；

(2) $L_q=\dfrac{\rho\lambda}{\mu-\lambda}$；

(3) $W_s=\dfrac{1}{\mu-\lambda}$；

(4) $W_q=\dfrac{\rho}{\mu-\lambda}$。

各指标之间的关系可由 Little 公式来表示：

(1) $L_s=\lambda W_s$；

(2) $L_q=\lambda W_q$；

(3) $W_s=W_q+\dfrac{1}{\mu}$；

(4) $L_s=L_q+\dfrac{\lambda}{\mu}$。

**例 9-4(系统指标计算)**　某医院手术室根据病人来诊和完成手术时间的记录，任意抽查了 100 个工作小时，每小时来就诊的病人数 $n$ 的出现次数；又任意抽查了 100 个完成手术的病历，所用时间 $v$(单位：h)出现的次数，如表 9-7 所示。计算该系统各个指标的值。

**表 9-7　病人来诊和完成手术时间的记录表**

| 到达的病人数 $n$ | 出现次数 | 为病人完成手术时间 $v$/h | 出现次数 |
|---|---|---|---|
| 0 | 10 | 0.0～0.2 | 38 |
| 1 | 28 | 0.2～0.4 | 25 |
| 2 | 29 | 0.4～0.6 | 17 |
| 3 | 16 | 0.6～0.8 | 9 |
| 4 | 10 | 0.8～1.0 | 6 |
| 5 | 6 | 1.0～1.2 | 5 |
| 6 以上 | 1 | 1.2 以上 | 0 |
| 合计 | 100 | 合计 | 100 |

解：(1) 每小时病人平均到达率 $\dfrac{\sum nf_n}{100}\approx 2.1$ 人/h，每次手术时间 $\dfrac{\sum vf_v}{100}\approx 0.4$ h/人，每小时完成手术人数(平均服务率)：$1/0.4=2.5$ 人/h。

(2) 取 $\lambda=2.1$，$\mu=2.5$，可以通过统计检验的方法，统计检验出病人到达数服从参数为 2.1 的泊松分布，手术时间服从参数为 2.5 的负指数分布。

(3) $\rho=\lambda/\mu=2.1/2.5=0.84$，说明服务机构(手术室)有 84% 的时间是繁忙的，有 16% 的时间是空闲的。

(4) 依次代入计算公式，算出各指标：

$$\text{在病房中病人数(期望值)：}L_s=\left(\frac{2.1}{2.5-2.1}\right)\text{人}=5.25\text{ 人}$$

$$\text{排队等待病人数(期望值)：}L_q=(0.84\times 5.25)\text{ 人}=4.41\text{ 人}$$

$$\text{病人在病房中逗留时间(期望值)：}W_s=\left(\frac{1}{2.5-2.1}\right)\text{h}=2.5\text{ h}$$

$$\text{病人排队等待时间(期望值)：}W_q=\left(\frac{0.84}{2.5-2.1}\right)\text{h}=2.1\text{ h}$$

**例 9-5($M/M/1/\infty/\infty$模型)** 某修理店只有一个修理工,要求提供服务的顾客到达过程为泊松流,平均 4 人/h;修理时间服从负指数分布,平均需要 6 min。试求:

(1) 修理店空闲的概率;

(2) 店内恰有 3 个顾客的概率;

(3) 店内至少有 1 个顾客的概率;

(4) 店内的平均顾客数;

(5) 每个顾客在店内的平均逗留时间;

(6) 等待服务的平均顾客数;

(7) 每个顾客平均等待服务时间。

解:这属于 $M/M/1/\infty/\infty$ 排队模型,其中 $\lambda=4,\mu=\frac{1}{0.1}=10,\rho=\frac{\lambda}{\mu}=\frac{2}{5}$。

(1) 修理店空闲的概率:

$$P_0=1-\rho=1-\frac{2}{5}=0.6$$

(2) 店内恰有 3 个顾客的概率:

$$P_3=\rho^3(1-\rho)=\left(\frac{2}{5}\right)^3\times\left(1-\frac{2}{5}\right)=0.038\,4$$

(3) 店内至少有 1 个顾客的概率:

$$P\{N\geqslant 1\}=1-P_0=0.4$$

(4) 店内的平均顾客数:

$$L_s=\frac{\rho}{1-\rho}=\frac{0.4}{0.6}\text{ 人}\approx 0.67\text{ 人}$$

(5) 每个顾客在店内的平均逗留时间:

$$W_s=\frac{L_s}{\lambda}=\frac{0.67}{4}\text{ h}\approx 10\text{ min}$$

(6) 等待服务的平均顾客数:

$$L_q=L_s-\rho=\frac{\rho^2}{1-\rho}=\frac{0.16}{0.6}\approx 0.267\text{ 人}$$

(7) 每个顾客平均等待服务时间:

$$W_q=\frac{L_q}{\lambda}=\frac{0.267}{4}\text{ h}\approx 4\text{ min}$$

## 复习思路提示

1. 生灭过程是分析后面各类排队问题的方法论,理解生灭过程有助于理解排队系统运行指标的推导求解。

2. 掌握根据状态转移图得出任一状态下的平衡方程,即对任一状态来说,单位时间内进入该状态的平均次数和单位时间内离开该状态的平均次数应该相等,这就是系统在统计平衡下的“输入=输出”原理。

3. 在运用指标计算公式和计算 Little 公式之前(当然公式需牢记),需要准确地找出 $\lambda$ 和 $\mu$ 的值,从而确定后续的计算,可从单位量词中去判断。

## 9.3.2　系统容量有限的情况($M/M/1/N/\infty$)

1. 问题描述

比如:医院规定每天挂 100 个号,那么第 101 个到达者就会自动离去;理发店内等待的座位都满员时,后来的顾客就会设法另找理发店;生产中每道工序存放制品的场地有限,当超过限度时,就要把多余的搬进仓库;等等。

假定一个系统可以容纳 $N$ 个顾客(包括被服务与等待的总数),如果这时候顾客的到达率仍是常数,但由于系统中已有 $N$ 个顾客,新到的顾客将自动离去,因此有

$$\lambda_n = \begin{cases} \lambda, n = 0,1,2,\cdots,N-1 \\ 0, n \geqslant N \end{cases}$$

如果系统的最大容量为 $N$,对于单服务台的情形,排队等待的顾客最多为 $N-1$,在某时刻一顾客到达时,如系统中已有 $N$ 个顾客,那么这个顾客就被拒绝进入系统,如图 9-8 所示。

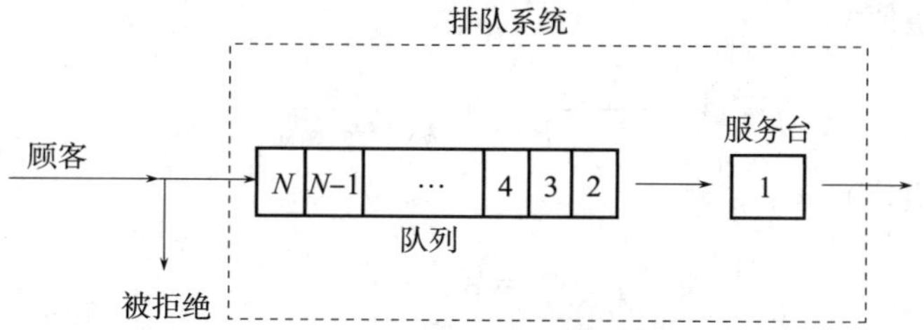


**图 9-8　容量有限的排队系统**

当 $N=1$ 时为即时制的情形;当 $N\to\infty$时为容量无限制的情形。

2. $M/M/1/N/\infty$ 模型需要满足的条件

1) 输入过程

顾客源无限,服从泊松分布。

2) 排队规则

系统最大容量为 $N$,排队等候的顾客最多为 $N-1$,至某时刻一顾客到达时,如系统中已有 $N$ 个顾客,那么这个顾客就被拒绝进入系统。

3) 服务机构

单服务台,服从相同的负指数分布。

3. 状态转移图

由图 9-9 可推得状态概率的稳态方程:

$$\begin{cases} \mu P_1 = \lambda P_0 \\ \mu P_{n+1} + \lambda P_{n-1} = (\lambda+\mu)P_n, n \leqslant N-1 \\ \mu P_N = \lambda P_{N-1} \end{cases}$$

由 $P_0 + P_1 + \cdots + P_N = 1$,且令 $\rho = \lambda/\mu$,可推出

$$P_0 = \frac{1-\rho}{1-\rho^{N+1}}, \rho \neq 1$$

$$P_n = \frac{1-\rho}{1-\rho^{N+1}}\rho^n, n \leqslant N$$

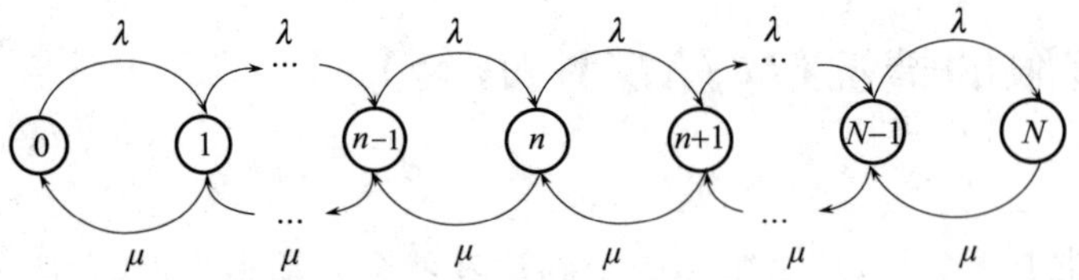


图 9－9　状态转移图

4. $M/M/1/N/\infty$ 系统的各项指标

1）队长（期望值）

$$L_s=\sum_{n=0}^{\infty}nP_n=\frac{\rho}{1-\rho}-\frac{(N+1)\rho^{N+1}}{1-\rho^{N+1}},\rho\neq 1$$

2）队列长（期望值）

$$L_q=\sum_{n=1}^{N}(n-1)P_n=L_s-(1-P_0)$$

3）顾客逗留时间（期望值）

$$W_s=\frac{L_s}{\mu(1-P_0)}=\frac{L_q}{\lambda(1-P_N)}+\frac{1}{\mu}$$

4）顾客等待时间（期望值）

$$W_q=W_s-\frac{1}{\mu}$$

5）有效到达率

$$\lambda_e=\lambda(1-P_N)=\mu(1-P_0)$$

**例 9－6（$M/M/1/N/\infty$ 排队模型）**　单人理发馆有 6 把椅子接待人们排队等待理发。当 6 把椅子都坐满时，后来到的顾客不进店就离开。顾客平均到达率为 3 人/h，理发时长平均为 15 min，则 $N=7$ 为系统中最大的顾客数。

试求：

（1）某顾客一到达就能理发的概率；

（2）需要等待的顾客数的期望值；

（3）有效到达率；

（4）一顾客在理发馆内逗留的期望时间；

（5）可能到来的顾客不等待就离开的概率。

解：这属于 $M/M/1/N/\infty$ 排队模型，其中

$$N=7,\lambda=3\text{ 人 /h},\mu=4\text{ 人 /h},\rho=\frac{\lambda}{\mu}=\frac{3}{4}$$

（1）某顾客一到达就能理发的概率——相当于理发馆没客人：

$$P_0=\frac{1-\rho}{1-\rho^{N+1}}=\frac{0.25}{1-0.75^8}\approx 0.2778$$

（2）需要等待的顾客数的期望值：

$$L_s=\frac{\rho}{1-\rho}-\frac{(N+1)\rho^{N+1}}{1-\rho^{N+1}}=\frac{0.75}{0.25}-\frac{8\times 0.75^8}{1-0.75^8}\approx 2.11$$

$$L_q=L_s-(1-P_0)=2.11-(1-0.2778)\approx 1.39$$

（3）有效到达率：

$$\lambda_e=\mu(1-P_0)=[4\times(1-0.2778)]\text{ 人 /h}\approx 2.89\text{ 人 /h}$$

(4) 一顾客在理发馆内逗留的期望时间：

$$W_s = \frac{L_s}{\lambda_e} = \frac{2.11}{2.89}\ \mathrm{h} \approx 0.73\ \mathrm{h}$$

(5) 可能到来的顾客不等待就离开的概率：

$$P_7 = \frac{1-\rho}{1-\rho^{7+1}}\rho^7 = \frac{0.25}{1-0.75^8} \times 0.75^7 \approx 3.7\%$$

## 复习思路提示

1. 当 $N=1$ 时为即时制的情形；当 $N\to\infty$ 时为容量无限制的情形。
2. 平均到达率是指系统有空时的平均到达率，当系统满员时，到达率为 0，因此要求有效到达率。
3. 牢记系统状态公式与指标计算公式，同样需要准确地找出 $\lambda$ 和 $\mu$ 的值，从而确定后续的计算。

## 9.3.3 顾客源有限的情形($M/M/1/\infty/m$)

1. 问题描述

设有 $m$ 台机器(顾客总体)，机器因故障停机表示"到达"，待修的机器形成队列，修理工人是服务员(本节讨论单服务员的情形)。顾客总体虽然只有 $m$ 个，但每个顾客到来并经过服务后，仍回到原来的总体，所以仍然可以再到来，如图 9-10 所示。

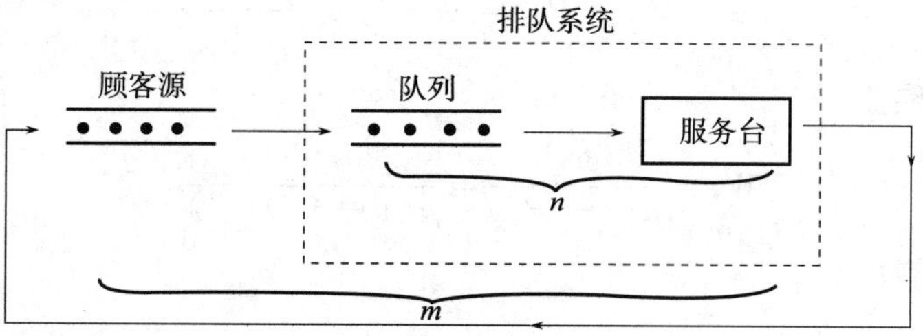


图 9-10　顾客源有限的排队系统

在机器故障问题中，同一台机器出现了故障(到来)修好后(服务完了)仍可再出故障。$M/M/1/\infty/m$ 模型中的$\infty$符号表示对系统的容量没有限制，但实际上它不会超过 $m$，所以也可写成 $M/M/1/m/m$。

2. 模型需要满足的条件

1) 输入过程

顾客总体为 $m$ 个，每个顾客到达并经过服务后，仍然回到原来的总体，所以仍然可以到来，服从泊松分布。

2) 排队规则

系统容量无限。

3) 服务机构

单服务台，服从相同的负指数分布。

3. 状态转移图

根据图 9-11，可推得状态概率的稳态方程：

$$\begin{cases} \mu P_1 = m\lambda P_0 \\ \mu P_{n+1} + (m-n+1)\lambda P_{n!} = [(m-n)\lambda + \nu]P_n, 1 \leqslant n \leqslant m-1 \\ \mu P_m = \lambda P_{m-1} \end{cases}$$

由于 $\sum_{i=0}^{m} P_i = 1$，故有

$$\begin{cases} P_0 = \dfrac{1}{\sum_{i=0}^{m} \dfrac{m!}{(m-i)!}\left(\dfrac{\lambda}{\mu}\right)^i} \\ P_n = \dfrac{m!}{(m-n)!}\left(\dfrac{\lambda}{\mu}\right)^n P_0, 1 \leqslant n \leqslant m \end{cases}$$

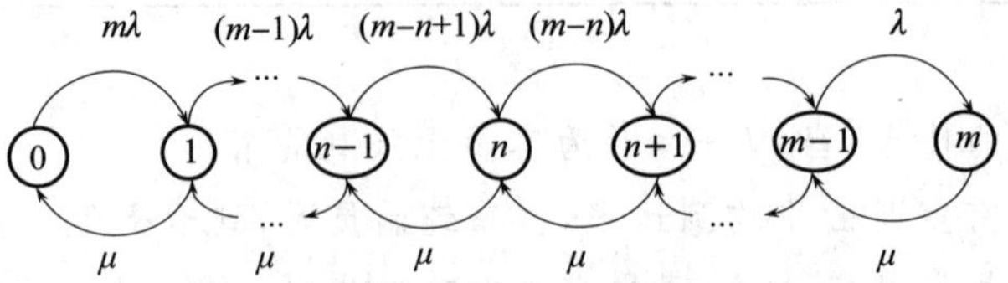


图 9－11　状态转移图

4. 系统的各项指标

1）队长（期望值）

$$L_s = m - \frac{\mu}{\lambda}(1 - P_0)$$

2）队列长（期望值）

$$L_q = L_s - (1 - P_0) = m - \frac{(\lambda + \mu)(1 - P_0)}{\lambda}$$

3）顾客逗留时间（期望值）

$$W_s = \frac{L_s}{\mu(1 - P_0)} = \frac{m}{\mu(1 - P_0)} - \frac{1}{\lambda}$$

4）顾客等待时间（期望值）

$$W_q = W_s - \frac{1}{\mu}$$

5）有效到达率

平均到达率是在无限源的情形下按全体顾客来考虑的；在有限源的情形下必须按照每个顾客来考虑。若每个顾客的到达率都是 $\lambda$，则此时系统外的顾客平均数为 $m - L_s$，系统的有效到达率则为

$$\lambda_e = \lambda(m - L_s)$$

**例 9－7（$M/M/1/\infty/m$ 排队模型）** 某车间有 5 台机器，每台机器的连续运转时间服从负指数分布，平均连续运转时间为 15 min，有一个修理工，每次修理的时间服从负指数分布，平均每次 12 min。

试求：

(1) 修理工空闲的概率；

(2) 5 台机器都出故障的概率；

(3) 出故障的平均台数；

(4) 等待修理的平均台数；

(5) 平均停工时间；

(6) 平均等待修理时间；

(7) 评价这些结果。

解：这属于 $M/M/1/\infty/m$ 排队模型，其中 $m = 5, \lambda = \dfrac{1}{15}, \mu = \dfrac{1}{12}, \dfrac{\lambda}{\mu} = 0.8$。

（1）修理工空闲的概率：

$$P_0=\frac{1}{\sum_{i=0}^{m}\frac{m!}{(m-i)!}\left(\frac{\lambda}{\mu}\right)^i}\approx 0.0073$$

（2）5 台机器都出故障的概率：

$$P_5=\frac{m!}{(m-5)!}\left(\frac{\lambda}{\mu}\right)^5 P_0\approx 0.287$$

（3）出故障的平均台数：

$$L_s=m-\frac{\mu}{\lambda}(1-P_0)\approx 3.76$$

（4）等待修理的平均台数：

$$L_q=L_s-(1-P_0)\approx 2.77$$

（5）平均停工时间：

$$W_s=\frac{L_s}{\mu(1-P_0)}=\frac{m}{\mu(1-P_0)}-\frac{1}{\lambda}\approx 46\ \text{min}$$

（6）平均等待修理时间：

$$W_q=W_s-\frac{1}{\mu}\approx 34\ \text{min}$$

（7）评价这些结果：机器停工时间过长（46 min），修理工几乎没有空闲时间（空闲概率为 0.007 3），应该提高服务率，减少修理时间或增加修理工人。

单服务台各排队系统稳态概率与运行指标公式小结如表 9-8 和表 9-9 所示。

**表 9-8　系统稳态概率**

| 系统稳态概率 | $M/M/1/\infty/\infty$ | $M/M/1/N/\infty$ | $M/M/1/\infty/m$ |
|---|---|---|---|
| $P_0$ | $1-\rho,\rho<1$ | $\frac{1-\rho}{1-\rho^{N+1}},\rho\neq 1$ | $\frac{1}{\sum_{i=0}^{m}\frac{m!}{(m-i)!}\left(\frac{\lambda}{\mu}\right)^i}$ |
| $P_n$ | $\rho^n(1-\rho),n\geqslant 1$ | $\frac{1-\rho}{1-\rho^{N+1}}\rho^n,n\leqslant N$ | $\frac{m!}{(m-n)!}\left(\frac{\lambda}{\mu}\right)^n P_0,1\leqslant n\leqslant m$ |

**表 9-9　系统运行指标公式**

| 系统运行指标 | $M/M/1/\infty/\infty$ | $M/M/1/N/\infty$ | $M/M/1/\infty/m$ |
|---|---|---|---|
| 队长 $L_s$：在系统中的平均顾客数 | $\frac{\rho}{1-\rho}$ | $\frac{\rho}{1-\rho}-\frac{(N+1)\rho^{N+1}}{1-\rho^{N+1}}$ | $m-\frac{\mu}{\lambda}(1-P_0)$ |
| 排队长 $L_q$：在队列中等待的平均顾客数 | $\frac{\rho\lambda}{\mu-\lambda}$ | $L_s-(1-P_0)$ | $m-\frac{(\lambda+\mu)(1-P_0)}{\lambda}$ |
| $W_s$：在系统中顾客平均逗留时间 | $\frac{1}{\mu-\lambda}$ | $\frac{L_s}{\mu(1-P_0)}$ | $\frac{m}{\mu(1-P_0)}-\frac{1}{\lambda}$ |
| $W_q$：在队列中顾客平均等待时间 | $\frac{\rho}{\mu-\lambda}$ | $W_s-\frac{1}{\mu}$ | $W_s-\frac{1}{\mu}$ |
| 有效到达率 |  | $\lambda_e=\mu(1-P_0)$ | $\lambda_e=\lambda(m-L_s)$ |

## 复习思路提示

1. 排队论考查以单服务台模型为主，其中又以标准的 $M/M/1/\infty/\infty$ 模型考查频率最高，必须牢记该模型的系统运行指标和系统稳态概率的公式，尤其是各指标之间关系的 Little 公式。

2. 与存储论类似，考试时首先要准确判断问题属于哪一类排队系统，然后套用公式计算即可，但要知晓关于各系统运行指标的不同表达方式。

3. 存储论和排队论的考点更像考记忆力，而不是推理能力(不排除有些学校考得比较细致，此时需要根据基础公式进行推导，需要结合概率论的相关基础)。建议按模型间联系找准记忆窍门，按自己的习惯进行归纳总结。

# 9.4 多服务台排队模型

## 9.4.1 $M/M/c/\infty/\infty$ 排队模型

1. 问题描述

多服务台排队系统如图 9-12 所示。标准的 $M/M/c$ 模型各种特征的规定与标准的 $M/M/1$ 模型相同。

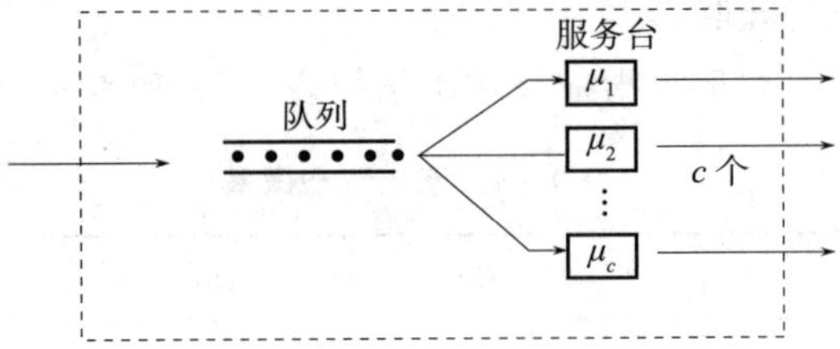


图 9-12　多服务台排队系统

各服务台工作是相互独立的(不搞协作)，且平均服务率相同：

$$\mu_1=\mu_2=\cdots=\mu_c=\mu$$

整个服务机构的平均服务率：当 $n\geqslant c$ 时，平均服务率为 $c\mu$；当 $n<c$ 时，平均服务率为 $n\mu$。令 $\rho=\dfrac{\lambda}{c\mu}$，只有当 $\dfrac{\lambda}{c\mu}<1$ 时才不会排成无限的队列。称 $\rho=\dfrac{\lambda}{c\mu}$ 为系统的服务强度或服务机构的平均利用率。

2. 模型需要满足的条件

1) 输入过程

顾客源是无限的，顾客的到达过程服从泊松分布。

2) 排队规则

单队，先到先服务，系统容量无限。

3) 服务机构

多服务台，各服务台工作相对独立，且服务时间均服从参数为 $\mu$ 的负指数分布。

3. 状态转移图

从图 9-13 所示的状态转移图中可以看出：

(1) 状态 1 转移到状态 0：系统中有一个顾客被服务完了（离去）的转移率为 $\mu P_1$。

(2) 状态 2 转移到状态 1：两个服务台上被服务的顾客中有一个被服务完而离去。因为不限哪一个，于是状态的转移率为 $2\mu P_2$。

(3) 状态 $n$ 转移到 $n-1$：当 $n<c$ 时，状态转移率为 $n\mu P_n$；当 $n \geqslant c$ 时，因为只有 $c$ 个服务台，最多有 $c$ 个顾客在被服务，$n-c$ 个顾客在等候，因此这时状态转移率应为 $c\mu P_n$。

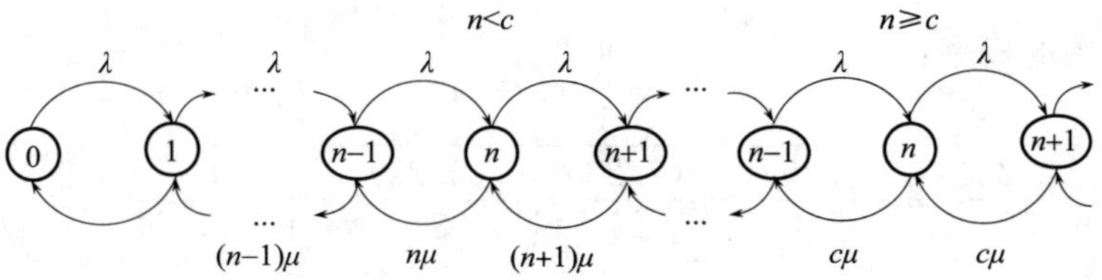


**图 9－13　状态转移图**

由图 9－13 所示的状态转移图推演可得平衡方程：

$$\begin{cases} \mu P_1 = \lambda P_0 \\ (n+1)\mu P_{n+1} + \lambda P_{n-1} = (\lambda + n\mu) P_n, 1 \leqslant n \leqslant c \\ c\mu P_{n+1} + \lambda P_{n-1} = (\lambda + c\mu) P_n, n > c \end{cases}$$

其中 $\sum\limits_{i=0}^{\infty} P_i = 1$ 且 $\rho \leqslant 1$。用递推法解该差分方程，可求得状态概率：

$$\begin{cases} P_0 = \left[\sum\limits_{k=0}^{c-1} \dfrac{1}{k!}\left(\dfrac{\lambda}{\mu}\right) + \dfrac{1}{c!} \times \dfrac{1}{1-\rho}\left(\dfrac{\lambda}{\mu}\right)^c\right]^{-1} \\ P_n = \begin{cases} \dfrac{1}{n!}\left(\dfrac{\lambda}{\mu}\right)^n P_0, n \leqslant c \\ \dfrac{1}{c!\ c^{n-c}}\left(\dfrac{\lambda}{\mu}\right)^n P_0, n > c \end{cases} \end{cases}$$

4. 系统的各项指标

1) 队长（期望值）

$$L_s = L_q + \frac{\lambda}{\mu}$$

2) 队列长（期望值）

$$L_q = \sum_{n=c+1}^{\infty} (n-c) P_n = \frac{(c\rho)^c \rho}{c!\ (1-\rho)^2} P_0$$

3) 顾客逗留时间（期望值）

$$W_s = \frac{L_s}{\lambda}$$

4) 顾客等待时间（期望值）

$$W_q = \frac{L_q}{\lambda}$$

**例 9－8（$M/M/c/\infty/\infty$ 排队模型）**　某售票处有 3 个窗口，顾客的到达服从泊松分布，平均到达率 $\lambda =$ 0.9 人/min，服务（售票）时间服从负指数分布，平均服务率 $\mu = 0.4$ 人/min。现设顾客到达后排成一队，依次向空闲的窗口购票，如图 9－14(a)所示。

试求：

(1) 整个售票处都空闲的概率；

(2) 平均队长；

(3) 平均等待时间及逗留时间；

(4) 顾客到达后必须等待的概率。

解：这属于 $M/M/c/\infty/\infty$ 排队模型，其中 $c=3,\frac{\lambda}{\mu}=2.25,\rho=\frac{\lambda}{c\mu}=0.75(<1)$。

(1) 整个售票处空闲的概率：

$$P_0=\frac{1}{\frac{(2.25)^0}{0!}+\frac{(2.25)^1}{1!}+\frac{(2.25)^2}{2!}+\frac{(2.25)^3}{3!}\cdot\frac{1}{1-2.253}}=0.0748$$

(2) 平均队长：

$$L_q=\frac{(cp)^c\rho}{c!\ /(1-\rho)^2}P_0=\left[\frac{(2.25)^3\times 0.75}{3!\times(1-0.75)^2}\times 0.0748\right]\text{人}=1.704\text{ 人}$$

(3) 平均等待时间及逗留时间：

$$W_q=\frac{L_q}{\lambda}=(1.704/0.9)\,\text{min}=1.89\ \text{min}$$

$$W_s=\frac{L_s}{\lambda}=(3.95/0.9)\,\text{min}=4.39\ \text{min}$$

(4) 顾客到达后必须等待的概率：

$$P_n(n\geqslant 3)=\frac{(2.25)^3}{3!\times 1/4}\times 0.0748=0.57$$

**例 9-9($M/M/c/\infty/\infty$比较)** 对于例 9-8，如果原题除排队方式外其他条件不变，但顾客到达后在每个窗口前各排一队，且进入队列后坚持不换，这就形成 3 个队列，见图 9-14(b)。

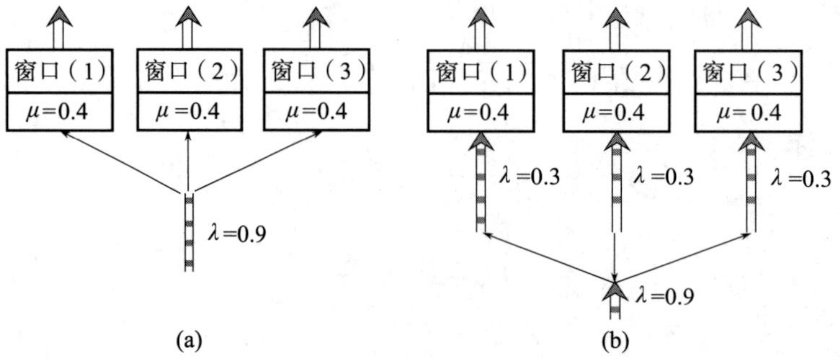


**图 9-14 $M/M/c/\infty/\infty$比较**

解：此时每个队列的平均到达率为 $\lambda_1=\lambda_2=\lambda_3=(0.9/3)$ 人/min$=0.3$ 人/min。这样，原来的系统就变成 3 个 $M/M/1$ 型的子系统。现按 $M/M/1$ 型的子系统解决这个问题，并与上面的结果进行比较，如表 9-10 所示。

**表 9-10 1 个 $M/M/3$ 型和 3 个 $M/M/1$ 型排队效率比较**

| 指标 | (1)$M/M/3$ 型 | (2)$M/M/1$ 型 |
|---|---|---|
| 服务台空闲的概率 $P_0$ | 0.0748 | 0.25(每个子系统) |
| 顾客必须等待的概率 | $P(n\geqslant 3)=0.57$ | 0.75 |
| 平均队列长 $L_q$ | 1.704 | 2.25(每个子系统) |
| 平均队长 $L_s$ | 3.95 | 9.00(整个系统) |
| 平均逗留时间 $W_s$/min | 4.39 | 10 |
| 平均等待时间 $W_q$/min | 1.89 | 7.5 |

由于计算 $P_0$ 和各项指标公式很复杂，现已有专门的数值表可供使用。

从表中各指标的对比可以看出：单队比 3 队有显著的优越性。

## 复习思路提示

1. 注意在状态转移图中，当 $n \leqslant c$ 时的服务率，以及当 $n > c$ 时的服务率区别。

2. 当多服务台，输入服从泊松分布，服务时间服从相同的负指数分布时，服务强度即服务机构的利用率，为 $\rho = \lambda / c\mu$。

3. 若除排队方式外其他条件不变，单列 $c$ 个服务台模型比 $c$ 个单服务台模型的运行效果更好。

## 9.4.2 M/M/c/N/∞排队模型

1. 问题描述

设系统的容量最大限制为 $N(N \geqslant c)$，当系统中顾客数 $n < N$ 时，到达的顾客进入系统；当系统中顾客数已达到 $N$（即队列中顾客数已达 $N - c$）时，再来的顾客被拒绝，其他条件与标准的 $M/M/c$ 模型相同。

设每个顾客到达的速率为 $\lambda$，每个服务台的速率为 $\mu$，利用率为 $\rho = \lambda / c\mu$。由于此时系统不会无限制地接收顾客，故对 $\rho$ 不必限制。

2. 模型需要满足的条件

1）输入过程

顾客源是无限的，顾客的到达过程服从泊松分布。

2）排队规则

单队，先到先服务；系统容量为 $N(N \geqslant c)$。

3）服务机构

多服务台，各服务台工作相对独立，且服务时间均服从参数为 $\mu$ 的负指数分布。

3. 状态转移图

由图 9-15 所示的状态转移图推演可得平衡方程：

$$\begin{cases} \mu P_1 = \lambda P_0 \\ c\mu P_{n+1} + \lambda P_{n-1} = (\lambda + c\mu) P_c, c \leqslant N \\ \lambda P_{N-1} = c\mu P_n \end{cases}$$

其中 $\sum_{i=0}^{N} P_i = 1$ 且 $\rho \leqslant 1$。

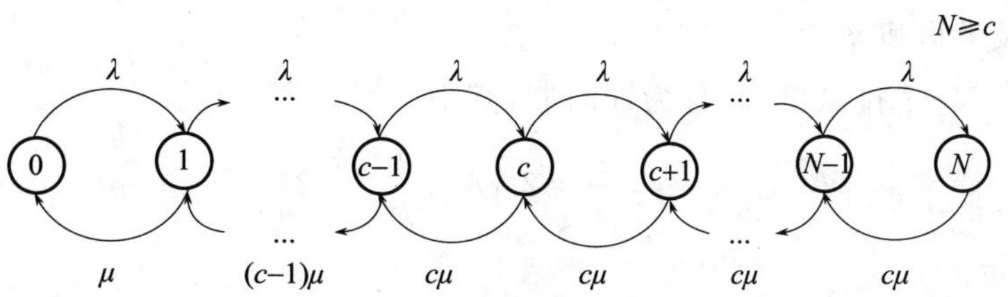


**图 9-15 状态转移图**

用递推法解该差分方程，可求得状态概率：

$$\begin{cases} P_0 = \left[\sum_{k=0}^{c} \frac{(c\rho)^k}{k!} + \frac{c^c}{c!} \cdot \frac{\rho(\rho^c - \rho^N)}{1-\rho}\right]^{-1}, \rho \text{ 不恒等于 } 1 \\ P_n = \begin{cases} \frac{(c\rho)^k}{n!} P_0, 0 \leqslant n \leqslant c \\ \frac{c^c}{c!} \rho^N P_0, c \leqslant n \leqslant N \end{cases} \end{cases}$$

4．系统的各项指标

1）队长（期望值）

$$L_s = L_q + c\rho(1 - P_N)$$

2）队列长（期望值）

$$L_q = \frac{P_0 \rho (c\rho)^c}{c!\ (1-\rho)^2}[1 - \rho^N - c - (N-c)\rho^N - c(1-\rho)]$$

3）顾客逗留时间（期望值）

$$W_s = W_q + \frac{1}{\mu}$$

4）顾客等待时间（期望值）

$$W_q = \frac{L_q}{\lambda(1 - P_N)}$$

特别当 $N = c$（即时制）时，如街头的停车场就不允许排队等待空位，关于 $P_c$ 的公式，称为爱尔朗损失公式。

$$\begin{cases} P_0 = \dfrac{1}{\sum_{k=0}^{c} \frac{(c\rho)^k}{k!}} \\ P_n = \dfrac{(c\rho)^k}{n!} P_0, 0 \leqslant n \leqslant c \end{cases}$$

此时系统的运行指标为

$$L_q = 0, W_q = 0, W_s = \frac{1}{\mu}$$

$$L_s = \sum_{n=1}^{c} nP_n = \frac{c\sum_{n=0}^{c-1} \frac{(c\rho)^{n-1}}{n!}}{\sum_{n=0}^{c} \frac{(c\rho)^n}{n!}} = c\rho(1 - P_c)$$

**例 9－10（*M/M/c/N/∞* 排队模型）** 在某风景区准备建造民宿旅馆，顾客到达为泊松流，每天平均到达人数为 $\lambda = 6$ 人，顾客平均逗留时间为 $1/\mu = 2$ 天，在该旅馆具有 1，2，3，…，8 个房间的条件下，分别计算每天客房平均占用数 $L_s$ 及满员概率 $P_c$。

解：这属于 $M/M/c/N/\infty$ 排队模型，且为即时制，其中

$$\lambda = 6, \frac{1}{\mu} = 2, c\rho = \frac{\lambda}{\mu} = 12$$

计算过程如表 9－11 所示。

第(4)栏：第(2)栏/第(3)栏。

第(5)栏：第(4)栏各数累加。

第(6)栏：第(4)栏/第(5)栏得满员概率。

第(7)栏：用第(5)栏同行去除上一行的结果。

第(8)栏:第(7)栏×12 得每天客房平均占用数。

表 9-11 $M/M/C/N/\infty$ 排队模型各指标的计算

| (1) | (2) | (3) | (4) | (5) | (6) | (7) | (8) |
|---|---|---|---|---|---|---|---|
| $n$ | $(c\rho)^n=12^n$ | $n!$ | $\frac{(c\rho)^n}{n!}$ | $\sum_{n=0}^{c}\frac{(c\rho)^n}{n!}$ | $P_c$(答) | $\frac{\sum_{n=0}^{c}\frac{(c\rho)^{n-1}}{n!}}{\sum_{n=0}^{c}\frac{(c\rho)^n}{n!}}$ | $L_s$(答) |
| 0 | 1 | 1 | 1 | 1 | 1 | — | — |
| 1 | $1.2\times10$ | 1 | 12 | 13 | 0.92 | 0.08 | 0.92 |
| 2 | $1.44\times10^2$ | 2 | 72 | 85 | 0.85 | 0.15 | 1.83 |
| 3 | $1.73\times10^3$ | 6 | 288 | 373 | 0.77 | 0.23 | 2.74 |
| 4 | $2.07\times10^4$ | 24 | 864 | $1.24\times10^3$ | 0.70 | 0.30 | 3.62 |
| 5 | $2.49\times10^5$ | 120 | $2.07\times10^3$ | $3.31\times10^3$ | 0.63 | 0.37 | 4.48 |
| 6 | $2.99\times10^6$ | 720 | $4.15\times10^3$ | $7.46\times10^3$ | 0.56 | 0.44 | 5.33 |
| 7 | $3.58\times10^7$ | $5.04\times10^3$ | $7.11\times10^3$ | $1.45\times10^3$ | 0.49 | 0.51 | 6.14 |
| 8 | $4.30\times10^8$ | $4.03\times10^4$ | $1.07\times10^4$ | $2.52\times10^3$ | 0.42 | 0.58 | 6.93 |

具体意义:

(1) 当 $n=1$ 旅馆只有一个房间时,每天客房平均占用数为 0.92 间;

(2) $n=5$ 备有 5 个房间时,每天客房平均占用数为 4.48 间;

(3) $n=8$ 备有 8 个房间时,每天客房平均占用数为 6.93 间;

(4) 基本每天平均都有一间以上的房间是空闲的。

## 复习思路提示

1. 注意在状态转移图中 ($c\leqslant N$),在状态 $c$ 到 $N$ 之间的服务台的服务率均为 $c\mu$。

2. 由于公式复杂,现在已有专门的图表可供查阅。

3. 当 $c=N$ 时,为即时制,需要用爱尔朗损失公式去计算各指标,该公式被广泛地用于电话系统的设计中。

## 9.4.3 $M/M/c/\infty/m$ 排队模型

1. 问题描述

设顾客总体(顾客源)为有限数 $m$,且 $m>c$,顾客到达率 $\lambda$ 是按每个顾客的到达率来考虑的。

(1) 在机器管理问题中,就是共有 $m$ 台机器,有 $c$ 个修理工人,"顾客到达"就是机器出了故障。

(2) 每个顾客的到达率 $\lambda$ 是指每台机器在单位运转时间内出故障的期望次数。

(3) 系统中顾客数 $n$ 就是出故障的机器台数:当 $n\leqslant c$ 时,所有的故障机器都在被修理,有 $c-n$ 个修理工人在空闲;当 $c<n\leqslant m$ 时,有 $n-c$ 台故障机器在停机等待修理,而修理工人都处在繁忙状态。

(4) 假定这 $c$ 个工人修理技术相同,修理(服务)时间都服从参数为 $\mu$ 的负指数分布,并假定故障机器的修复时间和正在生产的机器是否发生故障是相互独立的。

2. 模型需要满足的条件

1) 输入过程

顾客总体为 $m$ 个,每个顾客到达并经过服务后,仍然回到原来的总体,所以可以再到来,服从泊松分布。

2）排队规则

系统容量无限（但其实就是 $m$）。

3）服务机构

多服务台，各服务台工作相对独立，且服务时间均服从参数为 $\mu$ 的负指数分布。

3．状态转移图

由图 9－16 所示的状态转移图推演可得平衡方程：

$$\begin{cases}\mu P_1=m\lambda P_0\\ c\mu P_{n+1}+(m-c+1)\lambda P_{c-1}=[(m-c)\lambda+c\mu]P_c,c\leqslant N\\ \lambda P_{m-1}=c\mu P_m\end{cases}$$

其中 $\sum\limits_{i=0}^{m}P_i=1$ 且 $\rho\leqslant 1$。

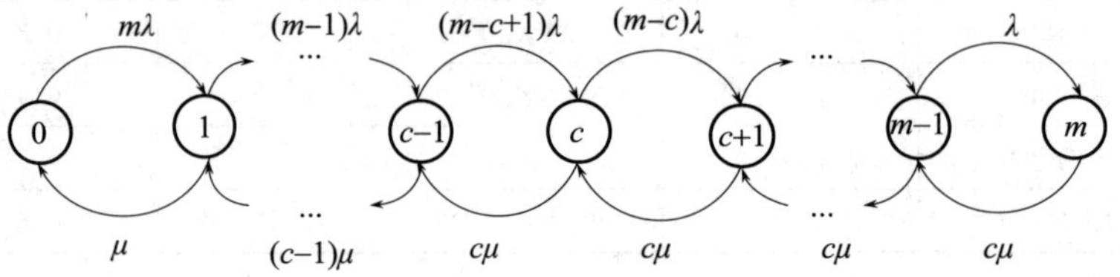


图 9－16　状态转移图

用递推法解该差分方程，可求得状态概率：

$$\begin{cases}P_0=\dfrac{1}{m!}\cdot\dfrac{1}{\sum\limits_{k=0}^{c}\dfrac{1}{k!\ (m-k)!\ (\frac{cp}{m})^k}+\dfrac{c^c}{c!}\sum\limits_{k=c}^{m}\dfrac{1}{(m-k)!}\left(\dfrac{\rho}{m}\right)^k}\\ P_n=\begin{cases}\dfrac{m!}{(m-n)!\ n!}\left(\dfrac{\lambda}{\mu}\right)^nP_0,1\leqslant n\leqslant c\\ \dfrac{m!}{(m-n)!\ c!\ c^{n-c}\left(\dfrac{\lambda}{\mu}\right)^nP_0},c\leqslant n\leqslant m\end{cases}\end{cases}$$

其中，$\rho=\dfrac{m\lambda}{c\mu}$。由于 $P_0,P_n$ 的公式过于复杂，有专用数值表可供查阅使用。

4．系统的各项指标

有效的到达率 $\lambda_e$ 应等于每个顾客的到达率 $\lambda$ 乘以在系统外（即正常生产的）机器的期望数：$\lambda_e=\lambda(m-L_s)$。

在机器故障问题中，它是每单位时间 $m$ 台机器平均出现故障的次数。

1）队长（期望值）

$$L_s=\sum_{n=1}^{m}np_n=L_q+\frac{\lambda_e}{\mu}=L_1+\frac{\lambda}{\mu}(m-L_s)$$

2）队列长（期望值）

$$L_q=\sum_{n=c+1}^{m}(n-c)P_n$$

3）顾客逗留时间（期望值）

$$W_s=\frac{L_s}{\lambda_e}$$

4）顾客等待时间（期望值）

$$W_q = \frac{L_q}{\lambda_e}$$

**例9-11（$M/M/c/\infty/m$ 排队模型）** 设有两个修理工人，负责5台机器的正常运行，每台机器平均损坏率为每运转一小时1次，两工人能以相同的平均修复率4（次/h）修好机器。求：

（1）等待修理的机器平均数；

（2）需要修理的机器平均数；

（3）有效损坏率；

（4）等待修理时间；

（5）停工时间。

解：这属于 $M/M/c/\infty/m$ 排队模型，且为即时制。其中：

$$m=5, \lambda=1, \mu=4, c=2, \frac{cp}{m}=\frac{\lambda}{\mu}=\frac{1}{4}, \rho=\frac{m\lambda}{c\mu}=\frac{5}{8}$$

$$P_0=0.3149, P_1=0.394, P_2=0.197, P_3=0.074, P_4=0.018, P_5=0.002$$

（1）等待修理的机器平均数：

$$L_q=\sum_{n=c+1}^{m}(n-c)P_n=P_3+2P_4+3P_5=0.116$$

（2）需要修理的机器平均数：

$$L_s=\sum_{n=1}^{m}nP_n=L_q+c-2P_0-P_1=1.094$$

（3）有效损坏率：

$$\lambda_e=\lambda(m-L_s)=1\times(5-1.094)=3.906$$

（4）等待修理时间：

$$W_q=\frac{L_q}{\lambda_e}=\frac{0.118}{3.906}\ \text{h}=0.03\ \text{h}$$

（5）停工时间：

$$W_s=\frac{L_s}{\lambda_e}=\frac{1.094}{3.906}\ \text{h}=0.28\ \text{h}$$

本节系统稳态概率与运行指标公式小结如表9-12和表9-13所示。

**表9-12 系统状态公式小结**

| 系统状态 | 系统稳态概率 |
| --- | --- |
| $M/M/c/\infty/\infty$ | $P_0=\left[\sum_{k=0}^{c-1}\frac{1}{k!}\left(\frac{\lambda}{\mu}\right)+\frac{1}{c!}\times\frac{1}{1-\rho}\left(\frac{\lambda}{\mu}\right)^c\right]^{-1}$ |
| | $P_n=\begin{cases}\frac{1}{n!}\left(\frac{\lambda}{\mu}\right)^n P_0, n\leqslant c\\ \frac{1}{c!\,c^{n-c}}\left(\frac{\lambda}{\mu}\right)^n P_0, n>c\end{cases}$ |
| $M/M/c/N/\infty$ | $P_0=\left[\sum_{k=0}^{c}\frac{(c\rho)^k}{k!}+\frac{c^c}{c!}\cdot\frac{\rho(\rho^c-\rho^N)}{1-\rho}\right]^{-1}$，$\rho$ 不恒等于1 |
| | $P_n=\begin{cases}\frac{(c\rho)^k}{n!}P_0, 0\leqslant n\leqslant c\\ \frac{c^c}{c!}\rho^N P_0, c\leqslant n\leqslant N\end{cases}$ |

续 表

| 系统状态 | 系统稳态概率 |
| --- | --- |
| $M/M/c/\infty/m$ | $P_0=\frac{1}{m!}\cdot\frac{1}{\sum\limits_{k=0}^{c}\frac{1}{k!\,(m-k)!\,\left(\frac{cp}{m}\right)^k}+\frac{c^c}{c!}\sum\limits_{k=c}^{m}\frac{1}{(m-k)!}\left(\frac{\rho}{m}\right)^k}$ |
| | $P_n=\begin{cases}\frac{m!}{(m-n)!\,n!}\left(\frac{\lambda}{\mu}\right)^n P_0, 1\leqslant n\leqslant c\\ \frac{m!}{(m-n)!\,c!\,c^{n-c}}\left(\frac{\lambda}{\mu}\right)^n P_0, c\leqslant n\leqslant m\end{cases}$ |

**表 9-13　系统运行指标公式小结**

| 系统状态 | 系统运行指标 |
| --- | --- |
| $M/M/c/\infty/\infty$ | 队长 $L_s$:在系统中的平均顾客数,$L_s=L_q+\frac{\lambda}{\mu}$ |
| | 排队长 $L_q$:在队列中等待的平均顾客数,$L_q=\sum\limits_{n=c+1}^{\infty}(n-c)P_n=\frac{(cp)^c\rho}{c!\,(1-\rho)^2}P_0$ |
| | $W_s$:在系统中顾客平均逗留时间,$W_s=\frac{L_s}{\lambda}$ |
| | $W_q$:在队列中顾客平均等待时间,$W_q=\frac{L_q}{\lambda}$ |
| $M/M/c/N/\infty$ | 队长 $L_s$:在系统中的平均顾客数,$L_s=L_q+cp(1-P_N)$ |
| | 排队长 $L_q$:在队列中等待的平均顾客数,$L_q=\frac{P_0\rho(cp)^c}{c!\,(1-\rho)^2}[1-\rho^N-c-(N-c)\rho^N-c(1-\rho)]$ |
| | $W_s$:在系统中顾客平均逗留时间,$W_s=W_q+\frac{1}{\mu}$ |
| | $W_q$:在队列中顾客平均等待时间,$W_q=\frac{L_q}{\lambda(1-P_N)}$ |
| $M/M/c/\infty/m$ | 队长 $L_s$:在系统中的平均顾客数,$L_s=\sum\limits_{n=1}^{m}np_n=L_q+\frac{\lambda_e}{\mu}=L_1+\frac{\lambda}{\mu}(m-L_s)$ |
| | 排队长 $L_q$:在队列中等待的平均顾客数,$L_q=\sum\limits_{n=c+1}^{m}(n-c)P_n$ |
| | $W_s$:在系统中顾客平均逗留时间,$W_s=\frac{L_s}{\lambda_e}$ |
| | $W_q$:在队列中顾客平均等待时间,$W_q=\frac{L_q}{\lambda_e}$<br>$\lambda_e=\lambda(m-L_s)$ |

## 复习思路提示

1. 注意在状态转移图中($c\leqslant N$),在状态 $c$ 到 $N$ 之间的服务台的服务率均为 $c\mu$。

2. 由于公式复杂,现在已有专门的图表可供查阅。

3. 排队论考查以单服务台模型为主,其中又以标准的 $M/M/1/\infty/\infty$ 模型考查频率最高,必须牢记单服务台模型的系统运行指标和稳态概率公式。

4. 排队论的考点重点还是在题目审查时厘清到达率、服务率等指标值,随后套公式进行计算,牢记 Little 公式。

# 9.5 一般服务时间模型

之前的排队模型，到达时间都服从泊松分布，服务时间服从负指数分布，此节将讨论服务时间服从任意分布的情形。

注意在任何情况中，下面的关系式都是成立的：

$$E[\text{系统中的顾客数}]=E[\text{队列中的顾客数}]+E[\text{服务机构中的顾客数}]$$

$$E[\text{在系统中逗留时间}]=E[\text{排队等候时间}]+E[\text{服务时间}]$$

即

$$L_s=L_q+L_{se}, W_s=W_q+E[T]$$

其中 $T$ 表示服务时间(随机变量)，当 $T$ 服从负指数分布时，$E[T]=1/\mu$。又

$$L_s=\lambda W_s, L_q=\lambda W_q$$

也就是说，7 个指标只要知道 3 个就可求出其余指标，但在有限源和队长有限制的情况下，要换成有效到达率。

## 9.5.1 Pollaczek－Khintchine (P－K)公式

对于 $M/G/1$ 模型，服务时间 $T$ 服从一般分布(但要求期望值和方差存在)，其他条件和 $M/M/1$ 模型相同。为达到稳态，$\rho<1$ 还是必要的，其中 $\rho=\lambda E[T]$，则有

$$L_s=\rho+\frac{\rho^2+\lambda^2\mathrm{Var}[T]}{2(1-\rho)}$$

这就是 P－K 公式。

只要知道 $\lambda$，$E[T]$ 和 $\mathrm{Var}[T]$，不管 $T$ 服从什么分布，都可求出 $L_s$，然后通过上式和 Little 公式可求出 $L_q$，$W_s$ 和 $W_q$。

**例 9－12(P－K 公式)** 有一售票口，已知顾客按平均 2 min 30 s 的时间间隔(服从负指数分布)到达，顾客在售票口前服务时间平均为 2 min。

(1) 若服务时间也服从负指数分布，求顾客购票所需的平均逗留时间和等待时间。

(2) 若经过调查，顾客在售票口前至少要被占用 1 min，且认为服务时间服从负指数分布是不恰当的，而应服从概率密度分布 $f(y)=\begin{cases}e^{-y+1}, & y\geqslant 1\\ 0, & y<1\end{cases}$，再求顾客的平均逗留时间和等待时间。

解：(1)属于 $M/M/1$ 排队模型，其中

$$\lambda=\frac{1}{2.5}=0.4, \mu=\frac{1}{2}=0.5, \rho=\frac{\lambda}{\mu}=0.8$$

$$W_s=\frac{1}{\mu-\lambda}=10\text{ min}, W_q=\frac{\rho}{\mu-\lambda}=8\text{ min}$$

(2) 令 $Y$ 为服务时间，那么 $Y=1+X$，$X$ 服从均值为 1 的负指数分布，于是

$$E[Y]=2, \mathrm{Var}[1+x]=\mathrm{Var}[X]=1, \rho=\lambda E[Y]=0.8$$

代入 P－K 公式，可得

$$L_s=0.8+\frac{0.8^2+0.4^2\times 1}{2\times(1-0.8)}=2.8, L_q=L_s-\rho=2$$

$$W_s=\frac{L_s}{\lambda}=7\text{ min}, W_q=\frac{L_q}{\lambda}=5\text{ min}$$

### 9.5.2 定长服务时间 $M/D/1$ 模型

服务时间是确定的常数，例如，在一条装配线上完成一件工作的时间是常数，自动汽车冲洗台冲洗一辆汽车的时间也是常数，则

$$T=\frac{1}{\mu},\mathrm{Var}[T]=0,L_s=\rho+\frac{\rho^2}{2(1-\rho)}$$

在一般服务时间分布的队列人数和等待时间中，以定长服务时间的 $L_s$ 和 $W_q$ 最小，这符合我们通俗的理解：服务时间越有规律，等候时间越短。

**例 9-13($M/D/1$ 模型)** 某实验室有一台自动检验机器性能的仪器，要求检验机器的顾客按泊松分布到达，每小时平均 4 个顾客，检验每台机器所需时间为 6 min。求：

(1) 在检验室内的机器台数 $L_s$(期望值，下同)；

(2) 等候检验的机器台数 $L_q$；

(3) 每台机器在室内消耗(逗留)的时间 $W_s$；

(4) 每台机器平均等待检验的时间 $W_q$。

解：

$$\lambda=4,E[T]=\frac{6}{60}\text{ h}=0.1\text{ h},\rho=\lambda E[T]=0.4,\mathrm{Var}[T]=0$$

$$L_s=\left(0.4+\frac{0.4^2}{2\times(1-0.4)}\right)\text{台}=0.533\text{ 台},W_s=\frac{0.533}{4}\text{ h}=0.133\text{ h}$$

$$L_q=(0.533-0.4)\text{ 台}=0.133\text{ 台},W_q=\frac{0.133}{4}\text{ h}=0.033\text{ h}$$

### 9.5.3 爱尔朗服务时间 $M/E_k/1$ 模型

如果顾客必须经过 $k$ 个服务站，在每个服务站的服务时间 $T_i$ 相互独立，并服从相同的负指数分布（参数为 $k\mu$），那么 $T=\sum_{i=1}^{k}T_i$ 服从 $k$ 阶爱尔朗分布，如图 9-17 所示，则

$$E[T_i]=\frac{1}{k\mu}\mathrm{Var}[T_i]=\frac{1}{k^2\mu^2}$$

$$E[T]=\frac{1}{\mu}\mathrm{Var}[T]=\frac{1}{k\mu^2}$$

$M/E_k/1$ 模型除服务时间外，其他条件与标准的 $M/M/1$ 模型相同：

$$L_s=\rho+\frac{\rho^2+\frac{\lambda^2}{k\mu^2}}{2(1-\rho)}=\rho+\frac{(k+1)\rho^2}{2(1-\rho)},L_q=\frac{(k+1)\rho^2}{2k(1-\rho)}$$

$$W_s=\frac{L_s}{\lambda},W_q=\frac{L_q}{\lambda}$$

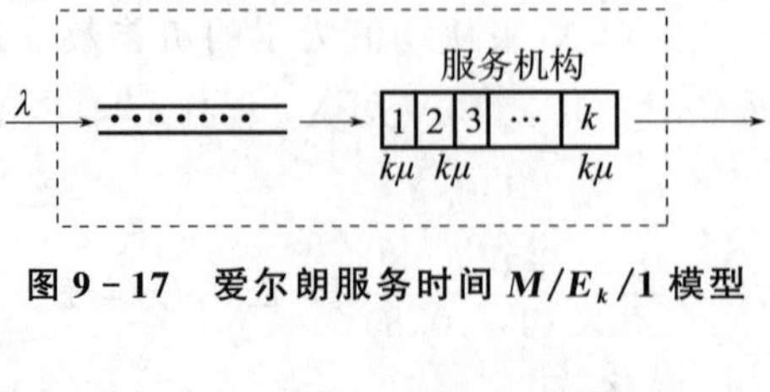


**图 9-17 爱尔朗服务时间 $M/E_k/1$ 模型**

**例 9-14($M/E_k/1$ 模型)** 某单人裁缝店做西服，每套西服需经过 4 个不同的工序，4 个工序完成后才

开始做另一套。每一工序的时间服从负指数分布，期望值为 2 h。顾客到达服从泊松分布，平均订货率为 5.5 套/周（设一周 6 天，每天 8 h）。问一顾客等待做好一套西服的期望时间为多少？

解：平均订货率 $\lambda=5.5$ 套/周，$\mu=1/8$ 套/h$=6$ 套/周，为平均服务率（单位时间做完的套数）；$1/\mu=8$ h/套，为平均每套所需的时间；$1/4\mu=2$ h，为平均每个工序所需的时间。

设 $T_i$ 为做完第 $i$ 个工序所需的时间；$T$ 为做完一套西服所需的时间，则

$$E[T_i]=2,\mathrm{Var}[T_i]=\left(\frac{1}{4\times 6}\right)^2,E[T]=8,\mathrm{Var}[T]=\frac{1}{4\times 6^2},\rho=\frac{5.5}{6}$$

$$L_s=\frac{5.5}{6}+\frac{\left(\frac{5.5}{6}\right)^2+5.5^2\times\frac{1}{4\times 6^2}}{2\times\left(1-\frac{5.5}{6}\right)}=7.218\,8$$

顾客等待做好一套西服的期望时间：

$$W_s=\frac{L_s}{\lambda}=\frac{7.218\,8}{5.5}\text{ 周}=1.3\text{ 周}$$

本节系统运行指标公式小结如表 9-14 所示。

**表 9-14 系统运行指标公式小结**

| 系统运行指标 | $M/D/1$ | $M/E_k/1$ |
|---|---|---|
| 队长 $L_s$：在系统中的平均顾客数 | $L_s=\rho+\frac{\rho^2}{2(1-\rho)}$ | $L_s=\rho+\frac{(k+1)\rho^2}{2(1-\rho)}$ |
| 排队长 $L_q$：在队列中等待的平均顾客数 | $L_q=\frac{\rho^2}{2(1-\rho)}$ | $L_q=\frac{(k+1)\rho^2}{2k(1-\rho)}$ |
| $W_s$：在系统中顾客平均逗留时间 | $W_s=\frac{L_s}{\lambda}$ | $W_s=\frac{L_s}{\lambda}$ |
| $W_q$：在队列中顾客平均等待时间 | $W_q=\frac{L_q}{\lambda}$ | $W_q=\frac{L_q}{\lambda}$ |

## 复习思路提示

1. $E$[系统中的顾客数]$=E$[队列中的顾客数]$+E$[服务机构中的顾客数]，$E$[在系统中逗留时间]$=E$[排队等候时间]$+E$[服务时间]。

2. 了解 P-K 公式。了解因为方差项的存在，在研究各期望值时，不考虑概率性质会得出错误的结果，仅当方差项为零时，随机性的波动才不会影响 $L_s$。

3. 了解 $M/D/1$ 定长服务时间模型，其服务时间为确定的常数，故方差项为零，且在一般服务时间分布的队列人数和等待时间中，以定长服务时间的 $L_s$ 和 $W_q$ 最小。

4. 掌握 $M/E_k/1$ 爱尔朗服务时间模型。

# 9.6 排队系统的最优化

系统设计的最优化——静态问题：目的在于使设备达到最大效益，或者说，在一定的质量指标下要求服务机构最为经济。

系统控制的最优化——动态问题：是指一个给定的系统，如何运营可使某个目标函数得到最优解。

一般情形下，提高服务水平（数量、质量）会降低顾客的等待费用（损失），但却常常增加了服务机构的成本（如图 9－18 所示）。

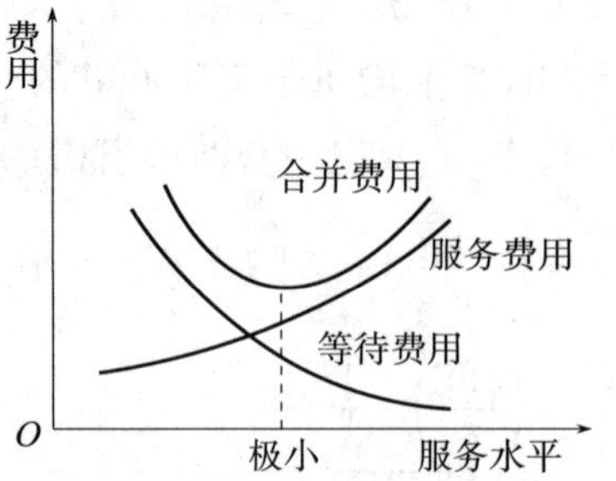


**图 9－18　服务机构费用表示**

最优化的目标之一是使二者费用之和最小，并确定达到这个目标的最优服务水平。另一个常用目标是使纯收入或利润（服务收入与服务成本之差）最大。

各种费用在稳态情形下，都是按单位时间来考虑的。

服务费用（成本）是可以确切计算或估计的。等待费用有的可以确切估计，有的只能根据统计的经验资料来估计。

服务水平可以由以下不同形式来表示：

（1）平均服务率 $\mu$（代表服务机构的服务能力和经验等）；

（2）服务设备，如服务台的个数 $c$，以及由队列所占空间大小所决定的队列最大限制数 $N$ 等；

（3）服务强度 $\rho$。

常用的求解方法：对于离散变量常用边际分析法；对于连续变量常用经典的微分法；对于复杂问题可以用非线性规划或动态规划的方法。

## 9.6.1　$M/M/1$ 模型中的最优服务率

1. 标准模型 $M/M/1/\infty/\infty$

取目标函数 $z$ 为单位时间服务成本与顾客在系统逗留费用之和的期望值，则

$$z = c_s\mu + c_w L_s$$

其中，$c_s$ 为当 $\mu=1$ 时服务机构单位时间的费用，$c_w$ 为每个顾客在系统停留单位时间的费用。

将 $M/M/1$ 模型中的 $L_s$ 代入目标函数表达式中，有

$$z = c_s\mu + c_w \cdot \frac{\lambda}{\mu-\lambda}$$

为求极小值，先求 $\frac{\mathrm{d}z}{\mathrm{d}\mu}$，然后令它为 0，得

$$\frac{\mathrm{d}z}{\mathrm{d}\mu} = c_s + c_w\lambda \frac{1}{(\mu-\lambda)^2} = 0$$

解得最优服务率：

$$\mu^* = \lambda + \sqrt{\frac{c_w}{c_s}\lambda}$$

2. 系统中顾客最大限制数为 $N$ 的情形（$M/M/1/N/\infty$）

在系统中如已有 $N$ 个顾客，则后来的顾客被拒绝，于是：

（1）$P_N$：被拒绝的概率（借用电话系统的术语，称为呼损率）。

(2) $1-P_N$：能接受服务的概率。

(3) $\lambda(1-P_N)$：单位时间实际进入服务机构顾客的平均数。在稳定状态下，它也等于单位时间内实际服务完成的平均顾客数。

设每服务 1 人能收入 $G$，于是单位时间收入的期望值是 $\lambda(1-P_N)G$，则纯利润为

$$z=\lambda(1-P_N)G-c_s\mu=\mu G\cdot\frac{1-\rho^N}{1-\rho^{N+1}}-c_s\mu=\lambda\mu G\cdot\frac{\mu^N-\lambda^N}{\mu^{N+1}-\lambda^{N+1}}-c_s\mu$$

为求极小值，先求 $\dfrac{\mathrm{d}z}{\mathrm{d}\mu}$，然后令它为 0，得

$$\rho^{N+1}\cdot\frac{N-(N+1)\rho+\rho^{N+1}}{(1-\rho^{N+1})^2}=\frac{c_s}{G}$$

最优的解 $\mu^*$ 应合于上式。上式中 $c_s,G,\lambda,N$ 都是给定的，但要由上式解出 $\mu$ 是很困难的。通常是通过数值计算来求 $\mu^*$ 的。

3. 顾客源有限的情形($M/M/1/\infty/m$)

仍按机械故障问题来考虑。设共有 $m$ 台机器，各台机器连续运转时间服从负指数分布。有 1 个修理工人，修理时间服从负指数分布。当服务率 $\mu=1$ 时的修理费用为 $c_s$，单位时间每台机器运转可得收入 $G$。平均运转台数为 $m-L_s$，所以单位时间纯利润为

$$z=(m-L_s)G-c_s\mu=\frac{mG}{\rho}\cdot\frac{E_{m-1}\dfrac{m}{\rho}}{E_m\dfrac{m}{\rho}}-c_s\mu$$

式中的 $E_m(x)=\sum\limits_{k=0}^{m}\dfrac{x^k}{k!}\mathrm{e}^{-x}$ 称为泊松分布，$\rho=\dfrac{m\lambda}{\mu}$，有

$$\frac{\mathrm{d}}{\mathrm{d}x}E_m(x)=E_{m-1}(x)-E_m(x)$$

则令 $\dfrac{\mathrm{d}z}{\mathrm{d}\mu}=0$，有

$$\frac{E_{m-1}\left(\dfrac{m}{\rho}\right)E_m\left(\dfrac{m}{\rho}\right)+\dfrac{m}{\rho}\left[E_m\left(\dfrac{m}{\rho}\right)E_{m-1}^2\dfrac{m}{\rho}\right]}{E_m^2\dfrac{m}{\rho}}=\frac{c_s\lambda}{G}$$

最优的解 $\mu^*$ 应合于上式。当给定 $m,G,c,\lambda$ 时，要由上式解出 $\mu^*$ 是很困难的。通常利用泊松分布通过数值计算来求得。

## 9.6.2　$M/M/c$ 模型中的最优服务台数

标准 $M/M/c$ 模型在稳态情形下，单位时间全部费用(服务成本与等待费用之和)的期望值：

$$z=c'_s\cdot c+c_w\cdot L$$

其中，$c$ 是服务台数，$c'_s$ 是每服务台单位时间的成本，$c_w$ 为每个顾客在系统停留单位时间的费用，$L$ 是系统中顾客平均数 $L_s$ 或队列中等待的顾客平均数 $L_q$。 因为 $c$ 只取整数，$z(c)$ 不是连续函数，故采用边际分析法。

因为 $z(c^*)$ 最小，则有

$$\begin{cases}z(c^*)\leqslant z(c^*-1)\\ z(c^*)\leqslant z(c^*+1)\end{cases}$$

将 $z=c'_s\cdot c+c_w\cdot L$ 代入上式，有

$$\begin{cases} c_s' c^* + c_w L(c^*) \leqslant c_s'(c^* - 1) + c_w L(c^* - 1) \\ c_s' c^* + c_w L(c^*) \leqslant c_s'(c^* + 1) + c_w L(c^* + 1) \end{cases}$$

化简上式，有

$$L(c^*) - L(c^* + 1) \leqslant c_s'/c_w \leqslant L(c^* - 1) - L(c^*)$$

依次求 $L$ 的值，并作两相邻的 $L$ 值之差，因 $c_s'/c_w$ 是已知数，根据这个数落在哪个不等式的区间里就可确定 $c$。

**例 9－15(最优服务台数)** 某检验中心为各工厂服务，要求作检验的工厂(顾客)的到来服从泊松流，平均到达率 $\lambda$ 为每天 48 次，每次来检验由于停工等原因损失为 6 元。服务(作检验)时间服从负指数分布，平均服务率 $\mu$ 为每天 25 次，每设置 1 个检验员服务成本(工资及设备损耗)为每天 4 元。其他条件适合标准的 $M/M/c$ 模型，问应设几个检验员(及设备)才能使总费用的期望值最小？

解：$c_s' = 4$ 元/检验员，$c_w = 6$ 元/次，$\lambda = 48$，$\mu = 25$，$\lambda/\mu = 1.92$。

设检验员数为 $c$，令 $c$ 依次为 1，2，3，4，5，根据《运筹学》(第 4 版，《运筹学》教材编写组，清华大学出版社，2014 年)中第 375 页的表 13－13，求出 $L_s$。计算过程如表 9－15 和表 9－16 所示。

**表 9－15 指标计算过程**

| $c$ | 1 | 2 | 3 | 4 | 5 |
| --- | --- | --- | --- | --- | --- |
| $\lambda/c\mu$ | 1.92 | 0.96 | 0.64 | 0.48 | 0.38 |
| 查表 $W_q\mu$ | — | 10.255 0 | 0.396 1 | 0.077 2 | 0.017 0 |
| $L_s = \lambda/\mu(W_q \cdot \mu + 1)$ | — | 21.610 | 2.680 | 2.068 | 1.952 |

**表 9－16 费用计算过程**

| 检验员数 $c$ | 未检验顾客数 | $L(c) - L(c+1) \sim L(c) - L(c-1)$ | 总费用(每天) $z(c)$ |
| --- | --- | --- | --- |
| 1 | $\infty$ | | $\infty$ |
| 2 | 21.610 | 18.930～$\infty$ | 154.94 |
| 3 | 2.680 | 0.612～18.930 | 27.87* |
| 4 | 2.068 | 0.116～0.612 | 28.38 |
| 5 | 1.952 | | 31.71 |

$c_s'/c_w = 0.666$，落在区间(0.612～18.930)内，所以 $c^* = 3$，即设 3 个检验员可使总费用的期望值最小，直接代入公式也可验证总费用的期望值最小，因此：

$$z(c^*) = z(3) = 27.87 \text{ 元}$$

## 复习思路提示

1. 了解排队系统的优化类型，包括系统设计最优化(静态问题)和系统控制最优化(动态问题)。
2. 了解 $M/M/1$ 模型中最优服务率的优化方式。
3. 了解 $M/M/c$ 模型中最优服务台数的优化方式。

# 10 第 10 章 存储论

存储论是运筹学的重要分支，主要研究如何通过优化存储策略来协调供应与需求之间的矛盾，以实现成本最小化和效率最大化。本章将介绍存储论的基本概念，包括需求、补充、存储策略及费用结构；同时，重点讲解确定型存储模型（如经济订购批量模型）和随机型存储模型（如单周期随机需求模型），帮助学生掌握如何根据不同需求场景选择合适的存储策略，并计算相应指标。

## 本章必会知识点

(1) 了解存储论相关基本概念（基本要素、相关费用和存储策略）。

(2) 掌握确定性存储的 4 个基本模型以及价格有折扣问题的存储模型。

(3) 掌握随机性存储的 4 个模型，尤其是单时期存储模型（报童模型）；掌握多时期随机存储模型，如需求是连续的存储模型；掌握 $(s, S)$ 型存储模型；了解需求和备货时间都是随机离散的模型。

(4) 了解再订货点服务水平模型和定期检查存储模型。

## 本章重难点

**重点：**

(1) 确定性存储的 4 个基本模型。

(2) 价格有折扣问题的存储模型。

**难点：**

(1) 对存储状态图的理解和相关公式的推演。

(2) 随机性存储的 4 个模型。

## 本章考情分析

存储论在研究生入学考试中的考情特点如下。

1. 考试内容与题型

考试内容主要包括存储论的基本概念（如需求、补充、存储策略、费用等）、确定性存储模型（如经济订购批量模型、生产需一定时间的模型等）和随机性存储模型（如单周期随机库存模型、$(s, S)$ 策略等）。题型多为计算题和简答题，重点考查学生对存储模型的理解和应用能力。

2. 考试难度与重要性

存储论的难度适中，但需要学生掌握多种模型的推导和应用。在考试中，存储论通常占总分的 10%～15%，是运筹学的重要组成部分。

3. 考试趋势与复习建议

近年来,考试更加注重考查学生对存储模型的综合应用能力,尤其是如何根据实际问题选择合适的模型并计算关键指标。复习时,建议学生重点掌握经济订购批量(EOQ)模型及其变种,理解随机性存储模型的求解方法,并通过大量练习题熟悉不同模型的应用场景。

# 10.1 存储论的基本概念

## 10.1.1 问题的提出

在生产过程中经常会出现供应与需求之间的不协调,一般表现为供应量与需求量或供应时期与需求时期的不一致性,出现供不应求或供过于求的情况。比如:

(1) 水电站在雨季到来之前,水库蓄水量?

(2) 工厂生产所需原料的储存量?

(3) 商店里存储商品的数量?

在供应与需求这两个环节之间加入储存环节,就能缓解供应与需求之间不协调的问题。利用运筹学的方法可以以最合理、最经济的方式解决存储问题。专门研究这类存储问题的理论已经构成运筹学的一个分支——存储论(inventory)或库存论。

工厂为了生产,必须储存一些原料,把这些储存物简称为存储。生产时从存储中取出一定数量的原料消耗掉,使存储减少。生产不断进行,存储不断减少,到一定时刻必须对存储给予补充,否则存储用完了,生产无法进行。

商店必须储存一些商品(存储),营业时卖掉一部分商品使存储减少,到一定的时候又必须进货,否则库存售空后无法继续营业。

一般来说,存储量因需求的增多而减少,因而需要补充。

存储广泛涉及生产、运输、商业流通、军事等领域,也是物流供应链管理的重要研究内容。研究存储问题,减少存储费用对提高企业或整条供应链的竞争力以及整个国民经济的效益都具有重大意义。

## 10.1.2 基本要素

1. 需求(输出)

对存储来说,由于需求,从存储取出一定的数量,使存储量减少,这就是存储的输出。有的需求是间断式的(图 10-1),有的需求是连续均匀的(图 10-2)。

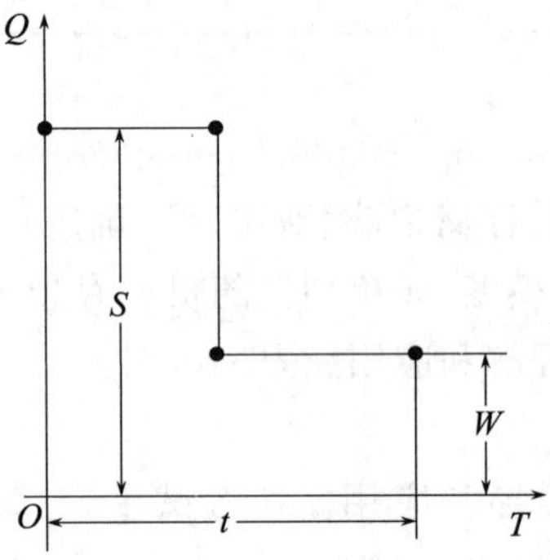


图 10-1 间断输出

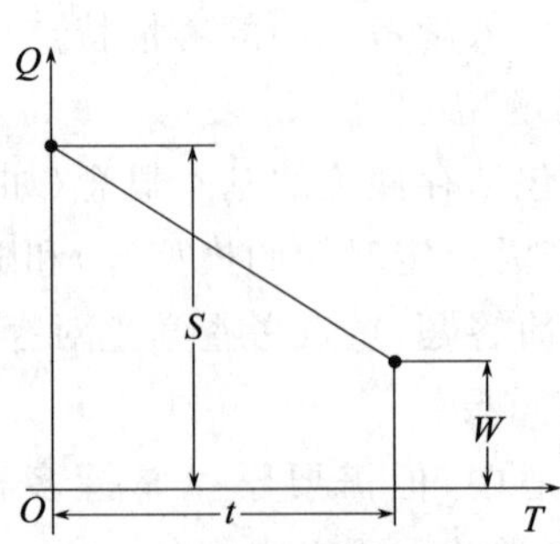


图 10-2 连续输出

间断输出比如铸造车间每隔一段时间提供一定数量的铸件给加工车间。

连续输出比如连续自动装配线上每分钟装配 50 件产品或部件。

另外，有的需求是确定的，有的需求是随机的。

（1）确定性需求：如钢厂每个月按合同卖给电机厂矽钢片 10 t。

（2）随机性需求：如书店每日卖出去的书可能是 1 000 本，也可能是 800 本。如果经过大量统计后可能会发现统计规律，称为有一定随机分布的需求。

2．补充（供应、输入）

（1）存储由于需求的增多而不断减少，必须加以补充，否则最终将无法满足需求。补充就是存储的输入。补充的办法可能是向其他工厂购买，从订货起到货物进入"存储" 需要的时间称为备货时间。

（2）备货时间可能很长，也可能很短，可以是随机性的，也可以是确定性的。为了在某一时刻能补充存储，必须提前订货，这段时间称为提前时间(lead - time)。

如果从订货后何时开始补充的角度看，称为拖后时间。如果从为了按时补充而需要何时订货的角度看，称为提前时间。在同一存储问题中，拖后时间和提前时间是一致的，可能是确定的，也可能是随机的。

企业从外部订货或自己生产，使物资存储增加，就是物资的供应或称为输入，企业销售产品使存储减少就是物资的需求或称为输出。物资从输入进入存储再到输出整个系统称为存储控制系统(图 10 - 3)。在存储控制系统中，将物资保持在一定的预期水平，使生产过程或流通过程不间断并有效地进行，对输入过程中的订货时间和订货数量进行控制，称为存储控制策略。

**图 10 - 3　存储控制系统**

3．相关费用

（1）存储费 ($C_1$)：货物占用资金应付的利息以及因使用仓库、保管货物、货物损坏变质等支出的费用。

（2）订货费 ($C_3$)：①与订货次数有关的订购费，如手续费、电信往来费、外出采购费等；②与订货数量有关的成本费用，如货物本身的价格和运费等。

（3）生产费：①若不需要从外厂订货，本厂自行生产的费用；②更换模具、夹具等设备添置的固定费用；③与生产产品数量有关的费用，如材料费、加工费等可变费用。

（4）缺货费 ($C_2$)：存储供不应求时所引起的损失，如失去销售机会的损失、停工待料的损失，以及合同无法履行的罚款等。在不允许缺货的情况下，在费用上处理的方式是缺货费为无穷大。

4．存储策略

决定何时补充（期），补充多少数量（量）的办法称为存储策略。常见的存储策略有以下 3 种类型。

（1）$t$ -循环策略：不论实际的存储状态如何，总是每隔固定的时间 $t$，补充固定的存储量 $Q$。

（2）$(s,S)$ 策略：$x$ 表示存储量，当 $x > s$ 时不补充，当 $x \leqslant s$ 时补充，补充量为 $Q=S-x$。

（3）$(t,s,S)$策略：每经过 $t$ 时间检查存储量，当 $x > s$ 时不补充，当 $x \leqslant s$ 时补充，补充量为 $Q=S-x$。

订货批量：每次订货的数量 $Q$。订货周期：两次订货的时间间隔 $t$。

如果模型中的期和量都是确定值，则称为确定性模型（考查重点），如果期和量都是随机变量，则称为随机性模型。

如何确定存储策略？

（1）将实际问题抽象为数学模型。

(2) 将复杂的条件加以简化。

(3) 用数学的方法加以研究,得出数量结论。

(4) 到实践中加以检验、研究和修改。

## 复习思路提示

1. 了解存储论的基本概念,包括需求、补充、相关费用和存储策略。

2. 在一个存储问题中主要考虑:供应(需求)量的多少,简称量的问题;何时供应(需求),简称期的问题。按期和量这两个参数的确定性与随机性,将存储模型分为确定性存储模型与随机性存储模型两大类。

3. 一个好的存储策略,既可以使总费用减少,又可以避免因缺货影响生产(或对顾客失去信用)。存储问题经过长期研究已得到一些行之有效的模型,可以通过这些模型求出较好的存储策略。

# 10.2 确定性存储模型

## 10.2.1 模型一:不允许缺货,备货时间很短

1. 模型假设

(1) 缺货费用无穷大。

(2) 当存储降至零时,可以立即得到补充(即备货时间或拖后时间很短,可以近似地看作零)。

(3) 需求是连续的、均匀的,设需求速度 $R$ (单位时间的需求量)为常数,则 $t$ 时间的需求量为 $Rt$。

(4) 每次订货量不变,订购费不变(每次备货量不变,装配费不变)。

(5) 单位存储费不变。

设单位时间单位物品的存储费用为 $C_1$,每次订购或生产费用为 $C_3$,需求速度为 $R$。假设系统不允许缺货,且每次补充库存的备货时间非常短(可忽略不计),即库存补充能够瞬间完成。求最佳存储策略,使得单位时间内的平均总费用最少。

2. 模型一的存储状态图

模型一的存储状态图如图 10-4 所示。

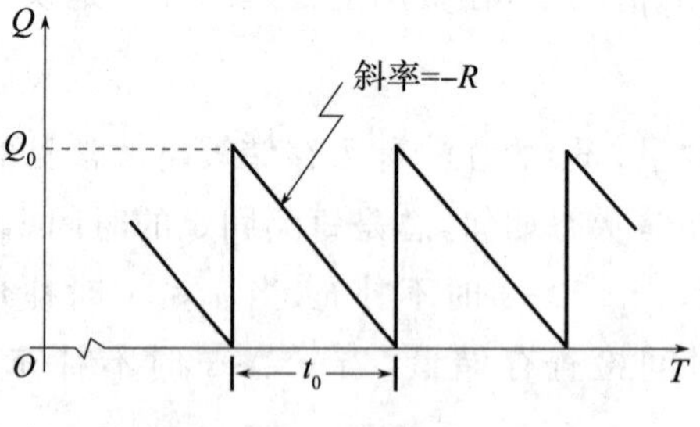


图 10-4 模型一的存储状态图

1) 存储量的变化

(1) 可以立即得到补充,所以不会出现缺货情况,因此,不考虑缺货费用。

(2) 用总平均费用来衡量存储策略的优劣:在需求确定的情况下,每次订货量多,则订货次数可以减少,从而减少了订购费。但是每次订货量多,会增加存储费用。

2）模型相关参数

（1）补充订货量：$Q$。

（2）补充时间：$t$。

（3）单位时间内单位货物的存储费：$C_1$。

（4）单位时间内单位货物的缺货费：$C_2$，为无穷大。

（5）每订购一次的固定费用：$C_3$。

（6）货物的单价：$K$。

要用总平均费用来衡量存储策略的优劣，故要导出费用函数。

一次订货量 $Q$ 必须满足 $t$ 时间内的需求：$Q=Rt$。

订货费/订购费：$C_3+KQ=C_3+KRt$。

$t$ 时间内的平均订货费：$C_3/t+KR$。

$t$ 时间内的平均存储量：$\frac{1}{t}\int_0^t Rt\,\mathrm{d}t=\frac{1}{2}Rt=\frac{1}{2}Q$。

3）费用函数推导

$t$ 时间内的平均存储费：$\frac{1}{2}C_1Rt$（存储量×单位存储费用）。

由于不允许缺货，则不需要考虑缺货费用。

$t$ 时间内的平均总费用：

$$C(t)=\frac{C_3}{t}+KR+\frac{1}{2}C_1Rt$$

其中，$\frac{C_3}{t}+KR$ 为 $t$ 时间内的平均订货费，$\frac{1}{2}C_1Rt$ 为 $t$ 时间内的平均存储费。那么，$t$ 取何值时 $C(t)$ 最小？由于 $C(t)$ 随 $t$ 变化而变化，利用微积分求最小值的方法可求出总费用函数的最小值：

$$\frac{\mathrm{d}C(t)}{\mathrm{d}t}=-\frac{C_3}{t^2}+\frac{1}{2}C_1R=0$$

因为 $\frac{\mathrm{d}^2C(t)}{\mathrm{d}t^2}>0$，所以 $t^*=\sqrt{\frac{2C_3}{C_1R}}$，则得到经济订货批量(EOQ)公式：$Q^*=Rt^*=R\sqrt{\frac{2C_3}{C_1R}}=\sqrt{\frac{2C_3R}{C_1}}$。

从图 10－5 所示的费用曲线可看出，总费用曲线的最低点的横坐标与存储费用曲线、订购费用曲线交点的横坐标相同。

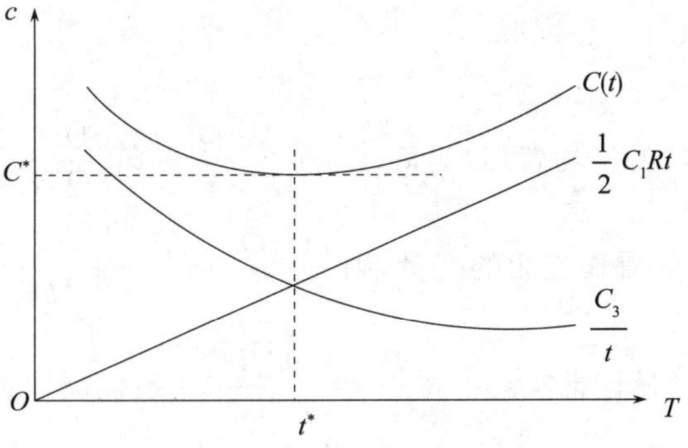


**图 10－5　费用曲线**

由于 $Q^*$ 和 $t^*$ 皆与货物单价 $K$ 无关，所以此后在费用函数中略去 $KR$ 这项费用，如无特殊需要不再考虑此项费用。

因此，$t$ 时间内的平均总费用可略写为 $C(t)=\frac{C_3}{t}+\frac{1}{2}C_1Rt$，即

$$\frac{C_3}{t^*}+\frac{1}{2}C_1Rt^* \Rightarrow (\text{最佳订货周期})\, t^*=\sqrt{\frac{2C_3}{C_1R}}$$

$$\frac{C_3}{t^*}+\frac{1}{2}C_1Rt^* \Rightarrow (\text{经济订货批量})\, Q^*=Rt^*=\sqrt{\frac{2C_3R}{C_1}}$$

$$\frac{C_3}{t^*}+\frac{1}{2}C_1Rt^* \Rightarrow (\text{最少总费用})\, C(t^*)=\frac{C_3}{t^*}+\frac{1}{2}C_1Rt^*=\sqrt{2C_1C_3R}$$

**例 10－1(不允许缺货、备货时间很短的确定性存储模型)** 某商品单位成本为 5 元，每天的保管费为成本的 0.1%，每次的订购费为 10 元，已知对该商品的需求是 100 件/天，不允许缺货。假设该商品的进货可以随时实现。问怎样组织进货，才能最经济实惠？

解：该问题满足模型一的假设条件，则

$$K=5\ \text{元}/\text{件}, C_1=(5\times 0.1\%)\ \text{元}/(\text{件}\cdot\text{天})=0.005\ \text{元}/(\text{件}\cdot\text{天})$$

$$C_3=10\ \text{元}, R=100/\text{天}$$

$$t^*=\sqrt{\frac{2C_3}{C_1R}}=\sqrt{\frac{2\times 10}{0.005\times 100}}\ \text{天}=6.32\ \text{天}$$

$$Q^*=Rt^*=(100\times 6.32)\ \text{件}=632\ \text{件}$$

$$C(t^*)=\sqrt{2C_1C_3R}=\sqrt{2\times 0.005\times 10\times 100}\ \text{元}=3.16\ \text{元}$$

所以应该每隔 6.32 天就进货，每次进货批量为 632 件，每次花费的成本为 3.16 元。

**例 10－2(不允许缺货、备货时间很短的确定性存储模型)** 某厂按合同每年需提供 $D$ 个产品，不许缺货。假设每一周期工厂需装配费 $C_3$，存储费每年每单位产品为 $C_1$，问全年应分几批供货才能使装配费、存储费两者之和最少。

解：设全年分 $n$ 批供货，每批生产量 $Q=D/n$，周期为 $1/n$ 年(即每隔 $1/n$ 年供货一次)，则：

(1) 每个周期内平均存储量为 $\frac{1}{2}Q$；

(2) 每个周期内平均存储费用为 $C_1\frac{1}{2}Q\frac{1}{n}=\frac{C_1Q}{2n}$；

(3) 全年所需存储费用为 $\frac{C_1Q}{2n}n=\frac{C_1Q}{2}$；

(4) 全年所需装配费用为 $C_3n=C_3\frac{D}{Q}$；

(5) 全年总费用(以年为单位的平均费用)为 $C(Q)=C_1\frac{Q}{2}+C_3\frac{D}{Q}$。

为求出 $C(Q)$ 的最小值，把 $Q$ 看作连续的变量，则 $\frac{dC(Q)}{dQ}=\frac{C_1}{2}-C_3\frac{D}{Q^2}=0$，即 $\min C(Q)=C(Q_0)$，$Q_0=\sqrt{\frac{2C_3D}{C_1}}$，$Q_0$ 为经济订购批量。最佳批次：$n_0=\frac{D}{Q_0}=\sqrt{\frac{C_1D}{2C_3}}$。最佳周期：$t_0=\sqrt{\frac{2C_3}{C_1D}}$。

**例 10－3(不允许缺货、备货时间很短的确定性存储模型)** 某轧钢厂每月按计划需产角钢 30 000 t，每吨每月需存储费 53 元，每次生产需调整机器设备等，共需准备费 25 000 元。该厂每月生产角钢一次，生产批量为 30 000 t。每月需总费用 $\left(53\times\frac{1}{2}\times 30\,000+25\,000\right)$元$=1\,045\,000$ 元；全年需总费用：$1\,045\,000\times 12=1\,254\,000$ 元。按 EOQ 公式计算每次生产批量，求节约的资金是多少？

解：

$$Q^{*}=\sqrt{\frac{2\times C_{3}(\text{装配费})\times D(\text{需求速度})}{C_{1}(\text{存储费})}}=\sqrt{\frac{2\times 25\,000\times 30\,000}{53}}\ \mathrm{t}\approx 16\,823\ \mathrm{t}$$

利用 $Q_0$ 计算出全年应生产 $n_0$ 次：

$$n_{0}=\frac{30\,000\times 12}{Q_{0}}=21.4\ \text{次}$$

两次生产相隔的时间

$$t_{0}=365/21.4=17\ \text{天}$$

17 天的单位存储费为 $\frac{53}{50}\times 17=30.00$ 元/t，一个存储周期共需费用

$$\frac{53}{30}\times 17\times\frac{1}{2}\times 16\,823+25\,000=502\,562\ \text{元}$$

按全年生产 21.5 次(两年生产 43 次)计算，全年共需费用 502 562×21.5=10 806 438 元。

两者相比较，该厂利用 EOQ 公式求出经济批量进行生产即可每年节约资金

$$1\,254\,000-10\,806\,438=1\,733\,562\ \text{元}$$

## 复习思路提示

1. 理解模型一的存储状态图，了解模型假设。
2. 要用总平均费用来衡量存储策略的优劣，掌握总费用函数的导出：

$$C(t)=\frac{C_{3}}{t}+KR+\frac{1}{2}C_{1}Rt$$

3. 熟练掌握最佳订货周期 $t^*$、EOQ 的公式、最少平均总费用及其推导过程。

$$C(t)=\frac{C_{3}}{t}+KR+\frac{1}{2}C_{1}Rt$$

$$\frac{\mathrm{d}C(t)}{\mathrm{d}t}=-\frac{C_{3}}{t^{2}}+\frac{1}{2}C_{1}R=0\Rightarrow t^{*}=\sqrt{\frac{2C_{3}}{C_{1}R}}\Rightarrow Q^{*}=Rt^{*}=R\sqrt{\frac{2C_{3}}{C_{1}R}}=\sqrt{\frac{2C_{3}R}{C_{1}}}$$

$$C(t^{*})=\sqrt{2C_{1}C_{3}R}$$

## 10.2.2　模型二：不允许缺货，生产需要一定时间

1. 模型假设

(1) 缺货费用无穷大。

(2) 当存储降至零时，生产需要一定时间(即补充需要时间)。

(3) 需求是连续的、均匀的，设需求速度 $R$(单位时间的需求量)为常数，则 $t$ 时间的需求量为 $Rt$。

(4) 每次订货量不变，订购费不变(每次备货量不变，装配费不变)。

(5) 单位存储费不变。

设单位时间单位物品的存储费用为 $C_1$，每次生产或订购的固定费用为 $C_3$，需求速度为 $R$。假设不允许缺货，且生产或补充库存需要一定时间 $P$。求最佳存储策略，使得单位时间内的平均总费用最少。

2. 模型二的存储状态图(图 10－6)

1) 存储量的变化

设生产批量为 $Q$，所需生产时间为 $T$，则生产速度为 $P=Q/T$。

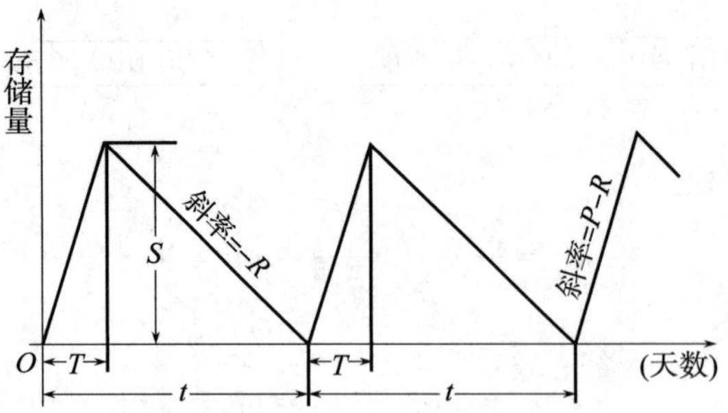


图 10-6 模型二的存储状态图

已知需求速度为 $R(R<P)$，生产的产品一部分满足需求，剩余部分作为存储。

在 $[0,T]$ 区间内，存储以 $P-R$ 斜率增加，在 $[T,t]$ 区间内存储以斜率 $-R$ 减少。$T$ 与 $t$ 皆为待定数。

$(P-R)T=R(t-T)$，即 $PT=Rt$（等式表示以速度 $P$ 生产 $T$ 时间的产品等于 $t$ 时间内的需求），并求出 $T=Rt/P$。

(1) $t$ 时间内的平均存储量为 $\frac{1}{2}(P-R)T$。

(2) $t$ 时间内所需存储费为 $\frac{1}{2}C_1(P-R)T$。

(3) $t$ 时间内所需装配费为 $C_3$。

(4) 单位时间总费用(平均费用)为

$$C(t)=\frac{1}{t}\left[\frac{1}{2}C_1(P-R)Tt+C_3\right]=\frac{1}{t}\left[\frac{1}{2}C_1(P-R)\frac{Rt^2}{P}+C_3\right]$$

2) 相关公式

(1) 对总费用函数求最小值：

$$C(t)=\frac{1}{t}\left[\frac{1}{2}C_1(P-R)\frac{Rt^2}{P}+C_3\right]$$

(2) 相应的最少费用为

$$\min C(t)=C(t_0)=\sqrt{2C_1C_3R\frac{P-R}{P}}$$

(3) 设 $\min C(t)=C(t_0)$，利用微积分方法可求得

$$t_0=\sqrt{\frac{2C_3P}{C_1R(P-R)}}$$

(4) 利用 $t_0$ 可求出最佳生产时间：

$$T_0=\frac{Rt_0}{P}=\sqrt{\frac{2C_3R}{C_1P(P-R)}}$$

(5) 相应的生产批量：

$$Q_0=EOQ=\sqrt{\frac{2C_3RP}{C_1(P-R)}}$$

(6) 进入存储的最大数量：

$$S_0=Q_0-RT_0=\sqrt{\frac{2C_3PR}{C_1(P-R)}}-R\sqrt{\frac{2C_3R}{C_1P(P-R)}}=\sqrt{\frac{2C_3R(P-R)}{C_1}}$$

模型一与模型二的公式比较如表 10-1 所示。

**表 10-1　模型一与模型二的公式比较**

| 求解量 | 模型一：不缺货，补充时间短 | 模型二：不缺货，补充时间长 |
|---|---|---|
| 最佳订货周期 | $t_0=\sqrt{\dfrac{2C_3}{C_1D}}$ | $t_0=\sqrt{\dfrac{2C_3P}{C_1R(P-R)}}$ |
| 最佳订货批量 | $EOQ=\sqrt{\dfrac{2C_3R}{C_1}}$ | $EOQ=\sqrt{\dfrac{2C_3RP}{C_1(P-R)}}$ |
| 最少费用 | $\min C(t)=\sqrt{2C_1C_3R}$ | $\min C(t)=\sqrt{2C_1C_3R\dfrac{P-R}{P}}$ |

**例 10-4(不允许缺货，生产需要一定时间的确定性存储模型)**　某厂每月需甲产品 100 件，每月生产率为 500 件，每批装配费为 50 元，每月每件产品存储费为 4 元，求 $EOQ$ 及最少费用。

解：已知 $C_3=50$ 元，$C_1=4$ 元，$P=500$ 件/月，$R=100$ 件/月，将各值代入公式，有

$$EOQ=\sqrt{\frac{2C_3RP}{C_1(P-R)}}=\sqrt{\frac{2\times50\times100\times500}{4\times(500-100)}}\text{ 件}\approx56\text{ 件}$$

$$\min C(t)=\sqrt{2C_1C_3R\frac{P-R}{P}}=\sqrt{\frac{2\times4\times50\times100\times(500-100)}{500}}\text{ 元}=\sqrt{32\,000}\text{ 元}\approx179\text{ 元}$$

每次生产批量为 56 件，每次生产所需装配费及存储费最少为 179 元。

**例 10-5(不允许缺货，生产需要一定时间的确定性存储模型)**　某商店经售甲商品的成本为单价 500 元，年存储费用为成本的 20%，年需求量为 365 件，需求速度为常数。甲商品的订购费为 20 元，提前期为 10 天，求 $EOQ$ 及最少费用。

解：只需在存储降至零时提前 10 天订货即可保证需求。分析该问题的存储状态图如图 10-7 所示。与模型一和二的存储图相比，可看出与模型一相同，则

$$Q_0=\sqrt{\frac{2C_3R}{C_1}}=\sqrt{\frac{2\times20\times365}{500\times20\%}}\text{ 单位}\approx12\text{ 单位}$$

$$\min C(Q)=C(Q_0)=\sqrt{2C_1C_3R}\approx1\,208\text{ 元}$$

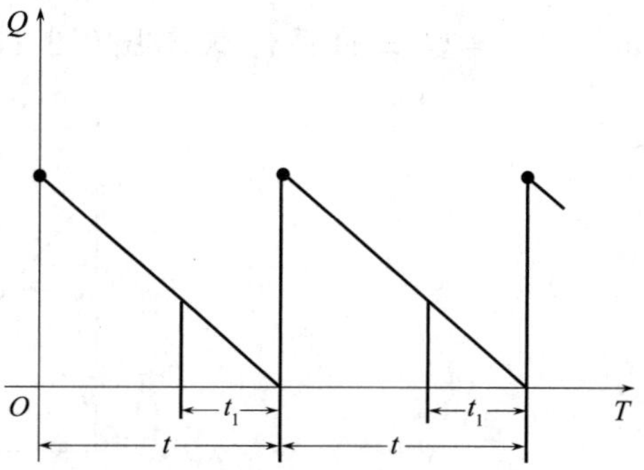


**图 10-7　例 10-5 存储状态图**

由于提前期为 10 天，10 天内的需求为 10 单位甲商品，因此，只要存储降至 10 单位就要订货。一般设 $t_1$ 为提前期，$R$ 为需求速度，当存储降至 $L=Rt_1$ 的时候即要订货，$L$ 称为订购点(或称订货点)。

确定多长时间订一次货，虽然可以用 $EOQ$ 除以 $R$ 得出 $t_0(t_0=Q_0/R)$，但在求解的过程中并没有求出 $t_0$，只需求出订货点 $L$ 即可。

存储策略是指不考虑 $t_0$，只要存储降至 $L$ 即订货，订货批量为 $Q_0$，称这种存储策略为定点定货。相对地。每隔 $t_0$ 时间订货一次称为定时订货，每次订货批量不变则称为定量订货。

## 复习思路提示

1. 掌握总费用函数的导出：

$$C(t)=\frac{1}{t}\left[\frac{1}{2}C_1(P-R)Tt+C_3\right]=\frac{1}{t}\left[\frac{1}{2}C_1(P-R)\frac{Rt^2}{P}+C_3\right]$$

2. 熟练掌握该模型最佳订货周期、最佳订货批量、最少总费用的公式：

$$t_0=\sqrt{\frac{2C_3P}{C_1R(P-R)}},Q_0=EOQ=\sqrt{\frac{2C_3RP}{C_1(P-R)}}$$

$$\min C(t)=C(t_0)=\sqrt{2C_1C_3R\frac{P-R}{P}}$$

3. 不考虑 $t_0$，只要存储降至 $L$ 即订货，订货量为 $Q_0$，称这种存储策略为定点定货。相对地，每隔 $t_0$ 时间订货一次称为定时订货，每次订货量不变则称为定量订货。

### 10.2.3 模型三:允许缺货,备货时间很短

1. 模型假设

(1) 允许缺货,并把缺货损失定量化来加以研究。由于允许缺货,所以企业在存储降至零后,还可以再等一段时间然后订货。这就意味着企业可以少付几次订货的固定费用,少支付一些存储费用。一般来说,当顾客遇到缺货时不受损失,或损失很小,而企业除支付少量的缺货费外也无其他损失,这时发生缺货现象可能对企业是有利的。

(2) 当存储降至零时,可以立即补货。

(3) 需求是连续的、均匀的,设需求速度 $R$(单位时间的需求量)为常数,则 $t$ 时间的需求量为 $Rt$。

(4) 每次订货量不变,订购费不变(每次备货量不变,装配费不变)。

(5) 单位存储费不变。

问题:设单位时间单位物品存储费用为 $C_1$，每次订购费为 $C_3$，缺货费为 $C_2$(单位缺货损失)，$R$ 为需求速度。求最佳存储策略,使平均总费用最少。

2. 模型三的存储状态图(图 10－8)

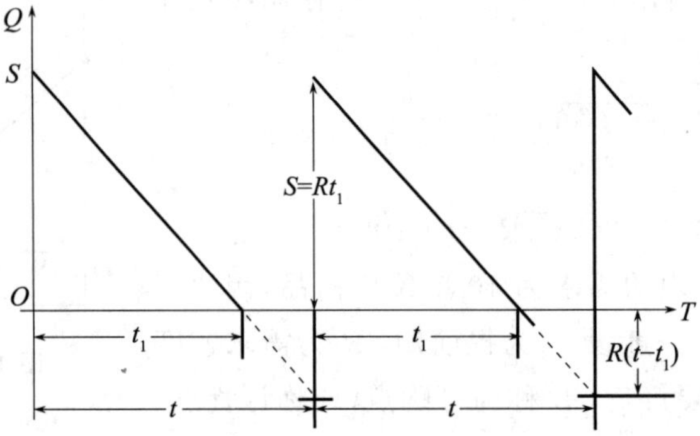


**图 10－8　模型三的存储状态图**

1) 存储量的变化

假设最初存储量为 $S$,可以满足 $t_1$ 时间的需求，$t_1$ 时间的平均存储量为 $S/2$。

在 $t—t_1$ 时间的存储为零,平均缺货量为 $\frac{1}{2}R(t—t_1)$。由于 $S$ 仅能满足 $t_1$ 时间内的需求 $S=Rt_1$，有 $t_1=S/R$。

(1) 在 $t$ 时间内所需存储费：$C_1\frac{1}{2}St_1=\frac{1}{2}C_1\frac{S^2}{R}$。

(2) 在 $t$ 时间内的缺货费：$C_2\frac{1}{2}R(t-t_1)^2=\frac{1}{2}C_2\frac{(Rt-S)^2}{R}$。

(3) 订购费：$C_3$。

(4) 平均总费用：$C(t,S)=\frac{1}{t}\left[C_1\frac{S^2}{2R}+C_2\frac{(Rt-S)^2}{2R}+C_3\right]$。

（5）利用多元函数求极值的方法求 $C(t,S)$ 的最小值：

$$C(t,S)=\frac{1}{t}\left[C_1\frac{S^2}{2R}+C_2\frac{(Rt-S)^2}{2R}+C_3\right]$$

即

$$\frac{\partial C}{\partial S}=\frac{1}{t}[C_1\frac{S}{R}-C_2\frac{Rt-S}{R}]=0$$

因为 $R\neq 0, t\neq 0, C_1S-C_2(Rt-S)=0$，得

$$S=\frac{C_2Rt}{C_1+C_2}$$

又因为 $\frac{\partial C}{\partial S}=0, R\neq 0, t\neq 0$，所以

$$t_0=\sqrt{\frac{2C_3(C_1+C_2)}{C_1RC_2}}=\sqrt{\frac{2C_3}{C_1R}}\cdot\sqrt{\frac{C_1+C_2}{C_2}}$$

2）相关公式

（1）最佳订货周期：

$$t_0=\sqrt{\frac{2C_3}{C_1R}}\cdot\sqrt{\frac{C_1+C_2}{C_2}}$$

当 $C_2$ 很大时(即不允许缺货)：$C_2\to\infty, \frac{C_2}{C_1+C_2}\to 1$，近似模型一。允许缺货最佳周期 $t_0$ 为不允许缺货周期 $t$ 的 $\sqrt{\frac{C_1+C_2}{C_2}}(>1)$ 倍，订货间隔时间延长了。

（2）最佳订货批量：

$$Q_0=Rt_0=\sqrt{\frac{2C_3R}{C_1}}\cdot\sqrt{\frac{C_1+C_2}{C_2}}$$

（3）最大存储量：

$$S_0=\sqrt{\frac{2C_2C_3R}{C_1(C_1+C_2)}}=\sqrt{\frac{2C_3R}{C_1}}\cdot\sqrt{\frac{C_2}{C_1+C_2}}$$

（4）最少总费用：

$$\min C(t,S)=\sqrt{\frac{2C_1C_2C_3R}{C_1+C_2}}=\sqrt{2C_1C_3R}\cdot\sqrt{\frac{C_2}{C_1+C_2}}$$

显然

$$Q_0=\sqrt{\frac{2C_3R}{C_1}}\cdot\sqrt{\frac{C_1+C_2}{C_2}}>S_0=\sqrt{\frac{2C_3R}{C_1}}\cdot\sqrt{\frac{C_2}{C_1+C_2}}$$

（5）它们的差值表示在 $t_0$ 时间内的最大缺货量：

$$\begin{aligned}Q_0-S_0&=\sqrt{\frac{2C_3R}{C_1}}\cdot\sqrt{\frac{C_1+C_2}{C_2}}-\sqrt{\frac{2C_3R}{C_1}}\cdot\sqrt{\frac{C_2}{C_1+C_2}}\\&=\sqrt{\frac{2C_3R}{C_1}}\left(\sqrt{\frac{C_1+C_2}{C_2}}-\sqrt{\frac{C_2}{C_1+C_2}}\right)\\&=\sqrt{\frac{2C_3R}{C_1}}\left(\frac{C_1}{\sqrt{C_2(C_1+C_2)}}\right)\\&=\sqrt{\frac{2RC_1C_3}{C_2(C_1+C_2)}}\end{aligned}$$

在允许缺货的条件下，存储策略是隔 $t_0$ 时间订货一次，订货量为 $Q_0$，用 $Q_0$ 中的一部分补足所缺货物，剩余部分 $S_0$ 进入存储。很明显，在相同的时间段里，允许缺货的订货次数比不允许缺货的订货次数减少了。

模型一、二、三的公式比较如表 10－2 所示。

**表 10－2　模型一、二、三的公式比较**

| 求解量 | 模型一<br>不缺货，补充时间短 | 模型二<br>不缺货，补充时间长 | 模型三<br>缺货，补充时间短 |
|---|---|---|---|
| 最佳订货周期 $t^*$ | $\sqrt{\frac{2C_3}{C_1D}}$ | $\sqrt{\frac{2C_3}{C_1R}}\cdot\sqrt{\frac{P}{P-R}}$ | $\sqrt{\frac{2C_3}{C_1R}}\cdot\sqrt{\frac{P}{P-R}}$ |
| 最佳订货批量 $Q^*$ | $\sqrt{\frac{2C_3R}{C_1}}$ | $\sqrt{\frac{2C_3R}{C_1}}\cdot\sqrt{\frac{P}{P-R}}$ | $\sqrt{\frac{2C_3R}{C_1}}\cdot\sqrt{\frac{C_1+C_2}{C_2}}$ |
| 最少总费用 | $\sqrt{2C_1C_3R}$ | $\sqrt{2C_1C_3R}\cdot\sqrt{\frac{P-R}{P}}$ | $\sqrt{2C_1C_3R}\cdot\sqrt{\frac{C_2}{C_1+C_2}}$ |
| 最大存储量 $S^*$ | $\sqrt{\frac{2C_3R}{C_1}}$ | $\sqrt{\frac{2C_3R}{C_1}}\cdot\sqrt{\frac{P-R}{P}}$ | $\sqrt{\frac{2C_3R}{C_1}}\cdot\sqrt{\frac{C_2}{C_1+C_2}}$ |

补充时间：$T_0=\sqrt{\dfrac{2C_3R}{C_1P(P-R)}}$。 最大缺货量：$Q_0-S_0=\sqrt{\dfrac{2RC_1C_3}{C_2(C_1+C_2)}}$。

**例 10－6(允许缺货，备货时间很短)**　某商品已知需求速度 $R$ 为每个月 100 件，每件商品的存储成本 $C_1$ 为 4 元，如果缺货，则产生缺货费用 $C_2$，为 1.5 元/件，每次装配费用 $C_3$ 为 50 元，求该商品的最大存储量及最少总费用。

解：$R=100$ 件，$C_1=4$ 元，$C_2=1.5$ 元/件，$C_3=50$ 元/次，则

$$S_0=\sqrt{\frac{2C_2C_3R}{C_1(C_1+C_2)}}=\sqrt{\frac{2\times100\times1.5\times50}{4\times(4+1.5)}}\text{ 件}\approx26\text{ 件}$$

$$C_0=\sqrt{\frac{2C_1C_3RC_2}{C_1+C_2}}=\sqrt{\frac{2\times4\times50\times100\times1.5}{4+1.5}}\text{ 元}\approx104.45\text{ 元}$$

最大存储量为 26 件，每个订货周期内的最少总费用为 104.45 元。

## 复习思路提示

1. 掌握总费用函数的导出：

$$C(t,S)=\frac{1}{t}\left[C_1\frac{S^2}{2R}+C_2\frac{(Rt-S)^2}{2R}+C_3\right]$$

2. 熟练掌握该模型最佳订货周期、最佳订货量、最少总费用、最大存储量的公式：

$$t_0=\sqrt{\frac{2C_3}{C_1R}}\cdot\sqrt{\frac{P}{P-R}},Q_0=\sqrt{\frac{2C_3R}{C_1}}\cdot\sqrt{\frac{C_1+C_2}{C_2}}$$

$$\min C(t,S)=\sqrt{2C_1C_3R}\cdot\sqrt{\frac{C_2}{C_1+C_2}}$$

3. 掌握每个模型最大存储量的表达式，掌握该模型最大缺货量的表达式。

### 10.2.4　模型四：允许缺货，生产需要一定时间

1. 模型假设

(1) 允许缺货，并把缺货损失定量化来加以研究。

(2) 当存储降至零时，生产需要一定的时间(补充需要时间)。

(3) 需求是连续的、均匀的,设需求速度 $R$(单位时间的需求量)为常数,则 $t$ 时间的需求量为 $Rt$。

(4) 每次订货量不变,订购费不变(每次备货量不变,装配费不变)。

(5) 单位存储费不变。

问题:设单位时间单位物品存储费用为 $C_1$,每次订购费为 $C_3$,缺货费(单位缺货损失)为 $C_2$,$R$ 为需求速度,$P$ 为生产(补充)速度。求最佳存储策略,使平均总费用最少。

2. 模型四的存储状态图(图 10-9)

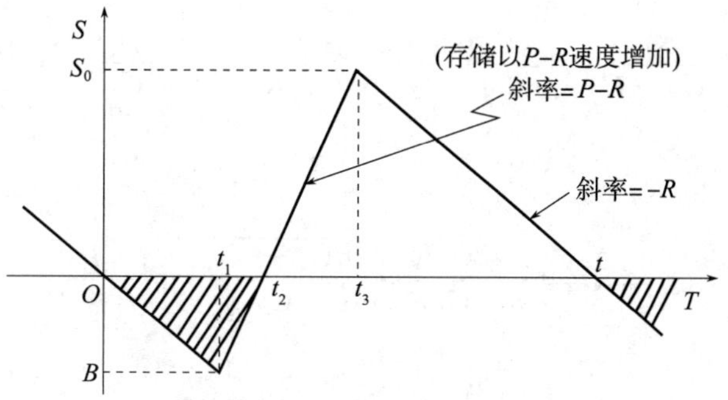


**图 10-9　模型四的存储状态图**

1) 存储量的变化

- 取$[0,t]$为一个周期,设 $t_1$ 时刻开始生产。
- $[0,t_2]$时间内存储为零,$B$ 表示最大缺货量。
- $[t_1,t_2]$时间内除满足需求外,补足$[0,t_1]$时间内的缺货。
- $[t_2,t_3]$时间内满足需求后的产品进入存储,存储量以 $P-R$ 速度增加。
- $S$ 表示存储量,$t_3$ 时刻存储量达到最大,$t_3$ 时刻停止生产。
- $[t_3,t]$时间内存储量以需求速度 $R$ 减少。

(1) 最大缺货量 $B=Rt_1$,或 $B=(P-R)(t_2-t_1)$,即 $Rt_1=(P-R)(t_2-t_1)$,得

$$t_1=\frac{P-R}{P}\cdot t_2$$

(2) 最大存储量 $S=(P-R)(t_3-t_2)$,或 $S=R(t-t_3)$,即 $(P-R)(t_3-t_2)=R(t-t_3)$,得

$$t_3=\frac{R}{P}t+\left(1-\frac{R}{P}\right)t_2,t_3-t_2=\frac{R}{P}(t-t_2)$$

2) 在 $[0,t]$ 时间内所需费用

(1) 存储费为 $\frac{1}{2}C_1(P-R)(t_3-t_2)(t-t_2)$,消去 $t_3$ 得

$$\frac{1}{2}C_1(P-R)\frac{R}{P}(t-t_2)$$

(2) 缺货费为 $\frac{1}{2}C_2Rt_1t_2$,消去 $t_1$ 得

$$\frac{1}{2}C_2R\frac{P-R}{P}t_2^2$$

(3) 装配费为 $C_3$。

3) 在 $[0,t]$ 时间内总平均费用

$$C(t,t_2)=\frac{1}{t}\left[\frac{1}{2}C_1(P-R)\frac{R}{P}(t-t_2)^2+\frac{1}{2}C_1(P-R)\frac{R}{P}t_2^2+C_3\right]$$

$$=\frac{1}{2}\frac{(P-R)R}{P}\left[C_1t-2C_1t_2+(C_1+C_2)\frac{t_2^2}{t}\right]+\frac{C_3}{t}$$

$$\frac{\partial C(t_1,t_2)}{\partial t}=\frac{1}{2}\frac{(P-R)R}{P}\left[C_1+(C_1+C_2)\left(-\frac{t_2^2}{t^2}\right)\right]-\frac{C_3}{t^2}=0$$

$$\frac{\partial C(t_1,t_2)}{\partial t_2}=\frac{1}{2}\frac{(P-R)R}{P}\left[-2C_1+2(C_1+C_2)\frac{t_2}{t}\right]=0$$

求得

$$t_0=\sqrt{\frac{2C_3}{C_1R}}\cdot\sqrt{\frac{C_1+C_2}{C_2}}\cdot\sqrt{\frac{P}{P-R}}$$

$$t_2=\frac{C_1}{C_1+C_2}t_0=\frac{C_1}{C_1+C_2}\cdot\sqrt{\frac{2C_3}{C_1R}}\cdot\sqrt{\frac{C_1+C_2}{C_2}}\cdot\sqrt{\frac{P}{P-R}}$$

4）相关公式

（1）$Q_0$（最佳订货量）：

$$Q_0=Rt_0=\sqrt{\frac{2C_3R}{C_1}}\cdot\sqrt{\frac{C_1+C_2}{C_2}}\cdot\sqrt{\frac{P}{P-R}}$$

（2）$S_0$（最大存储量）：

$$S_0=R(t_0-t_2)=\sqrt{\frac{2C_3R}{C_1}}\cdot\sqrt{\frac{C_2}{C_1+C_2}}\cdot\sqrt{\frac{P-R}{P}}$$

（3）$B_0$（最大缺货量）：

$$B_0=Rt_1=\frac{R(P-R)}{P}\cdot t=\sqrt{\frac{2C_1C_3R}{(C_1+C_2)C_2}}\cdot\sqrt{\frac{P-R}{P}}$$

（4）最少总费用：

$$\min C(t_0,t_2)=C_0=\sqrt{2C_1C_3R}\cdot\sqrt{\frac{C_2}{C_1+C_2}}\cdot\sqrt{\frac{P-R}{P}}$$

模型一、二、三、四的公式比较如表 10－3 所示。

**表 10－3　模型一、二、三、四的公式比较**

| | 求解量 | |
|---|---|---|
| 模型一<br>不缺货，补充时间短 | 最佳订货周期 | $\sqrt{\frac{2C_3}{C_1D}}$ |
| | 最佳订货批量 | $\sqrt{\frac{2C_3R}{C_1}}$ |
| | 最少总费用 | $\sqrt{2C_1C_3R}$ |
| | 最大存储量 | $\sqrt{\frac{2C_3R}{C_1}}$ |
| 模型二<br>不缺货，补充时间长 | 最佳订货周期 | $\sqrt{\frac{2C_3}{C_1R}}\cdot\sqrt{\frac{P}{P-R}}$ |
| | 最佳订货批量 | $\sqrt{\frac{2C_3R}{C_1}}\cdot\sqrt{\frac{P}{P-R}}$ |
| | 最少总费用 | $\sqrt{2C_1C_3R}\cdot\sqrt{\frac{P-R}{P}}$ |
| | 最大存储量 | $\sqrt{\frac{2C_3R}{C_1}}\cdot\sqrt{\frac{P-R}{P}}$ |

续 表

| | | 求解量 |
|---|---|---|
| 模型三<br>缺货，补充时间短 | 最佳订货周期 | $\sqrt{\frac{2C_3}{C_1R}}\cdot\sqrt{\frac{P}{P-R}}$ |
| | 最佳订货批量 | $\sqrt{\frac{2C_3R}{C_1}}\cdot\sqrt{\frac{C_1+C_2}{C_2}}$ |
| | 最少总费用 | $\sqrt{2C_1C_3R}\cdot\sqrt{\frac{C_2}{C_1+C_2}}$ |
| | 最大存储量 | $\sqrt{\frac{2C_3R}{C_1}}\cdot\sqrt{\frac{C_2}{C_1+C_2}}$ |
| 模型四<br>缺货，补充时间长 | 最佳订货周期 | $\sqrt{\frac{2C_3}{C_1R}}\cdot\sqrt{\frac{C_1+C_2}{C_2}}\cdot\sqrt{\frac{P}{P-R}}$ |
| | 最佳订货批量 | $\sqrt{\frac{2C_3R}{C_1}}\cdot\sqrt{\frac{C_1+C_2}{C_2}}\cdot\sqrt{\frac{P}{P-R}}$ |
| | 最少总费用 | $\sqrt{2C_1C_3R}\cdot\sqrt{\frac{C_2}{C_1+C_2}}\cdot\sqrt{\frac{P-R}{P}}$ |
| | 最大存储量 | $\sqrt{\frac{2C_3R}{C_1}}\cdot\sqrt{\frac{C_2}{C_1+C_2}}\cdot\sqrt{\frac{P-R}{P}}$ |

最大缺货量(模型三)：$B_0=\sqrt{\dfrac{2RC_1C_3}{C_2(C_1+C_2)}}$。

最大缺货量(模型四)：$B_0=\sqrt{\dfrac{2C_1C_3R}{(C_1+C_2)C_2}}\cdot\sqrt{\dfrac{P-R}{P}}$。

**例 10－7(允许缺货，生产需要一定时间)**　某企业生产某种产品，正常生产条件下可生产 10 件/天。根据供货合同，需要按 7 件/天供货。存储费每件 0.13 元/天。缺货费每件 0.5 元/天，每次生产准备费用为 80 元，求最优存储策略。

解：$P=10$ 件/天，$R=7$ 件/天，$C_1=0.13$ 元/天/件，$C_2=0.5$ 元/天/件，$C_3=80$ 元/次，则

$$t^*=\sqrt{\frac{2C_3}{C_1R}}\cdot\sqrt{\frac{C_1+C_2}{C_2}}\cdot\sqrt{\frac{P}{P-R}}$$
$$=\left(\sqrt{\frac{2\times 80}{0.13\times 7}}\times\sqrt{\frac{0.13+0.5}{0.5}}\times\sqrt{\frac{10}{10-7}}\right)\text{天}$$
$$\approx 27.2\text{ 天}$$
$$Q^*=R\times t^*=(7\times 27.2)\text{ 件 / 次}=190.4\text{ 件 / 次}$$
$$t_2=\frac{C_1}{C_1+C_2}\times t^*=\left(\frac{0.13}{0.13+0.5}\times 27.2\right)\text{天}=5.6\text{ 天}$$

最佳订货周期为 27.2 天，最佳订货批量为 190.4 件。

$$t_1^*=\frac{P-R}{P}\times t_2^*=\left(\frac{10-7}{10}\times 5.5\right)\text{天}=2.4\text{ 天}$$
$$t_3^*=\frac{R}{P}\times t^*+\left(1-\frac{R}{P}\right)\times t_2^*=\left[\frac{7}{10}\times 27.2+\left(1-\frac{7}{10}\right)\times 5.5\right]\text{天}=20.7\text{ 天}$$
$$S^*=R(t^*-t_3^*)=[7\times(27.2-20.7)]\text{ 件}=45.5\text{ 件}$$
$$B^*=R\times t_1^*=(7\times 2.4)\text{ 件}=16.8\text{ 件}$$
$$C^*=\frac{2C_3^*}{t^*}=\frac{2\times 80}{27.2}\text{ 元 / 天}=5.9\text{ 元 / 天}$$

最大存储量为 45.5 件，最大缺货量为 16.8 件，总平均费用为 5.8 元/天。

## 复习思路提示

1. 掌握总费用函数的导出：

$$C(t,t_2)=\frac{1}{2}\frac{(P-R)R}{P}\left[C_1t-2C_1t_2+(C_1+C_2)\frac{t_2^2}{t}\right]+\frac{C_3}{t}$$

2. 熟练掌握该模型最佳订货周期、最佳订货量、最少总费用、最大存储量的公式：

$$t_0=\sqrt{\frac{2C_3}{C_1R}}\cdot\sqrt{\frac{C_1+C_2}{C_2}}\cdot\sqrt{\frac{P}{P-R}}$$

$$Q_0=\sqrt{\frac{2C_3R}{C_1}}\cdot\sqrt{\frac{C_1+C_2}{C_2}}\cdot\sqrt{\frac{P}{P-R}}$$

$$\min C(t,S)=\sqrt{2C_1C_3R}\cdot\sqrt{\frac{C_2}{C_1+C_2}}\cdot\sqrt{\frac{P-R}{P}}$$

3. 对比 4 个模型，了解导出关系。

### 10.2.5 模型五：价格有折扣的存储模型

1. 模型假设

(1) 缺货费用无穷大。

(2) 当存储降至零时，瞬时补货。

(3) 需求是连续的、均匀的，设需求速度 $R$（单位时间的需求量）为常数，则 $t$ 时间的需求量为 $Rt$。

(4) 每次订货量不变，订购费不变（每次备货量不变，装配费不变）。

(5) 单位存储费不变。

(6) 货物单价随订购数量变化。

所谓货物单价有折扣是指供应方采取的一种鼓励用户多订货的优惠政策，即根据订货量的大小规定不同的货物单价。

通常，订货越多购价越低。常见的所谓零售价、批发价和出厂价，就是供应方根据货物的订货量而制订的不同的货物单价，如图 10－10 所示。

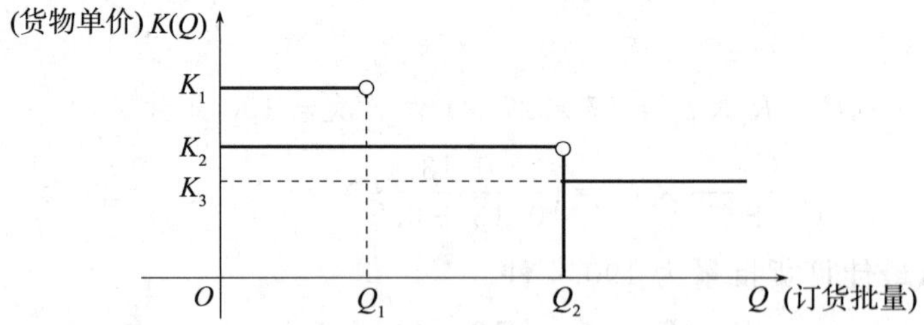


图 10－10　订货量与折扣的关系

货物单价随订购数量变化。

设订货批量为 $Q$，对应的货物单价为 $K(Q)$，则

$$K(Q)=\begin{cases}K_1, 0\leqslant Q<Q_1\\K_2, Q_1\leqslant Q<Q_2\\K_3, Q_2\leqslant Q\end{cases}$$

$$0 < Q_1 < \cdots < Q_n, K_1 > \cdots > K_n$$

2. 模型五的总费用

分析模型一和模型五的费用曲线，如图 10－11 和图 10－12 所示。

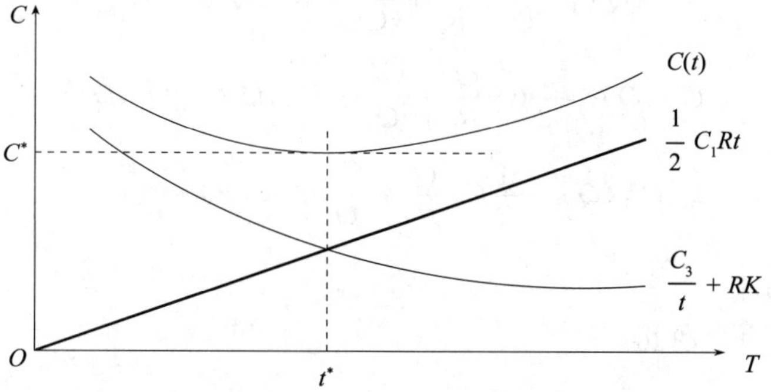


图 10－11 模型一的费用曲线

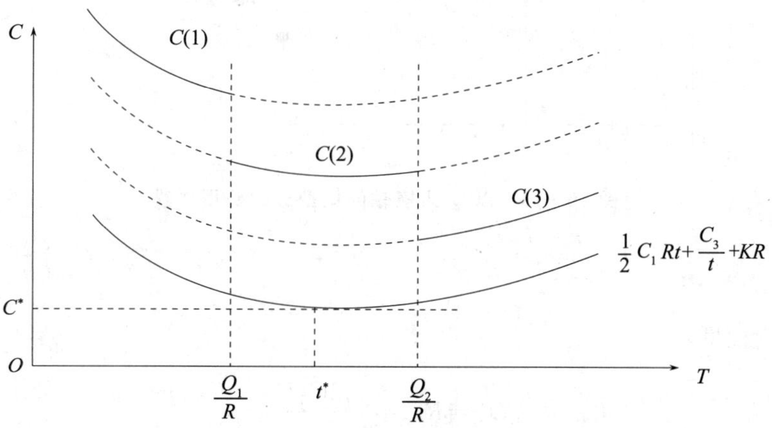


图 10－12 模型五的费用曲线

一个存储周期内的总平均费用：

$$C(t)=\frac{1}{2}C_1Rt+\frac{C_3}{t}+RK(Q)$$

其中 $Q=Rt$。再观察以 $Q$ 为横轴的模型五的费用曲线，如图 10－13 所示。

$$K(Q)=\begin{cases} K_1, 0 \leqslant Q < Q_1 \\ K_2, Q_1 \leqslant Q < Q_2 \\ \cdots \\ K_j, Q_{j-1} \leqslant Q < Q_j \\ \cdots \\ K_m, Q_{m-1} \leqslant Q \end{cases}$$

当订购量为 $Q$ 时，一个周期内所需费用为

$$C(t)=\frac{1}{2}C_1Rt+\frac{C_3}{t}+RK(Q)，其中\ Q=Rt$$

$$Q \in [0, Q_1)\ 有\ \frac{1}{2}C_1Q\frac{Q}{R}+C_3+K_1Q$$

$$Q \in [Q_1, Q_2)\ 有\ \frac{1}{2}C_1Q\frac{Q}{R}+C_3+K_2Q$$

$$Q \geqslant Q_2 \text{ 有} \frac{1}{2}C_1Q\frac{Q}{R} + C_3 + K_3Q$$

平均每单位货物所需费用 $C(Q)$ 为

$$C^{\mathrm{I}}(Q) = \frac{1}{2}C_1\frac{Q}{R} + \frac{C_3}{Q} + K_1, Q \in [0, Q_1)$$

$$C^{\mathrm{II}}(Q) = \frac{1}{2}C_1\frac{Q}{R} + \frac{C_3}{Q} + K_2, Q \in [Q_1, Q_2)$$

$$C^{\mathrm{III}}(Q) = \frac{1}{2}C_1\frac{Q}{R} + \frac{C_3}{Q} + K_3, Q \in Q_2$$

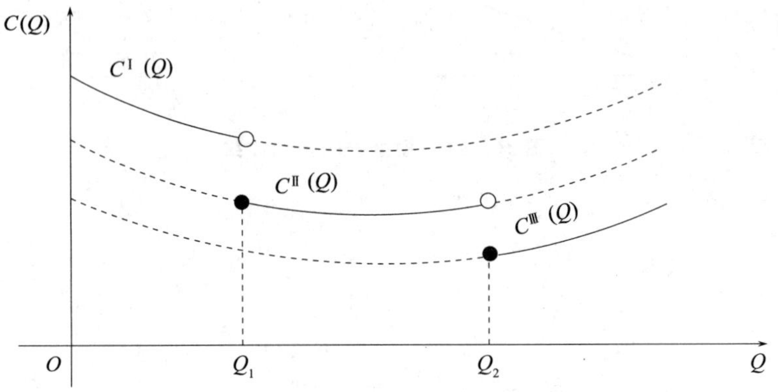


图 10－13　以 $Q$ 为横轴的模型五的费用曲线

3. 模型五的算法步骤

(1) 计算经济订货批量：

$$Q' = Rt' = \sqrt{\frac{2C_3R}{C_1}}$$

(2) 如果 $Q_{i-1} \leqslant Q' < Q_i$，则总的平均费用：

$$C(Q') = \frac{1}{2}C_1\frac{Q'}{R} + \frac{C_3}{Q'} + K_i$$

(3) 计算其后每个批量的单位货物费用：

$$C(Q_j) = \frac{1}{2}C_1\frac{Q_j}{R} + \frac{C_3}{Q_j} + K_j, j = i+1, \cdots, n$$

(4) 比较不同单价下的单位货物费用：

$$\min\{C(Q'), C(Q_{i+1}), \cdots, C(Q_n)\} = C^*$$

则 $C^*$ 对应的批量为最少费用订购批量 $Q^*$，对应的最小订购周期 $t^* = Q^*/R$。

**例 10－8(价格有折扣的存储模型)**　某工厂每周需要零配件 32 箱，存储费每箱每周为 1 元，每次订购费为 25 元，不允许缺货。零配件进货时若：①订货量为 1～9 箱，每箱 12 元；②订货量为 10～49 箱，每箱 10 元；③订货量为 50～99 箱，每箱 9.5 元；④订货量为 100 箱以上，每箱 9 元。求最优存储策略。

解：先求出经济订货批量，即

$$Q^* = \sqrt{\frac{2C_3R}{C_1}} = \sqrt{\frac{2 \times 25 \times 32}{1}} \text{ 箱} = 40 \text{ 箱}$$

可以看出：需求速度 $R=32$ 箱/周，存储费 $C_1=1$ 元/周/箱，订购费 $C_3=25$ 元/次，$K_1=12$，$K_2=10$，$K_3=9.5$，$K_4=9$。

10＜40＜49，属于第二个订货批量范围，则该批量下的单位货物订购总费用：

$$C'(40)=\frac{1}{2}C_1\frac{Q'}{R}+\frac{C_3}{Q'}+K_2=\left(\frac{1}{2}\times 1\times\frac{40}{32}+\frac{25}{40}+10\right)\text{元}=11.25\text{ 元}$$

各批量订货下的单位货物总费用（经济订货批量已经在第二个范围内，就不再考虑第一个订货数量了）

$$C(50)=\frac{1}{2}C_1\frac{Q_3}{R}+\frac{C_3}{Q_3}+K_3=\left(\frac{1}{2}\times 1\times\frac{50}{32}+\frac{25}{50}+9.5\right)\text{元}\approx 10.39\text{ 元}$$

$$C(100)=\frac{1}{2}C_1\frac{Q_4}{R}+\frac{C_3}{Q_4}+K_4=\left(\frac{1}{2}\times 1\times\frac{100}{32}+\frac{25}{100}+9\right)\text{元}\approx 10.81\text{ 元}$$

比较各批量的费用：

$$C^*=\min\{11.25,10.39,10.81\}=10.39=C(50)$$

所以

$$Q^*=50\text{ 箱}$$

$$t^*=Q^*/R=50/32\approx 1.56\text{ 周}\approx 11\text{ 天}$$

**例 10-9（价格有折扣的存储模型）**　某厂每年需某种元件 5 000 个，每次订购费 $C_3=500$ 元，保管费每件每年 $C_1=10$ 元，不允许缺货。元件单价 $K$ 随采购数量不同而变化。

$$K(Q)=\begin{cases}20\text{ 元} \sim Q<1\,500\\ 19\text{ 元} \sim Q\geqslant 1\,500\end{cases}$$

解：利用 EOQ 公式可得到

$$Q_0=\sqrt{\frac{2C_3R}{C_1}}=\sqrt{\frac{2\times 500\times 5\,000}{10}}\text{ 个}\approx 707\text{ 个}$$

分别计算每次订购 707 个和 1 500 个元件所需平均单位元件费用：

$$C(707)=\left(\frac{1}{2}\times 10\times\frac{707}{5\,000}+\frac{500}{707}+20\right)\text{元}\approx 21.414\text{ 元}$$

$$C(5\,000)=\left(\frac{1}{2}\times 10\times\frac{1\,500}{5\,000}+\frac{500}{1\,500}+19\right)\text{元}\approx 20.833\text{ 元}$$

因为 $C(1\,500)<C(707)$，可知最佳订购量 $Q^*=1\,500$ 件。

## 复习思路提示

1. 掌握模型五的计算步骤。

2. 熟练掌握模型五批量费用计算的公式：

$$C(Q_j)=\frac{1}{2}C_1\frac{Q_j}{R}+\frac{C_3}{Q_j}+K_j,\ j=i+1,\cdots,n$$

3. 在每个模型的最优存储策略的各个参数中，最优存储周期 $t^*$ 是最基本的参数，其他各个参数与它的关系在各个模型中都是相同的。

4. 根据模型假设条件的不同，各个模型的最优存储周期 $t^*$ 之间也有明显的规律性。因子 $\frac{C_1+C_2}{C_2}$ 对应了是否允许缺货的假设条件，因子 $\frac{P}{P-R}$ 对应了补充是否需要时间的假设条件。

5. 考试时请牢记模型一的公式！！！或会用存储状态图推导。

# 10.3 随机性存储模型

## 10.3.1 模型一:需求是随机离散的

1. 问题描述

特点:需求随机,其概率或分布已知。

例如,商店对某种商品进货 500 件,这 500 件商品可能在一个月内售完,也可能在两个月之后还有剩余。商店既不想因缺货而失去销售机会,又不想因滞销而过多积压资金,这时必须采用新的存储策略。

随机性存储模型与确定性存储模型的不同:不允许缺货的条件只能从概率意义下理解,存储策略的优劣通常以赢利的期望值作为衡量标准。

可供选择的 3 种主要策略如下。

(1) 定期订货:需要根据上一个周期末剩下货物的数量决定订货量,这种策略可称为定期订货法。

(2) 定点订货:存储降到某一确定的数量时才订货,不再考虑间隔的时间。这一数量值称为订货点,每次订货的数量不变,这种策略可称之为定点订货法。

(3) 把定期订货与定点订货综合起来的方法:隔一定时间检查一次存储,如果存储数量高于一个数值 $s$,则不订货;小于 $s$ 时则订货补充存储,订货量要使存储量达到 $S$。这种策略可以简称为 $(s,S)$ 存储策略。

2. 引例说明

**例 10-10(需求是随机离散的)** 某商店拟在新年期间出售一批日历画片,每售出 1 000 张可赢利 700 元。如果在新年期间不能售出,就必须削价处理,作为画片出售。由于削价,一定可以售完,此时每 1 000 张日历画片赔损 400 元。根据以往的经验,市场需求概率如表 10-4 所示。每年只能订货一次,问应订购几千张日历画片才能使获利的期望值最大?

**表 10-4 市场需求概率**

| 需求量 $r$/千张 | 0 | 1 | 2 | 3 | 4 | 5 |
|---|---|---|---|---|---|---|
| 概率 $P(r)\left(\sum_{r=0}^{5}\right)$ | 0.05 | 0.10 | 0.25 | 0.35 | 0.15 | 0.10 |

解 1:比如该店订货 4 千张,计算获利的可能数值。

- 当市场需求为 0 千张时,获利为$(-400)\times 4=-1\,600$ 元。
- 当市场需求为 1 千张时,获利为$(-400)\times 3+700=-500$ 元。
- 当市场需求为 2 千张时,获利为$(-400)\times 2+700\times 2=600$ 元。
- 当市场需求为 3 千张时,获利为$(-400)\times 1+700\times 3=1\,700$ 元。
- 当市场需求为 4 千张时,获利为$(-400)\times 0+700\times 4=2\,800$ 元。
- 当市场需求为 5 千张时,获利为$(-400)\times 0+700\times 4=2\,800$ 元。

$$E[C(4)]=[(-1\,600)\times 0.05+(-500)\times 0.10+600\times 0.25+1\,700\times 0.35+2\,800\times 0.15+2\,800\times 0.10]\text{元}$$
$$=1\,315\text{ 元}$$

按照上述算法,列出获利表如表 10-5 所示。

当订货量为 $Q$ 时,可能发生滞销赔损(供过于求的情况),也可能发生因为缺货而失去销售机会的损失(供不应求的情况)。把这两种损失合起来考虑,取损失期望值最小者所对应的 $Q$ 值。

获利期望值最大者标有 * 记号,为 1 440 元。

**表 10-5　获利表**　　单位:元

| 订货量/千张 | 需求量/千张 | | | | | | 获利的期望值 |
|---|---|---|---|---|---|---|---|
| | 0 | 1 | 2 | 3 | 4 | 5 | |
| 0 | 0 | 0 | 0 | 0 | 0 | 0 | 0 |
| 1 | −400 | 700 | 700 | 700 | 700 | 700 | 0 |
| 2 | −800 | 300 | 1 400 | 1 400 | 1 400 | 1 400 | 1 180 |
| 3 | 1 200 | −100 | 1 000 | 2 100 | 2 100 | 2 100 | 1 440* |
| 4 | 1 600 | −500 | 600 | 1 700 | 2 800 | 2 800 | 1 315 |
| 5 | 2 000 | −900 | 200 | 1 300 | 2 400 | 3 500 | 1 025 |

经比较后可知该店订购 3 000 张日历画片,可使获利的期望值最大。

例 10-10 的问题,也可以从计算最小期望损失的角度去求解,如下。

解 2:比如该店订货 2 千张,计算其损失的可能值。

- 当市场需求为 0 千张时,滞销损失为(−400)×2=−800 元。
- 当市场需求为 1 千张时,滞销损失为(−400)×1=−400 元。
- 当市场需求为 2 千张时,滞销损失为 0 元。
- 当市场需求为 3 千张时,缺货损失为(−700)×1=−700 元。
- 当市场需求为 4 千张时,缺货损失为(−700)×2=−1 400 元。
- 当市场需求为 5 千张时,缺货损失为(−700)×3=−2 100 元。

$$
\begin{aligned}
E[C(2)] &= [(-800)\times 0.05+(-400)\times 0.10+0\times 0.25+(-700)\times 0.35+\\
&\quad (-1\,400)\times 0.15+(-2\,100)\times 0.10]\text{元}\\
&= -665\ \text{元}
\end{aligned}
$$

按照上述算法,列出损失表如表 10-6 所示。

**表 10-6　损失表**

| 订货量/千张 | 0 | 1 | 2 | 3 | 4 | 5 |
|---|---|---|---|---|---|---|
| 损失的期望值 | −1 925 | −1 280 | −665 | −485* | −610 | −900 |

说明对同一问题可以从不同的角度去考虑,一是考虑获利最多,二是考虑损失最少。实质上是一个问题的不同表示形式。

损失最小者标有 * 记号,为−485 元。

经比较后可知该店订购 3 000 张日历画片可使损失最少。这与前面的结论一样。

### 3. 模型引入

报童问题:报童每日售报数量是一个随机变量。报童每售出一份报纸赚 $k$(元),如报纸未能售出,每份赔 $h$(元)。每日售出报纸份数 $r$ 的概率 $P(r)$ 根据以往的经验是已知的,问报童每日最好准备多少份报纸?

(1) 报童每日报纸的订货量 $Q$ 为何值时,赚钱的期望值最大?

(2) 如何适当选择 $Q$ 值,可使得不能售出的损失和缺货失去的销售机会的损失的期望值之和最小?

解:设售出报纸数量为 $r$,其概率 $P(r)$ 已知,设报童订购报纸数量为 $Q$。

1) 从损失角度看

(1) 供过于求 $(r \leqslant Q)$ 时,因不能售出报纸而承担的损失的期望值为

$$\sum_{r=0}^{Q} h(Q-r)P(r)$$

(2) 供不应求 $(r > Q)$ 时,因缺货而少赚钱的损失的期望值为

$$\sum_{r=Q+1}^{Q} k(r-Q)P(r)$$

(3) 综合两种情况，当订货量为Q时，损失的期望值为

$$C(Q)=h\sum_{r=0}^{Q}h(Q-r)P(r)+k\sum_{r=Q+1}^{Q}(r-Q)P(r)$$

由于报童订购报纸的份数只能取整数，$r$ 是离散变量，所以不能用求导数的方法求极值，应采用边际分析法。为此设报童每日订购报纸份数最佳量为Q，根据其损失期望值应有

$$C(Q)\leqslant C(Q+1) \quad ①$$

$$C(Q)\leqslant C(Q-1) \quad ②$$

从①出发进行推导有

$$h\sum_{r=0}^{Q}h(Q-r)P(r)+k\sum_{r=Q+1}^{Q}(r-Q)P(r)\leqslant h\sum_{r=0}^{Q+1}h(Q+1-r)P(r)+k\sum_{r=Q+2}^{Q}(r-Q-1)P(r)$$

经化简后得

$$\sum_{r=0}^{Q}P(r)\geqslant\frac{k}{k+h}$$

从②出发进行推导有

$$h\sum_{r=0}^{Q}h(Q-r)P(r)+k\sum_{r=Q+1}^{Q}(r-Q)P(r)\leqslant h\sum_{r=0}^{Q-1}h(Q-1-r)P(r)+k\sum_{r=Q}^{Q}(r-Q+1)P(r)$$

经化简后得

$$\sum_{r=0}^{Q-1}P(r)\leqslant\frac{k}{k+h}$$

报童应准备的报纸最佳数量 $Q$ 应按下列不等式确定：

$$\sum_{r=0}^{Q-1}P(r)\leqslant\frac{k}{k+h}\leqslant\sum_{r=0}^{Q}P(r)$$

2) 从赢利角度看

(1) 当需求 $r\leqslant Q$ 时，报童只能售出 $r$ 份报纸，每份赚 $k$(元)，共赚 $k\cdot r$(元)；未售出的报纸，每份赔 $h$(元)，滞销损失为 $h(Q-r)$(元)。此时赢利的期望值为

$$\sum_{r=0}^{Q}[kr-h(Q-r)]P(r)$$

(2) 当需求 $r>Q$ 时，报童因为只有 $Q$ 份报纸可供销售，无滞销损失，赢利的期望值为

$$\sum_{r=Q+1}^{\infty}kQP(r)$$

(3) 综合两种情况，当订货量为Q时，赢利的期望值为

$$C(Q)=\sum_{r=0}^{Q}krP(r)-\sum_{r=0}^{Q}h(Q-r)P(r)+\sum_{r=Q+1}^{\infty}kQP(r)$$

由于报童订购报纸的份数只能取整数，$r$ 是离散变量，所以不能用求导数的方法求极值，应采用边际分析法。为此设报童每日订购报纸份数最佳量为 $Q$，根据其赢利期望值应有

$$C(Q+1)\leqslant C(Q) \quad ①$$

$$C(Q-1)\leqslant C(Q) \quad ②$$

从①出发进行推导有

$$k\sum_{r=0}^{Q+1}rP(r)-h\sum_{r=0}^{Q+1}(Q+1-r)P(r)+k\sum_{r=Q+2}^{\infty}(Q+1)P(r)\leqslant$$

$$k\sum_{r=0}^{Q}rP(r)-h\sum_{r=0}^{Q}(Q-r)P(r)+k\sum_{r=Q+1}^{\infty}QP(r)$$

经化简后得

$$\sum_{r=0}^{Q}P(r)\geqslant\frac{k}{k+h}$$

从②出发进行推导有

$$k\sum_{r=0}^{Q-1}rP(r)-h\sum_{r=0}^{Q-1}(Q-1-r)P(r)+k\sum_{r=Q}^{\infty}(Q-1)P(r)\leqslant$$

$$k\sum_{r=0}^{Q}rP(r)-h\sum_{r=0}^{Q}(Q-r)P(r)+k\sum_{r=Q+1}^{\infty}QP(r)$$

经化简后得

$$\sum_{r=0}^{Q-1}P(r)\leqslant\frac{k}{k+h}$$

报童应准备的报纸最佳数量 $Q$ 应按下列不等式确定：

$$\sum_{r=0}^{Q-1}P(r)\leqslant\frac{k}{k+h}\leqslant\sum_{r=0}^{Q}P(r)$$

尽管损失最少与赢利最多的期望值不同，但确定 $Q$ 值的条件是相同的。因此，报童的最佳订购份数是一个确定的数值。

从损失角度看：

$$C(Q)=h\sum_{r=0}^{Q}h(Q-r)P(r)+k\sum_{r=Q+1}^{Q}(r-Q)P(r)$$

报童应准备的报纸最佳数量 $Q$ 应按下列不等式确定：

$$\sum_{r=0}^{Q-1}P(r)\leqslant\frac{k}{k+h}\leqslant\sum_{r=0}^{Q}P(r)$$

从赢利角度看：

$$C(Q)=\sum_{r=0}^{Q}krP(r)-\sum_{r=0}^{Q}h(Q-r)P(r)+\sum_{r=Q+1}^{\infty}kQP(r)$$

报童应准备的报纸最佳数量 $Q$ 应按下列不等式确定：

$$\sum_{r=0}^{Q-1}P(r)\leqslant\frac{k}{k+h}\leqslant\sum_{r=0}^{Q}P(r)$$

**例 10-11(报童模型)** 某店拟出售甲商品，每单位甲商品成本为 50 元，售价为 70 元。如不能售出必须减价为 40 元，减价后一定可以售出。已知售货量 $r$ 的概率服从泊松分布 $P(r)=\frac{e^{-\lambda}\lambda^{r}}{r!}$（$\lambda$ 为平均售出数），根据以往经验，平均售出数为 6 单位($\lambda=6$)。问该店订购量应为多少单位？

解：该店的缺货损失每单位商品为 70－50＝20 元，滞销损失每单位商品为 50－40＝10 元，即

$$k=20,h=10,\frac{k}{k+h}=\frac{20}{20+10}\approx 0.667,P(r)=\frac{e^{-6}6^{r}}{r!}$$

令 $F(Q)=\sum_{r=0}^{Q}P(r)$，查统计表可得

$$F(6)=\sum_{r=0}^{6}\frac{e^{-6}6^{r}}{r!}=0.6063,F(7)=\sum_{r=0}^{7}\frac{e^{-6}6^{r}}{r!}=0.7440$$

因 $F(6)<\frac{k}{k+h}<F(7)$，故订货量应为 7 单位，此时损失的期望值最小。该店订货量应为 7 单位甲商品。

## 复习思路提示

1. 随机性存储模型的特点是需求随机，其概率或分布已知。常用的存储策略有 3 种：定期订货、定点订货和 $(s,S)$ 存储策略。

2. 随机性存储模型存储策略的优劣通常以赢利或损失的期望值大小作为衡量的标准。

3. 模型一只能解决一次订货的问题，模型中有严格约定，即两次订货之间没有联系，都看作独立的一次订货。这种存储策略也可称之为定期定量订货。

4. 模型一中赢利和损失的期望值不同，但是确定 $Q$ 值的条件是相同的(因为 $r$ 是离散变量，通常用边际分析法求解)。

### 10.3.2 模型二：需求是连续的随机变量(胡运权与熊伟版)

1. 模型假设

$x$：一个时期的需求量，是随机变量并且非负。期望需求量为 $E(x)$，方差记为 $D(x)$。

$f(x)$：需求量为 $x$ 的概率密度函数，$\int_0^{\infty} f(x)\mathrm{d}x=1$，$x$ 是连续的随机变量。

$F(x)$：$x$ 分布函数或累计密度函数，$F(x)=\int_0^{x} f(t)\mathrm{d}t$。

$Q$：一个时期的订货批量。

$B$：单位产品缺货成本，指由于缺货而带来的额外损失，如违约金、失去部分信誉造成后期销量减少等损失。

$C_0$：供过于求时，单位产品的所有损失成本，包含利润损失成本、利息成本、存储成本等。

$C_u$：供不应求时，单位产品的所有损失成本，包含缺货成本等。

2. 模型分析

设需求量 $x$ 的概率密度为 $f(x)$，满足 $\int_0^{\infty} f(x)\mathrm{d}x=1, x\geqslant 0$。

(1) 当 $x\leqslant Q$ (供过于求)时，总损失(存储费)期望值为

$$C_0\int_0^{Q}(Q-x)f(x)\mathrm{d}x$$

(2) 当 $x>Q$(供不应求)时，总损失(缺货费)期望值为

$$C_u\int_Q^{+\infty}(x-Q)f(x)\mathrm{d}x$$

(3) 总费用期望值为

$$f(Q)=C_0\int_0^{Q}(Q-x)f(x)\mathrm{d}x+C_u\int_Q^{+\infty}(x-Q)f(x)\mathrm{d}x$$

对总费用期望值函数求极值，则

$$\begin{aligned}\frac{\mathrm{d}f(Q)}{\mathrm{d}Q}&=C_0\int_0^{Q}f(x)\mathrm{d}x-C_u\int_Q^{+\infty}f(x)\mathrm{d}x\\&=C_0\int_0^{Q}f(x)\mathrm{d}x-C_u(1-\int_0^{Q}f(x)\mathrm{d}x)\\&=-C_u+(C_u+C_0)\int_0^{Q}f(x)\mathrm{d}x\end{aligned}$$

令 $\frac{\mathrm{d}f(Q)}{\mathrm{d}Q}=0$，则

$$F(Q)=\int_0^Q f(x)\mathrm{d}x=\frac{C_u}{C_u+C_0}$$

最佳订货量就是满足上式的 $Q$ 值。

3. 例题说明

**例 10－12(需求是随机连续的)**　某电脑商在经营过程中发现,同一型号的计算机硬盘上市后不久其价格平均每周下降 5%,到了一定时期后新的型号或更大容量的硬盘会占据主要市场,电脑商决定一周订货一次,避免由于价格的变动带来损失。假设硬盘的进价为 $C$,利润率是 10%,如果一周内还有库存,则下一周的利润率只有 3%。根据以往销售经验,一周内硬盘的销售量服从[50,100]上的均匀分布,电脑商一周内应订购多少硬盘最好?

解:已知获得成本为 $C$,售价为 $P=1.1C$,$B=0$。当订货量大于需求量时利润损失是 $0.07C$(如果没有库存,下一周重新进货可以获得 10%的利润),产品实际已贬值,残值是 $S=C-0.07C=0.93C$,因此有

供过于求时单件产品的所有损失:$C_0=C-S=0.07C$

供不应求时单件产品的所有损失:$C_u=P-C=0.1C$

所以

$$F(Q)=\frac{C_u}{C_u+C_0}=\frac{0.1C}{0.1C+0.07C}\approx 0.588\,2$$

[50,100]上均匀分布的概率密度函数和分布函数为

$$f(x)=\begin{cases}\dfrac{1}{50},50\leqslant x\leqslant 100\\ 0,其他\end{cases}$$

所以

$$F(Q)=\int_{50}^Q \frac{1}{50}\mathrm{d}x=\frac{Q-50}{50}=0.588\,2,Q\approx 80\text{ 块}$$

电脑商一周内订购 80 块硬盘最好(损失最少)。

**例 10－13(需求是随机连续的)**　某时装商店计划冬季到来之前订购一批款式新颖的皮制服装。每套皮制服装进价是 800 元,估计可以获得 80%的利润,冬季一过则只能按进价的 50%处理。根据市场需求预测,该皮制服装的销售量服从参数为 1/80 的负指数分布,求最佳订货量。

解:已知进价成本 $C=800$ 元,售价 $P=(1.8\times 800)$元$=1\,440$ 元,残值 $S=(0.5\times 800)$元$=400$ 元,$B=0$,则

供过于求时单件产品的所有损失:$C_0=C-S=(800-400)$ 元$=400$ 元

供不应求时单件产品的所有损失:$C_u=P-C=(1\,440-800)$ 元$=640$ 元

所以

$$F(Q)=\frac{C_u}{C_u+C_0}=\frac{640}{640+400}\approx 0.615\,4$$

指数分布的概率密度函数:

$$f(x)=\begin{cases}\dfrac{1}{80}\mathrm{e}^{-\frac{x}{80}},x>0\\ 0,其他\end{cases}$$

所以

$$F(Q)=\int_0^Q \frac{1}{80}\mathrm{e}^{-\frac{x}{80}}\mathrm{d}x=1-\mathrm{e}^{-\frac{Q}{80}}=0.615\,4$$

得到 $Q=-80\ln 0.384\,6\approx 76.444\,1$,则最佳订货量为 77 件。

**例 10－14(需求是随机连续的)** 假设在例 10－13 中，季节过后商店经理不想处理剩余皮装，而是库存到下一个冬季再销售，利润率只有 50%，还要支付 8%的流动资金利息、15%的库存费，需求量服从期望值为 70、平均方差为 30 的正态分布，求最佳订货量。

解：已知 $C=800$，$P=1.8\times800=1\,440$，$C_0$ 包含利润损失费用、利息费用和存储费用，则

供过于求时单件产品的所有损失：$C_0=(0.3+0.08+0.15)\times800=424$

供不应求时单件产品的所有损失：$C_u=P-C+B=1\,440-800=640$

所以

$$F(Q)=\frac{C_u}{C_u+C_0}=\frac{640}{640+424}\approx0.601\,5$$

由 $x\sim N(70,30)$，$F(Q)=F_0\left(\frac{Q-70}{30}\right)=0.601\,5$，查正态分布表得到 $\frac{Q-70}{30}\approx0.26$，所以，$Q=30\times0.26+70\approx78$，最佳订货量为 78 件。

## 复习思路提示

1. 模型一和模型二都属于单时期随机需求问题，此类问题的特点是：将单位时间看作一个时期，在这个时期内只订货一次以满足整个时期的需求量。

2. 多数研究的是易变质产品的需求问题，即如果本期的产品没有用完，到下一期该产品就要贬值，价格降低，甚至比该产品的成本还要低，利润减少；如果本期产品不能满足需求，则会因缺货或失去销售机会而带来损失，无论供大于求还是供不应求都有损失。

3. 此类问题在现实中大量存在，如报纸、书刊、服装、食品等时令性产品的订货，研究目的是该时期订货多少可使预期的总损失最少或总盈利最多。

### 10.3.3 模型二：需求是连续的随机变量(清华大学版)

1. 模型假设

设货物单位成本为 $K$，货物单位售价为 $P$，单位存储费为 $C_1$，需求 $r$ 是连续的随机变量，密度函数为 $\Phi(r)$，$\Phi(r)\mathrm{d}r$ 表示随机变量在 $r$ 与 $r+\mathrm{d}r$ 之间的概率，其分布函数 $F(a)=\int_0^a\Phi(r)\mathrm{d}r\,(a>0)$，生产或订购的数量为 $Q$，问如何确定 $Q$ 的数值，可使赢利的期望值最大？

2. 模型分析

首先我们来考虑当订购数量为 $Q$ 时，实际销售量应该是 $\min[r,Q]$。当 $r<Q$ 时，实际销售量为 $r$；当 $r\geqslant Q$ 时，实际销售量只能是 $Q$。

需支付的存储费用：

$$C_1(Q)=\begin{cases}C_1(Q-r),r\leqslant Q\\0,r>0\end{cases}$$

货物的成本为 $KQ$，本阶段订购量为 $Q$，赢利值为 $W(Q)$，赢利的期望值记作 $E[W(Q)]$：

$$W(Q)=P\cdot\min[r,Q]-KQ-C_1(Q)$$

(赢利＝实际销售货物的收入－货物成本－支付的存储费用)

赢利的期望值 $E[W(Q)]$：

$$\begin{aligned}E[W(Q)]&=\int_0^Q Pr\varphi(r)\mathrm{d}r+\int_Q^{\infty}PQ\varphi(r)\mathrm{d}r-KQ-\int_0^Q C_1(Q-r)\varphi(r)\mathrm{d}r\\&=\int_0^{\infty}Pr\varphi(r)\mathrm{d}r-\int_Q^{\infty}Pr\varphi(r)\mathrm{d}r+\int_Q^{\infty}PQ\varphi(r)\mathrm{d}r-KQ-\int_0^Q C_1(Q-r)\varphi(r)\mathrm{d}r\\&=RE(r)-\left\{P\int_Q^{\infty}(r-Q)\varphi(r)\mathrm{d}r+\int_0^Q C_1(Q-r)\varphi(r)\mathrm{d}r+KQ\right\}\end{aligned}$$

$RE(r)$：平均赢利（常量）。$P\int_Q^{\infty}(r-Q)\varphi(r)\mathrm{d}r$：因缺货失去销售机会损失的期望值。$\int_0^Q C_1(Q-r)\varphi(r)\mathrm{d}r$：因滞销而损失的期望值。$KQ$：货物成本（常量）。$P\int_Q^{\infty}(r-Q)\varphi(r)\mathrm{d}r+\int_0^Q C_1(Q-r)\varphi(r)\mathrm{d}r+KQ$：损失的总期望值 $E[C(Q)]$。

为使赢利的期望值 $E[W(Q)]$ 极大化，则

$$\max E[W(Q)]=PE(r)-\min E[C(Q)]$$
$$\max E[W(Q)]+\min E[C(Q)]=PE(r)$$

赢利最多与损失极少所得出的 $Q$ 值相同，最大赢利期望值与极小损失期望值之和是常数，则求赢利期望值极大可以转化为求损失期望值极小，即对

$$E[C(Q)]=P\int_Q^{\infty}(r-Q)\varphi(r)\mathrm{d}r+\int_0^Q C_1(Q-r)\varphi(r)\mathrm{d}r+KQ$$

求极小。利用微分法，求 $E[C(Q)]$ 的极小值，则

$$\begin{aligned}\frac{\mathrm{d}E[C(Q)]}{\mathrm{d}Q}&=\frac{\mathrm{d}}{\mathrm{d}Q}\left[P\int_Q^{\infty}(r-Q)\varphi(r)\mathrm{d}r+\int_0^Q C_1(Q-r)\varphi(r)\mathrm{d}r+KQ\right]\\&=-P\int_Q^{\infty}\varphi(r)\mathrm{d}r+C_1\int_0^Q\varphi(r)\mathrm{d}r+K\end{aligned}$$

令 $\frac{\mathrm{d}E[C(Q)]}{\mathrm{d}Q}=0$，记 $F(Q)=\int_0^Q\varphi(r)\mathrm{d}r$，又因为

$$\int_Q^{\infty}\varphi(r)\mathrm{d}r=\int_0^{\infty}\varphi(r)\mathrm{d}r-\int_0^Q\varphi(r)\mathrm{d}r=1-\int_0^Q\varphi(r)\mathrm{d}r$$

得

$$C_1F(Q)-P[1-F(Q)]+K=0$$

所以

$$F(Q)=\frac{P-K}{C_1+P}$$

若 $P-K\leqslant 0$，显然由于 $F(Q)\geqslant 0$，等式不成立，此时 $Q^*$ 取零值，即售价低于成本时，不需要订货（或生产）。从此式中解出 $Q$，记为 $Q^*$，$Q^*$ 为 $E[C(Q)]$ 的驻点。又因为

$$\frac{\mathrm{d}^2E[C(Q)]}{\mathrm{d}Q^2}=C_1\varphi(Q)+P\varphi(Q)>0$$

知 $Q^*$ 为 $E[C(Q)]$ 的极小值点，在本模型中也是最小值点。

下式只考虑了失去销售机会的损失：

$$E[C(Q)]=P\int_Q^{\infty}(r-Q)\varphi(r)\mathrm{d}r+\int_0^Q C_1(Q-r)\varphi(r)\mathrm{d}r+KQ$$

如果缺货当要付出的费用 $C_2>P$ 时，应有

$$E[C(Q)]=C_2\int_Q^{\infty}(r-Q)\varphi(r)\mathrm{d}r+C_1\int_0^Q(Q-r)\varphi(r)\mathrm{d}r+KQ$$

$$F(Q)=\int_0^Q\varphi(r)\mathrm{d}r=\frac{C_2-K}{C_1+C_2}$$

解题时，首先要识别出 $C_1, C_2$ 的值，其次要掌握常考的几种概率分布的密度函数与分布函数及其求积分的算法。

3. 模型扩展

模型一及模型二都只解决一个阶段的问题。从一般情况来考虑，上一个阶段未售出的货物可以在第二阶段继续出售。这时应该如何制定存储策略呢？

这种策略也可以称作定期订货，订货量不定的存储策略。

假设上一阶段未能售出的货物数量为 $I$，作为本阶段初的存储，有

$$\begin{aligned}\min E[C(Q)] &= K(Q-I) + C_2\int_Q^{\infty}(r-Q)\varphi(r)\mathrm{d}r + C_1\int_0^Q(Q-r)\varphi(r)\mathrm{d}r \\ &= -KI + \min\left\{C_2\int_Q^{\infty}(r-Q)\varphi(r)\mathrm{d}r + C_1\int_0^Q(Q-r)\varphi(r)\mathrm{d}r + KQ\right\}\end{aligned}$$

利用 $F(Q)=\int_0^Q\varphi(r)\mathrm{d}r=\dfrac{C_2-K}{C_1+C_2}$ 求出 $Q^*$ 的值，相应的存储策略为：当 $I \geqslant Q^*$ 时，本阶段不订货；当 $I < Q^*$ 时，本阶段应订货，订货量为 $Q = Q^* - I$，使本阶段的存储达到 $Q^*$，这时赢利期望值最大。

## 复习思路提示

随机性存储模型是运筹学中研究不确定性需求下库存管理的重要内容。以下是复习时需要重点关注的几个关键点。

1. 需求的随机性与概率分布

- 随机性存储模型的核心在于需求的不确定性。需求通常假设服从某种概率分布（如泊松分布、正态分布等），需要根据实际问题选择合适的分布形式。
- 理解需求分布的参数（如均值、方差）对库存策略的影响，例如需求波动越大，安全库存的需求也就越高。

2. 关键指标与优化目标

- 服务水平：通常定义为满足需求而不发生缺货的概率。服务水平的高低直接影响库存成本和客户满意度。
- 期望缺货量：在随机需求下，即使有库存，也可能出现缺货情况。计算期望缺货量是评估库存策略的重要指标。
- 总成本：包括存储成本、订购成本、缺货成本等。优化目标是通过合理设置库存水平，使总成本最小化。

3. 常用模型与决策策略

- 单周期随机模型（报童模型）：适用于需求只在一个周期内有效的情况，如报纸销售。其核心是通过边际分析确定最优订货量。
- 多周期随机模型：如 $(Q,R)$ 策略，即固定订货量 $Q$ 和再订货点 $R$，需要根据需求分布确定合适的 $Q$ 和 $R$，以平衡库存成本和服务水平。
- 安全库存的设置：在随机需求下，安全库存用于应对需求波动。其大小取决于需求分布和服务水平要求。

通过掌握以上关键点，读者能够更好地理解并应用随机性存储模型，解决实际中的库存管理问题。

### 10.3.4 模型三：$(s,S)$ 型存储策略

1. 问题背景

多时期存储控制系统：在单位时间内需求量是随机变量，可以选择分多次订货，什么时间订货，每次订

货数量由存储水平来控制，构成多时期存储控制系统，适用于能无限期保持可出售状态产品（称为稳定性产品，过期不贬值）的存储问题，与前面的易变质产品相对。

(1) 连续盘存的$(s,Q)$存储控制系统：对库存量 $I$ 连续不断地进行检查，当存量降到某一水平 $s$（再订货点）时，立即提出订货，订货量为一固定常数 $Q$，这种系统称为连续盘存的固定订货量系统（continuous review fixed - order - quantity system），简称$(s,Q)$系统，对应的存储策略称为$(s,Q)$策略，其模型称为$(s,Q)$模型。单位时间内的需求量 $x$ 是随机变量，概率分布 $f(x)$，$p(x_i)$ 已知；单位时间内多次提出订货，提前期 $L$ 大于零（固定常数或服从某一分布）；在提前期内允许缺货，缺货补充。

(2) 连续盘存的$(s,S)$存储控制系统：$(s,S)$存储控制系统（continuous review order - up - to system）是考虑在交易期间已有顾客的订单，为了使缺货的概率小一些，对库存量给定一个下限 $s$ 和一个上限 $S$，连续检查当前库存量 $I$，当 $I \leqslant s$ 时提出订货，使存量达到预定的目标水平 $S$。其他假设与$(s,Q)$系统相同。

(3) 定期盘存的$(R,S)$存储控制系统 ：$(R,S)$存储控制系统是以某一固定周期 $R$ 定期检查存储量的系统，订货量为 $Q=S-I$。其中 $S$ 是系统预期目标存储水平（存储量上限），$I$ 是当前库存量，决策变量为 $R$ 和 $S$。这种系统称为定期盘存固定订货区间系统（periodic review fixed - order - interval system）。

(4) 定期盘存的$(R,s,S)$存储控制系统：$(R,s,S)$系统的特征是，在每一个盘存周期 $R$ 开始时定期检查存储量 $I$，当 $I$ 小于等于再订货点 $s$ 时就发出订单，订货量 $Q=S-I$，$S$ 是系统预期目标存储水平，当 $I$ 大于 $s$ 时不订货。这种系统称为定期盘存有选择的再补充订货系统（periodic review optional replenishment system）。决策变量是 $R,s,S$，求解决策变量的最优解的准则依然是使总成本最少。

4 种多时期存储控制系统的关系总结如表 10 - 7 所示。

**表 10 - 7　4 种多时期存储控制系统的关系**

| 策略 | 盘存周期 | 再订货点 | 订货量 | 订货量特征 |
|---|---|---|---|---|
| $(s,Q)$ | 连续 | $s$ | $Q$ | 常数 |
| $(s,S)$ | 连续 | $I\leqslant s$ | $Q=S-I$ | 变数 |
| $(R,S)$ | 定期 $R$ | $I<s$ | $Q=S-I$ | 变数 |
| $(R,s,S)$ | 定期 $R$ | $I\leqslant s$ | $Q=S-I$ | 变数 |

### 2. $(s,S)$型存储策略模型假设

1) 需求为连续的随机变量时

设货物的单位成本为 $K$，单位存储费用为 $C_1$，单位缺货费为 $C_2$（允许缺货），每次订购费为 $C_3$，需求 $r$ 是连续的随机变量，密度函数为 $\varphi(r)$，$\int_0^{\infty}\varphi(r)\mathrm{d}r=1$，分布函数 $F(a)=\int_0^{a}\varphi(r)\mathrm{d}r=1(a>0)$，期初存储为 $I$，订货量为 $Q$，期初存储达到 $S=I+Q$。问如何确定 $Q$ 的值，可使损失的期望值最小（赢利的期望值最大）？

解：期初存储 $I$ 在本阶段中为常量，订货量为 $Q$，期初存储达到 $S=I+Q$，则本阶段需付存储费用的期望值为

$$\int_0^{I+Q=S} C_1(S-r)\varphi(r)\mathrm{d}r$$

本阶段所需订货费为 $C_3+KQ$。需付缺货费用的期望值为

$$\int_{S=I+Q}^{\infty} C_2(r-S)\varphi(r)\mathrm{d}r$$

本阶段所需总费用为

$$
\begin{aligned}
C(I+Q)&=C(S)\\
&=C_3+KQ+\int_0^S C_1(S-r)\varphi(r)\mathrm{d}r+\int_S^{\infty}C_2(r-S)\varphi(r)\mathrm{d}r\\
&=C_3+K(S-I)+\int_0^S C_1(S-r)\varphi(r)\mathrm{d}r+\int_S^{\infty}C_2(r-S)\varphi(r)\mathrm{d}r
\end{aligned}
$$

$Q$ 可以连续取值，$C(S)$ 是 $S$ 的连续函数，则用微分法求极值，有

$$
\begin{aligned}
\frac{\mathrm{d}C(S)}{\mathrm{d}S}&=K+C_1\int_0^S\varphi(r)\mathrm{d}r-C_2\int_S^{\infty}\varphi(r)\mathrm{d}r\\
&=K+C_1\int_0^S\varphi(r)\mathrm{d}r-C_2\left[1-\int_0^S\varphi(r)\mathrm{d}r\right]
\end{aligned}
$$

令 $\frac{\mathrm{d}C(S)}{\mathrm{d}S}=0,F(S)=\int_0^S\varphi(r)\mathrm{d}r$，则

$$F(S)=\int_0^S\varphi(r)\mathrm{d}r=\frac{C_2-K}{C_1+C_2}$$

$\frac{C_2-K}{C_1+C_2}$ 严格小于1，称为临界值，用 $N$ 表示。为得出本阶段的存储策略：由 $F(S)=\int_0^S\varphi(r)\mathrm{d}r=\frac{C_2-K}{C_1+C_2}$ 确定 $S$ 的值，然后得出订货量 $Q=S-I$。

思考：本模型中有订购费 $C_3$，如果本阶段不订货可以节省订购费 $C_3$，因此设想是否存在一个数值 $s(s\leqslant S)$ 使下面的不等式成立。

$$
\begin{gathered}
Ks+C_1\int_0^s(s-r)\varphi(r)\mathrm{d}r+C_2\int_s^{\infty}(r-s)\varphi(r)\mathrm{d}r\leqslant\\
C_3+KS+C_1\int_0^S(S-r)\varphi(r)\mathrm{d}r+C_2\int_S^{\infty}(r-S)\varphi(r)\mathrm{d}r
\end{gathered}
$$

(1) 当 $s=S$ 时，不等式显然成立。

(2) 当 $s<S$ 时，不等式右端存储费用期望值大于左端存储费用期望值，右端缺货费用期望值小于左端缺货费用期望值；一增一减后仍然使不等式成立的可能性是存在的。

如有不止一个 $s$ 的值使下列不等式成立，则选其中最小者作为本模型 $(s,S)$ 存储策略的 $s$。

$$
\begin{gathered}
C_3+K(S-s)+C_1\left[\int_0^S(S-r)\varphi(r)\mathrm{d}r-\int_0^s(s-r)\varphi(r)\mathrm{d}r\right]+\\
C_2\left[\int_S^{\infty}(r-S)\varphi(r)\mathrm{d}r-\int_s^{\infty}(r-s)\varphi(r)\mathrm{d}r\right]\geqslant 0
\end{gathered}
$$

相应的存储策略是：每阶段初期检查存储，当库存 $I<s$ 时，需订货，订货的数量为 $Q,Q=S-I$；当库存 $I\geqslant s$ 时，本阶段不订货。即定期订货但订货量不确定。视期末库存 $I$ 来决定订货量 $Q,Q=S-I$。

对于不易清点数量的存储，人们常把存储分两堆存放，一堆数量为 $s$，其余的另放一堆。平时从另放的一堆中取用，当动用了数量为 $s$ 的这一堆时，期末即订货，如果未动用数量为 $s$ 的那一堆，期末即可不订货，俗称两堆法〔传统的 $(s,Q)$ 系统〕。

**例 10-15〔$(s,S)$ 型存储策略〕** 某市石油公司下设几个售油站。石油存放在郊区大型油库里，需要时用汽车将油送至各售油站。该公司希望确定一种补充存储的策略，以确定应储存的油量。该公司经营石油品种较多，其中销售量较多的一种是柴油。因此希望先确定柴油的存储策略。经调查后知每月柴油出售量服从负指数分布，平均销售量每月为 100 万升。其密度为

$$
f(r)=\begin{cases}0.000\,001\mathrm{e}^{-0.000\,001\times r}, & r\geqslant 0\\ 0, & r<0\end{cases}
$$

柴油每升 2 元，不需要订购费。由于油库归该公司管辖，油池灌满与未灌满时的管理费用实际上没有多少差别，故可以认为存储费用为零。如缺货就从邻市调货，缺货费为 3 元/L。求柴油的存储策略。

解：根据条件知 $C_1=0, C_3=0, K=2, C_2=3$，计算临界值，即

$$N=\frac{C_2-K}{C_1+C_2}=\frac{3-2}{3+0}\approx 0.333$$

利用积分计算求出 $S$：

$$\int_0^S f(r)\mathrm{d}r=\int_0^S 0.000\,001\mathrm{e}^{-0.000\,001\times r}\mathrm{d}r=0.333$$

$$-\mathrm{e}^{-0.000\,001\times r}\Big|_0^S=0.333$$

$$\mathrm{e}^{-0.000\,001\times S}=0.667$$

两端取对数可解出 $S=405\,000$ L。

$$C_3+K(S-s)+C_1\left[\int_0^S(S-r)\varphi(r)\mathrm{d}r-\int_0^s(s-r)\varphi(r)\mathrm{d}r\right]+$$

$$C_2\left[\int_S^{\infty}(r-S)\varphi(r)\mathrm{d}r-\int_s^{\infty}(r-s)\varphi(r)\mathrm{d}r\right]\geqslant 0$$

利用上述公式，求 $s$ 只需把相应的求和部分利用积分进行计算即可：

$$2(S-s)+3\left[\int_S^{\infty}(r-S)\varphi(r)\mathrm{d}r-\int_s^{\infty}(r-s)\varphi(r)\mathrm{d}r\right]\geqslant 0$$

解得唯一解：$s=S$。所以当库存柴油下降到 405 000 L 以下时就应订购，使库存达到 405 000 L。

为什么会出现 $s=S$ 呢？原因在于订购费为零，可以频繁订货。

2) 需求为离散的随机变量时

设需求 $r$ 取值为 $r_0, r_1, \cdots, r_m (r_i<r_{i+1})$，其概率为

$$p(r_0), p(r_1), \cdots, p(r_m), \sum_{i=0}^{m}p(r_i)=1$$

原有存储量为 $I$（在本阶段内为常量），当本阶段开始时订货量为 $Q$，存储量达到 $I+Q$，则：

(1) 订货费：$C_3+KQ$。

(2) 存储费：当需求 $r<I+Q$ 时，未能售出的存储部分需付存储费；当需求 $r\geqslant I+Q$ 时，不需要付存储费。所需存储费的期望值：$\sum\limits_{r\leqslant I+Q}C_1(I+Q-r)P(r)$（当 $r=I+Q$ 时，不付存储费及缺货费）。

(3) 缺货费：当需求 $r>I+Q$ 时，$r-I-Q$ 部分需付缺货费。缺货费用的期望值：$\sum\limits_{r>I+Q}C_2(r-I-Q)P(r)$。

本阶段所需订货费及存储费、缺货费期望值之和：

$$C(I+Q)=C_3+KQ+\sum_{r\leqslant I+Q}C_1(I+Q-r)P(r)+\sum_{r>I+Q}C_2(r-I-Q)P(r)$$

$I+Q$ 表示存储所达到的水平，记 $S=I+Q$，上式可写为

$$C(S)=C_3+K(S-I)+\sum_{r\leqslant S}C_1(S-r)P(r)+\sum_{r>S}C_2(r-S)P(r)$$

求出 $S$ 值使 $C(S)$ 最小。

(1) 将需求 $r$ 的随机值按大小顺序排列为

$$r_0, r_1, \cdots, r_m<r_{i+1}, r_{i+1}-r_i=\Delta r_i\neq 0 (i=0,1,\cdots,m-1)$$

(2) $S$ 只从 $r_0, r_1, \cdots, r_m$ 中取值。当 $S$ 取值为 $r_i$ 时，记为 $S_i$，则

$$\Delta S_i=S_{i+1}-S_i=r_{i+1}-r_i=\Delta r_i\neq 0 (i=0,1,\cdots,m-1)$$

(3) 求 $S$ 的值使 $C(S)$ 最小。因为

$$C(S_{i+1})=C_3+K(S_{i+1}-I)+\sum_{r\leqslant S_{i+1}}C_1(S_{i+1}-r)P(r)+\sum_{r>S_{i+1}}C_2(r-S_{i+1})P(r)$$

$$C(S_i)=C_3+K(S_i-I)+\sum_{r\leqslant S_i}C_1(S_i-r)P(r)+\sum_{r>S_i}C_2(r-S_i)P(r)$$

$$C(S_{i+1})=C_3+K(S_{i+1}-I)+\sum_{r\leqslant S_{i+1}}C_1(S_{i+1}-r)P(r)+\sum_{r>S_{i+1}}C_2(r-S_{i+1})P(r)$$

为选出使 $C(S_i)$ 最小的 S 值，$S_i$ 应满足下列不等式：

$$C(S_{i+1})-C(S_i)\geqslant 0 \quad ①$$

$$C(S_i)-C(S_{i-1})\leqslant 0 \quad ②$$

定义：$\Delta C(S_i)=C(S_{i+1})-C(S_i)$，$\Delta C(S_{i-1})=C(S_i)-C(S_{i-1})$。由①可推导出

$$\begin{aligned}\Delta C(S_i)&=K\Delta S_i+C_1\Delta S_i\sum_{r\leqslant S_i}P(r)-C_2\Delta S_i\sum_{r>S_i}P(r)\\&=K\Delta S_i+C_1\Delta S_i\sum_{r\leqslant S_i}P(r)-C_2\Delta S_i\left[1-\sum_{r\leqslant S_i}P(r)\right]\\&=K\Delta S_i+(C_1+C_2)\Delta S_i\sum_{r\leqslant S_i}P(r)-C_2\Delta S_i\\&\geqslant 0\end{aligned}$$

因为 $\Delta S_i\neq 0$，所以

$$K+(C_1+C_2)\sum_{r\leqslant S_i}P(r)-C_2\geqslant 0$$

则 $\sum\limits_{r\leqslant S_i}P(r)\geqslant\dfrac{C_2-K}{C_1+C_2}=N$。由②可推导出

$$\begin{aligned}\Delta C(S_{i-1})&=K\Delta S_{i-1}+C_1\Delta S_{i-1}\sum_{r\leqslant S_{i-1}}P(r)-C_2\Delta S_{i-1}\sum_{r>S_{i-1}}P(r)\\&=K\Delta S_{i-1}+C_1\Delta S_{i-1}\sum_{r\leqslant S_{i-1}}P(r)-C_2\Delta S_{i-1}\left[1-\sum_{r\leqslant S_{i-1}}P(r)\right]\\&=K\Delta S_{i-1}+(C_1+C_2)\Delta S_{i-1}\sum_{r\leqslant S_{i-1}}P(r)-C_2\Delta S_{i-1}\\&\leqslant 0\end{aligned}$$

因为 $\Delta S_{i-1}\neq 0$，所以

$$K+(C_1+C_2)\sum_{r\leqslant S_{i-1}}P(r)-C_2\leqslant 0$$

则 $\sum\limits_{r\leqslant S_{i-1}}P(r)\leqslant\dfrac{C_2-K}{C_1+C_2}=N$。

综合以上两式，得到确定 $S_i$ 的不等式：

$$\sum_{r\leqslant S_{i-1}}P(r)\leqslant\frac{C_2-K}{C_1+C_2}\leqslant\sum_{r\leqslant S_i}P(r)$$

取满足上式的 $S_i$ 为 $S$，本阶段订货量为 $Q=S-I$，可使 $C(S_i)$ 最小。

**例 10-16〔(s,S)型存储策略〕** 设某公司利用塑料作原料制成产品出售，已知每箱塑料购价为 800 元，订购费 $C_3=60$ 元，每箱存储费 $C_1=40$ 元，每箱缺货费 $C_2=1\,015$ 元，原有存储量 $I=10$ 箱。已知对原料需求的概率为 $P(r=30\text{ 箱})=0.20$，$P(r=40\text{ 箱})=0.20$，$P(r=50\text{ 箱})=0.40$，$P(r=60\text{ 箱})=0.20$，求该公司订购原料的最佳订购量。

解：(1) 计算临界值，即

$$N=\frac{C_2-K}{C_1+C_2}=\frac{1\,015-800}{1\,015+40}\approx 0.204$$

(2) 将使不等式 $\sum\limits_{r\leqslant S_{i-1}}P(r)\leqslant\dfrac{C_2-K}{C_1+C_2}\leqslant\sum\limits_{r\leqslant S_i}P(r)$ 成立的 $S_i$ 最小值记作 $S$，求 $S$：

$$P(30)=0.20<0.204$$
$$P(30)+P(40)=0.20+0.20=0.40>0.204$$

$S_i=40$，记作 $S$。

（3）原存储 $I=10$，订货量 $Q=S-I=40-10=30$。

对答案进行验证，分别计算 $S$ 为 30，40，50 所需订货费、存储费、缺货费的期望值及三者之和。比较它们看是否当 $S$ 为 40 时最小，如表 10－8 所示。

**表 10－8　不同 $S$ 值的总费用对比**

| $S$ | $I$ | $Q=S-I$ | 订货费期望值 $C_3+KQ$ | 存储费期望值 $\sum_{r\leqslant S}C_1(S-r)p(r)$ | 缺货费期望值 $\sum_{r>S}C_2(S-r)p(r)$ | 总计 |
|---|---|---|---|---|---|---|
| 30 | 10 | 20 | 16 060 | 0 | 16 240 | 32 300 |
| 40 | 10 | 30 | 24 060 | 80 | 8 120 | 32 260* |
| 50 | 10 | 40 | 32 060 | 240 | 2 030 | 34 330 |

比较后知 $S=40$ 所需总费用最少，订购量 $Q=30$。

原存储量 $I$ 达到什么水平可以不订货？

假设这一水平是 $s$，当 $I>s$ 时可以不订货，当 $I\leqslant s$ 时要订货，使存储达到 $S$，订货量 $Q=S-I$。

用如下不等式计算 $s$：

$$Ks+\sum_{r\leqslant s}C_1(s-r)P(r)+\sum_{r>s}C_2(r-s)P(r)\leqslant$$
$$C_3+KS+\sum_{r\leqslant S}C_1(S-r)P(r)+\sum_{r>S}C_2(r-S)P(r)$$

由于已算出 $S=40$，可以作为 $s$ 的 $r$ 值只有 30 或 40 两个值（因为 $s\leqslant S$）。将 30 作为 $s$ 的值代入上式左端得

$$800\times30+1\,015\times[(40-30)\times0.2+(50-30)\times0.4+(60-30)\times0.2]=40\,240$$

将 40 作为 $S$ 的值代入上式右端得

$$60+800\times40+40\times[(40-30)\times0.2]+1\,015\times[(50-40)\times0.4+(60-40)\times0.2]=40\,260$$

即左端数值为 40 240，右端数值为 40 260，不等式成立，30 已是 $r$ 的最小值，故 $s=30$。

本例的 $(s,S)$ 存储策略为每个阶段开始时检查存储量 $I$，当 $I>30$ 箱时不必补充存储；当 $I\leqslant30$ 箱时补充存储量达到 40 箱。

**例 10－17　〔$(s,S)$ 型存储策略〕**　设某厂对原料需求量的概率为 $P(r=80)=0.1$，$P(r=90)=0.2$，$P(r=100)=0.3$，$P(r=110)=0.3$，$P(r=120)=0.1$；订货费 $C_3=2\,825$ 元，$K=850$ 元，存储费 $C_1=45$ 元（在本阶段的费用），缺货费 $C_2=1\,250$ 元（在本阶段的费用），求该厂的存储策略。

解：(1)计算临界值，即

$$N=\frac{C_2-K}{C_1+C_2}=\frac{1\,250-800}{1\,250+45}\approx0.347$$

（2）选使不等式 $\sum_{r\leqslant S_{i-1}}P(r)\leqslant\frac{C_2-K}{C_1+C_2}\leqslant\sum_{r\leqslant S_i}P(r)$ 成立的 $S_i$ 最小值记为 $S$，求 $S$：

$$P(r=80)+P(r=90)=0.3<0.309$$
$$P(r=80)+P(r=90)+P(r=100)=0.6>0.347$$

（3）用公式计算 $s$：

$$Ks+\sum_{r\leqslant s}C_1(s-r)P(r)+\sum_{r>s}C_2(r-s)P(r)\leqslant$$
$$C_3+KS+\sum_{r\leqslant S}C_1(S-r)P(r)+\sum_{r>S}C_2(r-S)P(r)$$

已知 $S=100$，上式右端为 94 255，$s=80$，上式左端为 94 250，由于 94 250<94 255，故知 $s=80$。

该厂的存储策略是：当存储 $I\leqslant 80$ 时，补充存储量达到 100；当存储 $I>80$ 时，不补充。

### 10.3.5 模型四：需求和备货时间都是随机离散的

1. 模型假设

若 $t$ 时间内的需求量 $r$ 是随机的，其概率 $\varphi_t(r)$ 已知，单位时间内的平均需求为 $\rho$ 也是已知的，则 $t$ 时间内的平均需求为 $\rho t$。备货时间 $x$ 是随机的，其概率 $P(x)$ 已知。

如图 10-14 所示，设单位货物年存储费用为 $C_1$，每阶段单位货物缺货费用为 $C_2$，每次订购费用为 $C_3$，年平均需求为 $D$。由于需求、备货时间都是随机的，应有缓冲(安全)存储量 $B$，以减少缺货现象的发生。$L$ 为订货点，$B$ 为缓冲存储量，$x_1,x_2,\cdots$ 为备货时间。

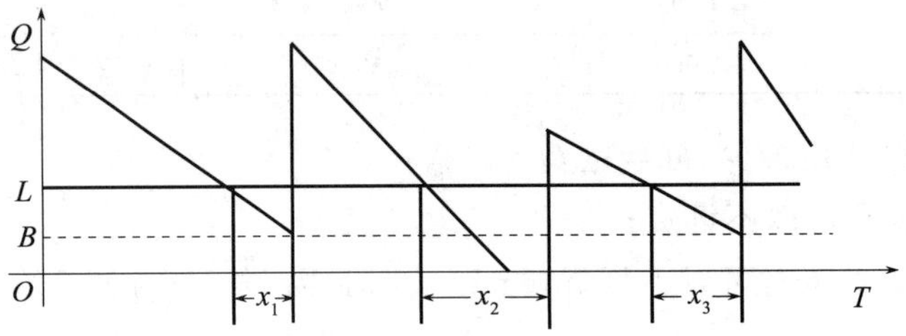


**图 10-14 存储状态图**

问如何确定缓冲存储量 $B$、订货点 $L$，以及订货量 $Q_0$，可使总费用最少？

2. 求解思路

先按确定性模型求出 $EOQ$ 及最佳批次 $n_0$（存储策略全年分 $n_0$ 次订货，每次订货量为 $Q_0$）：

$$Q_0=EOQ=\sqrt{\frac{2C_3D}{C_1}},n_0=\frac{D}{Q_0}$$

订货点 $L$ 的确定方法除应满足备货时间内的平均需求 $D_L$，还要求维持缓冲存储量 $B$，由于备货时间是随机的，设平均备货时间为 $\mu$，则

$$L=D_L+B=\mu\rho+B$$

当存储量降至 $L$ 时订货，由备货时间延长，或因需求增加而引起缺货的概率记作 $P_L$：

$$P_L=\sum_x p(x)F_x(L)$$

$P(x)$ 表示备货时间为 $x$ 天的概率；$F_x(L)$ 表示订货点为 $L$(即存储量为 $L$ 时)而在 $x$ 天内的需求：

$$r>L\text{ 的概率}:F_x(L)=\sum_{r>L}\phi_x(r)$$

$P_L$ 的计算很繁锁，为了简化记缺货费的期望值为 $C_2P_L$，$n_0$ 次缺货费的期望值为 $n_0C_2P_L$。每年的存储费用为 $\left(\frac{1}{2}Q_0+B\right)C_1$。由于 $Q_0$ 是根据存储费用和订购费用权衡后得出的最佳值，因此只需要考虑维持缓冲存储量的存储费与缺货费期望值两者之和最小，即令总费用 $n_0C_2P_L+C_1B$ 最小，以确定订货点 $L$ 和缓冲存储量 $B$。由关系式 $L=\mu\rho+B$ 可知只要确定了 $L$ 就相当于 $B$ 也确定了。

**例 10-18(需求和备货时间都是随机离散的)** 某厂生产需用钢材，$t$ 时间内需求的概率 $\varphi t(r)$ 服从泊松分布 $\phi_t(r)=\frac{e^{-\rho t}(\rho t)^r}{r!}$，每天平均需求为 1 t，$\rho=1$，年平均需求量 $D$ 为 365 t，则 $t$ 时间内需求为 $r$ 的概率为 $\phi_t(r)=\frac{e^{-t}(t)^r}{r!}$，备货时间为 $x$ 天的概率服从正态分布 $p(x)=\frac{1}{\sqrt{2\pi\sigma}}e^{-(x-\mu)^2/2\sigma^2}$，平均备货时间 $\mu=15$ d，

方差 $\sigma^2=1$，则 $p(x)=\dfrac{1}{\sqrt{2\pi\sigma}}e^{-(x-15)^2/2}$，年存储费用每吨为 50 元，每次订购费用为 1 500 元，缺货费用每吨为 5 000 元，问每年应分多少批次？又订购量为 $Q$，缓冲存储量为 $B$，订货点为 $L$，各为何值才能使费用最少？

解：根据条件知 $C_1=50$，$C_3=1\,500$，$C_2=5\,000$，$D=365$，计算 $EOQ$，有

$$Q_0=EOQ=\sqrt{\frac{2C_3D}{C_1}}=\sqrt{\frac{2\times 365\times 1\,500}{50}}\ \text{t}\approx 148\ \text{t}$$

$$n_0=\frac{D}{Q_0}=\frac{365}{146}\text{次}\approx 2.5\text{次}$$

再计算缓冲存储量 $B$ 和订货点 $L$，如表 10－9 所示。

**表 10－9　需求计算**

| 备货时间 $x$ | 备货时间的概率 $p(x)$ $p(x)=\frac{1}{\sqrt{2\pi}}e^{(x-15)^2/2}$ | $x$ 天内的平均需求(算式为 $\rho x$) |
|---|---|---|
| 13 | 0.05 | 13 |
| 14 | 0.24 | 14 |
| 15 | 0.40 | 15 |
| 16 | 0.24 | 16 |
| 17 | 0.05 | 17 |

备货时间小于 13 和大于 18 者，因为它们的概率很小，故略去。

求需求 $r>L$，$F_x(L)$ 的概率，算式为

$$F_x(L)=\sum_{r>L}\frac{e^{-x}x^r}{r!}=1-\sum_{r=0}^{L}\frac{e^{-x}x^r}{r!}$$

结果如表 10－10 所示。

**表 10－10　需求大于订货点的概率**

| $L=15$ | $L=21$ | $L=22$ | $L=23$ | $L=24$ | $L=25$ | $L=26$ | $L=31$ |
|---|---|---|---|---|---|---|---|
| 0.236 | 0.014 | 0.008 | 0.004 | 0.002 | 0.001 | 0 | 0 |
| 0.331 | 0.029 | 0.017 | 0.009 | 0.005 | 0.003 | 0.001 | 0 |
| 0.432 | 0.053 | 0.033 | 0.019 | 0.011 | 0.006 | 0.003 | 0 |
| 0.533 | 0.089 | 0.058 | 0.037 | 0.022 | 0.013 | 0.008 | 0 |
| 0.629 | 0.138 | 0.095 | 0.063 | 0.040 | 0.025 | 0.015 | 0.001 |

相应备货时间及需求两者概率的乘积 $P(x)F_x(L)$，如表 10－11 和表 10－12 所示。

**表 10－11　概率计算**

| $L=15$ | $L=21$ | $L=22$ | $L=23$ | $L=24$ | $L=25$ | $L=26$ | $L=31$ | |
|---|---|---|---|---|---|---|---|---|
| ①0.236 | 0.014 | 0.008 | 0.004 | 0.002 | 0.001 | 0 | 0 | $P(13)=0.05$ |
| ②0.331 | 0.029 | 0.017 | 0.009 | 0.005 | 0.003 | 0.001 | 0 | $P(14)=0.24$ |
| ③0.432 | 0.053 | 0.033 | 0.019 | 0.011 | 0.006 | 0.003 | 0 | $P(15)=0.40$ |
| ④0.533 | 0.089 | 0.058 | 0.037 | 0.022 | 0.013 | 0.008 | 0 | $P(16)=0.24$ |
| ⑤0.629 | 0.138 | 0.095 | 0.063 | 0.040 | 0.025 | 0.015 | 0.001 | $P(17)=0.05$ |

表 10-12　备货时间与需求概率的乘积

| L=15 | L=21 | L=22 | L=23 | L=24 | L=25 | L=26 | L=31 |
|---|---|---|---|---|---|---|---|
| 0.012 | 0 | 0 | 0 | 0 | 0 | 0 | 0 |
| 0.079 | 0.007 | 0.004 | 0.001 | 0.001 | 0.001 | 0.000 | 0 |
| 0.173 | 0.021 | 0.013 | 0.004 | 0.002 | 0.002 | 0.001 | 0 |
| 0.128 | 0.021 | 0.014 | 0.005 | 0.003 | 0.003 | 0.002 | 0 |
| 0.031 | 0.007 | 0.005 | 0.002 | 0.001 | 0.001 | 0.001 | 0 |

$$P_L = \sum_x P(x) F_x(L)$$

计算 $P_L$，$B$ 和总费用的各种数值：

$$L = \mu\rho + B \Rightarrow B = L - \mu\rho = L - 15$$

总费用：

$$n_0 C_2 P_L + C_1 B = 2.5 \times 5\,000 \times P_L + 50 \times B = 12\,500 P_L + 50B$$

$L$ 的选值可以多一些，如保证可以选到最小值，$L$ 的选值也可以少一些。当 $L=25$，$B=10$ 时，费用 588 为最少，如表 10-13 所示。据此即可确定存储策略。

表 10-13　总费用计算

| L | L=15 | L=21 | L=22 | L=23 | L=24 | L=25 | L=26 | L=31 |
|---|---|---|---|---|---|---|---|---|
| $P_L$ | 0.432 | 0.056 | 0.036 | 0.021 | 0.012 | 0.007 | 0.004 | 0 |
| B | 0 | 6 | 7 | 8 | 9 | 10 | 11 | 16 |
| 费用 | 5 287.5 | 1 000 | 800 | 663 | 600 | 588 | 600 | 800 |

该厂订购批量为 146 t，订货点为 25 t，每年订货 2.5 次(两年订货 5 次)，缓冲存储量为 10 t。

三堆法：当清点存储花费劳动力多，或清点困难时，常把存储物分成三堆存放。将缓冲存储量 $B$ 放一处，称第三堆；将平均拖后时间内的平均需求量 $P_L$ 放一处，称第二堆；其余放在第一堆供日常取用。第一堆用完，动用第二堆时，立即订货。动用第三堆时，则需采取措施以防缺货。

## 复习思路提示

1. 重点掌握单时期随机需求的两个模型(需求是随机连续与随机离散的)，尤其是模型一中的报童问题。

2. 了解多时期存储控制系统各模型的求解思路(临界值的推导，需求连续时用微分法，离散时用边际分析法)，以及 $(s,S)$ 存储策略中，再订货点 $s$ 和最高存储量 $S$ 的求解思路。

3. 回顾概率论中的几个典型概率分布，如正态分布、平均分布、指数分布、泊松分布等。

4. 回顾微积分中，微分方程的求解、积分的求解等基本计算。

# 10.4　其他类型存储模型

## 10.4.1　库存有限制的存储问题

**例 10-19(库存有限制的存储模型)**　已知仓库最大容量为 $A$，原有存储量为 $I$，要计划在 $m$ 个周期内，确定每一个周期的合理进货量与销售量，使总收入最多。已知第 $i$ 个周期出售一个单位货物的收入为 $a_i$，而订购一个单位货物的订货费为 $b_i$ $(i=1,2,\cdots,m)$。

解:设 $x_i,y_i$ 分别为第 $i$ 个周期的进货量及售货量,总收入为

$$\max C=\sum_{i=1}^{m}(a_iy_i-b_ix_i)$$

用方程组表示限制(约束条件):

(1) $I+\sum_{i=1}^{S}(x_i-y_i)\leqslant A(s=1,2,\cdots,m)$;

(2) $y_s\leqslant I+\sum_{i=1}^{S}(x_i-y_i)(s=1,2,\cdots,m)$;

(3) $x_i\geqslant 0;y_i\geqslant 0(i=1,2,\cdots,m)$。

约束条件(1):库存容量的限制,进货量加原有库存量不能超过限制。

约束条件(2):每个周期的售出量不能超过该周期的存储量。

约束条件(3):进货量和售出量均不能取负值。

### 10.4.2 用动态规划求解存储问题

1. 动态的存储模型

模型假设如下。

(1) $i$ 表示时期,$i=1,2,\cdots,N$。

(2) $q_i$ 为第 $i$ 个时期提出的订货量。

(3) $d_i$ 为第 $i$ 个时期对某种物品的需求量。

(4) $x_i$ 为第 $i-1$ 个时期末的库存量。

(5) $C_{P_i}$ 为单位物品从第 $i$ 到 $i+1$ 个时期的存储费用。

(6) $C_{D_i}$ 为第 $i$ 个时期提出订货的订货费用。

(7) $C_i(q_i)$ 为第 $i$ 个时期该种物品的生产费用函数。

2. 动态规划求解思路

1) 问题目标

决定各个时期的最佳订货批量 $q_i^*$,使在满足需求的条件下,$N$ 个时期的各项费用总和最小。

2) 用动态规划思路求解

(1) 阶段:$N$ 个时期看成 $N$ 个阶段,$i$ 表示阶段,$i=1,2,\cdots,N$。

(2) 状态变量:$x_i$ 为第 $i$ 个阶段的状态变量,也是前一个阶段末的库存量和本阶段初提出订货前的库存量。

(3) 决策变量:$q_i$ 为第 $i$ 个阶段的订货批量,因为不允许缺货,所以应满足 $q_i+x_i\geqslant d_i$,$q_i\geqslant 0$,若 $N$ 个时期末该种物品库存量为零,则有 $q_i+x_i\leqslant d_i+d_{i+1}+\cdots+d_N$。

(4) 状态转移方程:$x_{i+1}=q_i+x_i-d_i$。

(5) 最优值函数 $f_i(x_i)$:第 $i$ 阶段初状态为 $x_i$,采用最优订货策略计算从第 $i$ 到 $N$ 阶段各项费用的总和。

(6) 递推方程为

$$f_i(x_i)=\min_{q_i\in D_i(x_i)}\{C_{D_i}+C_i(q_i)+C_{P_i}(x_i+q_i-d_i)+f_{i+1}(x_{i+1})\}$$

(7) 允许决策集合为

$$D_i(x_i)=\{q_i\,|\,q_i\geqslant 0,d_i\leqslant q_i+x_i\leqslant d_i+\cdots+d_N\}$$

(8) 边界条件为

$$f_N(x_N)=\min_{q_N\in D_N(x_N)}\{C_{D_N}+C_N(q_N)+C_{P_N}(x_{N+1})+f_{N+1}(x_{N+1})\}$$

**例 10－20(用动态规划求解存储模型)** 已知 3 个时期内对某种产品的需求量、各时期的订货费用及存储费用如表 10－14 所示，生产费用函数为

$$C_i(q_i)=\begin{cases}10q_i, & 0\leqslant q_i\leqslant 3\\ 30+20(q_i-3), & q_i\geqslant 4\end{cases}$$

确定各个时期最佳订货批量 $q_i^*$，使 3 个时期各项费用和最小。已知第一时期有一件库存，第三时期末库存为零。

**表 10－14 需求与费用**

| $i$ | $d_i$ | $C_{D_i}$ | $C_{P_i}$ |
|---|---|---|---|
| 1 | 3 | 3 | 1 |
| 2 | 2 | 7 | 3 |
| 3 | 4 | 6 | 2 |

解：

1) 利用动态规划思路求解

(1) 阶段：3 个时期看成 3 个阶段，$i$ 表示阶段，$i=1,2,3$。

(2) 状态变量：$x_i$ 为第 $i$ 个阶段的状态变量，也是前一个阶段末的库存量和本阶段初提出订货前的库存量，$x_1=1$，$x_4=0$。

(3) 决策变量：$q_i$ 为第 $i$ 个阶段的订货批量，因 3 个时期末库存量为零，则有 $d_i\leqslant q_i+x_i\leqslant d_i+\cdots+d_3$。

(4) 状态转移方程：$x_{i+1}=q_i+x_i-d_i$。

(5) 最优值函数 $f_i(x_i)$：第 $i$ 阶段初状态为 $x_i$，采用最优订货策略计算从第 $i$ 到 3 阶段各项费用的总和。

(6) 递推方程为

$$f_i(x_i)=\min_{q_i\in D_i(x_i)}\{C_{D_i}+C_i(q_i)+C_{P_i}(x_i+q_i-d_i)+f_{i+1}(x_{i+1})\}$$

(7) 允许决策集合为

$$D_i(x_i)=\{q_i\,|\,q_i\geqslant 0, d_i\leqslant q_i+x_i\leqslant d_i+\cdots+d_3\}$$

(8) 边界条件为

$$f_3(x_3)=\min_{q_3\in D_3(x_3)}\{C_{D_3}+C_3(q_3)+C_{P_3}(x_4)+f_4(x_4)\}$$

2) 利用动态规划的逆序算法

当 $i=3$ 时，$d_3=4$，期末库存为零，因而 $d_3\leqslant q_3+x_3\leqslant d_3=4$，则 $0\leqslant q_3\leqslant 4$，$0\leqslant x_3\leqslant 4$，数据如表 10－15 所示。

$$f_3(x_3)=\min_{q_3\in D_3(x_3)}\{C_{D_3}+C_3(q_3)\}$$

当 $i=2$ 时，$d_2=2$，期末库存为零，因而 $d_2\leqslant q_2+x_2\leqslant d_2+d_3=6$，则 $0\leqslant q_2\leqslant 6$，$0\leqslant x_2\leqslant 6$，数据如表 10－16 所示。

$$f_2(x_2)=\min_{q_2\in D_2(x_2)}\{C_{D_2}+C_2(q_2)+C_{P_2}(x_2+q_2-d_2)+f_3(x_3)\}$$

**表 10 - 15 $i=3$ 时**

| $q_3$ | | $C_{D_3}+C_3(q_3)$ | | | | | $f_3(x_3)$ | $q_3^*$ |
|---|---|---|---|---|---|---|---|---|
| | | 0 | 1 | 2 | 3 | 4 | | |
| $x_3$ | 0 | | | | | 6+50 | 56 | 4 |
| | 1 | | | | 6+30 | | 36 | 3 |
| | 2 | | | 6+20 | | | 26 | 2 |
| | 3 | | 6+10 | | | | 16 | 1 |
| | 4 | 0 | | | | | 0 | 0 |

此时，$f_3(0)=56, f_3(1)=36, f_3(2)=26, f_3(3)=16, f_3(4)=0$。

**表 10 - 16 $i=2$ 时**

| $q_2$ | | $7+C_2(q_2)+3(x_2+q_2-2)+f_3(x_3)$ | | | | | | | $f_2(x_2)$ | $q_2^*$ |
|---|---|---|---|---|---|---|---|---|---|---|
| | | 0 | 1 | 2 | 3 | 4 | 5 | 6 | | |
| $C_{D_2}+C_2(q_2)$ | | 0 | 7+10 | 7+20 | 7+30 | 7+50 | 7+70 | 7+90 | | |
| $x_2$ | 0 | | | 27+56 | 37+39 | 57+32 | 77+25 | 97+12 | 76 | 3 |
| | 1 | | 17+56 | 27+39 | 37+32 | 57+25 | 77+12 | | 66 | 2 |
| | 2 | 0+56 | 17+39 | 27+32 | 37+25 | 57+12 | | | 56 | 0 |
| | 3 | 0+39 | 17+32 | 27+25 | 37+12 | | | | 39 | 0 |
| | 4 | 0+32 | 17+25 | 27+12 | | | | | 32 | 0 |
| | 5 | 0+25 | 17+12 | | | | | | 25 | 0 |
| | 6 | 0+12 | | | | | | | 12 | 0 |

此时，$f_2(0)=76, f_2(1)=66, f_2(2)=56, f_2(3)=39, f_2(4)=32, f_2(5)=25, f_2(6)=12$。

当 $i=1$ 时，$d_1=3$，期末库存为零，因而 $d_1 \leqslant q_1+x_1 \leqslant d_1+d_2+d_3=9$，则 $2 \leqslant q_1 \leqslant 8$，数据如表 10 - 17 所示。

$$f_1(x_1)=\min_{q_1 \in D_1(x_1)}\{C_{D_1}+C_1(q_1)+C_{P_1}(x_1+q_1-d_1)+f_2(x_2)\}$$

**表 10 - 17 $i=1$ 时**

| $q_1$ | | $3+C_1(q_1)+1(x_1+q_1-3)+f_2(x_2)$ | | | | | | | $f_1(x_1)$ | $q_1^*$ |
|---|---|---|---|---|---|---|---|---|---|---|
| | | 2 | 3 | 4 | 5 | 6 | 7 | 8 | | |
| $C_{D_1}+C_1(q_1)$ | | 3+20 | 3+30 | 3+50 | 3+70 | 3+90 | 3+110 | 3+130 | | |
| $x_1$ | 1 | 23+76 | 33+67 | 53+58 | 73+42 | 93+36 | 113+30 | 133+18 | 99 | 2 |

由计算结果知：$x_1=1, q_1^*=2; x_3=1, q_3^*=3; x_2=0, q_2^*=3$。

3 个时期的最小费用总和为 $f_1(x_1)=9.9$，各个时期的最佳订货批量分别为 $q_1^*=2, q_2^*=3, q_3^*=3$。

## 复习思路提示

1. 平时注意积累存储论的不同考查类型。动态规划求解存储模型的关键在于：明确状态变量（如库存水平）和决策变量（如订货量），它们是构建模型的基础。建立目标函数和递推关系，通过方程将问题分解为多阶段优化，逐步求解最优策略。确定边界条件，并选择合适的求解顺序（如逆序法），从而高效地求解多阶段存储问题。

2. 了解存储论的其他模型，会用费用函数（总损失期望值最小或总赢利期望值最大）推导出相应的存储策略（最佳订货周期与最佳订货量）。

# 第 11 章 博弈论

博弈论(又称对策论)是运筹学的重要分支,主要研究具有竞争或对抗性质的行为。它通过分析参与者(局中人)的策略选择,寻找最优决策方案。博弈论的核心概念包括局中人、策略集和收益函数。博弈论的分析方法包括矩阵对策的纯策略与混合策略,以及通过图解法、线性方程组法或线性规划法求解最优策略。此外,博弈论还涉及零和与非零和博弈、合作与非合作博弈等多种类型。这种理论不仅在经济学、政治学和军事领域有广泛应用,还深刻地影响了现代管理科学。

## 本章必会知识点

(1) 掌握博弈行为的 3 个基本要素。
(2) 掌握博弈模型的表达形式。
(3) 掌握博弈论的基本解法(尤其是矩阵对策博弈)。
(4) 用图解法求解 $2\times n$ 或 $m\times 2$ 矩阵对策。
(5) 用线性规划法求解矩阵对策。
(6) 建立对策模型。
(7) 具有鞍点的最优纯策略的求解。
(8) 优超原则的运用及矩阵对策的基本定理。
(9) 了解博弈论的应用领域。

## 本章重难点

**重点:**
(1) 非合作的博弈模型。
(2) 矩阵博弈/对策的基本解法。
(3) 博弈论的应用领域。
**难点:**
(1) 博弈论的基本解法。
(2) 博弈论的应用领域。

## 本章考情分析

博弈论在研究生入学考试中的考情特点主要体现在以下几个方面。

1. 考试内容与题型

博弈论通常作为经济学或运筹学相关专业的重要考点,涉及完全信息静态博弈、动态博弈、不完全信息博弈等核心内容。题型可能包括名词解释、计算题和问答题,重点考查学生对纳什均衡、子博弈精炼纳什均衡、贝叶斯均衡等概念的理解和应用。

2. 难度与重要性

博弈论在考试中难度较高，通常要求学生具备较强的逻辑思维和数学基础。例如，在往年华中科技大学的数字经济专业基础考试中，博弈论内容曾占总分的 50 分，显示出其重要性。此外，博弈论的应用广泛，不仅涉及经济学中的市场结构分析，还可能与信息经济学、微观经济学结合，考查学生对复杂经济现象的分析能力。

3. 考试趋势与复习建议

近年来，博弈论的考试趋势更加注重考查理论与实际应用的结合。考生需要在掌握基本理论的同时，能够运用博弈论模型分析现实经济问题。复习时，建议考生重点关注纳什均衡的求解方法、动态博弈的逆向归纳法，以及贝叶斯均衡的应用。

## 11.1 引言

囚徒困境：有两个犯罪嫌疑人因涉嫌作案被警官拘留，警官分别对两人进行审讯。根据法律，如果两个人都承认此案是他们干的，则每人各判刑 5 年；如果两人都不承认，由于证据不足，两人将各获刑 1 年；如果只有一人承认并揭发对方，则承认者予以宽大释放，而不承认者将判刑 10 年。

请问，双方如何博弈可使结果对自己最有利？

博弈论中有一个重要的概念即博弈行为，是指具有竞争或对抗性质的行为，在这类行为中，参加斗争或竞争的各方各自具有不同的利益和目标，各方需考虑对手的各种可能的行动方案，以确定如何采取行动以及与对手互动对自己最有利。

可以看出，许多游戏都具有以下特征。

(1) 有一定的规则。

(2) 有一个结果。

(3) 有可供选择的策略。

(4) 策略与利益相互依存。

博弈论(对策论)不同于日常游戏，它具有理论性，应用的范围也不局限于游戏。博弈是一些个人、队组或其他组织，面对一定的环境条件，在一定的规则下，同时或先后从各自允许的行为或策略中进行选择并加以实施，各自取得相应结果的过程。这些规则应用到经济、军事、政治等领域也有类似的特征，例如市场竞争、经营决策、投资分析、价格制订、费用分摊、财政转移支付、投标与拍卖、对抗与追踪、资源利用、谈判、竞选、战争等。

博弈论就是研究博弈行为中斗争各方是否存在着最合理的行动方案，以及如何找到这个合理方案的数学理论和方法。

1944 年约翰・冯・诺伊曼(John von Neumann)与奥斯卡・摩根斯特恩(Oskar Morgenstern)的《博弈论与经济行为》一书出版，标志着现代系统博弈理论的初步形成。20 世纪 50 年代，纳什(Nash)建立了非合作博弈的“纳什均衡”理论，标志着博弈的新时代开始，这是纳什在经济博弈论领域划时代的贡献。1994 年纳什获得了诺贝尔经济学奖，是继冯・诺依曼之后最伟大的博弈论大师之一。纳什提出的著名的纳什均衡概念在非合作博弈理论中起着核心作用。纳什均衡的提出和不断完善，为博弈论广泛应用于经济学、管理学、社会学、政治学、军事科学等领域奠定了坚实的理论基础。

从 1994 年开始共有 5 届诺贝尔经济学奖与博弈论的研究有关。

(1) 1994 年，授予普林斯顿大学约翰・纳什、约翰・海萨尼、莱因哈德・泽尔腾等 3 位数学家，这 3 位数学家在非合作博弈的均衡分析理论方面做出了开创性的贡献。

(2) 1996 年，授予英国剑桥大学的詹姆斯·莫里斯和威廉·维克里诺贝尔经济学奖，他们在不对称信息条件下的经济激励理论、博弈论等方面做出了重大贡献。

(3) 2005 年，授予美国和以色列双重国籍经济学家罗伯特·约翰·奥曼与美国经济学家托马斯·克罗姆比·谢林诺贝尔经济学奖，他们通过博弈论分析促进了人们对冲突与合作的理解。

(4) 2007 年，授予美国经济学家莱昂尼德·赫维奇、埃里克·马斯金和罗杰·迈尔森诺贝尔经济学奖，鼓励他们在创立和发展"机制设计理论"方面做出了贡献。"机制设计理论"最早由赫维奇提出，马斯金和迈尔森则进一步发展了这一理论。这一理论有助于经济学家、各国政府和企业识别在哪些情况下市场机制有效，在哪些情况下市场机制无效。

(5) 2012 年，授予哈佛大学教授埃尔文·罗斯及加州大学罗伊德·沙普利诺贝尔经济学奖，两人因稳定配置和市场设计实践理论获奖。这一领域源于博弈论思想，属于运筹学分支，强调优化策略问题(递延选择)。

## 11.1.1 博弈行为和博弈论

1. 博弈(对策)行为

相互之间具有斗争或竞争性质的行为称为博弈行为，常见的博弈行为有：在日常生活中，如下棋、打牌、体育比赛等；在战争活动中，敌我双方都力图选取对自己最有利的策略，千方百计地去战胜对手；在政治角逐中，国际谈判，各种政治力量之间的斗争，各国际集团之间的博弈与斗争等无一不具有斗争的性质；在经济活动中，各国之间、各企业之间的经济谈判，如企业之间为争夺市场而进行的竞争等。

2. 博弈论

博弈论亦称竞赛论或对策论，是研究具有斗争或竞争性质现象的数学理论和方法。一般认为，博弈论是现代数学的一个新分支，是运筹学的一个重要学科。博弈论发展的历史并不长，但由于它研究的问题与政治、经济、军事活动乃至一般的日常生活等有着密切联系，并且处理问题的方法具有明显特色，所以逐渐引起人们的广泛关注。

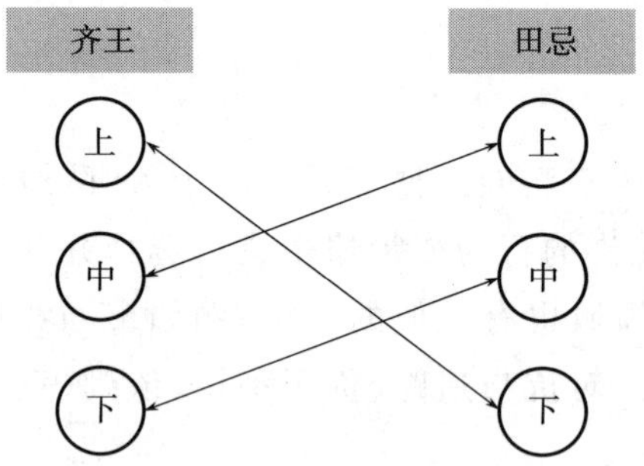

图 11-1 田忌赛马策略

比如中国历史中的一个典型事例：田忌赛马。

战国时期，有一天齐王提出要与田忌赛马，双方约定从各自的上、中、下 3 个等级的马中各选一匹参赛，每匹马均只能参赛一次，每一次比赛双方各出一匹马，负者要付给胜者千金。已经知道，在同等级的马中，田忌的马不如齐王的马，而如果田忌的马比齐王的马高一等级，则田忌的马可取胜，如图 11-1 所示。

实力分析：齐王与田忌各有上、中、下 3 个等级的马；在同一等级马中，齐王的马可胜过田忌的马；在不同等级马中，田忌的上一等级马可胜过齐王的次一等级马。

比赛规则：双方从每一等级马中各选一匹参赛，共参加 3 次比赛。最后按净胜次数决定胜负。

当时，田忌手下的一个谋士给他出了个主意：每次比赛时先让齐王牵出他要参赛的马，然后来用下等马对齐王的上等马，用中等马对齐王的下等马，用上等马对齐王的中等马。比赛结果为田忌二胜一负，夺得千金。由此看来，两个人各采取什么样的出马次序对胜负是至关重要的。

## 11.1.2 博弈行为的 3 个基本要素

1. 局中人(players)

(1) 在一个博弈行为(或一局对策)中，有权决定自己行动方案的竞争者或参加者，称为局中人。通常用

$I$ 表示局中人的集合。如果有 $n$ 个局中人，则 $I=\{1,2,3,\cdots,n\}$。一般要求一个对策中至少要有两个局中人。

(2) 局中人之间可以有结盟和不结盟，本章主要讨论后一种情况，即非合作的博弈。

(3) 如在“田忌赛马”的例子中，局中人是齐王和田忌，两者不结盟，为非合作博弈。

2. 策略集(strategies)

一局对策中，可供局中人选择的一个实际可行的完整的行动方案称为一个策略。参加对策的每一局中人，都有自己的策略集。一般，每一局中人的策略集中至少应包括两个策略。如在“田忌赛马”的例子中，如果用(上，中，下)表示以上等马、中等马、下等马依次参赛这样一个次序，这就是一个完整的行动方案，即一个策略。

可见，局中人齐王和田忌各自都有 6 个策略：(上，中，下)、(上，下，中)、(中，上，下)、(中，下，上)、(下，中，上)、(下，上，中)。

3. 赢得函数(payoffs)

在一局对策中，各局中人选定的策略形成的策略组称为一个局势，即若 $s_i$ 是第 $i$ 个局中人的一个策略，则 $n$ 个局中人的策略组 $s=(s_1,s_2,\cdots,s_n)$，就是一个局势。全体局势的集合 $S$，可用各局中人的策略集的笛卡儿积表示，即 $S=s_1\times s_2\times\cdots\times s_n$。

当一个局势出现后，对策的结果也就确定了。也就是说，对任一局势 $s\in S$，局中人 $i$ 可以得到一个赢得值 $H_i(s)$。显然，$H_i(s)$ 是局势 $s$ 的函数，称为第 $i$ 个局中人的赢得函数(支付函数、收益函数)，即参与博弈的各局中人的输赢得失。也可以用向量 $u(u_1,u_2,\cdots,u_n)$ 表示，其中 $u_i(i=1,2,\cdots,n)$ 为局中人 $i$ 的收益，通常用正数表示局中人的赢得，负数表示局中人的损失。

在“田忌赛马”的例子中，局中人集合为 $I=\{1,2\}$。齐王和田忌的策略集可分别用 $s_1=\{\alpha_1,\alpha_2,\alpha_3,\alpha_4,\alpha_5,\alpha_6\}$ 和 $s_2=\{\beta_1,\beta_2,\beta_3,\beta_4,\beta_5,\beta_6\}$ 表示。

这样，齐王的任一策略 $\alpha_i$ 和田忌的任一策略 $\beta_j$ 就形成了一个局势 $S_{ij}$。如果 $\alpha_1=$(上，中，下)，$\beta_1=$(上，中，下)，则在局势 $S_{11}$ 下齐王的赢得值为 $H_1(s_{11})=3$，田忌的赢得值为 $H_2(s_{11})=-3$。

### 11.1.3 博弈问题举例

1. 市场购买力争夺问题

据预测，某乡镇下一年的饮食品购买力将有 4 000 万元。乡镇企业和中心城市企业饮食品的生产情况是：乡镇企业有特色饮食品和低档饮食品两类产品，中心城市企业有高档饮食品和低档饮食品两类产品。它们争夺这一部分购买力的结局见表 11 - 1，问题是乡镇企业和中心城市企业应如何选择对自己最有利的产品策略？

**表 11 - 1 争夺饮食品购买力结果** 单位：万元

| 乡镇企业的策略 | 中心城市企业的策略 | |
|---|---|---|
| | 出售高档饮食品 | 出售低档饮食品 |
| 出售特色饮食品 | 2 000 | 3 000 |
| 出售低档饮食品 | 1 000 | 3 000 |

2. 销售竞争问题

假定企业Ⅰ，Ⅱ均能向市场出售某一产品，不妨假定他们可于时间区间[0,1]内任一时点出售。设企业Ⅰ在时刻 $x$ 出售，企业Ⅱ在时刻 $y$ 出售，则企业Ⅰ的收益(赢得)函数为

$$H(x,y)=\begin{cases}c(y-x), & x<y\\ \frac{1}{2}c(1-x), & x=y\\ c(1-x), & x>y\end{cases}$$

问这两个企业各选择什么时机出售对自己最有利？（在这个例子中，企业Ⅰ，Ⅱ可选择的策略均有无穷多个。）

3. 费用分摊问题

假设沿某一河流有相邻的3个城市A、B、C，各城市可单独建立水厂，也可合作兴建一个大水厂。经估算，合建一个大水厂，加上敷设管道的费用，要比单独建3个小水厂的总费用少。但合建大厂的方案能否实施，要看总的建设费用能否在3个城市之间进行合理的分摊。如果某个城市分摊到的费用比它单独建设水厂的费用还高的话，它显然不会接受合作的方案。因此，需要研究的问题是：如何合理地分摊总的建设费用，可使合作兴建大水厂的方案得以实现？

4. 拍卖问题

最常见的一种拍卖形式是先由拍卖商把要拍卖的商品描述一番，然后提出第一个报价。接下来由买者报价，每一次报价都要比前一次高，最后谁出的价最高拍卖品则归谁所有。假设有 $n$ 个买主给出的报价分别为 $p_1,p_2,\cdots,p_n$，且不妨设 $p_1<p_2<\cdots<p_n$，则买主只要报价略高于 $p_{n-1}$，就能买到拍卖品，即拍卖品实际上是在次高价格上卖出的。

现在的问题是，各买主之间可能知道他人的估价，也可能不知道他人的估价，每人应如何以较低的价格报价对自己能得到拍卖品最为有利？最后的结果又会怎样？

### 11.1.4 博弈的分类

博弈问题，根据局中人的个数，分为二人对策和多人对策；根据各局中人的赢得函数的代数和是否为零，分为零和对策与非零和对策；根据各局中人之间是否允许合作，分为合作对策和非合作对策，或者说，根据局中人结盟情况，可分为合作博弈和非合作博弈；根据局中人策略集中的策略个数，分为有限对策和无限对策。在众多对策模型中，占有重要地位的是二人有限零和对策（finite two - person zerosum game），又称为矩阵对策。这类对策是目前为止在理论研究和求解方法方面都比较完善的一个对策，如图11-2所示。

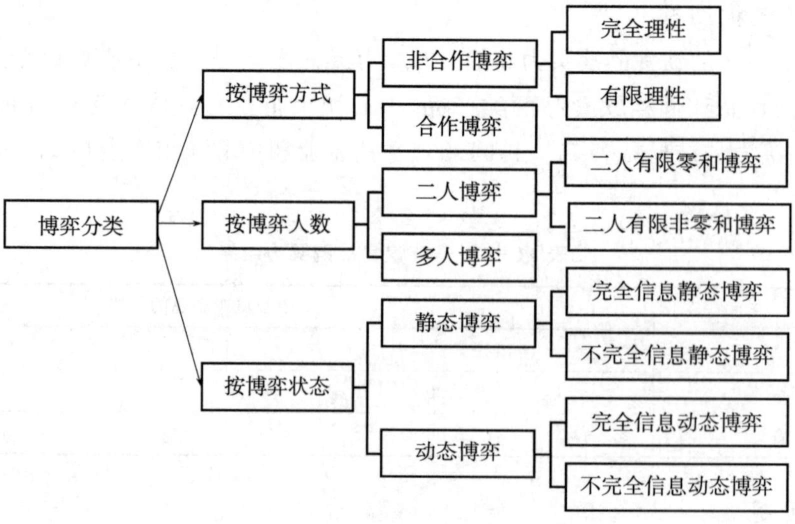


图11-2 博弈的分类

根据局中人对信息(策略集、收益函数等)掌握的情况,可分为完全信息博弈和不完全信息博弈;根据局中人采取行动的次序,当同时采取行动或互相保密情况下采取行动时,称为静态博弈;如果局中人采取行动有先后,后采取行动的人可以观察到前面人采取的行动,则属于动态博弈。

博弈论的研究建立在参与博弈的各局中人都是理性人的前提下,理性人是指"有一个很好定义的偏好,在面临给定的约束条件时最大化自己的偏好"。

矩阵博弈(对策)是一类最简单的对策模型,其研究思想和方法具有代表性,能体现出博弈论的一般思想和分析方法,其结果也是其他博弈模型的基础。

## 复习思路提示

1. 博弈论中有一个重要的概念即博弈行为,博弈(对策)行为是指具有竞争或对抗性质的行为,在这类行为中,参加斗争或竞争的各方各自具有不同的利益和目标,各方需考虑对手的各种可能的行动方案,以确定如何采取行动以及与对手互动对自己最有利。

2. 博弈论(对策论)就是研究博弈行为中斗争各方是否存在着最合理的行动方案,以及如何找到这个合理方案的数学理论和方法。

3. 博弈行为的 3 个基本要素:局中人、策略集和赢得函数(支付函数、收益函数)。

4. 了解博弈的分类,重点了解非合作的二人博弈模型。矩阵博弈(对策)是其他博弈问题的基础,也是本章中各高校考查频率最高的内容,需要重点掌握。

# 11.2 完全信息静态博弈

## 11.2.1 博弈模型的表达形式

1. 矩阵博弈/对策(最简单的博弈/对策问题)

在矩阵博弈中,只有两个局中人 A 和 B,局中人 A 的策略集为 $\{a_1,a_2,\cdots,a_m\}$,局中人 B 的策略集为 $\{b_1,b_2,\cdots,b_n\}$,$c_{ij}^a$ 和 $c_{ij}^b$ 为局中人 A 采取策略 $a_i$、局中人 B 采取策略 $b_j$ 时 A 和 B 的各自收益。

完全信息是指所有局中人对其他局中人各自的策略集以及不同局势下的收益向量都有完全充分的了解。静态是指 A、B 两人同时采取行动,或虽然不同时但后行动者对前行动者采取的策略并不了解。这类博弈的收益函数可通过表 11－2 所示的双元矩阵 $[(c_{ij}^a,c_{ij}^b)]_{m\times n}$ 表示,故又称为矩阵博弈。

**表 11－2　矩阵博弈收益函数的双元矩阵**

| A 的策略 | B 的策略 | | | |
|---|---|---|---|---|
| | $b_1$ | $b_2$ | … | $b_n$ |
| $a_1$ | $(c_{11}^a,c_{11}^b)$ | $(c_{12}^a,c_{12}^b)$ | … | $(c_{1n}^a,c_{1n}^b)$ |
| $a_2$ | $(c_{21}^a,c_{21}^b)$ | $(c_{22}^a,c_{22}^b)$ | … | $(c_{2n}^a,c_{2n}^b)$ |
| ⋮ | ⋮ | ⋮ | | ⋮ |
| $a_m$ | $(c_{m1}^a,c_{m1}^b)$ | $(c_{m2}^a,c_{m2}^b)$ | … | $(c_{mn}^a,c_{mn}^b)$ |

2. 表达形式(策略式/基本式与扩展式)

**例 11－1(矩阵博弈的表达形式)**　以囚徒困境为例试分别写出其博弈模型策略式和扩展式的表达式。

解:(1)策略式就是写出矩阵博弈的双元矩阵,如表 11－3 所示。

**表 11-3　囚徒困境的双元矩阵**

| 囚徒甲 | 囚徒乙 | |
|---|---|---|
| | 坦白 | 不坦白 |
| 坦白 | (−5,−5) | (0,−10) |
| 不坦白 | (−10,0) | (−1,−1) |

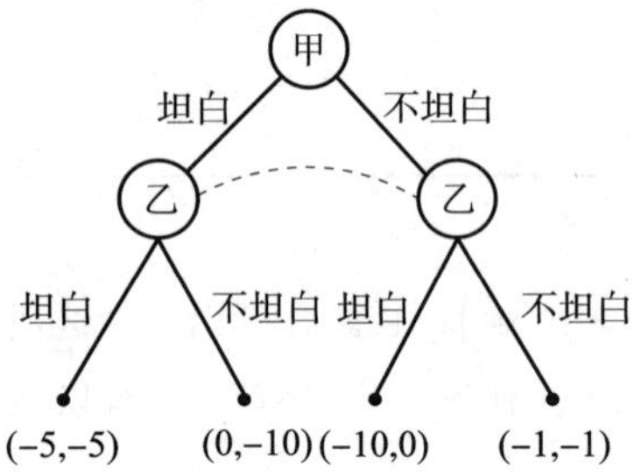


**图 11-3　例 11-1 博弈树**

(2) 扩展式就是具体描述所有局中人的行动顺序、采取的策略以及采取策略时拥有的信息及相应的收益。博弈的扩展式形状是一棵树，故又称为博弈树，如图 11-3 所示。

乙的两个决策点之间的虚线连接，表示两个决策点属于同一信息集，即在这两个点上乙所掌握的在该点前的博弈信息是完全一样的，乙不知道甲的策略是坦白还是不坦白。

**例 11-2(矩阵博弈的表达形式)**　从一张红牌和一张黑牌中随机抽取一张，在对 B 保密的情况下拿给 A 看，若 A 看到的是红牌，他可选择掷硬币决定胜负，或让 B 猜。若选择掷硬币，出现正面，A 赢 $p$ 元，出现反面，A 输 $q$ 元；若让 B 猜，B 猜中是红牌，A 输 $r$ 元，反之 B 猜是黑牌，A 赢 $s$ 元。若 A 看到的是黑牌，他只能让 B 猜。B 猜中是黑牌，A 输 $u$ 元，反之 B 猜是红牌，A 赢 $t$ 元。试确定 A、B 各自的策略，建立该博弈的策略式和扩展式模型。

解：因 A 的赢得和损失分别是 B 的损失和赢得，故本例属于二人零和博弈。

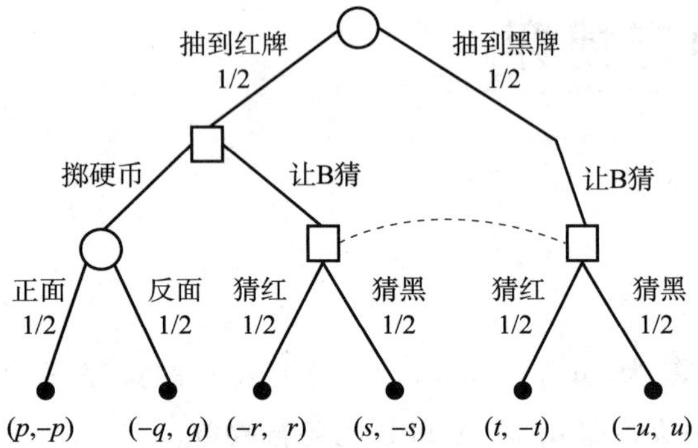


**图 11-4　例 11-2 博弈树**

(1) 本例较难直接写出策略式，可先写扩展式。用○表示随机点，用□表示 A 和 B 的决策点，则如图 11-4 所示。B 的两个决策点之间的虚线连接，表示两个决策点属于同一信息集，即在这两个点上 B 所掌握的在该点前的博弈信息是完全一样的，B 不知道 A 看到的是黑牌还是红牌。

(2) 从图 11-4 所示的博弈树中可以看出，A 的策略有掷硬币和让 B 猜两种，B 的策略有猜红和猜黑两种，如表 11-4 所示。分析表 11-4：

① 因 A 看到红牌时，或掷硬币，或让 B 猜。若 A 决定掷硬币，出现正面，这时不管 B 猜红还是猜黑，A 都赢 $p$ 元；出现反面，不管 B 猜红还是猜黑，A 都输 $q$ 元。

② 同样，若 A 让 B 猜，他的输赢只同 B 猜红或猜黑有关，而与掷硬币的正反面无关。

③ 若抽到的是黑牌，A 的决定只能让 B 猜，因而掷硬币策略对 A 的胜负同样不起作用，只与 B 猜红或猜黑有关。

**表 11-4　双元矩阵**

| A | B | | | | | |
|---|---|---|---|---|---|---|
| | 抽到红牌(1/2) | | | | 抽到黑牌(1/2) | |
| | 正面(1/2) | | 反面(1/2) | | 猜红 | 猜黑 |
| | 猜红 | 猜黑 | 猜红 | 猜黑 | | |
| 掷硬币 | $(p,-p)$ | $(p,-p)$ | $(-q,q)$ | $(-q,q)$ | $(t,-t)$ | $(-u,u)$ |
| 让 B 猜 | $(-r,r)$ | $(s,-s)$ | $(-r,r)$ | $(s,-s)$ | $(t,-t)$ | $(-u,u)$ |

(3) 计算 A 的赢得期望值。抽牌时红与黑的概率各为 1/2，掷硬币时出现正反面的概率也各为 1/2，故

当 A 采取"掷硬币"策略，而 B 选择"猜红"策略时，A 的赢得期望为

$$\frac{1}{2}\left(\frac{1}{2}p-\frac{1}{2}q\right)+\frac{1}{2}t$$

当 A 采取"让 B 猜"策略，而 B 选择"猜红"策略时，A 的赢得期望为

$$\frac{1}{2}\left[\frac{1}{2}(-r)+\frac{1}{2}(-r)\right]+\frac{1}{2}t$$

当 A 采取"掷硬币"策略，而 B 选择"猜黑"策略时，A 的赢得期望为

$$\frac{1}{2}\left(\frac{1}{2}p-\frac{1}{2}q\right)+\frac{1}{2}(-u)$$

当 A 采取"让 B 猜"策略，而 B 选择"猜黑"策略时，A 的赢得期望为

$$\frac{1}{2}\left[\frac{1}{2}s+\frac{1}{2}s\right]+\frac{1}{2}(-u)$$

总结如表 11－5 所示。

**表 11－5　A 的赢得期望总结**

| A | B | |
|---|---|---|
| | 猜红 | 猜黑 |
| 掷硬币 | $\left(\frac{1}{4}(p-q+2t),-\frac{1}{4}(p-q+2t)\right)$ | $\left(\frac{1}{4}(p-q-2u),-\frac{1}{4}(p-q-2u)\right)$ |
| 让 B 猜 | $\left(\frac{1}{2}(-r+t),-\frac{1}{2}(-r+t)\right)$ | $\left(\frac{1}{2}(s-u),-\frac{1}{2}(s-u)\right)$ |

博弈树中每个决策点都对应相应的信息集，表明决策者掌握的在该决策点前的信息及该点在决策中所处的位置。图 11－4 中 B 的两个决策点均在 A 抽牌后进行，属于同一决策层次，同时决策时 B 只知道 A 抽了牌，但不知是红牌还是黑牌，因而 B 也不知道自己在博弈树中的位置，所以这两个决策点属于同一信息集。

## 复习思路提示

1. 矩阵博弈/对策是完全信息静态博弈中最简单的一种博弈，其收益函数可以用双元矩阵来表示。

2. 博弈模型的表达形式有策略式(基本式)和扩展式。两种表达形式可以互相转化，具体模型中采用何种表达形式，应视哪种更方便来决定。

3. 注意扩展式模型中虚线的含义：它表示连接的决策点属于同一个信息集。

4. 一个信息集可以含一个或多个决策点，前者称为单点信息集，后者称为多点信息集。

5. 两个以上的决策点属于同一信息集的条件，一是这些决策点同属一个决策层次，二是进行决策前的信息相同。

### 11.2.2　纳什均衡

1. 纳什均衡概述

约翰·纳什(John F. Nash)，1928 年生于美国，1994 年获得诺贝尔经济学奖，在非合作博弈的均衡分析理论方面做出了开创性的贡献，对博弈论和经济学产生了重大影响。

Nash 对博弈论的贡献有：

(1) 合作博弈中的讨价还价模型，称为 Nash 讨价还价解；

(2) 非合作博弈的均衡分析。

对于博弈中的每一个局中人,真正成功的措施应该是针对其他局中人所采取的每次行动,相应地采取有利于自己的反应策略。于是,每个局中人应采取的策略必定是他对其他局中人策略的预测的最佳反应。

建立博弈模型的主要目的是要预测博弈的最终结局。经济学的均衡理论指出,当一个系统处于平衡状态时,系统中的各参与方都不会主动采取行动偏离这个状态,因为当其他参与人不采取行动时,谁采取任何偏离平衡状态的行动只会给自己带来损失。纳什均衡(Nash equilibrium)正体现了这一基本原则,是博弈论中的一个重要概念,在非合作博弈分析中具有十分关键的作用和地位。

纳什均衡:假定有 $n$ 个博弈方参加博弈,在给定其他博弈方策略的条件下,每个人选择自己的最优策略(个人最优策略可能依赖也可能不依赖他人策略),一起构成一个策略组合(strategy profile),而 Nash 均衡就是这样一个策略组合,由所有参与人的最优策略组成,在给定别人策略的条件下,没有任何单个参与人有积极性选择其他策略,从而没有任何人有积极性打破这种均衡。(另一种解释:假定所有博弈方事先达成一项协议,规定每个人的行为规则,在没有外在的强制力约束时,当事人会自觉遵守这个协议,等于说这个协议构成一个 Nash 均衡,即假定别人遵守协议的情况下,没有人有积极性偏离协议规定的自己的行为规则。换句话说,如果一个协议不构成 Nash 均衡,它就不可能自动实施,因为至少有一个参与人会违背此协议,不满足 Nash 均衡要求的协议是没有意义的。)

简而言之,Nash 均衡是一种“僵局”:给定别人不动的情况下,没有人有兴趣动。

根据囚徒困境问题给出表 11－6 所示的数据。

**表 11－6　双元矩阵表**

| 囚徒甲 | 囚徒乙 | |
|---|---|---|
| | 坦白 | 不坦白 |
| 坦白 | (−5,−5) | (0,−10) |
| 不坦白 | (−10,0) | (−1,−1) |

分析:囚徒困境中存在一种均衡,即两名囚徒采取的策略为(坦白,坦白),结局为各判 5 年。但从表 11－6 中可以看出有一个更好的结局:两人均不坦白,各判刑 1 年。但在博弈论中,假定所有局中人都是理性的,他们参与的目的是力图扩大自己的收益,并从最坏处打算,争取一个最好的结局。因而,从理性的角度考虑,双方均不坦白这种结局不可能出现。

2. 基本概念

博弈的标准表达式:在 $n$ 个局中人的博弈中,设各局中人的策略集分别为 $S_1,S_2,\cdots,S_n$,用 $(s_1,s_2,\cdots,s_n)$ 表示每个局中人选定某一个策略时形成的局势,这里 $s_i\in S_i$,$u_i(s_1,s_2,\cdots,s_n)$ 是相应于该局势的第 $i$ 个局中人的收益函数,或可简写为 $u_i$,则称 $G=\{S_1,\cdots,S_n;u_1,\cdots,u_n\}$ 为博弈的标准式。

严格劣策略:设有 $s'_i\in S_i$ 和 $s''_i\in S_i$,如果对其他局中人所有可能策略组成的局势均有 $u_i(s_1,s_2,\cdots,s_{i-1},s'_i,s_{i+1},\cdots,s_n)<u_i(s_1,s_2,\cdots,s_{i-1},s''_i,s_{i+1},\cdots,s_n)$,则称 $s'_i$ 是对 $s''_i$ 的严格劣策略。

3. 纳什均衡的定义

在博弈 $G=\{S_1,\cdots,S_n;u_1,\cdots,u_n\}$ 中,如果在由各个博弈方各选取一个策略组成的某个策略组合 $(s_1^*,s_2^*,\cdots,s_n^*)$ 中,任一博弈方 $i$ 的策略 $s_i^*$,都是对其余策略方策略的组合 $(s_1^*,s_{i-1}^*,s_{i+1}^*,\cdots,s_n^*)$ 的最佳策略,即

$$u_i(s_1^*,\cdots,s_{i-1}^*,s_i^*,s_{i+1}^*,\cdots,s_n^*)\geqslant u_i(s_1^*,\cdots,s_{i-1}^*,s_i,s_{i+1}^*,\cdots,s_n^*)$$

对任意 $s_i\in S_i$ 都成立,则称 $(s_1^*,s_2^*,\cdots,s_n^*)$ 为 $G$ 的一个纯策略“纳什均衡”。或者 $s_i^*$ 是以下优化问题的解:

$$\max_{s_i\in S_i} u_i(s_1^*,\cdots,s_{i-1}^*,s_i^*,s_{i+1}^*,\cdots,s_n^*)$$

纳什证明了在任何非合作的有限博弈(局中人及其策略集均有限)中,都存在至少一个纳什均衡。

**例 11-3(纳什均衡)**　甲、乙双方交战，乙方困守，有两条路线可以选择，即北线和南线。因此甲方侦察机重点搜索北线和南线。当时未来三天中：北线阴雨，能见度差；南线晴天，能见度佳。甲、乙双方仔细分析了两种方案的结果，得到了表 11-7 所示的甲方的赢得数据(乙方的损失数据)，甲、乙双方采用哪种方案较好？

**表 11-7　甲方赢得表**

| 甲方 | 乙方 | |
|---|---|---|
| | 北线($\beta_1$) | 南线($\beta_2$) |
| 北线 ($\alpha_1$) | 2 | 2 |
| 南线 ($\alpha_2$) | 1 | 3 |

当乙方走北线，而甲方重点防守北线时，3 天内可以有效轰炸 2 天，或理解为可以歼灭乙方 3 股兵力中的两股。当乙方走南线，而甲方重点防守南线时，3 天内可以有效轰炸 3 天，或理解为全歼乙方。

分析 1：当甲方重点防守北线时，无论乙方采取哪一种策略，其得益都是 2；当甲方重点防守南线时，乙方走北线时，其得益只有 1，因此甲方应在两种方案中选择北线方案。

分析 2：当乙方走北线时，最多失去 2，走南线时最多失去 3，因此乙方应选择北线方案。

双方各自选择一个最优策略就构成一个最优局势 $(\alpha_1,\beta_1)$，这个局势就是纯策略意义下的纳什均衡。

解：局中人：甲方、乙方。

双方策略：北线、南线，记为 $S_1=\{\alpha_1,\alpha_2\}$，$S_2=\{\beta_1,\beta_2\}$。

双方选择的策略是：在最不利策略中选择最有利的策略。

$$\begin{array}{cccc} & & \min & \max \\ & \begin{bmatrix} 2 & 2 \\ 1 & 3 \end{bmatrix} & \begin{array}{c} 2^* \\ 1 \end{array} & \begin{array}{c} 2 \\ \phantom{1} \end{array} \\ \max & 2^* \quad 3 & & \\ \min & 2 & & \end{array}$$

最优策略是 $(\alpha_1,\beta_1)$，即都选择北线。乙方受到重创，但未被全歼。

再以囚徒困境为例，如表 11-8 所示。

**表 11-8　甲赢得矩阵**

| 甲方 | 乙方 | |
|---|---|---|
| | 坦白 | 不坦白 |
| 坦白 | −5 | 0 |
| 不坦白 | −10 | −1 |

最优策略是 $(\alpha_1,\beta_1)$，即都选择坦白。

4. 混合策略下的纳什均衡

混合策略：在博弈 $G=\{S_1,\cdots,S_n;u_1,\cdots,u_n\}$ 中，局中人 $i$ 的策略集为 $S_i=\{s_{i1},\cdots,s_{ik}\}$，则以概率分布 $p_i=(p_{i1},\cdots,p_{ik})$ 随机在 $k$ 个可选策略中选择的“策略”，称为一个混合策略。其中 $0\leqslant p_{ij}\leqslant 1$ 对 $j=1,\cdots,k$ 都成立，且 $p_{i1}+\cdots+p_{ik}=1$。

纯策略就是参与人始终坚持一个对其最有利的策略，不论对手采取何种策略都不改变；而混合策略就是参与人为了不让对手明白他的行动原则以及选择偏好从而加以利用，所以不断选择对其最有利或相对有利的策略，这些策略往往是随谈判阶段、环境或其他因素不断变化的。

以玩“石头、剪子、布”游戏为例。假设你与对手只出一次手，游戏便结束。你确定出“石头”(或“剪子”，或“布”），这是你的一个纯策略。你以30%的可能出“石头”，30%的可能出“剪子”，40%的可能出“布”，这是你的一个混合策略。

出手前，如果你确信对手将以100%的可能出手其中一种（即你知道了对手执行的纯策略），你自然知道该如何应对。如果你不确信对手一定出手哪种，但确信对手将以30%的可能出“石头”，30%的可能出“剪子”，40%的可能出“布”（即你知道了对手执行的混合策略），那么，你该如何出手呢？这是基于混合策略要进行的分析。

混合策略下的纳什均衡：如果一个博弈 $G=\{S_1,\cdots,S_n;u_1,\cdots,u_n\}$ 中，参与者 $i$ 的策略集为 $S_i=\{s_{i1},\cdots,s_{ik}\}$，如果由各个博弈方的策略组成策略集合 $G^*=\{s_1^*,s_2^*,\cdots,s_n^*\}$，其中

$$s_i^*=\left\{x_i\in E^{m_i}\mid x_i\geqslant 0,i=1,2,\cdots,m_i,\sum_{i=1}^{m_i}x_i=1\right\}$$

都是对其余博弈方策略组合的最佳策略，即

$$u_i(s_1^*,s_2^*,\cdots,s_{i-1}^*,s_i^*,\cdots,s_n^*)\geqslant u_i(s_1^*,s_2^*,\cdots,s_{i-1}^*,s_{ij}^*,\cdots,s_n^*)$$

对任意 $s_{ij}\in S_i$ 都成立，则称 $(s_1^*,s_2^*,\cdots,s_n^*)$ 为 $G$ 的一个混合策略下的纳什均衡。

## 复习思路提示

1. 纳什均衡是博弈论中最重要的概念。在矩阵博弈中，双方局中人寻求的最优解是一种均衡解，达到这种均衡时，只要其他局中人不改变自己的策略，则任何一方单独改变自己的策略只能带来收益或效用的减少。

2. 纳什均衡是一个策略组合，它是每个局中人的策略对其他局中人策略的最优反应。

3. 纯策略也可看成混合策略，只是选择相应纯策略的概率函数服从0－1分布。如果给每个博弈方的纯策略集赋予不同的概率分布，就形成了不同的混合策略。

4. 纯策略和混合策略都存在着纳什均衡，解决混合策略问题的关键是要确定局中人选取各策略的概率。

### 11.2.3 纳什均衡解的求取

1. 策略的纳什均衡解（画线法）

现在用画线法来求解经典问题囚徒困境的纳什均衡解。

**例11－4（用画线法求纳什均衡解）** 以囚徒困境为例，解法如下。

解：纳什均衡是每个局中人的策略是对其他局中人策略的最优反应。先写出双元矩阵，如表11－9所示。

**表11－9 囚徒困境的双元矩阵表**

| 囚徒甲 | 囚徒乙 | |
|---|---|---|
| | 坦白 | 不坦白 |
| 坦白 | $(5,-5)$ | $(0,-10)$ |
| 不坦白 | $(-10,0)$ | $(-1,-1)$ |

分析：

(1) 就囚徒甲来说，当囚徒乙采取策略坦白时，他的最优反应是采取策略坦白，其收益为－5，则在－5下画一横线。就囚徒甲来说，当囚徒乙采取策略不坦白时，囚徒甲的最优反应依然是采取策略坦白，其收益为0，则在0下画一横线。

(2) 就囚徒乙来说，当囚徒甲采取策略坦白时，囚徒乙的最优反应是采取策略坦白，其收益为－5，则在

-5 下画一横线。就囚徒乙来说，当囚徒甲采取策略不坦白时，囚徒乙的最优反应是采取策略坦白，其收益为 0，则在 0 下画一横线。

由表 11-9 可知，当囚徒甲、乙都采取策略坦白时，收益向量数字下均画了横线，相当于在 $c_{ij}^{a}$ 和 $c_{ij}^{b}$ 下面都画横线的组合，即所求的纳什均衡解。对囚徒甲来说，画横线数字是所在列的最大值；对囚徒乙来说，画横线数字是囚徒甲采取了某个策略后，他采取各种策略应对时的最大值。因此某个策略组合中两个数字都画了横线，表明局中人都不愿偏离这个组合，谁偏离，谁就遭受更坏的结局。

囚徒困境是一个典型的非合作博弈的例子，从表 11-9 中可知双方不坦白是最好的结局，但囚徒甲、乙从各自的利益出发，都不可能选择不坦白这个劣策略。

囚徒困境揭示了：当个人理性与集体理性不一致时，如果没有强制性的法律措施，则服从于集体理性的协议的规则很难执行。纳什均衡解虽然不一定是最有利的结局，但在其他各方策略不变时，任何一方单独改变策略只会对自己带来不利，因而建立在纳什均衡基础上的规则协议，是博弈各方都能自觉遵守的协议。

2. 混合策略的纳什均衡解（线性规划法）

矩阵博弈的收益函数可通过表 11-10 所示的双元矩阵 $[(c_{ij}^{a},c_{ij}^{b})]_{m\times n}$ 表示。

**表 11-10　矩阵博弈的收益函数的双元矩阵表**

| A 的策略 | B 的策略 | | | |
|---|---|---|---|---|
| | $b_1$ | $b_2$ | … | $b_n$ |
| $a_1$ | $(c_{11}^{a},c_{11}^{b})$ | $(c_{12}^{a},c_{12}^{b})$ | … | $(c_{1n}^{a},c_{1n}^{b})$ |
| $a_2$ | $(c_{21}^{a},c_{21}^{b})$ | $(c_{22}^{a},c_{22}^{b})$ | … | $(c_{2n}^{a},c_{2n}^{b})$ |
| ⋮ | ⋮ | ⋮ | | ⋮ |
| $a_m$ | $(c_{m1}^{a},c_{m1}^{b})$ | $(c_{m2}^{a},c_{m2}^{b})$ | … | $(c_{mn}^{a},c_{mn}^{b})$ |

A 的第 $i$ 个策略同第 $l$ 个策略之间，如有 $c_{ij}^{a}\geqslant c_{lj}^{a}$，且至少有一个取绝对 $>$ 号，则称 $l$ 为劣策略。

B 的第 $k$ 个策略同第 $j$ 个策略之间，如有 $c_{ij}^{b}\leqslant c_{ik}^{b}$，且至少有一个取绝对 $<$ 号，则称 $j$ 为劣策略。

**例 11-5（用线性规划法求纳什均衡解）** 求表 11-11 中二人零和博弈的纳什均衡解。

**表 11-11　双元矩阵表**

| A 的策略 | B 的策略 | | | |
|---|---|---|---|---|
| | $b_1$ | $b_2$ | $b_3$ | $b_4$ |
| $a_1$ | (1,−1) | (4,−4) | (8,−8) | (7,−7) |
| $a_2$ | (3,−3) | (2,−2) | (3,−3) | (2,−2) |
| $a_3$ | (0,0) | (3,−3) | (5,−5) | (3,−3) |
| $a_4$ | (0,0) | (4,−4) | (3,−3) | (7,−7) |

分析 1：对 A 来说，策略 $a_3$，$a_4$ 对于 $a_1$ 都有劣势，即劣策略。

分析 2：对 B 来说，策略 $b_3$ 劣于 $b_1$，$b_4$ 劣于 $b_2$。

解：删除劣解后，得表 11-12。

**表 11-12　删除劣解后的双元矩阵表**

| A 的策略 | B 的策略 | |
|---|---|---|
| | $b_1$ | $b_2$ |
| $a_1$ | (1,−1) | (4,−4) |
| $a_2$ | (3,−3) | (2,−2) |

1）先尝试画线法

当 B 采取策略 $b_1$ 时，A 应采取策略 $a_2$，收益为 3；当 A 连续使用策略 $a_2$ 时，B 必定会察觉，则 B 会采取

策略 $b_2$。而此时 A 也会察觉自己的收益减少，故而改为使用策略 $a_1$ 去应对 B 的策略 $b_2$，可以得到收益 4；然后 B 又回过来使用策略 $b_1$，使 A 的收益降到 1……

因此，出现双方都不能连续不变地使用某种纯策略的现象，都必须考虑如何随机地使用自己的策略，使对方捉摸不到自己使用何种策略，这就需要用到混合策略。

2）用线性规划法求混合策略解的方法

设 A 分别以 $x_1, x_2, \cdots, x_m$ 的概率混合使用他的 $m$ 个纯策略，B 分别以 $y_1, y_2, \cdots, y_n$ 的概率混合使用他的 $n$ 个纯策略，如表 11 - 13 所示。

**表 11 - 13　混合策略双元矩阵**

| A 的策略 | | B 的策略 | | | |
|---|---|---|---|---|---|
| | | $y_1$ | $y_2$ | … | $y_n$ |
| | | $b_1$ | $b_2$ | … | $b_n$ |
| $x_1$ | $a_1$ | $(c_{11}^a, c_{11}^b)$ | $(c_{12}^a, c_{12}^b)$ | … | $(c_{1n}^a, c_{1n}^b)$ |
| $x_2$ | $a_2$ | $(c_{11}^a, c_{11}^b)$ | $(c_{22}^a, c_{22}^b)$ | … | $(c_{2n}^a, c_{2n}^b)$ |
| ⋮ | ⋮ | ⋮ | ⋮ | | ⋮ |
| $x_m$ | $a_m$ | $(c_{m1}^a, c_{m1}^b)$ | $(c_{m2}^a, c_{m2}^b)$ | … | $(c_{mn}^a, c_{mn}^b)$ |

其中：

$$\sum_{i=1}^{m} x_i = 1, x_i \geqslant 0$$

$$\sum_{j=1}^{n} y_j = 1, y_j \geqslant 0$$

当 A 采用混合策略，B 分别采用纯策略 $b_1, b_2, \cdots, b_n$ 时，A 的期望收益分别为

$$\sum_{i=1}^{m} c_{i1}^a x_i, \sum_{i=1}^{m} c_{i2}^a x_i, \cdots, \sum_{i=1}^{m} c_{in}^a x_i$$

依据纳什均衡中每个局中人的策略是对其他局中人策略的最优反应的原则，局中人 A 的期望收益 $v_a$ 可表示为

$$\begin{cases} v_a = \max\limits_{x_i}\left\{\min\left(\sum_{i=1}^{m} c_{i1}^a x_i, \sum_{i=1}^{m} c_{i2}^a x_i, \cdots, \sum_{i=1}^{m} c_{in}^a x_i\right)\right\} \\ \sum_{i=1}^{m} x_i = 1 \end{cases}$$

若令 $v' = \min\left(\sum_{i=1}^{m} c_{i1}^a x_i, \sum_{i=1}^{m} c_{i2}^a x_i, \cdots, \sum_{i=1}^{m} c_{in}^a x_i\right)$，则 A 的期望收益可表达成线性规划的形式：

$$\max\{v'\}$$

$$\text{s. t.}\begin{cases} \sum_{i=1}^{m} c_{ij}^a x_i \geqslant v', j = 1, 2, \cdots, n \\ \sum_{i=1}^{m} x_i = 1 \\ x_i \geqslant 0, i = 1, 2, \cdots, m \end{cases}$$

令 $x'_i = \dfrac{x_i}{v'}, v' > 0, \max\{v'\} = \min\left\{\dfrac{1}{v'}\right\}$，有

$$L_1: \min\left\{\frac{1}{v'}\right\} = \sum_{i=1}^{m} x_i$$

$$\text{s. t.}\begin{cases} \sum_{i=1}^{m} c_{ij}^a x'_i \geqslant 1, j = 1, 2, \cdots, n \\ x'_i \geqslant 0, i = 1, 2, \cdots, m \end{cases}$$

若令 $v''=\max\left(\sum_{j=1}^{n}c_{1j}^{b}y_j,\sum_{j=1}^{n}c_{2j}^{b}y_j,\cdots,\sum_{j=1}^{n}c_{mj}^{b}y_j\right)$，则 B 的期望收益可表达成线性规划的形式：

$$\min\{v''\}$$

$$\text{s. t.}\begin{cases}\sum_{j=1}^{n}c_{ij}^{b}y_j\leqslant v'',i=1,2,\cdots,m\\ \sum_{j=1}^{n}y_j=1\\ y_j\geqslant 0,j=1,2,\cdots,n\end{cases}$$

令 $y'_j=\dfrac{y_j}{v''},v''>0$，$\min\{v''\}=\max\left\{\dfrac{1}{v''}\right\}$，有

$$L_2:\max\left\{\frac{1}{v''}\right\}=\sum_{j=1}^{n}y'_j$$

$$\text{s. t.}\begin{cases}\sum_{j=1}^{n}c_{ij}^{b}y'_j\leqslant 1,i=1,2,\cdots,m\\ y'_j\geqslant 0,j=1,2,\cdots,n\end{cases}$$

现求解例 11－5，已知删除劣解后，如表 11－12 所示。

分析：因为 $v'$ 和 $v''$ 不允许取零或负值。而表中 B 的收益均为负，可在每个值上加上一个 $k=4$，得表 11－14，再从最终博弈的期望值中减去 $k$。

**表 11－12　删除劣解后 B 的收益调整后的数据表**

| A 的策略 | | B 的策略 | |
|---|---|---|---|
| | | $y_1$ | $y_2$ |
| | | $b_1$ | $b_2$ |
| $x_1$ | $a_1$ | (1,3) | (4,0) |
| $x_2$ | $a_2$ | (3,1) | (2,2) |

解：列出 A 和 B 的混合策略线性规划模型：

$$L_1:\min\left\{\frac{1}{v'}\right\}=x'_1+x'_2\qquad L_2:\max\left\{\frac{1}{v''}\right\}=y'_1+y'_2$$

$$\text{s. t.}\begin{cases}1x'_1+3x'_2\geqslant 1\\ 4x'_1+2x'_2\geqslant 1\\ x'_i\geqslant 0,i=1,2\end{cases}\qquad \text{s. t.}\begin{cases}3y'_1\leqslant 1\\ 1y'_1+2y'_2\leqslant 1\\ y'_j\leqslant 0,j=1,2\end{cases}$$

以单纯形法求解 $L_1$ 和 $L_2$，得

$$L_1:x'_1=0.1,x'_2=0.3,v'=\frac{1}{x'_1+x'_2}=2.5;x_1=0.1\times 2.5=0.25,x_2=0.3\times 2.5=0.75$$

$$L_2:y'_1=\frac{1}{3},y'_2=\frac{1}{3},v''=\frac{1}{y'_1+y'_2}=\frac{3}{2};y_1=\frac{1}{3}\times\frac{3}{2}=0.5,y_2=\frac{1}{3}\times\frac{3}{2}=0.5$$

由此，局中人 A 的最优混合策略为 $\boldsymbol{X}^*=(1/4,3/4)$，局中人 B 的最优混合策略为 $\boldsymbol{Y}^*=(1/2,1/2)$。当 A 采用最优混合策略，B 采用其他策略时，B 的收益将减少；反之，当 B 采用最优混合策略，A 采用其他策略时，A 的收益将减少。因而，$\boldsymbol{X}^*$，$\boldsymbol{Y}^*$ 就是混合策略意义上的纳什均衡解。

### 3. 矩阵博弈（对策）

矩阵博弈就是二人有限零和博弈，或有限二人零和博弈，通常矩阵用来表示局中人Ⅰ的赢得、局中人Ⅱ的支付。矩阵博弈在众多博弈模型中占有重要的地位，是到目前为止在理论研究和求解方法方面都比较完

善的一类博弈。

矩阵博弈(矩阵对策)的数学定义:用Ⅰ、Ⅱ表示两个局中人,并设局中人Ⅰ有 $m$ 个纯策略,即 $\{\alpha_1, \alpha_2, \cdots, \alpha_m\}$,局中人Ⅱ有 $n$ 个纯策略,即 $\{\beta_1, \beta_2, \cdots, \beta_n\}$,则按博弈论的相关要素定义,局中人Ⅰ、Ⅱ的策略集分别为 $S_1=\{\alpha_1, \alpha_2, \cdots, \alpha_m\}$,$S_2=\{\beta_1, \beta_2, \cdots, \beta_n\}$。可以算出,局中人Ⅰ、Ⅱ所构成的策略组合共有 $m\times n$ 个,记局中人Ⅰ在策略 $(\alpha_i, \beta_j)$ 下的赢得为 $a_{ij}$,则局中人Ⅰ在每个策略下的赢得构成一个矩阵 $\boldsymbol{A}$:

$$\boldsymbol{A}=\begin{bmatrix} a_{11} & a_{12} & \cdots & a_{1n} \\ a_{21} & a_{22} & \cdots & a_{2n} \\ \vdots & \vdots & & \vdots \\ a_{m1} & a_{m2} & \cdots & a_{mn} \end{bmatrix}$$

称 $\boldsymbol{A}$ 为局中人Ⅰ的得益矩阵,或为局中人Ⅱ的支付矩阵。由于博弈为零和,故局中人Ⅱ的得益矩阵为 $-\boldsymbol{A}$。

当局中人Ⅰ、Ⅱ的策略集 $S_1$,$S_2$ 及Ⅰ的赢得矩阵确定后,一个矩阵博弈就给定了。通常将矩阵博弈记为 $G=\{S_1, S_2; \boldsymbol{A}\}$。

4. 纯策略矩阵博弈(对策)

**例 11-6(纯策略矩阵博弈)** 求解矩阵博弈,设 $G=\{S_1, S_2; \boldsymbol{A}\}$ 为矩阵博弈,其中 $S_1=\{\alpha_1, \alpha_2, \alpha_3, \alpha_4\}$,$S_2=\{\beta_1, \beta_2, \beta_3\}$。

$$\begin{matrix} & \beta_1 & \beta_2 & \beta_3 & \\ \boldsymbol{A}= & \left[\begin{matrix} -5 \\ 5 \\ 7 \\ -2 \end{matrix}\right. & \begin{matrix} 1 \\ 3 \\ -1 \\ 0 \end{matrix} & \left.\begin{matrix} -9 \\ 4 \\ -11 \\ 6 \end{matrix}\right] & \begin{matrix} \alpha_1 \\ \alpha_2 \\ \alpha_3 \\ \alpha_4 \end{matrix} \end{matrix}$$

从矩阵 $\boldsymbol{A}$ 中可以看出,局中人Ⅰ的最大得益是 7,要想得到这个收益,他需选择 $\alpha_3$ 策略;而局中人Ⅱ也是理智的,他会考虑用 $\beta_3$ 来对付,使局中人Ⅰ不但得不到 7,反而失去 11。如此一来,双方都不愿意冒险,而是考虑对方必使自己所获最少这一点,纳什均衡的寻找就是由此展开分析的。

| | $\beta_1$ | $\beta_2$ | $\beta_3$ | min | max |
|---|---|---|---|---|---|
| $\alpha_1$ | $-5$ | 1 | $-9$ | $-9$ | $3^*$ |
| $\alpha_2$ | 5 | 3 | 4 | $3^*$ | $3^*$ |
| $\alpha_3$ | 7 | $-1$ | $-11$ | $-11$ | |
| $\alpha_4$ | $-2$ | 0 | 6 | $-2$ | |
| max | 7 | $3^*$ | 6 | | |
| min | $3^*$ | | | | |

根据上面的矩阵分析可知,局中人Ⅰ的得益和局中人Ⅱ的支付的绝对值相等,都是 3,也就找到了一个纳什均衡 $(\alpha_2, \beta_2)$。可见,局中人Ⅰ按照最小最大原则,而局中人Ⅱ按照最大最小原则各自选取策略,这种策略的选取组合即该博弈的纳什均衡。

在矩阵博弈中,纳什均衡可定义为,设 $G=\{S_1, S_2; \boldsymbol{A}\}$ 为矩阵博弈,其中 $S_1=\{\alpha_1, \alpha_2, \cdots, \alpha_n\}$,$S_2=\{\beta_1, \beta_2, \cdots, \beta_n\}$,$\boldsymbol{A}=(a_{ij})_{m\times n}$,若等式 $\max\limits_i \min\limits_j a_{ij}=\min\limits_j \max\limits_i a_{ij}=a_{i^*j^*}$ 成立,$V_G=a_{i^*j^*}$,则称 $V_G$ 为博弈 $G$ 的值,对应的策略组合 $(\alpha_{i^*}, \beta_{j^*})$ 称为该博弈的纳什均衡。

解等式:$\max\limits_i \min\limits_j a_{ij}=\min\limits_j \max\limits_i a_{ij}=a_{22}=3$。该博弈的值 $V_G=a_{22}=3$,$G$ 的解 $(\alpha_2, \beta_2)$ 称为该博弈的纳什均衡。可以看出,$a_{22}$ 是矩阵 $\boldsymbol{A}$ 所在行的最小元素,也是所在列的最大元素,即 $a_{i2}\leqslant a_{22}\leqslant a_{2j}$ $(i=1,2,3,4; j=1,2,3)$。

**定理 11-1** 矩阵博弈 $G=\{S_1, S_2; \boldsymbol{A}\}$ 在纯策略定义下有纳什均衡的充要条件是:存在策略组合使得

对一切 $i=1,\cdots,m;j=1,\cdots,n$，均有 $a_{ij^*}\leqslant a_{i^*j^*}\leqslant a_{i^*j}$。

鞍点的定义：设 $f(\boldsymbol{x},\boldsymbol{y})$为一个定义在 $\boldsymbol{x}\in A$ 及 $\boldsymbol{y}\in B$ 上的实函数，如果存在 $\boldsymbol{x}^*\in A$ 及 $\boldsymbol{y}^*\in B$，使得对一切 $\boldsymbol{x}\in A$ 及 $\boldsymbol{y}\in B$ 有 $f(\boldsymbol{x},\boldsymbol{y}^*)\leqslant f(\boldsymbol{x}^*,\boldsymbol{y}^*)\leqslant f(\boldsymbol{x}^*,\boldsymbol{y})$，则称 $(\boldsymbol{x}^*,\boldsymbol{y}^*)$ 为函数 $f(\boldsymbol{x},\boldsymbol{y})$的有关鞍点。

**定理 11-2**　矩阵博弈在纯策略意义下有解且 $V_G=a_{i*j*}$ 的充要条件为 $a_{i*j*}$ 是 $A$ 的鞍点。

**例 11-7(求矩阵博弈的纳什均衡解)**　求解矩阵博弈，设 $G=\{S_1,S_2;\boldsymbol{A}\}$ 为矩阵博弈，其中 $S_1=\{\alpha_1,\alpha_2,\alpha_3,\alpha_4\}$，$S_2=\{\beta_1,\beta_2,\beta_3,\beta_4\}$。求该博弈的纳什均衡解。

$$\boldsymbol{A}=\begin{bmatrix}8&5&8&5\\2&3&2&-1\\9&5&6&5\\0&2&3&3\end{bmatrix}$$

解：

$$\begin{array}{c|cccc|cc} & \beta_1 & \beta_2 & \beta_3 & \beta_4 & \min & \max \\ \hline \alpha_1 & 8 & 5 & 8 & 5 & 5^* & 5^* \\ \alpha_2 & 2 & 3 & 2 & -1 & -1 & \\ \alpha_3 & 9 & 5 & 6 & 5 & 5^* & \\ \alpha_4 & 0 & 2 & 3 & 3 & 0 & \\ \hline \max & 9 & 5^* & 8 & 5^* & & \\ \min & 5^* & & & & & \end{array}$$

$\max\limits_i\min\limits_j a_{ij}=\min\limits_j\max\limits_i a_{ij}=a_{ij}=5$，其中 $i^*=1,3;j^*=2,4$，该博弈的值 $V_G=5$，$G$ 的解 $(\alpha_1,\beta_2)$，$(\alpha_1,\beta_4)$，$(\alpha_3,\beta_2)$，$(\alpha_3,\beta_4)$ 称为该博弈的纳什均衡。

由该例可知，博弈的纳什均衡不一定是唯一的。

矩阵博弈的纳什均衡解具有如下性质。

性质 1：无差别性。

若 $(\alpha_{i1},\beta_{j1})$ 和 $(\alpha_{i2},\beta_{j2})$ 为 $G$ 的两个解，则 $a_{i1j1}=a_{i2j2}$。

性质 2：可交换性。

若 $(\alpha_{i1},\beta_{j1})$ 和 $(\alpha_{i2},\beta_{j2})$ 为 $G$ 的两个解，则 $(\alpha_{i1},\beta_{j2})$ 和 $(\alpha_{i2},\beta_{j1})$ 也是 $G$ 的两个解。

以上方法也被称为上策均衡法(dominant-strategies equilibrium)。

**例 11-8(求矩阵博弈的纳什均衡解)**　甲、乙两个企业同时生产一种电子产品(假设市场上只有这两家，为一双寡头竞争局面)，两个企业都想通过改革管理来获取更多的销售份额。甲企业的措施有：①降低产品价格；②提高产品质量；③推出新产品。乙企业的措施为：①增加广告费用；②增设网点；③改进产品性能。通过预测，两个企业市场份额变动情况如表 11-15 所示，试确定最优策略。

**表 11-15　两企业市场份额变动情况**

| 甲企业策略 | 乙企业策略 | | |
|---|---|---|---|
| | 1 | 2 | 3 |
| 1 | 11 | −1 | 2 |
| 2 | 12 | 9 | 3 |
| 3 | 8 | 6 | 5 |

解：由题意得，甲的得益矩阵为

$$\begin{array}{cccccc} & \beta_1 & \beta_2 & \beta_3 & \min & \max \\ \alpha_1 & 11 & -1 & 2 & -1 & 5^* \\ \alpha_2 & 12 & 9 & 3 & 3 & \\ \alpha_3 & 8 & 6 & 5 & 5^* & \\ \max & 12 & 9 & 5^* & & \\ \min & 5^* & & & & \end{array}$$

$\max\limits_i\min\limits_j a_{ij}=\min\limits_j\max\limits_i a_{ij}=a_{33}=5$，该博弈的值 $V_G=5$，$G$ 的解 $(\alpha_3,\beta_3)$ 称为该博弈的纳什均衡。

5. 混合策略矩阵博弈(矩阵对策)

由上文的讨论可知，对矩阵对策 $G=\{S_1,S_2;\boldsymbol{A}\}$ 来说，局中人Ⅰ有把握的至少赢得是 $v_1=\max\limits_i\min\limits_j a_{ij}$，局中人Ⅱ有把握的至多损失是 $v_2=\min\limits_j\max\limits_i a_{ij}$。一般局中人Ⅰ的赢得值不会多于局中人Ⅱ的损失值，即总有 $v_1\leqslant v_2$(然而，一般情形不总是如此，实际中出现的更多情形是 $v_1<v_2$。因此，不存在纯策略意义下的解)。

当 $v_1=v_2$ 时，矩阵对策 $G$ 存在纯策略意义下的解，且 $V_G=v_1=v_2$。例如，如下赢得矩阵的矩阵博弈：

$$\begin{array}{cccc} & & \min & \max \\ 3 & 6 & 3 & 4^* \\ 5 & 4 & 4^* & \\ \max\ 5^* & 6 & & \\ \min\ 5^* & & & \end{array}$$

局中人Ⅰ的赢得：

$$v_1=\max_i\min_j a_{ij}=4,i^*=2$$

局中人Ⅱ的损失：

$$v_2=\min_j\max_i a_{ij}=5,j^*=1$$

显然 $v_2=a_{21}=5>4=v_1$。

如果双方仍然各自根据从最不利情形中选取最有利结果的原则选择纯策略，应分别选取 $\alpha_2$ 和 $\beta_1$。此时局中人Ⅰ将赢得 5，比其预期赢得 $v_1=4$ 还多，原因就在于局中人Ⅱ选择了 $\beta_1$，使他的对手多得了原本不该得的赢得。故 $\beta_1$ 对局中人Ⅱ来说并不是最优的，因而他会考虑选择 $\beta_2$。局中人Ⅰ亦会采取相应的办法，改选 $\alpha_1$ 以使赢得为 6，而局中人Ⅱ可能又采取策略 $\beta_1$ 来对付局中人Ⅰ的策略 $\alpha_1$。这样，局中人Ⅰ选择 $\alpha_1$ 或 $\alpha_2$ 的可能性及局中人Ⅱ选择 $\beta_1$ 或 $\beta_2$ 的可能性都不能排除。

因此，对两个局中人来说，不存在一个双方均可接受的平衡局势，或者说当 $v_1<v_2$ 时，矩阵博弈 $G$ 不存在纯策略意义下的解。

既然各局中人没有最优纯策略可选择，考虑给出一个选取不同策略的概率分布。如根据上述内容，局中人Ⅰ可以制定如下策略：分别以 1/4 和 3/4 的概率选取纯策略 $\alpha_1$ 和 $\alpha_2$，这种策略是局中人Ⅰ的策略集 $\{\alpha_1,\alpha_2\}$ 上的一个概率分布，称为混合策略。同样，局中人Ⅱ也可制定这样的混合策略，分别以 1/2，1/2 的概率选取纯策略 $\beta_1$，$\beta_2$。

定义：设 $G=\{S_1,S_2;\boldsymbol{A}\}$ 为矩阵博弈，其中 $S_1=\{\alpha_1,\alpha_2,\cdots,\alpha_n\}$，$S_2=\{\beta_1,\beta_2,\cdots,\beta_n\}$，$\boldsymbol{A}=(a_{ij})_{m\times n}$，记

$$S_1^*=\left\{\boldsymbol{x}\in E^m\,|\,x_i\geqslant 0,i=1,\cdots,m,\sum_{i=1}^m x_i=1\right\}$$

$$S_2^*=\left\{\boldsymbol{y}\in E^n\,|\,y_j\geqslant 0,j=1,\cdots,n,\sum_{j=1}^n y_j=1\right\}$$

则 $S_1^*$ 和 $S_2^*$ 分别称为局中人Ⅰ和Ⅱ的混合策略集(或策略集)；$\boldsymbol{x}\in S_1^*$，$\boldsymbol{y}\in S_2^*$ 分别称为局中人Ⅰ和Ⅱ的混合策略(或策略)；对 $\boldsymbol{x}\in S_1^*$，$\boldsymbol{y}\in S_2^*$，称 $(\boldsymbol{x},\boldsymbol{y})$ 为一个混合局势(或局势)。

局中人Ⅰ的赢得函数记为 $E(\boldsymbol{x},\boldsymbol{y})=\boldsymbol{x}^{\mathrm{T}}\boldsymbol{A}\boldsymbol{y}=\sum_{i}\sum_{j}a_{ij}x_iy_j$。

这样得到的新博弈策略记为 $G^*=\{S_1{}^*,S_2{}^*;\boldsymbol{E}\}$，称 $G^*$ 为博弈 $G=\{S_1,S_2;\boldsymbol{A}\}$ 的混合扩充。

由定义可知，纯策略是混合策略的特例。例如局中人Ⅰ的纯策略 $\alpha_k$ 等价于混合策略中 $x_i=\begin{cases}1, i=k\\0, i\neq k\end{cases}$ 的一个混合策略。可设想成当两个局中人多次重复进行博弈 $G$ 时，局中人Ⅰ分别采取 $\alpha_1,\alpha_2,\cdots,\alpha_m$ 的频率。

设两个局中人进行如下理性决策。

(1) 当局中人Ⅰ采取混合策略 $\boldsymbol{x}$ 时，他只能获得(最不利的情形) $\min\limits_{y\in S_2}E(\boldsymbol{x},\boldsymbol{y})$。

(2) 因此局中人Ⅰ应选取 $\boldsymbol{x}\in S_1^*$，使得(1)中式子取最大值(最不利情形中的最有利结果)，即局中人Ⅰ可保证自己的赢得期望值不小于 $v_1=\max\limits_{x\in S_1^*}\min\limits_{y\in S_2^*}E(\boldsymbol{x},\boldsymbol{y})$。

(3) 当局中人Ⅱ采取混合策略 $\boldsymbol{y}$ 时，他只能获得(最不利的情形) $\max\limits_{x\in S_1}E(\boldsymbol{x},\boldsymbol{y})$。

(4) 因此局中人Ⅱ应选取 $\boldsymbol{y}\in S_2^*$，使得(3)中式子取最小值(最不利情形中的最有利结果)，即局中人Ⅱ可保证自己的损失期望值至多是 $v_2=\min\limits_{y\in S_2^*}\max\limits_{x\in S_1^*}E(\boldsymbol{x},\boldsymbol{y})$。

定义：设 $G^*=\{S_1^*,S_2^*;\boldsymbol{E}\}$ 是 $G=\{S_1,S_2;\boldsymbol{A}\}$ 的混合扩充，则 $\max\limits_{x\in S_1^*}\min\limits_{y\in S_2^*}E(\boldsymbol{x},\boldsymbol{y})=\min\limits_{y\in S_2^*}\max\limits_{x\in S_1^*}E(\boldsymbol{x},\boldsymbol{y})$。

记其值为 $V_G$，称 $V_G$ 为博弈 $G$ 的值。称使定义中式子成立的混合局势 $(\boldsymbol{x}^*,\boldsymbol{y}^*)$ 为该博弈在混合策略意义下的解。$\boldsymbol{x}^*,\boldsymbol{y}^*$ 分别称为局中人Ⅰ和Ⅱ的最优混合策略(最优策略)。

一般约定，对 $G^*=\{S_1^*,S_2^*;\boldsymbol{E}\}$ 与 $G=\{S_1,S_2;\boldsymbol{A}\}$ 不加区别，通常都用 $G=\{S_1,S_2;\boldsymbol{A}\}$ 表示。当 $G$ 在纯策略意义下解不存在时，自动认为讨论的是在混合策略意义下的解，相应的局中人Ⅰ的赢得函数为 $E(\boldsymbol{x},\boldsymbol{y})$。

**定理 11-3**　设 $G=\{S_1,S_2;\boldsymbol{A}\}$ 为矩阵博弈，在混合策略意义下有解的充要条件是：存在 $\boldsymbol{x}\in S_1^*,\boldsymbol{y}\in S_2^*$，使 $(\boldsymbol{x}^*,\boldsymbol{y}^*)$ 成为函数 $E(\boldsymbol{x},\boldsymbol{y})$ 的一个鞍点，即对一切 $\boldsymbol{x}\in S_1^*,\boldsymbol{y}\in S_2^*$，有 $E(\boldsymbol{x},\boldsymbol{y}^*)\leqslant E(\boldsymbol{x}^*,\boldsymbol{y}^*)\leqslant E(\boldsymbol{x}^*,\boldsymbol{y})$，$V_G=E(\boldsymbol{x}^*,\boldsymbol{y}^*)$。

**定理 11-4**　矩阵博弈 $G=\{S_1,S_2;\boldsymbol{A}\}$ 在纯策略意义下纳什均衡的充要条件是存在策略组合使得对一切 $i=1,\cdots,m;j=1,\cdots,n$，均有 $a_{ij*}\leqslant a_{i*j*}\leqslant a_{i*j}$，即矩阵博弈在纯策略意义下有解且 $V_G=a_{i*j*}$ 的充要条件为 $a_{i*j*}$ 是 $A$ 的鞍点。

例如，以下赢得矩阵的矩阵博弈为

$$\begin{array}{cccc} & & \min & \max \\ & \begin{bmatrix}3 & 6\\5 & 4\end{bmatrix} & \begin{array}{c}3\\4^*\end{array} & 4^* \\ \max & 5^* \quad 6 & & \\ \min & 5^* & & \end{array}$$

已知纯策略意义下的纳什均衡解不存在。

设 $\boldsymbol{x}=(x_1,x_2)$ 为局中人Ⅰ的混合策略，$\boldsymbol{y}=(y_1,y_2)$ 为局中人Ⅱ的混合策略，则有

$$S_1^*=\{x_1,x_2\mid x_1,x_2\geqslant 0,x_1+x_2=1\}$$

$$S_2^*=\{y_1,y_2\mid y_1,y_2\geqslant 0,y_1+y_2=1\}$$

局中人Ⅰ的赢得期望值是

$$
\begin{aligned}
E(\boldsymbol{x},\boldsymbol{y}) &= \boldsymbol{x}^{\mathrm{T}}\boldsymbol{A}\boldsymbol{y} \\
&= 3x_1y_1 + 6x_1y_2 + 5x_2y_1 + 4x_2y_2 \\
&= 3x_1y_1 + 6x_1(1-y_1) + 5y_1(1-x_1) + 4(1-x_1)(1-y_1) \\
&= -4\left(x_1-\frac{1}{4}\right)\left(y_1-\frac{1}{2}\right)+\frac{9}{2}
\end{aligned}
$$

$\boldsymbol{x}^*=\left(\frac{1}{4},\frac{3}{4}\right)$，$\boldsymbol{y}^*=\left(\frac{1}{2},\frac{1}{2}\right)$，则 $E(\boldsymbol{x}^*,\boldsymbol{y}^*)=\frac{9}{2}$，$E(\boldsymbol{x}^*,\boldsymbol{y})=E(\boldsymbol{x},\boldsymbol{y}^*)=\frac{9}{2}$，$E(\boldsymbol{x},\boldsymbol{y}^*)\leqslant E(\boldsymbol{x}^*,\boldsymbol{y}^*)\leqslant E(\boldsymbol{x}^*,\boldsymbol{y})$，故 $\boldsymbol{x}^*=\left(\frac{1}{4},\frac{3}{4}\right)$ 和 $\boldsymbol{y}^*=\left(\frac{1}{2},\frac{1}{2}\right)$ 分别为局中人Ⅰ和Ⅱ的最优策略，对策的值（局中人Ⅰ的赢得期望值）$V_G=\frac{9}{2}$。

6. 矩阵对策纳什均衡（基本定理）

下面主要讨论矩阵对策解的存在性及解的有关性质。

如上文所述，一般矩阵对策在纯策略意义下的解往往是不存在的。此处将证明，一般矩阵对策在混合策略意义下的解却总是存在的，并且使用线性规划方法求解矩阵对策。

当局中人Ⅰ采取纯策略 $\alpha_i$ 时，记其相应的赢得函数为 $E(i,\boldsymbol{y})$，于是

$$E(i,\boldsymbol{y})=\sum_j a_{ij}y_j$$

$$E(\boldsymbol{x},\boldsymbol{y})=\sum_i\sum_j a_{ij}x_iy_j=\sum_i(\sum_j a_{ij}y_j)x_i=\sum_i E(i,\boldsymbol{y})x_j$$

当局中人Ⅱ采取纯策略 $\beta_j$ 时，记其相应的赢得函数为 $E(\boldsymbol{x},j)$，于是

$$E(\boldsymbol{x},j)=\sum_i a_{ij}x_j$$

$$E(\boldsymbol{x},\boldsymbol{y})=\sum_i\sum_j a_{ij}x_iy_j=\sum_j(\sum_i a_{ij}x_j)y_i=\sum_j E(\boldsymbol{x},j)y_j$$

**定理 11－5** 设 $G=\{S_1,S_2;\boldsymbol{A}\}$ 为矩阵博弈，在混合策略意义下有解，且 $V_G=E(\boldsymbol{x}^*,\boldsymbol{y}^*)$ 的充要条件是存在 $\boldsymbol{x}\in S_1^*$，$\boldsymbol{y}\in S_2^*$，使 $(\boldsymbol{x}^*,\boldsymbol{y}^*)$ 成为函数 $E(\boldsymbol{x},\boldsymbol{y})$ 的一个鞍点，即对一切 $\boldsymbol{x}\in S_1^*$，$\boldsymbol{y}\in S_2^*$，有 $E(i,\boldsymbol{y}^*)\leqslant E(\boldsymbol{x}^*,\boldsymbol{y}^*)\leqslant E(\boldsymbol{x}^*,j)$。

用线性规划方法求混合策略解的方法。

设 A 分别以 $x_1,x_2,\cdots,x_m$ 的概率混合使用他的 $m$ 个纯策略，B 分别以 $y_1,y_2,\cdots,y_n$ 的概率混合使用他的 $n$ 个纯策略，如表 11－16 所示。

**表 11－16 A、B 混合使用纯策略**

| A 的策略 | | B 的策略 | | | |
|---|---|---|---|---|---|
| | | $y_1$ | $y_2$ | … | $y_n$ |
| | | $b_1$ | $b_2$ | … | $b_n$ |
| $x_1$ | $a_1$ | $a_{11}$ | $a_{12}$ | … | $a_{1n}$ |
| $x_2$ | $a_2$ | $a_{21}$ | $a_{22}$ | … | $a_{2n}$ |
| ⋮ | ⋮ | ⋮ | ⋮ | | ⋮ |
| $x_m$ | $a_m$ | $a_{m1}$ | $a_{m2}$ | … | $a_{mn}$ |

其中：

$$\sum_{i=1}^{m}x_i=1,x_i\geqslant 0$$

$$\sum_{j=1}^{n} y_j = 1, y_j \geqslant 0$$

(1) 当 A 采用混合策略，B 采用纯策略 $b_1, b_2, \cdots, b_n$ 时，A 的期望收益分别为 $\sum_{i=1}^{m} a_{i1}x_i, \sum_{i=1}^{m} a_{i2}x_i, \cdots, \sum_{i=1}^{m} a_{in}x_i$，根据纳什均衡中每个局中人的策略是对其他局中人策略的最优反应的原则，局中人 A 的期望收益 $V_a$ 可表示为

$$\begin{cases} V_a = \max\limits_{x_i}\{\min(\sum_{i=1}^{m} a_{i1}x_i, \sum_{i=1}^{m} a_{i2}x_i, \cdots, \sum_{i=1}^{m} a_{in}x_i)\} \\ \sum_{i=1}^{m} x_i = 1 \end{cases}$$

若令 $v' = \min(\sum_{i=1}^{m} a_{i1}x_i, \sum_{i=1}^{m} a_{i2}x_i, \cdots, \sum_{i=1}^{m} a_{in}x_i)$，则 A 的期望收益可表达成线性规划的形式：

$$\max\{v'\}$$

$$\text{s. t.} \begin{cases} \sum_{i=1}^{m} a_{ij}x_i \geqslant v', j = 1, 2, \cdots, n \\ \sum_{i=1}^{m} x_i = 1 \\ x_i \geqslant 0, i = 1, 2, \cdots, m \end{cases}$$

令 $x'_i = \frac{x_i}{v'}, v' > 0$，$\max\{v'\} = \min\left\{\frac{1}{v'}\right\}$，则

$$L_1: \min\left\{\frac{1}{v'}\right\} = \sum_{i=1}^{m} x'_i$$

$$\text{s. t.} \begin{cases} \sum_{i=1}^{m} a_{ij}x'_i \geqslant 1, j = 1, 2, \cdots, n \\ x'_i \geqslant 0, i = 1, 2, \cdots, m \end{cases}$$

(2) 当 B 采用混合策略，A 采用纯策略 $a_1, a_2, \cdots, a_m$ 时，B 的期望收益分别为 $\sum_{j=1}^{n} a_{1j}y_j, \sum_{j=1}^{n} a_{2j}y_j, \cdots, \sum_{j=1}^{n} a_{mj}y_j$，根据纳什均衡中每个局中人的策略是对其他局中人策略的最优反应的原则，局中人 B 的期望收益 $V_b$ 可表示为

$$\begin{cases} V_b = \min\limits_{y_j}\{\max(\sum_{j=1}^{n} a_{1j}y_j, \sum_{j=1}^{n} a_{2j}y_j, \cdots, \sum_{j=1}^{n} a_{mj}y_j)\} \\ \sum_{j=1}^{n} y_j = 1 \end{cases}$$

若令 $v'' = \max(\sum_{j=1}^{n} a_{1j}y_j, \sum_{j=1}^{n} a_{2j}y_j, \cdots, \sum_{j=1}^{n} a_{mj}y_j)$，则 B 的期望收益可表达成线性规划的形式：

$$\min\{v''\}$$

$$\text{s. t.} \begin{cases} \sum_{j=1}^{n} a_{ij}y_j \leqslant v'', i = 1, 2, \cdots, m \\ \sum_{j=1}^{n} y_j = 1 \\ y_j \geqslant 0, j = 1, 2, \cdots, n \end{cases}$$

令 $y'_j=\dfrac{y_j}{v''}, v''>0$，$\min\{v''\}=\max\left\{\dfrac{1}{v''}\right\}$，则

$$L_2:\max\left\{\frac{1}{v''}\right\}=\sum_{j=1}^{n}y'_j$$

$$\text{s. t.}\begin{cases}\sum\limits_{j=1}^{n}a_{ij}y'_j\leqslant 1, i=1,2,\cdots,m\\ y'_j\geqslant 0, j=1,2,\cdots,n\end{cases}$$

则可看出：

$$L_1:\min\left\{\frac{1}{v'}\right\}=\sum_{i=1}^{m}x'_i \qquad L_2:\max\left\{\frac{1}{v''}\right\}=\sum_{j=1}^{n}y'_j$$

$$\text{s. t.}\begin{cases}\sum\limits_{i=1}^{m}a_{ij}x'_i\geqslant 1, j=1,2,\cdots,n\\ x'_i\geqslant 0, i=1,2,\cdots,m\end{cases} \qquad \text{s. t.}\begin{cases}\sum\limits_{j=1}^{n}a_{ij}y'_j\leqslant 1, i=1,2,\cdots,m\\ y'_j\geqslant 0, j=1,2,\cdots,n\end{cases}$$

上述两个线性规划问题互为对偶，即

$$\max\{v'\} \qquad\qquad \min\{v''\}$$

$$\text{s. t.}\begin{cases}\sum\limits_{i=1}^{m}a_{ij}x_i\geqslant v', j=1,2,\cdots,n\\ \sum\limits_{i=1}^{m}x_i=1\\ x_i\geqslant 0, i=1,2,\cdots,m\end{cases} \qquad \text{s. t.}\begin{cases}\sum\limits_{j=1}^{n}a_{ij}y_j\leqslant v'', i=1,2,\cdots,m\\ \sum\limits_{j=1}^{n}y_j=1\\ y_j\geqslant 0, j=1,2,\cdots,n\end{cases}$$

上述两个线性规划问题互为对偶。

**定理 11-6** 设 $\boldsymbol{x}\in S_1^*, \boldsymbol{y}\in S_2^*$，则 $(\boldsymbol{x}^*, \boldsymbol{y}^*)$ 为 $G=\{S_1,S_2;\boldsymbol{A}\}$ 的解的充要条件是存在数 $v$，使得 $\boldsymbol{x}^*$ 和 $\boldsymbol{y}^*$ 分别是不等式组(Ⅰ)和(Ⅱ)的解，且 $v=V_G$。

$$(\text{Ⅰ})\begin{cases}\sum\limits_{i}a_{ij}x_i\geqslant v, j=1,\cdots,n\\ \sum\limits_{i}x_i=1\\ x_i\geqslant 0, i=1,\cdots,m\end{cases} \qquad (\text{Ⅱ})\begin{cases}\sum\limits_{j}a_{ij}y_j\leqslant v, i=1,\cdots,m\\ \sum\limits_{j}y_j=1\\ y_j\geqslant 0, j=1,2,\cdots,n\end{cases}$$

**定理 11-7** 对任一矩阵对策 $G=\{S_1,S_2;\boldsymbol{A}\}$，一定存在混合策略意义下的解。

$$\max\{v'\}$$

(P)：

$$\text{s. t.}\begin{cases}\sum\limits_{i=1}^{m}a_{ij}x_i\geqslant v', j=1,2,\cdots,n\\ \sum\limits_{i=1}^{m}x_i=1\\ x_i\geqslant 0, i=1,2,\cdots,m\end{cases}$$

$$\min\{v''\}$$

(D)：

$$\text{s. t.}\begin{cases}\sum\limits_{j=1}^{n}a_{ij}y_j\leqslant v'', i=1,2,\cdots,m\\ \sum\limits_{j=1}^{n}y_j=1\\ y_j\geqslant 0, j=1,2,\cdots,n\end{cases}$$

问题(P)和(D)是互为对偶的线性规划问题，而且 $\boldsymbol{x}=(1,0,\cdots,0)^{\mathrm{T}}\in E^m, v'=\min\limits_j a_{1j}$ 是问题(P)的一个可行解。$\boldsymbol{y}=(1,0,\cdots,0)^{\mathrm{T}}\in E^n, v''=\max\limits_i a_{1j}$ 是问题(D)的一个可行解。

由线性规划的对偶理论可知，问题(P)和(D)分别存在最优解 $(\boldsymbol{x}^*, v'^*)$ 和 $(\boldsymbol{y}^*, v'^*)$，且 $v'^*=v''^*$，即存在 $\boldsymbol{x}^*\in S_1^*, \boldsymbol{y}^*\in S_2^*$ 和数 $v^*$，使得对任意 $i=1,2,\cdots,m$ 和 $j=1,2,\cdots,n$，有

$$\sum_j a_{ij}y_j^*\leqslant v^*\leqslant\sum_i a_{ij}x_i^*,\ E(i,\boldsymbol{y}^*)\leqslant E(\boldsymbol{x}^*,\boldsymbol{y}^*)\leqslant E(\boldsymbol{x}^*,j)$$

又

$$E(\boldsymbol{x}^*,\boldsymbol{y}^*)=\sum_i E(i,\boldsymbol{y}^*)x_i^*\leqslant v^*\cdot\sum_i x_i^*=v^*$$

$$E(\boldsymbol{x}^*,\boldsymbol{y}^*)=\sum_j E(\boldsymbol{x}^*,j)y_j^*\geqslant v^*\cdot\sum_j y_j^*=v^*$$

得到 $v^*=E(\boldsymbol{x}^*,\boldsymbol{y}^*)$，所以 $(\boldsymbol{x}^*,\boldsymbol{y}^*)$ 为 $G=\{S_1,S_2;\boldsymbol{A}\}$ 的解。

**定理 11-8** 设 $(\boldsymbol{x}^*,\boldsymbol{y}^*)$ 是矩阵对策 $G=\{S_1,S_2;\boldsymbol{A}\}$ 的解，$v=V_G$，则根据互补松弛性，分别有(Ⅰ)和(Ⅱ)：

$$(\text{Ⅰ})\begin{cases}\sum_i a_{ij}x_i\geqslant v, j=1,\cdots,n\\ \sum_i x_i=1\\ x_i\geqslant 0, i=1,\cdots,m\end{cases}\qquad(\text{Ⅱ})\begin{cases}\sum_j a_{ij}y_j\leqslant v, i=1,\cdots,m\\ \sum_j y_j=1\\ y_j\geqslant 0, j=1,2,\cdots,n\end{cases}$$

(1) 当 $x_{i*}>0$ 时，$\sum_j a_{ij}y_{j*}=v$。

(2) 当 $y_{i*}>0$ 时，$\sum_j a_{ij}x_{i*}=v$。

(3) 当 $\sum_j a_{ij}y_{j*}<v$ 时，$x_{i*}=0$。

(4) 当 $\sum_i a_{ij}x_{i*}>v$ 时，$y_{j*}=0$。

记矩阵对策 $G$ 的解集为 $T(G)$，下面3个定理是关于对策解集性质的主要内容。

**定理 11-9** 设有两个矩阵对策 $G_1=\{S_1,S_2;\boldsymbol{A}_1\}, G_2=\{S_1,S_2;\boldsymbol{A}_2\}$，其中 $\boldsymbol{A}_1=(a_{ij}), \boldsymbol{A}_2=(a_{ij}+L)$，$L$ 为任一常数，则有 $V_{G_2}=V_{G_1}+L, T(G_1)=T(G_2)$。

**定理 11-10** 设有两个矩阵对策 $G_1=\{S_1,S_2;\boldsymbol{A}_1\}, G_2=\{S_1,S_2;\boldsymbol{A}_2\}$，其中 $\boldsymbol{A}_1=(a_{ij}), \boldsymbol{A}_2=\alpha(a_{ij})$，$\alpha>0$ 为任一常数，则有 $V_{G_2}=\alpha V_{G_1}, T(G_1)=T(G_2)$。

**定理 11-11** 矩阵对策 $G=\{S_1,S_2;\boldsymbol{A}\}$，且 $\boldsymbol{A}=-\boldsymbol{A}^{\mathrm{T}}$，为斜对称矩阵(亦称这种矩阵为对称对策)，则有 $V_G=0, T(G_1)=T(G_2)$。其中 $T(G_1)=T(G_2)$ 分别为局中人Ⅰ和Ⅱ的最优策略集。

定义：设有矩阵对策 $G=\{S_1,S_2;\boldsymbol{A}\}$，其中，$\boldsymbol{A}=(a_{ij})$，如果对一切 $j$ 都有 $a_{i0j}\geqslant a_{k0j}$，则称局中人Ⅰ的纯策略 $\alpha_{i0}$ 优超于 $\alpha_{k0}$；同样，若对一切 $i$，都有矩阵 $\boldsymbol{A}$ 的第 $i^0$ 列元素均不小于第 $j^0$ 列的对应元素，则称局中人Ⅱ的纯策略 $\beta_{j0}$ 优超于 $\beta_{i0}$。

**定理 11-12** 设有矩阵对策 $G=\{S_1,S_2;\boldsymbol{A}\}$，其中，$\boldsymbol{A}=(a_{ij})$，若纯策略 $\alpha_1$ 被其余纯策略 $\alpha_2,\alpha_3,\cdots,\alpha_m$ 中之一所优超，由 $G$ 可得到一个新的矩阵对策 $G'=\{S'_1,S_2;\boldsymbol{A}'\}$。其中，$S'_1=\{\alpha_2,\alpha_3,\cdots,\alpha_m\}$，$\boldsymbol{A}'=(a'_{ij})_{(m-1)\times n}, a'_{ij}=a_{ij}, i=2,\cdots,m; j=1,2,\cdots,n$。

于是有：

(1) $V_{G'}=V_G$；

(2) $G'$ 中局中人Ⅱ的最优策略就是其在 $G$ 中的最优策略；

(3) 若 $(x_2^*,\cdots,x_m^*)^{\mathrm{T}}$ 是 $G'$ 中局中人Ⅰ的最优策略，则 $x^*=(0,x_2^*,\cdots,x_m^*)^{\mathrm{T}}$ 便是其在 $G$ 中的最优策略。

根据优超原则，当局中人Ⅰ的某纯策略 $\alpha_i$ 被其他纯策略（行）或纯策略的凸线性组合所优超时，可在矩阵 $\boldsymbol{A}$ 中划去第 $i$ 行而得到一个与原对策 $G$ 等价但赢得矩阵阶数较小的对策 $G'$，而 $G'$ 的求解往往比 $G$ 的求解容易些，通过求解 $G'$ 而得到 $G$ 的解。类似地，对局中人Ⅱ来说，可以在赢得矩阵 $\boldsymbol{A}$ 中划去被其他列或其他列的凸线性组合所优超的那些列。

**例 11-9(优超原则)** 已知赢得矩阵 $\boldsymbol{A}$，求该矩阵对策。

$$\boldsymbol{A}=\begin{array}{c} \begin{array}{ccccc}\beta_1 & \beta_2 & \beta_3 & \beta_4 & \beta_5\end{array} \\ \begin{bmatrix} 3 & 2 & 0 & 3 & 0 \\ 5 & 0 & 2 & 5 & 9 \\ 7 & 3 & 9 & 5 & 9 \\ 4 & 6 & 8 & 7 & 5.5 \\ 6 & 0 & 8 & 8 & 3 \end{bmatrix}\begin{array}{c}\alpha_1\\ \alpha_2\\ \alpha_3\\ \alpha_4\\ \alpha_5\end{array}\end{array}$$

解：$\boldsymbol{A}=\begin{bmatrix} 3 & 2 & 0 & 3 & 0 \\ 5 & 0 & 2 & 5 & 9 \\ 7 & 3 & 9 & 5 & 9 \\ 4 & 6 & 8 & 7 & 5.5 \\ 6 & 0 & 8 & 8 & 3 \end{bmatrix} \Rightarrow \boldsymbol{A}_1=\begin{bmatrix} 7 & 3 & 9 & 5 & 9 \\ 4 & 6 & 8 & 7 & 5.5 \\ 6 & 0 & 8 & 8 & 3 \end{bmatrix} \Rightarrow \boldsymbol{A}_2=\begin{bmatrix} 7 & 3 \\ 4 & 6 \\ 6 & 0 \end{bmatrix} \Rightarrow \boldsymbol{A}_3=\begin{bmatrix} 7 & 3 \\ 4 & 6 \end{bmatrix}$。

可以看出，$\alpha_4$ 优超于 $\alpha_1$，$\alpha_3$ 优超于 $\alpha_2$，$\beta_1$ 优超于 $\beta_3$，$\beta_2$ 优超于 $\beta_4$。

对于 $\boldsymbol{A}_3$，已知无鞍点存在，可求解不等式组（Ⅰ）与（Ⅱ）。

$$(\text{Ⅰ})\begin{cases} 7x_3+4x_4 \geqslant v \\ 3x_3+6x_4 \geqslant v \\ x_3+x_4=1 \\ x_3,x_4 \geqslant 0 \end{cases} \qquad (\text{Ⅱ})\begin{cases} 7y_1+3y_2 \leqslant v \\ 4y_1+6y_2 \leqslant v \\ y_1+y_2=1 \\ y_1,y_2 \geqslant 0 \end{cases}$$

首先考虑满足下面方程组的非负解：

$$\begin{cases} 7x_3+4x_4=v \\ 3x_3+6x_4=v \\ x_3+x_4=1 \end{cases} \qquad \begin{cases} 7y_1+3y_2=v \\ 4y_1+6y_2=v \\ y_1+y_2=1 \end{cases}$$

求得解为 $x_3^*=\dfrac{1}{3}, x_4^*=\dfrac{2}{3}, y_1^*=\dfrac{1}{2}, y_2^*=\dfrac{1}{2}, v=5$。

于是，原矩阵对策的一个解为 $\boldsymbol{x}^*=\left(0,0,\dfrac{1}{3},\dfrac{2}{3},0\right)^{\mathrm{T}}, \boldsymbol{y}^*=\left(\dfrac{1}{2},\dfrac{1}{2},0,0,0\right)^{\mathrm{T}}, V_G=5$。

7. 矩阵对策的解法

矩阵对策有以下常见解法：

(1) 适合 $2\times2$ 对策的公式解法；

(2) 适合 $2\times n$ 或 $m\times2$ 对策的图解法（见 11.6 节）；

(3) 适合所有策略概率大于 0 的矩阵对策的线性方程组解法；

(4) 适合所有矩阵对策的线性规划方法。

此处先介绍(3)和(4)。

1) 线性方程组解法

根据定理 11-6，求解矩阵对策 $x_i^*, y_j^*$ 解的问题等价于求解不等式组，又根据定理 11-7 和定理 11-8，如果假设最优策略中的 $x_i^*$ 和 $y_j^*$ 均不为零，即可将上述两个不等式组的求解问题转化成求解下面两个方程组的问题：

$$\begin{cases}\sum_i a_{ij}x_i = v_i, j=1,\cdots,n \\ \sum_i x_i = 1\end{cases} \quad \begin{cases}\sum_j a_{ij}y_j = v_i, i=1,\cdots,m \\ \sum_j y_j = 1\end{cases}$$

**例 11－10(矩阵对策的线性方程组解法)**　求解矩阵对策——田忌赛马。

田忌赛马的赢得与支付矩阵如表 11－17 所示。

**表 11－17　田忌赛马的赢得与支付矩阵**

| 齐王 | 田忌 | | | | | |
|---|---|---|---|---|---|---|
| | 上中下 | 上下中 | 中上下 | 中下上 | 下上中 | 下中上 |
| 上中下 | 3,－3 | 1,－1 | 1,－1 | 1,－1 | －1,1 | 1,－1 |
| 上下中 | 1,－1 | 3,－3 | 1,－1 | 1,－1 | 1,－1 | －1,1 |
| 中上下 | 1,－1 | －1,1 | 3,－3 | 1,－1 | 1,－1 | 1,－1 |
| 中下上 | －1,1 | 1,－1 | 1,－1 | 3,－3 | 1,－1 | 1,－1 |
| 下上中 | 1,－1 | 1,－1 | 1,－1 | －1,1 | 3,－3 | 1,－1 |
| 下中上 | 1,－1 | 1,－1 | －1,1 | 1,－1 | 1,－1 | 3,－3 |

从分析表 11－16 中，可得齐王的赢得矩阵 **A** 为

$$\boldsymbol{A}=\begin{bmatrix}3 & 1 & 1 & 1 & 1 & -1 \\ 1 & 3 & 1 & 1 & -1 & 1 \\ 1 & -1 & 3 & 1 & 1 & 1 \\ -1 & 1 & 1 & 3 & 1 & 1 \\ 1 & 1 & -1 & 1 & 3 & 1 \\ 1 & 1 & 1 & -1 & 1 & 3\end{bmatrix}$$

利用最大最小原则和最小最大原则，发现不存在使得 $\max\limits_i \min\limits_j a_{ij} = \min\limits_j \max\limits_i a_{ij}$ 成立的鞍点。

**A** 没有鞍点，即对齐王和田忌来说都不存在最优纯策略。设齐王和田忌的最优混合策略分别为 $\boldsymbol{x}^* = (x_1{}^*, x_2{}^*, x_3{}^*, x_4{}^*, x_5{}^*, x_6{}^*)^{\mathrm{T}}$，$\boldsymbol{y}^* = (y_1{}^*, y_2{}^*, y_3{}^*, y_4{}^*, y_5{}^*, y_6{}^*)^{\mathrm{T}}$。

解：从矩阵 **A** 的元素来看，每个局中人选取每个纯策略的可能性都是存在的，故可事先假定 $x_i^* > 0$，$y_j^* > 0$，于是，可用线性方程组法求解。

$$\begin{cases}3x_1 + x_2 + x_3 - x_4 + x_5 + x_6 = v \\ x_1 + 3x_2 - x_3 + x_4 + x_5 + x_6 = v \\ x_1 + x_2 + 3x_3 + x_4 - x_5 + x_6 = v \\ x_1 + x_2 + x_3 + 3x_4 + x_5 - x_6 = v \\ x_1 - x_2 + x_3 + x_4 + 3x_5 + x_6 = v \\ -x_1 + x_2 + x_3 + x_4 + x_5 + 3x_6 = v \\ x_1 + x_2 + x_3 + x_4 + x_5 + x_6 = 1\end{cases} \quad \begin{cases}3y_1 + y_2 + y_3 + y_4 + y_5 - y_6 = v \\ y_1 + 3y_2 + y_3 + y_4 - y_5 + y_6 = v \\ y_1 - y_2 + 3y_3 + y_4 + y_5 + y_6 = v \\ -y_1 + y_2 + y_3 + 3y_4 + y_5 + y_6 = v \\ y_1 + y_2 - y_3 + y_4 + 3y_5 + y_6 = v \\ y_1 + y_2 + y_3 - y_4 + y_5 + 3y_6 = v \\ y_1 + y_2 + y_3 + y_4 + y_5 + y_6 = 1\end{cases}$$

解得齐王和田忌的最优混合策略分别为

$$\boldsymbol{x}^* = \left(\frac{1}{6},\frac{1}{6},\frac{1}{6},\frac{1}{6},\frac{1}{6},\frac{1}{6}\right)^{\mathrm{T}}, \boldsymbol{y}^* = \left(\frac{1}{6},\frac{1}{6},\frac{1}{6},\frac{1}{6},\frac{1}{6},\frac{1}{6}\right)^{\mathrm{T}}, V_G = 1$$

该对策的值(即齐王的期望赢得值)为 $V_G = 1$。 这与我们的设想相符，即双方都以 1/6 的概率选取每个纯策略，或者说每个纯策略被选取的机会应是均等的，则总的结局应该是齐王有 5/6 的机会赢田忌，赢得的期望值是 1 千金。

但如果齐王在每出一匹马前将自己的选择告诉对方，这实际上等于公开了自己的策略，如齐王选取出马次序为(上，中，下)，则田忌根据谋士的建议便以(下，上，中)对之，结果田忌可得千金。

因此，在矩阵对策不存在鞍点时，竞争的双方在开局前均应对自己的策略(实际上是纯策略)加以保密，否则不保密的一方是要吃亏的。

2) 线性规划解法

由定理已知，任意矩阵对策 $G=\{S_1,S_2;\boldsymbol{A}\}$ 的求解均等价于一对互为对偶的线性规划问题的求解，而对策 $G$ 的解等价于下面两个不等式组的解：

$$v=\max_{\boldsymbol{x}\in S_1^*}\min_{\boldsymbol{y}\in S_2^*}E(\boldsymbol{x},\boldsymbol{y})=\min_{\boldsymbol{y}\in S_2^*}\max_{\boldsymbol{x}\in S_1^*}E(\boldsymbol{x},\boldsymbol{y})$$

$$\begin{cases}\sum_i a_{ij}x_i\geqslant v, j=1,\cdots,n\\ \sum_i x_i=1\\ x_i\geqslant 0, i=1,\cdots,m\end{cases}\qquad \begin{cases}\sum_j a_{ij}y_j\leqslant v, i=1,\cdots,m\\ \sum_j y_j=1\\ y_j\geqslant 0, j=1,2,\cdots,n\end{cases}$$

**定理 11-13** 设矩阵博弈的值为 $v$，$v=\max_{\boldsymbol{x}\in S_1^*}\min_{\boldsymbol{y}\in S_2^*}E(\boldsymbol{x},\boldsymbol{y})=\min_{\boldsymbol{y}\in S_2^*}\max_{\boldsymbol{x}\in S_1^*}E(\boldsymbol{x},\boldsymbol{y})$，则局中人Ⅰ、Ⅱ的最优策略等价于(P)和(D)表示的线性规划问题的解：

$$\min Z=\sum_i x'_i \qquad\qquad \max w=\sum_j y'_j$$

$$(\mathrm{P})\begin{cases}\sum_i a_{ij}x'_i\geqslant 1, j=1,2,\cdots,n\\ x'_i\geqslant 0, i=1,2,\cdots,m\end{cases}\qquad (\mathrm{D})\begin{cases}\sum_j a_{ij}y'_i\leqslant 1, i=1,2,\cdots,m\\ y'_j\geqslant 0, j=1,2,\cdots,n\end{cases}$$

最优策略等价于线性规划问题的具体转化过程如下。

$$\max Z=v \qquad\qquad \min Z=v$$

$$(\mathrm{P})\begin{cases}\sum_i a_{ij}x_i\geqslant v, j=1,\cdots,n\\ \sum_i x_i=1\\ x_i\geqslant 0, i=1,\cdots,m\end{cases}\qquad (\mathrm{D})\begin{cases}\sum_j a_{ij}y_j\leqslant v, i=1,\cdots,m\\ \sum_j y_j=1\\ y_j\geqslant 0, j=1,2,\cdots,n\end{cases}$$

(1) 令 $x'_i=\dfrac{x_i}{v}, i=1,\cdots,m$，则局中人Ⅰ：

$$\max v=\frac{1}{\sum_i x'_i} \qquad\qquad \max Z=\sum_i x'_i$$

$$(\mathrm{P})\begin{cases}\sum_i a_{ij}x'_i\geqslant 1, j=1,2,\cdots,n\\ \sum_i x'_i=\dfrac{1}{v}\\ x'_i\geqslant 0, i=1,2,\cdots,m\end{cases}\Rightarrow(\mathrm{P})\begin{cases}\sum_i a_{ij}x'_i\geqslant 1, j=1,2,\cdots,n\\ x'_i\geqslant 0, i=1,2,\cdots,m\end{cases}$$

(2) 令 $y'_j=\dfrac{y_j}{v}, j=1,\cdots,n$，则局中人Ⅱ：

$$\min v=\frac{1}{\sum_j y'_j} \qquad\qquad \min w=\sum_j y'_j$$

$$(\mathrm{D})\begin{cases}\sum_j a_{ij}y'_j\leqslant 1, i=1,2,\cdots,m\\ \sum_j y'_j=\dfrac{1}{v}\\ y'_j\geqslant 0, j=1,2,\cdots,n\end{cases}\Rightarrow(\mathrm{D})\begin{cases}\sum_j a_{ij}y'_i\leqslant 1, i=1,2,\cdots,m\\ y'_j\geqslant 0, j=1,2,\cdots,n\end{cases}$$

则最终结果为：

（1）局中人Ⅰ：$x'_i=\frac{x_i}{v},i=1,\cdots,m$。

$$\min Z=\sum_i x'_i$$

$$(\mathrm{P})\begin{cases}\sum_i a_{ij}x'_i\geqslant 1,j=1,2,\cdots,n\\ x'_i\geqslant 0,i=1,2,\cdots,m\end{cases}$$

（2）局中人Ⅱ：$y'_j=\frac{y_j}{v},j=1,\cdots,n$。

$$\max w=\sum_j y'_j$$

$$(\mathrm{D})\begin{cases}\sum_j a_{ij}y'_i\leqslant 1,i=1,2,\cdots,m\\ y'_j\geqslant 0,j=1,2,\cdots,n\end{cases}$$

从上述推导可知，不等式组(P)和(D)是互为对偶的线性规划，故可利用单纯形法或对偶单纯形法求解。在求解时，一般先求不等式组(D)的解，因为这样容易在迭代的第一步就找到第一个基本可行解，而不等式组(P)的解从不等式组(D)的最后一个单纯形表上即可得到。当求得不等式组(P)和(D)的解后，再变换变量即可求出原对策问题的解及对策的值。

**例 11－11（矩阵对策的线性规划解法）** 利用线性规划方法求解赢得矩阵为 $\boldsymbol{A}$ 的矩阵对策。

$$\boldsymbol{A}=\begin{bmatrix}7&2&9\\2&9&0\\9&0&11\end{bmatrix}$$

解：求解问题可化成两个互为对偶的线性规划问题，即

$$\min z=x_1+x_2+x_3 \qquad \max w=y_1+y_2+y_3$$

$$(\mathrm{P})\begin{cases}7x_1+2x_2+9x_3\geqslant 1\\2x_1+9x_2\geqslant 1\\9x_1+11x_3\geqslant 1\\x_1,x_2,x_3\geqslant 0\end{cases}\qquad(\mathrm{D})\begin{cases}7y_1+2y_2+9y_3\leqslant 1\\2y_1+9y_2\leqslant 1\\9y_1+11y_3\leqslant 1\\y_1,y_2,y_3\geqslant 0\end{cases}$$

将不等式组(D)化为标准型：

$$\max w=y_1+y_2+y_3+0u_1+0u_2+0u_3$$

$$\begin{cases}7y_1+2y_2+9y_3+u_1=1\\2y_1+9y_2+u_2=1\\9y_1+11y_3+u_3=1\\y_1,y_2,y_3\geqslant 0;u_1,u_2,u_3\geqslant 0\end{cases}$$

解得不等式组(D)的最终单纯形表，如表 11－18 所示。得到不等式组(D)的解为 $\boldsymbol{y}=(1/20,1/10,1/20)^{\mathrm{T}}$，$w=1/5$。可得不等式组(P)的解为 $\boldsymbol{x}=(1/20,1/10,1/20)^{\mathrm{T}}$，$z=1/5$。

**表 11－18　不等式组(D)的最终单纯形表**

| $c_j\rightarrow$ | | | 1 | 1 | 1 | $c_k$ | … | $c_n$ |
|---|---|---|---|---|---|---|---|---|
| $\boldsymbol{C}_B$ | $\boldsymbol{X}_B$ | $\boldsymbol{b}$ | $y_1$ | $y_2$ | $y_3$ | $u_1$ | $u_2$ | $u_3$ |
| 1 | $y_3$ | 1/20 | 0 | 0 | 1 | 81/80 | −18/80 | −59/80 |
| 1 | $y_2$ | 1/10 | 0 | 1 | 0 | 22/80 | 4/80 | −18/80 |
| 1 | $y_1$ | 1/20 | 1 | 0 | 0 | −99/80 | 22/80 | 81/80 |
| $c_j-z_j$ | 0 | 0 | 0 | −1/20 | −1/10 | −1/20 | | |

$$V_G=\frac{1}{z}=5$$

$$\boldsymbol{x}^*=V_G\times(1/20,1/10,1/20)^{\mathrm{T}}=(1/4,1/2,1/4)^{\mathrm{T}}$$

$$\boldsymbol{y}^*=V_G\times(1/20,1/10,1/20)^{\mathrm{T}}=(1/4,1/2,1/4)^{\mathrm{T}}$$

由上可知，用线性规划方法求解矩阵对策问题时，需将支付矩阵转化为两个线性规划模型（互为对偶），分别对应行玩家和列玩家的最优混合策略。行玩家的目标是最大化最小期望收益，列玩家的目标是最小化最大期望损失。通过构建相应的约束条件和目标函数，利用线性规划求解工具（如单纯形法）求解，最终得到的博弈值和最优混合策略即双方的均衡解。

## 复习思路提示

1. 纯策略（矩阵博弈）的纳什均衡解可通过画线法分析得出。若某个策略组合中两个数字都画了横线，则得到了纳什均衡解，表明局中人都不愿偏离这个组合，谁偏离，谁就遭受更坏的结局。

2. 混合策略（矩阵博弈）的纳什均衡解可通过线性规划方法建模求得。通过对局中人 A、B 的期望收益进行分析，可写出两者的线性规划模型，用单纯形法求解可得各自的最优混合策略。

3. 混合策略意义上的纳什均衡解，指的是当 A 采用最优混合策略，B 采用其他策略时，B 的收益将减少；反之，当 B 采用最优混合策略，A 采用其他策略时，A 的收益将减少。因而，双方都不动，保持当前的均衡状态。

4. 纯策略矩阵对策的基本概念。纯策略矩阵对策是零和博弈的一种形式，参与者在博弈中只能选择固定的策略。博弈结果通过支付矩阵表示，矩阵中的元素表示参与者在不同策略组合下的收益。掌握支付矩阵的构建方法和零和博弈的基本性质是理解纯策略矩阵对策的基础。

5. 纳什均衡与鞍点。纯策略矩阵对策的核心是寻找纳什均衡，即鞍点。鞍点是指在支付矩阵中，对于每个参与者来说，给定对方的策略，自己的策略是最优的。求解方法包括画线法和直观判断法。掌握如何通过支付矩阵判断是否存在鞍点，并理解鞍点的经济意义，这是复习的重点。

6. 应用与扩展。纯策略矩阵对策广泛应用于经济学、管理学和军事领域。例如，市场竞争中的价格战、资源分配问题等都可以通过零和博弈模型来分析。理解纯策略矩阵对策的应用场景，并能够将其扩展到非零和博弈的分析中，有助于更好地解决实际问题。

7. 混合策略的概念与意义。混合策略是指参与者在博弈中以一定概率选择不同纯策略的行为方式。与纯策略不同，混合策略允许参与者通过随机化选择来增加不确定性，从而在没有纯策略纳什均衡的情况下实现最优决策。理解混合策略的定义及其概率分布形式是求解混合策略矩阵对策的基础。

8. 混合策略矩阵对策的求解方法。求解混合策略矩阵对策的关键在于找到双方的最优混合策略，使得双方的期望收益达到均衡。常用的方法包括：

（1）线性方程组法：通过建立期望收益的线性方程组，求解混合策略的概率分布。

（2）图解法：适用于 2×2 矩阵对策，通过几何图形直观求解混合策略的均衡点。

（3）线性规划法：将混合策略矩阵对策转化为线性规划问题，利用单纯形法求解最优策略。掌握这些方法并能够灵活运用是复习的重点。

9. 混合策略的应用与经济意义。混合策略在实际应用中具有重要意义，尤其是在没有纯策略纳什均衡的情况下，混合策略能够帮助参与者找到最优决策。例如，在市场竞争、拍卖、博弈论中的"猜硬币"问题等场景中，混合策略能够有效地模拟真实决策环境中的不确定性。理解混合策略的经济意义和应用场景，有助于更好地将理论应用于实际问题。

10. 理解用线性规划方法求解混合策略的思路推导，牢记局中人Ⅰ的最小最大原则与局中人Ⅱ的最大最小原则(均是在最不利的情况下去寻求最有利的结果)。

11. 分别从局中人Ⅰ和局中人Ⅱ的期望收益出发，可以得到一对互为对偶的线性规划模型，引出了用方程组和线性规划方法求解混合策略矩阵对策的方法。

12. 对任意矩阵对策，不一定存在纯策略意义下的解，但一定存在混合策略意义下的解。

13. 牢记关于矩阵对策 $G$ 的解集 $T(G)$ 性质的对应定理。

14. 掌握用优超原则进行矩阵对策的简化求解。

15. 线性方程组法适用于 $x_i>0, y_j>0$ 矩阵对策的求解，即应用该方法的条件是所有策略的概率都大于零。如果在求解线性方程组时，所求 $\boldsymbol{x}^*$，$\boldsymbol{y}^*$ 有负分量，可视具体情况，将方程组中的某些等式变为不等式，继续试算直至求出其解。

16. 线性规划方法适用普遍的矩阵对策的求解，具有一般性。其他方法都有其各自适用的范围。

17. 求解一个矩阵对策时，应首先判断其是否具有鞍点，当鞍点不存在时，利用优超原则和解集 $T(G)$ 的性质将原对策的赢得矩阵进行简化，然后再利用适合的解法对该矩阵对策进行求解。

## 11.2.4　应用举例

1. 二人有限非零和博弈(画线法)

以下是之前介绍过的例子。

**例 11-12(矩阵对策的画线解法)**　以囚徒困境为例，如表 11-19 所示。

**表 11-19　囚徒双方的赢得与支付矩阵**

| 囚徒甲 | 囚徒乙 | |
|---|---|---|
| | 坦白 | 不坦白 |
| 坦白 | (5,−5) | (0,−10) |
| 不坦白 | (−10,0) | (−1,−1) |

解：具体解法见例 11-4，此处不再赘述。

2. 古诺模型的寡头竞争策略(反应函数法)*

反应函数法是博弈中的一种常用方法，尤其适用于确定决策变量为产量或价格这样的连续函数策略。

**例 11-13(反应函数法)**　有两个生产相同产品的企业 A 和 B，各自的产量分别为 $q_1$，$q_2$，市场的总供应量为 $Q=q_1+q_2$。设 $P(Q)=6-Q$ 表示市场出清时的价格(即将产品全部售出时的单位产品价格)，又因为企业 $i$ 生产 $q_i$ 产品时，无固定成本，生产单位产品的边际成本为常数 2，即总成本为 $C_i(q_i)=2q_i$。求当 A、B 两企业在互不知道的情况下独立决策的纳什均衡解。

解：本例题是一个连续产量的古诺模型问题，不难看出，该博弈中两厂商各自的利润分别为各自的销售收益减去各自成本，则 A、B 两企业各自的收益函数为

$$u_1=q_1p(Q)-C_1q_1=q_1[6-(q_1+q_2)]-2q_1=4q_1-q_1q_2-q_1^2$$

$$u_2=q_2p(Q)-C_2q_2=q_2[6-(q_1+q_2)]-2q_2=4q_2-q_1q_2-q_2^2$$

从上述收益函数表达式可看出，企业 A 和企业 B 的利润都取决于双方的策略，即产量。

要寻找一个纳什均衡解，即对企业 B 的任意产量 $q_2$，企业 A 有一个最佳对应产量 $q_1$，使在企业 B 生产 $q_2$ 的情况下，企业 A 实现利润最大化，表示为 $q_1q_2$ 最大化问题的解。

$$\max_{q_1} u_1 = \max_{q_1}(4q_1 - q_1q_2 - q_1^2)$$

$$\max_{q_2} u_2 = \max_{q_2}(4q_2 - q_1q_2 - q_2^2)$$

(1) 运用数学方法，求 $u_1$ 对 $q_1$ 的导数，使其为 0，则

$$\frac{\partial u_1}{\partial q_1} = 4 - q_2 - 2q_1 = 0 \Rightarrow q_1^* = \frac{1}{2}(4 - q_2)$$

(2) 运用数学方法，求 $u_2$ 对 $q_2$ 的导数，使其为 0，则

$$\frac{\partial u_2}{\partial q_2} = 4 - q_1 - 2q_2 = 0 \Rightarrow q_2{}^* = \frac{1}{2}(4 - q_1)$$

对于企业 B 每一个可能的产量，企业 A 的最佳产量是企业 B 产量 $q_2$ 的一个连续函数，称这个连续函数为企业 A 对企业 B 产量的一个反应函数，记为 $R_1: q_2 \to q_1$。

同理，企业 B 对企业 A 的反应函数为 $R_2: q_1 \to q_2$。

因此，用反应函数表示两企业之间的产量关系(图 11 - 6)为

$$R_1(q_2) = \frac{1}{2}(4 - q_2)$$

$$R_2(q_1) = \frac{1}{2}(4 - q_1)$$

$$\Rightarrow q_1{}^* = q_2{}^* = \frac{4}{3}$$

$$\Rightarrow u_1{}^* = u_2{}^* = \frac{16}{9}$$

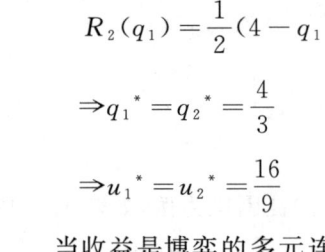

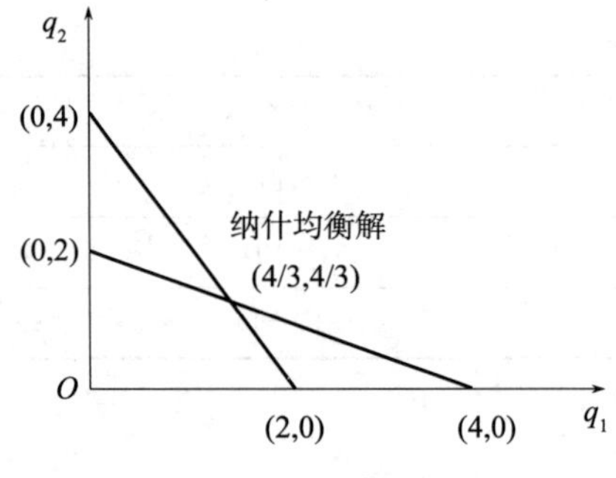


**图 11 - 6 两企业之间的产量关系**

当收益是博弈的多元连续函数时，求出每个博弈方的反应函数，而各个反应函数的交点就是纳什均衡解。

从反应函数看，当一方选择 0 时，另一方的最佳反应为 2，正是实现市场总利益最大的产量，此时相当于一个企业垄断市场；当一方选择 4 时，另一方被迫选择 0，此时坚持生产已无利可图。只有交点(4/3,4/3)代表的产量组合，才是该古诺模型的纳什均衡。这种利用反应函数求博弈的纳什均衡的方法称为反应函数法。

上述内容是两个企业分别独立决策的结果，若将两个企业作为一个总体考虑，其收益为 $u(Q) = Q(6 - Q) - 2Q = 4Q - Q^2$。$u(Q)$ 在 $Q = 2$ 时取极大值，此时 $u(Q) = 4$。 相应 A、B 两个企业的产量各为 1，各自的收益为 2，如表 11 - 20 所示。

**表 11 - 20 总体决策下的企业收益**

| A | B | |
|---|---|---|
| | $q_2 = 1$ | $q_2 = 4/3$ |
| $q_1 = 1$ | (2,2) | (15/9,20/9) |
| $q_2 = 4/3$ | (20/9,15/9) | (16/9,16/9) |

表 11 - 19 中两个企业的各自最优策略是 $q_1 = q_2 = 1$，但用画线法求得的纳什均衡解为 $q_1 = q_2 = 4/3$。

该例题与囚徒困境十分相似，例如家电市场的竞争，反映了各企业只从追求自己利润最大化的角度独立决策，而不是从整体的利益统一考虑。

## 复习思路提示

1. 二人有限非零和博弈的纯策略纳什均衡解可通过画线法分析得出。若某个策略组合中两个数字都画了横线，则得到了纳什均衡解，表明局中人都不愿偏离这个组合，谁偏离，谁就遭受更坏的结局。

2. 对于一般的博弈，若其收益函数是多元连续函数，则可以通过每个博弈方的反应函数求各反应函数的交点，该交点就是其纳什均衡解。

3. 古诺模型又称古诺双寡头模型，由法国经济学家古诺于 1838 年提出，是纳什均衡应用的最早版本，是作为寡头理论分析的出发点。古诺模型假设一种产品市场只有两个卖者，并且相互间没有任何勾结行为，但相互间都知道对方将怎样行动，从而各自确定最优产量来实现利润最大化，因此也被称为双头垄断理论。

# 11.3 完全信息动态博弈

## 11.3.1 基本概念

1. 静态博弈与动态博弈的区别

在静态博弈中，局中人同时采取行动或在互相保密的情况下采取行动，在行动要分步执行的情况下，每步做什么在开始时就拟订方案，方案一经确定，中途不允许变更。在动态博弈中，博弈过程按时间先后划分阶段，局中人行动有先有后，后采取行动的人可以观察到前局中人的行动，并决定或修改自己的行动。

具体的博弈的分类及对应的均衡概念如表 11－21 所示。

表 11－21　博弈的分类及对应的均衡概念

| 信息 | 行动顺序 | |
|---|---|---|
| | 静态 | 动态 |
| 完全信息 | 完全信息静态博弈<br>纳什均衡<br>代表人物：约翰・纳什（1951 年） | 完全信息动态博弈<br>子博弈精炼纳什均衡<br>代表人物：莱茵哈德・泽尔滕（1965 年） |
| 不完全信息 | 不完全信息静态博弈<br>贝叶斯纳什均衡<br>代表人物：海萨尼（1967—1968 年） | 不完全信息动态博弈<br>精炼贝叶斯纳什均衡<br>（精炼贝叶斯均衡）<br>代表人物：富德伯格和梯若尔（1991 年） |

2. 承诺与威胁

承诺与威胁：局中人行动有先后，先行动者必须考虑后行动者对自己行动的反应，而后行动者出于自身利益，可能对先行动者提出希望采取或不采取某种行动的暗示，即所谓“承诺”或“威胁”。

可信度：承诺或威胁会影响局中人的行动，从而影响博弈的结局，由于某些承诺或威胁的提出者不会也不可能真要去实施，因而对承诺或威胁可信度的识别，是动态博弈中一个需要重点识别的问题。

3. 完全且完美信息的动态博弈

完全信息博弈：指所有局中人对各自的策略集以及不同策略集组合成的局势下的收益函数有完全充分的了解。对静态博弈，完全信息的概念已经足够，但动态博弈由于过程划分为多个阶段，就涉及每个阶段初将采取行动的局中人对他采取行动前的信息是否有完全和充分的了解。子博弈是动态博弈的一个重要概念，对完全且完美信息的动态博弈问题的求解是建立在子博弈精炼纳什均衡（subgame perfect Nash

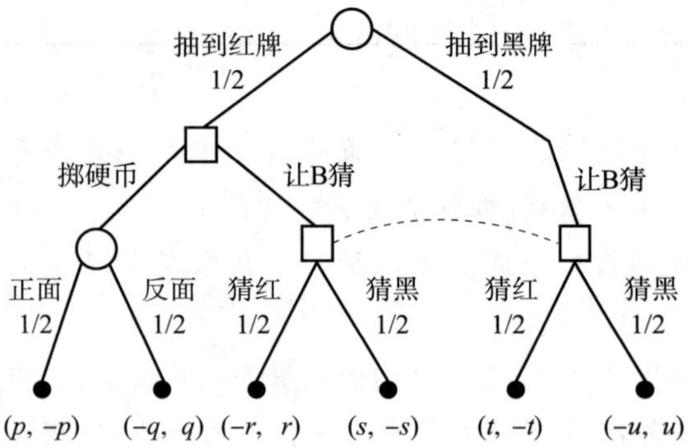


图 11－7　扩展式

equilibrium)的基础上的。

**例 11－14(完全信息动态博弈)**　以例 11－2 为例,画出其扩展式。

解:第一阶段先由 A 抽牌,第二阶段由 B 猜,因 B 不知道 A 在第一阶段抽到的是红牌还是黑牌,即 B 并不知道自己在博弈中所处的位置。在这个博弈中,A、B 两人对各自策略集及各种策略组合下的收益函数有完全充分的了解,但博弈过程信息并不完美。扩展式如图 11－7 所示。

在完全信息动态博弈中,若做到在各个阶段初局中人对之前的信息都有完全充分的了解,称为完全且完美信息的动态博弈,否则称为完全但不完美信息的动态博弈。

## 11.3.2　承诺、威胁及其可信度

承诺与威胁的可信度是影响动态博弈结局的中心问题之一。

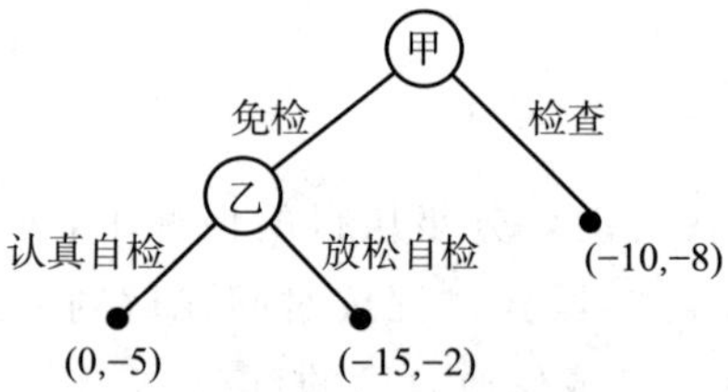


图 11－8　甲、乙两厂博弈树

**例 11－15**　下游企业甲厂定期购买上游企业乙厂生产的零部件,每月甲厂用零部件所需的检测费用为 10 万元,乙厂为提供检验所需的自检及有关准备费用为 8 万元。由于两厂间关系较好,同时乙厂提供的零部件质量也逐渐取得了甲厂的信任,为缩短产品周期,两厂商定在乙厂认真自检保证质量的基础上,甲厂可予免检。这种情况下,甲厂检测费用减少为零,而乙厂自检等费用也减至每月 5 万元。但随着时间的推移,乙厂逐渐放松自检,自检费则减少至 2 万元,使甲厂产品质量下降,每月损失 15 万元,上述情况可用博弈树表示,如图 11－8 所示,树枝节点下面数字分别为甲、乙两厂的收益值。

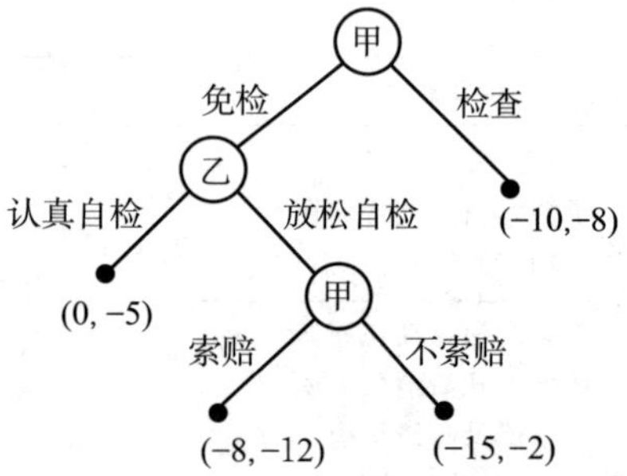


图 11－9　甲厂提出索赔时的博弈树

从图 11－8 中可以看出,如果乙厂切实承诺认真进行自检,甲厂继续免检行为,对双方都有利。乙厂从自身利益出发,放松自检以减少开支,当甲厂发现由于质量下降造成的损失超过检查费用时,自然又回到了执行逐批检查的行动。可见乙厂的承诺在缺乏法律的严格约束条件下,不会自觉执行。甲厂估计到这种情况可能发生,因此在商定乙厂认真自检条件下可免检的同时,也明确指出乙厂如放松自检出现质量问题,保留索赔的权利。当甲厂提出索赔时,除去索赔的开支,甲厂损失可减少到 8 万元,而乙厂的支出将相应增至 12 万元,如图 11－9 所示。

甲厂提出索赔,使乙厂意识到放松自检将给自己带来更大损失,这样乙厂又回归到认真自检的行动,从而使甲厂也回到给予乙厂零部件免检的决定。甲厂保留索赔权利对乙厂讲是一种威胁,这种威胁迫使乙厂不敢违背认真自检的承诺。但实际索赔时,由于程序和手续复杂,虽然索赔的结果使乙厂付出赔偿,但有时还不足以弥补甲厂索赔的支付,如图 11－10 所示。

从图 11－10 中可以看出,索赔后,乙厂的收益锐减至－12 万元,而甲厂的收益也减至－16 万元,比不索赔时收益还低。甲厂从自身利益出发,会放弃索赔的行动,从而使乙厂可以不兑现承诺,导致甲厂恢复对乙厂的检查。

从例 11－15 可看出:

(1) 承诺分为可信与不可信两种,当履行承诺时的收益低于不履行时的收益时,局中人会选择不履行承诺;

(2) 同样，威胁也分可信与不可置信两种，当威胁方执行威胁确实能给自己带来利益时，威胁是可信的，否则威胁的执行反而会给自己造成不利结局时，威胁只能是虚张声势，从而不可置信。

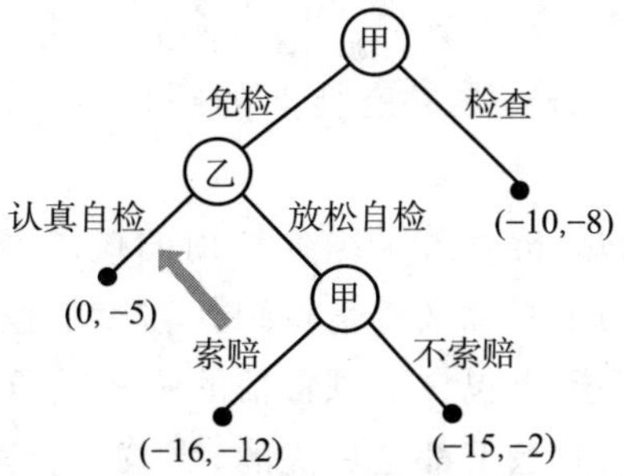


图 11-10　当赔偿不足以弥补甲厂索赔的支付时的博弈图

## 11.3.3　完全且完美信息的动态博弈

### 1. 子博弈

动态博弈可以划分为若干阶段，子博弈是从博弈的某一阶段开始到博弈过程结束的整个博弈的一部分，并且：

(1) 子博弈必须从一个单结信息集开始；

(2) 子博弈的信息集和收益函数都直接继承自原博弈，不允许在子博弈中出现原博弈中未知的信息，也不允许子博弈的结论不适用于原博弈。

根据例 11-15 可知子博弈在博弈树中的显示，如图 11-11 所示。

如果甲、乙两厂并未建立起协作信任关系，或正在谈判乙厂送交的每批零部件是否都需要检查，则甲、乙两厂间的博弈过程如图 11-12 所示。

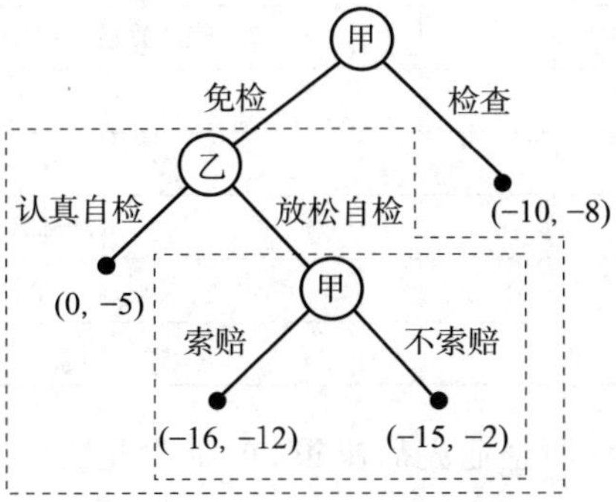


图 11-11　子博弈在博弈树中的显示

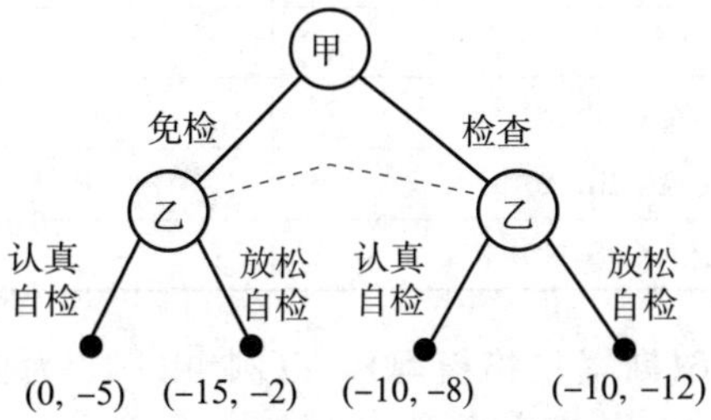


图 11-12　甲、乙两厂间的博弈过程

(1) 轮到乙开始行动时，乙并不知道甲到底是检查还是给予免检。

(2) 在乙行动的节点处，不是单节点的信息集，因此图 11-12 不能分割出子博弈。

### 2. 逆向递推求解方法

以图 11-13 为例。

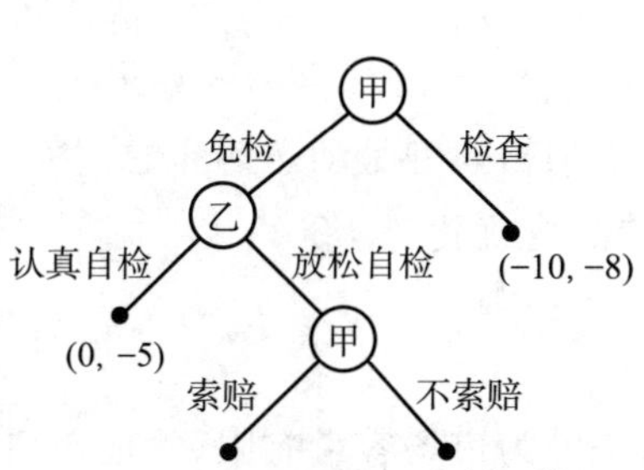


图 11-13　收益向量

如果甲一开始选择检查，则博弈结束，双方收益为(−10，−8)。

如果甲选择免检，乙选认真自检时，收益为−5，不认真自检且甲厂不索赔，收益为−2。但当乙知道如果不认真自检，甲厂肯定会提出索赔时，自己的收益降至−12，不如加强自检。这种情况下，甲选择免检，并使自己的收益增至0。

此时，甲厂免检，乙厂认真自检，这是双方理性的选择，双方的收益为(0，−5)，即该博弈的纳什均衡。

3. 子博弈精炼纳什均衡

定义：如果动态博弈中各局中人的策略，是动态博弈的纳什均衡，也在所有子博弈中均构成纳什均衡，则称上述策略为子博弈精炼纳什均衡。

1965年，泽尔腾通过对动态博弈的分析完善了纳什均衡的概念，定义了"子博弈精炼纳什均衡"。这个概念的中心意义就是将纳什均衡中包含的不可置信的威胁剔除出去，使均衡策略不再包含不可置信的威胁。子博弈精炼纳什均衡要求参与人的决策在任何时点上都是最优的，决策者要随机应变和向前看，而不是固守旧略。由于剔除了不可置信的威胁，在许多情况下，子博弈精炼纳什均衡也减少了纳什均衡的个数。这一点对预测非常有意义。

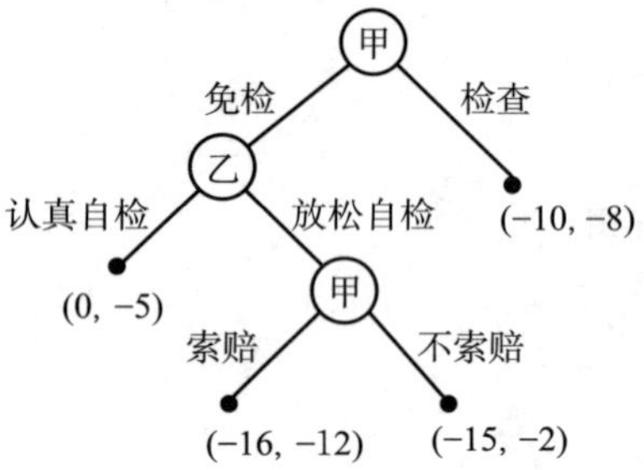


图 11－14　甲、乙博弈树

当威胁不可置信时，甲最终会选择对乙的零部件逐批进行检查，此时动态博弈甲、乙双方的收益向量为(−10，−8)，如图11－14所示。若将该动态博弈看作静态博弈进行处理，即局中人在一开始就确定自己的策略，并不允许在观察到对方行动后做出变化，则赢得与支付矩阵如表11－22所示。

根据表11－22可解出，纳什均衡解为甲免检-索赔，乙认真自检，收益向量为(0，−5)。这与动态博弈时分析的结果不一致，原因就在于多了一个不可置信的威胁。

子博弈精炼纳什均衡的条件实际上是将动态博弈中那些不保证实现的承诺和不可置信的威胁剔除掉。因为在每个子博弈中，每个局中人都考虑自己的最大利益，因此在所有子博弈中均构成纳什均衡，自然就剔除了不保证实现的承诺与不可置信的威胁。

表 11－22　赢得与支付矩阵

| 甲厂 | 乙厂 | |
|---|---|---|
| | 认真自检 | 放松自检 |
| 检查 | (−10，−8) | (−10，−8) |
| 免检，(S，S) | (0，−5) | (−16，−12) |
| 免检，(NS，S) | (0，−5) | (−16，−12) |
| 免检，(S，NS) | (0，−5) | (−15，−2) |
| 免检，(NS，NS) | (0，−5) | (−15，−2) |

**例 11－16(斯塔伯格模型)**　以例11－13为例，假定A、B两企业先后决策，A企业先决定产量 $q_1$，再由B企业决定产量 $q_2$。这种情况下，要求确定双方各自的最优策略。

分析：与古诺模型的假定基本相同，区别在于斯塔伯格模型假定A、B企业先后决策。

$$u_1 = q_1 p(Q) - C_1 q_1 = q_1[6-(q_1+q_2)] - 2q_1 = 4q_1 - q_1 q_2 - q_1^2$$

$$u_2 = q_2 p(Q) - C_2 q_2 = q_2[6-(q_1+q_2)] - 2q_2 = 4q_2 - q_1 q_2 - q_2^2$$

斯塔伯格模型是动态博弈的一种，由于企业B在企业A决定产量 $q_1$ 后再决定自身产量 $q_2$，按照逆向递推的思想，先优化 $q_2$，令

$$\frac{\partial u_2}{\partial q_2} = 4 - q_1 - 2q_2 = 0 \Rightarrow q_2^* = \frac{1}{2}(4-q_1)$$

这是因为市场容量有限，并且产品的价格和利润随两个企业总产量的增大而减少，因此，先采取决策的企业可以先设法多占市场，牟取较大收益。

企业A一开始要考虑企业B的决策反应，然后优化自身产量 $q_1$，因此，将 $q_2^*$ 代入 $u_1$，得

$$\frac{\partial u_1}{\partial q_1}=2-q_1=0\Rightarrow q_1^*=2\Rightarrow q_2^*=1\Rightarrow\begin{cases}u_1^*=2\\u_2^*=1\end{cases}$$

这与古诺模型的纳什均衡解不同，在古诺模型中，A、B 企业的产量均为 4/3，而此模型中 A 的产量增加了，B 的产量减少了，收益也是如此。

## 复习思路提示

1. 在动态博弈中，博弈过程按时间先后划分阶段，局中人行动有先有后，后采取行动的人可以观察到前局中人的行动，并决定或修改自己的行动。

2. 局中人行动有先后，先行动者必须考虑后行动者对自己行动的反应，而后行动者出于自身利益，可能对先行动者提出希望采取或不采取某种行动的暗示，即所谓“承诺”或“威胁”。承诺与威胁的可信度是影响动态博弈结局的中心问题之一。

3. 概念理解。完全且完美信息动态博弈是指参与者在博弈过程中完全知晓博弈规则、其他参与者的策略集和收益，且每个参与者在决策时都能观察到之前所有参与者的选择。这种博弈的特点是信息透明且决策顺序明确。

4. 求解方法：逆向归纳法。求解这类博弈的核心方法是逆向归纳法(backward induction)。从博弈的最后一个决策节点开始，逐步向前推导，计算每个节点上的最优决策。最终得到的策略组合即子博弈精炼纳什均衡(SPNE)，它排除了不可信的威胁或承诺，是动态博弈中的合理预测。

5. 应用与扩展。完全且完美信息动态博弈广泛应用于经济学、管理学和政治学等领域，如寡头市场中的序贯决策谈判过程等。理解逆向归纳法的逻辑和应用，能够帮助我们分析复杂的序贯决策问题，并为研究不完全信息或非完美信息博弈奠定基础。

# 11.4　不完全信息静态博弈

## 11.4.1　基本概念

设想一种招标场景：假设政府有一项建设工程要出包，选择要价最低的承包者。假设招标的办法是一级密封投标，让每个投标者将自己的标价写下装入信封，一同交给政府，信封打开后，政府选择标价最低者为中标者。

此时，不同投标者之间进行的就是一场博弈。假定每个投标者不知道其他投标者的真实生产成本，而仅知其概率分布，那么，他在选择自己的报价时就需要考虑两方面：一方面，报价越低，中标的可能性就越大；另一方面，给定中标的情况，报价越低，利润就越少。

投标者该如何报价？

之前的博弈都包含一个基本假设，即所有局中人都知道博弈的结构、博弈的规则，知道彼此的策略集和收益(支付)函数。满足这个假设的称为完全信息博弈。而在许多情况下，如果至少有一个局中人不知道其他局中人的收益函数等信息，就称为不完全信息博弈。正如上述假设，投标者不知道其他人的投标价。

## 11.4.2　海萨尼转换

海萨尼转换(Harsanyi transformation)是处理不完全信息博弈的一种经典方法，由约翰·海萨尼(John Harsanyi)在 1967－1968 年提出。其核心思想是通过引入一个虚拟参与者“自然(nature)”，将不完全信息博弈转化为完全但不完美信息博弈。

在转换过程中,"自然"首先为每个参与者分配一个"类型",这些类型决定了参与者的成本函数、收益函数等特征。每个参与者都知道自己的类型,但不知道其他参与者的类型,仅知道这些类型的概率分布。通过这种方式,海萨尼将对支付函数的不确定性转化为对参与者类型的不确定性,从而使得博弈可以用完全信息博弈的分析方法来求解。

海萨尼转换为不完全信息博弈的分析提供了一种标准框架,并引入了贝叶斯纳什均衡(Bayesian Nash equilibrium)的概念,即在给定自己类型和其他参与者类型分布的情况下,每个参与者选择最优策略。

**例 11-17(不完全信息静态博弈)** 两个电视机厂都想抢占高清晰电视机的市场,甲厂研发起步较迟,但技术力量相对强一些;乙厂起步早,如在某一关键环节有大的突破将占据优势。甲厂有两种策略:一是加大投入(C);二是维持正常进度(F)。乙厂也有两种策略:一是加快进度,力保领先(S);二是不紧不慢,冷静应对(Y)。乙厂在关键环节的突破可能很大(L),也可能不大(NL),乙厂心里知道,但甲厂不知道。根据上述情况分别给出乙厂关键环节突破可能很大(L)和可能不大(NL)两种情况下两厂博弈时的收益向量矩阵,如表 11-23 和表 11-24 所示。

**表 11-23 突破情况为 L**

| 甲厂 | 乙厂 | |
|---|---|---|
| | S | Y |
| C | (1,3) | (0,4) |
| F | (0,4) | (1,6) |

**表 11-24 突破情况为 NL**

| 甲厂 | 乙厂 | |
|---|---|---|
| | S | Y |
| C | (2,3) | (3,2) |
| F | (1,4) | (2,5) |

海萨尼转换:先引入一个虚拟的局中人"自然"(用 N 表示),并构造甲、乙两厂同 N 三者之间的博弈,如图 11-15 所示。

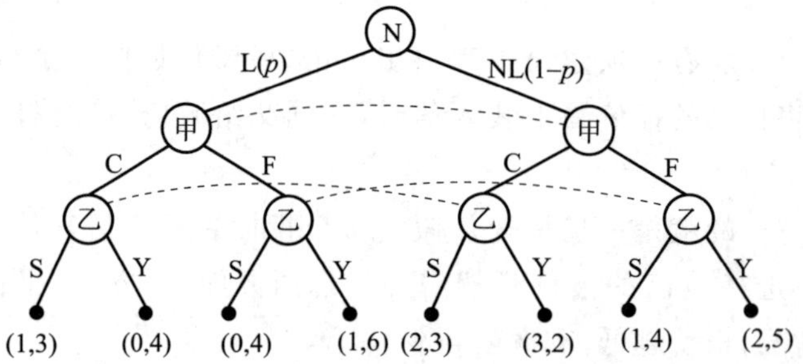


**图 11-15 甲、乙两厂同 N 三者间的博弈树**

N 先决定乙厂的类型是属于 L(概率为 $p$)还是 NL(概率为 $1-p$),然后再将博弈过程动态化。N 先行动,选择局中人的类型。

被选择的人知道自己的真实类型,而其他局中人并不清楚这个局中人被选中的真实类型,仅知道各种可能类型的概率分布。而被选择的人也知道其他参与人心目中的这个分布函数。

通过海萨尼转换,将一个不完全信息静态博弈的问题,转换为一个完全但不完美信息的动态博弈问题。但完全但不完美信息的动态博弈问题依然无法用已学的方法求解,因为概率是随机的,且 N 对乙厂类型的选择不计量效益值。

这里“不完美信息”指的是，N 做出了他的选择，但其他参与人并不知道他的具体选择是什么，仅知道各种选择的概率分布。这样，不完全信息就可以分析了。

在这个基础上，海萨尼定义了贝叶斯纳什均衡。贝叶斯纳什均衡是纳什均衡在不完全信息博弈中的自然扩展。

## 11.4.3　贝叶斯博弈

1. 贝叶斯博弈的要素

贝叶斯博弈是不完全信息博弈的策略式描述，它包含 5 个要素。

(1) 局中人：用 $i$ 表示，$i=1,2,\cdots,n$。

(2) 局中人的类型集 $\{T_1,T_2,\cdots,T_n\}$：$T_i$ 是局中人 $i$ 的类型集，$t_i$ 是自然对局中人 $i$ 类型的一个选择，有 $t_i\in T$，$t=(t_1,t_2,\cdots,t_n)$ 是自然 N 对各局中人类型选择的一个组合。

(3) 局中人 $i$ 对其他局中人类型的推断，可由贝叶斯公式得出。其中，$t_{\sim i}$ 是除局中人 $i$ 外其他所有局中人类型的简写：

$$p_i(t_{\sim i}|t_i)=\frac{p(t_{\sim i},t_i)}{p(t_i)}=\frac{p(t_{\sim i},t_i)}{\sum\limits_{t_{\sim i},t_i}p(t_{\sim i},t_i)}$$

(4) 局中人的行动和行动集：行动是局中人的一个单纯步骤，策略一般指行动的组合，但有时也用策略来表示行动。因为贝叶斯博弈中局中人的行动同类型相依，故用 $a_i(t_i)$ 表示局中人 $i$ 的一个行动，$A_i(t_i)$ 为局中人 $i$ 的行动集。

(5) 局中人的收益函数用 $u_i(a_1(t_1),a_2(t_2),\cdots,a_n(t_n);t_i)$ 表示，$i=1,2,\cdots,n$。

2. 具体描述

以例 11－17 为例。

分析：局中人为甲厂和乙厂。

甲厂只有一种类型：$\{T_{甲}\}=1$。乙厂：$T_{乙}=\{\mathrm{L},\mathrm{NL}\}$。

例 11－17 中甲、乙两厂类型相互独立，有 $p(T_{甲}/T_{乙})=1$，$p(\mathrm{L}/T_{甲})=p(\mathrm{L})$，$p(\mathrm{NL}/T_{甲})=p(\mathrm{NL})$。

甲厂的行动集也是策略集，为 {C,F}，乙厂的行动集为{S,Y}，其策略集包括 4 个策略：(S,S)，(S,Y)，(Y,S)，(Y,Y)。

用 $E(u_i)$ 表示局中人 $i$ 选择行动 $a_i$ 时的期望效用，有 $E(u_i)=\sum\limits_{t_{-i}}p(t_{-i}|t_i)u_i(a_i,a_{\sim i}(t_{\sim i});t_i)$。

若每个人都在给定自己类型 $t_i$ 和其他人类型相依行动 $a^*_{\sim i}(t_{\sim i})$ 的情况下最大化自己的期望效用，即行动组合 $(a_1^*(t_1),a_2^*(t_2),\cdots,a_n^*(t_n))$ 是一个纯策略贝叶斯纳什均衡。

## 11.4.4　贝叶斯纳什均衡

根据例 11－17 中表 11－23 和表 11－24 分析得出表 11－25 和表 11－26。

**表 11－25　期望收益值与收益向量**

| 甲厂 | 乙厂 | | | |
|---|---|---|---|---|
| | (S,S) | (S,Y) | (Y,S) | (Y,Y) |
| C | $2-p$,(3,3) | $3-2p$,(3,2) | $2-2p$,(4,3) | $3-3p$,(4,2) |
| F | $1-p$,(4,4) | $2-2p$,(4,5) | 1,(6,4) | $2-p$,(6,5) |

表 11-26 优超后的期望收益值与收益向量

| 甲厂 | 乙厂 | |
|---|---|---|
| | (Y,S) | (Y,Y) |
| C | $2-2p$,(4,3) | $3-3p$,(4,2) |
| F | 1,(6,4) | $2-p$,(6,5) |

求解可知：

(1) 当 $p<1/2$ 时，C，(Y,S)是一个纳什均衡；

(2) 当 $p>1/2$ 时，F，(Y,Y)是一个纳什均衡；

(3) 当 $p\leqslant 1/2$ 时，甲厂的最优策略为 C，乙厂的最优策略当类型为 L 时选择 Y，当类型为 NL 时选择 S；

(4) 当 $p>1/2$ 时，甲厂的最优策略为 F，乙厂的最优策略当类型为 L 时选择 Y，当类型为 NL 时选择 Y。

在不完全信息静态博弈中，局中人同时行动，没有机会观察别人的选择。给定别人的策略选择，每个局中人的最优策略依赖于自己的类型。由于每个局中人仅知道其他参与人的类型的概率分布，而不知道其真实类型，他不可能准确地知道其他局中人实际上会选择什么策略，但是他能正确地预测到其他参与人的选择是如何依赖于其各自的类型的。

贝叶斯纳什均衡是这样的一种类型依从策略组合：在给定自己的类型和别人类型的概率分布的情况下，每个局中人的期望效用达到了最大。

## 复习思路提示

1. 将不完全信息静态博弈通过"海萨尼转换"转化成"完全且不完美信息动态博弈"，利用贝叶斯博弈求得最终贝叶斯纳什均衡解。

2. 贝叶斯纳什均衡是一种类型依从策略组合：在给定自己的类型和别人类型的概率分布的情况下，每个参与人的期望效用达到了最大，也就是说，没有人有积极性选择其他策略。

3. 在不完全信息静态博弈中，决策的目标就是在给定自己的类型和别人的类型依从策略的情况下，最大化自己的期望效用。

# 11.5 不完全信息动态博弈

## 11.5.1 博弈过程

1. 基本思路

在不完全信息动态博弈中，自然 N 首先选择参与人的类型，参与人自己知道，其他参与人不知道。在自然 N 选择后，参与人开始行动，参与人的行动有先有后，后行动者可以通过观察先行动者所选择的行动来推断其类型或修正对其类型的先验信念(概率分布)，然后选择自己的最优行动。先行动者预测到自己的行动将被后行动者所利用，就会设法选择传递对自己最有利的信息，避免传递对自己不利的信息。因此博弈过程不仅是参与人选择行动的过程，而且是参与人不断修正信念的过程。

精炼贝叶斯均衡是不完全信息动态博弈均衡的基本均衡概念，是泽尔滕的完全信息动态博弈子博弈精炼纳什均衡与海萨尼的不完全信息静态博弈贝叶斯均衡的结合。(精炼贝叶斯均衡的要点在于当事人要根据所观察到的他人的行为来修正自己有关后者类型的“信念”(主观概率),并由此选择自己的行动。而修正过程使用的是贝叶斯规则。)

2. 精炼贝叶斯均衡与贝叶斯规则

精炼贝叶斯均衡是所有参与人策略和信念的一种结合,它要满足:①在给定每个人有关其他人类型的信念的情况下,他的策略选择是最优的;②每个人有关他人类型的信念都是使用贝叶斯规则从所观察到的行为中获得的。

贝叶斯规则是一种基于条件概率的推理方法,用于更新我们对某个事件的信念,当获得新的相关信息时。它的核心思想是:通过已知的条件概率和先验概率,推导出后验概率。

简单来说,贝叶斯规则可以这样理解。

假设我们想知道在某个条件下某件事情发生的概率,比如“在下雨的情况下,我带伞的概率”。贝叶斯规则告诉我们,可以通过以下步骤来计算。

(1) 先验概率:考虑在没有任何额外信息时,这件事情发生的概率。比如“我平时带伞的概率”。

(2) 条件概率:考虑在这件事情发生的情况下,条件出现的概率。比如“如果我带伞,那么下雨的概率”。

(3) 总概率:考虑所有可能情况下,条件发生的总概率。比如“下雨的总概率”(无论我是否带伞)。

(4) 后验概率:结合以上信息,计算在条件发生的情况下,这件事情发生的概率。比如“在下雨的情况下,我带伞的概率”。

贝叶斯规则的核心公式可以用文字描述为

后验概率=(条件概率×先验概率)/总概率

这个公式可以帮助我们根据新的信息更新对某个事件的判断。

3. 重要应用

**例 11-18(贝叶斯规则)** 有两个局中人 $i=1,2$,前者($i=1$)为信号发送者,后者($i=2$)为信号接收者。局中人 1 有两个类型 $t_1$ 和 $t_2$,局中人 2 只有一个类型。局中人 1 的信号集 $M=\{m_1,m_2\}$,局中人 2 的行动集 $A=\{a_1,a_2\}$。各项行动端点的数字 $(c,d)$ 表示相应策略组合下局中人 1,2 的收益向量,如图 11-16 所示。

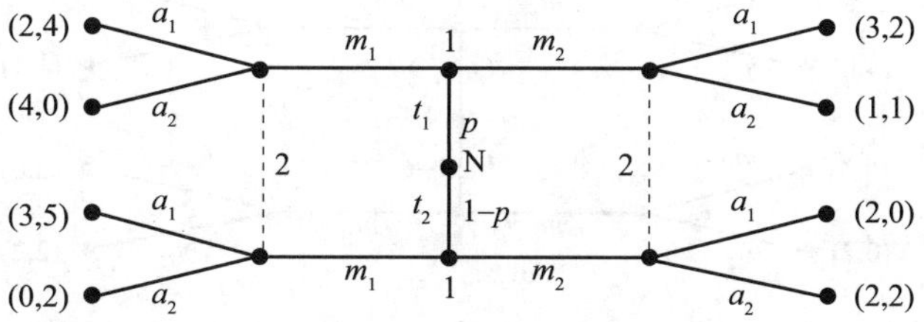


**图 11-16　信号传送图**

首先 N 选择局中人的类型是 $t_1$ 或 $t_2$,局中人 1 自己知道,局中人 2 不知道,但有对局中人 1 类型的推断(先验概率)。

局中人 1 观察到自己的类型 $t_k(k=1,2)$ 后,从信号空间 $M$ 中发送一个信号 $m_j(j=1,2)$。

局中人 2 接收到信号 $m_j$ 后,先依据贝叶斯规则修正自己对局中人类型的概率估计,有 $\tilde{p}=p(t_k|m_j)$(后验概率),然后计算、比较自己采取行动 $a_1$ 或 $a_2$ 时的期望收益,确定使自己收益最大的行动 $a^*(m_j)$。期望收益的计算公式为 $\sum_{t_k} p(t_k|m_j)u_2(t_k,m_j,a_l)(l=1,2)$。

局中人 1 知道自己发送的信号将被局中人 2 利用,因此需要考虑发送对自己最有利,即可使自己收益最大的信号 $m^*(t_k)$,按照下式计算得出:$u_1[t_k,m_j,a^*(m_j)](k=1,2;j=1,2)$。

在上述信号博弈中，局中人1有4种策略：

(1) $(m_1,m_1)$——不管N选择的类型是 $t_1$ 还是 $t_2$，均发送信号 $m_1$；

(2) $(m_2,m_2)$——不管N选择的类型是 $t_1$ 还是 $t_2$，均发送信号 $m_2$；

(3) $(m_1,m_2)$——N选择 $t_1$ 时发送信号 $m_1$，N选择 $t_2$ 时发送信号 $m_2$；

(4) $(m_2,m_1)$——N选择 $t_1$ 时发送信号 $m_2$，N选择 $t_2$ 时发送信号 $m_1$。

在上述信号博弈中，局中人2有4种策略：

(1) $(a_1,a_1)$——不管局中人1发送的信号是 $m_1$ 还是 $m_2$，均采取行动 $a_1$；

(2) $(a_2,a_2)$——不管局中人1发送的信号是 $m_1$ 还是 $m_2$，均采取行动 $a_2$；

(3) $(a_1,a_2)$——接收到信号 $m_1$ 时采取行动 $a_1$，接收到信号 $m_2$ 时采取行动 $a_2$；

(4) $(a_2,a_1)$——接收到信号 $m_1$ 时采取行动 $a_2$，接收到信号 $m_2$ 时采取行动 $a_1$。

## 11.5.2 精炼贝叶斯纳什均衡

对一个给定的不完全信息动态博弈，根据均衡策略进行时可以到达的信息集称为处于均衡策略路线上的信息集，否则称为处于非均衡策略路线上的信息集。

以例11-18为例。

1. 混同策略 $(m_1,m_1)$

1) 计算局中人2的期望收益

因局中人1不管类型为 $t_1$ 还是 $t_2$，均发送信号 $m_1$，则局中人2在图11-16下的两个信息集处于均衡策略路线上，并易推得局中人2对局中人1类型估计的后验概率 $\tilde{p}(t_1|m_1)=\tilde{p}(t_2|m_1)=0.5$。此时，局中人2采取行动 $a_1$ 时的期望收益为 $\tilde{p}(t_1|m_1)u_2(t_1,m_1,a_1)+\tilde{p}(t_2|m_1)u_2(t_2,m_1,a_1)=0.5\times4+0.5\times5=4.5$。

因此，局中人2接收到信号 $m_1$ 时采取的最优行动是 $a^*(m_1)=a_1$。

信号传递模型分析如图11-17所示。

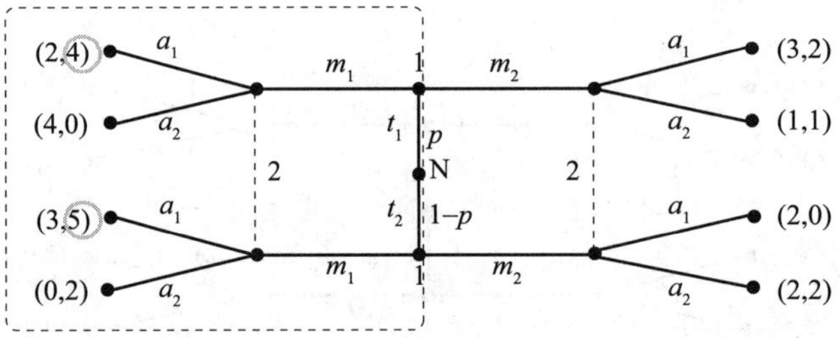


图11-17 信号传递模型分析(a)

2) 计算局中人1的收益

局中人1推测到局中人2对信号 $m_1$ 的最优反应是采取行动 $a_1$ 后，局中人1回过头来考虑发送对自己有利的信号。可计算出，类型为 $t_1$ 的局中人1，发送信号 $m_1$ 时的收益为 $u_1(t_1,m_1,a^*(m_1))=u_1(t_1,m_1,a_1)=2$。

类型为 $t_2$ 的局中人1，发送信号 $m_1$ 时的收益为 $u_1[t_2,m_1,a^*(m_1)]=u_1(t_2,m_1,a_1)=3$。

信号传递模型分析如图11-18所示。

3) 比较均衡策略路线上与非均衡策略路线上的情况

见图11-19，作为对比，如果局中人1发送的信号为 $m_2$，这时局中人2采取行动 $a_1$ 的期望收益为

$$\tilde{p}(t_1|m_2)u_2(t_1,m_2,a_1)+\tilde{p}(t_2|m_2)u_2(t_2,m_2,a_1)=0.5\times2+0.5\times0=1$$

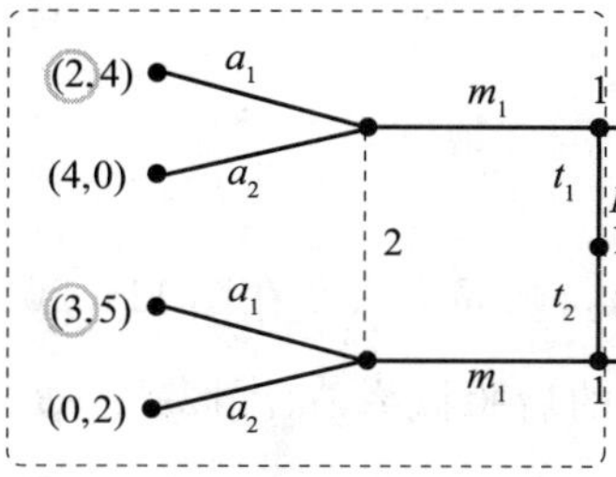


图 11 - 18　信号传递模型分析(b)

局中人 2 采取行动 $a_2$ 时的期望收益为

$$\tilde{p}(t_1|m_2)u_2(t_1,m_2,a_2)+\tilde{p}(t_2|m_2)u_2(t_2,m_2,a_2)=0.5\times1+0.5\times2=1.5$$

因此，局中人 2 接收到信号 $m_2$ 时采取的最优行动是

$$a^*(m_2)=a_2$$

$$u_1[t_1,m_2,a^*(m_2)]=u_1(t_1,m_2,a_2)=1$$

$$u_1[t_2,m_1,a^*(m_2)]=u_1(t_2,m_2,a_2)=2$$

此时，比较均衡策略路线上与非均衡策略路线上的两种情况：

$$u_1[t_1,m_1,a^*(m_1)]=u_1(t_1,m_1,a_1)=2>u_1[t_1,m_2,a^*(m_2)]=u_1(t_1,m_2,a_2)=1$$

$$u_1[t_2,m_1,a^*(m_1)]=u_1(t_2,m_1,a_1)=3>u_1[t_2,m_1,a^*(m_2)]=u_1(t_2,m_2,a_2)=2$$

因此，局中人 1 的最优策略为 $(m_1,m_1)$，局中人 2 采取的最优策略是 $(a_1,a_2)$。

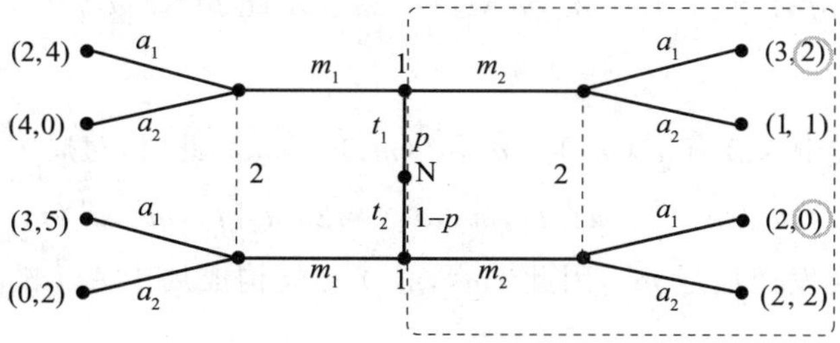


图 11 - 19　信号传递模型分析(c)

4) 后验概率推断

由于局中人 2 的最优策略为 $(a_1,a_2)$，而 $a_2$ 是局中人 1 传送信号 $m_2$ 时局中人 2 的最优行动，此时图 11 - 20 右边两个信息集处于非均衡策略路线上，需要确定局中人 2 选择 $a_2$ 行动为最优的后验概率。

设 $\tilde{q}=\tilde{p}(t_1|m_2)$，$1-\tilde{q}=\tilde{p}(t_2|m_2)$，则局中人 2 选择 $a_1$ 时的期望收益为 $2\times\tilde{q}+0\times(1-\tilde{q})=2\tilde{q}$，局中人 2 选择 $a_2$ 时的期望收益为 $1\times\tilde{q}+2\times(1-\tilde{q})=2-\tilde{q}$。

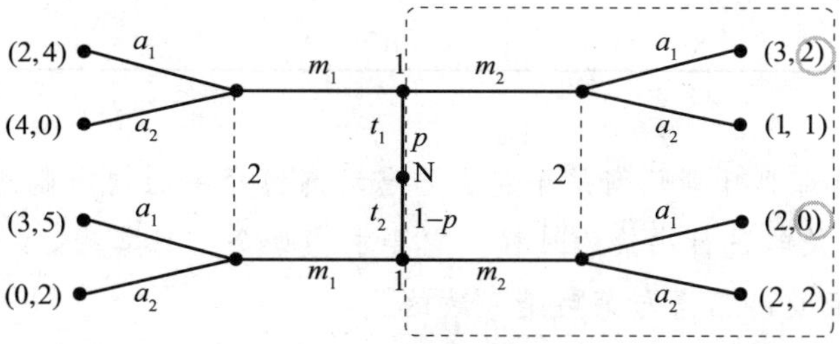


图 11 - 20　信号传递模型(d)

为使选择 $a_2$ 时为最优应满足 $2-\tilde{q}\geqslant2\tilde{q}\Rightarrow\tilde{q}\leqslant0.667$，因此，该信号传递模型的一个精炼贝叶斯纳什均

衡解为$[(m_1,m_1),(a_1,a_2),p=0.5,q\leqslant 0.667]$。

2. 混同策略$(m_2,m_2)$

1）计算局中人2的期望收益

因局中人1不管类型为$t_1$还是$t_2$，均发送信号$m_2$，则局中人2在图11－20右边的两个信息集处于均衡策略路线上，并易推得局中人2对局中人1类型估计的后验概率$\tilde{p}(t_1|m_2)=\tilde{p}(t_2|m_2)=0.5$，此时，局中人2采取行动$a_1$时的期望收益为$\tilde{p}(t_1|m_2)u_2(t_1,m_2,a_1)+\tilde{p}(t_2|m_2)u_2(t_2,m_2,a_1)=0.5\times 2+0.5\times 0=1$，局中人2采取行动$a_2$时的期望收益为$\tilde{p}(t_1|m_2)u_2(t_1,m_2,a_2)+\tilde{p}(t_2|m_2)u_2(t_2,m_2,a_2)=0.5\times 1+0.5\times 2=1.5$。

因此，局中人2接收到信号$m_2$时采取的最优行动是$a^*(m_2)=a_2$。

2）计算局中人1的收益

局中人1推测到局中人2对信号$m_2$的最优反应是采取行动$a_2$后，局中人1回过头来考虑发送对自己有利的信号。可计算出，类型为$t_1$的局中人1，发送信号$m_2$时的收益为$u_1(t_1,m_2,a^*(m_2))=u_1(t_1,m_2,a_2)=1$。类型为$t_2$的局中人1，发送信号$m_2$时的收益为$u_1(t_2,m_2,a^*(m_2))=u_1(t_2,m_2,a_2)=2$，考虑类型为$t_1$的局中人1，发送信号$m_1$时的收益为$u_1(t_1,m_1,a^*(m_1))=u_1(t_1,m_1,a_1)=2$，表明类型为$t_1$的局中人1不会发送信号$m_2$，因此$(m_2,m_2)$不能构成局中人1的最优策略。

3. 分离策略$(m_1,m_2)$

假定分离策略为最优，则应有$m^*(t_1)=m_1,m^*(t_2)=m_2$，由此$\tilde{p}(t_1|m_1)=1,\tilde{p}(t_2|m_1)=0;\tilde{p}(t_1|m_2)=0,\tilde{p}(t_2|m_2)=1$。

由前面的分析已知，对局中人2有$a^*(m_1)=a_1,a^*(m_2)=a_2$。此时，对局中人1有$u_1[t_1,m_1,a^*(m_1)]=u_1(t_1,m_1,a_1)=2$，$u_1[t_2,m_2,a^*(m_2)]=u_1(t_2,m_2,a_2)=2$，$u_1[t_2,m_1,a^*(m_1)]=u_1(t_2,m_1,a_1)=3$。表明类型为$t_2$的局中人1不会发送信号$m_2$，因此$(m_1,m_2)$不能构成局中人1的最优策略。

4. 分离策略$(m_2,m_1)$

假定分离策略为最优，则应有$m^*(t_1)=m_2,m^*(t_2)=m_1$，由此$\tilde{p}(t_1|m_1)=0,\tilde{p}(t_2|m_1)=1;\tilde{p}(t_1|m_2)=1,\tilde{p}(t_2|m_2)=0$。由前面的分析已知，对局中人2有$a^*(m_1)=a_1,a^*(m_2)=a_1$。此时，对局中人1有

$$u_1[t_1,m_2,a^*(m_2)]=u_1(t_1,m_2,a_1)=3>u_1[t_1,m_1,a^*(m_1)]=u_1(t_1,m_1,a_1)=2$$

$$u_1[t_2,m_1,a^*(m_1)]=u_1(t_2,m_1,a_1)=3>u_1[t_2,m_2,a^*(m_2)]=u_1(t_2,m_2,a_2)=2$$

因此，该信号传递模型的另一个精炼贝叶斯纳什均衡解为

$$\{[(m_2,m_1),(a_1,a_1)],p=0,q=1\}$$

## 复习思路提示

1. 定义与核心思想。精炼贝叶斯均衡是不完全信息动态博弈中的均衡概念，用于描述参与者在动态过程中根据信念（信念系统）和策略进行决策的过程。它要求在每个信息集上，参与者的策略是基于贝叶斯更新后的信念的最优选择，并且这些信念与策略是一致的。

2. 求解方法与关键要素。求解精炼贝叶斯均衡需要明确参与者的信念系统和策略组合。通过贝叶斯更新规则调整参与者对其他参与者类型的信念，并结合动态博弈的逆向归纳法，逐步推导出在每个阶段的最优策略。关键在于确保参与者的行为在每个信息集上都是基于当前信念的最优选择。

3. 应用场景与重要性。精炼贝叶斯均衡广泛应用于不完全信息的动态博弈场景，如拍卖、信号博弈和声誉模型等。它能够有效分析参与者在动态过程中如何根据有限信息做出最优决策，是理解复杂动态经济行为的重要工具。

## 11.6　有限二人非零和博弈

1. 基本概念与定理

有限二人非零和博弈是指两个参与者在有限的策略选择下进行的博弈，且博弈的结果(收益)不是零和的，即一个参与者的收益增加并不必然导致另一个参与者的收益减少。在这种博弈中，双方的策略选择相互影响，但目标并非完全对立，可能存在合作或协调的空间。例如，经典的囚徒困境就是一种有限二人非零和博弈。两个囚徒可以选择"坦白"或"沉默"，他们的选择组合决定了各自的刑期长短。博弈的结果取决于双方的策略，且双方都可能通过合作(如都选择沉默)获得相对较好的结果，而不是简单的零和对抗。

**例 11-19**　市场上有两企业生产同样的商品，甲企业与乙企业的赢得矩阵分别为 $\boldsymbol{A}_1$ 和 $\boldsymbol{A}_2$：

$$\boldsymbol{A}_1 = \begin{array}{c} \\ \alpha_1 \\ \alpha_2 \end{array}\begin{array}{c} \beta_1 \quad \beta_2 \\ \begin{bmatrix} 2 & 1 \\ 0 & 3 \end{bmatrix} \end{array} \qquad \boldsymbol{A}_2 = \begin{array}{c} \\ \alpha_1 \\ \alpha_2 \end{array}\begin{array}{c} \beta_1 \quad \beta_2 \\ \begin{bmatrix} 3 & 1 \\ 2 & 3 \end{bmatrix} \end{array}$$

矩阵 $\boldsymbol{A}_1$ 和 $\boldsymbol{A}_2$ 合并为双矩阵 $\overline{\boldsymbol{A}}$：

$$\overline{\boldsymbol{A}} = \begin{bmatrix} (2,3) & (1,1) \\ (0,2) & (3,3) \end{bmatrix}$$

依然在混合扩充意义下考虑有限二人非零和博弈，记局中人 1 的混合策略为 $x$，局中人 2 的混合策略为 $y$，相应的策略集记为 $S_1^*, S_2^*$。

定义 1：在混合策略下对于某个有限二人非零和博弈，其局中人 1 的赢得为 $e_1(x,y) = \sum_{i=1}^{m}\sum_{j=1}^{n} a_{ij}x_iy_j$，局中人 2 的赢得为 $e_2(x,y) = \sum_{i=1}^{m}\sum_{j=1}^{n} a'_{ij}x_iy_j$，$\boldsymbol{A}_1 = (a_{ij})_{m\times n}$，$\boldsymbol{A}_2 = (a'_{ij})_{m\times n}$。

定义 2：在有限二人非零和博弈中，设 $e_1(x,y)$ 和 $e_2(x,y)$ 分别是局中人 1 和 2 的赢得，$x \in S_1^*, y \in S_2^*$ 为任意策略，如果有任意博弈策略 $x \in S_1^*, y \in S_2^*$ 满足 $e_1(x^*,y^*) \geqslant e_1(x,y^*)$ 及 $e_2(x^*,y^*) \geqslant e_2(x^*,y)$，则称 $(x^*,y^*)$ 为该博弈的纳什均衡，称 $(u^*,v^*) = [e_1(x^*,y^*), e_2(x^*,y^*)]$ 为该博弈的纳什均衡解(或赢得)。

**定理 11-14(纳什定理)**　任何矩阵博弈及有限二人非零和博弈至少有一个纳什均衡。

2. 求解方法——图解法

**例 11-20(图解法)**　求解下列有限二人非零和博弈。

$$\overline{\boldsymbol{A}} = \begin{bmatrix} (3,2) & (2,1) \\ (0,3) & (4,4) \end{bmatrix}$$

解：(1)画出坐标系如图 11-21 和图 11-22 所示，原点为 $O$，在各轴值为 1 的点分别引线段与坐标轴构成正方形，它便是 $(x,y)$ 的定义域。

(2) 局中人 1 的赢得(期望值)为

$$\begin{aligned}e_1(x,y)&=\sum_{i=1,2}\sum_{j=1,2}a_{ij}x_iy_j\\&=a_{11}xy+a_{12}x(1-y)+a_{21}(1-x)y+a_{22}(1-x)(1-y)\\&=3xy+2x(1-y)+0(1-x)y+4(1-x)(1-y)\\&=x(5y-2)+4-4y\end{aligned}$$

当 $0\leqslant y\leqslant 2/5$,$x=0$ 时 $e_1(x,y)$ 最大;当 $y=2/5$,$0\leqslant x\leqslant 1$ 时 $e_1(x,y)$ 最大;当 $y=2/5$,$0\leqslant x\leqslant 1$ 时 $e_1(x,y)$ 最大。画出的曲线即图 11-21 中的曲线 1,它是一条折线。

(3) 局中人 2 的赢得(期望值)为

$$\begin{aligned}e_2(x,y)&=\sum_{i=1,2}\sum_{j=1,2}a'_{ij}x_iy_j\\&=a'_{11}xy+a'_{12}x(1-y)+a'_{21}(1-x)y+a'_{22}(1-x)(1-y)\\&=2xy+1x(1-y)+3(1-x)y+4(1-x)(1-y)\\&=y(2x-1)+(4-3x)\end{aligned}$$

当 $0\leqslant x\leqslant 1/2$,$y=0$ 时 $e_2(x,y)$ 最大;当 $x=1/2$,$0\leqslant y\leqslant 1$ 时 $e_2(x,y)$ 最大;当 $1/2<x<1$,$y=1$ 时 $e_2(x,y)$ 最大。画出的曲线即图 11-22 中的曲线 2,它是一条折线。

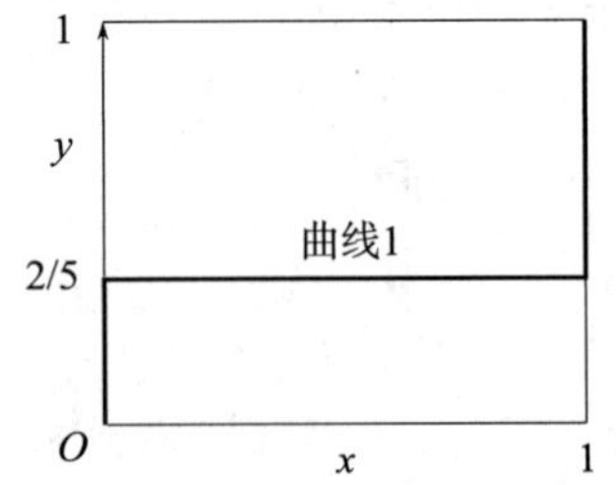


图 11-21　局中人 1 的赢得期望值

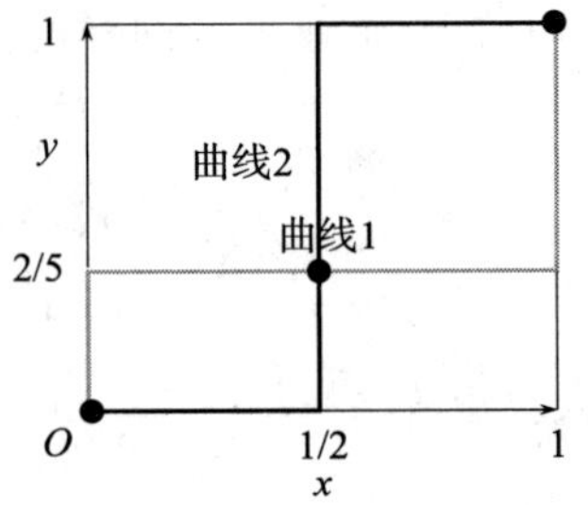


图 11-22　局中人 2 的赢得期望值

曲线 1 和曲线 2 在图中有 3 个交点,这 3 个交点上的 $x^*$ 和 $y^*$ 所构成的局势 $(\boldsymbol{x}^*,\boldsymbol{y}^*)=[(x^*,1-x^*);(y^*,1-y^*)]$ 能够同时满足平衡条件 $e_1(x^*,y^*)\geqslant e_1(x,y^*)$,$e_2(x^*,y^*)\geqslant e_2(x^*,y)$。

(1) $\boldsymbol{x}^*=(0,1)$,$\boldsymbol{y}^*=(0,1)$,博弈值为(4,4)。

(2) $\boldsymbol{x}^*=(1,0)$,$\boldsymbol{y}^*=(1,0)$,博弈值为(3,2)。

(3) $\boldsymbol{x}^*=(1/2,1/2)$,$\boldsymbol{y}^*=(2/5,3/5)$,博弈值为(2.4,2.5)。

用优超原则也可以求解有限二人非零和博弈。

**例 11-21**　用优超原则求解下列非零和博弈。

$$\overline{\boldsymbol{A}}=\begin{bmatrix}(2,4)&(8,3)&(4,3)\\(5,6)&(4,5)&(5,7)\end{bmatrix},\overline{\boldsymbol{A}}_1=\begin{bmatrix}(2,4)&(4,3)\\(5,6)&(5,7)\end{bmatrix}$$

纳什均衡(纯策略)解为 $\boldsymbol{x}^*=(0,1)$,$\boldsymbol{y}^*=(0,0,1)$,博弈值为 $(u^*,v^*)=(5,7)$。

### 3. 求解方法——画线法

**例 11-22**　用画线法求解例 11-20 和例 11-21 中的非零和博弈。

解:(1) $\overline{\boldsymbol{A}}=\begin{bmatrix}(2,\underline{4})&(\underline{8},3)&(4,3)\\(\underline{5},6)&(4,5)&(\underline{5},\underline{7})\end{bmatrix}$,$(a_{23},a'_{23})$ 下都已画线,则纳什均衡解为 $(\alpha_2^*,\beta_3^*)$。

(2) $\overline{\boldsymbol{A}}=\begin{pmatrix}(\underline{3},\underline{2})&(2,1)\\(0,3)&(\underline{4},\underline{4})\end{pmatrix}$,得到两个解,无法确定,这种情形画线法失效。

4. 求解方法——线性方程组法

已知：

$$\overline{\boldsymbol{A}}=\begin{bmatrix}(a_{11},a'_{11}) & (a_{12},a'_{12}) & \cdots & (a_{1n},a'_{1n})\\ (a_{21},a'_{21}) & (a_{22},a'_{22}) & \cdots & (a_{2n},a'_{2n})\\ \vdots & \vdots & & \vdots\\ (a_{m1},a'_{m1}) & (a_{m2},a'_{m2}) & \cdots & (a_{mn},a'_{mn})\end{bmatrix}$$

$$\begin{cases}\sum_i a'_{ij}x_i=v,j=1,\cdots,n\\ \sum_i x_i=1\end{cases}\qquad \begin{cases}\sum_j a_{ij}y_j=v,i=1,\cdots,m\\ \sum_j y_j=1\end{cases}$$

(1) 局中人 1 采取策略 1 时的期望值为 $a_{11}y_1+a_{12}y_2+\cdots+a_{1n}y_n$；

(2) 局中人 1 采取策略 2 时的期望值为 $a_{21}y_1+a_{22}y_2+\cdots+a_{2n}y_n$；

(3) 局中人 1 采取策略 $m$ 时的期望值为 $a_{m1}y_1+a_{m2}y_2+\cdots+a_{mn}y_n$；

(4) 局中人 2 采取策略 1 时的期望值为 $a'_{11}x_1+a'_{21}x_2+\cdots+a'_{m1}x_m$；

(5) 局中人 2 采取策略 2 时的期望值为 $a'_{12}x_1+a'_{22}x_2+\cdots+a'_{m2}x_m$；

(6) 局中人 2 采取策略 $n$ 时的期望值为 $a'_{1n}x_1+a'_{2n}x_2+\cdots+a'_{mn}x_m$。

① 局中人 1 选取概率 $x_1,x_2,\cdots,x_m$ 的目的是一定要使得局中人 2 采取策略 $j$ 的赢得期望值都相等并且概率求和等于 1,即

$$\begin{cases}a'_{11}x_1+a'_{21}x_2+\cdots+a'_{m1}x_m=a'_{12}x_1+a'_{22}x_2+\cdots+a'_{m2}x_m\\ a'_{12}x_1+a'_{22}x_2+\cdots+a'_{m2}x_m=a'_{13}x_1+a'_{23}x_2+\cdots+a'_{m3}x_m\\ \vdots\\ a'_{1,n-1}x_1+a'_{2,n-1}x_2+\cdots+a'_{m,n-1}x_m=a'_{1n}x_1+a'_{2n}x_2+\cdots+a'_{mn}x_m\\ x_1+x_2+\cdots+x_m=1\end{cases}$$

因此线性方程组的解为纳什均衡解。

② 局中人 2 选取概率 $y_1,y_2,\cdots,y_n$ 的目的是一定要使得局中人 1 采取策略 $i$ 的赢得期望值都相等并且概率求和等于 1,即

$$\begin{cases}a_{11}y_1+a_{12}y_2+\cdots+a_{1n}y_n=a_{21}y_1+a_{22}y_2+\cdots+a_{2n}y_n\\ a_{21}y_1+a_{22}y_2+\cdots+a_{2n}y_n=a_{31}y_1+a_{32}y_2+\cdots+a_{3n}y_n\\ \vdots\\ a_{m-1,1}y_1+a_{m-1,2}y_2+\cdots+a_{m-1,n}y_n=a_{m,1}y_1+a_{m,2}y_2+\cdots+a_{mn}y_n\\ y_1+y_2+\cdots+y_n=1\end{cases}$$

因此线性方程组的解为纳什均衡解。

**例 11－23**　用线性方程组法求解例 11－20。

$$\overline{\boldsymbol{A}}=\begin{bmatrix}(3,2) & (2,1)\\ (0,3) & (4,4)\end{bmatrix}$$

解:列出方程组

$$\begin{cases}2x_1+3x_2=x_1+4x_2\\ x_1+x_2=1\end{cases},\begin{cases}3y_1+2y_2=0y_1+4y_2\\ y_1+y_2=1\end{cases}$$

解方程组得到纳什均衡(纯策略)解为 $\boldsymbol{x}^*=(1/2,1/2)$,$\boldsymbol{y}^*=(2/5,3/5)$,博弈值为(2.4,2.5)。其中：

$$e_1(x,y)=\sum_{i=1,2}\sum_{j=1,2}a_{ij}x_iy_j=3x_1y_1+2x_1y_2+0x_2y_1+4x_2y_2=2.4$$

$$e_2(x,y)=\sum_{i=1,2}\sum_{j=1,2}a'_{ij}x_iy_j=2x_1y_1+1x_1y_2+3x_2y_1+4x_2y_2=2.5$$

## 复习思路提示

1. 基本概念与特点。有限二人非零和博弈是指两个参与者在有限策略集下进行的博弈，博弈结果用支付矩阵表示。与零和博弈不同，非零和博弈中双方的收益总和不是固定的，可能存在合作或协调的激励，也可能因策略冲突导致双方收益均受损。理解支付矩阵的构建和博弈结果的多样性是复习的基础。

2. 纳什均衡与求解方法。纳什均衡是非零和博弈的核心概念，表示在给定对方策略的情况下，每个参与者都选择了最优策略。求解纳什均衡的方法包括画线法（适用于纯策略纳什均衡）和混合策略求解（通过线性方程组或图解法）。掌握纳什均衡的求解方法是分析非零和博弈的关键。

3. 应用场景与经济意义。有限二人非零和博弈广泛应用于经济学、管理学和政治学等领域，如市场竞争中的定价策略、公共资源的分配问题、国际关系中的合作与冲突等。理解非零和博弈的经济意义和应用场景，能够帮助我们分析复杂的社会经济现象，并为实际决策提供理论支持。

# 第12章 决策论

决策论是运筹学的重要组成部分，主要研究在不确定性条件下如何做出最优决策。它通过建立数学模型和分析方法，帮助决策者在多个备选方案中选择最优的行动方案。决策论的核心内容包括决策的基本要素（如决策目标、决策方案、决策环境等）、决策准则（如期望值准则、最大最小准则、遗憾准则等）以及决策方法（如风险型决策、不确定型决策等）。在风险型决策中，决策者根据各方案的概率分布计算期望效用，选择期望效用最大的方案。不确定型决策则在缺乏概率信息的情况下，采用悲观准则、乐观准则等方法进行决策。贝叶斯决策则通过引入先验概率和后验概率，利用贝叶斯公式更新信息，从而做出更合理的决策。决策论不仅在经济学、管理学中有广泛应用，还在工程、军事、医疗等领域发挥重要作用，帮助决策者在复杂多变的环境中做出科学合理的决策。

## 本章必会知识点

（1）掌握不确定型决策的几种准则：悲观主义准则、乐观主义准则、最小后悔值准则、等可能性准则与乐观系数法。

（2）熟练掌握风险型决策的最大期望效益值（EMV）准则、最小机会损失（EOL）决策准则及完美信息的收益期望值（EVPI）、决策树法与贝叶斯决策准则。

（3）掌握全情报价值的含义。

（4）了解灵敏度分析和转折概率。

（5）掌握效用理论。

## 本章重难点

**重点：**

（1）风险型决策的最大期望收益值法（EMV）。

（2）最小机会损失决策准则（EOL）。

（3）完美信息的价值（EVPI）。

（4）决策树法。

（5）贝叶斯决策准则。

**难点：**

运用全概率公式和贝叶斯公式计算的决策树分析。

## 本章考情分析

决策论在研究生入学考试中的考情特点如下。

1. 考试内容与题型

考试内容主要包括决策的基本概念(如决策要素、决策过程、决策分类)、不确定型决策方法(如悲观主义准则、乐观主义准则、等可能性准则等)以及风险型决策方法(如期望值准则、贝叶斯决策、效用理论的应用等)。题型多为计算题和简答题,重点考查学生对不同决策准则的理解和应用能力。

2. 考试难度与重要性

决策论的难度适中,但需要学生掌握多种决策方法及其应用场景。在考试中,决策论通常占总分的5%～10%,是管理类和运筹学专业的重要考点。

3. 考试趋势与复习建议

近年来,考试更加注重考查学生对决策方法的综合应用能力,尤其是如何根据问题类型选择合适的决策准则。复习时,建议重点掌握不确定型和风险型决策的常用方法,理解贝叶斯决策和效用理论的应用,并通过大量练习题熟悉不同方法的计算过程。

# 12.1 决策分析的基本问题

### 12.1.1 基本概念

决策(decision)是一种对已知目标和方案进行选择的过程,当人们已知确定需实现的目标是什么时,根据一定的决策准则,在供选方案中做出决策;决策又指在现代社会和经济发展进程中,针对某些宏观或微观的问题,按预定目标,采用一定的科学理论、方法和手段,从所有可供选择的方案中,找出最满意的一个方案实施。

由《中国大百科全书:自动控制和系统工程卷》可知以下几点。

(1) 决策——为最优地达到目标,对若干个准备行动的方案进行的选择。

(2) 决策论——根据系统的状态信息和评价准则选择最优策略的数学理论。

(3) 决策分析——用于研究确定决策问题的一种系统分析方法,其目的是改进决策过程,从一系列备选方案中找出一个能满足一定目标的合适方案。

决策分为狭义决策和广义决策。狭义决策认为决策就是作决定,单纯强调最终结果;广义决策认为将管理过程的行为都纳入决策范畴,决策贯穿于整个管理过程中。

决策目标是决策者希望达到的状态、工作努力的目的。一般而言,在管理决策中决策者追求的当然是利益最大化。

决策准则是决策判断的标准、备选方案的有效性度量。

决策属性包括决策方案的性能、质量参数、特征和约束,如技术指标、质量、年龄、声誉等,用于评价它达到目标的程度和水平。

任何科学决策的形成都必须执行科学的决策程序。决策最忌讳的就是决策者意气用事进行决策,只有经历过“预决策→决策→决策后”3个阶段,才有可能产生科学的决策,如图12-1所示。

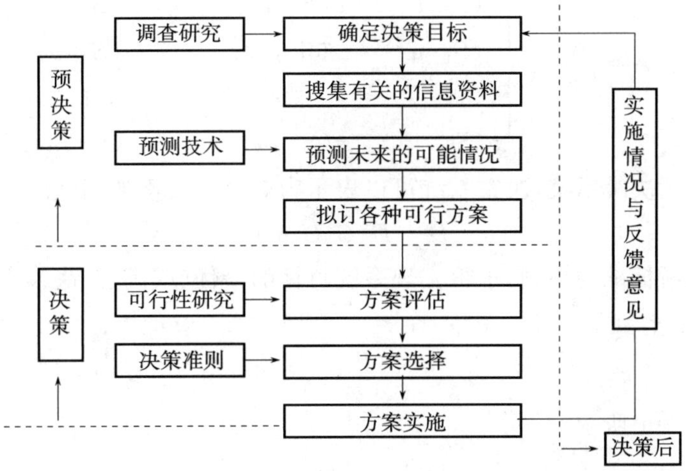


**图 12-1 科学的决策过程**

## 12.1.2 决策过程

同图 12-1 所示的科学的决策过程,其中包括:

(1) 问题的确定包括对决策环境的调查、信息的收集以及决策目标的确立。

(2) 方案的设计表示为分析决策目标,提出实现该目标的有关方案。

(3) 方案选优指应用各种定性定量方法,对方案进行可行性和技术经济方面的比较分析,然后从中找出最满意的一个。

(4) 实施调整是实施选定的方案并在此过程中对原有方案进行修改调整。

1. 决策问题的组成

决策问题包括以下几部分。

(1) 决策者:决策的主体,一个人或团体,一般指领导者或领导集体。

(2) 决策:两个以上可供选择的行动方案、行动或策略。

(3) 准则:衡量选择方案的准则,包括目的、目标、属性、判断正确性的标准。

(4) 状态(事件):实施后可能遇到的自然状况,不为决策者所控制的客观存在的将发生的状态。

(5) 状态概率:对各状态发生可能性大小的主观估计。

(6) 结局(损益):当决策实施后遇到状态时所产生的效益(利润)或损失(成本)。

(7) 决策者的价值观:如决策者对货币或不同风险程度的主观价值观念。

2. 决策系统

常见的决策系统的相关概念有:

(1) 状态空间:不以人的意志为转移的客观因素,设一个状态为 $S_i$,有 $m$ 种不同状态,其集合记为 $S=\{S_1,S_2,S_3,\cdots,S_m\}=\{S_i\},i=1,\cdots,m$,其中,$S$ 称为状态空间,$S$ 的元素 $S_i$ 称为状态变量。

(2) 策略空间:人们根据不同的客观情况,可能做出主观的选择,记一种策略方案为 $U_j$,有 $n$ 种不同的策略,其集合为 $U=\{u_1,u_2,\cdots,u_n\}=\{u_j\},j=1,\cdots,n$,其中,$U$ 称为策略空间,$U$ 的元素 $U_j$ 称为决策变量。

(3) 损益函数:当处在状态 $S_i$ 下时,人们做出决策 $u_j$,从而产生的损益值为 $V_{ij}$,显然 $V_{ij}$ 是 $S_i$,$u_j$ 的函数,即 $V_{ij}=v(S_i,u_j),i=1,2,\cdots,m;j=1,2,\cdots,n$。

当状态变量是离散型变量时,损益值构成的矩阵叫损益矩阵。

$$\mathbf{V}=(V_{ij})_{m\times n}=\begin{bmatrix} v(S_1,u_1) & v(S_1,u_2) & \cdots & v(S_1,u_n) \\ v(S_2,u_1) & v(S_2,u_2) & \cdots & v(S_2,u_n) \\ \vdots & \vdots & & \vdots \\ v(S_m,u_1) & v(S_m,u_2) & \cdots & v(S_m,u_n) \end{bmatrix}$$

上述 3 个主要素组成了决策系统，决策系统可以表示为 3 个主要素的函数：

$$D=D(S,U,\mathbf{V})$$

人们将根据不同的判断标准与原则，求得实现系统目标的最优(或满意)决策方案。

3. 常见的两种决策工具

1) 损益矩阵

通常损益矩阵如表 12－1 所示。

**表 12－1　损益矩阵**

| 收益 | | S | | | |
|---|---|---|---|---|---|
| | | $S_1$ | $S_2$ | … | $S_m$ |
| | | $P_1$ | $P_2$ | … | $P_m$ |
| U | $u_1$ | $V_{11}$ | $V_{12}$ | … | $V_{1m}$ |
| | $u_2$ | $V_{21}$ | $V_{22}$ | … | $V_{2m}$ |
| | ⋮ | ⋮ | ⋮ | | ⋮ |
| | $u_n$ | $V_{n1}$ | $V_{n2}$ | … | $V_{nm}$ |

表 12－1 中的 $P_i$ 表示状态概率($i=1,\cdots,m$)。

2) 决策树

在复杂的问题中，往往要连续地进行多次决策。如每选择一个策略(方案)后，可能有 $m$ 种不同的事件发生。每种事件发生后，要进行下一个决策，又有 $n$ 种策略可选择，并发生不同的事件，如此需要相继做出一系列决策，这种决策过程称为序贯决策。

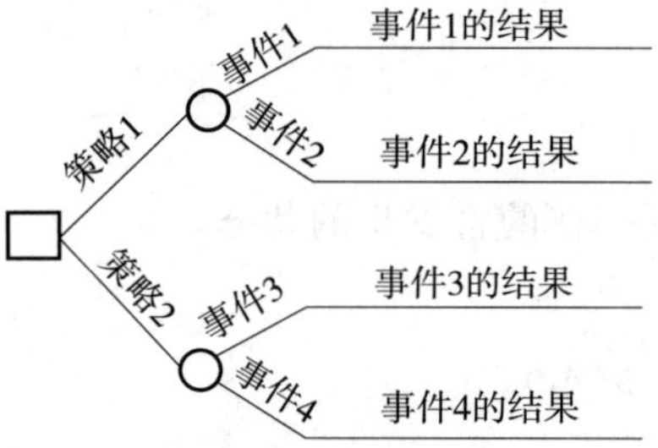


**图 12－2　决策树**

在序贯决策下用损益矩阵进行分析时，十分复杂。决策树是一种能帮助决策者进行序贯决策分析的有效工具，如图 12－2 所示。

每个决策树由 4 个部分组成。

(1) 决策点：决策者应当在决策点从若干策略中进行抉择，以□表示。

(2) 事件点：在每个策略确定之后，可能遇到不同的事件和状态，以○表示。

(3) 树枝：每一个树枝表示一个策略或事件。

(4) 树梢：决策树的树梢端表示各事件的结果。

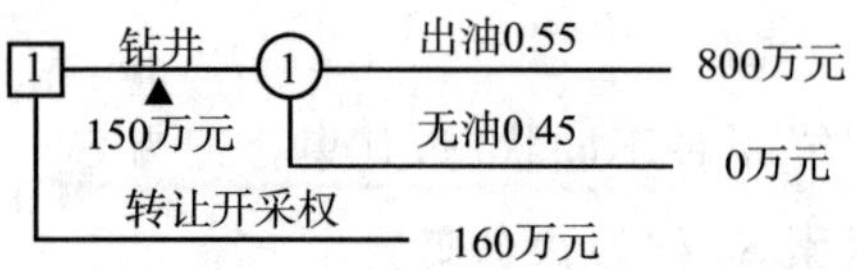


**图 12－3　钻井决策树**

**例 12－1(决策树)**　某石油公司拟在一片估计含油的荒地上钻探。如果钻井，费用为 150 万元，若出油(概率为 0.55)收入为 800 万元；若无油(概率为 0.45)则收入为 0 元。该公司也可以转让开采权，转让费为 160 万元，该公司可不担任何风险。问该公司应如何决策，可使其期望收益值最大。

解：将上述问题用决策树进行描述，如图 12－3 所示，图中▲下面的数字表示决策者应支付的费用。

对决策树的计算采用逆序方法，先计算在事件点 1 的期望收入：

$$800\times 0.55+0\times 0.45=440\ \text{万元}$$

则若采用钻井策略，期望收入为

$$440-150=290 \text{ 万元}$$

在决策点 1 处，按 max(290，160)＝290，决定该公司的优选策略为钻井。

## 12.1.3　基本原则

在决策过程中，通常要遵循以下原则。

（1）最优化原则：在系统环境条件下，试图追寻最优解，寻找到实现目标的最优方案。在现实生活中，往往因为客观条件的影响，使得人们无法得到最优解，只能退而求其次，找到次优解，即求得相对满意解，因此，最优化原则亦称为“满意”原则。

（2）系统原则：将决策者、决策环境、状态看作一个系统，因此在决策分析时，应以系统的总体目标为核心，满足系统优化需求，从整体出发。

（3）可行性原则：决策必须可行，必须通过可行性研究，因为只有通过可行性研究才能够保证决策目标的实现。

（4）信息对称原则：由于信息不对称而产生的程度误差，将会在很大程度上影响到决策选择乃至系统目标的实现。在决策后阶段，及时的信息反馈沟通将是决策策略修正改进的重要保证。

## 12.1.4　决策分类

常见的决策分类可归纳为以下几种分类角度与类型，如表 12－2 到表 12－4 所示。

**表 12－2　多维度决策分类**

| | |
|---|---|
| 按影响范围 | 战略决策、策略决策、执行决策 |
| 按决策环境 | 确定型决策、不确定型决策、风险型决策 |
| 按决策结构 | 程序化决策、半程序化决策、非程序化决策 |
| 按描述方法 | 定性化决策、定量化决策 |
| 按目标数量 | 单目标决策、多目标决策 |
| 按连续性 | 单级决策、序贯决策 |
| 按决策者数量 | 个人决策、群决策 |
| 按问题大小 | 宏观决策、微观决策 |

注：本章涉及的决策问题属于单目标决策。

**表 12－3　决策类型**

| 决策类型 | 传统方法 | 现代方法 |
|---|---|---|
| 程序化 | 现有的规章制度 | 运筹学、管理信息系统(MIS) |
| 半程序化 | 经验、直觉 | 灰色系统、模糊数学等方法 |
| 非程序化 | 经验、应急创新能力 | 人工智能、风险应变能力培训 |

**表 12－4　决策问题**

| | |
|---|---|
| 确定型 | 决策环境是完全确定的，做出的选择的结果也是确定的 |
| 风险型 | 决策的环境不是完全确定的，而其发生的概率是已知的 |
| 不确定型 | 决策者对将发生结果的概率一无所知，只能凭决策者的主观倾向进行决策 |

本章主要分析表 12－4 中的几种决策问题。

（1）确定型：未来状态是已知的，只需从备选方案中选出最优即可，如线性规划、动态规划、网络模型等都是求解这类问题的方法。

(2) 风险型:决策者对他所选择的方案及执行后可能发生的事件有一定的信息了解。根据他的经验或过去的统计资料,可以分析出各事件发生的概率。正因为各事件的发生或不发生具有某种概率,所以对决策者来讲要承担一定的风险。

(3) 不确定型:决策者对他所面临的问题有若干种解决方案,但也对这些方案的执行将出现哪些事件和状态,缺乏必要的信息资料。决策者只能根据自己对事物的态度进行决策分析和抉择。不同的决策者可以有不同的决策准则,因此同一问题就可能有不同的抉择和结果。

## 复习思路提示

1. 了解决策分析的基本概念和基本组成。
2. 考试出题多集中在不确定型决策和风险型决策方面,对这两种决策的背景环境多加理解。
3. 对于本章内容的考查一般多见计算题,如果出简答题,可参见以下出题方式。

| |
|---|
| 中国科学技术大学,2012 年。 |
| 一、简答(2),5 分 |
| 2. 用不少于 50 个字的篇幅解释不确定型决策问题与风险决策问题的区别。 |
| 南京航空航天大学,2012 年。 |
| 一、简述(6),各 5 分 |
| 6. 何谓风险型决策? |

# 12.2 不确定型决策

在不确定型决策中,各种决策环境是不确定的,所以对于同一个决策问题,用不同的方法求值,将会得到不同的结论。在现实生活中,对于同一个决策问题,决策者的偏好不同,也会使得处理相同问题的原则与方法不同。

所谓不确定型决策是指决策者对环境情况缺乏了解。这时决策者根据自己的主观倾向进行决策,由决策者的主观态度不同基本可分为以下几种准则。

(1) 悲观主义准则。

(2) 乐观主义准则。

(3) 最小后悔值(最小机会损失)准则。

(4) 等可能性准则。

(5) 乐观系数法(折衷法、现实主义准则)。

**例 12-2(不确定型决策)** 某公司为经营业务的需要,决定要在现有生产条件不变的情况下,生产一种新产品,现可供开发生产的产品有Ⅰ,Ⅱ,Ⅲ,Ⅳ 4 种,对应的方案为 $A_1,A_2,A_3,A_4$。由于缺乏相关资料背景,对产品的市场需求只能估计为大、中、小 3 种状态,而且对于每种状态出现的概率无法预测,每种方案在各种自然状态下的效益值如表 12-5 所示。

表 12-5 所示的其实就是决策矩阵。根据决策矩阵中元素含义的不同,还可称为收益矩阵、损失矩阵、风险矩阵、后悔值矩阵等。

后续几小节分别用不同的决策准则来进行分析。

表 12-5 效益值 单位:万元

| 供选方案 $A_i$ | 自然状态 | | |
|---|---|---|---|
| | 需求量大 $S_1$ | 需求量中 $S_2$ | 需求量小 $S_3$ |
| $A_1$:生产产品Ⅰ | 800 | 320 | −250 |
| $A_2$:生产产品Ⅱ | 600 | 300 | −200 |
| $A_3$:生产产品Ⅲ | 300 | 150 | 50 |
| $A_4$:生产产品Ⅳ | 400 | 250 | 100 |

## 12.2.1 悲观主义准则

悲观主义准则即小中取大法。

当决策者面临的各事件发生概率不清楚时,可能会因决策者的决策错误造成重大的经济损失,因而决策者在处理问题时较为谨慎。决策者从各种方案可能的最坏结果出发,从中选择最优者。

策略值为

$$u(A_i)=\min_{1\leqslant j\leqslant n} a_{ij},i=1,\cdots,m$$

$$u(A_i^*)=\max_{1\leqslant i\leqslant m} u(A_i)=\max_{1\leqslant i\leqslant m}\min_{1\leqslant j\leqslant n} a_{ij}$$

对例 12-2 进行分析可得表 12-6。

表 12-6 悲观主义准则决策

| 供选方案 $A_i$ | 自然状态 | | | min | max |
|---|---|---|---|---|---|
| | 需求量大 $S_1$ | 需求量中 $S_2$ | 需求量小 $S_3$ | | |
| $A_1$:生产产品Ⅰ | 800 | 320 | −250 | −250 | |
| $A_2$:生产产品Ⅱ | 600 | 300 | −200 | −200 | |
| $A_3$:生产产品Ⅲ | 300 | 150 | 50 | 50 | |
| $A_4$:生产产品Ⅳ | 400 | 250 | 100 | 100 | 100 |

根据悲观主义准则,则对应的方案 $A_4$ 为决策方案,即生产产品Ⅳ。

## 12.2.2 乐观主义准则

乐观主义准则即大中取大法。

乐观主义决策者对待风险的态度与悲观主义决策者不同,当他面临情况不明的策略问题时,他绝不放弃任何一个可以获得最好结果的机会,争取以好中之好的乐观态度来选择他的决策策略。

策略值为

$$u(A_i)=\max_{1\leqslant j\leqslant n} a_{ij},i=1,\cdots,m$$

$$u(A_i^*)=\max_{1\leqslant i\leqslant m} u(A_i)=\max_{1\leqslant i\leqslant m}\min_{1\leqslant j\leqslant n} a_{ij}$$

对例 12-2 进行分析可得表 12-7。

表 12-7 乐观主义准则决策

| 供选方案 $A_i$ | 自然状态 | | | min | max |
|---|---|---|---|---|---|
| | 需求量大 $S_1$ | 需求量中 $S_2$ | 需求量小 $S_3$ | | |
| $A_1$:生产产品Ⅰ | 800 | 320 | −250 | 800 | 800 |
| $A_2$:生产产品Ⅱ | 600 | 300 | −200 | 600 | |
| $A_3$:生产产品Ⅲ | 300 | 150 | 50 | 300 | |
| $A_4$:生产产品Ⅳ | 400 | 250 | 100 | 400 | |

根据乐观主义准则，则对应的方案 $A_1$ 为决策方案，即生产产品Ⅰ。

### 12.2.3 最小后悔值准则

最小后悔值准则(minmax regret criterion)即最小机会损失准则。

最小后悔值准则的决策步骤分为以下 4 步。

(1) 编制机会损失表：$r_{ij}=\{\max_j\{a_{ij}\}-a_{ij}\}$。

(2) 找出每个方案的最大机会损失 $Z_i$：$Z_i=\max_i\{r_{ij}\}$。

(3) 选择最小的机会损失值：$Z_i^*=\min_i\{Z_i\}$。

(4) 对应的方案 $l$ 即所决策方案。

最小后悔值准则的含义是当某一事件发生后，由于决策者没有选用收益最大的策略，而形成的损失值。

在决策过程中，当某一种状态可能出现时，决策者必然要选择使收益最大的方案。但如果决策者由于决策失误而没有选择使收益最大的方案，则会感到遗憾或后悔。最小后悔值准则在于尽量减少决策后的遗憾，使决策者不后悔或少后悔。

对例 12－2 进行分析得出的机会损失表如表 12－8 所示。

**表 12－8　最小后悔值准则决策**

| 供选方案 $A_i$ | 自然状态 | | | max | min |
|---|---|---|---|---|---|
| | 需求量大 $S_1$ | 需求量中 $S_2$ | 需求量小 $S_3$ | | |
| $A_1$:生产产品Ⅰ | 0 | 0 | 350 | 350 | |
| $A_2$:生产产品Ⅱ | 200 | 20 | 300 | 300 | 300 |
| $A_3$:生产产品Ⅲ | 500 | 170 | 50 | 500 | |
| $A_4$:生产产品Ⅳ | 400 | 70 | 0 | 400 | |

根据最小后悔值准则，则应选对应的方案 $A_2$ 为决策方案，即生产产品Ⅱ。

### 12.2.4 等可能原则

等可能原则即等可能性准则(equal likelihood criterion)。

一个人面临着某事件集合，在没有什么确切理由来说明这一事件比那一事件有更多发生机会时，只能认为各事件发生的机会是均等的，即每一事件发生的概率都是“1/事件数”。决策者计算各策略的收益期望值，然后在这些期望值中选择最大者，以它对应的策略为决策策略。

策略值为

$$E(A_i)=\sum_{i=1}^{m}\frac{1}{m}a_{ij}=\frac{1}{m}\sum_{i=1}^{m}a_{ij}$$

$$E(A_l^*)=\max\{E(A_i)\}$$

对例 12－2 进行分析可得表 12－9。

**表 12－9　等可能性准则决策**

| 供选方案 $A_i$ | 自然状态 | | | $E(A_i)$ | max |
|---|---|---|---|---|---|
| | 需求量大 $S_1$ | 需求量中 $S_2$ | 需求量小 $S_3$ | | |
| $A_1$:生产产品Ⅰ | 800 | 320 | −250 | 290 | 290 |
| $A_2$:生产产品Ⅱ | 600 | 300 | −200 | 700/3 | |
| $A_3$:生产产品Ⅲ | 300 | 150 | 50 | 500/3 | |
| $A_4$:生产产品Ⅳ | 400 | 250 | 100 | 250 | |

根据等可能性准则，则对应的方案 $A_1$ 为决策方案，即生产产品Ⅰ。

### 12.2.5 乐观系数法

乐观系数法(hurwicz criterion method)即折衷法、现实主义准则。

原则:决策者给出乐观系数 $\alpha$,$\alpha \in [0,1]$,$\alpha \to 0$ 则说明决策者接近悲观;反之则说明决策者接近乐观。决策值为

$$H(a_j)=\alpha\max(a_{ij})+(1-\alpha)\min_j\{a_{ij}\},\max_{a_j\in A}H(a_j)=H(a_i^*)$$

乐观系数法是介于悲观主义准则和乐观主义准则之间的一个准则,其特点是对客观状态的估计既不完全乐观,也不完全悲观,而是采用一个乐观系数来反映决策者对状态估计的乐观程度。

对例 12-2 进行分析,假设决策者的乐观系数为 0.3,可得表 12-10。

**表 12-10 乐观系数法决策**

| 供选方案 $A_i$ | 自然状态 | | | 0.3max | 0.7min | 加权平均 | 决策结果 |
|---|---|---|---|---|---|---|---|
| | 需求量大 $S_1$ | 需求量中 $S_2$ | 需求量小 $S_3$ | | | | |
| $A_1$:生产产品Ⅰ | 800 | 320 | −250 | 800 | −250 | 65 | |
| $A_2$:生产产品Ⅱ | 600 | 300 | −200 | 600 | −200 | 40 | |
| $A_3$:生产产品Ⅲ | 300 | 150 | 50 | 300 | 50 | 125 | |
| $A_4$:生产产品Ⅳ | 400 | 250 | 100 | 400 | 100 | 190 | 生产产品Ⅳ |

根据乐观系数法,则对应的方案 $A_4$ 为决策方案,即生产产品Ⅳ。

可以看出,小中取大法是当 $\alpha=0$ 时的状态,大中取大法是当 $\alpha=1$ 时的状态。

## 复习思路提示

1. 掌握应用各个不确定型决策准则做决策的决策过程和基本步骤。

2. 对于一个完全不确定型问题,使用不同的方法,可能会得出不同的最优方案。实际决策问题是很复杂的,究竟应选用什么方法,应看具体问题而定,比如对灾难性事件,应考虑最不利情况,使遭受的损失最小。

3. 实际决策者面临不确定型决策问题时,首先是获取有关各事件发生的信息,使不确定型决策问题转化为风险决策。

## 12.3 风险型决策

### 12.3.1 期望值准则

风险型决策是指决策者对客观情况不甚了解,但对将发生各事件的概率是已知的。决策者往往通过调查,根据过去的经验或主观估计等获得这些概率。在风险型决策中一般采用期望值作为决策准则,称为期望值准则(expected value criterion)。

期望值准则包括:

(1) 最大期望效益值(expected monetary value,EMV)准则;

(2) 最小机会损失(expected opportunity loss,EOL)决策准则。

1. 最大期望效益值准则

最大期望效益值准则的决策步骤如下。

(1) 求最大期望效益值 $EMV$。最大期望效益值$=\sum$条件效益值$\times$概率,即

$$EMV_i = \sum_{j=1}^{n} p_j a_{ij}$$

(2) 选择最大期望效益值所对应的方案作为决策方案,即

$$EMV^* = \max\{EMV_i\}$$

**例 12-3(期望值准则)** 某电信公司决定开发新产品,需要对产品品种做出决策,有 3 种产品 $A_1$,$A_2$,$A_3$ 可供开发生产。未来市场对产品需求情况有较大、中等、较小 3 种,经估计各种方案在各种自然状态下的效益值,如表 12-11 所示。各种自然状态发生的概率分别为 0.3,0.4 和 0.3. 那么该电信公司应生产哪种产品,才能使其收益最大。

**表 12-11 效益值** **单位:万元**

| 方案 | 需求量较大 $p_1=0.3$ | 需求量中等 $p_2=0.4$ | 需求量较小 $p_3=0.3$ |
|---|---|---|---|
| $A_1$ | 50 | 20 | −20 |
| $A_2$ | 30 | 25 | −10 |
| $A_3$ | 10 | 10 | 10 |

解:效益的期望值如表 12-12 所示。

**表 12-12 最大期望效益值决策**

| 生产方案 | 自然状态 | | | 期望收益 | 决策 |
|---|---|---|---|---|---|
| | 需求量大 $S_1$ | 需求量中 $S_2$ | 需求量小 $S_3$ | | |
| $A_1$:生产产品Ⅰ | 50 | 20 | −20 | 17 | 生产产品Ⅰ |
| $A_2$:生产产品Ⅱ | 30 | 25 | −10 | 16 | |
| $A_3$:生产产品Ⅲ | 10 | 10 | 10 | 10 | |
| 状态概率 | 0.3 | 0.4 | 0.3 | | |

可见,$\max EMV_i=17$ 万元,因此选择方案 $A_1$,即生产产品Ⅰ。

2. 最小机会损失决策准则

最小机会损失决策准则也称为最小期望后悔值 (expected regret value)准则,求每个方案的期望后悔值(期望损失值),最小期望后悔值对应的方案即所选方案。从本质上讲 EMV 和 EOL 是一样的,当 EMV 为最大时,EOL 便是最小,所以决策时用这两个决策准则所得结果是相同的。

对例 12-3 进行分析。

解:计算该问题的机会损失(后悔)矩阵,如表 12-13 所示。

**表 12-13 最小机会损失决策**

| 生产方案 | 自然状态 | | | 期望损失 | 决策 |
|---|---|---|---|---|---|
| | 需求量大 $S_1$ | 需求量中 $S_2$ | 需求量小 $S_3$ | | |
| $A_1$:生产产品Ⅰ | 0 | 5 | 30 | 11 | 生产产品Ⅰ |
| $A_2$:生产产品Ⅱ | 20 | 0 | 20 | 12 | |
| $A_3$:生产产品Ⅲ | 40 | 15 | 0 | 18 | |
| 状态概率 | 0.3 | 0.4 | 0.3 | | |

可见,$\min EOL_i=11$ 万元,因此选择方案 $A_1$,即生产产品Ⅰ。

**例 12-4(期望值准则)** A 工厂以批发方式销售它所生产的产品,每件产品的成本为 3 元,批发价格每件为 5 元。若每天生产的产品当天销售不完,每件要损失 1 元。A 工厂每天的产量可以是 $S_1(0)$,

$S_2(1\ 000)$，$S_3(2\ 000)$，$S_4(3\ 000)$，$S_5(4\ 000)$，每天的批发销售量，根据市场的需要可能为 0 件、1 000 件、2 000 件、3 000 件、4 000 件，则 A 工厂的决策者应如何考虑每天的生产量，可使它的收入最高？

分析：A 工厂的决策者可以从 5 种产量方案中任选一种，每种产量方案称为一种策略，即决策者可以从策略集合 $\{S_1(0), S_2(1\ 000), S_3(2\ 000), S_4(3\ 000), S_5(4\ 000)\}$ 中任选一种策略，以达到他的目标（收入最高）。可列出损益矩阵，如表 12－14 所示。

**表 12－14　损益表**

| 产量（策略） | 销售量（事件） | | | | |
|---|---|---|---|---|---|
| | 0 | 1 000 | 2 000 | 3 000 | 4 000 |
| $S_1(0)$ | 0 | 0 | 0 | 0 | 0 |
| $S_2(1\ 000)$ | −1 000 | 2 000 | 2 000 | 2 000 | 2 000 |
| $S_3(2\ 000)$ | −2 000 | 2 000−1 000 | 4 000 | 4 000 | 4 000 |
| $S_4(3\ 000)$ | −3 000 | 2 000−2 000 | 4 000−1 000 | 6 000 | 6 000 |
| $S_5(4\ 000)$ | −4 000 | 2 000−3 000 | 4 000−2 000 | 6 000−1 000 | 8 000 |

解：设销售量为 0 件、1 000 件、2 000 件、3 000 件、4 000 件的概率分别为 0.1，0.2，0.4，0.2，0.1，工厂决策者采用最大期望效益值准则时，如表 12－15 所示。

**表 12－15　最大期望效益值决策**

| | | 销售量（事件） | | | | | $EMV_i = \sum_{j=1}^{n} p_j a_{ij}$ |
|---|---|---|---|---|---|---|---|
| | | 0 | 1 000 | 2 000 | 3 000 | 4 000 | |
| 概率 | | 0.1 | 0.2 | 0.4 | 0.2 | 0.1 | |
| 产量（策略） | $S_1(0)$ | 0 | 0 | 0 | 0 | 0 | 0 |
| | $S_2(1\ 000)$ | −1 000 | 2 000 | 2 000 | 2 000 | 2 000 | 1 700 |
| | $S_3(2\ 000)$ | −2 000 | 1 000 | 4 000 | 4 000 | 4 000 | 2 800 |
| | $S_4(3\ 000)$ | −3 000 | 0 | 3 000 | 6 000 | 6 000 | 2 700 |
| | $S_5(4\ 000)$ | −4 000 | −1 000 | 2 000 | 5 000 | 8 000 | 2 000 |

所以，工厂的最优策略为 $S_3$，生产 2 000 件产品。

设销售量为 0 件、1 000 件、2 000 件、3 000 件、4 000 件的概率分别为 0.1，0.2，0.4，0.2，0.1，工厂决策者采用最小机会损失决策准则时，先计算机会损失矩阵，如表 12－16 所示。

**表 12－16　最小机会损失决策**

| | | 销售量（事件） | | | | | $EOL$ |
|---|---|---|---|---|---|---|---|
| | | 0 | 1 000 | 2 000 | 3 000 | 4 000 | |
| 概率 | | 0.1 | 0.2 | 0.4 | 0.2 | 0.1 | |
| 产量（策略） | $S_1(0)$ | 0 | 2 000 | 4 000 | 6 000 | 8 000 | 4 000 |
| | $S_2(1\ 000)$ | 1 000 | 0 | 2 000 | 4 000 | 6 000 | 2 300 |
| | $S_3(2\ 000)$ | 2 000 | 1 000 | 0 | 2 000 | 4 000 | 1 200 |
| | $S_4(3\ 000)$ | 3 000 | 2 000 | 1 000 | 0 | 2 000 | 1 300 |
| | $S_5(4\ 000)$ | 4 000 | 3 000 | 2 000 | 1 000 | 0 | 2 000 |

所以，工厂的最优策略为 $S_3$，生产 2 000 件产品。

3. 信息的价值

若决策者通过调查预测，能确切了解到每天的需求量，并依此安排每天的生产量，得到的收益期望值要比不进行调查预测时高，这时的收益期望值称为具有完美信息的收益期望值(Expected Profit of Perfect Information，EPPI)。

完全信息(完美信息)是指能够准确无误地预报将发生状态的信息。

完美信息的期望收益值是指当状态 $S_i$ 必然发生时的最优决策收益期望值，计算公式如下：

$$EPPI=\sum_{i=1}^{m}P(S_i)\max_{j}u_{ij}$$

完美信息的期望收益值应大于最大期望收益，即 $EPPL\geqslant EMV^*$，则

$$EVPL=EPPL-EMV^*$$

其中，EVPI 也称为全情报价值，说明获取情报的费用不能超过 $EVPI$，否则就没有增加收入。

以例 12-4 为例进行分析可得表 12-17。

表 12-17　完美信息的期望收益值

| | 销售量(事件) | | | | | $EPPL$ |
|---|---|---|---|---|---|---|
| | 0 | 1 000 | 2 000 | 3 000 | 4 000 | |
| 概率 | 0.1 | 0.2 | 0.4 | 0.2 | 0.1 | |
| 完美信息时的收益 | 0 | 2 000 | 4 000 | 6 000 | 8 000 | |
| 收益×概率 | 0 | 400 | 1 600 | 1 200 | 800 | 4 000 |

要进行调查预测必然要花一定的费用，这笔费用的最大极限值不超过 $EVPI$。如果调查预测费用超过 $EVPI$，说明调查预测失去了实际的经济价值。

从表 12-17 中可看出，具有完美信息时，A 工厂的收益可提高到 4 000 元($EPPI$)，而在无信息情报时的最大收益期望值为 2 800 元，此时：

$$EVPI=EPPL-EMV^*=(4\,000-2\,800)\text{ 元}=1\,200\text{ 元}$$

$EVPI$ 称为完美信息的价值或全情报价值，该决策准则也可称为完全信息期望值准则。

## 复习思路提示

1. 风险型决策是指在已知各自然状态的概率分布的情况下，通过计算各决策方案的期望效用值来选择最优方案。其核心是利用概率信息评估每个方案的风险与收益，从而做出合理决策。掌握期望值准则、效用函数(后面介绍)等基本概念是理解风险性决策的基础。往往通过调查，根据过去的经验或主观估计等获得这些概率。在风险型决策中一般采用期望值准则作为决策准则。

2. 期望值准则有最大期望效益值准则、最小机会损失决策和完全信息期望值准则。

3. EMV 和 EOL 两个决策准则的决策结果是一致的，两者主要针对一次决策后多次重复应用的情况，即有时得、有时失，得失相抵后使自己的平均收益最大，实际策略是“以不变应万变”。

4. 若能正确预测每天的需要量，并按预测数据安排生产，做到“随机应变”，这样就需要进行调查预测(全情报价值的期望收益)。但调查预测的费用不能超过全情报价值 $EVPI$($EVPI+EMV^*\leqslant EPPI$)，否则就得不偿失。

### 12.3.2　决策树法

决策树是由决策点、事件点及结果构成的树形图，如图 12-4 所示，一般应用于序贯决策中，以最大收益期望值或最低期望成本作为决策准则。决策树通过图解方式求解在不同条件下各方案的收益值，然后通过比较做出决策。

决策树包含 4 个部分。

(1) □:表示决策点,也称为树根,由它引发的分枝称为方案分枝,方案分枝称为树枝,$m$ 条分枝表示有 $m$ 种供选方案。

(2) ○:表示事件点或状态点,其上方的数字表示该方案的最大收益期望值,由其引出的 $n$ 条线称为概率枝,表示有 $n$ 种自然状态,其发生的概率标明在分枝上。

(3) △:表示每个方案在相应自然状态下的效益值。

(4) ⧺:表示经过比较选择此方案被否决,称为剪枝。

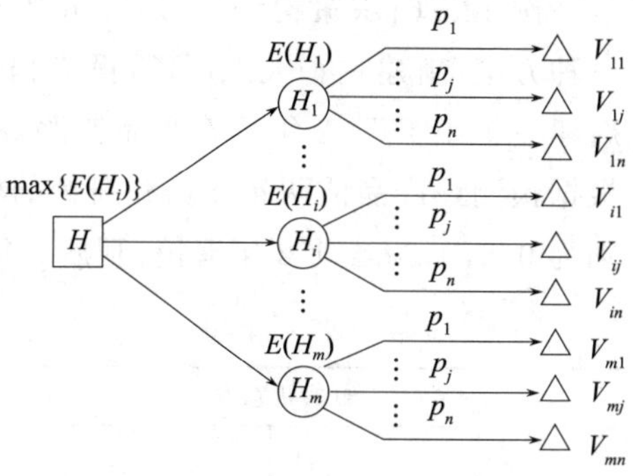


图 12－4 决策树

决策树的决策步骤如下:

(1) 根据题意作出决策树图;

(2) 从右向左计算各方案期望值,并进行标注;

(3) 对期望值进行比较,选出最大期望效益值,写在□上方,表明其所对应方案为决策方案,同时在其他方案上写上"+"表示删除。

**例 12－5(决策树法)** 某厂决定生产某产品,要对机器进行改造。投入不同数额的资金进行改造有 3 种方法,分别为购新机器、大修和维护。根据经验,销路好发生的概率为 0.6。相关投入额及不同销路情况下的效益值如表 12－18 所示,请选择最佳方案。

**表 12－18 例 12－5 效益表** **单位:万元**

| 供选方案 | 投资额 $T_i$ | 销路好 $p_1=0.6$ | 销路不好 $p_2=0.4$ |
|---|---|---|---|
| 购新机器:$A_1$ | 12 | 25 | －20 |
| 大修:$A_2$ | 8 | 20 | －12 |
| 维护:$A_3$ | 5 | 15 | －8 |

解:(1) 根据题意,作出决策树,如图 12－5 所示。该类型称为单级决策问题。在序贯决策中,常常需要根据阶段的不同做出多次不同的决策,包括两级或两级以上的决策称为多级决策问题。

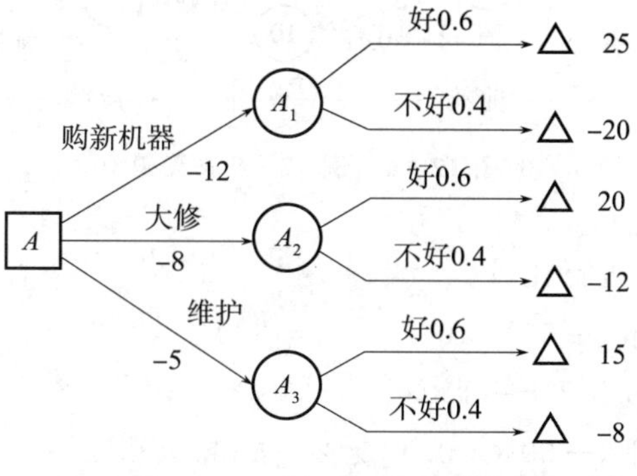


图 12－5 例 12－5 决策树

(2) 计算各方案的效益期望值:

$$E(A_i)=\sum_j p_j V_{ij}-T_i$$

$$E(A_1)=0.6\times 25+0.4\times(-20)-12=-5$$

$$E(A_2)=0.6\times 20+0.4\times(-12)-8=-0.8$$

$$E(A_3)=0.6\times 15+0.4\times(-8)-5=0.8$$

(3) 最大值为 $E(A_3)=0.8$。

选对应方案 $A_3$,即维护机器,并将 $A_1$,$A_2$ 剪枝。

**例 12-6(决策树法)** 某公司由于市场需求增加，使得公司决定要扩大公司规模，供选方案有 3 种：第一种方案，新建一个大工厂，需投资 250 万元；第二种方案，新建一个小工厂，需投资 150 万元；第三种方案，新建一个小工厂，2 年后若产品销路好再考虑扩建，扩建需追加 120 万元，后 3 年收益与新建大工厂相同。根据预测该产品前两年畅销和滞销的概率分别为 0.6，0.4。若前 2 年畅销，则后 3 年畅销和滞销的概率分别为 0.8，0.2；若前 2 年滞销，则后 3 年一定滞销，如表 12-19 所示。请对方案做出选择。

**表 12-19 例 12-6 效益表** 单位：万元

| 自然状态概率 | | 供选方案与效益 | | | |
|---|---|---|---|---|---|
| 前 2 年 | 后 3 年 | 大工厂 | 小工厂 | 先小后大 | |
| | | | | 前 2 年 | 后 3 年 |
| 畅销 0.6 | 畅销 0.8<br>滞销 0.2 | 150 | 80 | 80 | 150 |
| 滞销 0.4 | 畅销 0<br>滞销 1 | −50 | 20 | 20 | −50 |
| 成本 | | 250 | 150 | 150 | 120 |

解：(1)根据题意，作出决策树，如图 12-6 所示。

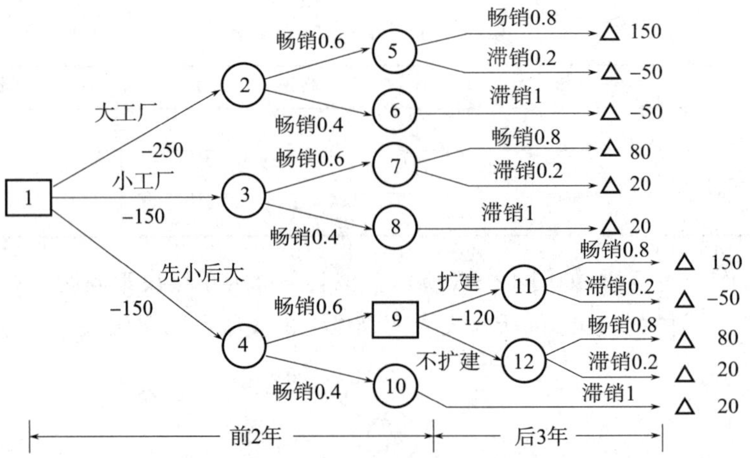


**图 12-6 例 12-6 决策树**

(2)计算各方案期望收益值并进行比较。

$$E(5)=[150\times0.8+(-50)\times0.2]\times3=330$$

$$E(6)=(-50\times1.0)\times3=-150$$

$$E(2)=[150\times0.6+(-50)\times0.4]\times2+[330\times0.6+(-150)\times0.4]-250=28$$

$$E(7)=[(80\times0.8)+(20\times0.2)]\times3=204$$

$$E(8)=(20\times1.0)\times3=60$$

$$E(3)=[(80\times0.6)+(20\times0.4)]\times2+[(204\times0.6)+(60\times0.4)]-150=108.4$$

$$E(11)=[150\times0.8+(-50)\times0.2]\times3-120=210$$

$$E(12)=[(80\times0.8)+(20\times0.2)]\times3=204$$

$$E(10)=(20\times1.0)\times3=60$$

$$E(4)=[(80\times0.6)+(20\times0.4)]\times2+[(210\times0.6)+(60\times0.4)]-150=112$$

比较各方案，$E(4)$ 最大，则取最大值 112，对应的方案是先小后大作为选定方案，即先建小厂、后扩建大工厂的方案为最终方案。

## 复习思路提示

1. 决策树是由决策点、事件点及结果构成的树形图，一般应用于序贯决策中，以最大收益期望值或最低期望成本作为决策准则。

2. 决策树通过图解方式求解在不同条件下各个方案的收益值，然后通过比较做出决策。

3. 在决策树法中注意在计算分枝的收益值时，别忘了减去该分枝的投资额，尤其是在处理多级决策问题时。

### 12.3.3 贝叶斯决策准则

贝叶斯决策准则是基于贝叶斯定理的一种决策方法，用于在不确定性条件下做出最优决策。它通过结合先验概率和样本信息来更新对自然状态的概率估计，从而更准确地评估各决策方案的风险与收益。以下是贝叶斯决策准则的简要介绍。

1）贝叶斯定理的核心作用

贝叶斯定理用于更新先验概率，将其转化为后验概率。后验概率反映了在获得新信息后对自然状态的更准确估计。通过贝叶斯定理，决策者可以利用样本数据调整对各自然状态的信念，从而做出更合理的决策。

2）贝叶斯决策的基本步骤

(1) 确定先验概率：在没有样本信息之前，对各自然状态的概率进行主观估计或基于历史数据进行统计分析。

(2) 收集样本信息：通过实验、调查或其他方式获取与自然状态相关的样本数据。

(3) 更新后验概率：利用贝叶斯定理，结合样本信息更新先验概率，得到后验概率。

(4) 计算期望效用值：基于后验概率，计算每个决策方案的期望效用值。

(5) 选择最优方案：选择期望效用值最大的方案作为最优决策。

3）贝叶斯决策的应用场景

贝叶斯决策广泛应用于风险评估、医疗诊断、金融投资、市场预测等领域。它特别适用于信息不完全但可以通过样本数据逐步更新信息的场景。通过贝叶斯决策，决策者能够在不确定性条件下做出更科学、更合理的决策。

1. 贝叶斯公式

若 $A_1, A_2, \cdots, A_m$ 构成一个完备事件，$P(A_i) > 0$，则对任何概率不为零的事件 $B$，有

$$P(A_i|B) = \frac{P(A_i)P(B|A_i)}{\sum_i P(A_i)P(B|A_i)}, i = 1, 2, \cdots, m$$

例如，假定有两个外观完全相同的盒子，盒的内壁分别标记 $A_1$ 和 $A_2$，盒 $A_1$ 内盛 8 个白球、2 个黑球，盒 $A_2$ 内盛 8 个黑球、2 个白球。任取一个盒子让你猜，此盒是 $A_1$ 还是 $A_2$。因两个盒子外观完全相同，所以你只能判定为 $A_1$ 和 $A_2$ 的机会相等，即 $P(A_1) = 0.5$，$P(A_2) = 0.5$，这就是先验概率。

(1) 若让你从指定的盒子中随机摸出一个球来，当摸到的为黑球时，你会倾向于该盒子是 $A_2$，当摸到的为白球时，你会倾向于该盒子为 $A_1$。这是因为如果把摸到黑球作为事件 $B$，则有 $P(B \mid A_1) = 0.2$，$P(B \mid A_2) = 0.8$，这就是样本提供的信息。

(2) 当摸球后再判定盒子是 $A_1$ 还是 $A_2$，即求后验概率 $P(A_1 \mid B)$ 和 $P(A_2 \mid B)$，则根据贝叶斯公式有

$$P(A_1|B) = \frac{P(A_1)P(B|A_1)}{P(A_1)P(B|A_1) + P(A_2)P(B|A_2)} = \frac{0.5 \times 0.2}{0.5 \times 0.2 + 0.5 \times 0.8} = 0.2$$

$$P(A_2|B)=\frac{P(A_2)P(B|A_2)}{P(A_1)P(B|A_1)+P(A_2)P(B|A_2)}=\frac{0.5\times0.8}{0.5\times0.2+0.5\times0.8}=0.8$$

2. 贝叶斯决策

贝叶斯决策(Bayesian Decision Theory,BDT)是贝叶斯公式在决策中的应用,贝叶斯公式是由英国数学家贝叶斯提出的。

开始对原来的状态参数提出某一概率分布,后来通过调查又获得许多信息,只要原来的信息不是错误的,则应用后来的补充信息修正原来的认识,用补充的情报改进原来的概率分布。常见的概念有:

(1) 主观概率:依据过去的信息或经验由决策者估计的概率。

(2) 客观概率:用随机试验确定的概率称为客观概率。

(3) 先验概率:未收到新信息时,根据已有信息和经验估计出的概率分布。

(4) 后验概率:收到新信息,对原概率修正后的概率分布。

(5) 条件概率:事件 $B$ 已经发生的条件下,事件 $A$ 发生的概率,称为事件 $A$ 在给定事件 $B$ 下的条件概率。

$$P(B|A)=\frac{P(AB)}{P(A)},P(A|B)=\frac{P(AB)}{P(B)}$$

处理风险型决策问题的期望值方法中,需要知道各种状态出现的概率(先验概率 $P(A_i),i=1,2,\cdots,m$),通常由专家估计法获得。

当收集到一些有关决策的进一步信息 $B$ 后,原有各种状态出现的概率可能会发生变化。变化后的条件概率记为 $P(A_i\mid B)$,表示在得到追加信息 $B$ 后对原概率 $P(A_i)$ 的修正,故称为后验概率。

由先验概率得到后验概率的过程(贝叶斯公式)称为概率修正。事实上,决策者经常是根据后验概率进行决策的。

因为不确定性经常是由于信息的不完备造成的,决策过程实际上是一个不断收集信息的过程,当信息足够完备时,决策者便不难做出最后的决策。

追加信息的获取一般有助于改进对不确定性决策问题的分析。

为此,需要解决两方面的问题:

(1) 如何根据追加信息对先验概率进行修正,并根据后验概率进行决策;

(2) 由于获取信息通常要支付一定的费用,这就产生了一个需要将有追加信息情况下可能的收益增加值同为获取信息所支付的费用进行比较的问题,当追加信息可能带来的新的收益大于信息本身的费用时,才有必要去获取新的信息。

**例 12-7(期望值决策)** 某石油公司拥有一块可能有油的土地,根据可能出油的多少,该块土地属于4种类型:可产油50万桶,可产油20万桶,可产油5万桶,无油。公司目前有3个方案可以选择:自行钻井;无条件地将该块土地出租给其他生产者;有条件地租给其他生产者。若自行钻井,打出一口有油井的费用是10万元,打出一口无油井的费用是7.5万元,每一桶油的利润是1.5元。若无条件出租,不管出油多少,公司收取固定租金4.5万元;若有条件出租,公司不收取租金,但当产量为20万桶至50万桶时,每桶公司收取0.5元。经计算得到该公司可能的利润收入,如表12-20所示。按过去的经验,该块土地属于上面4种类型的可能性分别为10%,15%,25%和50%。该公司应选择哪种方案,可获得最大利润?

**表 12-20 例 12-7 效益表** **单位:元**

| 项目方案 | 自然状态 | | | |
|---|---|---|---|---|
| | 50万桶 $S_1$ | 20万桶 $S_2$ | 5万桶 $S_3$ | 无油 $S_4$ |
| $A_1$:自行钻井 | 650 000 | 200 000 | −25 000 | −75 000 |

续 表

| 项目方案 | 自然状态 | | | |
|---|---|---|---|---|
| | 50 万桶 $S_1$ | 20 万桶 $S_2$ | 5 万桶 $S_3$ | 无油 $S_4$ |
| $A_2$:无条件出租 | 45 000 | 45 000 | 45 000 | 45 000 |
| $A_3$:有条件出租 | 250 000 | 100 000 | 0 | 0 |
| 状态概率 | 0.1 | 0.15 | 0.25 | 0.5 |

解:先计算期望收益值,如表 12-21 所示。

**表 12-21 决策表** 单位:元

| 项目方案 | 自然状态 | | | | 期望收益 |
|---|---|---|---|---|---|
| | 50 万桶 $S_1$ | 20 万桶 $S_2$ | 5 万桶 $S_3$ | 无油 $S_4$ | |
| $A_1$:自行钻井 | 650 000 | 200 000 | −25 000 | −75 000 | 51 250 |
| $A_2$:无条件出租 | 45 000 | 45 000 | 45 000 | 45 000 | 45 000 |
| $A_3$:有条件出租 | 250 000 | 100 000 | 0 | 0 | 40 000 |
| 状态概率 | 0.1 | 0.15 | 0.25 | 0.5 | |

可见,$\max EMV_i = 51\ 250$ 元,此时,选择自行钻井可获得最大利润。

**例 12-8(贝叶斯决策)** 现假设该石油公司在决策前希望进行一次地震试验,以进一步弄清该地区的地质构造。已知地震试验的费用是 12 000 元,地震试验可能的结果是:构造很好、构造较好、构造一般和构造较差。根据过去的经验,可知地质构造与油井出油量的关系如表 12-22 所示。问题是:

(1) 是否需要进行地震试验?

(2) 如何根据地震试验的结果进行决策?

**表 12-22 地质构造与油井出油量的关系**

| | $P(I_i \mid S_j)$ | 构造很好 $I_1$ | 构造较好 $I_2$ | 构造一般 $I_3$ | 构造较差 $I_4$ |
|---|---|---|---|---|---|
| 0.1 | 50 万桶 $S_1$ | 0.58 | 0.33 | 0.09 | 0.000 |
| 0.15 | 20 万桶 $S_2$ | 0.56 | 0.19 | 0.125 | 0.125 |
| 0.25 | 5 万桶 $S_3$ | 0.46 | 0.25 | 0.125 | 0.165 |
| 0.5 | 无油 $S_4$ | 0.19 | 0.27 | 0.31 | 0.23 |

解:先计算各种地震试验结果出现的概率。

$$\begin{aligned} P(I_1) &= P(S_1)P(I_1 \mid S_1) + P(S_2)P(I_1 \mid S_2) + P(S_3)P(I_1 \mid S_3) + P(S_4)P(I_1 \mid S_4) \\ &= 0.10 \times 0.58 + 0.15 \times 0.56 + 0.25 \times 0.46 + 0.50 \times 0.19 \\ &= 0.352 \end{aligned}$$

$$\begin{aligned} P(I_2) &= P(S_1)P(I_2 \mid S_1) + P(S_2)P(I_2 \mid S_2) + P(S_3)P(I_2 \mid S_3) + P(S_4)P(I_2 \mid S_4) \\ &= 0.259 \end{aligned}$$

$$\begin{aligned} P(I_3) &= P(S_1)P(I_3 \mid S_1) + P(S_2)P(I_3 \mid S_2) + P(S_3)P(I_3 \mid S_3) + P(S_4)P(I_3 \mid S_4) \\ &= 0.214 \end{aligned}$$

$$\begin{aligned} P(I_4) &= P(S_1)P(I_4 \mid S_1) + P(S_2)P(I_4 \mid S_2) + P(S_3)P(I_4 \mid S_3) + P(S_4)P(I_4 \mid S_4) \\ &= 0.175 \end{aligned}$$

由贝叶斯公式 $P(S_j \mid I_i) = \dfrac{P(S_j)P(I_i \mid S_j)}{P(I_i)}$ 计算后验概率,如

$$P(S_1 \mid I_1) = \frac{P(S_1)P(I_1 \mid S_1)}{P(I_1)} = \frac{0.1 \times 0.58}{0.352} = 0.164\ 773$$

则地震试验后的后验概率如表 12－23 所示。

**表 12－23　地震试验后的后验概率**

| $P(S_j \mid I_i)$ | 构造很好 $I_1$ | 构造较好 $I_2$ | 构造一般 $I_3$ | 构造较差 $I_4$ |
|---|---|---|---|---|
| 50 万桶 $S_1$ | 0.165 | 0.127 | 0.042 | 0.000 |
| 20 万桶 $S_2$ | 0.240 | 0.110 | 0.088 | 0.107 |
| 5 万桶 $S_3$ | 0.325 | 0.241 | 0.147 | 0.236 |
| 无油 $S_4$ | 0.270 | 0.522 | 0.723 | 0.657 |

下面用后验概率进行分析。

(1) 如果地震试验得到的结果为“构造很好”，则各方案期望收益值如表 12－24 所示。

**表 12－24　构造很好的期望收益表**

| 项目方案 | 自然状态 | | | | 期望收益 |
|---|---|---|---|---|---|
| | 50 万桶 $S_1$ | 20 万桶 $S_2$ | 5 万桶 $S_3$ | 无油 $S_4$ | |
| $A_1$：自行钻井 | 650 000 | 200 000 | －25 000 | －75 000 | 126 825 |
| $A_2$：无条件出租 | 45 000 | 45 000 | 45 000 | 45 000 | 45 000 |
| $A_3$：有条件出租 | 250 000 | 100 000 | 0 | 0 | 65 250 |
| 后验概率 | 0.165 | 0.240 | 0.325 | 0.270 | |

$\max EMV_i = 126\ 825$ 元，因此选择自行钻井。

(2) 如果地震试验得到的结果为“构造较好”，则各方案期望收益值如表 12－25 所示。

**表 12－25　构造较好的期望收益表**

| 项目方案 | 自然状态 | | | | 期望收益 |
|---|---|---|---|---|---|
| | 50 万桶 $S_1$ | 20 万桶 $S_2$ | 5 万桶 $S_3$ | 无油 $S_4$ | |
| $A_1$：自行钻井 | 650 000 | 200 000 | －25 000 | －75 000 | 59 450 |
| $A_2$：无条件出租 | 45 000 | 45 000 | 45 000 | 45 000 | 45 000 |
| $A_3$：有条件出租 | 250 000 | 100 000 | 0 | 0 | 42 750 |
| 后验概率 | 0.127 | 0.110 | 0.241 | 0.522 | |

$\max EMV_i = 59\ 450$ 元，因此选择自行钻井。

(3) 如果地震试验得到的结果为“构造一般”，则各方案期望收益值如表 12－26 所示。

**表 12－26　构造一般的期望收益表**

| 项目方案 | 自然状态 | | | | 期望收益 |
|---|---|---|---|---|---|
| | 50 万桶 $S_1$ | 20 万桶 $S_2$ | 5 万桶 $S_3$ | 无油 $S_4$ | |
| $A_1$：自行钻井 | 650 000 | 200 000 | －25 000 | －75 000 | －13 375 |
| $A_2$：无条件出租 | 45 000 | 45 000 | 45 000 | 45 000 | 45 000 |
| $A_3$：有条件出租 | 250 000 | 100 000 | 0 | 0 | 19 300 |
| 后验概率 | 0.042 | 0.088 | 0.147 | 0.723 | |

$\max EMV_i = 45\ 000$ 元，因此选择无条件出租。

(4) 如果地震试验得到的结果为“构造较差”，则各方案期望收益值如表 12－27 所示。

表 12-27　构造较差的期望收益表

| 项目方案 | 自然状态 | | | | 期望收益 |
|---|---|---|---|---|---|
| | 50 万桶 $S_1$ | 20 万桶 $S_2$ | 5 万桶 $S_3$ | 无油 $S_4$ | |
| $A_1$：自行钻井 | 650 000 | 200 000 | −25 000 | −75 000 | −33 775 |
| $A_2$：无条件出租 | 45 000 | 45 000 | 45 000 | 45 000 | 45 000 |
| $A_3$：有条件出租 | 250 000 | 100 000 | 0 | 0 | 10 700 |
| 后验概率 | 0.000 | 0.107 | 0.236 | 0.657 | |

$\max EMV_i = 45\ 000$ 元，因此选择无条件出租。

根据后验概率进行决策的期望收益为

$$E^* = P(I_1)E(A_1) + P(I_2)E(A_2) + P(I_3)E(A_3) + P(I_4)E(A_4)$$
$$= (0.352 \times 126\ 825 + 0.259 \times 59\ 450 + 0.213 \times 45\ 000 + 0.175 \times 45\ 000)\text{ 元}$$
$$= 77\ 500\text{ 元}$$

由例 12-7 已知，不做地震试验时的期望收益为 51 250 元，地震试验后可增加收益，也就是地震试验的 $EVPI$ 为 77 500−51 250=26 250 元，大于地震试验的费用 12 000 元，因而进行地震试验是合算的。

所以，最终期望效益为 77 500−12 000=65 500 元。

用决策树表示分析过程（有省略）如图 12-7 所示。

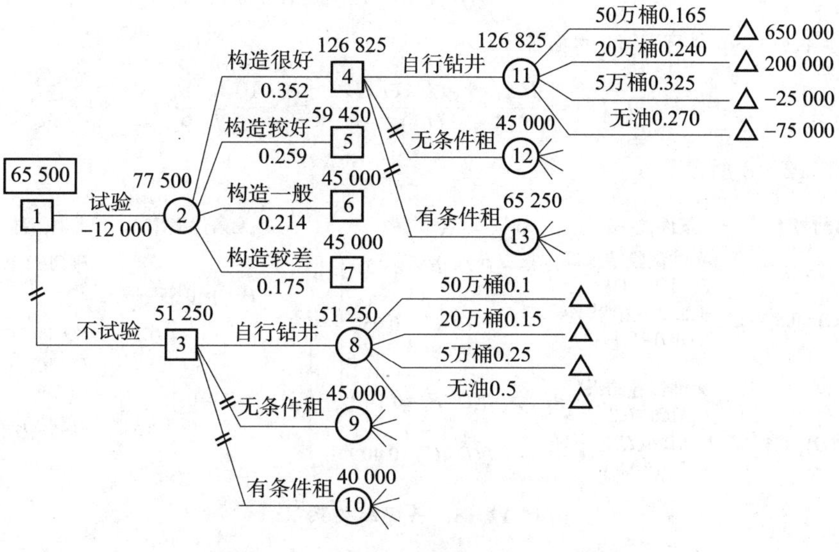


图 12-7　例 12-7 与例 12-8 决策树

3. 概率修正*

决策者常常碰到的问题是没有掌握充分的信息，于是决策者通过调查及做试验等途径去获得更多的更确切的信息，以便掌握各事件发生的概率，这可以利用贝叶斯公式来实现，它体现了最大限度地利用现有信息，并加以连续观察和重新估计，而利用先验概率去计算后验概率的过程，称为概率修正。其步骤为：

(1) 先由过去的经验或专家估计获得将发生事件的事前（先验）概率；

(2) 根据调查或试验计算得到条件概率，利用贝叶斯公式

$$P(A_i|B) = \frac{P(A_i)P(B|A_i)}{\sum_i P(A_i)P(B|A_i)}$$

计算出各事件的事后（后验）概率。

**例 12-9（概率修正）**　某钻探大队在某地区进行石油勘探，主观估计该地区有油的概率为 $P(O) =$

0.5，无油的概率为 $P(D)=0.5$。为了提高钻探的效果，先做地震试验。根据积累的资料得知：凡有油地区做试验结果好的概率为 $P(F\mid O)=0.9$，做试验结果不好的概率为 $P(U\mid O)=0.1$；凡无油地区做试验结果好的概率为 $P(F\mid D)=0.2$，做试验结果不好的概率为 $P(U\mid D)=0.8$。问在该地区做试验后，有油与无油的概率各是多少？

解：先计算做地震试验后获得好结果的概率，即

$$P(F)=P(O)\cdot P(F|O)+P(D)\cdot P(F|D)=0.5\times0.9+0.5\times0.2=0.55$$

再计算做地震试验后获得不好结果的概率，即

$$P(U)=P(O)\cdot P(U|O)+P(D)\cdot P(U|D)=0.5\times0.1+0.5\times0.8=0.45$$

利用贝叶斯公式计算各事件的事后（后验）概率。

（1）做地震试验好的条件下有油的概率：

$$P(O|F)=\frac{P(O)\cdot P(F|O)}{P(F)}=\frac{0.45}{0.55}=\frac{9}{11}$$

（2）做地震试验好的条件下无油的概率：

$$P(D|F)=\frac{P(D)\cdot P(F|D)}{P(F)}=\frac{0.10}{0.55}=\frac{2}{11}$$

（3）做地震试验不好的条件下有油的概率：

$$P(O|U)=\frac{P(O)\cdot P(U|O)}{P(U)}=\frac{0.05}{0.45}=\frac{1}{9}$$

（4）做地震试验不好的条件下无油的概率：

$$P(D|U)=\frac{P(D)\cdot P(U|D)}{P(U)}=\frac{0.40}{0.45}=\frac{8}{9}$$

各概率关系如图 12－8 所示。

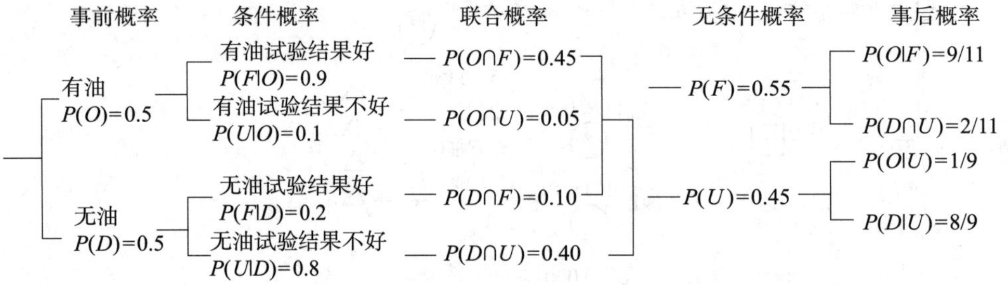


**图 12－8　各概率关系**

## 4. 决策树与灵敏度分析

通常在决策模型中自然状态的概率和损益值往往由估计或预测得到，不可能十分正确，此外实际情况也在不断地变化，现需分析为决策所用的数据可在多大范围内变动，原最优决策方案继续有效，进行这种分析称为灵敏度分析。

**例 12－10（决策树）** 设有某石油钻探队，在一片估计能出油的荒田钻探。可以先做地震试验，然后决定钻井与否；或不做地震试验，只凭经验决定钻井与否。做地震试验的费用为每次 3 000 元，钻井费用为 10 000 元。若钻井后出油，钻井队可收入 40 000 元，若不出油就没有任何收入。各种情况下出油的概率已估计出，并标在图 12－9 上。问钻井队的决策者如何做出决策可使收入的期望值最大。

解：上述决策问题可以用决策树来求解，并将有关数据标在图 12－9 上。

$$E(7)=40\,000\times0.85+0\times0.15=34\,000$$

$$E(8)=40\,000\times0.10+0\times0.90=4\,000$$

$$E(2)=24\ 000\times 0.6+0\times 0.4=14\ 400$$
$$E(6)=40\ 000\times 0.55+0\times 0.45=22\ 000$$

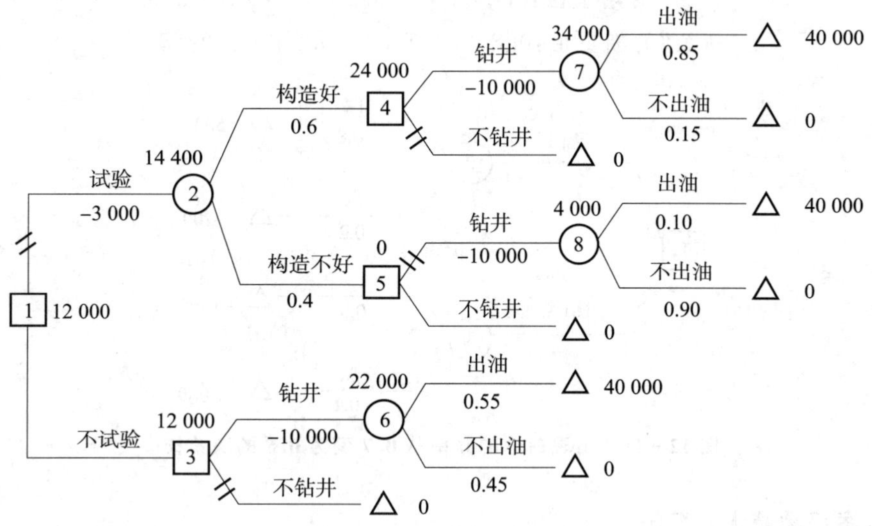


**图 12－9　例 12－10 决策树**

这个决策问题的决策序列为:选择不做地震试验,直接判断钻井,收入期望值为 12 000 元。

**例 12－11(决策树与灵敏度分析)**　假设有外表完全相同的木盒 100 只,将其分为两组,一组内装白球,有 70 盒,另一组内装黑球,有 30 盒。现从这 100 盒中任取一盒,请你猜,如这盒内装的是白球,猜对了得 500 分,猜错了罚 200 分;如这盒内装的是黑球,猜对了得 1 000 分,猜错了罚 150 分。为使期望得分最多,应选哪一方案？有关数据如表 12－28 所示。

**表 12－28　方案与状态概率**

| 方案 | 自然状态(概率) | |
|---|---|---|
| | 白 0.7 | 黑 0.3 |
| 猜白 | 500 | －200 |
| 猜黑 | －150 | 1 000 |

解:画出决策树,如图 12－10 所示。

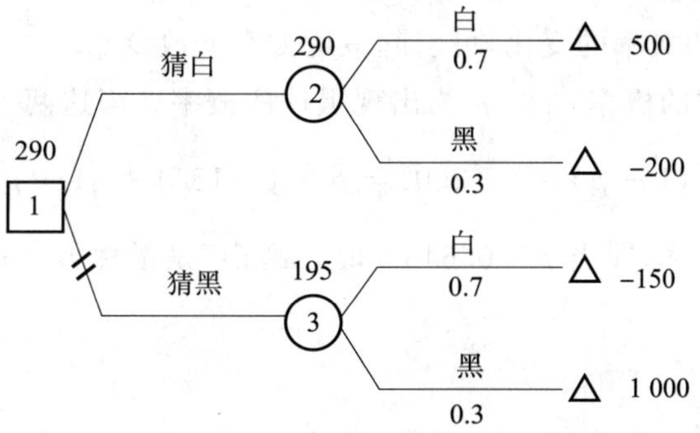


**图 12－10　例 12－11 决策树**

$$E(2)=500\times 0.7+(-200)\times 0.3=290$$
$$E(3)=(-150)\times 0.7+1\ 000\times 0.3=195$$

经比较可知“猜白”方案是最优方案。

现假定出现白球的概率从 0.7 变为 0.8，此时决策树如图 12-11 所示，各方案的期望值如下：

“猜白”的期望值：$0.8\times500+0.2\times(-200)=360$

“猜黑”的期望值：$0.8\times(-150)+0.2\times1\,000=80$

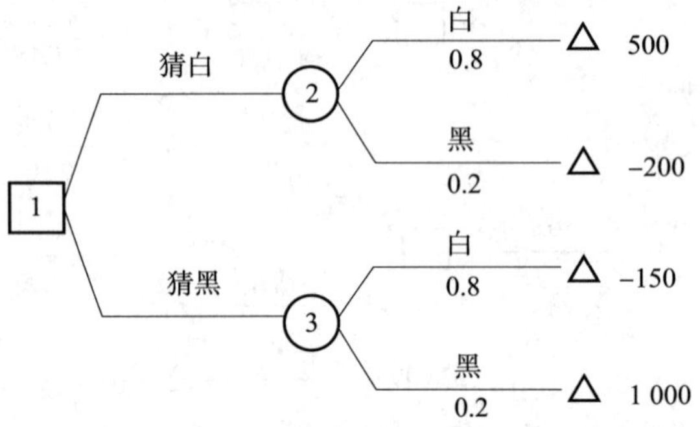


**图 12-11 出现白球的概率从 0.7 变为 0.8 的决策树**

可见“猜白”方案仍是最优方案。

再假定出现白球的概率从 0.7 变为 0.6，此时决策树如图 12-12 所示，各方案的期望值如下：

“猜白”的期望值：$0.6\times500+0.4\times(-200)=220$

“猜黑”的期望值：$0.6\times(-150)+0.4\times1\,000=310$

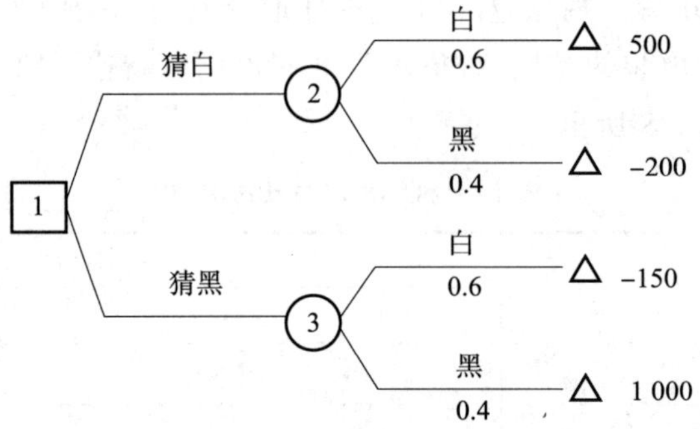


**图 12-12 出现白球的概率从 0.7 变为 0.6 的决策树**

现在的最优方案不是“猜白”方案，而是“猜黑”方案了。

可见由于各自然状态发生的概率的变化，可引起最优方案的改变。

转折概率：设 $p$ 为出现白球的概率，$1-p$ 为出现黑球的概率。当这两个方案的期望值相等时，即

$$p\times500+(1-p)\times(-200)=p\times(-150)+(1-p)\times1\,000$$

求得 $p=0.648\,6$，称其为转折概率，即当 $p>0.648\,6$ 时，“猜白”是最优方案；当 $p<0.648\,6$ 时，“猜黑”是最优方案。

由图 12-13 可推出

$$p=\frac{a_{12}-a_{22}}{a_{12}-a_{22}+a_{21}-a_{11}}$$

若这些数据在某允许范围内变动，而最优方案保持不变，这个方案就是比较稳定的；若这些数据在某允许范围内稍加变动，最优方案就有变化，这个方案就是不稳定的。由此可以找出敏感变量，以及最优方案不变条件下，这些变量允许变化的范围。

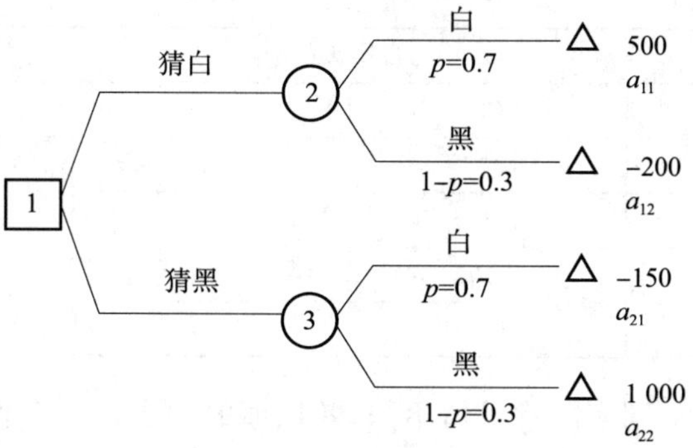


**图 12 − 13　决策树**

## 复习思路提示

1. 风险型决策中的难点在于贝叶斯决策准则，因为要计算后验概率，然后再计算在后验概率下的期望收益值，这里经常容易混淆，计算时要仔细辨别。

2. 复习贝叶斯公式的相关理论。了解先验概率、后验概率、条件概率、概率修正的基本概念。掌握贝叶斯决策中利用贝叶斯公式计算后验概率的方法。

3. 当事件（状态）个数与方案（策略）个数不太多时，用决策树求解贝叶斯决策问题较为方便，但当事件与方案个数多时，决策树会显得繁杂。

4. 对于决策论这一章来说，风险型决策是考查频率比较高的知识点，要熟练掌握。

5. 用决策树求解决策问题时，通常用最大期望值准则来求解各方案的期望值，需要留意决策点"□"和事件点（状态点）"○"的区别，通常在事件点计算期望值，在策略点比较期望值和剪枝。另外，要注意在比较期望值大小前，各方案枝上的期望值要减去支付的部分。

6. 通常在决策模型中自然状态的概率和损益值往往通过估计或预测得到，不可能十分正确，此外实际情况也在不断地变化，各自然状态发生的概率的变化，可能会引起最优方案的改变。

# 12.4　效用理论

## 12.4.1　效用值

1. 最大效用值决策准则的引入

在风险情况下，当只进行一次决策时，用最大期望值准则可能不是很合理。

例如，表 12 − 29 中 3 个方案的 $EMV$ 都相同，显然这 3 个方案并不是等价的。此外因 $EMV^*$ 给出的是平均意义下的最大，当只进行一次决策时，用 $EMV^*$ 决策准则就不恰当了，这时可用最大效用值决策准则来解决。

2. 效用值的基本概念

效用 (utility)值是一种对实际货币值效用进行度量的标准，是实际货币值的函数，并且因人而异。效用值最先是由丹尼尔 · 贝努利(Daniel Bernoulli)提出的，他认为人们对其钱财的真实价值的考虑与他的钱财拥有量之间有对数关系(图 12 − 14)。

表 12-29　*EMV* 数据表

| 项目方案 | 自然状态 | | | | *EMV* |
|---|---|---|---|---|---|
| | E1 | E2 | E3 | E4 | |
| | 0.35 | 0.35 | 0.15 | 0.15 | |
| A | 418.3 | 418.3 | −60 | −60 | 275 |
| B | 650 | −100 | 650 | −100 | 275 |
| C | 483 | 211.3 | 480 | −267 | 275 |

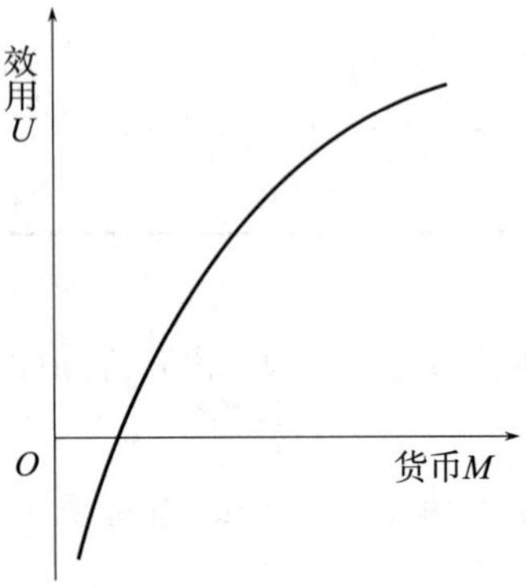


图 12-14　丹尼尔·贝努利的货币效用函数

同实际货币值不同,效用值的大小是一个相对数字。同一个货币量在不同风险情况下,对同一决策者具有不同的效用值;在同等风险情况下,不同决策者对风险的态度不一样,即相同的货币量对不同的人具有不同的效用。

效用的作用:经济学家用效用来衡量人们对某些事物的主观价值、态度、偏爱、倾向等。例如,在风险情况下进行决策,决策者对风险的态度是不同的。可以用效用来量化决策者对风险的态度,给每个决策者测定其对待风险的态度的效用曲线。

可将要考虑的因素都折合为效用值,得到各方案的综合效用值,然后选择效用值最大的方案,这就是最大效用值决策准则。

**例 12-12(效用值)**　假定决策者 A,B,C 对 0 元收入的效用值都为 0,记为 $U(0)=0$;对 10 000 元收入的效用值都为 100,即 $U(10\,000)=100$,各决策者分别对以下结局认为无差别。

(1) 决策者 A:肯定收入 5 000 元;0.6 的概率可能得 10 000 元,0.4 的概率可能得 0 元。

(2) 决策者 B:肯定收入 5 000 元;0.4 的概率可能得 10 000 元,0.6 的概率可能得 0 元。

(3) 决策者 C:肯定收入 5 000 元;0.5 的概率可能得 10 000 元,0.5 的概率可能得 0 元。

试分别求决策者 A,B,C 得 5 000 元收入时的效用值。

解:(1) 对决策者 A 有:$U(5\,000)=0.6U(10\,000)+0.4U(0)=60$。

(2) 对决策者 B 有:$U(5\,000)=0.4U(10\,000)+0.6U(0)=40$。

(3) 对决策者 C 有:$U(5\,000)=0.5U(10\,000)+0.5U(0)=50$。

相同的货币值对决策者 A,B,C 的效用值不一样,这反映了不同决策者对风险的态度。按照无差别原则,如果继续计算出决策者 A,B,C 对 0～10 000 元之间的各种收入的效用值,就可以画出每个决策者的效用曲线。

## 12.4.2　效用曲线的确定

1. 直接提问法

向决策者提出一系列问题,要求决策者进行主观衡量并做出回答。

例如,向某决策者提问:"今年你企业获利 100 万元,你是满意的,那么获利多少,你会加倍满意?"决策者对其提问进行回答。这样不断提问与回答,可绘制出这个决策者的获利效用曲线。

显然使用直接提问法进行提问与回答是十分含糊的,很难确切,所以其应用较少。

2. 对比提问法

设决策者面临两种可选方案 $A_1$ 与 $A_2$,$A_1$ 表示他可无风险地得到一笔金额 $x_2$;$A_2$ 表示他可以以概率 $p$ 得到一笔金额 $x_1$,或以概率 $1-p$ 损失金额 $x_3$,且 $x_1>x_2>x_3$。设 $U(x_1)$ 表示金额 $x_1$ 的效用值,若在某条件下,决策者认为 $A_1$,$A_2$ 两方案等价,确切地说,决策者认为金额 $x_2$ 的效用值等价于 $x_1$,$x_3$ 的效用期

望值，则可表示为

$$pU(x_1)+(1-p)U(x_3)=U(x_2)$$

于是，可用对比提问法来测定决策者的风险效用曲线。

提问方式大致有 3 种。

(1) 每次固定 $x_1$，$x_2$，$x_3$ 的值，改变 $p$，问决策者："$p$ 取何值时，认为 $A_1$ 与 $A_2$ 等价？"

(2) 每次固定 $p$，$x_1$，$x_3$ 的值，改变 $x_2$，问决策者："$x_2$ 取何值时，认为 $A_1$ 与 $A_2$ 等价？"

(3) 每次固定 $p$，$x_2$，$x_3$（或 $x_1$）的值，改变 $x_3$（或 $x_1$），问决策者："$x_3$（或 $x_1$）取何值时，认为 $A_1$ 与 $A_2$ 等价？"

效用理论的 V－M 法（von Neumann－Morgenstern 法）是由冯·诺依曼（John von Neumann）和摩根斯坦（Oskar Morgenstern）于 20 世纪 40 年代提出的，用于处理不确定性条件下的决策问题。该方法基于公理化假设，通过数学工具建立了期望效用函数，为理性决策提供了一个系统化的框架。

V－M 法的核心内容如下。

1）期望效用函数

V－M 法定义了一个期望效用函数 $U(X)$，用于衡量决策者在面对不确定性时的效用。如果某个随机变量 $X$ 以概率 $P_i$ 取值 $x_i$，则期望效用函数为

$$U(X)=E[u(X)]=P_1u(x_1)+P_2u(x_2)+\cdots+P_nu(x_n)$$

其中，$u(x_i)$ 表示决策者在确定地得到 $x_i$ 时的效用。

2）公理化假设

V－M 法基于以下公理。

传递性：如果决策者偏好 $x$ 胜于 $y$，偏好 $y$ 胜于 $z$，那么决策者偏好 $x$ 胜于 $z$。

连续性：如果决策者偏好 $x$ 胜于 $y$，偏好 $y$ 胜于 $z$，则存在一个概率 $p$，使得决策者对 $p$ 的 $x$ 和 $1-p$ 的 $z$ 与 $y$ 无差异。

独立性：决策者的偏好在不同概率组合下保持一致。

3）应用与意义

V－M 法为处理不确定性决策问题提供了一个数学化的框架，能够有效分析和预测理性决策者的行为。它不仅适用于经济决策，还广泛应用于金融、管理等领域。

V－M 法是现代决策理论的重要基础，尽管存在一些局限性（如对人类行为的理性假设过于理想化），但它为后续的理论发展提供了重要的理论基础。

一般采用改进的 V－M 法，即每次取 $p=0.5$，固定 $x_1$，$x_3$，利用 $0.5U(x_1)+0.5U(x_3)=U(x_2)$，改变 $x_2$ 3 次，提 3 问，确定 3 点，即可绘出决策者的效用曲线。

比如，设 $x_1=1\,000\,000$，$x_3=-500\,000$；取 $U(1\,000\,000)=1$，$U(-500\,000)=0$；$0.5U(x_1)+0.5U(x_3)=U(x_2)$。

第一问："你认为 $x_2$ 取何值时，上式成立？"

若回答为"在 $x_2=-250\,000$ 时"，那么 $U(-250\,000)=0.5$，则 $x_2$ 的效用值为 0.5。在坐标系中给出第一个点。

利用 $0.5U(x_1)+0.5U(x_2)=U(x'_2)$ 提第二问："你认为 $x'_2$ 取何值时，上式成立？"

若回答为"在 $x'_2=75\,000$ 时"，那么 $U(75\,000)=0.5\times1+0.5\times0.5=0.75$，即 $x'_2$ 的效用值为 0.75，在坐标系中给出第二个点。

利用 $0.5U(x_2)+0.5U(x_3)=U(x''_2)$ 提第三问："你认为 $x_2^{\cdot}$ 取何值时，上式成立？"

若回答为"在 $x''_2=-420\,000$ 时"，那么 $U(-420\,000)=0.5\times0.5+0.5\times0=0.25$，即 $x''_2$ 的效用值为

0.25，在坐标系中给出第三点。

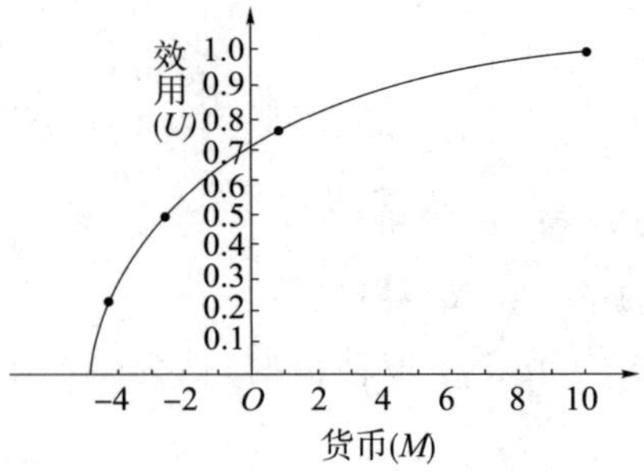


**图 12－15　效用曲线**

通过以上内容即可以绘制出决策者对风险的效用曲线，如图 12－15 所示。

不同的决策者会选择不同的 $x_2$，$x'_2$，$x''_2$ 值，使效用式成立，这就能得到不同形状的效用曲线，表示了决策者对待风险的不同态度。

3. 决策者的风险态度类型

根据不同形状的效用曲线（图 12－16），可以将不同决策者对待风险的态度进行分类，一般可分为：

（1）保守型：具有保守型效用曲线的决策者，他认为他对损失金额越多越敏感，相反地对收入的增加比较迟钝，即宁愿少得钱也不愿承受损失的风险。

（2）中间型：具有中间型效用曲线的决策者，他认为他的收入金额的增长与效用值的增长成等比关系，是风险中立者。

（3）冒险型：具有冒险型效用曲线的决策者，他认为他对损失金额比较迟钝，相反地对收入的增加比较敏感，即他为了多得钱宁愿承受损失的风险。

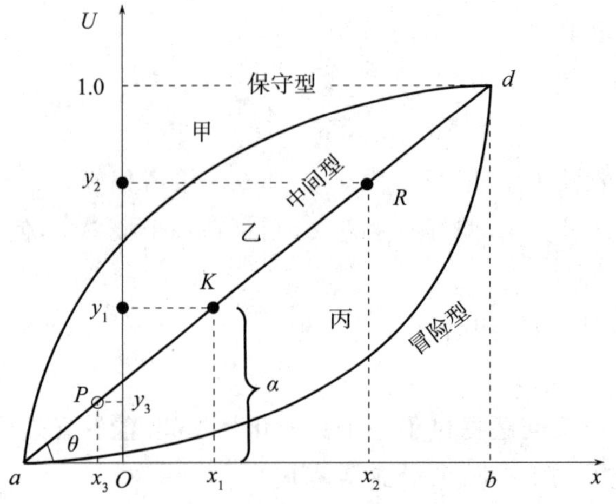


**图 12－16　不同的效用曲线**

计算时需用解析式来表示效用曲线，并对决策者测得的数据进行拟合，常用的关系式有以下 6 种。

（1）线性函数：$U(x)+c_1+a_1(x-c_2)$。

（2）指数函数：$U(x)=c_1+a_1[1-e^{a_2(x-c_2)}]$。

（3）双指数函数：$U(x)=c_1+a_1[2-e^{a_2(x-c_2)}-e^{a_3(x-c_2)}]$。

（4）指数加线性函数：$U(x)=c_1+a_1[1-e^{a_2(x-c_2)}]-a_3(x-c_3)$。

（5）幂函数：$U(x)=a_1+c_1a_2[c_1(x-a_3)]^{a_4}$。

（6）对数函数：$U(x)=c_1+a_1\log(c_3x-c_2)$。

## 12.4.3　效用理论在决策中的应用

**例 12－13（最大效用值准则）**　同例 12－10，问钻井队的决策者如何做出决策可使效用的期望值最大，决策者的效用曲线如图 12－17 所示。

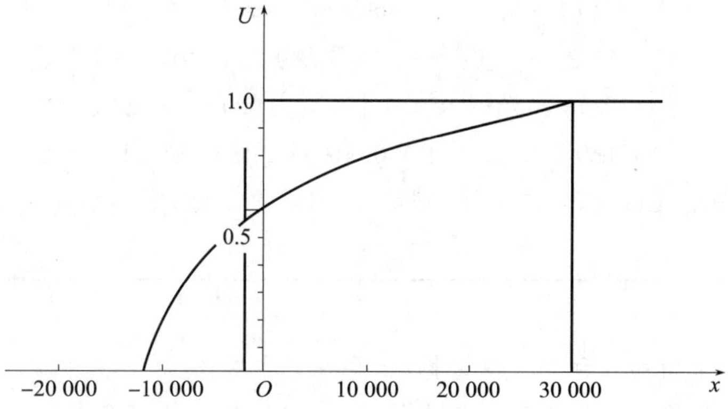


图 12－17　效用曲线

解：查得各纯收入相应的效用值，并将此值记在相应的纯收入旁，如图 12－18 所示。

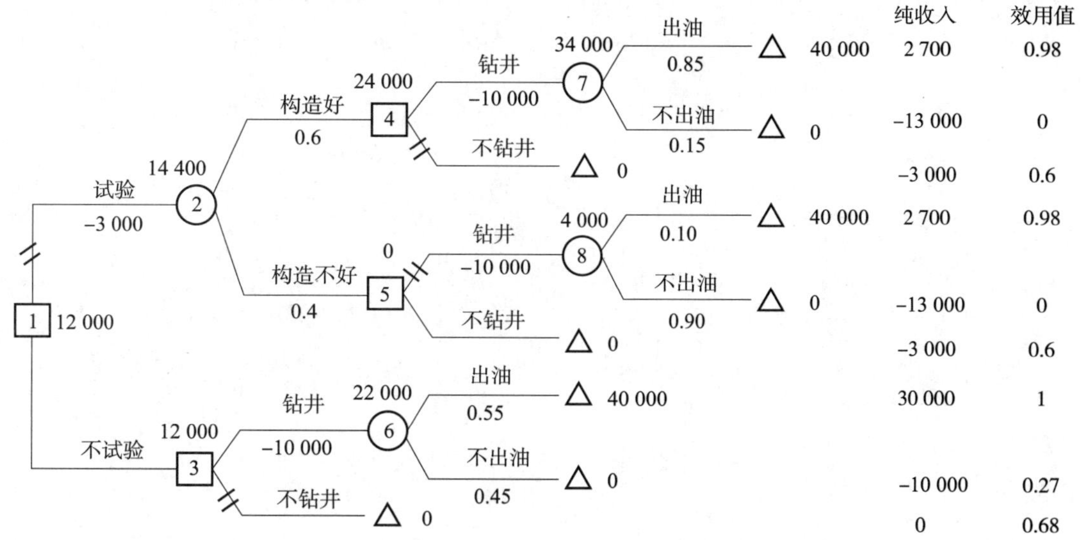


图 12－18　计算效用值前的决策树

根据图 12－19 来计算各期望效用值：

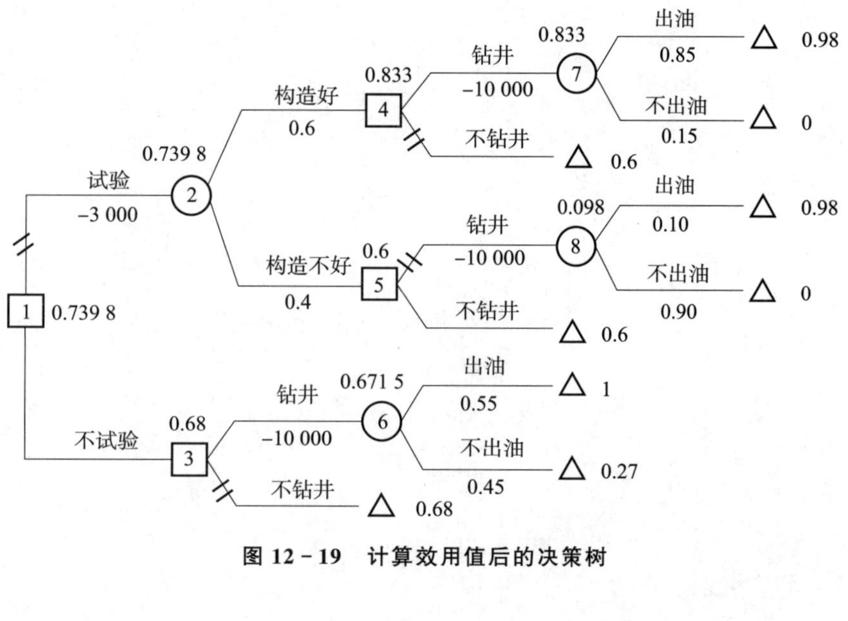


图 12－19　计算效用值后的决策树

$$U(7)=0.85\times0.98+0.15\times0=0.833$$

$$U(8)=0.98\times0.1+0.90\times0=0.098$$

$$U(2)=0.833\times0.6+0.6\times0.4=0.7398$$

$$U(6)=0.55\times1+0.45\times0.27=0.6715$$

因此，决策序列为先做地震试验，若结果好，则钻井；若结果不好，则不钻井。此决策为保守型决策。

## 复习思路提示

1. 效用值是对实际货币值的一种效用度量标准，是一个相对值。

2. 最大期望效益值决策准则在风险型决策中得到广泛应用，但在很多情况下，决策者并不按这个原则去做。在实际中，更多决策者更偏向使用最大期望效用值决策准则。

3. 根据对决策者的效用曲线测定，可以得出保守型、中间型与冒险型这3种类型的曲线，但也有可能某一决策者同时具有3种特征。不同的决策者看待同一货币值的效用是不同的。

# 13 第 13 章 无约束问题*

无约束非线性规划在运筹学中研究在没有约束条件的情况下,如何寻找目标函数的最优解的问题。它主要涉及对目标函数的分析和优化,目标函数通常是定义在实数域上的连续可微函数。无约束问题的核心在于找到目标函数的极值点,即局部最小值点或最大值点。在无约束非线性规划中,常用的优化方法包括梯度法、牛顿法、共轭梯度法等。这些方法通过迭代计算,逐步逼近目标函数的极值点。例如:梯度法利用目标函数的梯度信息,沿着梯度的反方向更新当前点,以逐步降低目标函数的值;牛顿法则进一步利用目标函数的二阶导数(即 Hessian 矩阵),通过二次近似来加速收敛。无约束非线性规划在实际应用中具有重要意义,广泛应用于经济学、工程设计、机器学习等领域。例如,在机器学习中,许多优化问题可以转化为无约束优化问题,通过优化目标函数来训练模型参数。掌握无约束非线性规划的理论和方法,对于解决实际中的优化问题具有重要的指导意义。

## 本章必会知识点

(1) 掌握非线性规划问题的数学模型。

(2) 掌握凸函数的概念、性质和判定定理。

(3) 掌握一维搜索的斐波那契法(试探法)和 0.618 法(黄金分割法)。

(4) 掌握无约束极值问题的解法,包括梯度法、共轭梯度法、变尺度法和步长加速法,尤其是掌握梯度法。

## 本章重难点

**重点:**

(1) 非线性规划问题的数学模型。

(2) 一维搜索。

(3) 梯度法和变尺度法。

**难点:**

(1) 对各种求解方法原理的理解。

(2) 求解无约束问题各方法的步骤。

## 本章考情分析

非线性规划中的无约束问题在研究生入学考试中的考情特点如下。

1. 考试内容与题型

考试内容主要包括无约束优化问题的基本概念、常见优化方法(如最速下降法、牛顿法、共轭梯度法等)及其迭代公式和收敛性质。题型多为计算题和简答题,重点考查学生对优化方法的理解和应用能力。

2. 考试难度与重要性

无约束优化问题的难度适中，但需要学生掌握多种优化算法及其适用条件。在考试中，该部分通常占总分的 10%～15%，是运筹学和优化理论中的重要考点。

3. 考试趋势与复习建议

近年来，考试更加注重考查学生对优化方法的综合应用能力，尤其是如何根据目标函数的特点选择合适的算法。复习时，建议学生重点掌握最速下降法和牛顿法的基本原理与计算步骤，理解共轭梯度法和变尺度法的应用场景，并通过练习题熟悉不同方法的求解过程。

# 13.1 非线性规划问题的数学模型

## 13.1.1 问题的提出

**例 13-1(非线性规划问题的数学模型)** 某公司经营两种产品，第一种产品每件售价 30 元，第二种产品每件售价 450 元。根据统计，售出一件第一种产品所需要的平均服务时间是 0.5 h，第二种产品是$(2+0.25x_2)$ h，其中 $x_2$ 是第二种产品的售出数量。已知该公司在这段时间内的总服务时间为 800 h，试确定使其营业额最高的营业计划。

解：设该公司计划经营第一种产品 $x_1$ 件，第二种产品 $x_2$ 件。根据题意，其营业额为 $f(\boldsymbol{X})=30x_1+450x_2$。由于服务时间的限制，该计划必须满足 $0.5x_1+(2+0.25x_2)x_2\leqslant 800$，得到本问题的数学模型：

$$\begin{cases}\max\ f(\boldsymbol{X})=30x_1+450x_2\\ 0.5x_1+(2+0.25x_2)x_2\leqslant 800\\ x_1\geqslant 0,x_2\geqslant 0\end{cases}$$

可见，该问题不属于线性规划问题。

在经营管理、工程设计、科学研究、军事指挥等方面普遍地存在着最优化问题。例如：

(1) 如何在现有人力、物力、财力条件下合理安排产品生产，以取得最高的利润？

(2) 如何设计某种产品，在满足规格、性能要求的前提下，达到最低的成本？

(3) 如何确定一个自动控制系统的某些参数，使系统的工作状态最佳？

(4) 如何分配一个动力系统中各电站的负荷，在保证一定指标要求的前提下，使总耗费最少？

(5) 如何安排库存储量，既能保证供应，又能使储存费用最低？

(6) 如何组织货源，既能满足顾客需要，又能使资金周转最快？

对于静态的最优化问题，当目标函数或约束条件出现未知量的非线性函数，且不便于线性化，或勉强线性化后会导致较大误差时，就可应用非线性规划的方法去处理。

在科学管理和其他领域中，很多实际问题可归结为线性规划问题。但也有很多问题，其目标函数和约束条件很难用线性函数表达。如果目标函数或约束条件中含有非线性函数，就称这种问题为非线性规划问题。

解这类问题需要用非线性规划方法。非线性规划是 20 世纪 50 年代才开始形成的一门新兴学科。1951 年，哈罗德·库恩(Harold Kuhn)和阿尔伯特·W. 塔克(Albert W. Tucker)发表的关于最优性条件(后来称为库恩-塔克条件)的论文是非线性规划正式诞生的一个重要标志。目前，非线性规划已成为运筹学的一个重要分支，在最优设计、管理科学、系统控制等许多领域得到越来越广泛的应用。

解非线性规划问题要比解线性规划问题困难得多，而且也不像线性规划问题那样有单纯形法等通用方法。非线性规划目前还没有适用于各种问题的一般性算法,各个方法都有自己特定的适用范围。

## 13.1.2　数学模型

非线性规划的数学模型常表示为以下形式：

$$\begin{cases}\min f(\boldsymbol{X}) \\ h_i(\boldsymbol{X})=0, i=1,2,\cdots,m \\ g_j(\boldsymbol{X})\geqslant 0, j=1,2,\cdots,l\end{cases}$$

其中,自变量 $\boldsymbol{X}=(x_1,x_2,\cdots,x_n)^{\mathrm{T}}$ 是 $n$ 维欧氏空间 $E^n$ 中的向量(点), $f(\boldsymbol{X})$ 为目标函数, $h_i(\boldsymbol{X})=0$ 和 $g_j(\boldsymbol{X})\geqslant 0$ 为约束条件。

由于极大化的目标函数和等式约束也可做如下变换：

$$\max f(\boldsymbol{X})=\min[-f(\boldsymbol{X})]$$

$$\begin{cases}h_i(\boldsymbol{X})\geqslant 0 \\ -h_i(\boldsymbol{X})\geqslant 0\end{cases}$$

因此,非线性规划的数学模型通常写成以下形式：

$$\begin{cases}\min f(\boldsymbol{X}) \\ g_j(\boldsymbol{X})\geqslant 0, j=1,2,\cdots,l\end{cases}$$

## 13.1.3　非线性规划问题的图示

当只有两个自变量时,非线性规划问题也可像线性规划问题那样用图示法来表示。

例如,非线性规划问题 A：

$$\begin{cases}\min f(\boldsymbol{X})=(x_1-2)^2+(x_2-2)^2 \\ h(\boldsymbol{X})=x_1+x_2-6=0\end{cases}$$

令 $f(\boldsymbol{X})=c$,其中 $c$ 为某一常数,则上式代表目标函数值等于 $c$ 的点的集合。该集合一般为一条曲线或一张曲面,通常称其为等值线或等值面。

对于这个例子来说,若令目标函数式分别等于 2 和 4,就可得到相应的两条圆形等值线,如图 13－1 所示。

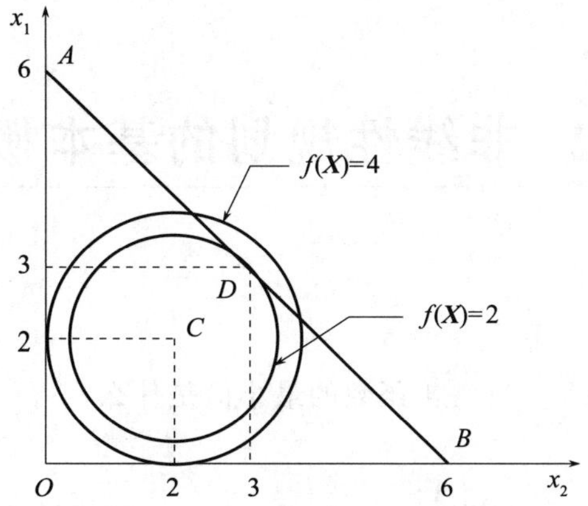


**图 13－1　问题 A 的等值线**

由图 13－1 可见,等值线 $f(\boldsymbol{X})=2$ 和约束条件直线 $AB$ 相切,切点 $D$ 即此问题的最优解： $x_1^*=x_2^*=3$,其目标函数值 $f(\boldsymbol{X}^*)=2$。

又如,非线性规划问题 B：

$$\begin{cases}\min f(\boldsymbol{X})=(x_1-2)^2+(x_2-2)^2\\ h(\boldsymbol{X})=x_1+x_2-6\leqslant 0\end{cases}$$

该非线性规划问题的最优解是 $x_1=x_2=2$，如图 13－2 所示(此时 $f(\boldsymbol{X})=0$ 最小)。

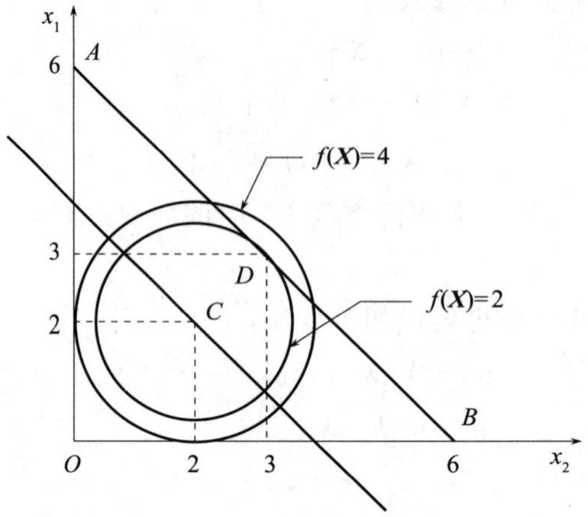


图 13－2　问题 A 的图解

由于最优点位于可行域的内部，故对这个问题的最优解来说，约束条件事实上是不起作用的。

由第 1 章可知，如果线性规划问题的最优解存在，其最优解只能在其可行域的边界上达到(特别是在可行域的顶点上达到)；而非线性规划问题的最优解(如果最优解存在)则可能在其可行域中的任意一点达到。

## 复习思路提示

1. 如果目标函数或约束条件中含有非线性函数，就称这种问题为非线性规划问题。

2. 由图示法可知，非线性规划问题的最优解（如果最优解存在）可能在其可行域中的任意一点达到。

3. 由于线性规划的目标函数为线性函数，可行域为凸集，因而求出的最优解就是在整个可行域上的全局最优解。非线性规划却不然，有时求出的某个解虽是一部分可行域上的极值点，但却并不一定是整个可行域上的全局最优解。

4. 非线性规划目前还没有适用于各种问题的一般性算法，各个方法都有自己特定的适用范围。

# 13.2　非线性规划的基本概念

### 13.2.1　极值问题

**引例 1**　高中数学问题：$y=x^2+2x+1$ 函数的最小值是什么？

解：

$$\frac{\partial y}{\partial x}=2x+2=0\Rightarrow x=-1$$

在 $\min f(x)$ 中，当这个公式中的 $f(x)$ 是一个非线性函数的时候，上面的问题就是一个非线性规划问题。也就是说，非线性优化问题是针对一个非线性函数求最值的问题。

对于有约束条件的问题，如果约束条件是非线性的，那么这个问题也属于非线性规划问题范畴。

那么，我们是否可以对所有的非线性优化问题，都用上面的解法呢？很遗憾，对于很多情况，通过导数为零的方法求出极值点，是做不到的。

**引例 2** 函数 $f(x,y)=x^3+ye^x+y^2+xy+4$。

解：

$$\frac{\partial}{\partial x}f(x,y)=3x^2+ye^x+y$$

$$\frac{\partial}{\partial y}f(x,y)=2y+e^x+x$$

很难从上面的式子中求出导数为 0 的点。一是因为该函数已经不是初等函数，二是因为增加了未知数的个数。

在引例 1 中，函数是个单变量的非线性函数，而且极值点只有一个。即使增加 $x$ 的幂次，不过是增加了几个极值点。我们还是可以通过之前的方法求出极值点，将每个极值点代回方程进行比较，就可找到整个函数的最小值。

如果增加函数的自变量个数的话，如再增加一个变量 $y$，则此时函数在 $x$ 和 $y$ 方向上都有多个极值点。此时极值点的分布就比一维的情况复杂了许多。

当变量的个数继续增加时，极值点的个数会呈几何倍数增加，显然，无法通过求解出所有极值点再比较大小的方法实现对问题的求解。

由于线性规划的目标函数为线性函数，可行域为凸集，因而求出的最优解就是整个可行域上的全局最优解。非线性规划却不然，有时求出的某个解虽是一部分可行域上的极值点，但并不一定是整个可行域上的全局最优解。

### 1. 局部极值和全局极值

将下面定义中的不等式反向，即可得到相应的极大点和极大值的定义。后面重点针对极小点及极小值加以说明，且主要研究局部极小。

1）局部极小点与局部极小值

设 $f(\boldsymbol{X})$ 为定义在 $n$ 维欧式空间 $E^n$ 中的某一区域 $R$ 上的 $n$ 元函数，其中 $\boldsymbol{X}=(x_1,x_2,\cdots,x_n)^{\mathrm{T}}$。对于 $\boldsymbol{X}^*\in R$，如果存在某个 $\varepsilon\geqslant 0$，使所有与 $\boldsymbol{X}^*$ 的距离小于 $\varepsilon$ 的 $\boldsymbol{X}\in R$，即 $\boldsymbol{X}\in R$ 且 $\|\boldsymbol{X}-\boldsymbol{X}^*\|<\varepsilon$，均满足不等式 $f(\boldsymbol{X})\geqslant f(\boldsymbol{X}^*)$，则称 $\boldsymbol{X}^*$ 为 $f(\boldsymbol{X})$ 在 $R$ 上的局部极小点（或相对极小点），$f(\boldsymbol{X}^*)$ 为局部极小值。

2）严格局部极小点与严格局部极小值

若对于所有 $\boldsymbol{X}\neq\boldsymbol{X}^*$ 且与 $\boldsymbol{X}^*$ 的距离小于 $\varepsilon$ 的 $\boldsymbol{X}\in R$，$f(\boldsymbol{X})>f(\boldsymbol{X}^*)$，则称 $\boldsymbol{X}^*$ 为 $f(\boldsymbol{X})$ 在 $R$ 上的严格局部极小点，$f(\boldsymbol{X}^*)$ 为严格局部极小值。

3）全局极小点与全局极小值

若点 $\boldsymbol{X}^*\in R$ 对于所有 $\boldsymbol{X}\in R$ 都有 $f(\boldsymbol{X})\geqslant f(\boldsymbol{X}^*)$，则称 $\boldsymbol{X}^*$ 为 $f(\boldsymbol{X})$ 在 $R$ 上的全局极小点，$f(\boldsymbol{X}^*)$ 为全局极小值。若对于所有 $\boldsymbol{X}\in R$ 且 $\boldsymbol{X}\neq\boldsymbol{X}^*$，都有 $f(\boldsymbol{X})>f(\boldsymbol{X}^*)$，则称 $\boldsymbol{X}^*$ 为 $f(\boldsymbol{X})$ 在 $R$ 上的严格全局极小点，$f(\boldsymbol{X}^*)$ 为严格全局极小值。

### 2. 极值点存在的条件

**定理 13-1（必要条件）** 设 $R$ 是 $n$ 维欧式空间 $E^n$ 中的某一开集，$f(\boldsymbol{X})$ 在 $R$ 上有一阶连续偏导数，且在点 $\boldsymbol{X}^*\in R$ 处取得局部极值，则必有

$$\frac{\partial f(\boldsymbol{X}^*)}{\partial x_1}=\frac{\partial f(\boldsymbol{X}^*)}{\partial x_2}=\cdots=\frac{\partial f(\boldsymbol{X}^*)}{\partial x_n}=0$$

满足该式的点称为平稳点或驻点。在区域内部，极值点必为平稳点，但平稳点不一定是极值点。

令 $\nabla f(\boldsymbol{X}^*)=\left(\frac{\partial f(\boldsymbol{X}^*)}{\partial x_1},\frac{\partial f(\boldsymbol{X}^*)}{\partial x_2},\cdots,\frac{\partial f(\boldsymbol{X}^*)}{\partial x_n}\right)^{\mathrm{T}}$ 为函数 $f(\boldsymbol{X})$ 在 $\boldsymbol{X}^*$ 处的梯度，则上式可写成

$$\nabla f(\boldsymbol{X}^*)=0$$

$\nabla$ 是梯度算子符号，一个函数对于其自变量分别求偏导数，这些偏导数所组成的向量就是函数的梯度。由数学分析可知，$\nabla f(\boldsymbol{X})$ 的方向为 $f(\boldsymbol{X})$ 的等值面（等值线）在点 $\boldsymbol{X}$ 处的法线方向，沿这个方向函数值增加最快。

1）梯度的理解

梯度是一个向量（矢量），表示某一函数在该点处的方向导数沿着该方向取得最大值，即函数在该点处沿着该方向（此梯度的方向）变化最快，变化率最大（为该梯度的模）。

以图 13－3 为例进行比喻，比如我们想要走到山下，道路有千万条，但总有一条可以让我们以最快的速度下山。当然，这里的最快速度仅仅作用在当前的位置点上，也就是说在当前位置 $A$ 我们选择一个方向往山下走，走了一步之后到达另外一个位置 $B$，然后我们在位置 $B$ 计算梯度方向，并沿该方向到达位置 $C$，重复这个过程一直到终点。但是，如果我们把走的每一步连接起来构成下山的完整路线，这条路线可能并不是下山的最快最优路线。因为我们在山上的时候是不知道山的具体形状的，因此无法找到一条全局最优路线。那我们只能关注脚下的路，将每一步走好，这就是梯度下降法的原理。

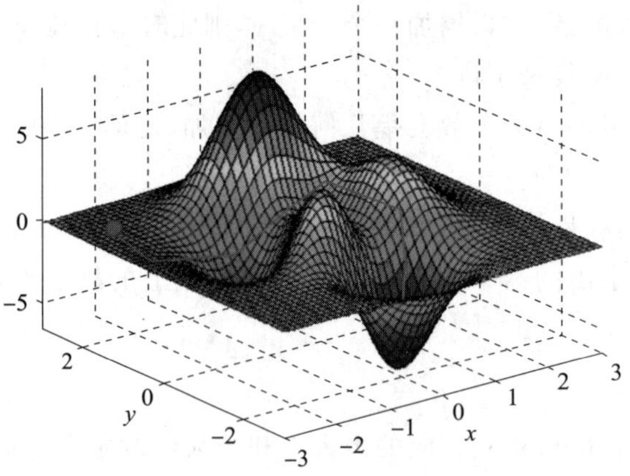


图 13－3　梯度下降法原理示意图

**定理 13－2（充分条件）**　设 $R$ 是 $n$ 维欧式空间 $E^n$ 中的某一开集，$f(\boldsymbol{X})$ 在 $R$ 上有二阶连续偏导数，$\boldsymbol{X}^* \in R$，若 $\nabla f(\boldsymbol{X}^*)=0$，且对任何非零向量 $\boldsymbol{Z} \in E^n$，有 $\boldsymbol{Z}^{\mathrm{T}} H(\boldsymbol{X}^*)\boldsymbol{Z} > 0$，则称 $\boldsymbol{X}^*$ 为 $f(\boldsymbol{X})$ 的严格极小点。

注意：该式不是必要的。如 $f(\boldsymbol{X})=x^4$，其极小点是 $x^*=0$，但 $f''(x^*)=0$，并不满足上式。

此处，$H(\boldsymbol{X}^*)$ 为 $f(\boldsymbol{X})$ 在点 $\boldsymbol{X}^*$ 处的海塞矩阵，即

$$H(\boldsymbol{X}^*)=\begin{bmatrix} \dfrac{\partial^2 f(\boldsymbol{X}^*)}{\partial x_1^2} & \dfrac{\partial^2 f(\boldsymbol{X}^*)}{\partial x_1 \partial x_2} & \cdots & \dfrac{\partial^2 f(\boldsymbol{X}^*)}{\partial x_1 \partial x_n} \\ \dfrac{\partial^2 f(\boldsymbol{X}^*)}{\partial x_1 \partial x_2} & \dfrac{\partial^2 f(\boldsymbol{X}^*)}{\partial x_2^2} & \cdots & \dfrac{\partial^2 f(\boldsymbol{X}^*)}{\partial x_2 \partial x_n} \\ \vdots & \vdots & & \vdots \\ \dfrac{\partial^2 f(\boldsymbol{X}^*)}{\partial x_n \partial x_1} & \dfrac{\partial^2 f(\boldsymbol{X}^*)}{\partial x_n \partial x_2} & \cdots & \dfrac{\partial^2 f(\boldsymbol{X}^*)}{\partial x_n^2} \end{bmatrix}$$

2）海塞矩阵（Hessian 矩阵）

一个由自变量为向量的实值函数的二阶偏导数组成的方块矩阵，称为海塞矩阵，被应用于用牛顿法解决的大规模优化问题。

海塞矩阵的正定性在判断优化算法可行性时非常有用，简单地说，若海塞矩阵正定，则：

（1）函数的二阶偏导数恒大于 0；

（2）函数的变化率（斜率）即一阶导数始终处于递增状态；

（3）函数为凸函数。

因此，在诸如牛顿法等梯度方法中，使用海塞矩阵的正定性可以非常便捷地判断函数是否有凸性，也就是是否可收敛到局部或全局的最优解。

3）二次型*

二次型是向量 $\boldsymbol{X}=(x_1,x_2,\cdots,x_n)^{\mathrm{T}}$ 的二次齐次函数，在研究非线性最优化中具有重要作用。对任何非零向量 $\boldsymbol{Z}\in E^n$，$\boldsymbol{Z}^{\mathrm{T}}H(\boldsymbol{X}^*)\boldsymbol{Z}$ 就是一个二次型。

二次型又分以下几种。

(1) 正定二次型：$\boldsymbol{Z}^{\mathrm{T}}H(\boldsymbol{X}^*)\boldsymbol{Z}>0$，此时 $H(\boldsymbol{X}^*)$ 为正定矩阵。

(2) 半正定二次型：$\boldsymbol{Z}^{\mathrm{T}}H(\boldsymbol{X}^*)\boldsymbol{Z}\geqslant 0$，此时 $H(\boldsymbol{X}^*)$ 为半正定矩阵。

(3) 负定二次型：$\boldsymbol{Z}^{\mathrm{T}}H(\boldsymbol{X}^*)\boldsymbol{Z}<0$，此时 $H(\boldsymbol{X}^*)$ 为负定矩阵。

(4) 负正定二次型：$\boldsymbol{Z}^{\mathrm{T}}H(\boldsymbol{X}^*)\boldsymbol{Z}\leqslant 0$，此时 $H(\boldsymbol{X}^*)$ 为负正定矩阵。

定理 13-2 中 $\boldsymbol{Z}^{\mathrm{T}}H(\boldsymbol{X}^*)\boldsymbol{Z}>0$，则可以说其海塞矩阵在 $\boldsymbol{X}^*$ 处正定。

## 复习思路提示

1. 牢记局部极小点与局部极小值、严格局部极小点与严格局部极小值、全局极小点与全局极小值、严格全局极小点与严格全局极小值的定义。

2. 掌握极值点存在的必要和充分条件：①若 $f(\boldsymbol{X})$ 在 $R$ 上有一阶连续偏导数，且在点 $\boldsymbol{X}^*\in R$ 处取得局部极值，则必有梯度为 0，即 $\nabla f(\boldsymbol{X}^*)=0$；②若 $f(\boldsymbol{X})$ 在 $R$ 上有二阶连续偏导数，$\boldsymbol{X}^*\in R$，$\nabla f(\boldsymbol{X}^*)=0$，且对任何非零向量 $\boldsymbol{Z}\in E^n$，有 $\boldsymbol{Z}^{\mathrm{T}}H(\boldsymbol{X}^*)\boldsymbol{Z}>0$，则称 $\boldsymbol{X}^*$ 为 $f(\boldsymbol{X})$ 的严格极小点。

3. 非线性规划问题求解思路：通常如果不能直接找到极小值点，那么就先观察这个起始点 $x$ 附近一定范围内值最小的点。以 $x$ 为中心，附近的点的函数值可以表示为 $f(x+\Delta x)$。这样，问题变成了求函数 $\psi(\Delta x)=f(x+\Delta x)$ 的极小值点。如果找到了 $\psi(\Delta x)$ 的极小值点，就可以将这个极小值点设为新的观测点 $x'$，再次寻找 $x'$ 附近的极小值点，就这样一步步逼近真正的函数 $f(x)$ 极值点。

### 13.2.2　凸函数与凹函数

1. 定义

凸函数：若对任何实数 $\alpha(0<\alpha<1)$ 以及 $R$ 中的任意两点 $\boldsymbol{X}^{(1)}\neq\boldsymbol{X}^{(2)}$，恒有 $f(\alpha\boldsymbol{X}^{(1)}+(1-\alpha)\boldsymbol{X}^{(2)})\leqslant \alpha f(\boldsymbol{X}^{(1)})+(1-\alpha)f(\boldsymbol{X}^{(2)})$，则称 $f(\boldsymbol{X})$ 为定义在 $R$ 上的凸函数〔图 13-4(a)〕。

严格凸函数：若对任何实数 $\alpha(0<\alpha<1)$ 以及 $R$ 中的任意两点 $\boldsymbol{X}^{(1)}\neq\boldsymbol{X}^{(2)}$，恒有 $f(\alpha\boldsymbol{X}^{(1)}+(1-\alpha)\boldsymbol{X}^{(2)})<\alpha f(\boldsymbol{X}^{(1)})+(1-\alpha)f(\boldsymbol{X}^{(2)})$，则称 $f(\boldsymbol{X})$ 为定义在 $R$ 上的严格凸函数〔图 13-4(a)〕。

凹函数：设 $f(\boldsymbol{X})$ 为定义在 $n$ 维欧式空间 $E^n$ 中某个凸集 $R$ 上的函数，若对任何实数 $\alpha(0<\alpha<1)$ 以及 $R$ 中的任意两点 $\boldsymbol{X}^{(1)}$ 和 $\boldsymbol{X}^{(2)}$，恒有

$$f(\alpha\boldsymbol{X}^{(1)}+(1-\alpha)\boldsymbol{X}^{(2)})\geqslant \alpha f(\boldsymbol{X}^{(1)})+(1-\alpha)f(\boldsymbol{X}^{(2)})$$

则称 $f(\boldsymbol{X})$ 为定义在 $R$ 上的凹函数〔图 13-4(b)〕。

严格凹函数：若对任何实数 $\alpha(0<\alpha<1)$ 以及 $R$ 中的任意两点 $\boldsymbol{X}^{(1)}\neq\boldsymbol{X}^{(2)}$，恒有 $f(\alpha\boldsymbol{X}^{(1)}+(1-\alpha)\boldsymbol{X}^{(2)})>\alpha f(\boldsymbol{X}^{(1)})+(1-\alpha)f(\boldsymbol{X}^{(2)})$，则称 $f(\boldsymbol{X})$ 为定义在 $R$ 上的严格凹函数〔图 13-4(b)〕。

2. 几何意义

见图 13-5，对于函数凹凸的判断，可以通过函数图形上任两点的连线处于图形的下方还是上方来判断。

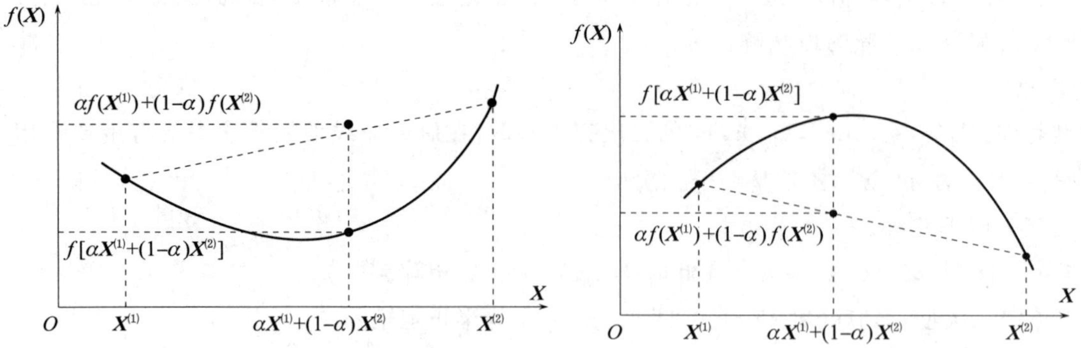


(a) 凸函数　(b) 凹函数

**图 13－4　凹、凸函数图像**

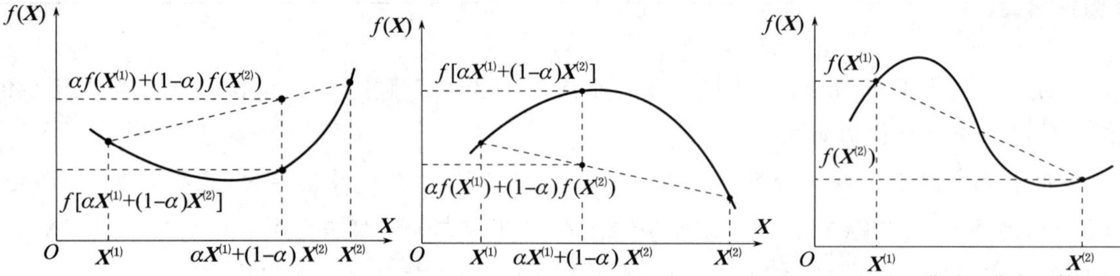


(a) 凸函数　(b) 凹函数　(c) 非凸、非凹函数

**图 13－5　函数凹凸性的判断**

3. 性质

(1) 性质 1：设 $f(\boldsymbol{X})$ 为定义在 $n$ 维欧式空间 $E^n$ 中某个凸集 $R$ 上的函数，则对任何实数 $\beta \geqslant 0$，函数 $\beta f(\boldsymbol{X})$ 也是定义在 $R$ 上的凸函数。

(2) 性质 2：设 $f_1(\boldsymbol{X})$ 和 $f_2(\boldsymbol{X})$ 为定义在凸集 $R$ 上的凸函数，则其和 $f(\boldsymbol{X})=f_1(\boldsymbol{X})+f_2(\boldsymbol{X})$ 仍为定义在 $R$ 上的凸函数。

证明：因为 $f_1(\boldsymbol{X})$ 和 $f_2(\boldsymbol{X})$ 是定义在凸集 $R$ 上的凸函数，故对任何实数 $\alpha(0<\alpha<1)$ 以及 $R$ 中的任意两点 $\boldsymbol{X}^{(1)}$ 和 $\boldsymbol{X}^{(2)}$，恒有

$$f_1(\alpha\boldsymbol{X}^{(1)}+(1-\alpha)\boldsymbol{X}^{(2)})\leqslant \alpha f_1(\boldsymbol{X}^{(1)})+(1-\alpha)f_1(\boldsymbol{X}^{(2)})$$

$$f_2(\alpha\boldsymbol{X}^{(1)}+(1-\alpha)\boldsymbol{X}^{(2)})\leqslant \alpha f_2(\boldsymbol{X}^{(1)})+(1-\alpha)f_2(\boldsymbol{X}^{(2)})$$

将上式两端分别相加得

$$f(\alpha\boldsymbol{X}^{(1)}+(1-\alpha)\boldsymbol{X}^{(2)})\leqslant \alpha f(\boldsymbol{X}^{(1)})+(1-\alpha)f(\boldsymbol{X}^{(2)})$$

故 $f(\boldsymbol{X})$ 是 $R$ 上的凸函数。

由以上两个性质可推得：有限个凸函数的非负线性组合仍为凸函数。

$$\beta_1 f_1(\boldsymbol{X})+\beta_2 f_2(\boldsymbol{X})+\cdots+\beta_m f_m(\boldsymbol{X}),\beta_i\geqslant 0,i=1,2,\cdots,m$$

(3) 性质 3：设 $f(\boldsymbol{X})$ 为定义在凸集 $R$ 上的凸函数，则对任意实数 $\beta$，集合 $S_\beta=\{\boldsymbol{X}\mid \boldsymbol{X}\in R,f(\boldsymbol{X})\leqslant\beta\}$ 是凸集(称为水平集)。

证明：任取 $\boldsymbol{X}^{(1)}\in S_\beta,\boldsymbol{X}^{(2)}\in S_\beta$，则有

$$f(\boldsymbol{X}^{(1)})\leqslant\beta,f(\boldsymbol{X}^{(2)})\leqslant\beta$$

由于 $R$ 为凸集，故对任意实数 $\alpha(0<\alpha<1)$，$\alpha\boldsymbol{X}^{(1)}+(1-\alpha)\boldsymbol{X}^{(2)}\in R$；又因 $f(\boldsymbol{X})$ 为凸函数，故

$$f(\alpha\boldsymbol{X}^{(1)}+(1-\alpha)\boldsymbol{X}^{(2)})\leqslant\alpha f(\boldsymbol{X}^{(1)})+(1-\alpha)f(\boldsymbol{X}^{(2)})\leqslant\beta$$

这就表明点 $\alpha\boldsymbol{X}^{(1)}+(1-\alpha)\boldsymbol{X}^{(2)}\in S_\beta$，所以，$S_\beta$ 为凸集。

4. 函数凸性的判定

可以依据定义去判定，也可以利用两个判别定理。

将下式①改为严格不等式，则判别定理 1 即严格凸函数的充要条件。

**定理 13-3(判别定理 1，一阶条件)**　设 $R$ 为 $n$ 维欧氏空间 $E^n$ 中的开凸集，$f(\boldsymbol{X})$ 在 $R$ 上具有一阶连续偏导数，则 $f(\boldsymbol{X})$ 为 $R$ 上的凸函数的充要条件是，对任意两个不同点 $\boldsymbol{X}^{(1)}\in R,\boldsymbol{X}^{(2)}\in R$，恒有

$$f(\boldsymbol{X}^{(2)})\geqslant f(\boldsymbol{X}^{(1)})+\nabla f(\boldsymbol{X}^{(1)})^{\mathrm{T}}(\boldsymbol{X}^{(2)}-\boldsymbol{X}^{(1)}) \qquad ①$$

证明：

(1) 必要性证明。设 $f(\boldsymbol{X})$ 是定义在 $R$ 上的凸函数，则对任何实数 $\alpha(0<\alpha<1)$ 都有

$$f(\alpha\boldsymbol{X}^{(2)}+(1-\alpha)\boldsymbol{X}^{(1)})\leqslant\alpha f(\boldsymbol{X}^{(2)})+(1-\alpha)f(\boldsymbol{X}^{(1)})$$

于是

$$\frac{f(\boldsymbol{X}^{(1)}+\alpha(\boldsymbol{X}^{(2)}-\boldsymbol{X}^{(1)}))-f(\boldsymbol{X}^{(1)})}{\alpha}\leqslant\alpha f(\boldsymbol{X}^{(2)})+(1-\alpha)f(\boldsymbol{X}^{(1)})$$

令 $\alpha\to0^+$，上式左端的极限为 $\nabla f(\boldsymbol{X}^{(1)})^{\mathrm{T}}(\boldsymbol{X}^{(2)}-\boldsymbol{X}^{(1)})$，即

$$f(\boldsymbol{X}^{(2)})\geqslant f(\boldsymbol{X}^{(1)})+\nabla f(\boldsymbol{X}^{(1)})^{\mathrm{T}}(\boldsymbol{X}^{(2)}-\boldsymbol{X}^{(1)})$$

(2) 充分性证明。任取 $\boldsymbol{X}^{(1)}\in R,\boldsymbol{X}^{(2)}\in R$，令

$$\boldsymbol{X}=\alpha\boldsymbol{X}^{(1)}+(1-\alpha)\boldsymbol{X}^{(2)},0<\alpha<1$$

分别以 $\boldsymbol{X}^{(1)},\boldsymbol{X}^{(2)}$ 为式①中的 $\boldsymbol{X}^{(2)}$，以 $\boldsymbol{X}$ 为式①中的 $\boldsymbol{X}^{(1)}$，则有

$$f(\boldsymbol{X}^{(1)})\geqslant f(\boldsymbol{X})+\nabla f(\boldsymbol{X})^{\mathrm{T}}(\boldsymbol{X}^{(1)}-\boldsymbol{X})\quad(\text{第一式})$$

$$f(\boldsymbol{X}^{(2)})\geqslant f(\boldsymbol{X})+\nabla f(\boldsymbol{X})^{\mathrm{T}}(\boldsymbol{X}^{(2)}-\boldsymbol{X})\quad(\text{第二式})$$

用 $\alpha$ 乘上面的第一式，用 $1-\alpha$ 乘上面的第二式，然后两端相加：

$$\begin{aligned}\alpha f(\boldsymbol{X}^{(1)})+(1-\alpha)f(\boldsymbol{X}^{(2)})&\geqslant f(\boldsymbol{X})+\nabla f(\boldsymbol{X})^{\mathrm{T}}\times[\alpha\boldsymbol{X}^{(1)}-\alpha\boldsymbol{X}+(1-\alpha)(\boldsymbol{X}^{(2)}-\boldsymbol{X})]\\&=f(\boldsymbol{X})=f(\alpha\boldsymbol{X}^{(1)}+(1-\alpha)\boldsymbol{X}^{(2)})\end{aligned}$$

从而可知 $f(\boldsymbol{X})$ 为 $R$ 上的凸函数。

凸函数的定义本质上是说凸函数上两点间的线性插值不低于这个函数的值；而判别定理 1 则是说，基于某点导数的线性近似不高于这个函数的值，如图 13-6 所示。

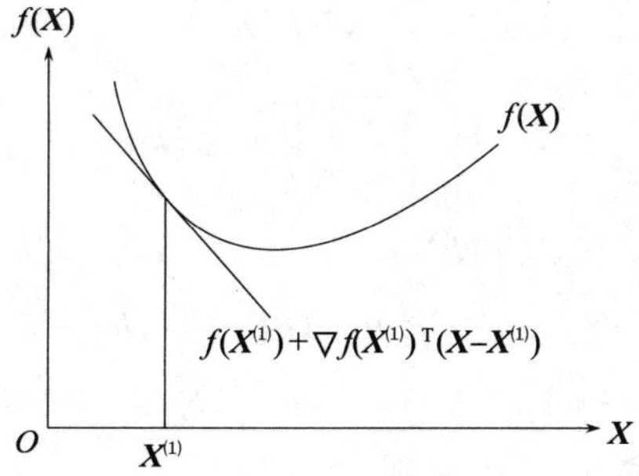


图 13-6　判别定理 1 图示

**定理 13-4(判别定理 2，二阶条件)**　设 $R$ 为 $n$ 维欧氏空间 $E^n$ 中的开凸集，$f(\boldsymbol{X})$ 在 $R$ 上具有二阶连续偏导数，则 $f(\boldsymbol{X})$ 为 $R$ 上的凸函数的充要条件是 $f(\boldsymbol{X})$ 的海塞矩阵 $H(\boldsymbol{X})$ 在 $R$ 上处处半正定。

证明：

(1) 必要性证明。设 $f(\boldsymbol{X})$ 为 $R$ 上的凸函数，任取 $\boldsymbol{X}\in R$ 和 $\boldsymbol{Z}\in E^n$，现证 $\boldsymbol{Z}^{\mathrm{T}}H(\boldsymbol{X})\boldsymbol{Z}\geqslant0$。因 $R$ 为开

集，故存在 $\alpha>0$，使当 $\bar{\alpha}\in[-\bar{\alpha},\bar{\alpha}]$ 时，有 $\boldsymbol{X}+\alpha\boldsymbol{Z}\in R$。由判别定理 1，可得

$$f(\boldsymbol{X}+\alpha\boldsymbol{Z})\geqslant f(\boldsymbol{X})+\alpha\nabla f(\boldsymbol{X})^{\mathrm{T}}\boldsymbol{Z}+\frac{1}{2}\alpha^2\boldsymbol{Z}^{\mathrm{T}}H(\boldsymbol{X})\boldsymbol{Z}+o(\alpha^2)$$

由以上两式得 $\frac{1}{2}\alpha^2\boldsymbol{Z}^{\mathrm{T}}H(\boldsymbol{X})\boldsymbol{Z}+o(\alpha^2)\geqslant 0$，其中 $\lim\limits_{\alpha\to 0}\frac{o(\alpha^2)}{\alpha^2}=0$，从而 $\frac{1}{2}\boldsymbol{Z}^{\mathrm{T}}H(\boldsymbol{X})\boldsymbol{Z}+\frac{o(\alpha^2)}{\alpha^2}\geqslant 0$，令 $\alpha\to 0$，则得 $\boldsymbol{Z}^{\mathrm{T}}H(\boldsymbol{X})\boldsymbol{Z}\geqslant 0$，即 $H(\boldsymbol{X})$ 为半正定矩阵。

(2) 充分性证明。设对任意 $\boldsymbol{X}\in R$，$H(\boldsymbol{X})$ 为半正定矩阵。任取 $\overline{\boldsymbol{X}}\in R$，由泰勒公式，有 $f(\boldsymbol{X})=f(\overline{\boldsymbol{X}})+\nabla f(\overline{\boldsymbol{X}})^{\mathrm{T}}(\boldsymbol{X}-\overline{\boldsymbol{X}})+\frac{1}{2}(\boldsymbol{X}-\overline{\boldsymbol{X}})^{\mathrm{T}}H(\overline{\boldsymbol{X}}+\lambda(\boldsymbol{X}-\overline{\boldsymbol{X}}))(\boldsymbol{X}-\overline{\boldsymbol{X}})$，其中 $\lambda\in(0,1)$。因 $R$ 为凸集，$\overline{\boldsymbol{X}}+\lambda(\boldsymbol{X}-\overline{\boldsymbol{X}})=(1-\lambda)\overline{\boldsymbol{X}}+\lambda\boldsymbol{X}\in R$，再由假设知 $H(\overline{\boldsymbol{X}}+\lambda(\boldsymbol{X}-\overline{\boldsymbol{X}}))(\boldsymbol{X}-\overline{\boldsymbol{X}})$ 为半正定，从而 $f(\boldsymbol{X})\geqslant f(\overline{\boldsymbol{X}})+\nabla f(\overline{\boldsymbol{X}})^{\mathrm{T}}(\boldsymbol{X}-\overline{\boldsymbol{X}})$，由判别定理 1 得 $f(\boldsymbol{X})$ 为 $R$ 上的凸函数。

**例 13-2(函数凹凸的判定)** 试证明函数 $f(\boldsymbol{X})=-x_1^2-x_2^2$ 为凹函数。

证明：

(1) 用定义与性质证明。

$$f(\alpha\boldsymbol{X}^{(1)}+(1-\alpha)\boldsymbol{X}^{(2)})\leqslant\alpha f(\boldsymbol{X}^{(1)})+(1-\alpha)f(\boldsymbol{X}^{(2)})$$

对任意指定两点 $a_1$ 和 $a_2$，看下述各式是否成立：

$$-[\alpha a_1+(1-\alpha)a_2]^2\geqslant\alpha(-a_1^2)+(1-\alpha)(-a_2^2)$$

$$a_1^2(\alpha-\alpha^2)-2a_1a_2(\alpha-\alpha^2)+a_2^2(\alpha-\alpha^2)\geqslant 0$$

$$(\alpha-\alpha^2)(a_1-a_2)^2\geqslant 0$$

因为 $0<\alpha<1$，所以 $\alpha-\alpha^2>0$。显然，不管 $a_1$ 和 $a_2$ 取什么值，总有

$$(\alpha-\alpha^2)(a_1-a_2)^2\geqslant 0$$

因此，$f_1(x_1)=-x_1^2$ 为凹函数。同理可证，$f_2(x_2)=-x_2^2$ 也为凹函数。根据性质 2，$f(\boldsymbol{X})=-x_1^2-x_2^2$ 也为凹函数。

(2) 用判别定理 1 证明。

$$f(\boldsymbol{X}^{(2)})\geqslant f(\boldsymbol{X}^{(1)})+\nabla f(\boldsymbol{X}^{(1)})^{\mathrm{T}}(\boldsymbol{X}^{(2)}-\boldsymbol{X}^{(1)})$$

任意选取两点 $\boldsymbol{X}^{(1)}=(a_1,b_1)^{\mathrm{T}}$，$\boldsymbol{X}^{(2)}=(a_2,b_2)^{\mathrm{T}}$，则

$$f(\boldsymbol{X}^{(1)})=-a_1^2-b_1^2,\ f(\boldsymbol{X}^{(2)})=-a_2^2-b_2^2$$

$$\nabla f(\boldsymbol{X})=(-2x_1,-2x_2)^{\mathrm{T}},\ \nabla f(\boldsymbol{X}^{(\cdot)})=(-2a_1,-2b_1)^{\mathrm{T}}$$

判断 $-a_2^2-b_2^2\leqslant -a_1^2-b_1^2+(-2a_1,-2b_1)\begin{pmatrix}a_2-a_1\\ b_2-b_1\end{pmatrix}$ 是否成立：

$$-a_2^2-b_2^2\leqslant -a_1^2-b_1^2-2a_1(a_2-a_1)-2b_1(b_2-b_1)$$

$$-(a_2^2-2a_1a_2+a_1^2)-(b_2^2-2b_1b_2+b_1^2)\leqslant 0$$

$$-(a_2-a_1)^2-(b_2-b_1)^2\leqslant 0$$

不管 $a_1,a_2,b_1,b_2$ 取什么值，上式均成立，从而得证。

(3) 用判别定理 2 证明 $\boldsymbol{Z}^{\mathrm{T}}H(\boldsymbol{X})\boldsymbol{Z}\geqslant 0$。因为

$$\frac{\partial f(\boldsymbol{X})}{\partial x_1}=-2x_1,\ \frac{\partial f(\boldsymbol{X})}{\partial x_2}=-2x_2$$

所以

$$\frac{\partial^2 f(\boldsymbol{X})}{\partial x_1^2}=-2<0,\ \frac{\partial^2 f(\boldsymbol{X})}{\partial x_2^2}=-2$$

$$\frac{\partial^2 f(\boldsymbol{X})}{\partial x_1 \partial x_2}=\frac{\partial^2 f(\boldsymbol{X})}{\partial x_2 \partial x_1}=0, |\boldsymbol{H}|=\begin{vmatrix} -2 & 0 \\ 0 & -2 \end{vmatrix}=4>0$$

可见，其海塞矩阵处处负定，故为(严格)凹函数。

5. 凸函数的极值

13.2.1 节指出函数的局部极小值并不一定等于它的最小值，前者只不过反映了函数的局部性质。而最优化的目的，往往是要求函数在整个域中的最小值(或最大值)。为此，必须将所得的全部极小值进行比较(有时尚需考虑边界值)，以便从中选出最小者。然而，对于定义在凸集上的凸函数来说，则用不着进行这种麻烦的工作，它的极小值就等于其最小值：

$$f(\alpha \boldsymbol{X}^{(1)}+(1-\alpha)\boldsymbol{X}^{(2)}) \leqslant \alpha f(\boldsymbol{X}^{(1)})+(1-\alpha)f(\boldsymbol{X}^{(2)})$$

**定理 13-5** 若 $f(\boldsymbol{X})$ 为定义在凸集 $R$ 上的凸函数，则它的任一极小点也是它在 $R$ 上的最小点(全局极小点)，而且极小点集为凸集。

证明：设 $\boldsymbol{X}^*$ 是一个局部极小点，则对于充分小的邻域 $N_\delta(\boldsymbol{X}^*)$ 中的 $\boldsymbol{X}$，均有 $f(\boldsymbol{X}) \geqslant f(\boldsymbol{X}^*)$。令 $\boldsymbol{Y}$ 是 $R$ 中的任一点，对于充分小的 $\lambda(0<\lambda<1)$，就有

$$((1-\lambda)\boldsymbol{X}^*+\lambda \boldsymbol{Y}) \in N_\delta(\boldsymbol{X}^*)$$

从而 $f((1-\lambda)\boldsymbol{X}^*+\lambda\boldsymbol{Y}) \geqslant f(\boldsymbol{X}^*)$，由于 $f(x)$ 是凸函数，故 $(1-\lambda)f(\boldsymbol{X}^*)+\lambda f(\boldsymbol{Y}) \geqslant f((1-\lambda)\boldsymbol{X}^*+\lambda\boldsymbol{Y})$。将上述两个不等式相加，移项后除以 $\lambda$，得到 $f(\boldsymbol{Y}) \geqslant f(\boldsymbol{X}^*)$，这就是说，$\boldsymbol{X}^*$ 是全局极小点。由性质 3 得所有极小点集合为一个凸集。

**定理 13-6** 若 $f(\boldsymbol{X})$ 是定义在凸集 $R$ 上的可微凸函数，存在点 $\boldsymbol{X}^* \in R$ 使得对于所有的 $\boldsymbol{X} \in R$ 有 $\nabla f(\boldsymbol{X}^*)^{\mathrm{T}}(\boldsymbol{X}-\boldsymbol{X}^*) \geqslant 0$，则 $\boldsymbol{X}^*$ 是 $f(\boldsymbol{X})$ 在 $R$ 上的最小点(全局极小点)。

证明：由判定定理 1 可知

$$f(\boldsymbol{X}) \geqslant f(\boldsymbol{X}^*)+\nabla f(\boldsymbol{X}^*)^{\mathrm{T}}(\boldsymbol{X}-\boldsymbol{X}^*)$$

如此，对所有 $\boldsymbol{X} \in R$ 有 $f(\boldsymbol{X}) \geqslant f(\boldsymbol{X}^*)$，所以，$\boldsymbol{X}^*$ 是 $f(\boldsymbol{X})$ 在 $R$ 上的最小点(全局极小点)。

一种极为重要的情形是，当点 $\boldsymbol{X}^*$ 是 $R$ 的内点时，$\nabla f(\boldsymbol{X}^*)^{\mathrm{T}}(\boldsymbol{X}-\boldsymbol{X}^*) \geqslant 0$ 对任意 $\boldsymbol{X}-\boldsymbol{X}^*$ 都成立，这就意味着可将该式改为 $\nabla f(\boldsymbol{X}^*)=0$。

定理 13-5、定理 13-6 两个定理说明，定义在凸集上的凸函数的平稳点，就是其全局极小点。全局极小点不一定是唯一的，但若为严格凸函数，则其全局极小点就是唯一的了。

## 复习思路提示

1. 掌握凸函数和凹函数的数学定义式：

$$f(\alpha \boldsymbol{X}^{(1)}+(1-\alpha)\boldsymbol{X}^{(2)}) \leqslant \alpha f(\boldsymbol{X}^{(1)})+(1-\alpha)f(\boldsymbol{X}^{(2)})$$

2. 掌握凸函数的 3 个性质，可以理解为“对加法和数乘封闭”以及水平集也是凸集。

3. 掌握凸函数的两个判定定理。

(1) 若有一阶连续偏导数：

$$f(\boldsymbol{X}^{(2)}) \geqslant f(\boldsymbol{X}^{(1)})+\nabla f(\boldsymbol{X}^{(1)})^{\mathrm{T}}(\boldsymbol{X}^{(2)}-\boldsymbol{X}^{(1)})$$

(2) 若有二阶连续偏导数，$f(\boldsymbol{X})$ 的海塞矩阵 $H(\boldsymbol{X})$ 在 $R$ 上处处半正定。

4. 若 $f(\boldsymbol{X})$ 为定义在凸集 $R$ 上的凸函数，则它的任一极小点也是它在 $R$ 上的最小点(全局极小点)，而且极小点集为凸集。

5. 若 $f(\boldsymbol{X})$ 是定义在凸集 $R$ 上的可微凸函数，存在点 $\boldsymbol{X}^* \in R$ 使得对于所有的 $\boldsymbol{X} \in R$ 有 $\nabla f(\boldsymbol{X}^*)^{\mathrm{T}}(\boldsymbol{X}-\boldsymbol{X}^*) \geqslant 0$，则 $\boldsymbol{X}^*$ 是 $f(\boldsymbol{X})$ 在 $R$ 上的最小点(全局极小点)。

### 13.2.3 凸规划

凸规划:考虑非线性规划

$$\begin{cases}\min\limits_{\boldsymbol{X}\in R} f(\boldsymbol{X}) \\ R=\{\boldsymbol{X} \mid g_j(\boldsymbol{X}) \geqslant 0, j=1,2,\cdots,l\}\end{cases}$$

假定其中 $f(\boldsymbol{X})$ 为凸函数，$g_j(\boldsymbol{X}), j=1,2,\cdots,l$ 为凹函数(或者说 $-g_j(\boldsymbol{X})$ 为凸函数),这样的非线性规划称为凸规划。

凸规划是一类简单而又具有重要意义的非线性规划。线性规划也属于凸规划。可以证明,上述凸规划的可行域为凸集,其局部最优解即全局最优解,而且其最优解的集合形成一个凸集。当凸规划的目标函数 $f(\boldsymbol{X})$ 为严格凸函数时,其最优解必定唯一(假定最优解存在)。

**例 13-3(凸规划)** 试分析非线性规划

$$\begin{cases}\min f(\boldsymbol{X})=x_1^2+x_2^2-4x_1+4 \\ g_1(\boldsymbol{X})=x_1-x_2+2 \geqslant 0 \\ g_2(\boldsymbol{X})=-x_1^2+x_2-1 \geqslant 0 \\ x_1, x_2 \geqslant 0\end{cases}$$

解：$f(\boldsymbol{X})$ 和 $g_2(\boldsymbol{X})$ 的海塞矩阵的行列式分别是

$$|\boldsymbol{H}|=\begin{bmatrix}\dfrac{\partial^2 f(\boldsymbol{X})}{\partial x_1^2} & \dfrac{\partial^2 f(\boldsymbol{X})}{\partial x_1 \partial x_2} \\ \dfrac{\partial^2 f(\boldsymbol{X})}{\partial x_2 \partial x_1} & \dfrac{\partial^2 f(\boldsymbol{X})}{\partial x_2^2}\end{bmatrix}=\begin{vmatrix}2 & 0 \\ 0 & 2\end{vmatrix}=4>0 \quad \text{正定矩阵}$$

$$|\boldsymbol{g}_2|=\begin{bmatrix}\dfrac{\partial^2 g_2(\boldsymbol{X})}{\partial x_1^2} & \dfrac{\partial^2 g_2(\boldsymbol{X})}{\partial x_1 \partial x_2} \\ \dfrac{\partial^2 g_2(\boldsymbol{X})}{\partial x_2 \partial x_1} & \dfrac{\partial^2 g_2(\boldsymbol{X})}{\partial x_2^2}\end{bmatrix}=\begin{vmatrix}-2 & 0 \\ 0 & 0\end{vmatrix}=0 \quad \text{半负定矩阵}$$

所以，$f(\boldsymbol{X})$ 为严格凸函数，$g_2(\boldsymbol{X})$ 为凹函数。由于其他约束条件均为线性函数,所以这是一个凸规划。

用图解法分析例 13-3,如图 13-7 所示。可见,$C$ 点为其最优点：$\boldsymbol{X}^*=(0.58,1.34)^{\mathrm{T}}$，目标函数的最优值 $f(\boldsymbol{X}^*)=3.8$。

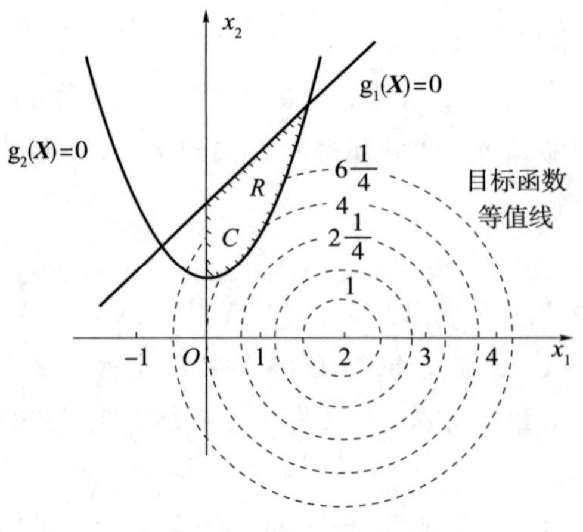


**图 13-7 例 13-3 图解**

## 13.2.4　下降迭代算法

为了求某可微函数(假定无约束)的最优解,根据前面的叙述,可如下进行:

(1) 令该函数的梯度等于零,由此求得平稳点;

(2) 然后用充分条件进行判别,求出所要的解。

可微函数是指那些在定义域中所有点都存在导数的函数。可微函数的图像在定义域内的每一点上必存在非垂直切线。因此,可微函数的图像是相对光滑的,没有间断点、尖点或任何有垂直切线的点。

对某些较简单的函数,这样做有时是可行的;但对一般 $n$ 元函数 $f(\boldsymbol{X})$ 来说,由条件 $f(\boldsymbol{X})=0$ 得到的常是一个非线性方程组,求解相当困难。对于不可微函数,常直接使用下降迭代算法。

1. 下降迭代算法的基本思路

(1) 为了求函数 $f(\boldsymbol{X})$ 的最优解,首先给定一个初始估计 $\boldsymbol{X}^{(0)}$,然后按某种规划(即算法)找出比 $\boldsymbol{X}^{(0)}$ 更好的解 $\boldsymbol{X}^{(1)}$。对极小化问题,$f(\boldsymbol{X}^{(1)})<f(\boldsymbol{X}^{(0)})$;对极大化问题,$f(\boldsymbol{X}^{(1)})>f(\boldsymbol{X}^{(0)})$。

(2) 再按此规则找出比 $\boldsymbol{X}^{(1)}$ 更好的解 $\boldsymbol{X}^{(2)}$,…,依此类推,即可得到一个解的序列 $\{\boldsymbol{X}^{(k)}\}$。

(3) 若这个解序列有极限 $\boldsymbol{X}^*$,即 $\lim\limits_{k\to\infty}\|\boldsymbol{X}^{(k)}-\boldsymbol{X}^*\|=0$,则称它收敛于 $\boldsymbol{X}^*$。

若算法是有效的,则它产生的解的序列将收敛于该问题的最优解。但由于计算机只能进行有限次迭代,所以一般很难得到准确解,而只能得到近似解。当达到满足的精度要求后,即可停止迭代。

现假定已迭代到点 $\boldsymbol{X}^{(k)}$,若从 $\boldsymbol{X}^{(k)}$ 出发沿任何方向移动都不能使目标函数值下降,则 $\boldsymbol{X}^{(k)}$ 是一局部极小点,迭代停止。

若从 $\boldsymbol{X}^{(k)}$ 出发至少存在一个方向可使目标函数值有所下降,则可选定能使目标函数值下降的某方向 $\boldsymbol{P}^{(k)}$,沿这个方向迈进适当的一步,得到下一个迭代点 $\boldsymbol{X}^{(k+1)}$,并使 $f(\boldsymbol{X}^{(k+1)})<f(\boldsymbol{X}^{(k)})$。

这相当于在射线 $\boldsymbol{X}=\boldsymbol{X}^{(k)}+\lambda\boldsymbol{P}^{(k)}$ 上选定新点 $\boldsymbol{X}^{(k+1)}=\boldsymbol{X}^{(k)}+\lambda_k\boldsymbol{P}^{(k)}$,如图 13-8 所示。其中,$\boldsymbol{P}^{(k)}$ 称为搜索方向,$\lambda_k$ 称为步长或步长因子。

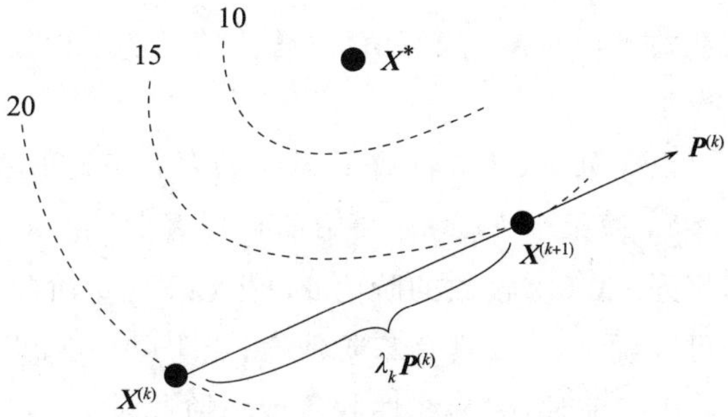


**图 13-8　搜索方向与步长示意**

2. 算法步骤

下降迭代算法的步骤如下。

(1) 选定某一初始点 $\boldsymbol{X}^{(0)}$,并令 $k:=0$。

(2) 确定搜索方向 $\boldsymbol{P}^{(k)}$。

(3) 从 $\boldsymbol{X}^{(k)}$ 出发,沿方向 $\boldsymbol{P}^{(k)}$ 求步长 $\lambda_k$,以产生下一个迭代点 $\boldsymbol{X}^{(k+1)}$。

(4) 检查得到的新点 $\boldsymbol{X}^{(k+1)}$ 是否为极小点或近似极小点。若是,则停止迭代;否则令 $k:=k+1$,转回(2)继续进行迭代。

在这些步骤中,确定搜索方向是最关键的一步,有关各种算法的区分,主要在于确定搜索方向的方法不同。

确定步长的不同方法通常有：

(1) 令它等于某一常数，如令 $\lambda_k=1$。这样做计算简便，但不能保证目标函数值下降。

(2) 可接受点算法，只要能使目标函数值下降，可任意选取步长。

(3) 基于沿搜索方向使目标函数值下降最多，即沿射线 $\boldsymbol{X}=\boldsymbol{X}^{(k)}+\lambda\boldsymbol{P}^{(k)}$ 求目标函数 $f(\boldsymbol{X})$ 的极小(此处指无约束问题)：

$$\lambda_k:\min f(\boldsymbol{X}^{(k)}+\lambda\boldsymbol{P}^{(k)})$$

由于该方法是求以 $\lambda$ 为变量的一元函数 $f(\boldsymbol{X}^{(k)}+\lambda\boldsymbol{P}^{(k)})$ 的极小点 $\lambda_k$，故常称这一过程为(最优)一维搜索或线搜索，这样确定的步长为最佳步长。

3. 相关定理

**定理 13-7** 在一维搜索方向上，所得最优点处目标函数的梯度和该搜索方向正交。即设目标函数 $f(\boldsymbol{X})$ 有一阶连续偏导数，$\boldsymbol{X}^{(k+1)}$ 按下列规则产生：

$$\begin{cases}\lambda_k:\min f(\boldsymbol{X}^{(k)}+\lambda\boldsymbol{P}^{(k)})\\ \boldsymbol{X}^{(k+1)}=\boldsymbol{X}^{(k)}+\lambda_k\boldsymbol{P}^{(k)}\end{cases}$$

则有 $\nabla f(\boldsymbol{X}^{(k+1)})^{\mathrm{T}}\boldsymbol{P}^{(k)}=0$。

证明：构造函数 $\phi(\lambda)=f(\boldsymbol{X}^{(k)}+\lambda\boldsymbol{P}^{(k)})$，则得 $\begin{cases}\phi(\lambda_k)=\min\limits_{\lambda}\lambda\\ \boldsymbol{X}^{(k+1)}=\boldsymbol{X}^{(k)}+\lambda_k\boldsymbol{P}^{(k)}\end{cases}$，即 $\lambda_k$ 为 $\phi(\lambda)$ 的极小点，此外，对 $\phi(\lambda)$ 进行一阶求导，有

$$\phi'(\lambda)=\nabla f(\boldsymbol{X}^{(k)}+\lambda_k\boldsymbol{P}^{(k)})^{\mathrm{T}}\boldsymbol{P}^{(k)}$$

由 $\phi'(\lambda)|\lambda=\lambda_k=0$ 可得

$$\nabla f(\boldsymbol{X}^{(k)}+\lambda_k\boldsymbol{P}^{(k)})^{\mathrm{T}}\boldsymbol{P}^{(k)}=\nabla f(\boldsymbol{X}^{(k+1)})^{\mathrm{T}}\boldsymbol{P}^{(k)}=0$$

定理 13-7 得证。

4. 算法的收敛速度

由数学分析可知，$\nabla f(\boldsymbol{X})$ 的方向为 $f(\boldsymbol{X})$ 的等值面(等值线)在点 $\boldsymbol{X}$ 处的法线方向，沿这个方向的函数值增加最快，如图 13-9 所示。

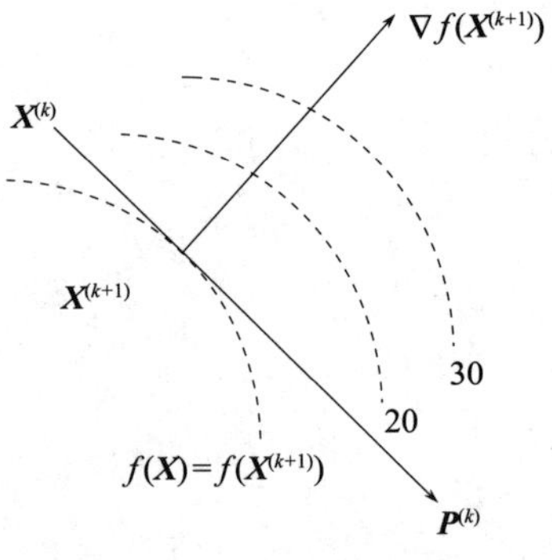


**图 13-9 梯度方向**

设序列 $\{\boldsymbol{X}^{(k)}\}$ 收敛于 $\boldsymbol{X}^*$，若存在与迭代次数 $k$ 无关的数 $0<\beta<\infty$ 和 $\alpha\geqslant 1$，使某个 $k_0>0$ 开始都有 $\|\boldsymbol{X}^{(k+1)}-\boldsymbol{X}^*\|\leqslant\beta\|\boldsymbol{X}^{(k)}-\boldsymbol{X}^*\|^{\alpha}$ 成立，就称序列 $\{\boldsymbol{X}^{(k)}\}$ 收敛的阶为 $\alpha$，或 $\{\boldsymbol{X}^{(k)}\}$ $\alpha$ 阶收敛。当 $\alpha=2$ 时，称为 2 阶收敛，也可以说 $\{\boldsymbol{X}^{(k)}\}$ 具有二阶敛速；当 $1<\alpha<2$ 时，称为超线性收敛；当 $\alpha=1$，且 $0<\beta<1$ 时，称为线性收敛或一阶收敛。

对于一个好的算法，不仅要求它产生的点列能收敛到问题的最优解，还要求它具有较快的收敛速度。

一般来说，线性收敛的速度是比较慢的，二阶收敛的速度是很快的，超线性收敛介于以上两者之间。若一个算法具有超线性收敛或更快的收敛速度，就认为它是一个很好的算法。

由于事先并不知道真正的最优解，因此什么时候停止计算，只能根据相继两次迭代的结果来判定。

常用的终止计算准则有：

(1) 根据相继两次迭代的绝对误差。

$$\|\boldsymbol{X}^{(k+1)}-\boldsymbol{X}^{(k)}\|<\varepsilon_1,\ \|f(\boldsymbol{X}^{(k+1)})-f(\boldsymbol{X}^{(k)})\|<\varepsilon_2$$

(2) 根据相继两次迭代的相对误差(分母要求不等于和不接近于 0)。

$$\frac{\|\boldsymbol{X}^{(k+1)}-\boldsymbol{X}^{(k)}\|}{\|\boldsymbol{X}^{(k)}\|}<\varepsilon_3, \frac{\|f(\boldsymbol{X}^{(k+1)})-f(\boldsymbol{X}^{(k)})\|}{\|f(\boldsymbol{X}^{(k)})\|}<\varepsilon_4$$

(3) 根据目标函数梯度的模足够小。

$$\|\nabla f(\boldsymbol{X}^{(k)})\|<\varepsilon_5$$

其中，$\varepsilon_1,\varepsilon_2,\varepsilon_3,\varepsilon_4,\varepsilon_5$ 为事先给定的足够小的正数。

## 复习思路提示

1. 目标函数为凸函数，约束条件为凹函数的非线性规划称为凸规划；凸规划的可行域为凸集，其局部最优解即全局最优解，而且其最优解的集合形成一个凸集。当凸规划的目标函数 $f(\boldsymbol{X})$ 为严格凸函数时，其最优解必定唯一(假定最优解存在)。

2. 下降迭代算法的思路是：为了求函数 $f(\boldsymbol{X})$ 的最优解，首先给定一个初始估计 $\boldsymbol{X}^{(0)}$，然后按某种规划(即算法)找出比 $\boldsymbol{X}^{(0)}$ 更好的解 $\boldsymbol{X}^{(1)}$；再按此规则找出比 $\boldsymbol{X}^{(1)}$ 更好的解 $\boldsymbol{X}^{(2)}$，…，依此类推，即可得到一个解的序列 $\{\boldsymbol{X}^{(k)}\}$。若这个解序列有极限 $\boldsymbol{X}^*$，即 $\lim\limits_{k\to\infty}\|\boldsymbol{X}^{(k)}-\boldsymbol{X}^*\|=0$，则称它收敛于 $\boldsymbol{X}^*$(其中，确定搜索方向与确定最佳步长是关键的两个步骤)。

3. 一般来说，线性收敛的速度是比较慢的，二阶收敛的速度是很快的，超线性收敛介于以上两者之间。若一个算法具有超线性收敛或更快的收敛速度，就认为它是一个很好的算法。

# 13.3　一维搜索

一维搜索是求以 $\lambda$ 为变量的一元函数 $f(\boldsymbol{X}^{(k)}+\lambda\boldsymbol{P}^{(k)})$ 的极小点 $\lambda_k$ 的方法。

$$\begin{cases}\phi(\lambda_k)=\min\limits_{\lambda}\phi(\lambda)\\ \boldsymbol{X}^{(k+1)}=\boldsymbol{X}^{(k)}+\lambda_k\boldsymbol{P}^{(k)}\end{cases}$$

其目的就是找这样的最优步长因子 $\lambda_k$，查找 $\lambda_k$ 的过程就需要用到一维搜索。

一维搜索一般包含以下结构：

(1) 确定包含问题最优解的搜索区间；

(2) 利用某种分割技术或者插值方法缩小这个区间，进行搜索求解。

在通过当前迭代点 $\boldsymbol{X}^{(k)}$ 和目标函数 $f$ 来构建下一个迭代点 $\boldsymbol{X}^{(k+1)}$ 的过程中，有些算法可能要利用当前迭代点处的函数值 $f$，有些算法可能要用到当前迭代点处的一阶导数 $f'$，有些可能要用到二阶导数 $f''$。

常用的一维搜索方法：

(1) 试探法("成功-失败"法、斐波那契法、0.618 法等)(利用函数值 $f$ 进行求根)；

(2) 插值法(抛物线插值法、三次插值法等)(利用一阶导数 $f'$ 或二阶导数 $f''$ 进行求根)；

(3) 微积分中的求根法(切线法、二分法等)(利用一阶导数 $f'$ 进行求根)。

0.618 法(黄金分割法)类似于二分查找策略，只是每次缩小区间的时候选用的是黄金比例 0.618；斐波那契法类似黄金分割法，但是在缩减区间时采用的是斐波那契数，此类方法极其适用于导数表达式复杂或未知的情况。而针对具备较好解析性质的函数求解，插值法要比黄金分割法好不少。

## 13.3.1　试探法(斐波那契法)

1. 基本思路

设 $y=f(t)$ 是区间 $[a,b]$ 上的单峰函数，它有唯一极小点 $t^*$。若在区间 $[a,b]$ 内任取两点 $a_1$ 和 $b_1$，

$a_1 < b_1$,并计算函数值 $f(a_1)$ 和 $f(b_1)$,可能出现以下两种情形(图 13-10)。

$f(a_1) < f(b_1)$　　　　　　$f(a_1) \geqslant f(b_1)$
这时极小点 $t^*$ 必在　　　　这时极小点 $t^*$ 必在
区间 $[a,b_1]$ 内　　　　　　区间 $[a_1,b]$ 内

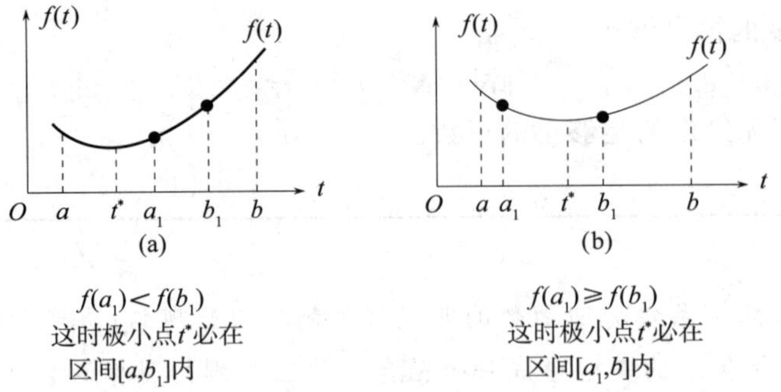

**图 13-10　单峰函数**

由图 13-10 可知,只要在区间 $[a,b]$ 内取两个不同点,并算出它们的函数值加以比较,就可以把搜索区间 $[a,b]$ 缩小成 $[a,b_1]$ 或 $[a_1,b]$ (显然,缩小后的区间仍需包含极小点)。

如果要继续缩小搜索区间 $[a,b_1]$(或 $[a_1,b]$),只需在上述区间内再取一点算出其函数值,并与 $f(a_1)$ 或 $f(b_1)$ 加以比较即可。

只要缩小后的区间包含极小点 $t^*$,则区间缩得越小,就越接近于函数的极小点,但计算函数值的次数也就越多。这就说明区间的缩短率和函数值的计算次数有关。

问题:计算函数值 $n$ 次,能把包含极小点的区间缩小到什么程度呢?或者说,计算函数值 $n$ 次能把原来多大的区间缩小成长度为一个单位的区间呢?

如果用 $F_n$ 表示计算 $n$ 个函数值能缩短为单位区间的最大原区间长度,显然 $F_0 = F_1 = 1$。

原因是,只有当原区间长度本来就是一个单位长度时才不必计算函数值;此外,只计算一次函数值无法将区间缩短,故只有区间长度本来就是单位区间才行。

现考虑计算函数值两次的情形,如图 13-11 所示。

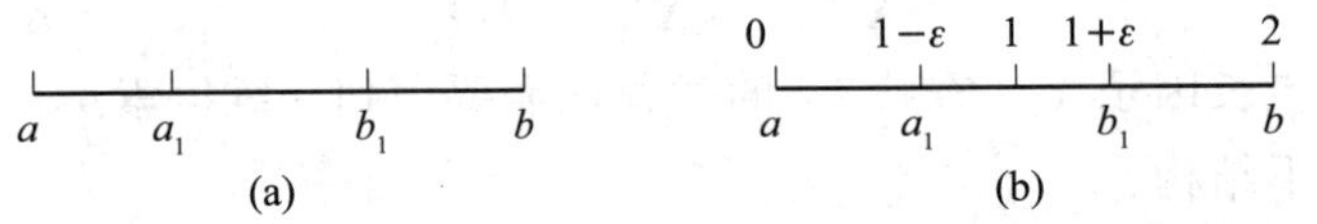

**图 13-11　区间缩短**

在区间 $[a,b]$ 内取两个不同点 $a_1$ 和 $b_1$ [图 13-11(a)],计算其函数值以缩短区间,缩短后的区间为 $[a,b_1]$ 或 $[a_1,b]$。显然,这两个区间长度之和必大于 $[a,b]$ 的长度,即计算两次函数值一般无法把长度大于两个单位的区间缩成一个单位区间。

对于长度为两个单位的区间,可以如图 13-11(b) 那样选取试探点 $a_1$ 和 $b_1$,图中 $\varepsilon$ 为任意小的正数,缩短后的区间长度为 $1 + \varepsilon$。由于 $\varepsilon$ 可任意选取,故缩短后的区间长度接近于一个单位长度。由此可得 $F_2 = 2$。

根据同样的分析,则有 $F_3 = 3, F_4 = 5, F_5 = 8, \cdots$。

见图 13-12,分别计算 3 次、4 次、5 次函数值能缩短为单位区间的原区间长度:
- 计算 3 次函数值能缩短为单位区间的最大原区间长度是 3;
- 计算 4 次函数值能缩短为单位区间的最大原区间长度是 5;
- 计算 5 次函数值能缩短为单位区间的最大原区间长度是 8。

序列 $\{F_n\}$ 可写成一个递推公式:$F_n = F_{n-1} + F_{n-2}, n \geqslant 2$。利用该递推公式,可依次算出各 $F_n$ 的值,如表 13-1 所示。这些 $F_n$ 就是通常所说的斐波那契数。

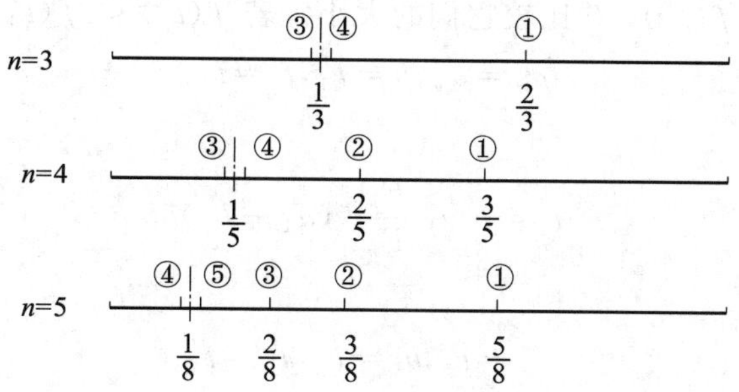


图 13－12　区间缩短长度

表 13－1　各斐波那契数的值

| $n$ | 0 | 1 | 2 | 3 | 4 | 5 | 6 | 7 | 8 | 9 | 10 | 11 | 12 |
|---|---|---|---|---|---|---|---|---|---|---|---|---|---|
| $F_n$ | 1 | 1 | 2 | 3 | 5 | 8 | 13 | 21 | 34 | 55 | 89 | 144 | 233 |

由以上讨论可知，计算 $n$ 次函数值所能获得的最大缩短率（缩短后的区间长度与原区间长度之比）为 $1/F_n$。

2. 缩短区间的步骤

要想计算 $n$ 个函数值，把区间$[a_0,b_0]$的长度缩短为原来长度的 $\delta$，即缩短后的区间长度为

$$b_{n-1}-a_{n-1}\leqslant(b_0-a_0)\delta$$

只要 $n$ 足够大，能使 $F_n\geqslant\frac{1}{\delta}$ 成立即可，式中 $\delta$ 为一个正小数，称为区间缩短的相对精度。有时给出区间缩短的绝对精度 $\eta$，即要求 $b_{n-1}-a_{n-1}\leqslant\eta$。

显然，上述相对精度和绝对精度之间有如下关系：

$$\eta=(b_0-a_0)\delta$$

缩短区间分为 5 步。

(1) 确定试探点的个数 $n$。根据相对精度 $\delta$，可用 $F_n\geqslant\frac{1}{\delta}$ 算出 $F_n$，然后由斐波那契表确定最小的 $n$。

(2) 选取前两个试探点的位置。由 $F_n=F_{n-1}+F_{n-2}, n\geqslant2$ 可知第一次缩短时两个试探点的位置分别是

$$\begin{cases}t_1=a_0+\dfrac{F_{n-2}}{F_n}(b_0-a_0)=b_0+\dfrac{F_{n-1}}{F_n}(a_0-b_0)\\[2ex] t_1'=a_0+\dfrac{F_{n-1}}{F_n}(b_0-a_0)\end{cases}$$

两个试探点在区间内的位置是对称的，如图 13－13 所示。

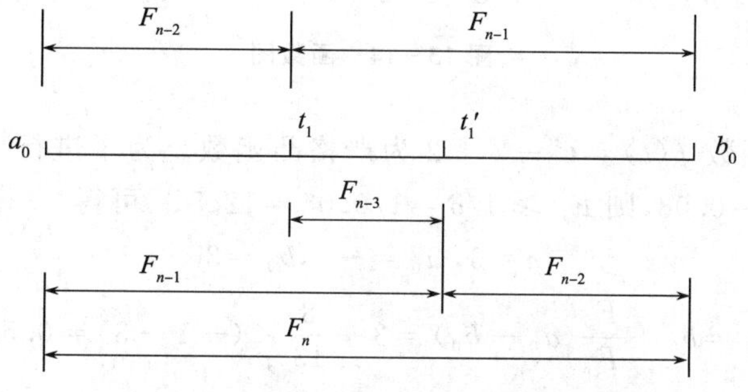


图 13－13　两个试探点在区间上的位置

(3) 计算函数值 $f(t_1)$ 和 $f(t_1')$，并比较它们的大小。若 $f(t_1)<f(t_1')$，则要

$$a_1=a_0, b=t_1', t_2'=t_1$$

并令

$$t_2=b_1+\frac{F_{n-2}}{F_{n-1}}(a_1-b_1)$$

否则，取

$$a_1=t_1, b_1=b_0, t_2=t_1'$$

并令

$$t_2'=a_1+\frac{F_{n-2}}{F_{n-1}}(b_1-a_1)$$

(4) 计算函数值 $f(t_2)$ 和 $f(t_2')$（其中的一个已经算出），如第 3 步那样一步步迭代。计算试探点的一般公式为

$$\begin{cases} t_k=b_{k-1}+\dfrac{F_{n-k}}{F_{n-k+1}}(a_{k-1}-b_{k-1}) \\ t_k'=a_{k-1}+\dfrac{F_{n-k}}{F_{n-k+1}}(b_{k-1}-a_{k-1}) \end{cases}$$

(5) 当进行到 $k=n-1$ 时，$t_{n-1}=t_{n-1}'=\frac{1}{2}(a_{n-2}+b_{n-2})$。这就无法比较函数值 $f(t_{n-1})$ 和 $f(t_{n-1}')$ 的大小以确定最终区间，为此，取

$$\begin{cases} t_{n-1}=\dfrac{1}{2}(a_{n-2}+b_{n-2}) \\ t_{n-1}'=a_{n-2}+\left(\dfrac{1}{2}+\varepsilon\right)(b_{n-2}-a_{n-2}) \end{cases}$$

其中 $\varepsilon$ 为任意小的数。在 $t_{n-1}$ 和 $t_{n-1}'$ 这两点中，以函数值较小者为近似极小点，相应的函数值为近似极小值，并可得最终区间 $[a_{n-2}, t_{n-1}]$ 或 $[t_{n-1}, b_{n-2}]$。

**例 13-4(斐波那契法)** 试用斐波那契法求函数 $f(t)=t^2-t+2$ 的近似极小点和极小值，要求缩短后的区间长度不大于区间$[-1,3]$的 0.08。

解：作出函数图，如图 13-14 所示。

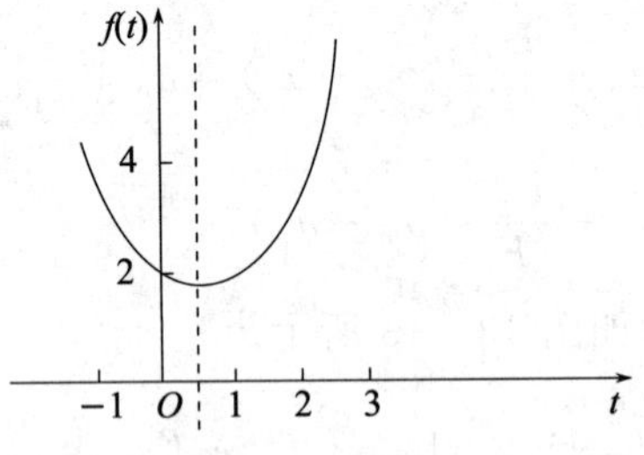


**图 13-14 函数图**

容易验证，在此区间上函数 $f(t)=t^2-t+2$ 为严格凸函数。为了进行比较，我们给出其精确解 $t^*=0.5$，$f(t^*)=1.75$。已知 $\delta=0.08$，则 $F_n\geqslant 1/\delta=1/0.08=12.5$。可得

$$n=6,\ a_0=-1, b_0=3$$

$$t_1=b_0+\frac{F_5}{F_6}(a_0-b_0)=3+\frac{8}{13}\times(-1-3)=0.538$$

$$t'=a_0+\frac{F_5}{F_6}(b_0-a_0)=-1+\frac{8}{13}\times[-3-(-1)]=1.462$$

$$f(t_1)=0.538^2-0.538+2=1.751$$

$$f(t'_1)=1.462^2-1.462+2=2.675$$

因为 $f(t_1)<f(t'_1)$，如图 13-15 所示，故取

$$a_1=a_0=-1, b_1=t'_1=1.462, t'_2=t_1=0.538$$

$$f(t'_2)=f(t_1)=1.751$$

$$t_2=b_1+\frac{F_4}{F_5}(a_1-b_1)=1.462+\frac{5}{8}\times(-1-1.462)=-0.077$$

$$f(t_2)=(-0.077)^2-(-0.077)+2=2.083$$

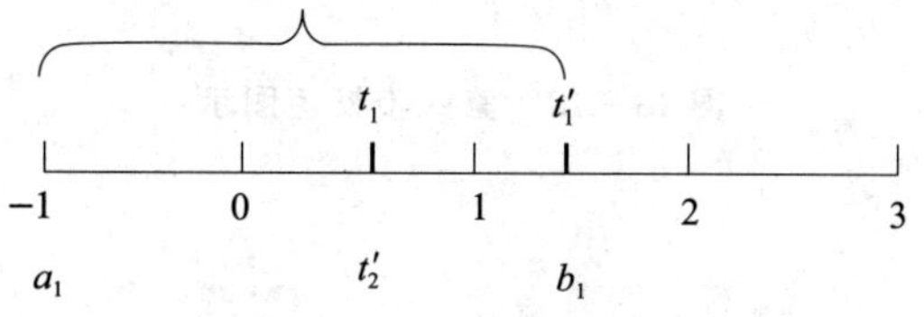


图 13-15　第一步缩短图示

因为 $f(t_2)>f(t'_2)=1.751$，如图 13-16 所示，故取

$$a_2=t_2=-0.077, b_2=b_1=1.462, t_3=t'_2=0.538$$

$$f(t_3)=f(t'_2)=1.751$$

$$t'_3=a_2+\frac{F_3}{F_4}(b_2-a_2)=-0.077+\frac{3}{5}\times(1.462+0.077)=0.846$$

$$f(t'_3)=(0.846)^2-0.846+2=1.870$$

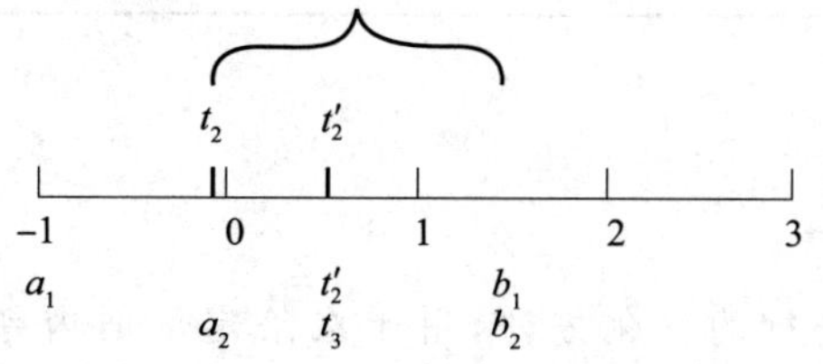


图 13-16　第二步缩短图示

因为 $f(t'_3)>f(t_3)=1.751$，如图 13-17 所示，故取

$$a_3=a_2=-0.077, b_3=t'_3=0.846, t'_4=t_3=0.538$$

$$b_0=0.846, f(t'_4)=f(t_3)=1.751$$

$$t_4=b_3+\frac{F_2}{F_3}(a_3-b_3)=0.846+\frac{2}{3}\times(-0.077-0.846)=0.231$$

$$f(t_4)=0.231^2-0.231+2=1.822$$

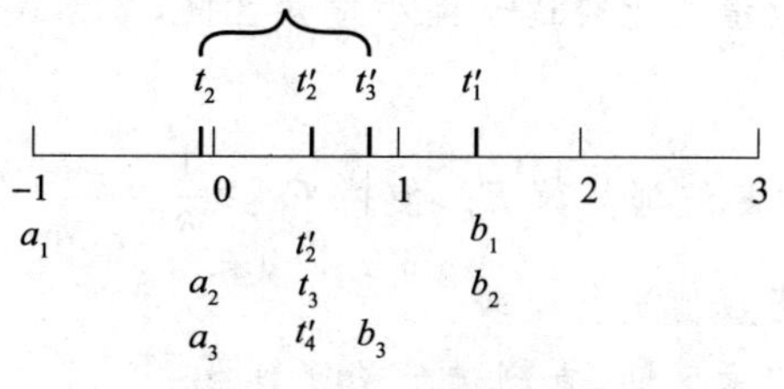


图 13-17　第三步缩短图示

因为 $f(t_4) > f(t'_4) = 1.751$，如图 13－18 所示，故取

$$a_4 = t_4 = 0.231, b_4 = b_3 = 0.846, t_5 = t'_4 = 0.538$$

$$a_4 = 0.231, b_4 = 0.846, t_5 = 0.538, f(t_5) = f(t'_4) = 1.751$$

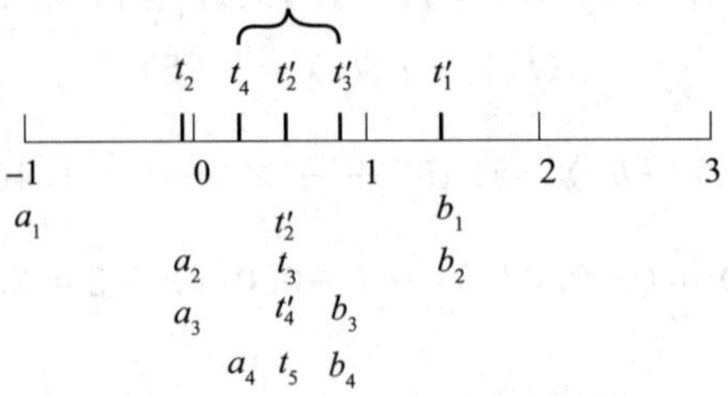


图 13－18　第四步缩短图示

现令 $\varepsilon = 0.01$，则

$$\begin{aligned} t'_5 &= a_4 + \left(\frac{1}{2} + \varepsilon\right)(b_4 - a_4) \\ &= 0.231 + (0.5 + 0.01) \times (0.846 - 0.231) \\ &= 0.545 \end{aligned}$$

$$f(t'_5) = 0.545^2 - 0.545 + 2 = 1.752 > f(t_5) = 1.751$$

故取 $a_5 = a_4 = 0.231, b_5 = t'_5 = 0.545$。

由于 $f(t_5) = 1.751 < f(t'_5) = 1.752$，所以 $t_5$ 为近似极小点，近似极小值为 1.751。缩短后的区间长度为 $0.545 - 0.231 = 0.314, 0.314/4 = 0.0785 < 0.08$。

## 复习思路提示

**运筹学中一维搜索的复习要点**

1. 定义与分类

一维搜索是针对单变量函数进行的优化方法，用于在给定区间内寻找目标函数的极值点。它分为两类：试探法和函数逼近法。试探法通过选择一系列试探点来确定极小点，如斐波那契法和 0.618 法；函数逼近法则通过插值等方法近似目标函数，如牛顿法和割线法。

2. 应用与重要性

一维搜索是多变量函数优化的基础，广泛应用于非线性规划问题中。通过逐步缩小搜索区间，一维搜索方法能够在无须导数信息的情况下找到近似极值点，特别适用于无法直接求导的复杂函数。

**运筹学中斐波那契法的复习要点**

1. 基本原理

斐波那契法是一种基于斐波那契数列的试探法，用于在一维区间内寻找单峰函数的极小点。它通过在区间内设置两个试探点，并根据函数值的比较逐步缩小搜索区间，最终逼近极小点。

2. 计算步骤

根据区间缩短率 $\delta$，确定所需的斐波那契数 $F_n$，使得 $F_n \geqslant \frac{1}{\delta}$。

选取初始试探点位置，并计算函数值进行比较。

根据函数值的大小，逐步更新搜索区间，直到满足精度要求。

## 13.3.2 黄金分割法(0.618 法)

0.618 法和斐波那契法都是分割方法，其基本思想是通过取试探点和进行函数值的比较，使包含极小点的搜索区间不断缩短，当区间缩短到一定程度时，区间上各点的函数值均接近极小值，从而各点可以看作极小点的近似。0.618 法仅需计算函数值，应用很广。

1. 基本思路

设 $\varphi(\alpha)=f(x_k+\alpha p^{(k)})$，$\varphi(\alpha)$ 是区间 $[a_1,b_1]$ 上的单峰函数，设在第 $k$ 次迭代时搜索区间为 $[a_k,b_k]$。取两个试探点 $\lambda_k$，$\mu_k\in[a_k,b_k]$，且 $\lambda_k<\mu_k$，计算 $\varphi(\lambda_k)$ 和 $\varphi(\mu_k)$。

根据单峰函数的性质，有：

(1) 若 $\varphi(\lambda_k)\leqslant\varphi(\mu_k)$，则令 $a_{k+1}=a_k,b_{k+1}=\mu_k$；

(2) 若 $\varphi(\lambda_k)>\varphi(\mu_k)$，则令 $a_{k+1}=\lambda_k,b_{k+1}=b_k$。

要求两个试探点满足下列条件：

(1) $\lambda_k$ 和 $\mu_k$ 到搜索区间 $[a_k,b_k]$ 的端点等距，即 $b_k-\lambda_k=\mu_k-a_k$；

(2) 每次迭代，搜索区间长度的缩短率相同，即 $b_{k+1}-a_{k+1}=\tau(b_k-a_k)$。

可得到两个试探点的公式：

$$\begin{cases}\lambda_k=a_k+(1-\tau)(b_k-a_k)\\ \mu_k=a_k+\tau(b_k-a_k)\end{cases}$$

考虑若 $\varphi(\lambda_k)\leqslant\varphi(\mu_k)$，则令 $a_{k+1}=a_k,b_{k+1}=\mu_k$，即新搜索区间为 $[a_k,\mu_k]$。

为进一步缩短区间，需取试探点 $\lambda_k$，$\mu_k\in[a_k,\mu_k]$，由试探点公式可得

$$\begin{aligned}\mu_{k+1}&=a_{k+1}+\tau(b_{k+1}-a_{k+1})\\&=a_k+\tau(\mu_k-a_k)\\&=a_k+\tau(a_k+\tau(b_k-a_k)-a_k)\\&=a_k+\tau^2(b_k-a_k)\end{aligned}$$

若令 $\tau^2=1-\tau$，则

$$\mu_{k+1}=a_k+(1-\tau)(b_k-a_k)=\lambda_k$$

这样新的试探点 $\mu_{k+1}$ 不需要重新计算，只要取 $\lambda_k$ 就行了，从而在每次迭代中(第一次除外)，只需选取一个试探点即可。

同理考虑 $\varphi(\lambda_k)>\varphi(\mu_k)$ 时，新的试探点 $\lambda_{k+1}=\mu_k$ 也不需要重新计算。

区间长度的缩短率为

$$\tau^2=1-\tau\Leftrightarrow\tau^2+\tau-1=0\Rightarrow\tau=\frac{\sqrt{5}-1}{2}\approx0.618$$

此时试探点的计算公式可写为

$$\begin{cases}\lambda_k=a_k+0.382(b_k-a_k)\\ \mu_k=a_k+0.618(b_k-a_k)\end{cases}$$

显然，与斐波那契法相比，0.618 法实现比较简单，且不必预先知道探索点的个数 $n$。

由于每次函数计算后极小区间的缩短率为 $\tau$，若初始区间为 $[a_1,b_1]$，则最终区间的长度为

$$\tau^{n-1}(b_1-a_1)$$

0.618 法也叫黄金分割法，是因为这里的缩短率 $\tau$ 叫黄金分割数，它满足比例

$$\frac{\tau}{1}=\frac{1-\tau}{\tau}$$

即

$$\tau^2+\tau-1=0$$

几何意义：见图 13-19，黄金分割数 $\tau$ 对应的点在单位长区间[0,1]中的位置相当于其对称点 $1-\tau$ 在区间[0,$\tau$]中的位置。

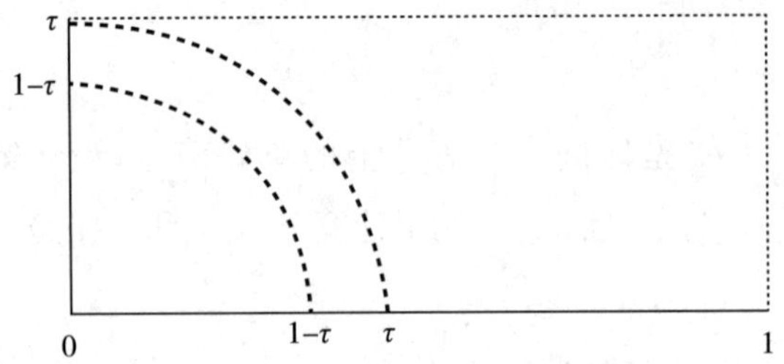


图 13-19　黄金分割数的几何意义

2. 计算步骤

(1) 选取初始数据：确定初始搜索区间 $[a_1,b_1]$ 和精度要求 $\delta>0$，计算最初两个试探点 $\lambda_1,\mu_1$，即

$$\begin{cases}\lambda_1=a_1+0.382(b_1-a_1)\\ \mu_1=a_1+0.618(b_1-a_1)\end{cases}$$

计算 $\varphi(\lambda_1),\varphi(\mu_1)$，令 $k=1$。

(2) 比较函数值：若 $\varphi(\lambda_1)>\varphi(\mu_1)$，则转第三步；若 $\varphi(\lambda_1)\leqslant\varphi(\mu_1)$，则转第四步。

(3) 若 $b_k-\lambda_k\leqslant\delta$，则停止计算，输出 $\lambda_k$。否则，令

$$a_{k+1}:=\lambda_k,b_{k+1}:=b_k,\lambda_{k+1}:=\mu_k$$
$$\varphi(\lambda_{k+1})=\varphi(\mu_k),\mu_{k+1}:=a_{k+1}+0.618(b_{k+1}-a_{k+1})$$

计算 $\varphi(\mu_{k+1})$，转第五步。

(4) 若 $\mu_k-a_k\leqslant\delta$，则停止计算，输出 $\lambda_k$。否则，令

$$a_{k+1}:=a_k,b_{k+1}:=\mu_k,\mu_{k+1}:=\lambda_k$$
$$\varphi(\mu_{k+1}):=\varphi(\lambda_k),\lambda_{k+1}:=a_{k+1}+0.382(b_{k+1}-a_{k+1})$$

计算 $\varphi(\lambda_{k+1})$，转第五步。

(5) $k:k=k+1$，转第二步。

0.618 法要求一维搜索的函数是单峰函数，而实际上所遇到的函数不一定是单峰函数，这时，可能产生搜索得到的函数值反而大于初始区间端点处函数值的情况。因此，建议每次缩小区间时，不仅比较两个内点处的函数值，也要比较两端点处的函数值(改进 0.618 法)。

## 复习思路提示

1. 利用不变的区间缩短率 0.618 代替斐波那契法每次的缩短率，就得到了黄金分割法，该方法可看作斐波那契法的近似，实现起来比较容易，效果也相当好，因而易于为人们所接受。

2. 0.618 法使用等速搜索进行试探的方法，每次的试探点均取在区间长度的 0.618 和 0.382 处。

3. 斐波那契法中的缩短率 $\dfrac{F_{n-k}}{F_{n-k+1}}$ 相当于 0.618 法中的 $\tau$，可证明当 $n\to\infty$ 时，$\lim\limits_{k\to\infty}\dfrac{F_{k-1}}{F_k}=\dfrac{\sqrt{5}-1}{2}=\tau$，斐波那契法与 0.618 法的区间缩短率相同，因而斐波那契法也可以收敛比 $\tau$ 线性收敛。

4. 斐波那契法是分割方法求一维极小化问题的最优策略，而 0.618 法是近似最优的，但由于后者简单易行，因而得到广泛应用。

# 13.4 无约束极值问题的解法

## 13.4.1 梯度法(最速下降法)

本小节研究无约束极值问题：$\min f(\boldsymbol{X}), \boldsymbol{X} \in E^n$。

求解无约束极值问题，一般用迭代法。迭代法可大体分为两类：一类要用到函数的一阶导数和(或)二阶导数，由于用到了函数的解析性质，故称为解析法；另一类在迭代过程中仅用到函数值，而不要求函数的解析性质，这类方法称为直接法。

直接法的收敛速度较慢，只是在变量较少时才适用，但是直接法的迭代步骤简单；当目标函数的解析表达式十分复杂，甚至写不出具体表达式，而导数又很难求得，或者根本不存在时，就不适合用解析法。

1. 基本原理

最速下降法以负梯度方向作为极小化算法的下降方向，又称梯度法，是无约束最优化中最简单的方法。最速下降法的迭代过程简单，使用方便，也是理解其他最优化方法的基础。

假定无约束极值问题 $\min f(\boldsymbol{X}), \boldsymbol{X} \in E^n$ 中的目标函数 $f(\boldsymbol{X})$ 有一阶连续偏导数，具有极小点 $\boldsymbol{X}^*$。以 $\boldsymbol{X}^{(k)}$ 表示极小点的第 $k$ 次近似，为了求其第 $k+1$ 次近似点 $\boldsymbol{X}^{(k+1)}$，在 $\boldsymbol{X}^{(k)}$ 点沿方向 $\boldsymbol{P}^{(k)}$ 做射线 $\boldsymbol{X}=\boldsymbol{X}^{(k)}+\lambda\boldsymbol{P}^{(k)}(\lambda \geqslant 0)$。

现将 $f(\boldsymbol{X})$ 在 $\boldsymbol{X}^{(k)}$ 点处展开成泰勒级数：

$$f(\boldsymbol{X})=f(\boldsymbol{X}^{(k)})+\lambda\boldsymbol{P}^{(k)}=f(\boldsymbol{X}^{(k)})+\lambda\nabla f(\boldsymbol{X}^{(k)})^{\mathrm{T}}\boldsymbol{P}^{(k)}+o(\lambda), \lim_{\lambda\to 0}\frac{o(\lambda)}{\lambda}=0$$

对于充分小的 $\lambda$，只要 $\nabla f(\boldsymbol{X}^{(k)})^{\mathrm{T}}\boldsymbol{P}^{(k)}<0$，即可保证 $f(\boldsymbol{X}^{(k)})+\lambda\boldsymbol{P}^{(k)}<f(\boldsymbol{X}^{(k)})$。这时若取 $\boldsymbol{X}^{(k+1)}=\boldsymbol{X}^{(k)}+\lambda\boldsymbol{P}^{(k)}$，就能使目标函数值得到改善(变小)。

现考查不同的方向 $\boldsymbol{P}^{(k)}$。假定 $\boldsymbol{P}^{(k)}$ 的模一定(且不为 0)，并设 $\nabla f(\boldsymbol{X}^{(k)})\neq 0$ (否则为平稳点，即极小点)，使式子 $\nabla f(\boldsymbol{X}^{(k)})^{\mathrm{T}}\boldsymbol{P}^{(k)}<0$ 成立的 $\boldsymbol{P}^{(k)}$ 有无限多个。

为了使目标函数值能得到尽量大的改善，必须寻求使 $\nabla f(\boldsymbol{X}^{(k)})^{\mathrm{T}}\boldsymbol{P}^{(k)}$ 取最小值的 $\boldsymbol{P}^{(k)}$。

由线性代数相关知识可得

$$\nabla f(\boldsymbol{X}^{(k)})^{\mathrm{T}}\boldsymbol{P}^{(k)}=\|\nabla f(\boldsymbol{X}^{(k)})\|\cdot\|\boldsymbol{P}^{(k)}\|\cos\theta$$

其中，$\theta$ 为 $\nabla f(\boldsymbol{X}^{(k)})$ 和 $\boldsymbol{P}^{(k)}$ 的夹角。

当 $\boldsymbol{P}^{(k)}$ 和 $\nabla f(\boldsymbol{X}^{(k)})$ 反向时，$\theta=180°$，$\cos\theta=-1$。此时 $\nabla f(\boldsymbol{X}^{(k)})^{\mathrm{T}}\boldsymbol{P}^{(k)}<0$ 且左端取最小值，称 $\boldsymbol{P}^{(k)}=-\nabla f(\boldsymbol{X}^{(k)})$ 为负梯度方向，这是使函数值下降最快的方向(在 $\boldsymbol{X}^{(k)}$ 的某一小范围内)。

为了得到下一个近似极小点，在选定了搜索方向之后，还要确定步长 $\lambda$。当采用可接受点算法时，就是取某一 $\lambda$ 进行试算，看是否满足不等式：

$$f[\boldsymbol{X}-\lambda\nabla f(\boldsymbol{X}^{(k)})]<f(\boldsymbol{X}^{(k)})$$

若上述不等式成立，就可以迭代下去；否则，缩小 $\lambda$ 使其满足上述不等式。由于采用负梯度方向，因此满足上式的 $\lambda$ 总是存在的。

另一种方法是通过在负梯度方向的一维搜索，来确定使 $f(\boldsymbol{X})$ 最小的 $\lambda_k$，这种梯度法就是所谓最速下降法。

2. 计算步骤

最速下降法的计算步骤如下。

(1) 给定初始点 $\boldsymbol{X}^{(0)}$ 及精度 $\varepsilon>0$，若 $\|\nabla f(\boldsymbol{X}^{(0)})\|^2\leqslant\varepsilon$，则 $\boldsymbol{X}^{(0)}$ 即近似极小点。

(2) 若 $\|\nabla f(\boldsymbol{X}^{(0)})\|^2>\varepsilon$，求步长 $\lambda_0$，并计算 $\boldsymbol{X}^{(1)}=\boldsymbol{X}^{(0)}-\lambda_0\nabla f(\boldsymbol{X}^{(0)})$，求步长用一维搜索法、微分法或试算法。若求最佳步长，则应使用前两种方法。

(3) 设已迭代到点 $\boldsymbol{X}^{(k)}$，若 $\|\nabla f(\boldsymbol{X}^{(0)})\|^2\leqslant\varepsilon$，则 $\boldsymbol{X}^{(k)}$ 即所求的近似解；若 $\|\nabla f(\boldsymbol{X}^{(0)})\|^2>\varepsilon$，则求步长 $\lambda_k$，并确定下一个近似点 $\boldsymbol{X}^{(k+1)}=\boldsymbol{X}^{(k)}-\lambda_k\nabla f(\boldsymbol{X}^{(k)})$。如此继续，直至达到要求的精度为止。

若 $f(\boldsymbol{X})$ 有二阶连续偏导数，在点 $\boldsymbol{X}^{(k)}$ 作 $f(\boldsymbol{X}^{(k)}-\lambda_k\nabla f(\boldsymbol{X}^{(k)}))$ 的泰勒展开：

$$f[\boldsymbol{X}^{(k)}-\lambda_k\nabla f(\boldsymbol{X}^{(k)})]$$
$$\approx f(\boldsymbol{X}^{(k)})-\nabla f(\boldsymbol{X}^{(k)})^{\mathrm{T}}\lambda\nabla f(\boldsymbol{X}^{(k)})+\frac{1}{2}\lambda\nabla f(\boldsymbol{X}^{(k)})^{\mathrm{T}}H(\boldsymbol{X}^{(k)})\lambda\nabla f(\boldsymbol{X}^{(k)})$$

对 $\lambda$ 求导并令其等于零，则得近似最佳步长：

$$\lambda_k=\frac{\nabla f(\boldsymbol{X}^{(k)})^{\mathrm{T}}\,\nabla f(\boldsymbol{X}^{(k)})}{\nabla f(\boldsymbol{X}^{(k)})^{\mathrm{T}}H(\boldsymbol{X}^{(k)})\,\nabla f(\boldsymbol{X}^{(k)})}$$

可见近似最佳步长不只与梯度有关，而且也与海塞矩阵 $\boldsymbol{H}$ 有关。

有时，将搜索方向 $\boldsymbol{P}^{(k)}$ 的模规格化为 1，在这种情况下，$\boldsymbol{P}^{(k)}=\dfrac{-\nabla f(\boldsymbol{X}^{(k)})}{\|\nabla f(\boldsymbol{X}^{(k)})\|}$，则近似最佳步长变为

$$\lambda_k=\frac{\nabla f(\boldsymbol{X}^{(k)})^{\mathrm{T}}\,\nabla f(\boldsymbol{X}^{(k)})\,\|\nabla f(\boldsymbol{X}^{(k)})\|}{\nabla f(\boldsymbol{X}^{(k)})^{\mathrm{T}}H(\boldsymbol{X}^{(k)})\,\nabla f(\boldsymbol{X}^{(k)})}$$

若 $f(\boldsymbol{X})$ 有二阶连续偏导数，在点 $\boldsymbol{X}^{(k)}$ 作 $f(\boldsymbol{X}^{(k)}+\lambda\boldsymbol{P}^{(k)})$ 的泰勒展开：

$$f(\boldsymbol{X}^{(k)}+\lambda\boldsymbol{P}^{(k)})\approx f(\boldsymbol{X}^{(k)})+\nabla f(\boldsymbol{X}^{(k)})^{\mathrm{T}}\lambda\boldsymbol{P}^{(k)}+\frac{1}{2}\lambda(\boldsymbol{P}^{(k)})^{\mathrm{T}}H(\boldsymbol{X}^{(k)})\lambda\boldsymbol{P}^{(k)}$$

对 $\lambda$ 求导并令其等于零，则得近似最佳步长：

$$\lambda_k=-\frac{\nabla f(\boldsymbol{X}^{(k)})^{\mathrm{T}}\boldsymbol{P}^{(k)}}{(\boldsymbol{P}^{(k)})^{\mathrm{T}}H(\boldsymbol{X}^{(k)})\boldsymbol{P}^{(k)}}=-\frac{\nabla f(\boldsymbol{X}^{(k)})^{\mathrm{T}}\dfrac{-\nabla f(\boldsymbol{X}^{(k)})}{\|\nabla f(\boldsymbol{X}^{(k)})\|}}{\left[\dfrac{-\nabla f(\boldsymbol{X}^{(k)})}{\|\nabla f(\boldsymbol{X}^{(k)})\|}\right]^{\mathrm{T}}H(\boldsymbol{X}^{(k)})\dfrac{-\nabla f(\boldsymbol{X}^{(k)})}{\|\nabla f(\boldsymbol{X}^{(k)})\|}}$$

则近似最佳步长变为

$$\lambda_k=\frac{\nabla f(\boldsymbol{X}^{(k)})^{\mathrm{T}}\,\nabla f(\boldsymbol{X}^{(k)})\,\|\nabla f(\boldsymbol{X}^{(k)})\|}{\nabla f(\boldsymbol{X}^{(k)})^{\mathrm{T}}H(\boldsymbol{X}^{(k)})\,\nabla f(\boldsymbol{X}^{(k)})}$$

**例 13-5(梯度法)** 试用梯度法求 $f(\boldsymbol{X})=(x_1-1)^2+(x_2-1)^2$ 的极小点，已知 $\varepsilon=0.1$。

解：取初始点 $\boldsymbol{X}^{(0)}=(0,0)^{\mathrm{T}}$，有

$$\nabla f(\boldsymbol{X})=[2(x_1-1),2(x_2-1)]^{\mathrm{T}},\nabla f(\boldsymbol{X}^{(0)})=(-2,-2)^{\mathrm{T}}$$

$$\|\nabla f(\boldsymbol{X}^{(0)})\|=(\sqrt{(-2)^2+(-2)^2})^2=8>\varepsilon,H(\boldsymbol{X})=\begin{pmatrix}2&0\\0&2\end{pmatrix}$$

$$\lambda_0=\frac{\nabla f(\boldsymbol{X}^{(0)})^{\mathrm{T}}\,\nabla f(\boldsymbol{X}^{(0)})}{\nabla f(\boldsymbol{X}^{(0)})^{\mathrm{T}}H(\boldsymbol{X}^{(0)})\,\nabla f(\boldsymbol{X}^{(0)})}=\frac{(-2,-2)\begin{pmatrix}-2\\-2\end{pmatrix}}{(-2,-2)\begin{pmatrix}2&0\\0&2\end{pmatrix}\begin{pmatrix}-2\\-2\end{pmatrix}}=\frac{8}{16}=\frac{1}{2}$$

$$\boldsymbol{X}^{(1)}=\boldsymbol{X}^{(0)}-\lambda_0\nabla f(\boldsymbol{X}^{(0)})=\begin{pmatrix}0\\0\end{pmatrix}-\frac{1}{2}\begin{pmatrix}-2\\-2\end{pmatrix}=\begin{pmatrix}1\\1\end{pmatrix}$$

$$\nabla f(\boldsymbol{X}^{(1)})=[2\times(1-1),2\times(1-1)]^{\mathrm{T}}=(0,0)^{\mathrm{T}}$$

故 $\boldsymbol{X}^{(1)}$ 即极小点。

**例 13-6(梯度法)** 试用梯度法求 $f(\boldsymbol{X})=x_1^2+25x_2^2$ 的极小点。本例使用规格化搜索方向法。

解：取初始点 $\boldsymbol{X}^{(0)}=(2,2)^{\mathrm{T}}$，$f(\boldsymbol{X}^{(0)})=104$，现先取用固定步长 $\lambda=1$，根据公式计算其迭代过程，如

表 13－2 所示。

$$X^{(k+1)}=X^{(k)}+\lambda_k P^{(k)}, P^{(k)}=\frac{-\nabla f(X^{(k)})}{\|\nabla f(X^{(k)})\|}$$

**表 13－2　迭代过程**

| 步骤 | 点 | $x_1$ | $x_2$ | $\frac{\partial f(X^{(k)})}{\partial x_1}$ | $\frac{\partial f(X^{(k)})}{\partial x_2}$ | $\|\nabla f(X^{(k)})\|$ |
|---|---|---|---|---|---|---|
| 0 | $X^{(0)}$ | 2 | 2 | 4 | 100 | ～100 |
| 1 | $X^{(1)}$ | 1.96 | 1.00 | 3.92 | 50 | 50.1 |
| 2 | $X^{(2)}$ | 1.88 | 0 | 3.76 | 0 | 3.76 |
| 3 | $X^{(3)}$ | 0.88 | 0 | 1.76 | 0 | 1.76 |
| 4 | $X^{(4)}$ | −0.12 | 0 | −0.24 | 0 | 0.24 |
| 5 | $X^{(5)}$ | 0.88 | 0 | | | |

继续计算下去可以看出，$x_1$ 将来回振荡，难以收敛到极小点(0,0)。为使迭代过程收敛，必须不断减小步长 $\lambda$ 的值。

若用最佳步长进行搜索，根据公式计算其迭代过程，如表 13－3 所示。

$$\lambda_k=\frac{\nabla f(X^{(k)})^{\mathrm{T}}\nabla f(X^{(k)})\|\nabla f(X^{(k)})\|}{\nabla f(X^{(k)})^{\mathrm{T}}H(X^{(k)})\nabla f(X^{(k)})}$$

**表 13－3　用最佳步长进行搜索的迭代过程**

| 步骤 | 点 | $\lambda_k$ | $x_1$ | $x_2$ | $\frac{\partial f(X^{(k)})}{\partial x_1}$ | $\frac{\partial f(X^{(k)})}{\partial x_2}$ | $f(X^{(k)})$ |
|---|---|---|---|---|---|---|---|
| 0 | $X^{(0)}$ | 2.003 | 2 | 2 | 4 | 100 | 104 |
| 1 | $X^{(1)}$ | 1.850 | 1.92 | −0.003 | 3.84 | −0.15 | 3.69 |
| 2 | $X^{(2)}$ | 0.070 | 0.070 | 0.070 | 0.14 | 3.50 | 0.13 |
| 3 | $X^{(3)}$ | | 0.070 | −0.000 | | | |

采用最佳步长时，收敛较快，而且相邻两步的搜索方向互相垂直。

将上述两种迭代过程分别画于图 13－20 及图 13－21 中。

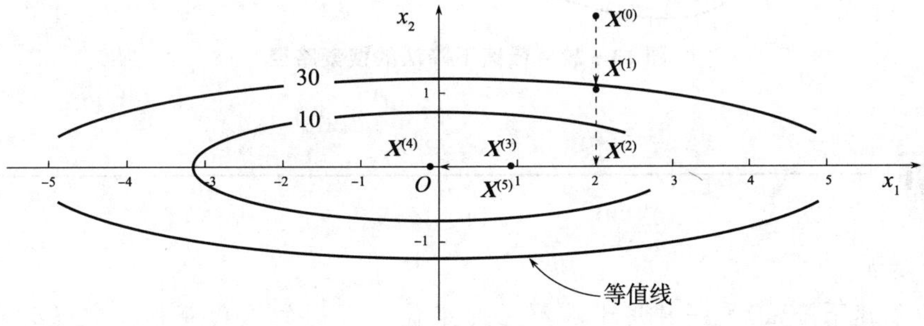


**图 13－20　固定步长 λ＝1**

当 $f(X)$ 是具有一阶连续偏导数的凸函数时，如果由最速下降法所得的点列 $\{X^{(k)}\}$ 有界，则必有：

(1) 数列 $\{f(X^{(k)})\}$ 单调下降；

(2) 序列 $\{X^{(k)}\}$ 的极限 $X^*$ 满足 $\nabla f(X^*)=0$；

(3) $X^*$ 为全局极小点。

负梯度方向的最速下降性，很容易使人们认为负梯度方向是理想的搜索方向，但其实最速下降法是一种理想的极小化方法。$\boldsymbol{X}$ 点处的负梯度方向 $-\nabla f(\boldsymbol{X})$ 仅在 $\boldsymbol{X}$ 点附近才具有这种“最速下降”的性质，而对于整个极小化过程来说，那就是另外一回事了。

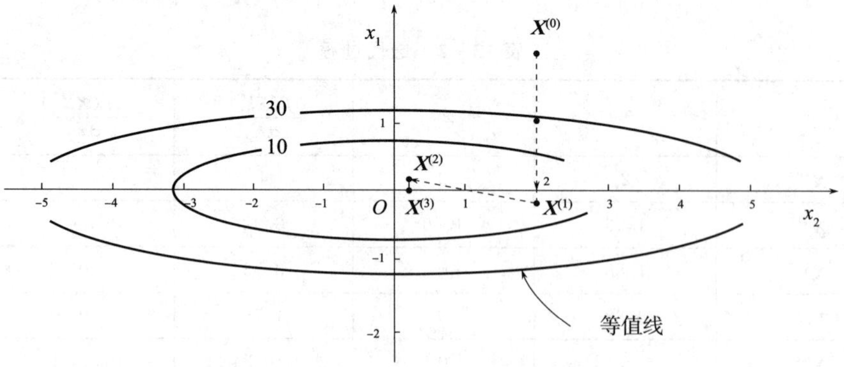


**图 13-21　最佳步长 $\lambda_k$**

“最速下降”仅是算法的局部性质。对于许多问题，最速下降法并非“最速下降”，而是下降得非常缓慢。数值试验表明，当目标函数的等值线接近于一个圆(球)时，最速下降法下降较快；而当目标函数的等值线是一个扁长的椭球时，最速下降法开始几步下降较快，后来就出现锯齿现象，下降就十分缓慢。

例如，一般二元二次凸函数的等值线为一簇共心椭圆，当用最速下降法趋近极小点时，其搜索路径呈直角锯齿状(图 13-22)。在开头几步，目标函数值下降较快，但接近极小点 $\boldsymbol{X}^*$ 时，收敛速度就不理想了。特别是当目标函数的等值线椭圆比较扁平时，收敛速度就更慢了。因此，在实际应用中，常将梯度法和其他方法联合起来应用，在前期使用梯度法，而在接近极小点时，则使用收敛较快的其他方法。

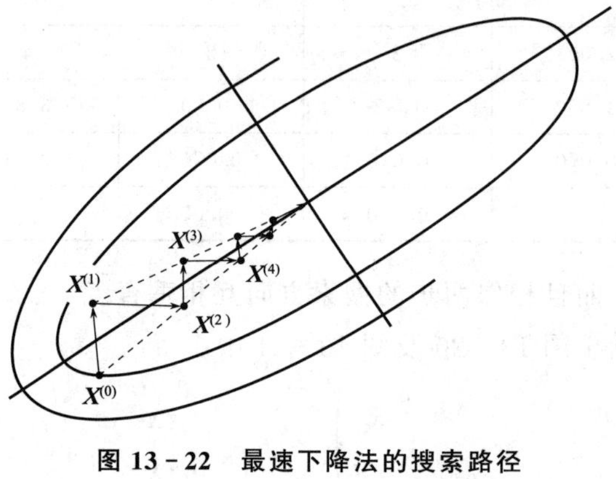


**图 13-22　最速下降法的搜索路径**

## 复习思路提示

1. 基本概念与原理

梯度法(也称为最速下降法)是一种用于求解无约束优化问题的迭代算法。它通过在每一步沿着目标函数梯度的反方向移动，来逐步逼近目标函数的极小值。梯度法的基本思想是利用梯度信息来指导搜索方向，从而实现函数值的快速下降。

2. 计算步骤与关键公式

梯度计算：在每一步迭代中，首先计算当前点处的目标函数梯度。

搜索方向：确定搜索方向为梯度的反方向，即 $-\nabla f(\boldsymbol{X})$。

步长确定：通过线搜索或其他方法确定合适的步长 $\lambda$，以确保函数值在该方向上取得最快下降。

迭代更新：更新当前点 $\boldsymbol{X}$ 为 $\boldsymbol{X}+\lambda(-\nabla f(\boldsymbol{X}))$ 并重复上述步骤，直到满足收敛条件。

3. 优缺点与应用场景

优点：梯度法简单易实现，对于初值不敏感，且在每次迭代中都能保证函数值的下降。

缺点：梯度法的收敛速度可能较慢，特别是在梯度变化不大的区域。此外，它可能陷入局部极小值，而不是全局极小值。

应用场景：梯度法适用于求解各种无约束优化问题，如机器学习中的参数优化、工程设计中的最优化问题等。它也是许多复杂优化算法的基础，如共轭梯度法和拟牛顿法。

梯度法是优化理论中的基础方法，理解其原理和应用对于进一步学习高级优化算法具有重要意义。

## 13.4.2 共轭梯度法

1. 共轭方向

设 $\boldsymbol{X}$ 和 $\boldsymbol{Y}$ 是 $n$ 维欧氏空间 $E^n$ 中的两个向量，若有 $\boldsymbol{X}^{\mathrm{T}}\boldsymbol{Y}=0$，就称 $\boldsymbol{X}$ 和 $\boldsymbol{Y}$ 正交。

再设 $\boldsymbol{A}$ 为 $n\times n$ 对称正定阵，如果 $\boldsymbol{X}$ 和 $\boldsymbol{AY}$ 正交，即有 $\boldsymbol{X}^{\mathrm{T}}\boldsymbol{AY}=0$，则称 $\boldsymbol{X}$ 和 $\boldsymbol{Y}$ 关于 $\boldsymbol{A}$ 共轭，或 $\boldsymbol{X}$ 和 $\boldsymbol{Y}$ 为 $\boldsymbol{A}$ 共轭(正交)。

一般地，设 $\boldsymbol{A}$ 为 $n\times n$ 对称正定阵，若非零向量组 $\boldsymbol{P}^{(1)},\boldsymbol{P}^{(2)},\cdots,\boldsymbol{P}^{(n)}\in E^n$ 满足条件 $(\boldsymbol{P}^{(i)})^{\mathrm{T}}\boldsymbol{AP}^{(j)}=0(i\neq j;i,j=1,2,\cdots,n)$，则称该向量组为 $\boldsymbol{A}$ 共轭。

如果 $\boldsymbol{A}=\boldsymbol{I}$，则上述条件即通常的正交条件。因此，$\boldsymbol{A}$ 共轭概念实际上是通常正交概念的推广。

**定理 13-8** 设 $\boldsymbol{A}$ 为 $n\times n$ 对称正定阵，$\boldsymbol{P}^{(1)},\boldsymbol{P}^{(2)},\cdots,\boldsymbol{P}^{(n)}\in E^n$ 为 $\boldsymbol{A}$ 共轭的非零向量，则这一组向量线性独立。

$$(\boldsymbol{P}^{(i)})^{\mathrm{T}}\boldsymbol{AP}^{(j)}=0(i\neq j;i,j=1,2,\cdots,n)$$

证明：设向量 $\boldsymbol{P}^{(1)},\boldsymbol{P}^{(2)},\cdots,\boldsymbol{P}^{(n)}\in E^n$ 之间存在线性关系。

$$\alpha_1\boldsymbol{P}_1^{(1)}+\alpha_2\boldsymbol{P}^{(2)}+\cdots+\alpha_n\boldsymbol{P}^{(n)}=0$$

对 $i=1,2,\cdots,n$，分别用 $(\boldsymbol{P}^{(i)})^{\mathrm{T}}\boldsymbol{A}$ 左乘上式得 $\alpha_i(\boldsymbol{P}^{(i)})^{\mathrm{T}}\boldsymbol{AP}^{(i)}=0$，又 $\boldsymbol{P}^{(i)}\neq 0$，$\boldsymbol{A}$ 为对称正定矩阵，则 $(\boldsymbol{P}^{(i)})^{\mathrm{T}}\boldsymbol{AP}^{(i)}>0$，故必有 $\alpha_i=0,i=1,2,\cdots,n$，从而 $\boldsymbol{P}^{(1)},\boldsymbol{P}^{(2)},\cdots,\boldsymbol{P}^{(n)}$ 线性独立(无关)。

无约束极值问题的一个特殊情形是

$$\min f(\boldsymbol{X})=\frac{1}{2}\boldsymbol{X}^{\mathrm{T}}\boldsymbol{AX}+\boldsymbol{B}^{\mathrm{T}}\boldsymbol{X}+c$$

式中：$\boldsymbol{A}$ 为 $n\times n$ 对称正定阵；$\boldsymbol{X},\boldsymbol{B}\in E^n$；$c$ 为常数。该式称为正定二次函数极小问题，它在整个最优化问题中起着极其重要的作用。因为许多最优化理论和最优化方法都是根据正定二次函数提出并加以证明的，而且所有对正定二次函数适用并有效的最优化算法，经证明，对一般非线性函数也是适用和有效的。

**定理 13-9** 设向量 $\boldsymbol{P}^{(i)},i=0,1,2,\cdots,n-1$ 为 $\boldsymbol{A}$ 共轭，则从任一点 $\boldsymbol{X}^{(0)}$ 出发，相继以 $\boldsymbol{P}^{(i)},i=0,1,2,\cdots,n-1$ 为搜索方向的下述算法：

$$\begin{cases}\min\limits_{\lambda} f(\boldsymbol{X}^{(k)}+\lambda\boldsymbol{P}^{(k)})=f(\boldsymbol{X}^{(k)}+\lambda_k\boldsymbol{P}^{(k)})\\ \boldsymbol{X}^{(k+1)}=\boldsymbol{X}^{(k)}+\lambda_k\boldsymbol{P}^{(k)}\end{cases}$$

经 $n$ 次一维搜索收敛于问题 $\min f(\boldsymbol{X})=\dfrac{1}{2}\boldsymbol{X}^{\mathrm{T}}\boldsymbol{AX}+\boldsymbol{B}^{\mathrm{T}}\boldsymbol{X}+c$ 的极小点 $\boldsymbol{X}^*$。

证明：由 $\min f(\boldsymbol{X})=\dfrac{1}{2}\boldsymbol{X}^{\mathrm{T}}\boldsymbol{AX}+\boldsymbol{B}^{\mathrm{T}}\boldsymbol{X}+c$ 可得 $\nabla f(\boldsymbol{X})=\boldsymbol{AX}+\boldsymbol{B}$。设相继各次搜索得到的近似解分别为 $\boldsymbol{X}^{(1)},\boldsymbol{X}^{(2)},\cdots,\boldsymbol{X}^{(n)}$，则

$$\nabla f(\boldsymbol{X}^{(k)})=\boldsymbol{AX}^{(k)}+\boldsymbol{B}$$

$$
\begin{aligned}
\nabla f(\boldsymbol{X}^{(k+1)}) &= \boldsymbol{A}\boldsymbol{X}^{(k+1)} + \boldsymbol{B} \\
&= \boldsymbol{A}(\boldsymbol{X}^{(k)} + \lambda_k \boldsymbol{P}^{(k)}) + \boldsymbol{B} \\
&= \boldsymbol{A}\boldsymbol{X}^{(k)} + \boldsymbol{B} + \lambda_k \boldsymbol{A}\boldsymbol{P}^{(k)} \\
&= \nabla f(\boldsymbol{X}^{(k)}) + \lambda_k \boldsymbol{A}\boldsymbol{P}^{(k)}
\end{aligned}
$$

假定 $f(\boldsymbol{X}^{(k)}) \neq 0, k=0,1,2,\cdots,n-1$，则有

$$
\begin{aligned}
\nabla f(\boldsymbol{X}^{(n)}) &= \nabla f(\boldsymbol{X}^{(n-1)}) + \lambda_{n-1}\boldsymbol{A}\boldsymbol{P}^{(n-1)} \\
&= [\nabla f(\boldsymbol{X}^{(n-2)}) + \lambda_{n-2}\boldsymbol{A}\boldsymbol{P}^{(n-2)}] + \lambda_{n-1}\boldsymbol{A}\boldsymbol{P}^{(n-1)} \\
&\cdots \\
&= \nabla f(\boldsymbol{X}^{(k+1)}) + \lambda_{k+1}\boldsymbol{A}\boldsymbol{P}^{(k+1)} + \lambda_{k+2}\boldsymbol{A}\boldsymbol{P}^{(k+2)} + \cdots + \lambda_{n-1}\boldsymbol{A}\boldsymbol{P}^{(n-1)}
\end{aligned}
$$

由于在进行一维搜索时，为确定最佳步长 $\lambda_k$，令

$$
\frac{\mathrm{d}f(\boldsymbol{X}^{(k+1)})}{\mathrm{d}\lambda} = \frac{\mathrm{d}f[\boldsymbol{X}^{(k)} + \lambda\boldsymbol{P}^{(k)}]}{\mathrm{d}\lambda} = \nabla f(\boldsymbol{X}^{(k+1)})^{\mathrm{T}}\boldsymbol{P}^{(k)} = 0
$$

故对 $k=0,1,2,\cdots,n-1$，有

$$
\begin{aligned}
(\boldsymbol{P}^{(k)})^{\mathrm{T}}\nabla f(\boldsymbol{X}^{(n)}) &= (\boldsymbol{P}^{(k)})^{\mathrm{T}}[\nabla f(\boldsymbol{X}^{(k+1)}) + \lambda_{k+1}\boldsymbol{A}\boldsymbol{P}^{(k+1)} + \lambda_{k+2}\boldsymbol{A}\boldsymbol{P}^{(k+2)} + \cdots + \lambda_{n-1}\boldsymbol{A}\boldsymbol{P}^{(n-1)}] \\
&= (\boldsymbol{P}^{(k)})^{\mathrm{T}}\nabla f(\boldsymbol{X}^{(k+1)}) + \lambda_{k+1}(\boldsymbol{P}^{(k)})^{\mathrm{T}}\boldsymbol{A}\boldsymbol{P}^{(k+1)} + \cdots + \lambda_{n-1}(\boldsymbol{P}^{(k)})^{\mathrm{T}}\boldsymbol{A}\boldsymbol{P}^{(n-1)} \\
&= 0
\end{aligned}
$$

即 $\nabla f(\boldsymbol{X}^{(n)})$ 和 $n$ 个线性独立的向量 $\boldsymbol{P}^{(0)},\boldsymbol{P}^{(1)},\cdots,\boldsymbol{P}^{(n-1)}$（它们为 $\boldsymbol{A}$ 共轭）正交，即 $\boldsymbol{X}^{(n)}$ 为 $f(\boldsymbol{X})$ 的极小点 $\boldsymbol{X}^*$。

对定理 13-9 以二维正定二次函数的情况为例加以说明。

二维正定二次函数的等值线，在极小点附近可用一簇共心椭圆来代表（如图 13-23 所示）。显然，过椭圆簇中心 $\boldsymbol{X}^*$ 画出任意直线，必与诸椭圆相交，各交点处的切线互相平行。如果在两个互相平行的方向上进行最优一维搜索，则可得 $f(\boldsymbol{X})$ 在此方向上的极小点 $\boldsymbol{X}^{(1)}$ 和 $\overline{\boldsymbol{X}}^{(1)}$，此两点必为椭圆簇中某椭圆与该平行直线的切点，而且连接 $\boldsymbol{X}^{(1)}$ 和 $\overline{\boldsymbol{X}}^{(1)}$ 的直线必通过椭圆簇的中心 $\boldsymbol{X}^*$。

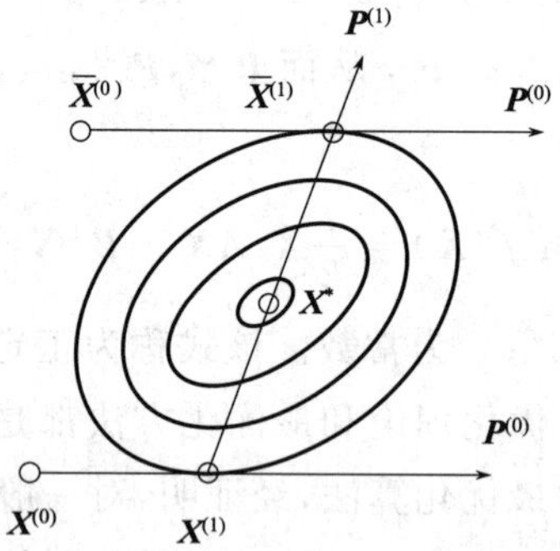


图 13-23　二维正定二次函数的共轭方向

现从任一点 $\boldsymbol{X}^{(0)}$ 出发，沿射线 $\boldsymbol{P}^{(0)}$ 作一维搜索，则可得目标函数 $f(\boldsymbol{X})$ 在射线 $\boldsymbol{X}^{(0)} + \lambda\boldsymbol{P}^{(0)}$ 上的极小点 $\boldsymbol{X}^{(1)} = \boldsymbol{X}^{(0)} + \lambda_0\boldsymbol{P}^{(0)}$，其中最佳步长 $\lambda_0$ 满足 $\nabla f(\boldsymbol{X}^{(1)})^{\mathrm{T}}\boldsymbol{P}^{(0)} = 0$。

同样，从另一点 $\overline{\boldsymbol{X}}^{(0)}$ 出发也沿 $\boldsymbol{P}^{(0)}$ 作一维搜索，则可得目标函数 $f(\boldsymbol{X})$ 在射线 $\overline{\boldsymbol{X}}^{(0)} + \lambda\boldsymbol{P}^{(0)}$ 上的极小点 $\overline{\boldsymbol{X}}^{(1)} = \overline{\boldsymbol{X}}^{(0)} + \lambda_0\boldsymbol{P}^{(0)}$，其中最佳步长 $\lambda_0$ 满足 $\nabla f(\overline{\boldsymbol{X}}^{(1)})^{\mathrm{T}}\boldsymbol{P}^{(0)} = 0$。

两式相减得 $[\nabla f(\overline{\boldsymbol{X}}^{(1)}) - \nabla f(\boldsymbol{X}^{(1)})]^{\mathrm{T}}\boldsymbol{P}^{(0)} = 0$。

又因为 $\nabla f(\boldsymbol{X}) = \boldsymbol{A}\boldsymbol{X} + \boldsymbol{B}$，则 $[\boldsymbol{A}\overline{\boldsymbol{X}}^{(1)} - \boldsymbol{A}\boldsymbol{X}^{(1)}]^{\mathrm{T}}\boldsymbol{P}^{(0)} = 0$，若令 $\boldsymbol{P}^{(1)} = \overline{\boldsymbol{X}}^{(1)} - \boldsymbol{X}^{(1)}$，则有 $(\boldsymbol{P}^{(1)})^{\mathrm{T}}\boldsymbol{A}\boldsymbol{P}^{(0)} = 0$，即 $\boldsymbol{P}^{(1)}$ 和 $\boldsymbol{P}^{(0)}$ 为 $\boldsymbol{A}$ 共轭。

2. 正定二次函数的共轭梯度法

对于 $\min f(\boldsymbol{X})=\frac{1}{2}\boldsymbol{X}^{\mathrm{T}}\boldsymbol{A}\boldsymbol{X}+\boldsymbol{B}^{\mathrm{T}}\boldsymbol{X}+c$ 来说，由于 $\boldsymbol{A}$ 为对称正定阵，故存在唯一极小点 $\boldsymbol{X}^*$，满足方程组 $\nabla f(\boldsymbol{X})=\boldsymbol{A}\boldsymbol{X}+\boldsymbol{B}=0$，且具有形式 $\boldsymbol{X}^*=-\boldsymbol{A}^{-1}\boldsymbol{B}$。

如果已知某共轭向量组 $\boldsymbol{P}^{(0)},\boldsymbol{P}^{(1)},\cdots,\boldsymbol{P}^{(n-1)}$，由定理 13－9 可知，目标函数的极小点 $\boldsymbol{X}^*$ 可通过下列算法得到：

$$\begin{cases}\boldsymbol{X}^{(k+1)}=\boldsymbol{X}^{(k)}+\lambda_k\boldsymbol{P}^{(k)},k=0,1,2,\cdots,n-1\\ \lambda_k:\min\limits_{\lambda} f(\boldsymbol{X}^{(k)}+\lambda\boldsymbol{P}^{(k)})\\ \boldsymbol{X}^{(n)}=\boldsymbol{X}^*\end{cases}$$

1) 算法推导思路

算法推导思路 1：确定第一步的搜索方向 $\boldsymbol{P}^{(0)}$ 和最佳步长 $\lambda_0$。

由于 $\nabla f(\boldsymbol{X})=\boldsymbol{A}\boldsymbol{X}+\boldsymbol{B}$，故有

$$\nabla f(\boldsymbol{X}^{(k+1)})-\nabla f(\boldsymbol{X}^{(k)})=\boldsymbol{A}(\boldsymbol{X}^{k+1}-\boldsymbol{X}^{(k)})$$

又因为 $\boldsymbol{X}^{(k+1)}=\boldsymbol{X}^{(k)}+\lambda_k\boldsymbol{P}^{(k)}$，则有

$$\nabla f(\boldsymbol{X}^{(k+1)})-\nabla f(\boldsymbol{X}^{(k)})=\lambda_k\boldsymbol{A}\boldsymbol{P}^{(k)},k=0,1,2,\cdots,n-1$$

任取初始近似点 $\boldsymbol{X}^{(0)}$，并取初始搜索方向为此点的负梯度方向，即

$$\boldsymbol{P}^{(0)}=-\nabla f(\boldsymbol{X}^{(0)})$$

沿射线 $\boldsymbol{X}^{(0)}+\lambda\boldsymbol{P}^{(0)}$ 进行一维搜索，得

$$\begin{cases}\boldsymbol{X}^{(1)}=\boldsymbol{X}^{(0)}+\lambda_0\boldsymbol{P}^{(0)}\\ \lambda_0:\min\limits_{\lambda} f(\boldsymbol{X}^{(0)}+\lambda\boldsymbol{P}^{(0)})\end{cases}$$

算法推导思路 2：确定第二步的搜索方向 $\boldsymbol{P}^{(1)}$。

根据 $\nabla f(\boldsymbol{X}^{(k+1)})=\nabla f(\boldsymbol{X}^{(k)})+\lambda_k\boldsymbol{A}\boldsymbol{P}^{(k)},k=0,1,2,\cdots,n-1$ 算出 $\nabla f(\boldsymbol{X}^{(1)})$。由 $\frac{\mathrm{d}f(\boldsymbol{X}^{(k+1)})}{\mathrm{d}\lambda}=\frac{\mathrm{d}f[\boldsymbol{X}^{(k)}+\lambda\boldsymbol{P}^{(k)}]}{\mathrm{d}\lambda}=\nabla f(\boldsymbol{X}^{(k+1)})^{\mathrm{T}}\boldsymbol{P}^{(k)}=0$ 可知

$$\nabla f(\boldsymbol{X}^{(1)})^{\mathrm{T}}\boldsymbol{P}^{(0)}=-\nabla f(\boldsymbol{X}^{(1)})^{\mathrm{T}}\ \nabla f(\boldsymbol{X}^{(0)})=0$$

从而可知，$\nabla f(\boldsymbol{X}^{(1)})$ 与 $\nabla f(\boldsymbol{X}^{(0)})$ 正交，即 $\nabla f(\boldsymbol{X}^{(1)})$ 与 $\nabla f(\boldsymbol{X}^{(0)})$ 为正交且线性无关的非零向量组，则可在由 $\nabla f(\boldsymbol{X}^{(1)})$ 与 $\nabla f(\boldsymbol{X}^{(0)})$ 张成的二维空间中寻求 $\boldsymbol{P}^{(1)}$。

算法推导思路 3：确定第二步的搜索方向 $\boldsymbol{P}^{(1)}$，需与 $\boldsymbol{P}^{(0)}$ 共轭。

为此，可令 $\boldsymbol{P}^{(1)}=-\nabla f(\boldsymbol{X}^{(1)})+\alpha_0\nabla f(\boldsymbol{X}^{(0)})$，式中 $\alpha_0$ 为待定系数。欲使 $\boldsymbol{P}^{(1)}$ 与 $\boldsymbol{P}^{(0)}$ 为 $\boldsymbol{A}$ 共轭，由 $\nabla f(\boldsymbol{X}^{(k+1)})-\nabla f(\boldsymbol{X}^{(k)})=\lambda_k\boldsymbol{A}\boldsymbol{P}^{(k)}$ 可知，必须使 $(\boldsymbol{P}^{(1)})^{\mathrm{T}}\lambda_0\boldsymbol{A}\boldsymbol{P}^{(0)}=0$，即

$$[-\nabla f(\boldsymbol{X}^{(1)})+\alpha_0\nabla f(\boldsymbol{X}^{(0)})]^{\mathrm{T}}[\nabla f(\boldsymbol{X}^{(1)})-\nabla f(\boldsymbol{X}^{(0)})]=0$$

故

$$-\alpha_0=\frac{\nabla f(\boldsymbol{X}^{(1)})^{\mathrm{T}}\ \nabla f(\boldsymbol{X}^{(1)})}{\nabla f(\boldsymbol{X}^{(0)})^{\mathrm{T}}\ \nabla f(\boldsymbol{X}^{(0)})}$$

令 $\beta_0=-\alpha_0=\frac{\nabla f(\boldsymbol{X}^{(1)})^{\mathrm{T}}\ \nabla f(\boldsymbol{X}^{(1)})}{\nabla f(\boldsymbol{X}^{(0)})^{\mathrm{T}}\ \nabla f(\boldsymbol{X}^{(0)})}$，由此可得 $\boldsymbol{P}^{(1)}=-\nabla f(\boldsymbol{X}^{(1)})+\beta_0\boldsymbol{P}^{(0)}$。

算法推导思路 4：沿搜索方向 $\boldsymbol{P}^{(1)}$ 进行一维搜索，求近似最佳步长 $\lambda_1$。

$$\frac{\mathrm{d}f(\boldsymbol{X}^{(k+1)})}{\mathrm{d}\lambda}=\frac{\mathrm{d}f[\boldsymbol{X}^{(k)}+\lambda\boldsymbol{P}^{(k)}]}{\mathrm{d}\lambda}=\nabla f(\boldsymbol{X}^{(k+1)})^{\mathrm{T}}\boldsymbol{P}^{(k)}=0$$

$$\boldsymbol{P}^{(1)}=-\nabla f(\boldsymbol{X}^{(1)})+\alpha_0\nabla f(\boldsymbol{X}^{(0)})$$

以 $\boldsymbol{P}^{(1)}$ 为搜索方向进行最优一维搜索，可得

$$\begin{cases}\boldsymbol{X}^{(2)}=\boldsymbol{X}^{(1)}+\lambda\boldsymbol{P}^{(1)}\\ \lambda_1:\min\limits_{\lambda} f(\boldsymbol{X}^{(1)}+\lambda\boldsymbol{P}^{(1)})\end{cases}$$

算出 $\nabla f(\boldsymbol{X}^{(2)})$，假定 $\nabla f(\boldsymbol{X}^{(2)})\neq 0$，因 $\boldsymbol{P}^{(0)}$ 和 $\boldsymbol{P}^{(1)}$ 为 $\boldsymbol{A}$ 共轭，故 $(\boldsymbol{P}^{(0)})^{\mathrm{T}}\boldsymbol{A}\boldsymbol{P}^{(1)}=0$，即 $\nabla f(\boldsymbol{X}^{(0)})^{\mathrm{T}}[\nabla f(\boldsymbol{X}^{(2)})-\nabla f(\boldsymbol{X}^{(1)})]=0$，又因为 $\nabla f(\boldsymbol{X}^{(0)})^{\mathrm{T}}\nabla f(\boldsymbol{X}^{(1)})=0$，故 $\nabla f(\boldsymbol{X}^{(0)})^{\mathrm{T}}\nabla f(\boldsymbol{X}^{(2)})=0$。由于 $\nabla f(\boldsymbol{X}^{(2)})^{\mathrm{T}}\boldsymbol{P}^{(1)}=\nabla f(\boldsymbol{X}^{(2)})^{\mathrm{T}}[-\nabla f(\boldsymbol{X}^{(1)})+\alpha_0\nabla f(\boldsymbol{X}^{(0)})]=0$，所以 $\nabla f(\boldsymbol{X}^{(2)})$，$\nabla f(\boldsymbol{X}^{(1)})$，$\nabla f(\boldsymbol{X}^{(0)})$ 构成一个正交向量组，则可在三者张成的三维空间中寻求 $\boldsymbol{P}^{(2)}$。

算法推导思路5：确定第三步的搜索方向 $\boldsymbol{P}^{(2)}$，需与 $\boldsymbol{P}^{(1)}$，$\boldsymbol{P}^{(0)}$ 共轭。

令 $\boldsymbol{P}^{(2)}=-\nabla f(\boldsymbol{X}^{(2)})+k_1\nabla f(\boldsymbol{X}^{(1)})+k_0\nabla f(\boldsymbol{X}^{(0)})$，式中 $k_0$ 和 $k_1$ 均为待定系数。由于 $\boldsymbol{P}^{(2)}$，$\boldsymbol{P}^{(1)}$ 和 $\boldsymbol{P}^{(0)}$ 为 $\boldsymbol{A}$ 共轭，故

$$[-\nabla f(\boldsymbol{X}^{(2)})+k_1\nabla f(\boldsymbol{X}^{(1)})+k_0\nabla f(\boldsymbol{X}^{(0)})]^{\mathrm{T}}[\nabla f(\boldsymbol{X}^{(1)})-\nabla f(\boldsymbol{X}^{(0)})]=0$$

$$[-\nabla f(\boldsymbol{X}^{(2)})+k_1\nabla f(\boldsymbol{X}^{(1)})+k_0\nabla f(\boldsymbol{X}^{(0)})]^{\mathrm{T}}[\nabla f(\boldsymbol{X}^{(2)})-\nabla f(\boldsymbol{X}^{(1)})]=0$$

从而

$$k_1\nabla f(\boldsymbol{X}^{(1)})^{\mathrm{T}}\nabla f(\boldsymbol{X}^{(1)})-k_0\nabla f(\boldsymbol{X}^{(0)})^{\mathrm{T}}\nabla f(\boldsymbol{X}^{(0)})=0$$

$$-\nabla f(\boldsymbol{X}^{(2)})^{\mathrm{T}}\nabla f(\boldsymbol{X}^{(2)})-k_1\nabla f(\boldsymbol{X}^{(1)})^{\mathrm{T}}\nabla f(\boldsymbol{X}^{(1)})=0$$

解之得

$$-k_1=\frac{\nabla f(\boldsymbol{X}^{(2)})^{\mathrm{T}}\nabla f(\boldsymbol{X}^{(2)})}{\nabla f(\boldsymbol{X}^{(1)})^{\mathrm{T}}\nabla f(\boldsymbol{X}^{(1)})},\ k_0=k_1\frac{\nabla f(\boldsymbol{X}^{(1)})^{\mathrm{T}}\nabla f(\boldsymbol{X}^{(1)})}{\nabla f(\boldsymbol{X}^{(0)})^{\mathrm{T}}\nabla f(\boldsymbol{X}^{(0)})}$$

令 $\beta_1=-k_1$，则 $k_0=-\beta_1\beta_0$，于是

$$\begin{aligned}\boldsymbol{P}^{(2)}&=-\nabla f(\boldsymbol{X}^{(2)})-\beta_1\nabla f(\boldsymbol{X}^{(1)})-\beta_0\beta_1\nabla f(\boldsymbol{X}^{(0)})\\&=-\nabla f(\boldsymbol{X}^{(2)})+\beta_1[-\nabla f(\boldsymbol{X}^{(1)})-\beta_0\nabla f(\boldsymbol{X}^{(0)})]\\&=-\nabla f(\boldsymbol{X}^{(2)})+\beta_1[-\nabla f(\boldsymbol{X}^{(1)})+\beta_0\boldsymbol{P}^{(0)}]\\&=-\nabla f(\boldsymbol{X}^{(2)})+\beta_1[-\nabla f(\boldsymbol{X}^{(1)})+\beta_0\boldsymbol{P}^{(0)}]\end{aligned}$$

算法推导思路6：因此可得一般公式。

继续上述步骤，可得一般公式如下：

$$\begin{cases}\boldsymbol{P}^{(k+1)}=-\nabla f(\boldsymbol{X}^{(k+1)})+\beta_k\boldsymbol{P}^{(k)}\\ \beta_k=\dfrac{\nabla f(\boldsymbol{X}^{(k+1)})^{\mathrm{T}}\nabla f(\boldsymbol{X}^{(k+1)})}{\nabla f(\boldsymbol{X}^{(k)})^{\mathrm{T}}\nabla f(\boldsymbol{X}^{(k)})}\end{cases}$$

对于正定二次函数来说，$\nabla f(\boldsymbol{X})=\boldsymbol{A}\boldsymbol{X}+\boldsymbol{B}$。

由于 $\nabla f(\boldsymbol{X}^{(k+1)})=\nabla f(\boldsymbol{X}^{(k)})+\lambda_k\boldsymbol{A}\boldsymbol{P}^{(k)}$ 进行的是最优一维搜索，故有

$$\nabla f(\boldsymbol{X}^{(k+1)})^{\mathrm{T}}\boldsymbol{P}^{(k)}=0$$

从而

$$\lambda_k=-\frac{\nabla f(\boldsymbol{X}^{(k)})^{\mathrm{T}}\boldsymbol{P}^{(k)}}{(\boldsymbol{P}^{(k)})^{\mathrm{T}}\boldsymbol{A}\boldsymbol{P}^{(k)}}$$

2）共轭梯度法计算公式

由算法推导思路，可得到共轭梯度法主要的计算公式如下：

$$\begin{cases}\boldsymbol{X}^{(k+1)}=\boldsymbol{X}^{(k)}+\lambda_k\boldsymbol{P}^{(k)}\\ \lambda_k=-\dfrac{\nabla f(\boldsymbol{X}^{(k)})^{\mathrm{T}}\boldsymbol{P}^{(k)}}{(\boldsymbol{P}^{(k)})^{\mathrm{T}}\boldsymbol{A}\boldsymbol{P}^{(k)}}\\ \boldsymbol{P}^{(k+1)}=-\nabla f(\boldsymbol{X}^{(k+1)})+\beta_k\boldsymbol{P}^{(k)}\\ \beta_k=\dfrac{\nabla f(\boldsymbol{X}^{(k+1)})^{\mathrm{T}}\nabla f(\boldsymbol{X}^{(k+1)})}{\nabla f(\boldsymbol{X}^{(k)})^{\mathrm{T}}\nabla f(\boldsymbol{X}^{(k)})}\\ k=0,1,2,\cdots,n-1\end{cases}$$

其中，$\boldsymbol{X}^{(0)}$ 为初始近似，$\boldsymbol{P}^{(0)}=-\nabla f(\boldsymbol{X}^{(0)})$。该式最先由弗莱彻(Fletcher)和瑞夫斯(Reeves)在1964年提

出，故此法亦称为 FR 共轭梯度法。

又由 $\boldsymbol{P}^{(k)}=-\nabla f(\boldsymbol{X}^{(k)})+\beta_{k-1}\boldsymbol{P}^{(k-1)}$ 及 $\nabla f(\boldsymbol{X}^{(k)})^{\mathrm{T}}\boldsymbol{P}^{(k-1)}=0$，可推出

$$\lambda_k=\frac{\nabla f(\boldsymbol{X}^{(k)})^{\mathrm{T}}\nabla f(\boldsymbol{X}^{(k)})}{(\boldsymbol{P}^{(k)})^{\mathrm{T}}\boldsymbol{A}\boldsymbol{P}^{(k)}}$$

3)计算步骤

共轭梯度法的计算步骤总结如下。

(1) 选择初始近似 $\boldsymbol{X}^{(0)}$，给出允许误差 $\varepsilon>0$。

(2) 计算 $\boldsymbol{P}^{(0)}=-\nabla f(\boldsymbol{X}^{(0)})$，并用公式算出 $\boldsymbol{X}^{(1)}$ 和 $\lambda_1$（计算步长也可使用以前介绍过的一维搜索法）。

(3) 一般地，假定已得出 $\boldsymbol{X}^{(k)}$ 和 $\boldsymbol{P}^{(k)}$，则可计算其第 $k+1$ 次近似 $\boldsymbol{X}^{(k+1)}$：

$$\begin{cases}\boldsymbol{X}^{(k+1)}=\boldsymbol{X}^{(k)}+\lambda_k\boldsymbol{P}^{(k)}\\ \lambda_k:\min\limits_{\lambda} f(\boldsymbol{X}^{(k)}+\lambda\boldsymbol{P}^{(k)})\end{cases}$$

(4) 若 $\|\nabla f(\boldsymbol{X}^{(k+1)})\|^2\leqslant\varepsilon$，停止计算，$\boldsymbol{X}^{(k+1)}$ 即要求的近似解。否则，若 $k<n-1$，则利用公式计算 $\beta_k$ 和 $\boldsymbol{P}^{(k+1)}$，并转向第(3)步。

对于二次函数，从理论上说，进行 $n$ 次迭代即可达到极小点。但是，在实际计算中，由于数据的舍入以及计算误差的积累，往往做不到这一点。此外，由于 $n$ 维问题的共轭方向最多只有 $n$ 个，在 $n$ 步以后继续如上进行是没有意义的。因此，在实际应用时，如迭代到 $n$ 步还不收敛，就将 $\boldsymbol{X}^{(n)}$ 作为新的初始近似，重新开始迭代。根据实际经验，采用这种再开始的办法，一般都可得到较好的效果。

**例 13-7(共轭梯度法)**　试用共轭梯度法求下述二次函数的极小点。

$$f(\boldsymbol{X})=\frac{3}{2}x_1^2+\frac{1}{2}x_2^2-x_1x_2-2x_1$$

解：将 $f(\boldsymbol{X})$ 化成 $\min f(\boldsymbol{X})=\frac{1}{2}\boldsymbol{X}^{\mathrm{T}}\boldsymbol{A}\boldsymbol{X}+\boldsymbol{B}^{\mathrm{T}}\boldsymbol{X}+c$ 的形式，得 $\boldsymbol{A}=\begin{pmatrix}3&-1\\-1&1\end{pmatrix}$ 和 $\boldsymbol{B}=\begin{pmatrix}-2\\0\end{pmatrix}$。现从 $\boldsymbol{X}^{(0)}=(-2,4)^{\mathrm{T}}$ 开始，由于 $\nabla f(\boldsymbol{X})=[(3x_1-x_2-2),(x_2-x_1)]^{\mathrm{T}}$，则

$$\nabla f(\boldsymbol{X}^{(0)})=(-12,6)^{\mathrm{T}}$$

又因为 $\boldsymbol{P}^{(0)}=-\nabla f(\boldsymbol{X}^{(0)})=(12,-6)^{\mathrm{T}}$，故

$$\lambda_0=-\frac{\nabla f(\boldsymbol{X}^{(0)})^{\mathrm{T}}\boldsymbol{P}^{(0)}}{(\boldsymbol{P}^{(0)})^{\mathrm{T}}\boldsymbol{A}\boldsymbol{P}^{(0)}}=-\frac{(-12,6)\begin{pmatrix}12\\-6\end{pmatrix}}{(12,-6)\begin{pmatrix}3&-1\\-1&1\end{pmatrix}\begin{pmatrix}12\\-6\end{pmatrix}}=\frac{180}{612}=\frac{5}{17}$$

$$\nabla f(\boldsymbol{X})=[(3x_1-x_2-2),(x_2-x_1)]^{\mathrm{T}}$$

于是

$$\boldsymbol{X}^{(1)}=\boldsymbol{X}^{(0)}+\lambda_0\boldsymbol{P}^{(0)}=\begin{pmatrix}-2\\4\end{pmatrix}+\frac{5}{17}\begin{pmatrix}12\\-6\end{pmatrix}=\left(\frac{26}{17},\frac{38}{17}\right)^{\mathrm{T}}$$

$$\nabla f(\boldsymbol{X}^{(1)})=\left(\frac{6}{17},\frac{12}{17}\right)^{\mathrm{T}}$$

$$\beta_0=\frac{\nabla f(\boldsymbol{X}^{(1)})^{\mathrm{T}}f(\boldsymbol{X}^{(1)})}{\nabla f(\boldsymbol{X}^{(0)})^{\mathrm{T}}\nabla f(\boldsymbol{X}^{(0)})}=\frac{\left(\frac{6}{17},\frac{12}{17}\right)\begin{bmatrix}\frac{6}{17}\\ \frac{12}{17}\end{bmatrix}}{(-12,6)\begin{pmatrix}12\\-6\end{pmatrix}}=\frac{1}{289}$$

$$\boldsymbol{P}^{(1)}=-\nabla f(\boldsymbol{X}^{(1)})+\beta_0\boldsymbol{P}^{(0)}=-\begin{bmatrix}\frac{6}{17}\\ \frac{12}{17}\end{bmatrix}+\frac{1}{289}\begin{pmatrix}12\\ -6\end{pmatrix}=\left(-\frac{90}{289},-\frac{210}{289}\right)^{\mathrm{T}}$$

$$\lambda_1=-\frac{\nabla f(\boldsymbol{X}^{(1)})^{\mathrm{T}}\boldsymbol{P}^{(1)}}{(\boldsymbol{P}^{(1)})^{\mathrm{T}}\boldsymbol{A}\boldsymbol{P}^{(1)}}=-\frac{\left(\frac{6}{17},\frac{12}{17}\right)\left(-\frac{90}{289},-\frac{210}{289}\right)^{\mathrm{T}}}{\left(-\frac{90}{289},-\frac{210}{289}\right)\begin{pmatrix}3&-1\\ -1&1\end{pmatrix}\left(-\frac{90}{289},-\frac{210}{289}\right)^{\mathrm{T}}}$$

$$=\frac{6\times17\times90+12\times17\times210}{(-60,-120)(-90,-210)^{\mathrm{T}}}=\frac{17(6\times90+12\times210)}{60\times90+120\times210}=\frac{17}{10}$$

则 $\boldsymbol{X}^{(2)}=\boldsymbol{X}^{(1)}+\lambda_1\boldsymbol{P}^{(1)}=\begin{bmatrix}26/17\\ 38/17\end{bmatrix}+\frac{17}{10}\begin{bmatrix}-90/289\\ -210/289\end{bmatrix}=\begin{pmatrix}1\\ 1\end{pmatrix}$，故 $\nabla f(\boldsymbol{X}^{(2)})=(0,0)^{\mathrm{T}}$，这就是 $f(\boldsymbol{X})$ 的极小点。

3. 非二次函数的共轭梯度法

设 $f(\boldsymbol{X})$ 为某一严格凸函数，它具有二阶连续偏导数，其唯一极小点为 $\boldsymbol{X}^*$。现任取初始近似 $\boldsymbol{X}^{(0)}$ 计算 $f(\boldsymbol{X}^{(0)})$，选取 $\boldsymbol{P}^{(0)}=-\nabla f(\boldsymbol{X}^{(0)})$ 为初始方向，做射线 $\boldsymbol{X}^{(0)}+\lambda\boldsymbol{P}^{(0)}(\lambda\geqslant0)$。

将 $f(\boldsymbol{X})=f(\boldsymbol{X}^{(0)}+\lambda\boldsymbol{P}^{(0)})$ 于 $\boldsymbol{X}^{(0)}$ 附近做泰勒展开：

$$f(\boldsymbol{X}^{(0)}+\lambda\boldsymbol{P}^{(0)})\approx f(\boldsymbol{X}^{(0)})+\lambda\nabla f(\boldsymbol{X}^{(0)})^{\mathrm{T}}\boldsymbol{P}^{(0)}+\frac{1}{2}\lambda^2(\boldsymbol{P}^{(0)})^{\mathrm{T}}H(\boldsymbol{X}^{(0)})\boldsymbol{P}^{(0)}$$

上式为 $\lambda$ 的二次函数，因 $(\boldsymbol{P}^{(0)})^{\mathrm{T}}H(\boldsymbol{X}^{(0)})\boldsymbol{P}^{(0)}>0$(严格凸函数，海塞矩阵正定)，故使该二次函数沿 $\boldsymbol{P}^{(0)}$ 方向取极小值的 $\lambda_0$ 为

$$\lambda_0=-\frac{\nabla f(\boldsymbol{X}^{(0)})^{\mathrm{T}}\boldsymbol{P}^{(0)}}{(\boldsymbol{P}^{(0)})^{\mathrm{T}}H(\boldsymbol{X}^{(0)})\boldsymbol{P}^{(0)}}$$

显然，$\lambda_0$ 近似满足 $\min\limits_{\lambda} f(\boldsymbol{X}^{(0)}+\lambda\boldsymbol{P}^{(0)})$。

令 $\boldsymbol{X}^{(1)}=\boldsymbol{X}^{(0)}+\lambda_0\boldsymbol{P}^{(0)}$，则 $\boldsymbol{X}^{(1)}$ 近似满足 $\nabla f(\boldsymbol{X}^{(1)})^{\mathrm{T}}\boldsymbol{P}^{(0)}=0$。

现构造向量 $\boldsymbol{P}^{(1)}=-\nabla f(\boldsymbol{X}^{(1)})+\beta_0\boldsymbol{P}^{(0)}$，使其满足 $(\boldsymbol{P}^{(1)})^{\mathrm{T}}H(\boldsymbol{X}^{(0)})\boldsymbol{P}^{(0)}=0$，则得

$$\beta_0=\frac{\nabla f(\boldsymbol{X}^{(1)})^{\mathrm{T}}H(\boldsymbol{X}^{(0)})\boldsymbol{P}^{(0)}}{(\boldsymbol{P}^{(0)})^{\mathrm{T}}H(\boldsymbol{X}^{(0)})\boldsymbol{P}^{(0)}}$$

这就确定了 $\boldsymbol{P}^{(1)}$。

按此法可构造各次迭代的搜索方向及近似点，得到非二次函数的共轭梯度法的计算公式：

$$\begin{cases}\boldsymbol{X}^{(k+1)}=\boldsymbol{X}^{(k)}+\lambda_k\boldsymbol{P}^{(k)}\\ \lambda_k=-\dfrac{\nabla f(\boldsymbol{X}^{(k)})^{\mathrm{T}}\boldsymbol{P}^{(k)}}{(\boldsymbol{P}^{(k)})^{\mathrm{T}}H(\boldsymbol{X}^{(k)})\boldsymbol{P}^{(k)}}\\ \boldsymbol{P}^{(k+1)}=-\nabla f(\boldsymbol{X}^{(k+1)})+\beta_k\boldsymbol{P}^{(k)}\\ \beta_k=\dfrac{\nabla f(\boldsymbol{X}^{(k+1)})^{\mathrm{T}}H(\boldsymbol{X}^{(k)})\boldsymbol{P}^{(k)}}{(\boldsymbol{P}^{(k)})^{\mathrm{T}}H(\boldsymbol{X}^{(k)})\boldsymbol{P}^{(k)}}\end{cases}$$

由于在导出上述公式的过程中利用了一些近似关系，以及 $H(\boldsymbol{X}^{(k)})$ 的逐次变化，使 $\boldsymbol{P}^{(0)},\boldsymbol{P}^{(1)},\cdots,\boldsymbol{P}^{(n-1)}$ 的共轭性遭受破坏，因而对于一般非二次函数来说，要以 $n$ 步迭代取得收敛常常是不可能的。所以在实际应用时，如迭代步数 $k\leqslant n$ 已达到要求的精度，则以 $\boldsymbol{X}^{(k)}$ 作为要求的近似解。否则可将前 $n$ 步作为一个循环，同时以所得到的 $\boldsymbol{X}^{(n)}$ 作为新的初始近似重新开始，进行第二个循环，重复进行，直至精度满足要求为止。

## 复习思路提示

1. 基本概念与原理

共轭梯度法是一种用于求解无约束优化问题的迭代算法，特别适用于求解大规模线性方程组和二次函数的极小值。它通过构造一系列共轭方向，逐步逼近目标函数的极小点。共轭方向的选择使得算法在迭代过程中能够更高效地利用梯度信息，避免了直接求解 Hessian 矩阵的计算复杂性。

2. 计算步骤与关键公式

初始方向选择：初始方向通常选择为负梯度方向。

迭代更新：在每次迭代中，计算当前点的梯度，利用共轭方向公式更新搜索方向，并通过线搜索确定步长。

共轭方向公式：常用的共轭方向公式包括 Fletcher - Reeves 公式和 Polak - Ribiere 公式。这些公式通过结合当前梯度和前一步的梯度信息，构造新的共轭方向。

收敛条件：当梯度的范数小于预设的容忍误差时，算法停止迭代。

3. 优点与应用场景

优点：共轭梯度法具有快速收敛的特点，尤其是在处理大规模问题时，计算效率高，内存占用少。它不需要直接计算 Hessian 矩阵，因此在实际中非常实用。

应用场景：广泛应用于机器学习、图像处理、工程设计等领域，特别是在需要求解大规模线性方程组或优化二次函数时，共轭梯度法是一种非常有效的工具。

### 13.4.3　变尺度法

变尺度法是近 30 多年来发展起来的求解无约束极值问题的一种有效方法。

由于变尺度法既避免了计算二阶导数矩阵及其求逆过程，又比梯度法的收敛速度快，特别是对高维问题具有显著的优越性，因此变尺度法获得了很高的声誉，至今仍被公认为求解无约束极值问题最有效的算法之一。

1. 基本原理

假定无约束极值问题的目标函数 $f(\boldsymbol{X})$ 具有二阶连续偏导数，$\boldsymbol{X}^{(k)}$ 为其极小点的某一近似。在这个点附近取 $f(\boldsymbol{X})$ 的二阶泰勒多项式逼近：

$$f(\boldsymbol{X}) \approx f(\boldsymbol{X}^{(k)}) + \nabla f(\boldsymbol{X}^{(k)})^{\mathrm{T}} \Delta \boldsymbol{X} + \frac{1}{2} \Delta \boldsymbol{X}^{\mathrm{T}} H(\boldsymbol{X}^{(k)}) \Delta \boldsymbol{X}$$

则其梯度为

$$\nabla f(\boldsymbol{X}) \approx \nabla f(\boldsymbol{X}^{(k)}) + H(\boldsymbol{X}^{(k)}) \Delta \boldsymbol{X}$$

这个近似函数的极小点满足

$$\nabla f(\boldsymbol{X}^{(k)}) + H(\boldsymbol{X}^{(k)}) \Delta \boldsymbol{X} = 0$$

从而 $\boldsymbol{X} = \boldsymbol{X}^{(k)} - H(\boldsymbol{X}^{(k)})^{-1} \nabla f(\boldsymbol{X}^{(k)})$，其中，$H(\boldsymbol{X}^{(k)})$ 为 $f(\boldsymbol{X})$ 在 $\boldsymbol{X}^{(k)}$ 点的海塞矩阵。

如果 $f(\boldsymbol{X})$ 是二次函数，则 $H(\boldsymbol{X})$ 为常数阵。这时，上述逼近式是准确的。在这种情况下，从任一点 $\boldsymbol{X}^{(k)}$ 出发，用 $\boldsymbol{X} = \boldsymbol{X}^{(k)} - H(\boldsymbol{X}^{(k)})^{-1} \nabla f(\boldsymbol{X}^{(k)})$ 只要一步即可求出 $f(\boldsymbol{X})$ 的极小点（假定 $H(\boldsymbol{X}^{(k)})$ 正定）。

当 $f(\boldsymbol{X})$ 不是二次函数时，逼近式仅是 $f(\boldsymbol{X})$ 在 $\boldsymbol{X}^{(k)}$ 点附近的近似表达式。

这时，按 $\boldsymbol{X} = \boldsymbol{X}^{(k)} - H(\boldsymbol{X}^{(k)})^{-1} \nabla f(\boldsymbol{X}^{(k)})$ 求得的极小点只是 $f(\boldsymbol{X})$ 的极小点的近似。在这种情况下，人们常取 $-H(\boldsymbol{X}^{(k)})^{-1} \nabla f(\boldsymbol{X}^{(k)})$ 为搜索方向。

如果 $f(\boldsymbol{X}) \approx f(\boldsymbol{X}^{(k)}) + \nabla f(\boldsymbol{X}^{(k)})^{\mathrm{T}} \Delta \boldsymbol{X} + \frac{1}{2} \Delta \boldsymbol{X}^{\mathrm{T}} H(\boldsymbol{X}^{(k)}) \Delta \boldsymbol{X}$，则有

$$\begin{cases} \boldsymbol{P}^{(k)} = -H(\boldsymbol{X}^{(k)})^{-1} \nabla f(\boldsymbol{X}^{(k)}) \\ \boldsymbol{X}^{(k+1)} = \boldsymbol{X}^{(k)} + \lambda_k \boldsymbol{P}^{(k)} \\ \lambda_k : \min\limits_{\lambda} f(\boldsymbol{X}^{(k)} + \lambda \boldsymbol{P}^{(k)}) \end{cases}$$

按照这种方式求函数 $f(\boldsymbol{X})$ 的极小点的方法，称做广义牛顿法。式中确定的搜索方向，为 $f(\boldsymbol{X})$ 在点 $\boldsymbol{X}^{(k)}$ 的牛顿方向。牛顿法的收敛速度很快，当 $f(\boldsymbol{X})$ 的二阶导数及其海塞矩阵的逆阵便于计算时，使用这一方法非常有效。

可是，实际问题中的目标函数往往相当复杂，计算二阶导数的工作量太大，或者根本不可能计算出来。况且，在 $\boldsymbol{X}$ 的维数很高时，计算逆阵也相当费事。为了不计算二阶导数矩阵 $H(\boldsymbol{X}^{(k)})$，也不必计算其逆矩阵 $H(\boldsymbol{X}^{(k)})^{-1}$，从而设法构造另一个矩阵 $\overline{\boldsymbol{H}}^{(k)}$，用它来直接逼近二阶导数矩阵的逆矩阵 $H(\boldsymbol{X}^{(k)})^{-1}$。

构造二阶导数矩阵 $H(\boldsymbol{X}^{(k)})$ 的近似矩阵 $\overline{\boldsymbol{H}}^{(k)}$ 的要求如下：

(1) 在每一步都能以现有的信息来确定下一个搜索方向；

(2) 每做一次迭代，目标函数值均有所下降；

(3) 这些近似矩阵最后应收敛于解点处的海塞矩阵的逆阵。

当 $f(\boldsymbol{X})$ 是二次函数时，其海塞矩阵为常数阵，可知其在任意两点 $\boldsymbol{X}^{(k)}$ 和 $\boldsymbol{X}^{(k+1)}$ 处的梯度之差等于

$$\nabla f(\boldsymbol{X}^{(k+1)}) - \nabla f(\boldsymbol{X}^{(k)}) = \boldsymbol{A}(\boldsymbol{X}^{(k+1)} - \boldsymbol{X}^{(k)})$$

或

$$\boldsymbol{X}^{(k+1)} - \boldsymbol{X}^{(k)} = \boldsymbol{A}^{-1}[\nabla f(\boldsymbol{X}^{(k+1)}) - \nabla f(\boldsymbol{X}^{(k)})] \tag{1}$$

对于非二次函数，仿照二次函数的情形，要求其海塞矩阵的逆矩阵的第 $k+1$ 次近似矩阵 $\overline{\boldsymbol{H}}^{(k+1)}$ 满足关系式

$$\boldsymbol{X}^{(k+1)} - \boldsymbol{X}^{(k)} = \overline{\boldsymbol{H}}^{(k+1)}[\nabla f(\boldsymbol{X}^{(k+1)}) - \nabla f(\boldsymbol{X}^{(k)})]$$

此式就是所谓的拟牛顿条件。

若令

$$\begin{cases} \Delta \boldsymbol{G}^{(k)} = \nabla f(\boldsymbol{X}^{(k+1)}) - \nabla f(\boldsymbol{X}^{(k)}) \\ \Delta \boldsymbol{X}^{(k)} = \boldsymbol{X}^{(k+1)} - \boldsymbol{X}^{(k)} \end{cases}$$

则(1)式变为

$$\Delta \boldsymbol{X}^{(k)} = \overline{\boldsymbol{H}}^{(k+1)} \Delta \boldsymbol{G}^{(k)}$$

若 $\overline{\boldsymbol{H}}^{(k)}$ 已知，就用 $\overline{\boldsymbol{H}}^{(k+1)} = \overline{\boldsymbol{H}}^{(k)} + \Delta \overline{\boldsymbol{H}}^{(k)}$ 求 $\overline{\boldsymbol{H}}^{(k+1)}$（假定 $\overline{\boldsymbol{H}}^{(k)}$ 和 $\overline{\boldsymbol{H}}^{(k+1)}$ 都为对称正定阵）。在 $\overline{\boldsymbol{H}}^{(k+1)} = \overline{\boldsymbol{H}}^{(k)} + \Delta \overline{\boldsymbol{H}}^{(k)}$ 中 $\Delta \overline{\boldsymbol{H}}^{(k)}$ 为第 $k$ 次校正矩阵，则应满足拟牛顿条件，所以要求

$$\Delta \boldsymbol{X}^{(k)} = (\overline{\boldsymbol{H}}^{(k)} + \Delta \overline{\boldsymbol{H}}^{(k)}) \Delta \boldsymbol{G}^{(k)}$$

即

$$\Delta \overline{\boldsymbol{H}}^{(k)} \Delta \boldsymbol{G}^{(k)} = \Delta \boldsymbol{X}^{(k)} - \overline{\boldsymbol{H}}^{(k)} \Delta \boldsymbol{G}^{(k)}$$

由此可以设想 $\Delta \overline{\boldsymbol{H}}^{(k)}$ 的一种较简单形式为

$$\Delta \overline{\boldsymbol{H}}^{(k)} = \Delta \boldsymbol{X}^{(k)} (\boldsymbol{Q}^{(k)})^{\mathrm{T}} - \overline{\boldsymbol{H}}^{(k)} \Delta \boldsymbol{G}^{(k)} (\boldsymbol{W}^{(k)})^{\mathrm{T}}$$

式中 $\boldsymbol{Q}^{(k)}$ 和 $\boldsymbol{W}^{(k)}$ 为两个待定向量。将 $\Delta \overline{\boldsymbol{H}}^{(k)} = \Delta \boldsymbol{X}^{(k)} (\boldsymbol{Q}^{(k)})^{\mathrm{T}} - \overline{\boldsymbol{H}}^{(k)} \Delta \boldsymbol{G}^{(k)} (\boldsymbol{W}^{(k)})^{\mathrm{T}}$ 代入 $\Delta \overline{\boldsymbol{H}}^{(k)} \Delta \boldsymbol{G}^{(k)} = \Delta \boldsymbol{X}^{(k)} - \overline{\boldsymbol{H}}^{(k)} \Delta \boldsymbol{G}^{(k)}$ 中整理得

$$\Delta \boldsymbol{X}^{(k)} (\boldsymbol{Q}^{(k)})^{\mathrm{T}} \Delta \boldsymbol{G}^{(k)} - \overline{\boldsymbol{H}}^{(k)} \Delta \boldsymbol{G}^{(k)} (\boldsymbol{W}^{(k)})^{\mathrm{T}} \Delta \boldsymbol{G}^{(k)} = \Delta \boldsymbol{X}^{(k)} - \overline{\boldsymbol{H}}^{(k)} \Delta \boldsymbol{G}^{(k)}$$

这就是说，应使

$$(\boldsymbol{Q}^{(k)})^{\mathrm{T}} \Delta \boldsymbol{G}^{(k)} = (\boldsymbol{W}^{(k)})^{\mathrm{T}} \Delta \boldsymbol{G}^{(k)} = 1$$

由于 $\Delta \overline{\boldsymbol{H}}^{(k)}$ 应为对称矩阵，最简单的办法就是取

$$\begin{cases} \boldsymbol{Q}^{(k)} = \eta_k \Delta \boldsymbol{X}^{(k)} \\ \boldsymbol{W}^{(k)} = \xi_k \overline{\boldsymbol{H}}^{(k)} \Delta \boldsymbol{G}^{(k)} \end{cases}$$

$$\begin{aligned} \Delta \overline{\boldsymbol{H}}^{(k)} &= \Delta \boldsymbol{X}^{(k)} (\eta_k \Delta \boldsymbol{X}^{(k)})^{\mathrm{T}} - \overline{\boldsymbol{H}}^{(k)} \Delta \boldsymbol{G}^{(k)} (\xi_k \overline{\boldsymbol{H}}^{(k)} \Delta \boldsymbol{G}^{(k)})^{\mathrm{T}} \\ &= \eta_k \Delta \boldsymbol{X}^{(k)} (\Delta \boldsymbol{X}^{(k)})^{\mathrm{T}} - \xi_k \overline{\boldsymbol{H}}^{(k)} \Delta \boldsymbol{G}^{(k)} (\overline{\boldsymbol{H}}^{(k)} \Delta \boldsymbol{G}^{(k)})^{\mathrm{T}} \end{aligned}$$

则

$$\eta_k (\Delta \boldsymbol{X}^{(k)})^{\mathrm{T}} \Delta \boldsymbol{G}^{(k)} = \xi_k (\Delta \boldsymbol{G}^{(k)})^{\mathrm{T}} \overline{\boldsymbol{H}}^{(k)} \Delta \boldsymbol{G}^{(k)} = 1$$

设 $(\Delta \boldsymbol{X}^{(k)})^{\mathrm{T}} \Delta \boldsymbol{G}^{(k)}$ 以及 $(\Delta \boldsymbol{G}^{(k)})^{\mathrm{T}} \overline{\boldsymbol{H}}^{(k)} \Delta \boldsymbol{G}^{(k)}$ 皆不为零，则有

$$\begin{cases} \eta_k = \dfrac{1}{(\Delta \boldsymbol{X}^{(k)})^{\mathrm{T}} \Delta \boldsymbol{G}^{(k)}} = \dfrac{1}{(\Delta \boldsymbol{G}^{(k)})^{\mathrm{T}} \Delta \boldsymbol{X}^{(k)}} \\ \xi_k = \dfrac{1}{(\Delta \boldsymbol{G}^{(k)})^{\mathrm{T}} \overline{\boldsymbol{H}}^{(k)} \Delta \boldsymbol{G}^{(k)}} \end{cases}$$

于是得到校正矩阵

$$\Delta \overline{\boldsymbol{H}}^{(k)} = \frac{\Delta \boldsymbol{X}^{(k)} (\Delta \boldsymbol{X}^{(k)})^{\mathrm{T}}}{(\Delta \boldsymbol{G}^{(k)})^{\mathrm{T}} \Delta \boldsymbol{X}^{(k)}} - \frac{\overline{\boldsymbol{H}}^{(k)} \Delta \boldsymbol{G}^{(k)} (\Delta \boldsymbol{G}^{(k)})^{\mathrm{T}} \overline{\boldsymbol{H}}^{(k)}}{(\Delta \boldsymbol{G}^{(k)})^{\mathrm{T}} \overline{\boldsymbol{H}}^{(k)} \Delta \boldsymbol{G}^{(k)}}$$

从而得到

$$\overline{\boldsymbol{H}}^{(k+1)} = \overline{\boldsymbol{H}}^{(k)} + \frac{\Delta \boldsymbol{X}^{(k)} (\Delta \boldsymbol{X}^{(k)})^{\mathrm{T}}}{(\Delta \boldsymbol{G}^{(k)})^{\mathrm{T}} \Delta \boldsymbol{X}^{(k)}} - \frac{\overline{\boldsymbol{H}}^{(k)} \Delta \boldsymbol{G}^{(k)} (\Delta \boldsymbol{G}^{(k)})^{\mathrm{T}} \overline{\boldsymbol{H}}^{(k)}}{(\Delta \boldsymbol{G}^{(k)})^{\mathrm{T}} \overline{\boldsymbol{H}}^{(k)} \Delta \boldsymbol{G}^{(k)}}$$

上述矩阵称为尺度矩阵，在整个迭代过程中它是不断变化的。有了尺度矩阵，即可根据迭代公式进行迭代计算。

2. 计算步骤

变尺度法的计算步骤可总结如下。

(1) 给定初始点 $\boldsymbol{X}^{(0)}$ 及梯度允许误差 $\varepsilon > 0$。

(2) 若 $\| \nabla f(\boldsymbol{X}^{(0)}) \|^2 \leqslant \varepsilon$，则 $\boldsymbol{X}^{(0)}$ 即近似极小点，停止迭代；否则，转向下一步。

(3) 令 $\overline{\boldsymbol{H}}^{(0)} = \boldsymbol{I}, \boldsymbol{P}^{(0)} = -\overline{\boldsymbol{H}}^{(0)} \nabla f(\boldsymbol{X}^{(0)})$，在 $\boldsymbol{P}^{(0)}$ 方向进行一维搜索，确定最佳步长 $\lambda_0$：

$$\min_{\lambda} f(\boldsymbol{X}^{(0)} + \lambda \boldsymbol{P}^{(0)}) = f(\boldsymbol{X}^{(0)} + \lambda_0 \boldsymbol{P}^{(0)})$$

如此可得下一个近似点 $\boldsymbol{X}^{(1)} = \boldsymbol{X}^{(0)} + \lambda_0 \boldsymbol{P}^{(0)}$。

(4) 一般地，设已得到近似点 $\boldsymbol{X}^{(k)}$，算出 $\nabla f(\boldsymbol{X}^{(k)})$，若 $\| \nabla f(\boldsymbol{X}^{(k)}) \|^2 \leqslant \varepsilon$，则 $\boldsymbol{X}^{(k)}$ 即所求的近似解，停止迭代；否则，按尺度矩阵公式计算 $\overline{\boldsymbol{H}}^{(k)}$。变尺度法和共轭梯度法类似，如果迭代 $n$ 次仍不收敛，则以 $\boldsymbol{X}^{(n)}$ 为新的 $\boldsymbol{X}^{(0)}$，以这时的 $\boldsymbol{X}^{(0)}$ 为起点重新开始一轮新的迭代。

(5) 令 $\boldsymbol{P}^{(k)} = -\overline{\boldsymbol{H}}^{(k)} \nabla f(\boldsymbol{X}^{(k)})$，在 $\boldsymbol{P}^{(k)}$ 方向进行一维搜索，确定最佳步长 $\lambda_k$：

$$\min_{\lambda} f(\boldsymbol{X}^{(k)} + \lambda \boldsymbol{P}^{(k)}) = f(\boldsymbol{X}^{(k)} + \lambda_k \boldsymbol{P}^{(k)})$$

其下一个近似点为 $\boldsymbol{X}^{(k+1)} = \boldsymbol{X}^{(k)} + \lambda_k \boldsymbol{P}^{(k)}$。若 $\boldsymbol{X}^{(k+1)}$ 点满足精度要求，则 $\boldsymbol{X}^{(k+1)}$ 即所求的近似解；否则，转回第 4 步，直到求出某点满足精度要求为止。

上述方法首先由戴维顿(Davidon)于 1950 年提出，后经弗莱彻(Fletcher)和鲍威尔(Powell)加以改进，故又称 DFP 法，或 DFP 变尺度法。

**例 13-8(变尺度法)** 试用 DFP 法重新计算 $\min f(\boldsymbol{X}) = \dfrac{3}{2}x_1^2 + \dfrac{1}{2}x_2^2 - x_1 x_2 - 2x_1$。

解：取 $\boldsymbol{X}^{(0)} = (-2, 4)^{\mathrm{T}}$，并取 $\overline{\boldsymbol{H}}^{(0)} = \begin{pmatrix} 1 & 0 \\ 0 & 1 \end{pmatrix}$。根据题意可知，$\nabla f(\boldsymbol{X}) = [(3x_1 - x_2 - 2), (x_2 - x_1)]^{\mathrm{T}}$，$\nabla f(\boldsymbol{X}^{(0)}) = (-12, 6)^{\mathrm{T}}$，则

$$\boldsymbol{P}^{(0)}=-\overline{\boldsymbol{H}}^{(0)}\nabla f(\boldsymbol{X}^{(0)})=-\begin{pmatrix}1&0\\0&1\end{pmatrix}\begin{pmatrix}-12\\6\end{pmatrix}=\begin{pmatrix}12\\-6\end{pmatrix}$$

利用一维搜索，即 $\min\limits_{\lambda} f(\boldsymbol{X}^{(0)}+\lambda\boldsymbol{P}^{(0)})$，可算得 $\lambda_0=\dfrac{5}{17}$。

由于 $\lambda_k=-\dfrac{\nabla f(\boldsymbol{X}^{(k)})^{\mathrm{T}}\boldsymbol{P}^{(k)}}{(\boldsymbol{P}^{(k)})^{\mathrm{T}}\boldsymbol{A}\boldsymbol{P}^{(k)}}$，则 $\boldsymbol{X}^{(1)}=\boldsymbol{X}^{(0)}+\lambda_0\boldsymbol{P}^{(0)}=\begin{pmatrix}-2\\4\end{pmatrix}+\dfrac{5}{17}\begin{pmatrix}12\\-6\end{pmatrix}=\left(\dfrac{26}{17},\dfrac{38}{17}\right)^{\mathrm{T}}$。

因为

$$\overline{\boldsymbol{H}}^{(1)}=\overline{\boldsymbol{H}}^{(0)}+\frac{\Delta\boldsymbol{X}^{(0)}(\Delta\boldsymbol{X}^{(0)})^{\mathrm{T}}}{(\Delta\boldsymbol{G}^{(0)})^{\mathrm{T}}\Delta\boldsymbol{X}^{(0)}}-\frac{\overline{\boldsymbol{H}}^{(0)}\Delta\boldsymbol{G}^{(0)}(\Delta\boldsymbol{G}^{(0)})^{\mathrm{T}}\overline{\boldsymbol{H}}^{(0)}}{(\Delta\boldsymbol{G}^{(0)})^{\mathrm{T}}\overline{\boldsymbol{H}}^{(0)}\Delta\boldsymbol{G}^{(0)}}$$

$$=\begin{pmatrix}1&0\\0&1\end{pmatrix}+\frac{\left(\frac{60}{17},-\frac{30}{17}\right)^{\mathrm{T}}\left(\frac{60}{17},-\frac{30}{17}\right)}{\left(\frac{210}{17},-\frac{90}{17}\right)\left(\frac{60}{17},-\frac{30}{17}\right)^{\mathrm{T}}}-\frac{\begin{pmatrix}1&0\\0&1\end{pmatrix}\left(\frac{210}{17},-\frac{90}{17}\right)^{\mathrm{T}}\left(\frac{210}{17},-\frac{90}{17}\right)\begin{pmatrix}1&0\\0&1\end{pmatrix}}{\left(\frac{210}{17},-\frac{90}{17}\right)\begin{pmatrix}1&0\\0&1\end{pmatrix}\left(\frac{210}{17},-\frac{90}{17}\right)^{\mathrm{T}}}$$

$$=\begin{pmatrix}1&0\\0&1\end{pmatrix}+\frac{1}{17}\begin{pmatrix}4&-2\\-2&1\end{pmatrix}-\frac{1}{58}\begin{pmatrix}49&-21\\-21&9\end{pmatrix}$$

$$=\frac{1}{986}\begin{pmatrix}385&241\\241&891\end{pmatrix}$$

所以

$$\boldsymbol{P}^{(1)}=-\overline{\boldsymbol{H}}^{(1)}\nabla f(\boldsymbol{X}^{(1)})=\frac{1}{986}\begin{pmatrix}385&241\\241&891\end{pmatrix}\begin{pmatrix}6/17\\12/17\end{pmatrix}=\begin{pmatrix}-9/29\\-21/29\end{pmatrix}$$

再由一维搜索 $\min\limits_{\lambda} f(\boldsymbol{X}^{(1)}+\lambda\boldsymbol{P}^{(1)})$，得 $\lambda_1=\dfrac{29}{17}$。

由

$$\lambda_k=-\frac{\nabla f(\boldsymbol{X}^{(k)})^{\mathrm{T}}\boldsymbol{P}^{(k)}}{(\boldsymbol{P}^{(k)})^{\mathrm{T}}\boldsymbol{A}\boldsymbol{P}^{(k)}}$$

从而得

$$\boldsymbol{X}^{(2)}=\boldsymbol{X}^{(1)}+\lambda_1\boldsymbol{P}^{(1)}=\begin{pmatrix}26/17\\38/17\end{pmatrix}+\frac{29}{17}\begin{pmatrix}-9/29\\-21/29\end{pmatrix}=\begin{pmatrix}1\\1\end{pmatrix}$$

$$\nabla f(\boldsymbol{X}^{(2)})=(0,0)^{\mathrm{T}}$$

可知 $\boldsymbol{X}^{(2)}=(1,1)^{\mathrm{T}}$ 为极小点。

在以上解题过程中，取第一个尺度矩阵 $\overline{\boldsymbol{H}}^{(0)}$ 为正定对称阵，以后的尺度矩阵由尺度矩阵公式逐步形成。可证明，这样构成的尺度矩阵均为对称正定阵，则其搜索方向 $\boldsymbol{P}^{(k)}=-\overline{\boldsymbol{H}}^{(k)}\nabla f(\boldsymbol{X}^{(k)})$ 为下降方向，这就可以保证每次迭代均能使目标函数值有所改善(变小)。

**例 13-9(变尺度法)** 试用 DFP 法重新计算 $\min f(\boldsymbol{X})=4(x_1-5)^2+(x_2-6)^2$。

解：取 $\overline{\boldsymbol{H}}^{(0)}=\begin{pmatrix}1&0\\0&1\end{pmatrix}$，$\boldsymbol{X}^{(0)}=\begin{pmatrix}8\\9\end{pmatrix}$，则

$$\nabla f(\boldsymbol{X})=[8(x_1-5),2(x_2-6)]^{\mathrm{T}},\nabla f(\boldsymbol{X}^{(0)})=(24,6)^{\mathrm{T}}$$

$$\boldsymbol{P}^{(0)}=-\overline{\boldsymbol{H}}^{(0)}\nabla f(\boldsymbol{X}^{(0)})=-\begin{pmatrix}24\\6\end{pmatrix}$$

$$
\begin{aligned}
\boldsymbol{X}^{(1)} &= \boldsymbol{X}^{(0)} + \lambda_0 \boldsymbol{P}^{(0)} \\
&= \boldsymbol{X}^{(0)} + \lambda_0 [-\overline{\boldsymbol{H}}^{(0)} \nabla f(\boldsymbol{X}^{(0)})] \\
&= \begin{pmatrix} 8 \\ 9 \end{pmatrix} - \lambda_0 \begin{pmatrix} 1 & 0 \\ 0 & 1 \end{pmatrix} \begin{pmatrix} 24 \\ 6 \end{pmatrix} \\
&= \begin{pmatrix} 8 \\ 9 \end{pmatrix} - \lambda_0 \begin{pmatrix} 24 \\ 6 \end{pmatrix} \\
&= \begin{pmatrix} 8 - 24\lambda_0 \\ 9 - 6\lambda_0 \end{pmatrix}
\end{aligned}
$$

$$f(\boldsymbol{X}^{(1)}) = 4[(8 - 24\lambda_0) - 5]^2 + [(9 - 6\lambda_0) - 6]^2$$

令 $\dfrac{\mathrm{d}f(\boldsymbol{X}^{(1)})}{\mathrm{d}\lambda_0} = 0$，可得 $\lambda_0 = \dfrac{17}{130}$，则

$$\boldsymbol{X}^{(1)} = [(8 - 24\lambda_0), (9 - 6\lambda_0)]^{\mathrm{T}} = (4.862, 8.215)^{\mathrm{T}}$$

$$\Delta\boldsymbol{X}^{(0)} = \boldsymbol{X}^{(1)} - \boldsymbol{X}^{(0)} = (-3.138, -0.785)^{\mathrm{T}}$$

$$f(\boldsymbol{X}^{(1)}) = 4.985$$

计算

$$\nabla f(\boldsymbol{X}^{(1)}) = (-1.108, 4.431)^{\mathrm{T}}$$

$$\Delta\boldsymbol{G}^{(0)} = \nabla f(\boldsymbol{X}^{(1)}) - \nabla f(\boldsymbol{X}^{(0)}) = (-25.108, -1.569)^{\mathrm{T}}$$

由此可得

$$
\begin{aligned}
\overline{\boldsymbol{H}}^{(1)} &= \overline{\boldsymbol{H}}^{(0)} + \frac{\Delta\boldsymbol{X}^{(0)} (\Delta\boldsymbol{X}^{(0)})^{\mathrm{T}}}{(\Delta\boldsymbol{G}^{(0)})^{\mathrm{T}} \Delta\boldsymbol{X}^{(0)}} - \frac{\overline{\boldsymbol{H}}^{(0)} \Delta\boldsymbol{G}^{(0)} (\Delta\boldsymbol{G}^{(0)})^{\mathrm{T}} \overline{\boldsymbol{H}}^{(0)}}{(\Delta\boldsymbol{G}^{(0)})^{\mathrm{T}} \overline{\boldsymbol{H}}^{(0)} \Delta\boldsymbol{G}^{(0)}} \\
&= \begin{pmatrix} 1 & 0 \\ 0 & 1 \end{pmatrix} + \frac{(-3.138, -0.785)^{\mathrm{T}}(-3.138, -0.785)}{(-25.108, -1.569)(-3.138, -0.785)^{\mathrm{T}}} - \\
&\quad \frac{\begin{pmatrix} 1 & 0 \\ 0 & 1 \end{pmatrix} (-25.108, -1.569)^{\mathrm{T}} (-25.108, -1.569) \begin{pmatrix} 1 & 0 \\ 0 & 1 \end{pmatrix}}{(-25.108, -1.569) \begin{pmatrix} 1 & 0 \\ 0 & 1 \end{pmatrix} (-25.108, -1.569)^{\mathrm{T}}} \\
&= \begin{pmatrix} 1 & 0 \\ 0 & 1 \end{pmatrix} + \begin{pmatrix} 0.1231 & 0.0308 \\ 0.0308 & 0.0077 \end{pmatrix} - \begin{pmatrix} 0.9961 & 0.0622 \\ 0.0622 & 0.0039 \end{pmatrix} \\
&= \begin{pmatrix} 0.1270 & -0.0315 \\ -0.0315 & 1.0038 \end{pmatrix}
\end{aligned}
$$

故

$$\boldsymbol{X}^{(2)} = \boldsymbol{X}^{(1)} - \lambda_1 \overline{\boldsymbol{H}}^{(1)} \nabla f(\boldsymbol{X}^{(1)}) = \begin{pmatrix} 4.862 \\ 8.215 \end{pmatrix} - \lambda_1 \begin{pmatrix} 0.1270 & -0.0315 \\ -0.0315 & 1.0038 \end{pmatrix} \begin{pmatrix} -1.108 \\ 4.431 \end{pmatrix}$$

求最佳步长，可得 $\lambda_1 = 0.4942$。代入上式得 $\boldsymbol{X}^{(2)} = (5, 6)^{\mathrm{T}}$。因 $\nabla f(\boldsymbol{X}^{(2)}) = (0, 0)^{\mathrm{T}}$，故 $\boldsymbol{X}^{(2)}$ 就是极小点。

若将目标函数化为正定二次函数极小问题的形式：

$$f(\boldsymbol{X}) = 4(x_1 - 5)^2 + (x_2 - 6)^2 = 4x_1{}^2 + x_2{}^2 - 40x_1 - 12x_2 + 136$$

可得 $\boldsymbol{A} = \begin{pmatrix} 8 & 0 \\ 0 & 2 \end{pmatrix}$，则 $\boldsymbol{A}^{-1} = \begin{pmatrix} 1/8 & 0 \\ 0 & 1/2 \end{pmatrix}$，根据公式 $\lambda_k = -\dfrac{\nabla f(\boldsymbol{X}^{(k)})^{\mathrm{T}} \boldsymbol{P}^{(k)}}{(\boldsymbol{P}^{(k)})^{\mathrm{T}} \boldsymbol{A} \boldsymbol{P}^{(k)}}$ 可得最佳步长，则可按例 13 - 9 的

步骤计算出该问题的极小点。

## 复习思路提示

1. 基本概念与原理

变尺度法是一种用于求解无约束优化问题的迭代算法，旨在结合梯度法和牛顿法的优点，避免直接计算 Hessian 矩阵的逆。其核心思想是通过构造一个对称正定矩阵 $\overline{\boldsymbol{H}}^{(k)}$ 来近似 Hessian 矩阵的逆，从而提高计算效率。

2. 计算步骤与关键公式

初始化：选择初始点 $\boldsymbol{X}^{(0)}$，计算初始梯度$\nabla f(\boldsymbol{X}^{(0)})$，并初始化尺度矩阵 $\overline{\boldsymbol{H}}^{(0)}$（通常为单位矩阵）。

迭代过程：在每次迭代过程中，计算搜索方向 $\boldsymbol{P}^{(k)}=-\overline{\boldsymbol{H}}^{(k)}\nabla f(\boldsymbol{X}^{(k)})$，通过线搜索确定步长 $\lambda_k$，更新当前点 $\boldsymbol{X}^{(k+1)}=\boldsymbol{X}^{(k)}+\lambda_k\boldsymbol{P}^{(k)}$，并更新尺度矩阵 $\overline{\boldsymbol{H}}^{(k+1)}$。尺度矩阵的更新公式通常采用 DFP 公式。

3. 优点与应用场景

优点：变尺度法在迭代点远离最优点时，能够快速降低函数值，且在接近最优点时具有较快的收敛速度。它避免了直接计算 Hessian 矩阵的逆，从而减少了计算量。

应用场景：变尺度法广泛应用于大规模优化问题，特别是在目标函数的 Hessian 矩阵难以计算或计算成本过高的情况下。

### 13.4.4 步长加速法

步长加速法亦称模式法或模矢法，是由胡克(Hooke)和基夫斯(Jeeves)于 1961 年提出的一种直接法。步长加速法易于编制计算机程序，且具有追寻谷线(脊线)加速移向最优点的性质。对于变量数目较少的无约束极小化问题，步长加速法是一个程序简单又比较有效的方法。

步长加速法主要由交替进行的探测搜索和模式移动组成。探测搜索是为了寻找当前迭代点的下降方向，而模式移动则是沿着这个有利的方向寻求新的迭代点。

在迭代开始时，基点和参考点重合，并都在初始处，经过探测搜索，得到新的基点，然后再经过模式移动，得到新的参考点，再探测，再移动，探测搜索与模式移动交替进行下去，迭代点就将逐渐地向极小点靠近。

1. 基本原理

(1) 假定欲求某实值函数 $f(\boldsymbol{X})$ 的极小点，为此，任选一基点 $\boldsymbol{B}_1$(初始近似点)，算出此点的目标函数值。然后沿第 $i$ 个坐标方向以某一步长 $\boldsymbol{\Delta}_i$ 进行探索，即在 $\boldsymbol{B}_1+\boldsymbol{\Delta}_i$ 和 $\boldsymbol{B}_1-\boldsymbol{\Delta}_i$ 这两点中寻求能使目标函数值下降的点，并把它作为临时矢点。

(2) 再由此临时矢点出发沿另一坐标方向进行同样的探索，如能得到比以前更好的点，就以该点代替前面的点作为新的临时矢点。

(3) 如此沿各个坐标方向轮流探查一遍，并选这一轮探索得到的最好的点(最后的临时矢点)为第二个基点 $\boldsymbol{B}_2$。

(4) 由第一个基点 $\boldsymbol{B}_1$ 到第二个基点 $\boldsymbol{B}_2$ 构成了第一个模矢。对第一个基点来说，可以认为这个模矢的方向可能是使目标函数值得以改善的最有利的移动方向，沿这一方向前进，目标函数值下降最快(就 $\boldsymbol{B}_1$ 附近而言)。显然，这一方向近似于目标函数的负梯度方向(从而可知这一方法为近似最速下降法)。

(5) 现假定在第二个基点 $\boldsymbol{B}_2$ 附近进行类似的探索，其结果可能和在 $\boldsymbol{B}_1$ 处的情形相同，故略去这步探索而把第一个模矢加长一倍(即所谓加速)。

(6) 现设其端点 $\boldsymbol{T}_{20}$ 是第二个模矢的终点(下一步迭代的初始临时矢点)，这样 $\boldsymbol{B}_2\boldsymbol{T}_{20}$ 就构成了假定的第二个模矢。

(7) 然后，在 $\boldsymbol{T}_{20}$ 附近进行如上类似的探索，得出新的最好的点——第三个基点 $\boldsymbol{B}_3$。据此修改假定的第二个模矢，使它的起点为 $\boldsymbol{B}_2$，终点为 $\boldsymbol{B}_3$。其后，再把第二个模矢延长一倍……如此继续进行探索和加速，即可得到越来越好的目标函数下降点(图 13－24)。

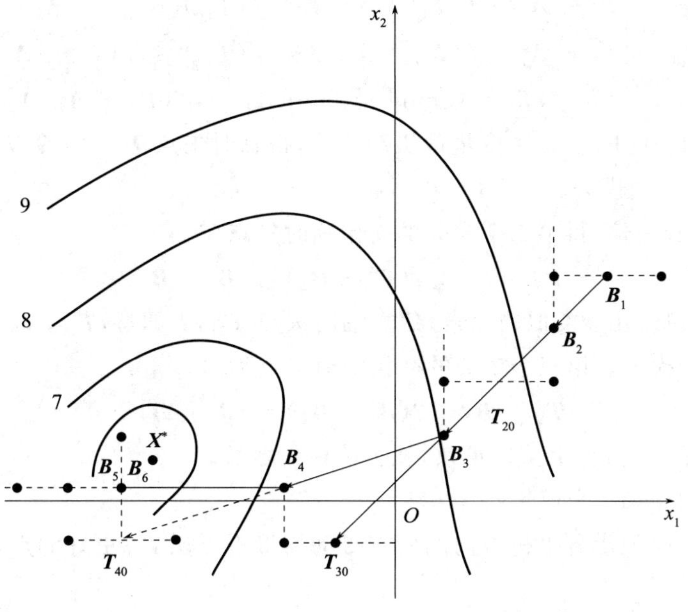


图 13－24　模矢法示例

(8) 如果探索进行到某一步时得不到新的下降点，则应缩小步长以进行更精细的探索。当步长已缩小到某一精度要求，但仍得不到新的下降点时，即可将该点作为所求的近似极小点，停止迭代。

图 13－24 所示为在二维空间中用模矢法探求极小点 $\boldsymbol{X}^*$ 的例子。

根据图 13－24 可看出从初始基点 $\boldsymbol{B}_1$ 开始，用模矢法相继得出了基点 $\boldsymbol{B}_2$，$\boldsymbol{B}_3$，$\boldsymbol{B}_4$ 和 $\boldsymbol{B}_5$。

$\boldsymbol{B}_5$ 之后如不缩小步长，就得不到新的基点(图 13－24 中的基点 $\boldsymbol{B}_6$ 和 $\boldsymbol{B}_5$ 是同一个点)。

2. 计算步骤

步长加速法的计算步骤如下。

(1) 任选初始近似点 $\boldsymbol{B}_1$，以它为初始基点进行探索。

(2) 为每一独立变量 $x_i(i=1,2,\dots,n)$ 选定步长：

$$\boldsymbol{\Delta}_i=\begin{bmatrix}0\\ \vdots\\ 0\\ \delta_i\\ 0\\ \vdots\\ 0\end{bmatrix}\leftarrow \text{第 } i \text{ 个分量}$$

上式中 $\boldsymbol{\Delta}_i$ 为第 $i$ 个分量是 $\delta_i$，而其他所有分量均为零的向量。

(3) 算出初始基点 $\boldsymbol{B}_1$ 的目标函数值 $f(\boldsymbol{B}_1)$，考虑点 $\boldsymbol{B}_1+\boldsymbol{\Delta}_1$，若 $f(\boldsymbol{B}_1+\boldsymbol{\Delta}_1)<f(\boldsymbol{B}_1)$，就以 $\boldsymbol{B}_1+\boldsymbol{\Delta}_1$ 为临时矢点，并记为 $\boldsymbol{T}_{11}$，这里的第一个下标表示现在是在建立第一个模矢，第二个下标表示变量 $x_1$ 已被摄动。若 $\boldsymbol{B}_1+\boldsymbol{\Delta}_1$ 不比 $\boldsymbol{B}_1$ 点好，就试验 $\boldsymbol{B}_1-\boldsymbol{\Delta}_1$，如果它比 $\boldsymbol{B}_1$ 点好，就以它为临时矢点；否则，以 $\boldsymbol{B}_1$ 点为临时矢点，即

$$\boldsymbol{T}_{11}=\begin{cases}\boldsymbol{B}_1+\boldsymbol{\Delta}_1, f(\boldsymbol{B}_1+\boldsymbol{\Delta}_1)<f(\boldsymbol{B}_1)\\ \boldsymbol{B}_1-\boldsymbol{\Delta}_1, f(\boldsymbol{B}_1-\boldsymbol{\Delta}_1)<f(\boldsymbol{B}_1)\leqslant f(\boldsymbol{B}_1+\boldsymbol{\Delta}_1)\\ \boldsymbol{B}_1, f(\boldsymbol{B}_1)\leqslant \min[f(\boldsymbol{B}_1+\boldsymbol{\Delta}_1), f(\boldsymbol{B}_1-\boldsymbol{\Delta}_1)]\end{cases}$$

对于下一个独立变量 $x_2$ 进行类似的摄动，这时，用临时矢点代替原来的基点 $\boldsymbol{B}_1$。一般地：

$$\boldsymbol{T}_{1,j+1}=\begin{cases}\boldsymbol{T}_{1j}+\boldsymbol{\Delta}_{j+1}, f(\boldsymbol{T}_{1j}+\boldsymbol{\Delta}_{j+1})<f(\boldsymbol{T}_{1j})\\ \boldsymbol{T}_{1j}-\boldsymbol{\Delta}_{j+1}, f(\boldsymbol{T}_{1j}-\boldsymbol{\Delta}_{j+1})<f(\boldsymbol{T}_{1j})\leqslant f(\boldsymbol{T}_{1j}+\boldsymbol{\Delta}_{j+1})\\ \boldsymbol{T}_{1j}, f(\boldsymbol{T}_{1j})\leqslant \min[f(\boldsymbol{T}_{1j}+\boldsymbol{\Delta}_{j+1}), f(\boldsymbol{T}_{1j}-\boldsymbol{\Delta}_{j+1})]\end{cases}$$

上式中，$0\leqslant j\leqslant n-1$，$\boldsymbol{T}_{10}=\boldsymbol{B}_1$。$n$ 个变量都摄动之后，得临时矢点 $\boldsymbol{T}_{1n}$，并令 $\boldsymbol{T}_{1n}=\boldsymbol{B}_2$，这样原来的基点 $\boldsymbol{B}_1$ 和新基点 $\boldsymbol{B}_2$ 确定了第一个模矢。

(4) 将第一个模矢延长一倍，得第二个模矢的初始临时矢点 $\boldsymbol{T}_{20}$：

$$\boldsymbol{T}_{20}=\boldsymbol{B}_1+2(\boldsymbol{B}_2-\boldsymbol{B}_1)=2\boldsymbol{B}_2-\boldsymbol{B}_1$$

(5) 在 $\boldsymbol{T}_{20}$ 附近进行和前几步类似的探索，建立临时矢点 $\boldsymbol{T}_{21},\boldsymbol{T}_{22},\cdots,\boldsymbol{T}_{2n}$，以 $\boldsymbol{T}_{2n}$ 为第三个基点 $\boldsymbol{B}_3$，这样 $\boldsymbol{B}_2,\boldsymbol{B}_3$ 就确立了第二个模矢。第三个模矢的初始临时矢点为

$$\boldsymbol{T}_{30}=\boldsymbol{B}_2+2(\boldsymbol{B}_3-\boldsymbol{B}_2)=2\boldsymbol{B}_3-\boldsymbol{B}_2$$

注意：在进行探索时，若在一个方向上重复见效，就会使模矢增长。

(6) 继续上述过程，对于第 $i$ 个模矢：

① 若 $f(\boldsymbol{T}_{i0})<f(\boldsymbol{B}_i)$，但沿各坐标方向的所有摄动均得不出比 $\boldsymbol{T}_{i0}$ 更好的点，则以 $\boldsymbol{T}_{i0}$ 为 $\boldsymbol{B}_{i+1}$，而且不把这个模矢延长；

② 若 $f(\boldsymbol{T}_{i0})\geqslant f(\boldsymbol{B}_i)$，且由 $\boldsymbol{T}_{i0}$ 产生不出比 $\boldsymbol{B}_i$ 更好的点，则应退回到 $\boldsymbol{B}_i$，并在 $\boldsymbol{B}_i$ 附近进行探索，如能得出新的下降点，即可引出新的模矢；

③ 否则，将步长缩小，以进行更精细的探查；

④ 当步长缩小到要求的精度时，即可停止迭代。

## 复习思路提示

1. 步长加速法亦称模式法或模矢法，由胡克(Hooke)和基夫斯(Jeeves)于 1961 年提出，是一种直接法。对于变量数目较少的无约束极小化问题，这是一个程序简单又比较有效的方法。

2. 步长加速法主要由交替进行的探测搜索和模式移动组成。前者是为了寻找当前迭代点的下降方向，而后者则是沿着这个有利的方向寻求新的迭代点。

3. 总的来说，对于比较复杂的目标函数，为了防止把局部极值误认为全局最优值，应分区域进行探查，并从各区域搜索得到的局部极值和极值点中选取最优者；或者从任意选取的不同点开始，至少引入两个独立的搜索，如果它们都收敛于同一个点，则这个点作为最优点的把握就大大增加了。

4. 步长加速法广泛应用于无约束优化问题，特别是在目标函数的形状在多个方向上变化较大时，能够更好地适应优化需求。例如，在机器学习中的参数优化、工程设计中的最优化问题等场景中，步长加速法都能发挥重要作用。

# 第 14 章 约束极值问题

约束极值问题是非线性规划中的一个重要分支，它涉及在一组约束条件下寻找目标函数的极值。与无约束问题不同，约束极值问题需要同时考虑目标函数和约束条件，使得问题的求解更加复杂。约束条件可以是等式约束或不等式约束，这些约束定义了可行解的区域。在求解约束极值问题时，常用的优化方法包括拉格朗日乘数法、KKT 条件、可行方向法和制约函数法等。拉格朗日乘数法通过引入拉格朗日乘数，将约束条件与目标函数结合，从而将约束极值问题转化为无约束优化问题。KKT 条件则是约束优化问题的必要条件，它包括梯度条件、约束条件和互补松弛条件。可行方向法通过寻找可行下降方向，逐步逼近最优解。制约函数法则通过构造某种制约函数，并将其加到非线性规划的目标函数上，从而将约束极值问题转换为无约束极值问题。约束极值问题在实际应用中具有重要意义，广泛应用于工程设计、经济管理、金融投资等领域。例如：在工程设计中，需要在材料强度、成本等约束条件下优化结构设计；在金融投资中，需要在风险约束下最大化投资收益。掌握约束极值问题的求解方法，对于解决实际中的优化问题具有重要的指导意义。

## 本章必会知识点

(1) 熟练掌握最优性条件(库恩-塔克条件)。

(2) 熟练掌握二次规划问题的数学模型及求解步骤。

(3) 掌握用可行方向法求解非线性规划问题的思路与步骤。

(4) 掌握制约函数法中的外点法与内点法。

## 本章重难点

**重点：**

(1) 库恩-塔克条件。

(2) 可行方向法。

(3) 制约函数法(外点法和内点法)。

**难点：**

(1) 对求解原理的理解。

(2) 各方法的求解步骤。

## 本章考情分析

非线性规划中约束极值问题在研究生入学考试中的考情特点如下。

1. 考试内容与题型

考试内容主要包括约束极值问题的基本概念、最优性条件(如库恩-塔克条件、K-T条件)、求解方法(如直接解法、间接解法、罚函数法等)。题型多为计算题和证明题,重点考查学生对最优性条件的理解和应用能力。

2. 考试难度与重要性

约束极值问题是非线性规划中的难点,难度较高,需要学生掌握多种求解方法及其适用场景。在考试中,该部分通常占总分的10%~15%,是运筹学和优化理论中的重要考点。

3. 考试趋势与复习建议

近年来,考试更加注重考查学生对约束极值问题求解方法的综合应用能力,尤其是如何利用最优性条件判断解的最优性。复习时,建议学生重点掌握库恩-塔克条件的推导和应用,熟悉直接解法和间接解法的特点,并通过大量练习题熟悉不同方法的求解过程。

# 14.1 约束极值问题的最优性条件

大多数极值问题其变量的取值都会受到一定限制,这种限制由约束条件来体现。带有约束条件的极值问题称为约束极值问题。

非线性规划的一般形式为

$$\begin{cases}\min f(\boldsymbol{X})\\ h_i(\boldsymbol{X})=0, i=1,2,\cdots,m\\ g_j(\boldsymbol{X})\geqslant 0, j=1,2,\cdots,l\end{cases}$$

或

$$\begin{cases}\min f(\boldsymbol{X})\\ g_j(\boldsymbol{X})\geqslant 0, j=1,2,\cdots,l\end{cases}$$

求解约束极值问题要比求解无约束极值问题困难得多。对有约束的极小化问题来说,除了要使目标函数在每次迭代时有所下降,还要时刻注意解的可行性问题,这就给寻优工作带来了很大困难。

上述问题也常写成

$$\begin{cases}\min f(\boldsymbol{X}), \boldsymbol{X}\in R\subset E^n\\ R=\{\boldsymbol{X}\mid g_j(\boldsymbol{X})\geqslant 0, j=1,2,\cdots,l\}\end{cases}$$

为简化其寻优工作,常用的方法有:

(1) 将约束问题化为无约束问题;

(2) 将非线性规划问题化为线性规划问题;

(3) 其他能将复杂问题变换为较简单问题的方法。

## 14.1.1 基本概念

1. 起作用约束

考虑一般的非线性规划,假定 $f(\boldsymbol{X}), h_i(\boldsymbol{X}), g_j(\boldsymbol{X})(i=1,2,\cdots,m; j=1,2,\cdots,l)$ 具有一阶连续偏导

数。设 $\boldsymbol{X}^{(0)}$ 是非线性规划的一个可行解(满足所有约束条件的解)。

现考虑某一不等式约束条件 $g_j(\boldsymbol{X}) \geqslant 0$，$\boldsymbol{X}^{(0)}$ 满足它有两种可能。

(1) $g_j(\boldsymbol{X}^{(0)}) > 0$：此时 $\boldsymbol{X}^{(0)}$ 不是处于由这一约束条件形成的可行域边界上，因而这一约束对 $\boldsymbol{X}^{(0)}$ 处的微小摄动不起限制作用，从而称这个约束条件是 $\boldsymbol{X}^{(0)}$ 点的不起作用约束(或无效约束)，如图 14－1 所示。

(2) $g_j(X^{(0)}) = 0$：此时 $\boldsymbol{X}^{(0)}$ 处于由这一约束条件形成的可行域边界上，因而这一约束对 $\boldsymbol{X}^{(0)}$ 处的微小摄动起到了某种限制作用，故称这个约束条件是 $\boldsymbol{X}^{(0)}$ 点的起作用约束(或有效约束)，如图 14－2 所示。

显然，等式约束对所有的可行点来说都是起作用约束。

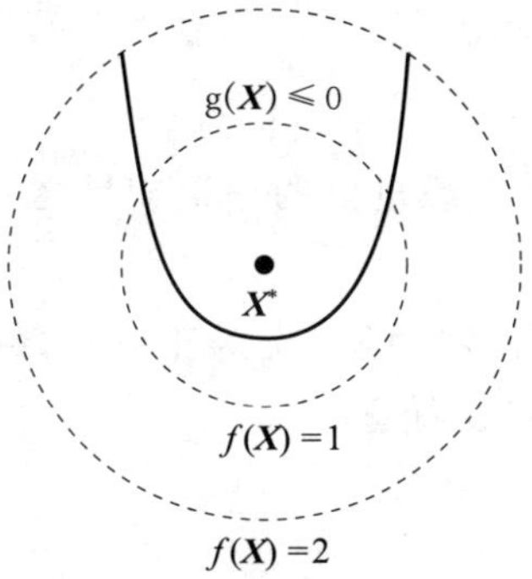


**图 14－1**　$g_j(\boldsymbol{X}^{(0)}) > 0$：**不起作用约束(或无效约束)**

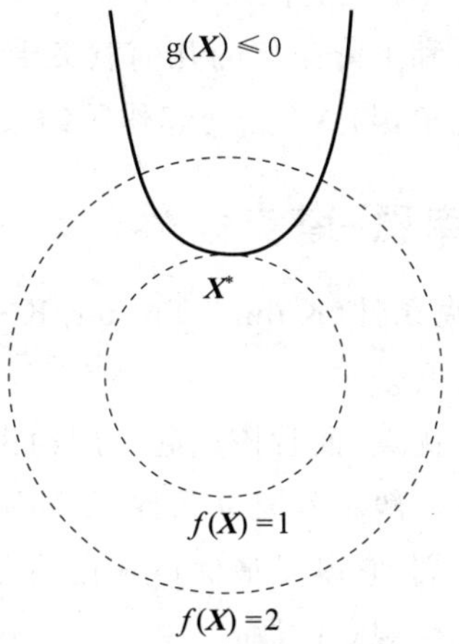


**图 14－2**　$g_j(\boldsymbol{X}^{(0)}) = 0$：**起作用约束(或有效约束)**

2. 可行下降方向

假定 $\boldsymbol{X}^{(0)}$ 是非线性规划问题的一个可行点，现考虑此点的某一方向 $\boldsymbol{D}$，若存在实数 $\lambda_0 > 0$，使对任意 $\lambda \in [0, \lambda_0]$ 均有 $\boldsymbol{X}^{(0)} + \lambda \boldsymbol{D} \in R$，就称方向 $\boldsymbol{D}$ 是 $\boldsymbol{X}^{(0)}$ 点的一个可行方向。

**定理 14－1**　若 $\boldsymbol{D}$ 是可行点 $\boldsymbol{X}^{(0)}$ 处的任一可行方向，则对该点的所有起作用约束 $g_j(\boldsymbol{X}) \geqslant 0$ 均有

$$\nabla g_j(\boldsymbol{X}^{(0)})^{\mathrm{T}} \boldsymbol{D} \geqslant 0, j \in J$$

其中，$J$ 为这个点所有起作用约束下标的集合。

此外，由泰勒公式

$$g_j(\boldsymbol{X}^{(0)} + \lambda \boldsymbol{D}) = g_j(\boldsymbol{X}^{(0)}) + \lambda g_j(\boldsymbol{X}^{(0)})^{\mathrm{T}} \boldsymbol{D} + o(\lambda)$$

对所有起作用约束，当 $\lambda > 0$ 足够小时，只要 $\nabla g_j(\boldsymbol{X}^{(0)})^{\mathrm{T}} \boldsymbol{D} > 0, j \in J$，就有

$$g_j(\boldsymbol{X}^{(0)} + \lambda \boldsymbol{D}) \geqslant 0, j \in J$$

此外，对 $\boldsymbol{X}^{(0)}$ 点的不起作用约束，由约束函数的连续性，当 $\lambda > 0$ 足够小时，亦有上式成立。从而只要方向 $\boldsymbol{D}$ 满足 $\nabla g_j(\boldsymbol{X}^{(0)})^{\mathrm{T}} \boldsymbol{D} > 0$，即可保证它是 $\boldsymbol{X}^{(0)}$ 点的可行方向。

考虑非线性规划的某一可行点 $\boldsymbol{X}^{(0)}$，对该点的任一方向 $\boldsymbol{D}$ 来说，若存在实数 $\lambda' > 0$，使对任意 $\lambda \in [0, \lambda']$ 均有 $f(\boldsymbol{X}^{(0)} + \lambda \boldsymbol{D}) < f(\boldsymbol{X}^{(0)})$，就称方向 $\boldsymbol{D}$ 为 $\boldsymbol{X}^{(0)}$ 点的一个下降方向。

将目标函数 $f(\boldsymbol{X})$ 在点 $\boldsymbol{X}^{(0)}$ 处作一阶泰勒展开：

$$f(\boldsymbol{X}^{(0)} + \lambda \boldsymbol{D}) = f(\boldsymbol{X}^{(0)}) + \lambda f(\boldsymbol{X}^{(0)})^{\mathrm{T}} \boldsymbol{D} + o(\lambda)$$

可知满足条件 $\nabla f(\boldsymbol{X}^{(0)})^{\mathrm{T}} \boldsymbol{D} < 0$ 的方向 $\boldsymbol{D}$ 必为 $\boldsymbol{X}^{(0)}$ 点的下降方向：

$$\begin{cases} \nabla f(\boldsymbol{X}^*)^{\mathrm{T}} \boldsymbol{D} < 0 \\ \nabla g_j(\boldsymbol{X}^*)^{\mathrm{T}} \boldsymbol{D} > 0, j \in J \end{cases}$$

如果方向 $\boldsymbol{D}$ 既是 $\boldsymbol{X}^{(0)}$ 点的可行方向，又是 $\boldsymbol{X}^{(0)}$ 点的下降方向，就称它是该点的可行下降方向。假如 $\boldsymbol{X}^{(0)}$ 点不是极小点，继续寻优时的搜索方向就应从该点的可行下降方向中去找。显然，一方面，若某点存在可行下

降方向，它就不会是极小点；另一方面，若某点为极小点，则在该点就不存在可行下降方向。

**定理 14-2** 设 $\boldsymbol{X}^*$ 是非线性规划问题的一个局部极小点，目标函数 $f(\boldsymbol{X})$ 在 $\boldsymbol{X}^*$ 处可微，而且，当 $j \in J$（起作用约束）时，$g_j(\boldsymbol{X})$ 在 $\boldsymbol{X}^*$ 处可微；当 $j \notin J$（不起作用约束）时，$g_j(\boldsymbol{X})$ 在 $\boldsymbol{X}^*$ 处连续。则在 $\boldsymbol{X}^*$ 处不存在可行下降方向，从而不存在向量 $\boldsymbol{D}$ 同时满足：

$$\begin{cases}\nabla f(\boldsymbol{X}^*)^{\mathrm{T}}\boldsymbol{D} < 0 & \text{下降条件} \\ \nabla g_j(\boldsymbol{X}^*)^{\mathrm{T}}\boldsymbol{D} > 0, j \in J & \text{可行条件}\end{cases}$$

该定理显然成立，若存在同时满足上述两个条件的方向 $\boldsymbol{D}$，则沿着该方向搜索可以找到更好的可行点，从而与 $\boldsymbol{X}^*$ 为极小点的假设矛盾。

可行条件和下降条件的几何意义十分明显，满足这两个条件的方向 $\boldsymbol{D}$，与 $\boldsymbol{X}^*$ 点处目标函数的负梯度方向的夹角为锐角，与 $\boldsymbol{X}^*$ 点处起作用约束梯度方向的夹角也为锐角。

### 14.1.2 库恩-塔克条件

库恩-塔克条件（Kuhn - Tucker/K - T 条件）是非线性规划领域中最重要的理论成果之一，是确定某点为最优点的必要条件。

只要是最优点（而且该点起作用约束的梯度线性无关，满足这种要求的点称为正则点），就必须满足这个条件。但它一般不是充分条件，因而满足这个条件的点不一定就是最优点。

对于凸规划，它既是最优点存在的必要条件，也是充分条件。

对于非线性规划问题：

$$\begin{cases}\min f(\boldsymbol{X}), \boldsymbol{X} \in R \subset E^n \\ R = \{\boldsymbol{X} \mid g_j(\boldsymbol{X}) \geqslant 0, j = 1, 2, \cdots, l\}\end{cases}$$

假定 $\boldsymbol{X}^*$ 是非线性规划问题的极小点，该点可能位于可行域的内部，也可能位于可行域的边界上。若为前者，事实上这是个无约束问题，$\boldsymbol{X}^*$ 必满足条件 $\nabla f(\boldsymbol{X}^*) = 0$。

下面讨论当极小点位于可行域边界的情形。

不失一般性，设 $\boldsymbol{X}^*$ 位于第一个约束条件形成的可行域边界上，即第一个约束条件是 $\boldsymbol{X}^*$ 点的起作用约束（$g_1(\boldsymbol{X}^*) = 0$）。若 $\boldsymbol{X}^*$ 是极小点，则 $\nabla g_1(\boldsymbol{X}^*) = 0$ 必与 $-\nabla f(\boldsymbol{X}^*)$ 在同一条直线上且方向相反，如图 14-3 所示。

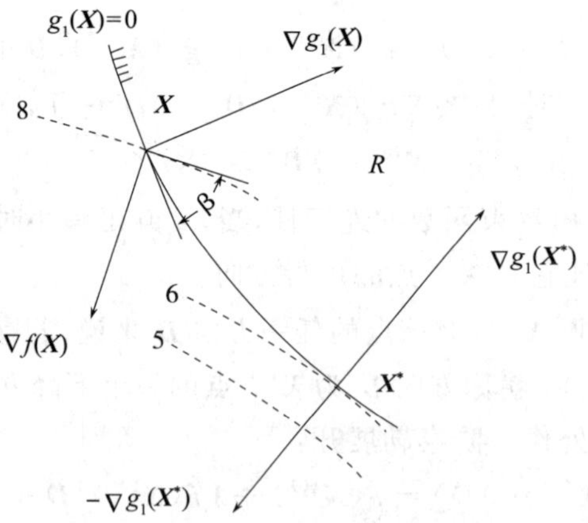


**图 14-3 极小点位于可行域边界的情况**

若 $\boldsymbol{X}^*$ 点有两个起作用约束，例如说有 $g_1(\boldsymbol{X}^*) = 0$ 和 $g_2(\boldsymbol{X}^*) = 0$，在这种情况下，$\nabla f(\boldsymbol{X}^*)$ 必然处于 $\nabla g_1(\boldsymbol{X}^*) = 0$ 和 $\nabla g_2(\boldsymbol{X}^*) = 0$ 的夹角之内，如图 14-4 所示。

如若不然，在 $\boldsymbol{X}^*$ 点处必有可行下降方向，它就不会是极小点，而且 $\boldsymbol{X}^*$ 点的起作用约束条件的梯度

$\nabla g_1(\boldsymbol{X}^*)=0$ 和 $\nabla g_2(\boldsymbol{X}^*)=0$ 线性无关,则可将 $\nabla f(\boldsymbol{X}^*)$ 表示成 $\nabla g_1(\boldsymbol{X}^*)=0$ 和 $\nabla g_2(\boldsymbol{X}^*)=0$ 的非负线性组合。

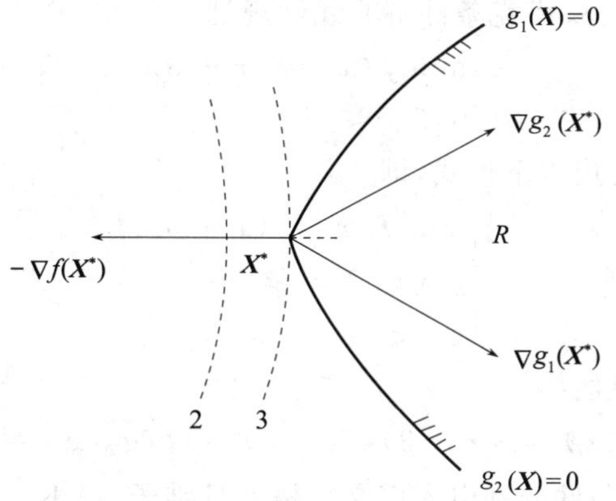


**图 14－4　$\nabla f(\boldsymbol{X}^*)$ 必然处于 $\nabla g_1(\boldsymbol{X}^*)=0$ 和 $\nabla g_2(\boldsymbol{X}^*)=0$ 的夹角之内**

在这种情况下,存在实数 $\gamma_1\geqslant 0$ 和 $\gamma_2\geqslant 0$,使

$$\nabla f(\boldsymbol{X}^*)-\gamma_1\nabla g_1(\boldsymbol{X}^*)-\gamma_2\nabla g_2(\boldsymbol{X}^*)=0$$

如上类推,可得

$$f(\boldsymbol{X}^*)-\sum_{j\in J}\gamma_j g_j(\boldsymbol{X}^*)=0$$

为了把不起作用约束也包括进上式中,增加条件

$$\begin{cases}\gamma_j g_j(\boldsymbol{X}^*)=0\\ \gamma_j\geqslant 0\end{cases}$$

当 $g_j(\boldsymbol{X}^*)=0$ 时,$\gamma_j$ 可不为零;当 $g_j(\boldsymbol{X}^*)\neq 0$ 时,必有 $\gamma_j=0$。

(1) 库恩-塔克条件(只有不等式约束):设 $\boldsymbol{X}^*$ 是非线性规划问题(1)的极小点,而且在 $\boldsymbol{X}^*$ 点的各起作用约束的梯度线性无关,则存在向量组 $\boldsymbol{\Gamma}^*=(\gamma_1^*,\gamma_2^*,\cdots,\gamma_l^*)^{\mathrm{T}}$,使下述条件成立:

$$\begin{cases}\nabla f(\boldsymbol{X}^*)-\sum_{j=1}^{l}\gamma_j^*\nabla g_j(\boldsymbol{X}^*)=0\\ \gamma_j^* g_j(\boldsymbol{X}^*)=0, j=1,2,\cdots,l\\ \gamma_j^*\geqslant 0, j=1,2,\cdots,l\end{cases}\tag{1}$$

上述条件式常简称为 K－T 条件。满足这个条件的点(它当然也满足非线性规划的所有约束条件)称为库恩-塔克点(K－T 点)。

(2) 库恩-塔克条件(带有等式约束):考虑带有等式约束的非线性规划问题(2)的 K－T 条件。

$$\begin{cases}\min f(\boldsymbol{X})\\ h_i(\boldsymbol{X})=0, i=1,2,\cdots,m\\ g_j(\boldsymbol{X})\geqslant 0, j=1,2,\cdots,l\end{cases}\tag{2}$$

设 $\boldsymbol{X}^*$ 是非线性规划问题(2)的极小点,而且 $\boldsymbol{X}^*$ 点的所有起作用约束的梯度 $\nabla h_i(\boldsymbol{X}^*)(i=1,2,\cdots,m)$ 和 $\nabla g_j(\boldsymbol{X}^*)(j\in J)$ 线性无关,则存在向量组 $\boldsymbol{\Lambda}^*=(\lambda_1^*,\lambda_2^*,\cdots,\lambda_m^*)^{\mathrm{T}}$ 和 $\boldsymbol{\Gamma}^*=(\gamma_1^*,\gamma_2^*,\cdots,\gamma_l^*)^{\mathrm{T}}$,使下述条件成立:

$$\begin{cases}\nabla f(\boldsymbol{X}^*)-\sum_{i=1}^{m}\lambda_i^*\nabla h_i(\boldsymbol{X}^*)-\sum_{j=1}^{m}\gamma_j^*\nabla g_j(\boldsymbol{X}^*)=0\\ \gamma_j^* g_j(\boldsymbol{X}^*)=0, j=1,2,\cdots,l\\ \gamma_j^*\geqslant 0, j=1,2,\cdots,l\end{cases}\tag{3}$$

式(3)和式(1)中的$\lambda_1^*,\lambda_2^*,\cdots,\lambda_m^*$以及$\gamma_1^*,\gamma_2^*,\cdots,\gamma_l^*$称为广义拉格朗日乘子。

需要注意的是,对于约束函数是等式的情况,并没有要求广义拉格朗日乘子$\lambda\geqslant 0$。

**例 14-1(K-T 条件)** 用库恩-塔克条件解非线性规划:

$$\begin{cases}\min f(x)=(x-3)^2\\0\leqslant x\leqslant 5\end{cases}$$

解:先将该非线性规划问题写成以下形式,即

$$\begin{cases}\min f(x)=(x-3)^2\\g_1(x)=x\geqslant 0\\g_2(x)=5-x\geqslant 0\end{cases}$$

写出其目标函数和约束函数的梯度:

$$\nabla f(x)=2(x-3),\nabla g_1(x)=1,\nabla g_2(x)=-1$$

对第一个约束条件和第二个约束条件分别引入广义拉格朗日乘子,设 K-T 点为$\boldsymbol{X}^*$,则可以得到该问题的 K-T 条件:

$$\begin{cases}2(x^*-3)-\gamma_1^*+\gamma_2^*=0\\\gamma_1^*x^*=0\\\gamma_2^*(5-x^*)=0\\\gamma_1^*,\gamma_2^*\geqslant 0\end{cases}$$

为解上述方程组,考虑以下几种情形:

(1) 令$\gamma_1^*\neq 0,\gamma_2^*\neq 0$,解之,无解。

(2) 令$\gamma_1^*\neq 0,\gamma_2^*=0$,解之,得$x^*=0,\gamma_1^*=-6$,不是 K-T 点。

(3) 令$\gamma_1^*=0,\gamma_2^*\neq 0$,解之,得$x^*=5,\gamma_2^*=-4$,不是 K-T 点。

(4) 令$\gamma_1^*=\gamma_2^*=0$,解之,得$x^*=3$,此为 K-T 点。

可知,其目标函数值$f(x^*)=0$。

由于该非线性规划问题为凸规划,故$x^*=3$就是其全局的极小点。该点是可行域的内点,它也可直接由梯度等于零的条件求出。

## 复习思路提示

1. 牢记可行条件和下降条件公式:

$$\begin{cases}\nabla f(\boldsymbol{X}^*)^{\mathrm T}\boldsymbol{D}<0 & \text{下降条件}\\\nabla g_j(\boldsymbol{X}^*)^{\mathrm T}\boldsymbol{D}>0,j\in J & \text{可行条件}\end{cases}$$

2. 牢记库恩-塔克条件公式:

(1) 只有不等式约束:

$$\begin{cases}\nabla f(\boldsymbol{X}^*)-\sum_{j=1}^{l}\gamma_j^*\nabla g_j(\boldsymbol{X}^*)=0\\\gamma_j^*g_j(\boldsymbol{X}^*)=0,j=1,2,\cdots,l\\\gamma_j^*\geqslant 0,j=1,2,\cdots,l\end{cases}$$

(2) 带有等式约束:

$$\begin{cases}\nabla f(\boldsymbol{X}^*)-\sum_{i=1}^{m}\lambda_i^*\nabla h_i(\boldsymbol{X}^*)-\sum_{j=1}^{m}\gamma_j^*\nabla g_j(\boldsymbol{X}^*)=0\\\gamma_j^*g_j(\boldsymbol{X}^*)=0,j=1,2,\cdots,l\\\gamma_j^*\geqslant 0,j=1,2,\cdots,l\end{cases}$$

3. 库恩-塔克条件是非线性规划领域中最重要的理论成果之一，是确定某点为最优点的必要条件。对于凸规划，它既是最优点存在的必要条件，也是充分条件。

## 14.2 二次规划

若某非线性规划的目标函数为自变量 $\boldsymbol{X}$ 的二次函数，约束条件又全是线性的，就称这种规划为二次规划。

二次规划是非线性规划中比较简单的一类，它较容易求解。很多方面的问题都可以抽象成二次规划的模型，它和线性规划有直接的联系。

1. 二次规划的数学模型

二次规划的一般数学模型为

$$\begin{cases} \min f(\boldsymbol{X}) = \sum\limits_{j=1}^{n} c_j x_j + \dfrac{1}{2}\sum\limits_{j=1}^{n}\sum\limits_{k=1}^{n} c_{jk} x_j x_k \\ c_{jk} = c_{kj}, k = 1,2,\cdots,n \\ \sum\limits_{j=1}^{n} a_{ij} x_j + b_i \geqslant 0, i = 1,2,\cdots,m \\ x_j \geqslant 0, j = 1,2,\cdots,n \end{cases}$$

其中，$\dfrac{1}{2}\sum\limits_{j=1}^{n}\sum\limits_{k=1}^{n} c_{jk} x_j x_k$ 项为二次型。如果该二次型正定（或半正定），则目标函数为严格凸函数（或凸函数）。

二次规划的可行域为凸集，因而，上述规划属于凸规划。凸规划的局部极值即全局极值。对于这种问题，库恩-塔克条件不但是极值点存在的必要条件，而且是充分条件。

已知，库恩-塔克条件（只有不等式约束）如下：

$$\begin{cases} \nabla f(\boldsymbol{X}^*) - \sum\limits_{j=1}^{l} \gamma_j^* \nabla g_j(\boldsymbol{X}^*) = 0 \\ \gamma_j^* g_j(\boldsymbol{X}^*) = 0, j = 1,2,\cdots,l \\ \gamma_j^* \geqslant 0, j = 1,2,\cdots,l \end{cases}$$

对二次规划的数学模型，可求得

$$\nabla f(\boldsymbol{X}) = c_j + \sum_{k=1}^{n} c_{jk} x_k, j = 1,2,\cdots,n$$

$$\nabla g_1(\boldsymbol{X}) = \sum_{i=1}^{m} a_{ij}, j = 1,2,\cdots,n$$

$$\nabla g_2(\boldsymbol{X}) = 1, j = 1,2,\cdots,n$$

则有

$$\begin{cases} c_j + \sum\limits_{k=1}^{n} c_{jk} x_k - \gamma_{n+i} \sum\limits_{i=1}^{m} a_{ij} - \gamma_j = 0, j = 1,2,\cdots,n \\ -\sum\limits_{j=1}^{n} a_{ij} x_j + x_{n+i} = b_i, i = 1,2,\cdots,m \\ x_j \geqslant 0, r_j \geqslant 0, x_j r_j = 0, j = 1,2,\cdots,n+m \end{cases}$$

$$\Rightarrow\begin{cases}-\sum_{k=1}^{n}c_{jk}x_k+y_{n+i}\sum_{i=1}^{m}a_{ij}+y_j=c_j,j=1,2,\cdots,n\\-\sum_{j=1}^{n}a_{ij}x_j+x_{n+i}=b_i,i=1,2,\cdots,m\\x_jy_j=0,x_j\geqslant 0,y_j\geqslant 0,j=1,2,\cdots,n+m\end{cases}$$

此时,添加人工变量 $z_j(z_j\geqslant 0)$,有

$$-\sum_{k=1}^{n}c_{jk}x_k+y_{n+i}\sum_{i=1}^{m}a_{ij}+y_j+\mathrm{sgn}(c_j)z_j=c_j$$

其中,$\mathrm{sgn}(c_j)$ 为符号函数,当 $c_j\geqslant 0$ 时,$\mathrm{sgn}(c_j)=1$;当 $c_j<0$ 时,$\mathrm{sgn}(c_j)=-1$。

由人工变量法可知,只有当所有的人工变量都取值为 0 时,才能得到原问题的解。令所有非基变量等于 0,即 $x_j=0,y_j=0$,则得到初始基的可行解:

$$\begin{cases}z_j=\mathrm{sgn}(c_j)c_j,j=1,2,\cdots,n\\x_{n+i}=b_i,i=1,2,\cdots,m\\x_j=0,j=1,2,\cdots,n\\y_j=0,j=1,2,\cdots,n+m\end{cases}$$

2. 转化的线性规划数学模型

转化成线性规划问题的数学模型为

$$\min\varphi(z)=\sum_{j=1}^{n}z_j$$

$$\text{s. t.}\begin{cases}\sum_{i=1}^{m}a_{ij}y_{n+i}+y_j-\sum_{k=1}^{n}c_{jk}x_k+\mathrm{sgn}(c_j)z_j=c_j,j=1,2,\cdots,n\\-\sum_{j=1}^{n}a_{ij}x_j+x_{n+i}=b_i,i=1,2,\cdots,m\\x_j\geqslant 0,y_j\geqslant 0,j=1,2,\cdots,n+m\\z_j\geqslant 0,j=1,2,\cdots,n\end{cases}$$

同时,还需满足 $x_jy_j=0$。相当于不能使 $x_j$ 和 $y_j$(对每一个 $j$)同时为基变量。

凸规划的局部极值即全局极值。对于这种问题,库恩-塔克条件不但是极值点存在的必要条件,而且是充分条件。

解该线性规划问题,若得到最优解:

$$(x_1^*,x_2^*,\cdots,x_{n+m}^*,y_1^*,y_2^*,\cdots,y_{n+m}^*,z_1=0,z_2=0,\cdots,z_n=0)^{\mathrm{T}}$$

则 $(x_1^*,x_2^*,\cdots,x_n^*)^{\mathrm{T}}$ 为二次规划问题的最优解。

**例 14-2(二次规划)** 求解二次规划:

$$\begin{cases}\max f(\boldsymbol{X})=8x_1+10x_2-x_1^2-x_2^2\\3x_1+2x_2\leqslant 6\\x_1,x_2\geqslant 0\end{cases}$$

解:将上述二次规划改写为

$$\begin{cases}\min\overline{f}(\boldsymbol{X})=x_1^2+x_2^2-8x_1-10x_2=\frac{1}{2}(2x_1^2+2x_2^2)-8x_1-10x_2\\6-3x_1-2x_2\geqslant 0\\x_1\geqslant 0,x_2\geqslant 0\end{cases}$$

因 $f(\boldsymbol{X})$ 的海塞矩阵为正定矩阵,可知目标函数为严格凸函数。此外:

$$c_1=-8, c_2=-10, c_{11}=2, c_{22}=2$$
$$c_{12}=c_{21}=0, b_1=6, a_{11}=-3, a_{12}=-2$$

由于 $c_1=-8, c_2=-10$，两者均小于 0，则引入人工变量 $z_1, z_2$ 前取负号。原二次规划问题可转化为下列线性规划问题：

$$\min \phi(Z)=z_1+z_2$$
$$\text{s. t.}\begin{cases}-3y_3+y_1-2x_1-z_1=-8\\-2y_3+y_2-2x_2-z_2=-10\\-3x_1-2x_2-x_3+6=0\\x_1,x_2,x_3,y_1,y_2,y_3,z_1,z_2\geqslant 0\end{cases}$$

即

$$\min \phi(Z)=z_1+z_2$$
$$\begin{cases}2x_1+3y_3-y_1+z_1=8\\2x_2+2y_3-y_2+z_2=10\\3x_1+2x_2+x_3=6\\x_1,x_2,x_3,y_1,y_2,y_3,z_1,z_2\geqslant 0\end{cases}$$

此外，尚应满足 $x_jy_j=0, j=1,2,3$。

用线性规划单纯形法解之(注意在转换过程中应满足条件 $x_jy_j=0$)，得该线性规划问题的解如下：

$$x_1=4/13, x_2=33/13, x_3=0$$
$$y_1=0, y_2=0, y_3=32/13$$
$$z_1=0, z_2=0$$

由此得到原二次规划问题的解为

$$x_1^*=4/13, x_2^*=33/13, f(\boldsymbol{X}^*)=21.3$$

可以验证，$x_1^*=4/13, x_2^*=33/13, \gamma_1^*=0, \gamma_2^*=0, \gamma_3^*=32/13$ 满足库恩-塔克条件。

需要注意的是，有时候用单纯形法求解比较麻烦，因为不能完全按照单纯形法的检验数原则来求解，必须满足 $x_jy_j=0$ 这些条件。

## 复习思路提示

1. 二次规划通常是指目标函数为自变量 $\boldsymbol{X}$ 的二次函数(且为凸函数)，约束条件又全是线性约束的非线性规划问题(凸规划)，是非线性规划中比较简单的一类，它较容易求解。

2. 牢记其数学模型及其转换成线性规划问题数学模型的一般表达式：

$$\begin{cases}\min f(\boldsymbol{X})=\sum\limits_{j=1}^{n}c_jx_j+\dfrac{1}{2}\sum\limits_{j=1}^{n}\sum\limits_{k=1}^{n}c_{jk}x_jx_k\\c_{jk}=c_{kj}, k=1,2,\cdots,n\\\sum\limits_{j=1}^{n}a_{ij}x_j+b_i\geqslant 0, i=1,2,\cdots,m\\x_j\geqslant 0, j=1,2,\cdots,n\end{cases}$$

转换为

$$\min \varphi(z)=\sum_{j=1}^{n}z_j$$

$$
\text{s. t.}\begin{cases}\sum_{i=1}^{m}a_{ij}y_{n+i}+y_j-\sum_{k=1}^{n}c_{jk}x_k+\operatorname{sgn}(c_j)z_j=c_j,j=1,2,\cdots,n\\-\sum_{j=1}^{n}a_{ij}x_j+x_{n+i}=b_i,i=1,2,\cdots,m\\x_j\geqslant 0,y_j\geqslant 0,j=1,2,\cdots,n+m\\z_j\geqslant 0,j=1,2,\cdots,n\end{cases}
$$

同时,还需满足 $x_jy_j=0$。

## 14.3 可行方向法

### 14.3.1 基本思路

现考虑非线性规划问题,设 $\boldsymbol{X}^{(k)}$ 是它的一个可行解,但不是要求的极小点。为了求它的极小点或近似极小点,应在 $\boldsymbol{X}^{(k)}$ 点的可行下降方向中选取某一方向 $\boldsymbol{D}^{(k)}$,并确定步长 $\lambda_k$,使

$$
\begin{cases}\boldsymbol{X}^{(k+1)}=\boldsymbol{X}^{(k)}+\lambda_k\boldsymbol{D}^{(k)}\in R\\f(\boldsymbol{X}^{(k+1)})<f(\boldsymbol{X}^{(k)})\end{cases}
$$

若满足精度要求,迭代停止,$\boldsymbol{X}^{(k+1)}$就是所要求的点;否则,从 $\boldsymbol{X}^{(k+1)}$ 出发继续进行迭代,直到满足要求为止。

上述方法称为可行方向法,其特点是:在迭代过程中采用的搜索方向为可行方向,所产生的迭代点列 $\{\boldsymbol{X}^{(k)}\}$ 始终在可行域内,目标函数值单调下降。

由此可见,很多方法都可以归入可行方向法,但通常所说的可行方向法指的是 Zoutendijk 在 1960 年提出的算法及其变形。

(1) 可行方向法:从可行点出发,沿着下降的可行方向进行搜索,求出使目标函数值下降的新的可行点,直到满足终止条件,得到最优解 $\boldsymbol{X}^*$。

(2) Zoutendijk 可行方向法属于约束优化问题可行方向法中的一种。与之前无约束优化问题中的最速下降法、牛顿法相像。

不同可行方向法的主要区别在于,选择可行方向的策略不同,大体上可以分为 3 类。

(1) 用求解一个线性规划问题来确定,如 Zoutendijk 方法、Frank - Wolfe 方法和 Topkis - Veinott 方法等。

(2) 利用投影矩阵直接构造一个改进的可行方向,如 Rosen 的梯度投影法和 Rosen - Polak 方法等。

(3) 利用既约梯度直接构造一个改进的可行方向,如 Wolfe 的既约梯度法及其各种改进、凸单纯形法。

本节讨论 Zoutendijk 可行方向法。

设 $\boldsymbol{X}^{(k)}$ 点的起作用约束集非空,为求 $\boldsymbol{X}^{(k)}$ 点的可行下降方向,可由下述不等式组确定向量 $\boldsymbol{D}$:

$$
\begin{cases}\nabla f(\boldsymbol{X}^{(k)})^{\mathrm{T}}\boldsymbol{D}<0 & \text{下降条件}\\\nabla g_j(\boldsymbol{X}^{(k)})^{\mathrm{T}}\boldsymbol{D}>0,j\in J & \text{可行条件}\end{cases}
$$

这等价于由下面的不等式组求向量 $\boldsymbol{D}$ 和实数 $\eta$:

$$
\begin{cases}\nabla f(\boldsymbol{X}^{(k)})^{\mathrm{T}}\boldsymbol{D}\leqslant\eta\\-\nabla g_j(\boldsymbol{X}^{(k)})^{\mathrm{T}}\boldsymbol{D}\leqslant\eta,j\in J\\\eta<0\end{cases}
$$

若使 $\nabla f(\boldsymbol{X}^{(k)})^{\mathrm{T}}\boldsymbol{D}$ 和 $-\nabla g_j(\boldsymbol{X}^{(k)})^{\mathrm{T}}\boldsymbol{D}$（对所有 $j \in J$）的最大值极小化，可将上述选取搜索方向的工作，转换为求解下述线性规划问题：

$$\min \eta$$
$$\begin{cases}\nabla f(\boldsymbol{X}^{(k)})^{\mathrm{T}}\boldsymbol{D} \leqslant \eta \\ -\nabla g_j(\boldsymbol{X}^{(k)})^{\mathrm{T}}\boldsymbol{D} \leqslant \eta, j \in J(\boldsymbol{X}^{(k)}) \\ -1 \leqslant d_i \leqslant 1, i = 1,2,\cdots,n\end{cases}$$

式中 $d_i (i=1,2,\cdots,n)$ 为向量 $\boldsymbol{D}$ 的分量。

最后一个限制条件为的是使该线性规划有有限最优解。因此，限制向量 $\boldsymbol{D}$ 的模，知道其各分量的相对大小即可。

将该线性规划的最优解记为 $(\boldsymbol{D}^{(k)}, \eta_k)$。

如果求出的 $\eta_k = 0$，说明在 $\boldsymbol{X}^{(k)}$ 点不存在可行下降方向。

在 $g_j(\boldsymbol{X}^{(k)})$（此处 $j \in J(\boldsymbol{X}^{(k)})$）线性无关的条件下，$\boldsymbol{X}^{(k)}$ 为一 K－T 点。

若解出的 $\eta_k < 0$，则得到可行下降方向 $\boldsymbol{D}^{(k)}$，这就是我们所要的搜索方向。

## 14.3.2　迭代步骤

可行方向法的迭代步骤可总结如下。

(1) 确定允许误差 $\varepsilon_1 > 0$，$\varepsilon_2 > 0$，选初始近似点 $\boldsymbol{X}^{(0)} \in R$，并令 $k := 0$。

(2) 确定起作用约束指标集：$J(\boldsymbol{X}^{(k)}) = \{j \mid g_j(\boldsymbol{X}^{(k)}) = 0, 1 \leqslant j \leqslant l\}$。

- 若 $J(\boldsymbol{X}^{(k)}) = \varnothing$，而且 $\| \nabla f(\boldsymbol{X}^{(k)}) \|^2 \leqslant \varepsilon_1$，停止迭代，得点 $\boldsymbol{X}^{(k)}$。
- 若 $J(\boldsymbol{X}^{(k)}) = \varnothing$，但 $\| \nabla f(\boldsymbol{X}^{(k)}) \|^2 > \varepsilon_1$，则取搜索方向 $\boldsymbol{D}^{(k)} = -\nabla f(\boldsymbol{X}^{(k)})$，然后转第(5)步。
- 若 $J(\boldsymbol{X}^{(k)}) \neq \varnothing$，转下一步。

(3) 求解线性规划：

$$\min \eta$$
$$\begin{cases}\nabla f(\boldsymbol{X}^{(k)})^{\mathrm{T}}\boldsymbol{D} \leqslant \eta \\ -\nabla g_j(\boldsymbol{X}^{(k)})^{\mathrm{T}}\boldsymbol{D} \leqslant \eta, j \in J(\boldsymbol{X}^{(k)}) \\ -1 \leqslant d_i \leqslant 1, i = 1,2,\cdots,n\end{cases}$$

设它的最优解是 $(\boldsymbol{D}^{(k)}, \eta_k)$

(4) 检验是否满足 $|\eta_k| \leqslant \varepsilon_2$，若满足则停止迭代，得到点 $\boldsymbol{X}^{(k)}$；否则，以 $\boldsymbol{D}^{(k)}$ 为搜索方向，并转下一步。

(5) 解下述一维极值问题：

$$\lambda_k : \min_{0 \leqslant \lambda \leqslant \bar{\lambda}} f(\boldsymbol{X}^{(k)} + \lambda \boldsymbol{D}^{(k)})$$

此处，$\bar{\lambda} = \max\{\lambda \mid g_j(\boldsymbol{X}^{(k)} + \lambda \boldsymbol{D}^{(k)}) \geqslant 0, j = 1,2,\cdots,l\}$。

(6) 令

$$\boldsymbol{X}^{(k+1)} = \boldsymbol{X}^{(k)} + \lambda_k \boldsymbol{D}^{(k)}$$
$$k := k + 1$$

转回第(2)步。

**例 14－3(可行方向法)**　用可行方向法解下述非线性规划问题：

$$\begin{cases}\max \bar{f}(\boldsymbol{X}) = 4x_1 + 4x_2 - x_1^2 - x_2^2 \\ x_1 + 2x_2 \leqslant 4\end{cases}$$

解：先将该非线性规划问题写成

$$\begin{cases}\min f(\boldsymbol{X})=-4x_1-4x_2+x_1^2+x_2^2\\ g_1(\boldsymbol{X})=-x_1-2x_2+4\geqslant 0\end{cases}$$

取初始可行点

$$\boldsymbol{X}^{(0)}=(0,0)^{\mathrm{T}},f(\boldsymbol{X}^{(0)})=0$$

则

$$\nabla f(\boldsymbol{X})=\begin{pmatrix}2x_1-4\\2x_2-4\end{pmatrix},\nabla f(\boldsymbol{X}^{(0)})=\begin{pmatrix}-4\\-4\end{pmatrix},\nabla g_1(\boldsymbol{X})=(-1,-2)^{\mathrm{T}}$$

由于 $g_1(\boldsymbol{X}^{(0)})=4>0$，从而 $J(\boldsymbol{X}^{(0)})=\varnothing$（空集）。

$$\|\nabla f(\boldsymbol{X}^{(0)})\|^2=(-4)^2+(-4)^2=32$$

所以 $\boldsymbol{X}^{(0)}$ 不是(近似)极小点。

现取搜索方向

$$\boldsymbol{D}^{(0)}=-\nabla f(\boldsymbol{X}^{(0)})=(4,4)^{\mathrm{T}}$$

从而

$$\boldsymbol{X}^{(1)}=\boldsymbol{X}^{(0)}+\lambda\boldsymbol{D}^{(0)}=\begin{pmatrix}0\\0\end{pmatrix}+\lambda\begin{pmatrix}4\\4\end{pmatrix}=\begin{pmatrix}4\lambda\\4\lambda\end{pmatrix}$$

将其代入约束条件，并令 $g_1(\boldsymbol{X}^{(1)})=0$，解得 $\bar{\lambda}=1/3$。

$$f(\boldsymbol{X}^{(1)})=-16\lambda-16\lambda+16\lambda^2+16\lambda^2=32\lambda^2-32\lambda$$

令 $f(\boldsymbol{X}^{(1)})$ 对 $\lambda$ 的导数等于零，解得 $\lambda=1/2$。因 $\lambda>\bar{\lambda}(\bar{\lambda}=1/3)$，故取 $\lambda_0=\bar{\lambda}=1/3$，则

$$\boldsymbol{X}^{(1)}=\left(\frac{4}{3},\frac{4}{3}\right)^{\mathrm{T}},f(\boldsymbol{X}^{(1)})=-\frac{64}{9}$$

$$\nabla f(\boldsymbol{X}^{(1)})=\left(-\frac{4}{3},-\frac{4}{3}\right)^{\mathrm{T}},g_1(\boldsymbol{X}^{(1)})=0$$

构造下述线性规划问题：

$$\min \eta$$

$$\begin{cases}-\frac{4}{3}d_1-\frac{4}{3}d_2\leqslant\eta\\ d_1+2d_2\leqslant\eta\\ -1\leqslant d_1\leqslant 1,-1\leqslant d_2\leqslant 1\end{cases}$$

为便于用单纯形法求解，令 $y_1=d_1+1,y_2=d_2+1,y_3=-\eta$，从而得到

$$\min(-y_3)$$

$$\begin{cases}\frac{4}{3}y_1+\frac{4}{3}y_2-y_3\geqslant\frac{8}{3}\\ y_1+2y_2+y_3\leqslant 3\\ y_1\leqslant 2\\ y_2\leqslant 2\\ y_1,y_2,y_3\geqslant 0\end{cases}$$

引入剩余变量 $y_4$，松弛变量 $y_5,y_6,y_7$ 以及人工变量 $y_8$，得线性规划问题如下：

$$\min(-y_3+My_8)$$

$$\begin{cases}\dfrac{4}{3}y_1+\dfrac{4}{3}y_2-y_3-y_4+y_8=\dfrac{8}{3}\\ y_1+2y_2+y_3+y_5=3\\ y_1+y_6=2\\ y_2+y_7=2\\ y_j\geqslant 0,j=1,2,\cdots,8\end{cases}$$

其最优解为

$$y_1=2,y_2=3/10,y_3=4/10,y_4=y_5=y_6=0,y_7=17/10$$

从而得到 $\eta=-y_3=-4/10$，搜索方向为

$$\boldsymbol{D}^{(1)}=\begin{pmatrix}d_1\\d_2\end{pmatrix}=\begin{pmatrix}y_1-1\\y_2-1\end{pmatrix}=\begin{pmatrix}1.0\\-0.7\end{pmatrix}$$

由此可得

$$\boldsymbol{X}^{(2)}=\boldsymbol{X}^{(1)}+\lambda\boldsymbol{D}^{(1)}=\begin{pmatrix}4/3+\lambda\\4/3-0.7\lambda\end{pmatrix}f(\boldsymbol{X}^{(2)})=1.49\lambda^2-0.4\lambda-7.111$$

令 $\dfrac{\mathrm{d}f(\boldsymbol{X}^{(2)})}{\mathrm{d}\lambda}=0$，得到 $\lambda=0.134$。现暂用该步长，算出

$$\boldsymbol{X}^{(2)}=\begin{pmatrix}4/3+0.134\\4/3-0.7\times 0.134\end{pmatrix}=\begin{pmatrix}1.467\\1.239\end{pmatrix}$$

继续迭代下去，可得最优解为

$$\boldsymbol{X}^*=(1.6,1.2)^{\mathrm{T}},f(\boldsymbol{X}^*)=-7.2$$

则原问题的最优解不变，其目标函数值 $\overline{f}(\boldsymbol{X}^*)=-f(\boldsymbol{X}^*)=7.2$。

## 复习思路提示

1. 可行方向法是用梯度去求解约束优化设计问题的一种有代表性的直接搜索方法。通过直接处理约束问题，得到一个下降可行方向，从而产生一个收敛于线性约束优化问题的 K－T 点。可行方向法收敛速度快，效果较好，但程序比较复杂，适用于大中型约束优化设计问题的求解。

2. 由于 Zoutendijk 可行方向法是基于无约束优化中的最速下降法，所以此算法具有最速下降法的一些缺点。一个典型的缺点就是“锯齿现象”，当迭代逼近非有效约束边界时可能会发生一些突然的变化，使得收敛速度变慢，甚至不收敛于 K－T 点。

# 14.4　制约函数法

非线性规划问题的制约函数法可将非线性规划问题的求解，转化为求解一系列无约束极值问题，因而也称这种方法为序列无约束极小化技术(Sequential Unconstrained Minimization Technique，SUMT)。

常用的制约函数法基本上有两类。

(1) 惩罚函数〔或称罚函数(penalty function)〕：外点法。

(2) 障碍函数(barrier function)：内点法。

## 14.4.1 外点法

1. 外点法的基本原理

$$\begin{cases}\min f(\boldsymbol{X}), \boldsymbol{X} \in R \subset E^n \\ R = \{\boldsymbol{X} \mid g_j(\boldsymbol{X}) \geqslant 0, j = 1, 2, \cdots, l\}\end{cases}$$

考虑上面的非线性规划问题，为求其最优解，构造一个函数：

$$\psi(t) = \begin{cases}0, \text{当 } t \geqslant 0 \text{ 时} \\ \infty, \text{当 } t < 0 \text{ 时}\end{cases} \tag{1}$$

现把 $g_j(\boldsymbol{X})$ 视为 $t$，显然当 $\boldsymbol{X} \in R$ 时，$\Psi(g_j(\boldsymbol{X})) = 0, j = 1, 2, \cdots, l$，当 $\boldsymbol{X} \notin R$ 时，$\Psi(g_j(\boldsymbol{X})) = \infty$。

再构造函数：

$$\phi(\boldsymbol{X}) = f(\boldsymbol{X}) + \sum_{j=1}^{l} \psi(g_j(\boldsymbol{X}))$$

现求解无约束问题：

$$\min \phi(\boldsymbol{X}) \tag{2}$$

若该问题有解，假定其解为 $\boldsymbol{X}^*$，则由式(1)应有 $\psi(g_j(\boldsymbol{X}^*)) = 0$，这就是说点 $\boldsymbol{X}^* \in R$。因而，$\boldsymbol{X}^*$ 不仅是问题(2) 的极小解，也是原非线性规划问题的极小解。这样一来，就把有约束问题非线性规划问题的求解转化成了无约束问题(2)的求解。

用上述方法构造的函数 $\psi(t)$ 在 $t=0$ 处不连续，更没有导数。为此，将该函数修改为

$$\Psi(t) = \begin{cases}0, \text{当 } t \geqslant 0 \text{ 时} \\ t^2, \text{当 } t < 0 \text{ 时}\end{cases}$$

修改后的函数 $\Psi(t)$，当 $t=0$ 时的导数等于零，而且 $\Psi(t)$ 和 $\Psi'(t)$ 对任意 $t$ 都连续。

当 $\boldsymbol{X} \in R$ 时，仍有 $\sum_{j=1}^{l} \psi(g_j(\boldsymbol{X})) = 0$，当 $\boldsymbol{X} \notin R$ 时，$0 < \sum_{j=1}^{l} \psi(g_j(\boldsymbol{X})) < \infty$，取一个充分大的数 $M > 0$，将 $\phi(\boldsymbol{X})$ 改为

$$P(\boldsymbol{X}, M) = f(\boldsymbol{X}) + M \sum_{j=1}^{l} \psi(g_j(\boldsymbol{X}))$$

或等价地：

$$P(\boldsymbol{X}, M) = f(\boldsymbol{X}) + M \sum_{j=1}^{l} [\min(0, g_j(\boldsymbol{X}))]^2$$

从而可使 $\min P(\boldsymbol{X}, M)$ 的解 $\boldsymbol{X}(M)$ 为原问题的极小解或近似极小解。

若求得的 $\boldsymbol{X}(M) \in R$，则它必定是原问题的极小解。事实上，对于所有 $\boldsymbol{X} \in R$，有

$$f(\boldsymbol{X}) + M \sum_{j=1}^{l} \psi(g_j(\boldsymbol{X})) = P(\boldsymbol{X}, M) \geqslant P(\boldsymbol{X}(M), M) = f(\boldsymbol{X}(M))$$

即当 $\boldsymbol{X} \in R$ 时，有 $f(\boldsymbol{X}) \geqslant f(\boldsymbol{X}(M))$。

函数 $P(\boldsymbol{X}, M)$ 称为惩罚函数，其中的第二项 $M \sum_{j=1}^{l} \psi(g_j(\boldsymbol{X}))$ 称惩罚项。

若对于某一个(惩)罚因子 $M$，例如 $M_1$，$\boldsymbol{X}(M_1) \notin R$ 就加大罚因子的值，随着 $M$ 值的增加，惩罚函数中的惩罚项所起的作用就随之增大，$\min P(\boldsymbol{X}, M)$ 的解 $\boldsymbol{X}(M)$ 与约束集 $R$ 的“距离”就越来越近。

当 $0 < M_1 < M_2 < \cdots < M_k < \cdots$ 趋于无穷大时，点列 $\{\boldsymbol{X}(M_k)\}$ 从可行域 $R$ 外趋于原非线性规划问题的极小点 $\boldsymbol{X}_{\min}$ (此处假设点列 $\{\boldsymbol{X}(M_k)\}$ 收敛)，如图 14－5 所示。

为便于理解，可将目标函数 $f(\boldsymbol{X})$ 看成“价格”，将约束条件看成某种“规定”，采购人可在规定范围内购置最便宜的东西。此外制定了一种“罚款”政策，若符合“规定”，罚款为零；若违反“规定”，要收罚款。

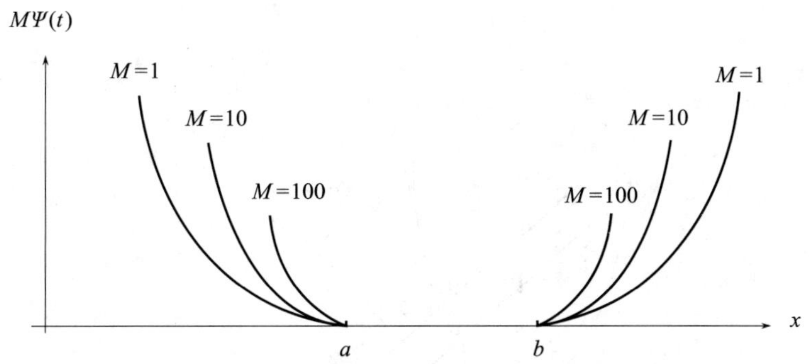


**图 14-5 惩罚因子**

此时，采购人付出的总代价应是“价格”和“罚款”的总和。采购人的目标是使总代价最小，这就是上述的无约束问题。

当“罚款”规定得很苛刻时，违反“规定”支付的“罚款”很高，这就迫使采购人符合“规定”。在数学上表现为当罚因子 $M_k$ 足够大时，上述无约束问题的最优解应满足约束条件，而成为约束问题的最优解。

2. 外点法的迭代步骤

外点法的迭代步骤可总结为如下 3 步。

(1) 取 $M_1>0$(如取 $M_1=1$)，允许误差 $\varepsilon>0$，并令 $k:=1$。

(2) 求无约束极值问题的最优解：$\min\limits_{\boldsymbol{X}\in E^n} P(\boldsymbol{X},M_k)=P(\boldsymbol{X}^{(k)},M_k)$。其中：

$$P(\boldsymbol{X},M_k)=f(\boldsymbol{X})+M_k\sum_{j=1}^{l}[\min(0,g_j(\boldsymbol{X}))]^2$$

(3) 若对某一个 $j(1\leqslant j\leqslant l)$，有 $-g_j(\boldsymbol{X}^{(k)})\geqslant\varepsilon$，则取 $M_{k+1}>M_k$（如 $M_{k+1}=cM_k$，$c=5$ 或 10)，令 $k:=k+1$，并转向第(2)步；否则，停止迭代，得 $\boldsymbol{X}_{\min}\approx\boldsymbol{X}^{(k)}$。

$$P(\boldsymbol{X},M_k)=f(\boldsymbol{X})+M_k\sum_{j=1}^{l}[\min(0,g_j(\boldsymbol{X}))]^2$$

**例 14-4(外点法)** 求解非线性规划：

$$\begin{cases}\min f(\boldsymbol{X})=x_1+x_2\\ g_1(\boldsymbol{X})=-x_1^2+x_2\geqslant 0\\ g_2(\boldsymbol{X})=x_1\geqslant 0\end{cases}$$

解：令 $\dfrac{\partial P}{\partial x_1}=\dfrac{\partial P}{\partial x_2}=0$，有

$$1+2M(-x_1^2+x_2)(-2x_1)+2Mx_1=0$$
$$1+2M(-x_1^2+x_2)=0$$

得 $\min P(\boldsymbol{X},M)$ 的解为

$$\boldsymbol{X}(M)=-\left(\frac{1}{2(1+M)},\left(\frac{1}{4(1+M)^2}-\frac{1}{2M}\right)\right)^{\mathrm{T}}$$

取 $M=1,2,3,4$，可得出以下结果：

$$M=1,\boldsymbol{X}=(-1/4,\ -7/16)^{\mathrm{T}}$$
$$M=2,\boldsymbol{X}=(-1/6,\ -2/9)^{\mathrm{T}}$$
$$M=3,\boldsymbol{X}=(-1/8,\ -29/192)^{\mathrm{T}}$$
$$M=4,\boldsymbol{X}=(-1/10,\ -23/200)^{\mathrm{T}}$$

如图 14-6 所示，可知 $\boldsymbol{X}(M)$ 从 $R$ 的外面逐步逼近 $R$ 的边界，当 $M\to\infty$ 时，$\boldsymbol{X}(M)$ 趋于原问题的极小解，

$\boldsymbol{X}_{\min}=(0,0)^{\mathrm{T}}$。

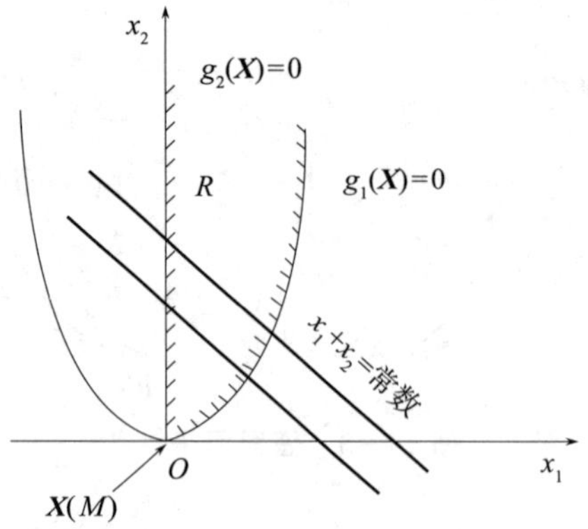


图 14－6　解的逼近

## 复习思路提示

1. 注意罚函数的构造过程 $P(\boldsymbol{X},M)=f(\boldsymbol{X})+M\sum_{j=1}^{l}\psi(g_j(\boldsymbol{X}))$，了解罚因子 $M$ 的惩罚原理：对于某一个（惩）罚因子 $M$，随着 $M$ 值的增加，惩罚函数中的惩罚项所起的作用就随之增大，$\min P(\boldsymbol{X},M)$ 的解 $\boldsymbol{X}(M)$ 与约束集 $R$ 的“距离”就越来越近。当 $0<M_1<M_2<\cdots<M_k<\cdots$ 趋于无穷大时，点列 $\{\boldsymbol{X}(M_k)\}$ 从可行域 $R$ 外趋于原非线性规划问题的极小点 $\boldsymbol{X}_{\min}$（此处假设点列 $\{\boldsymbol{X}(M_k)\}$ 收敛）。

2. 外点法的一个重要特点，就是函数 $P(\boldsymbol{X},M)$ 是在整个空间内进行优化，初始点可以任意选择，这给计算带来了极大的便利，外点法也可用于非凸规划的最优化。

3. 外点法不只是适用于含有不等式约束条件的非线性规划问题，对于等式约束条件或同时含有等式和不等式约束条件的问题也同样适用。此外，惩罚函数也可以采用其他形式。

### 14.4.2　内点法

1. 内点法的提出

如果要求每次迭代得到的近似解都在可行域内，以便观察目标函数值的变化情况，或者如果 $f(\boldsymbol{X})$ 在可行域外的性质比较复杂，甚至没有定义，这时就无法使用外点法。

和外点法不同的是，内点法要求迭代过程始终在可行域内部进行。为此，我们把初始点取在可行域内部（既不在可行域外，也不在可行域边界上，这种可行点称为内点），并在可行域的边界上设置一道“障碍”，使迭代点靠近可行域边界时，给出的新目标函数值会迅速增大，从而使迭代点始终留在可行域内。

2. 内点法中障碍函数的构造

仿照外点法，通过函数叠加的办法来改造原目标函数，使得改造后的目标函数（称为障碍函数）具有这种性质：在可行域 $R$ 的内部与其边界面较远的地方，障碍函数与原来的目标函数 $f(\boldsymbol{X})$ 尽可能相近；而在接近可行域 $R$ 的边界面时，可以有任意大的值。

可见，满足这种要求的障碍函数，其极小解自然不会在可行域 $R$ 的边界上达到。这就是说，用障碍函数来代替（近似）原目标函数，并在可行域 $R$ 内部使其极小化，虽然 $R$ 是一个闭集，但因极小点不在闭集的边界上，因而实际上是具有无约束性质的极值问题，可借助于无约束最优化的方法进行计算。

根据上述分析，即可将非线性规划问题

$$\begin{cases}\min f(\boldsymbol{X}), \boldsymbol{X} \in R \subset E^n \\ R = \{\boldsymbol{X} \mid g_j(\boldsymbol{X}) \geqslant 0, j = 1,2,\cdots,l\}\end{cases}$$

转化为一系列无约束极小化问题：

$$\min_{\boldsymbol{X} \in R_0} \overline{P}(\boldsymbol{X}, r_k)$$

$$R_0 = \{\boldsymbol{X} \mid g_j(\boldsymbol{X}) > 0, j = 1,2,\cdots,l\}$$

因为是内点，所以约束条件不能取等式。其中：

$$\overline{P}(\boldsymbol{X}, r_k) = f(\boldsymbol{X}) + r_k \sum_{j=1}^{l} \frac{1}{g_j(\boldsymbol{X})}, r_k > 0$$

或

$$\overline{P}(\boldsymbol{X}, r_k) = f(\boldsymbol{X}) - r_k \sum_{j=1}^{l} \log(g_j(\boldsymbol{X})), r_k > 0$$

在上述两式中，等式右端的第二项称为障碍项。易见，在 $R$ 的边界上（即至少有一个 $g_j(\boldsymbol{X}) = 0$），$\overline{P}(\boldsymbol{X}, r_k)$ 为正无穷大。

如果从可行域内部的某一点 $\boldsymbol{X}^{(0)}$ 出发，按无约束极小化方法对 $\min\limits_{\boldsymbol{X} \in R_0} \overline{P}(\boldsymbol{X}, r_k)$ 进行迭代（在进行一维搜索时要适当控制步长，以免迭代点跑到 $R_0$ 之外），则随着障碍因子 $r_k$ 的逐步减小，障碍项所起的作用也越来越小，即

$$r_1 > r_2 > \cdots > r_k > \cdots > 0$$

因而，求出的 $\min \overline{P}(\boldsymbol{X}, r_k)$ 的解 $\boldsymbol{X}(r_k)$ 也逐步逼近原非线性规划问题的极小解 $\boldsymbol{X}_{\min}$。若原来问题的极小解在可行域的边界上，则随着 $r_k$ 的逐步减小，障碍作用逐步减小，所求出的障碍函数的极小解不断靠近边界，直至满足某一精度要求为止。

### 3. 内点法的迭代步骤

内点法的迭代步骤可总结为如下 5 步。

(1) 取 $r_1 > 0$（如取 $r_1 = 1$），允许误差 $\varepsilon > 0$。

(2) 找出一可行内点 $\boldsymbol{X}^{(0)} \in R_0$，并令 $k = 1$。

(3) 构造障碍函数，障碍项可采用倒数函数，也可采用对数函数。

(4) 以 $\boldsymbol{X}^{(k-1)} \in R_0$ 为初始点，对障碍函数进行无约束极小化（在 $R_0$ 内）：

$$\begin{cases}\min\limits_{\boldsymbol{X} \in R_0} \overline{P}(\boldsymbol{X}, r_k) = \overline{P}(\boldsymbol{X}^{(k)}, r_k) \\ \boldsymbol{X}^{(k)} = \boldsymbol{X}(r_k) \in R_0\end{cases}$$

(5) 检验是否满足收敛准则 $r_k \sum\limits_{j=1}^{l} \dfrac{1}{g_j(\boldsymbol{X}^{(k)})} \leqslant \varepsilon$ 或 $\left| r_k \sum\limits_{j=1}^{l} \log(g_j(\boldsymbol{X}^{(k)})) \right| \leqslant \varepsilon$。如满足上述准则，则以 $\boldsymbol{X}^{(k)}$ 为原问题的近似极小解 $\boldsymbol{X}_{\min}$；否则，取 $r_{k+1} < r_k$（例如取 $r_{k+1} = r_k/10$ 或 $r_k/5$），令 $k := k+1$，转向第(3)步。根据情况，收敛准则也可采用不同形式，如

$$\| \boldsymbol{X}^{(k)} - \boldsymbol{X}^{(k-1)} \| < \varepsilon \text{ 或 } | f(\boldsymbol{X}^{(k)}) - f(\boldsymbol{X}^{(k-1)}) | < \varepsilon$$

**例 14－5(内点法)**　试用内点法求解：

$$\begin{cases}\min f(\boldsymbol{X}) = \dfrac{1}{3}(x_1 + 1)^3 + x_2 \\ g_1(\boldsymbol{X}) = x_1 - 1 \geqslant 0 \\ g_2(\boldsymbol{X}) = x_2 \geqslant 0\end{cases}$$

解：构造障碍函数

$$\overline{P}(\boldsymbol{X},r)=\frac{1}{3}(x_1+1)^3+x_2+\frac{r}{x_1-1}+\frac{r}{x_2}$$

则

$$\frac{\partial\overline{P}}{\partial x_1}=(x_1+1)^2-\frac{r}{(x_1-1)^2}=0,\frac{\partial\overline{P}}{\partial x_2}=1-\frac{r}{x_2^2}=0$$

联立解上述两个方程,得

$$x_1(r)=\sqrt{1+\sqrt{r}},x_2(r)=\sqrt{r}$$

如此得最优解

$$\boldsymbol{X}_{\min}=\lim_{r\to 0}\left(\sqrt{1+\sqrt{r}},\sqrt{r}\right)^{\mathrm{T}}=(1,0)^{\mathrm{T}}$$

此例可用解析法求解,故可如上进行,当不便用解析法时,需用迭代法求解。

**例 14-6(内点法)** 试用内点法求解:

$$\begin{cases}\min f(\boldsymbol{X})=\dfrac{1}{3}(x_1+1)^3+x_2\\ g_1(\boldsymbol{X})=x_1-1\geqslant 0\\ g_2(\boldsymbol{X})=x_2\geqslant 0\end{cases}$$

解:障碍项采用自然对数函数,得障碍函数

$$\overline{P}(\boldsymbol{X},r)=x_1+x_2-r\log(-x_1^2+x_2)-r\log x_1$$

$$\frac{\partial\overline{P}}{\partial x_1}=1-\frac{r}{x_1}+\frac{2x_1r}{-x_1^2+x_2}=0,\frac{\partial\overline{P}}{\partial x_2}=1+\frac{r}{x_1^2-x_2}=0$$

各次迭代结果如表 14-1 所示。

**表 14-1 迭代结果**

| 障碍因子 | $r$ | $x_1(r)$ | $x_2(r)$ |
|---|---|---|---|
| $r_1$ | 1.000 | 0.500 | 1.250 |
| $r_2$ | 0.500 | 0.309 | 0.595 |
| $r_3$ | 0.250 | 0.183 | 0.283 |
| $r_4$ | 0.100 | 0.085 | 0.107 |
| $r_5$ | 0.000 1 | 0.000 | 0.000 |

迭代步骤如图 14-7 所示,可见,该问题的最优解为 $\boldsymbol{X}_{\min}=(0,0)^{\mathrm{T}}$,$f(\boldsymbol{X}^*)=0$。

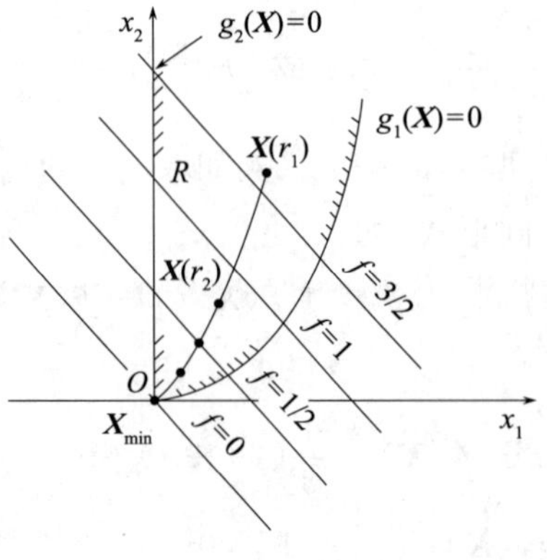


**图 14-7 解的逼近**

4. 初始内点的确定

先任找一点 $\boldsymbol{X}^{(0)}$ 为初始点，令

$$S_0=\{j \mid g_j(\boldsymbol{X}^{(0)})\leqslant 0,1\leqslant j\leqslant l\}$$
$$T_0=\{j \mid g_j(\boldsymbol{X}^{(0)})>0,1\leqslant j\leqslant l\}$$

若 $S_0$ 为空集，则 $\boldsymbol{X}^{(0)}$ 为初始内点；若 $S_0$ 非空，则以 $S_0$ 中的约束函数为假拟目标函数，并以 $T_0$ 中的约束函数为障碍项，构成一无约束极值问题，对这一问题进行极小化，可得一个新点 $\boldsymbol{X}^{(1)}$。然后检验 $\boldsymbol{X}^{(1)}$，若仍不为内点，如上继续进行，并减小障碍因子 $r$，直到求出一个内点为止。

求初始内点的迭代步骤可总结为如下 5 步。

(1) 任取一点 $\boldsymbol{X}^{(0)}\in E^n$，$r_0>0$(如 $r_0=1$)，令 $k:=0$。

(2) 定出指标集 $S_k$ 和 $T_k$：

$$S_k=\{j \mid g_j(\boldsymbol{X}^{(k)})\leqslant 0,1\leqslant j\leqslant l\}$$
$$T_k=\{j \mid g_j(\boldsymbol{X}^{(k)})>0,1\leqslant j\leqslant l\}$$

(3) 检查集合 $S_k$ 是否为空集，若为空集，则 $X_k$ 在 $R_0$ 内，初始内点找到，迭代停止；否则转向第(4)步。

(4) 构造函数：

$$\widetilde{P}(\boldsymbol{X},r_k)=-\sum_{j\in S_k}g_j(\boldsymbol{X})+r_k\sum_{j\in T_k}\frac{1}{g_j(\boldsymbol{X})},r_k>0$$

以 $\boldsymbol{X}^{(k)}$ 为初始点，在保持集合 $\widetilde{R}_k=\{\boldsymbol{X} \mid g_i(\boldsymbol{X})>0,j\in T_k\}$ 可行的情况下，极小化 $\widetilde{P}(\boldsymbol{X}\in r_k)$，即 $\min \widetilde{P}(\boldsymbol{X},r_k)$，$\boldsymbol{X}\in\widetilde{R}_k$，得 $\boldsymbol{X}^{(k+1)}$，$\boldsymbol{X}^{(k+1)}\in\widetilde{R}_k$，转向第(5)步。

(5) 令 $0<r_{k+1}<r_k$(例如 $r_{k+1}=r_k/10$)，$k=k+1$，转向第(2)步。

## 复习思路提示

1. 内点法要求迭代过程始终在可行域内部进行。为此，我们把初始点取在可行域内部(既不在可行域外，也不在可行域边界上，这种可行点称为内点)，并在可行域的边界上设置一道“障碍”，使迭代点靠近可行域边界时，给出的新目标函数值会迅速增大，从而使迭代点始终留在可行域内。

2. 掌握构造障碍函数的方法和原理：

$$\overline{P}(\boldsymbol{X},r_k)=f(\boldsymbol{X})+r_k\sum_{j=1}^{l}\frac{1}{g_j(\boldsymbol{X})},r_k>0$$

$$\overline{P}(\boldsymbol{X},r_k)=f(\boldsymbol{X})-r_k\sum_{j=1}^{l}\log(g_j(\boldsymbol{X})),r_k>0$$

3. 非线性规划的外点法和内点法考查方式较简单，如出计算题，可直接根据步骤解题。记住外点法的 $M\to\infty$，内点法有倒数函数和对数函数两种形式。

4. 关于非线性规划的系统研究始于 20 世纪 40 年代后期，1951 年 Kuhn 和 Tucker 提出了著名的 Kuhn－Tucker 条件。此后，非线性规划无论在基本理论还是在实用算法的研究方面都发展很快。目前，非线性规划已成为数学规划中内容十分丰富的一个分支。限于篇幅，本节仅叙述了非线性规划中最基本的一些概念和算法。

# 第 15 章 多属性决策

多属性决策(Multiple Attribute Decision Making,MADM)是一种决策分析技术,用于在多个相互竞争的属性或标准下做出选择。这种技术特别适用于那些需要在具有多个属性(量化或定性的)的备选方案中作出选择的决策问题。多属性决策主要解决的问题集中在评估及选择两个方面。它涉及多个选择方案、多个评估属性以及属性的权重分配。决策者需要根据不同的属性决策者的偏好倾向,分配不同的权重给不同的属性,一般来说属性的权重分配通常会经过正规化处理。多属性决策的方法多种多样,常见的方法包括:加权总和法,通过为每个属性分配权重,计算每个方案的加权总和,从而进行排序或选择最优方案;层次分析法(AHP),通过成对比较建立成对比较矩阵,求出特征向量,从而确定各方案的优劣顺序;理想解法,也称为 TOPSIS 法,通过计算方案与正理想解和负理想解的欧氏距离,定义方案与正理想解的相对接近度,从而进行排序。多属性决策理论在工程、技术、经济、管理和军事等诸多领域中都有广泛的应用。例如,在政府、企业、社会团体等各种机构的决策中,多属性决策理论的应用已经趋于成熟。通过多属性决策方法,决策者可以系统地比较不同方案,在复杂的决策环境中作出更为合理的决策。

## 本章必会知识点

(1) 掌握多属性决策的概念、决策的步骤。

(2) 掌握属性值的预处理方法。

(3) 掌握经典常用的属性赋权方法。

(4) 了解各种决策方法,重点掌握层次分析法。

## 本章重难点

**重点:**

(1) 多属性决策的基本步骤。

(2) 权重赋权方法。

(3) 层次分析法。

**难点:**

(1) 赋权方法的原理和选择。

(2) 决策方法的原理和选择。

## 本章考情分析

多属性决策在研究生入学考试中的考情特点如下。

1. 考试内容与题型

考试内容主要包括多属性决策的基本概念（如属性权重、偏好独立、效用独立等）、常用方法（如加权和法、加权积法、TOPSIS 法、层次分析法等）及其应用。题型多为简答题和计算题，重点考查学生对不同决策方法的理解和应用能力。

2. 考试难度与重要性

多属性决策的难度适中，但需要学生掌握多种方法的特点及其适用场景。在考试中，该部分通常占总分的 10%～15%，是管理科学与工程、运筹学等专业的重要考点。

3. 考试趋势与复习建议

近年来，考试更加注重考查学生对多属性决策方法的综合应用能力，尤其是如何根据问题类型选择合适的方法进行方案排序或择优。复习时，建议学生重点掌握层次分析法和逼近理想解排序法（TOPSIS 法）的原理及计算过程；同时，熟悉加权和法与加权积法的差异及其适用条件。

# 15.1　多属性决策的基本概念

假设研究生升学报考时，报考院校及专业的选择指标体系如表 15－1 所示，现要对这些院校专业的整体价值进行排序。

**表 15－1　报考院校及专业的选择指标体系**

| 指标<br>方案 | 全国<br>排名 | 985/211 | 学科<br>排名 | 专业研究<br>方向 | 导师<br>团队 | 地域 | 就业率 | 综合效益<br>指数 |
|---|---|---|---|---|---|---|---|---|
| 学校 A1 | 23 | 3 | B+ | 100 | 优 | 1 线 | 90+ | |
| 学校 A2 | 34 | 2 | A | 80 | 良 | 1.5 线 | 80+ | |
| 学校 A3 | 24 | 1 | B | 60 | 良 | 2 线 | 90+ | |
| 学校 A4 | 13 | 0 | A− | 70 | 优 | 1 线 | 70+ | |
| 学校 A5 | 56 | 2 | C | 50 | 中 | 3 线 | 60+ | |
| 学校 A6 | 45 | 3 | B | 60 | 中 | 1.5 线 | 60+ | |
| 学校 A7 | 32 | 1 | B+ | 90 | 中 | 2 线 | 80+ | |

你会如何决策呢？

在生产、经济、科学和工程活动中经常需要对多个目标（指标）的方案、计划、设计进行好坏的判断。

多属性决策（multiple attribute decision making）：可供选择的备选方案（策略）为有限个，每个方案有有限个用于评价方案的目标（指标），决策者要对方案做出决策或对方案进行优劣排序，这类决策称为多属性决策。

多目标决策（multiple objective decision making）：如果备选方案是连续无限的，则为多目标决策。多属性决策与多目标决策统称为多准则决策（multiple criteria decision making）。

因此，有时多属性决策问题也称为有限个方案多目标决策问题，或称为离散型多目标决策问题，或称为综合评价问题，如投资项目决策、项目评估、方案优选、厂址选择、投标招标、产业部门发展排序、经济效益综合评价、人才的综合素质评价、技术进步水平综合评价、无形资产的评估、世界大学排名等都是这类决策问题。

## 15.1.1 基本要素

**例 15－1(多属性决策)** 在评价企业资本运营效益指标体系中，选取资产负债率等 8 项资本结构指标，抽取 10 个企业某年的指标值，如表 15－2 所示，现要对这些企业的资本结构运营效益进行排序。

**表 15－2 10 个企业某年的指标值**

| 指标<br>企业 | 资产负债率 | 已获利息倍数 | 产权比率 | 流动比率 | 速动比率 | 现金比率 | 现金流动负债比率 | 长期资产适合率 | 综合效益指数 | 按逆序排名 |
|---|---|---|---|---|---|---|---|---|---|---|
| 1 | 0.7 | 1.2 | 0.42 | 1.1 | 0.87 | 0.84 | 0.73 | 0.9 | 1.99 | 8 |
| 2 | 0.6 | 1.5 | 0.45 | 1.25 | 0.65 | 0.75 | 0.81 | 1.3 | 1.64 | 6 |
| 3 | 0.65 | 2.6 | 0.69 | 1.3 | 0.79 | 0.68 | 0.59 | 0.85 | 0.86 | 2 |
| 4 | 0.85 | 0.8 | 0.4 | 1.68 | 0.64 | 0.59 | 0.63 | 1.32 | 2.35 | 9 |
| 5 | 0.5 | 2.1 | 0.55 | 1.6 | 0.86 | 0.94 | 0.86 | 1.41 | 0.98 | 3 |
| 6 | 0.6 | 1.9 | 0.50 | 1.34 | 0.83 | 0.48 | 0.53 | 0.76 | 1.46 | 4 |
| 7 | 0.45 | 1.6 | 0.58 | 1.45 | 0.74 | 0.79 | 0.68 | 0.92 | 1.55 | 5 |
| 8 | 0.75 | 0.7 | 0.64 | 1.82 | 0.69 | 0.52 | 0.47 | 1.24 | 2.44 | 10 |
| 9 | 0.3 | 1.1 | 0.9 | 1.26 | 0.81 | 0.66 | 0.77 | 1.12 | 1.97 | 7 |
| 10 | 0.4 | 2.3 | 0.7 | 1.38 | 0.73 | 0.81 | 0.79 | 1.26 | 0.82 | 1 |

方案：企业。

属性：指标。

评价指标：资产负债率、已获利息倍数、产权比率、流动比率、速动比率、现金比率、现金流动负债比率、长期资产适合率、综合效益指数。只用 1 个或其中几个评价指标值的大小来确定企业的效益是不全面的，必须将所有指标按一定方法集结成一个综合指标，即综合效益指数或价值(效用)函数。

在多属性决策中，常见的概念有：

1）备选方案

备选方案简称方案(alternative)，也称为策略，是决策人制定的具体行动方案。记 $A=\{A_1,A_2,\cdots,A_m\}$，为决策系统中 $m$ $(m>1)$ 个相互独立并且能相互替代的方案集。

2）属性

属性(attribute)也称为指标(index)，是刻画方案的状态、特征及性质的指标。可以定性描述，如专家评分值、满意度或模糊评价值。各属性间应尽量相互独立。记 $B=\{B_1,B_2,\cdots,B_n\}$，为各方案中 $n$ $(n>1)$ 个属性集。

3）决策矩阵(decision matrix)

决策矩阵也称为评价矩阵(comprehensive matrix)，方案 $A_i$ 关于属性 $B_j$ 的评价值记为 $x_{ij}$，所有评价值构成一个 $m\times n$ 的决策矩阵，记为 $\boldsymbol{X}$。

## 15.1.2 基本步骤

多属性决策的基本步骤如下。

1）构建决策矩阵

建立确定的方案集 $A$、属性集 $B$ 及决策矩阵 $\boldsymbol{X}$。

2）筛选过滤所选方案和属性

确定属性数目的原则：尽可能选取代表评价对象本质的属性，不能太多、太复杂，也不能过于简单。

在开始追求属性的“多”而“全”后，应对属性进行认真整理和筛选，去掉不重要的和具有高度相关关系的属性，如采用相关分析法和主成分分析法对指标进行筛选，做到科学合理、简单实用。

3）属性的数量化及预处理

定性和用模糊语言来描述的属性要先数量化。需要对不同类型和不同量纲的属性进行预处理，准则是消除量纲和量级差，一般转换为同向型（效益型或成本型）属性，以便模型集结，便于排序比较并进行决策。

4）确定决策者的偏好并建立判断矩阵

偏好是指决策者在对两种或两种以上的属性进行比较时，一种属性要比另一种属性重要的直觉印象。

由于偏好是一种逻辑语言、模糊语言或定性语言，通常将偏好转换为用数值描述。

若决策者认为 $B_1$ 比 $B_3$ 重要，$B_3$ 比 $B_4$ 重要，则记为 $B_1 > B_3 > B_4$，读作 $B_1$ 优于 $B_3$，$B_3$ 优于 $B_4$。

如果两个方案 $A_i$ 与 $A_k$ 对应属性比较，有些属性 $x_{ij} > x_{kj}$，其他属性重要程度相同，记为 $A_i \geq A_k$，称为方案 $A_i$ 占优于方案 $A_k$ 或方案 $A_k$ 被占优，则可从方案集中去掉方案 $A_k$。

假设 $B_i$ 对 $B_j$ 的偏好为 $c_{ij}$，则所有偏好构成 $n \times n$ 阶判断矩阵 $\boldsymbol{C}$，判断矩阵主要用于求权重向量。根据不同决策问题及选择的不同决策方法，决策过程中也可以没有判断矩阵，这种决策称为无偏好信息决策。

5）确定属性权重向量

每个属性在决策系统中所起的作用及相对重要程度不一样，属性 $B_j$ 的重要程度用权系数 $w_j$ 表示，得到权重向量 $\boldsymbol{W} = (w_1, w_2, \cdots, w_n)^{\mathrm{T}}$。

权重向量通常有 3 种形式。

① 归一化：$w_j > 0$ 且 $\sum_{j=1}^{n} w_j = 1$。

② 单位化：$\sum_{j=1}^{n} w_j^2 = 1$。

③ 无限制。

6）选择集结模型

集结模型包括属性集结模型和价值集结模型，前者是依据判断矩阵或决策矩阵求权系数向量的模型；后者是根据决策标准，将决策矩阵及权重向量集结成一个综合价值函数（简称价值函数 $v_i = f(x_{ij}, w_j)$，$i = 1, 2, \cdots, m$）。

不同集结方法得到不同权系数向量，综合价值可能就不一样，决策结果就有可能不同，选择合适的集结模型非常重要。

7）方案比较与评价

决策者根据事先确定的决策目标，由价值函数值的大小对方案进行排序选择、分类及评价，对决策结果进行分析，判断是否科学合理，集结函数是否选择正确，决策结果是否有效。

### 15.1.3 属性的类型及预处理

1. 属性的类型

常见的属性类型有：

（1）效益型属性：属性值越大，方案越好。集合记为 $B+$。

（2）成本型属性：属性值越小，方案越好。集合记为 $B-$。

（3）固定型属性：属性值为某一固定值方案最好。这里的固定值称为理想值，集合记为 $B^0$。

（4）区间型属性：属性值在某一区间内方案最好。此区间称为属性的最佳稳定区间，记为 $[q_1, q_2]$。有时区间型可转换为固定型，如取区间的中值或平均值。

还有其他类型属性，如偏离型、区间偏离型、不确定型等属性，视具体决策系统而定。例如，常见的投资额和投资回收期属于成本型属性，销售额、收益率等属于效益型属性，而资产负债率并非越高或越低资本运营结构就越好。根据不同行业的资金周转特征和长期债务偿还能力，交通运输等行业一般平均为 50%，商贸业为 80%左右比较好，因此资产负债率属于固定型属性。如果根据行业特性，该属性应该在某一区间内波动比较好，就属于区间型属性。

2. 属性值的转换

属性体系里的 4 种属性类型，与方案不完全同向，还存在属性的不可公度性，即存在绝对属性和相对属性，量纲不统一，量级有差异，各属性只能单独从某个侧面反映方案的状况，无法运用所有属性总体描述方案的状况。

如果只凭直觉和经验，往往不能对方案做出科学的评价。为了使决策合理化，在多属性决策中，往往在集结模型之前，对属性进行预处理。

属性值的转换也称属性标准化、规范化。转换方法较多，方法名称也不一致。常用的规范化方法也称为规格化方法、极值处理方法；单位化方法也称标准化方法、规范化方法。不同的转换方法得到不同的属性值，也适用不同的决策方法。

1）规范化方法

该方法的准则是将所有属性转化为同一方向的属性（效益型或成本型），消除属性的量纲、量级差别。该方法是最常用的方法，转换后的值具有“所有属性同向、无量纲且在[0,1]之间取值，其值等于 1 最优、等于 0 最差”的特征。

如 $x_{ij}$ 为效益型：

$$y_{ij}=\frac{x_{ij}-x_j^{\min}}{x_j^{\max}-x_j^{\min}}$$

其中，$x_j^{\min}=\min\limits_i\{x_{ij}\}$，$x_j^{\min}=\max\limits_i\{x_{ij}\}$，$i=1,2,\cdots,m$；$j=1,2,\cdots,n$（以下皆同）。

如 $x_{ij}$ 为成本型：

$$y_{ij}=\frac{x_j^{\max}-x_{ij}}{x_j^{\max}-x_j^{\min}}$$

如 $x_{ij}$ 为固定型：

$$y_{ij}=\begin{cases}1, x_{ij}=x_j^* \\ 1-\dfrac{|x_{ij}-x_j^*|}{\max\limits_i|x_{ij}-x_j^*|}, x_{ij}\neq x_j^*, i=1,2,\cdots,m\end{cases}$$

式中 $x_j^*$ 是第 $j$ 个属性的理想值，一般由国家或行业针对某一时期的经济发展状况来确定。

如 $x_{ij}$ 为区间型：

$$y_{ij}=\begin{cases}1-\dfrac{q_1-x_{ij}}{\max\{q_1-x_j^{\min}, x_j^{\max}-q_2\}}, x_{ij}<q_1 \\ 1, x_{ij}\in[q_1,q_2], i=1,2,\cdots,m \\ 1-\dfrac{x_{ij}-q_2}{\max\{q_1-x_j^{\min}, x_j^{\max}-q_2\}}, x_{ij}>q_2\end{cases}$$

式中，$[q_1,q_2]$ 是第 $j$ 个属性最佳稳定区间。

2）线性比例方法

如 $x_{ij}$ 为效益型：

$$y_{ij}=\frac{x_{ij}}{x_j^{\max}}$$

如 $x_{ij}$ 为成本型：

$$y_{ij}=1-\frac{x_{ij}}{x_j^{\max}},x_{ij}\geqslant 0$$

3）标准化方法

$$y_{ij}=\frac{x_{ij}-\overline{x}_j}{S_j}$$

式中：

$$\overline{x}_j=\frac{1}{m}\sum_{i=1}^{m}x_{ij},S_j=\sqrt{\frac{1}{m-1}\sum_{i=1}^{m}(x_{ij}-\overline{x}_j)^2}$$

注意，$S_j$ 有时使用下面这个公式(有偏)：

$$S_j=\sqrt{\frac{1}{m}\sum_{i=1}^{m}(x_{ij}-\overline{x}_j)^2}$$

4）归一化方法

$$y_{ij}=\frac{x_{ij}}{\sum_{i=1}^{m}x_{ij}}$$

式中要求

$$\sum_{i=1}^{m}x_{ij}>0$$

归一化后满足

$$\sum_{i=1}^{m}y_{ij}=1,j=1,2,\dots,n$$

5）单位化方法

$$y_{ij}=\frac{x_{ij}}{\sqrt{\sum_{i=1}^{m}x_{ij}^2}}$$

单位化后满足

$$\sum_{i=1}^{m}y_{ij}^2=1,j=1,2,\dots,n$$

**例 15－2(属性预处理)**　某旅行车有限公司为投资生产厢式车项目作了下列投资决策分析，拟定了 3 个方案：

$A_1$：利用现有厂地与 M 公司合资生产

$A_2$：在经济开发区与 M 公司合资生产

$A_3$：本公司投资独资生产

每个方案拟定了 6 个属性：

$B_1$：投资额(十亿元)　　$B_2$：投资回收期(年)

$B_3$：产量(万辆)　　$B_4$：销售额(亿元)

$B_5$：净现值(亿元)　　$B_6$：内部收益率

决策矩阵如表 15－3 所示。

**表 15－3　3 个方案的 6 个属性决策矩阵**

| 方案 $A_i$ | 属性 $B_j$ | | | | | |
|---|---|---|---|---|---|---|
| | 投资额/十亿元 $B_1$ | 投资回收期/年 $B_2$ | 产量/万辆 $B_3$ | 销售额/亿元 $B_4$ | 净现值/亿元 $B_5$ | 内部收益率 $B_6$ |
| $A_1$ | 2.5 | 3.5 | 2 | 14.3 | 2.99 | 0.384 |
| $A_2$ | 4.2 | 4.5 | 4 | 26.8 | 5.13 | 0.292 |
| $A_3$ | 1.5 | 2 | 1.3 | 9.6 | 1.66 | 0.4 |

公司应选择哪一种投资方案？

解：将属性规范化和标准化。

1）规范化

投资额、投资回收期属于成本型指标，用式 $y_{ij}=\dfrac{x_j^{\max}-x_{ij}}{x_j^{\max}-x_j^{\min}}$ 规范化。

产量、销售额、净现值属于效益型指标，用式 $y_{ij}=\dfrac{x_{ij}-x_j^{\min}}{x_j^{\max}-x_j^{\min}}$ 规范化。

内部收益率无量纲并且在[0,1]内取值，可以转换，也可以不转换。此处进行转换。

规范化后的决策矩阵如表 15－4 所示。

**表 15－4　规范化后的决策矩阵**

| 方案 $A_i$ | 属性 $B_j$ | | | | | |
|---|---|---|---|---|---|---|
| | 投资额/十亿元 $B_1$ | 投资回收期/年 $B_2$ | 产量/万辆 $B_3$ | 销售额/亿元 $B_4$ | 净现值/亿元 $B_5$ | 内部收益率 $B_6$ |
| $A_1$ | 0.629 | 0.4 | 0.259 | 0.273 | 0.383 | 0.852 |
| $A_2$ | 0 | 0 | 1 | 1 | 1 | 0 |
| $A_3$ | 1 | 1 | 0 | 0 | 0 | 1 |

2）标准化

由原决策表计算各属性的均值和方差：

$$\bar{x}_1=\frac{1}{3}\times(2.5+4.2+1.5)=2.733,\bar{x}_2=\frac{1}{3}\times(3.5+4.5+2)=3.33$$

$$\bar{x}_3=2.43,\bar{x}_4=16.9,\bar{x}_5=3.26,\bar{x}_6=0.358$$

$$S_1=\sqrt{\frac{1}{3-1}\times[(2.5-2.733)^2+(4.2-2.733)^2+(1.5-2.733)^2]}=1.365$$

$$S_2=1.258,S_3=1.401,S_4=8.889,S_5=1.751,S_6=0.058$$

标准化后的决策矩阵如表 15－5 所示。

**表 15－5　标准化后的决策矩阵**

| 方案 $A_i$ | 属性 $B_j$ | | | | | |
|---|---|---|---|---|---|---|
| | 投资额/十亿元 $B_1$ | 投资回收期/年 $B_2$ | 产量/万辆 $B_3$ | 销售额/亿元 $B_4$ | 净现值/亿元 $B_5$ | 内部收益率 $B_6$ |
| $A_1$ | −0.170 9 | 0.132 5 | −0.309 3 | −0.292 5 | −0.154 2 | 0.434 6 |
| $A_2$ | 1.074 4 | 0.927 2 | 1.118 1 | 1.113 6 | 1.068 2 | −1.143 8 |
| $A_3$ | −0.903 5 | −1.059 6 | −0.808 8 | −0.821 2 | −0.913 9 | 0.709 1 |

标准化后，可根据决策者偏好，建立综合价值函数，比如最简单的价值函数是

$$v_i=\sum_{j=1}^{n}w_jy_{ij},i=1,2,\cdots,m$$

如果决策者认为每个属性的重要度相等,即 $w_j=1$,则上式为

$$v_i=\sum_{j=1}^{n}y_{ij},i=1,2,\cdots,m$$

根据上面的公式,对于本例而言,根据规范化后的决策矩阵,可计算出方案 $A_1$,$A_2$,$A_3$ 的综合价值分别为 $v_1=2.796$,$v_2=3$,$v_3=3$。

根据综合价值的大小作决策,应选择方案 $A_2$ 和 $A_3$。但是此时具有相同的最优方案,说明该决策失效。不过,如果本例不对内部收益率规范化,结果是选择方案 $A_2$。读者也可以自行尝试用标准化后的决策矩阵做判断。

实际中,各属性的权系数是不一样的。有些决策者可能认为净现值最重要,其次是产量等。不同决策者给定的权重可能不同。因此,即使确定了属性的优先次序,还要求出权系数,才能合理地做出科学决策。

## 复习思路提示

1. 多属性决策:可供选择的备选方案(策略)为有限个,每个方案有有限个用于评价方案的目标(指标),决策者要对方案作出决策或对方案进行优劣排序,这类决策称为多属性决策。

2. 多属性决策的基本要素包括方案、属性和决策矩阵。

3. 多属性决策的基本步骤:①构建决策矩阵;②筛选过滤所选方案和属性;③属性的数量化及预处理;④确定决策者的偏好并建立判断矩阵;⑤确定属性权重向量;⑥选择集结模型; ⑦方案比较与评价。其中②,⑤,⑥这 3 步是比较关键的步骤。本节关注步骤③。

4. 需要熟悉属性的不同类型,了解属性的不可公度性,掌握属性的预处理方法,尤其是常用的规范化、标准化和归一化等处理方法(公式)。

# 15.2 经典的赋权方法

## 15.2.1 建立判断矩阵

1. 专家评分法

专家评分法是指请若干个专家(或调查对象)对各属性的重要性给出分值,然后综合每个专家的分值按一定的方法求出权系数向量,从而得到判断矩阵。这个方法也被称为决策者解释法,其分值由决策者制订,如百分制、十分制、0－1 取值或其他区间取值等。

判断矩阵:

$$\boldsymbol{C}=\begin{bmatrix} c_{11} & c_{12} & \cdots & c_{1n} \\ c_{21} & c_{22} & \cdots & c_{2n} \\ \vdots & \vdots & & \vdots \\ c_{k1} & c_{k2} & \cdots & c_{kn} \end{bmatrix}$$

例如,$k$ 个专家对 $n$ 个属性打分,设第 $i$ 个专家对第 $j$ 个属性的打分为 $c_{ij}$,就构成 $k\times n$ 判断矩阵 $\boldsymbol{C}$。

专家评分法带有一定的主观性,其可信度会受到专家对评价系统的了解程度、专家的学术水平、专家的实践经验等因素的影响,但这种方法计算简单,评价成本低,是决策者常用的方法之一。

2. 两两比较法

两两比较法的基本思想是，每两个属性进行比较，根据其相对重要程度给出估计分值，得出判断矩阵，求出属性的权系数。属性重要程度采用 9 级序数分值的求法，如表 15－6 所示。

**表 15－6　9 级序数分值求属性重要程度**

| 相对重要程度 $c_{ij}$ | 含义 |
|---|---|
| 1 | 两个属性相比，$B_i$ 与 $B_j$ 具有同样的重要性 |
| 3 | 两个属性相比，$B_i$ 比 $B_j$ 稍重要 |
| 5 | 两个属性相比，$B_i$ 比 $B_j$ 明显重要 |
| 7 | 两个属性相比，$B_i$ 比 $B_j$ 强烈重要 |
| 9 | 两个属性相比，$B_i$ 比 $B_j$ 极端重要 |
| 2,4,6,8 | 上述相邻判断的中间值 |
| 倒数关系 | 若属性 $B_i$ 与属性 $B_j$ 相比重要度是 $c_{ij}$，则属性 $B_j$ 与属性 $B_i$ 相比重要度是 $c_{ji}=1/c_{ij}$ |

决策者经过 $n(n-1)/2$ 次比较，就可得到判断矩阵

$$\boldsymbol{C}=\begin{bmatrix} c_{11} & c_{12} & \cdots & c_{1n} \\ c_{21} & c_{22} & \cdots & c_{2n} \\ \vdots & \vdots & & \vdots \\ c_{n1} & c_{n2} & \cdots & c_{nn} \end{bmatrix}$$

显然有，$c_{ii}=1$（自比性），$i=1,2,\cdots,n$，若 $c_{ij}=\dfrac{1}{c_{ji}}$（反比性），$c_{ij}>0$，以及 $c_{ij}=c_{ik}c_{kj}$（一致性），$i,j=1,2,\cdots,n$，则 $c_{ij}$ 是一致估计值。

## 15.2.2　主观赋权法

1. 期望值法

假设第 $k$ 个专家的可信度为 $p_k$，则第 $j$ 个属性的权系数期望值为

$$w_j=p_1c_{1j}+p_2c_{2j}+\cdots+p_kc_{kj}=\sum_{i=1}^{k}p_ic_{ij},\ j=1,2,\cdots,n$$

再进行归一化处理：

$$w'_j=\frac{w_j}{\sum_{j=1}^{n}w_j},\ j=1,2,\cdots,n$$

2. 方程组法

$$\boldsymbol{C}=\begin{bmatrix} c_{11} & c_{12} & \cdots & c_{1n} \\ c_{21} & c_{22} & \cdots & c_{2n} \\ \vdots & \vdots & & \vdots \\ c_{n1} & c_{n2} & \cdots & c_{nn} \end{bmatrix}$$

显然有，$c_{ii}=1,i=1,2,\cdots,n$。

若 $c_{ij}=\dfrac{1}{c_{ji}},c_{ij}>0$，以及 $c_{ij}=c_{ik}c_{kj},i,j=1,2,\cdots,n$，则 $c_{ij}$ 是一致估计值。

如果上述判断矩阵满足一致性，则有

$$c_{ij}=\frac{w_i}{w_j},i,j=1,2,\cdots,n$$

$$\Rightarrow \boldsymbol{B}=\begin{bmatrix}\frac{w_1}{w_1} & \frac{w_1}{w_2} & \cdots & \frac{w_1}{w_n}\\ \frac{w_2}{w_1} & \frac{w_2}{w_2} & \cdots & \frac{w_2}{w_n}\\ \vdots & \vdots & & \vdots\\ \frac{w_n}{w_1} & \frac{w_n}{w_2} & \cdots & \frac{w_n}{w_n}\end{bmatrix}\begin{bmatrix}w_1\\ w_2\\ \vdots\\ w_n\end{bmatrix}=n\begin{bmatrix}w_1\\ w_2\\ \vdots\\ w_n\end{bmatrix}$$

$c_{ij}=\frac{w_i}{w_j},i,j=1,2,\cdots,n$，两边对 $i$ 求和，有

$$\sum_{i=1}^{n}c_{ij}=\frac{1}{w_j}\sum_{i=1}^{n}w_i,j=1,2,\cdots,n$$

$$w_j=\frac{\sum_{i=1}^{n}w_i}{\sum_{i=1}^{n}c_{ij}}=\frac{1}{\sum_{i=1}^{n}c_{ij}}(w_1+w_2+\cdots+w_n),j=1,2,\cdots,n$$

只要选取 $n$ 个等式则可解出 $w_j$。

实际上，决策者在对指标进行两两比较时，其重要程度很难精确把握，当 $c_{ij}$ 不满足一致性时，$c_{ij}=\frac{w_i}{w_j}$ 只能看作近似相等，即 $c_{ij}\approx\frac{w_i}{w_j}$ 或 $\boldsymbol{B}\approx\boldsymbol{C}$。

3. 算术平均法

将权系数 $w_j$ 看作各指标重要程度的算术平均，计算公式为

$$w_j=\frac{1}{n}\sum_{j=1}^{n}\frac{c_{ij}}{\sum_{k=1}^{n}c_{kj}}=\frac{1}{n}\left[\frac{c_{i1}}{\sum_{k=1}^{n}c_{k1}}+\frac{c_{i2}}{\sum_{k=1}^{n}c_{k2}}+\cdots+\frac{c_{in}}{\sum_{k=1}^{n}c_{kn}}\right],i=1,2,\cdots,n$$

即将判断矩阵按照“列”归一化(每一个元素除以其所在列的和)，将归一化的各列相加(按行求和)，将相加后得到的向量中的每个元素除以 $n$，即可得到权重向量。

4. 几何平均法

将判断矩阵各列采用几何平均法求权系数，计算公式为

$$w_j=(\prod_{i=1}^{n}c_{ij})^{\frac{1}{n}},c_{ij}\neq 0;j=1,2,\cdots,n$$

归一化：

$$w_j=\frac{(\prod_{i=1}^{n}c_{ij})^{\frac{1}{n}}}{\sum_{k=1}^{n}(\prod_{i=1}^{n}c_{ik})^{\frac{1}{n}}},j=1,2,\cdots,n$$

即将 $\boldsymbol{C}$ 元素按照行相乘得到一个新的列向量，将新的列向量的每个分量开 $n$ 次方，对该列向量进行归一化即可得到权重向量。

5. 特征值法

**定理 15-1** 一致矩阵有一个最大特征值为 $n$，其余特征值为 0。

$$CW=BW=\begin{bmatrix}\frac{w_1}{w_1} & \frac{w_1}{w_2} & \cdots & \frac{w_1}{w_n}\\ \frac{w_2}{w_1} & \frac{w_2}{w_2} & \cdots & \frac{w_2}{w_n}\\ \vdots & \vdots & & \vdots\\ \frac{w_n}{w_1} & \frac{w_n}{w_2} & \cdots & \frac{w_n}{w_n}\end{bmatrix}\begin{bmatrix}w_1\\ w_2\\ \vdots\\ w_n\end{bmatrix}=n\begin{bmatrix}w_1\\ w_2\\ \vdots\\ w_n\end{bmatrix}$$

即将 $c_{ij}\approx\frac{w_i}{w_j}$ 或 $B\approx C$，两边右乘权系数向量 $W$，得

$$CW\approx BW=nW\Rightarrow(C-nI)W\approx 0$$

当 $c_{ij}$ 是一致估计值时，则 $W=0$（齐次线性方程组 $(C-nI)W=0$ 的系数行列式不为 0，只有零解）。

当 $c_{ij}$ 是非一致估计值时，$c_{ij}$ 的微小摄动只能使得矩阵 $C$ 的特征值微小摄动，从而有

$$\begin{cases}(C-\lambda_{\max}I)W=0\\ w_1+w_2+\cdots+w_n=1\end{cases}$$

式中 $\lambda_{\max}$ 是矩阵 $C$ 的最大特征值，$W$ 是 $\lambda_{\max}$ 对应的特征向量，求解上式可得到权系数向量 $W$。

求出矩阵 $C$ 的最大特征值及其对应的特征向量，对求出的特征向量进行归一化即可得到所求的权重。

6. 最小平方法

当 $c_{ij}$ 是非一致估计值时，有 $c_{ij}\approx\frac{w_i}{w_j}$，即 $c_{ij}w_j\approx w_i$。最小平方法是求出一组权系数 $\{w_1,w_2,\cdots,w_n\}$ 使得误差 $c_{ij}w_j-w_i$ 的平方和最小，加上归一化约束，得到求归一化权系数模型：

$$\min Z=\sum_{i=1}^{n}\sum_{j=1}^{n}(c_{ij}w_j-w_i)^2$$

$$\text{s. t.}\begin{cases}\sum_{j=1}^{n}w_j=1\\ w_j>0,j=1,2,\cdots,n\end{cases}$$

算术平均法、特征值法及最小平方法的条件是判断矩阵已知，可以不满足一致性，由判断矩阵 $C$ 求属性的权系数，为决策者在比较属性的重要程度出现偏差时，提供求解权系数的有效方法。

### 15.2.3 客观赋权法

客观赋权法是根据决策矩阵求权系数的方法。客观赋权法不需要判断矩阵，是依据决策矩阵中各属性的规律进行自动赋权的一类方法。

1. 最大方差法

基本思想：①使用规范化后的效益型指标；②所选择的权系数应使所有决策方案的目标值尽可能分散；③权系数单位化；④权系数非负。权系数等于零的指标可以从指标体系中剔除。

决策方案的目标值尽可能分散意味着目标值方差最大，即 $\max\sigma^2=D(v_1,v_2,\cdots,v_n)$。

权系数单位化及非负是指满足条件：$\sum_{i=1}^{m}w_j^2=1,w_j\geqslant 0,j=1,2,\cdots,n$。

设价值函数为线性函数：$v_i=\sum_{j=1}^{n}w_jy_{ij},i=1,2,\cdots,m$。

令 $\bar{v}=\frac{1}{m}\sum_{i=1}^{m}v_i$，则有

$$\sigma^2=\frac{1}{m}\sum_{i=1}^{m}(v_i-\overline{v})^2$$
$$=\frac{1}{m}\sum_{i=1}^{m}\left(\sum_{j=1}^{n}w_jy_{ij}-\frac{1}{m}\sum_{i=1}^{m}\sum_{j=1}^{n}w_jy_{ij}\right)^2$$
$$=\frac{1}{m}\sum_{i=1}^{m}\left(\sum_{j=1}^{n}\left(y_{ij}-\frac{1}{m}\sum_{i=1}^{m}y_{ij}\right)w_j\right)^2$$

即

$$\sigma^2=\frac{1}{m}\sum_{i=1}^{m}\left(\sum_{j=1}^{n}\left(y_{ij}-\frac{1}{m}\sum_{i=1}^{m}y_{ij}\right)w_j\right)^2$$

令 $\overline{y}_j=\frac{1}{m}\sum_{i=1}^{m}y_{ij}$，$z_{ij}=y_{ij}-\overline{y}_j$，有

$$\sigma^2=\frac{1}{m}\sum_{i=1}^{m}(\sum_{j=1}^{n}z_{ij}w_j)^2$$

又

$$\boldsymbol{Z}=\begin{bmatrix}z_{11} & z_{12} & \cdots & z_{1n}\\ z_{21} & z_{22} & \cdots & z_{2n}\\ \vdots & \vdots & & \vdots\\ z_{m1} & z_{m2} & \cdots & z_{mn}\end{bmatrix},\boldsymbol{Q}=\frac{1}{m}\boldsymbol{Z}^{\mathrm{T}}\boldsymbol{Z}$$

最大方差法模型为

$$\max\ \sigma^2=\frac{1}{m}\sum_{i=1}^{m}(\sum_{j=1}^{n}z_{ij}w_j)^2$$
$$\text{s.t.}\begin{cases}\sum_{j=1}^{n}w_j^2=1\\ w_j\geqslant 0,j=1,2,\cdots,n\end{cases}$$

用矩阵表达的模型为

$$\max\ \sigma^2=\boldsymbol{W}^{\mathrm{T}}\boldsymbol{Q}\boldsymbol{W}$$
$$\text{s.t.}\begin{cases}\boldsymbol{W}^{\mathrm{T}}\boldsymbol{W}=1\\ \boldsymbol{W}\geqslant 0\end{cases}$$

求解该非线性规划模型，即可得到权系数向量 $\boldsymbol{W}$。

**例 15－3（最大方差法）**　用最大方差法求上节例 15－2 中属性的权系数。

已知，规范化后的决策矩阵如表 15－4 所示。

解：令 $\overline{y}_j=\frac{1}{m}\sum_{i=1}^{m}y_{ij}$，$z_{ij}=y_{ij}-\overline{y}_j$，有

$$\overline{\boldsymbol{Y}}=(0.543,0.467,0.42,0.424,0.461,0.617)$$

$z_{ij}=y_{ij}-\overline{y}_j$，得 $\boldsymbol{Z}$ 矩阵如表 15－7 所示。

**表 15－7　$\boldsymbol{Z}$ 矩阵**

| | | | | | |
|---|---|---|---|---|---|
| 0.086 | −0.067 | −0.161 | −0.151 | −0.078 | 0.235 |
| −0.543 | −0.467 | 0.580 | 0.576 | 0.539 | −0.617 |
| 0.457 | 0.533 | −0.420 | −0.424 | −0.461 | 0.383 |

$\boldsymbol{Q}=\frac{1}{m}\boldsymbol{Z}^{\mathrm{T}}\boldsymbol{Z}$，得 $\boldsymbol{Q}$ 矩阵如表 15－8 所示。

表 15-8 $Q$ 矩阵

| | | | | | |
|---|---|---|---|---|---|
| 0.170 | 0.164 | −0.174 | −0.173 | −0.170 | 0.177 |
| 0.164 | 0.169 | −0.161 | −0.162 | −0.164 | 0.159 |
| −0.174 | −0.161 | 0.180 | 0.179 | 0.173 | −0.186 |
| −0.173 | −0.162 | 0.179 | 0.178 | 0.173 | −0.184 |
| −0.170 | −0.164 | 0.173 | 0.173 | 0.170 | −0.176 |
| 0.177 | 0.159 | −0.186 | −0.184 | −0.176 | 0.194 |

求解下面的模型：

$$\max \sigma^2 = \boldsymbol{W}^{\mathrm{T}}\boldsymbol{QW}$$

$$\text{s. t.} \begin{cases} \boldsymbol{W}^{\mathrm{T}}\boldsymbol{W} = 1 \\ \boldsymbol{W} \geqslant 0 \end{cases}$$

求解得到

$$\boldsymbol{W} = (0.2598, 0.1236, 0.5764, 0.3888, 0.652, 0.0923)^{\mathrm{T}}$$

归一化：

$$\boldsymbol{W}^* = (0.1241, 0.0591, 0.2754, 0.1858, 0.3115, 0.044)^{\mathrm{T}}$$

2. 熵值法

熵值法是根据决策矩阵提供的信息量来计算权系数的一种方法。在信息理论中，熵可以用于度量某个信息的期望信息含量，设一个信息通道中有 $n$ 个信号，第 $j$ 个信号出现的概率为 $p_j$，则期望信息量为

$$e_j = -k\sum_{i=1}^{m} p_j \ln p_j$$

其中，$e$ 称为熵，$k$ 为大于零的常数。

用熵值法求权系数是用 $y_{ij}$ 代替 $p_j$，因此 $y_{ij}$ 必须非负并且是效益型属性，当 $y_{ij}$ 既有效益型属性又有成本型属性时，先利用线性比例法进行转换，再归一化。

基本步骤如下。

(1) 利用归一化公式计算 $y_{ij}$，满足 $y_{ij} \geqslant 0$。

(2) 计算属性 $B_j$ 的熵值：$e_j = -k\sum_{i=1}^{m} y_{ij} \ln y_{ij}$，通常取 $k = 1/\ln m$，则有 $0 \leqslant e_j \leqslant 1$。

(3) 计算属性的偏差系数：$d_j = 1 - e_j$ 。偏差系数表明属性在系统中的重要程度，$d_j$ 越大，说明属性 $B_j$ 的作用越大，因此 $d_j$ 可作为属性的权重。

(4) 归一化的权系数：

$$w_j = \frac{d_j}{\sum_{j=1}^{n} d_j}, j = 1, 2, \cdots, n$$

## 15.2.4 综合集成赋权法

综合集成赋权法是将主观赋权与客观赋权集成得到权系数的一种方法，尽可能克服主观赋权带来的个体差异及客观赋权带来的与实际或与决策者的主观愿望不相符的情形。

1. 加权集成法

设 $q_{1j}, q_{2j}$ 为主观赋权与客观赋权得到的权系数，待定系数 $p_1, p_2$($p_1 > 0, p_2 > 0$) 为主观赋权与客观赋权所占比重，则综合集成的权系数为

$$w_j = p_1 q_{1j} + p_2 q_{2j}, j = 1, 2, \cdots, n$$

运用组间离差和最大原则得到模型：

$$\max V=\sum_{i=1}^{m}v_i=\sum_{i=1}^{m}\sum_{j=1}^{n}(p_1q_{1j}+p_2q_{2j})x_{ij}$$

$$\text{s. t.}\begin{cases}p_1^2+p_2^2=1\\ p_1>0,p_2>0\end{cases}$$

求解得到

$$p_1=\frac{\sum_{i=1}^{m}\sum_{j=1}^{n}q_{1j}x_{ij}}{\sqrt{\left(\sum_{i=1}^{m}\sum_{j=1}^{n}q_{1j}x_{ij}\right)^2+\left(\sum_{i=1}^{m}\sum_{j=1}^{n}q_{2j}x_{ij}\right)^2}}$$

$$p_2=\frac{\sum_{i=1}^{m}\sum_{j=1}^{n}q_{2j}x_{ij}}{\sqrt{\left(\sum_{i=1}^{m}\sum_{j=1}^{n}q_{1j}x_{ij}\right)^2+\left(\sum_{i=1}^{m}\sum_{j=1}^{n}q_{2j}x_{ij}\right)^2}}$$

2. 乘法集成法

计算公式为

$$w_j=\frac{q_{1j}q_{2j}}{\sum_{j=1}^{n}q_{1j}q_{2j}},j=1,2,\cdots,n$$

3. 两阶段赋权法

第一阶段用主观赋权法得到 $w_{1j}$，对决策矩阵进行变换：$x_{ij}^*=w_{1j}x_{ij},i=1,2,\cdots,m;j=1,2,\cdots,n$。第二阶段对变换后的决策矩阵进行客观赋权，如最大方差法，实现了两阶段赋权。

## 复习思路提示

1. 主观赋权法的关键在于判断矩阵的确定；客观赋权法不需要判断矩阵，依据决策矩阵自身属性的规律自动赋权，除最大方差法、熵值法外，还有理想解加权排序法、主分量分析法、动态决策法等。综合集成赋权法是将主观赋权与客观赋权集成得到权系数的一种方法，尽可能克服主观赋权带来的个体差异及客观赋权带来的与实际或与决策者的主观愿望不相符的情形。

2. 在具体实际评价中，采用何种赋权方法，应针对实际问题去分析，选择符合问题背景的方法，或对经典赋权方法进行一定的改进。

# 15.3 决策方法

五种准则法就是指“第 12 章 决策论”中不确定型决策一节介绍的五种准则决策方法，适用于无偏好信息决策。五种准则法的条件是属性规范化后的决策矩阵。属性等价于自然状态，决策矩阵等价于效益矩阵。

但这些方法有其局限性，如小中取大法、大中取大法、后悔值法及折衷法只采用了部分信息，决策结果有可能得到多个最佳方案，导致决策失效。因此，五种准则法不适合一般决策。

有偏好信息决策的主要任务是将权系数向量与决策矩阵集结成综合价值函数，依据综合价值函数的大小进行决策。常见的有：

1）加性加权法

加性加权法是指综合价值函数表达为各指标值的加权和，常见模型为

$$v_i=\sum_{j=1}^{n}k_j f(x_{ij}),i=1,2,\dots,m$$

式中：$f(x_{ij})$ 不一定是线性的，它取决于 $f(x_{ij})$ 的函数形式；$k_j$ 不全大于零。比如：

$$\begin{cases}v_i=\sum_{j=1}^{n}w_j y_{ij},i=1,2,\dots,m\\ w_j\geqslant 0,j=1,2,\dots,n\end{cases}$$

$$\begin{cases}v_i=\sum_{j=1}^{n}w_j y_{ij},i=1,2,\dots,m\\ \sum_{j=1}^{n}w_j=1\ \text{归一化}\end{cases}$$

$$\begin{cases}v_i=\sum_{j=1}^{n}w_j y_{ij},i=1,2,\dots,m\\ \sum_{j=1}^{n}w_j^2=1\ \text{单位化}\end{cases}$$

2）加权积法

加权积法是指综合价值函数表达为属性值的乘积，权系数为属性的幂，即

$$v_i=\prod_{j=1}^{n}x_{ij}^{w_j}$$

式中属性值 $x_{ij}>1$ 并且不需要转换处理。

## 15.3.1 线性加权法

**例 15－4(线性加权法)** 为了评价在第一年具有同等规模同行业 6 家企业三年后的绩效，选取 5 项评价指标：$B=\{B_1$：本期利润；$B_2$：市场份额；$B_3$：累计分红；$B_4$：累计缴税；$B_5$：净资产$\}$，决策者现用两两比较法比较指标的重要程度，得到指标相对重要程度分值 $c_{ij}$，如表 15－9 所示，已知第三年年末 6 家企业的指标值如表 15－10 所示。

（1）填写表 15－9 空白处，写出判断矩阵，检验判断矩阵是否满足一致性。

（2）对评价矩阵作标准化处理。

（3）用算术平均法求指标的权系数，对企业作综合评价。

（4）用特征值法求指标的权系数，对企业作综合评价。

**表 15－9 判断矩阵 1**

| | $B_1$ | $B_2$ | $B_3$ | $B_4$ | $B_5$ |
|---|---|---|---|---|---|
| $B_1$ | 1 | 1/2 | 1/3 | 1/2 | 3 |
| $B_2$ | | 1 | 5 | 2 | 1/3 |
| $B_3$ | | | 1 | 1/3 | 1/4 |
| $B_4$ | | | | 1 | 1/2 |
| $B_5$ | | | | | 1 |

表 15-10　决策矩阵

| 指标企业 | $B_1$/万元 | $B_2$/% | $B_3$/万元 | $B_4$/万元 | $B_5$/百万元 |
|---|---|---|---|---|---|
| 1 | 520 | 18 | 160 | 325 | 40 |
| 2 | 650 | 20 | 230 | 290 | 54 |
| 3 | 535 | 15 | 250 | 300 | 48 |
| 4 | 585 | 15 | 210 | 330 | 47 |
| 5 | 610 | 19 | 260 | 280 | 56 |
| 6 | 515 | 13 | 180 | 280 | 50 |

解:(1)填写表 15-9 空白处,写出判断矩阵如表 15-11 所示,检验判断矩阵是否满足一致性。由倒数关系,可得判断矩阵

$$\boldsymbol{C}=\begin{bmatrix}1 & 1/2 & 1/3 & 1/2 & 3\\ 2 & 1 & 5 & 2 & 1/3\\ 3 & 1/5 & 1 & 1/3 & 1/4\\ 2 & 1/2 & 3 & 1 & 1/2\\ 1/3 & 3 & 4 & 2 & 1\end{bmatrix}$$

可由一致性条件 $c_{ij}=c_{ik}c_{kj}$ 有 $c_{13}=c_{14}c_{43}$,$c_{13}=\dfrac{1}{3}\neq c_{14}c_{43}=\dfrac{1}{2}\times 3=\dfrac{3}{2}$,因而判断矩阵不满足一致性。

表 15-11　判断矩阵 2

| | $B_1$ | $B_2$ | $B_3$ | $B_4$ | $B_5$ |
|---|---|---|---|---|---|
| $B_1$ | 1 | 1/2 | 1/3 | 1/2 | 3 |
| $B_2$ | 2 | 1 | 5 | 2 | 1/3 |
| $B_3$ | 3 | 1/5 | 1 | 1/3 | 1/4 |
| $B_4$ | 2 | 1/2 | 3 | 1 | 1/2 |
| $B_5$ | 1/3 | 3 | 4 | 2 | 1 |

(2) 对评价矩阵作标准化处理。根据公式:

$$y_{ij}=\frac{x_{ij}-\overline{x}_j}{S_j}$$

$$\overline{x}_j=\frac{1}{m}\sum_{i=1}^{m}x_{ij},S_j=\sqrt{\frac{1}{m-1}\sum_{i=1}^{m}(x_{ij}-\overline{x}_j)^2}$$

有

$$\overline{x}_1=\frac{1}{6}\times(520+650+535+585+610+515)=569.167$$

$$\overline{x_2}=\frac{1}{6}\times(18+20+15+15+19+13)=16.6667$$

$$\overline{x}_3=\frac{1}{6}\times(160+230+250+210+260+180)=215$$

$$\overline{x}_4=\frac{1}{6}\times(325+290+300+330+280+280)=300.833$$

$$\overline{x}_5=\frac{1}{6}\times(40+54+48+47+56+50)=49.1667$$

$$S_1=\sqrt{\frac{1}{5}\times[(520-569.17)^2+(650-569.17)^2+(535-569.17)^2+(585-569.17)^2+(610-569.17)^2+(515-569.17)^2]}$$

$$=54.719$$

$$y_{i1}=\left(\frac{520-569.17}{54.72},\frac{650-569.17}{54.72},\frac{535-569.17}{54.72},\frac{585-569.17}{54.72},\frac{610-569.17}{54.72},\frac{515-569.17}{54.72}\right)^{\mathrm{T}}$$

$$=(-0.898\,575,1.477\,16,-0.624\,452,0.289\,291,0.746\,162,-0.989\,949)^{\mathrm{T}}$$

标准化后的决策矩阵如表 15－12 所示。

**表 15－12　标准化后的决策矩阵**

| 指标企业 | $B_1$/万元 | $B_2$/% | $B_3$/万元 | $B_4$/万元 | $B_5$/百万元 |
|---|---|---|---|---|---|
| 1 | −0.899 | 0.498 | −1.47 | 1.098 | −1.616 |
| 2 | 1.477 | 1.220 | 0.381 | −0.492 | 0.852 |
| 3 | −0.624 | −0.610 | 0.899 | −0.038 | −0.206 |
| 4 | 0.289 | −0.610 | −0.137 | 1.326 | −0.382 |
| 5 | 0.746 | 0.854 | 1.143 | −0.947 | 1.205 |
| 6 | −0.990 | −0.1342 | −0.899 | −0.947 | 0.147 |

(3) 用算术平均法求指标的权系数,对企业作综合评价。利用公式:

$$w_i=\frac{1}{n}\sum_{j=1}^{n}\frac{c_{ij}}{\sum\limits_{k=1}^{n}c_{kj}}=\frac{1}{n}\left[\frac{c_{i1}}{\sum\limits_{k=1}^{n}c_{k1}}+\frac{c_{i2}}{\sum\limits_{k=1}^{n}c_{k2}}+\cdots+\frac{c_{in}}{\sum\limits_{k=1}^{n}c_{kn}}\right],i=1,2,\cdots,n$$

有

$$\sum_{k=1}^{5}c_{k1}=1+2+3+2+0.333=8.333$$

$$\sum_{k=1}^{5}c_{k2}=5.2,\sum_{k=1}^{5}c_{k3}=13.333,\sum_{k=1}^{5}c_{k4}=5.833,\sum_{k=1}^{5}c_{k5}=5.083$$

$$w_1=\frac{1}{5}\left[\frac{c_{11}}{\sum\limits_{k=1}^{5}c_{k1}}+\frac{c_{12}}{\sum\limits_{k=1}^{5}c_{k2}}+\cdots+\frac{c_{15}}{\sum\limits_{k=1}^{5}c_{k5}}\right]$$

$$=\frac{1}{5}\times\left[\frac{1}{8.333}+\frac{0.5}{5.2}+\frac{0.333}{13.333}+\frac{0.5}{5.833}+\frac{3}{5.083}\right]$$

$$=0.183$$

$$w_2=0.243,w_3=0.116,w_4=0.167,w_5=0.291$$

则权系数向量为

$$\boldsymbol{W}=(0.183,0.243,0.116,0.167,0.291)^{\mathrm{T}}$$

$$v_1=\sum_{j=1}^{5}w_jy_{1j}$$

$$=0.183\times(-0.899)+0.243\times0.498+0.116\times(-1.47)+0.167\times1.098+0.291\times(-1.616)$$

$$=-0.500\,913$$

评价结果如表 15－13 所示。因此,绩效最好的是第 2 个企业。

表 15-13　评价结果 1

| 企业评价结果 | 1 | 2 | 3 | 4 | 5 | 6 |
|---|---|---|---|---|---|---|
| 综合评价值 | −0.501 | 0.778 | −0.224 | 0 | 0.671 | −0.434 |
| 排名 | 6 | 1 | 4 | 3 | 2 | 5 |

(4) 用特征值法求指标的权系数，对企业作综合评价。利用公式

$$\begin{cases}(\boldsymbol{C}-\lambda_{\max}\boldsymbol{I})\boldsymbol{W}=0\\ w_1+w_2+\cdots+w_n=1\end{cases}$$

将矩阵 $\boldsymbol{C}$ 代入 $|\boldsymbol{C}-\lambda\boldsymbol{I}|=0$ 求特征值，解特征方程得到 $\lambda_{\max}=6.86$。代入特征值求权系数联立方程：

$$\begin{bmatrix}1-6.86 & 1/2 & 1/3 & 1/2 & 3\\ 2 & 1-6.86 & 5 & 2 & 1/3\\ 3 & 1/5 & 1-6.86 & 1/3 & 1/4\\ 2 & 1/2 & 3 & 1-6.86 & 1/2\\ 1/3 & 3 & 4 & 2 & 1-6.86\end{bmatrix}\begin{bmatrix}w_1\\ w_2\\ w_3\\ w_4\\ w_5\end{bmatrix}=0$$

$$w_1+w_2+w_3+w_4+w_5=1$$

得

$$\boldsymbol{W}=(0.184,0.243,0.124,0.171,0.278)^{\mathrm{T}}$$

$$\begin{aligned}v_1&=\sum_{j=1}^{5}w_j y_{1j}\\ &=0.184\times(-0.899)+0.243\times0.498+0.124\times(-1.47)+0.171\times1.098+0.278\times(-1.616)\\ &=-0.488\,172\end{aligned}$$

评价结果如表 15-14 所示。

表 15-14　评价结果 2

| 企业评价结果 | 1 | 2 | 3 | 4 | 5 | 6 |
|---|---|---|---|---|---|---|
| 综合评价值 | −0.488 | 0.770 | −0.215 | 0.009 | 0.662 | −0.448 |
| 排名 | 6 | 1 | 4 | 3 | 2 | 5 |

可见，两个方法得到的企业排序一致。

## 复习思路提示

1. 基本原理

线性加权法是一种基于加权和的多属性决策方法。其核心是通过为每个属性分配权重，将多个属性的效用值综合为一个总效用值，从而对备选方案进行排序或选择最优方案。权重反映了各属性在决策中的相对重要性。

2. 计算步骤

归一化处理：将各属性的效用值进行归一化处理，消除量纲和量级差异，使不同属性的效用值可比。

确定权重：通过专家评分法、层次分析法或其他方法确定各属性的权重。

计算综合效用值：将归一化后的效用值与权重相乘并求和，得到每个备选方案的综合效用值。

排序与决策：根据综合效用值对备选方案进行排序，选择效用值最高的方案作为最优方案。

3. 优缺点与应用场景

优点：方法简单直观，易于理解和应用；能够灵活处理多个属性的综合评价。

缺点：权重的确定可能主观性强，对结果影响较大；假设各属性之间相互独立，可能不适用于属性间存在强相关性的情况。

应用场景：广泛应用于项目评估、供应商选择、投资决策等领域，尤其适合属性数量较少且权重较易确定的场景。

## 15.3.2 理想解法

理想解法亦称为TOPSIS(Technique for Order Preference by Similarity to Ideal Solution)法，是一种有效的多指标评价方法。该方法通过构造评价问题的正理想解和负理想解，即各指标的最优解和最劣解，计算每个方案到理想方案的相对贴近度，即靠近正理想解和远离负理想解的程度，来对方案进行排序，从而选出最优方案。本节讨论只考虑正理想解的情况。此时的理想解是指期望指标达到的最佳值。

TOPSIS法广泛应用于经济、管理、工程等领域的综合评价问题，如项目评估、供应商选择、投资决策等。它能够充分利用原始数据的信息，结果精确，能有效反映各评价方案之间的差距。

1. 直接排序法

基于理想解直接排序法的基本思想是：指标值离理想解的距离越近越优。

综合价值函数表达为

$$v_i=\sqrt{\sum_{j=1}^{n}(x_{ij}-x_j^*)^2},i=1,\cdots,m$$

式中 $x_{ij}$ 是样本值或规范化的值，$\boldsymbol{X}^*=(x_1^*,x_2^*,\cdots,x_n^*)$ 为理想值。

根据 $v_i$ 值逆序排序，即 $v_i$ 值最小的方案最优，$v_i$ 值最大的方案最差。

2. 加权排序法

加权排序法是先求权系数向量，再求加权距离得到价值函数，运用总加权距离平方和最小建立模型，如下：

$$\min Z=\sum_{i=1}^{m}\sum_{j=1}^{n}w_j^2(x_{ij}-x_j^*)^2$$

$$\begin{cases}\sum_{j=1}^{n}w_j=1\\ w_j>0,j=1,2,\cdots,n\end{cases}$$

求解得到

$$w_j=\frac{\dfrac{1}{\sum_{i=1}^{m}(x_{ij}-x_j^*)^2}}{\sum_{j=1}^{n}\dfrac{1}{\sum_{i=1}^{m}(x_{ij}-x_j^*)^2}},j=1,2,\cdots,n$$

加权价值函数为

$$v_i=\sqrt{\sum_{j=1}^{n}w_j^2(x_{ij}-x_j^*)^2},i=1,\cdots,m$$

**例15-5(理想解法)** 在评价企业资本运营效益指标体系中，选取资产负债率等8项资本结构指标，抽取 10 个企业某年的指标值，如表 15－15 所示，现要对这些企业的资本结构运营效益进行排序。

**表 15－15　10 个企业某年的资本结构指标值**

| 指标<br>企业 | 资产负债率 | 已获利息倍数 | 产权比率 | 流动比率 | 速动比率 | 现金比率 | 现金流动<br>负债比率 | 长期资产<br>适合率 |
|---|---|---|---|---|---|---|---|---|
| 1 | 0.7 | 1.2 | 0.42 | 1.1 | 0.87 | 0.84 | 0.73 | 0.9 |
| 2 | 0.6 | 1.5 | 0.45 | 1.25 | 0.65 | 0.75 | 0.81 | 1.3 |
| 3 | 0.65 | 2.6 | 0.69 | 1.3 | 0.79 | 0.68 | 0.59 | 0.85 |
| 4 | 0.85 | 0.8 | 0.4 | 1.68 | 0.64 | 0.59 | 0.63 | 1.32 |
| 5 | 0.5 | 2.1 | 0.55 | 1.6 | 0.86 | 0.94 | 0.86 | 1.41 |
| 6 | 0.6 | 1.9 | 0.50 | 1.34 | 0.83 | 0.48 | 0.53 | 0.76 |
| 7 | 0.45 | 1.6 | 0.58 | 1.45 | 0.74 | 0.79 | 0.68 | 0.92 |
| 8 | 0.75 | 0.7 | 0.64 | 1.82 | 0.69 | 0.52 | 0.47 | 1.24 |
| 9 | 0.3 | 1.1 | 0.9 | 1.26 | 0.81 | 0.66 | 0.77 | 1.12 |
| 10 | 0.4 | 2.3 | 0.7 | 1.38 | 0.73 | 0.81 | 0.79 | 1.26 |

已知几种资本结构指标的计算公式与类型，如表 15－16 所示。

**表 15－16　几种资本结构指标的计算公式与类型**

| | 资产负债率 | 已获利息倍数 | 产权比率 | 流动比率 |
|---|---|---|---|---|
| 计算公式 | $\frac{负债总额}{资产总额}\times 100$ | $\frac{息税前利润}{利息支出}$ | $\frac{负债总额}{所有者权益}\times 100$ | $\frac{流动资产}{流动负债}\times 100\%$ |
| 指标类型 | 固定型<br>$x_1^* = 0.5$ | 固定型<br>$x_2^* = 3$ | 区间型<br>[0.8,1]<br>$x_3^* = 0.9$ | 区间型<br>国际：200%<br>国内：150%<br>$x_4^* = 1.5$ |

| | 速动比率 | 现金比率 | 现金流动负债比率 | 长期资产适合率 |
|---|---|---|---|---|
| 计算公式 | $\frac{速动资产}{流动负债}\times 100\%$ | $\frac{现金+有价证券}{流动负债}\times 100\%$ | $\frac{年经营现金净流入}{流动负债}\times 100\%$ | $\frac{所有者权益+长期负债}{固定资产+长期投资}\times 100\%$ |
| 指标类型 | 区间型<br>国际：100%<br>国内：90%<br>$x_5^* = 1$ | 效益型<br>取样本最大值<br>$x_6^* = 1.94$ | 效益型<br>取样本最大值<br>$x_7^* = 0.86$ | 理论上区间型<br>大于等于 100%<br>没有确定上限<br>实际操作效益型<br>$x_8^* = 1.41$ |

解：现根据行业中国家与国际公认的标准，给出各属性的理想值，见表 15－16。其中现金流动负债比率：该指标集没有量纲，指标值在 1 附近，量级相差不大，因此不需要规范化。

计算可得各企业的综合效益指数与排名，见表 15－17 最后两列。

**表 15－17　各企业的综合效益指数与排名**

| 指标<br>企业 | 资产负债率 | 已获利息<br>倍数 | 产权比率 | 流动比率 | 速动比率 | 现金比率 | 现金流动<br>负债比率 | 长期资产<br>适合率 | 综合效益<br>指数 | 按逆序<br>排名 |
|---|---|---|---|---|---|---|---|---|---|---|
| 1 | 0.7 | 1.2 | 0.42 | 1.1 | 0.87 | 0.84 | 0.73 | 0.9 | 1.99 | 8 |
| 2 | 0.6 | 1.5 | 0.45 | 1.25 | 0.65 | 0.75 | 0.81 | 1.3 | 1.64 | 6 |
| 3 | 0.65 | 2.6 | 0.69 | 1.3 | 0.79 | 0.68 | 0.59 | 0.85 | 0.86 | 2 |
| 4 | 0.85 | 0.8 | 0.4 | 1.68 | 0.64 | 0.59 | 0.63 | 1.32 | 2.35 | 9 |
| 5 | 0.5 | 2.1 | 0.55 | 1.6 | 0.86 | 0.94 | 0.86 | 1.41 | 0.98 | 3 |
| 6 | 0.6 | 1.9 | 0.50 | 1.34 | 0.83 | 0.48 | 0.53 | 0.76 | 1.46 | 4 |

续表

| 指标<br>企业 | 资产负债率 | 已获利息倍数 | 产权比率 | 流动比率 | 速动比率 | 现金比率 | 现金流动负债比率 | 长期资产适合率 | 综合效益指数 | 按逆序排名 |
|---|---|---|---|---|---|---|---|---|---|---|
| 7 | 0.45 | 1.6 | 0.58 | 1.45 | 0.74 | 0.79 | 0.68 | 0.92 | 1.55 | 5 |
| 8 | 0.75 | 0.7 | 0.64 | 1.82 | 0.69 | 0.52 | 0.47 | 1.24 | 2.44 | 10 |
| 9 | 0.3 | 1.1 | 0.9 | 1.26 | 0.81 | 0.66 | 0.77 | 1.12 | 1.97 | 7 |
| 10 | 0.4 | 2.3 | 0.7 | 1.38 | 0.73 | 0.81 | 0.79 | 1.26 | 0.82 | 1 |

## 复习思路提示

1. 基于理想解直接排序法的基本思想是：指标值离理想解的距离越近越优。直接排序法：

$$v_i=\sqrt{\sum_{j=1}^{n}(x_{ij}-x_j^*)^2},i=1,\cdots,m$$

2. 基于理想解加权排序法的基本思想是：总加权距离平方和最小的方法最优。加权排序法：

$$v_i=\sqrt{\sum_{j=1}^{n}w_j^2(x_{ij}-x_j^*)^2},i=1,\cdots,m$$

### 15.3.3 主分量分析法

在用统计分析方法研究多变量的课题时，变量个数太多就会增加课题的复杂性。人们自然希望变量个数较少而得到的信息较多。在很多情形下，变量之间是有一定的相关关系的，当两个变量之间有一定的相关关系时，可以解释为这两个变量反映此课题的信息有一定的重叠。

主成分分析法（或称主分量分析法）是对于原先提出的所有变量，将重复的变量（关系紧密的变量）删去多余的，建立尽可能少的新变量，使得这些新变量是两两不相关的，而且这些新变量在反映课题的信息方面尽可能保持原有的信息。

主成分分析法是考察多个变量间相关性的一种多元统计方法，也是最常用的降维方法之一，通过正交变换将一组可能存在相关性的变量数据转换为一组线性不相关的变量，转换后的变量被称为主成分。通常数学上的处理就是将原来 $P$ 个指标作线性组合，将其作为新的综合指标。

主分量分析法试图找一组较少的新属性（即主分量），使新属性是系统中原属性的线性组合，并且相互独立，求出权系数，是一种客观赋权法。

主分量分析法的步骤如下。

(1) 首先将属性标准化，得到决策矩阵 $\boldsymbol{Y}=(y_{ij})_{m\times n}$。

(2) 计算属性 $i$ 与属性 $j$ 的简单相关系数 $r_{ij}$，得到相关矩阵 $\boldsymbol{R}=(r_{ij})_{n\times n}$。

$$r_{ij}=\frac{\sum_{k=1}^{m}(y_{ki}-\overline{y}_i)(y_{kj}-\overline{y}_j)}{\sqrt{\sum_{k=1}^{m}(y_{ki}-\overline{y}_i)^2}\sqrt{\sum_{k=1}^{m}(y_{kj}-\overline{y}_j)^2}}$$

(3) 求相关矩阵的特征值与特征向量。解特征方程 $|\boldsymbol{R}-\lambda\boldsymbol{I}|=0$，得到特征值 $\lambda_j(j=1,2,\cdots,n)$ 及特征向量：

$$\boldsymbol{\beta}_j=(\beta_{j1},\beta_{j2},\cdots,\beta_{jn}),j=1,2,\cdots,n$$

这里不妨将 $\lambda_j$ 从大到小排列：$\lambda_1\geqslant\lambda_2\geqslant\cdots\geqslant\lambda_n\geqslant 0$。

(4) 确定主分量。选取前 $p$ 个特征值 $\lambda_1,\lambda_2,\cdots,\lambda_p$，使其满足 $\dfrac{\sum_{j=1}^{p}\lambda_j}{\sum_{j=1}^{n}\lambda_j}\geqslant\mu$（显然第一个主分量所含信息量的比重最大。因此主分量向量所包含信息量占属性体系总信息量的比重至少为 $\mu$，$\mu$ 的取值越大，表示其所包含的信息越多）。$\lambda_1,\lambda_2,\cdots,\lambda_p$ 对应的特征向量为 $\boldsymbol{\beta}_1,\boldsymbol{\beta}_2,\cdots,\boldsymbol{\beta}_p$，则主分量为

$$\begin{cases}Z_1^i=\beta_{11}y_{i1}+\beta_{12}y_{i2}+\cdots+\beta_{1n}y_{in}\\Z_2^i=\beta_{21}y_{i1}+\beta_{22}y_{i2}+\cdots+\beta_{2n}y_{in}\\\vdots\\Z_p^i=\beta_{p1}y_{i1}+\beta_{p2}y_{i2}+\cdots+\beta_{pn}y_{in}\end{cases}$$

主分量 $Z_j^i$ 的含义是，它包含了决策系统中属性体系的信息量，所包含信息量占属性体系总信息量比重的大小由对应的特征值 $\lambda_j$ 来确定，即 $l_j=\dfrac{\lambda_j}{\sum_{j=1}^{n}\lambda_j}$。

(5) 综合价值函数。第 $i$ 个方案的综合价值为主分量 $Z_j^i$ 的线性组合，即 $v_i=l_1Z_1^i+l_2Z_2^i+\cdots+l_pZ_p^i$，$i=1,2,\cdots,m$，也就是

$$\begin{aligned}v_i&=l_1(\beta_{11}y_{i1}+\beta_{12}y_{i2}+\cdots+\beta_{1n}y_{in})+l_2(\beta_{21}y_{i1}+\beta_{22}y_{i2}+\cdots+\beta_{2n}y_{in})+\cdots+\\&\quad l_p(\beta_{p1}y_{i1}+\beta_{p2}y_{i2}+\cdots+\beta_{pn}y_{in})\\&=(l_1\beta_{11}+l_2\beta_{21}+\cdots+l_p\beta_{p1})y_{i1}+(l_1\beta_{12}+l_2\beta_{22}+\cdots+l_p\beta_{p2})y_{i2}+\cdots+\\&\quad(l_1\beta_{1n}+l_2\beta_{2n}+\cdots+l_p\beta_{pn})y_{in}\end{aligned}$$

即

$$v_i=\sum_{j=1}^{n}\sum_{k=1}^{p}l_k\beta_{kj}y_{ij}=\sum_{j=1}^{n}w_jy_{ij},i=1,2,\cdots,m$$

其中，$l_j$ 为信息量比重：

$$l_j=\frac{\lambda_j}{\sum_{j=1}^{n}\lambda_j},w_j=\sum_{k=1}^{p}l_k\beta_{kj}$$

**例 15-6(主分量分析法)**　同例 15-2，用主分量分析法确定公司应选择哪一种投资方案。

解：在例 15-2 中，已知标准化后的决策矩阵如表 15-5 所示。

(1) 利用标准化后的决策矩阵和相关系数公式，求得相关矩阵：

$$\boldsymbol{R}=\begin{bmatrix}1&0.965&0.992&0.994&0.999&-0.972\\0.965&1&0.926&0.932&0.969&-0.877\\0.992&0.926&1&0.999&0.991&-0.993\\0.994&0.932&0.999&1&0.993&-0.992\\0.999&0.969&0.991&0.993&1&-0.968\\-0.972&-0.877&-0.993&-0.992&-0.968&1\end{bmatrix}$$

$$\begin{aligned}r_{12}&=\frac{(-0.1709\times0.1325+1.0744\times0.9272+0.9035\times1.0595)}{\sqrt{0.1709^2+1.0744^2+0.9035^2}\times\sqrt{0.1325^2+0.9272^2+1.0595^2}}\\&=0.965483\end{aligned}$$

(2) 将 $\boldsymbol{R}$ 代入方程 $|\boldsymbol{R}-\lambda\boldsymbol{I}|=0$ 中，得到特征值

$$\lambda_1=5.856,\lambda_2=0.143,\lambda_3=\cdots=\lambda_6\approx0$$

设

$$\mu = 0.85, l_1 = \frac{\lambda_1}{\sum_{j=1}^{6} \lambda_j} = 0.976 > \mu$$

$\lambda_1 = 5.856$ 对应的特征向量为

$$\boldsymbol{\beta}_1 = (0.413, 0.395, -0.411, -0.412, -0.413, 0.405)$$

则

$$\begin{aligned} v_1 &= l_1 \sum_{j=1}^{6} \beta_{1j} y_{1j} \\ &= 0.976 \times [0.413 \times 0.17 + 0.395 \times (-0.133) + (-0.411) \times (-0.31) + (-0.412) \times \\ &\quad (-0.292) + (-0.413) \times (-0.154) + 0.405 \times 0.431 + (-0.412) \times (-0.292) + \\ &\quad (-0.413) \times (-0.154) + 0.405 \times 0.431] \\ &= 0.491 \end{aligned}$$

同理可得 $v_2 = -2.573$，$v_3 = 2.075$，决策结果是选择方案 $A_3$。

## 复习思路提示

1. 主分量分析法也称主成分分析法，它试图找一组较少的新属性(即主分量)，使新属性是系统中原属性的线性组合，并且相互独立，求出权系数，是一种客观赋权法。

2. 主分量分析法还可以对系统属性数目进行压缩和筛选。如果存在某个特征值等于零，说明评价体系中 $n$ 个属性存在完全相关关系，这时去掉某个相关属性，体系中的属性压缩为 $n-1$ 个，重新求特征值，进行分析和压缩，直到所有特征值非零为止。

### 15.3.4 模糊决策法

1. 基本背景

人们在现实决策中所遇到的问题，由于搜集信息的局限性和不完备性，往往带有一定的模糊性，如在完成某一项工程时希望“人越多越好”，在讲到对商品的美观要求时认为“顾客越喜欢越好”，在商店的服务决策中要求“让顾客满意”，在军事决策中要求“重创敌军”等，所有这些决策条件和目标都是模糊的。

一般来说，问题的复杂性和精确性是不相容的，复杂性增大时，其精确性就减小，数学的精确性往往是以降低问题处理的复杂性为代价的(如把非线性关系转化成线性关系进行计算处理)。对于这些含有模糊概念的决策问题，如果采用常规的精确的数学方法，就相当困难，甚至是不可能的，这时只能采用模糊决策法。

模糊决策法是采用模糊数学对目标模糊的、具有随机性评价矩阵的对象系统做出定量决策(综合评价)的一种方法。

1965 年，美国著名计算机与控制专家查德(L. A. Zadeh)教授提出了模糊的概念，并在国际期刊《*Information and Control*》中发表了第一篇用数学方法研究模糊现象的论文“Fuzzy Sets”(《模糊集合》)，开创了模糊数学的新领域。

模糊是指客观事物差异中间过渡中的“不分明性”或“亦此亦彼性”，如高个子与矮个子、年轻人与老年人、热水与凉水、环境污染严重与不严重等。在决策中，也有这种模糊的现象，如选举一个好干部，但怎样才算一个好干部？好干部与不好干部之间没有绝对分明和固定不变的界限。这些现象很难用经典的数学来描述。

模糊数学就是用数学方法研究与处理模糊现象的数学。它是继经典数学、统计数学之后发展起来的一门新的数学学科。如今，模糊数学的应用已经遍及理、工、农、医及社会科学的各个领域，充分地表现了它强大的生命力和渗透力。

在实际中，我们处理现实的数学模型可以分成三大类。

第一类是确定性数学模型，即模型的背景具有确定性，对象之间具有必然的关系。

第二类是随机性数学模型，即模型的背景具有随机性和偶然性。

第三类是模糊性数学模型，即模型的背景及关系具有模糊性。

2. 基本概念与运算

设评定科研成果等级的指标集为 $U=\{x_1, x_2, x_3, x_4, x_5, x_1\}$ 表示科研成果革新程度，$x_2$ 表示安全性能，$x_3$ 表示经济效益，$x_4$ 表示推广前景，$x_5$ 表示成熟性；$V$ 表示定性评价的评语论域，$V=\{y_1, y_2, y_3, y_4\}$，分别表示很好、较好、一般、不好。通过专家评审打分，按表 15－18 给出 $U\times V$ 上每个有序对 $(x_i, y_j)$ 指定的隶属度。

**表 15－18　$U\times V$ 上每个有序对 $(x_i, y_j)$ 指定的隶属度**

| $x$ | $V$ | | | |
|---|---|---|---|---|
| | $y_1$：很好 | $y_2$：较好 | $y_3$：一般 | $y_4$：不好 |
| $x_1$ | 0.45 | 0.35 | 0.15 | 0.05 |
| $x_2$ | 0.30 | 0.34 | 0.10 | 0.26 |
| $x_3$ | 0.50 | 0.30 | 0.10 | 0.10 |
| $x_4$ | 0.60 | 0.30 | 0.05 | 0.05 |
| $x_5$ | 0.56 | 0.10 | 0.20 | 0.14 |

由此确定一个从 $U$ 到 $V$ 的模糊关系，其隶属度函数是一个 $5\times 4$ 阶的矩阵，记为

$$\underset{\sim}{\mathbf{A}}=\begin{pmatrix} 0.45 & 0.35 & 0.15 & 0.05 \\ 0.3 & 0.34 & 0.1 & 0.26 \\ 0.5 & 0.3 & 0.1 & 0.1 \\ 0.6 & 0.3 & 0.05 & 0.05 \\ 0.56 & 0.1 & 0.2 & 0.14 \end{pmatrix}$$

下面是一些基本概念。

1）隶属函数、隶属度、模糊矩阵

设 $U=\{x_1, x_2, \cdots, x_m\}$，$V=\{y_1, y_2, \cdots, y_n\}$，$\underset{\sim}{\mathbf{A}}$ 为从 $U$ 到 $V$ 的模糊关系，其隶属函数为 $\mu_{\underset{\sim}{\mathbf{A}}}(x, y)$ 对任意的 $(x_i, y_j)\in U\times V$ 有 $\mu_{\underset{\sim}{\mathbf{A}}}(x_i, y_j)=a_{ij}\in[0,1]$，$i=1,2,\cdots,m$，$j=1,2,\cdots,n$，记 $\underset{\sim}{\mathbf{A}}=(a_{ij})_{m\times n}$，则 $\underset{\sim}{\mathbf{A}}$ 就是所谓的模糊矩阵。

2）模糊变换

设模糊矩阵

$$\underset{\sim}{\mathbf{A}}=(a_{ij})_{m\times n}, 0\leqslant a_{ij}\leqslant 1 \text{ 并且 } \sum_{j=1}^{n} a_{ij}=1, i=1,2,\cdots,m$$

权系数向量

$$\underset{\sim}{\mathbf{X}}=(x_1, x_2, \cdots, x_m), x_j\geqslant 0 \text{ 并且 } \sum_{j=1}^{m} x_j=1$$

综合评价向量

$$\underset{\sim}{\mathbf{Y}}=(y_1, y_2, \cdots, y_n)$$

则 $\underset{\sim}{Y}=\underset{\sim}{X}\odot\underset{\sim}{A}$ 称为模糊变换(符号⊙称为模糊集结算子，表示 $\underset{\sim}{X}$ 与 $\underset{\sim}{A}$ 的合成运算)。

3) 3 种模糊变换方法

符号：∧表示最小运算；∨表示最大运算；·表示乘法运算；＋表示加法运算。

$M(\wedge,\vee)$模型：

$$y_j=(x_1\wedge a_{1j})\vee(x_2\wedge a_{2j})\vee\cdots\vee(x_m\wedge a_{mj})=\bigvee_{i=1}^{m}(x_i\wedge a_{ij}),j=1,2,\cdots,n$$

$M(\cdot,\vee)$模型：

$$y_j=(x_1a_{1j})\vee(x_2a_{2j})\vee\cdots\vee(x_na_{nj})=\bigvee_{i=1}^{m}(x_ia_{ij}),j=1,2,\cdots,n$$

$M(\cdot,+)$模型：

$$y_j=\sum_{i=1}^{m}x_ia_{ij},j=1,2,\cdots,n$$

如要突出主指标，采用$M(\wedge,\vee)$模型和$M(\cdot,\vee)$模型；如要适当兼顾各指标，并保留指标评价的全部信息，采用$M(\cdot,+)$模型。

### 3. 一级模糊决策

一级模糊决策(综合评价)是指一级指标只有一个，就是要被评价的对象，其基本步骤如下。

(1) 精选评价指标，其集合记为论域$U$，确定指标评价语言，其集合记为$V$。

(2) 选取一定数量具有代表性和实践经验的人员，对各指标给出评语值，得到模糊评价矩阵$\boldsymbol{A}$及权系数向量$\boldsymbol{X}$。

(3) 利用模糊变换公式求综合评价向量$\boldsymbol{Y}$，然后对$\boldsymbol{Y}$进行归一化。

(4) 根据归一化$\boldsymbol{Y}$的值对评价对象做出综合评价。一般有以下几种评价准则。

① 最大隶属度法——选取最大隶属度对应的评语作为评价结论。

② 加权平均法——$f(v_k)$是评语$v_k$的量化值，将$y_k$作为$v_k$的权重，则综合评价结果为$v=\sum_{k=1}^{n}y_kf(v_k)$。

③ 模糊分布法——将$y_k$作为评价结果，反映了各评语隶属度的分布状况。

**例 15－7(模糊评价法)** 为了评价资本运营风险因素对资本运营项目的影响程度，选取了九大风险因素：政策、体制、经济、文化、经营、技术、财务、管理及行业风险。本例只选取政策风险进行评价，见表 15－19，即要评价政策风险对资本运营项目是否有影响，或影响的程度有多大。

**表 15－19 政策风险对资本运营项目的影响**

| U | 评价指标 |
|---|---|
| $u_1$ | 内外贸易政策变化 |
| $u_2$ | 资本运营的政府行为 |
| $u_3$ | 产业结构调整 |
| $u_4$ | 对国家当前的有关政策缺乏深入研究 |
| $u_5$ | 对国家政策未来的变动趋势未作预测 |
| $u_6$ | 对国家政策未来变动趋势预测不准确 |
| $u_7$ | 对国家政策、法规理解有误 |

解：

1) 设计论域和评语集

论域有 7 项指标，即$U=\{u_1,u_2,\cdots,u_7\}$。

评语集$V=\{v_1$：无影响(1 分)；$v_2$：影响作用弱(2～4 分)；$v_3$：影响作用一般(5～7 分)；$v_4$：影响作用

明显(8～10 分)}。

2) 抽样调查

面向国有企业设计了一套问卷，抽样调查了 60 家企业，请企业的负责人对各指标的影响程度进行打分，收回有效问卷 40 份。问卷发放采用面访、留置问卷等形式。调查地域主要为湖北省，调查企业涉及机械、电子、信息、医药、金融、证券、商业、房地产等行业。对调查信息进行统计得到表 15－20。

**表 15－20 问卷人数及评分统计表**

| $u_i$ | 无影响(1 分) | | 影响作用弱(2～4 分) | | 影响作用一般(5～7 分) | | 影响作用明显(8～10 分) | | 合计总分 |
|---|---|---|---|---|---|---|---|---|---|
| | 人数 | 总分 | 人数 | 总分 | 人数 | 总分 | 人数 | 总分 | |
| $u_1$ | 4 | 4 | 20 | 38 | 10 | 54 | 6 | 50 | 146 |
| $u_2$ | 4 | 4 | 8 | 20 | 10 | 58 | 18 | 160 | 242 |
| $u_3$ | 0 | 0 | 4 | 6 | 14 | 75 | 22 | 194 | 275 |
| $u_4$ | 0 | 0 | 20 | 38 | 8 | 91 | 12 | 34 | 163 |
| $u_5$ | 0 | 0 | 15 | 16 | 9 | 110 | 16 | 52 | 178 |
| $u_6$ | 2 | 2 | 20 | 40 | 14 | 84 | 4 | 35 | 161 |
| $u_7$ | 10 | 10 | 12 | 26 | 8 | 44 | 10 | 88 | 168 |
| $\sum$ | 20 | 20 | 99 | 184 | 73 | 516 | 88 | 613 | 1 333 |

求得权系数向量 $\boldsymbol{X}=(0.109,0.183,0.206,0.122,0.133,0.121,0.126)$(由评语打分设计可知，指标越重要，其分值越高，权系数越大。将各指标总分除以 1 333，得到各指标的分值比例，比例大小反映了指标的重要程度)。

3) 求模糊判断矩阵

将指标各评语人数除以总人数 40，有

$$\boldsymbol{A}=\begin{bmatrix}0.1 & 0.5 & 0.25 & 0.15\\ 0.1 & 0.2 & 0.25 & 0.45\\ 0 & 0.1 & 0.35 & 0.55\\ 0 & 0.5 & 0.2 & 0.3\\ 0 & 0.375 & 0.225 & 0.4\\ 0.05 & 0.5 & 0.35 & 0.1\\ 0.25 & 0.3 & 0.2 & 0.25\end{bmatrix}$$

4) 计算评价结果向量

分别用 3 种模型计算，可得：

① $M(\wedge,\vee)$模型：$\boldsymbol{Y}=\boldsymbol{X}\odot\boldsymbol{A}=(0.126,0.183,0.206,0.206)$；

② $M(\cdot,\vee)$模型：$\boldsymbol{Y}=\boldsymbol{X}\odot\boldsymbol{A}=(0.031\,5,0.061,0.072\,1,0.113\,3)$；

③ $M(\cdot,+)$模型：$\boldsymbol{Y}=\boldsymbol{X}\odot\boldsymbol{A}=(0.066\,7,0.320\,8,0.026\,63,0.344\,6)$。

按最大隶属度法，$M(\wedge,\vee)$模型失效，因为有两个最大值为 0.206，不能选择评语。

后两种模型有效，综合评语值最大的都是第四个，说明政策风险影响作用是明显的。

按加权平均法评价时，首先对评语进行量化。在本例中，取评语中值后除以 10，得到 $f(v_k)=\{0.1,0.3,0.66,0.9\}$。

对于 $M(\wedge,\vee)$模型，对 $\boldsymbol{Y}$ 进行归一化后得 $\boldsymbol{Y}=(0.174,0.254,0.286,0.286)$，则

$$v=\sum_{k=1}^{n}y_k f(v_k)=0.1\times0.174+0.3\times0.254+0.66\times0.286+0.9\times0.286=0.523$$

这是一个综合评价值，不能直接得到评语结论，只能反映政策风险的影响程度。

按模糊分布法评价时，评价向量反映了各评语的隶属度，如 $M(\cdot,\vee)$ 模型，对 $\boldsymbol{Y}$ 进行归一化后，$\boldsymbol{Y}=\{0.113,0.220,0.259,0.408\}$。

评价结论是：政策风险对资本运营无影响的程度是 0.113，影响作用弱的程度是 0.22，影响作用一般的程度是 0.259，影响作用明显的程度是 0.408。

4．二级模糊决策

二级模糊决策（综合评价）是将指标分成图 15-1 所示的两层，三级模糊综合评价是将指标分为三层等。

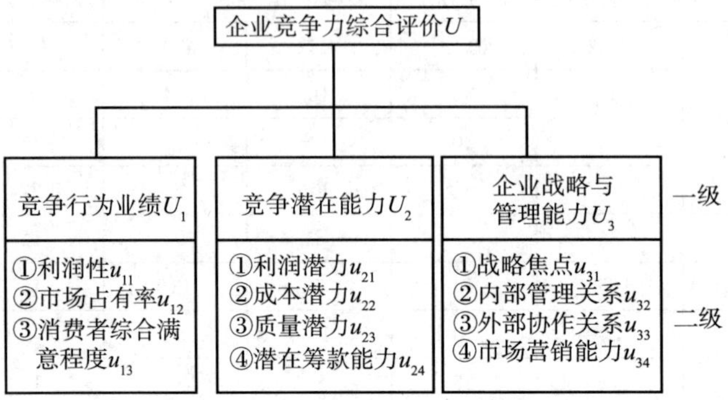


**图 15-1　企业竞争力评价指标体系**

二级模糊综合评价的步骤如下。

（1）将论域 $U$ 分解成 $k$ 个子域 $U=\{U_1,U_2,\cdots,U_k\}$，并且满足 $U_i\cap U_j=\varnothing(i\neq j,i,j=1,2,\cdots,k)$，评语集为 $V=\{v_1,v_2,\cdots,v_m\}$。

（2）对每个子域 $U_i$ 作一级模糊综合评价，模糊综合评价向量为 $\boldsymbol{Y}_i=(y_{i1},y_{i2},\cdots,y_{im})$。

（3）对论域 $U$ 作二级模糊综合评价，$\boldsymbol{Y}_i=(y_{i1},y_{i2},\cdots,y_{im})$ 归一化后作为二级模糊判断矩阵：

$$\boldsymbol{A}=\begin{bmatrix}y_{11} & y_{12} & \cdots & y_{1m}\\ y_{21} & y_{22} & \cdots & y_{2m}\\ \vdots & \vdots & & \vdots\\ y_{k1} & y_{k2} & \cdots & y_{km}\end{bmatrix}$$

子域 $U_i$ 权系数向量为 $\boldsymbol{X}=(x_1,x_2,\cdots,x_k)$，则论域 $U$ 的模糊综合评价为 $\boldsymbol{Y}=(y_1,y_2,\cdots,y_m)=\boldsymbol{X}\odot\boldsymbol{A}$。

**例 15-8（二级模糊综合评价）**　如图 15-1 所示，用二级模糊综合评价方法定量描述企业之间竞争力的强弱程度。

解：（1）设计评价指标集（论域 $U$），分为二级指标，如图 15-1 所示。

（2）设计评语集：$V=\{$很强，较强，一般，差$\}$。

（3）指标的权系数。根据专家评分法得到论域及各子域的权系数向量：

$$\boldsymbol{X}=(0.25,0.40,0.35)$$

$$\boldsymbol{X}_1=(0.30,0.40,0.30)$$

$$\boldsymbol{X}_2=(0.20,0.25,0.25,0.30)$$

$$\boldsymbol{X}_3=(0.30,0.25,0.20,0.25)$$

（4）求二级指标各子域的模糊判断矩阵，可通过统计抽样或专家评分法求得：

$$\boldsymbol{A}_1=\begin{bmatrix}0.2 & 0.5 & 0.2 & 0.1\\ 0.3 & 0.4 & 0.2 & 0.1\\ 0.2 & 0.5 & 0.25 & 0.05\end{bmatrix},\boldsymbol{A}_2=\begin{bmatrix}0.15 & 0.35 & 0.3 & 0.2\\ 0.3 & 0.4 & 0.2 & 0.1\\ 0.25 & 0.45 & 0.2 & 0\end{bmatrix},\boldsymbol{A}_3=\begin{bmatrix}0.2 & 0.6 & 0.15 & 0.05\\ 0.3 & 0.4 & 0.2 & 0.1\\ 0.5 & 0.4 & 0.1 & 0\\ 0.3 & 0.5 & 0.1 & 0.1\end{bmatrix}$$

(5) 计算二级各子域 $U_i$ 的模糊综合评价向量，这里采用 $M(\wedge,\vee)$ 模型。

$$\boldsymbol{Y}_1=\boldsymbol{X}_1\odot\boldsymbol{A}_1=(0.3,0.4,0.3)\odot\begin{bmatrix}0.2&0.5&0.2&0.1\\0.3&0.4&0.2&0.1\\0.2&0.5&0.25&0.05\end{bmatrix}=(0.3,0.4,0.25,0.1)$$

$$\boldsymbol{Y}_2=\boldsymbol{X}_2\odot\boldsymbol{A}_2=(0.25,0.3,0.2,0.3)\odot\begin{bmatrix}0.15&0.35&0.3&0.2\\0.3&0.4&0.2&0.1\\0.25&0.45&0.2&0.1\\0.2&0.6&0.2&0\end{bmatrix}=(0.25,0.3,0.2,0.3)$$

$$\boldsymbol{Y}_3=\boldsymbol{X}_3\odot\boldsymbol{A}_3=(0.3,0.25,0.2,0.25)\odot\begin{bmatrix}0.2&0.6&0.15&0.05\\0.3&0.4&0.2&0.1\\0.5&0.4&0.1&0\\0.3&0.5&0.1&0.1\end{bmatrix}=(0.25,0.3,0.2,0.1)$$

(6) 计算一级论域 $U$ 的模糊综合评价向量。将 $\boldsymbol{Y}_1,\boldsymbol{Y}_2,\boldsymbol{Y}_3$ 进行归一化得到矩阵 $\boldsymbol{A}$：

$$\begin{aligned}\boldsymbol{Y}&=\boldsymbol{X}\odot\boldsymbol{A}\\&=(0.25,0.4,0.35)\odot\begin{bmatrix}\boldsymbol{Y}_1\\\boldsymbol{Y}_2\\\boldsymbol{Y}_3\end{bmatrix}\\&=(0.25,0.4,0.35)\odot\begin{bmatrix}0.286&0.381&0.238&0.095\\0.238&0.286&0.190&0.286\\0.294&0.353&0.235&0.118\end{bmatrix}\\&=(0.294,0.35,0.238,0.286)\end{aligned}$$

进行归一化处理，得 $\boldsymbol{Y}=(0.252,0.300,0.204,0.245)$。

评价结果：根据模糊决策法评价的结果，有 25.2%的把握说企业竞争力很强，有 30%的把握说企业竞争力较强，有 20.4%的把握说企业竞争力一般，有 24.5%的把握说企业竞争力差。根据最大隶属度准则的评价结果，企业竞争力较强。

## 复习思路提示

1. 模糊决策法是采用模糊数学对目标模糊的、具有随机性评价矩阵的对象系统做出定量决策（综合评价）的一种方法。

2. 掌握 3 种不同的模糊变换方法和评价方法。决策者应灵活运用 3 种模型和 3 种评价方法，对目标更加全面地做出合理的评价。

# 15.4 层次分析法

层次分析法(Analytic Hierarchy Process，AHP)是将具有复杂的多属性决策问题分解成目标、准则、方案等递阶层次，在此基础之上进行定性和定量分析的决策方法。

该方法是美国运筹学家匹兹堡大学教授萨蒂(T. L. Saaty)等人于 20 世纪 70 年代初提出的。层次分析法是一种综合决策方法。

## 15.4.1 建立递阶层次结构

AHP 的第一步是建立多级的层次结构，层次一般分为三层：目标层、准则层及方案层。

1）目标层

目标层是决策的最高层，是最终要达到的总目标，只有一个目标，记为 $C$。

2）准则层

准则层是由决策者为了达到目标层的总目标而设定的可选约束因素（元素）集合，是决策的中间环节，因此也称为中间层。准则层可以是多级的。

3）方案层

方案层由决策者的备选方案构成，是层次结构的最低层。

某人想选购一辆神龙汽车有限公司生产的标致系列小型客车，可选型号有 3008、508、408、308，考虑的因素（准则）有价格、油耗等 5 种，那么此人要为选购哪一款型号的车做出决策。建立层次结构，如图 15－2 所示。

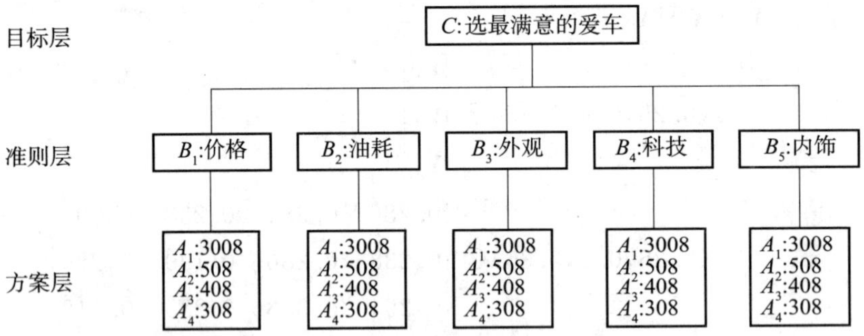


**图 15－2　汽车选购决策的层次结构**

建立层次结构图的原则如图 15－3 所示。

（1）递阶层次中任一元素仅属于某一个层次，其他层次不再出现该元素。

（2）元素 $C$ 必须支配所有的 $B$ 层元素，$B$ 层元素都受元素 $C$ 支配并且支配 $A$ 层至少一个元素，$A$ 层元素至少受 $B$ 层一个元素支配。

（3）同一层次元素之间不存在支配关系。

（4）若两元素之间存在支配关系就用线段将它们连接起来。

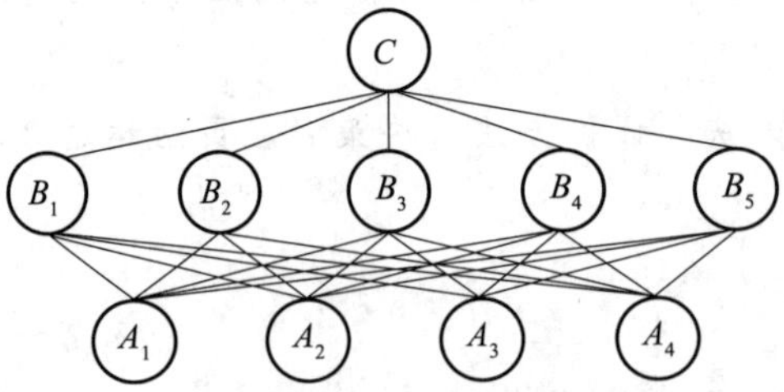


**图 15－3　建立层次结构图的原则**

## 15.4.2 判断矩阵与权系数

AHP 的第二步是建立各层次的判断矩阵。按照 9 级序数分值法赋值得到判断矩阵。

两两比较的判断思路与前述相同，即将每两个属性进行比较，根据其相对重要程度给出估计分值，得出判断矩阵，求出属性的权系数。属性重要程度采用 9 级序数分值的求法，如表 15－6 所示。

具体步骤如下。

1）建立判断矩阵(由上而下，由高到低)

(1) 对准则层各元素两两进行比较，得到准则层的判断矩阵，记为 $\boldsymbol{C}$。

(2) 选择准则层一个元素 $B_i(i=1,2,\cdots,n)$，对方案层各元素两两进行比较，得到 $n$ 个判断矩阵，记为 $\boldsymbol{B}_1,\boldsymbol{B}_2,\cdots,\boldsymbol{B}_n$。

2）计算权系数

(1) 由判断矩阵 $\boldsymbol{C}$ 计算准则层各元素的权系数向量，记为 $\boldsymbol{W}_C=(w_1,w_2,\cdots,w_n)^{\mathrm{T}}$。

(2) 由判断矩阵 $\boldsymbol{B}_1,\boldsymbol{B}_2,\cdots,\boldsymbol{B}_n$ 计算 $n$ 个权系数向量，记为

$$\boldsymbol{W}_B=(\boldsymbol{W}_{B1},\boldsymbol{W}_{B2},\cdots,\boldsymbol{W}_{Bn})=\begin{bmatrix} w_{11} & w_{12} & \cdots & w_{1n} \\ w_{21} & w_{22} & \cdots & w_{2n} \\ \vdots & \vdots & & \vdots \\ w_{m1} & w_{m2} & \cdots & w_{mn} \end{bmatrix}$$

(3) 计算组合权系数向量 $\boldsymbol{V}$。组合权系数即各方案的综合价值，计算公式为 $\boldsymbol{V}=\boldsymbol{W}_B\boldsymbol{W}_C$，依据向量 $\boldsymbol{V}$ 值大小即可做出决策。

## 15.4.3　一致性检验

在两两元素进行比较时很难满足一致性的要求，往往存在一定的误差，问题是误差多大才认为是一致的。

1. 一致性指标(consistency index)

$$CI=\frac{\lambda_{\max}-n}{n-1}$$

由 $\begin{cases}(\boldsymbol{C}-\lambda_{\max}\boldsymbol{I})\boldsymbol{W}=0\\ w_1+w_2+\cdots+w_n=1\end{cases}$ 计算 $\lambda_{\max}$。式中，$\lambda_{\max}$ 是矩阵 $\boldsymbol{C}$ 的最大特征值，权系数向量 $\boldsymbol{W}$ 是 $\lambda_{\max}$ 对应的特征向量。

若满足一致性，可知矩阵 $\boldsymbol{C}$ 的唯一非零特征值 $\lambda_{\max}=n$，又因为 $c_{ii}=1$，所以有 $n=\sum_{j=1}^{n}\lambda_j=\sum_{j=1}^{n}c_{jj}$。

若不满足一致性，则 $\lambda_{\max}\geqslant n$，因此将 $\lambda_{\max}-n$ 的平均值作为检验判断矩阵的一致性指标 $CI$。$CI$ 越大说明一致性越差，一般只要 $CI<0.1$，就认为判断矩阵的一致性可以接受。

2. 平均随机一致性指标(random index)

$$RI=\frac{\lambda'_{\max}-n}{n-1}$$

当指标数目 $n$ 越大时，判断矩阵的一致性越差，考虑指标维数 $n$ 的因素，Saaty 教授建议取一个充分大的子样(500 个样本)得到判断矩阵 $\boldsymbol{C}$ 的最大特征值的平均值 $\lambda'_{\max}$ 代替一致性指标中的 $\lambda_{\max}$ 得到 $RI$ 指标。

1～15 阶判断矩阵对应的平均随机一致性指标 $RI$ 值如表 15-21 所示。

**表 15-21　1～15 阶判断矩阵对应的平均随机一致性指标 $RI$ 值**

| $n$ | 1 | 2 | 3 | 4 | 5 | 6 | 7 | 8 | 9 | 10 | 11 | 12 | 13 | 14 | 15 |
|---|---|---|---|---|---|---|---|---|---|---|---|---|---|---|---|
| $RI$ | 0 | 0 | 0.58 | 0.9 | 1.12 | 1.24 | 1.32 | 1.41 | 1.45 | 1.49 | 1.51 | 1.54 | 1.56 | 1.58 | 1.59 |

3. 随机一致性比例(consistency ratio)

$$CR=\frac{CI}{RI}$$

当 $CR<0.1$ 时认为判断矩阵有满意的一致性，否则就需要调整判断矩阵，使之达到一致性。

尽管将 $CR=0.1$ 作为检验一致性的临界值已被人们所接受，但在实际应用中，当 $n$ 较小时，容易通过该检验（标准过松），但当 $n\geqslant 7$ 时则很难通过（标准过严）。因此，有学者提出用统计检验的方法寻找 $CI$ 的临界值。

4. 统计检验的方法

$$\mu_0=\frac{\lambda_\alpha}{2n(n-1)}$$

其中，$n$ 为判断矩阵阶数，$\lambda_\alpha$ 是置信水平为 $\alpha$、自由度为 $n(n-1)/2$ 的 $\chi^2$ 分布的临界值。

$CI$ 的临界值（$\alpha=0.9$）如表 15-22 所示。

**表 15-22　$CI$ 的临界值**

| $n$ | 3 | 4 | 5 | 6 | 7 | 8 | 9 | 10 | 11 | 12 | 13 |
|---|---|---|---|---|---|---|---|---|---|---|---|
| $\mu_0$ | 0.049 | 0.092 | 0.122 | 0.124 | 0.158 | 0.169 | 0.178 | 0.185 | 0.191 | 0.195 | 0.200 |

只要 $CI<\mu_0$ 就认为判断矩阵的一致性可以接受。

应用该法的优点是直接使用 $CI$ 指标检验，不需要求 $RI$ 及 $CR$，并且解决了判断标准过松与过紧的问题。

一致性检验的关键是计算最大特征值，在求出权系数向量 $\boldsymbol{W}$ 时，最大特征值计算公式：

$$\lambda_{\max}=\frac{1}{n}\sum_{i=1}^{n}\frac{1}{w_i}\sum_{j=1}^{n}c_{ij}w_j$$

其中，判断矩阵 $\boldsymbol{C}=(c_{ij})_{n\times n}$，$\boldsymbol{W}=(w_1,w_2,\cdots,w_n)^{\mathrm{T}}$。

由此得到层次分析法的基本步骤。

(1) 建立多级递阶层次结构。

(2) 建立各层次的判断矩阵。

(3) 计算各层权系数及组合权系数。

(4) 一致性检验。

(5) 进行综合决策。

**例 15-9（层次分析法）**　某企业计划开发一种新产品，投产之前要对风险进行评价，评价方案有 3 种：高风险、中风险及低风险。

解：

1) 建立风险评价层次结构图

企业组织相关专业人员，建立风险评价层次结构图，如图 15-4 和图 15-5 所示。

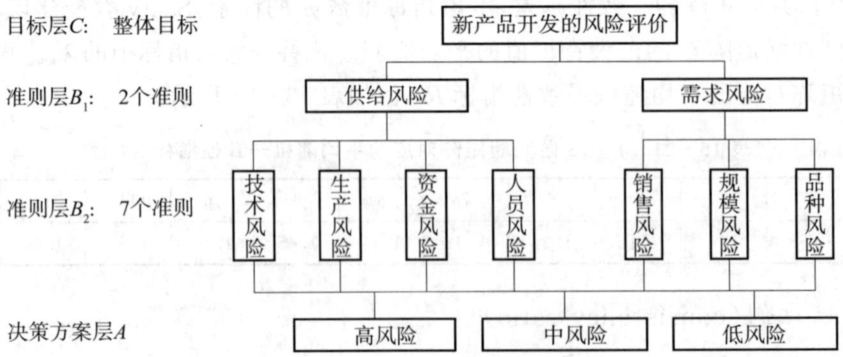


**图 15-4　风险评价层次结构(1)**

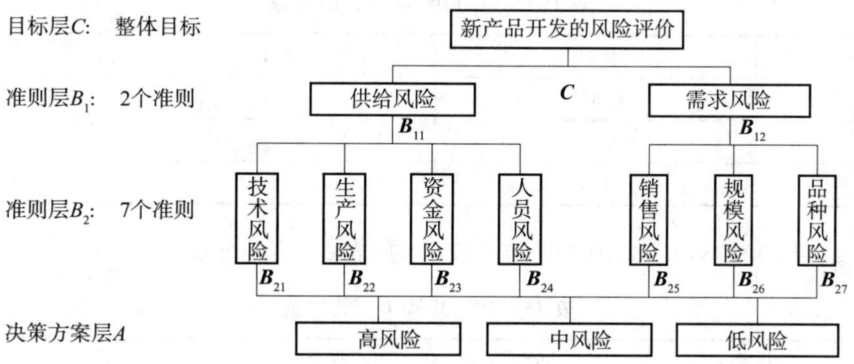


**图 15－5 风险评价层次结构(2)**

2）建立判断矩阵

可以看出，目标层与准则层共有 10 个元素(指标)，该决策问题共有 10 个判断矩阵。具体如表 15－23、表 15－24、表 15－25 和表 15－26 所示。

**表 15－23 判断矩阵 $C$**

| 总目标 | 供给 | 需求 |
| --- | --- | --- |
| 供给 | 1 | 2 |
| 需求 | 1/2 | 1 |

**表 15－24 $B_1$ 层供给风险对 $B_2$ 层所支配的 4 个准则之间的判断矩阵 $B_{11}$**

| 供给风险 | 技术 | 生产 | 资金 | 人员 |
| --- | --- | --- | --- | --- |
| 技术 | 1 | 1/4 | 1/2 | 2 |
| 生产 | 4 | 1 | 2 | 8 |
| 资金 | 2 | 1/2 | 1 | 4 |
| 人员 | 1/2 | 1/8 | 1/4 | 1 |

**表 15－25 $B_1$ 层需求风险对 $B_2$ 层所支配的 3 个准则之间的判断矩阵 $B_{12}$**

| 需求风险 | 销售 | 规模 | 品种 |
| --- | --- | --- | --- |
| 销售 | 1 | 2 | 2 |
| 规模 | 1/2 | 1 | 1 |
| 品种 | 1/2 | 1 | 1 |

$B_2$ 层 7 个元素都支配 $A$ 层 3 个元素，则 $B_{21}$(其他 6 个略)如表 15-26 所示。

**表 15－26 判断矩阵 $B_{21}$**

| 技术风险 | 高风险 | 中风险 | 低风险 |
| --- | --- | --- | --- |
| 高风险 | 1 | 1/4 | 12 |
| 中风险 | 4 | 1 | 8 |
| 低风险 | 1/2 | 1/8 | 1 |

3）求权系数(用算术平均法)

① 对判断矩阵列求和。

② 每个元素除以对应列的总和。

③ 计算每行的平均值。可得，判断矩阵 $C$ 的权重 $W_C=(0.667,0.333)^T$，如表 15－27 所示。

表 15-27　判断矩阵 $C$ 的权重

| | 供给 | 需求 | 权重 |
|---|---|---|---|
| 供给 | 0.667 | 0.667 | 0.667 |
| 需求 | 0.333 | 0.333 | 0.333 |
| 列求和 | 1.5 | 3 | |

$B_{11}$ 的权重 $W_{B_{11}}=(0.133,0.533,0.267,0.067)^{T}$，如表 15-28 所示。

表 15-28　矩阵 $B_{11}$ 的权重

| | 技术 | 生产 | 资金 | 人员 | 权重 |
|---|---|---|---|---|---|
| 技术 | 0.133 | 0.133 | 0.133 | 0.133 | 0.133 |
| 生产 | 0.533 | 0.533 | 0.533 | 0.533 | 0.533 |
| 资金 | 0.267 | 0.267 | 0.267 | 0.267 | 0.267 |
| 人员 | 0.067 | 0.067 | 0.067 | 0.067 | 0.067 |
| 列求和 | 7.5 | 1.875 | 3.75 | 15 | |

$B_{12}$ 的权重 $W_{B_{12}}=(0.5,0.25,0.25)^{T}$，如表 15-29 所示。

表 15-29　矩阵 $B_{12}$ 的权重

| | 销售 | 规模 | 品种 | 权重 |
|---|---|---|---|---|
| 销售 | 0.5 | 0.5 | 0.5 | 0.5 |
| 规模 | 0.25 | 0.25 | 0.25 | 0.25 |
| 品种 | 0.25 | 0.25 | 0.25 | 0.25 |
| 列求和 | 2 | 4 | 4 | |

$$W_{11}=(0.133,0.533,0.267,0.067,0,0,0)^{T}$$

$$W_{12}=(0,0,0,0,0.5,0.25,0.25)^{T}$$

准则层权系数矩阵为 $W_B=(W_{11},W_{12})$。

$B_{21}$ 的权重 $W_{B_{21}}=(0.182,0.727,0.091)^{T}$，如表 15-30 所示。

表 15-30　矩阵 $B_{21}$ 的权重

| | 高风险 | 中风险 | 低风险 | 权重 |
|---|---|---|---|---|
| 高风险 | 0.182 | 0.182 | 0.182 | 0.182 |
| 中风险 | 0.727 | 0.727 | 0.727 | 0.727 |
| 低风险 | 0.091 | 0.091 | 0.091 | 0.091 |
| 列求和 | 5.5 | 1.375 | 11 | |

$B_2$ 层对 $A$ 层的权系数矩阵：

$$W_A=(W_{21},W_{22},\cdots,W_{27})=\begin{bmatrix}0.182 & 0.678 & 0.571 & 0.143 & 0.652 & 0.571 & 0.114\\0.727 & 0.226 & 0.286 & 0.571 & 0.217 & 0.286 & 0.405\\0.091 & 0.097 & 0.143 & 0.286 & 0.130 & 0.143 & 0.481\end{bmatrix}$$

4）一致性检验(仅检验 $B_{11}$)

(1) 由最大特征值公式计算加权向量，即判断矩阵的行向量与指标权系数的线性组合：

$$k_i=\sum_{j=1}^{n}c_{ij}w_j$$

$$\boldsymbol{K}=\begin{bmatrix}K_1\\K_2\\K_3\\K_4\end{bmatrix}=\boldsymbol{B}_{11}\boldsymbol{W}_{11}=\begin{bmatrix}1&0.25&0.5&2\\4&1&2&8\\2&0.5&1&4\\0.5&0.125&0.25&1\end{bmatrix}\begin{bmatrix}0.133\\0.533\\0.267\\0.067\end{bmatrix}=\begin{bmatrix}0.534\\2.135\\1.068\\0.267\end{bmatrix}$$

(2) 用加权值 $k_j$ 除以每个指标的权系数 $w_j$：$l_j=k_j/w_j$。

$$\boldsymbol{L}=\left(\frac{0.543}{0.133},\frac{2.135}{0.533},\frac{1.068}{0.267},\frac{0.267}{0.067}\right)=(4.013,4.006,3.998,3.983)$$

(3) 计算最大特征值 $\lambda_{\max}$，$CI$ 及 $CR$。

$$\lambda_{\max}=\frac{\sum_{j=1}^{n}l_j}{n}=\frac{4.013+4.006+3.998+3.983}{4}=4$$

$CI=\dfrac{\lambda_{\max}-n}{n}=0$，$CR=0$。结果显示判断矩阵 $\boldsymbol{B}_{11}$ 完全一致。

5）求方案层的综合评价值

$$\boldsymbol{V}=\boldsymbol{W}_A\boldsymbol{W}_B\boldsymbol{W}_C=(0.531,0.315,0.154)^{\mathrm{T}}$$

6）风险评价

向量 **V** 的值表明各风险系数的大小，高风险系数最大，结果表明企业开发该新产品的风险较大，形势好的可能性较小。

## 复习思路提示

1. 层次分析法是将具有复杂的多属性决策问题分解成目标、准则、方案等递阶层次，在此基础之上进行定性和定量分析的决策方法。

2. AHP 的步骤：①建立多级递阶层次结构；②建立各层次的判断矩阵；③计算各层权系数及组合权系数(综合评价值)；④一致性检验；⑤进行综合决策。

3. 构造层次结构图是一项细致的分析工作，需要有一定的经验。根据层次结构图确定每一层的各因素的相对重要性的权数，直至计算出措施层各方案的相对权数。这就给出了各方案的优劣次序，以便供领导决策。

4. 多属性决策或综合评价方法还有：DEA 方法、基于粗糙集的决策方法、群决策方法、神经网络方法、灰色关联度方法等。

# 第16章 启发式方法

启发式方法是运筹学中用于解决复杂优化问题的一类算法，其通过模拟自然现象或根据人类经验来寻找问题的近似最优解。与精确算法相比，启发式方法通常在计算时间和资源消耗上更为高效，尤其适用于大规模或复杂问题。启发式方法的核心在于利用启发式规则或策略来指导搜索过程，从而在有限的时间内找到一个足够好的解。该方法不保证找到全局最优解，但通常能在合理的时间内找到令人满意的解。启发式方法广泛应用于运筹学的各个领域，如路径规划、调度问题、资源分配等。其特别适用于问题规模较大或问题结构复杂，难以用精确方法求解的情况。

## 本章必会知识点

(1) 了解启发式方法的产生背景。

(2) 了解启发式方法的基本概念。

(3) 了解启发式方法的基本策略。

(4) 掌握几个启发式方法的应用举例，包括工件排序问题、旅行售货员问题和车辆调度问题。

## 本章重难点

**重点：**

(1) 启发式方法的基本背景。

(2) 启发式方法的特点。

(3) 启发式方法的策略。

**难点：**

启发式方法在具体问题中的应用。

## 本章考情分析

启发式方法在研究生入学考试中的考情特点如下。

1. 考试内容与题型

考试内容主要包括启发式方法的基本概念(如解空间、邻域结构、局部最优解等)、常见启发式方法(如局部搜索、模拟退火、遗传算法、蚁群算法等)及其应用场景。题型多为简答题和计算题，重点考查学生对不同启发式算法的理解和应用能力。

2. 考试难度与重要性

启发式方法的难度适中，但需要学生掌握多种算法的特点及其适用场景。在考试中，该部分通常占总分的10%～15%，是运筹学和优化理论中的重要考点。

3. 考试趋势与复习建议

近年来，考试更加注重考查学生对启发式算法的综合应用能力，尤其是如何根据问题类型选择合适的算法进行求解。复习时，建议学生重点掌握局部搜索和模拟退火算法的基本原理与实现步骤，熟悉遗传算法和蚁群算法的应用场景。

# 16.1 启发式方法简介

## 16.1.1 基本背景

前面章节学习了很多常用的和标准的运筹学模型，尽可能从科学分析的角度出发，给出理论解释和数学证明，力求既能解决实际问题，又有严密的逻辑。然而，在现实中，解决问题时所采用的大多数模型并不是自然而然地呈现在研究者或管理者的面前，而是需要人们通过感知去认识并发现问题，经过分析提炼成模型。

很多现实问题往往嵌入在大系统中的某个子系统或子子系统中，它们关联着社会、经济、文化和生态环境等诸多方面。此外，很多模型往往要在边界清晰、条件明确、判别准则合理等较理想的条件下才能进行求解，所得结果与实际情况常常存在差别，有时差别还很大。

而在人们认识客观世界的过程中，许多问题尚未被清楚认识，是否需要进一步研究，不够清楚或存在争议，需进一步认真分析。对研究对象在进行系统观察和分析的基础上，将问题的胚芽加以总结抽象，从而形成明确问题。然后通过系统研究和深刻理解，明确其本质属性及与环境的关系，将问题抽象并一般化，进而表述为数学模型。建立数学模型后，通常运用某些已有的算法或提出新的算法(包括移植、改造、综合)，通过一定的步骤，求出问题的解(最优解或满意解)。最后，将模型用于解决实际问题并在实践中验证和改进模型及其算法。

启发式方法就是当人们面对复杂问题或新问题时，时常借助的一种解决问题的思考模式和途径。当人们面对新问题时，通常会先看它是否能从以往的经验或模型借鉴中去解决，从而得到某种启示，为解决新问题找到一些可行思路和方法。寻求并接受启发，是人们认识问题、分析问题和解决问题的常用思维模式。

在现实中，有些问题的结构与运筹学已有的模型相近，可用标准模型和算法去解决；但也有很多问题的结构与标准模型存在较大差异，就需要人们去发现和创造能解决更复杂实际问题的新思路、新模型和新算法。现实问题的复杂性以及已有规范性方法的局限，使启发式方法成为解决复杂、非结构化问题的一种常用方法和策略，近年来其理论研究和应用技术不断深入和范围不断扩大。

## 16.1.2 问题结构

具有良好结构的问题应具有以下特征。

(1) 能建立起正确反映该问题性质的一种“可接受”模型，与问题有关的主要信息可纳入模型之中。

(2) 模型所需要的数据能够获得。

(3) 模型可解，能拟订出求解的程序性步骤和求解方法，而且得到的解能体现解决问题的可行方案。

(4) 可拟订出明确的准则，用以判定解的可行性和最优性。

(5) 求解所需的计算量不太大,所需的费用不太多。

对于具有良好结构的问题,通常可用传统的(标准的)运筹学方法加以解决。

但如果问题结构不良,使用传统运筹学方法就难以奏效。这时,由于模型涉及因素多、结构复杂,与传统的标准模型相去甚远,难以套用已有的标准算法。

为得到近似可用的解,必须运用感知力和洞察力,从与其有关而较基本的模型及算法中寻求它们之间的联系,从中得到启发,去发现适于解决该问题的思路和途径,这种方法称为启发式方法(heuristic method),由此建立的算法称为启发式算法(heuristic algorithm)。

## 16.1.3 启发式方法的特点

启发式方法是寻求解决问题的一种方法和策略,建立在人们经验和判断的基础之上,体现了人的主观能动作用和创造力。启发式方法在解决问题时强调"满意",常常得到满意解就可以了,而不去刻意追求最优性和探求最优解,原因是:

(1) 很多问题不存在严格最优解(例如目标之间矛盾的多目标问题),这时,对目标的满意性常比最优性更能准确地描述人们的选择行为。

(2) 对有些问题,要得到它们的最优解所花的代价太大,不划算。

(3) 从实际决策的需要出发,有时没有必要要求解具有过高的精度。

用启发式方法求解问题通常是通过迭代过程实现的,因而需要拟定一套科学合理的解的搜索规则。为得到满意解,在整个迭代过程中要及时掌握解的变化情况,不断注意并吸收新的信息,及时考查所使用的求解策略,必要时改变原来拟定的不合适的或过时的策略,建立新的搜索规则,注意从失败中吸取教训,并逐步缩小搜索范围。

启发式方法在构建过程中,需要:

(1) 多种相关知识的集成和综合运用;

(2) 多种方法的合理结合;

(3) 系统状态在多时段中的良性动态演化;

(4) 考虑各种干扰因素的影响;

(5) 顾及多个相关主体利益的均衡。

启发式方法的优点有:

(1) 计算步骤简单,要求的理论基础不高,可由未经高级训练的人员实现;

(2) 与优化方法比常可减少大量的计算工作,从而显著节约开支和时间;

(3) 易于将定量分析与定性分析相结合。

## 16.1.4 启发式策略

1. 问题构建策略

在对提出的问题进行认真研究和全面分析的基础上,明确研究目标和欲解决的关键问题,由此建立的模型应如实和正确地反映问题的性质、条件、要求、结构和目标,防止问题扭曲和表述失真。在表述正确和重点明确的前提下,力求简单、明晰和便于解决。

2. 逐步构解策略

一个完整的解通常是由若干个分量组成的。当用该策略时,应建立某种规则,按一定次序每次确定解的一个分量,直至得到包含所有解分量的一个完整的解为止。

3. 分解合成策略

为求解一个复杂的大问题,可首先将其分解为若干个小的子问题,再选用合适的方法(包括启发式方法、优化方法、模拟方法等)，按一定顺序求解每个子问题，根据子问题之间及其与总问题的关系〔例如递进关系、包含(嵌套)关系、平行关系等〕，将子问题的解作为下一阶子问题的输入，或在相容原则下将子问题的解进行综合，经合成最后得到总问题合乎要求的解。

4. 改进策略

运用这一策略时，首先从一个初始解(初始解不必一定是可行解)出发，然后对解的质量(包括它产生的目标函数值、可行性及可接受性等)进行评价，并采用某种启发式方法设计改进规则，对解加以改进，反复进行如上的评价和改进，直至得到满意的解为止。

为获得初始解，可用逐步构解策略或(和)分解合成策略，也可使用其他近似方法。在启发式方法中，好的初始解可大大提高求解效率和质量。

5. 搜索学习策略

本策略包括在解空间中的定向搜索以及在搜索过程中发现并收集新的信息，根据对新信息的分析，重新确认或改变搜索方向，修正搜索参数，消去不必要的搜索范围，以有效提高搜索效率，尽快获得问题的解。

近年来发展起来的贪婪算法、模拟退火、紧急搜索、遗传算法、人工神经网络等都具有启发式方法的特性，它们为构建和运用具体问题的启发式方法提供了启示和方便。

## 复习思路提示

1. 启发式方法就是人们在面对复杂问题或新问题时，时常借助的一种解决问题的思考模式和途径。

2. 用启发式方法解决问题时，需要采用一定的策略(问题构建策略、逐步构解策略、分解合成策略、改进策略和搜索学习策略等)。使用时常根据问题的性质和要求选用其中之一，也可以将几个策略联合起来使用。

3. 使用启发式方法时应注意得到的解的质量，以使由于采用启发式方法而使最终决策效果明显有所改善。在选用方法时要考虑是否有现成的标准优化方法可以采用，如果使用优化方法的工作量可以接受，则应慎重考虑是否要选用启发式方法。

# 16.2 启发式方法的应用举例

## 16.2.1 工件排序问题

$n$ 个工件在 $m$ 台设备上加工的最优顺序问题，目前尚无多项式算法(假定为解决某类问题设计了一个算法，它能用于求解这类所有问题，而且获得最优解的计算工作量可表示为这类问题“大小”的多项式函数，就称这个算法是确定型的多项式算法)。

此处为计算简单，仅考虑两台设备 A 和 B，研究 $n$ 个工件($j=1,2,\dots,n$)在这两台设备上顺次加工时应如何排列工件的顺序，才能使总加工时间(从在设备 A 上加工第一个工件起到在设备 B 上加工完最后一个工件止这段时间)尽可能的短。此处要求每个工件都先在设备 A 上加工，加工完后再在设备 B 上加工。

分析：加工工件在设备 A 上有加工顺序问题，在 B 上也有加工顺序问题。它们在 A、B 两台设备上加工的顺序可以是不同的。这就意味着在设备 A 上加工完毕的某些工件，不能在 B 上立即加工，而是要等到另一个或一些工件加工完后才能加工。这样使设备 B 的等待加工时间加长，从而使总的加工时间加长了。

可以证明，最优加工顺序在两台设备上可同时产生。因此，最优排序方案只能在设备 A、B 上加工顺序相同的排序中去寻找。即使如此,可能的排序方案仍有 $n!$ 个,随着工件数 $n$ 的增多,其计算量增加很多。

**例 16-1(用启发式方法求解工件排序问题)** 6 个工件分别在设备 A 和设备 B 上的加工时间为 $A_j$ 和 $B_j$(单位:min),如表 16-1 所示,所有工件均先在设备 A 上加工,再在设备 B 上加工。要求确定使总加工时间最短的加工顺序。

**表 16-1 6 个工件在 A、B 两设备上的加工时间**

| 设备 | 工件 | | | | | |
|---|---|---|---|---|---|---|
| | 1 | 2 | 3 | 4 | 5 | 6 |
| A | 30 | 60 | 60 | 20 | 80 | 90 |
| B | 70 | 70 | 50 | 60 | 30 | 40 |

分析:为了得到解决该问题的启发式方法,此处运用逐步构解策略。

先考虑工件 1 和工件 2,其可能的排序方案有两个:1—2 和 2—1(图 16-1)。

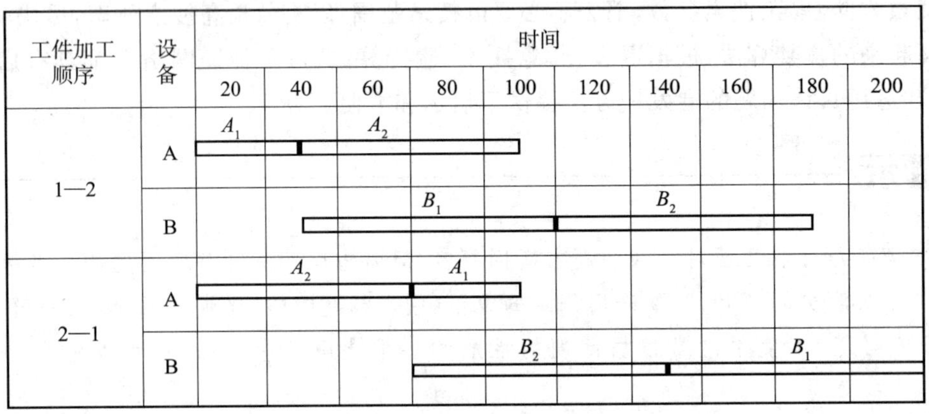


**图 16-1 工件 1 和工件 2 的排序方案**

由于 $B_1=B_2$,$A_1<A_2$,故将工件 1 排在前面加工所需的总加工时间较少。

再看工件 2 和工件 3,其可能的排序方案有两个:2—3 和 3—2(图 16-2)。

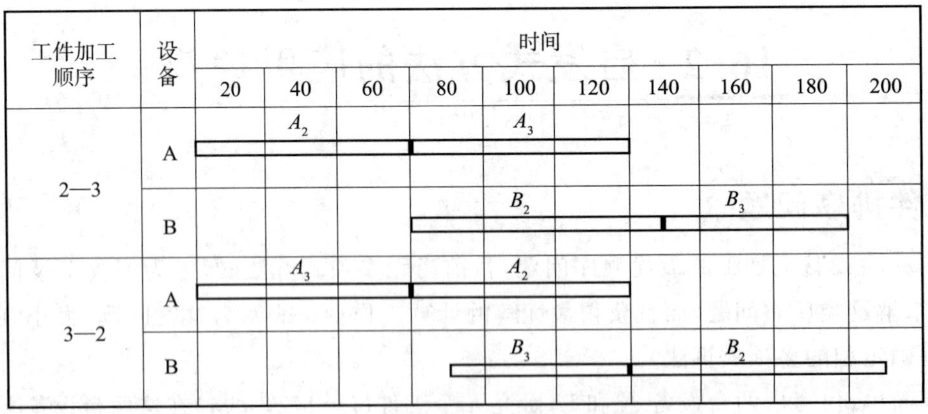


**图 16-2 工件 2 和工件 3 的排序方案**

由于 $A_2=A_3$,$B_3<B_2$,故将工件 3 排在工件 2 的后面加工所需的总加工时间较少。

由此得到启发,将其推广应用到 $n$ 个工件在两台设备上的加工顺序问题,拟定出启发式迭代步骤。

解:启发式方法步骤如下。

(1) 令 $i=1, k=0$。

(2) 找最少加工时间，即 $t_r=\min\{A_1, A_2, \cdots, A_n, B_1, B_2, \cdots, B_n\}$。

(3) 若 $t_r=A_j$，则安排工件 $j$ 为第 $i$ 个加工工件，并置 $i:=i+1$；若 $t_r=B_j$，则安排工件 $j$ 为第 $n-k$ 个加工工件，并置 $k:=k+1$。

(4) 将 $A_j$ 和 $B_j$ 从式 $t_r$ 的工件加工时间表中删去，即不再考虑已排好加工顺序的工件 $j$。

(5) 转步骤(2)，直至式 $t_r$ 中的工件加工时间表变成空集。

将上述步骤应用于表 16－1 所示的排序问题，得到各工件的加工顺序如下：

$$4 \to 1 \to 2 \to 3 \to 6 \to 5$$

总加工时间等于 370 min，具体情况如图 16－3 所示。

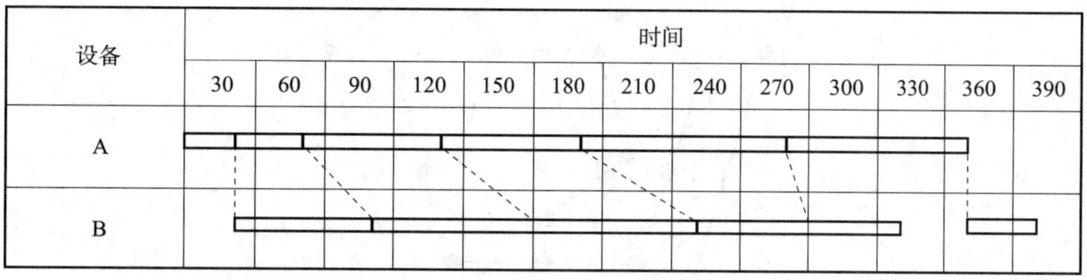


图 16－3 各个工件加工时长具体情况

## 复习思路提示

1. 可以证明，最优加工顺序在两台设备上可同时产生。因此，最优排序方案只能在设备 A、B 上加工顺序相同的排序中去寻找。

2. 工件排序问题的启发式方法的步骤：

(1) 令 $i=1, k=0$。

(2) 找最少加工时间，即 $t_r=\min\{A_1, A_2, \cdots, A_n, B_1, B_2, \cdots, B_n\}$。

(3) 若 $t_r=A_j$，则安排工件 $j$ 为第 $i$ 个加工工件，并置 $i:=i+1$；若 $t_r=B_j$，则安排工件 $j$ 为第 $n-k$ 个加工工件，并置 $k:=k+1$。

(4) 将 $A_j$ 和 $B_j$ 从式 $t_r$ 的工件加工时间表中删去，即不再考虑已排好加工顺序的工件 $j$。

(5) 转步骤(2)，直至式 $t_r$ 中的工件加工时间表变成空集。

### 16.2.2 旅行售货员(旅行商)问题

旅行售货员问题(Traveling Salesman Problem，TSP)指的是：一个售货员从某城市出发，访问 $n$ 个城市(售货)各一次且仅一次，然后回到原地，他走什么样的路线才能使走过的路程最短(或旅行费用最低)？

这个问题就是寻求总权最小的哈密尔顿(Hamilton)回路问题。到目前为止，一般 TSP 还没有多项式算法，对于较大的问题(例如 $n$ 大于 40)就需要使用启发式方法求解。

哈密尔顿是由 Hamilton 音译而来的，也称为哈密顿。哈密顿图是一个无向图，由指定的起点前往指定的终点，途中经过所有其他节点且只经过一次(图 16－4)，在图论中指含有哈密顿回路的图，闭合的哈密顿路径称作哈密顿回路(Hamiltonian cycle)。

Hamiltonian cycle：给定图 $G$，若存在一条回路，经过图中每个节点恰好一次，这条回路称作哈密顿回路。

1. C－W 节约算法

该算法由 Clarke 和 Wright 提出，其基本思路是假定有 $n$ 个访问地(例如城市)，把每个访问地看成一个点，并取其中的一个点为基点(起点)，例如以 1 点为基点。首先将每个点与该点相连接，构成线路 $1\to j\to 1$ $(j=2,3,\cdots,n)$，这样就得到了一个具有 $n-1$ 条线路的图(当然，这时尚未形成 Hamilton 回路)。旅行者按此线路访问这 $n$ 个点所走的路程总和为 $z=2\sum_{j=2}^{n}c_{1j}$。其中，$c_{1j}$ 为由点 1 到点 $j$ $(j=2,\cdots,n)$的路段长度，注意此处假定 $c_{ij}=c_{ji}$(对所有 $j$)。

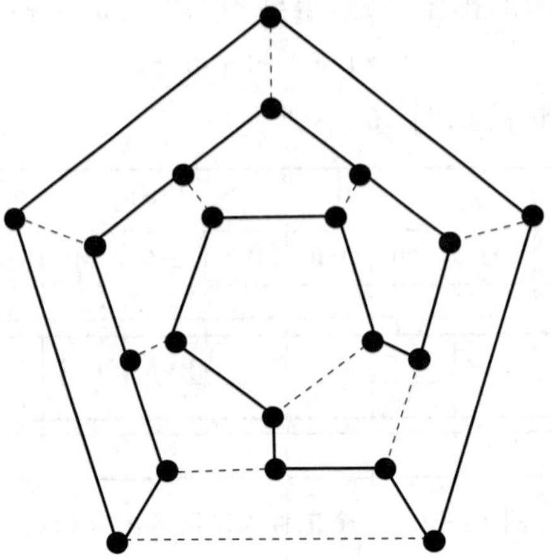

**图 16－4　哈密顿图**

若连接点 $i$ 和点 $j$ $(i,j\neq 1)$，这时旅行者走弧$(i,j)$时〔当然就不再经过弧$(i,1)$和$(1,j)$〕，所引起的路程节约值 $s(i,j)$可计算如下：

$$s(i,j)=2c_{1i}+2c_{1j}-(c_{1i}+c_{1j}+c_{ij})=c_{1i}+c_{1j}-c_{ij}$$

不同的点对 $(i,j)$，$s(i,j)$ 越大，旅行者通过弧 $(i,j)$ 时所节约的路程越多，因而应优先将其安排到旅行线路中去，使旅行者旅行时通过这一条弧。

该算法的基本步骤如下。

(1) 选取基点，如选取点 1 为基点。将基点与其他各点连接，得到 $n-1$ 条线路 $1\to j\to 1(j=2,3,\cdots,n)$。

(2) 对不违背限制条件的所有可连接点对 $(i,j)$，如下计算其节约值$(i,j$ 不为基点)：$s(i,j)=c_{1i}+c_{1j}-c_{ij}$。

(3) 将所有 $s(i,j)$ 按其值由大到小排列。

(4) 按 $s(i,j)$ 的上述顺序，逐个考查其端点 $i$ 和 $j$，若满足以下条件，就将弧$(i,j)$插入线路中。其条件是：点 $i$ 和点 $j$ 不在一条线路上，且点 $i$ 和点 $j$ 均与基点相邻。

(5) 返回步骤(4)，直至考查完所有可插入弧$(i,j)$为止。

通过以上各迭代步骤，使问题的解逐步得到改善，最后获得满意解(也有可能获得最优解)。

**例 16－2(用 C－W 节约算法求解旅行商问题)**　试用 C－W 节约算法求解下述旅行售货员问题。已知有 7 个访问点，其位置如图 16－5 所示。

解：先按图给出的数据计算各点对之间的欧氏距离 $c(i,j)$，将计算结果列入距离表中。计算公式为

$$d(x,y)=\sqrt{(x_1-y_1)^2+(x_2-y_2)^2+\cdots+(x_n-y_n)^2}$$

例如，$c(A,B)=\sqrt{(10-0)^2+(23-13)^2}=14.1421$。由于已假设 $c_{ij}=c_{ji}$(对所有 $i$ 和 $j$)，则该表中各元素的值以主对角线对称。

综上可得表 16－2。

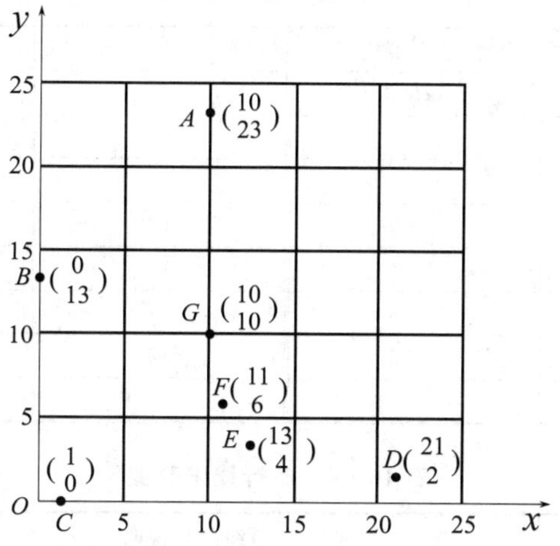


图 16－5　7 个访问点的位置

表 16－2　各访问点距离表

| 始点 | 终点 | | | | | | |
|---|---|---|---|---|---|---|---|
| | A | B | C | D | E | F | G |
| A | 0 | 14.14 | 24.7 | 23.71 | 19.24 | 17.03 | 13.00 |
| B | 14.14 | 0 | 13.04 | 23.71 | 15.81 | 13.04 | 10.44 |
| C | 24.7 | 13.04 | 0 | 20.10 | 12.65 | 11.66 | 13.45 |
| D | 23.71 | 23.71 | 20.10 | 0 | 8.25 | 10.77 | 13.6 |
| E | 19.24 | 15.81 | 12.65 | 8.25 | 0 | 2.83 | 6.71 |
| F | 17.03 | 13.04 | 11.66 | 10.77 | 2.83 | 0 | 4.12 |
| G | 13.00 | 10.44 | 13.45 | 13.6 | 6.71 | 4.12 | 0 |

取 $G$ 为基点(也可取其他的访问点为基点)，将基点与其他各点连接，得到 $n-1$ 条线路 $1 \to j \to 1$，构成初始线路，如图 16－6 所示。

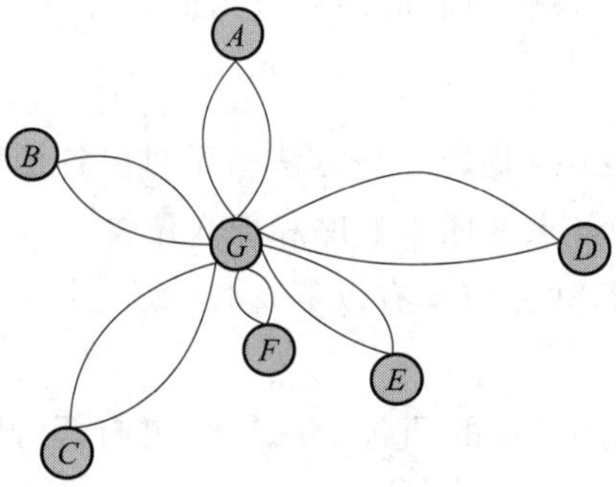


图 16－6　初始线路

用 $s(i,j)=c_{1i}+c_{1j}-c_{ij}$ 计算将弧 $(i,j)(i,j \neq G)$ 插入线路中时引起的路程节约值，并按节约值由大到小的顺序将它们填入表 16－3 中。

比如，$s(A,B)=c_{GA}+c_{GB}-c_{AB}=13.0+10.44-14.14=9.3$。

共有 $C_6^2=15$ 条弧。

按节约值从大到小的顺序，对每条弧加以考查，看能否将其插入旅行线路中。若能将其插入，就对旅行线路作相应的改变。分析如表 16－4 所示。

表 16－3　路程节约值

| 序号 | 弧 | 节约值 | 序号 | 弧 | 节约值 |
|---|---|---|---|---|---|
| 1 | $(D,E)$ | 12.06 | 9 | $(A,D)$ | 2.89 |
| 2 | $(B,C)$ | 10.85 | 10 | $(A,C)$ | 1.75 |
| 3 | $(A,B)$ | 9.30 | 11 | $(B,F)$ | 1.52 |
| 4 | $(E,F)$ | 8.00 | 12 | $(B,E)$ | 1.34 |
| 5 | $(C,E)$ | 7.51 | 13 | $(A,E)$ | 0.47 |
| 6 | $(C,D)$ | 6.95 | 14 | $(B,D)$ | 0.33 |
| 7 | $(D,F)$ | 6.95 | 15 | $(A,F)$ | 0.09 |
| 8 | $(C,F)$ | 5.91 | | | |

表 16－4　旅行线路改变

| 序号 | 弧 | 线路与说明 | 插入该弧的节约值 |
|---|---|---|---|
| 0 | | $G\to A\to G,G\to B\to G,G\to C\to G,$<br>$G\to D\to G,G\to E\to G,G\to F\to G$ | |
| 1 | $(D,E)$ | | 12.06 |
| 2 | $(B,C)$ | $G\to A\to G,G\to B\to G,G\to C\to G,$<br>$G\to D\to E\to G,G\to F\to G$ | 10.85 |
| 3 | $(A,B)$ | $G\to A\to G,G\to B\to C\to G,G\to D\to E\to G,G\to F\to G$ | 9.30 |
| 4 | $(E,F)$ | $G\to A\to B\to C\to G,G\to D\to E\to G,G\to F\to G$ | 8.00 |
| 5 | $(C,E)$ | $E$ 点与基点 $G$ 不相邻，不插入 | 0 |
| 6 | $(C,D)$ | $G\to A\to B\to C\to D\to E\to F\to G$ | 6.95 |

当插入弧$(C,D)$后，线路已包含所有要访问的点，这时算法终止。

用该算法得到的旅行线路为 $G\to A\to B\to C\to D\to E\to F\to G$。

该条旅行线路的总长度为 $Z=13.0+14.14+13.04+20.1+8.25+2.83+4.12=75.48$。

用这种算法得出的解不一定是最优解，但这里得到的是本例的最优解。

在实际问题中，点对点间的距离应以路段的真实长度为准（不一定为两点间的欧式距离），其之间的往返距离也可以不相等。这时，插入某一段弧引起的路程节约值的计算应根据实际情况进行。

2. 几何法

几何法由 J. P. Norback 和 R. F. Love 提出。该方法基于对由各访问点构成的几何图形的分析，以此确定初始旅行线路和不在初始线路上的各点的插入顺序和插入位置。

根据一般几何观察可知，最短旅行线路应具有以下直观性质。

(1) 线路自身不相交。

(2) 各段线路应处于由所有访问点形成的凸包上或其凸包内部〔凸包(convex hull)是指包含所有访问点的最小凸集〕。

图 16－7 给出了连接同样 4 个点的两条线路，显然，自相交的线路（虚线所示者）$A\to C\to B\to D$ 要比不自交的线路 $A\to B\to C\to D$ 长。

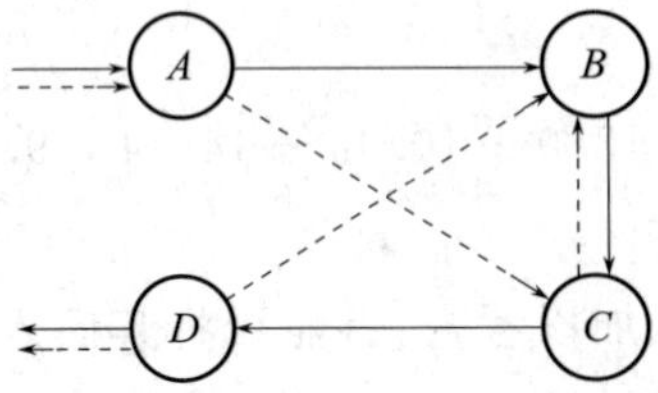


图 16－7　连接同样 4 个点的两条线路

上述分析启发我们拟定出求解旅行售货员问题的下述迭代步骤。

(1) 找出由欲访问各点构成的凸包。

(2) 在凸包上的点，按其出现的自然顺序访问(注意不要使旅行线路自交)，从而形成一初始旅行线路。

(3) 将不在初始旅行线路上的各个点 $I$(位于凸包内的访问点)，与已在旅行线路上的所有点相连。设 $P$ 与 $Q$ 为已在旅行线路上的任两个相邻点，$\angle P_0I_0Q_0$ 为所有 $\angle PIQ$ 角度中的最大者，则将 $I_0$ 插入 $P_0$ 和 $Q_0$ 之间。

(4) 重复进行步骤(3)，每次在旅行线路上增加一个新点，直至所有欲访问点都被引入旅行线路中为止。这时就构成了一条哈密顿回路。

**例 16-3(用几何法求解旅行商问题)**　试用几何法求解下述旅行售货员问题。已知有 7 个访问点，其位置如图 16-8 所示。

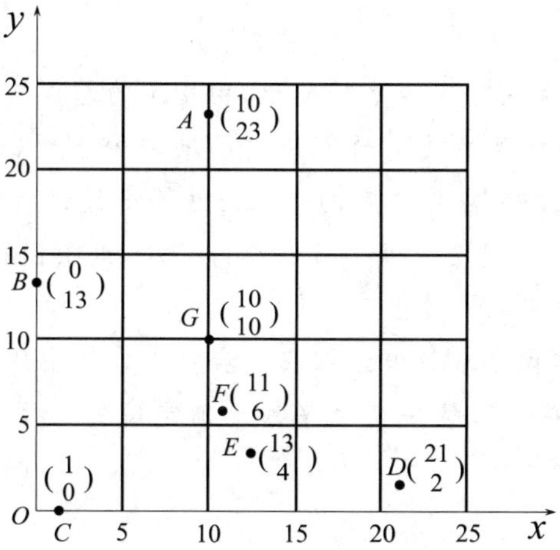


**图 16-8　7 个访问点的位置**

解：开始时构成凸包 $ABCDA$，以它为初始旅行线路，然后将不在初始旅行线路上的 $E$，$F$ 和 $G$ 3 点分别与 $A$，$B$，$C$，$D$ 4 点相连，如图 16-9 所示。

考查以 $E$，$F$ 和 $G$ 为角顶，分别以 $AB$，$BC$，$CD$ 和 $DA$ 为对边形成的各个角度，由于 $\angle CED$ 最大，故将点 $E$ 插入在 $C$ 和 $D$ 之间，形成新的旅行线路 $ABCEDA$，如图 16-10 所示。

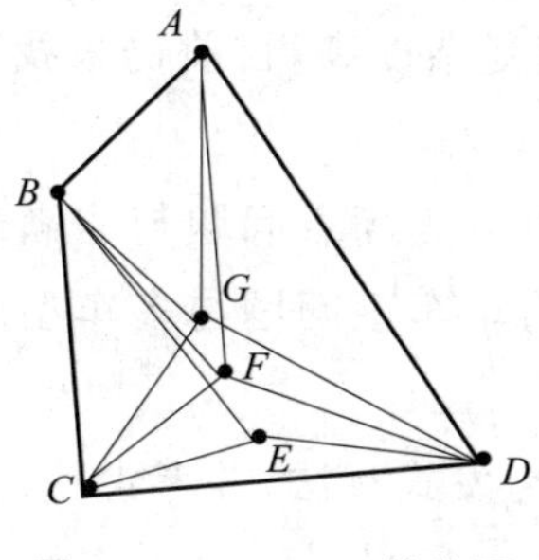


**图 16-9　*ABCD* 线路图**

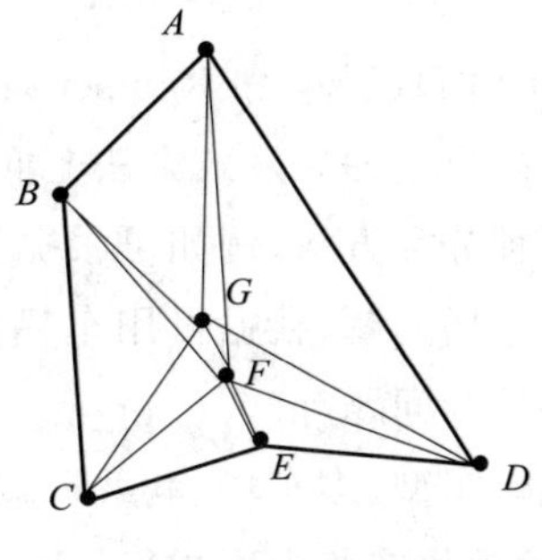


**图 16-10　*ABCEDA* 线路图**

现不在访问线路上的点为 $F$ 和 $G$，连接 $EF$ 和 $EG$，考查以 $F$ 和 $G$ 为角顶的各角，因 $\angle DGA$ 最大，从而将 $G$ 点插入 $D$ 点和 $A$ 点之间，这时的访问线路变为 $ABCEDGA$，如图 16-11 所示。

考查以 $F$ 为角顶的各角，因 $\angle DFG$ 最大，将点 $F$ 插入 $D$ 点和 $G$ 点之间，这就得到了本问题的哈密顿回路，如图 16-12 所示，它可以作为本问题的解。其线路总长为 $14.14+13.04+12.65+8.25+10.77+4.12+13.00=75.97$。

几何法虽未得到上例中的最优解，但它的精确度还是很高的，常常可以获得比较令人满意的结果。

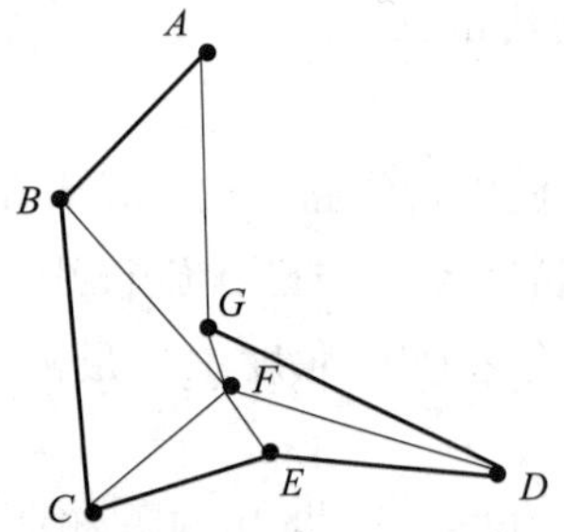


图 16－11　ABCEDGA 线路图

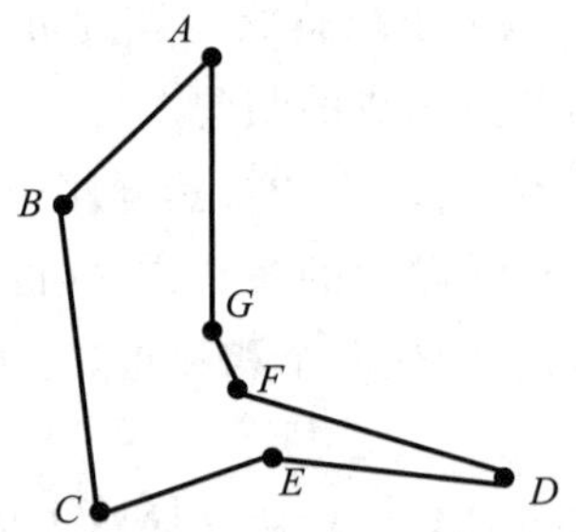


图 16－12　ABCEDFGA 线路图

## 复习思路提示

1. 哈密顿图是一个无向图，由天文学家哈密顿提出，由指定的起点前往指定的终点，途中经过所有其他节点且只经过一次。哈密顿图问题和著名的七桥问题的不同之处在于，过桥只需要确定起点，而不用确定终点。哈密顿问题寻找一条从给定的起点到给定的终点沿途恰好经过所有其他城市一次的路径。

2. 给定图 $G$，若存在一条回路，经过图中每个节点恰好一次，这条回路称作哈密顿回路。旅行售货员问题可以看作寻找总权最小的哈密顿回路的过程。

3. C－W 节约算法和几何法这两个求解方法都属于启发式方法中的逐步构解策略：一个完整的解通常是由若干个分量组成的。建立某种规则，按一定次序每次确定解的一个分量，直至得到包含所有解分量的一个完整的解为止。

### 16.2.3　车辆调度问题

1. 基本背景

车辆调度问题（Vehicle Scheduling Problem，VSP）：对一系列发货点和收货点，组织适当的行车路线，使车辆有序地通过它们，在满足一定的约束条件下（例如货物需求量与发送量、交发货时间、车量容量限制、行驶里程限制、行驶时间限制等），力争实现一定的目标（如空驶里程最短、运输费用极低、车辆按时到达、使用车辆数量尽可能少等）。

该问题是在 1959 年由 Dantzig 和 Ramser 提出的，由于其复杂度高，目前仍未找到多项式算法，专家们大多把精力集中于研究高质量的启发式方法上面。

车辆调度问题有多种分类方法，例如可根据车辆满载与否分为满载问题与非满载问题，根据可用车场数分为单车场问题与多车场问题，根据可用车辆的车型数分为单车型问题与多车型问题，根据决策者的要求分为单目标问题与多目标问题等。

本小节内容只研究单车型、多车场、满载运输问题的一种启发式算法，并考虑使总空驶里程极小这一目标（它对运输公司的运输效益有极大影响）。

2. 数学模型

设某运输公司有 $n$ 个车场可以使用，即可从车场 $A_{m+1}, A_{m+2}, \cdots, A_{m+n}$ 发出空车和接收空车，它们与各货运业务的发货点和收货点位于同一个道路网上。各车场可派出的空车数分别为 $b_{m+1}, b_{m+2}, \cdots, b_{m+n}$，可接收的空车数分别为 $b'_{m+1}, b'_{m+2}, \cdots, b'_{m+n}$，假定公司要完成的业务有 $m$ 项，即 $A_1, A_2, \cdots, A_m$，其货运量分别是 $g_1, g_2, \cdots, g_m$，完成各业务所需车辆数分别为 $a_1, a_2, \cdots, a_m$，按照每项业务的要求将货物由发货点运到收货点全部为重车行驶，其行车路线可由网络上任意点对间的最短路方法确定。

现考虑第 $i$ 项货运业务，用 $i'$ 表示其发点，$i''$ 表示其收点。由于由 $i'$ 到 $i''$ 是重车行驶，按照运输计划的要求，不管选用什么运输组织方案，都必须完成此项工作，并假定选择的运输路径为"最短路径"，故在研究使总空驶里程极小化问题时，可将这一运输业务看成一个点，称为收缩点或重载点 $i$。

对于每一个重载点 $i$，为运出其货物量 $g_i$ 需 $a_i$ 辆空车，它们将货物运抵目的地卸车后，又提供 $a_i$ 辆空车，这些空车驶向其他货运业务的发货点（这时为空车行驶），继续装货执行运输任务（每个重载点都分别发出 $a_i$ 辆和接收 $a_j$ 辆空车）。

由此可见，执行运输任务的每辆货车都如此交替地进行空驶和重驶，直至完成一天（或半天）的运输任务，返回某一车场为止。

设 $x_{ij}$ 为由点 $i$ 发往点 $j$ 的空车数，$x_{ij}\geqslant 0$ 且为整数，车辆调度问题的运输表示如表 16-5 所示。

**表 16-5 车辆调度问题的运输表示**

| 发空车 | | 收空车：重载点($m$) | 收空车：车场($n$) | 发车数 |
|---|---|---|---|---|
| | | $A_1$ $A_2$ … $A_m$ | $A_{m+1}$ $A_{m+2}$ … $A_{m+n}$ | |
| 重载点($m$) | $A_1$ | $x_{11}$ $x_{12}$ … $x_{1m}$ | $x_{1m+1}$ $x_{1m+2}$ … $x_{1m+n}$ | $a_1$ |
| | $A_2$ | $x_{21}$ $x_{22}$ … $x_{2m}$ | $x_{2m+1}$ $x_{2m+2}$ … $x_{2m+n}$ | $a_2$ |
| | ⋮ | ⋮ | ⋮ | ⋮ |
| | $A_m$ | $x_{m1}$ $x_{m2}$ … $x_{mm}$ | $x_{m,m+1}$ $x_{m,m+2}$ … $x_{m,m+n}$ | $a_m$ |
| 车场($n$) | $A_{m+1}$ | $x_{m+1,1}$ $x_{m+1,2}$ … $x_{m+1,m}$ | $x_{m+1,m+1}$ $x_{m+1,m+2}$ … $x_{m+1,m+n}$ | $b_{m+1}$ |
| | $A_{m+2}$ | $x_{m+2,1}$ $x_{m+2,2}$ … $x_{m+2,m}$ | $x_{m+2,m+1}$ $x_{m+2,m+2}$ … $x_{m+2,m+n}$ | $b_{m+2}$ |
| | ⋮ | ⋮ | ⋮ | ⋮ |
| | $A_{m+n}$ | $x_{m+n,1}$ $x_{m+n,2}$ … $x_{m+n,m}$ | $x_{m+n,m+1}$ … $x_{m+n,m+n}$ | $b_{m+n}$ |
| 收车数 | | $a_1$ $a_2$ … $a_m$ | $b'_{m+1}$ … $b'_{m+n}$ | |

可得出：$\sum_{j=1}^{m+n} x_{ij}=a_i, i=1,2,\dots,m$，表示每个重载点发往各点的空车数等于该重载点接收的空车数；$\sum_{j=1}^{m+n} x_{ij}\leqslant b_i, i=m+1,m+2,\dots,m+n$，表示每个车场发往各点的空车数小于等于该车场可派出的空车数；$\sum_{i=1}^{m+n} x_{ij}=a_j, j=1,2,\dots,m$，表示所有重载点和车场发往某个重载点的空车数等于该重载点需要的空车数；$\sum_{i=1}^{m+n} x_{ij}\leqslant b'j, j=m+1,m+2,\dots,m+n$，表示所有重载点和车场发往某个车场的空车数小于等于该车场可接收的空车数。

设 $c_{ij}$ 为空驶里程数，则该问题的数学模型如下：

$$\min z=\sum_{i=1}^{m+n}\sum_{j=1}^{m+n} c_{ij}x_{ij}$$

$$T:\begin{cases}\sum_{j=1}^{m+n} x_{ij}=a_i, i=1,2,\dots,m\\ \sum_{j=1}^{m+n} x_{ij}\leqslant b_i, i=m+1,m+2,\dots,m+n\\ \sum_{i=1}^{m+n} x_{ij}=a_j, j=1,2,\dots,m\\ \sum_{i=1}^{m+n} x_{ij}\leqslant b'j, j=m+1,m+2,\dots,m+n\\ x_{ij}\geqslant 0 \text{ 且为整数}\end{cases}$$

$a_i$（或 $a_j$）可由下式得出：

$$\begin{cases} a_i = g_i/q, \text{若 } g_i/q \text{ 为整数} \\ a_i = \left[\dfrac{g_i}{q}\right] + 1, \text{若 } g_i/q \text{ 不为整数} \end{cases}$$

式中，$\left[\dfrac{g_i}{q}\right]$ 为数值不大于 $\dfrac{g_i}{q}$ 的最大整数，$q$ 为一辆车的可载量。

$c_{ij}$ 根据实际情况选用，可取为点 $i$ 到点 $j$ 的广义最短距离。为避免由车场发出的空车不经重载点直接驶向车场，令 $c_{ij}=M, i, j=m+1, m+2, \cdots, m+n$，其中 $M$ 为足够大的正数。

3. 算法

运输问题的表上作业法是一种有效的标准算法，而且能方便地得出整数最优解，在构造求解该调度问题的启发式算法时，应注意充分利用表上作业法的优点。

首先仅考虑重载点，得问题 $T_0$：

$$\min z_1 = \sum_{i=1}^{m}\sum_{j=1}^{m} c_{ij}x_{ij}$$

$$\begin{cases} \sum\limits_{j=1}^{m} x_{ij} = a_i, i = 1,2,\cdots,m \\ \sum\limits_{i=1}^{m} x_{ij} = a_j, j = 1,2,\cdots,m \\ x_{ij} \geqslant 0 \text{ 且为整数} \end{cases}$$

这是一个一般的产销平衡的运输问题，可直接用表上作业法求解，设求出的最优解为 $\boldsymbol{X}^{(0)}=(x_{ij}^{(0)})$。

以这个解中的非零变量的值作为问题 $T$ 中对应变量的值，其他变量取值为零，这就得到了问题 $T$ 的一个可行解。

但是，用上述方法得到的解无法以它为根据进行派车，因而是不可接受的。为此，需要设计一套解的判别和调整规则，使从 $\boldsymbol{X}^{(0)}$ 出发，经有限步迭代，得到问题 $T$ 的可接受的最优解或满意解。

1）解的扩展

对解 $\boldsymbol{X}^{(0)}$ 中的每一个非零分量 $x_{ij}>0(i,j=1,2,\cdots,m)$，计算：

$$\delta_{ij} = \min_{m+1\leqslant i\leqslant m+n}\{c_{ij}\mid \bar{b}_i>0\} + \min_{m+1\leqslant j\leqslant m+n}\{c_{ij}\mid \bar{b}_j>0\} - c_{ij}$$

式中，$\bar{b}_i = b_i - \sum\limits_{j=1}^{m} x_{ij}^{(0)}, i=m+1,\cdots,m+n$，表示第 $i$ 个车场减去已发出的空车数的剩余可发出的空车数；$\bar{b}_j = b_j - \sum\limits_{i=1}^{m} x_{ij}^{(0)}, j=m+1,\cdots,m+n$，表示第 $j$ 个车场减去已接收的空车数的剩余可接收的空车数。

若 $\delta_{ij}$ 来自 $k$ 行和 $l$ 列 $[k,l\in(m+1,m+n)]$，则把 $x_{ij}^{(0)}>0$ 扩展至 $x_{kj}$ 和 $x_{il}$，这时 $x_{ij}^{(0)}, x_{kj}^{(0)}, x_{il}^{(0)}$ 三者的值分别调整为

$$\begin{cases} x_{ij}:=x_{ij}^{(0)} - \min\{x_{ij}^{(0)}, \bar{b}_k, \bar{b}'_l\} \\ x_{kj}:=x_{kj}^{(0)} + \min\{x_{ij}^{(0)}, \bar{b}_k, \bar{b}'_l\} \\ x_{il}:=x_{il}^{(0)} + \min\{x_{ij}^{(0)}, \bar{b}_k, \bar{b}'_l\} \end{cases}$$

解的扩展工作按 $\delta_{ij}$ 的大小由小到大依次进行，直至找出要求的可接受解，即表 16－6 中的“重载点-车场”区和“车场-重载点”区含有适当的非零解分量。如此得到的解记为 $\boldsymbol{X}^{(1)}=(x_{ij}^{(1)})$，显然，它对问题 $T$ 是可行的。

**表 16－6　解的扩展**

| | 收空车 | |
|---|---|---|
| 发空车 | 重载点-重载点 | 重载点-车场 |
| | 车场-重载点 | 车场-车场 |

$\delta_{ij}$ 为按上述方法调整 $x_{ij}^{(0)}$ 一个单位引起的空驶里程增加量。当 $\delta_{ij}$ 小于零时，按此调整得到的解 $\boldsymbol{X}^{(1)}$ 优于 $\boldsymbol{X}^{(0)}$。

2）解的收缩（解的扩展的逆过程）

当表 16－6 中"重载点-车场"区和"车场-重载点"区的非零解分量的值 $\left(\sum_{j=1}^{m}\sum_{k=m+1}^{m+n} x_{kj}^{(1)}\right.$ 和 $\left.\sum_{i=1}^{m}\sum_{l=m+1}^{m+n} x_{il}^{(1)}\right)$ 比派车数大时，需将非零解分量向"重载点-重载点"区收缩，如表 16－7 所示。

**表 16－7　解的收缩**

| | 收空车 | |
|---|---|---|
| 发空车 | 重载点-重载点 | 重载点-车场 |
| | 车场-重载点 | 车场-车场 |

这时，对每一对 $x_{kj}^{(1)}>0$ 和 $x_{il}^{(1)}>0$〔$k,l\in(m+1,m+n)$；$i,j\in(1,m)$〕，$\delta'_{ij}=\min\{c_{ij}-c_{kj}-c_{il}\,|\,x_{kj}{}^{(1)}>0,x_{il}{}^{(1)}>0\}$。并以此进行解的调整：$\begin{cases}x_{kj}:=x_{kj}^{(1)}-\min\{x_{kj}^{(1)},x_{il}^{(1)}\}\\ x_{il}:=x_{il}^{(1)}-\min\{x_{kj}^{(1)},x_{il}^{(1)}\}\\ x_{ij}:=x_{ij}^{(1)}-\min\{x_{kj}^{(1)},x_{il}^{(1)}\}\end{cases}$。调整后得到的解记为 $\boldsymbol{X}^{(2)}=(x_{ij}^{(2)})$，这个解也是问题 $T$ 的可行解。

4．安排行车路线

经上述调整得到的解 $\boldsymbol{X}^{(1)}$ 和 $\boldsymbol{X}^{(2)}$ 是问题 $T$ 的可接受可行解，可作为安排行车路线的依据。安排行车路线时，首先在可接受可行解 $\boldsymbol{X}$ 的非零分量中寻求下述序列：$x_{k_1k_2}>0,x_{k_2k_3}>0,x_{k_3k_4}>0,\cdots,x_{k_pk_q}>0$。其中，下标 $k_1,k_2,\cdots,k_q\in[m+1,m+n]$，即 $x_{k_1k_2}$ 和 $x_{k_pk_q}$ 分别位于表 16－6 中的"车场-重载点"区和"重载点-车场"区。如此即可得到一条初始行车路线：

$$\underset{\text{车场}}{A_{k1}}\rightarrow\underbrace{A_{k2}\rightarrow A_{k3}\rightarrow A_{k4}\rightarrow\cdots\rightarrow A_{kp}}_{\text{重载点}}\rightarrow\underset{\text{车场}}{A_{kq}}$$

有了初始行车路线（一条或若干条）后，再根据具体约束条件（例如一条线路的长度限制、时间限制，以及各条线路的均匀性要求等）进行调整（包括某些线路的截短或合并），最后选择合适的驾驶员执行。

## 复习思路提示

1．VSP：对一系列发货点和收货点，组织适当的行车路线，使车辆有序地通过它们，在满足一定的约束条件下（例如货物需求量与发送量、交发货时间、车量容量限制、行驶里程限制、行驶时间限制等），力争实现一定的目标（如空驶里程最短、运输费用极低、车辆按时到达、使用车辆数量尽可能少等）。（现实问题的复杂性以及已有规范性方法的局限，使启发式方法成为解决复杂、非结构化问题的一种常用方法和策略，近年来其理论研究和应用技术不断深入和范围不断扩大。）

2．求解基本思路：通过对"重载点-重载点"区域产销平衡问题的求解，得到原车辆调度问题的一个可行解；通过解的扩展和解的收缩对可行解进行调整迭代，直到得到调度问题的可接受的最优解或满意解，从而安排初始的行车路线；再根据具体的约束进行调整。

3．该启发式方法使用了改进策略：从初始解出发，然后对解的质量进行评价，并采用某种启发式方法设计改进规则，对解加以改进，反复进行如上评价和改进，直至得到满意解为止。